U0258643

1000

世界经典设计全书

1000 Design Classics

英国费顿出版社 编著
杨凌峰 刘文兰 译

design

中信出版集团 | 北京

推荐序

人类社会的基本模型是以“经济、科技、文化”为支撑，然而由于人类认识到生存必须依赖于“自然”，“文化”之内涵又逐渐上升到：作为社会的人必须将“生态观”充实到人类社会的模型中。人类在社会进化从“格物”到“致知”，又从“致知”到“格物”的循环上升中逐渐懂得社会价值观和生存战略——“方法论”的重要，即“目的—路径—策略—方法、技术—工具”之间的逻辑。设计不能只跟随市场、满足市场，要看到这个世界真正的需求，从而定义需求、引领需求、创造需求——“提倡使用，不鼓励占有”——这才是真正意义上的“绿色设计”“绿色产业”“绿色社会”，而不仅仅是在表像层面体现“绿色”。于此，人们已开始将工业设计的认识与实践提高到“机制”创新、生存方式设计、文化模式设计及系统设计层面上了。现在人们又致力于可持续发展的“集成式系统整合”的协同设计，即“社会设计”。

工业设计最根本的宗旨是创造人类社会健康、合理、共享、公平的生存方式，因而设计者要挖掘、领会、发扬人类传统文化的精神，发挥设计作为人类可持续生存而不被毁灭的重要智慧，这是“人类命运共同体”的认知思维逻辑。

数千年以来，人类创造了光辉灿烂的文明，无论是上古代时代的工具——石斧，还是当今人类遨游太空的空间站，都是人类为了适应环境、改造自然而在创造今天、设计明天的方式。从人类最幼稚的设计动机——为了生存、温饱，到有计划地挖掘宇宙的奥秘，进入人工智能时代的宏图大略，都是人类认识世界的观念的反映，即人的本质力量的对象化。当然，人类认识世界、改造自然的观念是从低级到高级，从简单到复杂，从单一到重叠，从连贯到网络系统发展过程的总和，也是不断创造的结果。如果没有人类积极主动的创造观念，而仅有生物界的动植物适应自然的进化，则不可能实现人类从动物中的分化，更不能有今天人类文明的大观。没有观念为主导，就没有人类与动物的分野，也就没有创造。马克思主义的自然观的特点之一，就是把对自然的认识同劳动实践联系起来，认为劳动过程使人的本质力量对象化。马克思所说的劳动实践，即人类的设计观念与创造过程。

工业设计诞生于大生产的工业革命中，与生俱来就是谐调各工种、各利益方的生产关系。工业设计是人类社会发展阶梯中观念的革命成果，它作为意识形态的反作用大大促进了社会生产力发展！

工业设计作为一门学科虽只存在了百年，然而作为人类谋生存的创造性结果——“设计”的智慧一直与人类改造生存条件的实践及认识世界的活动相伴而发展。设计是设计者对社会生活的观念、对改造自然的设想、对人类社会未来的设想以及运用科学技术成果的总和。

工业革命是靠蒸汽机衍生出了流水线，而其本质的升华是“分工前提下的合作”，这其实有大大改变社会生产力之“生产关系”的功劳。为何精美绝伦的漆屏只能在博物馆里被欣赏或只能被少数权贵所占有；而冰箱、洗衣机、电视机能被千家万户所拥有?“标准化”“大批量”革了“精美绝伦”手工艺的命；“分工合作”的系统机制，必然以“事前干预”之“图纸就是命令”这综合集成的设计机制革了“随机应变”“一招鲜吃遍天”的命。工业革命第一次从“资源分配”的机制上打破了“帝王将相”对人类劳动成果的垄断，有可能让广大平民享受到社会进步的成果。

工业革命开创了一个新时代，工业设计正是这个大生产革命性创新时代生产关系的结晶。但功利化的市场经济迅速地被个体的“人”追求物质满足的消费市场所拥抱，从而孕育出新的价值观——为推销、逐利、霸占资源而生产，这种“商业文明”似乎已成为当今世界一切行为的动力，但是工业设计的客观本质——“创造人类公平地生存”却被这商业文明异化了！

人类在最近几十年过上了一种“富裕”“快乐”的消费生活。这种生活最大的一个害处是让人部分丧失了历史感。而只有那些牢记着自己从哪里来，往哪里去的民族，才能够让自己不至于成为人类进化史上“大浪淘沙”后的“碎片”！

人类毕竟不仅有物质需求，还有大脑和良心。人口膨胀、环境污染、资源枯竭、贫富分化等现象越演越烈，“可持续发展”的理念使我们意识到人类不能无休止地掠夺我们子孙生存的资源和空间，而工业设计就是制约过度设计、过度生产、过度消费的一种人类智慧的体现，是谐调各种社会“关系”的思维逻辑和方法论。

《世界经典设计全书》一书集结了几百年以来世界上具有标志性、创新性和影响力的 1000 个伟大产品设计，使我们看到设计师如何萌生创意，更看到杰出的设计如何塑造我们的生活；我们甚至还未意识到，这些作品其实已经渗入了生活的时时、处处，有力地塑造了我们在家中、在工作场所等不同情境下的生活形态；另一个显著事实是，它们中的大多数至今仍在生产，市场上可以购得。它们帮助我们处事为人，它们的存在，常常以“无言的服务，无声的命令”令我们不知不觉地衍生出对生活的理解和对未来的憧憬。

这本巨著中提到的设计横跨 400 年，1000 件深入人心、极具魅力、超越时间、永不落伍的产品，从工业革命到现代化进程，纵列现代设计发展史，厘清了经典产品背后的意义，它不仅体现了设计的历史，还体现了人类文明进步的历史。

《世界经典设计全书》再次证明了设计的目标不仅是创造人类感觉器官能感知的“物”——产品，而且要关注人类生存的真正需求——“衣、食、住、行、用、交流等”。这永恒的初心，能激发人类可持续创新的动力，使设计者不断朝着创造健康、合理、公平、共享的社会的方向努力，创造人类社会更辉煌的未来。

早在 1985 年我就说过：“工业设计是工业文明的掘墓人，因为工业设计的宗旨是创造更健康、更合理的生存方式。”大工业社会分工的“细化”，在大批量生产前，“横向谐调”各工种之间的矛盾，以整合“需求、制造、流通、使用”各社会环节的“关系”。这种考虑系统整体利益的理论、方法、程序、技术和管理以及社会机制的活动 统称“工业设计”。

当今的社会是以工业设计创新拉动为核心的“产业创新、社会创新”的阶段，设计创新开始进入“以生态、社会为本”的境界，强调绿色、服务、分享的产业链创新的基础研究。“工业设计”需要一种社会化、循环性的“产业结构机制”。“工业设计”诞生于工业社会萌发和进程中，是在社会化大分工、大生产机制下对资金、资源、市场、技术、环境、价值、社会结构、文化和人类理想之间的谐调和修正；是能整合、集成极具潜力的“新产业”的机制和社会化平台。

在这个时代，企业的新陈代谢比以往哪个时代都来得更快。如果说当年企业的新陈代谢，是按一种线性的速度进行，那么现在企业的新陈代谢，则是一种指数级的狂飙突进！同时“产品经济”也已进化成一种全新的“服务经济”，孕育新产业的设计平台，具备了创新性的产业结构且又将可持续发展的需求赋予了“社会设计”的概念。在这一阶段萌发的新产业将是设计的“主战场”。北宋张载曰“为天地立心，为生民立命，为往圣继绝学，为万世开太平”，很好！是否要改一下？不只是“为往圣继绝学”，而是“学往圣，创绝学”，学习、研究经典设计的宗旨应该不仅是回顾，更是发现；不仅为怀旧，更期待超越！

我相信，会有更多的“经典设计”在未来涌现，因为设计的智慧正在深入社会的各行各业，设计创造人类更健康、更合理的分享型社会的使命，必将成为年青一代设计师与技术、商业博弈、共生的逻辑。

柳冠中　清华大学首批文科资深教授、中国工业设计协会荣誉副会长

前言

数世纪以来，在产品的形制、生产、分销、材料与技术方面，已经发生过的设计革命不胜枚举。海量的产品被创造出来，当中有很多广受赞誉，而也有很多早已停产，甚至遭到彻底遗忘。在本书中，我们精心挑选品类多样的范例，来展示史上那些极永恒、极具创新性、极重要、影响力极大，以及极美的设计实物。

本书新版在 2006 年首版的基础上加以更新、修订和再设计。这一新版收录了从 17 世纪至 2019 年的大量物品，从飞机到口哨，从餐具到汽车，从椅子到玩具，林林总总。这些条目下的作品，设计者可被归于著名创造者、无名氏或匿名者；不过，无论能否直接确认创作人身份，这里的每件作品都产生过巨大影响。此外，为了让本书尽量更具当代性，我们调整条目内容，增加了 21 世纪最初 10 年间才生产的物品，包含了此前被低估和未得到应有评价的设计，还加入了更多由女性设计师以及不同背景的创作者所完成的产品。

书中入选的很多作品，设计已臻于完美，从问世以来便保持不变，并成为影响力持久和意义恒久的权威典范。其他一些作品，利用了新材料，则显得更具革新精神，由此展示了科技进步如何与优雅的形态及造型样式结合起来。当然，首先一点是，本书中每样物品的特色都在于有着伟大的设计；这些设计结合了简洁、均衡与纯净的形式，让作为成果的产品兼顾实用功能与美感。有时候，我们甚至还未意识到这些作品其实已经渗入了公众的想象力，有力地塑造了我们在家中、在工作场所以及在诸多其他情境下的生活形态。它们帮助我们高效地完成工作，或者就是每天围绕陪伴着我们；它们的存在，常常是不知不觉并令人感到愉悦的。

这些设计，有很多都极具魅力，超越时间，永不落伍；证明这一点的一个显著事实是，它们至今仍被生产，市场上仍可购得。不过，今天不再制造的那些产品，其停产原因也有必要澄清一下：这并非因为那设计本身过时了，而是由于作为该设计的服务对象并用作设计手段的那种技术，从整体上而言已经陈旧过时了。这一类的发明成果，在二手市场上仍旧大受追捧，粉丝与收藏家同样青睐。

我们在此列出的项目，事实上有很多是产品本身自我推选出来的，因为它们被普遍赞誉为经典之作，经受了时间的考验，仍然被广泛认同有创新之处，哪怕其中有些物品最初问世已是 100 多年以前。至于更靠近现当代的这些条目，要判断哪些将会成为未来经典，当然绝非易事，但书中纳入了我们认为有此潜力的那些作品；它们即便是近些年才生产出来的，却已作为杰出设计的样本，开始伴随和塑造我们的生活。

更多的经典，当然会在未来继续出现，因为设计革命永不终止。

物品分类
色彩标识

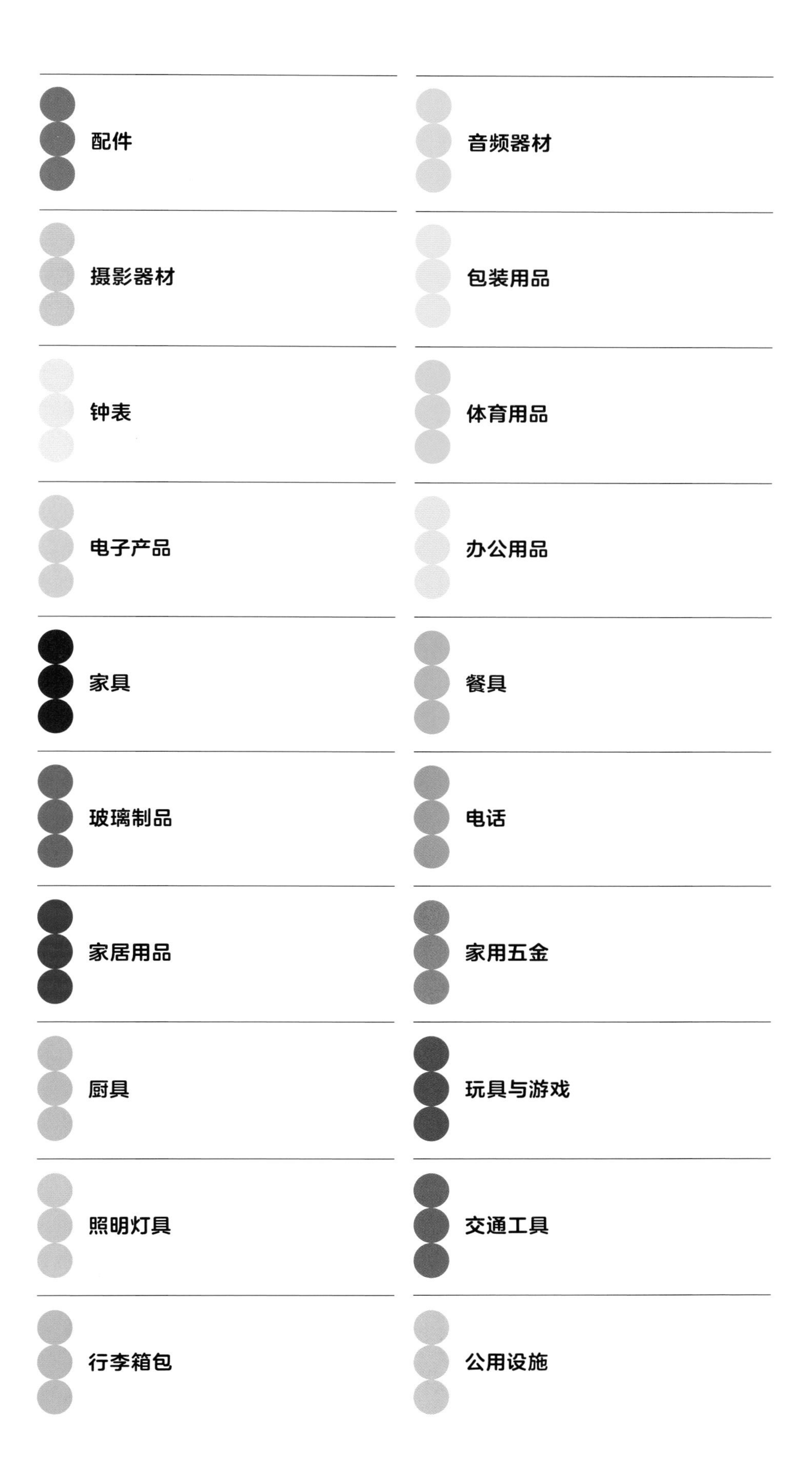

配件
音频器材
摄影器材
包装用品
钟表
体育用品
电子产品
办公用品
家具
餐具
玻璃制品
电话
家居用品
家用五金
厨具
玩具与游戏
照明灯具
交通工具
行李箱包
公用设施

张小泉家用剪刀 1663 年

Zhang Xiaoquan Household Scissors

设计者：张小泉（约 1643—1683）

生产商：杭州张小泉（Hangzhou Zhang Xiaoquan），1663 年至今

在中国，张小泉这个品牌所代表的不仅是一把剪刀，还是中国文化的一部分。杭州张小泉刀剪生产厂，业已经营 300 多年，如今仍销售 120 款剪刀，共有 360 种规格：他们最大号的产品是“帝王剪”，长达 115 厘米，重达 28 千克，被吉尼斯世界纪录确认；而他们最小的剪刀，仅 3 厘米长，重量仅有几克。原初的剪刀是满足实用功能的简洁设计的优美范例：重量轻，拿在手中很舒服，极为耐用。张大隆刀剪铺子创立于浙江杭州；1663 年，创始人之子继承父业，掌管作坊，以其名字改招牌为张小泉。从彼时起，这个作坊便快速成长壮大，并得到多位清朝皇帝的赏识，生产贡品刀剪。1958 年前后，在政府的支持下，这个老字号企业开始扩建经营场地，成为国有企业，并在 2000 年改制为有限责任公司。在国家质量评定体系中，该公司如今仍继续名列行业第一，张小泉家用剪刀在中国剪刀市场的销售占比高达 40%。

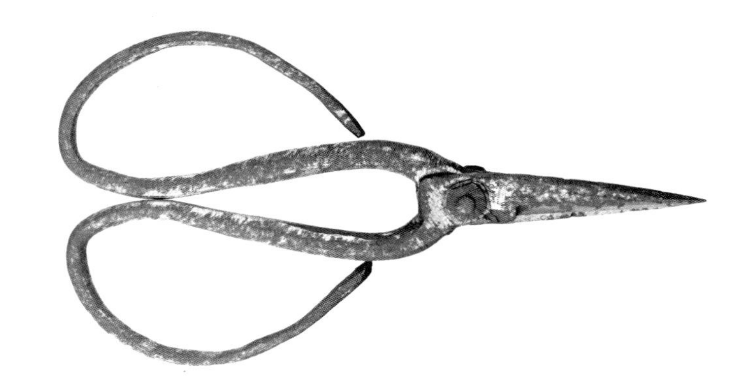

霰珠纹茶壶 18 世纪

Arare Teapot

设计者身份不详

生产商：多家生产，18 世纪至今；岩铸（Iwachu），1914 年至今

人们甚至无须亲身造访日本，便可熟悉这种霰珠纹铁器茶壶。此茶壶在日本全境随处可见，因此也将这个功能明确的设计提升到了国际知名的程度。壶是铸铁制成，霰珠（Arare）对应日文あられ，意思是雪霰、冰雹；茶壶之名，取自黑色壶身上半部以及壶盖外缘上的传统平头钉式纹样——仿佛霰粒。霰珠铁壶脱颖而出，获得显著声誉，其根基建立于 18 世纪的日本。当时的文人群体接受了煎茶道，以此作为一种符号，象征性地反抗统治阶层所喜好的、更贵族气的抹茶道。煎茶法（Sencha，蒸青绿茶）鼓动了更多平民享受茶道之乐，一种相对更便宜的茶壶的市场需求也由此打开。这一时期涌现了很多茶壶设计，霰珠铁壶便是对早先设计的改良更新，于 1914 年以其当代形态出现。此铁壶最受欢迎的生产商，盛冈的岩铸公司，现在是日本铸铁厨具业规模最大、首屈一指的顶级生产者，拥有 100 多年的历史。今天，岩铸的霰珠铁壶大量出口，行销全世界。

羊毛剪 1730 年

Sheep Shears

设计者身份不详

生产商：多家生产，18 世纪至今；伯根与鲍尔（Burgon & Ball），1730 年至今

羊毛剪，以这不变的基本造型已经存在了上千年，是被忽视的设计杰作，属于原创者为无名氏的那一集群。据既有的史料，这种羊毛剪于公元前 300 年在埃及就已存在，并且也有记录显示，它们从古罗马时代便已存在。这种手动羊毛剪，演化出了多种尺寸和式样，适用于不同的绵羊品种和羊毛特性。它们持久成功的原因在于设计完美，确保以最简单的造型来实现最大性能。剪子的这一结构可让使用者用手直接握住刀把手柄，将所有力量集中到剪切动作上。英国谢菲尔德的伯根与鲍尔成立于 1730 年，是世界上最大的羊毛剪生产商之一。公司宣传此产品优点："最大可能的剪切控制，外加最省力和最高效。"如今，该公司的产品有 60 多种不同的款式，但其中最畅销的单品仍然是"红鼓手男孩"（Red Drummer Boy），这一设计以其独特的双弓尾部造型和红漆手柄而引人注目。

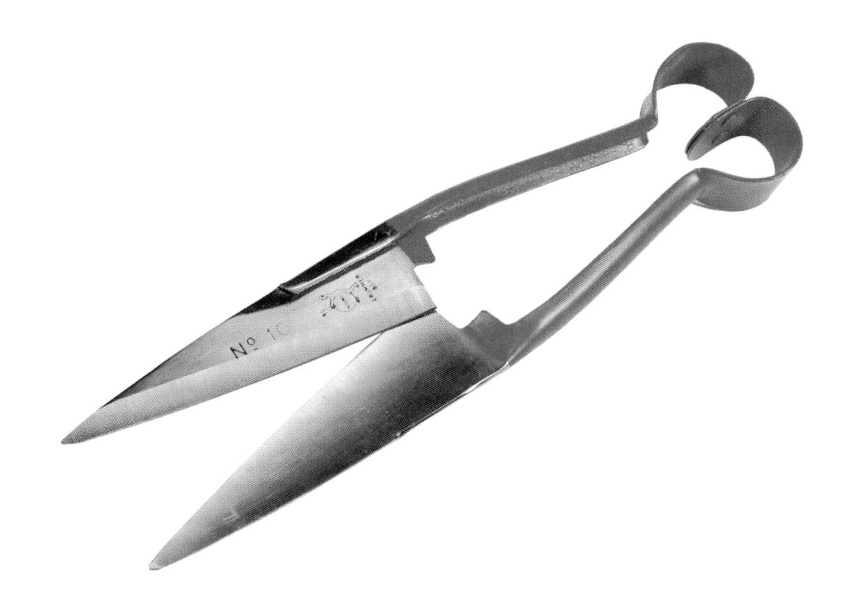

宽外套靠背温莎椅 约 18 世纪 30 年代

Sack-Back Windsor Chair

设计者身份不详

生产商：多家生产，约 18 世纪 60 年代至今

类似温莎椅的早期版本可以上溯到哥特时代，但此椅的真正发展始于 18 世纪的起初 10 年。温莎椅，最初在英国得到构想设计，定位为一把乡村椅子（据推测是由马车轮工匠首创），用于农场、小酒馆和花园等场地。这椅子的名字，可能源于这样一个事实：早年间，许多家具制造者都来自英格兰的温莎，用农场马车拉着他们的椅子四处兜售。宽外套靠背温莎椅是这种造型椅子的一个出色范例。其舒适、轻便的靠背和宽阔的椭圆形椅面，构成了一个美妙的整体。宽外套靠背（sack-back）这个名字，被认为源于靠背的形状和高度，正适合让一件宽外套套在椅背上以抵御冬季的冷风。温莎椅充分利用了不同种类木材的独特属性：椅面是松木或栗木，椅腿和横档部分是枫木，弯折的部分是胡桃木、白橡木或白蜡木。温莎椅示范了优良设计的原则：其形式和构造体现着数百年的工艺成果、材料的独创性、简单又复杂的工程学和美学质感，同时还满足了舒适度和坚固耐用的多重要求。

拼图玩具　1766 年

Jigsaw Puzzle

设计者：约翰·斯皮尔斯伯里（1739—1769）

生产商：多家生产，1766 年至今

今天，我们一定想不到，拼图游戏在 1766 年问世之初，是一种教育工具。约翰·斯皮尔斯伯里（John Spilsbury）是伦敦的一位雕版刻工与地图制作者，他将某国或某区域的地图固定在硬木板上，并用镶木细工的精巧小锯子沿那些土地边界切割。这被称为明细地图，有数十年都一直用于给学童教授地理。直到 20 世纪最初那十年，才有了面向成人的木制拼板。它们的生产成本非常高，因为拼板只是一次切割出一块，并不是组合锁定在一起构成图案。它最初只向富人出售，数量有限，在周末家庭聚会上很受欢迎。随后产生的拼图热潮，带来了新的组合互锁式拼板。“拼图”这个名称诞生于 1908 年，到了 1909 年，帕克兄弟游戏公司完全转向拼图的大规模生产，但直到大萧条时期，拼图才成为一种全国性的消遣，几乎每人都可乐在其中：1932 年 9 月推出了每周拼图产品，最初印数为 12 000 份。新品的成功，意味着产量迅速扩大。到 1933 年，销售量已达到每周 1000 万份。此后，西方国家大都接受了拼图游戏，以此为一种主要以家庭为基础的娱乐形式。尽管面临来自现代科技的竞争，拼图这一娱乐活动仍继续存在。

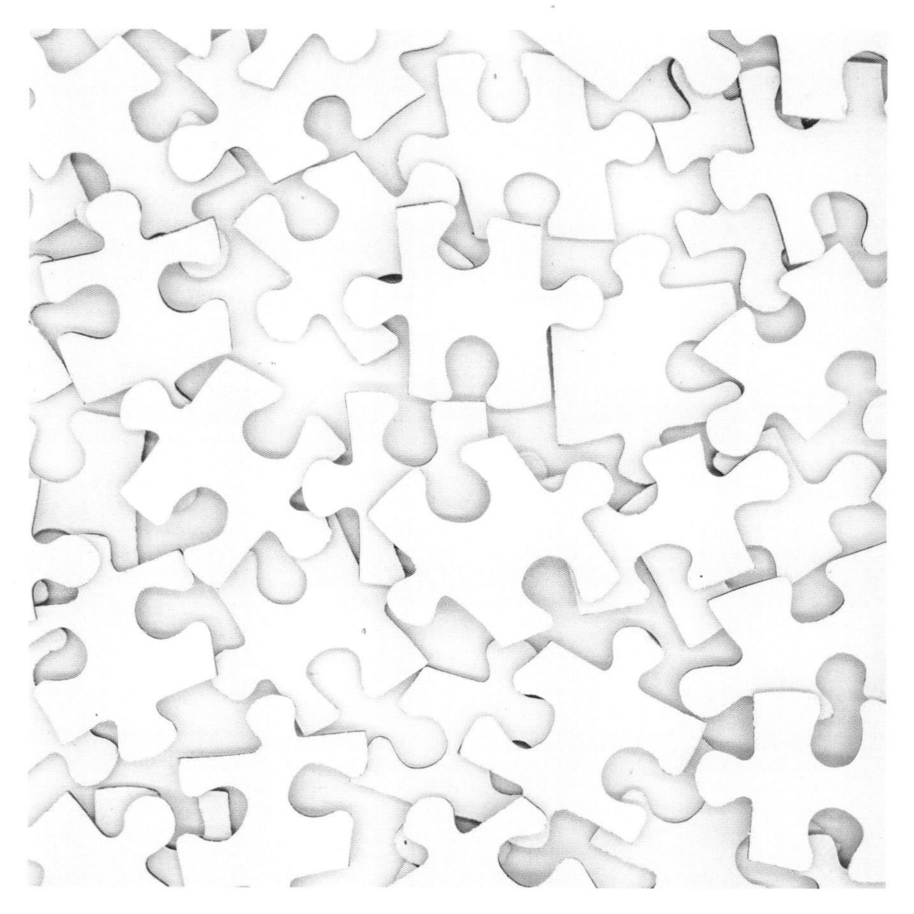

热气球　1783 年

Hot Air Balloon

设计者：约瑟夫-米歇尔·蒙戈尔菲（1740—1810）；雅克艾蒂安·蒙戈尔菲（1745—1799）

生产商：多家生产，1783 年至今

蒙戈尔菲（Montgolfier）兄弟俩，约瑟夫-米歇尔（Joseph-Michel）与雅克艾蒂安（Jacques-Étienne），在为父亲位于巴黎享有盛誉的造纸厂工作期间，开发了一种超出公司通常经营范围的产品：用精心装点的纸品拼接制成的热气球。此球体可以升高到 2235 米，在球体下方，安装有一个可燃火的火盆——然而他们错误地认为，是烟雾而不是热空气给了气球浮力。首次飞行，载物筐内有一只绵羊、一只鸭子、一只鸡，现场观看者包括国王路易十六等人。气球上升到 1830 米高度，飞行了约 1.6 千米。那些动物活了下来，这表明人类也可升空。两个月后，阿兰德斯的侯爵弗朗索瓦与皮拉特·德·罗齐尔（Pilâtre de Rozier）成为第一批乘坐蒙戈尔菲气球的人。11 天后，另一位法国人，雅克·查尔斯教授，展示了他设计的使用氢气的气球。他意识到需要一种比空气轻的介质，那样可让气球高效快速升空。他的丝绸气球，材料经过橡胶涂覆，有密封性，下面悬挂一个乘客篮，与今天的热气球很接近。到了 1800 年，气体气球已经取代了蒙戈尔菲热气球。当皮拉特·德·罗齐尔试图乘气球飞过英吉利海峡时，他搭乘的气球着火，他随之丧生，此设计因此失去了人气。

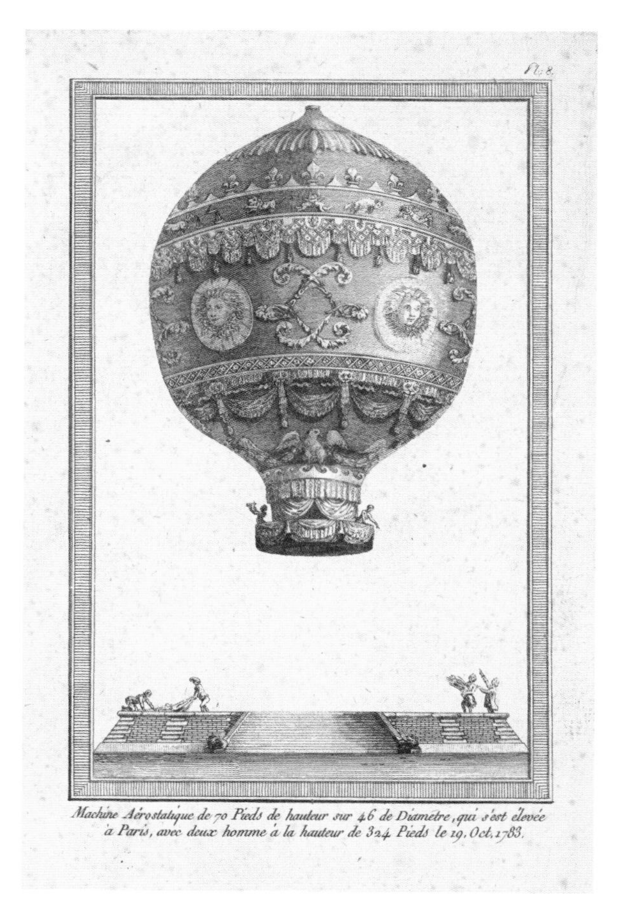

传统白瓷　　约 1796 年

Traditional White China

设计者：约西亚·韦奇伍德商行（Josiah Wedgwood & Sons）

生产商：韦奇伍德（Wedgwood），1796 年至 1830 年，约 1930 年至 2004 年，2005 年至今

骨瓷是瓷器的一种，由瓷土、长石粉、燧石和煅烧的动物骨头制成。骨瓷最初的研发应归功于约西亚·斯波德（Josiah Spode）。人们发现，往复合物料中添加骨头原料，可使陶瓷体更具强度、更持久耐用，并有助于材质产生半透明感，从而营造出象牙白色的外观。韦奇伍德成立于 1759 年，在英格兰特伦特河畔斯托克附近的工厂里，该公司于 1812 年首次将骨瓷投入生产。由于公司糟糕的财务状况，骨瓷生产在 1828 年至 1875 年间长期中断。尽管如此，骨瓷回归后，重新成为韦奇伍德产品线的重要组成部分。传统白，是骨瓷和陶器制品中不加装饰的一个产品类别。直到 20 世纪 30 年代，它才自成一个独立的系列，其中许多作品的形态可以回溯到 1796 年左右。在 19 世纪早期，时尚潮流推崇装饰繁复的器皿，它们色彩鲜艳，镀金华丽，通常烧制东方图案，而传统白瓷被用作加工这些作品的基础。今天，传统白瓷因其简单与精致而赢得了自己的地位。它的强度、耐用性、洁白度和半透明感，确保了其经久恒定的品质与持久的外观魅力。

波茨坦花园椅和长凳 1825 年

Garden Chair and Bench for Potsdam

设计者：卡尔·弗里德里希·辛克尔（1781—1841）

生产商："赛纳棚屋"皇家铸铁工厂（Royal cast-iron works Saynerhütte），1825 年到 1900 年；泰克塔（Tecta），1982 年至今

座椅的大规模生产，通常与索内特兄弟（Thonet）在 19 世纪中叶的曲木工艺创新关联。但之前几十年，铸铁制品的大规模生产已在德国开始：早在 1736 年，由彼得大帝创立和遗留下的一座前武器工厂，就已生产了数量可观的铸铁家具。德国最重要的新古典主义建筑师卡尔·弗里德里希·辛克尔（Karl Friedrich Schinkel）也设计家具。作为普鲁士建筑技术监察团的成员，他的设计经常出现在《生产商与工匠样板》（*Vorbilder für Fabrikanten und Handwerker*）上，而这本影响力巨大的出版物，为生产商和工匠制定了工艺标准。这张花园椅，由两个相同的、使用同样的铸造模具单独铸造而出的侧面部件组成。熟铁铁杆构成椅座并决定长椅腿跨度。由于铁杆被设定装配在侧立面的钻孔中，并从外侧以铆钉固定，因此，相同的模具可反复利用，只要搭配更长的铁杆便能生产更大号的长凳。那些装饰元素，如狮子头，是在铸铁还热的时候模制成型，以适应椅子靠背的曲线。辛克尔经常为普鲁士皇室工作，其铸铁作品被用于柏林和波茨坦的皇家花园。他的设计类似于今天在公园里仍然不时可见的那种长椅。

顶扣密封罐 约 1825 年

Clip Top Jars

设计者身份不详

生产商：多家生产，约 1825 年至今

这些罐子已经悄然成为居家生活场景中的固定配置。它们从无名密封罐和保鲜罐的行列上升到了类似于索内特 14 号椅子的地位，如今已成为一个通用标准物件。至少在 19 世纪初就已经有了早期的先例产品，用于储存蜜饯、水果、法式肉冻和鹅肝酱之类。现代法国乐帕菲牌（Le Parfait）生产的版本，采用压制成型的玻璃制成，形成完美的密封。这些罐子有多种容量可供选择，从 50 毫升到 3 升不等，每个罐子都有一个玻璃盖，可用金属卡扣环关闭扣紧，并以特有的橙色橡胶垫圈密封。当罐子被加热时，内部形成真空，使密封紧固不透气。平盖的设计便于堆叠，宽瓶口便于灌装。瓶口开口的大小从 7 厘米到 10 厘米不等。事实上，顶扣密封罐已屡次注册专利，也被仿造和广泛分销，但没有一个能与乐帕菲相媲美，这有着独特橙色密封圈的罐子出现在无数人家的厨房中。

镀锌金属垃圾桶　　约 1830 年

Galvanized Metal Dustbin

设计者身份不详

生产商：多家生产，约 1830 年至今

在伦敦东部的巴京加罗德（Garrods of Barking）这类历史悠久的生产商的记忆中，镀锌金属垃圾桶的起源已经淡化褪色。这家公司如今已关闭，曾生产垃圾箱 200 多年，是英国历史最悠久的垃圾箱生产商。在 18 世纪，以前被存放在室内的垃圾被转移到室外容器中，因此需要一种能够承受风霜雨雪侵蚀的容器。在伦敦 1851 年的万国博览会上，加罗德的管理层看到了可用于制造金属垃圾桶的第一批工业机械的展样，并在不久之后开始了垃圾桶的工业化生产。在倒闭之前，该公司一半的产品都使用同一套维多利亚时代的机器生产。生产程序需要两大类机械：瓦楞成型机和滚边工具。薄薄的镀锌钢板，由于其镀锌层耐腐蚀且防锈，经过瓦楞机加工为波纹板。接下来，在滚边机的帮助下，垃圾桶的所有细节得以完成。加罗德属于批量化、低成本和低价产品的生产商，也是最后一批拒绝将其设施转移到廉价劳动力国家的这类厂商之一。

礼物玩具　　1837 年

Gifts

设计者：弗里德里希・福禄贝尔（1782—1852）

生产商：米尔顿-布拉德利（Milton Bradley），1869 年至 1939 年；鹅叔玩具（Uncle Goose Toys），1997 年至今

1813年至1837 年间，弗里德里希・福禄贝尔（Friedrich Froebel）投身于教育，于 1826 年出版了《人的教育》。1837 年，他创办了幼儿园，以此作为孩子们可以通过结构化游戏开发潜能并了解世界的地方。福禄贝尔设计了一系列他称为“礼物”的木制建筑玩具，每组都是藏在自己独立盒子里的宝贝玩物套件。玩具分为 5 类：立方实体、曲面、线条、点以及线与点合体，通过玩玩具，孩子们可以探索他们周围的世界。得益于比例、几何形状、颜色与组件的设计，孩子们可以通过重新配置组合和操作这些元件，来理解科学、数学、分数和历史。比如，一个可分成 8 个较小立方体或 8 个矩形棱柱的木制立方体，既可以是城堡，也可用来讲分数课程。物品要放回它们的原装盒子，孩子们由此了解组件之间的关系，洞察玩具的工作原理。今天，积木和其他益智玩具被认为理应拥有、不足挂齿，但在 1837 年，即使有这类玩具，数量也极其稀少。福禄贝尔作品的生命力之所以能如此顽强，是因为它们积极与儿童的思维合作，共同构建孩子的幻想。“礼物”之所以能经久不衰，或许是因为它们是抽象价值意义上的珍贵宝物，毫不做作、质朴地支持着孩童时代的快乐。

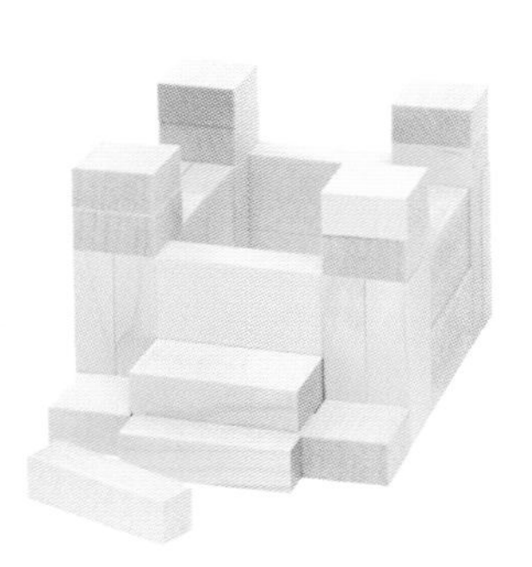

飓风提灯 1840年

Hurricane Lantern

设计者身份不详

生产商：R. E. 迪茨公司（R.E.Dietz Company），1840年至今；多家生产，19世纪40年代至今

飓风提灯，或称风暴灯，如此命名是因为它们即使在强风天也可保持燃烧不灭。名字中的“飓风”，一般是指这种管状马灯，其火焰由通过两侧的金属管提供的空气产生。空气进入以煤油为基础的燃油混合物中，便产生明亮的火焰。管状马灯主要的两个系统是热风型和冷风型，二者分别于1868年和1874年由约翰·欧文（John Irwin）发明。热风型允许新鲜空气进入灯的主体——位于底部的玻璃“球体”。加热的空气和废气的混合物，上升到金属盖顶，其中很大一部分又通过侧边管下降，去补充供应火焰燃烧。冷风型的原理是不允许燃烧后加热的副产品重新进入系统，而是通过一个烟囱状开口逸出，围绕“烟囱”的空气室，将新鲜空气带入管道并直接导向火焰。美国灯具生产商R. E. 迪茨公司于1868年生产了第一款热风灯，并于1880年生产了第一款冷风灯。这里展示的是迪茨的一款热风灯，最初用于标定路障或标示危险路况。

便携式卷尺 1842 年

Pocket Measuring Tape

设计者：詹姆斯·切斯特曼（1795—1867）

生产商：多家生产，1842 年至今；西德宝公司（Stabila），1930 年至今

对测量设备而言，精确度是关键，但实用性与便于收纳才是帮助伟大创新成为经典的品质。1821 年，詹姆斯·切斯特曼（James Chesterman）因发明利用了弹簧结构的、可回卷的卷尺而获得专利。获得专利后，25 岁的切斯特曼在谢菲尔德创立了切斯特曼钢铁公司。在接下来的几十年里，该公司成为高品质测量仪器的代名词，尤其以卷尺、游标卡尺和直角尺著称，并将产品出口到美国。 1842 年，公司推出了便携卷尺。最初，量尺的尺条是由以金属丝加固的布制成，但后来，切斯特曼对用作长裙裙撑的薄片长钢条进行加热和铆接，创造出一种可卷绕在皮套内的钢卷尺。当从外盒套中拉出时，尺条便保持笔直，并在合理的时间长度内可保证没有额外伸展或变短。 1869 年，《科学美国人》杂志对卷尺的精确测量能力、灵巧简洁度和便携性给予好评。1954 年，竞争对手西德宝公司推出了一种玻璃纤维卷尺，其中有锯齿状钢丝增加强度。随着时间的推移，钢卷尺的长度误差变化更大些，但比拉出玻璃纤维卷尺需要的牵引力更小。便携小卷尺仍然是居家生活中最常见的工具之一。它们无处不在，而且必不可少。

安全别针 1849 年

Safety Pin

设计者：沃尔特·亨特（1785—1869）

生产商：多家生产，1849 年至今

有时，某个设计是如此司空见惯，似乎它一直都存在于世，安全别针就是这样的例子。这是由纽约人沃尔特·亨特（Walter Hunt）设计的广受欢迎的家用小帮手。大头针有缺点，不时扎伤人导致讨厌的刺痛，亨特大概对此感到懊恼。他用一根 20 厘米长的黄铜丝构思了一个简易的解决方案，即在一端拧出一个线圈以产生弹力，又在另一端制作一个简单的卡扣。亨特 1849 年的专利申请，包括绘图说明的“服装别针”（Dress-Pin）的多个变体，其中有简单的圆形、椭圆形和扁平螺旋圈状样式。亨特的服装别针“同样具有装饰性，同时也比迄今应用中的任何其他卡扣别针设计更安全和耐用，没有易断裂的接头处，没有易磨损或松动的支轴”——他在专利申请中如此写道。亨特因设计安全别针获得了应有的历史荣誉，但金钱收益微乎其微。1849 年 4 月 10 日，他的创造获得专利，其后，他以区区 400 美元的价格将这个创意卖给了他的朋友。

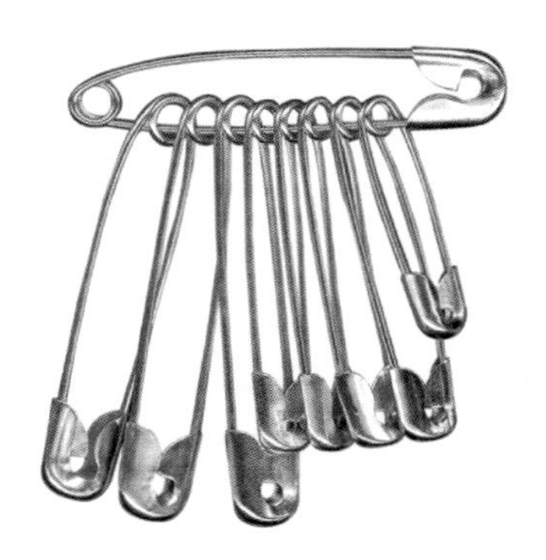

抓子游戏　　19 世纪 50 年代

Jacks

设计者身份不详

生产商：多家生产，19 世纪 50 年代至今

很多人童年时跪在地板上玩过抓子游戏。如果得知这种现代游戏起源于古代，人们可能会惊讶。金属的抓子带有尖头和圆头的末端，是利于卫生消毒的、现代版的“塔利”（tali），也即膝关节骨。绵羊的此部位的骨头，在古埃及用于技巧类、概率类和占卜类游戏。直到 20 世纪，抓子（Jacks）一词才取代了早期其他对此玩具的描述命名，如膝关节骨、柱球骨与石头抓子之类。此游戏规则很简单：抓子被扔到地上，然后游戏者掷小球反弹，在球落回地面之前，游戏者必须捡起抓子并用同一只手接住球。下一轮，则必须捡起两个抓子。每次捡起的抓子越多，游戏就变得越难；获胜者是一次性捡起最多抓子的人。游戏可以设定新规则和挑战项目，以多种方式玩耍。抓子曾出现在艺术史中，从古埃及的墓葬到弗莱芒绘画大师彼得・勃鲁盖尔都有呈现。他 1560 年的画作《儿童游戏》，向童年时代的多种消遣娱乐致敬，其中描绘有两个女人在进行一场难分难解的抓子比赛。

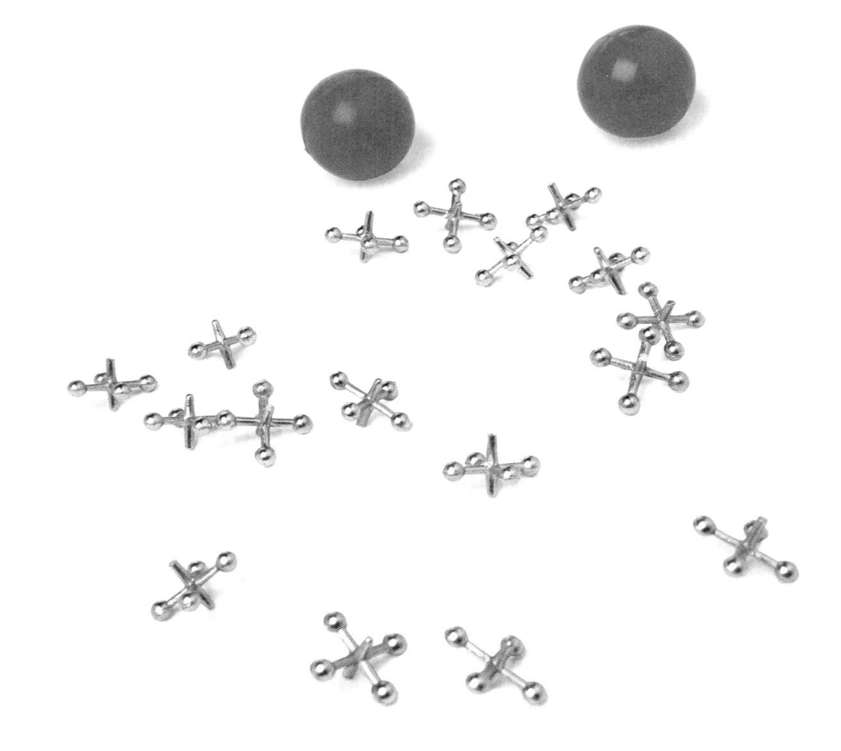

家用剪刀　　19 世纪 50 年代

Scissors

设计者身份不详

生产商：多家生产，19 世纪 50 年代至今

自公元前 14 世纪起，剪刀很可能就已存在，主要是类似羊毛剪的形式，而自公元一世纪以来，又以家用剪刀的形式存在。因此，毫不奇怪，剪刀设计的各种变体几乎无穷无尽。从剪刀尖的形状到刃口的锋利度，到刀片的厚度、曲率、长度和宽度，再到剪刀柄——有直柄、曲柄或偏置柄——以及尾部的弓形结构，都各有千秋，每一种可能的用途都有相应的剪刀。最常见的是家用剪，称为“利钝结合”（sharp blunt）设计——这是指剪刀尖头的形式。剪刀合上时，一侧刀片的钝头便保护另一侧锋利的尖头，使之更安全。就材质而言，用到银亮钢或镀镍饰面工艺，它们通常是热熔锻造、机器研磨再经手工完成。18 世纪中叶，钢铁开始大规模使用，剪刀的工业化生产就此开始。自 13 世纪起，谢菲尔德一直是刀叉类餐具重要的贸易中心，这得益于该地区的自然资源，包括前蒸汽时代取自河流的水力、广阔的林地还有石灰石资源。1856 年，亨利・贝塞默（Henry Bessemer）发明了炼钢炉，以其名字命名，这是一种可在半小时内炼出 30 吨钢的大型坩埚，刀叉与剪刀的产量由此增加。今天，谢菲尔德仍然是最著名的制造重镇之一，威廉惠特利父子（William Whiteley & Sons）等公司已成为知名生产商。

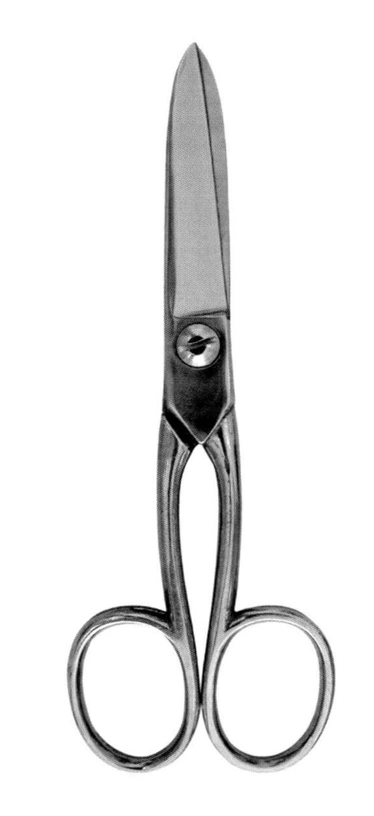

挂衣夹 19 世纪 50 年代

Clothes Peg

设计者身份不详

生产商：多家生产，19 世纪 50 年代至今

我们希望能够将每件产品都归功于某个天才，但生活中一些最有用的产品，演化进程却更“有机化”，由集体创造。原始衣夹的功劳通常被归于夏克（Shakers，也译作震颤派）成员安・李（Ann Lee）于 1772 年在美国创立的宗教组织。他们制作的家具和手工产品极度简化。他们的衣夹只是一块木头，中间有一道裂缝，用来将衣服固定在晾衣绳上。但没有人能真正认领设计挂衣夹的功劳。事实上，在 1852 年至 1887 年间，美国专利局为 146 种不同的衣夹授予了专利，尽管其中大多数似乎都基于与夏克式双叉状衣夹相同的构想。这里展示的经典衣夹，由佛蒙特州斯普林菲尔德的史密斯（D. M. Smith）于 1853 年原创，是用两片木销组成，由钢弹簧固定，将它们牢固地夹在一起。 1944 年，马里奥・马卡费里（Mario Maccaferri）生产了一款塑料版本的衣夹，耐磨耐用。 1976 年，艺术家克拉斯・奥登伯格（Claes Oldenburg）在费城中心广场做了个艺术装置，一个巨型仿真模型，直白粗率地命名为《晾衣夹》，衣夹作为一个图标符号的地位得以确立。

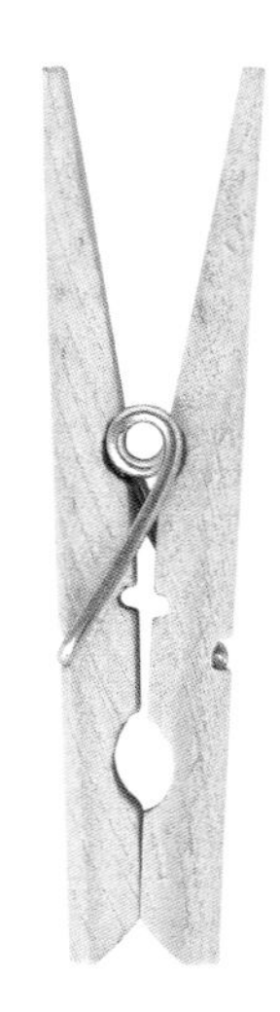

魔力斯奇那笔记本 约 1850 年

Moleskine Notebook

设计者身份不详

生产商：无名公司（位于法国图尔），约 1850 年至 1985 年；莫多 & 莫多（Modo & Modo），1997 年至 2006 年；魔力斯奇那，2006 年至今

魔力斯奇那笔记本，油布封皮设计，以具有 200 年历史的一个传奇产品为设计基础。第一个生产商是一家位于法国图尔的小型家庭作坊，该企业默默经营，于 1985 年停业。此笔记本于 1997 年由意大利莫多 & 莫多公司重新发售。该设计受益于强大的广告攻势，而宣传活动的基础与渲染的重点，则是原产品与文学和艺术的神秘关联。莫多 & 莫多声称该产品是“海明威、毕加索和查特文（Chatwin）的传奇笔记本”，这款小巧的袖珍笔记本声名鹊起，受到市场的追捧。标准型魔力斯奇那笔记本尺寸为 14 厘米 × 9 厘米，封皮内装订着轻质无酸纸。此产品的名称来源是“鼹鼠皮”（moleskin）的法语拼写，因为笔记本的油布封皮类似鼹鼠皮质感。当原初的法国笔记本被淘汰时，“鼹鼠皮”这个词已经成为该产品类别通用的商标名。按意大利政府的说法，人们对此如此熟悉，使之成了“事实品牌”，足够让莫多 & 莫多合法地复活和营销该产品，以大写的 M 开始此单词 moleskine（意即成为专有品牌名），并传承这个遗产。现在，这个广为人知的品牌每年售出超过 300 万本高档笔记本，以及相关文具。

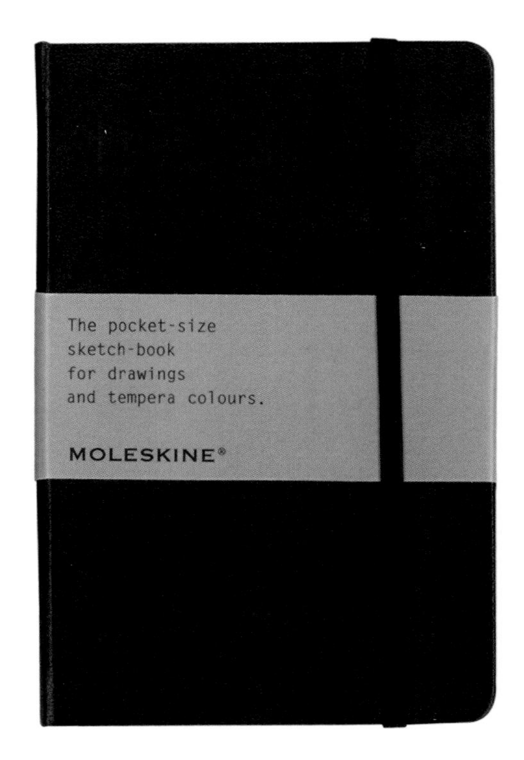

织物料花园折叠椅　　19 世纪 50 年代

Textile Garden Folding Chair

设计者身份不详

生产商：多家生产，19 世纪 50 年代至今

织物料花园折叠椅，其起源关联到航海，这毫无疑问：最初是用于游轮的甲板上。吊床是节省空间的传统的水手床位，折叠椅对吊床的借鉴显而易见。椅子的帆布椅座通常印有色彩奔放鲜明的条纹，这是从船帆中获得的视觉启示。当躺椅一排排展开，但无人占用时，它们的帆布座被微风吹起，好似一个行进中的小船队。除了对海洋和海滨的强烈指涉外，此设计还体现出在船上的实用性。作为户外用品，椅子是季节性的，在天气恶劣时或寒冷月份并不需要。此时，它们最好可以放平折叠，不会占用大量空间——无论是收在船的甲板下还是在花园棚屋中，这都必须是一种轻巧的优质产品。巧合的是，若论为强制放松而做的设计，这似乎是理想选择。由于无法在织物帆布椅上坐直，暂坐此躺椅者不得不斜躺。因为织物料折叠椅务实的初衷和实用性，它是一种终极省力设备——提供最大限度的闲适享受。

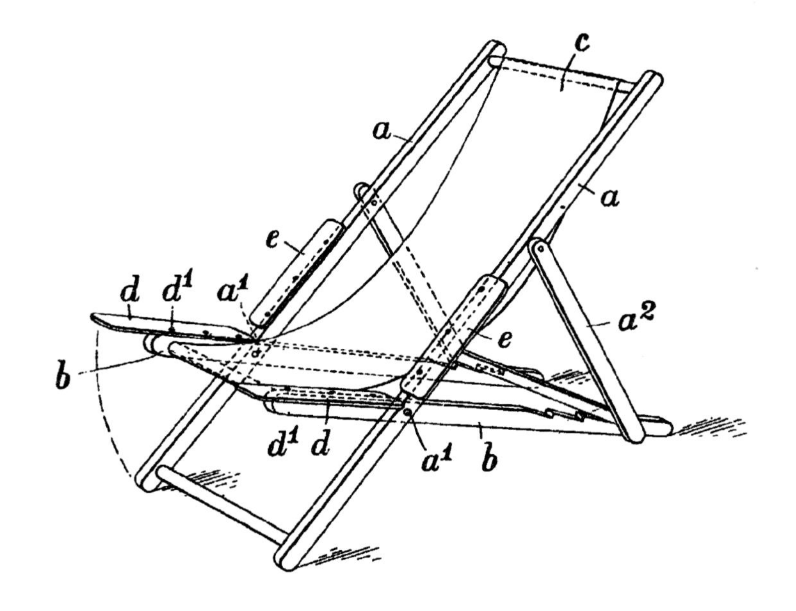

的黎波里折叠椅　　约 1855 年

Tripolina Folding Chair

设计者：约瑟夫·贝弗利·芬比（1841—1903）

生产商：多家生产，20 世纪 30 年代至今

折叠椅世界中的这一标志产品，由约瑟夫·贝弗利·芬比（Joseph Beverly Fenby）于 1855 年左右在英格兰设计，供英国陆军的军官在战役期间使用。芬比接着于 1877 年为这把椅子申请了专利。椅子外观看上去就很实用，也没有任何不必要的装饰，这赋予其一种现代感，这在 19 世纪旨在为上流社会设计的家具中并不常见。这种“现代精神”很可能是出于设计时对轻便和坚固的要求，以便它能在战场上发挥功用，而大约 60 年后这椅子仍适合投入生产，也正是因为其现代感。意大利制造了一个稍稍改良的版本，以皮革代替帆布，供日常居家使用，在整个 20 世纪 30 年代都有生产，型号为“的黎波里”（Tripolina，为意大利语拼写）。的黎波里使用了三维折叠结构，比以无支撑 X 框架而扬名的那种躺椅远为复杂，因为它的帆布或皮革吊索要从 4 个点加以支撑。然而，的黎波里的木结构部分仍然缺乏良好支撑力，这是许多悬吊索座椅都存在的问题。本品的存在，是对另一个时代和其特殊用途的提醒，它的风格从其起源之时流传至今，在任何给定的环境中仍能脱颖而出。

罗贝麦尔水晶酒具套装 1856年

Lobmeyr Crystal Drinking Set

设计者：路德维希 · 罗贝麦尔（1829—1917）

生产商：罗贝麦尔（Lobmeyr），1856年至今

路德维希 · 罗贝麦尔（Ludwig Lobmeyr），是奥地利玻璃器皿经销商家族企业的一员。他设计出的水晶玻璃饮具系列，富于创新，且备受追捧，由此扩充了自己的设计遗产。罗贝麦尔对玻璃用品设计有深刻的理解，这是他人生激情之一。在1851年的伦敦万国博览会上，他看到东方、希腊、罗马和威尼斯的玻璃制品，受此启发，他开始试验，做釉彩与绘画玻璃。到1856年，他研发出了后来被称为“薄纱”（muslin）玻璃的新品。这种水晶般清透、绘有图案的玻璃只有几毫米厚，很难制造。它必须是手工吹制、切割、雕刻和抛光——这一过程涉及10多名熟练工匠，以确保最终成品的每个细节都准确无误。从醒酒器和高脚杯，到罗贝麦尔水晶酒具套装，全系列的“薄纱”玻璃制品都有生产。葡萄酒爱好者喜欢此酒器，因为它创造了酒液与饮者嘴巴之间最薄的接触面。这款玻璃工艺品质朴而纤薄，具有永恒的魅力，即使它们再晚一个世纪设计出来，也不会显得落伍或格格不入。今天，收藏家与高级餐厅仍在购买这一手工制作的套组系列。

14 号椅子 1859 年

Chair No. 14

设计者：迈克尔·索内特（1796—1871）

生产商：索内特股份有限公司，前身为索内特兄弟商行（Thonet GmbH，formerly Gebrüder Thonet），1859 年至 1945 年，1960 年至今

没有名字，仅有一个数字，在迈克尔·索内特（Michael Thonet）父子细木生产商那庞杂的家具产品目录中，这只是一个不起眼的条目。这种谦虚的匿名形态，掩盖了这样一个事实：小小的 14 号椅子在家具史上是一个巨人般的存在。这把椅子由索内特于 1859 年设计，其与众不同之处，不是它的典型样式，而是它的制造工艺。在 19 世纪 50 年代，索内特开创了一种利用蒸汽折弯木杆和木条的加工工序。这种“曲木”工艺，就劳动时间和熟练工匠的角度而言，具有极大的解放意义，让该时期的流行风格家具出现了简化版本。此工艺允许家具批量生产、作为部件运输并在目的地组装，使成本降到很低，由此开创了家具制造业的先河。14 号椅子及其后继同类，提早 50 多年预言了后来将定义现代主义的那些根本主题和通则。索内特于 1871 年去世，不过至当时，索内特兄弟商行已成为世界上最大的家具厂。14 号椅子可能是有史以来出品的商业上最成功的椅子，但商业成功，并未削弱其经久不衰的形制与设计概念上的魅力。今天，这一表现了 19 世纪高科技的单品，仍然保持着一种清新雅致的实用性。

夏克板条靠背椅 19 世纪 60 年代

Shaker Slat Back Chair

设计者：罗伯特·瓦根（1833—1883）

生产商：罗伯特·瓦根公司（RM Wagan & Company），19 世纪 60 年代至 1947 年

1774 年抵达美国并在新英格兰一带定居后，夏克教徒虔心投身于劳动，视劳动为一种宗教信仰的行为，这种敬奉姿态也体现在他们的创造品的精确性上。夏克板条靠背椅，凭借其弧形背板营造出向上攀升的优美感受，并配合木料尖顶部的柔化变细，有意将视线引向天空。同时，车过的圆椅腿、横档、侧撑的轻量化比例，表明设计者对材料理解透彻，可谓专家水准。网状的椅面座位用绳带、皮革、羊毛或藤条编织，包住下面柔软的内垫，以增加实用功能和耐用度。板条靠背椅是夏克的信念原则——清洁等于虔敬——的一个很好范例。椅子由罗伯特·瓦根（Brother Robert Wagan）制造，是从 19 世纪 60 年代的梯子靠背椅（Ladder Back Chair）演变而来。在瓦根指导下，信徒们改造了一台木工机器，使每年的产量增加到 600 把椅子。1872 年，一座配备蒸汽机的新工厂启用，每周能生产 144 把椅子。随着产量的提高，椅子被外界熟知并称为 5 号餐椅，并开始通过邮购商品目录销售。椅子从手工制品转化为由罗伯特·瓦根公司的工厂批量生产的产品，但这一改变并未降低其质量。

折叠尺 19 世纪 60 年代

Folding Ruler

设计者身份不详

生产商：多家生产，19 世纪 60 年代至今

目前尚不清楚折叠尺是何时发明的，但有出自 19 世纪中叶的实物例证。为了便于携带，它们被制成各种展开长度，从折叠后可装入衬衣口袋的（全长）43 厘米折尺到折叠后可装入工具包的（全长）268 厘米规格，长短不等。精密尺子一直由金属制成，通常是黄铜或钢，而普通尺子，在引入塑料之前是由象牙或木头制成。使用象牙是因为其白色质地与黑色刻度标记可形成鲜明对比。而木制尺子，传统上用黄杨木制作，这是一种略显黄色的坚硬木材，纹理细密。与象牙不同，后面这种材料不会随着湿度的变化而膨胀或收缩。木尺可配有黄铜铰链和连接配件（一般来说，象牙折尺使用镍银连缀，因为黄铜会污损象牙）。铰链经过精心设计加工，因此当折尺展开时，能锁定在固有的接头位置，不至于伸缩移位、影响精度。据信，安东・乌尔里希（Anton Ullrich）于 1865 年为西德宝公司发明创制了折叠尺，该尺成为行业标准，甚至其他公司也以此为生产范本。不过，1932 年，史丹利公司推出了可伸缩的金属条带尺，长度达 3 米，名为“推拉尺”，该尺使用方便，标志着折叠尺的使用率持续下降。

英式公园长椅 19 世纪 60 年代

English Park Bench

设计者身份不详

生产商：多家生产，19 世纪 60 年代至今

我们都喜欢坐在公园长椅上小憩，虽然长椅的变体样式层出不穷，但最常见、最普遍的，还是全木版本，垂直板条的靠背配上水平板条的椅面。通俗口语中的“长椅”（bench）或“高背长椅”（settle），可追溯到 16 世纪，但为我们带来公园长椅的，还是维多利亚时代的人们。当时，工业革命引发了城市的扩张，工业富豪成为捐助者，将资金投入公园建设中，以迎合民众漫步溜达的风尚，这反过来又催生了对廉价但坚固的座椅的需求。彼时的长椅是用橡木做成，有时也用柚木，其中一些是用从木制战舰上回收的板材打造。长椅的实际设计则更难寻根摸底。长椅的扁平板材几乎全无装饰，通过切入木板的坚固的榫卯接头组装成座椅，其存在带来一种朴实低调、令人安心的感受。纪念铭牌或刻字，已成为长椅常见的附加物：18 世纪，在观赏型植物园与景观花园中，座椅上偶尔会刻上诗句，以诱导人们去深思眼前的景色。私人给市政公园捐赠长椅，座椅上刻字纪念亲人，这就扩展延伸了前述传统。更近些年来，设计师甚至以电子方式拓展了长椅功能，使落座者能够听到纪念音频，聆听诗歌或接入互联网。

耶鲁圆柱形锁芯 1861 年

Yale Cylinder Lock

设计者：小莱纳斯 · 耶鲁（1821—1868）

生产商：耶鲁（Yale），1862 年至今

小莱纳斯 · 耶鲁（Linus Yale Jr）是一名锁匠的儿子。他发明的锁具的基本原理至今仍在应用中。耶鲁于 1851 年设计了他的第一把锁，并以马戏团演出指挥者般的噱头与派头，将锁命名为“耶鲁神奇无误银行锁”。该锁避免了使用弹簧或其他可能逐渐失去效用的部件。耶鲁设计了一种机关，使撬锁工具无法侵入，并且他声称，火药攻击对锁也无效。他的第二把锁，“耶鲁万无一失安全锁”，是对第一个型号的改进。19 世纪 60 年代，耶鲁开发了“监测式银行锁”——第一个银行密码锁，还有“耶鲁双拨密码银行锁”。然后，他开始改造古埃及人的弹子锁工作机制，作为他圆柱形锁芯的基础，并因此锁于 1861 年和 1865 年获得专利。1868 年，耶鲁与亨利 · 汤恩（Henry Towne）合伙，在费城创立了耶鲁锁制造公司。工厂开工 3 个月后，他便去世了。1879 年，锁具公司产品中增加了挂锁、手拉葫芦（链式起重器）与卡车，而耶鲁这个名号，也代表了最资深的锁具生产商。

钥匙开启式罐头 1866 年

Key-Opening Can

设计者：J. 奥斯特豪特（生卒年不详）

生产商：多家生产，1866 年至今

1866 年，J. 奥斯特豪特（J Osterhoudt）为第一个钥匙开启式罐头申请了专利。与彼得 · 杜兰德（Peter Durand）于 1810 年获得专利的、更常见更通行的圆柱形罐头不同，此罐头的最大优点是无须使用刀片即可打开。取代刀片的是一枚小小的金属“钥匙”，它可将罐子薄薄的金属顶盖翻开和剥离。这个简单的开盖程序，促成了许多用于改进其初始设计的专利。雷顿（GA Leighton）在 1924 年登记的专利，是在钥匙插入罐体的地方设置一个稍微弱化的 X 点：钥匙的顶头有一个细小的钩子，插入这个 X 点，然后翻转钥匙，沿着罐盖的长度方向滚动，薄薄的金属盖子最终形成一卷铁皮，露出里面的食物。这种较浅的罐头虽然从来没有像圆柱状锡罐头那样风行，但还是被完美地设计成存储不起眼的沙丁鱼的容器。利用钥匙开启式罐头，小鱼可被紧紧地压在包装里，在运输过程中不会变形或破碎。这一设计侧边略微凸起，罐体深度相对较浅，也意味着可以很轻易地取食沙丁鱼，同时防止泡制保存鱼肉的油溢出。出于此原因，我们也许还该感谢奥斯特豪特——是他，让“挤得像沙丁鱼”这一口头语显得合情合理。

雷明顿 1 号　　1868 年

Remington No.1

设计者：克里斯托弗·莱瑟姆·肖尔斯（Christopher Latham Sholes，1819—1890）
卡洛斯·格利登（Carlos Glidden，1834—1877）

生产商：雷明顿父子公司（E Remington & Sons），1873 年至约 1878 年

这个型号的打字机（最初命名为“肖尔斯与格利登打字机”）最初问世时，打字机还不是寻常之物。1870 年，设计师将此专利授权给了雷明顿父子公司——这家枪械、农具和缝纫机生产商。这台机器的速度和准确性确实有了提高，带来提升的一个设计元素是柯蒂键盘（Qwerty）。这个设计使此机器成为第一台具备比手写更快的输出速度的工具。不过，它对用户并不友好，因为与大多数早期的打字机一样，它有着“盲打”或“上击”（up-strike）设计，这意味着打字者不能立即看到其手头正在打出的字符。有个故事暗示，肖尔斯这样设计是为了“阻碍”用户，以免打字太快。更可能的是，他想在人们快速使用机器时，防止流行的字母组合的打字杆（其顶部即是字母）卡住，从而提供更快的打字体验。尽管存在缺陷，但雷明顿 1 号是第一款商业上成功的打字机，其各种实物版本以 125 美元一部的价格售出了约 5000 台。它开拓和确立了打字机市场，并巩固了雷明顿的声誉。接下来的 20 年里，雷明顿仍是该行业最大的厂家。这份遗产保留至今：除了少数几种键盘外，所有键盘都是柯蒂样式。尽管研究表明，其他替代品（例如德沃夏克键盘）打字更快，但它们不像肖尔斯原创的按键布局那样普及和受欢迎。

ABC 积木 1869 年

ABC Blocks

设计者：约翰·卫斯理·海特（John Wesley Hyatt，1837—1920）

生产商：奥尔巴尼压花雕印公司（The Embossing Company of Albany），1879 年至 1955 年；鹅叔玩具（Uncle Goose Toys），1983 年至今

学习阅读，是进入更广阔世界的一种人生成长仪式。一个多世纪以来，“鹅叔”的 ABC 积木一直是最出色的阅读学习工具之一。该套组以传统玩具为基础，于 1879 年首次批量生产，由 27 个边长为 2.54 厘米的木块组成，上面印有字母表 4 组、阿拉伯数字 3 组、算术符号，还有 27 个动物图像（立方体每一面都是颜色鲜艳的图像或符号，由金银丝样式的图案包围）。半个多世纪以来，它一直跻身于幼童、少年甚至是成年人最喜欢的玩具之列，比如以挑剔著称的建筑师弗兰克·劳埃德·赖特（Frank Lloyd Wright）也对此爱不释手。1955 年，此积木的生产商，纽约的奥尔巴尼压花雕印公司关门后，生产随之停止。1983 年，威廉·布尔特曼（William Bultman）成立了鹅叔玩具公司，生产的玩具旨在培养学龄前儿童的运动、数学和语言技能。他想起年少时玩过的 ABC 积木，便重新发售该玩具套装，利用它们唤起的怀旧感作为卖点。这些积木使用了原初的外表面设计与配色方案，但现在是用无毒彩墨印花。推出的新品系列，有希伯来文、西班牙文和德文字母，以及盲文与手语版本。包装也应有尽有，包括盒装、板条箱装和玩具小推车装。

一次性筷子 19 世纪 70 年代

Waribashi Chopsticks

设计者身份不详

生产商：多家生产，19 世纪 70 年代至今

日本丰富的文化生活就如同一份名录，包括了标志性的建筑、时尚和工业设计成就，但当中没有哪个比简陋的一次性筷子更普遍、更无处不在。这个词在日语中意思是“可折断”，指的是在使用前将两根木筷分开所需的掰开动作。这种筷子是日常生活的标准配置，是在日本和世界其他大部分地区使用最广泛的筷子：小番（Koban），长约 15 厘米，是诸多筷子变体中最常见的一种，通常封装在箸袋（卫生干净的纸袋）中。卫生筷最初在明治维新期间（1868—1912）引入，当时日本迅速现代化，神道教成为主导宗教。按照神道教的说法，筷子是神所赐予，在凡人和神之间架起了一道神圣的桥梁，而用过即弃和单次性使用的卫生筷，恰好符合神道教对纯净和更新的理想。然而，这个物品给日本带来了严重的生态问题：筷子最初是用废木料生产，到了 21 世纪，它们主要用进口木材制成，每年生产 240 亿双——总体来说，都是用后随即丢弃——这相当于每人每年大约丢弃 168 双。撇开可持续性和环保问题不谈，尽管大多数人仅视之为搭配外卖餐食的简陋附件，筷子的实用性、雅致和功能性却是无可争议的。

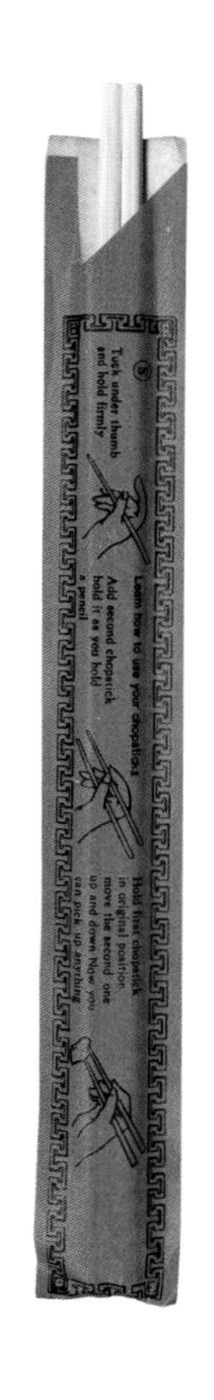

考德瓶 1872 年

Codd Bottle

设计者：海勒姆·考德（1838—1887）

生产商：多家生产，1872 年至今

1872 年，英国工程师和软饮料生产商海勒姆·考德（Hiram Codd）获得了一项创新的装瓶技术专利，该技术能防止碳酸饮料跑气。它由一个厚玻璃瓶与瓶内的玻璃球构成，一旦装满，来自液体中二氧化碳的压力会迫使圆球顶在瓶颈部的橡胶密封圈上。要打开饮料，便要将球回推，直到压力释放，然后球沉到瓶子的底部；或者，在后来的设计中，球滑入瓶颈的凹槽中，以防止在倒饮料或饮用时球往回滚，堵住瓶口。人们普遍认为，打开此瓶包装的这独特过程所带来的体验至关重要，与饮料本身相比，即便不是更重要，也同等重要。虽然考德瓶设计复杂，而且它的制造过程比密封软木塞之类的替代选项更烦琐——玻璃必须分成两块浇铸才能安装密封圈和玻璃球，但它有两个潜能，就是更有效率和可持续使用，因为这些成品重复使用起来很容易。有些瓶子，在饮料装瓶一个世纪后仍未打开，如今不时有这样的发现。今天，这种设计在日本和印度依然有应用。

三足糖罐 约 1873 年

Sugar Bowl

设计者：克里斯托弗·德莱塞（1834—1904）

生产商：埃尔金顿公司（Elkington & Company），约 1873 年至 1890 年；艾烈希（Alessi），1993 年至今

克里斯托弗·德莱塞（Christopher Dresser）被认为是欧洲专业的工业设计师第一人，其职业生涯长达 50 年。关于装饰设计，他写了很多文章，同时也提倡，出于纯净和形式优雅的考虑，应在特定物品中省略装饰。三足糖罐是他最初设计的金属制品之一，19 世纪 60 年代中期，糖罐的设计草图出现在他的速写本中。位于伯明翰的埃尔金顿公司生产了此物。锥形外观表明了德莱塞对简洁风格的偏好。这一偏好，部分源自他对日本金属制品的研究。他的著作《装饰性设计的原则》（1873）阐述了对“适用性”和“材料经济性”的重要性所进行的理论思考。此二原则中，后者解释了糖罐顶部周围有两圈脊线的原因：凸起的“轮缘”强化了锥体的上部，使之可以用更薄的银板材料来成型，省料从而也节省成本。罐子的腿则纯粹是功能性的。德莱塞确信锥形是正确的造型选择，因为这能将糖粉与糖块分开，那 3 条腿不仅支撑着锥形，握持时还充当把手。意大利艾烈希公司（创始人姓艾烈希，作为商标时译作艾烈希）生产的此罐为银质复刻品，只配有两条腿。1993 年，艾烈希推出了此物的彩色树脂版。放在公司那些更轻佻的拟人造型的产品边上，树脂罐也喜气洋洋，外观毫不落伍，尽管样式已有 120 年历史。

标致胡椒研磨器 1874 年

Peugeot Pepper Mill

设计者：让-弗雷德里克·标致（Jean-Frédéric Peugeot，1770—1822）；让-皮埃尔·标致（Jean-Pierre Peugeot，1768—1852）

生产商：标致公司（Peugeot），1874 年至今

标致胡椒研磨器工厂，于 1810 年在法国东部创立。高 17.5 厘米的“普罗旺斯型”研磨器，只是其目前提供的 80 种产品之一，但毫无疑问是最受认可的。这款自 1874 年便已生产的研磨罐，是标致牌总计年销 200 万只的产品中最受欢迎的型号。这款研磨罐看似传统，但设计逻辑简洁，工艺有创新，研磨功能建构出色，内在超越了外部风格。其获得专利的可调节机械结构，使用了双排螺旋齿，来引导胡椒粒并投料——程序第一步是破碎，然后进行细磨。这些机械构造，由经过表面硬化处理的钢制成，以确保可靠性和耐用性。标致牌于 1850 年首次使用狮子标志，之所以用狮子，是因其强壮的颌骨，这可使人联想到胡椒磨最初使用的铸钢刀片。今天，其内部机构由重轨加工钢制成，强度高，实际上已坚不可摧。1810 年，标致兄弟将一间家族谷物磨坊改造成钢制品厂，并在 1818 年获得了工具生产专利。自 1874 年以来，标致一直是胡椒研磨器的领先生产商。

吐司架 1878 年

Toast Rack

设计者：克里斯托弗·德莱塞（1834—1904）

生产商：胡金与希思公司（Hukin & Heath），1881 年至 1883 年；艾烈希，1991 年至 2013 年

虽然看起来可能像是来自德国包豪斯门下的产品，但这个烤面包吐司架是由英国设计师克里斯托弗·德莱塞设计，而且早于包豪斯学校开办 40 多年。德莱塞的作品受到 20 世纪早期的现代主义者的拥戴，但他并非任何一种风格或僵化教条的门派的倡导者——尽管他经常以最简省的美学原则来设计，只使用简单的几何形式。在他的银器创作中，德莱塞专注于材料的经济化应用，成品的大部分表面都没有装饰。就烤面包架来看，这种经济是显而易见的。10 根细圆柱状金属桩穿过一块长方形板：4 个伸出来当脚，另外 6 根像铆钉一样钉在这个架子的底板上——这个细节可能受到日本金属制品上裸露的铆钉的启发。T 形手柄是德莱塞在他的若干设计中借用的另一个日本造型主题。他是第一位访问日本的欧洲设计师，其在日本的旅程从 1876 年持续到 1877 年。德莱塞为英国的胡金与希思公司工作多年；此设计最初由该公司以银材打造，后来由艾烈希在 1991 年以抛光不锈钢重新生产推出。

国标邮筒 1879 年

National Standard Pillar Box

设计者：英国邮政工程部

生产商：汉迪塞德（Handyside），1879 年至 1904 年，多家生产，1904 年至今

英国人带着强烈的自豪感看待许多事物，尤其是那红色邮筒。英国第一个红色自立式铸铁邮筒于 1852 年出现在离岸岛泽西郡的首府圣赫利尔。这要归功于小说家安东尼·特罗洛普（Anthony Trollope）。当时他是邮局的一位检察官的副手，是他想出了路边邮箱的创意，而那现在被认为是英国第一个全国性的通信系统。英伦本地设计师约翰·沃丁（John Vaudin）设计了第一个六角形的立式筒，于 1853 年 9 月在英国大陆首次亮相。最初，这些柱式盒体的颜色、形状和大小都未统一，各不相同。圆柱形的国标邮筒，最初是绿色，但在 1874 年漆成了红色以更加醒目，该版本于1858年由理查德·雷德格雷夫（Richard Redgrave）设计。1859 年，该设计得到进一步改进，引入一个保护罩，能遮盖重新定位了的投递开孔，还有一个铁丝网，在邮筒门打开时挡住邮件，防止掉落。第一个国家标准柱式邮筒由科克伦诸先生公司（Messrs Cochrane & Company）制造，此邮筒被奉为标准，在全国范围内得到效仿和推广。1875 年 11 月，与今日国标圆柱形邮筒同样的第一个范本问世。1879 年，它被标志性的、没有任何皇家徽记的“无名”邮筒所取代。此后，唯一的更新只是在投递孔的任意一侧加上了“邮政”的字样。这个版本即是如今的国标邮筒，其设计元素从那以后几乎没有过丝毫改变。

爱迪生型电灯 1879 年

Type Edison Lamp

设计者：托马斯·阿尔瓦·爱迪生（1847—1931）

生产商：爱迪生通用电气（Edison General Electric），通用电气（General Electric），1880 年至 19 世纪 90 年代

白炽灯泡是美国人托马斯·阿尔瓦·爱迪生和英国人约瑟夫·威尔逊·斯旺爵士（Sir Joseph Wilson Swan）同时发明的。爱迪生的灯泡，在他的新泽西试验室中研发，此灯泡的工作原理，是让电流通过真空玻璃泡内的碳丝。这只灯泡能持续点燃几个小时，因为真空延长了灯丝的寿命，让碳丝推迟熔断。到了 1880 年底，进一步的试验帮助爱迪生开发出寿命超过 1500 小时的灯泡。斯旺的版本，于 1879 年在英格兰生产并获得专利，是将电流施加到导电材料上，同时也使用真空来减缓灯丝的燃烧，但他早期的试验结果极不稳定。爱迪生完善了自己的技术并迅速为此发明申请了专利（美国专利号 223898，于 1880 年获颁证书）。他还对斯旺提起了专利侵权诉讼，但事与愿违，这反而迫使他承认了斯旺早期的发明。爱迪生不得不与斯旺联手，创立了一个商业合资企业：爱迪生与斯旺联合电灯公司，品牌名为爱迪斯旺（Ediswan）。达标的基础电力网络一经建立，他们灯泡的潜力便得以实现。尽管自发明以来一直改进，不断提升，但就如其发明者的愿景那般，白炽灯泡仍然有着清晰的辨识度，也让发明者名扬后世。

博尔茨音乐陀螺 1880 年

Bolz Musical Spinning Top

设计者：洛伦兹·博尔茨（1856—1906）

生产商：洛伦兹·博尔茨（Lorenz Bolz），1888 年起，停产日期不详

几乎和泰迪熊一样，色彩鲜艳的音乐陀螺是大多数人童年的一部分，它持久不衰的吸引力，或多或少源于其独创设计。1888 年，在他位于巴伐利亚州齐恩多夫的商行，洛伦兹·博尔茨根据自己的设计完成了第一只手动冲床压制的锌质陀螺。传统的陀螺是木质的圆锥体，用鞭子抽动，陀螺便在底端尖头上旋转。博尔茨陀螺同时也组合了一个木质的手柄，可以更好地控制陀螺的旋转动态。金属主体上的小切口，加上陀螺内部气流对离心力的反应，一起产生了嗡嗡声效。逐渐地，博尔茨将陀螺材料从锌改为马口铁。1913 年，他的儿子彼得推出了柱塞式或泵机构钻杆驱动的特色陀螺。那金属钻杆，带有螺旋槽和木柄，像螺丝一样钻入陀螺。钻杆反复的泵压动作，带来了更大的旋转动能，从而增强陀螺的音乐鸣响效果。另外的乐音和弦还添加到了声响设计中，以产生更复杂、更生动的音效。虽然采用不同的式样进行装饰，在基础型号的陀螺中，最常见的是直径和高度均为 19 厘米，重量为 230 克的陀螺。

“侍者之友”开瓶器 1882 年

Waiter’s Friend Corkscrew

设计者：卡尔·FA. 文克（生卒年不详）

生产商：多家生产，1882 年至今

卡尔·FA. 文克（Karl FA Wienke）的“侍者之友”，于 1882 年在德国罗斯托克获得专利，其原始设计自此基本保持不变。这款单杆开瓶器兼具简单性、实用性和价格优势，可谓无懈可击，目前仍在世界各地被大量生产。之所以被称为“侍者之友”或“仆役长之友”，是因为它很容易折叠，折后长度为 11.5 厘米，可放在口袋里，在侍应生中赢得了许多粉丝。文克的专利图纸描绘了一个带有 3 个可伸缩附件的钢制手柄杆：用于切割密封箔的刀、钢丝螺旋开瓶器和卡住瓶口边缘的力臂支点，可利用杠杆作用拔出软木塞。几家德国公司，尤其是位于索林根的爱德华·贝克尔（Eduard Becker），最先将“侍者之友”投入生产。竞争对手的同类设计也取得了成功，但文克的开瓶器仍然受到葡萄酒鉴赏家和侍应生的青睐。“侍者之友”的复本制品大量出现，从廉价的钢版本到带有实心 ABS 塑料手柄、不锈钢微锯齿刀与五重特氟龙涂层蜗杆的最先进型号，材料多样，应有尽有，但基本的设计都与文克的专利相同，功能完全一样。

“至高雷神”哨子 1884年

Acme Thunderer

设计者：约瑟夫·哈德森（1848—1930）

生产商：埃可米口哨公司（Acme Whistles），1884年至今

某样物品设计完美，一个标志是它能够经受住时间的考验并在此期间基本保持不变。“至高雷神”哨子便获得了这样的美誉。自1884年发明以来，这一金属小物件一直都极好地发挥了裁判哨的功能。现在它是世界上最畅销的哨子，在超过137个国家及地区可听到此哨声。约瑟夫·哈德森（Joseph Hudson）也是“大都会哨子”或称警察哨的发明者。一年后，他又开始开发一种哨子，因为市场需要一种截然不同的声音——足球裁判可以用这种哨声来代替效果差劲的执法手帕或小棒子。“雷神”必须穿透赛场上密集的背景噪声，解决方案是将“豌豆”——实际上是软木小球——置入手工连接的两个模制黄铜件中制成哨子。当哨室中的空气迫使豌豆状软木小球四处移动时，便产生一种颤抖的哨音。20世纪20年代，人们对设计进行了微小的改动，哨子做得更小，并且吹嘴也更扁更细窄，以产生更高的音调，嘴唇贴合度更好、更舒适。英国的埃可米口哨公司仍在制造口哨，每个口哨出厂前均须测试。时至今日，在全球各地的体育场馆仍能听到这富有穿透力的响亮哨音。

罗孚安全自行车 1885年

Rover Safety Bicycle

设计者：约翰·肯普·斯塔利（1854—1901）

生产商：JK斯塔利公司（JK Starley & Co），后改名为罗孚自行车公司（Rover Cycle Company），1885年至1897年

罗孚安全自行车被认为是现代自行车之母。这辆自行车由约翰·肯普·斯塔利（John Kemp Starley）于1885年在英格兰的考文垂设计和制造，使用了大小相似的两个轮子，这大概可以说是世界上第一个标准化自行车版型的范例。下一个最显著的特征是“菱形框架”或梯形构造，由两个三角形组成。前端3根直径较大的金属管连接3个节点，分别是固定鞍座、车把的两个点及车底部曲柄和脚踏板围绕旋转的点。后端的三角形，由直径较小的管材组成，为装配固定后轮提供支撑。重量轻且坚固的优质钢管批量可供，当然就成了构建框架的优选材料。随着版型的标准化，现代自行车在许多国家又经历了20年的发展。在此期间开发的其他关键部件包括邓禄普充气轮胎、恩斯特·萨克斯（Ernst Sachs）的活飞轮、辐条车轮以及后来的嵌齿轮、传动和排挡齿轮。这些改进合起来使自行车转换了角色：从人们略带着疑虑旁观的富人的试验性玩具，变成了所有人负担得起的、日常的、坚实牢靠又方便的耐用工具。甚至有人说，安全自行车助力了女性解放。

三叉经典刀具 1886 年

Wüsthof Classic Knives

设计者：埃德伍斯托夫三叉工厂设计团队

生产商：埃德伍斯托夫三叉工厂（Ed Wüsthof Dreizack-werk），1886 年至今

三叉牌经典刀具的设计自 1886 年首次出现以来几乎没有过变化。由德国索林根的埃德伍斯托夫三叉工厂设计团队设计和制造，经典系列旨在满足全球专业厨师和家庭烹饪需求。该设计的美妙和成功之处，在于其将简单的形态和易用性与高标准的工艺和材料相结合。伍斯托夫的经典刀具在工业革命初期推出，由单块不锈钢整体锻造而成，根除了刀片从刀柄松脱或掉落的常见问题。刀柄柄脚完全可见，一体化构成刀片和手柄的钢质核心。无须冲压、焊接或切割，从而免除了刀具成形过程中和结构中的任何弱点。刀柄上具有特征化的 3 个铆钉，提供了一种简单的固定方法。仅 3 个部件的构建法所创造出的是一种巧妙设计的刀具，可实现最优化的强度和安全性，重量适宜，比例均衡顺手。三叉牌经典货品至今仍在正常生产中，市场欢迎度经久不衰，这应归功于其简约的形式、朴实无华的本质与可靠的材料。

女士自行车 约 1886 年

Lady's Bicycle

设计者身份不详

生产商：罗利单车，约 1886 年至今

普通自行车和女士自行车的唯一区别是车架。罗利所研发的女士自行车车架没有横杠，以便使用者在穿着裙子时也易于跨上车座。在其他方面，它与 19 世纪 80 年代最初推出的“菱形框架”自行车相同。随后多年的开发着力于将菱形车架的标准化组件装配到上面。这些工作，早期大部分是在英国进行，但随着单车越来越受欢迎，在法国、德国和荷兰等国家也得到进一步的改良升级。与此同时，英国的罗利已经成为世界上最大的自行车生产商。罗利最初于 1887 年在英国诺丁汉的罗利街成立，经历了许多次身份定位的变化。它的早期发展和成功部分依赖于轮毂齿轮与齿毂，这让公司后来能够生产摩托车、变速箱甚至三轮汽车。至 1938 年，罗利轮式车控股有限公司停止了汽车和摩托车的制造，反而每年生产约 50 万辆自行车。如此的产量规模，意味着公司在自行车的成功普及中发挥了关键作用。单车的无阶级性及象征独立的可能性——尤其对女性更是如此，是其空前受欢迎的主要原因。意识到女性市场的潜力，罗利的广告于是以凯瑟琳·赫本等电影明星为亮点。

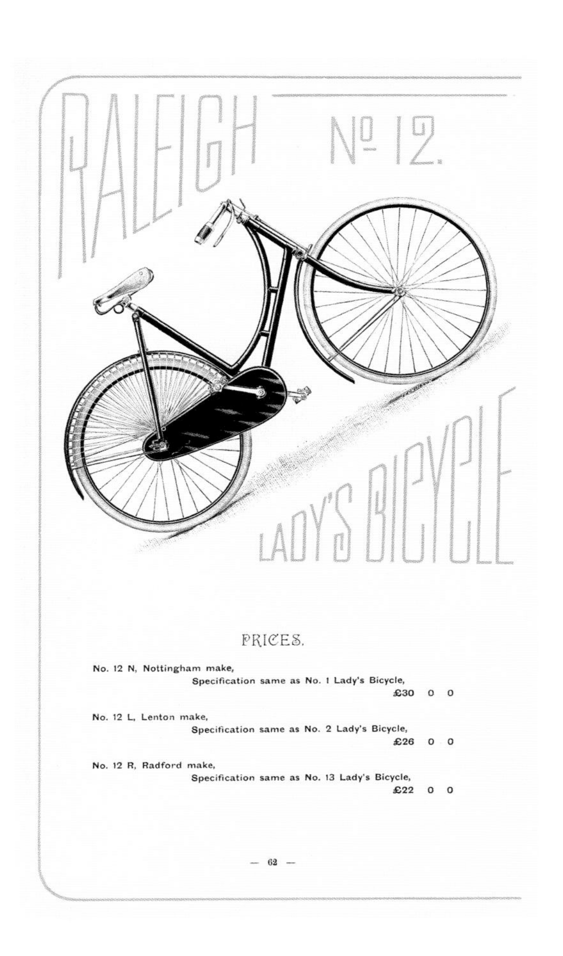

吸管 1888 年

Drinking Straw

设计者：马文·斯通（1842—1899）

生产商：多家生产，1888 年至今

某些产品已经融入我们的文化结构内，并变得如此普遍，以至于被视为是理所当然的，吸管就是其中一例。制造纸烟嘴的马文·斯通（Marvin Stone），也创造了第一根纸吸管。下班后喝薄荷酒时，传统的天然黑麦草吸管让他感到挫败——它们经常破裂折断，还经常在饮料底部留下令人讨厌的沉淀物。转念一想，他认为可以利用自己工厂使用的纸张技术，将纸条缠绕在铅笔上，然后将纸条粘在一起。为防止吸管变湿变软，他用涂有石蜡的纸来试验，对产品原型做出了改进。 1888 年，该设计正式获得专利，两年后成为斯通的主要收入来源。此后，这种原创的吸管陆续得到改进。 约瑟夫·B. 弗里德曼（Joseph B Friedman）于 1937 年推出了弯折管，这意味着纸吸管可以在玻璃杯口弯曲。事实证明，这对于学着喝东西的幼儿与卧床不起者非常有用。实际上，弗里德曼的“柔性吸管公司”的第一笔业务，是在 1947 年向一家医院售卖吸管。尽管如今必须考虑它对环境的影响，但好的设计让生活变得更好一些，这说法终归是很难反驳，而这也是吸管仍然无处不在的原因。

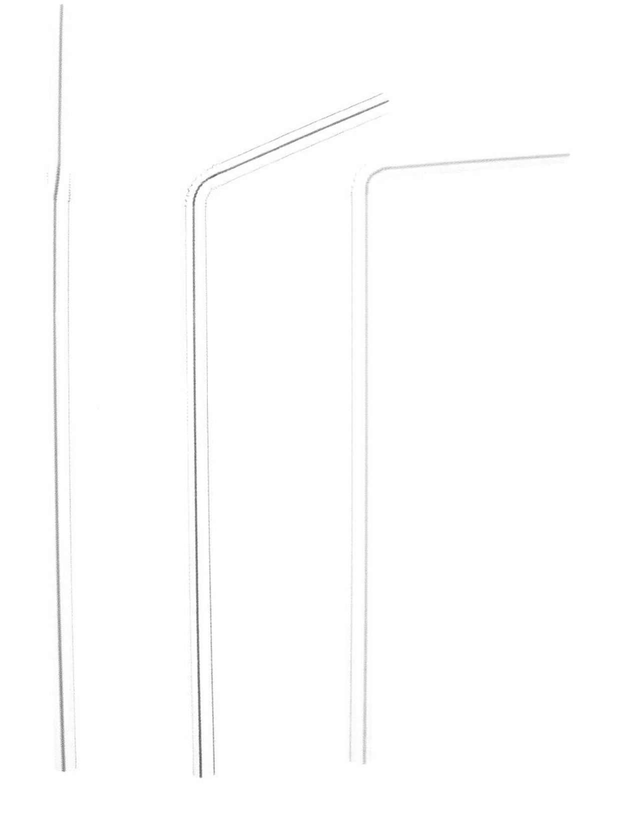

蒂芬午餐盒 约 1890 年

Tiffin

设计者身份不详

生产商：多家生产，约 1890 年至今

Tiffin（蒂芬）是一个印度英语单词，指称简单的午餐。在微波炉和快餐店出现之前的那些日子里，蒂芬是印度工人在工作场所享用热腾腾、新鲜的自家制备的饭菜的唯一方式。传统的蒂芬由 3 或 4 个圆形不锈钢容器组成，一个叠扣在另一个之上，形成紧凑的一摞。每个容器都配有金属凸耳，可以滑入并卡紧在一个提手框上，提篮顶部有把手。金属容器是极好的热导体，因此有助于每个饭盒彼此传热，保持温度。但此餐盒系统特别成功之处在于，它可以运送各种食物，而且不需混合。蒂芬的配送系统，始于一个多世纪前的英国殖民时期；而达巴瓦拉（dabbawala，也即送货员），是由雇人手向英国工人递送午餐演变出的一个职业。蒂芬餐盒在印度得以存续和繁荣，既归功于其设计的高效，也归功于达巴瓦拉的工作。仅在孟买，每天就有近 20 万份餐食由该餐盒配送。

欧皮耐尔刀具 1890 年

Opinel Knife

设计者：约瑟夫 · 欧皮耐尔（1872—1960）

生产商：欧皮耐尔商号（Opinel），1890 年至今

这把由梨木与低碳不锈钢制成的小折刀，可以被比喻为披着羊皮的狼。它结构紧凑，形态优美，手持触感令人愉悦，并带有真正能刺戳切削的高品质刀片——当它从纯良无辜的藏身之处被取出时，会令人惊讶。约瑟夫 · 欧皮耐尔（Joseph Opinel）设计这把刀时才刚刚 19 岁。他是法国萨瓦地区一位工具生产商的儿子，该地区以生产斧头、钩镰和修枝园艺刀而闻名。最初，欧皮耐尔只是为几个朋友生产这一刀具。初步取得成功后，他将它们投入批量生产。他发明了一种机器，来按照精确尺寸切割出所需的木材槽口，从而解决了如何在手柄上挖出开口收纳刀片，同时又不损伤刀片的问题。最终生产出的工具以其有机的形式完美地贴合手掌。刀子有 11 种尺寸，从刀片长 3.5 厘米的 2 号刀，直到刀片长 12 厘米的 12 号刀。与任何优良工具一样，这把刀需要维护和保养——在一次性产品泛滥、用后即报废的当今时代里，此折刀的保养要求显得颇具趣味。

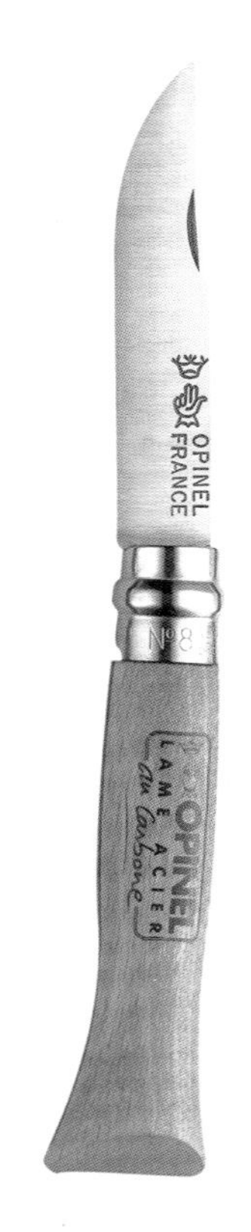

皇冠瓶盖 1891 年

Crown Cap

设计者：威廉 · 潘特（1838—1906）

生产商：皇冠控股（Crown Holdings），1892 年至今

如果没有皇冠瓶盖，有软饮或瓶装啤酒的世界是无法想象的。这瓶盖唤醒的是过去时代的记忆，但它仍然是最为广泛使用的玻璃瓶密封方法。在此瓶盖发明之前，瓶装碳酸饮料就已上市，但气泡液体经常从瓶内泄漏。此瓶盖最初被命名为“皇冠软木塞”，而威廉 · 潘特（William Painter）所创造的，是一个带有波齿边的金属盖，外形看起来像上下颠倒的皇冠。它完全防漏，盖内衬有薄软木圆片，配有特制纸膜，以密封瓶子并防止液体与金属接触。在 1892 年 2 月 2 日获得专利后，潘特于马里兰州的巴尔的摩成立了皇冠软木塞与密封材料公司。至 20 世纪 20 年代，该公司在全球均设有工厂。为了在禁酒令中渡过难关，它把经营重点从啤酒转移到了软饮上。20 世纪 60 年代逐渐形成了“中型皇冠瓶盖”的行业标准，而这正是几十年来使用的唯一瓶盖，直到后来的旋钮盖出现。潘特的设计 100 多年来一直保持不变，唯一的变动是将瓶盖的衬里从软木改为更耐久、更可持续的其他材料。这种封瓶方式仍然是市场主流。开瓶工具卡住盖子，手腕快速地轻轻弹压，便可取下瓶盖——这动作所带来的满足感从未减弱。

瑞士军刀 1891 年

Swiss Army Knife

设计者：卡尔·埃尔森纳（1860—1918）

生产商：维氏公司（Victorinox），1891 年至今

瑞士军刀那著名的基础结构框架，设计初衷是为士兵提供实用工具。当代的系列出品，用了识别度很高的瑞士十字图案，可谓品质卓越、实用、多用途工具的代名词。卡尔·埃尔森纳（Karl Elsener）当学徒时受专业刀匠的训练，于 1891 年为瑞士军队提供了第一批士兵用刀具。他与 25 名刀匠同行成立了瑞士刀匠师傅协会，旨在通过共享资源促进生产。然而，士兵专用刀没能成功，反让埃尔森纳负债累累。他没有气馁退缩，着手解决了刀子重量较大和功能有限的问题，并于 1897 年为二次研发后的设计注册了专利。便携刀具的功能和外形美感受到瑞士军队的好评，并很快在民用市场上受到青睐。重新设计的刀比原来的产品有更优雅的框架轮廓，并仅用两根钢簧结构便容纳了 6 种工具。埃尔森纳以母亲维多利亚的名字命名他那成长中的公司，并于 1921 年添加了不锈钢的国际通行指称词 inox 当后缀，从而创立维氏（Victorinox）品牌。如今，此品牌名下拥有近 100 种产品，这些产品都传承了初始版本对设计品质和功能性的追求。

膳魔师真空保温瓶　　1892 年

Thermos Vacuum Flask

设计者：詹姆斯·杜瓦爵士（1842—1923）

生产商：膳魔师容器公司（Thermos），1904 年至今

真空瓶于 1892 年由詹姆斯·杜瓦爵士（Sir James Dewar）在牛津大学发明，旨在保持恒温环境，储存化学品。其原理是制造一个外部容器与内部容器，但两者中间被真空隔开，由此来阻止热量损失。1904 年，莱茵霍尔德·伯格（Reinhold Burger）在柏林成立保温容器股份有限公司（Thermos GmbH），该技术在商业上首次应用（Thermos 源自希腊语单词 therme，意思是“热量”，中文音译为膳魔师）。1907 年，伯格将产品专利权出售给纽约、伦敦和蒙特利尔的 3 家公司，从而使保温瓶得到扩张生产，迅速传播。欧内斯特·沙克尔顿等探险家前往南极，也带着这些产品，保温瓶因此赢得可靠、耐寒的声誉。工业化机器制造的玻璃真空内胆在 1911 年出现后，它们的普及程度更是极大提高。使用派热克斯耐热玻璃代替普通玻璃，又带来了容量 127.25 升的超大号保温器。这种隔热存储法在 1928 年和 1929 年一度风行，不久后商业化制冷才问世。最初的杜瓦真空瓶是用玻璃制成——两个瓶子，一个在另一个里面，空气几乎完全从空腔中抽出——同样的技术今天仍在使用。大多数热量损失是经由塞子产生的，因此塞子使用软木和塑料等热导性差的材料。塑料和钢材后来也被用于制造真空内胆。

哈特瓶塞　　1893 年

Hutter Stopper

设计者：卡尔·哈特（1851—1913）

生产商：多家生产，约 1893 年至今

闪电瓶塞（Lightning Stopper）最初由查尔斯·德·奎尔菲尔特（Charles de Quillfeldt）于 1875 年发明，带来了啤酒和软饮装瓶业的革命。在此之前，这些行业一直倾向于使用软木塞。最早尝试为这些瓶子制造新型封口的是亨利·威廉·普特南（Henry William Putnam），他在 1859 年发明了一种厚实的钢丝卡紧环，可翻转到软木塞上以固定塞子。奎尔菲尔特的设计是在软木塞周围设置了橡胶环状阀，再将这塞子封入瓶口。对奎尔菲尔特专利的关键改进出现在 1893 年。卡尔·哈特（Karl Hutter）的发明添加了一个锥形的瓷质塞，并配有橡胶垫圈。哈特改良的哈特瓶塞或“翻转顶盖”，除了非常容易适配和改装，还意味着瓶子不再需要有长长的、天鹅状的瓶颈来容纳、保护软木塞。到了 20 世纪 20 年代，哈特瓶塞已被简单的皇冠金属瓶盖取代。然而，当时它已在大众的认知中留下了不可磨灭的印记。荷兰酿酒商高仕（Grolsch）仍在使用某种样式的哈特瓶塞。自 1897 年以来，该公司一直在使用“翻转顶盖”，并在实际效果上使之成为品牌形象的一部分。

胜家缝纫机 15K 型 1894 年

Singer Model 15K

设计者：胜家设计团队（Singer Design Team）

生产商：胜家制造公司（Singer Manufacturing Company），1894 年至 1957 年

胜家牌之于缝纫机，就像胡佛牌（Hoover）之于吸尘器一样。但与普遍看法相反，缝纫机并非由艾萨克·梅里特·辛格（Singer，英文姓，用作品牌译为胜家）发明。事实上，辛格的机器推向市场时，进入的是已充满了竞争者和侵权官司的领域。19 世纪 50 年代的缝纫机生产商们，通常更熟悉法庭，而不是发明家的试验场。在面对竞争对手诉讼的早期，辛格并未能证明缝纫机设计中有任何要素是他的首创。但他机器的优势在于巧妙地结合了以前型号的优秀元素。看到波士顿一家店铺中正在修理的一台缝纫机，辛格所考虑的，并非那机器无法使用，而是设计不好看、不雅致，而他想要的正是相反的一面。相应的结果是，他的产品很优雅，这种精致感在优美的胜家缝纫机 15K 型上达到了巅峰。机器的功能同样令人愉悦，胜家（实际意义为歌唱者）这个名字也很合适，因为脚踏板驱动的机器在使用时会发出像猫一样的咕噜声。15K 型相当出色，因为它做缝纫非常好，且优雅而端庄。此外，胜家的机器让一般消费者也触手可及：为了让尽可能多的受众用上他最早的几款机型，辛格策划推出了世上第一个商品租购方案。

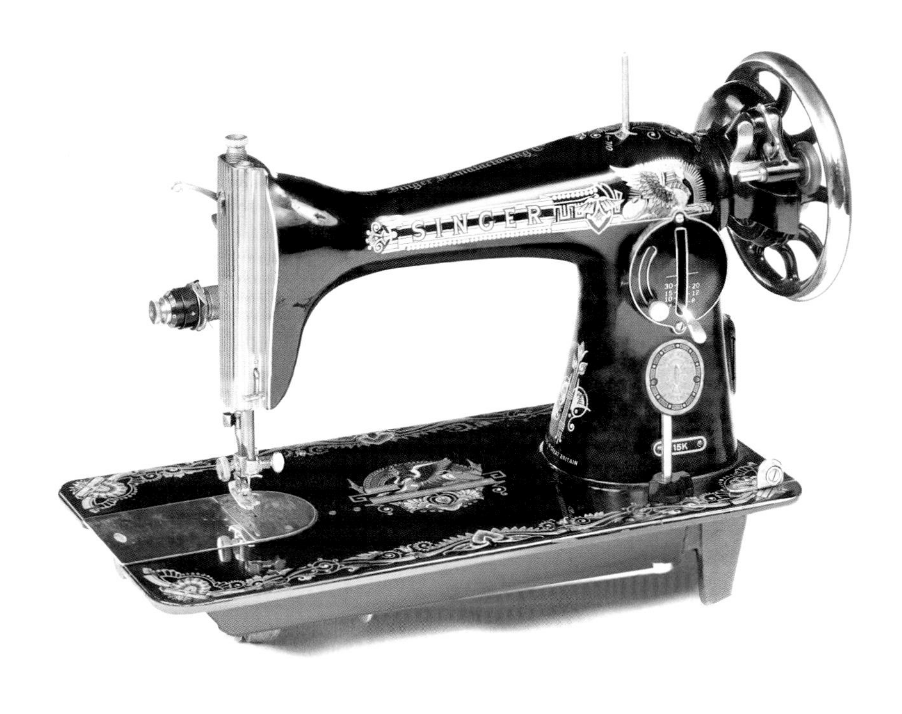

布罗门韦尔夫花园椅 1895 年

Bloemenwerf Chair

设计者：亨利·凡·德·威尔德（1863—1957）

生产商：亨利·凡·德·威尔德合作协会（Société Henry van de Velde），1895 年至 1900 年；凡·德·威尔德（Van de Velde），1900 年至 1903 年；阿德尔塔（Adelta），2002 年至约 2005 年

1895 年，亨利·凡·德·威尔德（Henry van de Velde）设计的布罗门韦尔夫住宅在布鲁塞尔郊区于克勒揭幕，他在典礼上受到嘲笑。但这是将住宅作为一个单件艺术品的新理想的重要表达，预示着后来维也纳工作室的“整体艺术”（Gesamtkunstwerk）的成就，也为新艺术运动提供了一个早期的标志化作品。在他的富豪岳母的支持下，凡·德·威尔德这位前画家在 19 世纪 90 年代初期转向了装饰和应用艺术。他的美学概念既反对大规模低质量的生产，也反对用莫名的无谓装饰去点缀基础外观。他的家具由一种理性的视角来指导，如餐边柜和餐桌的中心组件部分，需采用黄铜板，以防止热菜在表面留下痕迹。与此同时，山毛榉木餐椅则唤起和谐与舒适感，呼应 18 世纪英国的“乡村”设计，但也暗示了一种独特的当代风格。从 1895 年起，他的家具由亨利·凡·德·威尔德合作协会生产，并为凡·德·威尔德的品牌声誉奠定了基础。布罗门韦尔夫花园椅于 2002 年复兴再生，由德国公司阿德尔塔推出了一系列共 11 款凡·德·威尔德作品的复刻品。

飞镖盘 1896 年

Dartboard

设计者：布赖恩·加姆林（1852—1903）

生产商：多家生产，1896 年至今

至 20 世纪下半叶，飞镖盘已成为任何有点自尊自重的酒吧的必备之物，但它的起源仍然是个谜。这种游戏被认为是中世纪弓箭手的发明——他们朝一个翻起横放的酒桶投掷短箭。今天，飞镖的现代形象已人人熟知，有着一见即知的辨识度。经典的“表盘”造型由兰开夏郡木匠布赖恩·加姆林（Brian Gamlin）于 1896 年发明，直径为 45.72 厘米。盘面上加姆林的编号顺序（如今仍是国际标准）是经过深思熟虑的设计，旨在通过组合高低不一的数字来最大限度地降低投掷者因幸运而投掷到高分区的比例。镖盘由压实的剑麻或绳索纤维制成，中心点是“牛眼”；分开 20 个红色和绿色编号条块区的，是一个被称为“蜘蛛”（网）的线框。飞镖仍然经常被称为“箭”。正是作为室内射箭活动的一种形式，这项游戏在整个中世纪越来越普及，尤其是在贵族当中。1530 年，尚未当上王后的安妮·波琳曾送给英王亨利八世一套。从飞镖在中世纪发端，它就与值勤换班后的士兵联系在一起。第一次世界大战后，现代比赛开始形成，啤酒厂定期组织地方联赛，这促成了 1924 年全美飞镖协会（the National Darts Association）的成立。

柏林纳 B 型留声机 1897 年

Berliner Model B

设计者：埃米尔·柏林纳（1851—1929）

生产商：留声机公司（Gramophone Company），约 1897 年至约 1901 年

托马斯·爱迪生于 1877 年首先复制了声音，随后是亚历山大·格雷厄姆·贝尔（Alexander Graham Bell）以他的蜡筒留声机跟进，但在 1885 年至 1899 年间设计并推广留声机的，是定居美国的德国移民埃米尔·柏林纳（Emil Berliner）。他创造了一种可以多次重复使用的录音方法，从而衍生出改变了流行文化面貌的一整个行业。继他的第一个伟大创新（为格雷厄姆·贝尔的电话制作的信号发射器）之后，至 1887 年，柏林纳已完成了一个系统：该系统使用一根针，在由虫胶（而不是蜡筒）制成的扁平圆片上的凹槽中左右振动，由此制作了第一张录音唱片。这系统一直占据主流地位，直到 20 世纪 80 年代 CD 光盘出现才功成身退。1898 年，柏林纳成立了留声机公司。最初生意不景气，直至经典的柏林纳 B 型留声机推出才改观。此机型采用了由埃尔德里奇·约翰逊（Eldridge R Johnson）设计的发条弹簧马达，能够让唱机转盘以均匀一致的速度旋转。销量从此腾飞。柏林纳还采用艺术家弗朗西斯·巴罗（Francis Barraud）如今已为人熟知的画作《它主人的声音》作为自己公司的商标，由此确立了产品的标志性地位。柏林纳一直闲不住，从不满足于已有的成就荣耀：1926 年，他还获得一种新型吸音砖瓦的专利。

贝伦斯玻璃器皿 1898 年

Glass Service

设计者：彼得・贝伦斯（1868—1940）

生产商：冯・勃辛格男爵玻璃制造厂（Freiherr von Poschinger Glasmanufaktur），1898 年至约 1902 年，1998 年至今

彼得・贝伦斯（Peter Behrens）接受过绘画培训，但后来成了一名非常成功的工业设计师（曾一度属于慕尼黑一个有影响力的革新派设计师团体），履历中最亮眼的部分是为德国工业巨头 AEG 工作。他的这些玻璃酒具是为巴伐利亚生产商冯・勃辛格男爵工厂设计的，该商号自 1568 年起一直是玻璃生产商。这套产品，不仅标志着他职业生涯的转变，而且以其朴素而优雅的简约风格，标志着大型玻璃器皿（包括宗教仪式用水具）设计的转折点。此套器皿被构思成餐厅的一部分（该餐厅也由贝伦斯设计），并于 1899 年在慕尼黑玻璃宫（Glaspalast）举行的一次集体展览中展出。这套器具，以材料的纯正朴实和玻璃器皿的简化设计著称，这两个因素使得生产造价相对便宜。贝伦斯减少了构成传统宗教仪式的水具用品数量，省略了醒酒器、水壶和洗手指的浅碗等物品，而是设计了 12 个不同尺寸的玻璃杯。他还取消了蚀刻、浅浮雕、切割刻字或珐琅上釉等所有表面装饰，来充分简化设计。但贝伦斯也允许保留一些装饰元素：那紧致但柔和的蛇形线条，标志出每件作品低调的轮廓。该玻璃套组的生产仅持续 4 年，然后在 1998 年由原公司重新推出，这也证明了此设计超越时间限制。

音乐沙龙椅 1898 年

Musiksalon Chair

设计者：理查德·里默施密德（1868—1957）

生产商：慕尼黑手工艺艺术联合工作室（Münchner Vereinigte Werkstätten für Kunst im Handwerk），1898 年

理查德·里默施密德（Richard Riemerschmid）的音乐沙龙椅，因其简单的构成组件而被许多人认为是最早的平板家具之一。里默施密德于 1907 年与赫尔曼·穆特修斯（Hermann Muthesius）共同创立了“德国工艺创作协会”（Deutscher Werkbund），这对现代主义和包豪斯风格都产生了影响。此前在 1897 年，他与人共同创立了“慕尼黑手工艺艺术联合工作室”，该工作室以英国的工艺美术运动为参照。1898 年，他受慕尼黑钢琴生产商迈尔公司（J Mayer and Company）的资助委托，设计了一间音乐室，分别在 1899 年德累斯顿艺术展与 1900 年巴黎万国博览会上展出。他为音乐室设计的音乐沙龙椅子，正是他在加入工艺创作协会之前作品风格的典型代表，成功地将富有表现力的曲线装饰与物体的构成要素结合在一起。椅子侧面的斜线形扶手从椅背顶部向下，一路伸到前椅腿底部，提供了支撑力，同时让坐着的演奏者的手臂和身体不受阻碍、动作自如。框架采用金黄色的天然橡木或乌木漆面的橡木制成，座椅部分是皮革或织物材料的嵌钉式固定坐垫，这款椅子是当时德国设计的杰出典范。此椅的原初型号后来不再生产。1983 年，恩斯特·马丁·德廷杰（Ernst Martin Dettinger）为卢卡斯-施耐德（Lucas Schnaidt）重新设计了一个类似款型。

回形针 1899 年

Paperclip

设计者：约翰·瓦勒（1866—1910）

生产商：多家生产，1899 年至今

回形针属于那类技术含量低的发明，而这类发明常被用来论证一个陈词滥调，即最简单的点子往往也是最好的。今天的回形针已经被打磨成最佳尺寸：一根长 9.85 厘米、直径 0.08 厘米的钢丝，能提供恰到好处的牢固度和弹性。这是挪威发明家约翰·瓦勒（Johan Vaaler）的作品，他于 1899 年研发了这种别针型夹子。1900 年，美国发明家柯内留斯·J. 布罗斯南（Cornelius J Brosnan）给他自己的回形针“科那夹”（Konaclip）申请了专利。英格兰的宝石制造公司设计了双椭圆形的夹子，也即人们今日普遍认可的样式。它比瓦勒的原版多了一个弯角，为纸张提供了额外的保护，防止被金属丝划伤。其他相关设计也激增，其中包括卖点在于不会缠结的“猫头鹰”款、“理想”款（用于夹厚厚一叠的纸张）以及不言自明的“防滑”款。挪威仍然是回形针的精神故园，一个关于反抗的故事证明了这一点：“二战”期间，纳粹曾占领挪威，禁止民众配用、穿戴印有本国国王肖像的任何纽扣，挪威人开始佩戴回形针（因发明者为挪威人），尽管展示这种平和的无深意的机械方面的优秀设计品也会带来被抓捕的风险。

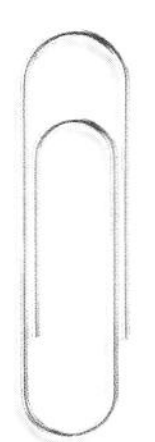

博物馆咖啡厅椅 1899 年

Café Museum Chair

设计者：阿道夫·卢斯（1870—1933）

生产商：雅各布与约瑟夫·科恩商号（Jacob & Joseph Kohn），1899 年至 1922 年；索内特股份有限公司（前身为索内特兄弟商行），1922 年至 1930 年；索内特兄弟维也纳公司（Gebrüder Thonet Vienna GmbH），2002 年至今

阿道夫·卢斯（Adolf Loos）是 20 世纪首批将建筑空间概念现代化的建筑师之一。1899 年，他设计了一间咖啡馆，位于维也纳歌剧院巷（ Vienna's Operngasse）与弗里德里希大街（Friedrichstrasse）的交叉拐角处。此遗址旧馆于 2003 年完全修复，至今仍在营业。受到 19 世纪 30 年代咖啡馆的启发，卢斯重新设计了场地 V 形的内部空间。当时咖啡馆的内部标准装潢是红丝绒方案，但他并未照搬，而是将建筑原配的东西全都去除，并用了自己设计的简单风格家具。当时，曲木家具非常流行，索内特、雅各布与约瑟夫·科恩等商号，是世界级的生产商，与艺术家和建筑师均有合作。卢斯采用了当年已有的椅子——索内特 14 号椅子——的标准化生产工艺，并将由山毛榉制作的那部分圆形木料加工成椭圆形。他将椅背部和椅腿都处理得更薄，以营造更优雅的外观，这一灵感来自雅各布与约瑟夫·科恩早期生产的两把椅子。他还用了 3 部分组件式的靠背，以及椅座下方的边角拱形支撑结构，来确保更好的稳固性。天然山毛榉木被染成红色，让人想到桃花心木或花梨木。椅座部分采用藤编或木制的马鞍状椅面。

折叠导演椅 约 1900 年

Folding Director's Chair

设计者身份不详

生产商：多家生产，约 1900 年

对于一件被广泛认为是实用型的家具来说，这不免有点怪异：折叠式“导演椅”竟然有着悠久的历史，传统上还一直是一种身份的象征。据信，这把椅子是埃及人在公元前 2000 年至前 1500 年间为当时的军队指挥官研发设计的。而到了 20 世纪初，在美国那不断发展的电影行业，当它已获得导演座椅的标志性地位时，椅子的基本设计也几乎没变过。在其古老的前身和现在的化身之间，此折叠椅也曾被教会采用。装饰元素较多的“萨伏纳罗拉”（Savonarola），以被指责挑起、煽动“虚荣篝火”（指“不道德”的书籍和艺术品）的 15 世纪后期佛罗伦萨共和国前统治者的名字命名。在文艺复兴之前，旅行视察途中的主教们常使用该款椅子。经典的导演椅由木材制成，配有帆布座椅和靠背，框架形状像字母 X，椅面下、前、后都有枢轴机构，可以像六角手风琴一样折叠起来。1928 年，马歇尔·布劳耶（Marcel Breuer）制作了他自己版本的导演椅，而埃里克·马格努森（Erik Magnussen）、恩佐·马里（Enzo Mari）和菲利普·斯塔克（Philippe Starck）等人也拿出了他们的演绎版本，不过这个产品更多地与特定时代和行业相关联，而不是与任何具体的设计师相关联。

不透明球形吊灯 1900 年

Opaque Globe Pendant Lamp

设计者身份不详

生产商：包豪斯金属工作坊（Bauhaus Metallwerkstatt），1920 年；高科流明（Tecnolumen），1980 年至今

这款不透明的球形吊灯，经常被指称由 1919 年至 1933 年间在包豪斯学习的某人设计，只是未曾留名。尽管创作者至今仍然未知，但这简单的不透明玻璃球吊灯，历史可回溯到 20 世纪的第一个 10 年。随着电力的出现，很快有了相应的新需求，那就是设计新配件来遮掩或装饰发光源。“不透明球”的外观，几乎就是极简设计，没有任何装饰，采用了最纯粹的几何形式，即球体。它可以均匀地散射光线，并且其尺寸可轻松调整，以适应所悬挂的空间。该设计同样适用于单个或多个成组、成行或成网格点阵安装。这种低成本、批量化生产的设计已在战前的学校和工厂中大量使用。与许多经典设计一样，特别是与那些没有归属于具体创作人、无须许可证的设计一样，这款灯已被广泛生产，质量也多样化。不透明球形吊灯的简洁特质，作为类似照明设计的一个样板，具有很大的影响力：从早年间玛丽安·布兰德（Marianne Brandt）出品的桌子和吊灯到更现代的贾斯珀·莫里森（Jasper Morrison）的“球球”（Glo-Ball）系列产品，都受到此先例影响。

蜂蜜旋转棒 20 世纪初

Honey Swivel Stick

设计者身份不详

生产商：多家生产，20 世纪至今

蜂蜜旋转棒的设计优雅而高效，包括一个深切开的木制球体部分，利于采集取用蜂蜜，而球体连接到一根细轴上。这根棒子自 19 世纪以来一直在考验木匠或车床工的技能。此设计的起源很难确定，但它一直是厨房用具中主要的常备产品。蜂蜜棒有时是圆形，有时是椭圆形，有时是蛋形，通常用细木纹的硬木制成。也可以看到这个产品有更昂贵的版本，用银、瓷或其他材料制成，更容易清洁且更耐用。为什么蜂蜜取用棒除了极小的风格变化能持续至今？这是一个谜。相对于简单的勺子，这棒子的功效显然存有争议。与勺子不同，蜂蜜旋转棒仅适用于流体状态的蜂蜜，而不适用于黄油状或结晶的凝固体。此外，虽然旋转棒为蘸取蜂蜜提供了更大的表面积，但随后一定要将棒子浸泡在热液体中才合适，否则甜味成分会卡在缝隙中且难以清洁。蜂蜜在 20 世纪后期也顺应了有机、回归自然的生活方式的浪潮，取用蜂蜜的辅助厨房工具也是如此。就像酸奶勺、鱼肉餐刀或干酪火锅叉一样，蜂蜜旋转棒的生命力或寿命，除了取决于其功能，同样也与社会环境息息相关。

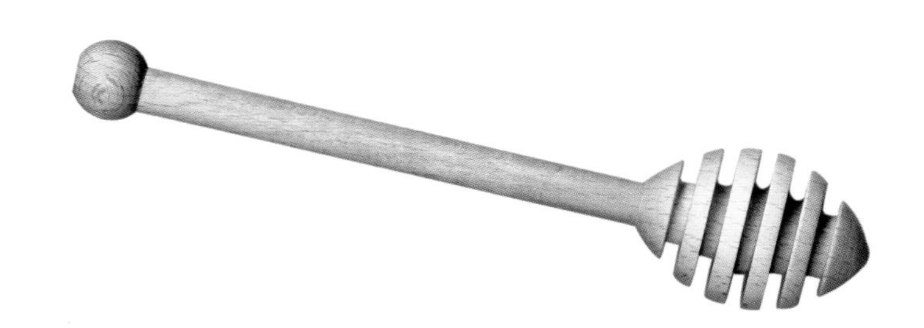

镜面球灯 20 世纪初

Mirrored Ball

设计者身份不详

生产商：多家生产，20 世纪至今

从 20 世纪 60 年代初开始，“迪斯科”便成为舞厅的通用名称，但直到 70 年代，这个场景才真正找到了自己的身份标志。电影《周末夜狂热》的海报为这一现象提供了一个经久不衰的形象：约翰·特拉沃尔塔穿着白色喇叭裤配相应的西服上装，在一盏镜面球灯下摆出舞姿。这是夜总会风尚的缩影，这一配置也是任何自尊自重的迪斯科舞厅的必备效果灯光。不过，在此之前很多年，它就被用于装饰舞厅的天花板（据说早在 1910 年便出现在美国），并在 1942 年的经典电影《卡萨布兰卡》中构成一个亮点。它的设计相对简单：数百个小镜片覆盖在一个球体上，电动马达推着球体在垂直轴上旋转。球旋转时，照射在球面上的任何聚光灯光线，都会以各种各样的角度从镜子反射，每道光束都会产生许多柔和的分支。这种镜片众多的镜面体会产生随机闪光，并在光线捕捉到的任何表面上又产生光线的持续扩散。光的条纹图案覆盖在墙壁和天花板上，给人一种繁星点点的室内夜空的印象。对任何舞池来说，镜面球灯仍然是必不可少的。它是无可争议的俱乐部标志，也是无数新设计的持久灵感，无论那是微型迪斯科球灯形耳坠，还是美国国家航空航天局（NASA）的卫星。

布朗尼 1 号相机　　约 1900 年

No.1 Brownie Camera

设计者：弗兰克 · A. 布朗内尔（1859—1939）

生产商：布朗内尔制造公司（Brownell Manufacturing），1900 年至 1902 年；伊士曼柯达（Eastman Kodak Company），1903 年至 1916 年

布朗尼 1 号相机简化其同类产品，表现出极大的创新性。相机内部用木框加固，外面是黄麻纸板，并覆盖着黑色仿皮纹，拍摄控件进行镀镍处理，数量极少。一端是一个焦距为 100 毫米、光圈为 f/14 的简单弯月状镜头和一个单速旋转快门。后部由两个金属弹簧固定，后盖这里取下后便可插入胶卷。快门释放键及推进和翻卷胶卷的旋钮键位于相机顶部。这是第一台傻瓜机，无须额外的控制操作，在阳光下拍照便能拍出不错的效果。弗兰克 · A. 布朗内尔（Frank A Brownell）于 1885 年开始与乔治 · 伊士曼（George Eastman）合作。4 年后，伊士曼请布朗内尔设计一款相机，要比柯达已生产的任何一款都更便宜、更易于使用。到了 1901 年 10 月，布朗尼 1 号已售出约 245 000 台，完全取代了最初的布朗尼型号。布朗尼 1 号以一美元的价格出售，还特意使用插画师帕尔默 · 考克斯著名的布朗尼漫画角色形象，向儿童推销。柯达举办比赛，并建立了布朗尼俱乐部来鼓励拍照。在 1900 年至 1980 年间，设计精良、操作简单且价格低廉的大量型号的相机，都以布朗尼的名号出售，使其成为有史以来最成功的相机系列。

花园椅　　20 世纪初

Garden Chair

设计者身份不详

生产商：多家生产，20 世纪至今

如今这把无处不在的花园椅，于 20 世纪初首次出现在巴黎的公共空间。这把椅子今日仍然在花园、公园和小餐厅小酒馆中使用，它如此受欢迎，与成功的设计紧密相关。就其功能和风格而言，可谓出色的设计。折叠椅首次出现，是在文艺复兴之前不久。随着它变得越来越常见，多样化的折叠方式以及工艺技术成就自然也随之而来。至 19 世纪，折叠椅已成为公共空间中普遍存在的特色化的实用物件——只要该空间需要定期重新布置或移除座位。在不需使用时，折叠椅可存放在狭小的空间内。此花园椅的折叠功能，在于其侧面的座椅椅面下有一个简单的 X 形结构。这把椅子用了纤细的金属框架，使之比完全由木头制成的那些前例产品轻得多。此外，其窄条状的金属结构有助减小尺寸，使椅子具有前所未有的优雅视觉感与节省空间的优点。因风格低调、高度实用，它作为户外椅子的原型被广泛接纳，这也证明了该设计完美无瑕。

藤制孔雀椅 20世纪

Peacock Chair

设计者身份不详

生产商：多家生产，20世纪初至今

虽然孔雀椅被认为至少是起源于20世纪初，但许多人都认为孔雀椅——如此命名是为了指称其宽阔、编织复杂的藤靠背，类似于那奇异艳丽的鸟儿的尾巴——是20世纪70年代的一个象征。在黑豹党联合创始人休伊·P. 牛顿（Huey P Newton）等名人坐在此椅上的肖像画的推动下，孔雀椅在那整整10年内成为音乐专辑封套上无处不在的艺术主题，比如艾尔·格林（Al Green）的《我仍爱着你》（1972年）专辑封面。不过，人们对此设计的起源知之甚少。东南亚的工匠最先使用藤条制作家具。早在17世纪，被称为柳条编（wicker）的藤条编织器物就已传入欧洲。到了20世纪初，伴随着“游廊”生活（一种逃避北美炎热夏季的避暑方式）的兴起，藤制家具因其透气性而成为传统家具的常见替代品。有些人将孔雀椅的设计追溯到马尼拉的一座监狱，认为椅子由那里的囚犯编织而成。在过去的一个世纪里，此椅尽管没有确定的样式模型，但所有版本也都有那些标志性的元素：沙漏状的底座与宽宽的灯泡形的靠背。那伸展开的整体轮廓，让人联想到王座，这在一定程度上解释了它为何在音乐家、电影明星和反主流文化人物那里都同样受欢迎。

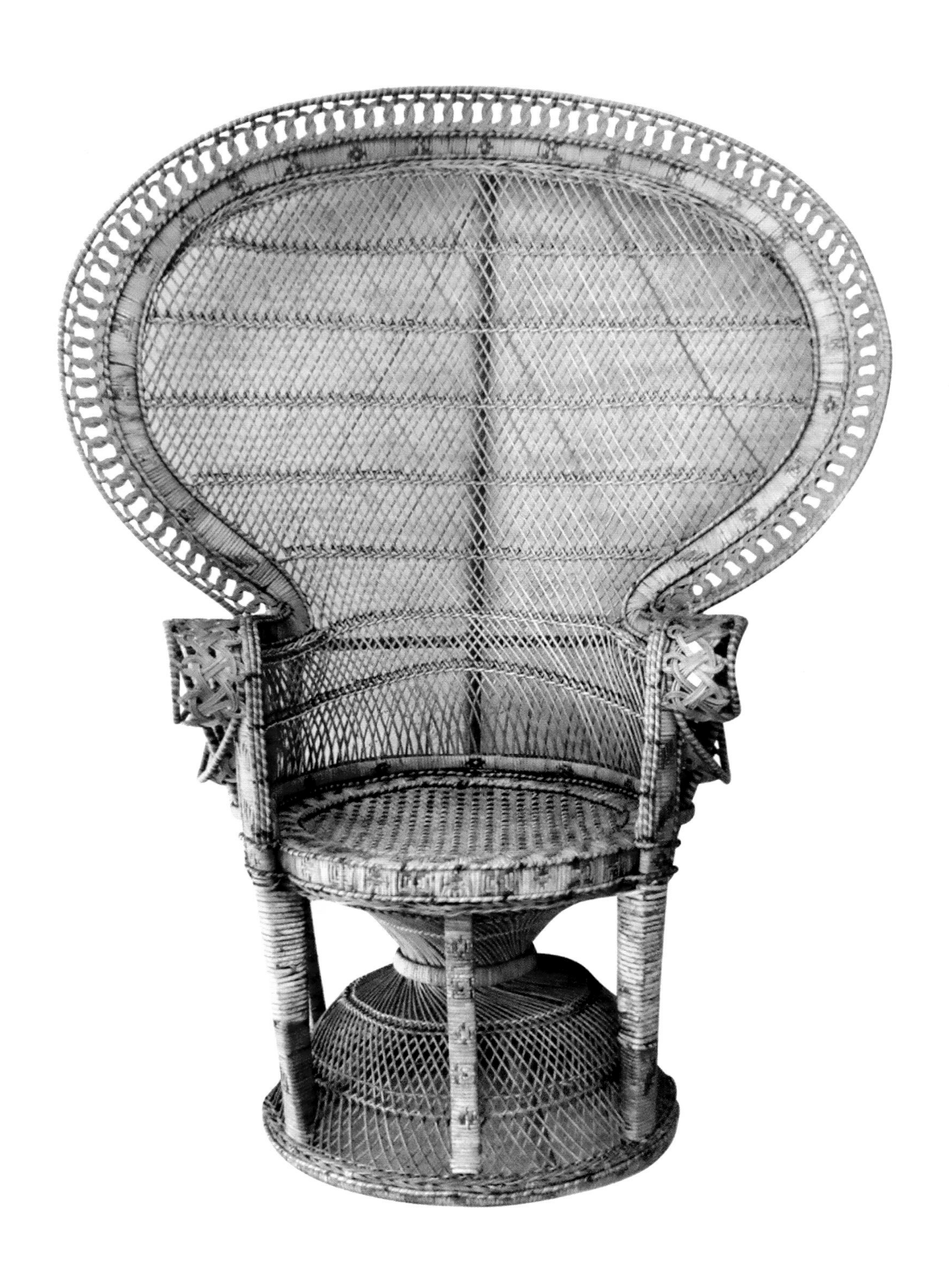

麦卡诺玩具 1901 年

Meccano

设计者：弗兰克·霍恩比（1836—1936）

生产商：麦卡诺公司（Meccano），1901 年至今

发明家弗兰克·霍恩比（Frank Hornby）的麦卡诺玩具，有着理性主义的设计风格，且工程精度高。最初的套组，独具匠心地制作了 15 个预制元件，其中包括穿孔的铁条、锡条和锡板，只需用螺母和螺栓便能将它们组合到一起。在 20 世纪的不同时期，麦卡诺不断用锡板和镍板推出新品，以鲜亮的原色为外观特色，开发不同主题的套件，是 20 世纪建筑玩具的典范。霍恩比原是一名肉类进口商，在一次火车旅程中，他凝视着车窗外家乡利物浦的工业风光，头脑中灵机一闪，想出了他的著名创作。他儿时的梦想是制造可以举起重物的起重机，这一梦想在纸上成型，并很快在他后花园的工作室中成为现实。霍恩比的儿子们对这第一台起重机的模型反响热烈：该模型配有底座、起重臂、绳索、滑轮和齿轮。在将起重机拆成带有 4 个轮子的基座并变形为一台卡车后，孩子们的反响更是热烈。他改进和完善自己的想法，兼容了依据正确的机械原理来搭造各种结构的可能性。在这之后，霍恩比获得“机械学从此简单”这一创意的专利，此专利后来转化为麦卡诺的产品。凭借一位熟人的天使投资，在仅有的一位助手的协助下，他设计了建筑玩具套组。两年后，他终于买得起更大的厂房、设施，开始自主制造麦卡诺系列产品。

伊斯特伍德椅 约 1901 年

Eastwood Chair

设计者：古斯塔夫·斯蒂克利（1858—1942）

生产商：斯蒂克利商号（Stickley），1901 年，1989 年至今

虽然最初只限量生产，但古斯塔夫·斯蒂克利（Gustav Stickley）的伊斯特伍德椅子是北美工艺美术运动发展的一个标志。这把椅子以英国建筑师迈凯·休·贝利·斯科特（Mackay Hugh Baillie Scott）的设计为基础，椅子的名字来自纽约州锡拉丘兹地区，斯蒂克利于 20 世纪初在那里建立了他的工作室与车间。像斯科特一样，斯蒂克利试图在他的设计中表达诚实和简单的概念，但他对椅子的构思有更大的尺度。将大块的白橡木沿直线四等分锯开，大块板材构成椅子那笔直、粗壮的线条，高度、宽度和深度都接近 1 米，伊斯特伍德这一款型，有着统一均衡的比例，使其呈现出四四方方的样式和整齐利落的切削外观。扶手上的榫卯接头等细节被保留下来，明显可见，以突显出所使用的工艺。除了扶手下方弧度细微的拱形，此设计拿掉了任何不必要的装饰，产生的效果可能会被认为过于简朴，好在有藤条粗麻类编织的宽敞椅面，或皮革包覆的软垫——这些装饰物缓和了那种苦行气息。此椅原版很受收藏家的追捧，复刻版、仿制版则由多家公司生产，包括斯蒂克利本人的兄弟们创立的同类竞品商号。

卡尔维特椅子　1902 年

Calvet Chair

设计者：安东尼·高迪（1852—1926）

生产商：巴德斯之家（Casa i Bardés），1902 年；BD 巴塞罗那设计（前身为 BD 设计版本）[BD Barcelona Design（formerly BD Ediciones de Diseño）]，1974 年至今

杰出的加泰罗尼亚建筑师安东尼·高迪（Antoni Gaudí）首次涉足家具领域是在 1878 年设计他本人使用的办公桌。随后的那些家具设计，也一直专门用于他自己设计的建筑物的室内装修。他完成的卡尔维特之家（Casa Calvet），于 1898 年至 1904 年间建造，业主是巴塞罗那纺织品生产商唐·佩德罗·马蒂尔·卡尔维特（Don Pedro Mártir Calvet）。这些橡木家具，包括书桌和这把扶手椅，是 1902 年为卡尔维特大楼内的办公室设计，由巴德斯之家公司负责制造。高迪以前的家具带有来自法国人维欧勒–勒–杜克（Viollet-le-Duc）等设计师的哥特式复兴的余韵意趣，甚至融入了自然主义的装饰。而这把椅子标志着背离，高迪拒绝继续模仿、复制历史先例，通过将装饰元素与椅子的结构合成为一体，他做到了这一点。最值得称道的是，此设计体现出有机的和可塑的特性，似乎可变形，各元素似乎由相互作用生长而成。这里有对建筑图形主题的指涉，有"C"形涡纹，也有对老家具猫脚型弯脚的暗示。但这些巴洛克式元素，被高迪整合融入了活泼华丽的椅子那整体连贯的植物般有生命的形式中，一如这款椅子所适配的那座大厦本身也表达了有机化设计的原则。

希尔之家梯状靠背椅　1902 年

Hill House Ladder Back Chair

设计者：查尔斯·雷尼·马金托什（1868—1928）

生产商：卡西纳家具（Cassina），1973 年至今

查尔斯·雷尼·马金托什（Charles Rennie Mackintosh）居于对20世纪设计最重要的英国贡献者之列，其职业生涯有着巨大影响力。世纪之交的时候，马金托什为格拉斯哥艺术学院设计的建筑展露真容，出版商沃尔特·布莱克（Walter Blackie）找到马金托什，委托设计他在格拉斯哥郊外海伦斯堡的家——希尔之家。马金托什的设计方法大大吸引了布莱克，因为他坚持一个人创造从建筑物本身到刀叉类餐具和门把手在内的所有东西。马金托什为布莱克的卧室设计了梯状靠背椅。他摒弃新艺术运动的有机自然主义策略，转而采用抽象几何形状——这受到了日本设计中直线图案的启发。他对平衡对立元素很感兴趣，因此选择处理成深乌木色的白蜡木做框架，与后面的白墙形成对比。椅子那看似不必要的高度，增加了房间的空间纵深感。按马金托什的见解，一个整体化的集成融合方案的视觉效果，要比工艺质量以及工艺美术运动中他那些同时代人所倡导的对材料的忠实都更重要。

55PB 型泰迪熊 1902 年

Bear 55 PB

设计者：理查德·施泰夫（1877—1939）

生产商：玛格丽特·施泰夫公司（Margarete Steiff），1902 年至今

在德国工业时代出现的所有物品中，施泰夫出品的 55 PB 型泰迪熊可能是唯一受到普遍喜爱的东西。这是由公司创始人玛格丽特·施泰夫的侄子理查德·施泰夫（Richard Steiff）设计的，灵感来自他给斯图加特动物园的熊所画的素描。这只模样笨拙的玻璃眼睛熊，用马海毛毛绒和刨花填充物制成，加入了公司那不断扩展的玩具动物园阵列，但它的不同之处在于，它的关节是铰接式的，用结实的线连缀着，能独立于躯干活动。这款熊之所以被叫作 55 PB 型，是因为用了其材料（毛绒，Plüsch；可移动性，Beweglichkeit）和高度（55 厘米）3 处信息的缩编。玛格丽特最初对此挺排斥，嫌它不美观，而公众的反应也相似。不过，一位 1903 年到访莱比锡交易博览会的美国买家在最后的清场甩卖时刻认购了 3000 只毛绒熊——这一举动奠定了此熊在玩具历史上的地位。在 1904 年的圣路易斯世界博览会上，此玩具正式参展，赢得了更高的人气，受众渐广。在公众的认知里，这只熊还与时任美国总统西奥多·罗斯福有了关联：尽管罗斯福喜好打猎，但据称在一次狩猎派对上他放过了一头小熊仔。如此的市场机会，引出了上千个仿制泰迪熊的生产者，这促使施泰夫在熊左耳上添加了一个标志性的黄铜纽扣，为公司的原创打上烙印，而这个传统也延续至今。

白瓷咖啡套组　　约 1901 年至 1902 年

Coffee Set

设计者：尤塔・西卡（1877—1964）；科洛曼・莫泽（1868—1918）

生产商：约瑟夫-伯克维也纳陶瓷厂（Wiener Porzellan Josef Böck），约 1901 年至 1902 年

尤塔・西卡（Jutta Sika）的白瓷咖啡套组，是从日常生活场景中汲取的设计灵感。此套组包括杯子、杯碟、盘子、奶油壶、糖碗和咖啡壶各一。每件器皿都装饰有瓷釉图案，构成图案的是自由浮动和交叉重叠的圆形（重叠的形状让人想起浪状起伏的地貌），色彩则是铁锈红色或蓝色。这些图案使得设计统一，维持了单品之间的关联性。那些扁平的几何状把手也被圆形孔洞从中穿透，这些开口更像是美学设置而不仅是把手指孔。西卡在维也纳艺术与工艺学校（Kunstgewerbeschule in Vienna）学习陶瓷，师从维也纳分离派运动的最重要倡导者之一科洛曼・莫泽（Koloman Moser）。这高度原创的套组是因莫泽布置的一项作业而设计，设计稿上标记有“Schule Prof. Kolo Moser”（学院教授莫泽）的字样，可能类似设计稿及相关物品组成的一个更大的集合体，而这些作品共同构成了“整体艺术”。整体艺术是一个有凝聚力的设计原则，这个套组则很好地体现了这一理念。这个概念正是西卡所在的学生设计团队 Wiener Kunst im Hause（维也纳家居艺术）背后的驱动力。该团队于 1901 年成立，专注于设计纺织品、家具、陶瓷，及可营造和谐室内环境的其他物品。此团队那独特的设计，也启发莫泽在一年后组织成立了维也纳工作室（Wiener Werkstätte）。

绘儿乐蜡笔　　1903 年

Crayola Crayons

设计者：埃德温・宾尼（1866—1934）；哈罗德・史密斯（1860—1931）

生产商：绘儿乐（Crayola），1903 年至今

绘儿乐蜡笔是世界上同类产品中最知名的品牌。此物的共同发明者埃德温・宾尼（Edwin Binney）与哈罗德・史密斯（Harold Smith）是表兄弟。1903 年，两人着手研发一套可以在学校安全使用的彩色蜡笔。埃德温的妻子爱丽丝・宾尼将这些蜡笔命名为 Crayola（“绘儿乐”是约定俗成的意译中文名），取自法语中的“粉笔”和“油性”两个词。它们用石蜡和彩色颜料制成，最初于 1903 年推出，以 8 根一盒的形式出售，有 8 种颜色：红、蓝、黄、绿、紫、橙、棕和黑，售价为 5 美分。1949 年至 1957 年间，又新增了 40 种新颜色，比如杏色和银色，以及柠檬黄和玉米色等等。其中部分色彩在 1990 年被淘汰，为新颜色腾出空间。可水洗蜡笔，以及笔迹仅在特殊纸上才可见的蜡笔后来也陆续推出。这些创新之外，公司还欢迎公众命名新颜色，这使得蜡笔保持了人气。熟悉的黄绿两色包装，还有每支蜡笔包装纸上那相同的设计也特意保留。如今，绘儿乐的产品“名人堂”中有多达 120 种颜色，已停产的蜡笔也得以继续陈列。耶鲁大学的一项研究发现，在 20 种最易识别最熟悉的气味中，就包括绘儿乐蜡笔的气味。对孩子们来说，这款蜡笔是迈向艺术表达之路的第一步。

Fortuny 落地灯 1903 年

Fortuny Moda Lamp

设计者：马里亚诺·福图尼·马德拉佐（1871—1949）

生产商：意大利帕卢柯（Pallucco Italia），1985 年至今

试验自己新发明的电灯泡时，西班牙人马里亚诺·福图尼·马德拉佐（Mariano Fortuny Madrazo）创造了 Fortuny 落地灯（设计者名字中的 Fortuny 在西班牙语中即幸运、财富之意，Moda 即时尚之意）。有时，技术、科学、材料和原创者的兴趣能协同作用，创造出一个巧妙的设计，此灯具就是如此。对光照如何改变舞台布景，福图尼·马德拉佐具有深刻洞察力，这促使他对室内环境进行了间接照明的试验。借助不同的织物反射光线，他能够营造出想要的任何光照情绪。福图尼·马德拉佐于 1901 年为他的间接照明系统申请了专利。系统改进的过程中，他设计了 Fortuny 落地灯，并于 1903 年获得专利。灯的形式，反映出设计师的多种兴趣：当时的相机三脚架，应该给灯的底座带来了灵感，因为灯底座带有可调节的中心支柱和旋转头，很像三脚架。灯罩是当年传统灯罩的简单转化：增加了倾斜侧翻功能。福图尼·马德拉佐的天才在于他将这些元素组合成新形式，且如今仍具有现代感。从概念上讲，马德拉佐的灯显然领先于其时代。如今，无论是在工作室还是在家里，它仍然特色鲜明。

普克斯多夫椅 1903 年

Purkersdorf Chair

设计者：约瑟夫·霍夫曼（1870—1956）；科洛曼·莫泽（1868—1918）

生产商：威曼家具制造厂（Wittmann Möbelwerkstätten），1960 年至 2020 年

约瑟夫·霍夫曼（Josef Hoffmann）与科洛曼·莫泽合作的这把椅子，是为普克斯多夫疗养院的大厅设计。该疗养院由霍夫曼和莫泽的维也纳工作室共同设计，是位于维也纳郊区的优雅的水疗中心式度假村。普克斯多夫椅子几乎是一个完全的立方体，是对建筑那强烈的直线形态特质的理想补充。黑白色与几何图案的应用，增强了人们在参观疗养院时可能预期得到的那种秩序感和平静感。椅子那坚实的、基础框架呈现的几何形状，暗示了理性主义和对默想静思的鼓励，而白色的应用也反映了彼时乃至当代对卫生新观念的迷恋。约瑟夫·霍夫曼基金会独家授权给威曼家具制造厂，复制其设计的家具，普克斯多夫椅子自 1960 年以来一直在生产制造。莫泽和霍夫曼都是维也纳分离派的成员，该团体反对当时喜欢过度装饰的风尚。疗养院简朴的建筑外观与室内的装饰和细节形成鲜明对照，比如用于椅面上的棋盘格图案便是这内装之一。这也代表了与新艺术运动和维多利亚时代装饰过度的繁复风格的背离。

扯铃 约1904年

Diabolo

设计者：古斯塔夫·菲利巴特（1861—1933）

生产商：多家生产，1906年至今

扯铃是一种马戏团式的杂耍游戏，由两个模铸橡胶的半球体制成，中间用金属轴连接。在金属轴上缠绕一段绳子，扯铃可以旋转起来并被推弹到空中，落下来时移动绳子去接住，并尝试完成一系列的反重力的技巧表演。古斯塔夫·菲利巴特（Gustave Philippart）的设计灵感来自一个中国的传统玩具，起源可以追溯到3000多年前，其原名为空竹，直接翻译这名字，意思就是“让空心竹棍发出哨音”。法国和英国商人在18世纪将此玩具进口到欧洲，将其命名为扯铃（Diaballo），名称来自古希腊语的dia（通过）和ballo（扔或投掷）。19世纪，随着俱乐部和各种比赛推广该玩具，它在法国流行起来。菲利巴特是第一个意识到其潜力的生产商。第一次世界大战后，它的人气逐渐消退，直到20世纪80年代才卷土重来，强势回归。自推出以来，扯铃出现了许多不同的设计和尺寸，制造材料也各种各样，当然最常见的还是塑料、橡胶、木头和金属。更新的材料和更高的生产精度，让杂耍爱好者能够探索更多的表演项目、更丰富的技巧。虽然如此，现代的扯铃却继续参考菲利巴特的原型而设计。

平板样式餐具　　1904 年

Flat Model

设计者：约瑟夫·霍夫曼（1870—1956）

生产商：维也纳工作室，1904 年至 1908 年

这款餐具是维也纳工作室推出的早期产品。工作室由约瑟夫·霍夫曼与科洛曼·莫泽于 1903 年创立，并得到弗里茨·沃恩多夫（Fritz Wärndorfer）的支持。这一联合工作坊与新艺术运动有共同之处：在工业化面前首要关注工艺及工匠精神，希望从日常物品设计中消除多余的装饰，但工作室对更严谨形式的偏好则是其自有的特质。平板样式刀叉的设计，就是这种美学追求的一个很好的例证：除了手柄末端的一排几个圆珠子之外没有任何装饰。不过，前述这 3 位创始者拥有此餐具的个性化版本：手柄上有各自姓名字母组合的图案。这样光滑、宽扁的表面，以及规则的几何形状，在某些人看来有点太现代了。评价维也纳工作室 1906 年的展览“Der Gedeckte Tisch”（桌上已布置好）时，德国的《总汇报》（*Deutsche Allgemeine Zeitung*）指责霍夫曼创造了几何而不是艺术，而《汉堡异闻报》（*Hamburger Fremdenblatt*）称他的餐具“不舒服”，类似于解剖用的器械。霍夫曼这种特殊样式刀叉的首次尝试量产，是 33 件套的一个系列，材质为银、整体镀银与局部镀银。当时，金属加工和金银车间是维也纳工作室实业中最重要的工艺生产分支。生产仅仅到了 1908 年便停止，但这种鲜明的风格却以其他形式幸存下来，多年来仍具有影响力，并且在今天依然显得颇为现代。

蓝色滚球　　1904 年

La Boule Bleue

设计者：费利克斯·罗弗里奇（生卒年不详）

生产商：蓝色滚球公司（La Boule Bleue），1904 年至今

简单的设计和诱人的青金石色，使“蓝球”成为现代法式滚球游戏的一个标志。 1904 年，费利克斯·罗弗里奇（Félix Rofritsch）船长在法国马赛开始制作滚球，木质球体上镶有单独锤打进去的钉子，每天只能生产两对。但这游戏并不是很流行，直到法国南部的一种滚球（地掷球）占据了法国人的想象空间。玩家在崎岖不平的地形上比赛，站在泥土中划出的一个圆圈里，不允许助跑，投掷出他们的木滚球。第一次正式的法式滚球比赛于 1908 年举行。20 世纪 20 年代中期，罗弗里奇出品的传统手工木球终于被多型号的青铜和黄铜球所取代。不过，公司的决定性时刻到 1947 年才出现，当时费利克斯的两个儿子福图尼（Fortunè）与马塞尔（Marcel）用回火瑞典碳钢制作了一个滚球。这种高强度合金，在热氧硬化的过程中会形成蓝色高亮点，从而创造出给“蓝球”定义的独有特征，尽管这蓝色只是意外的副产品。蓝色滚球的生产秘诀，涉及一种特殊的烧制和硬化技术，让精心制作出的每个滚球具有非凡的硬度，并使其在所有地形上都经久耐用。球体直径范围为 70.5 毫米到 80 毫米。位于马赛的蓝色滚球工厂仍由罗弗里奇家族经营。

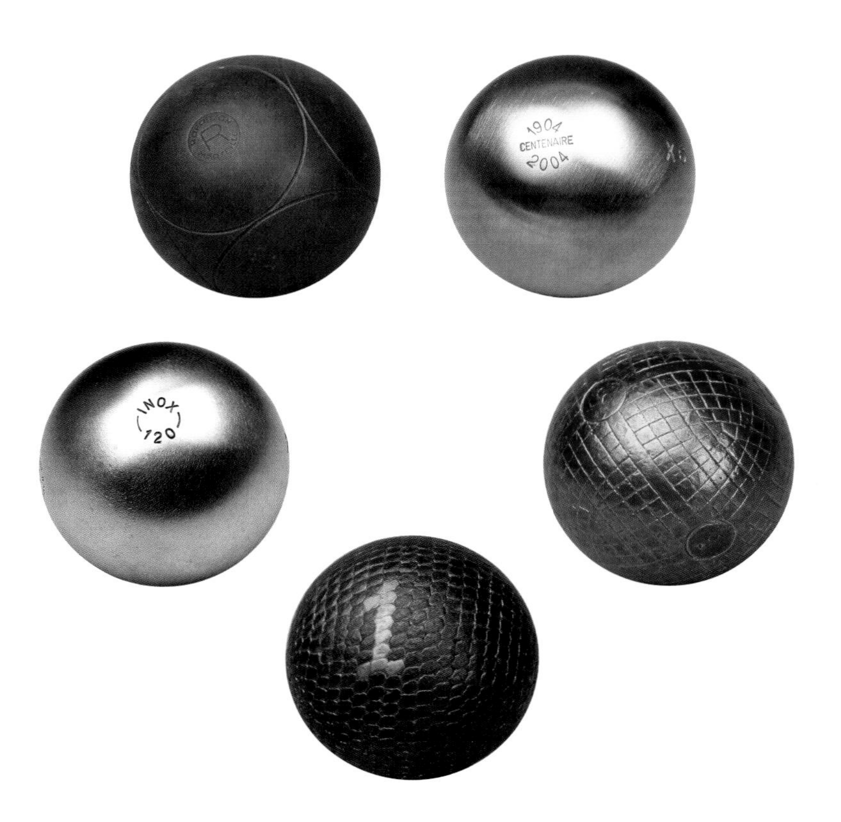

铁皮方格果盘 1904 年

Fruit Bowl

设计者：约瑟夫 · 霍夫曼（1870—1956）

生产商：维也纳工作室，1904 年；弗朗兹 · 威曼家具制造厂（Franz Wittmann Möbelwerkstätten），1970 年至 1985 年

这款果盘是维也纳工作室的早期产品。工作室由霍夫曼、科洛曼 · 莫泽和他们的支持者弗里茨 · 沃恩多夫 1903 年创立，旨在将手工艺和艺术结合，带来一种新的设计形式。该创意与生产工作坊是从维也纳分离派中发展而来，而分离派的成立是为了表达对保守的维也纳艺术建制和机制的反动。分离派运动与法国新艺术运动立场相似，也拒绝懒惰地照搬历史装饰手段及元素，但区别在于前者并不仿效盟友使用自然形式。维也纳工作室的大部分作品，都体现了在此艺术倾向影响下产生的明显现代的、克制的美学。霍夫曼将此美学应用于建筑、室内设计、家具、玻璃器皿和其他装饰物品，将整个建筑及其内装物件都视为一个单一的集成作品来设计，也即所谓的"整体艺术"。他对几何、直线形式的运用，解释了其绰号"Quadratl"（正方块）的来源。1904 年设计的这个果盘由铁皮制成，饰有冲孔而成的方格，完全涂成白色，代表着维也纳工作室对简单形态和有效功能的追求（这后来成为包豪斯和现代运动的关键原则）。这个团队崇尚稀缺性：工作室的车间在 1904 年只生产了两只果盘，一只白色，一只黑色。不过，好在弗朗兹 · 威曼的维也纳家具制造厂在 1970 年至 1985 年间生产了 15 年，使得该产品在初创 60 多年后又赢得了相当广泛的顾客群。

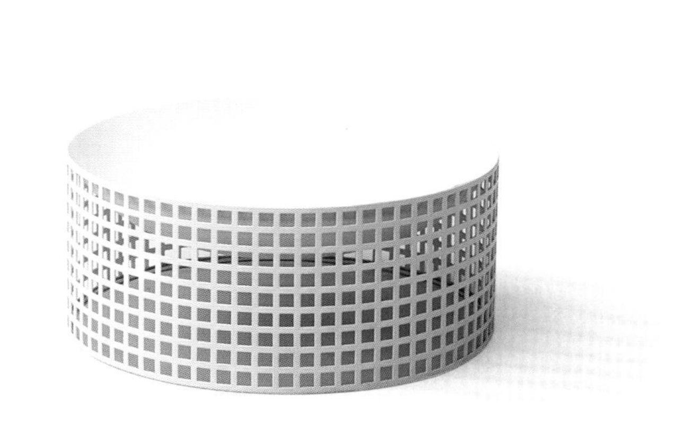

卡特彼勒拖拉机 1904 年

Caterpillar Tractor

设计者：本杰明 · 霍尔特（1849—1920）

生产商：卡特彼勒公司（Caterpillar），1904 年至今

农民本杰明 · 霍尔特（Benjamin Holt）在美国南部耕种泥炭地。他意识到，一辆能够在当地湿软、蓬松的土壤上工作的车辆机械具有巨大的经济潜力，因为这种泥炭地无法支撑马匹或当时可供的、蒸汽驱动的重型轮式拖拉机作业。1904 年，他开始在自家田地上测试他的第一辆带有两条连续木履带的蒸汽动力轮式车辆。由于触地表面积的增加，这台机器能成功地在松软的土壤上行驶。机器被命名为"卡特彼勒"（caterpillar，意即毛毛虫），因为它具有不同寻常的移动推进方法：在铺设自己轨道的同时，随着轮子的转动，轨道履带还会后退、向上翻转。两年后，霍尔特用汽油内燃机取代了蒸汽机，随后开发了离合器和制动结构，使得该设计在商业上可行。商业前景很快就变得很明显：这台机器可以服务于多种用途，尤其是在道路建设、土木工程和军事项目方面。第一次世界大战期间，盟军在西线战役中使用了霍尔特设计的汽油动力履带式拖拉机。霍尔特于 1920 年去世，5 年后，霍尔特制造公司与一家竞争对手方的拖拉机生产商合并，成立了卡特彼勒拖拉机公司，基地位于美国伊利诺伊州的东皮奥里亚。今天，卡特彼勒是一家非常成功的跨国公司，生产标志性的、固定涂装为黄色的机器，这些机器在现代社会中继续发挥着至关重要的作用。

山度士腕表　　1904 年

Santos Wristwatch

设计者：路易・卡地亚（1875—1942）

生产商：卡地亚公司（Cartier），1904 年至今

计时表的历史可以回溯到 16 世纪，但腕式手表的历史只能追溯到一个世纪略多之前，而卡地亚设计的山度士腕表颇具认领第一款商业化腕表的名号的资格。这是最早出现的“真正的”腕表之一，其设计至今仍保持不变，且极具影响力，屡屡遭到模仿。此款型由卡地亚创始人的孙子路易・卡地亚（Louis Cartier）设计，是使公司成为国际品牌的推动力，也是其培养“蓝血”客户的基础。爱德华七世称卡地亚为“国王们的珠宝商，珠宝商中的国王”是有充分理由的。山度士（作人名时译作桑托斯）背后的客户（也是手表名字的来源）是巴西飞行员、航空先驱阿尔贝托・桑托斯-杜蒙（Alberto Santos-Dumont）——他想要一款在空中冒险时可以轻松查看的计时工具。1907 年，他首次佩戴这款腕表进行了 220 米的飞行。山度士这个款型的起源解释了为何其外观坚实、阳刚，也解释了分布在钢表带上和方形表盘四周的显眼的螺丝钉似的铆钉。令人惊讶的是，这些增加了该表男女通杀的吸引力，也让公司持续为女性推出此系列的众多版本。

邮政储蓄银行扶手椅　　1904 年至 1906 年

Armchair for the Postsparkasse

设计者：奥托・瓦格纳（1841—1918）

生产商：索内特股份有限公司，1906 至 1915 年，1982 至 1995 年；索内特兄弟维也纳公司，2003 年至今

奥地利建筑师奥托・瓦格纳（Otto Wagner）于 1893 年赢得了奥地利邮政储蓄银行大楼的设计竞赛。邮政储蓄银行被设计成一个整体统一的作品，入口处有玻璃天花板，内部的办公室墙壁可拆卸，而外墙、室内装修组件和家具，都用铝材制成。这个项目让瓦格纳能够实践他的哲学，走向现代、理性的风格。1904 年，瓦格纳为邮政储蓄银行稍微修改了他的“时间椅子”（Zeit，最初设计于约 1902 年），索内特公司将此设计投入生产。这把椅子是第一个仅用一条曲形木材来构成椅背部、扶手和前腿的椅子。U 形背部支架用以支撑 D 形的椅面以及后腿。此椅可带有或不带扶手，因其对材料的高效使用和提供的极大舒适性，它如今仍广受认可。那些金属装饰细节，如用于防止椅子磨损的螺栓钉、椅腿护套和额外护板，可用于定制椅子以满足特定用途。最豪华的版本，用当时还稀有的铝材打造和修饰，用于董事办公室。这把椅子很受欢迎，以至于到了 1911 年，由不同公司生产的许多版本都涌现在市场上，并且至今仍在生产。

睡莲台灯 1904年

Water-Lily Table Lamp

设计者：路易斯·康福特·蒂芙尼（1848—1933）

生产商：蒂芙尼工作坊（Tiffany Studios），1904年至1915年

虽说创立奢侈品零售商蒂芙尼商行公司的荣誉应归于父亲查尔斯·刘易斯·蒂芙尼，但儿子路易斯·康福特·蒂芙尼（Louis Comfort Tiffany）本身也是一位受人称道的杰出艺术家和设计师。作为美国新艺术运动的领军人物，他曾接受过绘画训练，后来转而专攻玻璃制造。1902年，父亲去世后，路易斯成为公司的设计总监，并在纽约成立了工作室，也即蒂芙尼工作坊，专门生产装饰物品，其中最出名的是精心制作的含铅玻璃灯具。当时电灯还处于起步阶段，少数人率先探索了这项新技术的潜力，蒂芙尼也在其中。这件作品是最精致成功、细节完美无瑕的设计之一，青铜铸压的底座具有装饰性，模拟一簇睡莲的样子，茎秆从底座中间向上升起，像是穿过和伸出了灯罩。此灯提供均匀的照明光线，无须像明火灯盏那样通风供氧，因此玻璃和铅装饰图案可以覆盖不规则形状的整个灯罩。该工作坊吸引了来自美国各地最优秀的设计师和手工艺人，每一块用于灯具的玻璃都是从大量玻璃板中精挑细选，只为找出质量和颜色适宜的，以达到最佳效果。

机器座椅 1905年

Sitzmaschine

设计者：约瑟夫·霍夫曼（1870—1956）

生产商：雅各布与约瑟夫·科恩商号，1905年至1916年；弗朗兹·威曼家具制造厂，20世纪60年代至今

机器座椅，或名“用于坐的机器”，是由20世纪初引领潮流的维也纳设计师约瑟夫·霍夫曼设计。这把椅子的每一部分，都是为了告诉我们：它是机器制造的。而事实上，我们也不禁要把它本身当作一台机器，其机械感是通过历史或传统装饰元素的彻底不在场来实现的。几何形体，以及线条、曲线和平面、材料实体和空洞的互动游戏，看似控制了椅子的外形。靠背和座椅面，是两个长方形（与侧板相呼应），悬架在两侧简单的D形滑动装置之间。这机器般的特性，由抬高和降低靠背部的调节机制进一步加强。一根杆子安装在D形框架的弧顶上，可决定椅背的坡度。这把椅子可谓是逻辑和功能主义的缩影。它的生产商科恩工厂，是批量生产曲木家具的主导先驱之一。该设计清晰地利用了曲木技术所体现的、可重复生产简单单元部件的潜力。霍夫曼可能受到查尔斯·雷尼·麦金托什的几何图案构造的影响，便倡导一种类似的风格，其设计可以很容易地转化为大规模生产。

阿迪朗达克椅子 1905年

Adirondack Chair

设计者：托马斯·李（生卒年不详）；哈里·邦内尔（生卒年不详）

生产商：多家生产，1903年至今

这个作品以纽约州的阿迪朗达克山脉命名，是典型的美式露天座椅。它有着高大、倾斜的靠背和宽大的椅座；其造型的典型特征是直线条几何形状，低矮、倾斜的侧面轮廓以及超大的平台状扶手。椅子最初是由从法学院辍学的托马斯·李（Thomas Lee）于1903年夏天在纽约州的西港度假时构想到的。在那里，他逐步改良了一把户外椅子：由一块铁杉木板制成，此大木板被切成11块，再组合拼接起来。然后，他将设计交给了他的木匠朋友哈里·邦内尔（Harry Bunnell），鼓励他制作并出售这件作品，以缓解他的财务困境。然而邦内尔走得更远，他为该设计申请了专利，并向当地疗养院出售了成百上千张“西港平板木椅”，以供涌入阿迪朗达克的大量肺结核患者使用，他们接受“荒野疗法”，即在山区获得新鲜空气和安静休养。尽管它们的外观粗犷，但椅背的角度有助于病人更轻松地呼吸。并且，当放置在陡峭的山坡上时，椅子让人们能够坐直，舒适地观赏群山风景。从那以后，阿迪朗达克又经历过多次改造——使用更小的板条材料、波浪形的椅面、曲线靠背、不同的木材以及新材料（例如再生塑料）来制作。无论这椅子如何置换组装，它的基本形式终归是体现轻松的夏日生活。

371 号椅子　　1905 至 1906 年

Model No. 371

设计者：约瑟夫·霍夫曼（1870—1956）

生产商：雅各布与约瑟夫·科恩商号，1906 年至 1910 年

371 号椅子的形态，既简约又朴素，详细阐释了那种微妙的装饰风格，而该风格是 20 世纪最初期维也纳进步设计运动的代名词。椅子由约瑟夫·霍夫曼设计。他师从奥托·瓦格纳学习建筑，两人于 1897 年共同创立了激进的维也纳分离派团体。此作表面化的象征性装饰元素，由构成靠背支撑的两个立柱式拱形中间、起到连接作用的木球（由车床加工而成）提供。这强烈的几何形状，是典型例证，证明霍夫曼有能力创造意味深长的美学系统。此外，这胶合板的马鞍形椅面，还早于后来大规模生产的、美国人伊姆斯夫妇（Eameses）和芬兰人阿尔瓦·阿尔托（Alvar Aalto）的设计。霍夫曼绝对醒目的现代设计没有参考或指涉历史先例，他在建筑、室内装饰和家具领域创造了真正原创的作品，这些作品仍然具有影响力。371 号椅子是为在 1908 年“维也纳艺术展”上霍夫曼展出的分离主义别墅的门廊而设计。这椅子也是一个证据，说明他能力出色，将功能化的简单构造与拒绝借鉴历史范例的几何形态巧妙结合；并且，椅子使用了雅各布与约瑟夫·科恩商号开发出的规模化生产的材料和工艺。371 只生产了很短的几年时间，因为它纯粹是为一个特定地点而进行的设计。不过，它本也可以商业化生产，在市场上取得成功的，因为它美妙地展示了设计师的独特才华。

欧陆式银餐具　　1906 年

Continental Silver Cutlery

设计者：乔治·杰生（1866—1935）

生产商：乔治杰生（Georg Jensen），1906 年至今

欧陆式银餐具是丹麦银匠乔治·杰生（Georg Jensen）的工作室推出的第一个重要的刀叉系列。杰生精心手工制作的银器已成为全球奢侈品餐具的同义语，但当他于 1904 年在哥本哈根首次开设银匠工作室时，他的业务定位是面向小众而又激进的顾客。欧陆系列一直是该公司最受欢迎和经久不衰的银餐具款型主题之一。该系列以低调的精致为特色，利用简单的装饰和精细处理打制出的表面效果，来呈现感性和有雕塑感的银器，并向传统的丹麦木制器皿致敬。杰生借鉴本土传统并为其注入进步的设计理念，由此在定义 20 世纪斯堪的纳维亚设计的特征方面发挥了重要作用。在从“新艺术”向“装饰艺术”（Art Deco）风格过渡的过程中，他也充当了关键角色。早在 1915 年，他就向自己既有的波浪起伏的有机形式素材库中添加了干脆简练的几何图形。1915 年，在旧金山举行的巴拿马太平洋世界博览会上，杰生的作品吸引了大亨威廉·伦道夫·赫斯特（William Randolph Hearst）的目光。赫斯特深受打动，过目难忘，于是买下了全部展品。

迪克西杯 1908 年

Dixie Cups

设计者：休·埃弗里特·摩尔（1887—1972）；劳伦斯·卢伦（生卒年不详）

生产商：迪克西（Dixie），1908 年至今

传染病的扩散催生了疫苗，还推动了个人用纸杯的诞生。19 世纪后期，在公共场所人们还是拿公用的锡勺喝水，这种不卫生的做法直到 1909 年才在美国被废除。在这几年前，波士顿的企业家劳伦斯·卢伦（Lawrence Luellen）已发明了一种用石蜡处理过的纸杯来解决这个卫生问题。卢伦与他的姐夫休·埃弗里特·摩尔（Hugh Everett Moore）合作，开始了一桩反对和取代共用杯子的生意。一次性杯子是他提供的替代选项，经历了多次迭代，从 150 毫升的规格开始，纸杯由两张纸制成，底部平坦，饮用口边缘明显经过蜡处理；改进则包括凹陷的底部，以便堆叠，还有纸口卷边，以提高结构强度与完整性。两人以及其他生意伙伴共投资了 20 万美元，来分销、推广他们的杯子，最终向用户出租带有附件可堆叠纸杯的饮水机，用于火车站、学校、办公室和其他公共场所。1910 年，他们成立了“纽约个人饮水杯公司”。1919 年，公司更名为迪克西（俗语词，本义指美国东南部各州）。1918 年流感大流行，使迪克西在公众空间中的重要地位得以确立。此外，单人份冰激凌纸杯包装也促成了此容器的极大成功，杯子侧面的空白同样有贡献——这空白成为品牌宣传和广告的完美载体。

宁芬堡衣帽架 1908 年

Nymphenburg Coat Stand

设计者：奥托·布吕梅尔（1881—1973）

生产商：慕尼黑手工艺艺术联合工作室，1984 年至 1990 年；经典图标公司（ClassiCon），1990 年至今

宁芬堡衣帽架由慕尼黑的奥托·布吕梅尔（Otto Blümel）设计，是德国“新艺术运动”风格“青年风格派”（Jugendstil）的经典范例。衣帽架回避了一些“新艺术”装饰过度烦琐的弊病，转而采用一种更克制的手法，也预告了“装饰艺术”那更清晰干脆的直线装饰，以及“现代运动”尽量削减一切的简约风。布吕梅尔的黄铜和镀镍衣帽架，高 180 厘米，线条精致、简练又干净，适合大规模生产——这些“当代”设计的资质特征，确保它持久受到市场欢迎。布吕梅尔学习建筑和绘画，并于 1907 年成为慕尼黑手工艺艺术联合工作室的设计部门负责人。他与手工艺之间的关系，在宁芬堡衣帽架中以最风格化、最理性化的形式进行了阐释。在第一次世界大战后，这种关系对这位设计师来说有了更直接、更直白的意义：他协助建立了韦尔登费尔斯博物馆（Werdenfels）的民俗分馆（Heimatmuseum）——这是一座专项博物馆，致力于旌表和推广德国本土艺术和手工艺品设计。

福特 T 型车 1908 年

Ford Model T

设计者：亨利·福特（1863—1947）

生产商：福特（Ford Motor Company），1908 年至 1927 年

从 T 型车 1908 年发布到 1927 年停产，福特在全球的装配线共生产了 1500 万辆该款汽车。产量从最初的每天两辆猛增到每 24 秒一辆。按通常说法，T 型车只有黑色涂装，车体颇轻巧，在崎岖的道路上可灵活行驶。该车系共享一个标准轴距为 254 厘米的底盘，可以适配不同的车身样式。铸铁发动机有 4 个汽缸，一起安置于一个带有可拆卸汽缸盖的缸体中，可产生 20 马力，行车最高时速 72 千米。车子最初是靠手摇曲柄启动，1920 年在某些车型中引入了电池供电的启动器。而将 T 型车开上山的唯一方法是倒车，因为该车型的汽油引擎是靠重力作用给油，所以上山时倒挡比两个前进挡更有力。制造效率的快速提高，使此车的均价从 1908 年的 850 美元下降到 20 世纪 20 年代的 300 美元以下。价格亲民，让更多人买得起了。1914 年，福特可以支付给每个员工 5 美元的日薪，几乎是竞争对手的两倍，而流水线生产方式将工人的每日工作时长从 9 小时缩短到 8 小时。据估计，如今全世界仍有 10 万辆 T 型车。

布莱里奥 XI 型单翼飞机 1909 年

Blériot XI Monoplane

设计者：路易·布莱里奥（1872—1936）

生产商：布莱里奥航空公司（Blériot Aéronautique），1909 年至 1914 年

如果没有路易·布莱里奥（Louis Blériot）的 XI 型单翼飞机，航空业的历史可能会大不相同。1900 年，布莱里奥制造了他所命名的“扑翼机”，预期着能通过拍打双翼来飞行。然而，这架机器从未能飞离地面。他接下来设计的 10 架飞机，在先后 8 年时间里建造完成，也都没能起飞。声名鹊起的莱特兄弟的成功激励着布莱里奥，他坚持不懈。1908 年 10 月，伦敦的《每日邮报》发起活动，提供 1000 英镑的资金，奖给第一位穿越英吉利海峡的飞行员。布莱里奥邀请其朋友、同为航空爱好者的雷蒙·索尼耶（Raymond Saulnier）帮助他建造一架单翼飞机。布莱里奥希望这种轻量化和低阻力的机型能够帮助他飞越拉芒什海峡（法国对英吉利海峡的称呼）。值得一提的是，此飞机的首飞，实际上是在 1909 年初的一个冬日，于法国的伊西－莱－穆利诺试验完成。随后 6 个月的时间里，布莱里奥和索尼耶通过使用更轻的 25 马力的安扎尼（Anzani）发动机，提高了飞机的操控性和可靠性。1909 年 7 月 25 日，在能保持发动机冷却的大风天气条件下，布莱里奥从法国的巴纳克（Les Baraques）起飞，跨越海峡到达英格兰的多佛，耗时仅 37 分钟略多。这是一项不朽的成就，它点燃了公众的激情与对未来的想象。布莱里奥作为飞行员和航空先驱的成就，使他的 XI 型飞机得以在大众文化中封圣，成为当时最著名的设计范例。

氖气灯 1910 年

Neon Gas Light

设计者：乔治·克劳德（1870—1960）

生产商：多家生产，1912 年至今

1912 年，也就是法国工程师和化学家乔治·克劳德（Georges Claude）在 1910 年巴黎汽车博览会上展出他改进的氖气灯（即后来所说的霓虹灯）两年后，第一个霓虹灯招牌被卖给了巴黎的一位理发师。这个发明构想很简单：高电压通过内部处于低气压状态的、含有氖或其他惰性气体的弯曲玻璃管，便会产生光。氖气能发出红光，但使用其他气体、彩色灯管或荧光粉涂层，便可确保产生各种彩光。在 20 世纪 50 年代和 60 年代，霓虹灯在美国的普及程度迅速增高，因为它被用于全国各地的商店、汽车旅馆的营业标志和广告牌。它也成为美国那年轻的美学“遗产”的重要组成部分，也是转瞬即逝、变化无常的后现代体验的一个象征，正如霓虹林立、纸醉金迷的拉斯维加斯大道的缩影。荧光灯可谓霓虹灯的表亲，但更注重实用性，遵循的工作原理则类似：直而粗的玻璃管，立面充满低压汞蒸气和氩气，在施加电流时会产生紫外线。管内壁的荧光粉涂层可过滤掉有害的紫外线，留下实用的光源。这种造型统一的条形照明灯用于医院、学校和办公室等大空间的公共场所，靠着长寿命、维护保养要求低以及成本效益，弥补了其光线冷清、不讨人喜欢的缺憾。

无夹式立式纸张装订器 1910 年

Clipless Stand Paper Fastener

设计者：JC. 霍金斯（生于 1869 年，卒年不详）

生产商：无夹式纸张装订器公司（Clipless Paper Fastener），1909 年至 1930 年

无夹式立式纸张装订器看起来像一个抛光的活塞或属于某管乐队的备用器材。事实上，它是第一个无钉式纸张装订器，从 1909 年开始有钳子形的“手”（手持）型号供货，并从 1910 年开始有“立式”（桌面支撑）版本的型号供应。广告宣传这是“靠省钱来赚钱”的产品，因为装订器使用纸本身作为紧固元件或手段。无钉或免钉的工作原理是在纸面冲孔，然后（在工具被按下的同时）将纸的一小块部分折叠出三角形，接着通过纸中 0.6 厘米宽的狭缝将三角部分拉回（在装订器松开的同时便拉回），几乎把那窄窄的切口“缝合”关闭。无夹式装订器的主要竞争对手，是位于威斯康星州拉克罗斯市的邦普纸张装订公司（Bump Paper Fastening）。尽管无夹式装订首先进入市场，但邦普还是赶在竞争者之前为自家装订器提交了专利申请。奇怪的是，邦普被授予专利，是在无夹式装订公司获得专利之后，邦普的专利证上指定了专利的先行所有人 JC. 霍金斯（JC Hawkins）为邦普一半专利的受让人。霍金斯的产品最初很贵，零售价为 5 美元；尽管进行了积极营销，也实施了大幅降价（至 1911 年，价格降至 3.5 美元），它们还是无法与邦普 2.5 美元的装订器竞争。20 世纪 30 年代初，邦普收购了无夹式纸张装订器公司。邦普的装订器一直生产到 1950 年，而底座上一律印有“专利未决”的字样。

库伯斯扶手椅 1910年

Kubus Armchair

设计者：约瑟夫·霍夫曼（1870—1956）

生产商：弗朗兹·威曼家具制造厂，1973年至今

光看库伯斯扶手椅的样式，如果有人假设它的生产时间晚于1910年，也即椅子在布宜诺斯艾利斯展出的那一年，那应当原谅此人。此作品的设计师约瑟夫·霍夫曼在塑造维也纳现代主义方面发挥了重要作用。他于1903年与他人联合创立了维也纳工作室，驱动他的愿望是通过规模化生产将装饰艺术从审美贬值的困境中拯救出来。霍夫曼受到奥托·瓦格纳“完整的艺术作品”理念的影响，也倡导整体艺术，赞成建筑师应参与室内外设计的各个方面。这张沙发椅，由木质框架包上聚氨酯泡沫构成，另加了黑色皮革衬垫。椅子的方形垫和质朴、笔直的形式是霍夫曼美学的真实呈现和代表，他一直更喜欢朴素的立方体风格。维也纳工作室的主要目标是将优秀设计带入人们生活的方方面面，这与其致力将独特的手工产品设计投入高质量生产的承诺相悖，与其对艺术试验的强调也有冲突。因为这些制作项目必然昂贵，与大众无缘，但它们是现代主义设计的先驱。1969年，约瑟夫·霍夫曼基金会向生产商弗朗兹·威曼家具制造厂独家授权，开始重新出品库伯斯扶手椅。

星帆船　1911 年

Star

设计者：弗朗西斯·斯维斯古斯（1882—1970）

生产商：多家生产，1911 年至今

1910 年，从纽约长岛远眺大海，你只会看到一种赛艇，名为“小虫”（Bug），由威廉·加德纳（William Gardner）事务所设计完成，而弗朗西斯·斯维斯古斯（Francis Sweisguth）在该所工作。那一年，一些“小虫”船主提出要求，请斯维斯古斯打造一只更大的船。1911 年，“星”出现了。它的名字来自这新船型启用时举办的第一场比赛，当时每个参赛者都在他们的帆上展示了一个星星图案。“星”与“小虫”的船体相似，但帆桁装备完全不同（最初的整船设计是带有长横杆，配装上缘斜桁帆）。随着“星”级的发展，很明显需要对帆具等装备进行现代化改造。1920 年，短小的马可尼帆具（Marconi）取代了上缘斜桁帆，然后至 20 年代末，又推出了它至今仍在使用的那套帆桁装备。“星”级帆船是世界上第一个风帆赛事级组帆船，也是第一个奥林匹克级赛事的帆船。“星”的生产持续了 80 年，共建造有 7500 多艘船，至少有 2000 只如今仍在航行。这是一款调节灵活、操控性能极佳的船，其大而有力的桅帆配置、光滑流畅的船体和轻巧的自重，让微风便可推动船行进，并且有些版本是由玻璃纤维制成船体，用了集成龙骨，具有正浮力。它们通常都是干船下水航行，平时架放在拖车上，远离水体。单船总重量为 622 千克，用合适的车辆便可轻松拖曳。

长尾夹　1911 年

Binder Clip

设计者：路易斯·E. 巴尔茨利（1895—1946）

生产商：LEB 制造车间，1911 年；多家生产，至今

长尾夹由路易斯·E. 巴尔茨利（Louis E. Baltzley）于 1911 年发明，是一个简单但富有创意的设计，用于将松散的纸张夹在一起。这款优雅的紧固件的创作灵感，来自巴尔茨利的父亲埃德温——一位多产的作家。当时保持手稿页面有序排列的传统方法，基本是在页面上打孔再用针和线将纸页缝合在一起。这意味着，如要插入或移除某一页，就需要重新装订那些文稿，费时费力。路易斯想出了长尾夹这一完美解决方案。夹子中空的三角形黑色基座，由坚固但有弹性的柔韧金属制成。安装到基座上的是两个可活动的金属手柄，它们像铰链一样插入三角件顶部。手柄可以向后翻转压平，成为强有力的杠杆，来撬开底座，然后牢牢夹住纸张。起初，巴尔茨利在他自己的公司——LEB 制造车间（LEB 即巴尔茨利全名的首字母缩写）——生产这个夹子，后来又将该设计授权给其他公司。在 1915 年至 1932 年期间，他还对自己 1911 年的创作进行了 5 次调整和修改。巴尔茨利可能不曾预料或畅想过，他的长尾夹会持续长存，在我们当今的工作场所仍随处可见。

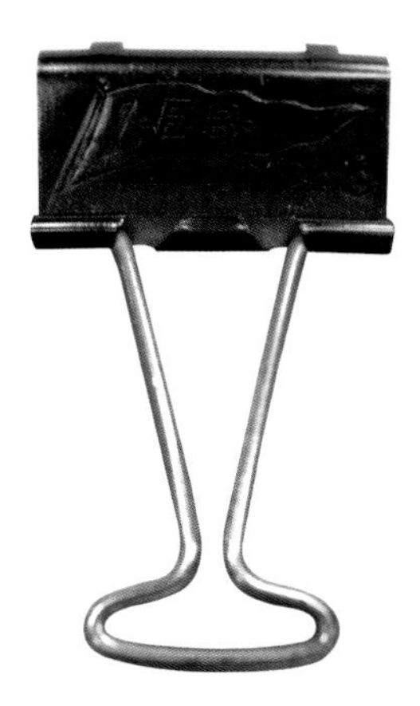

派宝玛奇那系列相机　1912 年

Plaubel Makina

设计者：雨果·施雷德（1873—1939）

生产商：派宝公司（Plaubel），1912 年至 1958 年

派宝这个品牌由雨果·施雷德（Hugo Schrader）于 1902 年在德国法兰克福创立。10 年后，玛奇那相机系列推出，并延续不断，一直到 1958 年玛奇那 IIIR 型停产。马奇那相机的第一款，直到 1928 年左右仍有生产，适配的底片尺寸为 4.5 厘米 ×6 厘米；公司还开发了一个立体视觉的型号，可处理 4.5 厘米 ×10.7 厘米的底片。这是一台制造精密的长柄惰钳（机身）折叠式相机，支架被安置于“蛇腹”的上方和下方（可拧转的支架将前镜头板与后部严格精准连接，保持前部与后部完全平行，这对拍出清晰的照片至关重要）。这个设计大受欢迎，因此，适配 6.5 厘米 ×9 厘米底片的更大型号相机于 1922 年推出，带有可更换镜头，配用玻璃板、切割好的胶片块或胶卷，都可拍照成像。1933 年的玛奇那 II 型增加了一个叠影测距取景器，用于精确对焦。1946 年之后，市场对小型可折叠相机的兴趣逐渐减弱，派宝无法与大型生产商竞争，便专注于生产高质量的工作室或照相馆专业相机，直至后来在 1975 年被日本土井（Doi）商社集团收购。尽管玛奇那这个名字一直存续到了 1986 年，但最初的影像业务几乎没有延续下来。

切斯特扶手椅和沙发　1912 年

Chester Armchair and Sofa

设计者：伦佐·弗洛（Renzo Frau，1881—1926）

生产商：柏秋纳-弗洛公司（Poltrona Frau），1912 年至 1960 年，1962 年至今；多家生产，1912 年至今

切斯特扶手椅和沙发，模仿了爱德华（七世）时代（即 20 世纪初）英格兰俱乐部和乡间别墅的古典扶手椅，从中汲取灵感。不过，它的设计去除了所有不必要的材料和装饰，只专注于椅子的面料、结构和制造的工艺。皮革覆盖物在圆头球根状的两边扶手上折叠成一系列的褶皱或折结，打造出该系列招牌性的特色外观。靠背和扶手采用手工绗缝工艺，打造出独特的切斯特菲尔德菱形褶痕图案。内部的衬垫与主体构建同样重要。钢弹簧悬挂系统，以手工系紧在黄麻绳带上，有助于为手工模制的马毛衬垫提供稳定的承托结构和形状，确保最佳的重量缓冲和吸收，以保证椅座部分只有非常小的移位。这番努力的结果是，沙发的轮廓与人体完美契合。这种对细节的关注使切斯特成为经久不衰的设计。它的每一个元素，从坚固的、充分干燥的山毛榉老木框架，到鹅绒填充的坐垫，再到人工精选后又用鞋匠刀裁切的皮革，无一不是精工细作。切斯特一直是柏秋纳-弗洛皮革家具旗下最出名的款型。

“B”系列玻璃器皿 1912 年

Series ‘B’ Glassware

设计者：约瑟夫·霍夫曼（1870—1956）

生产商：罗贝麦尔，1914 年至今

约瑟夫·霍夫曼与维也纳玻璃生产商罗贝麦尔（J. & L. Lobmeyr）以及彼时的公司领头人斯蒂芬·雷斯长期保持着良好的关系。“B”系列玻璃器皿便是始于 1910 年的这份合作关系的早期产品。罗贝麦尔公司是霍夫曼那些精确严谨形式的最热忱的支持者之一，至今仍在生产“B”系列。此设计具有现代性，形式简洁，装饰应用了黑白间色，具有霍夫曼作品和维也纳工作室货品的标志性特质。霍夫曼和科洛曼·莫泽于 1903 年创立了维也纳工作室这一应用艺术合作机构。“B”系列与霍夫曼-罗梅尔搭档组合出品的其他几款设计一样，用吹制水晶玻璃制成，饰有黑古铜辉石色的纹路，带磨砂效果。当时所使用的技术，仅仅两年前才在波希米亚被开发出来，需要在玻璃上涂上一层古铜辉石色料，然后以清漆在那色料层上绘出装饰构图。接着，只要是未上清漆的古铜辉石色料，都用酸洗去，只留下带有金属光泽的装饰图案。罗贝麦尔商号维持并享有崇高的声誉，其产品早在 20 世纪 20 年代就已收藏于纽约现代艺术博物馆及伦敦的维多利亚与艾尔伯特博物馆。

拉链 1913 年

Zip Fastener

设计者：吉迪恩·桑德巴克（1880—1954）

生产商：无钩紧固件（泰龙公司，Talon），1913 年至今；多家生产，20 世纪 30 年代至今

拉链始于惠特科姆·贾德森（Whitcomb Judson）的"卡齿锁扣"：一种用于鞋子的紧固锁件，使用平行并排、外观凶恶的金属钩来扣紧鞋面，于 1893 年获得专利。完善拉链的功劳，要归于瑞典移民吉迪恩·桑德巴克（Gideon Sundback），他在芝加哥的通用紧固件公司工作。在 5 年的时间里，桑德巴克将贾德森的设计进行小型化改造，并持续优化改良，将每英寸内的"扣齿"数量增加到 10 个，还开发了一种大规模制造的方法，来生产他的设计成果。1923 年，他的"无钩扣子"从新奇事物转变为广泛使用的技术——这一年，百路驰公司将其用于制作橡胶套鞋。基于新锁扣快速闭合的动态和发出的声音，百路驰的一位营销人员建议使用"拉链"这个名称（zipper 的词根 zip 有快速和活力之意）。20 世纪 30 年代，拉链通过童装和男裤进入服装生产中，然后扩展到目前全球随处可见的程度。如今拉链已经不仅仅是一个简单的紧固件，它给时尚领域和社会生活留下了深刻印迹。如果没有数量众多、无实用意图的拉链，某些标志性的时装就几乎无法想象，比如机车风夹克穿搭以及 20 世纪 70 年代马尔科姆·麦克拉伦和维维安·韦斯特伍德设计的朋克系列。

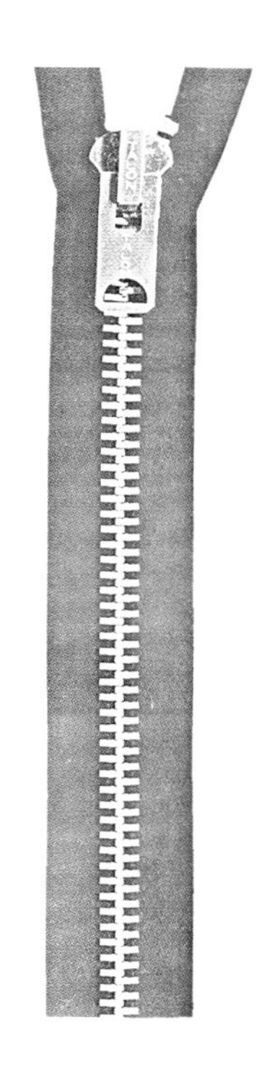

小艇 1913 年

Dinghy

设计者：乔治·科克肖特（1875—1953 ）

生产商：多家生产，1913 年至今

小艇的故事开始于 1913 年。当时乔治·科克肖特（George Cockshott）在一场船艇设计比赛中获胜。比赛任务的说明指示是给大型游艇配备附属船、交通小艇，这种小船可在那些时髦的度假胜地海湾间穿行，而唯一的规则是严格遵循任务简介。科克肖特是一名热爱航海的水手，他的船价格便宜、速度快，易于操控航行，因此一炮而红，在英国和南欧大受欢迎。1919 年，国际帆船联盟（International Yacht Race Union）选择这种小艇作为国际最初级的入门赛事帆船。1920 年和 1928 年，小艇两次获得奥运会的认可，用于单人单船级赛事。从 20 世纪 30 年代开始，小艇出现在世界各地的海面上：船身木头经过抛光处理，而船尾掌舵的主人则穿着考究。小艇是"鳞状搭造"的，这意味着建造船体时，每块木板有重叠衔接处。这艘相对较小的船只使用了肋板船尾、低干舷（指吃水线以上高度很低）和分级、分体式桅杆，以达到最大的稳定性和强度。有两条座板撑着，来加固船体，当进行航行比赛时，需要两个特殊的坐板来使船体更刚硬。今天的大多数小艇都用玻璃钢制成，不同的赛事级别标准对应经典或现代小艇，而这两种小艇在性能表现上的差异却小得令人惊讶。最重要的小艇比赛每年在意大利的波托菲诺举行，由意大利帆船俱乐部组织。

迪克森－提康德罗加铅笔 1913 年

Dixon Ticonderoga Pencil

设计者：迪克森－提康德罗加设计团队

生产商：迪克森－提康德罗加公司（Dixon Ticonderoga），1913 年至今

1860 年，大多数人仍然使用羽毛笔写字，至 1872 年，约瑟夫・迪克森坩埚公司每天生产 86 000 支铅笔，而到了 1892 年，迪克森坩埚公司的铅笔产量已超过 3000 万支。迪克森并未发明第一支铅笔或设计铅笔的经典特征 [历史记录指出，尼古拉斯－雅克・孔泰（Nicolas-Jacques Conté，1755—1805），是用粉末石墨制造铅笔芯这一工艺的发明者]，但因其开发出的卓越的批量制造流程以及稳定的成品质量，迪克森与这种干燥、清洁、便携式的书写工具关联在了一起。约瑟夫・迪克森（Joseph Dixon，1799—1869）于 1829 年生产出他的第一支铅笔；到了 19 世纪 90 年代，他的公司已成为领先的铅笔生产商。他的生产工具设计得很巧妙，包括一台用于铅笔成型的刨木机，每台每分钟可出产 132 支铅笔。迪克森铅笔那持久的高品质，为它们赢得了超越时间的永恒之物的美誉。1913 年，"提康德罗加"这个名号被添加到带有两圈黄色条带的黄铜（现为绿色塑料）笔帽上，以此确立了商标，也为人们提供了今天仍能识别的黄色铅笔原型。

原创版西格尔开罐器 1913 年

Original Sieger Can Opener

设计者：古斯塔夫・克拉赫特（Gustav Kracht，生卒年不详）

生产商：西格尔 [Sieger，前身为奥古斯特－卢特山（August Reutershan]，1913 年起，停产日期不详

西格尔开罐器是一个具有功能主义魅力的物品，此魅力在其整个历史中都经久不衰。西格尔，意为"优胜者"，于 1913 年发明，自问世以来几乎没有过什么改变。第一次世界大战之前，罐头是用钩状的金属小棍子打开。西格尔改变了这一模式并迅速普及开来。它的棘轮部分是光亮的镀镍表面，现在的版本则有一个塑料层铆接在中间。回火钢用于制作切割刀片、运送轮和起盖器，形成的钢表面不可穿透、耐磨、耐腐蚀。这个器具结构紧凑，长 15 厘米，宽 5 厘米，手柄纤巧，宽仅 2.2 厘米，重量仅为 86 克。开罐器成为于 1864 年在德国索林根成立的奥古斯特－卢特山公司业务增长的推动力。此原初设计后来有了各种样式的更新版本，比如 1949 年的杰出版（Eminent）、1952 年的吉甘特版（Gigant）、1961 年的见证优胜版（Zangen-Sieger）与 1964 年的挂壁式大赢家版（Der große Sieger）。尽管有这些变体，原创版仍然是国际最畅销的款型。奥古斯特－卢特山公司甚至更名为西格尔，借此将著名品牌与其生产商直接联系起来。

诺尼克品脱杯 1914年

Nonic Pint Glass

设计者：阿尔伯特-皮克公司设计团队

生产商：阿尔伯特-皮克公司（Albert Pick & Company），1914年至20世纪20年代；乌鸦头玻璃公司（Ravenhead Glass），1948年至2001年；多家生产，1989年至今

这款样子不起眼的品脱杯，蠢萌造型舒适而流畅，已成为英国酒馆文化的有力象征。此杯有多种容量可供选择，而英国标准是20液量盎司（约560毫升，即1品脱，也是品脱杯名称的由来）此杯用于装啤酒则只有16液量盎司（约455毫升），因杯口头部留有泡沫空间，诺尼克酒杯规定需配有政府印章图案和液位线。1914年，芝加哥的阿尔伯特-皮克公司首次生产此杯，称为诺尼克安全玻璃器皿，是因其不碎裂而得名（Nonic，暗示no nick，即不会裂口；当两个或多个摞在一起时，杯身一圈独特的凸起使它们没那么容易碎裂），但最初的系列是不可叠放的玻璃杯。下一个创新是借助金属模具、工厂批量化吹制玻璃，这使得杯壁较薄的玻璃容器能够大规模生产。1938年，比利时人让·维艾托（Jean Viatour）为他的可叠放玻璃杯设计申请了专利，该设计整合采用了Nonic凸起。这解决了锥形玻璃杯叠放时相互楔入、挤压破裂的问题，因为凸起的一圈将杯身隔开，下面的杯子只有杯口边缘才与套叠进来的杯子接触。1948年，英国生产商乌鸦头玻璃公司投产诺尼克，为沉重的、带把手的、凹痕纹装饰的品脱杯子提供了一种现代替代品。该公司后来停业，但诺尼克继续在英国和海外多国生产。

20 AL型桌面立式电话 1914年

No.20 AL Desk Stand

设计者：贝尔电话/西部电气公司

生产商：西部电气公司（Western Electric Company），1914年至约1940年

西部电气1914年推出改进的20 AL型桌面立式电话时，原先的20系列机型已经生产了十多年。20 AL由贝尔电话和西部电气公司（后来的贝尔电话试验室）联合开发，与它的前身款型大致相似，主要区别在于其锻造成型的听筒搁架（根据资料，旧款20B的听筒搁架是以螺丝拧上立柱），以及通过设备的底座和中空的立柱来给送话器的电线布线。这比以前的型号更优雅，但仍然需要一个单独的橡木材质的“响铃盒”，用于放置信号发生器、感应线圈、电池和铃铛。分离的听筒和送话器，为设备的使用带来了一种非正式的自由感，但为了有效地工作，电话仍必须放置在水平、稳定的台面上，因为送话器组件由碳微粒夹层制成，如果移动太剧烈就容易爆裂。手持听筒、立柱和“水仙花”话筒用黄铜制成，大部分都有黑色日式亮漆饰面。第一次世界大战后，黄铜稀缺时，40 AL应运而生，采用钢立柱和灰色饰面。拨号系统于1919年推出，但到了1922年才仅对纽约居民开放。第一款听筒话筒组合一体的新式电话于1928年问世之前，此“烛台”式产品一直是标准格式电话。

折叠凳 1914 年

Folding Stool

设计者：道格拉斯 · M. 奈夫（Douglas M Neff，生卒年不详）

生产商：多家生产，1915 年至今

选择折叠凳作为座椅，在今天可能会被认为是出于无奈的最终方案，但事情并非总是如此。在古罗马，这样的座椅被叫作国政椅（sella curulis），被视为权威的象征：这是为富人和位高权重者保留的座椅，暗示着社会地位重要。从那时以来，人们对折叠凳的看法当然已发生了变化，像这种设计于 1914 年的凳子，现在与一系列户外活动相关联。在两次世界大战期间，随着越来越多的人拥有汽车，野餐和钓鱼等活动开始流行，便携式家具也找到了新的市场。经典的 X 框架结构，在此得到改进，两组交叉式支撑使得绷紧的张力和支撑力都控制在椅面部位。这个设计采用了一套精心打造的方案来实现椅子的折叠功能并维持座椅结构。折叠凳腿的配置更复杂，使重量分布均匀，而金属材质椅面，仍是凳子稳定性的关键，且易于清洁和擦干，磨损、松动或撕裂以及随后垮塌的可能性极大降低。此凳可平整折叠，辅以灵活弯折的金属腿与彩色金属椅面，是功能性与欧洲现代主义设计结合的实用范例。

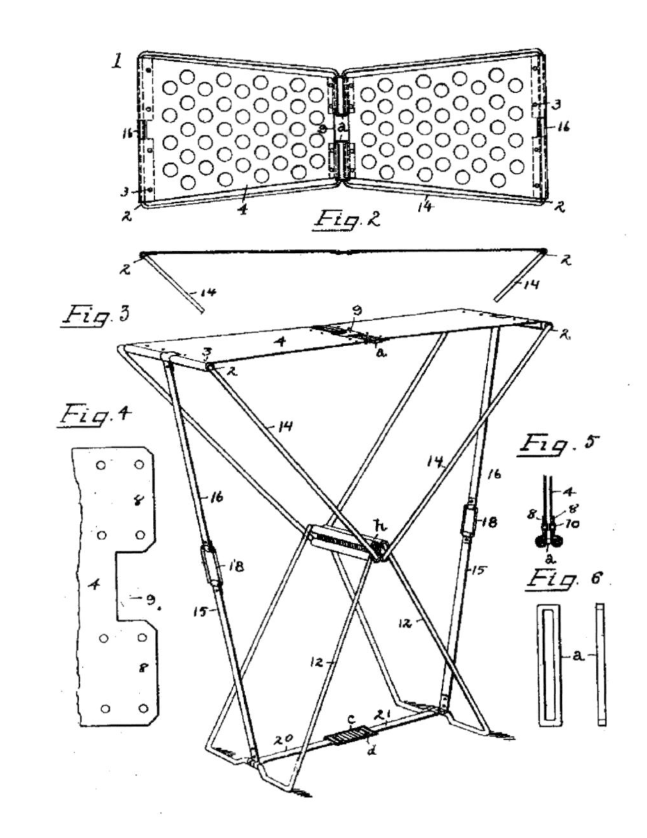

派热克斯耐热玻璃 1915 年

Pyrex

设计者：康宁玻璃厂设计团队

生产商：康宁玻璃厂（Corning Glass Works），1915 年至 1998 年；柯瑞尔品牌（Corelle Brands），2000 年至今

康宁的派热克斯系列最显著的特点是其设计和优异的材料，两者均保持至今。制造过程中使用的耐热玻璃使此系列的功能得以实现，因为大多数玻璃都不能承受显著或快速的温度变化：它们在受热时会膨胀，难免会导致破裂。继奥托 · 肖特（Otto Schott）在德国的开创性研究之后，不少人都尝试制造混合材质玻璃，以便适应对材料要求严苛的环境，例如用于窑炉，服务于光学用途，制作温度计或灯泡玻璃壳。康宁最初专门生产装饰玻璃和餐具，但到了 19 世纪后期开始生产用于专业技术的玻璃。1908 年，尤金 · 沙利文（Eugene Sullivan）和威廉 · 泰勒（William Taylor）建立了一个研究试验室。在肖特发现硼硅酸盐玻璃具有耐热特性的基础上，他们于 1912 年研发了一种名为诺奈克斯（Nonex）的新玻璃。耐热新品在某些照明灯具中适用。到了 1915 年，在杰西 · 利特尔顿（Jesse Littleton）的帮助下，他们改进配方，让当时已注册名为“派热克斯”的玻璃可用作试验室玻璃器皿，以及用来制造发电机蓄电池的玻璃容器之类产品。利特尔顿去除了其中一个蓄电池容器的顶部，让他的妻子用这玻璃盆烤了个蛋糕，从而开启了一个全新的家庭日用品市场。

美国隧道形邮箱 1915年

US Tunnel Mailbox 1915

设计者：罗伊·J. 乔罗尔曼（生卒年不详）

生产商：多家生产，1915年至今

罗伊·J. 乔罗尔曼（Roy J Joroleman）的隧道形邮箱，最初版本是一个模型，旨在让乡村地区的邮件递送标准化。美国邮政于1896年开始覆盖农村路线；当时，邮箱是人们自制的，通常是用某种废弃的容器，随便敲打几下钉在杆子上就成。1901年，美国邮政局设立了一个标准化邮箱委员会。委员会最终找到了邮政工程师乔罗尔曼，他拿出的隧道形箱体的提议成为标准。该设计于1915年获得邮政总局局长的批准，当时并未申请专利，为的是鼓励生产商之间的自由竞争。1928年，一个更大的版本方案也通过了论证，即2号尺寸邮箱，可以装得下一般包裹。从那以后，这两种型号一直都在生产。这种毫不费力的简单设计与既有的罐头产品并无太大区别。它的深度增加了，可以容纳信件和报纸，但仍然是一个“罐头”——尽管它的一侧是扁平的，其中一头有铰链盖，还带有一个小铁旗标志，表示邮件已投妥或需寄送邮件。从结构角度而言它有很高效的形状，制造起来很容易，而且可以带来有竞争力的生产价格。在当今的数字世界中，隧道邮箱的图形已被用作电子邮件的象征，因此继续保证了其标志性地位。

拉肯经典水瓶 1916 年

Clásica Water Bottle

设计者：格雷戈里奥·蒙特西诺斯（1880—1943）

生产商：拉肯（Laken），1916 年至今

任何的探险装备清单中，首要的东西是拉肯经典水瓶。1916 年，凭借其经典（Clásica）型号，拉肯公司成为铝制饮用水瓶设计的先驱，而且至今仍是西班牙的市场引领者。在法国工作时，格雷戈里奥·蒙特西诺斯（Gregorio Montesinos）就对新兴的铝制品业有所感知。他 1912 年回到西班牙，在穆尔西亚省成立了拉肯公司，并开始设计水瓶，意在替代陶瓷和玻璃饮水瓶。铝质坚固、重量轻且抗氧化，这些是蒙特西诺斯热衷于利用的特性。他为武装部队设计了经典水壶，以 99.7% 的纯同位素铝制成。外部加上毛毡或棉质的套子，有助保持水新鲜，保护瓶子免遭磨损破裂，并且可以浸泡套子，借助于外部蒸发来冷却瓶内的水。经典款，高 18.5 厘米，有直径为 13.8 厘米和 8.2 厘米的两种规格。拉肯水瓶耐受极端温度，已在北极、南极洲、撒哈拉沙漠和亚马孙雨林等地的探险中被携带，如今仍受到世界各地武装部队的青睐。

福克 DR1 三翼机 1916 年至 1917 年

Fokker DR1 Triplane

设计者：莱因霍尔德·普拉茨（1886—1966）

生产商：福克（Fokker），1917 年至 1918 年

第一次世界大战中肯定有比福克 DR1 三翼机更好的飞机，但没有比此机型更出名的了，原因只有一个——福克三翼飞机被涂成凶猛的猩红色，是王牌中的王牌飞行员、著名的“红男爵”曼弗雷德·冯·里希特霍芬的飞行工具。男爵驾此机，于 1918 年被击落并丧命。他去世时年仅 25 岁，无疑是那个时代最伟大的战斗机飞行员，在其服役生涯中（尽管大部分时候他驾驶的是其他机型），共击落了 80 架协约国的战斗机。主导制造此机型的是安东·福克，他是一位富有的企业家，也是才华横溢的飞行员，利用战争带来的机会在柏林的一处工厂研制飞机。战争刚一结束，他随即搬到了荷兰——该地的飞机生产至今仍在继续。按当时的标准衡量，福克的工程技术意味着他的飞机很可靠并且易于驾驶。但如果不是依靠航空史上最优秀的设计师之一莱因霍尔德·普拉茨（Reinhold Platz），福克的商业头脑和天赋就都无关紧要了。普拉茨创造了配有 3 张短翼的三翼飞机，使之非常灵活且坚固。虽然三翼机被奉为传奇，得到长期铭记，但普拉茨对此大幅改进后推出了福克 DV11 双翼飞机，而前者被取代之前，规模化生产量其实相对较小，仅共 300 余架。

坦克腕表 1917 年

Tank Wristwatch

设计者：路易 · 卡地亚（1875—1942）

生产商：卡地亚，1919 年至今

卡地亚于 1888 年就已推出第一个腕表系列，定位是仅面向女性市场（当时男性依然首选怀表）。当人们意识到，在战争行动、汽车驾驶或航空飞行中，因为没空闲伸手去拿怀表，所以能读取时间竟也是多么宝贵时，腕表才成为男士们可以接受的一种时计形式。怀表通常为几何形状，包括带圆角的正方形、纯圆形、矩形、六边形、八边形。在这种背景下，坦克腕表的设计便是革命性的。它的长方形表壳是基于一战装甲坦克的平面图，而它的两个侧面则代表了坦克的直线条履带。两侧边延伸到主体之外，因此为手表腕带提供了凸耳。该坦克系列于 1917 年开发，但上市被推迟到 1919 年，不过市场反应热烈，一炮而红。此款型处于持续生产中，只是如今配备了石英机芯。坦克型在某种程度上是其荣光的受害者：它赢得了一个不幸的荣誉——有史以来遭仿冒最多的腕表。

红蓝双色扶手椅 1918 年

Red and Blue Armchair

设计者：格里特 · 托马斯 · 里特维尔德（1888—1964）

生产商：杰拉德 · 范 · 德 · 格罗内坎（Gerard van de Groenekan），1924 年至 1973 年；卡西纳，1973 年至今

红蓝双色扶手椅，是为数不多的广为人知的座椅设计之一。没有任何的直接先例可借鉴，这把椅子是格里特 · 里特维尔德（Gerrit Thomas Rietveld）职业生涯的象征，也是实践他理论的一个缩影。椅子借助于标准化的木构件的聚合与交互重叠来完成，其构造的界定简单而清晰。在第一个模型中，榉木构件没有上漆，让人联想到那如同是传统扶手椅的精简雕塑化版本。大约在 1923 年，里特维尔德稍微修改了设计并给组件喷漆上色。椅子的几何形状和结构由颜色来规定：黑色用于框架，黄色用于切削端，红色和蓝色用于靠背和椅面。里特维尔德拿出这件开创性作品时年仅 29 岁，由此开始设计之路的探寻，希望其家具能以实体来阐释和转化二维的绘画流派体系“新造型主义”（Neoplasticism）。里特维尔德的椅子一直是家具设计和应用艺术，以及此领域教学中的一个关键参考点。虽然此前只是间歇性地制作，直到 1973 年卡西纳才得到授权许可进行商业化加工复制，但红蓝扶手椅至今仍在正常生产——这标志着它在现代主义设计历史中的重要性和影响力。

传统木勺 1919 年

Wooden Spoons

设计者身份不详

生产商：多家生产，1919 年至今

木勺的历史可以回溯到公元前 1000 年左右的埃及。到了 17 世纪初期，它们被定居北美洲的早期移民列入常规必备品清单，日常生活中仍在使用。传统上，这种勺子是用本土木材手工雕刻而成，而工业革命后，有些公司意识到可以批量生产和出口这些勺子。依靠丰富的山毛榉木资源和高雅简约的设计美学，斯堪的纳维亚地区确立了它作为此产品制造中心的地位。可以说，最著名的木制厨房餐勺公司是"斯堪的纳维亚木器"（ScanWood）。该公司总部位于丹麦，成立于 1919 年，旨在生产"基于优良现代设计的实用木制工具"。有一点或可证明出口市场的利润回报有多么好：自 1996 年以来，为了更有效供货，该公司所有的生产业务都在其他国家进行，但用的是自家的机器；他们出品了大量的木制厨房设备，材质包括山毛榉、枫木、樱桃木和橄榄木。采矿和金属制造技术自问世以来已大有进步，导致铁、黄铜、锡和钢等材料在餐具制造中逐步取代了木头；尽管如此，木勺今天仍然是厨房的重要组成部分，尤其是因为许多锅碗瓢盆已经成为高科技物件，用了各种不粘涂层，反而需要这种技术含量较低的木质产品来防止划伤。

罗威钉塞 约 1919 年

Rawlplugs

设计者：约翰 · J. 罗林斯（1860—1942）

生产商：阿泰克斯-罗威钉塞（Artex-Rawlplug），英国 BPB 集团，1919 年至今

自从螺纹螺钉存在那天起，人们就一直耗费时间和精力，致力于解决一个问题：如何将它们牢靠地紧固到其他物质中，特别是钉进石膏板、砖石以及钢筋混凝土中。第一次世界大战爆发前不久，建筑承包商约翰 · J. 罗林斯（John J Rawlings）在大英博物馆工作。那里的管理员提出要求，将螺钉固装到墙上时，要尽可能少地损坏砖石。如此一来，他就无法使用通常的固定方法，也即，在墙体上相对较大的孔洞中紧紧嵌入木块，再将螺钉拧进木块。他的解决方案是使用一个与螺钉的螺纹部分长度相同的织物塞，塞体内部基本为空心。此物用粗纤维制成，如黄麻或大麻，以胶水甚至是动物血黏合。在墙体砖石中钻出一个螺钉直径大小的孔，然后插入塞子。接着将螺钉拧入塞子，塞子受挤压便紧紧固着在孔洞的壁上。罗林斯将他的发明命名为罗威钉塞，也申请了专利，并于 1919 年成立了罗威钉塞公司来生产自己的产品。现在，罗威钉塞以挤压成型的塑料制成，已融入家用品消费者的日常习惯和日常用语中。此膨胀胶粒简单而有效，几乎无处不在。

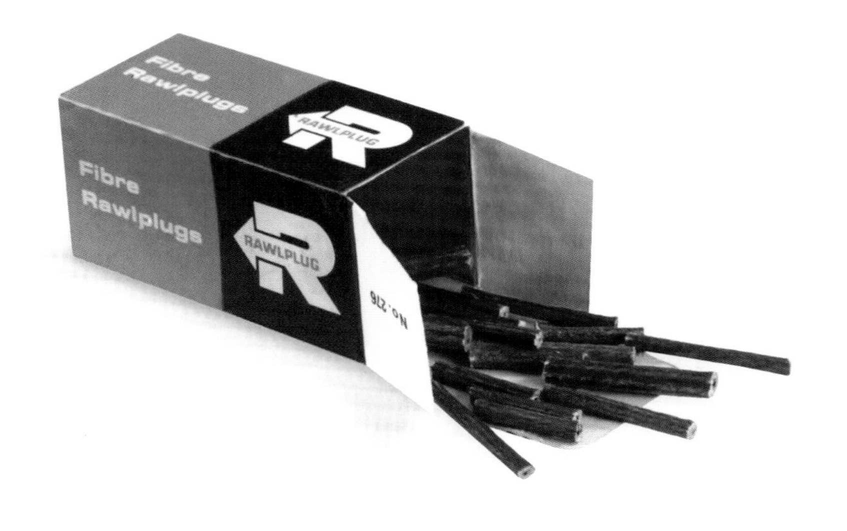

棕色贝蒂茶壶 1919年

Brown Betty Teapot

设计者身份不详

生产商：多家生产，1919年至今

布朗贝蒂茶壶有着最典型、最原型化的茶壶形态。这起源于17世纪，当时英国的陶艺匠人仿造了从中国进口的茶壶的球形设计。有深棕色的罗金厄姆（Rockingham）釉面的贝蒂茶壶，是从红黏土制成的无釉茶壶演变而来，而这种陶土则是荷兰银匠埃勒斯兄弟俩在英格兰斯塔福德郡的布拉德威尔林地（Bradwell Wood）所发现的。尽管有“更精致”的瓷器可选用，但此壶胖乎乎的形状和厚重的手感，使其成为英国茶桌上备受喜爱的标志性物件。特伦特河畔斯托克的一家小工厂，艾尔考克-林德利与布鲁尔（Alcock, Lindley and Bloore），将布朗贝蒂投入生产，从1919年持续到1979年。皇家道尔顿（Royal Doulton）于1974年接管这家公司，并出品了类似的版本。从那时起，若干其他公司也拿出了各自对此茶壶的演绎。并非所有版本都具有原型产品的那些特征。优质的布朗贝蒂在壶嘴后面的壶身内壁上有网格状孔，用于挡住茶叶。壶体倾斜倒水时，盖子不会掉下来，并且壶嘴的外端被收缩做尖以减少滴水。布朗贝蒂有多个容量，每壶可泡2到8杯茶不等。此壶在优雅和实用之间取得完美平衡，因此征服了大众市场。

苏打饮料杯 20世纪20年代

Soda Fountain Tumbler

设计者身份不详

生产商：利比（Libbey），20世纪20年代至今

顾名思义，这款实用、轻巧且曲线优美的玻璃杯在设计之初是用于20世纪20年代的苏打饮料机饮吧——曾经是人气很旺的一个场所，通常位于美国的日杂店铺面内，人们在那里闲饮，同时可进行社交。杯子宽大的顶部便于饮料倒入，而稍细小的下部与弯曲的杯体侧面相组合，以防止手滑，确保了抓握稳固。此杯由俄亥俄州的玻璃器皿先驱企业利比制造，该企业以其“精彩时期”系列雕花玻璃制品而闻名。随着20世纪初新的制瓶技术的出现，瓶装汽水开始普及：1916年出现了“紧筒裙”造型的可口可乐瓶，到20世纪20年代末，瓶装可口可乐的销量已经超过了饮料机端口的销量。作为其企业形象的一部分，可口可乐在1929年采用了此前的苏打汽水杯造型，杯身通常印有其标志。1919年实行禁酒令并关闭酒吧时，苏打饮料机便填补了饮品的空白。至1933年，禁酒令废除，饮料机场所（以及冰激凌店）又成为青少年们的乐园，直至20世纪60年代仍很有人气。如今，这种杯子在酒吧和餐馆中都很常见。作为美国的一个形象符号，它本质上是天然质朴、默默无名的，虽然存在的时间短暂但却有超越时间的意义。

推投式垃圾桶 20 世纪 20 年代

Pushcan

设计者：山姆·哈默（生卒年不详）

生产商：多家生产，20 世纪 20 年代至今；韦斯科（Wesco），1989 年至今

推投式垃圾桶那结实、清晰的形状，配上简单直率地刻印着 PUSH（推）字样的闪亮的翻盖，所有这些组合到一起，便是韦斯科的原型化产品。美国的推投式垃圾桶由山姆·哈默（Sam Hammer）于 20 世纪 20 年代发明，德国公司韦斯科于 1989 年基本上照搬哈默的款式，将此设计转化为同类中在全球最受欢迎的产品，出口到 50 多个国家。桶盖的翻板由粉末涂层钢板和强化的塑料底座制成，装有弹簧结构，可以确保垃圾箱始终保持关闭状态，将异味锁在内，将虫子隔在外。此垃圾桶有一系列鲜艳活泼的色彩可选，但亚光银色饰面的不锈钢版本是最受欢迎的。它的设计如此万能普适，以至于在许多环境中看起来都很顺眼和谐，无论是在厨房还是在办公室，无论是在其产地家乡德国施瓦岑贝格还是在地球另一端此设计的精神家园美国。韦斯科是韦斯特曼公司（Westermann & Co）的简称，于 1867 年在施瓦岑贝格成立，是一家金属制品厂。100 多年来，该公司以钢板材料制造的功能型实用产品在德国国内销量并不大。20 世纪 80 年代末，他们有意识地努力去学习和复制成功的美国公司，决定将美国式的态度和产品融入自家的业务实践中。公司今日仍为韦斯特曼家族部分拥有。韦斯科曾率先推出了将可回收物和废物分开的垃圾箱，如今，废物处理产品现已成为韦斯科核心、首要的经营内容，而且公司对垃圾箱生产越来越重视。

432 号水壶 1920 年

Pitcher No. 432

设计者：约翰·罗德（1856—1935）

生产商：乔治杰生，1925 年至约 2015 年

约翰·罗德（Johan Rohde）是一位建筑师、画家和作家，他在哥本哈根为乔治·杰生创作了一系列高品质的银器。1906 年，杰生请罗德为自己设计了各种用具，后来，罗德在杰生的作坊获得无限期的职位，被聘为设计师。432 号水壶设计于 1920 年，是罗德最优秀的作品之一。罗德的设计通常以优美的曲线为特色，花朵、水果和动物形象簇拥着出现在他设计的茶具、碗盏和烛台上。相比之下，这款水壶表现出非比寻常的形式上的简洁和设计上的功能主义，预示着一种更流线型的风格在 20 世纪 30 年代的发展。此水壶直到 1925 年才投入生产，因为它被认为过于前卫，无法取悦当时的消费者。水壶最初生产时，把手用料是银质的，但后来的版本采用了象牙手柄，以此增添了那种备受追捧的奢华感。在“装饰艺术”时期，只有少数的丹麦银器加工厂，例如杰生的作坊，保留了他们的工艺传统。罗德的许多设计，在杰生的工作室仍有生产，而该作坊自 1985 年起就已被收编，成为皇家哥本哈根瓷器厂的一部分。

保温茶壶 20 世纪 20 年代

Insulated Teapot

设计者身份不详

生产商：多家生产，20 世纪 20 年代至今

现在，在任何认可复古影响元素和接受所谓刻奇（媚俗）风格的家居装饰中，此茶壶已算一个标配。此款保温茶壶的设计，兼顾实用性和设计风格。20 世纪 20 年代后期首次推出时，这一绝缘保温的炻器茶具备受认可，被全欧洲视为酒店和餐厅高茶（高桌进食，较晚开始，是一种内容更丰盛的下午茶）服务的标准配置。茶壶造型符合人们对现代外观的渴望。一体集成的保温配置，可以保持茶温长达一个小时。像许多最成功的经典设计一样，此作的概念和构造很简单。该产品由一个炻器茶壶和一个拉丝不锈钢的“保暖罩”组成，罩子内衬绝缘织物，罩子要么盖在壶上，要么围绕壶身。这种设计，体现出装饰艺术风格的迅速普及和工艺界对机器美学的认可与应用。茶壶传统上要么是粗陶器要么是瓷器，而在这个设计之前，保温覆盖层通常是绗缝织物或针织物，这让覆盖物更多成了工艺感受或合用理性的一部分，而不是包含在设计过程中。此款保温茶壶以其镀铬观感的保温罩，挑战了此前的传统，让现代设计的美感得以保留。

威士忌酒壶 20 世纪 20 年代

Whiskey Flask

设计者身份不详

生产商：多家生产，20 世纪 20 年代至今

虽然自 18 世纪以来，用来携带威士忌或其他烈酒的小壶一直是流行的配饰，但随着社会环境的变化和禁酒令的实施，在 20 世纪 20 年代，配备并使用酒壶才成为普遍惯例。在此之前，酒壶通常用银制成，设计时考虑到可放在口袋中，用一只手便能握持饮用，其中大都是配有一个带铰链的卡口式盖子，但有些则配一个拉出式的小杯子或旋出式的盖子，杯子和盖子借助一条安全链固定在壶上。酒壶的容量从 30 毫升到 1.14 升不等，形状贴合人体轮廓。酒壶大多数都较为朴素，但根据时代的流行风尚，有些会被雕刻或塑造成类似于动物或某种物体的样式。对于今天的收藏家来说，那类形状新奇的酒壶最有价值。在 20 世纪 20 年代，扁平版本的酒壶成为饮酒之人的首选，外形标准可以隐藏在臀部口袋里或手提包中，或系在吊袜带上。由于生产便利又简单，那种能装入后裤袋的仅两个部件的旋盖式酒壶，成为该时期金属制品中造型雅观而又最常见的典范。

斐来仕个人活页记事夹 1921 年

Filofax Personal Organizer

设计者：威廉·朗斯（生卒年不详）；波森·希尔（生卒年不详）

生产商：诺曼与希尔公司（Norman & Hill），1921 年至 1976 年；袖珍文件（Pocketfax），1976 年至约 1979 年；斐来仕，1979 年至今

这款时尚的个人活页记事夹，是 20 世纪 80 年代处于上升通道、有进取心的主管人员的必备时髦配件，完美体现了那十年的时代气息，但“斐来仕”的故事实则始于 1921 年。当时，在美国工作的一位英国人发现了一份文件，里面记录的是给工程师的技术说明。这是一个实实在在、不折不扣的“事实归档文件夹”，意识到此工具的潜力，他们将该创意在伦敦具体化，并开始销售。记事夹最初是通过诺曼与希尔公司邮购销售，威廉·朗斯（William Rounce）和波森·希尔（Posseen Hill）则担任产品设计。1930 年，“斐来仕”成为注册商标。1940 年，诺曼与希尔的伦敦办公室被战火摧毁。而公司之所以能幸存下来，是因为一位名叫格蕾丝·斯科尔的秘书在她自己的活页记事夹中记下了公司所有供应商和客户的详细信息。她最终担任了公司的主席，直到此商号 1976 年被袖珍文件公司收购，而那也正是斐来仕起飞的时候。从 1979 年到 1985 年，制售记事夹的业务收入从 75 000 英镑快速增长到 1200 万英镑。此产品有时被称为“个人事务统筹助理”，不过本质上只是记事日志和笔记本，但可以添加无穷无尽的插页，使得每本斐来仕对个人来说都是独一无二的。最近的一项调查显示，许多经理人士仍然喜欢在斐来仕中写下重要事情，而不是将信息输入如今各类电子助理记事本中。

帝国酒店孔雀椅 约 1921 年

Peacock Chair for the Imperial Hotel

设计者：弗兰克·劳埃德·赖特（1867—1959）

生产商不详

美国传奇建筑师弗兰克·劳埃德·赖特认为，家具设计可以提升和放大建筑的品质，并让建筑整体达成美学的统一。赖特对日本文化的兴趣持续了多年，他几经游说，最终争取到在东京建造帝国酒店的机会，以此项目来融合日本与西方的建筑艺术，并于 1921 年为该酒店设计了这把高度风格化的椅子，称此款型为“孔雀”。这是一个复杂的，甚至可能有点杂乱感的作品。主体框架由橡木制成，椅面和靠背铺设油布软垫（而此椅最早的型号，几乎是理所当然地用了柳条编织椅面，侧面和靠背也有柳条部件，还配有松散柔软的厚垫子）。椅子直立的靠背引人注目，形状让人想起为椅子命名的鸟儿那骄傲展开的羽毛。此靠背的多个边角简洁利整，而六边形又呼应和凸显了酒店的室内风格（椅子为全店设计，通用于多个房间），六边形还重复出现在赖特专门为酒店设计的咖啡具套组上。椅子的这种结构意味着它相当脆弱；据信，在 1968 年帝国酒店最终被拆除之前，这些椅子已更换了至少 3 次。

棋盘格马拉松出租车 1922 年

Checker Marathon Cab

设计者：莫里斯·马尔金（1893—1970）

生产商：棋盘格出租车制造公司（Checker Cab Manufacturing Company），1922 年至 1982 年

纽约和黄色出租车几乎是同义语。当我们想到这座城市，我们脑海中会立即冒出一幅图景：大街上川流不息的成千上万的黄色出租车。约翰·赫兹（John D Hertz）于 1915 年创立了出租车管理公司“黄色计程车”，回收二手车作为出租车。他在书里读过，黄色是从远处最容易看到的颜色，便选择黄色涂装车身。1929 年，赫兹出售了公司（转而从事租赁业务）。莫里斯·马尔金（Morris Markin），这位出生于俄罗斯的移民，于 1922 年与一个出租车司机协会组织“棋盘格的士”合作成立了棋盘格出租车制造公司，购买了“黄色计程车”60% 的股份，还有赫兹的所有股份。马尔金在芝加哥同时运营“棋盘格计程车”和“黄色计程车”。到了 1935 年，“棋盘格的士”成为一家生产企业，其经销商亨利·维斯（Henry Weiss）很快将这些汽车带到了纽约。马尔金生产了棋盘格马拉松出租车，车头有着宽大的格栅，车身每一侧都有光鲜整洁的漂亮格子线条。这个车型及其设计，大多数出租车公司一直沿用到 1954 年，这一年，较小的车辆才被允许用作出租车。棋盘格马拉松持续生产到 1982 年，存量车也于 1999 年从纽约街头退役，但今日纽约的出租车仍保留着鲜明独特的黄色。

雅家炉子 1922 年

AGA Stove

设计者：古斯塔夫·达伦（1869—1937）

生产商：雅家公司（Aga），1922 年至今

自 1922 年推出以来，搪瓷饰面的铸铁雅家炉子便是深受人们喜爱之物，有时甚至令部分人痴迷。此炉象征了一种生活方式，是寒冷地区几代人生活中的必备品，因为它具有充当烤炉和取暖热源的双重用途。雅家的发明者是瑞典物理学家兼瑞典储气储能罐股份公司（缩写为 AGA，音译为“雅家”）的总经理古斯塔夫·达伦（Gustaf Dalén）。在一次爆炸事故中，他视力严重受损，这让他困守家中，无所事事，烦躁不安。他磨炼自己的注意力，专注于打造一台燃烧更稳定、需要更少人力操控的烤炉。铸铁制成的炉子，外表涂有 3 层搪瓷珐琅；燃烧室位于两个上下堆叠式的烹饪箱旁边，下面的用于慢炖、慢加工，上部的用于烤炙和烘焙。他设计的炊具的顶部台面，是两个加热板，带有用于封闭的盖子；不需要烹饪时便盖上，可用来散热取暖。有内设恒温器可调节温度，雅家便取消了外部的旋钮或刻度调节器。由于热量从内核部位均匀地传递到烤箱外部，而外部表面又有覆盖物，使得这炊具既光亮整洁时尚，又随时准备就绪，能无条件地提供温暖。即使是在最冷的房屋和最忙碌的家庭中，这炉具也会呈现出温暖的、母性的形象。

印第安酋长摩托 1922 年

Indian Chief

设计者：查尔斯·富兰克林（1880—1932）

生产商：印第安酋长公司（Indian Chief），1922 年至 1953 年

欧洲的摩托车短小、操控灵活、运动化，而美国的摩托车又长又大又费力又笨重，这差异绝非偶然。简要地比较一下地形就能理解，欧洲多地都遍布着狭窄曲折的小路，而美国那些又长又直的道路似乎永无止境。不过，具有反讽意味的是，美国这标志性的巡逻摩托车，印第安酋长，是由爱尔兰工程师查尔斯·富兰克林（Charles Franklin）在马萨诸塞州位于斯普林菲尔德的“印第安”工厂设计的。作为熟练的印第安车型赛车手，他设计了一种新的侧气门发动机，排量从 1920 年为“侦察兵”车型配置的 600 毫升开始，到 1922 年为第一款“酋长”车型增加到了 989 毫升。富兰克林的发动机可靠而强劲，连续 30 年都是“印第安”的核心，也确立了他作为美国机动车设计界伟大人物之一的声誉。引擎且放到一边不论，让“酋长”与众不同的，在于其风格。如果说，它的竞争对手哈雷-戴维森的“傻瓜头”（Knucklehead）车型全都是肌肉猛男，那么，“酋长”因其流畅的线条、宽边鞍座以及最后几年车型的裙边挡泥板，可谓是花样美男。那种亡命天涯的精神是美国流行文化的核心和灵魂，而印第安酋长是机械时代牛仔的奔马，可以驶向地平线以及更远的地方。此车持续生产了 31 年，直至 1953 年，这个伟大的“印第安”款型才衰落。

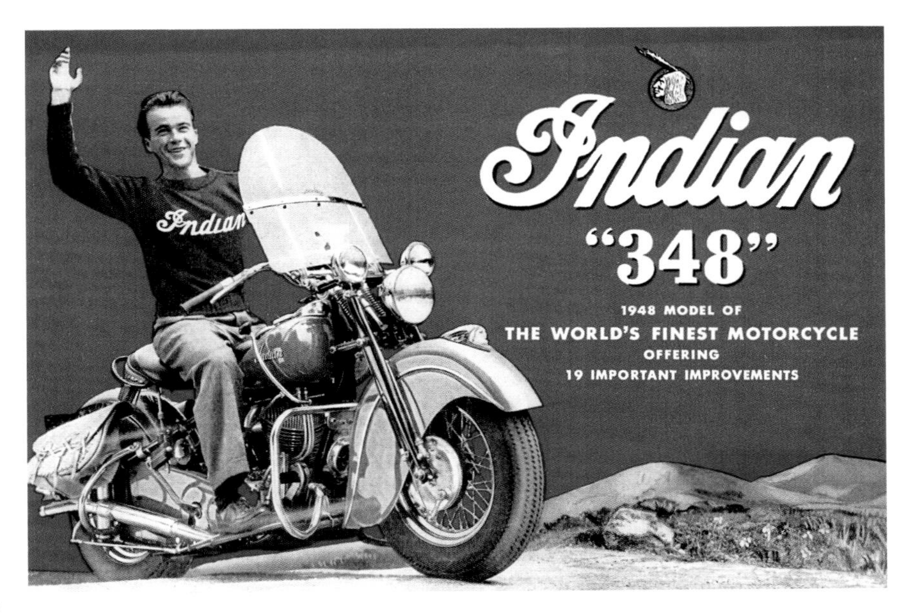

砖式屏风 1922 年

Screen

设计者：艾琳·格雷（1879—1976）

生产商：多家生产，1922 年至 1971 年

1919 年，帽子设计师马修·列维（Mathieu Lévy）委托艾琳·格雷（Eileen Gray）给位于巴黎罗塔街的一套公寓进行室内装修。对这位爱尔兰出生的设计师来说，这是一个里程碑，因为这个项目能够让她在较大的建筑空间中探索、试验自己独特的美学风格。她设计的核心是一个屏风，由 450 块小面板组成，每一块面板都用亚光灰色硬漆精心打造，并配有金色和银色的高光变化效果，屏风延伸扩展，连缀整个公寓空间。她后来的砖式屏风既作为建筑特色又作为功能实物存在。与那些屏风不同，这个最初的设计并不是完全独立且可移动的，而是只有一小段可以自由移动。格雷与当时仍在世的古代日本漆画屏风制作艺术大师之一菅原嗣雄（Seizo Sugawara）密切合作多年，最早的那些屏风，她是当作绘画项目而不是室内设计项目去处理。随着罗塔街公寓项目即将完工，艾琳为 1923 年的巴黎装饰艺术家沙龙展创作了一个参展作品。她的“蒙特卡洛闺房”，观感惊人，丝毫不对大众妥协，形态凛冽冷峻，包括有两个白色的独立砖屏风。1923 年之后的几年里，在完全投入建筑设计之前，艾琳完成了砖屏风的更多版本。尽管在 1922 年至 1971 年间，这些样式仅实际制作出 11 种，但今日甚至仍有模仿品出产。

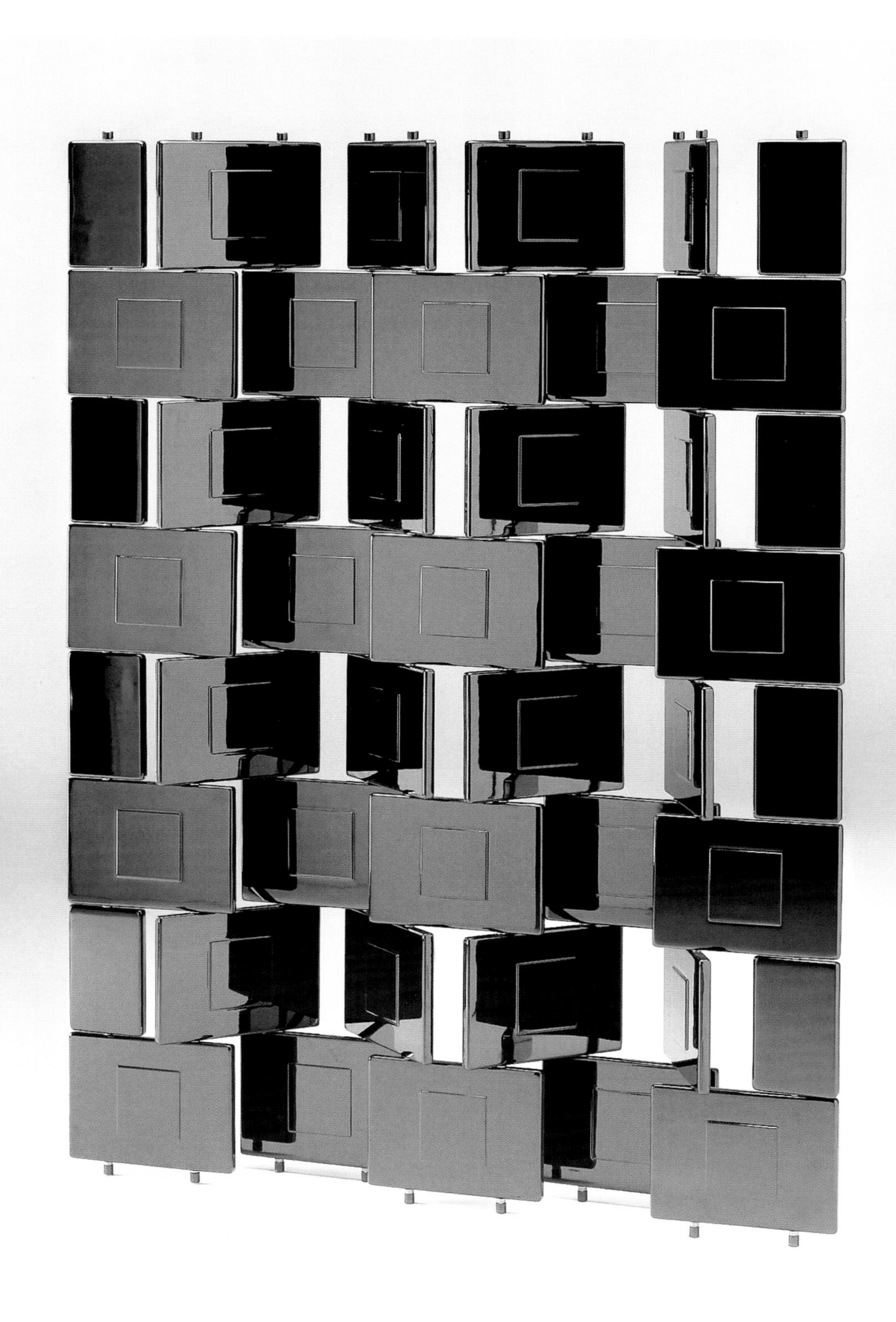

格里特吊灯 1922年

Hanging Lamp

设计者：格里特·里特维尔德（1888—1964）

生产商：范-欧豪电工（Van Ommen Electricien），1922年至1923年；泰克塔（由卡西纳授权），1986年至今

这款吊灯是格里特·里特维尔德为荷兰乌特勒支附近城镇马尔森的全科医生阿姆·哈托格先生的诊所设计的一个内饰组件，这是他早期最重要的受委托项目之一。这盏灯由飞利浦制造的4根标准白炽灯管组成；它们的空间布局很像里特维尔德的板条家具的样式。管子的两端都固定在小木块上，木块以细杆状线材从天花底板上悬挂下来。灯挂在哈托格办公室的桌子上方。1924年，在里特维尔德设计的施罗德住宅（Schröder House）中，内饰重新用到了此吊灯，但该款使用了3根灯管。一年后，爱邻餐具柜（Elling）内部出现了只有两根灯管的另一个版本。里特维尔德对不同配置布局的解释很务实：灯管数量的变化是基于荷兰不同地区使用不同电压这一事实。线条的相互作用，还有那些个体元素的清晰呈现和表达，是里特维尔德所属的“风格派运动”（De Stijl movement）的鲜明特征。此灯的形式非常有影响力：它可能是挂在包豪斯核心人物沃尔特·格罗皮乌斯（Walter Gropius）的办公室的管状灯的款式渊源。

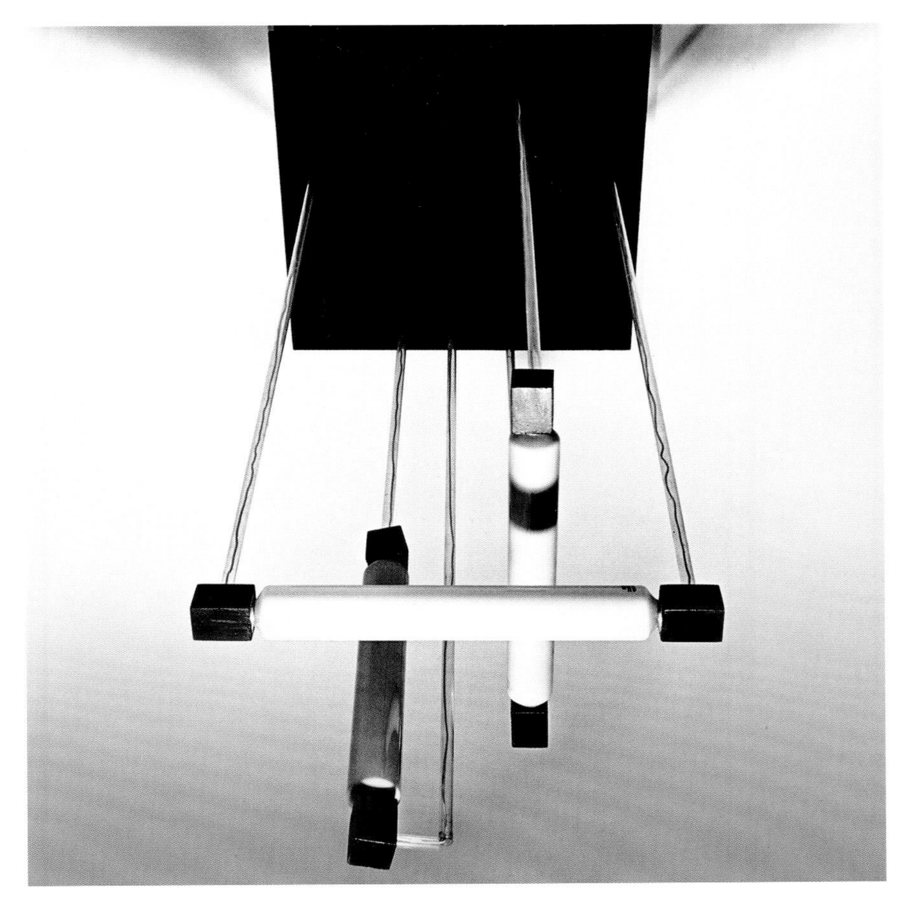

包豪斯积木 1923年

Bauhaus Bauspiel

设计者：阿尔玛·西德霍夫-布舍尔（1899—1944）

生产商：包豪斯金属工作坊，1924年；纳夫-斯皮勒，1977年至今

这些包豪斯建筑积木是20世纪20年代开发的包豪斯玩具系列的一部分。此套装由22块不同形状、大小和颜色的木构件组成，经过精心设计，旨在激发孩子们的想象力。如今，凭借益智玩具闻名的瑞士公司纳夫-斯皮勒仍在制造这个套组，每一构件均以木头切割而成，用无毒油漆涂刷。这些木构件按照最初的形态规格复制，被涂成红、蓝、绿、黄，以及白色。设计师阿尔玛·西德霍夫-布舍尔（Alma Siedhoff-Buscher）将白色包括在内，认为“白色能增强那些欢快的色彩，能突出儿童的快乐”。构件之间的比例关系合理，从最大的平底船形状的木块（长25厘米）到最小的扁平正方形（2厘米），可允许它们以各种组合方案装配在一起，构成一只船、一座桥等等。短期不玩或不再使用时，这些组件可以整理装入漂亮的纸板箱中。 西德霍夫-布舍尔于1922年至1927年间在包豪斯工作。与金属加工间的玛丽安·布兰德一起，她是包豪斯少数在纺织品工作坊之外取得成功的女性之一。她坚信，智力玩具可以对儿童教育产生影响，在为1923年的包豪斯展览专场打造过一个儿童房及相应家具之后，她又继续设计了这些积木。

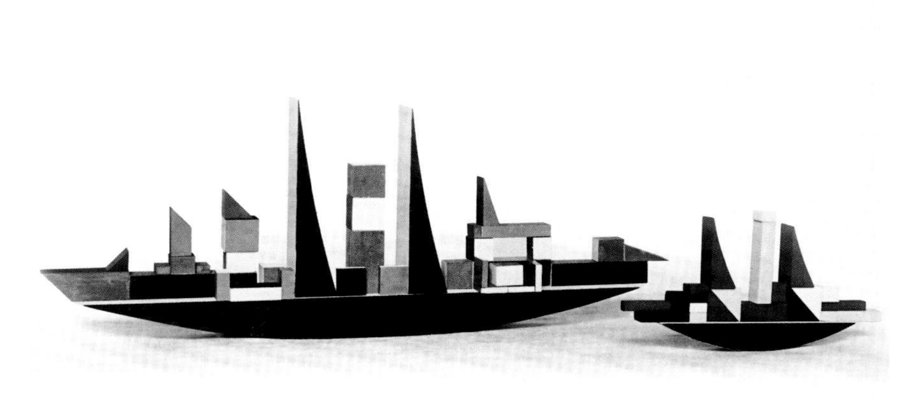

悠悠球　　1923 年

Yo-Yo

设计者：佩德罗·弗洛雷斯（1896—1964）

生产商：唐纳德·F. 邓肯（Donald F Duncan），1929 年至 1965 年；弗朗博制造（Flambeau Products），1967 年至今

这是世界上第二古老的玩具，仅次于洋娃娃。悠悠球的经典设计和多样化可能性，使其在过去的 2500 年间保持了流行（它几乎和车轮的历史一样古老）。菲律宾人佩德罗·弗洛雷斯（Pedro Flores）在 20 世纪 20 年代创立了弗洛雷斯悠悠球公司，制作这款袖珍型玩具，并在加利福尼亚州的街道上销售，“悠悠球”或“溜溜球”这个名称便来自菲律宾语，意思是“来吧”。他的设计是将圆球状木头分成两个半块，两片木头通过一根轴连接，一条绳子系在轴上，让木制部分可以上下滚动。1929 年，环形滑绳的引入，第一次让悠悠球可以在绳子结束处继续旋转。同年，企业家唐纳德·F. 邓肯购买了该玩具的专利并为其注册商标，随后发起了一系列比赛和活动，从而掀起了悠悠球的热潮。在 20 世纪 50 年代，邓肯推出了第一个型号的塑料悠悠球，以及蝴蝶悠悠球，后者让玩家可以抓住绳子上滚动的悠悠球，这对于复杂的花式技巧至关重要。塑料溜溜球的生产商弗朗博制造 1968 年购买了邓肯的商标，并持续生产至今。20 世纪 90 年代，随着新的灯光和声音效果、轮缘配重以及制动块等技术添加到基本设计中，悠悠球的人气又重新回归。

光学陀螺　　1923 年

Spinning Top

设计者：路德维希·赫希菲尔德-马克（1893—1965）

生产商：包豪斯，1923 年；纳夫-斯皮勒，1977 年至今

在 20 世纪 20 年代，包豪斯制作了一系列玩具，也反映了人们在良好设计对儿童教育的影响方面日益浓厚的兴趣。这款陀螺，或称“光学混色器”（Optischer Farbmischer），配有一个木制圆轮与纸板制成的 7 种不同配色、直径 10 厘米的圆盘。每个圆盘都印有不同的颜色和图案，中间有一个小孔，可以插在一根杆子上，杆子固定在旋转陀螺上。当陀螺旋转时，每个圆盘都会产生有趣的颜色混合效果。自 1977 年以来，该玩具一直由瑞士公司纳夫-斯皮勒制造。此陀螺的设计师路德维希·赫希菲尔德-马克（Ludwig Hirschfeld-Mack）于 1920 年来到包豪斯；当时，约翰内斯·伊滕（Johannes Itten）、画家保罗·克利（Paul Klee）和瓦西里·康定斯基（Wassily Kandinsky）正在那里教授绘画形式和色彩理论。康定斯基与赫希菲尔德-马克开发了一系列试验练习来研究颜色和形式之间的关系，而这个陀螺色盘正是该研究成果的精华沉淀。赫希菲尔德-马克还研究了色彩、光和音乐之间的联系，并与伊滕一起被公认作光艺术的先驱。由于其犹太背景，赫希菲尔德-马克 1936 年被迫逃离德国，前往英国，后于 1940 年前往澳大利亚。在那里，他开始了成功且受人尊敬的艺术教育事业，传播包豪斯的艺术和设计原则。

宝马 R32 摩托车　　1923 年

BMW R32 Motorcycle

设计者：马克斯·弗里兹（1883—1966）

生产商：宝马（BMW），1923 年至 1926 年

在第一次世界大战战败后，德国或许已成为设计人才和工业创新的真空地带，但类似 1919 年成立的包豪斯这样的机构的出现，却又证明了，新的思潮、创造力和美学可以横空出世、引领时代。战后不久，飞机生产商宝马公司开始生产汽车和摩托车。那些最优秀的航空设计人才中就有马克斯·弗里兹（Max Friz），他是宝马新方向的完美人选，他同时设计过 6 缸和 12 缸的飞机发动机，而那些发动机曾包揽了 98 项世界纪录。在其新角色任期内，他设计了宝马公司的第二台摩托，R32 车型。这款车看起来挺好，工作状态可靠，因此成为公司设计和机械性能的标准。包豪斯的影响在这里显而易见：车轮挡泥板上的圆弧形与车架和油箱的三角形之间，有着液体流动般的美妙和谐感。此外，从变速箱到后轮的驱动轴，都已成为宝马的一个招牌，在 R32 上也实现了优雅配装；被俗称为“拳击手”的横向水平双缸发动机轻巧、强劲且高效。R32 于 1923 年在巴黎摩托车沙龙展推出，即刻取得了巨大成功，在 1923 年至 1926 年间生产了 3000 多辆，确立了宝马作为领先的摩托车生产商的声誉；宝马如今仍保有这一声誉。

MT 8 台灯　　1923 年至 1924 年

MT 8 Table Lamp

设计者：威廉·瓦根费尔德（1900—1990）

生产商：包豪斯金属工作坊，1924 年，1925 年至 1927 年；施温策与格拉夫商号（Schwintzer and Gräff），1928 年至 1930 年；威廉·瓦根费尔德与建筑配饰公司（Wilhelm Wagenfeld & Architekturbedorf），1930 年至 1933 年；高科流明，1980 年至今

MT8 台灯，通常被称为包豪斯台灯，是在拉斯洛·莫霍伊-纳吉（László Moholy-Nagy）的指导下在魏玛的包豪斯的金属车间制作的。它由金属制成，带有不透明的玻璃灯罩、圆形底座和玻璃立轴，通过此竖轴可以看到电源电缆。在此灯 1923 年的许多概念原型中，卡尔·雅各布·朱克（Carl Jacob Jucker，1907—1997）采用了这种鲜明的设计特征。而瓦根费尔德（Wilhelm Wagenfeld）则构思了不透明玻璃灯罩下缘带有镀镍黄铜衬边的创意。这两种设计构想融为一体，但在随后的一些版本中，瓦根费尔德用镀镍金属立轴替代了朱克的玻璃轴，金属轴也安装在金属底座中。此灯的早期版本由手工制作，使用传统工艺技术，例如手工打磨金属板。经过一些改进，这盏灯由位于德绍的包豪斯工作坊继续生产，直到 20 世纪 20 年代后期。这一受版权保护的设计的历史流变非常复杂。最初的 MT8 从未被大量生产，那些存世的货品作为博物馆以及民间收藏家的藏品而经久不衰。有一个独家授权的镀镍版本，现在由高科流明生产。

包豪斯国际象棋 1924年

Chess Set

设计者：约瑟夫·哈特维希（1880—1955）

生产商：包豪斯金属工作坊，1924年；纳夫-斯皮勒，1981年至今

虽然国际象棋的确切起源尚不清楚，但它首次被提及，是在11世纪的波斯经卷手稿《列王纪》（*Shahnama*）中；这是一位印度邦主送给波斯王公谢赫·胡斯劳·努西尔万（Shah Khusrau Nushirwan）的礼物之一。从那以后，棋盘经历了多次变异。有些变化是如此之大，以至于世界国际象棋联合会在1924年选择了霍华德·斯汤顿（Howard Staunton）设计的风格简约的一套，供所有国际比赛使用。那一年，包豪斯雕塑工作室中诞生了国际象棋套组最优雅的版本之一：约瑟夫·哈特维希（Josef Hartwig）设计了这套棋，海因茨·诺塞尔特（Heinz Nösselt）则在细木工车间制作了棋盘棋桌。哈特维希拒绝使用传统的具象棋子，更热衷于在形式上也表现功能主义——他们的棋子是几何形式，根据棋子在棋盘上64个方格之间可能的移动方式来构思，根据移动方式以相应的几何造型来代表棋子。这些棋子由梨木制成，呈自然色调或染成黑色，立方块棋子水平或垂直移动，而X状棋子则沿对角线移动，多边形棋子表示更复杂的移动可能性。国王由一个立方体代表，顶部有对角放置的另一个立方体，而王后也是一个立方体，顶部有一个球体。哈特维希的这套棋，最初由位于魏玛的包豪斯雕塑工作室制造，后来继续由玩具生产商纳夫-斯皮勒生产。

万宝龙大班 149 型　　1924 年

Montblanc Meisterstück 149

设计者：万宝龙设计团队

生产商：万宝龙（Montblanc），1924 年至今

在德国，大班（Meisterstück，意为杰作）作品，是指年轻工匠学艺最后一年需做的项目，标志着从学徒到大师傅的转变。万宝龙大班 149 钢笔，成功实现了其型号命名内含的预言，成为代表奢华、传统、文化和力量的一个强大的全球化图标。每支笔都是单独制作，并且可以根据书写字迹的各种大小磅值和笔尖的灵活变化范围进行特殊定制。笔长 148 毫米，直径 16 毫米。笔帽顶端的白星代表勃朗峰的雪顶和 6 个冰川山谷。以米为单位，此峰的高度为 4810 米，这一数字刻在钢笔的手工研磨的 18 克拉镀金笔尖上。笔的名字也被蚀刻在笔帽上三个标志性金环中最宽的那条镀金带上。万宝龙这个商标于 1911 年注册，但直到 1924 年该公司才开始生产钢笔系列，并发布了大班 149 型。多年来，这支笔几乎没有什么变化，只是用一种专门开发的树脂取代了笔身原来的赛璐珞材料，从功能和美学角度而言，这款笔的设计至今可圈可点。

玛丽安烟灰缸　　1924 年

Ashtray

设计者：玛丽安·布兰德（1893—1983）

生产商：包豪斯金属工作坊，1924 年；高科流明，1987 年至今

玛丽安·布兰德最为人所知的，是她在包豪斯的金属车间出品的众多设计。她当时在拉斯洛·莫霍伊-纳吉手下工作。布兰德在金属工作坊的创意环境中不断成长，在包豪斯位于魏玛和德绍的车间里设计出了近 70 种产品。受立体主义、风格派和建构主义的启发，她开始尝试利用几何形式，以此作为餐具和照明设计的创意起点。在工业生产程序仍未被充分了解的那一时期，以球体、圆柱体、圆形和半球体等为基本形式的产品，被误认为很容易投入大规模生产。这个烟缸的底座、主体、盖子和放香烟的托架，都由圆形和球体组成，并且都有如数学般精确的构造。布兰德对金属材料充满热情，尤其是钢、铝和银。她充满活力的试验，使不同金属在同一产品中不同寻常的组合成为可能，正如这个黄铜和部分镀镍的烟缸所展示的那样。但她的名字和设计，只是在艾烈希和高科流明等生产商重新出产发布她的某些作品（包括这个烟缸）后，才广为人知。

泡茶器和立式支架　　1924 年

Tea Infusers and Stand

设计者：奥托·里特维格（1904—1965）；约瑟夫·克瑙（1897—1945）

生产商：包豪斯金属工作坊，1924 年；艾烈希，1995 年至 2013 年

20世纪初，德国制造业内出现了一种紧张关系：充满艺术家个性和工艺精神的商品，与致力实现大规模制造的理性蓝图的商品，两者之间存在对立。这种二分法不免也漫溢进了包豪斯的工作坊；1923 年，匈牙利人拉斯洛·莫霍伊-纳吉到来，主持金属加工设计，标志着此工作室的剧烈转变。奥托·里特维格（Otto Rittweger）和约瑟夫·克瑙（Josef Knau）的设计就是工作坊转向的一个很好的例子。旧任主理人约翰内斯·伊滕对灵性和哲学的专注，连同工作坊里的银、木头和黏土等手工艺品材料，都随着旧任离去了，替代它们新入场的，是对功能性和实用主义的强调，这种主张具体表现在钢质的管材和板材、胶合板和工业玻璃等材料上。莫霍伊-纳吉将机器视为一种民主化的力量，而不是像包豪斯的艺术家们认为机器是对人性的威胁。里特维格和克瑙的泡茶器和立式支架，线条整洁，形状简单，表面镀镍，表达了节制与清醒感。这一倾向转变，能帮助学校通过受委托的项目来收费，通过销售设计和专利来盈利，而不是通过制作昂贵的、只供一人使用的产品来获得急需的收入。

甲板躺椅　　约 1924 年

Transat Armchair

设计者：艾琳·格雷（1879—1976）

生产商：珍妮·德塞画廊制售（Galerie Jean Désert），1924 年至 1930 年；埃卡特国际公司（Écart International），1980 年至今

出生于爱尔兰、长居巴黎的设计师艾琳·格雷，对荷兰风格派运动的纯几何形式很感兴趣。她为位于罗克布伦（Roquebrune）地中海海岸上的 E.1027 现代主义住宅项目构思了若干家具，其中便包括甲板躺椅。“越洋”借鉴了跨大西洋椅的形式，并展现出一种独特的融合：当时流行的装饰艺术风格，与包豪斯以及“风格派”所信奉的功能主义的融合。棱角鲜明的框架暗示了功能主义，框架木头上漆，营造出有不同层次的错觉。框架可以拆卸，其木杆木栏用镀铬金属配件连接。头枕可调节，椅座柔韧可塑，舒适低垂，悬固在木架上。出现在 E.1027 住宅中的越洋大扶手椅，使用了黑色皮革和亮漆，但有其他颜色的版本通过格雷在巴黎的画廊“珍妮·德塞”出售。这把椅子在 1930 年获得专利，但直到 1980 年，通过埃卡特国际公司生产的复制品，它才获得了更广泛的关注，也再次触发了人们对格雷作品的兴趣。

弗里茨报纸夹　1924 年

Newspaper Holder

设计者：弗里茨 · 哈内（1897—1986）

生产商：弗里茨 · 哈内公司，1924 年至今；艾烈希：1996 年至 2016 年

报纸夹最初出现于 18 世纪的德国和瑞士咖啡馆中，但在 19 世纪末和 20 世纪初，却与奥地利维也纳的咖啡馆文化永远联系在一起。这是一个无处不在的物件，因此在 20 世纪早期，有许多同类设计都申请了专利。弗里茨 · 哈内（Fritz Hahne）商号是最早但也是屈指可数、仍在生产报夹的生产商之一，他的这个版本以多种设计为基础。多年来，推出的每种设计都略有不同：有些在每端都装有两个蝶形螺钉，它们旋松后便可留出小间隙；还有些是在一头装一个铰链，报夹可以从另一侧打开。该公司由弗里茨 · 哈内创立，是家族企业，至今仍用松木制作报夹，产品几乎只出售给德国、瑞士、奥地利、荷兰和比利时的报纸出版机构。不久前，意大利设计名师库诺 · 普雷（Kuno Prey）重新思考此设计，并想出一个新型号，在 3 根圆木杆之间夹住杂志或报纸。

徕卡 I 型　1925 年

Leica I

设计者：奥斯卡 · 巴纳克（1879—1936）

生产商：徕卡相机（Leica），1925 年至 1932 年

徕卡小巧而制造精密，不同于同时代的任何相机。虽然它可能并非第一款 35 毫米相机，但它肯定是第一款在商业上取得成功的 35 毫米手持相机。它的设计师奥斯卡 · 巴纳克（Oskar Barnack）于 1911 年开始为莱茨（Leitz）公司工作，开发电影摄像机。到 1913 年，原型相机，即后来所称的原初徕卡（Ur-Leica）已经准备就绪。第一次世界大战后，此机型得到改进，然后生产了 31 台。1925 年，公司决定商业化量产徕卡相机，徕卡 I 型相机在当年的莱比锡春季博览会上推出。机身和顶板的圆角设计让拍照动作变得轻松，不引人注目的拉出式镜头便于携带，同时保持了出色的光学质量。此机型汇集了多项发明成果：优化的胶片乳剂，品质提升的 24 毫米 ×36 毫米小尺寸底片，马克斯 · 拜赖克（Max Berek）设计的新镜头使用的具有更好折射能力的新型光学玻璃。不久后，一系列可互换的镜头和配件又添加进来，使其成为能胜任许多不同应用的“系统”相机。虽然价格昂贵，但它很快就受到了专业摄影师和业余爱好者的宠爱。早期的徕卡机型和 M 系列相机，成为摄影记者的理想工具。青睐和支持这些相机的有埃里克 · 所罗门、伯尔特 · 哈迪、亨利 · 卡蒂埃-布列松与莱妮 · 里芬施塔尔，以及其他知名人士。

“辛特拉克斯”虹吸咖啡壶　　1925年

Sintrax Coffee Maker

设计者：格哈德·马克斯（1889—1981）

生产商：肖特与格诺森（Schott & Genossen），1925年至1967年

玻璃材质的“辛特拉克斯”虹吸咖啡壶，是一个工艺精密的设备，使用功能明确，但它给人的印象更多是应用于试验室工作台而不是厨房。此器具的设计是革命性的，因为它几乎完全透明，过滤器、漏斗上盖和壶塞都是玻璃的。这是为德国商业玻璃公司肖特与格诺森设计的首批家用产品之一，该公司专门生产试验室仪器。1887年，公司创始人奥托·肖特发现了一种耐热玻璃——硼硅酸盐玻璃。1922年，公司推出了家用产品，旨在以简单、现代的风格打造实用的日常物品。公司是包豪斯那些梦想家们的天然合作伙伴，其中包括格哈德·马克斯（Gerhard Marcks），一位雕塑家和艺术家，曾在1919年至1925年间担任魏玛包豪斯学校陶器工作室的主任；还有威廉·瓦根费尔德，他是肖特聘请的第一批公司外部设计师之一。最初的辛特拉克斯虹吸咖啡壶设计于1925年，提供3种容量：0.5升、1升和1.5升。瓦根费尔德在1930年增加了一个直木手柄，因为马克斯原先设计的成角度的手柄在燃气灶上使用时会烧坏。作为现代厨房电器的原型之作，这款优雅的玻璃咖啡过滤器为新的未来奠定了基调，让人确信肮脏油污的厨房灶台已成过去，甚至仆人也多余了。

斯达尔“X”开瓶器　　1925年

Starr ‘X’ Bottle Opener

设计者：托马斯·C.汉密尔顿（生卒年不详）

生产商：布朗制造公司（Brown Manufacturing Company），1926年至今

雷蒙德·布朗（Raymond Brown）凭借给可口可乐装瓶并分销而发家致富。他当然熟知玻璃容器的主要缺陷之一是：它们会碎裂，尤其是在开瓶时。他曾尝试制造录音设备，虽以失败告终，但这给他留下了一些闲置的工厂设备与产能。他将其提供给托马斯·C.汉密尔顿（Thomas C Hamilton），而后者开发了一种壁挂式开瓶器，据说还保证不会损坏瓶颈。汉密尔顿的开瓶器，是一块牌子状的小金属件，带有一个孔洞，可以将其用螺丝固装到墙上。在“牌子”上面，有一个眼睑弧度的盖子结构，能抓住瓶盖的外缘。将瓶子插入盖子结构下，然后将瓶子往垂直方向推，当盖子结构卡住瓶盖的边缘后，将瓶口顶住中央突起稍稍扳动，瓶盖便被撬开。此设计足够简单，只需要一个铸件，并且不包含任何活动部件。盖子结构的表面为品牌宣传提供了一个完美的、与眼睛平齐的视野空间。多年来，压印到开瓶器上的品牌标志和图样很多，包括啤酒和碳酸饮料公司、爱国主义图标、大学运动队、谚语、俏皮话，有时则是最简单的指令：“在此打开”。

瓦西里椅 1925 年

Wassily Chair

设计者：马歇尔·布劳耶（1902—1981）

生产商：标准家具（Standard-Möbel），1926 年至 1928 年；索内特股份有限公司，1928 年至 1932 年；加维纳（Gavina）、诺尔（Knoll），1962 年至今

瓦西里椅是马歇尔·布劳耶最重要的和标志性的设计。落座者几乎是被悬着包在这个管材构成的钢架内，能得到全方位的支撑。这款设计是对俱乐部椅子的现代主义诠释。相对复杂的管材钢架可以提供舒适性，不必依赖当时传统的木材、弹簧和马毛所打造的主流座椅结构。这里，埃森伽恩（Eisengarn，品牌名，德语意为钢铁纱线）"条带"坐垫和钢质管材的使用，是一场革命性运动的一部分，该运动旨在为现代生活创造可规模化量产、价格实惠、卫生轻便且坚固的日常物品。布劳耶于 1925 年设计了瓦西里椅，显然是受到新购买的自行车那精美车架的启发。这一成果是他在包豪斯对木材家具进行研究之后所得，并成为他项目的一部分——项目是给画家瓦西里·康定斯基的公寓提供内装。1962 年，加维纳公司重新向市场推出瓦西里椅子，业务在 1968 年被诺尔接管，并作为诺尔国际公司经典系列精品的一部分生产。它如今仍是诺尔珍藏品的一部分。由于瓦西里的造型与历史，其起源常常被人们与 20 世纪 70 年代后期的高技派（hightech movement）相混淆。在现代座椅中，它继续保持着重要的地位。

马提尼酒杯　　约 1925 年

Martini Glass

设计者身份不详

生产商：多家生产，20 世纪 20 年代至今

马提尼酒杯的造型受到几何图形启发，由透明无色玻璃制成，是一种饮酒用具，与它旨在标举并以之命名的那款鸡尾酒一样具有标志性。玻璃杯那明晰果断的轮廓，包括一个直线条喇叭状 V 形杯子，细高的杯腿，优雅且相宜的底座。现在，此杯是鸡尾酒图标符号中的绝对主角。马提尼酒杯的确切起源仍然难以确定，但通常认为，它发端于 20 世纪 20 年代中期，是当时潮流变化的产物，这些风潮影响着上层的娱乐活动以及娱乐活动中使用的玻璃器皿的设计。大约就在这个时候，鸡尾酒的口味正在从 20 年代初期的奢华转向以马提尼和曼哈顿为代表的精致简约。顺应这些鸡尾酒反映的大众口味喜好的转变，装饰性玻璃器皿也让位于流线型的现代主义。这些新酒杯绝对是前卫的，特别是马提尼酒杯，是碟状香槟杯几何线条化的精致变体，而碟状浅杯则在世纪之交取代了笛子形的深香槟杯。马提尼酒杯地位稳固，至今仍是 20 世纪 20 年代玻璃器皿的一个标志，它易于引起联想，一眼即可识别，受到插画家、艺术家、电影制作者等人群的宠爱——他们无休止地利用这一图像符号。

E.1027 住宅沙发床　　1925 年

E.1027 Daybed

设计者：艾琳・格雷（1879—1976）

生产商：阿拉姆设计（Aram Designs），1984 年至今；慕尼黑手工艺艺术联合工作室，1984 年至 1989 年；经典图标公司，1990 年至今

设计师艾琳・格雷与罗马尼亚建筑师让・巴多维奇（Jean Badovici）曾多年合作。他们的第一个也是最重要的项目之一是E.1027，这是1929年完成的一座房子，位于法国南部的罗克布吕讷-卡普马丹。格雷为房子的多功能客厅设计了许多家具，E.1027 沙发床也包括在内。沙发床由双层的长方形皮革厚床垫构成，镀铬框架则承载着床垫。在这里，格雷不仅将管材用于框架构造，还用作装饰线，从坐垫后部冒出，用作抱枕软垫、小毛毯或毛皮在椅背的支撑。沙发的不对称形状，与过去相呼应，让人想起经典的比德麦时期（Biedermeier）的贵妃榻。与其他现代主义设计师不同的是，格雷喜欢对立元素的结合、软硬材料的结合，以及机器制造与手工制作部件的结合。20 世纪 80 年代初期，“阿拉姆设计”家居发掘了这沙发床的原型，并将其引入他们的经典系列。1984 年，他们授权基地位于慕尼黑的手工艺艺术联合工作室复制此沙发，慕尼黑工作室停业后，经典图标公司又接手了生产。

酷彩珐琅铸铁炊具　1925 年

Le Creuset Cast Iron Cookware

设计者：酷彩设计团队

生产商：酷彩公司（Le Creuset），1925 年至今

所有的酷彩（法语意为“坩埚”）珐琅铸铁炊具均由珐琅饰面的铸铁制成，这遵循了一个可回溯到中世纪的传统。 酷彩的工厂位于法国北部的福雷斯诺-勒格朗（Fresnoy-LeGrand），于 1925 年开始生产铸铁制品。这种工艺，最初是通过人工手动往砂模中浇铸铁水来完成。即使今天使用类似的技术，每个模具也还是只能破坏掉，然后再给里面的炊具手工抛光和打磨。这种铸铁件有双层珐琅涂层，由于高温 840℃的极端烧制过程，这些平底锅坚硬耐用，长期不会损坏。涂了珐琅的铸铁传热均匀，能保温，也不会与酸性食物产生反应。这一特性，结合尺寸形状精准、紧密贴合的盖子，形成一张热毯，能温和地烹饪食物。这种材料让平底锅能用于所有热源。铸铁节能高效，而且由于收尾的大部分精加工是手工完成，所以每一件产品都可谓独一无二。酷彩的炊具有多种颜色可供选择，已成为家庭烹饪、品质和厨房文化的一种象征，而厨房则是家庭生活的核心。

拉齐奥桌子　1925 年

Laccio Table

设计者：马歇尔·布劳耶（1902—1981）

生产商：加维纳，1962 年至 1968 年；诺尔，1968 年至今

马歇尔·布劳耶的拉齐奥（Laccio，有花边之意）咖啡桌和边几，结合了缎面处理效果的塑料层压桌面与抛光镀铬钢管框架。布劳耶出生于匈牙利，在 20 世纪 20 年代成为包豪斯家具工作室领头人时，他开始尝试用管状钢材制作椅子、凳子和桌子，创造了一些出品自此学派的、极有影响力的家具。他将低矮的拉齐奥桌设想为瓦西里椅子的搭档。这些线状框架造型的、多用途嵌套系列桌子，反映了布劳耶的理性主义美学和精湛的技术技巧。桌子结构非常稳定，材料质量优异，形象具有雕塑感。拉齐奥应用的管状金属加工技术，体现了包豪斯对 20 世纪现代设计和建筑发展的影响。对布劳耶来说，金属是他可用来改变家具形象的材料。正如他所说：“在对大规模生产和标准化产品的研究中，我很快发现，抛光金属、光亮的线材和空间的纯度，是改造家具的新的构建元素。我不仅把这些明亮的曲线形态看作现代技术的象征，也从中看到了总体上的技术换代。”

包豪斯鸡尾酒调酒壶 1925年

Bauhaus Cocktail Shaker

设计者：西尔维娅·斯塔夫（1908—1994）

生产商：瑞典哈尔伯格金银加工有限公司（C.G. Hallbergs Guldsmedsaktiebolag），1925年至1930年；艾烈希，1989年至2013年

包豪斯鸡尾酒摇壶，是一个带有环状弧形手柄的完美球体。此物曾经被认为由玛丽安·布兰德设计，但经过包豪斯档案馆主任彼得·哈恩的大量研究，现在它被归于西尔维娅·斯塔夫（Sylvia Stave）。它与鸡尾酒调酒器的传统形式相去甚远，差距能有多大就有多大。此壶的造型是水平拓展而非垂直，其几何形式鲜明坚定，毫不妥协，是一个非常革新的作品，拓展了金属制造的边界。1989年，艾烈希公司从包豪斯档案馆取得许可，将调酒器重新引入市场。它的无缝金属球体，现在用镜面抛光的18/10不锈钢制成，而不是原来的镀镍版本，但仍然是一个很难生产的物件，需要此球体的两半分开冲压成型，然后焊接在一起，再手工抛光。虽然上部塞子下面隐藏了一个可拆卸的过滤器，以便于倾倒酒液，但它未能免除包豪斯派设计的一个常见缺陷，即将几何造型和功能目的混淆了。诸如此类的产品，使包豪斯遭到批评，被指责“只不过是另一种风格罢了”。不过，这款调酒壶的风格多年来一直发展势头不错，颇具人气。

玛丽安茶具和咖啡饮具 1925 年至 1926 年

Tea and Coffee Service

设计者：玛丽安·布兰德（1893—1983）

生产商：包豪斯金属工作坊，1926 年；高科流明，1984 年至今

玛丽安·布兰德的茶具和咖啡饮具是包豪斯教学的进步观念的标志性例证。大学相关专业老师、艺术管理从业者和策展人经常对它表示敬意，而收藏家对只剩下一套完整的原件而感到沮丧。该套装由水壶、茶壶、咖啡壶、糖罐、奶油壶和托盘组成，以 925 银制成，带有乌木小部件。这个套组的基本几何形式，是圆形和正方形，赋予产品一种力量感，这力量生自于明确坚定的轮廓。茶壶带有两个直角交叉构件组成的支架、雅致抛光的碗状壶体、圆形的盖子和镶有乌木的高高的银把手，给人的最初印象是坚忍寡欲，又含有严肃的意图——这反过来又产生了一种几乎是偶然的美感。玛丽安·布兰德是唯一一位在包豪斯金属工作室创作的女性。她是一位多才多艺的设计师，以其出品的可调节金属灯、绘画和诙谐的蒙太奇照片而闻名。她的茶具和咖啡饮具是包豪斯哲学的一个经典范例：强调手工实践，主张物品的形式应由预期用途决定。

必比登椅 1925 年至 1926 年

Bibendum Chair

设计者：艾琳·格雷（1879—1976）

生产商：阿拉姆设计，1975 年至今；手工艺艺术联合工作室，1984 年至 1990 年；经典图标公司，1990 年至今

艾琳·格雷设计过定制家具、手工编织的地毯，还有灯饰，为思想超前的富有客户打造独特的室内装潢。她那些标志性的设计，就材料利用和结构而言，几乎有着炼金术师般的天赋。她的必比登椅子创作于 1925 年到 1926 年间，用于装饰马修·列维夫人巴黎的公寓。总部位于伦敦的家具公司“阿拉姆设计”在 20 世纪 70 年代将格雷设计档案中的一些作品重新投入生产，这款椅子最终获得了应有的认可。这把椅子以前人于 1898 年为米其林轮胎公司设计的吉祥物命名。欢快的巨人米胖子那圆润的身躯，在扶手椅上得到了体现。皮革包覆的椅子，其独特的管状软垫造型，被安置在镀铬钢管框架上，是一个针对现代主义美学的华丽的设计方案。不像她同时代的人，格雷并没有对机器时代的功能主义怀有严格僵化的审美批判。相反，她将功能主义与装饰艺术那更奢华的物质性融合在了一起。在她相当出色的职业生涯的大部分时间里，格雷都被不公平地轻视了。如今，她被认为是 20 世纪最有影响力的设计师和建筑师之一，更是该领域中为数不多的成功女性之一。

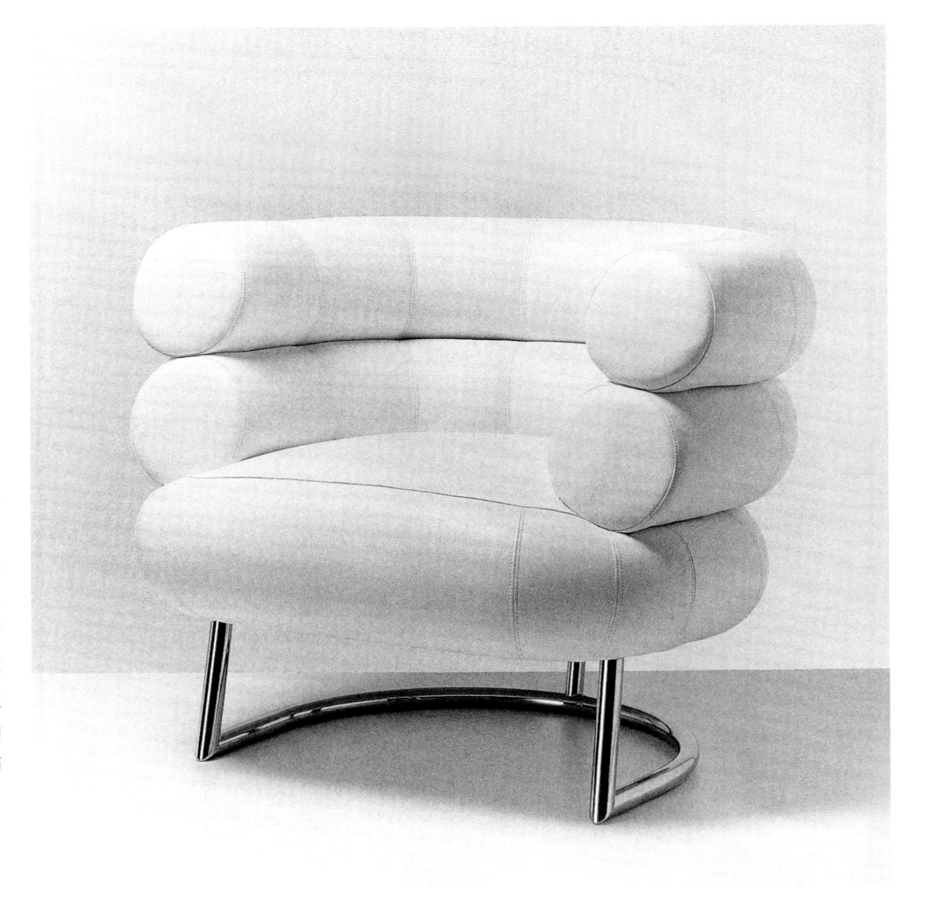

金字塔餐具套组　　1926 年

Pyramid Cutlery

设计者：哈拉尔德·尼尔森（1892—1977）

生产商：乔治杰生，1926 年至今

金字塔餐具套组由哈拉尔德·尼尔森（Harald Nielsen）为银匠乔治·杰生设计，体现了“装饰艺术”的外观和精髓，同时也代表着现代主义餐具的早期范例。这套餐具于 1926 年设计并首次生产，从那时起便被证明是杰生旗下最受欢迎的银器设计之一。杰生公司擅长以当代美学和历史资源为基础来进行设计，并在业内成为形式和设计标准的制定者。他也招募同行朋友和家人作为设计师为自己的公司工作，其中包括其妹夫哈拉尔德·尼尔森。两次世界大战间隔期，尼尔森的创作为奠定杰生风格发挥了重要作用。他的金字塔餐具，是对 20 世纪 30 年代盛行起来的内敛的装饰艺术美学的例证说明。关于他的设计，尼尔森发表意见说：“餐具的装饰，旨在强调作品的整体和谐，但同时也完全因它自己的理由而存在，不过绝不能占主导地位。”这一设计的简约特性与现代主义相联合，是功能主义时代的先驱者。有机化的造型和几何形的结合，让杰生旗下原先更自然主义的形式变得简约流畅，也成为尼尔森所设计产品的个性化特点。

黑费林 1-790 椅　1926 年

Haefeli 1-790 Chair

设计者：马克斯・恩斯特・黑费林（1901—1976）

生产商：豪根格拉斯公司（horgenglarus），1926 年至今

马克斯・恩斯特・黑费林（Max Ernst Haefeli）与另外几位杰出人物卡尔・莫泽、维尔纳・M. 莫泽、鲁道夫・施泰格以及埃米尔・罗斯，都是瑞士建筑师联合会的创始成员。他发展出一套将技术创新和艺术传统相结合的设计语言。因此，他与瑞士家具生产商豪根格拉斯公司建立起合作关系也就不足为奇了。豪根格拉斯成立于 1880 年，秉承工艺传统的最高标准，在其家具生产中坚持仅使用手工制作。黑费林 1-790 椅便是这个家具制造同盟的产物，展示了设计师和生产商共同的创意理念。这把椅子以工艺传统的高标准制作。框架和轻微弯曲的椅腿采用实木制成，平坦、宽阔的靠背和座椅面采用厚板加工成型，这款椅子因而从当时流行的曲木夹板和钢管家具设计中脱颖而出。它简单的形式、完美的比例和简洁的线条，体现出黑费林的建筑设计背景。符合人体工程学的椅面和靠背构成的这把椅子，将传统造型形状与工艺敏感度相结合，达成的结果是一个永恒、实用又舒适的座椅设计方案。

包豪斯茶叶罐　1926 年

Tea Caddy

设计者：汉斯・普日伦贝尔（1900—1945）

生产商：包豪斯金属工作坊，1926；艾烈希，1995 年至 2013 年

这个圆柱形的茶叶罐造型简单，但让用户心动，用户很乐意由此享受一下饮茶的仪式趣味。这看起来只不过是一个高 20.5 厘米、直径 6 厘米的窄圆柱体，用了表面能反照出影子的金属材料，但没有装饰。不过，当盖子拔出滑下，环绕内套管的、做成弧形的槽口便露出，这个斜槽口能充当勺子来衡量取用多少茶叶。关闭时，罐子相当神秘。打开时，它又是朴素务实和有用的。在拉斯洛・莫霍伊 - 纳吉的领导下，包豪斯金属工作坊开发了一系列原型产品，打算随后工业化批量生产。威廉・瓦根费尔德是工作坊的助理导师。他的激励和启发是这个作品的关键催化剂，他指出，“每样物品都必须在其功能化的应用中找到它外在形式的解决方案”。正是本着这种精神，汉斯・普日伦贝尔（Hans Przyrembel）构思开发了这款茶叶罐。一如包豪斯的许多其他设计，此罐未立即量产，而是直到 1995 年才投入生产。当时，它与包豪斯设计的其他 8 款产品一起由艾烈希发售。普日伦贝尔的原型用银打造，艾烈希版则用不锈钢制成。

发夹　　1926 年

Hairpin

设计者：所罗门・H. 戈德堡（生年不详，卒于 1940 年）

生产商：多家生产，1926 年至今

发夹或发卡，或按美国的名称叫作短发发卡、波波头发夹，是一种简单实用的设计，至今仍有许多不同的版本在生产。它的出色之处在于，这是用一根长条状材料制成，其中也无须设置开关机制——那有弹性的薄而柔韧的金属（现在通常带有塑料涂层）在一端往反向弯曲，因此一条较长的直“腿”相当于基座，直接被压在波状起伏的上方曲“腿”下面。而且，它的成功以及长期被使用的原因，在于其在压缩空间程度、灵活性和抓牢度之间达到理想平衡，使夹子既牢固又容易摘掉，对头发的损伤最小。夹子的上下两个尖头，在外端更宽开口之前的点位接触，这样就更容易拉开并插入头发。手松开后，夹子中段的那些接触点是保持抓牢力度稳固的关键，而三个柔和的波状起伏设计则提供不同程度的松紧和平衡。所罗门・H. 戈德堡（Solomon H Goldberg）于 1926 年发明波纹状发夹时，是为了服务于当时流行的轮廓清晰锐利、近乎雕刻般的波波头发型。完美的波波短发造型很难定形和打理，而发卡的抓牢度对固定前额的厚波浪刘海特别有用。如今，这种发夹仍基本保持原样。

蚝式腕表　　1926 年

Oyster Wristwatch

设计者：劳力士设计团队

生产商：劳力士（Rolex），1926 年至今

劳力士的品牌名称于 1908 年注册，但在 1905 年，便出现在一位年轻的巴伐利亚企业家经销的手表表盘上，并从此一直都是特有标志。劳力士公司于 1926 年创造的蚝式腕表，是第一款真正防水和防尘的腕表。次年，梅赛迪丝・吉莉丝（Mercedes Gleitze）在游泳横渡英吉利海峡时佩戴，此款表被验证能完美计时，由此保证了它的迅速成功。蚝式腕表被誉为“对抗自然力的神奇腕表”。得益于旋入式防水表身底壳和上链表冠，它能真正防水。表壳用坚固的一体不锈钢、18 克拉黄金或铂金精工制成。水晶表盘面盖用合成蓝宝石切割而成，强度高，可理想地抗碎裂和抗刮擦。劳力士于 1931 年推出自动上链装置，令蚝式表壳更加坚固耐用。长期以来，该表一直保持其作为世界上最受尊敬的腕表之一的地位。蚝式腕表是劳力士享誉全球的价值观的缩影。首要的也是最重要的：它是一个品牌的原型，是一种生活方式的象征，也是一种风格品位的基准。

俱乐部椅 约 1926 年

Club Chair

设计者：让-米歇尔・弗兰克（1895—1941）

生产商：查诺公司（Chanaux & Co），1926 年至 1936 年；埃卡特国际公司，1982 年至今

方正的俱乐部椅是装饰艺术时期的人们最熟悉的产品之一，其棱角分明的形式，成功避免了过时。巴黎设计师让-米歇尔・弗兰克（Jean-Michel Frank）创造了这个超越时代局限的设计。此椅的简约风格反映了他颇具影响力的美学立场，同时也属于立方体形态的软垫座椅系列的一部分。针对弗兰克不同的夺人眼球的室内设计项目，这款椅子都会进行相应改造。弗兰克热衷在其设计中使用令人意想不到的材料，尤其喜好用漂白皮革和鲨鱼皮。他声称自己的风格受到新古典主义、原始主义艺术（或称尚古派，并非指原始艺术）和现代主义的影响。他那些存档完好、多有记录的作品，以简约的直线条细节和优雅、干净的形式为标志。我们现在公认为“装饰艺术”风格的很大一部分，都被广泛归功于弗兰克和他在 20 世纪 30 年代的原创设计。这些设计如此受欢迎，以至于弗兰克被推入欧洲上流社会的创意用品设计者梯队，他为该阶层设计有奢华的室内装潢与其他精致的产品。他的设计保留了一些复杂性，这或许能解释他最基本但往往又是必要配置的作品之一，即俱乐部椅的持久高人气。

B33 椅 1926 年至 1928 年

B33

设计者：马歇尔・布劳耶（1902—1981）

生产商：索内特股份有限公司，1929 年

B33 椅是马歇尔・布劳耶开发和设计的钢质管材家具中最激进的例子。这是一把只有两条“腿”的悬臂椅子。布劳耶从自己所买单车的金属框架中受到启发，进行了一系列试验，而转化的结果便是这椅子，这也是他在 1925 年设计拉齐奥桌椅之后的作品。布劳耶进一步打磨了最初的设计，使其结构更轻的同时保持弹性、强度和舒适性。B33 椅的产品历史是一个长期存在争议的历史。在 1926 年斯图加特举办的魏森霍夫（Weissenhof）展览会上，荷兰建筑师莫特・斯塔姆（Mart Stam）展示了一把悬臂式椅子。那是用笨重的钢材标准管件制成的，前面还有一根水平横杠以增加其稳定性。尽管斯塔姆在事实上首先生产出金属悬臂椅，但他实则从布劳耶那里借鉴了这个创意，因为在同一年，布劳耶曾与斯塔姆讨论过他正在进行的项目。况且，布劳耶的最终设计在好几个方面都优于斯塔姆的：他的椅子不需要额外的支撑杆，比例均匀平衡，而且更重要的是，更为舒适。B33椅设计于 1926年，1929年由索内特公司开始生产，但关于悬臂式椅子的原创者权属的法律纠纷也几乎立即开始。索内特败诉，因此，布劳耶最终没有收到 B33 椅的特许权使用费。

洛克希德·维加飞机 1927 年

Lockheed Vega

设计者：杰克·诺斯罗普（1895—1981）

生产商：洛克希德公司（Lockheed），1927 年至 1935 年

第一架洛克希德·维加飞机（Vega，有织女星之意，此机又称“金鹰”），采用硬壳式机身和悬臂式机翼，翼展 12.5 米，机身长 8 米，于 1927 年 7 月 4 日首飞。一年后，在举办于克利夫兰的全美飞行比赛中，它创下时速 217 千米的纪录，这是有史以来最快的飞行速度。虽然令人印象深刻，但杰克·诺斯罗普（Jack Northrop）推出的维加也代表着木制设计的局限性，比如说，机身硬壳各一半只是模压胶合板，然后两半黏合在一起。维加 1 型发布后不久，洛克希德的维加 5 型出现了。原先的设计得到改进，采用了 450 马力的新款风冷发动机，巡航速度能达到每小时 266 千米。维加获得作为私人商务飞机的优势地位，是因为曾创下闻名世界的纪录：独眼威利·波斯特（Wiley Post），大概是维加机型最著名的飞行员，他驾驶名为维尼·梅的飞机两次打破了环球飞行纪录，并在高达 17 040 米的从未有人到达的海拔飞行，从而发现了喷射气流。由于无法给维尼·梅的机舱加压，他改装了一套深海潜水服，才得以在这样的高度飞行。撇开统计数据不谈，维加可能与阿梅莉亚·埃尔哈特（Amelia Earhart）关联最为密切。她是第一位在 1928 年不间断飞行，独自飞越大西洋的女性，成了超级名人。1937 年，她试图完成环球飞行，不幸的是，她与领航员副驾弗雷德·努南一起在太平洋上空消失，从此再未被发现。

E.1027 可调节桌子 1927 年

E.1027 Adjustable Table

设计者：艾琳·格雷（1879—1976）

生产商：阿拉姆设计，1975 年至今；手工艺艺术联合工作室，1984 年至 1989 年；经典图标公司：1990 年至今

E.1027 可调节桌子用不锈钢和玻璃打造，圆圈状钢管构成桌子底座，也构成顶部圆盘形玻璃台面的边框。桌腿可伸缩，由后面的一个销子机关控制，因此桌子的高度可改变。这款桌子，一定是 21 世纪被抄袭得最多的家具之一。它虽然在形式和材料上遵循严格的现代主义特质，但以其雅致温和与灵活性规避了现代派的冷酷理性。传奇建筑师勒·柯布西耶描述说此桌“迷人而精致”。这款桌子是艾琳·格雷为她位于法国里维埃拉罗克布吕讷的房子 E.1027 设计的革命性家具系列的一部分。这里的 E 代表艾琳，而数字对应指代在字母表中的顺序位置：10 和 2 就分别代表字母 J 和 B，也即让·巴多维奇名字的首字母，这位罗马尼亚建筑师是艾琳的朋友和导师，7 代表 G，即格雷（Gray）的首字母。在由男性主导的现代派运动中，格雷是被提及的屈指可数的女性之一。她出品范围较广，从早年的奢华装饰品开始，随着年龄的增长，转而制作更简洁的现代主义家具。

法兰克福厨房　1927 年

Frankfurt Kitchen

设计者：玛格丽特·“格雷特”·舒特-里奥茨基（1897—2000）

生产商：乔格·格伦巴赫（Georg Grumbach），1926 年至 1929 年

法兰克福厨房，代表着创造真正高效的家庭生活空间的最早尝试之一。该项目受此理想驱动：在大众住宅中提供良好的家居设计。这里率先使用了标准化、低成本的预制元件，而这大概是规模化统一配置的第一间厨房。20 世纪 20 年代，德国的城市住房严重短缺，这迫使法兰克福市政建设项目的负责人恩斯特·梅发起呼吁，征集提案，寻找利用有限空间的新方法。玛格丽特·“格雷特”·舒特-里奥茨基（Margarete‘Grete’Schütte-Lihotzky）给出的回应是，基于美国式理念的那种厨房，即如果厨房专门用于制备食物，那就可以更小，以减少空间的浪费。她这个小房间，将家务劳动与放松消遣活动分开，而以前人们却是用厨房空间来做几乎所有事情。受狭小但高效的铁路餐车厨房的启发，法兰克福厨房的面积仅为 1.9 米 x 3.4 米大小，这样狭小的空间，是在对烹饪步骤详细研究后确定的。顺着一面墙是炉子以及通往客厅的拉门，另一面墙边是水槽、橱柜和贴有标签的储物箱。水槽顶端墙的窗户下方是一个带滑动式垃圾抽屉的工作区，有连续的食材处理工作台面和一张便于转身的旋转凳。门和餐具柜类都是蓝色，因为据说这种颜色最不招苍蝇。至 20 年代后期，法兰克福的住宅区共改造了一万多间厨房。

管子灯 1927 年

Tube Light

设计者：艾琳·格雷（1879—1976）

生产商：阿拉姆设计，1984 年至今；手工艺艺术联合工作室，1984 年至 1989 年；经典图标公司，1990 年至今

1927 年的管子灯是早期现代主义设计师艾琳·格雷的创作。格雷在伦敦的斯莱德美术学院学习美术，但在完成学业后不久就进入了室内设计领域。这盏灯可谓是为 E.1027 别墅设计的众多标志性物品中最激进的一个。此项目是她于 1925 年开始在法国里维埃拉为她的密友建筑师让·巴多维奇打造的影响力极大的现代主义房屋。她利用了当时刚被发明的荧光灯丝灯管，但拒绝为灯管提供灯罩的常规概念。此设计采取了当时闻所未闻的表现方式，骄傲地展示出光源，保留了产品出厂状态的固有美感。管灯的垂直形态，得到优雅的镀铬钢立柱的辅助强化，创造出一种全新的极简主义落地灯的范式。今天的设计师在很大程度上都蒙恩于他们的先驱艾琳·格雷的工作。她使用裸灯光源，打破常规，也激发了德国人英戈·莫瑞尔（Ingo Maurer）和意大利的卡斯迪格利奥兄弟（Castiglionis）等人的灵感。顶尖的家具生产商阿拉姆设计于 1984 年重新生产发售了此设计，并将格雷的作品转授权给其他生产商。

MR10 椅子和 MR20 椅子 1927 年

MR10 Chair and MR20 Chair

设计者：路德维希·密斯·凡·德·罗（1886—1969）；莉莉·赖希（1885—1947）

生产商：约瑟夫-穆勒柏林金属公司（Berliner Metallgewerbe Josef Müller），1927 年至 1930 年；班贝格金属工艺厂（Bamberg Metallwerkstätten），1931 年；索内特股份有限公司，1932 年至今；诺尔，1967 年至今

路德维希·密斯·凡·德·罗（Ludwig Mies van der Rohe）的 MR10 椅子，有着一望而知的简单特质，它看起来像是一条单一的、弯曲连续的钢管。这张椅子在 1927 年斯图加特的“居住之所”主题展览上展出时，仅由两条前腿支撑的“自由浮动”椅面，是一个引人赞叹的新奇元素。同场展出的还有荷兰建筑师马特·斯坦的 S33 椅子。斯坦在此前一年为密斯画过一张草图，说明他关于悬臂椅子的构想。密斯立即看到了那构想的潜力，至次年的展览时，他便拿出了自己的版本。斯坦的椅子构造坚固但沉重，而密斯的椅子更轻，并且在前腿那优美曲线的加持下而更具弹性韧度。密斯用一个简单的外翻边式接头的圆弧钢管，在 MR10 上添加扶手，便创建了 MR20 椅子。两把椅子都获得好评，取得重大成功，并很快大量销售。变体版本也有，靠背和椅面部位的材料可选，单独另用皮革或铁网吊索，或是用由密斯的合作伙伴莉莉·赖希（Lilly Reich）设计的一体式编织藤条网面。最初，这些椅子的钢管有红色或黑色漆面可选，当然也有直到今日仍如此流行的镀镍版本。

LC7 带扶手旋转座椅 1927 年

LC7 Siège Tournant, Fauteuil

设计者：勒・柯布西耶（1887—1965）；皮埃尔・让纳雷（1896—1967）；夏洛特・佩里安（1903—1999）

生产商：索内特股份有限公司，1930 年至约 1932 年；卡西纳，1978 年至今

1927 年，夏洛特・佩里安（Charlotte Perriand）搬进了某摄影师位于巴黎一处阁楼上的小工作室，并着手彻底改造该空间。再造完成后，成果在那一年的秋季沙龙博览会上展出。整个空间非常现代，没有内墙，而家具都是夏洛特自己设计的钢质管材作品。勒・柯布西耶看到佩里安的展台，主动为她提供一个工作机会，而夏洛特为她自己公寓设计的那些家具，将构成 LC 系列产品的基础，这其中也包括 LC7 带扶手旋转座椅。这个设计是基于传统的打字员椅子，可与桌子配合使用。四条钢管腿，可选亮面或亚光镀铬工艺，在上端以直角弯曲并于椅面下方的中心交叉相遇。 LC7 的优雅和美丽，源于椅子结构所产生的线条，这种工业美学在其生产中得到了呼应。鉴于标致公司在金属管材加工方面的专业地位，柯布西耶试图说服标致制造这款椅子，但遭到拒绝。然后，索内特介入，达成合作。1964 年，意大利生产商卡西纳获得了 LC 系列的独家授权，并一直生产到今天。每件 LC7 上都印有柯布西耶、佩里安和皮埃尔・让纳雷（Pierre Jeanneret）（柯布西耶的堂弟及合作者，柯布西耶为化名，原姓即让纳雷）的签名，并编号以确认其为正品。

LC2 舒适大扶手椅 1928 年

LC2 Grand Confort Armchair

设计者：勒・柯布西耶（1887—1965）；皮埃尔・让纳雷（1896—1967）；夏洛特・佩里安（1903—1999）

生产商：索内特股份有限公司，1928 年至 1929 年；海蒂・韦伯（Heidi Weber），1959 年至 1964 年；卡西纳，1965 年至今

LC2 舒适大扶手椅是勒・柯布西耶、皮埃尔・让纳雷和夏洛特・佩里安三人之间短暂但成果斐然的合作的一部分，该合作还产生了LC1 巴斯库兰（Basculant，法文，意即倾斜活动可调）活动椅和 LC4 躺椅。此椅用一个焊接的镀铬钢框架构建，有一个顶部向外侧横接的管材框架连着椅腿，中部是一根更细的实心围挡杆，下面有更薄的 L 形底部框架，这个钢结构支撑起 5 块配拉伸带的皮革面软垫。一旦摆放就位，垫子就围成了一个紧凑的立方体形状。这一新颖的设计在 1929 年的巴黎秋季沙龙展首次对外发布。公众反响积极，一片好评，索内特家具公司便接手生产。舒适大扶手椅随后有了各种变体化身：带有或不带有球状脚的；做成沙发或做成更宽的"女性"版本（LC3 扶手椅）——它放弃了原创的立方体形式，但让人可以双腿交叉盘坐。自 1965 年以来，这椅子一直由意大利的卡西纳生产，该公司还生产了相同风格的二人座和三人座沙发。这一款型已成为体面和庄重的代名词，长期以来仍享有巨大的市场需求。

坎德姆台灯 1928 年

Kandem Table Lamp

设计者：玛丽安·布兰德（1893—1983）；欣·布雷登迪克（1904—1995）

生产商：科尔廷与马蒂森公司（Körting & Mathiesen），1928 年至 1945 年

坎德姆台灯由漆面涂装钢材制成，带有可调节的灯杆与灯头，两者中间用球窝接头机构连接，底座上装有按钮式开关。这是包豪斯导师玛丽安·布兰德、学生欣·布雷登迪克（Hin Bredendieck）和莱比锡的一家照明公司科尔廷与马蒂森之间协作的成果，而该照明公司生产过包豪斯的数款设计。20 世纪 20 年代后期，在拉斯洛·莫霍伊－纳吉的指导下，包豪斯金属工作坊专注于与企业合作，尤其是在照明行业，带来了实业方面的极大成功，表现优异。1928 年，布兰德与业界联系，随后获得一个合同，受托设计标准灯具。这个作品，是他们的第一个项目，让台灯得到了重新设计。布兰德和布雷登迪克都对灯罩的形状进行了试验，将其设计为钟形，让光线能更好地分布和传播。他们还生产了一个类似的床头灯，将本品底座略加改造，再装上一个更长的可调节灯杆。两款灯通常都漆成白色，另外也有更少见的绿色款。生产一直持续到 1945 年，几乎没有修改，即使在 1933 年包豪斯关闭之后也是如此。此灯被大量复制，其简单的造型一直延续到今天。

LC6 桌子 1928 年

LC6 Table

设计者：勒·柯布西耶（1887—1965）；皮埃尔·让纳雷（1896—1967）；夏洛特·佩里安（1903—1999）

生产商：索内特股份有限公司，1930 年至 1932 年；卡西纳，1974 年至今

飞机可谓功能设计的一个范例，也是现代性的象征。柯布西耶对飞机的这种特质充满激情，此情绪在这张桌子的设计中显而易见。值得指出的是，由椭圆形扁钢管制成的框架，让人想起飞机机翼遵循空气动力学的轮廓。同时，它的粗壮厚重感，集中在一对简单的倒 U 形、由横梁连接的腿上，与玻璃桌面的轻盈和透明形成鲜明对比。尤其是顶部玻璃，由可调节的立管在 4 个支点上撑起，使得这一构件元素似乎漂浮到了框架上方。这位瑞士建筑师与他的堂弟皮埃尔·让纳雷以及夏洛特·佩里安一起设计了这张桌子。归于柯布西耶名下的家具，大部分都是这 3 位设计师负责出品。桌子在 1929 年的巴黎秋季沙龙展首次展出，金色玻璃台面被架在金属灰色漆的底座上。它被放置在由佩里安布局的展品组合中，与他们的钢质管材皮面椅相辅相成。他们的赞助商索内特将这件作品添加到了公司的折弯工艺金属家具系列中，但限产，仅少量供应。1974 年，意大利家具生产商卡西纳接手生产，将此桌命名为 LC6，既有玻璃台面，也有木制台面。它是卡西纳出品的一系列 LC 家具设计的一部分，这些款型如今仍有现代感，证明了它们当初极具开创性。

小餐厅茶具　　1928 年

Dinette Tea Set

设计者：让 · G. 西奥博尔德（1873—1952）；弗吉尼亚 · 哈米尔（1898—1980）

生产商：国际银器公司（International Silver Company），1928 年起，停产日期不详；旧殖民地锡合金公司（Old Colony Pewter），时间不详

小餐厅茶具意在瞄准居住在城市小公寓中的现代家庭主妇。该组合的紧凑形式在 1928 年被认为是革命性的。这一完整的茶具套组，最初用银器材料和黑檀色木头制成（后来由旧殖民地锡合金生产，采用更易于清洁的锡合金和重量轻的酚醛树脂胶木），包括一把带三角形壶嘴的茶壶、一只奶精罐和一个糖罐；每个组件都可以定制刻上买家的姓名首字母。这 3 个容器呈圆柱形，带有扁平、紧密贴合的盖子，可整齐地排列在一个形状优美的托盘上，并配有厚实的把手。该套装由国际银器公司内部专任的设计师让 · G. 西奥博尔德（Jean G Theobald）开发，其精致的轮廓则由自称“装饰艺术顾问”的弗吉尼亚 · 哈米尔（Virginia Hamill）来修饰完善。弗吉尼亚是 20 世纪 20、30 年代从事产品设计的少数女性之一。她在百货公司和样品展厅中举办设计展，由此建立起杰出的地位，也以这些展览向美国消费者介绍了欧洲的现代主义设计。其中最雄心勃勃的项目，是 1928 年梅西百货公司（R. H. Macy & Co.）举办的“工业艺术国际博览会”。在哈米尔的指导下，博览会带来的作品，出自“世界上家具、织物、金属、银器、陶瓷、玻璃器皿、珠宝、地毯和雕塑领域最重量级的一流设计师”，展品来自法国、德国、意大利、奥地利、瑞典和美国，面向大众主流人群。

LC4 躺椅　　1928 年

LC4 Chaise Longue

设计者：勒 · 柯布西耶（1887—1965）；皮埃尔 · 让纳雷（1896—1967）；夏洛特 · 佩里安（1903—1999）

生产商：索内特股份有限公司，1930 年至 1932 年；海蒂 · 韦伯，1959 年至 1964 年；卡西纳，1965 年至今

柯布西耶 LC4 躺椅 B306 型号的轮廓，现在广为人知；其历史可追溯到 1928 年。H 形的底座，分体式的独立座椅椅面部件配合有皮革软垫和头枕，与定位高端的室内设计风格有着天然的内在关联。躺椅，也可称作贵妃榻，源于柯布西耶将功能性家具作为家庭设施的概念，他视房子为用于“居住生活的机器”。此椅将移动的灵活性与可调的摇摆式椅座相结合，而底座的轮廓则借鉴了飞机机翼。该设计非常注重人体工程学，因此滚轮式颈枕也可任意调节，椅面、椅座在框架上可自由定位。它提供了舒适性、灵活度与一种先锋、进步的美学，立即在国际高端设计市场获得青睐。柯布西耶与他的堂弟皮埃尔 · 让纳雷和年轻设计师夏洛特 · 佩里安，三人合作完成了包括 LC4 躺椅、LC1 巴斯库兰活动椅和 LC2 舒适大扶手椅在内的钢质管材作品设计。卡西纳获得这一产品的授权，当前仍在生产，公司曾请佩里安作为此椅的生产顾问。这或许是 20 世纪家具设计中人们最熟悉的标志性出品之一，以至于它在设计界被亲切地称为“柯布椅”（Corb chaise）。

LC1 巴斯库兰活动椅　　1928 年

LC1 Basculant Chair

设计者：勒·柯布西耶（1887—1965）；皮埃尔·让纳雷（1896—1967）；夏洛特·佩里安（1903—1999）

生产商：索内特股份有限公司，1930 年至 1932 年；海蒂·韦伯，1959 年至 1964 年；卡西纳，1965 年至今

LC1 巴斯库兰活动椅，是以管状钢材和小牛皮为材料的一个早期练习作品，也是柯布西耶与皮埃尔·让纳雷和夏洛特·佩里安的共同作品。椅子的靠背可在横轴上转动，便于调节，而这是柯布西耶后期椅子的一个突出特征：倾斜的椅背可在不同位置提供支撑，扶手是两条结实的粗皮带，可绕着椅腿立柱的上端自由旋转。这也被称为狩猎椅子，因为它的形状、活动靠背和皮带部件，灵感都是来自英国殖民官员在印度使用的传统折叠椅。柯布西耶以前曾在他的室内设计中做过类似的椅子，其中引起最大关注的，是他在 1925 年巴黎展览会上的展位。该特色场馆借用他在 1920 年创立的杂志命名，称作《新精神》（*L'Esprit Nouveau*），展示了他和一些同时代人的作品。在此期间，柯布西耶将注意力转向家具，将它们视为“家居设备”的一部分。1929 年，他与让纳雷和佩里安合作在巴黎秋季沙龙展上展示了一系列家具新品，这些设计后来由索内特公司生产。当时展出的所有物件，例如 LC4 躺椅，作为公共场所或家庭使用的家具配置，如今仍非常受欢迎。

桑多斯（蹦床）椅子　　1928 年

Sandows Chair

设计者：勒内·赫布斯特（1891—1982）

生产商：勒内·赫布斯特公司，1929 年至 1932 年；新形式公司（Formes Nouvelles），1965 年至约 1975 年

勒内·赫布斯特（René Herbst）的桑多斯椅子于 1929 年首次在巴黎秋季沙龙展展出，当时并未广泛生产，但已成为当代家具设计的重要试金石。赫布斯特出生于巴黎，曾赴伦敦和法兰克福学习，然后于 20 世纪 20 年代初期在巴黎建立工作室。由于在家具设计中大量使用钢管，也因为其性格强硬，他被戏称为“钢铁侠”。他率先在椅面和座椅靠背中使用弹簧装置，此灵感来自健美运动员使用的弹簧锻炼设备。桑多斯椅以著名的健美运动员欧仁·桑多斯（Eugen Sandows，1867—1925，sandows 在法语中与蹦极、蹦床相关）命名，由赫布斯特的公司在 1929 年至 1932 年间限量生产。它有三种款式，分别是直背无扶手椅、扶手椅和躺椅。由镀镍钢管或黑漆钢管制成，简单线条形式的两个钢制部件，在它们交叉的地方被连接在一起，椅腿的优雅轮廓看起来像动物，比例优美。在钢框架内，横拉着一排排张紧弹簧——“桑多斯”皮带，也即棉质包覆的弹力松紧绳——确保了舒适性。赫布斯特几乎没有设计过其他家具，他后来的职业生涯主要与室内装潢、零售和电影布景设计相关。

禄莱福来 6×6 相机 1928 年

Rolleiflex 6×6

设计者：莱因霍尔德·海德克（1881—1960）

生产商：弗兰克与海德克（Franke & Heidecke），1928 年至 1932 年

从 19 世纪 60 年代开始，相机设计师便探索研究双镜头反光相机的概念，此设计在 19 世纪 90 年代也受到合理追捧。随着便携式相机的出现，它的热门程度有所下降，但这种设计仍然存在于立体相机上，比如弗兰克与海德克的 1922 款海德反光相机（Heidoscop）和适用胶卷的 1926 款禄莱反光相机（Rolleidoscop）等。莱因霍尔德·海德克（Reinhold Heidecke）将基本的立体相机设计翻转 90 度，在保留耦合双取景镜头的同时，便产生了用于拍摄单张照片的双镜头反光相机。观察取景与拍摄的镜头位于前面板上，因此对焦准确，但视差则意味着，在近距离拍摄时需要手动对焦。与以前的双镜头反光相机相比，此机型体积小，立即获得了成功。到 1932 年底，3 万台禄莱相机已售出，至 1956 年，销售量增加到了 100 万台。模仿者很快生产了类似版本的双镜头反光相机（TLR）。海德克进一步研发了这一设计，在 1931 年推出“宝贝禄莱”（禄莱福来，简称即禄莱），在 1932 年推出“标准禄莱”，在 1933 年推出更便宜的禄莱可德（Rolleicord）系列。此机的鼎盛时期是 20 世纪 50、60 年代，当时它是新闻摄影师的首选。但单（镜头）反（光）相机的画幅性能带来竞争，最终扼杀了双镜头反光设计。至 70 年代，双反的优势已消失。不过，禄莱公司在 1987 年继续推出了禄莱 2.8GX 机型等几个限量版型号。

双杆开瓶器 1928年

Double-Lever Corkscrew

设计者：多米尼克·罗萨蒂（生卒年不详）

生产商：多家生产，1930年至今

带有双臂和中央螺旋杆的开瓶器，可谓无处不在，也许看起来是一个不足为奇的物件，但多米尼克·罗萨蒂（Dominick Rosati）的这个出色设计自1928年获得专利以来几乎没有过丝毫改变。任何人，只要打开过葡萄酒，就毫无疑问地用过双杆开瓶器，而这一设计的变体版产品，几乎在任何地方都可买到。罗萨蒂在1928年10月29日提交的专利图纸上显示，侧边两条杆臂圆头处有切出的轮齿，可卡住并向上抬起中央的“阿基米德蜗杆”。蜗杆顶部带有翅翼状钥匙，转动这钥匙柄有助于蜗杆轻松旋入软木塞，对软木塞的内部结构仅造成轻微损坏。将举起的杆臂下压时，软木塞被平稳地拉入开瓶器的中心空腔。此原初版本后来被进行过多种改造，从怪诞风格到装饰化，再到只注重实用功能，不一而足。对原版的常见改造，是在罗萨蒂的蜗杆顶部钥匙上增加一个皇冠瓶盖开瓶器。曾经用软木塞封瓶来储存葡萄酒是一种相对较新的做法，但到19世纪80年代，直边软木塞已在国际上普遍使用。从那时到罗萨蒂的设计问世之年，有300多项木塞开瓶器专利登记注册，但罗萨蒂的方案一直是最受认可也最容易被复制的。

B32椅子 1928年

B32

设计者：马歇尔·布劳耶（1902—1981）

生产商：索内特股份有限公司，1929年至今；加维纳、诺尔，1962年至今

B32可能被认为是一种非常熟悉甚至已无价值、不足取的座椅形式。然而，它确实有着标志作用，是悬臂式椅子的重要基石。与需要前后支撑的木材或钢管制成的座椅先例不同，B32允许落座者“在空中停歇”。谁是这一座椅概念的首创者，这仍存有争议，并无定论，但据说荷兰建筑师马特·斯坦1926年的设计是第一个创意原型。成百上千的设计师很快也迷上了设计两条腿的椅子。然而，让B32赢得优雅设计标签的，实则是悬臂之外的那些元素，是由于它对舒适性、柔韧度、弹性的敏感理解，是因为它对材料的欣赏认知。此设计展示出复杂性、精细感，并因将现代主义的闪亮钢材与木头、藤条混用而显得独特又卓越。植物元素软化了B32的风格，并为那些棱角锋利、硬线条、诊所设备般的现代主义设计带入了人文关怀。此作的扶手椅版本为B64，也取得了类似的成功。最初为索内特公司完成的这两种设计，在20世纪60年代初由加维纳、诺尔再度推向市场，以布劳耶女儿的名字重新命名为“杰丝卡”（Cesca）。这优雅的悬臂式设计，后来明显被抄袭模仿，而大量的仿作，无异于致敬和赞扬了布劳耶在形式和材料之间的敏锐平衡。

阳光大师搅拌机 1928 年

Sunbeam Mixmaster

设计者：伊瓦尔・杰普森（1903—1968）

生产商：阳光公司（Sunbeam Corporation），1930 年至 1967 年

阳光大师搅拌机是 20 世纪 30 年代家用电器设计的一个典范。这要归功于其创造的搅拌盆上方设置机械臂这一基础模式，今日的电动搅拌机仍遵循此方案。此设计于 1929 年获得专利，其鲜明特征是一只比例匀称的搅拌盆，位于一个扁平的一体式底座单元上。这个底座的立柱向内侧倾，逐渐变细，然后顺着盆的外壁背部，向上翻过盆口，连接上一个马达驱动的摆臂装置，该摆臂机构卡好就位后，横平垂直于下面的盆。两个金属搅拌杆安装到居中的马达前部，然后伸入盆中，在那里保持悬浮状态（机器开动后便搅拌）。事实上，机械搅拌器，特别是奶昔机，以前就存在，但没有任何先例能像伊瓦尔・杰普森（Ivar Jepson）的设计那样流畅地完成这项任务。对当时深陷大萧条阵痛的美国市场而言，价格合理、批量生产的大师搅拌机是一个新鲜产物。美国领头的制造领域，世界其他地区也紧随其后。不久之后，大师搅拌机的基础方案便影响了竞争对手品牌，大家都迅速追逐不断增长的国际市场。1998 年，大师搅拌机从美国邮政局获得荣耀，单独印上了邮票，被选为“便利家庭生活的象征”。2003 年，大师搅拌机无视“高龄”，打破时间壁垒，重新推向市场，而按原样复刻的那些货品现在是备受追捧的复古藏品。

索内特 8751 号，特里克椅 1928、1965 年

Thonet No. 8751, Tric Chair

设计者：索内特设计团队，阿奇勒・卡斯迪格利奥尼（Achille Castiglioni，1918—2002）；皮埃尔・贾科莫・卡斯迪格利奥尼（Pier Giacomo Castiglioni，1913—1968）

生产商：索内特股份有限公司，1928 年；贝尔尼尼（Bernini），1965 年至 1975 年；BBB 博纳奇纳（BBB Bonacina），1975 年至 2017 年

除了生产近 150 种原创设计和倡导“现成”成品家具外，阿奇勒・卡斯迪格利奥尼还关注“再设计”——更新既有设计以适应现代生活的需求。1965 年的特里克椅子就是这样一种再设计。它的原型是索内特于 1928 年设计的、被称为 8751 号的一款简单的山毛榉木折叠椅。卡斯迪格利奥尼的优化改进有两个：他抬高了靠背以获得更佳的支撑力度，并在靠背和椅座上添加红色毛毡以增加舒适度。折叠后，此椅的厚度只有 4 厘米。尽管特里克椅子是一件改造而来的再设计作品，但通常被认定为卡斯迪格利奥尼的成果。在 1988 年公开刊出的一次媒体采访中，他说：“有时生产商会要求设计师重新设计旧物件。设计师可以干脆重新发明那物件，或在对旧对象进行新的演绎时，选择限制自己的干预程度。我对索内特椅子再设计时，发生的情形属于后面这一种。”特里克椅子最初由贝尔尼尼公司于 1965 年生产。1975 年至 2017 年间，由 BBB 博纳奇纳制造。不过，必须承认，作为最初一批简练的折叠椅产品设计，索内特 8751 号可谓设定了一个标杆。

图根哈特咖啡桌　约 1929 年

Tugendhat Coffee Table

设计者：路德维希·密斯·凡·德·罗（1886—1969）；莉莉·赖希（1885—1947）

生产商：约瑟夫-穆勒柏林金属公司，1930 年；班贝格金属工艺厂，1931 年；诺尔，1948 年至今

1928 年到 1930 年，密斯·凡·德·罗为格丽特·维斯·罗-比尔及其丈夫弗里茨·图根哈特设计了一座现代主义别墅，位于捷克斯洛伐克的布尔诺市。图根哈特咖啡桌是为别墅入口处的大厅设计的。这张矮桌和著名的巴塞罗那椅一样，采用了 X 形框架。桌子使用 X 形，既作为装饰元素，也作为支撑结构上的解决方案。那手工抛光的钢板条，垂直（立式）布局，以强化稳固度。X 形框架与厚 18 毫米、边长 1 米的正方形的玻璃台面相结合，配上倒角斜边，形成坚固、对称的结构。该桌子最初由约瑟夫-穆勒柏林金属公司制造，并命名为“德绍桌”。1931 年，柏林的班贝格金属工艺厂用镀镍钢材出品了一个高腿版本。诺尔于 1948 年接手了此产品，并从 1964 年开始以不锈钢制造此桌框架，桌面还是玻璃，但将其称为“巴塞罗那桌子”。这张桌子曾荣膺两个奖项，分别是 1977 年由纽约现代艺术博物馆颁发和 1978 年从斯图加特设计中心获得，而这距其最初生产已有多年。

龙帆船赛艇　1929 年

Dragon

设计者：约翰·安克尔（1871—1940）

生产商：安克尔与扬森（Anker & Jensen），1929 年至约 1949 年；多家生产，20 世纪 40 年代至今

优雅、速度和技术创新，是约翰·安克尔（Johan Anker）的龙帆船设计的出发点。这是世界上最受欢迎、人气最高的 9 米长赛艇之一。1937 年，克莱德（Clyde）帆船俱乐部协会组织了第一届金杯赛，这项比赛成为竞赛类帆船中 9 米级游艇的著名锦标赛。安克尔的船厂，安克尔与扬森，最初造的这种船是作为一艘廉价的巡游艇，练习礁石小岛海域的航行，供新人水手使用。当这个设计提交给国际帆船竞赛联盟时，安克尔的名字（挪威或丹麦语的 anker 相当于英文的 ankor，落锚、停船）被误译为挪威单词 draggen（落锚、制动），误打误撞又变成了英文“dragon”（并且这样持续误用）。此船最初的木头材质、两舱位设计，迅速吸引了买家，10 年内畅销欧洲各地，当然也非常适合在安克尔家乡的挪威水域巡航。其长龙骨和优雅的 9 米船体线条保持不变，但如今的版本是玻璃纤维材质，经久耐用且易于维护。其吸引力的关键在于其帆具的精心研发和调试。那平衡良好的风帆组合使初学者可以轻松操纵船只，而控制精良的开发过程，已经生产出所有帆船赛艇中最灵活可控的帆缆装备之一。此船的建构遵循了严格的规则，以避免为了速度的略微加快而牺牲其他价值。

球形茶具 约 1929 年

Porcelain Tea Service

设计者：拉迪斯拉夫·苏特纳（1897—1976）

生产商：埃皮格工厂（Epiag），1932 年至 1938 年

拉迪斯拉夫·苏特纳（Ladislav Sutnar）的球形茶具设计赢得了 1928 年由“美好房间”（Krásná jizba）设计工作室举办的竞赛，该竞赛旨在激励捷克斯洛伐克的现代瓷器餐具的设计和生产。这种薄薄的半透明反光瓷器，于 1932 年首次销售，由波希米亚西部地区的埃皮格工厂生产。苏特纳在他的作品中运用了整球或半球形状的简单特性，而盖子顶部的小抓手，则是从锥体演变而来。茶具基础套装是纯白色的，但最受欢迎的是带有红边装饰的白色款。红边线能强调几何形体的纯度，同时将壶身主体与盖子、杯子与托盘小碟区分开来。至 1932 年，该套组已有多种配色投入生产，包括带绿边装饰线的象牙色（专供设计，购买方为第一任捷克斯洛伐克总统的国事厅），以及纯蓝色。到了 1936 年，超过一万套已售出。苏特纳允许客户根据各自的实际需要购买盖子碟子等零散件或单件。“二战”期间，苏特纳流亡侨居美国时，“美好房间”试图卖掉全部存货。在苏特纳不知情的情况下，他们给白瓷添加了额外的类似蓝色纺织品的设计方案和花卉图案，货倒是卖光了，但完全违背了原作功能主义的精神情怀。1938 年，纳粹占领苏台德地区，导致生产中断。由于模具在战争期间遭损毁，这套茶具的生产从未恢复过。

酒具套装 248 号—卢斯款 1929 年

Drinking Set No.248 — Loos

设计者：阿道夫·卢斯（1870—1933）

生产商：罗贝麦尔，1929 年至今

自从约瑟夫·罗梅尔于 1823 年创业以来，维也纳公司罗贝麦尔一直在玻璃制造领域成功地建立和提升其国际声誉。如今，该公司拥有近 300 套酒具，其中便包括奥地利建筑师阿道夫·卢斯于 1929 年设计的 248 号套组。从 1897 年起，卢斯在维也纳担任独立建筑师。在那里，他引入了一种设计风格，比维也纳分离派艺术家和建筑师所推举的更理性，而且通常是几何形态。卢斯写于 1908 年的文章《装饰与犯罪》（Ornament and Verbrechen），质疑、驳斥了装饰的价值，声称那是精力与资源的浪费，代表着文化的堕落。确实，为罗贝麦尔设计的这套酒具实现了一种精雅、坚定的良好教养感，也排除了任何特定时期的图案或装饰。如今，这些玻璃杯是用无铅水晶玻璃人工吹制而成，在德国制造，但遵守奥地利的规格标准。然后，每个杯子都用铜轮切割和雕刻，形成简单的几何网格图案。该套装包括洗指浅碗、啤酒杯、冷水壶、白葡萄酒杯与利口酒杯，为罗贝麦尔这专业的玻璃生产商保持了成功的市场定位，对当今的顾客也仍然有着一种超越时间限制的吸引力。

巴塞罗那 ™ 椅子　　1929 年

Barcelona™ Chair

设计者：路德维希 · 密斯 · 凡 · 德 · 罗（1886—1969）；莉莉 · 赖希（1885—1947）

生产商：约瑟夫-穆勒柏林金属公司，1929 年至 1931 年；班贝格金属工艺厂，1931 年；诺尔，1947 年至今

这把优雅的椅子，其设计源于 1929 年巴塞罗那国际展览会德国馆（1928—1929）的专项委托。路德维希 · 密斯 · 凡 · 德 · 罗设计的德国馆，那水平与垂直的建筑立面，是由大理石和缟玛瑙石材砌成的墙，同时还配有上色的玻璃和镀铬柱子。然后，他设计了巴塞罗那 ™ 椅子，构思之初就考虑到它不能显得过于厚重坚实，不能影响展厅空间的流动感。密斯决心出品一把“重要、优雅、具有标志纪念意义”的椅子。椅子使用了剪刀式框架，有两组完美无瑕、弯曲的镀铬钢椅腿，形态就如中文书法的一撇一捺。每一侧都连接在中间横杆上，用螺栓固定。整个框架靠焊接成型，人工锉平磨光。拉紧绷在框架上的皮带，巧妙地盖住了螺栓。诺尔后来开始生产配有一体完全焊接框架的椅子，减少了抛光和打磨的麻烦。1964 年，薄镀铬钢材被抛光不锈钢取代。巴塞罗那 ™ 椅子从未被打算投入大规模量产，但其设计者开始使用它，是在他那些影响广泛的建筑项目的接待区——这便解释了它为什么在当今写字楼的大厅中特别常见。

ST14 椅子 1929 年

ST14 Chair

设计者：汉斯·卢克哈特（1890—1954）；瓦西里·卢克哈特（1889—1972）

生产商：德斯塔（Desta），约 1930 年至 1932 年；索内特股份有限公司，1932 年至 1940 年；索内特股份有限公司（德国），2003 年

ST14 椅子那曲线婀娜的轮廓，似在暗示此设计可能没那么老，应该远迟于 1929 年。悬臂框架的流畅弧度得到模制胶合板的呼应，并构成平衡；胶合板通过椅面和靠背提供支撑力。椅面本身似乎飘浮在半空中，得到的支撑范围极小。椅子框架不复杂，椅面支撑也不依赖垫衬或座套来提供舒适感：胶合板构件贴合落座者的身体轮廓，无须增加或替换为柔软但寿命相对较短的织物带或垫衬。卢克哈特兄弟俩（Hans Luckhardt，Wassili Luckhardt）在建筑方面的实践相当成功。作为德国十一月学社（Novembergruppe）的成员，他们也是活跃的理论家。从 1921 年开始，他们在柏林一起工作，作为表现主义在建筑领域的典型和领军人物而享有盛誉。他们的设计，例如德累斯顿的卫生博物馆，展示了个人主义的风格。不过，当这种风格在物资短缺、贫困和通货膨胀加剧的战后时期被证明无情和不可谅解时，他们在设计中便采用了更合情理、理智和民生化的路径。这种意识形态的变化，在非凡的 ST14 椅子中很明显，因为它迎合了大规模生产的需求。

布尔诺椅子 1929 年至 1930 年

Brno Chair

设计者：路德维希·密斯·凡·德·罗（1886—1969）；莉莉·赖希（1885—1947）

生产商：约瑟夫-穆勒柏林金属公司，1929 年至 1930 年；班贝格金属工艺厂，1931 年；诺尔，1960 年至今

1928 年到 1930 年，密斯·凡·德·罗为格丽特·维斯·罗-比尔及其丈夫弗里茨·图根哈特建造了一座别墅，位于捷克斯洛伐克的布尔诺市。他为图根哈特住宅打造的一些家具的名气，反而已远远超过了建筑本身。布尔诺椅子就是这样一个例子。针对别墅的餐厅，密斯最初打算使用他在 1927 年设计的带肘托扶手的 MR20 椅子，但那过大了，不适合餐厅空间，因此就需要一个不太宽敞的替代品。他基于 MR20 改造的布尔诺椅，是他最雅致的椅子设计之一。这把椅子让两种元素，优雅绷紧的框架线条与靠背和椅面那直率的棱角，形成鲜明对比。第一把布尔诺椅子是用镀镍管状钢材制成，1929 年由约瑟夫-穆勒金属公司在柏林生产。1931 年，同样位于柏林的班贝格金属工艺厂推出并生产了被称为 MR50 的一种变体椅子。美国公司诺尔于 1960 年将布尔诺椅子重新推向市场，材料采用镀铬的管状钢材，然后从 1977 年开始又采用扁平钢带。在图根哈特别墅中，两种钢制版本的布尔诺椅都被使用过，配红色或白色皮革椅面。

LZ129 兴登堡飞艇　　1929 年至 1936 年

LZ 129 Hindenburg

设计者：齐柏林飞艇建造设计团队，路德维希·杜尔（Ludwig Dürr）（1878—1956）

生产商：齐柏林飞艇建造公司（Luftschiffbau Zeppelin），1936 年

LZ 129 兴登堡飞艇，于 1936 年开始服役，运行一年，进行了 60 次航行，然后，在停泊状态下爆炸——由于氦气被禁止使用，艇内当时充满了极易爆炸的氢气。此型号飞艇的起源可以回溯到 1900 年。当时齐柏林发明了硬（框架）式飞艇，根据众多的设计方案开发出一种纺锤形、符合空气动力学的造型，最终和最佳的成果便是史上最大的飞艇兴登堡。其非凡的外形，经过大量的风洞测试和调整，标志着空气动力学研究的巅峰。飞艇使用最适合降低阻力系数的 6：1 纵横比（长宽比），主体由金属框架上的纵向织物条构成。其结构体积约为 25万立方米，空载重量为80吨，满载燃料时重 140 吨，负重满载后接近 200 吨。在提供空中浮力的外层壳内，还装有内部气罐。四台柴油发动机能产生 4400 马力的功率，让飞艇最高时速可达到 135 千米，而由柏林建筑师弗里茨·奥古斯特·布鲁豪斯·德·格鲁特（Fritz August Breuhaus de Groot）设计的 400 多平方米的悬垂式两层吊舱，则用于容纳乘客。纳粹政府拒绝包豪斯的现代主义，但对轻型内装用具的需求，导致该政权允许吊舱内部配备金属框架家具，甚至还有一台专门设计的轻型金属钢琴。此型号最终的爆炸损毁，也终结了跨大西洋的商业飞艇飞行。

宝石握式订书机　　20 世纪 30 年代

Juwel Grip Stapler

设计者：弹力公司设计团队

生产商：弹力公司（Elastic），20 世纪 30 年代至 1986 年；谷登堡公司（Gutenberg），1986 年至 2002 年；伊萨伯格-拉比德（Isaberg Rapid），2002 年起，停产日期不详

在 21 世纪办公室的背景下，宝石握式订书机显得格外朴素和安静。这种手动操作的设备，没有当今自动化办公室的工作者所看重所赞赏的任何技术进步。尽管如此，它仍颇具吸引力。其品牌标识非常低调，以至到了消极被动的地步——产品主体上不存在任何多余的细节。然而，这种不起眼的设计与“弹力公司”（位于德国美因茨的生产商），已成为此行业领域内的符号标杆。侧面平板状的镀镍宝石握式订书机设计于 20 世纪 30 年代，其名称源于符合人体工程学的、配有弹簧机构的手柄，就像一把钳子一样合手易用。前端装订口张开，订书钉从后部装配的“弹匣”（钉仓）中推出。该设计被公认为是市场上最可靠的订书机之一，几乎不会卡住，能在稳固闭合的抓握装订动作后再精确送出订书钉。这一设计的高品质，以及因之而来的长使用寿命，意味着宝石握式订书机仍未遭到取代，尽管已经有了那些采用现代轻质材料制作的新型设备。

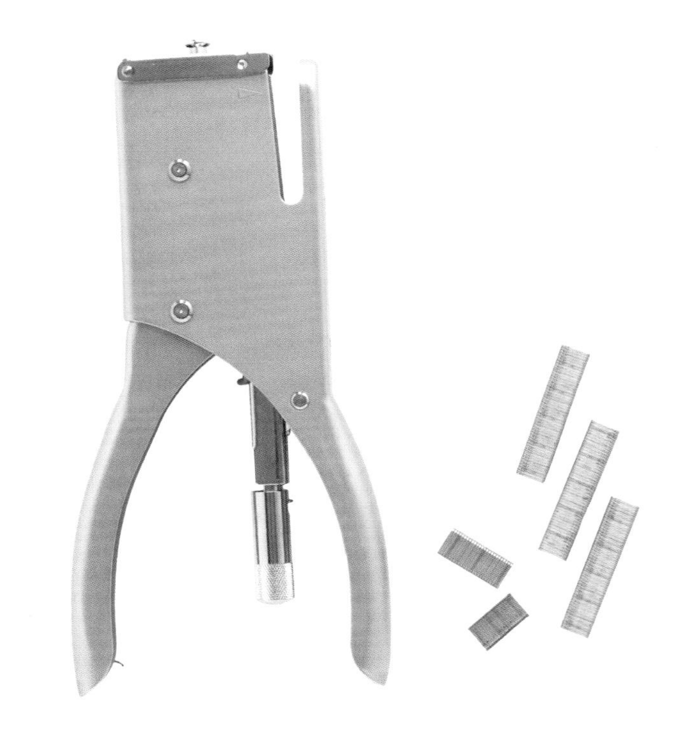

“维为乐”滑板车　　约 1930 年

Wee-Wheelers Scooter

设计者：哈罗德·范·多伦（Harold van Doren，1895—1957）；约翰·戈登·莱德奥特（John Gordon Rideout，1898—1951）

生产商：联合特长公司（United Specialities Company），约 1930 年起，停产时间不详

滑板车由钢制成，带有踏板平台、轮子、细长的轮轴和车把，一直是一种流行的儿童玩具，已持续大约 90 年。20 世纪 20 年代后期，该产品投放市场时，最早的生产商之一叫“维为乐”，那是联合特长公司的一个分支企业。滑板车受欢迎的原因很容易理解。1929 年华尔街金融市场崩盘，经济衰退紧随其后。在衰退最严重的时候，这也算是一款价格合理的产品：售价约 2.1 美元，另送刹车和铃铛等配件，而且非常坚固耐用。尽管有多种色彩可选，但它的经典颜色，就像法拉利一样，是红色。人们对这一玩具的迷恋一直延续到成年期，有很多的机动或电动版本都是以此经典为基础。早期的衍生产品之一，是名为“托特山羊”（Tote-Goat）的“非公路两轮车”，由拉尔夫·伯纳姆于 1958 年设计。该产品是在更粗壮、更结实的踏板车式框架上设置了马达和一个座位。1985 年，斯蒂夫·帕特蒙推出了一个名为“踏板行”（Go Ped）的机动化版本，它开辟了一个全新而又成熟的市场。“无线电飞行员”（Radio Flyer）成立于 1923 年，是著名的“18 号经典红拖车”玩具的生产商。此厂商为新千年推出了一款屡获殊荣的复古风格“经典”踏板车，配备镀铬挡泥板，以及“带有真正橡胶轮胎的钢轮子”。

螺旋腿折叠凳　　1930 年

Propeller Folding Stool

设计者：卡尔·克林特（1888—1954）

生产商：路德·拉斯穆森（Rud Rasmussen），1965 年至 2011 年；卡尔·汉森父子公司（Carl Hansen & Son），2011 年至今

卡尔·克林特（Kaare Klint）于 1924 年在丹麦皇家美术学院创立了家具设计学院。这位丹麦人认为，可以通过研究过去的家具（很多设计样式通常是匿名的），吸取重要的经验教训，尤其要研究那些经过几代人的使用仍存留至今的“永恒型款式”。他认为，设计师应该通过研究人体比例和修改既有设计——无论那是何种风格——来推进工作。克林特 1930 年的作品螺旋腿折叠凳，依据“永恒型”家具旧蓝本改造，那是标准的军用折叠凳，带有织物椅面——是受到英国军队青睐的一种老款型。在克林特看来，这是一件实用的家具，但作为一种设计，仍有改进空间。他发现，如果每一对凳子腿都被构想成用单独一根木头圆柱体制成，那么凳子就可以更整齐地折叠起来：以一个垂直螺旋分割面，将那圆木头竖切成两半，该螺旋面可以均匀扭曲，翻转 180 度。这样，如果能理想地实现木头的分割加工，做到切面狭窄且完全干净，然后，围绕中心连接点转动，这对木腿便可完全闭合或打开，并且可以在一端凿出整齐的槽口以安装加固座位的横挡。这是一个值得关注的设计方案，因为它如此简单而又如此巧妙，也清晰地传达了克林特的工作思路与方法。

最佳照明灯 1930 年

BestLite

设计者：罗伯特·达德利·贝斯特（1892—1984）

生产商：贝斯特与劳埃德公司（Best & Lloyd），1930 年至 2004 年；古比公司（GUBI），2004 年至今

1930 年，照明设备生产商贝斯特与劳埃德公司开始了一次市场赌博，所涉产品为其最新设计：罗伯特·达德利·贝斯特（Robert Dudley Best）主创的纯黑色“最佳照明灯”。该设计并未受到好评，因为它淳朴的外观与当年崇尚华彩装饰的趋势形成鲜明对比。事实上，它最初产生吸引力的地方是工业界，并在“二战”期间成为汽车修理厂和飞机机库中不可或缺的一种设备。不过，只是当它在建筑师的工作室中得到应用，并使其成为前沿先锋建筑的首选灯具时，这款灯才引起了设计界的注意。“最佳照明灯”也成了温斯顿·丘吉尔的最爱之物之一，他赋予这盏灯的荣光，是让其出现在白厅的办公桌上。战后此灯暂时遭遗忘，但被丹麦设计师古比·奥尔森重新发现。他在哥本哈根的一家鞋店偶然见到了它，并着手获得经销权。自 1989 年以来，此灯的销量稳步增长。2004 年，古比公司完全接管了“最佳照明灯”系列，如今的产品包括落地灯、吊灯和壁灯。很少有灯具能连续生产 75 年，但“最佳照明灯”以简单、文雅的设计为特征，已被证明在任何环境中都是超越时间限制的焦点。

极简扶手椅 约 1930 年

Armchair

设计者：伊隆卡·卡拉斯（1896—1981）

生产商不详

这把木椅由 4 个大小比例相似的部件构成：两块矩形的侧面平板，下方带有三角形切口，形成椅腿和扶手，另有一块略微后倾的椅座，连接着靠背，椅面与靠背以舌榫企口和楔子连接固装。如此的形式，可谓双倍加强的坚定的极简主义。此椅放弃任何装饰或衬垫软套，斯巴达苦行式的设计突出了棱角分明的平板化形态，而实心桃花心木也未上漆，显露出其独特的丝带状纹理。它的外观是如此基础和精简，以至于看起来像一个设计原型。这内敛的木板式设计，让人想起荷兰“风格派”运动的家具，尤其是格里特·里特维尔德的作品。伊隆卡·卡拉斯（Ilonka Karasz）最初只是为她在纽约的工作室设计了这件作品，不过，1928 年夏，它在《美丽之家》杂志上刊登，接触到了更广泛的观众。卡拉斯是现代设计的一位先驱，于 1913 年从布达佩斯移民到美国。在布达佩斯时，她是皇家艺术与工艺学院的第一批女学生之一。她在各个领域都有涉猎，创作了现代家具、纺织品、金属制品、壁纸、陶瓷和插图，风格丰富多样。她为《纽约客》画的封面充满活力，她设计的壁纸色彩缤纷，都与这把朴素清苦的椅子形成鲜明对比。1914 年，她与他人共同创立了“现代艺术协会”，旨在促进美国的现代设计。

路易斯酒吧凳　　约 1930 年

Bar Stool

设计者：路易斯·松诺（1892—1970）

生产商：多家生产，约 1930 年至今

20 世纪 30 年代，设计师们开始专注于合理化和标准化，这些概念以使用新材料新技术的家用存储系统和家具设计的形式被赋予实际生命，而这些物件也定义了安放它们的那些室内空间。著名的巴黎设计师和建筑师路易斯·松诺（Louis Sognot）是现代艺术家联盟（UAM）的创始成员之一，该联盟在设计中寻求“平衡、逻辑和纯粹”。他的作品说明了其背后的思想主张、观念形态，而他的吧凳——他也以此创造了若干的变体，并且这种设计已成为大多数镀铬框架同类产品的典型基础和原型——则是那一历史时期的象征。它展示了材料技术的最新发展：管状钢材，结合了轻巧与强度；镀铬，让设计与新兴的现代主义风格以合乎美学的观感联合起来；还有乙烯基塑料的椅面套垫，实用，比皮革便宜，并为这传统的凳面垫衬方式带来了一种当代感。尽管这个时代的许多设计很大程度上都局限于都市富足精英人群的品位，也不管设计师们有着什么乌托邦式的理想，松诺的这款凳子还是很快出现在了公共酒吧中。虽然产量有限，但它已成为欧洲和美国那些酒吧的一个标准配置。

悬臂椅　　1930 年

Chair

设计者：弗雷泽里卡·“弗雷泽尔”·迪克-布兰德斯（1898—1944）

生产商不详，约 1930 年

因纳粹大屠杀，世界失去了许多杰出的艺术家，其中就包括画家和教育家弗雷泽里卡·“弗雷泽尔”·迪克-布兰德斯（Frederika ‘Friedl’ Dicker-Brandeis）。她出生于维也纳一个贫穷的犹太家庭，就读于约翰内斯·伊滕创办的私立艺术学校，并跟随这位表现主义画家去了魏玛的包豪斯学校。从 1919 年到 1923 年，她是包豪斯的模范学生兼教师。她精通印刷、金属加工，以及编织。不仅如此，她还受到画家保罗·克利关于艺术本质和孩童想象力的讲座的影响。1925 年，她回到家乡，与弗朗茨·辛格建立了一个工作室，业务范围涵盖建筑、室内和家具设计；其中就包括这款悬臂椅，专为某儿童之家机构设计，定义性的特征有螺旋弹簧椅面和钢管框架。为躲避纳粹的迫害，她于 1934 年搬到了当时的捷克斯洛伐克共和国，并与帕维尔·布兰德斯结婚。这对夫妇不幸收到了驱逐令，于 1942 年被送往泰雷津犹太人区；在那里她教数百名儿童绘画，试图通过创造性活动帮人们对抗混乱。1944 年 10 月，迪克-布兰德斯被运往奥斯维辛-比克瑙集中营，随后被送进毒气室。就在那之前，她藏好了两个手提箱，里面装满图画，大约 4500 幅，每幅都有绘制画作的孩子的签名——签名证明了孩子们的存在。战争结束后，这些资料重见天日，并移交布拉格的犹太博物馆。

圆盘抓手茶具 1930 年

Scheibenhenkel Tea Service

设计者：玛格丽特·海曼–罗宾斯坦（1899—1990）

生产商：哈尔加工厂（Haël Werkstätten），1930 年至 1934 年

圆盘抓手茶具，有着锥体的形状和双圆盘造型的手柄；那富有想象力的轮廓和工艺上的精度，是德国陶艺家玛格丽特·海曼–罗宾斯坦（Margarete Heymann-Loebenstein）战前作品的标志与象征。在 20 世纪中叶的政治动荡期间，这位艺术家为保护自己完整正直的人格而斗争。她 1899 年出生于科隆，在 1920 到 1921 年间于包豪斯就学。按老观念对女性的预期定位，学校创始人沃尔特·格罗皮乌斯主张女性学习编织，不鼓励她们进入陶瓷工艺系。玛格丽特拒绝遵守这些陈规。尽管入学的时间很短，但学校传授的观念、理论对她产生了持久的影响。1923 年，她与古斯塔夫·罗宾斯坦结婚。他们在柏林附近建立起哈尔加工厂，很快将自己的产品出口到了世界各地。这套产品有一系列单色或双色的釉彩方案可供选择，其中一些还饰有抽象化的图案。而此茶具也成为海曼–罗宾斯坦个人的标志性设计。为哈尔工作坊出品的更小型的豪华金属系列茶具，她甚至还设计有另一个改造版本。她是犹太人，也是与现代主义相关的艺术家，因此纳粹认为她的作品邪恶、不道德。1934 年，他们强迫她（其首任丈夫已于 1928 年去世）以远低于实际价值的价格出售其工厂。次年，她逃往英格兰，先是在特伦特河畔斯托克的陶器厂工作，然后移居伦敦，专注于绘画。

维乐事女王厨房秤 20 世纪 30 年代

Weylux Queen Kitchen Scale

设计者：西里尔·费雷迪（Cyril Fereday，1904—1972）；**大卫·费雷迪**（1938—2017）

生产商：亨利·费雷迪父子公司（H. Fereday & Sons），20 世纪 30 年代至约 2018 年

20 世纪 30 年代，在亨利·费雷迪父子公司推出家用版本的铸铁厨房秤后，这种秤因其设计简单、称重准确、使用寿命长，成为一个声誉很高的产品。不过，秤也并非没有问题：粗糙的铸铁部件对活动部件的顺畅流动与称重的精准度有负面影响，还导致了粗笨和不灵便的外观。"维乐事女王"秤，由大卫·费雷迪（David Fereday）在其祖父亨利于 1862 年创立公司的 70 年后开发，解决了前述这些问题。铁质的支座与秤杆梁臂被现代合金取代，以在称量更轻的重量时实现更顺畅的平衡动作和更高的精度，还引入了更宽的黄铜或不锈钢秤盘，并为铸铁的主体部分增加了一系列色彩选项。由此产生的新秤是一个罕见的成功设计：一个陈旧式样的工程机械产品，安置在当代空间中，还很好很合适。台座和砝码盘那低矮、流畅的线条是现代的，但又因其明显的前机器时代的美学，让人一望而知。费雷迪公司对"女王"的耐用度非常有信心，以至于为秤提供了终生质保。

可堆叠椅子 1930 年

Stacking Chair

设计者：罗伯特·马利特-史蒂文斯（1886—1945）

生产商：途宝（Tubor），20 世纪 30 年代；德考斯公司（De Causse），约 1935 年至 1939 年；埃卡特国际公司，1980 年（现已停产）

罗伯特·马利特-史蒂文斯（Robert Mallet-Stevens）的可堆叠椅，象征着一种哲学意味上的转变，开始疏远当时居于主流支配地位的"装饰艺术"风格。马利特-史蒂文斯强烈反对装饰元素所普遍具有的那种"任意的"或武断的本质，他自己更紧密地效仿、遵循功能化和简单化的原则。他协助创建了现代艺术家联盟，这是一个现代主义设计师群体，他们强调几何形式、令人愉悦的比例、制造的经济性和免除装饰。可堆叠椅由钢质管材和板材制成，最初是涂漆或镀镍的，以实物体现了马利特-史蒂文斯的思想主张、观念形态，并出现在他的数个室内设计案例中。这特别适合大规模生产，可选择金属或软垫椅面。由靠背和后椅腿形成的主导平面，暗示了一面极小的"墙"，椅面和前腿从上面悬垂下来，为这把小巧的椅子增添了隐含的视觉力量。关于其设计起源，存在一些争议，但大多数历史学者将之归于马利特-史蒂文斯名下。这把椅子后由埃卡特国际公司重新发售，有白、黑、蓝、锤纹灰（纹样参见白铁皮）和铝材原色可供选择。

玻璃茶壶　　1931 年

Glass Teapot

设计者：威廉・瓦根费尔德（1900—1990）

生产商：肖特与格诺森，1931 年至 1962 年，1997 年至 2005 年

在 1931 年的"新生活"（Neues Wohnen）展览上，威廉・瓦根费尔德遇到了肖特与格诺森公司的负责人埃利希・肖特（Erich Schott）博士。肖特的工厂正在对硼硅酸盐玻璃进行研究，而这是一种有望取代传统玻璃的、烤炉烤箱均适用的选项。瓦根费尔德说服肖特就此新品开始一项试验：虽然玻璃因其耐热性能将在消费者中大受欢迎，但瓦根费尔德想让他们的产品系列鹤立鸡群，有独家秘籍，以规避市场后继的轻易模仿。瓦根费尔德曾在魏玛州立建筑学院（Staatliche Bauhochschule Weimar，包豪斯的后继者）的金属工作坊研修，那些项目中也需要即刻了解控制和加工玻璃时的那些工艺差别。他研究过各种玻璃碗材质的张力，这启迪他开发出了一个基本上无张力变化的家用品系列。玻璃茶壶壶壁很薄，壶身气泡状，这通常与艺术玻璃作品的脆弱易碎关联到一起，但与工厂的工业生产流程并不必然相关。并且，由于没有环状壶底，它那轻盈、有机一体的外观更加突出。同时，锥形的"茶斗"（滤茶器）悬在壶腔内，为欣赏泡茶过程提供了观看焦点。奥斯卡・王尔德的《温夫人的扇子》在柏林上演，此茶壶在剧中出现，由此一举成名。观众们很喜欢这道具，纷纷跑去抢购。在德国首都的热销对其后来的成功贡献良多、大有裨益，让它一直生产到 2005 年。

1382 型成套餐具　　1931 年

Form 1382 Dinner Service

设计者：赫尔曼・格雷奇博士（1895—1950）

生产商：阿茨贝格（Arzberg），1931 年至今

1382 型餐具，不是第一个现代瓷器套组，但它是最具影响力的。阿茨贝格公司想生产一种既现代又实惠的成套餐具，因此去求助后来成为德国工艺创作协会负责人的建筑师兼设计师赫尔曼・格雷奇博士（Dr Hermann Gretsch）。1931 年，格雷奇拿出了一组简单、优雅且功能卓越的成套餐具。他打定主意，要"创造出能满足日常需求的样式形态"。例如，他那茶壶的尺寸对于一个家庭来说就已足够大了。茶壶的球形是明显的几何形但并不呆板严肃，手柄足够宽，易于抓握。整套 16 件正餐餐具，都同样朴素，但也有着一种浪漫的特质。1382 型是第一款可以单件零售的成套餐具，这意味着不太富裕的家庭也可以随着时间的推移配齐一个系列。套组最初以白色、铂金色或带蓝边描线装饰的款型，以及配把手的样式来生产，如今可选范围则更广。阿茨贝格于 1954 年出品"2000 型"更新了 1382 系列，新系列采用无凸起边沿且更具生物样态的设计，如今仍被德国联邦总理府用于招待名人政要。

翻转腕表 1931 年

Reverso Wristwatch

设计者：塞萨尔·德·特雷（1876—1953）；雅克-大卫·朗格（1875—1948）；勒内-阿尔弗雷德·肖沃（生卒年不详）

生产商：积家（Jaeger-LeCoultre），1931 年至今

手表工艺在两次世界大战期间趋于成熟，随后人们就立刻开始在外出驾驶或运动时佩戴。然而，很少有正装腕表能够真正经受住马球、滑雪或赛车等运动的严酷考验。积家-朗格的手表公司因此于 1931 年推出了“翻转”腕表，其中特别考虑了印度驻军里喜欢打马球的英国军官的需求。翻转腕表由塞萨尔·德·特雷（César de Trey）、雅克-大卫·朗格（Jacques-David LeCoultre）和勒内-阿尔弗雷德·肖沃（René-Alfred Chauvot）设计，矩形机芯和表盘装在一个独立的表壳中，而表壳本身固装在一个结实的长方形托架上，必要时就可翻面朝下卡固，以保护表盖玻璃和表盘。时髦流畅的线条，可翻转表壳又可轻松滑出和旋转固定，还有它的耐用性，这些因素令“翻转”表立即流行起来，并且从未被成功模仿过。最初的概念完成和实现得非常之好，原设计长期保持不变，直到 1985 年，当时的技术进步才使得改进版能够推出。尽管有无数变体版本和精心修饰的细节，此表朴素的“装饰艺术”风格造型仍然是当今出品型号中的主流，也是世界上最经久不衰的腕表之一。

派米欧 41 型扶手椅 1932 年

Armchair 41 Paimio

设计者：艾伊诺·阿尔托（1894—1949）；阿尔瓦·阿尔托（1898—1976）

生产商：阿泰克（Artek），1932 年至今

在阿尔托夫妇（Aino Aalto，Alvar Aalto）的所有家具设计中，派米欧 41 型扶手椅可能是他们最著名的作品，因结构上的巧妙独创和对材料的新颖利用而获得认可，且结构与材料的结合极为完美。这是为芬兰西南部的派米欧结核病疗养院设计的。该疗养院的房舍场馆，将阿尔瓦·阿尔托的建筑作品带向了国际观众。这款椅子，随后作为一系列胶合板家具的一部分，面向大众市场发售。派米欧扶手椅将相当坚硬的椅面变成了一个“优点”——使用者难以放松，需保持警觉，意味着它是理想的阅读用椅子。阿尔托在 20 世纪 20 年代后期开始与家具生产商奥托·考霍宁（Otto Korhonen）合作试验木质层压板。阿尔托使用木质层压板是因为它们成本低，但他也觉得木材比管状钢材有更多优势：它导热慢因此保温较好，不反射眩光，而且它倾向于吸收而不是扩散传播声音。1933 年，阿尔托夫妇家具系列于伦敦发布上市，在国外市场的成功也几乎立即随之而来。派米欧椅表明，胶合板具备一种看似简单但未得到广泛认知的潜力：可以弯曲成各种美观的造型，且具有相当的弹性与强度。

4644 型压制玻璃餐具 1932 年

Pressed Glass 4644

设计者：艾伊诺 · 阿尔托（1894—1949）

生产商：卡胡拉（Karhula），1932 年至 1982 年；里希迈基（Riihimäki），1988 年至 1993 年；伊塔拉（iittala），1994 年至今

1932 年，卡胡拉玻璃制造公司（后来与伊塔拉合并）举办了一场竞赛，请参赛者设计价格实惠的实用玻璃制品。排在第二位的作品，是艾伊诺 · 阿尔托的 4644 型压制玻璃餐具。此产品如今在世界各地的博物馆中都有展示，并在市场上畅销不衰。这一设计的成功在于，为兼有实用性和美学考量的复杂诉求，提供了一个集成式的解决方案。为了降低成本——这对实现卡胡拉公司的目标，并满足阿尔托本人的社会关切至关重要，该系列所有单品都有着光滑的内表面和简单的棱条螺纹外表面，这可让它们通过机械化的压制工艺，从模具中生产出来。作品的基本形式和相应的环形螺纹图案，满足了现代主义审美对直线条和简单几何形状的偏好。环形带状纹兼具装饰和结构功能，为每件单品赋予稳定静态和平衡的外观，为整套产品带来统一性，并提高玻璃的强度和刚性，使它们足够坚固，适合家庭使用。如果只能用一个词来概括这个设计的重要之处，那应是“经济”——价廉物美。

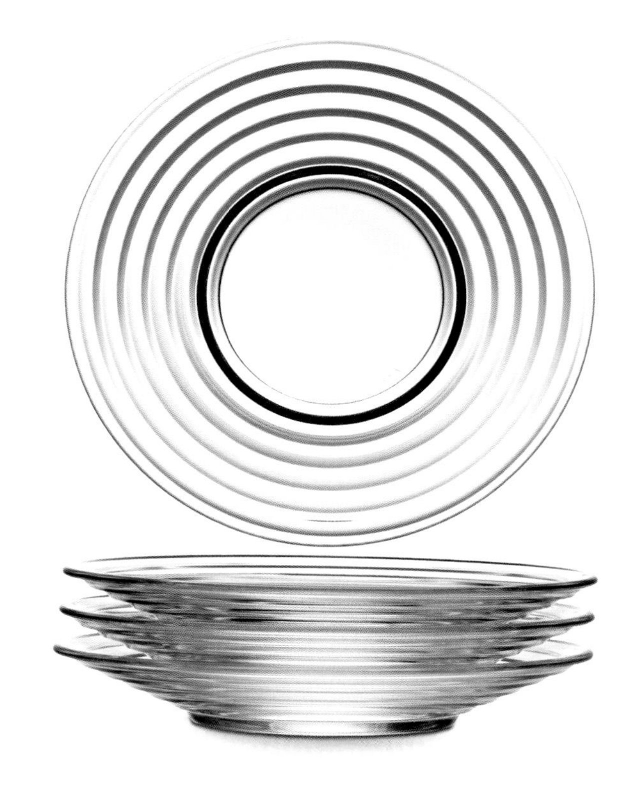

六角形玻璃器皿 1932 年

Esagonali Glassware

设计者：卡洛 · 斯卡帕（1906—1978）；保罗 · 维尼尼（1895—1959）

生产商：维尼尼（Venini），1932 年至今

保罗 · 维尼尼（Paolo Venini）一直在米兰当律师，直到 1921 年他的职业生涯才突然发生了变化。他与贾柯莫 · 卡佩林（Giacomo Cappellin）建立合作伙伴关系，然后收购了威尼斯的穆拉诺（Murano）岛上的一家玻璃厂。尽管维尼尼的个人背景中没有任何迹象表明他会投身于玻璃制造事业，但他后来为振兴威尼斯玻璃工业做出重大贡献。维尼尼开始参与指导自己公司产品的艺术定位，并与建筑界和设计界的一些关键人物合作。六角形玻璃器皿，便是与威尼斯建筑师卡洛 · 斯卡帕（Carlo Scarpa）的一项合作成果。这个作品与传统的威尼斯旧风格形成鲜明对比。它采用了薄薄的吹制玻璃和半透明的颜色，这使得那微妙的现代样式外形——包括顶部的六边形平面和垂直方向的延伸——获得了更大的视觉重点，得到优先呈现。杯子的形状清晰地展示了制造工艺和技术多么精湛。卡佩林与维尼尼合伙的 Cappellin Venini & C. 公司只经营了 5 年，但在此期间主导了玻璃生产的复兴。在保罗 · 维尼尼于 1959 年去世后，这项工作仍在继续；该公司现在称为维尼尼，是皇家斯堪的纳维亚集团的一部分。

丰塔纳桌子 1932 年

Fontana Table

设计者：彼得罗·基耶萨（1892—1948）

生产商：丰塔纳艺术（FontanaArte），1932 年至今

玻璃一直在意大利家具和照明公司“丰塔纳艺术”的产品中扮演着重要的角色。这一点，在哪里也不如在彼得罗·基耶萨（Pietro Chiesa）1932 年出品的丰塔纳桌子中能得到更好的例证。作为公司的艺术总监，基耶萨对这种具有流动感、善变又多用的材料特性着迷。他利用多种技术，包括切割、模制成型和研磨，设计了一系列以玻璃为基本用料的家具、灯具和其他物品。丰塔纳桌子，用黏土模制造型，是其中最早的出品之一。弧形弯角的浮法玻璃桌，是一个微妙的物品，有着低调的美感。它的造型，它那微微发出冷光的曲线，显示出完美的比例；但其最惊人的特色，在于它由 15 毫米厚的整块水晶玻璃构成。弯折这样的玻璃板材，曾经是，并且仍然是，一项非凡的工程和制造工艺的顶峰，尤其是该系列中最大的桌子长达 1.4 米、宽达 70 厘米。自从在意大利 1934 年的巴里博览会首次亮相以来，丰塔纳桌子一直是这样一件优雅的极简主义玻璃工艺品，从未改进过，而那超越时代的永恒感也不会失去。

欧米茄图钉　1932 年

Omega Drawing Pin

设计者：阿道夫－席尔德有限公司设计团队

生产商：瑞士鲁迪股份有限公司（Lüdi Swiss AG），约1947 年至今

这个朴实无华的小图钉的原产地，可以很快确定：雕版付印在指甲盖大小的图钉顶部的文字告诉你，这是“瑞士制造”。图钉顶盖嵌在 3 根锋利的短钉上，短钉一侧边是直的，另一边缘则倾斜，两侧边相遇在顶头一个尖锐的针点处。自 20 世纪 40 年代后期以来，建筑师们一直在使用欧米茄图钉。而自位于瑞士格伦兴的阿道夫－席尔德有限公司将此钉称为“ASSA 图钉”（ASSA 即前述公司名缩写）。于 1932 年申报并获得专利以来，该设计便一直保持不变。瑞士鲁迪股份有限公司于 20 世纪30 年代确立了作为回形针供应商的市场地位，并在 40年代扩展到办公设备市场，于 1947 年首次制造此图钉，并命名为“欧米茄”，以便于推广。欧米茄图钉的营销定位，是专业制图人士的精密辅助工具：绘图员需要自己的图纸能牢靠地固定在原位不动。一旦固定到位，图钉针头的抓握力便非常有效，以至于需要用一个专门设计的小杠杆装置（在每一盒图钉中附送），才可顺利拔出图钉。尽管计算机辅助设计已经普及，但欧米茄图钉依然有市场，或可确保目前已是第三代继承人掌管的这个家族企业，在以后仍能继续繁荣发展。

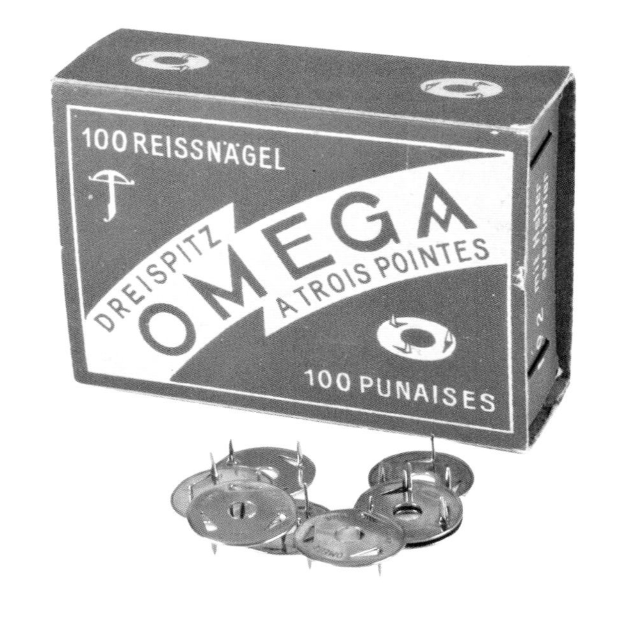

MK 折叠椅　1932 年

MK Folding Chair

设计者：莫根斯·科赫（1898—1992）

生产商：因特纳公司（Interna），1959 年至 1971 年；卡多公司（Cado），1971 年至 1981 年；路德·拉斯穆森，1981 年至 2011 年；卡尔·汉森父子公司，2011 年至2020 年；盖特玛（Getama），2021 年至今

丹麦建筑师莫根斯·科赫（Mogens Koch）深受卡尔·克林特家具设计的影响。像克林特一样，他细致谨慎地避免表面化的花拳绣腿，更喜欢一种冷静、朴素的方法，而那通常是基于现存家具类型的改进和对传统材料的应用。科赫的 MK（其名缩写）折叠椅与克林特的螺旋腿折叠凳一样，都是以军事行动用途家具为蓝本。一个带帆布椅面的折叠凳，构成椅子的中心部分；旁边有 4 根木杆包围，其中两根杆子比其余两根稍长；长杆之间配有帆布，以供靠背用。金属环套绕在 4 根杆子上，固定在帆布椅面下方。这些环不影响椅子折叠，但椅子展开使用时则可防止椅面在人体重压下塌落。科赫的椅子是在 1932 年为教堂家具提供方案的一场竞赛中提交的设计；但直到 1959 年，因特纳公司才发布了该款型以及相配套的桌子，并展开营销，推荐户外使用，然后才开始批量生产。额外增加的适配单品，也被设计成折叠款，以便最大限度地节约存储空间。

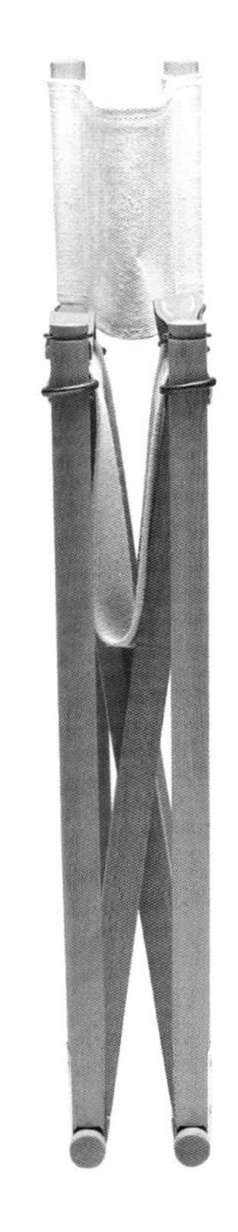

卡拉特拉瓦腕表 1932 年

Calatrava Wristwatch

设计者：百达翡丽设计团队

生产商：百达翡丽（Patek Philippe），1932 年至今

到 20 世纪 20 年代，百达翡丽已确立了其作为世界上最好的怀表和手表生产商的声誉。品牌旗下 1932 年的腕表型号卡拉特拉瓦，不只是经受住了时间的考验，更是有所超越。这个名字来源于西班牙的卡拉特拉瓦堡垒，一个宗教团体在城堡修行和驻守，于 1138 年成功地阻止了摩尔人的进攻。此修士会团的标志是由 4 个法国王室鸢尾花纹章组成的十字架，在 19 世纪后期已被百达翡丽用作其商标，但卡拉特拉瓦这名称也与该款表特有的平边框表盖镶嵌座圈相关联。卡拉特拉瓦的灵感来源无疑是“装饰艺术”风格，但它的圆形造型在那个时代的手表中并不常见，因当时矩形或方形表壳很流行。平边的表盖镶嵌凹槽，后置在座圈圆环下，将水晶镜面锁定在稳固位置，这是经典化的装饰艺术风格。绅士男款表，以其整洁流利的阳刚线条一举获得成功，并成为百达翡丽历史最长的设计。此处图片展示的 96 型，于 1946 年推出。卡拉特拉瓦系列已扩展至表圈平头钉纹或钻石镶嵌样式，配色有白、黄或玫瑰金色。其中最稀有的是精钢材质款。

埃寇 AD65 电木收音机 1932 年至 1933 年

EKCO AD65 Bakelite Radio

设计者：威尔斯·科茨（1895—1958）

生产商：埃寇科尔公司（EK Cole），1934 年至 1935 年

在 20 世纪 30 年代初期，普通的收音机，通常是木质的，尺寸大，笨重而昂贵，看起来更像一件常规家具，而不是最先进技术的代表。埃寇 AD65 收音机深棕色、轻量化、价格不高、便携——由现代主义建筑师威尔斯·科茨（Wells Coates）在 1932 年到 1933 年间设计，改变了此前既有的产品形象。科茨取消了外壳木质覆层，取而代之的是当时的现代材料：电木，发明于 1908 年。这种新塑料，直到无线电广播生产商埃寇科尔生产科茨设计的收音机并普及，才在民用产品中广泛使用。电木让科茨能自由地打造一种封装形式，可以依照内部的电子元件进行自我塑形。此机型的圆形，由安装在电木面板后面的圆形大扬声器决定。这款收音机，因其不寻常的造型和相对低廉的价格而广受欢迎，帮助埃寇科尔公司的营业额从 1930 年的 20 万英镑增加到了 1935 年的 125 万英镑。它为家用电器确立了一种显然不同于平常家具样式的独立的设计风格，也是第一批以其自身的设计逻辑而制造的产品之一，而不是为了与两次世界大战期间的那种客厅家具相匹配。那弧线环绕的形状，甚至可被视为 20 世纪 50 年代美国沃立舍自动唱机的早期先驱。

之字形椅子　　约 1932 年至 1933 年

Zig-Zag Chair

设计者：格里特·里特维尔德（1888—1964）

生产商：范·德·格罗内坎，1934 年至 1973 年；梅尔茨公司（Meltz & Co），1935 年至约 1955 年；卡西纳，1973 年至今

凭借之字状造型，通过引入对角支撑结构，格里特·里特维尔德成功地突破、摆脱了椅子的传统几何形状。之字形椅子有棱有角、刚硬坚固，仅由四块平直的矩形木板组成，也即靠背、椅面、支撑板和底座，所有板材的宽度与厚度都不变。自 20 世纪 20 年代后期以来，里特维尔德一直在尝试设计一种椅子，椅子从一单块的材料上整切下来便可完成，或者“就仿佛是从机器中弹出来的那样”。早期图纸显示，构想中的椅子是将一整块钢板弯曲成形。1938 年生产了此设计的一个版本，那版本在外观上看，是用单块的模压五层木制成。不过，事实证明，将 4 块厚度均为 2.5 厘米的独立实木平板连接在一起更为实用。这一款型的构造方法：椅面与靠背之间的燕尾榫接头，以及用于加强 45 度角支撑力的三角形楔子，也吸引了人们的目光。之字形椅最初由范·德·格罗内坎在尼德兰制造，还在 1935 年由荷兰生产商梅尔茨公司投入生产。在设计领域，它为自己确立了重要的历史地位。

60 型凳子 1932 年至 1933 年

Stool 60

设计者：艾伊诺·阿尔托（1894—1949）；阿尔瓦·阿尔托（1898—1976）

生产商：阿泰克，1933 年至今

这个简单的可堆叠凳子，由三条弯曲的 L 形腿支撑圆形凳子板面，是阿尔托夫妇设计的最直率简明的家具之一。自 1933 年发布以来，60 型凳子一直是他们最畅销的设计之一：据位于赫尔辛基的生产商阿泰克称，此款凳子已售出超过 100 万把。在 20 世纪 30 年代，可堆叠凳子能吸引大多数的欧洲购买者，因其节省空间的实用性和非常低廉的价格。凳子堆叠后，那些腿顺次侧斜着形成的奇妙螺旋，也可能是吸引人们的一个因素。这种装置效果，是这夫妇俩热衷于利用的手段。他们将 L 形腿视为自己对家具设计最重要的贡献。水平凳面和垂直凳腿，如何连接这些元素，牢固度才能足够强？他们的解决方案是在一节桦木的末端切割出一排排错列的垂直槽口，并往槽口内插入相应片数的抹了胶水的胶合板条。然后，在受潮作用下，再施以压力，让这些板条同向弯曲。胶水干燥凝固时，弯曲处会形成一个永久固定的直角，阿尔瓦称之为“弯膝”。此工艺具有创新性，产品成功且不张扬不扎眼。这凳子现仍在生产，除了桦木胶合板凳面，还有油毡面、层压板和软衬垫版本。

赫尔墨斯小宝贝打字机 1932 年至 1935 年

Hermes Baby

设计者：朱塞佩·普雷齐奥索（1897—1962）

生产商：欧内斯特-派拉德有限公司（Ernest Paillard & Cie），1935 年

赫尔墨斯小宝贝打字机，那谦逊的轮廓不扎眼，看上去却有种熟悉的亲和力，是随后许多同类设计的范本模型。这是第一台真正的便携式打字机，体积小、重量轻、价格便宜。它成为专栏采写者和新闻记者们的最爱，这因此也保证了它的成功。本产品由朱塞佩·普雷齐奥索（Giuseppe Prezioso）为瑞士公司欧内斯特-派拉德设计，以希腊神话中的旅行和商业之神命名。市场对其具体的性能要求，是可以放入公文包。简朴的外壳、棱角分明的形状和整齐排列的组件，反映了这个设计是一个旨在精简的减法练习。外壳的设计是为了强化框架，当打印大写字母时，滚轴和滑架会升高。相应地，这两个特征都有助于减少额外的外壳构造和组件。此外，每个按键的大小及形状都相同，以减少部件加工工序；同时，它还保持与其他打字机一样的键盘和操作技术标准。雷明顿公司于 1873 年制造了第一台商用打字机，由克里斯托弗·莱瑟姆·肖尔斯设计。肖尔斯还规划了柯蒂键盘，减少了打字杆卡住造成的困扰。那台机器的后续演变，主要是小型化和提高便携度。赫尔墨斯小宝贝成功解决了这些问题，将打字机设计的重点转移到了外壳样式改良和价格上。

米老鼠手表 1933年

Mickey Mouse Wrist Watch

设计者：沃尔特迪士尼公司设计团队

生产商：英格索尔（Ingersoll），1933年至1949年

1935年3月，《纽约时代杂志》的专题记者罗宾斯（L H Robbins）呼吁公众去注意，看看米老鼠对大萧条有何影响。米奇诞生于1928年，最初名为莫蒂默，以其幽默、淘气恶作剧和“普通人”的人格个性而闻名。他不仅是一只老鼠，还是为他的创造者华特·迪士尼名下公司赚钱的奇迹法宝，在经济低迷时期更证明了他是救命良药。1932年，迪士尼聘请堪萨斯城的广告名人赫尔曼·凯·卡门（Herman ‘Kay’ Kamen），来管理动漫周边商品联名生产和营销合作的项目，从而带来了从米奇玩偶公仔到米奇牛奶的大量产品。人气最旺的，是英格索尔公司产的官方版米老鼠手表。它于1933年出品，配了一款银色金属装饰的表带，圆形大表盘，上面印有米奇标志性的笑脸与大半身的肢体轮廓；带黄色手套的两只手正好充当指针，指示时间。在身体中部圆滚滚的红色肚皮下方，有3只迷你米奇互相追逐。米奇大受欢迎，使迪士尼免于破产。成功之后，英格索尔继续生产米老鼠钟表，包括用赛尔康（Celcon）乙缩醛共聚物塑料制成的闹钟，1968年阿波罗飞船宇航员在执行太空任务时佩戴的“英格索尔-天美时”联名合作手表，还有一台霓虹灯挂钟，钟面上米奇的身体会随着每一次嘀嗒声响起翻筋斗。

鸡蛋仔煮蛋器 1933年

Egg Coddler

设计者：威廉·瓦根费尔德（1900—1990）

生产商：肖特与让-耶拿公司（Schott & Gen Jena），1933年至1963年；肖特-耶拿尔玻璃公司（Schott Jenaer Glas），1997年至2004年

“鸡蛋仔”，是一个奇怪的设计经典；奇怪，主要是因为它的功能，而且现在很少有人用文火慢煮鸡蛋了。盖子以耐用、耐热的派热克斯玻璃制成，借助片簧弹力夹的弯曲形状强制固定到位，而下方的腔室略外扩，以产生最大容积；其尖头端点几乎没有向上抬起，但整个造型由四个外展式脚爪稳固地支撑直立。这件作品代表了威廉·瓦根费尔德以对材料、加工工艺和功能的综合理解为基础来设计玻璃器皿的途径，而避免复杂化的那种简约特性和功能主义，则反映了他在包豪斯接受过的训练及后来在那里的教学主张。离开包豪斯后，瓦根费尔德从事过广泛的活动，为家用和建筑市场都贡献了以金属和玻璃为材料的功能性设计。正是通过他在肖特与让-耶拿公司的产品，他的设计才进入大众市场。他重新设计了该公司的家用玻璃器皿系列，并以他的库伯斯存储容器、“辛特拉克斯”咖啡壶和被大量复制的玻璃茶具，开发出了具有历史意义的重要设计。1954年，瓦根费尔德在斯图加特设立了自己的设计办公室，同时还担任柏林艺术学院的教授。他于1957年在米兰三年展上获得评审团大奖，并在1969年和1982年获得德国联邦优良设计奖。

4699 型躺椅 1933 年

4699 Deck Chair

设计者：卡尔・克林特（1888—1954）

生产商：路德・拉斯穆森，1933 年至 2011 年

4699 型躺椅体现了卡尔・克林特那极具影响力的现代主义设计方法。此作品对 19 世纪设计的重新诠释，展示了他对人体比例的深入研究，相匹配的还有一丝不苟的细节完善和高质量的加工构建。可活动的柚木框架，提示出主结构的形式。黄铜固定件经过审慎的细节化考量，被裸露在外，以说明它们在椅子构造中的相关作用。弧度优雅的、内嵌藤条的椅面和靠背，以及带头枕的、可拆卸的全长衬垫帆布座套，为躺坐者提供了舒服的支撑。克林特专注于更新历史设计以适应当代需求，这对未来几代设计师产生了巨大影响。他的家具设计早在 1929 年就于巴塞罗那参加了国际化展览，并在 1937 年的巴黎世博会上展出。它们为汉斯・韦格纳（Hans Wegner）、奥勒・万舍（Ole Wanscher）和布尔吉・莫根森（Børge Mogensen）等丹麦设计师占据国际主导地位的时代奠定了基础。关于传统家具类型与 20 世纪生活方式需求之间的结合，是克林特理论的核心，也因此带来了很多具有持久重要性的设计。

悬臂躺椅 1933 年

Chaise Longue

设计者：马歇尔・布劳耶（1902—1981）

生产商：伊姆布鲁工厂（Embru-Werke），1934 年至 1940 年，2002 年至今；斯代尔克莱尔（Stylclair），1935 年至 1939 年

马歇尔・布劳耶从德国移居到苏黎世，此作品最早就是由当地的伊姆布鲁工厂生产的。躺椅那弯曲的腿和明显向后倾斜的造型，表明了设计师对悬臂结构的持续兴趣——他在包豪斯用钢管椅首次实现了那一形式。为了寻求低成本的量化生产方案，布劳耶尝试使用铝材（强度不如管状钢材但便宜得多），将长条铝材纵向切割，以单条带材弯曲形成支撑结构。1934 年，他搬到伦敦，在埃索康（Isokon）家具公司与先前他在包豪斯时的原负责人沃尔特・格罗皮乌斯一起工作。埃索康的创始人杰克・普瑞查德（Jack Pritchard）有胶合板产业背景，他希望布劳耶将自己的设计理念应用到胶合板家具上。将躺椅改装成胶合板框架是起点：椅面和靠背的铝板条，现在可以从单张胶合板切割打造完成。这些胶合板在爱沙尼亚生产，装在用木板条制成的箱子里运达。它们非常适合制作椅子的层压板框架，也适合制作椅子的“扶手”与“腿”——模压胶合板正悬挂在两者之间。试样原型不够稳固，因此格罗皮乌斯建议每条扶手后面添加一道延伸上扬的“鳍板”，以增强它们的侧向稳定性。躺椅提供了一个不同寻常的范例：针对同一椅子的设计，它成功地从一种用材转换成另一种差异极大的材料。

之宝打火机 1933 年

Zippo Lighter

设计者：乔治·G. 布莱斯德尔（1895—1978）

生产商：之宝公司（Zippo），1933 年至今

之宝打火机具有传奇色彩，自 1933 年问世以来一直保持着它的美誉，设计也几乎没有改变。美国政府下订单，指定之宝为陆军和海军全体的打火机军需生产商，这让之宝在第二次世界大战中声名鹊起。据传闻，它可以挡住和偏转可能致命的子弹，可在救援行动中充当信号装置，甚至可用来加热翻转向上的钢盔里的汤。打火机的设计师乔治·G. 布莱斯德尔（George G Blaisdell）是石油公司的一位前高管，他购买了奥地利某品牌打火机的美国分销权。事实证明，那家的货品看起来笨拙，用起来也一样差劲。他重新开始设计。首先，他简化了镀铬黄铜的外壳，打造出光滑流畅的矩形形状，抓起来手感舒适。然后他使用了一个弹簧机构的铰链，让用户轻轻一弹便能打开顶部盖子。最后，他用一个穿孔的筛网围住棉芯，以保护它点火后免受阵风的影响，但仍允许有足够的气流让火花保持燃烧。一个高高突出、醒目的轮子在一小块火石上旋转摩擦，产生的火花便点燃棉芯。之宝的营销也巧妙又经典：布莱斯德尔为产品提供终生品质保障，有任何毛病都可免费维修——这一大胆的政策至今仍保持着。

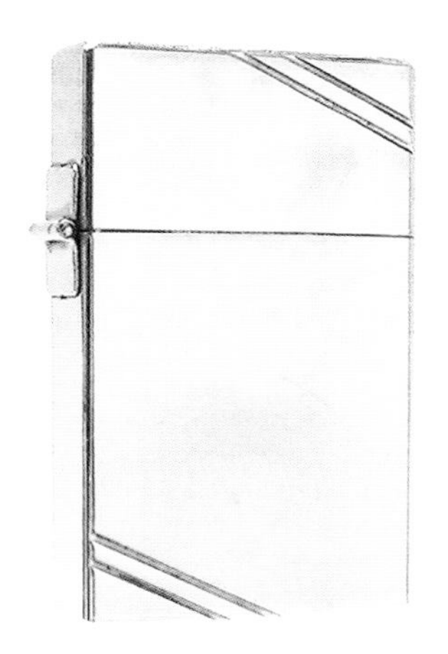

曲木胶合板扶手椅 1933 年

Bent Plywood Armchair

设计者：杰拉尔德·萨默斯（1899—1967）

生产商：简单家具制造者（Makers of Simple Furniture），1934 年至 1939 年；梅塞姆公司（Mvsevm），1984 年至今

杰拉尔德·萨默斯（Gerald Summers）推出的曲木胶合板扶手椅，将一件简单的家具变成了家具设计史上的一个开创性时刻。它由单单一块胶合板制成，在相应的地方弯曲并固定，不需使用螺钉、螺栓或接头零件。它质疑、挑战了之前的制造技术。这把椅子是单体单一结构的最早范例之一。这种技术在金属或塑料设计中，要等几十年后才能实现。其独特的仿生有机化的外形很容易得到欣赏。椅子那波浪起伏般的姿态，由平滑的曲线、圆润的轮廓和流动翻卷的面板构成，以低趴、几乎懒散躺倒的方式陈放在地板上——这也是人体工程学的早期试验台，与典型的线性家具范式形成了深刻的反差对比。萨默斯以他自有的“简单家具制造者”的品牌生产了这把椅子。尽管该产品为 20 世纪 30 年代乐观的设计界场景提供了灵感，但当英国政府对输入本国的进口胶合板实施限制时，此椅的商业成功被提前打断。结果，萨默斯的公司在 1939 年被迫关闭，当时这椅子只生产了 120 把。因此，最初的这些先例样本具有很高的收藏价值。

发光体落地灯　　1933 年

Luminator Floor Lamp

设计者：彼得罗·基耶萨（1892—1948）

生产商：丰塔纳艺术公司，1933 年至今

“发光体”这个名字，与阿奇勒和皮埃尔·贾科莫·卡斯迪格利奥尼这兄弟俩相关联：他们在 1954 年设计了他们的上射灯版本。二人将他们的灯如此命名，是对本条目这个作品的致敬，此款型由彼得罗·基耶萨于 20 多年前设计。还存在一个甚至更早的版本，由卢西阿诺·巴德萨里（Luciano Baldessari）于 1929 年设计，但从事后角度综合看来，基耶萨的上射灯才是最具创新性的。基耶萨主要从事玻璃制品和 1900 风格（novecento，即 20 世纪风格）家具的创意工作，然后在 1933 年，他的工作室与吉奥·庞蒂（Gio Ponti）和路易吉·丰塔纳两人新成立的“丰塔纳艺术公司”合并。作为艺术总监，他负责所有领域的大约 1500 个原型产品的设计。他的发光体落地灯，是第一款上射光式家用照明灯。这一产品对简洁风格的追求，反倒带来了形式上精彩华丽的表达。基耶萨从摄影师的工作室设备中借鉴了间接照明的概念，并意识到这可以产生温和、柔性的漫射光。他将发光灯体装在一个优雅而简单的黄铜管中，固定在一个基座上，基座的顶部，像笛子状深香槟杯一样向外展开。这种利落坦率的形式极现代，会让人误判它的设计时间。

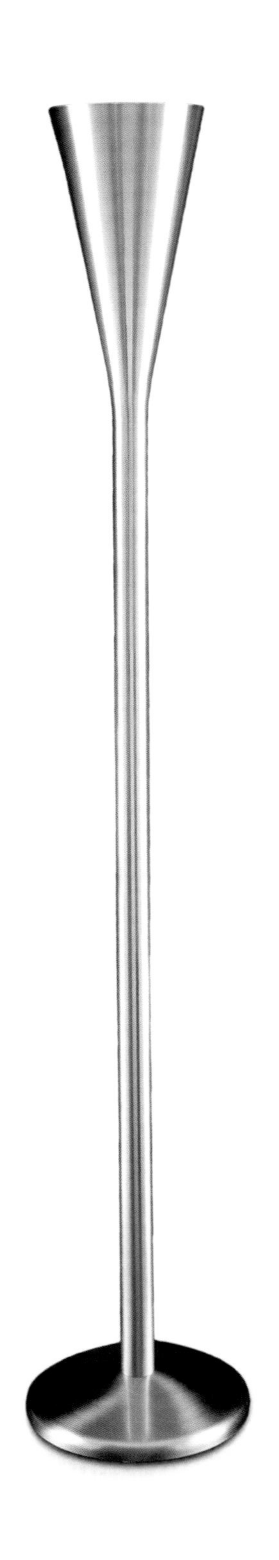

最大优化动能汽车 1933年

Dymaxion Car

设计者：理查德·巴克敏斯特·富勒（1895—1983）

未曾投入生产

目前唯一存世的“最大优化动能”汽车（3个原型中的第二个），藏于美国内华达州里诺的国家汽车博物馆。此流线型胶囊车设计于20世纪30年代初期，3轮，6米长，配备90马力的发动机，可搭载11名乘客以192千米的时速奔驰。这个奇妙的设计，是多产的实用派哲学家理查德·巴克敏斯特·富勒（Richard Buckminster Fuller）的许多开创性想法之一。由富勒设计并由海军建筑师斯达灵·伯吉斯（Starling Burgess）建造的这三台原型机器，引起了公众的广泛关注，并在诸如1934年的“世纪之翼”等主题展览中作为重点，风光登场。它每升汽油能行驶12千米，并声称在以48千米/小时行驶时的油耗比传统汽车低30%，以80千米/小时行进，则低50%。这是通过在车轮中安装小型电机来实现的。此车的第二个版本中，每个车轮都可独立转向，以适应城区道路急转弯和路侧停车。然而，由于一场导致司机死亡、乘客受伤的悲剧事故，此转向方式成为安全隐患。研发随后停止。尽管“最大优化动能”汽车被免除了罪名，但报纸称之为“怪车”。不过，从此之后，机动车发展史已表明，这是汽车设计史上最具影响力的突破之一。

卷笔刀 1933年

Pencil Sharpener

设计者：雷蒙德·洛伊（1893—1986）

生产商：雷蒙德·洛伊（Raymond Loewy），1933年

据估算，在雷蒙德·洛伊职业生涯的巅峰时期，超过75%的美国人每天都接触到他参与设计过的一种或多种产品，从灰狗巴士到“好彩”（Lucky Strike）香烟，五花八门。然而，他设计的卷笔刀仅作为原型存在。洛伊在巴黎接受工程专业训练，后来在纽约当插画家，然后又成为工业设计师，获得了财富和名望。在1929年创立公司并拿到基士得耶复印机委托的首笔业务后，他的才华让他在接下来的50年中一直处于行业的聚光灯下。与他的许多项目一样，卷笔刀并不代表任何技术进步：产生切割运动的行星齿轮圆筒式构造，自1915年以来一直用于机械卷笔刀。相反，洛伊这一模型的意义在于其精致的风格造型；那种华丽的镀铬外观类似于车辆设计，而不是像常规的、或许与之共享一张桌子的那类文具。事实上，洛伊清楚地了解设计与工业化、大众消费以及进步之间的关系。虽然他的许多设计被批评为只是为了刺激销售而进行的风格改造，但他无疑做了很多工作去捕捉和表达一个乐观时代的精神——当时的技术和工业正指向一种乌托邦式的未来。

摩卡快速咖啡壶 1933 年

Moka Express Coffee Maker

设计者：阿方索·比勒蒂（1888—1970）

生产商：比乐蒂实业公司（Bialetti Industrie），1933 年至今

据其生产商称，比乐蒂摩卡快速咖啡壶是唯一一款自 1933 年首次亮相以来一直保持不变的工业产品。这款炉顶咖啡壶在基本形式上与传统的咖啡高壶相呼应，但具有一种清晰突出的装饰艺术风格。它那八边形，在向外倾斜成 8 个闪亮金属面之前在中腰部以带状设计箍住。此壶由 3 个金属部分组成：用于煮水的底部胆舱、置放咖啡的过滤器部分和位于上部、带有一体式壶嘴的咖啡收集隔间。此设计出自意大利生产商阿尔贝托·艾烈希的祖父阿方索·比勒蒂（Alfonso Bialetti）之手。比勒蒂于 1918 年开设了一家小型金属加工作坊（用作品牌名时译为比乐蒂），他之前曾在巴黎接受过金属加工训练。据说他的摩卡咖啡壶的灵感来自早期的洗衣机，那时的洗衣机由一个锅炉式底座和上面的洗涤盆组成。他将铝用于壶身，因为铝保持热量和传递热量的性能都挺好，而且铝材的孔隙度使它能够吸收咖啡的风味。盖子顶部的抓手和壶身把手，采用耐热电木设计，以防止烫手。自 1933 年以来，两亿台摩卡快速咖啡壶已售出，数量令人惊讶和钦佩。

“超级播”5RG 收音机 1934 年

Hyperbo 5RG Radio

设计者：邦及欧路夫森设计团队

生产商：邦及欧路夫森公司（Bang & Olufsen），1934 年至 1935 年

凭借其管状钢制底座和框架，“超级播”5RG 收音机反映出马歇尔·布劳耶悬臂式家具的影响。那单体独立的样式，强调了它作为单件家具而不是配件的地位，代表着收音机设计在风格和功能上已显著偏离了旧有观念。“超级播”由丹麦公司邦及欧路夫森（成立于 1925 年）于 1934 年到 1935 年间生产，反映了 20 世纪早期斯堪的纳维亚设计的大部分精神气质。就像许多包豪斯家具一样，这款收音机以镀铬腿支撑，抬离了地面。被悬臂框架架到地板上方，那直立的姿态使此设备呈现出轻盈的形式，也便于在下方进行清洁。选择黑檀色而不是更传统的胡桃木色，使得外观进一步现代化。除了这种德国风格的影响之外，“超级播”还向瑞典功能主义运动致敬。该运动在部分意义上是由格里高尔·保尔森（Gregor Paulsson）和古纳尔·阿斯普伦德（Gunnar Asplund）主导，并在 1930 年达到顶峰。此机型为利用新技术开辟了道路，被广泛认为是 20 世纪 70 年代出现的“组合音响”的前身，因为 5RG 将收音机、扬声器和电唱盘组合为一体，由此成为影响未来设计的机器。

克莱斯勒气流车 1934 年

Chrysler Airflow

设计者：卡尔·布雷尔（1883—1970）

生产商：克莱斯勒（Chrysler），1934 年至 1937 年

克莱斯勒的气流汽车于 1934 年在芝加哥的“进步世纪”世博会上亮相并发售，是首批体现“流线型”美学的量产车型之一。卡尔·布雷尔（Carl Breer）从 1925 年起便是克莱斯勒的研发负责人。他向航空先驱奥维尔·莱特咨询，如何将空气动力学融入汽车设计。莱特兄弟中的这位弟弟建议，使用风洞测试验证，采用一种新形状的车身，让乘客坐在更靠近车体前部的位置。结果是，车身形态发生了根本性的转变。气流车的综合造型，与倾斜的挡风玻璃和将车头车尾联合起来的一条连续的曲线，都整合融为一体。镀铬条强化了它的水平观感，窗户周围的轮廓线以及连接后轮拱和前轮拱的那些线条都是弯曲的，以突出汽车的自然仿生有机化的外观。这代表了一项重大的工程成就：车身制造的一种新方法。此外，该车采用单一受力钢材组装技术，取消了木框架，座椅使用钢管，车内地板上铺大理石纹橡胶垫，营造出新颖的内饰样式风格。然而，公众认为气流车的大而圆的前鼻和大量镀铬的散热器格栅很丑陋。尽管造型师雷·迪特里希（Ray Dietrich）对此进行了多次整容改造，但这款车销量始终低迷。该车型于 1937 年停产。

冻点超级六型冰箱　1934 年

Coldspot Super Six

设计者：雷蒙德·洛伊（1893—1986）

生产商：西尔斯-罗巴克公司（Sears Roebuck & Co），1935 年至 1955 年

在华尔街崩盘后，生产商们迫切希望提高产品销量。这样的背景下，美国最大的邮购公司之一西尔斯-罗巴克邀请雷蒙德·洛伊重新设计他们的“冻点”冰箱。洛伊改动了主电机和泵的位置，使得它们那吵闹的嗡嗡声降低为可接受的“令人安慰的嗡嗡声”，而机器外形基本保持不变。洛伊的主要成就，是对外壳的再造。他的新冰箱有弯曲的圆弧角和圆卷边，尺寸比例也发生了微妙的改变；3 条凹槽线沿着中心向下伸出，以强调垂直感。通过将把手和铰链移动到侧面的转延线处，由此创建了一道不间断的单扇门板。而长长的“羽毛触感”（轻触式）把手，被设计为用肘部一碰也能打开。新的冻点超级六型冰箱的层搁板，采用穿孔、不生锈的铝材，外表面是闪亮的白色，易于清洁，显得清新、高效、时尚和现代。尽管容量达到近 170 升，但它的价格却相当低廉：在强大的广告攻势的支持下，在发布上市后的一年内，冻点的年销售量从 6 万台飙升至 27.5 万台。该产品为洛伊赢得了声誉，并且经常被人们尤其是洛伊本人提及，认为它的推出标志着工业设计师职业在美国的开端。

道格拉斯 DC-3 飞机　1934 年

Douglas DC-3

设计者：道格拉斯飞机设计团队，美利坚航空公司设计团队

生产商：美利坚航空公司（American Airlines），1934 年至 1946 年；三井物产（日本）（Mitsui & Company），1934 年至 1946 年；安托格（苏美贸易公司）（Amtorg），1934 年至 1946 年

在 1935 年的首飞仅 4 年后，DC-3 飞机就承载了全球 90% 的航空运输量。在那 10 年间，美国政府的邮件运输合同报酬高，还在为航空公司的客运航程提供补贴，因此，需要一架可兼顾足够航行距离和有效载荷量的客机，能带来不错的利润并具有足够的舒适度来吸引乘客。道格拉斯在其 DC-1 和 DC-2 机型上已经做得很好；这是两个可靠的邮政运输飞机。而其新的 DC-3，或称“达科他”（Dakota），则非常适合客机的角色。美利坚航空公司首先使用了由两台“莱特旋风”星形发动机提供动力的 DC-3，在纽约和芝加哥之间的夜间卧榻航班服务中使用，并很快就增加了日间航线（它能搭载 14 名夜间卧榻乘客，或 28 名日间座位乘客）。DC-3 的成功让航空业开始盈利。第二次世界大战期间出现了对坚固耐用也实用的小型运输机的巨大需求。DC-3（军方语言中称作 C47）在军队中获得认可，在简陋恶劣的机场条件下也能飞进飞出。战争期间，位于加利福尼亚州圣莫尼卡的道格拉斯飞机公司，有一个月生产的飞机数量惊人，达 500 多架。1946 年，道格拉斯停止 DC-3 的生产，此前的 12 年内，该飞机共生产了一万多架。

林霍夫特丽卡相机 1934 年

Linhof Technika

设计者：尼古拉斯·卡普夫（1912—1980）

生产商：林霍夫精密系统技术（Linhof Präzisions-Systemtechnik），1936 年至 1957 年

林霍夫公司由瓦伦丁·林霍夫于 1887 年创立，最初生产金属摄影快门部件。它最早的全金属相机出现在 1889 年，以其方正造型并带有用于拍摄水平或垂直照片的、可旋转的背板而著称。但直到 1936 年，这家德国公司才扬名立万。当时它推出了影棚工作室和外景摄影都适用的“特丽卡”（Technika，意即技术）相机系列。在林霍夫于 1929 年去世后，尼古拉斯·卡普夫（Nikolaus Karpf）接管了公司，并推出若干创新，包括“摆动与倾斜”镜头调节框；此结构于 1934 年首次加装到一台特丽卡原型机上，并于 1936 年开始商业生产。林霍夫相机的设计已经演化到了它当代的形式，以“特丽卡大师”的机型呈现，但其基本设计未变，保持了恒定和连续。“摆动与倾斜”控制机制，可应用于固定镜头的前调节框和承载感光材料的后框，允许摄影师对光学失真进行校正。闭合之后，该框架主体可保护整个相机，对旅行时携带机器很有利。此设计还适用于一系列镜头，从 65 毫米超广角到 500 毫米长焦镜头，以及显微摄影和图像复制等专业化应用。自 20 世纪 50、60 年代此机型达到鼎盛期以来，模仿者甚众，但没有一个能超越林霍夫相机构建及最后打磨修饰的精湛工艺。

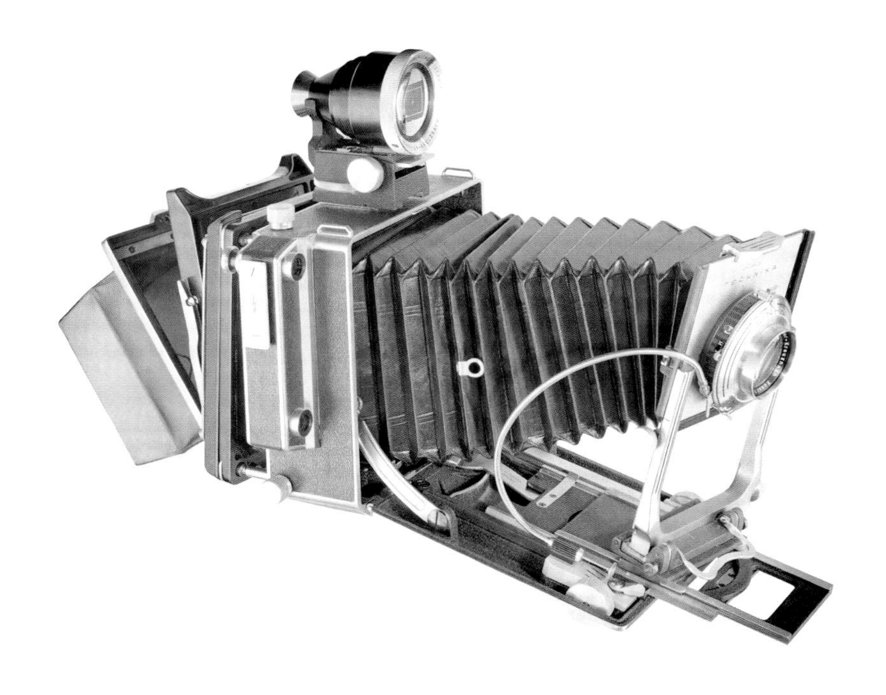

J 级帆船奋进号 1934 年

J-Class Yacht Endeavour

设计者：坎珀与尼科尔森设计团队

生产商：坎珀与尼科尔森（Camper & Nicholsons），1934 年

为了让更大的船只能参加美洲杯帆船赛，《通用规则》于 1929 年出台生效，规定船体吃水线长度在 22.8 到 26.5 米之间的游艇可以在所谓的 J 级比赛中登场竞技。当时全球只建造了 10 艘 J 级快艇，其中包括英国的奋进号。航空设计师托马斯·索普维斯（Thomas Sopwith）委托坎珀与尼科尔森设计这艘船。该团队在 4 个月内便让船下水试航，为 1934 年的杯赛做好了准备。索普维斯安排配置了快艇的帆具装备。帆由怀特岛考兹的拉齐与拉普松（Ratsey & Lapthorn）工作坊设计，旨在提供巨大的帆面面积和受风时的动力。船体用钢板制成，甲板材料则是加拿大松木。主升降的垂板龙骨滑入主龙骨，使船在航行期间具有更大的灵活度。然而，奋进号被转手交易了多次，至 20 世纪 80 年代初，已经完全是破烂废物。1984 年，美国赛艇帆船女运动员伊丽莎白·迈耶（Elizabeth Meyer）将其救出，并进行了为期 5 年的重建。焊工首先就地初步修复了脆弱的船体，然后游艇才得以从英格兰南部拖到荷兰皇家豪氏威马造船厂（Huisman），在那里再造了桅杆、吊杆帆桁和索具，重新安装了发动机、发电机和机械系统，并翻新了内部细木工部件。荒废 50 多年，奋进号最终于 1989 年再次起航。

布加迪 57 型汽车 1934 年

Bugatti Type 57

设计者：让·布加迪（1909—1939）

生产商：布加迪（Bugatti），1934 年至 1940 年

布加迪 57 型，在布加迪这家伟大汽车生产商之一的历史上扮演着至关重要的角色。直到 1934 年，布加迪都为每种车身类型打造不同的底盘，用这一方式制造汽车必然很昂贵。57 型改变了这种情况：公司采用更现代、更工业化的方法思路，从此创造出一个适合各种车身类型的底盘。公司创始人埃托雷·布加迪安排他年仅 23 岁的儿子让·布加迪（Jean Bugatti）负责该项目。创新的流线造型 57 型跑车于 1934 年上市。它的发动机（排量）比其前身车款更小，但用双顶置凸轮轴、90 度倾斜气阀和中央火花塞弥补了这一点。重要的是，该车款还有 4 种车身类型（4 种名字均为地名）：旺度（Ventoux）是流行的双门版，四门版的是加利比耶（Galibier），斯泰尔维奥（Stelvio）为双门敞篷版，还有阿塔兰特（Atalante）为单独订制双门版。而大西洋（Atlantic）是阿塔兰特的试验性、运动型衍生版，于一年后推出。这个车型的植物球茎状轮拱，让人想起雨滴。它有椭圆形的门和肾形的车窗，时速可达 200 千米。57 型的生产一直持续到“二战”爆发，总共制造了 546 辆。这款车结合了时尚的美学和生猛的速度——创造了远远领先于其时代的卓越成就。

超级海洋喷火战斗机 1934 年至 1936 年

Supermarine Spitfire

设计者：雷金纳德·约瑟夫·米切尔（1895—1937）

生产商：维克斯航空超级海洋工程部（Supermarine Aviation Works Vickers），1936 年至 1938 年；维克斯-阿姆斯特朗公司（Vickers-Armstrongs），1938 年至 1948 年

超级海洋喷火战斗机是有史以来最出色的战斗机之一，其设计制造是为了回击 20 世纪 30 年代的纳粹德国空军。受英国航空部的邀请，超级海洋工程部的首席设计师雷金纳德·约瑟夫·米切尔（Reginald Joseph Mitchell）着手设计一款新的单座单翼飞机，以取代现有的双翼飞机。米切尔对这一要求的回应，是在机身构建中融入革命性的技术。第一架喷火 F37/34 战斗机的原型机于 1936 年 3 月在英格兰南安普敦的伊斯特利机场试飞。尽管米切尔见证了这架飞机的生产，但他在此机型全面量化生产之前就已去世。飞机于 1938 年在剑桥郡进入皇家空军服役。它的设计简单高效，采用轻型合金机身和单大梁的机翼，并整合构建了封闭式的驾驶舱和氧气设备。薄薄的椭圆轮廓机翼也带来独特的形状，更加流线型，减少了飞行阻力。飞机仅重 2600 千克，最高速度为 580 千米 / 小时，最大俯冲速度则为 720 千米 / 小时。劳斯莱斯的 12 缸梅林（灰背隼）发动机提供了强劲的加速动力。凭借速度和机动性，它不可替代，在与德国对手的空战中屡建奇功。超过 20 300 架喷火战斗机以多于 29 款的型号制造出厂，其中一些持续服役，直至 20 世纪 50 年代。

标准椅子 1934 年

Standard Chair

设计者：让·普鲁维（1901—1984）

生产商：让·普鲁维工作室，1934 年至 1956 年；斯蒂芬·西蒙商号（Galerie Steph Simon），1956 年至 1965 年；维特拉（Vitra），2002 年至今

让·普鲁维（Jean Prouvé）的标准椅子，结构坚固，是走简约美学路线的低调设计。它从普鲁维向法国南锡大学举办的家具比赛所提交的参赛作品演变而来，使用了薄板材与带橡胶脚的管状钢框架的组合。普鲁维构思此椅，着眼于大规模生产，并在战争期间另创了一个可拆卸的版本。这款标准椅子是为机构用户和合同化需求市场设计，但它逻辑合理的形式和强大的功能使其今天成了一种多用途椅子，可服务于家庭环境以及餐厅、咖啡馆和办公室等公共区域。它反映了普鲁维的信念，即设计应该是现代功能主义的一种平民化形式，面向大众。2002 年，瑞士维特拉重新发售此标准椅，距其最初孕育成型已接近 70 年。在维特拉的设计博物馆中，已经收集有普鲁维的一系列原创作品，其中便包括标准椅子；因此，这位生产商生产其认为是设计界经典标志的东西，也就顺理成章。维特拉的支持认可，使普鲁维的椅子突破了设计收藏家的圈子，并获得新地位，堪与伊姆斯夫妇以及乔治·纳尔逊（George Nelson）的设计相提并论。

萝拉刷 1934 年

LOLA Brush

设计者：赫伯特·施密特（Herbert Schmidt，1904—1980）

生产商：埃-施密特公司（A. Schmidt），1934 年至 1980 年；萝拉公司（LOLA，前身为施密特-萝拉），1981 年至今

萝拉刷是任何德国厨房台面的常规与必备配置，是深得人心的低调朴实物品之一。 萝拉刷令人喜爱，不仅因其亲切熟悉的形式，同样是因为它清洗蔬菜或餐具的功能。刷子的天然纤维刷毛固定在圆形木头底座上，木头通过金属扣连接到细长的手柄上。这不仅带来一定的动作自由度，而且还意味着刷头部件可以很轻松地拆卸。刷子高效、灵活且耐磨耐用。它的设计完全无须更新：今天可供使用的萝拉刷，沿用与 1934 年首次生产时相同的技术规格图制造。该产品仍然印有最初原创时的品牌标志，这是德国平面设计的一个杰出的例子。其生产商施密特公司从成立之日起一直专注于刷子产品，自 1929 年以来一直在施密特家族手中运营。萝拉（LOLA）这不寻常的品牌名，是洛克斯特仓库（Lockstedter Lager）的缩写，刷子在运输到德国各地之前就暂时储存在这里。这一简单、实用的日常物件，是德国无人不知、最受称道和最民主化的设计项目之一。

501 型瓷器套组 1934 年

Service 501

设计者：海德薇·博哈根（1907—2001）

生产商：HB 陶瓷工作坊（HB-Werkstätten für Keramik），1934 年至今

在创立自己的同名工作室 HB 工作坊（HB 即其姓名首字母组合）的那一年，海德薇·博哈根（Hedwig Bollhagen）设计了 501 型茶与咖啡瓷器套组。虽然当时只有 26 岁，但博哈根已经稳稳走在成为 20 世纪最重要的德国陶艺家之一的路上。她工艺上的娴熟灵巧，在这个套组中显而易见。此系列有多种俏皮的装饰图案可供选择，比如 Zittermuster，这是一种带有蓝色饰边的精致的波浪状红色网格，可翻译为“抖动式图案”；再比如 Blaupunkt，也即“蓝点”，特色是白釉面上有小蓝点分布。这些设计和该系列总体上主打的柔软的曲线造型——比如低杯，宽度是高度的双倍，边缘开口宽大，又如球茎状圆茶壶，以及高大、两端缓和收缩的圆柱形咖啡壶。这些都反映了当时德国装饰艺术的试验性方法。在那种创作路径中，正式和严肃、简朴的惯例风格遭拒绝。不过，尽管博哈根的餐具在形式和装饰上突破了常规限定，但仍然被认为并非短暂的新潮，而是能超越时间，且易于使用。这种魅力促使 HB 工作坊今天仍继续生产 501 系列——虽然，“二战”期间其车间曾遭受破坏，战后该公司又被民主德国当局征用。

18 号经典红拖车 1934 年

No.18 Classic Red Wagon

设计者：安东尼奥・帕辛（1897—1990）

生产商：无线电飞行员公司，1934 年至今

无线电飞行员公司的 18 号经典红拖车，带有漆成消防车红色的钢制浅车厢、4 个黑色橡胶轮和一个拉手；这设计如此简单，以至于掩盖了其巨大的商业成功。它的营销外号为“原创小红车”，交易成绩非常突出。在 20 世纪上半叶制造的美国玩具，很少能拥有像它这样的标志性的地位；而小红车，也像奶油苏打水和在小朋友家开派对留宿过夜那样，深深植根于当年美国郊区儿童的记忆。此物的创造者是意大利移民设计师安东尼奥・帕辛（Antonio Pasin）。他兴奋痴迷于 20 世纪 20 年代蓬勃发展的无线电和飞机工业，而这辆拖车的名字就是从那里获得灵感。他利用汽车行业采用的冲压金属生产技术，作为其第一个拖车设计的指引方案。他后来被昵称为“小福特”，以表彰他采用的批量化生产方法。在 30 年代，由于为美国儿童提供了这种有益健康的娱乐形式，帕辛确立了自己的声望地位。他的设计是为保证玩具的安全，具有可控的转弯半径以防止拖车翻倒，还有防夹手的球状接头，以保护儿童的手指不受伤。这拖车的营销定位是，“每个男孩，每个女孩”都适合的玩具。此车当然已注册商标，而其超过 80 年的连续生产，则创造了美国玩具业的一项纪录。

宝来克斯 H16 摄像机 1935 年

Bolex H16

设计者：雅克・伯格波尔斯基（1896—1962）

生产商：宝来克斯－帕亚尔公司（Bolex-Paillard），1935 年至 1976 年

宝来克斯 H16 由居住在日内瓦的乌克兰工程师雅克・伯格波尔斯基（Jacques Bogopolsky）设计。1924 年，伯格波尔斯基为使用 35 毫米胶片的电影摄像机申请了专利，机器叫宝尔电影相机（Bol Cinegraphe）。随后，他的注意力转向了 16 毫米胶片技术和“自动电影机”（Auto Ciné），这是第一台以宝来克斯名称生产的相机。1930 年，帕亚尔公司收购了伯格波尔斯基的公司并继续开发他的“自动电影机”，后在 1935 年左右推出了宝来克斯 H16。它配备了一个可根据需要旋转的搭载有 3 个镜头的小转塔，还在 1938 年推出了 8 毫米胶片机型。初版 H16 的取景观察系统在 1956 年被一个真正的反光取景观察系统版本所取代；随后，贯穿此摄像机的整个历史，还有过其他改进。帕亚尔公司于 1970 年被出售给奥地利公司欧米格（Eumig），但它继续以“宝来克斯国际”的名义运营，并与日本奇能（Chinon）公司建立起合作关系，后者生产过一些宝来克斯型号的产品。欧米格在 20 世纪 80 年代初遇到财务问题，于是卖掉了其宝来克斯 16 毫米的业务。宝来克斯电影摄像（Bolex Ciné）相机在 1935 年推出，定位为业余相机，但是，作为一种相对便宜的摄像机型号，它被需要高精度 16 毫米电影摄影机的专业人士采用，也用于野生动物节目的延时摄影。

诺曼底水罐　　1935 年

Normandie Pitcher

设计者：彼得·穆勒-蒙克（1904—1967）

生产商：尊尚铜与黄铜商号（Revere Copper & Brass），1935 年至 1941 年

此水罐以 1935 年下水的法国跨大西洋轮船诺曼底号命名，也是同一年生产，是“流线型十年”的一个杰出设计。在那期间，即使是家用物品也习惯于呈现出由空气动力学机器所体现的那种速度魅力，例如诺曼底号便是这样的船只，此水罐模仿了那轮船的烟囱。德裔移民彼得·穆勒-蒙克（Peter Müller-Munk）为纽约的尊尚铜与黄铜商号设计了这件作品。尽管他曾接受过银匠手艺训练并专门从事手工金属工艺品制作，但诺曼底水罐的意图，是用于规模化量产，为该公司首次进军家居用品市场开路。这款优雅的镀铬水罐，比任何同类银器都便宜很多，还更易于清洁，并且是在经济大萧条期间推出——在这个时期，富人不仅削减了银器消费，而且还减少了擦洗抛光银器所需的人工开支。罐身采用 20 世纪 30 年代流线型时尚中经典的水滴轮廓造型，由一张折弯的黄铜片材在前部连接而成。而手柄从嘴部开口这里向斜下方逐渐变细，其采用与锐利突出的罐子前头部正好反方向的简洁线条构建，强化了穆勒-蒙克希望体现出的动态感。从某种意义上说，他将简单的倒水动作带入了机器时代。此罐一直生产到 1941 年。

泽罗尔冰激凌勺　　1935 年

Ice Cream Scoop

设计者：谢尔曼·L. 凯利（1869—1952）

生产商：泽罗尔（Zeroll），1935 年至今

泽罗尔冰激凌勺是一件精美的物品：优雅、闪亮且富有雕塑感。它的设计完美契合其功用任务，因此自 1935 年首次投放市场以来一直保持不变。当时，得益于冷冻技术的进步，冰激凌正在从一种奢侈品转变为一个随处可见可购的甜品。然而，刚从冰箱里拿出来的冰激凌通常很硬，用勺子把它从包装盒里刮下来很困难。谢尔曼·L. 凯利（Sherman L Kelly）的创新，也是泽罗尔勺子的核心，就在于那根含有防冻解冻剂的空心手柄芯。这种防冻剂吸收握勺者手上传导出的体热，并将热量传递到勺子薄薄的金属边缘上，帮助它在冰激凌中切出一条通道，以便挖取。包覆着防冻剂舱室的手柄故意加厚，但这也让它比一般勺子更好抓握。长约 18.5 厘米的泽罗尔勺子，其他的优点是它挖出的冰激凌分量会更标准更均匀，并且易清洁，易保存，长期状态良好。流畅、美妙且永远必要和有用，这种超越时间的魅力，或许会为这把勺子赋予一种岁月温馨静好的怀旧情绪。

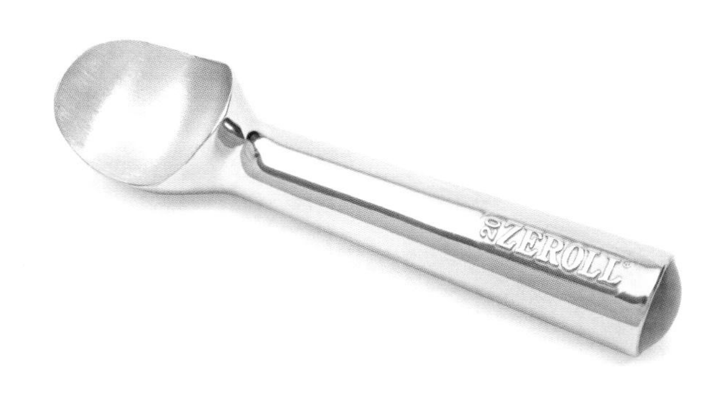

安格普适®1227 万向灯 1935 年

Anglepoise® 1227 Lamp

设计者：乔治·卡沃丁（1887—1947）

生产商：安格普适®，1935 年至今

安格普适® 1227 万向灯完全聚焦于功能，以实用为导向。这是一件至高无上的理性设计杰作，仍由同一家英国公司制造，也即它刚推出时的那家生产商。它最初的制造工艺，是采用金属上漆涂覆，下配结实的电木底座，具有 20 世纪 30 年代兴旺发展、蒸蒸日上的机器时代那闪亮的工业美感。它狭长、细窄、棱角分明的支架主体散发出优雅的气息，而那贝雷帽式的灯罩赋予它一种奇怪的触动人心的观感。此灯的设计师乔治·卡沃丁（George Carwardine）是汽车悬架系统方面的专家。卡沃丁着手开发一种流畅无阻力的机制，可以平衡灯体并将光照导向任何位置。他想创造一种与人的手臂一样好用易用、可随意调度的灯——具有适应环境的灵活性，而且更妙不可言的是，能维持在选定的位置。卡沃丁将灯的力学构想建立在四肢肌肉的张力原理之上。他使用弹簧而不是更传统的配重平衡物，来将灯臂保持在想要的任意位置，因此需要复杂的数学方程式来计算如何在弹簧中产生最佳张力。该灯最初是为商业应用而设计，但其用于家庭和办公室的市场潜力很快也变得显而易见。

21 号椅子 1935 年

Model No. 21 Chair

设计者：夏洛特・佩里安（1903—1999）

生产商：斯蒂芬・西蒙商号，1935 年

1935 年，在布鲁塞尔举行的当年那一届的“国际展览”（即世博会）上，夏洛特・佩里安与一群设计师共同推出了“年轻人之家”专题展。将健身房与休息和学习的空间相组合，“年轻人之家”旨在成为学生宿舍的一个原型，用佩里安的话说，这就是“一个将迎娶其时代的年轻男子的巢穴”。21 号椅子是她为学习区、书房区所做设计的一部分。它的轮廓以 LC1 扶手椅为基础，那是一把典型的现代主义椅子，带有轻度往后斜靠的椅面椅背，是佩里安与柯布西耶和他的堂弟皮埃尔・让纳雷在 1928 年完成的设计。不过，令她同时代的人们感到相当意外和惊讶的是，21 号并未用管状钢来构建框架，反而用了橡木，她还用草编材料制作了椅面和靠背。金属可能表达了现代主义当中的那些乌托邦式、功利实用的观念理想，但佩里安在此选择了手作木头制品的丰富触感和温暖。这与她批驳这种材料的早期宣言相反，是她的反转。作为最早那批标举和赞美匠人手工艺的、走自然有机创作路径的现代主义作品之一，这椅子标志着一个关键点：佩里安摆脱和走出了勒・柯布西耶的影子。在这之后，她继续证明了，传统技术应用在现代主义家具中，并不会阻止对简约和功能性的追求。

901 型茶饮小车 1936 年

Tea Trolley 901

设计者：艾伊诺・阿尔托（1894—1949）；阿尔瓦・阿尔托（1898—1976）

生产商：阿泰克，1936 年至今

1929 年，阿尔瓦・阿尔托向柏林公司索内特-蒙德斯赞助的竞赛提交了几项设计。这其中包括一个低矮的送餐桌，其拥有 3 层台面空间和让人联想到狗拉式雪橇的曲线滑行部件。在接下来的 7 年间，该布局配置几经调整，成为由阿泰克制造的 901 型茶饮小车。阿泰克是阿尔托夫妇与几位现代主义同事于 1935 年成立的实业艺术公司。这个成品中，带有立面平整轮子的曲线条底盘取代了滑行雪橇；阿尔托以桦木、瓷板和藤条打造的小推车，将放茶饮的网格状瓷砖台面与旁边的置物篮相结合，体现了这位芬兰设计师那创新而人性化的美学。小推车的曲木桦木结构是典型的阿尔托特色元素。一个油毡覆盖台面、无篮子的版本于 1936 年在阿泰克的产品展厅中首先展示过，但阿尔托的 901 型茶饮小车在国际上的首次登台，是当年晚些时候亮相于米兰三年展。第二款，名为 900 型茶饮小车的产品，在 1937 年的巴黎世博会上展出。由于其坚固的设计、阿泰克实业的持续存在，也由于与赫曼米勒（Herman Miller）之间的特殊协定，901 和 900 型小车一直生产至今。

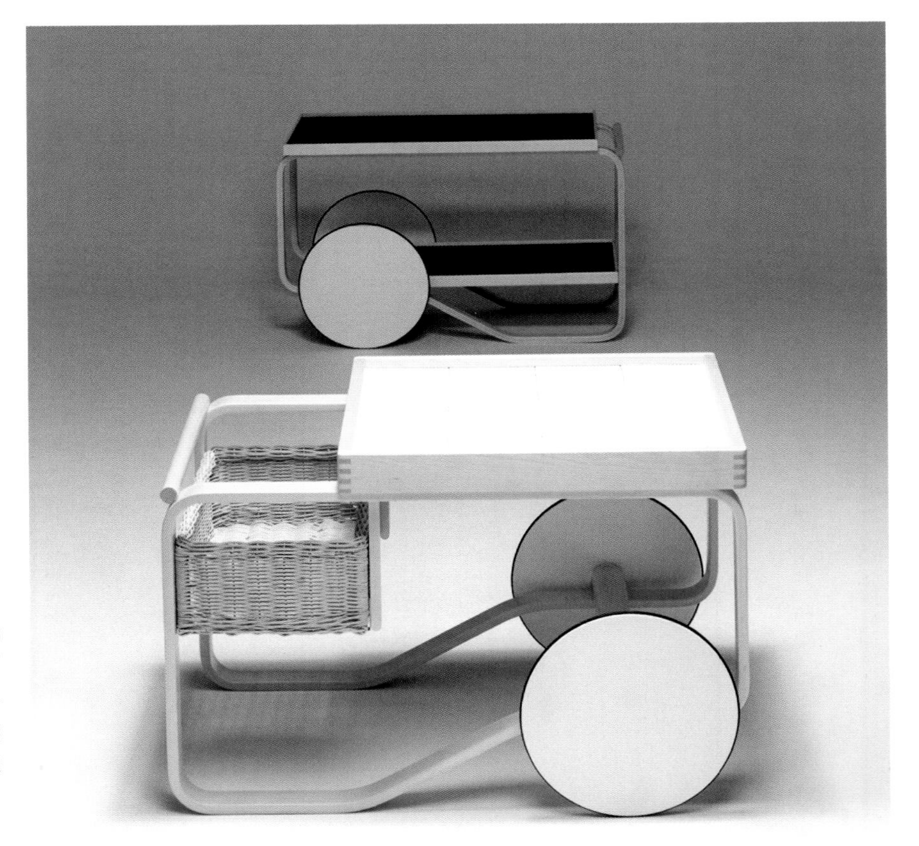

O-Mat 果汁机　　1936 年

Juice-O-Mat

设计者："竞争对手"设计团队

生产商：竞争对手公司（Rival），1936 年至约 1960 年

O-Mat 果汁机，是典型的美式餐馆必备风格（diner-style）产品，体现了美国人对机器的崇拜。这种心态在 1939 年的纽约世界博览会上达到了顶峰。在 20 世纪 30、40 年代，作为健康生活方式的一部分，饮用鲜榨橙汁变得流行，导致造型为装饰艺术风格的各种榨汁机涌入商业市场。竞争对手公司的第一款 O-Mat 果汁机于 1936 年问世；随后的一些早期型号都呈现为简洁的线条、闪亮的镀铬，反映了当时风靡的装饰艺术风格。现在仍可以找到许多这样的榨汁机，烤漆式的热固珐琅饰面还完好，几乎没有岁月痕迹。此产品的首批几个版本是独立型，置于合适平面即可，但该公司从 40 年代后期开始，在其许多产品上设计了供预先定制的壁挂附件。这一次操作的单动榨汁机，用铸铁制成，采用小齿轮与齿条联动系统；此杠杆作用下可产生高达 270 千克的压力。使用过程很简单：用户将一个玻璃杯放到接果汁的底座上，再将半个橙子放入榨汁过滤器中，然后拉下把手以压榨和释放果汁（抬起把手便可升起顶部上盖，将水果放入榨汁机或取出残渣；向下拉则关闭顶部并挤压果汁；所有这些都以流畅的一次单击动作完成）。竞争对手公司的榨汁机生产在 60 年代中期停止。

400 型扶手椅（坦克椅）　　1936 年

Armchair 400 (Tank Chair)

设计者：艾伊诺·阿尔托（1894—1949）；阿尔瓦·阿尔托（1898—1976）

生产商：阿泰克，1936 年至今

阿尔托夫妇的座椅类家具，以精简和轻量化著称；在这些设计中，400 型扶手椅（也称坦克椅）显得不同寻常。在这把椅子上，这对夫妇进行一种远为粗壮结实的美学陈述，强调体块质量和坚固厚重感，因此让他们的层压木制家具有了一种不同的可能性。在这个款型中，薄薄的桦木贴面饰板被胶合在一起，并围绕一个模子定型设置，以形成宽宽的、弯曲的悬臂支撑式的带材结构，为床垫样式的椅面和靠背在两侧提供开放式框架。这些层压板带材比其他型号家具所用的更宽，部分是为了支持这件作品的大块头厚重美学，部分也是为了增加强度。在扶手和靠背的连接处，条带层压板弯曲端向下伸出一截，有助于为此设计带来整体的刚性和严肃感。这是扶手椅 400 与其近亲 406 明显不同的一个细节，406 的扶手以向上弯折的方式终止。虽然只是一个很小的差异，但它表明了这样一种元素的美学功能——在 400 中有助于完成那种肌肉强健、负重能力可靠的画风。

真空吸尘器 1936 年

Vacuum Cleaner

设计者：亨利·德雷福斯（1904—1972）

生产商：胡佛公司（Hoover），1936 年至 1939 年

在 20 世纪 20 年代，真空吸尘器已变得越来越普遍。当时的市场背景是，人们对家里积聚的灰尘以及可能含有细菌的任何东西日益感到焦虑。因此，当詹姆斯·斯潘格勒（James Spangler）在 1907 年设计出他的电动立式真空吸尘器时——正是基于此，威廉·亨利·胡佛在 1908 年开发出了第一款商业化吸尘器——所宣传的主要卖点是健康的呼吸和消除细菌，而不是节省劳动力之类的益处。早期的真空吸尘器一如工业机器，外观高度工业化。亨利·德雷福斯（Henry Dreyfuss）于 1934 年开始为胡佛工作。在设计 150 型吸尘器时，他意识到这些局限性，于是帮助公司不仅利用了消费者对健康和卫生讯息的关注，而且利用了市场对反映时代技术进步的新型吸尘器的那种广泛需求。这个型号比前例产品都更易于提拉移动和操作，采用更轻的镁合金铸件和模制的电木电机外壳。其大胆的造型，将它与推崇流线型和速度的潮流时代精神联系到了一起，并发出暗示信息，表明机器本身干净、防尘、不漏尘。当时，胡佛公司正面临来自伊莱克斯、胜家（辛格）和蒙哥马利-沃德等其他品牌的激烈竞争，新机型的这些策略立刻取得了成效。那些公司也迅速更新了它们的机型，但 150 型有效地重新确立了胡佛作为市场领导者的地位。

菲亚特 500A 小老鼠 1936 年

Fiat 500A Topolino

设计者：但丁·贾科萨（1905—1996）

生产商：菲亚特（Fiat），1936 年至 1948 年

工作于 20 世纪中期的那些意大利汽车造型师当中，但丁·贾科萨（Dante Giacosa）是最激进和最有影响力的人之一，尤其是放在批量化生产汽车的前提语境中来说。贾科萨从 1928 年开始为菲亚特工作；这位工程师兼设计师的成就来自从无到有、从零开始重新思考汽车。他毕业于都灵理工大学工程专业。20 世纪 30 年代初，为响应菲亚特为大众打造汽车的愿景规划，他提出了一款水冷、后轮驱动汽车的构想，来与莫里斯 8 型——号称英国的“人民汽车”——以及德国大众汽车进行竞争。这样一款车的构想，最初来自菲亚特当年的执行董事（总经理）乔瓦尼·阿涅利（Giovanni Agnelli）。在奥雷斯特·拉多内（Oreste Lardone）设计的一款车型失火、因而宣告失败后，阿涅利有了这个新念头。贾科萨的版本更为成功，他单人独自完成了从发动机到车身外壳的全部设计。其统一的外观反映了当年追捧流线造型和将车身组件集成到单个外壳中的时尚。只有车头灯部分与车身分开。这台小小的两座车，向公众展示了一个可爱的形象，为它赢得了“小老鼠”的绰号（意大利人对美国卡通角色米老鼠的称呼）。菲亚特 500A 在意大利取得了巨大成功：1936 年至 1948 年间，共有 122 000 辆“小老鼠”从菲亚特的装配线上诞生。

嘉年华餐具 1936 年

Fiestaware

设计者：弗雷德里克·赫顿·瑞德（1880—1942）

生产商：荷马-拉夫林瓷器公司（Homer Laughlin China Company），1936 年至 1973 年，1986 年至今

1936 年，当荷马-拉夫林瓷器公司发布其嘉年华餐具系列陶瓷产品时，美国仍陷于大萧条的泥沼中。通过诉诸中产阶级的体面感与家庭礼节观念，嘉年华餐具让自己成为必不可少的被购买对象。虽然在俄亥俄州制造，但嘉年华餐具是由英国人弗雷德里克·赫顿·瑞德（Frederick Hurton Rhead）设计。在餐具风尚仍然呼应着维多利亚时代和新艺术运动设计的时候，瑞德引入了大胆的色彩和简单的“装饰艺术”风格，唯一的装饰是五根凸起的同心圆线条。色彩才是这些瓷器的重心和主调。嘉年华餐具（命名意即，“这些餐具，将您的餐桌变成喜庆活动现场”）最初以红色、印度大花绿、钴蓝色、黄色和象牙色发布，帮助改变了家庭室内氛围。由于釉料中使用了贫铀氧化物，红色系列成为市场上放射性最强的产品之一，因而变得臭名昭著。嘉年华餐具于 1973 年停产，但在 1986 年又以新的颜色系列重新发售，以纪念其问世 50 周年。70 年来，其设计几乎没有变化，产品只是跟随反映了色彩流行时尚的无数变化。即便到了今天，其新色彩系列的发布对收藏家和爱好者来说也算是一件大事。

柯达矮脚鸡特别版 1936 年

Kodak Bantam Special

设计者：沃尔特·多文·蒂格（1883—1960）；伊士曼柯达研发部

生产商：伊士曼柯达，1936 年至 1948 年

矮脚鸡特别版相机，时尚小巧、流线造型，是一款制作精良的相机，用户定位为相对认真的业余爱好者。机身为铸铝材质，一个按钮负责释放侧开式保护底板以带出镜头。此机也向公众引介了新的 828 胶卷，无孔纸背式 35 毫米，负片尺寸为 28 毫米 ×40 毫米。这个型号的相机有两个版本。第一个生产于 1936 年到 1940 年，在德国制造的“康盘”（Compur）快门中安装了柯达的爱克塔 Ektar f/2.0 消像散透镜镜头；第二个版本，是从 1941 年到 1948 年，使用美国制造的“超级自动 0 号”（Supermatic No.0）快门配装柯达 Ektar f/2.0 镜头。1928 年，伊士曼柯达公司聘请知名工业设计师沃尔特·多文·蒂格（Walter Dorwin Teague）对其产品系列进行现代化改造。蒂格与柯达的工程师密切合作并参与了生产过程；他与柯达保持着合作关系，直到 1960 年去世。柯达于 1935 年推出了矮脚鸡相机系列，瞄准业余摄影爱好者，售价为 5.75 美元。这其中大多数都有模制塑料机身。柯达矮脚鸡特别版的标准则更高，配备了比标准的 f/4.5 镜头更快速的 f/2 镜头；它的售价当然也更高，需要花费 110 美元。此相机是那个时期的一个象征符号，其设计体现了蒂格毕生作品的典型特点。

K6 邮政电话亭（周年欢庆亭） 1936 年

Post Office Kiosk K6 (The Jubilee Kiosk)

设计者：吉尔斯·吉尔伯特·斯科特爵士（1880—1960）

生产商：多家生产，1936 年至约 1968 年

吉尔斯·吉尔伯特·斯科特爵士（Sir Giles Gilbert Scott）是一位建筑师。他的工程项目包括伦敦的巴特西发电站（1929—1955）和滑铁卢大桥（1939—1945）。他在 1929 年赢得了一项三方联办的竞赛，任务是设计一种可大规模生产的标准化电话亭，供英国使用。他那充满活力的红色 K2，是钢材与玻璃构成的一座比例很经典的迷你建筑，主要出现于城镇地区。11 年后，斯科特被要求修改他的设计，以配合一个遍及全国的推广行动：安装公用电话，让国土上的每个家庭在可轻松到达的地方都能用上电话。这一结果，就是 K6 或周年欢庆电话亭的诞生。斯科特将亭子的高度降低到 2.5 米并将其重量减半，以便于运输和安装。他还对窗户进行了改动，使 K6 的造型更轻盈，外观更现代。K6 这一设计成果广泛分布（在 1936 年至 1968 年间建造和安装了超过 60 000 个），质量可靠，于是长期存在，这对英国的建筑景观产生了巨大冲击和影响。最初安装在远离城市的地区时，它遭到了相当强烈的抗议——不少人觉得，它出现在农村环境中的那样子令人不安。不过，即便到了今天，这电话亭仍是 20 世纪最知名最易辨识的街头家具类设施之一。

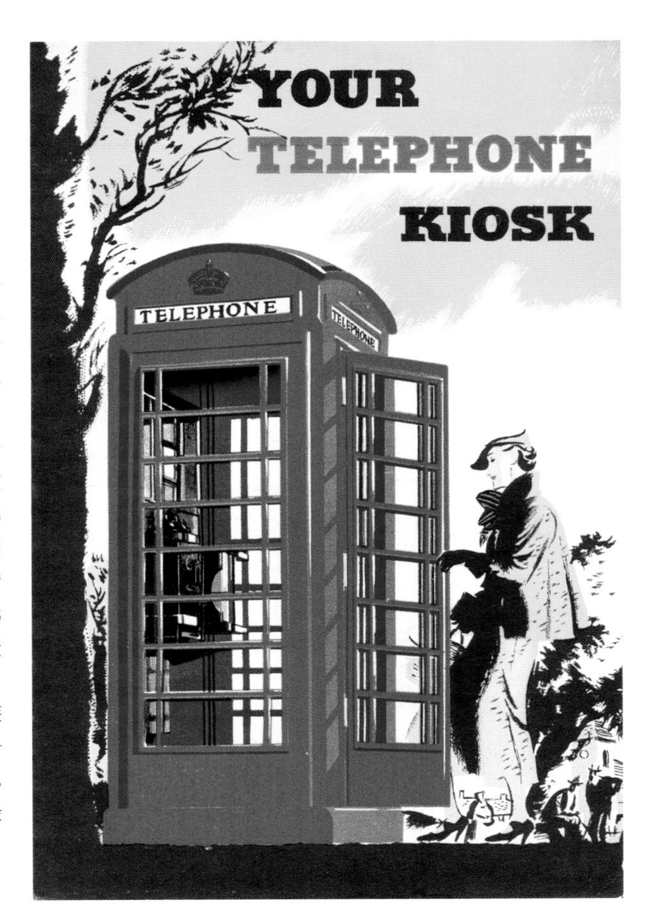

气流快船 1936 年

Airstream Clipper

设计者：华莱士·梅尔·比亚姆（1896—1962）

生产商：气流拖车公司（Airstream），1936 年至 1939 年，1945 年至今

正如气流公司文献中所记载的那样，“华莱士·梅尔·比亚姆（Wallace Merle Byam）实际上生来就是一位旅行者”。小时候，他在俄勒冈州乘坐骡车，随着亲友车队奔波；后来，他当过牧羊人和商船船员，四处浪游。比亚姆最终定居在洛杉矶，他在那里创立和运营自己的广告与出版公司。比亚姆打造的第一辆拖车，是为了回应读者的反馈意见——他的一本杂志上发表的关于建造旅行拖车的方案，引发了不满。他着手设计一个改良的版本。通过简单地引入两个很基础的改变：将拖车的地板降低到车轮之间的半高位，以及抬升车顶的高度，他将拖车变成了一个移动房屋。在最初的几个设计之后，比亚姆开始研究飞机构造方面的技术。这一努力在 1936 年以“快船”的设计达到顶点。该拖车采用了创新的铝制单体壳，泪滴状设计符合空气动力学原理，重量轻到可以由单人骑自行车拉动。“二战”期间限制使用铝，这导致该公司关闭。气流公司战后重新开门营业，并恢复了“快船”的生产。即便到了今天，所有曾产出的气流拖车中高达 60% 仍在正常使用。

里加美乐时相机 1936 年

Riga Minox Camera

设计者：沃尔特·扎普（1905—2003）

生产商：国家电工电气厂（Valsts Electro-Techniska Fabrika，VEF），1938 年至今

美乐时，在 1938 年发布上市，是当时量产制造出的最小相机，曾出现在多部电影中，例如 1948 年的《反案记》（*Calling Northside 777*），并在 20 世纪 50 年代被视为间谍活动必备器材。拉开机身的两端打开相机，可以看到镜头和取景器；拉开的同时也就把胶卷推进到位，拍照已准备就绪。闭合之后，光滑的不锈钢外壳隐藏起镜头和取景器，仅在机身顶部留下少数部件可见。1934 年，拉脱维亚摄影师沃尔特·扎普（Walter Zapp），虽然没有接受过工程或光学设计方面的正规培训，却开始着手打造一款相机，也即后来的“美乐时”。随后，他于 1936 年 12 月在英国为该设计申请了专利。此相机于 1938 年进行商业化推广，并开始在国际上销售；其非凡之处在于，它可以在装入特制的美乐时胶片舱盒的 9.5 毫米无孔胶卷上完成 50 次曝光成像。到 1943 年左右停产时，此相机已售出大约 17 000 台。“二战”期间，VEF 工厂先后被俄罗斯和德国军队接管，然后于 1945 年在西德重新建立，并于 1948 年恢复生产。美乐时相机今日仍在继续生产，而且可一目了然现款是原作的派生物。

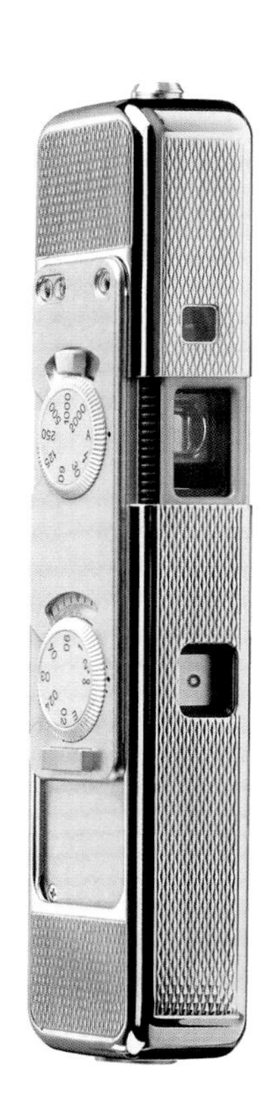

艾普利亚 1936 年

Aprilia

设计者：文森佐·蓝旗亚（1881—1937）

生产商：蓝旗亚公司（Lancia），1937 年至 1949 年

蓝旗亚旗下的艾普利亚，是首批商业上获得成功的流线型汽车之一，被认为是文森佐·蓝旗亚（Vincenzo Lancia）的代表作，结合了精密先进的机械结构、加工工艺与整体设计，因而广受赞誉。蓝旗亚曾在菲亚特工作，然后于 1906 年在都灵创办自己的汽车制造厂。他于 1922 年凭借兰布达（Lambda）车型首次获得成功。那是一款将底盘和车身结合为一体的汽车，这让他的公司因其车子的品质和性能而受到关注。1937 年，艾普利亚推出时，蓝旗亚不巧刚刚去世。这是第一款运用了空气动力学原理的量产汽车。轿车车身为四门无柱硬壳式设计，但其最招牌化的特征，是纵向中线凸起的散热器格栅的 V 形车头。这种尖头的轮廓，往两侧排风，旨在减少空气阻力。该车还配备了在当时很少见的 4 车轮全独立悬架，另配有 V4 发动机和半球形燃烧室。此车车体紧凑且相对较轻，最高时速可达 128 千米。第二个系列于 1939 年上市，具有更大排量的发动机，可带来 48 轴马力的实际轮上功率。它的生产持续到 1949 年，在都灵的工厂共制造了 20 082 辆汽车和 7554 台底盘。该车型引入了一些其他的改动变化，但保留了第一个系列的尺寸规格。

哈雷－戴维森 EL　　1936 年

Harley-Davidson EL

设计者：哈雷－戴维森设计团队

生产商：哈雷－戴维森（Harley-Davidson），1936 年至 1952 年

哈雷－戴维森 EL，被称为“现代摩托车之母”，它在许多方面都是后来所有哈雷－戴维森车款的原型。1931 年，哈雷－戴维森决定开发一款全新的两轮摩托。5 年后，EL 车型问世，配备了最新型的变速箱和车架，让哈雷－戴维森成为美国领先的摩托车生产商；EL 尤其以现代的顶置气门设计而闻名；此设计成了大多数发动机的未来之选。EL 的特色，还包括大胆的造型风格变化和独有的外观。每个摇杆箱的顶部，都像握紧后拳头上的指关节，因此获得了“关节头”（拳头引擎）的绰号（此英文戏称另有“笨蛋”之意，所以该发动机也称“傻瓜头”）。这台两轮新车在最初几年经历了各种改良。除了顶置气门，另外还有几个显著特征将会定义未来的哈雷－戴维森车型：一个单独的 U 型油缸环架在电池外围，这样机油油液就不用再加进燃油箱里，更坚固的管状材料前叉总成，安装了速度表、油压表、电流计和点火开关的更平滑流畅、更圆润的燃料箱体，以及改进了的油路油循环系统。EL 于 1936 年至 1940 年间制造，配备排量为 1000 毫升的 V 型双联发动机，据称可产生 40 马力的功率。EL 结合了更小型双轮机车的轻量化优点以及可与 1200 毫升车型相媲美的动力。

庞蒂餐具 1936年

Flatware

设计者：吉奥·庞蒂（1891—1979）

生产商：阿瑟-克虏伯银器（Argenteria Krupp），1936年至1969年；桑博内（Sambonet），1997年至今

在建筑或室内设计项目中，吉奥·庞蒂并没有把自己局限在任何单一的材料、技术上，或单一的创意训练、实践范围内。他广泛关注细节，无所不及，涵盖了极小的比例尺度，一直到餐具刀叉。这套餐具设计于1936年，风格上明显区别于常规产品，因为这里没有传统上的对装饰化的、轮廓清晰的手柄的强调。庞蒂刀叉那柔和起伏的曲线，几乎静静消失在每件产品的手持端；曲线似乎自然地融入了手中。这套餐具，最初是由阿瑟-克虏伯银器用扎马（zama）材料生产，那种合金当中使用了锌而不是铜，因为铜在“二战”期间供应不足。1942年，不锈钢的版本开始生产，而这也是最早的不锈钢餐具之一。20世纪60年代，桑博内公司收购了克虏伯银器，并继续生产庞蒂的扁平刀叉。今天，那简单的线条仍然毫不过时，有当代感。这个系列现在采用18/10不锈钢（316不锈钢）或千足银电镀不锈钢制成，具有镜面或缎面效果。在他的整个职业生涯中，庞蒂都不时设计餐具。与本条目这套早期的经典餐具相比，那些设计的风格定位，大多数都更加自觉和“现代”。

36型休闲躺椅 1936年

Lounge Chair 36

设计者：布鲁诺·马松（1907—1988）

生产商：布鲁诺-马松国际（Bruno Mathsson International，前身为卡尔-马松商号），1936年至20世纪50年代，2000年至今

20世纪30年代，设计师布鲁诺·马松（Bruno Mathsson）开始研究他所戏称的“坐的生意”。马松的36型休闲躺椅便是这些研究的成果，并且仍然是其职业生涯的不朽遗产。从1933年开始，他就设计有层压板材料制成的椅子框架，并且椅面和靠背形成一个整体连贯的单元，上面铺盖的条状衬垫，是用马鞍肚带编织而成。36型休闲椅演变自更早期的一个设计：1933年的“蚱蜢椅”。此躺椅因其简单的结构所传达出的轻盈感而引人注目。马松的设计是以人体坐姿的生理学为基础，考虑到支撑身体、活动和静卧休息的一般需要。他写道，“舒适的坐姿是一种‘艺术’——但实在不应如此。相反，椅子的制作必须以这样一种‘艺术’来完成，以便能达到让坐姿不必是任何‘艺术’”。他从瑞典工艺传统中汲取灵感，在他那些很受欢迎的木制家具中探索了自然有机的，甚至是拟人化的造型。马松的父亲卡尔训练了他，教他制作橱柜。父亲的家具商行在韦纳穆（Värnamo），后来生产了儿子布鲁诺的许多设计。马松的家具款型结合了美感和实用形式，在当时和现在看来都相当有创新色彩。

阿斯纳戈 – 温德联名桌 1936 年

Asnago-Vender Table

设计者：马里奥·阿斯纳戈（1896—1981）；克劳迪奥·温德（1904—1986）

生产商：意大利帕卢柯，1982 年至今

这款钢框架玻璃桌由马里奥·阿斯纳戈（Mario Asnago）和克劳迪奥·温德（Claudio Vender）设计，旨在改造米兰的一家咖啡馆，摩卡酒吧（Bar Moka）。酒吧于 1939 年重新开业，但这张桌子在 1936 年的第六届米兰三年展上已经展出。这张桌子可能是意大利理性主义最纯粹、生命力最持久的实物化身之一。那是基于现代主义的一场短命的设计运动，于 20 世纪 30 年代在意大利风云一时、蓬勃发展。那一时期的其他设计师，为了支持促进法西斯事业，将注意力转向理性主义运动中民族主义的和宏大不朽的丰功伟业，但建筑师阿斯纳戈和温德则保持独立，忠实于他们自己的愿景，而那或许在这张桌子中得到了最好的例证。构成桌子的部件，是一张简单的长方形台面，用了 10 毫米厚度的钢化水晶玻璃，由拉制而成的实心钢条框架支撑，两根呈对角线相交的细钢条斜拉，以强化固定框架。对此严肃的截面形式而言，这个结构上的交叉是唯一的点缀，虽然这点缀也是荒凉枯寂的。阿斯纳戈和温德将他们严谨而优雅的理性主义原则应用于一系列的建筑项目，不过正是这个独特的桌子设计才封存、概括了他们的遗产。事实上，这是当今仍在生产中且最能表现理性主义的设计产品之一。

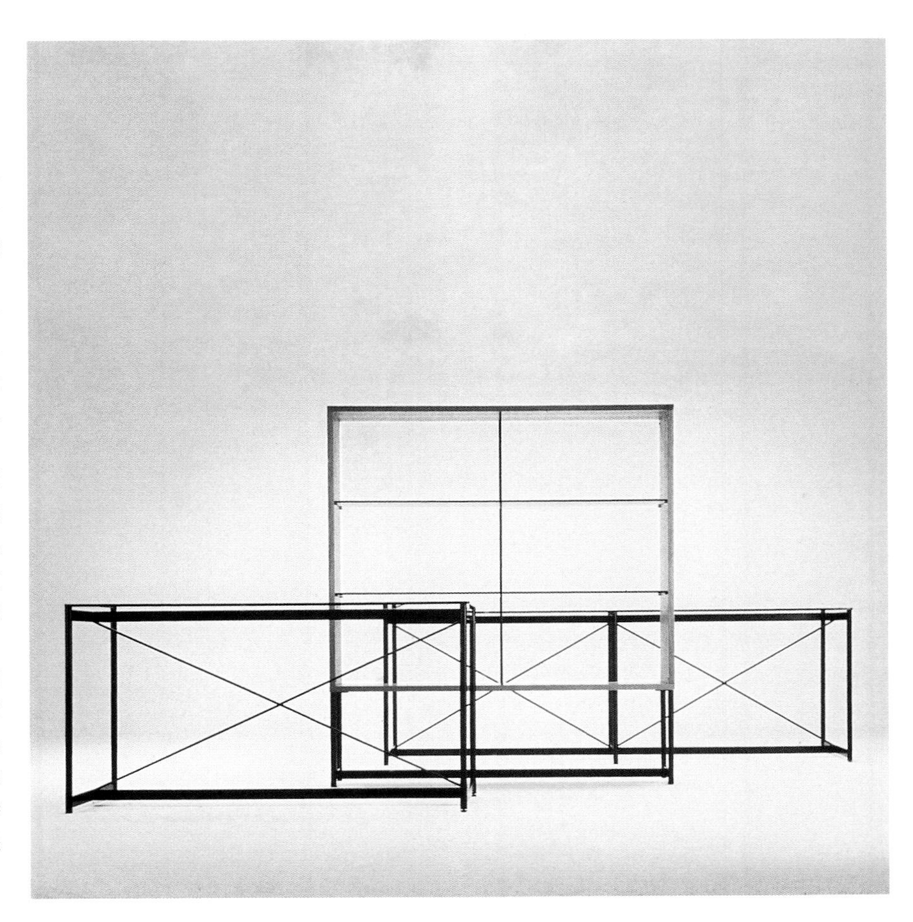

圣埃利亚椅子 1936 年

Sant'Elia Chair

设计者：朱塞佩·特拉尼（1904—1943）

生产商：扎诺塔（Zanotta），1970 年至今

贝尼塔椅子（Benita），由朱塞佩·特拉尼（Giuseppe Terragni）为位于意大利科莫的法西奥之家（Casa del Fascio）设计，那是他最受称颂的建筑项目。由于椅子原名不幸与意大利独裁者贝尼托·墨索里尼（Benito）的名字有关联，后来被迫更改为圣埃利亚。特拉尼设计了法西奥之家内饰的每一个元素——窗户、门、灯、书桌、餐桌、书架、置物架和椅子——采用的是他贯穿了这整个建筑项目的相同的试验态度。这其中包括一把名为拉里阿娜（Lariana）的悬臂式椅子，椅子有一个由钢管制成的弯曲的单一框架，支撑着皮革包裹衬垫的或模制的木质椅面和靠背。为了更适合在董事会议室高管办公室之类场所中使用，特拉尼将拉里阿娜变成了贝尼塔——框架延伸，便多出了优雅的扶手。两款椅子都有着各种丰富的曲线，赋予椅座、靠背和扶手一种不寻常但舒服适用的灵活度，同时也兼顾了美观和功能。这两把椅子原本打算由米兰的哥伦布公司制造，该厂商当时已开始生产金属管材家具，但椅子没能量产，直到 20 世纪 70 年代，扎诺塔重新配置了这两个版本，作为公司经典产品系列的一部分，它们才规模化生产。

萨沃伊花瓶 1936 年

Savoy Vase

设计者：艾伊诺·阿尔托（1894—1949）；阿尔瓦·阿尔托（1898—1976）

生产商：伊塔拉，1937 年至今

萨沃伊花瓶是阿尔瓦·阿尔托最著名的玻璃工艺设计。那不寻常的阿米巴虫形态，启迪来自何处？这引发了相当多的猜测。人们提出各种设想，包括树木的畸形古怪的年轮、水的流动形态，以及芬兰的许多湖泊。阿尔托对他的灵感来源守口如瓶。甚至，他给萨沃伊花瓶起的原名，“爱斯基摩女人的皮革马裤”（Eskimåkvinnans Skinnbyxa），也只是更多地体现了他的幽默感，而不是他的灵感。此花瓶代表阿尔托生涯中的少数特例情形之一：接近于设计某种装饰性的物品。没有插花，此瓶可以作为一件雕塑作品独立存在。这种形状，还关联到阿尔托在其层压板木制家具中打造出的曲线。该花瓶是为 1937 年巴黎世博会的比赛而创作，比赛由生产商卡胡拉（后来的伊塔拉）赞助。此作获得了一等奖。与此同时，由阿尔托夫妇负责内部设计、位于赫尔辛基的“萨沃伊餐厅”也预订了数个此款花瓶，于是作品由此得名。虽然花瓶最初是吹制的，吹入木模成型，但现在使用的是更耐久的铸铁模具。自问世以来，这款花瓶一直在生产，有多种颜色，尺寸规格多样，也始终广受欢迎。

300 型电话 1937 年

Model 300 Telephone

设计者：亨利·德雷福斯（1904—1972）

生产商：西部电气公司，1937 年至约 1950 年

在为“流线型”设计做出贡献的同时，亨利·德雷福斯密切关注其产品的易用性，并从一开始就关注用户的舒适度。这些考虑因素也渗入和体现在他为西尔斯、韦斯特克洛斯（Westclox，美国钟表公司）、胡佛家电和约翰迪尔（John Deere）等客户所完成的项目中。虽然德雷福斯作品的大部分都遵循了当时占主导地位的曲线美学，但他的设计也因对用户与产品交互作用的理解考量而提供了使用上的福利。他坚持认为产品应是“由内向外”进行设计，所以，开发一款新电话时，当被告知无法与技术工程师协调商讨之后，他便拒绝投入行动。这种不愿在原则上妥协的态度，贝尔电话公司很欣赏，因此向他提供了这份工作，结果就是创造了具有经典原型意义的 300 型电话。德雷福斯和他的团队，通过研究手部和头部的大小，当然也兼顾考虑话机的内部配置和机械结构，然后开发出了这种造型样式。300 型从 1937 年开始生产，并一直持续到 1950 年，这也证明了它的受欢迎程度。从事和致力于此类的项目，由此形成的理念、想法和工作流程，有助于启示并丰富德雷福斯的设计哲学和方法；这些成果最终在他那影响力深远的《人的量度》（*The Measure of Man*，隐含人是衡量标准之意）中达到顶峰，该书帮助设计师将人体测量学和人体工程学研究融入他们的工作中。

无线电看护 1937 年

Radio Nurse

设计者：野口勇（1904—1988）

生产商：天顶无线电公司（Zenith Radio），1937 年至约 1941 年

天顶公司的“无线电看护”及其随附的“监护人耳朵”（Guardian Ear）于 1937 年首次生产，为父母提供了同一时间出现在多个地方的机会。天顶聘请时年 33 岁的艺术家兼设计师野口勇（Isamn Noguchi）来尝试他的第一个工业设计，结果便是给市场提供了一个无线对讲系统。该系统包括了野口设计的“无线电看护”。这是一个棕色的电木（胶木）接收器，外壳具有明显的现代主义风格，让人联想起蒙着头巾的修女护士。“看护”与“监护人耳朵”配对，那是一个发射器，装在笨重的金属盒子里，通常安置于儿童房内。无线电看护，为功能性物品赋予了优雅、精妙、纯净的雕塑感，并推进了野口对生物和机械形式之间对话的探索。而反射器以及装于其中的盒子，则相当简陋粗糙，揭示了当时关于儿童社会地位的一些概念。容纳发射器的“耳朵”，平凡乏味、毫无特色，只是一个普通的釉面金属外壳。一只麦克风从那里输出声响，通过 300 千赫的振荡器放大和调制，耦合到交流电源线之后，那声音信号便被解调和放大。为旌表设计师对这款产品的贡献，野口的名字被印在了“看护”的外壳上。具有讽刺意味的是，这个姿态把“看护”送进了垃圾堆：珍珠港遭到袭击后，外壳上的这个日本名字导致了“看护”被弃置。

梅丽塔锥状体过滤器 1937 年

Melitta Cone Filter

设计者：梅丽塔设计团队

生产商：梅丽塔集团（Melitta Group），1937 年至今

长期以来，咖啡因其令人提神振奋的特性而广受欢迎，但它具有一种特有的苦味，大量饮用者都试图消除这种苦味。为此目的，人们发挥奇思妙想，设计了许多古怪装置，但基本无用；直到 1908 年，来自德国德累斯顿的家庭主妇梅丽塔・本茨提出了一个方案才明确奏效。她认为是咖啡粉末渣滓和残留物造成了苦涩的口感，于是在黄铜壶的底部打了一个洞，再拿吸墨纸衬到壶内侧，用作过滤层。本茨于 1908 年在柏林专利局登记了她的过滤器，并成立梅丽塔・本茨公司。1925 年，红绿配色包装首次使用，梅丽塔也成了更新后的圆底过滤器的品牌名称。在 20 世纪 30 年代，上部的壶体部分逐渐变细成锥形，让过滤面积更大——那锥状体最终演变为用白瓷制成，带有杯子常见的那种手柄；外侧面被压平，其内侧表面有棱纹以加强咖啡的浸泡渗透过程。一种新的过滤纸被设计出来并获得了专利；该滤纸贴合安装在瓷质过滤器中，利于咖啡风味酝酿和浸泡滴滤的表面积更大，因此咖啡粉的单位需要量反倒更少。从那时起，此产品也尝试应用新材料，改造和专门修订生产工艺，以满足当代的环境可持续标准，但其根本设计几乎保持不变。

“A”型拖拉机 1937 年

Model 'A' Tractor

设计者：亨利·德雷福斯（1904—1972）

生产商：约翰迪尔，1939 年至 1952 年

亨利·德雷福斯为约翰迪尔设计的“A”型拖拉机，是第一个将工业设计应用于农业机械的例子。它旨在将拖拉机工程中此前所有截然迥异、不相容的机械元件，以一个同类同质的形式统一为一体；尤其是，以德雷福斯获得了设计专利的二合一的发动机罩和散热器盖，来组构这台机器。作为约翰迪尔人气最高最广的拖拉机，“A”型于 1934 年开始生产，并促生繁衍出一个很受欢迎的双缸拖拉机系列机型。由于有个生产商协议，大家同意汇集共享技术知识和专利，因此他们的拖拉机性能相似。正是面对这一认知，公司负责生产的副总裁查尔斯·斯通做出决策，只有靠“造型”才可让约翰迪尔的产品在竞争中脱颖而出。1937 年，他委托德雷福斯重新设计他们的整个产品系列，并在各个机器型号之间创造出一种“家族相似性”。德雷福斯和他的同事赫布·巴恩哈特（Herb Barnhart）以及甲方公司自己的工程师通力合作，以独特的窄引擎盖和横向水平散热器格栅为基础，与加大的发动机尺寸、排量以及增强的机器装备水平相结合，完成了一系列的创新设计。以电启动、照明和符合人体工程学的“扶手椅”驾驶座等技术创新为特色，这种非常成功的设计，配合其标志性的绿黄配色专有涂装，一直生产到 1952 年。1960 年，德雷福斯再次对整个系列进行了改造，随后在商业上甚至更为成功。

购物手推车 1937 年

Shopping Trolley

设计者：西尔文・N. 戈德曼（1898—1984）

生产商：球童公司（Caddie），1937 年；折叠篮运送车公司（Folding Basket Carrier Company，后为昂纳柯品牌），1937 年至今

1940 年 8 月，这辆购物车出现在《周六晚邮报》的头版封面页上，被贴上一个标签："改变世界的购物车"。后来，它还再次出现在 1955 年 1 月那期《生活》杂志上。西尔文・N. 戈德曼（Sylvan N Goldman）是俄克拉何马州一家连锁超市的老板；他构想和创造出这种购物手推车，目的是增加顾客一次可以购买的杂货数量。戈德曼的发明，起源于两张普通折叠椅的形状，他设想了一种用折叠金属框架制成的手推车，带有支架位，可平行放两个购物篮。戈德曼与一名巧手的杂务雇员弗雷德・扬（Fred Young）一起打造这辆小车，制作出的第一个原型车最初受到顾客冷落，被拒绝使用。然后，他在俄克拉何马州自己那些连锁店里偷偷地安插了男人和女人，让他们推着购物车到处走动，显示那是多么的方便。由于当年晚些时候此车在美国超市研究会的一场活动中进行了展示，这个地区性现象很快便在全国蔓延开来。商家相信，把篮子调整为购物车，会增加利润。结果也确实如此。多年间，戈德曼通过他的折叠篮运送车公司多次迭代更新该款型，从而做出了一种超大号的单篮筐手推车，还特意设计成可依次嵌套，多辆小推车就如古巴康加舞阵形那样，排成长长的一列。

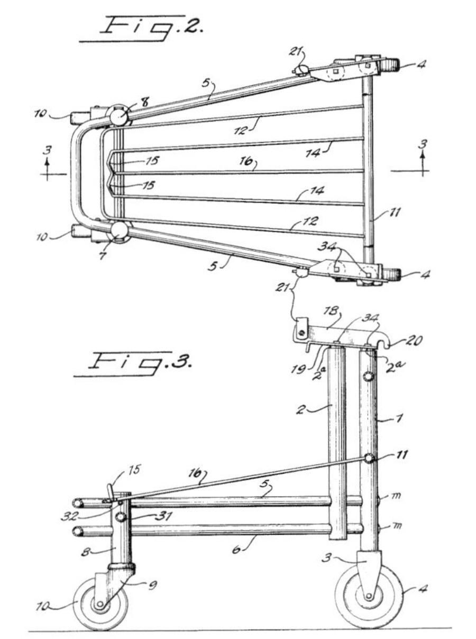

奇迹搅拌器（华林搅拌器） 1937 年

Miracle Mixer (Waring Blendor)

设计者：弗雷德里克・奥修斯（1879—1939）

生产商：华林公司（Waring），1937 年至今

华林搅拌器为我们制作饮料的方式带来了彻底的革命。弗雷德・华林，曾攻读建筑和工程专业，后来成为成功的爵士大乐队"宾夕法尼亚人"的主领者。他是本搅拌器的热心、忠实的推广者与财务支持者；这个机器最终用了他的名字来命名。此搅拌器并非同类产品中的第一个［斯蒂芬・波普拉瓦斯基（Stephen Poplawski）于 1922 年开发过这类产品的一个前例］，但本款型的发明者弗雷德里克・奥修斯（Frederick Osius）对旧有机型进行了重大改进，并于 1933 年获得了专利。机器上部的罐体造型于 1937 年确定了四叶苜蓿的形状，并被指称为"奇迹搅拌器"，在芝加哥全国餐厅设备展上宣传，到 1954 年，已售出 100 万台。该机器仍然由华林公司制造，自推出以来几乎没有变化，其圆形、轻微波浪起伏和锥体的抛光不锈钢底座，显示出"装饰艺术"的影响。再配上容量约 1.1 升的四叶苜蓿状玻璃罐，该设计成了美国"二战"前设计的标志。由于物资配给制，"二战"期间只生产了几台搅拌器，而且是服务于科学目的。华林产品的功效和可靠性，使其成为科学家的首选搅拌器；乔纳斯・索尔克（Jonas Salk）博士在研究脊髓灰质炎疫苗时便使用了它。

斯旺－莫顿手术刀 1937年

Swann-Morton Surgical Scalpel

设计者：斯旺－莫顿设计团队

生产商：斯旺－莫顿公司（Swann-Morton），1937年至今

斯旺－莫顿公司位于英格兰著名的钢铁制造小镇谢菲尔德，其最初生产无菌手术刀是在20世纪30年代后期。斯旺先生（WR Swann）、莫顿先生（JA Morton）与费尔韦瑟小姐（D Fairweather）于1932年8月创立了制造企业，专门生产剃须刀片。1937年，当巴德帕克（Bard Parker）公司申请的手术刀的原初美国专利到期时，斯旺－莫顿的重点便转移到了蓬勃新兴的无菌手术刀片市场。该设计创新的卡口式组装法，使刀片可以弹压到开槽的不锈钢手柄上去，实现简单快捷的连接。移除刀片的过程更是简便直接。此设计直观易懂的特质助力斯旺－莫顿手术刀获得标杆地位，被确立为本行业标志产品。该产品发展到目前，已有超过60种刀片形状和尺寸，以及27种不同的手柄设计。有分别面向外科医生、牙医、手足病医师和兽医的特定产品，以及用于艺术、工艺制作和设计工作室的专业工具刀。斯旺－莫顿继续主导着全球外科和工艺刀片市场，每天生产150万片，供应到100多个国家。

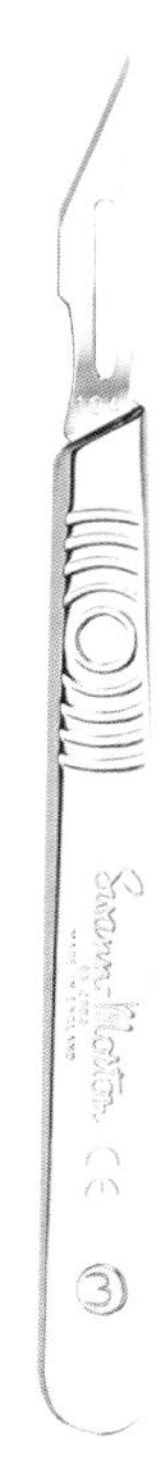

杰里油罐 1937年

Jerry Can

设计者身份不详

生产商：多家生产，1937年至今

杰里油罐，是战争推动创新的一个完美例子。虽然人们认为是意大利人首先在非洲使用了这罐子，但最早大规模使用它的却是"二战"中的德军。出于这个原因，英国军队将此物称为"杰里罐子"（Jerry，英文中指称德国人的俚语）。这个名称流传了下来。当然，毫不奇怪的是，德国人则用了另一个词：国防军罐子。在这个发明之前，车载燃油运输的差事实则非常危险。5加仑的杰里油罐有几个优点，有助于德国人的闪电战战术：顶部3个手柄，使其易于携带；其侧面的凹痕允许内容物适度膨胀；有个气室空间，意味着罐子装满时也能漂浮；它的凸轮杆式释放机构（盖子）比旧的螺帽式旋钮盖更保险更好用。罐子的设计被认为非常重要，以至于在有被俘的危险时，德国部队会摧毁他们的燃油容器。直到1942年，在英国第八军从德国非洲军团手中缴获了杰里油罐之后，英国人才得以复制该设计。从那以后，此设计几乎没有变化过，尽管它现在所用的材料是塑料或者冲压薄钢板。

克里斯莫斯椅子 约 1937 年

Klismos Chair

设计者：TH·罗布斯约翰-吉宾斯（1905—1976）

生产商：萨里迪斯（Saridis），1961 年至今

胡桃木制成的这把“克里斯莫斯”椅子，配有皮革条带编织的网状坐垫，忠实复制了来自古希腊图像记录中的原型，呈现出关于美与完善的一个特别的理想概念，而这理念 2000 多年来一直激励着艺术家和设计师们。细木工完成的优雅结构的强度与渐变的曲线的精致相结合，再加上对人体轮廓的明显考虑，使之成为舒适家用椅子的一个早期范例——当然，远在人体工程学成为流行词之前。与其他古代座椅先例不同，“克里斯莫斯”展示出前所未有的复杂与精细程度。多少有点讽刺意味的是，出生于英国的室内和家具设计师 TH. 罗布斯约翰-吉宾斯（TH Robsjohn-Gibbings），其最出名的作品是这把椅子，而他实则是一位极热心的——或许也是独树一帜、个性奇特的——现代主义者。在出版于 1944 年的《再见，齐彭代尔先生》（译注：齐彭代尔，橱柜类家具制作者，英国 18 世纪 50、60 年代带有洛可可风格的家具的代名词）一书中，他指出，“古董家具癌症，是一种根深蒂固的邪恶”，并不容反驳、姿态强硬地为现代主义辩护。他以相对温暖类型的现代主义风格进行创作；在颇为高产的一段时期后，他再次转向古希腊寻找灵感。1961 年，他与雅典的萨里迪斯品牌合作设计“克里斯莫斯”系列家具，扩展产品线，包括了古希腊经典风格数种家具的复制品。

厨房好帮手 K 型料理机 1937 年

Kitchenaid Model K

设计者：埃格蒙特·阿伦斯（1888—1966）

生产商：霍巴特制造公司（Hobart Manufacturing Company），1937 年至 1941 年

埃格蒙特·阿伦斯（Egmont Arens），精品印刷物出版商、产品及包装设计师，曾经一度还是《名利场》杂志的艺术编辑。在他重新设计“厨房好帮手”的立式搅拌机之前，该产品在商用厨房环境中似乎更恰当更自然，而不适合出现在居民家庭的烹饪工作台上。当 K 型机器于 1937 年发售时，新设计的白色镀锌加表面瓷漆的机身之内，其技术几乎没有改变；但就是凭借着外观，它一炮而红，被认为是了不起的成功——将工业设备转变成了必不可少的家用电器。此设计的美学魅力在于流线型头部构成的一气呵成的单体式工作支架，以及可轻松容下可拆卸金属搅拌盆的底座。K 型易于理解，易于使用，可轻松操作，因而它的销售价格很高。由于只有极少数的控制杆，加之是铰链设计，此机简单直接的功能——速度调节，倾动摆臂头及其（脱扣）释放开关，对新用户来说也清晰易懂。因此，这款料理机自问世以来基本保持不变。值得一提的是，几乎所有用于扩展“厨房好帮手”功能的 K 型机附件，都适用于自 1937 年以来销售的任何后继型号。这就让事情显得更意外更令人惊奇，因为，作为倡导设计以消费者为导向的一位先驱，阿伦斯也助力提出了如今越来越具争议的“计划性报废”原则（即营销者故意给产品设定淘汰期）。

球形烛台　　1937 年

Candlesphere

设计者：海伦・德莱顿（1887—1981）

生产商：尊尚公司（Revere），约 1937 年起，停产日期不详

海伦・德莱顿（Helen Dryden）的名字如今可能不是家喻户晓，但在她那个时代，她声名显赫，是美国时尚达人、潮流品位定义者。她出生于巴尔的摩，活动基地为纽约，是法国风的狂热推崇者，最初以戏剧服装设计和式样奇特的时装插图成名，而这些出品都采用了新艺术运动和装饰艺术的风格。这些创作出现在当时主流的女性杂志上，尤其是《时尚》和《时装样式》（*The Delineator*），确立了她时尚界权威的名声地位。利用这个平台，她获取了许多设计合约，且多为对方主动委托。这些项目范围很广，从“帝国墙纸”的图案和斯特里（Stehli）丝绸公司的广告，到哈德曼-佩克（Hardman Peck）品牌钢琴、杜拉（Dura）公司的浴室配置用具和尊尚公司家居用品的设计。正是为最后者，她打造了球形烛台。这是一组 3 个铬合金圆圈，可借助圈上的槽口拼在一起，也可分开放置；圈内的黄铜座，每个都可容纳一个标准的蜡烛台位。德莱顿还全力专注于由男性主导的工业设计世界，最终成了第一位设计汽车的美国女性，在 1935 年至 1938 年间与斯图贝克（Studebaker，或称史蒂倍克）汽车品牌合作。然而，到了 40 年代，她却停止工作并从公众视野中淡出和消失。她曾被称为美国收入最高的女艺术家之一，却以身无分文的潦倒困境结束了人生——住在纽约东村的一间小酒店，靠福利救济生活。

拉克索 L-1 型台灯 约 1937 年至 1938 年

Luxo L-1 Lamp

设计者：雅各布·雅各布森（1901—1996）

生产商：拉克索公司（Luxo），1938 年至今

屡获殊荣的拉克索 L-1 型台灯，生产已不止 80 年，在此期间售出了超过 2500 万台；它被公认是所有自平衡台灯的先驱。尽管如此，L-1 台灯的成功，很大程度上应归功于乔治·卡沃丁 1935 年的安格普适® 灯。雅各布·雅各布森（Jacob Jacobsen）认识到安格普适® 灯基于弹簧的那套平衡系统的潜力，并于 1937 年获得了该灯的生产权。结果是，雅各布森的 L-1 灯使用了一种类似的弹簧系统；该系统衍生自人类肢体的持续恒定张力原理（不可否认，L-1 和安格普适® 灯看起来都很像装上了灯泡的假肢）。但雅各布森将此系统用到了远远更为精雅的设计中——这正是 L-1 成为权威款型的原因。尤其值得一提的是，雅各布森的设计采用了更优雅的铝制灯罩；其突出特征是，灯罩、悬臂支架和它们之间的各种铰接接头，都呈现出形式上的和谐一致。L-1 灯今天仍然由雅各布森创立的公司拉克索制造，有多个款型版本，包括各种底座、卡口基架和灯罩。尽管也有过许多尝试来改进此设计，但它依旧是世界领先的常规作业灯之一。

兰迪椅（斯巴达椅） 1938 年

Landi Chair (Spartana)

设计者：汉斯·科瑞（1906—1991）

生产商：布拉特曼金属制品厂（Blattmann Metallwarenfabrik，1999 年起更名为梅塔莱特），1939 年至 2001 年；扎诺塔，1971 年至 2000 年；韦斯特曼股份公司（Westermann AG），2007 年至 2012 年；维特拉，2014 年至今

几十年来，兰迪椅一直是技术创新、效率和低调优雅的典范。汉斯·科瑞（Hans Coray）的职业生涯始于学习罗曼语族（拉丁语演化而来的法语、意大利语等），但在传统美术领域结束。1938 年，他参与一个花园露天椅的设计比赛，拿出了兰迪椅的方案。打孔的椅面和靠背部分，用一张经冲压和轧制的铝板制成，由最小化的双横杆悬托在弯曲的铝腿之间。薄铝板材经弯曲，增加了强度和刚性，并与热处理技术结合，造就了这重量仅为 3 千克的坚固而轻便的椅子，且多把椅子可堆叠架起。此外，阳极氧化铝饰面工艺，带来了既适合户外也同样适合室内使用的材料表面特质。椅子的名称 Landi 是 Landesausstellung 的缩写，来自德语，意为“全国展览”。这件作品在 1939 年的瑞士国家展览上被介绍给公众，并在该国成为一个几乎无处不在、通俗明了的象征，意味着捍卫瑞士文化和政治主权，因为当时瑞士是一个被纳粹和法西斯主义势力包围的孤立国家。兰迪椅如今仍然很受欢迎，并继续代表着瑞士设计中最好的组成部分。椅子还被印到政府 2004 年发行的一张邮票上，由此加强了它的标志性地位。

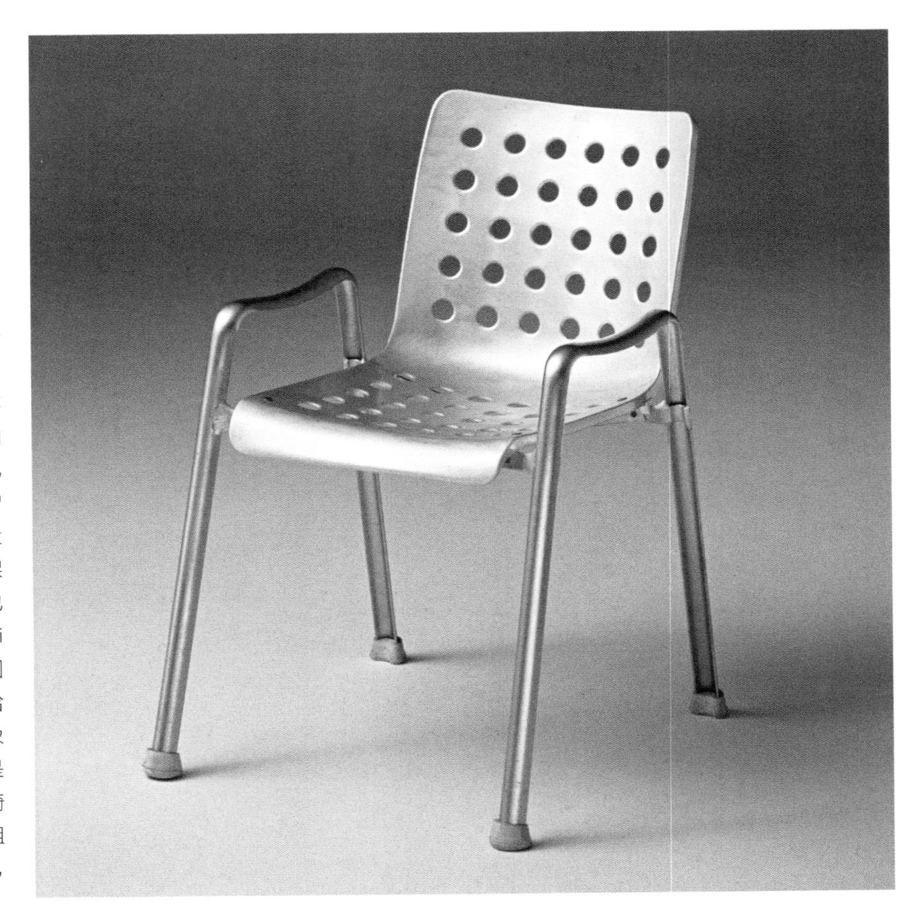

库伯斯堆叠式容器　　1938 年

Kubus Stacking Containers

设计者：威廉・瓦根费尔德（1900—1990）

生产商：劳齐茨联合玻璃厂（Vereinigte Lausitzer Glaswerke），1940 年至约 1943 年；民主德国国营安可玻璃厂（VEB Ankerglas），1945 年至约 1960 年

这些可堆叠、模块化的模制玻璃容器质量上乘，方便日常使用。它们透明卫生，利于保存食物；紧凑，能在最小的空间最大化存储；美观，可置于桌上。它们由威廉・瓦根费尔德设计。他于 1923 年至 1925 年在包豪斯求学，践行该学院的理念，将对几何形态的强调与功能结合起来。在整个职业生涯中，他始终坚持这些原则，并致力于提高批量生产的质量。他在劳齐茨联合玻璃厂（VLG）的作品是工业设计史的里程碑。作为艺术经理，他把一家普通的公司带到了玻璃行业的前沿。他在工厂里设置了一个艺术试验室，并聘请了几位当代著名设计师。他还参与了公司产品的营销，改善员工的工作条件和教育。瓦根费尔德首先致力于"钻石标志"（Rautenmarke，钻石品牌）的工艺，然后将这些质量原则应用于压制玻璃，而压制玻璃相较于吹制玻璃，在行业内曾一度遭到轻视。库伯斯堆叠式容器体现了现代的梦想，不仅在外观和生产制造上具有多重当代特质，而且比许多后继者更成功地体现了一种对餐具的新态度（也即从厨房用品上升为可桌面陈列的餐具）。

大众甲壳虫　　1938 年

VW Beetle

设计者：费迪南德・保时捷（1875—1951）

生产商：大众汽车（Volkswagen），1945 年至 2003 年

大众甲壳虫是为数不多的几款在其一生中成功改变形象，并对新生代用户产生独特吸引力的汽车之一。这是由于它简单、实用的特点。在 20 世纪 30 年代，大众的"人民的汽车"是阿道夫・希特勒动员德意志民族的计划的一部分。奥地利工程师费迪南德・保时捷（Ferdinand Porsche）一直在试验小型流线型汽车的概念，从而开发出了一款价格低廉且符合空气动力学的汽车。1939 年，希特勒在"欢乐工作小镇"（KdF Stadt）开设了一家工厂，专门生产这种汽车。战争爆发前只生产了 200 辆。甲壳虫汽车的真正成功是在 1949 年被引入美国之后。在整个 20 世纪 50、60 年代，其圆润的外形、个性和低廉的价格吸引了美国年轻的驾驶者，并很快在美国和欧洲的道路上成为标志性的存在，成为有史以来最成功的小型车之一。1974 年，欧洲停止了生产，但原始型号的生产在巴西持续到 1986 年，在墨西哥持续到 2003 年。随后推出了一款"新甲壳虫"，于 1998 年首次销售。它复现了原版车的精华特征，让公众对这款车的喜爱延续到了 21 世纪。

纽约中央哈德逊 J-3a 火车头　　1938 年

New York Central Hudson J-3a

设计者：亨利・德雷福斯（1904—1972）

生产商：美国机车公司（American Locomotive Company），1938 年

亨利・德雷福斯设计的哈德逊 J-3a 火车头，已成为现代技术和风格的象征。它符合空气动力学原理，特色是带鳍状突起的子弹头车头，类似古代战士的头盔，时速可达 166 千米。为了便于维护，他将传动装置暴露在外，设计了一个空气动力整流罩，以达到美学上的平衡；在驱动轮上方安装光源，以便夜间维护。和机车引擎锅炉光滑的半球体一样，这些元素都增加了力量感和运动感。不仅如此，德雷福斯还创造了第一列整体设计的流线型列车。通过覆盖车厢之间的空隙，他将各个车厢连为一体；内部设计典雅而克制，从装潢到餐具，所有的东西都采用了相同的主题图案和色调。以前列车的正式的座位布局被更为随意的分组所取代，使乘客能够舒适放松。1938 年投入使用后，流线型的哈德逊号牵引着著名的“20 世纪快车”在纽约和芝加哥之间穿梭。此列车在 20 世纪 50 年代中期停止使用。作为工业设计的先驱，德雷福斯还创立了工业设计协会（Society of Industrial Design），并成为美国工业设计师协会的第一任主席。

蝴蝶椅　　1938 年

Butterfly Chair

设计者：乔治・法拉利-哈多依（Jorge Ferrari-Hardoy，1914—1977）；胡安・库昌（Juan Kurchan，1913—1975）；安东尼奥・博涅（Antonio Bonet，1913—1989）

生产商：阿泰克-帕斯柯公司（Artek-Pascoe），1938 年；诺尔，1947 年至 1973 年，2018 年

蝴蝶椅以坚硬的焊接钢制作框架，造型极其简洁，结构经济又朴实，让人想起小行星的轨迹。制作方法绝妙而简单：仅用两圈便宜、现成的材料——钢杆，焊接在一起，形成一个看上去连续绵延的框架。框架是上漆或电镀的；一个皮革“手套”简单地套挂在框架的四根“手指”上，形成了椅面和靠背部分的结构。椅子由三位阿根廷建筑师设计；他们都曾为勒・柯布西耶工作，以“南方小组”（Grupo Austral）的名义活动。这把椅子最初被称为 BKF 椅子（Sillón BKF），是为 1938 年他们在布宜诺斯艾利斯设计的查尔卡斯大厦（Edificio Charcas）的一套公寓而构思，最初由阿泰克-帕斯柯公司批量投产。1947 年，该椅子由诺尔在美国大量生产，并成为 20 世纪 50 年代一种特定风格家具的标志。它迅速风靡，再加上简单的材料工艺，加工设备投资不高，致使许多盗版涌现，悬吊椅面通常是用帆布而不是皮革。通过模仿此设计，世界各地还生产了若干铰链式折叠复制品。

穹顶饭盒 1938年

Dome-Top Lunchbox

设计者：欧内斯特·沃辛顿（生卒年不详）

生产商：阿拉丁工业公司（Aladdin Industries），1957年至20世纪90年代

20世纪30年代，当北美的钢构件工人每天早上出发去修桥建房时，经常可以看到一个穹顶饭盒在他们手中晃来晃去。这些工人无法回家吃午饭，所以他们依靠这款工具箱般的金属矩形盒子（装午餐）；饭盒的穹顶用来存放一只保温瓶，由一个金属夹牢牢固定，下面部分用来存放食物。在此之前，工人们只能带一个像水桶一样的、有细把手的金属午餐提桶。1938年，欧内斯特·沃辛顿（Ernest Worthington）为“穹顶饭盒”申请了专利，它后来成为被广泛效仿的饭盒模板。近20年后，向工人出售红白相间饭盒的阿拉丁工业公司，开始生产儿童饭盒。“阿拉丁”最初用流行动作片英雄的移印贴纸装饰这些饭盒，但电视节目角色形象的授权费昂贵，因此在1957年，“阿拉丁”重新推出了传统的穹顶饭盒，用自家制作的非专利卡通图案装饰。这些产品立即大获成功。“阿拉丁”于1961年至1973年间生产的最畅销的“校车”系列，销量达900万。在当今快餐连锁店的世界中，饭盒已成为某种收藏品而不是必需品，但它曾是工人装备中至关重要的部分。

派珀 J-3 幼兽 1938年

Piper J-3 Cub

设计者：派珀设计团队

生产商：派珀飞机公司（Piper Aircraft Corporation），1938年至1947年

泰勒（Taylor）兄弟俩，吉尔伯特（Gilbert）和戈登（Gordon），于1927年开始研制高单翼机（上单翼机）。他们的第一个设计于1930年生产，绰号为“小老虎”，但还需要改进。石油商人威廉·T. 派珀（William T Piper）相信操作简单、成本低廉的私人飞机有前景，于是在1931年买下了这家公司。到20世纪30年代中期，戈登在一次空难中丧生，吉尔伯特自己创业，留下老板派珀继续开发此设计；提供帮助的是设计师沃尔特·贾穆诺（Walter Jamouneau，机型J-3中的J便来源于此）。双座的J-3幼兽于1938年首飞，机身为亮黄色，具有独特的上翘式狮子鼻形状。它的长度仅为6.8米，翼展10.7米，易于飞行，成为轻便、经济实惠的后三点式（尾轮起落架）教练机的标准。它的速度可达140千米/小时，飞行高度可达3500米。1940年，超过3000架“幼兽”生产出来，用于军事训练。在战争期间，这种飞机用于侦察、运输物资和伤员的医疗后送，被戏称为“蚱蜢”。J-3体现了20世纪中期伟大的美国轻型航空设计的精神；至1947年底，在宾夕法尼亚州生产的派珀J-3幼兽已超过15000架。

卡西亚餐具 1938 年

Caccia Cutlery

设计者：路易吉·卡西亚·多米尼奥尼（1913—2016）；利维奥·卡斯迪格利奥尼（1911—1979）；皮埃尔·贾科莫·卡斯迪格利奥尼（1913—1968）

生产商：R. 米拉科利父子公司（R Miracoli & Figlio），1938 年；艾烈希，1990 年至今

卡西亚餐具，由一群极具影响力的意大利设计师，利维奥·卡斯迪格利奥尼（Livio Castiglioni）、皮埃尔·贾科莫·卡斯迪格利奥尼以及路易吉·卡西亚·多米尼奥尼（Luigi Caccia Dominioni）于 1938 年合作设计；其名字卡西亚来源于其中一位设计师。他们都在意大利接受过建筑师的培训，共同设计室内装潢、展览设施、家具和其他产品。卡西亚的设计在 1940 年的米兰三年展上展出，被意大利设计师同行吉奥·庞蒂誉为“世间现存的最美的餐具”。庞蒂的观点得到了广泛认同。在其时代，这套餐具是一个完美的范例，展示了手工艺如何拥抱家居用品的工业化未来。它的轮廓线条流畅、曲线曼妙，同时保持了优雅纤细的外形，并在作品各元素的厚度变化上表现出色。它既现代，又保留了古典主义的精髓。卡西亚最初是用纯银制成，但艾烈希在 1990 年重新推出此系列，使用了不锈钢。卡西亚·多米尼奥尼使用 20 世纪 30 年代的原始设计图纸完成了这套作品，但添加了一把四齿叉，因为许多人认为原版的三齿设计太突兀、太异常。

凯迪拉克 60 系列特别款 1938 年

Sixty Special Cadillac

设计者：比尔·米切尔（1912—1988）

生产商：凯迪拉克、通用汽车（Cadillac/General Motors），1938 年至 1974 年

20 世纪 30 年代的大萧条重创了美国的汽车工业。为了应对大萧条，凯迪拉克生产了几款汽车，改变了公司的命运。第一款是 60 系列车型；这是一款中等价位的汽车，与拉萨尔（LaSalle）、奥兹莫比尔（Oldsmobile）和别克共享通用汽车的 B 型车架及车身。它的成功让凯迪拉克冒险推出了 1938 年的 60 系列特别款。这款车使 23 岁的设计师比尔·米切尔（Bill Mitchell）声名鹊起，他后来不断进步，被提拔为通用汽车的设计主管。60 系列特别款标志着该品牌远离旧制的大胆尝试，以至于当时的销售主管唐·阿伦斯担忧道：“凯迪拉克的目标市场是极端保守的，汽车业内人士很清楚这一点，无须我来提醒。”结果它却大获成功。米切尔摒弃了传统的两侧踏板，使车身得以拓宽，给车厢内部更多的空间，并装配轻薄的铬合金窗框，提高了能见度。铬合金的使用，他也尽量简省；所有的门都是前置铰链，还将后备箱融入了汽车的整体设计。60 系列特别款是颠覆传统、极富现代感的产品；在经历了十年的经济危机和金融动荡后，美国消费者对它欣然接纳。1938 年，它的销量达到 60 系列的 3 倍，尽管其价格要高得多。

VIM 竞赛帆船 1938 年

VIM Racing Yacht

设计者：奥林・斯蒂芬斯（1908—2008）；斯帕克曼和斯蒂芬斯设计团队

生产商：亨利・B. 内文斯公司（Henry B Nevins），1939 年

今天帆船赛上看到的大多数老式帆船最初都是为了参加美洲杯帆船赛而设计的；这其中就有意大利的贝肯奇尼（Beconcini）帆船厂牌精心配置改装的 VIM。1938 年，哈罗德・S. 范德比尔特委托斯帕克曼和斯蒂芬斯设计团队（Sparkman & Stephens）的奥林・斯蒂芬斯（Olin Stephens）设计一艘 12 米级的船，志在赢得美洲杯。第二年，VIM 在英格兰的 27 场比赛中赢得了 19 场，并成为未来 20 年里建造的其他 12 米帆船的标准。它的创新包括“咖啡研磨机”式绞盘——可帮助船员在抢风掉向时操纵船戗风或顺风航行，方便调整三角帆，以及一根坚固的铝桅杆。内部设计很简单，以保证船在最大程度上轻和快。船体材料为红木，框架肋板部分的材料为钢，甲板用料是柚木。VIM 长 14.21 米，重 28.4 吨。直到 1958 年，该船才再次参加比赛。它后来成了一艘观光游艇，但有时也用来训练美洲杯的参赛船员。1992 年，意大利出版商阿尔贝托・罗斯科尼买下此船，并进行大规模改装。但是，包括桅杆在内的大部分原始帆具装备都被保留了下来，并继续参加比赛。

扶手椅 406　　1938 年至 1939 年

Armchair 406

设计者：艾伊诺・阿尔托（1894—1949）；阿尔瓦・阿尔托（1898—1976）

生产商：阿泰克，1939 年至今

扶手椅 406 的框架和椅面，有着开放式的曲线，又互相交错，展示出阿尔瓦・阿尔托最优雅的设计之一。在许多方面，406 与 400 相似，但是 400 让人印象深刻的是其矮而宽的庞大身躯，而 406 强调的是苗条。406 是对胶合板制成的派米欧 41 型椅的改进，保留了其技术创新的悬臂框架，但椅面是由织带制成。其最终版本，最初是为阿尔托的赞助人兼商业伙伴梅尔・古利森（阿泰克公司联合创始人）的家，即梅尔别墅（the Villa Mairea）设计的，但不清楚是不是梅尔指定要求用这种座椅材料。使用织带的建议可能是阿尔托的妻子艾伊诺提出的，她曾在 1937 年的一把悬臂躺椅上使用过织带；该躺椅作为她丈夫的设计作品进行营销。对于 20 世纪 30 年代的瑞典现代主义设计师来说，织带是一种物美价廉的材料。在阿尔托看来，织带还具有足够薄的优点，可以防止其座椅的瘦削轮廓被遮挡，使其结构得以尽可能清晰地现出来。

雪铁龙 2CV　　1939 年

Citroën 2CV

设计者：弗拉米尼欧・贝尔托尼（1903—1964）

生产商：雪铁龙（Citroën），1939 年至 1990 年

雪铁龙的小 2CV 或 TPV（toute petite voiture，法语，即“小汽车”）那简单实用的外形，使其成为一款经久不衰的汽车设计，直到 1990 年才停产。雪铁龙公司成立于 1919 年，开创了大规模生产的先河并采用了流线型的汽车造型。1935 年，雪铁龙巴黎工厂的总经理皮埃尔・布朗热（Pierre Boulanger）构思 2CV 时，将其定位为一款适用于法国乡村的汽车。他要求，车子应该能够载着两个农民和一袋土豆穿过一片田地，同时还不弄破随车运输的鸡蛋。轻量化是首要任务。用于原初车型汽车部件的材料——镁合金底盘、云母材质车窗、波纹金属车身、布料和钢管制作的座椅，都强调了这是一款实用的汽车。本着现代主义设计的精神，加上意大利雕塑家弗拉米尼欧・贝尔托尼（Flaminio Bertoni）的贡献，这款主打“实用”的车同样很“美丽”。这款车“二战”后的版本于 1948 年在巴黎汽车沙龙展上推出。为了满足见多识广的城市消费者的需要，这款车做了一些细微的改动（钢取代了镁合金，玻璃取代了云母，一盏大灯改为两盏大灯）；被人们戏称为“锡蜗牛”的它，赢得了最初目标消费者之外的广泛人群的欣赏。它的吸引力在于其简单率真、实用的特点，在于独树一帜的古怪气质以及内在的“法式风格”。

派克 51 钢笔 1939 年

Parker 51 Fountain Pen

设计者：马林·贝克（1906—1982）；肯尼斯·派克（1895—1979）

生产商：派克钢笔公司（Parker Pen），1941 年至 1978 年，2002 年，2021 年至今

派克 51 钢笔在最初上市的 1941 年即售出了 6236 支，一举成功。据说，其研发之际正值派克公司成立 51 周年，因此得名 51；它是由派克钢笔公司总裁肯尼斯·派克（Kenneth Parker）、研发工程师马林·贝克（Marlin Baker）和专利律师伊万·特夫特（Ivan Teft）共同研制的。发明了碱性复合成分的“超级色素”（Superchrome，即速干墨水）——的化学家盖伦·塞勒（Galen Sayler）也参与了研发。由于这种新型墨水会腐蚀笔管和笔帽所用的派拉林材料（Pyralin，19 世纪末基于硝化纤维发明的一种材料，类似于赛璐珞），塞勒研发了一种不透明的杜邦新塑料，名为卢赛特（lucite）。派克 51 是第一支用卢赛特制成并使用塞勒墨水的钢笔：它的广告口号是“用湿墨水写出干字”。与此同时，贝克为该型号创造了八项新专利，包括笔帽和笔管、笔杆外壳、墨水毛细作用部件和笔帽内抱爪的设计专利。这支笔造型纤细、时髦，轻巧的笔帽（金、银或不锈钢材质）顺滑地套上卢赛特制成的笔管；金笔尖和送墨笔舌被护套包裹住，仅露出笔尖的外端顶头。它最独特的设计是透明的卢赛特毛细部件（装满墨水的钢笔处于书写状态时，此部件能储存多余墨水），只有把整支钢笔拆开才能看到。

全国标准黄色校车 1939 年

National Yellow School Bus

设计者：弗兰克·W. 西尔博士（1900—1995）

生产商：多家生产，1939 年至今

美国儿童曾经乘坐各式各样的交通工具上学，直到内布拉斯加州的一位教育学教授弗兰克·W. 西尔博士（Dr Frank W Cyr）提出，可以将 20 世纪 30 年代对标准化的狂热应用于规范这种日常交通工具的大小、形状和颜色上。1939 年 4 月，西尔组织教育工作者、交通主管部门和公共汽车相关行业进行了为期一周的会议，集思广益，制定标准，确保运输更安全舒适，并使生产商能够在装配线上流程化高效生产。讨论的结果，是标志性的黄色校车。然后，还进一步通过设计细节使之区别于其他车辆。这些细节，包括减震抗颠簸的高背圆椅面座椅；示意正在上下客的车灯、反光标识和向外伸出的停车标志；为司机提供全方位视野的一组后视镜；还有一个在事故中能抗压防塌的车顶。在 1939 年的大会上，蓝鸟车身公司是指派工程师参会的公司之一，该公司后来成为黄色校车最著名的生产商之一，至今仍在生产。这种外观有视觉冲击力的车辆，每天有 45 万辆在路上行驶，其安全记录完胜其他形式的地面交通工具。这一标志性的美国产品甚至从 2002 年开始远销英国。

埃索康企鹅驴书架　　1939 年

Isokon Penguin Donkey

设计者：伊贡 · 里斯（1902—1964）；杰克 · 普里查德（1899—1992）

生产商：埃索康（Isokon），1939 年至 1940 年；埃索康⁺（Isokon Plus），1992 年至今

企鹅驴书架是由维也纳移民伊贡 · 里斯（Egon Riss）和杰克 · 普里查德（Jack Pritchard）为后者的家具公司埃索康（Isometric Unit Construction“等距单元构造”的缩写）设计的。埃索康是英国进步设计的倡导者，也是其中最成功的之一。这个层压胶合板书架有着像雪糕棒一样的张开的脚，向内倾斜的书架和中间的插槽用于放置报纸和杂志。它是英国设计对欧洲大陆现代主义温和调整的经典范例，俏皮的外形掩盖了其制作背后的严肃的技术和理念主张。普里查德采取开创性方法，将胶合板压模成型。营销天才、企鹅公司的出版商艾伦 · 莱恩（Allen Lane）推广了这一创新产品。巧的是，其当时出版的平装书放在这款书架上尺寸刚刚好。作为巧合的回报，莱恩在他的平装书中夹了 10 万份埃索康的传单；在传单上普里查德将书架戏称为“企鹅驴”。然而，英国陷入第二次世界大战后，书架的大规模生产计划便暂停。多年后，普里查德请英国家具设计师欧内斯特 · 雷斯（Ernest Race）将书架稍作调整，使其线条更为硬朗。雷斯 1963 年的款型卖得相当不错。原版的企鹅驴书架于 1992 年由埃索康⁺品牌重新发行，由安积伸和安积朋子（Shin and Tomoko Azumi）夫妇设计，命名为驴 3 号。

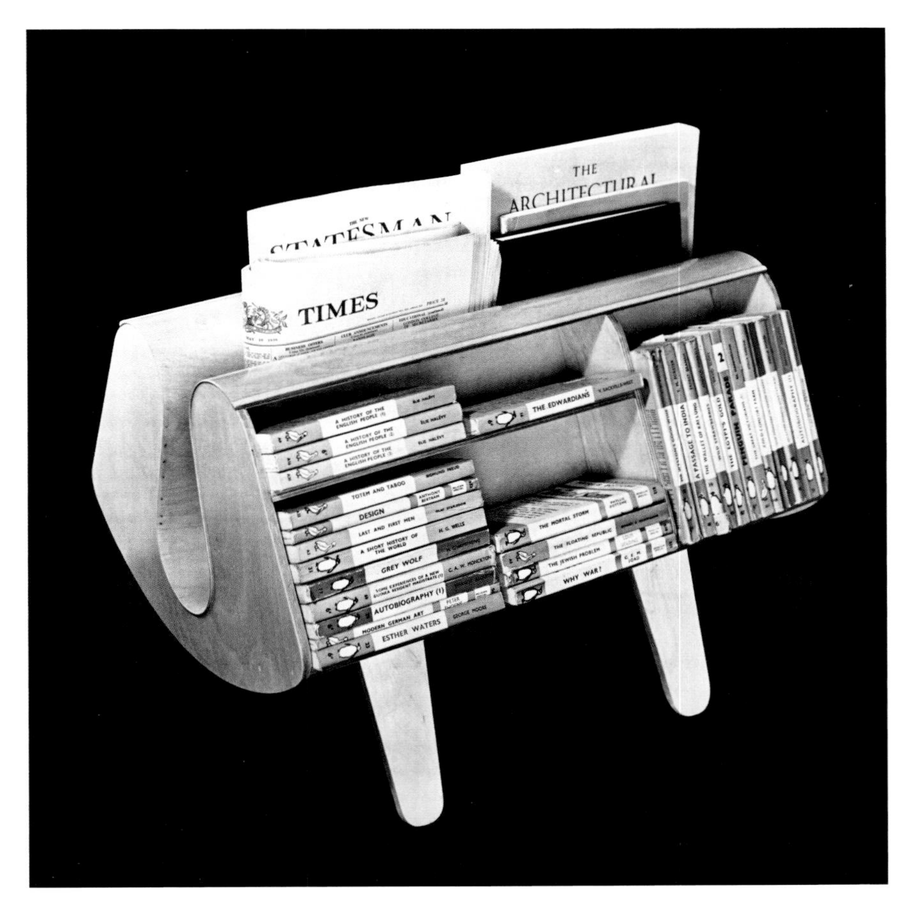

旋转烟灰缸　　1939 年

Spinning Ashtray

设计者：格奥尔格 · 卡茨（生卒年不详）

生产商：多家生产，20 世纪 50 年代至今

在烟草收藏品中，很少有东西能像旋转烟缸那样唤起人们的怀旧之情。旋转烟缸最初由斯图加特的发明家格奥尔格 · 卡茨（Georg Katz）于 1939 年构思，后来由德国烟草相关产品供应商埃哈德父子公司（Erhard & Sohne）加以改进和推广。它迎合了现代社会对机械运动部件的痴迷，又解决了烟头、烟灰造成的脏乱。卡茨的发明像当年的流线型汽车一样光鲜、闪亮，让人联想起那个时代，吸烟被视为成熟练达的标志，很少会关联到健康危害。旋转烟灰缸的中央有一个垂直管，管子顶部有一个便于手动操作的塑料旋钮；旋钮会启动一个棘轮，使略微凹陷的烟缸盖表面旋转并像活板门一样打开。旋转烟缸依靠离心力工作。一旦烟灰精准地弹入被盖着的下方的容器中，烟灰就会一直隐藏在那里，直到主人把盖子移开将其清空。它有着一些与玩具陀螺相同的机制和视觉吸引力，将纯真和精巧世故融入一个闪亮的产品中。1953 年，埃哈德父子公司对卡茨的原始型号进行了改进，增加了一个消音装置，降低了旋转动作完成后烟缸活底回位时发出的哐当声，进一步改善了吸烟和投放烟灰的体验。

547 收音机 1939 年至 1940 年

547 Radio

设计者：利维奥·卡斯迪格利奥尼（1911—1979）；皮埃尔·贾科莫·卡斯迪格利奥尼（1913—1968）；路易吉·卡西亚·多米尼奥尼（1913—2016）

生产商：菲诺拉（Phonola），1940 年

在 1940 年的第七届米兰三年展上，卡斯迪格利奥尼兄弟和他们的同事卡西亚·多米尼奥尼以此设计吸引了众多目光：这是意大利第一个没有将部件装在木头外壳中的收音机设计。为菲诺拉设计的这台全胶木 547 收音机为 3 人赢得了三年展的金奖，对未来的收音机设计产生了巨大的影响。受打字机和电话设计的影响，它以近乎有机的一体外观将各种部件隐藏在一个模制外壳中。因为扬声器、控制按钮和转动的调谐拨盘都与底座呈一定角度，所以它可以放在桌上，也可以挂在墙上使用。利维奥·卡斯迪格利奥尼从 1940 年到 1960 年一直担任菲诺拉的设计顾问，并与皮埃尔·贾科莫及他们的弟弟阿奇勒联手，参与了各种项目，包括城市规划、建筑、工业设计和展览；3 人合作到 1952 年。3 兄弟与多米尼奥尼的合作很短暂，他们的工作室仅仅开了两年就于 1940 年关闭。547 体现了利维奥的目标，即创造形式和谐统一的物体，不让任何一个细节显得突兀。这种谐调细节的影响力，还有本收音机的流畅线条，在其他开创性的设计师所出品的收音机、电视和电话等产品中均能观察到。

牛奶瓶 20 世纪 40 年代

Milk Bottle

设计者身份不详

生产商：多家生产，20 世纪 40 年代至今

这款牛奶瓶的设计本身并不出众，但它既象征着它的内容物，又象征着一种特别英伦化的生活方式，这一点非比寻常。1880 年，伦敦的快运乳业公司生产了第一批牛奶瓶，并逐渐被全国各地的乳品厂采用，有了各种各样的外观设计，有多种规格。20 世纪 40 年代，当家用电冰箱变得越来越普遍时，一品脱成为最常见的规格。到了 80 年代，当乳制品行业用“牛奶得有很多瓶才好”（Milk Has Gotta Lotta Bottle）的口号来营销其产品时，包装和产品似乎成了一体。喝牛奶与良好的健康相关联，而牛奶瓶本身就表示卫生干净，又带有广告功能。与木制或金属奶桶不同，透明的玻璃让顾客能看到牛奶无瑕的白色，而瓶盖技术也逐步升级，从陶瓷瓶塞换到硬纸板瓶盖再到铝盖，以达到更佳的卫生水平。如今，玻璃奶瓶以及更便宜、更实用的塑料和卡纸容器仍在英国各地使用；电动小型牛奶车仍然每天运送新鲜牛奶。

有机椅 1940 年

Organic Chair

设计者：查尔斯·伊姆斯（1907—1978）；艾罗·萨里宁（1910—1961）

生产商：哈斯克利特公司，海伍德-韦克菲尔德和玛莉·埃尔曼（Haskelite Corporation, Heywood-Wakefield, and Marli Erhman），1940 年；维特拉，2004 年至今

出生在芬兰的美国现代主义艺术家艾罗·萨里宁（Eero Saarinen）因其建筑作品而享有盛誉，他设计的家具也同样重要。为了制作这把出色的有机椅，他与查尔斯·伊姆斯（Charles Eames）合作，两人都对模压胶合板的潜力感兴趣。萨里宁和伊姆斯的进步思想受到了他们对有机形式的兴趣的启发，受到塑料和胶合板层压材料的可能性以及“合成胶粘剂焊接法”的技术进步的启发。“合成胶粘剂焊接法”是克莱斯勒公司开发的一种工艺，使木头能够连接到橡胶、玻璃和金属材料上。有机椅的座椅面和靠背的原型，经反复分割和重置，最终找到适合人体的座椅形状。这种结构性壳层，设计意图是支持层层的胶水与木板薄片，必须手工制造，因此仅制作了 10 至 12 把原型椅。尽管有机椅是伊姆斯开发胶合板家具的关键，但从根本上说，它与萨里宁关联在一起，这引出了他为诺尔完成的其他设计。在那些非常成功的家具中，最著名的是 70 号子宫椅（1947—1948）、萨里宁办公座椅系列（1951）和郁金香底座桌椅套组（1955—1956）。

鹈鹕椅　　1940 年

Pelican Chair

设计者：芬・尤尔（1912—1989）

生产商：芬・尤尔之家（House of Finn Juhl），2001 年至今

丹麦建筑师和设计师芬・尤尔（Finn Juhl）认为现代家具应具有艺术感，他从现代艺术中寻找灵感。他设计的鹈鹕椅，柔软、具有生物形态，似乎是从雕塑家让・阿尔普（Jean Arp）的抽象作品中直接跳出来的。它于1940 年在哥本哈根家具师细木业行会展览上首次展出，怪诞有趣的轮廓和粗壮的八字腿吸引了人们的注意。尽管有点古怪，但这把宽敞的低矮躺椅可以有多种舒适的坐姿；坐在其中的人被包裹着，就像被拥抱一样。尤尔通常用数字来命名他的家具，但由于与鹈鹕的喉囊稍有相似，这把椅子因此得名。不过，丹麦建筑杂志《建筑师》（*Arkitekten*）认为它像一头“疲惫的海象”。参加展览的一对椅子，由木匠尼尔斯・沃德制作。2001 年，芬・尤尔之家重新推出此设计。新版本用钢芯替换了原来的松木框架，采用布料、羊皮或其他皮革座套（原版的沙发座套用羊毛织物制成），手工装配。尽管尤尔学的是建筑学，但让他成名的，是他的现代家具。1952 年，他为纽约联合国总部设计了具有历史意义的室内装潢，其简约而轻快风趣的有机设计使他享誉国际，并将丹麦现代风格带向世界。

格迪斯铅芯卷笔刀　　约 1940 年

Gedess Lead Sharpener

设计者：乔治・德森纳兹（生卒年不详）

生产商：赫尔曼・库恩公司（Hermann Kuhn），1944 年，停产时间不详

1941 年，乔治・德森纳兹（Georges Dessonnaz）为他的铅笔芯卷笔刀创新申请了专利，这一发明为绘图员的工具箱带来了革命性的改变。它取代了用来削铅笔木质外壳的手持式刀片和用于磨尖铅笔芯的砂纸。虽然有些绘图员能使用手指捏着的带刀刃的削笔刀和机械曲柄操作的卷笔刀，但它们会把较软的铅笔芯削断，而较硬的铅芯则可能无法削得恰到好处。德森纳兹的设计解决了这些问题；它确保铅笔处于中心位置，从而降低了对脆弱的铅芯的压力，保证了均衡一致的消磨力度，大大降低了断裂率。总部位于瑞士巴瑟尔斯多夫的办公用品商号库恩公司买下了专利权，在“二战”后开始大规模生产，被称为格迪斯铅芯卷笔刀。它的特点是零部件可单独更换，新颖的渗碳硬化钢制成的旋转式机芯置于独特的胶木硬塑料外壳内。格迪斯卷笔刀，通常搭配瑞士凯兰帝（Caran d’Ache）绘图铅笔，在战后欧洲的制图办公室随处可见。

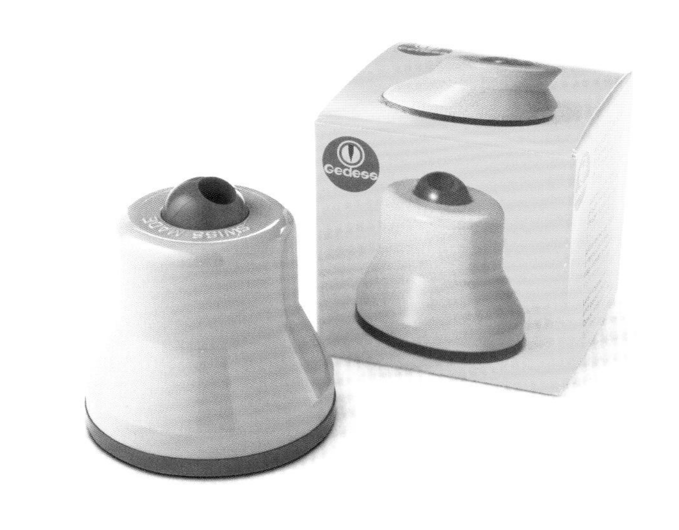

威利斯吉普 1941 年

Willys Jeep

设计者：卡尔·K. 普罗布斯特（Karl K Probst，1883—1963）

生产商：威利斯越野、福特、凯瑟吉普、克莱斯勒、戴姆勒-克莱斯勒（Willys Overland/Ford/Kaiser Jeep/Chrysler/ DaimlerChrysler），1941 年至今

这款结实的车辆不仅为未来的越野车树立了标准，还成为该类轻型车的通用名称。第一次世界大战后，美国陆军首先构想了小型专用化功能车的概念。他们给出的要求，是生产出一款具有特定性能的车辆：主要而言，它应像小型汽车一样轻便、灵活，同时具有卡车的坚固和多样功能。班塔姆汽车公司（Bantam）使用其为美国市场生产奥斯汀汽车（Austins）所剩余的部件制造了第一批原型车。随后，另外两家生产商，威利斯越野和福特，匆忙对这些原型车进行了改良。因为这个混乱的开始，最终款型设计的归属权是有争议的。1941 年，威利斯越野和福特最终获得了订单，按一个标准化设计生产，在“二战”期间及时向美国陆军供应。它随着美国军队一起出口到世界各地，并确立了全球标准。这款车可能是世界上最纯粹的实用型车辆，也为路虎等车型提供了灵感。20 世纪至少有三位最重要的设计师拥有、喜爱并在个人生活中记录过这款吉普车：英国建筑师彼得·史密森（Peter Smithson）和艾莉森·史密森（Alison）夫妇，以及日本产品设计师柳宗理（Sori Yanagi）。

666 WSP 椅 1941 年

666 WSP Chair

设计者：延斯·里索姆（1916—2016）

生产商：诺尔，1943 年至 1960 年，1994 年至今

666 WSP 椅简单的木材加织带编织的结构，是战时环境限制与延斯·里索姆（Jens Risom）的丹麦传统二者共同作用的产物。里索姆在丹麦出生和长大，师从现代主义重要人物卡尔·克林特。克林特主张以人体比例为主导，设计形式简单、直接的产品。1939 年，里索姆移民到美国，1941 年，他为汉斯·诺尔领导的公司设计了自己的第一件家具。666 WSP 椅在第二次世界大战期间首次生产，因此只能用现有的、不受管制的材料制成。里索姆很快就在这一设计的基础上做了多款变体，都使用了多余的相同的军用织带；里索姆称这种材料“非常基础、非常简单、便宜”。这种织带易于清洁，容易更换，使用舒适，是这些日常家用椅子的完美材料。此外，材料本身轻巧、通风的特性使椅子看起来不那么沉重；那种轻松随意的感觉与采光充足、灵活的新式现代住宅相得益彰。里索姆的 666 WSP 椅优雅、实用，因此广受欢迎。

圆形温控器 1941 年

Round Thermostat

设计者：亨利·德雷福斯（1904—1972）

生产商：霍尼韦尔调节器公司（Honeywell Regulator Company），1953 年至今

圆形温控器可能是 20 世纪后期美国最常见的家用设计之一。低廉的价格和大多数情况下的适应能力，使“圆形”成为德雷福斯最成功的设计之一。在 20 世纪 40 年代初，霍尼韦尔调节器公司总裁 HW. 斯威特（HW Sweatt）画了一个简单的圆形草图。“圆形”据此草图构思，由德雷福斯和设计工程师卡尔·克朗米勒（Carl Kronmiller）开发。它最终于 1953 年首次亮相。虽然该项目因“二战”而大大推迟，但它也受益于战争期间演化出的创新：双金属线圈温度计和刻度水银开关可防止灰尘累积。随后又出现了数个版本，一些版本具有空调温度控制和数字显示功能。与那些矩形外观的竞品不同，“圆形”代表了一种更适合家庭环境的、更通俗的美学；其外形具有内在的逻辑，因为它绝不会被装歪。盖子可拆卸，可画上与室内装饰相衬的图案。自推出以来的 50 多年里，“圆形”已售出 8500 多万件，并仍在生产。这代表了德雷福斯关于产品的理想：东西需经受住时间的考验。

伸缩文件夹 1941 年

FlexiFile

设计者：卢瑟·W. 埃文斯（生卒年不详）

生产商：埃文斯专业公司（Evans Speciality Company），1943 至 2001 年；李氏产品公司（Lee Products），1995 年至今

伸缩文件夹的便携式归档、整理和分类系统，在功能上巧妙、灵活，在设计上真正做到了永恒。与 1941 年的“可调式架子”原始专利模型相比，它几乎没什么变化。它的惰钳系统由一系列带有简单铆钉接头的短杆组成；它们装在枢轴上，像剪刀那样交叉。这个文件夹可展开，拉得相当长，而不用时则可折叠成非常紧凑的形状。伸缩文件夹目前有 12 个、18 个或 24 个插槽的款式，每个插槽最多可容纳一令纸（约 500 张）。弗吉尼亚州里士满的卢瑟·W. 埃文斯（Luther W Evans）在其设计的原始“可调式架子”的专利中描述，它可作为一个独立的书桌单品或搁架单元使用，也可装在抽屉式文件夹的内部。专利还描述了可用于制作支架杆的各种材料，包括木材、塑料或金属。目前由李氏产品公司生产的伸缩文件夹的一个版本，通过使用回收铝来应对 21 世纪的环保关切。伸缩文件夹是一个成功的设计，因为它使用了一种简单而巧妙的、直观的机制，创造出一款多合一的办公室文件整理神器。

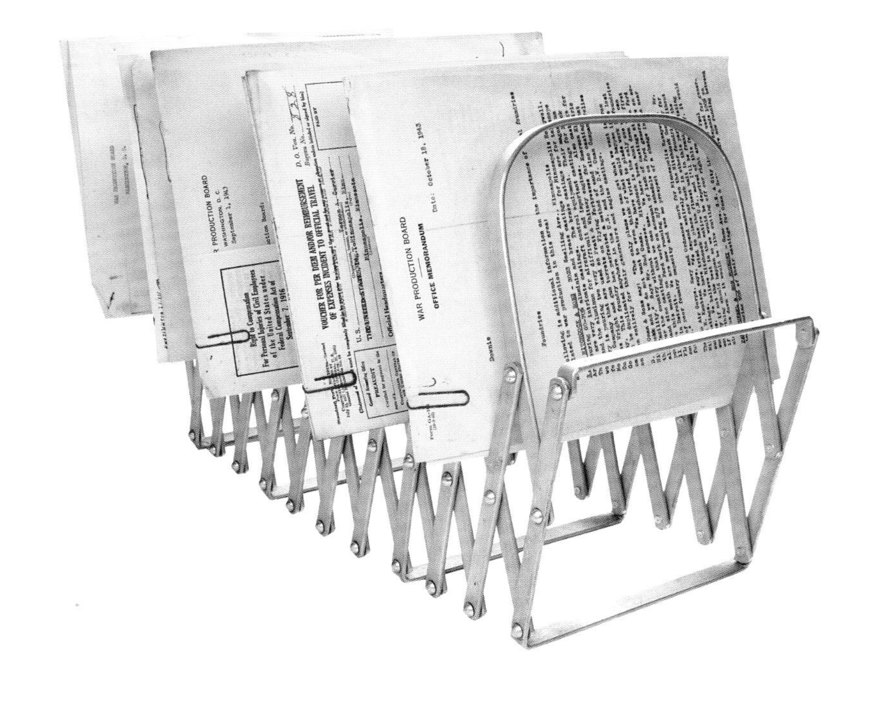

肯定麦克斯® 咖啡机 1941 年

Chemex® Coffeemaker

设计者：彼得 · J. 施伦博姆（1896—1962）

生产商：肯麦克斯® 公司（Chemex®），1941 年至今

肯麦克斯® 咖啡机看起来既像厨具，也像试验器材。它的每一个方面，从名字（Chemex，有化学、混合的词义）到设计，都是为了实现科学的咖啡冲煮方法。创造它的化学家彼得 · J. 施伦博姆博士（Peter J Schlumbohm），从一套最简单的化学仪器开始构思：一个锥形烧瓶和一个试验室用玻璃漏斗。这种组合使得肯麦克斯成品呈现独特的沙漏形。肯麦克斯由一整块试验室级耐热硼硅酸盐玻璃制成。施伦博姆做了一些实用的修改，例如增加了一个空气管道和一个便于液体倾倒的壶嘴，在烧瓶侧面加了一个小小的"肚脐"来标记半满的高度，还加了一个木头和皮革制成的颈圈，这样瓶身很热的时候也可以拿起来。他利用经济实惠的材料，部分是由于战争时期只能使用非（军需）优先物资，但这也反映了他从德国带来的包豪斯设计的简单和诚实直率原则。从根本上说，他的咖啡机是科学和艺术的完美融合：功能与外观相符，使用时赏心悦目。

贝尔 47 直升机　　1941 年至 1946 年

Bell Model 47

设计者：亚瑟·扬（1905—1995）；劳伦斯·D. 贝尔（Lawrence D Bell，1894—1956）；巴特拉姆·凯利（Bartram Kelley，1909—1998）

生产商：贝尔飞机公司（Bell Aircraft Corporation），1946 年至 1973 年；阿古斯塔公司（Agusta），1952 年至 1976 年；韦斯特兰公司（Westland），1965 年至 1968 年；川崎重工（Kawasaki），1952 年至约 1975 年

贝尔 47 以其巨大的气泡式座舱罩而闻名，它主要是亚瑟·扬（Arthur M Young）的作品，他可能是 20 世纪中叶最杰出的直升机设计师。“二战”前，扬面见贝尔飞机公司的老板拉里·贝尔，展示了一种小型遥控旋翼飞机。直升机已经研发和制造多年，但旋翼飞机的不稳定性总伴随着机器可控性的难题。贝尔对这一设计的稳定性印象深刻，并认为在旋翼下方增加稳定杆是一项重大创新。他给扬安排了一个工程师团队；这些人一起设计了后来的贝尔 47。第二架测试直升机没有为乘客提供防风保护，因此扬和他的助手巴特拉姆·凯利及飞行员弗洛伊德·卡尔森决定，将一块有机玻璃加热，外凸膨胀，做成球状；贝尔气泡式座舱罩就这样诞生了。裸露的钢桁架机身是高科技工业生产的又一杰作。它于 1946 年发布，是第一架获得商业飞行许可的直升机；太空时代式的现代美学保证了它在设计殿堂中的地位。

腿部夹板　　1942 年

Leg Splint

设计者：查尔斯·伊姆斯（1907—1978）；雷伊·伊姆斯（1912—1988）

生产商：胶合板木业公司（Plyformed Wood Company），1942 年；埃文斯产品公司（Evans Products），1943 年至 1949 年

这种腿部夹板是 20 世纪最有趣的设计之一，用于在战争中支撑断肢。下方的笼状部分保护脚跟；纵向切割的槽口方便绷带穿过，以将肢体固定到位。1941 年 12 月，查尔斯·伊姆斯的朋友、医生温德尔·G. 斯科特向查尔斯和雷伊（Ray Eames）解释了海军在使用金属腿夹板时遇到的问题——它们不能很好地固定腿，阻断了血液循环，导致坏疽，有时甚至导致伤员死亡。这对夫妇便发明了一种夹板，能相对舒适地固定和支撑受伤的肢体。它很轻，但很坚固，便于堆叠运输，并适用于任何长度的左腿或右腿。1942 年，海军订购的第一笔订单开始生产，数量为 5000 件。他们使用的最终设计模型，是用十块预切割的木质层压板制成。这是夫妇俩的第一款大批量生产的产品，由他们自己的公司，胶合板木业公司制造。后来，埃文斯产品公司从 1943 年开始生产这种夹板，到第二次世界大战结束时，这款夹板已经生产了超过 15 万件。虽然 20 世纪 40 年代后已不再生产，但它将模制木加工技术推进到了一个新的阶段。

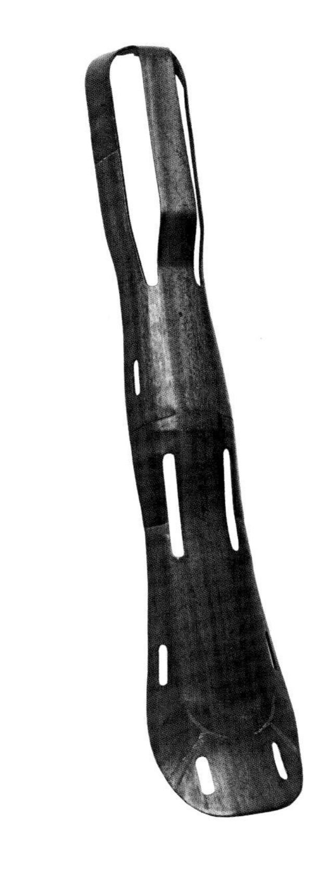

回旋镖椅 1942 年

Boomerang chair

设计者：理查德·纽特拉（1892—1970）

生产商：普洛斯比提瓦公司（Prospettiva），1990 年至 1992 年；豪斯工业与奥托设计集团（House Industries & Otto Design Group），2002 年（限量版）；VS 联合专用家具制造股份合伙公司（VS Vereinigte Spezialmöbelfabriken GmbH & Co.KG），2013 年至今

1942 年，理查德·纽特拉（Richard Neutra）与儿子迪翁为加州圣佩德罗政府资助的海峡高地住宅项目开发了回旋镖椅。这个花园社区是为容纳战时受雇于造船业的船厂工人而设计。这把椅子材料成本低廉、结构简单，工人可在其紧凑狭小的住所中组装使用。椅子利落而柔和的倾斜线条，创造出一个引人注目的高效结构；这一结构用简单的榫卯和织带连接在一起。胶合板侧板使椅子无须再单独装后腿，经济实惠，并支撑构成前腿的侧销钉。因此，整个椅子结构由两片夸张的侧面轮廓板、两个销钉、极小极简的横杆与织带编织的椅面和靠背构成。尽管叫作回旋镖椅，但形成椅子最终形态的优雅造型，并非受澳大利亚飞镖的启发。迪翁·纽特拉于 1990 年授权普洛斯比提瓦公司制造这把椅子，并进行了细微的改动。2002 年，他与奥托设计集团一起，再次研究改良了此设计，并授权豪斯工业生产限量版。这把椅子在 60 年的时间里一直大受欢迎，证明了它强大而持久的吸引力。

“博物馆白”套装餐具 1942 年至 1943 年

Museum White

设计者：伊娃·蔡塞尔（1906—2011）

生产商：卡斯尔顿瓷器（Castleton china），1946 年至 1960 年

伊娃·蔡塞尔（Eva Zeisel）于 1923 年进入布达佩斯皇家美术学院，接受陶器和陶瓷专业训练。她曾在彼得格勒的皇家瓷器厂工作，直到被任命为全俄罗斯瓷器和玻璃行业艺术总监。20 世纪 30 年代末，蔡塞尔来到美国，在纽约的普瑞特艺术学院（Pratt Institute）教授陶瓷课程；她曲线优美和时尚的设计在那里获得认可，确立了她在现代陶瓷设计领域的创领者地位。1941 年，卡斯尔顿瓷器，这家位于宾夕法尼亚州的陶瓷公司的总裁与蔡塞尔签约，请她设计一款现代的餐具套装。“博物馆白”套装餐具的设计优雅简单，与蔡塞尔早期更多采用几何元素的作品不同。其线条流畅，呈现一种低调的美；陶瓷的半透明特性被注入视觉和结构上的重量感，以此均衡了直观感受。纽约的现代艺术博物馆和大都会博物馆都曾重新发布她的一些早期设计的新版本，采用了新的釉料和颜色，由蔡塞尔本人监督制作。她被认为是 20 世纪主要的陶瓷设计师之一。整个晚年，她始终坚持设计和制作瓷器。

L-049“星群”飞机 1943年

L-049 'Constellation' Aircraft

设计者：洛克希德飞机公司

生产商：洛克希德飞机公司（Lockheed），1943年至1956年

洛克希德L-049“星群”飞机，也被亲切地简称为“康妮”，是20世纪50年代以来，商业航班朝着更亲民、更实惠的发展方向迈出的重要一步。实业家兼飞行家霍华德·休斯是跨大陆及西部航空公司（缩写是T&WA，而非TWA；TWA是环球航空的缩写；T&WA是TWA的前身）的主要股东，通常被认为是“星群”飞机发展的背后推动力。洛克希德公司的首席空气动力学家凯利·约翰逊（Kelly Johnson）、工程师霍尔·希伯德（Hall Hibbard）和T&WA公司总裁杰克·弗莱也参与了设计工作；休斯显然坚持把这个项目当作最高机密。它最初被命名为“圣剑”（Excalibur），后来改名为“星群”，于1943年首航。尽管T&WA和同行竞争者泛美航空公司已经下了订单，但“星群”仍被临时征用，为美国陆军航空队服务，并在整个“二战”期间以C-69之名作为运输机使用。战争结束后，洛克希德回购了这些飞机，并将其改装为民用飞机。这款飞机可以容纳44名旅客，或搭载20名卧铺旅客，飞行时速高达480千米。“星群”优雅的渐变锥体机身和独特的三重尾翼一直被认为是载客飞机史上最美的设计之一，让人一眼就能在空中认出它。

庐米诺基础款腕表 1943年

Luminor Base Wristwatch

设计者：沛纳海设计团队

生产商：沛纳海（Officine Panerai），1943年至今

庐米诺基础款腕表是沛纳海所有型号中最简单的。该公司于1860年由乔凡尼·沛纳海（Giovanni Panerai）在佛罗伦萨创立，最初主要生产专业用途钟表，而不是怀表。后来，公司利用这一经验为零售市场生产手表，并以走时精准和工艺精湛闻名。20世纪30年代初，沛纳海开始为意大利皇家海军提供精密怀表和鱼雷瞄准仪。第一款庐米诺在1943年左右出现，其现代主义风格让人不敢相信它最初是为军队设计的。表盘采用超大的数字，无装饰衬线，符合当时的设计美学。增加一个保护手动上链表冠的装置之后，这款手表潜水深度可达200米。1949年，庐米诺的专利获批，这是一种基于氚的发光物质，取代了“镭米尔”（译注：radiomir，具有发光特性的镭基粉末）；它让手表的表盘在绝对黑暗中也能读取。在专为海军开发50年后，这款手表的庐米诺基础款重新发布，以限量版零售，为这一巧妙平衡了意大利风格和瑞士技术的产品打开了市场。

伊莱克斯真空吸尘器 1943 年

Electrolux Vacuum Cleaner

设计者：希克斯顿·沙逊（1912—1967）

生产商：伊莱克斯公司（Electrolux），1943 年至 1958 年

在 1955 年的“理想之家”展览中，瑞典的设计与来自其他国家的设计一起展出；它们专注于家居产品、配件和设备，旨在改善消费者的生活。以在外工作的妇女为例，她们需要工具来帮助自己迅速完成家务。希克斯顿·沙逊（Sixten Sason）是瑞典工业设计的先驱之一，曾作为银匠、平面设计师和插画师接受过广泛而多样化的训练；他在 20 世纪 30 年代末受雇于萨博公司，后来与哈苏公司和富世华公司（Husqvarna）以及伊莱克斯合作。随着现代化家居产品市场的增长，沙逊与瑞典生产商伊莱克斯一起打造了这款新型真空吸尘器。伊莱克斯真空吸尘器在外观和功能表现上（自 1869 年艾夫斯·麦加菲获得第一项扫地机的正式专利起，已有了长足的发展）都采用了萨森的流线型美学；这台低矮的、子弹形的设备，带有各种部件，方便探入每个角落和缝隙。它配有红色把手，旁边还有相应的金属条，让此机器便于携带和使用。虽然这是在 1943年设计的，但直到 1949 年才真正进入市场。

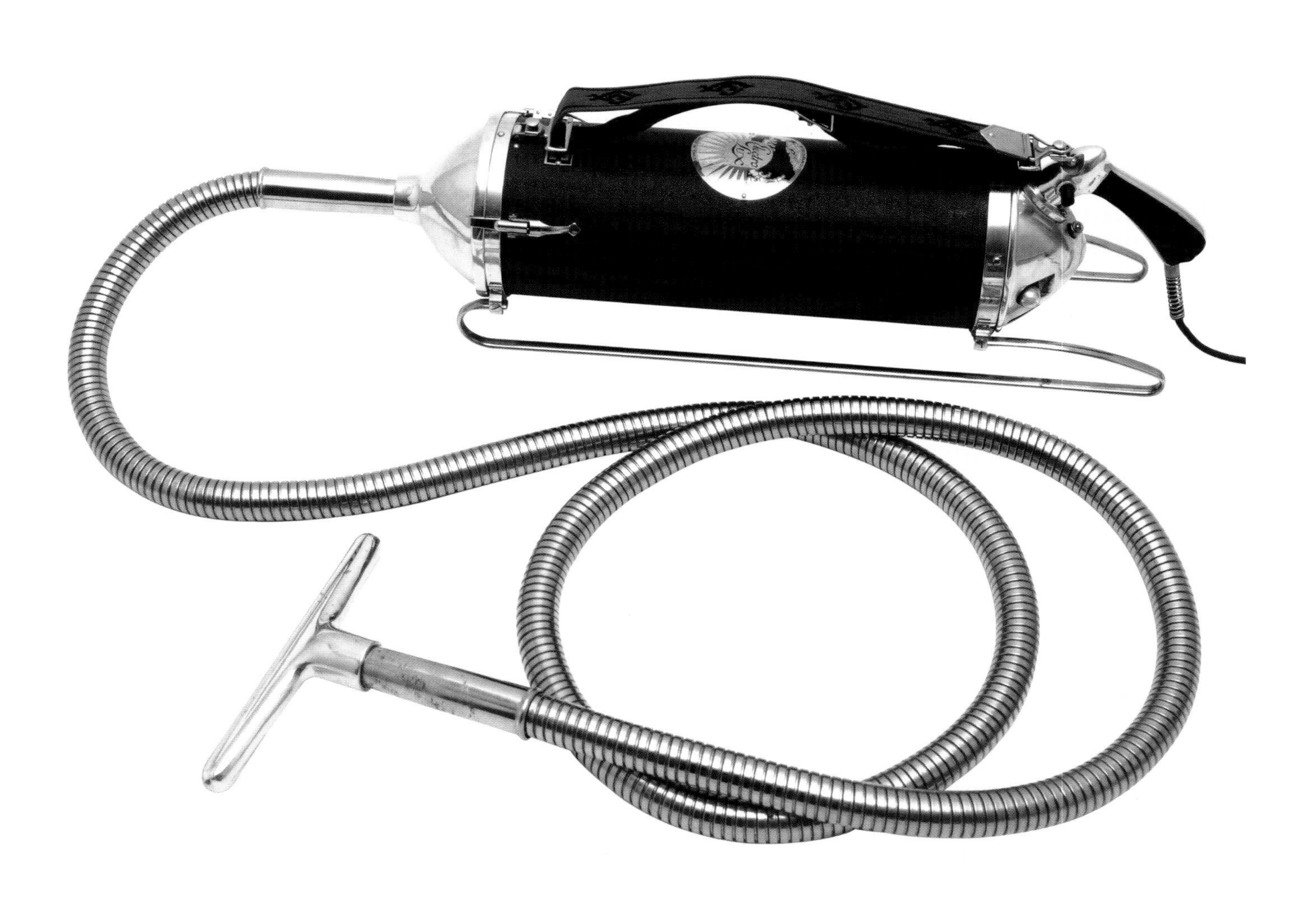

101 型灯笼 1943 年

Lantern Model 101

设计者：卡尔·克林特（1888—1954）

生产商：克林特公司（Le Klint），1943 年至今

卡尔·克林特的 101 型灯笼展示了丹麦最佳设计的优雅和巧思。这些灯笼是纸制的，易损但也便宜。事实上，自 1943 年首次面市以来，它们的销量已经达到了数百万。从这些灯使用的复杂的折纸技术中，可以清楚地看到日本传统折纸艺术的影响。尽管克林特因其对折纸的了解而大胆尝试了这样一个雄心勃勃的设计，不过，是他的父亲 PV. 扬森·克林特最初把他引向了在灯具设计中使用折纸的道路。克林特家族痴迷于纸灯笼。人们认为这个特别的设计是卡尔·克林特在其儿子的帮助下制作的。PV. 扬森·克林特用折纸所做的试验品，皆为手工制作，数量很少，而卡尔·克林特则强调，自己的灯应该让每个人都买得到，买得起。克林特公司这一家族企业很快从手工实业作坊变成了机械化的生产商。101 灯笼过去是，现在也仍然是用同样的工艺：机器折叠纸张，经手工组装制成。

莫里斯小型车 1943 年至 1945 年

Morris Minor

设计者：亚历克·伊西戈尼斯（1906—1988）

生产商：莫里斯公司（Morris），1948 年至 1971 年

莫里斯小型汽车，在 1948 年伯爵宫车展（Earls Court）上推出，是第一辆产量达到 100 万辆的英国汽车，在汽车设计方面树立起多座里程碑。首次亮相时，它那饱满的曲线与当时较为方正的审美格格不入。然而，该车圆乎乎的魅力外形很快成为该品牌的标志。完美比例的车厢空间，包含有一个小后窗，似乎悬浮在一组轮毂 36 厘米的纤小车轮上。其分体式挡风玻璃和像老式奶酪刨一样的格栅，也让原始设计显得与众不同；这两个特征在 1954 年 MK II 型号中都进行了更新。此车的代号为“蚊子”，由亚历克·伊西戈尼斯（Alec Issigonis，他也设计了 MINI 汽车）与一个包括了雷格·约伯和杰克·丹尼尔斯的团队联合设计。他们着力在汽车领域创造一系列的革新设计，包括单体硬壳设计、齿条齿轮式转向装置、前独立悬挂和更小的车轮等。早期系列的莫里斯小型车，推出时售价 358 英镑，很快就供不应求，超过 75% 的产品均销往国际市场。1960 年 12 月 22 日，第 100 万辆莫里斯小型车下生产线；为纪念此事，有 349 辆淡紫色限量款发售。

1006 海军椅 1943 年至 1945 年

1006 Navy Chair

设计者：美国海军工程队（US Navy Engineering Team）；艾米柯设计团队；美国铝业公司设计团队（Alcoa）

生产商：艾米柯公司（Emeco），1944 年至今

1006 海军椅的独特外形和特征源于其开发时面临的战时条件。艾米柯公司 [电机和设备公司（Electric Machine and Equipment）的缩写] 由威尔顿・C. 丁格斯于 1944 年创建；他是一位具有工程背景的工具和模具制造大师。他与铝业公司和海军工程师合作，为美国海军设计了这把椅子。选择铝是因为它重量轻、强度高、易于运输、耐用、耐腐蚀且不易燃——这是在船上使用时极为重要的一些考虑因素。单一材料的使用，预示着大约 20 年后模压塑料的发展。然而，虽然塑料椅子可以一次成型，但 1006 海军椅的焊接、成型和完成修饰，需要多达 77 道工序。它的外观有时被描述为“中庸的”，但这确保了它成为 20 世纪设计的一个经典作品。从基本款开始，艾米柯开发了一系列高脚椅、凳子和带旋转底座甚至是配软垫的椅子。2000 年，艾米柯公司开始生产由菲利普・斯塔克设计的哈德逊椅（Hudson Chair）；他是当代最好的设计师之一，以此向原作 1006 致敬。

三脚圆筒灯 1944 年

Three-Legged Cylinder Lamp

设计者：野口勇（1904—1988）

生产商：诺尔，1944 年到 1954 年；维特拉设计博物馆（Vitra Design Museum），2001 年起（现已停产）

野口勇的艺术视野，结合了日本文化传统与浓烈的西方现代主义元素。他在艺术和设计领域之间流动自如，在纽约顶级画廊和国际博物馆展出作品，同时也为知名公司设计，如诺尔和赫曼-米勒。20 世纪 40 年代，野口为诺尔设计了一个早期的三脚圆筒灯；这是后来野口称为“月亮”系列的照明雕塑的前身。1933 年，他在自己的作品“音乐风向标”（Musical Weathervane）中首次构思了一个照明雕塑。最初，野口使用了菱镁矿石，在电光源上塑造有机形式。这些最终演化成为照明装置。第一个圆筒灯样品是他送给妹妹的礼物。它由不透明的铝制成，带一个纸灯罩。诺尔于 1944 年将该设计投入生产，用樱桃木代替了铝制灯脚，用半透明塑料代替了纸。野口的许多作品都使用了三条腿和自然有机的形态，如咖啡桌 IN50（1944 年）和棱柱桌（1957 年）。不久后，诺尔停止了三脚圆筒灯的生产，但这灯于 2001 年由维特拉设计博物馆重新发售。

咖啡桌 IN50　　1944 年

Coffee Table IN50

设计者：野口勇（1904—1988）

生产商：赫曼米勒，1947 年至 1973 年，1984 年至今；维特拉，2001 年至今

咖啡桌 IN50 的底座由两个相同的不对称形状的桌腿组成，一个倒着粘在另一个上面，巧妙地形成稳定的三边腿结构。一块类似三角形的玻璃台面直接置于这一结构之上。如此带来的成果是一个对称稳定的结构，但呈现出动态和不对称的外观。这张桌子是 20 世纪 40 年代初美国推广的有机设计的一个典型例子，但外观上的不对称也展示了野口勇的文化传承：日本绘画、陶瓷和园林设计传统中的很大一部分都强调不对称平衡和精心设计的自然天成感。1949 年，这款桌子生产了 631 张。从 1962 年到 1970 年，桌面都配装平板厚玻璃，底座用实心胡桃木或乌木饰面的白杨木。玻璃最初为 2.2 厘米厚，但在 1965 年后减少到了 1.9 厘米。产品独特、价格亲民，这款桌子大受欢迎，并迅速成为这一时期经久不衰的标志性产品。由于仿品的数量迅速增加，2003 年，赫曼米勒在桌子加上了野口的签名。

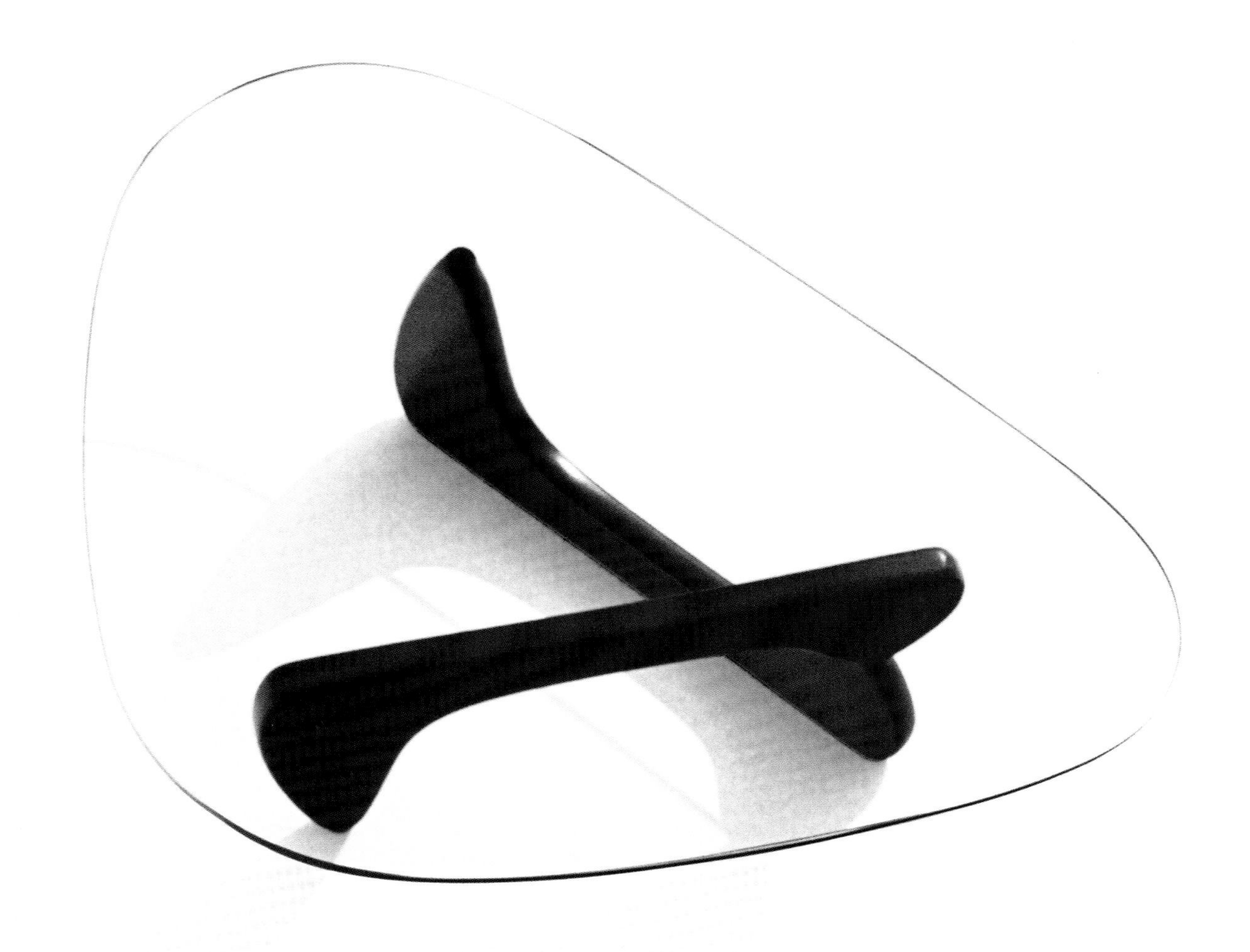

效能灯 约 1945 年

Potence Lamp

设计者：让·普鲁维（1901—1984）

生产商：让·普鲁维工作室，约 1945 年至 1956 年；维特拉，2002 年至今

效能灯以其纯粹、简约与优雅，成为让·普鲁维的标志性作品之一。这位法国建筑师最初是为他的“热带小屋”（Maison Tropicale）设计了效能灯。那是一个预制房屋的试验项目，而效能灯具备这样一个项目所需要的所有特质。该灯仅由一根长约为 2.25 米的金属杆、一只灯泡和一个壁挂式支架组成，可旋转 180 度。除了简单实用之外，这盏灯不占用宝贵的室内空间，也不需要将电线穿过天花板。普鲁维原本学的是铁艺加工，他的灯材质优雅，体现了他在铁艺方面极高的审美敏感度。挂墙托架和电线支撑臂的完美设计，使其成为一件值得惊叹的雕塑作品。普鲁维的名气一度被勒·柯布西耶和他的圈子所遮蔽，但在 2002 年，他的一些设计，包括这款效能灯，由维特拉再度发布，使他重新获得公众的关注，得到了公正的评价，跻身国际公认的 20 世纪伟大设计师之列。

贝尔 X-1 喷气式飞机 1945 年

Bell X-1 Rocket Plane

设计者：劳伦斯·贝尔（1894—1956）；贝尔设计团队

生产商：贝尔飞机公司，1945 年至 1951 年

当机长查尔斯·“查克”·叶格（Charles ‘Chuck’ Yeager）坐在贝尔 X-1 里准备起飞冲破音障时，人类无法穿透声速屏障的想法还根深蒂固。贝尔 X-1 只制造了 3 架，是实现这一目标的完美抛射飞行体。虽然它设计为从地面起飞，但贝尔飞机公司的工程师们认为火箭推进发射太危险。取而代之的是，它被挂载在波音 B29 超级空中堡垒（Superfortress）下方，像炸弹一样在半空中抛射出去飞行。叶格随后启动了 2718 千克推力的发动机，将机头指向天空。这台极限机器的结构，在当时属于高科技产物，包括一个可调节的水平稳定器，使得在超声速飞行时，特别是达到 1 马赫产生冲击波时，飞机操控能更容易一些。飞行器以叶格妻子之名来命名，被称为“迷人的格伦妮丝”，并涂成橙色使其更加醒目。它实质上是一个飞行试验室，装有大量测试仪器。1947 年 10 月 14 日，叶格驾驶这架飞机到达 14654 米的高度，速度达到 1.06 马赫，即 1126 千米 / 小时；这是叶格的第一次超声速飞行。在 X-1 于 1951 年退役之前，叶格驾驶它进行了多次超声速飞行。

韦士柏 98 摩托 1945 年

Vespa 98

设计者：科拉迪诺·达斯卡尼奥（1891—1981）

生产商：比亚乔公司（Piaggio），1946 年至 1947 年

1945 年，恩里科·比亚乔的王牌设计师科拉迪诺·达斯卡尼奥（Corradino D' Ascanio）向他展示了一辆新的摩托车原型。“它看起来像一只黄蜂！”这是他当时的反应。韦士柏（黄蜂）这名字也一直沿用至今。达斯卡尼奥想要创造一款男性、女性甚至青少年骑起来都很简单的摩托车。他想要一辆能在一定程度上遮风挡雨的摩托车，而传统摩托车做不到这一点。他想要与传统上的笨重、噪声巨大、大男子气的摩托车完全相反的东西。达斯卡尼奥的杰作之所以能从制图板上走向成功，就是因为他抛弃了所有关于摩托车应该是什么样子的先入为主的观念。他设计了一种“抬腿可横跨”的底盘，让女性穿裙子也能骑行。而韦士柏的护腿挡板设计，无论是晴天还是雨天，都可给骑手提供一定保护，抵御风雨侵扰。此外，其小巧、全封闭的发动机，使得这款摩托车容易启动和驾驶。整个车身就是一块完美的画布，可以涂上各种吸引人的、明亮的彩色图案。这第一辆踏板摩托车的设计，对 20 世纪下半叶意大利和欧洲大部分地区的经济、时尚风格和流行文化都产生了深远的影响。

LCW 椅 1945 年

LCW Chair

设计者：查尔斯·伊姆斯（1907—1978）；雷伊·伊姆斯（1912—1988）

生产商：埃文斯产品公司（Evans Products），1945 年至 1949 年；赫曼米勒，1949 年至 1958 年，1994 年至今；维特拉，1957 年至今

1941 年，纽约现代艺术博物馆举办了一场名为“家居有机设计”的设计比赛。查尔斯·伊姆斯和艾罗·萨里宁的有机椅获奖；那胶合板壳层形态，一体集成座椅面、靠背和侧面。这座椅虽然形式先进，但生产难度大，成本高。不过，伊姆斯并未放弃，而是进一步研发三维模压夹板，力求将材料的经济性与造型轮廓的舒适性结合起来。最后，通过将问题分解，拆分为较简单的数个部件，他找到解决方案，设计出了 1945 年的 LCW 木质休闲椅（Lounge Chair Wood）。靠背、椅面和腿部框架都是独立组件，由第三方材料来连接。每个组件之间的连接处装有弹性橡胶减震垫，提供回弹力。将椅子分解成独立的组件，也提供了其他可能性；这里便是一例：使用相同的 LCW 椅面和椅背元素，安装在焊接钢框架上，就制成了 LCM 金属底座休闲椅（Lounge Chair Metal）。LCW是20世纪中期家具设计的一个高峰，形态有机，视觉上很轻盈，有着符合人体工程学的舒适度，且经济实惠。

特百惠 1945 年

Tupperware

设计者：厄尔·西拉斯·塔珀（1907—1983）

生产商：特百惠公司（Tupperware），1945 年至今

特百惠盒是一种颜色柔和、柔软的塑料容器，在世界各地的厨房里随处可见；它们彻底改变了午餐盒文化和食物储存方式。厄尔·西拉斯·塔珀（Earl Silas Tupper，特百惠取自其名，即塔珀氏用品）出生于新罕布什尔州，在 20 世纪 30 年代是杜邦公司的一名化学专家。40 年代初，他听说了一种新的热塑性塑料：聚乙烯，在室温下仍柔软有弹性。塔珀与杜邦公司合作，改进了这种塑料。他郑重地将其称为“聚乙烯-T——未来材料”。他还开发出一种新的注塑工艺，以此来制造产品。1945 年，塔珀塑料公司推出了一系列食品容器。巧妙的是，那注册了专利的盖子，在边缘会形成一个气密密封——当盖子被压下时，在容器内产生负压，因此外部大气压力会保持盒盖紧实密封。塔珀不仅是一位伟大的发明家，也是杰出的推销员。1951 年，他将所有特百惠产品从商店下架，并开始专门通过在顾客家中举办的聚会来销售——“特百惠派对”由此诞生。1958 年，塔珀将公司出售给雷氏（瑞克苏尔）制药集团，成为千万富豪，退休后长居哥斯达黎加。

机灵鬼 1945 年

Slinky®

设计者：理查德·詹姆斯（1914—1974）；贝蒂·詹姆斯（1918—2008）

生产商：詹姆斯实业公司（James Industries），1945 年至今

“机灵鬼”是一个基本没有设计的设计品。1943 年的大部分时间，机械工程师理查德·詹姆斯（Richard James）都在研发一种弹簧结构，以帮助稳定战舰。有一天，他不小心碰掉了架子上的一根弹簧，眼睁睁地看着它优雅地沿着一系列物体表面“走”了下来。詹姆斯的妻子贝蒂（Betty）给这个玩具起名为“机灵鬼”。夫妇俩花了两年的时间来完善这个玩具，研究这个晃悠悠的金属线圈的最佳材料、长度和生产方法。1945 年，詹姆斯实业公司首次向公众销售这款产品，它一炮而红，大受欢迎。它第一次出现在费城的一家百货商店时，不到两个小时就售出了 400 件。这一成功为詹姆斯夫妇建立他们的玩具集团铺平了道路，该集团至今仍在生产“机灵鬼”。詹姆斯实业公司使用理查德·詹姆斯在 1945 年开发的机器，生产了数百万件“机灵鬼”，还是用同样的原料：20 米长的金属丝，被旋转和盘绕成原型模板那样的行走弹簧形状。尽管该公司继续延伸了“机灵鬼”的不同品种系列，如“塑料机灵鬼”，“小机灵鬼”和深受喜爱的“弹簧狗”等，但原初款的“机灵鬼”仍是经典设计。

球形茶具和咖啡具套装 1945 年

Bombé Tea and Coffee Service

设计者：卡洛・艾烈希（1916—2009）

生产商：艾烈希，1945 年至今

在许多方面，球形茶具和咖啡具套装都可被视为艾烈希公司生产历史的象征。该套装由卡洛・艾烈希（Carlo Alessi）设计，他在意大利的诺瓦拉学习工业设计后加入了自家的公司。20 世纪 30 年代，他成为公司的总经理；30 年代中期至 1945 年间，公司生产的大部分产品的设计都由他主持和负责。1945 年，他推出了他的最后一个项目：球形茶具和咖啡具套装，帮助公司确立了生产创新型现代产品的声誉。这一经久不衰的设计，有 4 种不同的尺寸，是一个大胆张扬的工业化产品。它展示了一种纯粹的形式，向现代设计史致敬。这个套装显然受到了早期设计师作品的启发，那些作品的特征是简单的几何形式，无装饰性元素。它最初用镀银和镀铬黄铜制成，但现在用不锈钢制作。在其生产的年代，它是招摇的、现代的；如今与新的设计放在一起也毫不违和。它仍然是艾烈希公司销售的最成功的茶具和咖啡具套装之一。

BA 椅 1945 年

BA Chair

设计者：欧内斯特・雷斯（1913—1964）

生产商：雷斯家具（Race Furniture），1945 年至今

BA 椅在 20 世纪 40 年代后期的英国设计中占有独特的地位。它的创新和风格象征着家具设计的新精神。战后的英国，传统家具制造材料短缺，促使欧内斯特・雷斯使用铸造再生铝材设计 BA 椅子，这样就可以在不动用传统熟练工人的情况下进行大规模生产。这把椅子由 5 个铸铝部件组成，加上两块铝板用于椅背和座椅面。椅面最初是加上橡胶垫子，以棉帆布覆面制成。椅子腿，是一个截面向下渐次收缩的 T 形，使用最少的材料，同时保证腿部的强度。最初，部件采用翻砂铸造成型，但 1946 年之后，采用了压力铸造技术，从而减少材料的使用，降低了成本。从一开始，这把椅子就有带扶手和不带扶手的两款。1947 年以后，随着木材越来越丰富，又引入了桃花心木、桦木和胡桃木饰面的版本。1954 年，雷斯因 BA 椅在米兰三年展上获得金奖。这把椅子在整个 50 年代被用于许多公共建筑，至今仍在生产，迄今总产量已超过 25 万。

“电动加”14 1946 年

Elettrosumma 14

设计者：马切罗·尼佐利（Marcello Nizzoli，1887—1969）

生产商：奥利维蒂（Olivetti），1946 年至 1957 年

“电动加”14 是一款十键的电子加法机，于 1946 年问世，旨在革新数学计算语言。由意大利设计公司奥利维蒂设计的“电动加”，在速度和形式上都优于它之前的产品；它更像一个现代超市收银机，而不仅仅是一台计算机器。“电动加”的设计理念是，它不仅是一个处理逻辑运算或表达计算等式的机械装置，也应是拥有直觉和美感的物体。第二次世界大战后，随着新技术的发展，阿德里亚诺·奥利维蒂看到了现实其设计目标的机会。作为电子革命的先驱，他投资了两个电子研究试验室，一个在美国，一个在比萨。最早开发的产品之一是“电动加”的“大哥”：于 1957 年推出的 22-R；这一块头较大的初代版本装有改进后的“静态存储器”，允许数字之和连续相乘得出总数。这些技术的发展催生了埃利亚 9003（Elea 9003），意大利的第一台电子计算机。1960 年，奥利维蒂突然去世，公司陷入债务危机。不过，“电动加”仍是一款令人心动赞赏的小工具。这款产品，配有多彩的塑料外壳，集中体现了意大利设计的意趣。

燧石 1900 厨房用具　　1946 年

Flint 1900

设计者：爱柯设计团队

生产商：爱柯产品公司（EKCO Products Co.），1946 年至约 1959 年

爱柯（EKCO）的燧石 1900 厨房用具确立了难以超越的设计和制造标准。在它们出现之前，厨房用具是由相对廉价的材料制成，例如用冲压金属；这些材料会生锈，而典型的手柄是车床加工的木材，在反复清洗、暴露在潮湿环境时会开裂。爱柯产品公司的员工解决了这个问题；他们的设计师的主要关注点不是重新设计器具的基本形状，而是进行改良，以增强器具的强度和耐用性，提高产品的质量。因此，他们推出了一系列不锈钢制品，手柄由模制塑料制成。双铆钉、抛光钢的使用，为消费者呈现了一套厨房用具和刀具，比市场上常见的厨具更显品质。燧石 1900 系列作为套装上市并销售，虽然价格相对较贵，但由于其质量好，销售非常成功；它还配有一个壁挂式收纳架。这些产品的持久魅力在于，爱柯致力于日常家用品的高质量制造和设计，而这些东西之前被视为不在产品设计范畴之内。

太脱拉 600 太脱拉普兰　　1946 年

Tatra 600 Tatraplan

设计者：太脱拉设计团队（Tatra Design Team）

生产商：太脱拉公司（Tatra），1947 年至 1952 年

捷克斯洛伐克太脱拉公司生产的太脱拉普兰，可以说是将流线型设计带给公众的第一款产品。在公司董事汉斯・列德文卡和首席汽车工程师埃里希・乌伯拉克的领导下，太脱拉设计了一系列车型，包括 1933 年的先驱车型 T77。但直到“二战”后，经典的太脱拉普兰才出现。它的诞生过程很艰难：1945 年，列德文卡被指控与纳粹勾结，被判入狱 6 年。该公司改由总工程师朱利叶斯・马克尔领导。车身设计总监弗朗提塞克・查鲁帕与被监禁的列德文卡经过一次长时间的商讨后，于 1946 年提出了钢制整体式车身的想法，用硬壳车身把车轮包藏在内。由此设计出来的流线型汽车于 1947 年投产，车身前部宽大，采用了倾斜的分体式挡风玻璃，后部逐渐变细，形成几乎无法分辨的鳍式尾翼——简直就像一颗移动的泪珠。更重要的是，太脱拉普兰的阻力系数仅 0.32，令人印象深刻。1951 年，该车的生产转移到了斯柯达公司，但第二年就停产了。截至其生命周期终结，共生产了 6342 辆，出口到 17 个国家。

灰狗豪华长途旅游车 1946 年

Greyhound Scenicruiser

设计者：雷蒙德·洛伊（1893—1986）

生产商：通用汽车客车部（General Motors Coach Division），1954 年至 1956 年

雷蒙德·洛伊重新设计的灰狗巴士一直是自由和冒险的象征。它带有凹槽的侧面暗示了，开阔的道路是它的自然栖息地；车窗向后倾斜，仿佛因旅行的前进速度被往后拖甩着。1933 年，灰狗公司首席执行官奥维尔·S. 凯撒想重新设计公司标志，找到洛伊咨询。洛伊直言不讳：公司的标志与其说是优雅的灰狗，不如说是“胖杂种狗”。他随后设计了一只轮廓分明、造型优美的“纯种灰狗”；这一形象在 21 世纪仍在继续使用。这款著名的豪华长途旅游车车型，是第二次世界大战后灰狗公司努力开发现代客车的成果。洛伊接受委托进行造型设计，他的流线型美学不仅使这款长途客车看起来更具吸引力，反映出车辆的动感，还提高了性能和效率。为了提高安全性，他加固了车身下部以防碰撞，并安装了一个带有红色箭头的白色圆盘，在门打开时，箭头会向下指向步梯台阶。洛伊还引入了一些实用创新，例如带有细小重复图案的座椅织物，使污渍不明显；这表明现代主义设计并非都是不切实际的极简设计。

瓦里奥烤面包机 1946 年

Vario Toaster

设计者：麦克斯·格特-巴顿（1914—2003）

生产商：得力公司（Dualit），1946 年至今

因其酷帅且实用的现代风格，瓦里奥烤面包机成为 20 世纪 80 年代必不可少的厨房用具。但它最初设计于 1946 年，服务于极简主义或打造复古的家居风格。瓦里奥吐司机的设计者麦克斯·格特-巴顿（Max Gort-Barten），主要是一名工程师，这解释了它创新的功能模式以及它的机器美学。他发明的第一个产品是“双光火”（Dual-Light Fire）；那是一种带有双电热元件的可调控电加热器；得力公司因此得名（Dualit，即“双重点火”）。这款吐司机设计成功的关键，在于它的“保温”设定；通过设置定时开关，吐司面包在设定的时间内被烤好，然后需手动弹出，而不是自动弹出。这使得面包片可以在机器里保温；这一概念非常受欢迎。得力公司积极回应激增的需求，保留了经典款的干净线条造型，但引入了铬饰面和坚固的电热元件；这些元件采用了用于航天飞机的同款耐热材料。每台得力瓦里奥烤面包机都是手工组装，并且在底板上刻有组装工人的个人标记。

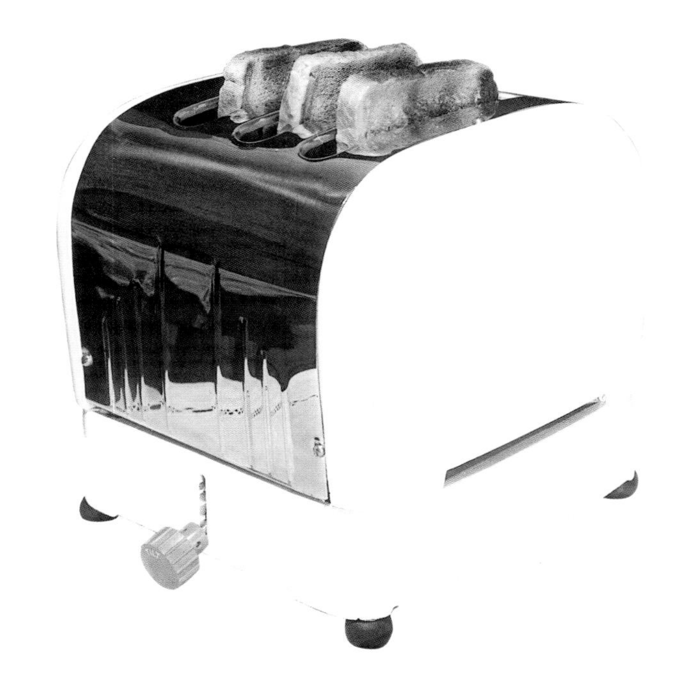

平台长凳　1946 年

Platform Bench

设计者：乔治・纳尔逊（1908—1986）

生产商：赫曼米勒，1946 年至 1967 年、1994 年至今；维特拉，2002 年至今

乔治・纳尔逊的平台式长凳，呈现结实坚固的形式，是美国创新努力所倡导的战后精神气质的反映。20 世纪 40 年代，北美设计师开始热情地接受欧洲现代主义的哲学和美学原则，并将其作为日常生活的典范。纳尔逊于 1946 年加入赫曼米勒，担任设计总监；同年，平台式长凳推出。这是一件灵活实用的家具，可以坐人，也可以放东西。它的目的很明确，就是遵循现代主义设计的要求，使功能与形式一致。此凳由枫木打造，带有金属调节螺杆以调平凳面；黑檀色的指接木凳腿加强了稳固度。直线条的长凳面板，为板条构成的平面，板条有意间隔，透光透气，通透而雅致。这条长凳是纳尔逊为赫曼米勒设计的第一个产品系列的一部分。至 1955 年，这已被证明是该公司最灵活、最实用的产品之一。它于 1994 年重新推出。作为战后家具的一款重要设计，它持久的魅力证明了其设计师的先知远见。

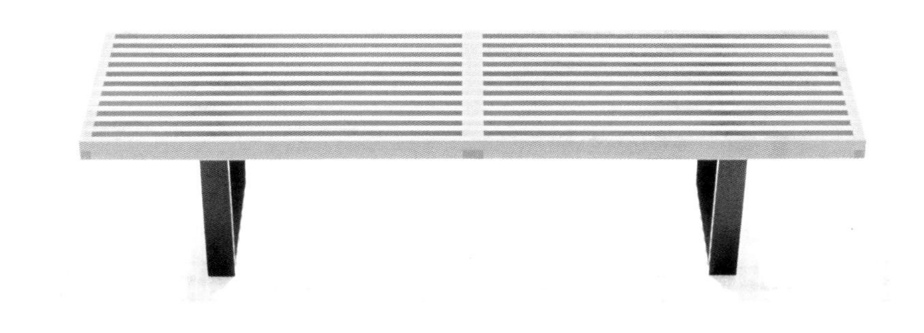

子宫椅　1946 年

Womb Chair

设计者：艾罗・萨里宁（1910—1961）

生产商：诺尔，1948 年至今

子宫椅于 1948 年投放到美国市场，此后大致上一直在生产。它代表了艾罗・萨里宁的有机壳层造型座椅试验中商业上最成功、最受欢迎的成果之一。到了 20 世纪 40 年代后半期，萨里宁开始放弃使用胶合板，转而试用玻璃纤维增强的合成塑料；他的子宫椅就使用了该材料。为了使作品尽可能轻，壳层式座椅是由一个带有细金属杆腿的框架支撑；外表覆有一层薄薄的但足够舒适的衬垫。萨里宁在设计时非常注重落座姿势的舒适度。他强调，人们坐下的方式多种多样；他设计的椅子形状，让人们可以把腿抬高盘放在座位上，或窝在椅子里，或懒散地歪躺着。如此一来，“子宫椅”被打造为一把满足当代生活方式的现代椅子。这也是一把可以将人包裹住的、舒适的斗篷般的椅子，让坐下来的人有个私人小空间，逃离现实世界，暂时找到庇护。

萨博 92　　约 1946 年

Saab 92

设计者：希克斯顿·沙逊（1912—1967）

生产商：萨博公司（Saab），1950 年至 1956 年

瑞典对汽车设计的贡献一直不如意大利和美国，但也有一些车型已获得经典地位。希克斯顿·沙逊为萨博所做的工作意义重大，尤其是在“二战”刚结束后他所设计的车型；当时萨博刚刚从航空产业领域转向汽车制造。沙逊是一名技术绘图师，之前以自由职业者的身份为萨博工作；他被聘请来为公司试验的流线型汽车设计合适的外观。航空工程科技和可视化造型技术结合，成就了非凡而尖端的萨博 92。第一批原型车从 1946 年开始制造，于 1947 年 6 月 10 日公开发布，但常规生产直到 1949 年 12 月才开始。车子被设计得像一个机翼：与美国的先例类似，沙逊去掉了翼子板、轮拱和所有其他可能会突起的地方，创造出一个线条流畅的车身外壳；最终的成果是，汽车尾部逐渐变细，车头前端为曲线造型，流畅的线条将前后连接在一起，形成一个整体。第一批量产的车型是独特的深绿色。萨博 92 一直是该公司最激进和最受尊敬的产品之一。

伊姆斯屏风 1946 年

Eames Screen

设计者：查尔斯·伊姆斯（1907—1978）；雷伊·伊姆斯（1912—1988）

生产商：赫曼米勒，1946 年至 1956 年、1994 年至今；维特拉，1990 年至 2019 年

伊姆斯夫妇于 1946 年为赫曼米勒设计的折叠屏风，用帆布“铰链”将扁平的松木板条连接而成；这是对阿尔瓦·阿尔托于 20 世纪 30 年代后期在芬兰设计的类似屏风的改版。夫妇二人将阿尔托的创意改成了更实用、更灵活、更优雅的产品。他们将板条加宽至 22.5 厘米，将胶合板模压成 U 形，然后用和板条一样长的帆布“铰链”连接胶合板板条。这些创新大大加强了屏风的稳定性。它的每个 U 形都可以和相邻的 U 形重叠，方便折叠起来进行运输、搬运和储存。它的生产过程涉及大量手工劳动，这就严重降低了产品大规模生产的可能性。屏风于 1956 年停产，但后来在不损害 1946 年设计的完整性的情况下，伊姆斯屏风重新推出，使用了聚丙烯网片。该屏风是一个大方自然的实用设计的完美例子，为个人表达留出了空间；它符合查尔斯和雷伊的信念，即任何人都可以，甚至都应该，成为建筑师或设计师。

自由形态沙发 1946 年

Freeform Sofa

设计者：野口勇（1904—1988）

生产商：赫曼米勒，1949 年至 1951 年；维特拉，2002 年至今

日裔美籍雕塑家兼设计师野口勇偏爱生物形态设计语言，这在 1946 年他的自由形态沙发中得到了很好的体现。他的雕塑背景昭示和赋予作品流动的形状；沙发看起来好像由两块大而扁平的石头构成，但外观却充满活力、轻盈。薄薄的坐垫和脚凳确保了舒适度。自由形态沙发采用了羊毛座套，支撑的框架使用了山毛榉木，沙发脚为枫木。在他所有的设计作品中，野口都将对当代雕塑形式的认知与熟练的工艺技巧相结合。他 1927 年当过现代派雕塑家康斯坦丁·布兰库西（Constantin Brancusi）的助手，也是亚历山大·考尔德（Alexander Calder）的崇拜者；他在自己的作品中对两者都有所借鉴。作为雕塑家，野口注重材料和形状以及两者与空间的互动。他认为，日常物品应该被视为是具有功能价值的雕塑，或是“为每个人提供乐趣的东西”。自由形态沙发的设计与他当时的其他作品截然不同，由生产商赫曼米勒生产了仅仅几年时间（以 IN-70 的名字销售），数量很少，因此原作极具收藏价值。2002 年，维特拉与野口勇基金会合作，重新发布了自由形态沙发。

福乐经典订书机 1946 年

Folle Classic Stapler

设计者：福尔默·克里斯滕森（1911—1970）

生产商：福乐公司（Folle），1946 年至今

福乐经典订书机第一次推出时，其受欢迎程度和广泛用途远超预期；家具专卖店和办公用品商店都竞相囤货。它由福尔默·克里斯滕森（Folmer Christensen）设计，于 1946 年由福乐公司首次生产；这是克里斯滕森在哥本哈根万罗塞（Vanløse）镇区创建的一家公司。大多数订书机装订时，会像鳄鱼咬合一样，发出咔嗒声，而福乐设计了一个抛光的钢制大按钮，只需要一个简单的向下按的动作即可使用。它简洁的钢板下面，是基于 4 个弹簧机构的较为复杂的设计。最明显的一个弹簧盘在大按钮下面；其他的弹簧则让使用者可以打开订书机头，选择设置，让订书钉两脚是向内咬合还是向外展开。原初的机器和工具仍在生产 1946 年款的福乐经典订书机，以及若干的变化版本，包括一款长柄版本和一款用于装订杂志的侧边订书机。它们非常结实，重约 290 克；许多零售商都夸耀说，订书机底座的凹槽甚至可当作开瓶器用。

博物馆手表 1947 年

Museum Watch

设计者：内森·乔治·霍威特（1889—1990）

生产商：摩凡陀集团（Movado Group），约 1961 年至今

内森·乔治·霍威特（Nathan George Horwitt）是 20 世纪 30 年代定居纽约的俄罗斯移民。他开发了一系列产品，包括收音机、灯具、家具、冰箱和电子钟。他 1939 年设计的塞克洛斯（Cyclox）钟，是后来表盘设计最初的灵感来源；那款表盘没有任何数字，只在圆环的顶部有一个金点，代表 12 点；而细长的分针和时针无休止地对圆盘进行几何分割。霍威特认为，这一设计在本质上就等同于日晷。他制作了 3 个原型，其中一个被纽约现代艺术博物馆永久收藏。生产商们一直不愿意接纳霍威特的手表，直到 1961 年左右，摩凡陀才决定限量生产这款手表。因其是现代艺术博物馆的展品，这款手表被称为“博物馆手表”。最初，霍威特的表盘配的是摩凡陀的标准配置机芯，但最终版安装了一个扁平的手动上弦机芯，机芯型号 245/246，以适配霍威特的表壳方案。具有讽刺意味的是，正是这款花了近 20 年时间才进入市场的手表确立了摩凡陀的声誉。

球钟 1947 年

Ball Clock

设计者：欧文·哈珀（1916—2015）；乔治·纳尔逊联合事务所

生产商：霍华德·米勒钟表公司（Howard Miller Clock Company），1948 年至今；维特拉，1999 年至今

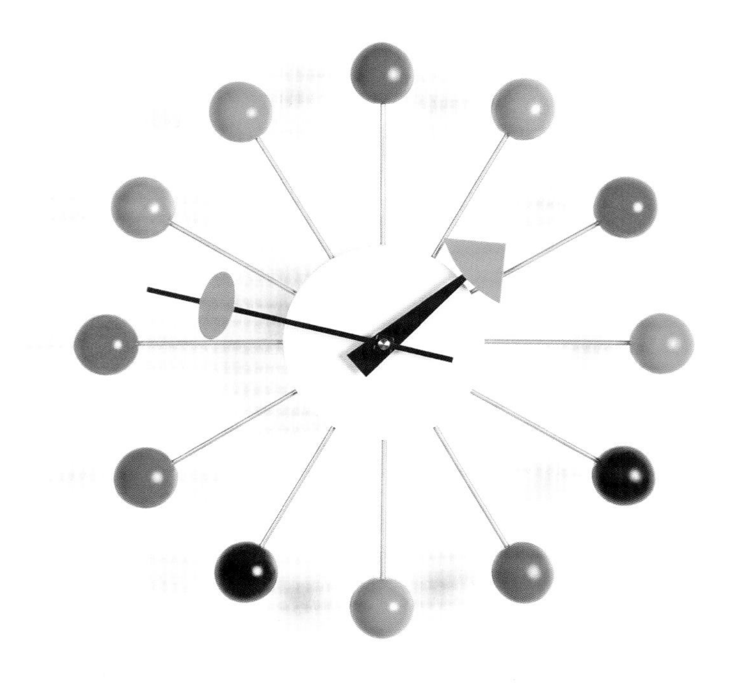

1947 年设计的球钟或曰原子钟，由霍华德·米勒钟表公司生产，成了标志 20 世纪 40 年代和 50 年代的一个符号。其最初版本有着一个涂成红色的黄铜中心圆盘，从中辐射出 12 根黄铜辐条，末端是涂成红色的木球。其黑色指针上点缀着几何图形：时针上是三角形，分针上是椭圆形。它的设计，被视为模仿了原子的结构，就好像这是一种驯服、平息核能的努力。由于没有数字，它反映了一种形而上的玄奥状态，在这种状态下，时间流逝，毫无参照。这是不是设计师的意图，值得怀疑，正如其设计者是不是欧文·哈珀（Irving Harper）也存在疑问。在《现代设计的设计》一书中，乔治·纳尔逊否认是他或哈珀设计了这款钟。他回忆说，这个设计出现在一卷纸上，上面尽是哈珀、巴克敏斯特·富勒、野口勇和他自己的涂鸦；那是某个夜晚他们喝多了画的。纳尔逊声称，这些图稿上有野口的笔迹，但主要是哈珀画的。这款钟后由维特拉重新发售，有白色、天然山毛榉色和其他多色版本可选。

乐观主义者号小艇 1947 年

Optimist Dinghy

设计者：克拉克·米尔斯（1915—2001）

生产商：多家生产，1947 年至今

乐观主义者号小艇是适合所有初出茅庐的水手的第一艘船。它的帆具装备简易，操作简便。克拉克·米尔斯（Clark Mills）于 1947 年为一个慈善机构——美国乐观主义者俱乐部设计了这艘船。最初的计划是建造一艘成本低于 50 美元的船。设计的成果是一艘单人小艇，有着方形船头和一根桅杆，只有一面简单的帆、一条操控索和一条龙骨中插板。它只有 2.3 米长，非常适合 8 至 15 岁的儿童用来学习帆船驾驶。该船的进一步成功要归功于它价格低，重量轻（只有 35 千克），很容易绑定在车顶上运输。自 1960 年以来，小艇已经生产了超过 50 万艘，在世界上几乎每个国家、每个地区，从中国到伊拉克的库尔德斯坦，都有“小艇级乐观主义者协会”。虽然米尔斯可被认定是关键设计师，但小艇的流行要归功于阿克塞尔·达姆加德（Axel Damgaard）。他是一名建筑师，也是三艘高桅帆船的丹麦船长；他将这只小船从美国带到了斯堪的纳维亚；在那里，小艇在短时间内就备受赞誉。1962 年，乐观主义者号还赢得了一个世界冠军。很快，国际乐观主义者号小艇协会也在 1965 年成立。

西斯塔尼亚 202 跑车 1947 年

Cisitalia 202

设计者：巴蒂斯塔 · 宾尼法利纳（1893—1966）

生产商：西斯塔尼亚公司（Cisitalia），1947 年至 1952 年

这款优雅的跑车，由意大利汽车生产商兼设计师巴蒂斯塔 · 宾尼法利纳（Battista Pininfarina）和西斯塔尼亚公司共同打造；它将汽车作为雕塑的理念发挥到了极致。在两次世界大战之间的年月里，宾尼法利纳引领了意大利设计的潮流，设计了诸如 1936 年蓝旗亚的流线型艾普利亚汽车等经典作品。他设计的 1947 年西斯塔尼亚跑车，那抽象、曲线化的造型源于符合空气动力学的美国设计，但又结合了意大利汽车设计中克制的美。在一次访问底特律期间，宾尼法利纳受到了全金属冲压和大规模生产技术的启发。他没有在车上添加美式镀铬合金装饰，而是依靠汽车本身的外形来展示其特色。他摒弃了散热器格栅的装饰，光滑的车身没有表面细部饰件和多余的东西，一切都与车身外壳融为一体。接缝线和部件接头处裸露在外，轮子上方也没有凸出的圆轮拱。门把手、排气口和裸露的车轮辐条打造出强烈的视觉特征。西斯塔尼亚的制造成本很高，在赛场上也不成功。然而，这些局限并没有阻止它成为汽车设计史上的经典之作，尽管它的生产只持续到 1952 年。

大师弹簧单高跷（“波戈棍”） 1947 年

Master Pogo Stick

设计者：乔治·B. 汉斯伯格（1888—1975）

生产商：思佰益（SBI Enterprises），1947 年至今

自 20 世纪 40 年代首次推出以来，弹簧单高跷令人满意的弹跳力度激励了几代人蹦蹦跳跳。此物的来历，有一种说法是，一名德国人在缅甸旅行时遇到一位名叫波戈（Pogo）的女孩，她正在用一根棍子在岩石小路上“跳跃”；于是他创造了类似的弹跳棒，但增加了一根弹簧以增加弹跳力。1919 年，美国金布尔兄弟百货公司订购了一批这种木制的“波戈”弹簧棍。然而，由于旅途的潮湿环境，这些棍子弯曲变形，在交付时已无法使用。金布尔兄弟随后请美国婴儿家具和玩具设计师乔治·B. 汉斯伯格（George B Hansburg）设计一个更好的方案。汉斯伯格想出了一个金属版本，装有封闭弹簧，并以自己的公司思佰益之名申请了弹簧单高跷的专利。在 20 世纪 20 年代，这款产品销量激增。1947 年，汉斯伯格设计了一个改进的钢制型号，弹簧更耐用。这款大师弹簧单高跷，由汉斯伯格位于纽约埃尔姆赫斯特的工厂生产，成为我们今天所熟知的经典单品，也是全球畅销的产品。汉斯伯格最终在 70 年代卖掉了他的工厂，但大师弹簧单高跷在市场上仍然独占鳌头。许多公司都试图重新设计这款产品，但以汉斯伯格设计为基础的款式仍是原型经典。

47 型 / “号角”咖啡机 1947 年

Model 47/La Cornuta

设计者：吉奥·庞蒂（1891—1979）

生产商：拉帕瓦尼公司（La Pavoni），1948 年至 1952 年

在米兰公司拉帕瓦尼推出“号角”（1947 年获得专利，1948 年生产）之前，咖啡机的形状都像锅炉，或像一个直立的瓮，有许多难看的突起。吉奥·庞蒂、安东尼奥·福纳罗利（Antonio Fornaroli）和阿尔贝托·罗塞利（Alberto Rosselli）一起为拉帕瓦尼（意大利语，意为孔雀）工作。他将“锅炉”侧翻，形成了一个带有闪耀诱人线条的水平圆柱体；从圆柱体上伸出的分液管臂优雅地向上向内弯曲。从各个角度欣赏，“号角”都显得动感、优雅、利落又神气。在“号角”之前，机器制作的咖啡通常会有冲煮过程中产生的酸味或煳味。而新机器只在加压锅炉中取水，然后通过活塞部件将水从咖啡粉中滤过，活塞由弹簧以 10 帕的压力推动。由于锅炉为水平放置，咖啡不再有难喝的味道。“号角”很快就被技术的快速进步所超越，投产时间很短，但它的影响是巨大的——在咖啡馆或餐吧喝咖啡，这种典型意大利式的习惯当时恰在欧洲全境和其他地方日益流行，庞蒂创造的这台完美机器正好满足了这些需求。

海德金属滑雪板　1947 年

Head Metal Skis

设计者：霍华德・海德（1914—1991）

生产商：海德公司（Head），1947 年至 20 世纪 70 年代

1947 年，格伦・L. 马丁飞机公司（Glenn L Martin）的一名航空工程师霍华德・海德（Howard Head）率先设计了铝制滑雪板。当时的木质滑雪板笨重，操控困难，且容易被冰水损坏。而海德的铝制滑雪板非常人性化，易于使用。这一由技术驱动的设计为现代滑雪板奠定了基础。它将木质滑雪板的平行拼板换成了单片一体构造，引入了微妙的腰线，尾部为微喇形，板头翘起，赋予了滑雪板空气动力学优势和未来感的造型。海德采用的许多先进技术都源自航空设计，例如机身中使用的金属“三明治”夹层结构技术。根据这一新技术，他将塑料、木材和铝像“三明治”一样层叠起来，制作的滑雪板在遭遇扭折时更为硬挺，使其更容易转弯和在雪道上滑行。他的发明也比木制雪板更抗扭曲，转弯时，新雪板单边与雪接触，能保持直边不变形。由此制造出来的产品速度更快、更耐用、更柔韧，对能力一般的滑雪者也很友好，让人们有机会享受滑雪乐趣。海德将其命名为“标准”，随着铝制滑雪板的口碑在滑雪场传开，这种滑雪板很快就风行起来。

GN 26 花瓶　1947 年

GN 26

设计者：贡内尔・妮曼（1909—1948）

生产商：努塔贾尔维玻璃工艺厂（Nuutajärvi Glassworks），1947 年至 1958 年；特雷西恩塔尔玻璃制品（Theresienthal Glaswerke），约 20 世纪 60 年代至 70 年代

在玻璃吹制过程中，总是发生气泡被困在热玻璃内的意外，但芬兰设计师贡内尔・妮曼（Gunnel Nyman）标新立异，是最早将气泡用作装饰元素的人之一，她的 GN 26 花瓶便是如此。乍一看，这个厚重的泪珠状花瓶似乎覆盖着一层微小的水滴，仔细观察可以发现，厚厚的透明玻璃中嵌有一组气泡。妮曼的技术是瑞典玻璃艺术家斯文・帕尔姆奎斯特（Sven Palmqvist）于 1944 年开发的一种工艺的变体，该工艺需要在玻璃坯料上放置金属丝网，并在坯料表面蚀刻出圆点图案。当玻璃受热时，这些圆点会形成包着空气的小气泡，同时也会导致轻微的变形扭曲，使均匀的气泡网格出现，形态很自然。GN 26 花瓶是在妮曼最多产的时期，在她早逝前不久制作的，展示了她对自然线条和玻璃材料特性的关注。它由努塔贾尔维玻璃工艺厂制造，该厂的许多桌面陈列件和玻璃装饰件由妮曼重新设计，或加以现代化改造。她为奥伊瓦・托伊卡（Oiva Toikka）和海基・奥尔弗拉（Heikki Orvola）等年轻设计师铺平了道路。妮曼将透明玻璃和彩色玻璃相结合，创作出大胆而优雅的作品，因而被誉为她所在行业的开创性人物。

坎塔瑞丽花瓶 1947 年

Kantarelli Vase

设计者：塔皮奥·维卡拉（1915—1985）

生产商：伊塔拉，1947 年至今

塔皮奥·维卡拉（Tapio Wirkkala）设计的喇叭形的坎塔瑞丽花瓶，名字和基本形状来源于一种林地真菌，是他参加芬兰玻璃制造公司伊塔拉举办的一场竞赛的参赛作品。最初的款型由透明玻璃制成，边缘轻柔地起伏弯曲，还精细地雕刻着纵向展开的线条。该型号只生产了两个短款系列，每个系列大约 50 只。为进行批量生产，生产商对原有设计进行了改进；修改后的版本有更规则的瓶口边缘，可以进行滚轮式雕刻。直到 20 世纪 50 年代初，两个版本都被纳入一系列的芬兰设计巡回展览中，坎塔瑞丽才开始获得国际认可。从那时起，这款花瓶就成了芬兰设计中最常被介绍的作品之一。评论家们经常称赞这件作品的雕塑感，特别是维卡拉在起伏的瓶口水平边缘和雕刻的纵向线条（灵感来自蘑菇的菌褶，这些纵向线条强化了瓶身的腰线）之间取得的流动的平衡感，还有人将花瓶清澈的玻璃与芬兰冬天结冰的湖泊相类比。

路虎 1947 年

Land Rover

设计者：莫里斯·威尔克斯（1904—1963）

生产商：罗孚（Rover），1947 年至 1957 年

路虎是越野车的象征，最初是“权宜之计”，为了给产能不足的罗孚工厂提供一个过渡期，然而这款多功能、坚固耐用的汽车在 1948 年首次推出时就大获成功。“二战”刚过去不久，英国政府无法保证钢材供应；罗孚（也即后来的路虎）汽车公司的总经理斯宾塞·威尔克斯（Spencer Wilks）及其弟弟兼首席设计师莫里斯（Maurice）意识到，没有钢材，他们就无法全面重启公司战前豪华汽车的生产。然而，战争留下了大量的威利斯吉普，它们成为乡村汽车的典范，在农田和普通道路上都能自如行驶。威尔克斯兄弟认为，这样的产品很容易出口，可以带来急需的外汇。车身利用伯马布赖特（Birmabright）这种在战时用于建造飞机的铝镁合金来制造，就不需要用到钢材。使用威利斯吉普车现有的 P3 发动机、变速箱和后轴，这就意味着他们的车不到一年时间就造好了。此后，路虎的整体性能一直在提升；不过，即使是在 20 世纪 80 年代末，为了满足城市大众需求，作为中型豪华 SUV（运动型多功能车）的路虎发现系列推出时，路虎也始终坚持其强韧坚毅的户外精神。

达丽琳冲浪板 1947 年

Darrylin Board

设计者：乔·奎格（1925—2021）

生产商：多家生产，1947 年至今

20 世纪 40 年代，冲浪板的设计在材料、重量和形状上都发生了巨大的变化。冲浪运动员鲍勃·西蒙斯（Bob Simmons）是第一个将玻璃纤维、树脂和聚苯乙烯引入冲浪板构造的人。随后，同时代的乔·奎格、马特·基夫林、汤米·扎恩和戴夫·罗克伦改进了西蒙斯的设计，制作了马里布冲浪板（Malibu Surfboard）。1947 年，奎格，第一批伟大的冲浪板造型师之一，将其流体力学知识、冲浪实践与创新的材料应用相结合，为女性设计了短小、轻便、易于携带的达丽琳冲浪板。达丽琳冲浪板使用轻质木材，是一块涂了清漆的美洲轻木板，长 305 厘米，整个冲浪板外缘轨为弧形，底部平坦，带有一个尾鳍。由于它重量轻，外形线条流畅，使冲浪者可以用前所未有的方式转弯和驭浪而行，为现代冲浪板的发展做出了巨大贡献。1947 年夏天，奎格又出品了另外三款革命性的型号。其中一块设计了第一个玻璃纤维鳍，而另一块则有着第一个现代的针尾板形状。第三块板是全泡沫设计，进一步减轻了重量。1948 年，奎格的作品在马里布冲浪文化中引起了轰动。至 1949 年，使用泡沫材料成了冲浪板设计的关键议题。

蚱蜢落地灯 1947年

Grässhoppa Floor Lamp

设计者：格蕾塔·马格努森·格罗丝曼（1906—1999）

生产商：拉尔夫·O. 史密斯公司（Ralph O Smith），1947 年至某不详年份；古比公司，2011 年至今

蚱蜢落地灯于 1947 年推出，外形生动，立即在 20 世纪中期现代主义较为严肃的设计中脱颖而出。这盏灯最初用搪瓷烤漆钢和铝材制成，配有铁质配重块增加重量，使三脚架可以以一定角度向后倾斜，使人联想起“蚱蜢”，因此得名。细长的锥形灯罩由黄铜球形接头连接，可以 360 度旋转，使用户可以根据需要调节光线角度。它是格蕾塔·马格努森·格罗丝曼（Greta Magnusson Grossman）最具标志性的设计之一，最初由加州照明公司拉尔夫·O. 史密斯制作（据称其为波普艺术名人安迪·沃霍尔所有）；直到 2011 年，古比公司重新发布，它才再度进入大众视野，为人所知。格罗丝曼出生于瑞典，是从著名的斯德哥尔摩艺术学院：瑞典国立工艺美术与设计大学毕业的第一位女性。她在男性主导的产品设计、室内设计和建筑领域中为自己争得了一席之地。值得一提的是，她于 1940 年移民美国，然后在洛杉矶的罗迪欧大道（Rodeo Drive）开了一家店；通过这家店铺，她成功地将斯堪的纳维亚美学引入了加州生机勃发的新兴的现代主义舞台。尽管格罗丝曼成就卓著，但当她于 60 年代末退休时，她的名字几乎从设计书籍中消失了——这一疏漏，现在已经由古比公司纠正。

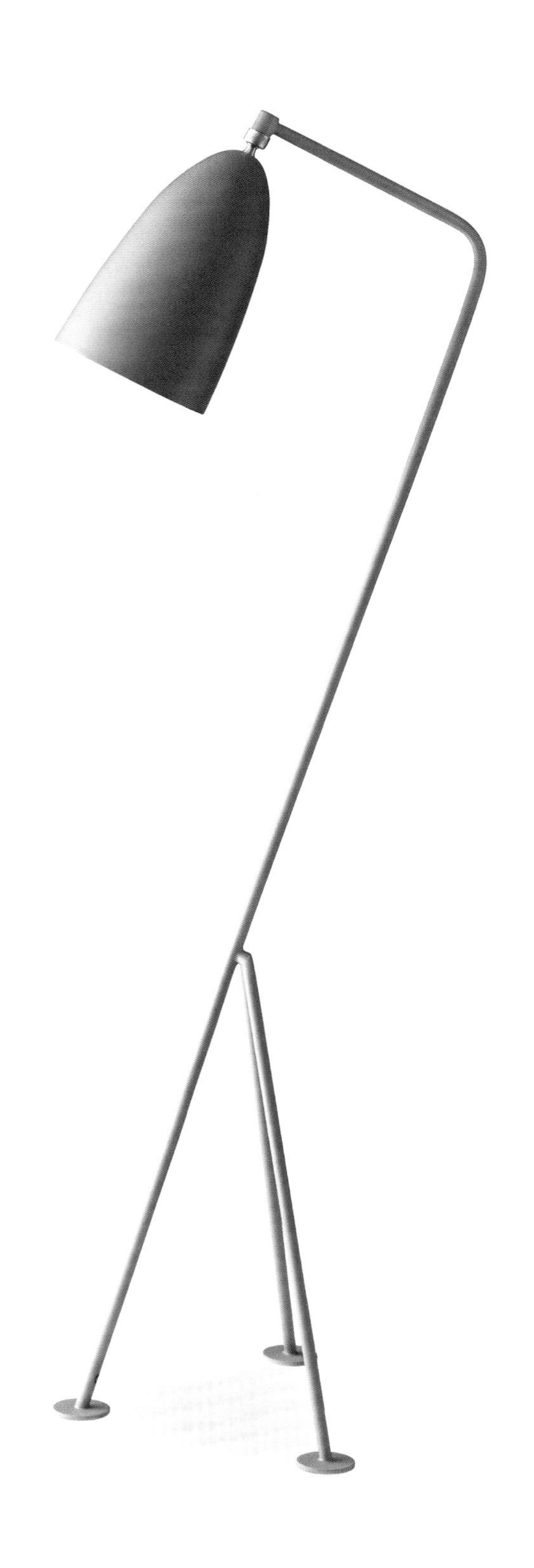

木制孔雀椅 1947 年

Peacock Chair

设计者：汉斯·韦格纳（1914—2007）

生产商：约翰尼斯·汉森家具作坊（Johannes Hansen），1947 年至 1991 年；PP 家具（PP Møbler），1991 年至今

木制孔雀椅首次亮相，是作为“年轻家庭起居室”展品的一部分，在 1947 年哥本哈根的家具师细木业行会展览上展出。它是以英国温莎椅这个木制家具史上的标准设计之一为基础设计的。以温莎椅为灵感，汉斯·韦格纳推出了若干有带框圆柱椅背的椅子；它们通常都独具特色，例如，木制孔雀椅具有独特的椅背板条，它也因此得名。从椅子中可以明显看出韦格纳借鉴历史先例的能力；椅子体现了将历史悠久的工艺技巧与自然材料相结合的丹麦现代主义风格。韦格纳提出了一个理念，“剥离旧椅子的外在形式，让它们以四条腿、一个椅面、椅背框和扶手组合的纯粹结构出现。”1943 年，他开设了自己的设计事务所；从那时起，他设计了 500 多件家具。木制孔雀椅最初由约翰尼斯·汉森家具作坊生产，但自 1991 年以后一直由 PP 家具生产；PP 家具现在是韦格纳所设计家具的最大生产商。在售的木制孔雀椅由梣木制作，椅背弧圈用层压板制成，扶手可以选择柚木或梣木。

雷克斯蔬菜削皮器 1947 年

Rex Vegetable Peeler

设计者：阿尔弗雷德·纽泽尔扎尔（1899—1959）

生产商：泽纳公司（ZENA），1947 年至今

虽然是这样一个简单而不起眼的物品，但雷克斯蔬菜削皮器是一个创新、简洁、优质的杰作。削皮器仅由 6 部分组成：一根宽度 13 毫米、厚 1 毫米的铝条，弯曲成马蹄铁形，带有宽大的凹痕供拇指和食指抓握；一块由钢板冲压而成的创新旋转刀片，一根将削皮器固定在一起的横杆，一个铆接在侧面的挖土豆眼的小挖口；剩下的两部分为紧固件。设计师阿尔弗雷德·纽泽尔扎尔（Alfred Neweczerzal）与商人恩格洛斯·兹韦费尔（Engros Zweifel）合作，于 1931 年开始使用机械模切机（冲压裁剪机）制造这款削皮器。1947 年，雷克斯蔬菜削皮器注册了专利；次年，公司更名为泽纳产品（ZENA-produkte，两位发明者姓名的首字母缩写）。雷克斯蔬菜削皮器如今仍然由该公司生产，公司现名为泽纳公司；正如预期，该产品每年能销售 300 万件。自 1984 年起，这款削皮器已经有了塑料以及不锈钢版本。据悉，该削皮器在一些家庭中可以使用 30 年，但许多削皮器会被不小心扔进垃圾桶，在堆肥场“英年早逝”。

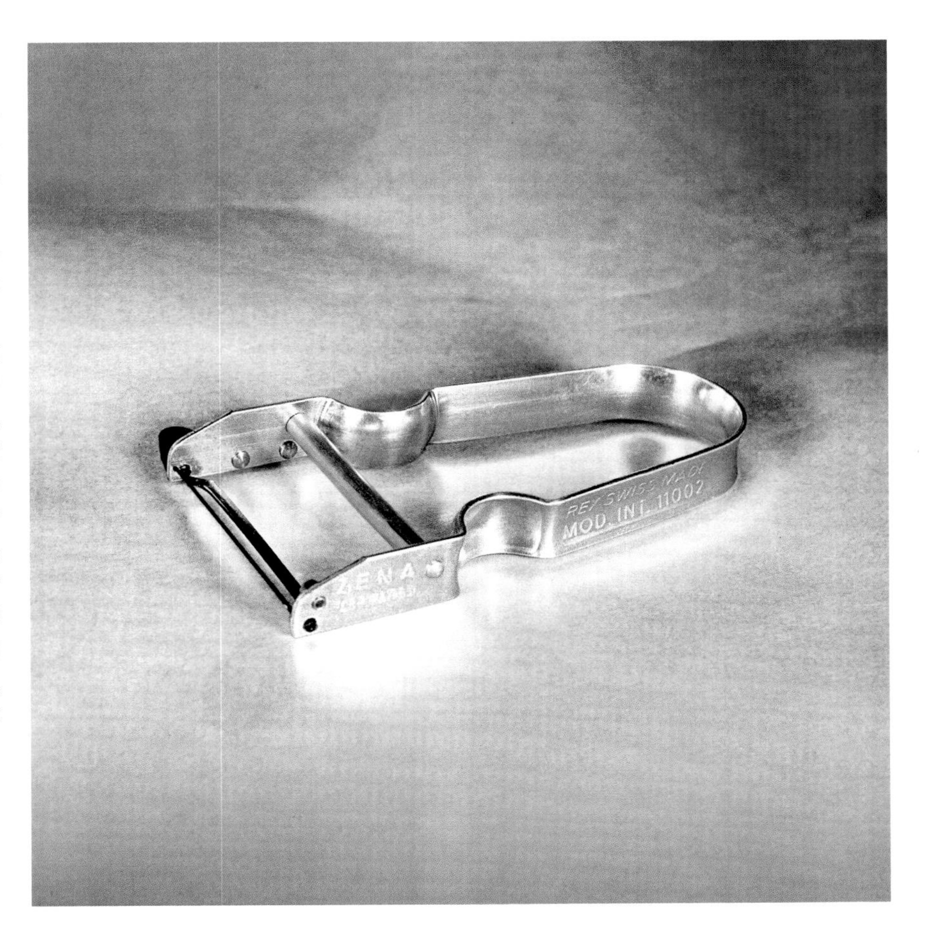

火石器茶壶 约 1947 年

Tea Pot

设计者：伊迪丝·希思（1911—2005）

生产商：希思陶瓷（Heath Ceramics），1949 年起，停产时间不详

希思陶瓷这款标志性的炻器茶壶，那饱满的壶嘴和边缘柔和的球形壶身，让其成为该公司有史以来做过的形制最复杂的产品之一。它用石膏注浆模制成型，用喷枪施釉，壶把由铜制成，外面手工缠绕着乙烯塑料编织带。希思公司于 1948 年由陶工伊迪丝·希思（Edith Heath）创立。她不仅开创了自己的道路，而且在此过程中改变了陶瓷行业。她拒绝使用预混合黏土，而是去探访了加利福尼亚的窑坑，寻找最能表现该地区独特性的坯料，并深入研究釉彩和烧制过程中那奇妙的“炼金术”，发现了创造丰富色彩和纹理的不同方法。希斯希望将优秀设计的益处带给大众。她利用自己的专业知识设计出足够耐用的，拥有简单、有机美感的日常餐具（以及后来的瓷砖），以贴合战后美国更加随意自在的生活方式。希思相信质量并不取决于是否手工制作；在丈夫布莱恩（Brian）的帮助下，她积极采用拉坯盘车之类的机器，帮助提高了产量，反过来也使她的设计更经济实惠、更普适亲民。

小餐车 1947 年

Service Cart

设计者：弗兰齐斯卡·波杰斯·霍斯肯（1919—2006）

生产商：霍斯肯股份有限公司（Hosken Inc.），1948 年至 1953 年

小餐车脱胎于英国维多利亚时代的茶具车。在战后的美国，它成了中产阶级家庭餐饮娱乐必不可少的工具。这基本上就是一张带轮子的小桌子，通常有上下两层。这种多功能设备用于运送和供应食物和饮料；其中许多型号是为酒精饮料和玻璃器皿设计的——与那些前代递送伯爵红茶的茶具车相去甚远。这个朴素的例子反映了“形式服从功能”的现代主义原则，即，物品的外观受其用途主导。这一理念为包豪斯大师沃尔特·格罗皮乌斯和马歇尔·布劳耶所倡导；在他们的指导下，奥地利裔美国人弗兰齐斯卡·波杰斯·霍斯肯（Franziska Porges Hosken）在哈佛学习建筑学。这个实用的推车完全没有装饰，由两个木架子组成，架子由矩形的带孔金属片支撑；金属片与钢管框架相连。它单调简朴的水平线条被两根斜线和 4 个大橡胶万向轮所调和；万向轮便于向任何方向轻松移动。1948 年，弗兰齐斯卡和丈夫詹姆斯成立了自己的家具公司，霍斯肯股份有限公司；他们用乌木色胡桃木和镀铬钢材制作了一款改良版。1953 年之前，弗兰齐斯卡的这一标志性的 20 世纪中期设计一直由诺尔、梅西百货和雷默（Raymor）分销；这个产品之后，她专注于签约的室内设计项目和建筑批评，后来又成为著名的女性健康活动家。

丽莎吊灯　1947 年

Pendant Lamp

设计者：丽莎·约翰森-佩普（1907—1989）

生产商：奥诺公司（Orno），1947 年至 2001 年

从赫尔辛基的中央工艺美术学院毕业后，丽莎·约翰森-佩普（Lisa Johansson-Pape）为基尔马库斯基（Kylmäkoski）和斯托克曼（Stockmann）设计家具，为“芬兰手工艺之友”协会设计地毯。随后，在第二次世界大战期间，她受邀请生产灯具——这是命运的转折，她开始与斯托克曼旗下灯饰生产商奥诺的合作，这使她成为芬兰战后最著名的灯饰设计师之一。她的这款吊灯，简练、整洁、实用，由一整块薄铝片制成，因其精致简约而备受赞誉，而不加修饰的设计使其与各种装饰风格都能协调。它有多种颜色涂装，包括白、紫和金色。灯罩内部为白色，能够有效地向下反射光线，从上方来照亮餐桌，相当理想；同时它也能产生足够的光线照亮整个客厅或卧室。那优雅的造型接近于圆锥体和有机生物体，是经过深思熟虑的造型，体现了约翰森-佩普的典型理念；她说，“一盏灯，必须满足其光源提供者的功用，但同时也必须满足审美要求。一盏好的灯具必须简洁，其结构和功能必须简明、准确。”她还举办过大量关于灯饰设计的讲座，也是芬兰照明工程学会的共同创立者。

马克 11 腕表　1948 年

Mark 11

设计者：万国表公司

生产商：万国表公司（International Watch Company, IWC），1948 年至 1983 年

马克 11 于 1948 年推出，是一款精确、耐用、易识读的腕表，以其低调的设计而闻名，是最具标志性的军用腕表，收藏家们极为追捧。20 世纪 30 年代，位于瑞士沙夫豪森的万国表公司开始设计能在飞机驾驶舱中精确计时的钟表，并根据英国皇家空军的指定规格制造出相应的产品。要应对的问题包括极端的温度、变化多样的光照条件和强磁场；直到 1948 年，万国才制作出综合了设计和功能因素的最终产品：官方认可的马克 11 飞行员手表。其著名的手动上链 89 机芯精确度极高。这款手表采用了黑色表盘和白色字体，旨在提高其在驾驶舱内的可识别度，现已成为军用手表的标配。它采用了不同形状的时针、分针和秒针，以避免在最为危急的关键时刻出现混乱。这个设计非常朴素，表盘清晰易读，手表大为成功，因此这款表一直生产了近 40 年。它的风格在 1993 年推出的马克 12 型号中得到了重现；该型号拥有自动机芯，取代了 45 年前的手动机芯。然而，原款仍然是最受欢迎的，尤其因为军人们在战斗中佩戴过它，具有护身符意义。

哈苏 1600F　　1948 年

Hasselblad 1600F

设计者：希克斯顿 · 沙逊（1912—1967）

生产商：维克多 · 哈苏（Victor Hasselblad），1948 年至 1952 年

自 1948 年推出以来，哈苏相机一直被誉为终极专业工具，反映了其设计和镜头的质量。它被许多知名专业人士和艺术家使用，并服务于专门化的商业应用，最著名的例子是用于美国国家航空航天局的太空任务。F.W. 哈苏公司成立于 1841 年，最初是一家贸易公司。1908 年该公司成立了哈苏摄影业务部，主营伊士曼柯达的产品分销。1940 年，瑞典政府找到哈苏公司，要求生产一种监控视像设备，于是哈苏系列的第一款相机 HK7 诞生。“二战”后，维克多 · 哈苏开始设计高质量的中画幅相机。它的创新之处在于可完全互换的胶片背板，这使得不同类型的胶片可以被快速使用，且不会浪费。受人尊敬的工业设计师希克斯顿 · 沙逊被请来设计外观。他创造了一种流线型的相机造型，没有尖角，使用起来很舒服。哈苏 1600F 在 1948 年面世时广受好评，虽然它的快门结构不太可靠。1952 年，一款新机型，哈苏 1000F 推出；它的最高快门速度略慢，但进行了其他技术改进，镜头范围也更大。

密纹唱片 1948 年

Long Playing Record

设计者：哥伦比亚唱片公司设计团队

生产商：多家生产，1948 年至今

哥伦比亚唱片公司（Columbia Records）1948 年发行的密纹唱片是一个非凡的产品，它帮助改变了 20 世纪的流行文化。事实上，能够容纳更多音乐的更大唱片的想法已经存在了几十年：例如，胜利牌留声机公司（RCA–Victor）1931 年推出的密纹唱片，在设计上与哥伦比亚唱片那成功的款型类似，但该产品在大萧条时期因唱片销量暴跌而陷入困境。1948 年，当哥伦比亚公司推出自己的唱片时，时机刚好。由于这款产品利用了战后消费热潮，并使用了最新引入行业的乙烯基塑料，密纹唱片在发行的第一年就销售了 125 万张。它大受欢迎的原因是：每面可以容纳 23 分钟的音乐。相比之下，更厚重的 78 转唱片，每面仅能容纳 4 到 5 分钟的音乐。整部交响乐或歌剧，首次可以录在单张唱片上发行。密纹唱片的便利性和相对便宜的价格，使它成为 20 世纪 50 至 70 年代最受欢迎的音乐媒介。随着 70 年代盒式磁带的登场及后来其他媒体格式的出现，密纹唱片无所不在的普及程度被严重冲击，但自 21 世纪初（2005 年），它又开始复兴。

T–54 7 英寸电视 1948 年

T-54 7" Television

设计者：理查德·莱瑟姆（1920—1991）；雷蒙德·洛伊（1893—1986）

生产商：海利克拉夫特斯公司（Hallicrafters），1948 年

自 20 世纪 30 年代初起，总部位于芝加哥的海利克拉夫特斯公司一直为爱好者生产高质量的业余无线电收音机，但为了扩大其在无线电领域的吸引力，并进军新兴的电视领域：电视机产业即将蓬勃发展，该公司向成功的雷蒙德·洛伊联合事务所寻求帮助。由理查德·莱瑟姆（Richard Latham）领导的设计团队选择更新业余发烧友无线电设备的外观，使其看起来更优美、时髦、精巧。因此，他们与海利克拉夫特斯的工程师合作，通过创建更清晰的控制键层级结构，简化了界面：黑白的开关控制盘；突出的调谐和音量控制键；以及较小的、不太重要的控制键，都以清晰、直接的方式分组呈现；而收音机本身为金属外壳。T–54 7 英寸（17.78 厘米）电视，采用了类似的设计，并使用与 SX–42 收音机同样的金属外壳。7 英寸的屏幕取代了收音机的调台面板，而预调谐按钮控件的大小和位置，体现出它们相应的重要性。海利克拉夫特斯电视在商业上取得了成功，表明消费者越来越喜欢这种简洁的设计。随后，日本公司继续发挥海利克拉夫特斯美学，自 60 年代开始使用这种设计，并在该领域引领了国际风尚。

“大使”汽车 1948 年

Ambassador

设计者：印度斯坦汽车设计工程部

生产商：印度斯坦汽车公司（Hindustan Motors），1948 年至 2014 年

印度斯坦汽车公司是在印度本土进行生产的第一家印度汽车公司，于 1942 年开始制造汽车。6 年后，“大使”这款车型开始生产，使用了已停产的莫里斯牛津（Morris Oxford）2 系列车型的机床与加工设备；2 系列由纳菲尔德集团（Nuffield）制造，该集团后来成为位于英格兰的英国汽车公司的一部分。人们亲切地称呼“大使”为“安比”（Amby）；它保留了 2 系列独特的圆形轮廓、大引擎盖和突出的大灯，同时通过几十年来的机械升级成功演进变化，来满足新一代消费者的需求和愿望。它的吸引力和成功得益于其出名的可靠性，简单的机械结构，方便容易的维修保养，以及应对印度崎岖、艰难路况的出色能力。这种坚固耐用的可靠性让“安比”一度成为风靡全印度全的出租车。印度斯坦汽车公司在其位于西孟加拉邦乌塔帕拉的工厂生产了 400 多万辆“大使”；这款车在印度和印度次大陆现在仍常常可见。由于几乎没有竞争对手，“大使”的市场地位不受挑战，其成功一直延续到了 20 世纪 70 年代。然而，自那时起，面对市场上的新车型，“大使”节节败退，难以维持其市场份额。它于 2014 年停产，3 年后被卖给了标致公司。

飞盘 1948 年

Frisbee

设计者：Pipco 设计团队

生产商：威猛奥（Wham-O），1957 年至今

当 UFO（不明飞行物）开始占据大众想象力之际，再加上战时塑料技术的创新使得模塑新产品造型比以往任何时候都容易，这时，飞盘飞上舞台，展示了一项全新运动，带来一种狂热的娱乐消遣前景。著名的飞盘是两位“二战”老兵沃伦·弗兰西奥尼（Warren Franscioni）和沃尔特·莫里森（Walter Morrison）的产品。他们反复尝试，制作出完美的符合空气动力学的塑料浅盘；这种大盘子可在空中轻松地飞行，并且接住时不会伤到手。两位合作伙伴设计了倒圆向内的边，可确保在飞行过程中获得最大的升力，并且很容易被抓住。他们把自己 1948 年的发明戏称为“飞碟”。两人成立了一家名为“塑料合作伙伴”（Pipco）的公司，来对他们的设计进行市场推广。但由于一系列财务困难，该公司解散。不过，莫里森将这种圆盘作为他自己设计的一款独立产品，以“冥王星浅盘”之名继续营销。他于 1955 年与威猛奥签订合约，该公司为产品提供资金和营销策略。1958 年，飞盘（Frisbee）问世。这名字来源于大学生们喜欢玩的一种游戏——在康涅狄格州布里奇波特市，有一间弗里斯比面包房（Frisbie），学生们喜欢拿它的馅饼烤盘扔着玩。抛的人会大叫一声“弗里斯比！”于是，这项运动被称为“弗里斯比”。

索莱克斯自行车 1948 年

VéloSolex

设计者：索莱克斯设计团队

生产商：索莱克斯公司（Solex），1948 年到 1974 年；摩托贝卡纳公司（Motobécane），1974 年至今

当时关于索莱克斯自行车的一种说法是，它的速度被限制在 30 千米 / 小时，以保证骑手的安全。事实上，时速 30 千米是一个乐观的说法——它只不过是一辆机动两轮车，它的微型发动机排量只有 45 毫升，输出不到 1 马力。因此，如果没有骑手的帮助，其所谓的最高速度几乎是不可能达到的；即便有动力，当遇到逆风时，你也可能必须拼命蹬踏板，那吃力的样子依旧滑稽又狼狈。尽管如此，索莱克斯自行车在战后的法国还是大受欢迎。莫里斯・高达（Maurice Goudard）和马歇尔・门内森（Marcel Mennesson）的设计理念很简单，借鉴了摩托车设计的基本原则。然而，他们并没有采用通常的齿轮和链条装置来将发动机的驱动力传递到车轮上，而是直接将发动机用螺栓固定在前叉上。骑手通过蹬自行车来加速，然后在适当的临界时刻，身体前倾，使用一操纵杆放下发动机，使其与前轮接触。当发动机上的小摩擦轮碰到快速转动的轮胎时，发动机就启动了，以大约 20 千米 / 小时的速度前进。此车既迷人又成功，产量达到了数百万辆。

三脚凳 1948 年

Three Legs Stool

设计者：阿尔比诺・布鲁诺・马里奥托（1914—2004）；卢西亚诺・马里奥托（1940— ）

生产商：马毕夫公司（Mabef），1948 年至今

对于需要坐着的户外活动（例如垂钓或画风景画），理想的座椅有几个重要的设计考虑因素：它应该便携、紧凑、轻便，并且足够稳定，可以在不平坦的地面上使用。这样的凳子从 15 世纪就有人使用了，意大利一流的画家、木制品生产商马毕夫，从 1948 年开始生产这种凳子。马毕夫的创始人阿尔比诺・布鲁诺・马里奥托（Albino Bruno Mariotto）设计了这款凳子，由 3 根上了油彩、抗污的山毛榉木棍从中间连接在一起，运输时可折叠起来，打开则是可以坐的三脚架工具；凳腿和凳面绷着的皮带最初是手工制作的。20 世纪 80 年代，阿尔比诺的儿子卢西亚诺（Luciano）更新了设计，将皮带换成了一整片的三角形皮革，并开始了这款凳子的工业化生产。从设计的角度看，马里奥托父子的设计不需要任何说明，直白易懂。它可以用各种材料制成，包括轻质铝和合成纤维制成的一个基本、实用的变化版本，这一事实吸引了更广泛的顾客群，但硬木凳腿配皮革凳面的那种风格和外观，仍是无法超越的经典。

宝丽来 95 型　　1948 年

Polaroid Model 95

设计者：埃德温 · 赫伯特 · 兰德（1909—1991）

生产商：宝丽来公司，1948 年至 1953 年

很少有发明可以仅归功于一个人，但埃德温·赫伯特·兰德（Edwin Herbert Land）发明的快照摄影机就是一个特例。兰德是一位成功的发明家和商人，在 1937 年创立了宝丽来公司。1944 年，在一次家庭度假时，他的女儿詹妮弗问：为什么我不能立即看到照片？兰德受到启发，立即开始研究这个问题。他发明了一种即时摄影工艺，相机于 1948 年 11 月 26 日上市销售。宝丽来 95 型相机是专为配用宝丽来兰德胶卷开发的，可在一分钟内显示出照片。它是一款典型的皮腔式伸缩折叠设计的直立相机，只是尺寸过大，装兰德胶卷盒大有余地。相机的重要部分是后背部，那里装有一些滚轴，可将组合了显影剂和定影剂的特制小包压破，成像处理药剂便会喷到相纸上。冲印完成后，打开机身的一个翻板兜盖，将印好的照片从底片上剥离出来。公司随后又研发出系列型号的类似相机和改良的即时摄影材料。尽管其他生产商试图进入此市场，但宝丽来公司的工艺仍然占据主导地位。从 20 世纪 90 年代中期开始，随着价格适中的数码摄影设备的出现，公司开始走下坡路，但该品牌后来在新一代人中重新流行起来。

福特 F-1 皮卡　　1948 年

Ford F-1 Pick-Up Truck

设计者：福特

生产商：福特，1948 年至 1952 年

1948 年的 F 系列卡车是福特战后的第一批产品，代表了一个新时代。其 F-1 的广告号称是“内带福利”（Bonus-Built，指有附加功能奉送），重量异常轻，仅重半吨，而其姊妹车型 F-8 为 3 吨重。F-1 与该系列所有车型一样，配备了单片一体挡风玻璃、侧通风窗以及在那个时代的卡车中不常见的、宽敞的驾驶室。在最初发布时，福特夸耀宣扬 F 系列的客车式座椅（甚至还配有软垫与靠枕）、新的 3 向通风控制系统、大烟灰缸和遮阳板。该公司还意识到了风格的重要性：F-1 的散热器格栅和前照灯嵌入车身，给车前部带来一种永久感和持续的力量感，而备用轮胎则从侧面移装到了货厢地板下。这是第一次，卡车不再只是附带推出的产品或仅仅是工作车辆，而成了一种可供选择的生活方式。F-1 一经发售就备受追捧，迅速成为乐观的新美国的象征。虽然这原初车款到 1952 年就已停产，但它一直以不同的变体形式生产，直到 1974 年，为简化消费者的选择，与 F-150 皮卡合并。

云朵椅 1948 年

La Chaise

设计者：查尔斯·伊姆斯（1907—1978）；雷伊·伊姆斯（1912—1988）

生产商：维特拉，1991 年至今

1948 年，查尔斯·伊姆斯和雷伊·伊姆斯为纽约现代艺术博物馆举办的低成本家具设计竞赛提交了云朵椅。它那像云一样、自由流动的造型灵感，来自加斯东·拉雪兹（Gaston Lachaise）的雕塑作品《漂浮的人体》，而椅子的法语名字 La Chaise 又是雕塑家名字的双关语。这把椅子的概念是从 20 世纪 40 年代萨里宁工作室开发的类似壳层构造演变而来；它的设计也受到了 1941 年纽约现代艺术博物馆“家居有机设计”竞赛中展示的 DAR 椅这一主单元组别展品的强烈影响。不过，伊姆斯夫妇忠于自己的立场，追求经济实惠的设计，便搁置了云朵椅的生产计划，因为它的结构是将两个玻璃纤维壳体、镀铬钢管框架、实心橡木十字底座固定在一起，如果投入生产，成本太高，不切实际，当时只制作了一个原型。直到 1991 年，维特拉才对这款设计开始商业化生产，但只是少量出货。90 年代中期，由于人们对伊姆斯夫妇的作品重新产生了兴趣，还有椅子本身上镜效果极佳，云朵椅受到了迟来的追捧。

拼字游戏®　　1948 年

Scrabble®

设计者：艾尔弗雷德·穆舍尔·巴特斯（1899—1993）

生产商：布鲁诺特生产与营销公司（Brunots' Production and Marketing），1948 年至 1952 年；塞尔肖与赖特公司（Selchow & Righter），1953 年至 1986 年；科莱科实业（Coleco Industries），1986 年至 1987 年；妙极百利公司（Milton Bradley），1987 年至今；J.W. 斯皮尔父子公司（J W Spear & Sons），1953 年至 1994 年；美泰（Mattel），1994 年至今

拼字游戏®，最初作为一款未发布的游戏时名为“词汇”（Lexicon），由失业的建筑师艾尔弗雷德·穆舍尔·巴特斯（Alfred Mosher Butts）发明。最初构思时，这款游戏由字母块组成，但没有棋盘；玩家根据单词的长度得分（在分析了《纽约时报》头版后，巴特斯计算出了游戏中字母的分值和数量）。1938 年，巴特斯将字母与棋盘相结合，单词在盘面上可以像填字游戏一样排列。从这时开始，这款游戏就基本上保持不变，包括 15 乘 15 格子的棋盘、可放 7 个字母块的架子以及字母的分布和分值。詹姆斯·布鲁诺特（James Brunot）曾购买过一套初版的“纵横填字游戏”（巴斯特发明的最初名称）。1948 年，他认为这游戏应该进行市场推广。他得到巴特斯授权，对规则做了一些细微改动，并将产品名改为“拼字游戏”，然后开始批量生产该玩具。1952 年，梅西百货开始销售这种游戏，一时销量飙升，两年之内就卖出了 400 多万套。它的美妙之处在于，各个年龄段的爱好者都可以根据需要让游戏变得复杂或简单。

阿尔恩玻璃器皿　　1948 年

Aarne Glassware

设计者：戈兰·洪厄尔（1902—1973）

生产商：伊塔拉，1948 年至今

阿尔恩玻璃器皿是由戈兰·洪厄尔（Göran Hongell）设计，有着纯粹、极简的线条。他主要是一名装饰玻璃艺术家，在卡胡拉的玻璃厂接受训练，“二战”后开始与芬兰玻璃生产商伊塔拉合作。如今，他被认为是芬兰玻璃制造业的先驱之一。这款玻璃器皿套装由 10 件组成，包括 8 种不同的玻璃杯（如比尔森啤酒杯、双份加大古典鸡尾酒杯、马提尼杯、高脚甜酒杯、通用古典杯和香槟杯）、水罐和冰桶；从 5 厘升（50 毫升）的烈酒一口杯到 150 厘升（1500 毫升）的水罐，大小各异。不同的器皿使用了相同的基本轮廓：厚实的圆形玻璃底，容器或杯身侧面为直线条，底小口大，向上发散。这些杯子的银幕首秀是在阿尔弗雷德·希区柯克的电影《群鸟》（1963 年）中。那一幕场景，是演员蒂比·海德莉（Tippi Hedren）正优雅地喝着一杯马提尼酒。这种手工车旋加工和模塑吹制的玻璃器皿，在 20 世纪 50 年代引领了极简设计的潮流。洪厄尔为伊塔拉完成的这套作品一经问世便大获成功，在 1954 年的米兰三年展上赢得了金奖。1981 年，阿尔恩玻璃器皿被选为伊塔拉的标志产品，以纪念公司成立 100 周年，它长期都是该公司最畅销的玻璃器皿。

DAR 椅　1948 年

DAR

设计者：查尔斯·伊姆斯（1907—1978）；雷伊·伊姆斯（1912—1988）

生产商：赫曼米勒，1950 年至今；维特拉，1958 年至今

DAR 椅，即餐用支架扶手椅的简称，是查尔斯·伊姆斯和雷伊·伊姆斯设计的具有前瞻性的餐椅。这一款革命性的设计，改变了人们对家具形式和结构的概念。这把椅子完全用工业化材料和工艺来生产，模制的增强聚酯座椅部件，由金属杆底座支撑。查尔斯之前对新材料的研究，成果体现为此椅的结构，而结构的成功，让椅子可以进行一体化批量制造。1948 年，他参加纽约现代艺术博物馆举办的低成本家具设计竞赛，玻璃纤维椅子的设计方案获得二等奖。玻璃纤维是一种有望取代家具制造中的模压胶合板的新型合成材料。他参赛入选的许多设计都由赫曼米勒生产；DAR 椅作为最初生产的作品之一，预示了伊姆斯夫妇与该公司在随后 20 年间的创新合作关系。DAR 椅体现了现代主义的大规模生产意图：通用的座椅壳层体，可更换的一系列不同底座，产生出的众多变化款式。这清楚地表达了这对夫妇的意图，即“用最小的成本把最好的东西带给最多的人”。

圆规桌　1948 年

Compas Desk

设计者：让·普鲁维（1901—1984）

生产商：让·普鲁维工作室，1948 年至 1956 年；斯蒂芬·西蒙商号，1956 年至 1965 年；维特拉，2002 年至今

让·普鲁维总是将设计与生产相结合，将建筑与家具相结合。无论产品形式或大小如何，材料的经济性、装配方式和结构外观上的简明清晰性，都显而易见。普鲁维利用汽车和航空工业的材料，制造出价格合理且易于大规模生产的产品。圆规桌因其桌腿形状而得名，是其作品的优雅诠释。这张桌子在他位于法国东北梅瑟维尔的工厂制作；结构外露，一看便知，有着持续的吸引力。胶合板桌面下方，是使用折叠式压机制造的焊接金属板部件；桌子最初涂的是汽车车身用油漆。多年来，这张桌子出现了各种版本，偶尔还配有夏洛特·佩里安设计的一套塑料抽屉。这张桌子的制作和优雅弯折的金属件，植根于重工业制造。这种圆规形象也出现在普鲁维的其他作品上：社会保障大楼（Sécurité Sociale）的走廊、巴黎犹太城学校（École de Villejuif）的室内装饰和依云小镇（Évian）的休闲餐吧。这一设计方案简易却具有多种功能，展示了一种建筑愿景，即只需要材料、结构和组装，就能创造出不受规模大小限制的美。

4950 型托盘桌 1949 年

Tray Table Model 4950

设计者：乔治·纳尔逊（1908—1986）

生产商：赫曼米勒，1950 年至 1956 年，2000 年至 2004 年；维特拉设计博物馆，2002 年至 2016 年

乔治·纳尔逊的 4950 型托盘桌看起来更像出自包豪斯的产品，而不是 20 世纪 40 年代的美国产品。30 年代初，纳尔逊对雷蒙德·洛伊等美国造型师嗤之以鼻，在他看来那是肤浅虚伪。他前往欧洲，投身现代主义运动。托盘桌的渊源可以清楚地追溯到马歇尔·布劳耶和艾琳·格雷设计的类似的钢管家具。这仅仅是名义上的“托盘”桌——因为它的方形模压胶合板“托盘”台面是不可拆卸的。桌子借助一个金属筒夹来调整高度，筒夹将钢框架的上下两个支架连接锁定起来。这种可调节性，加上侧边偏置的单杆腿，使得这款产品用途相当广泛，既可作为床头桌，也可用作沙发边几，桌面位置可调整到用户大腿上方。从 1950 年起，这件作品赫曼米勒只生产了 6 年，但在 2002 年，维特拉设计博物馆利用纽约的纳尔逊档案馆提供的模型和图纸，重新发布了这张桌子。赫曼米勒也在 2000 年恢复了这款托盘桌的生产。

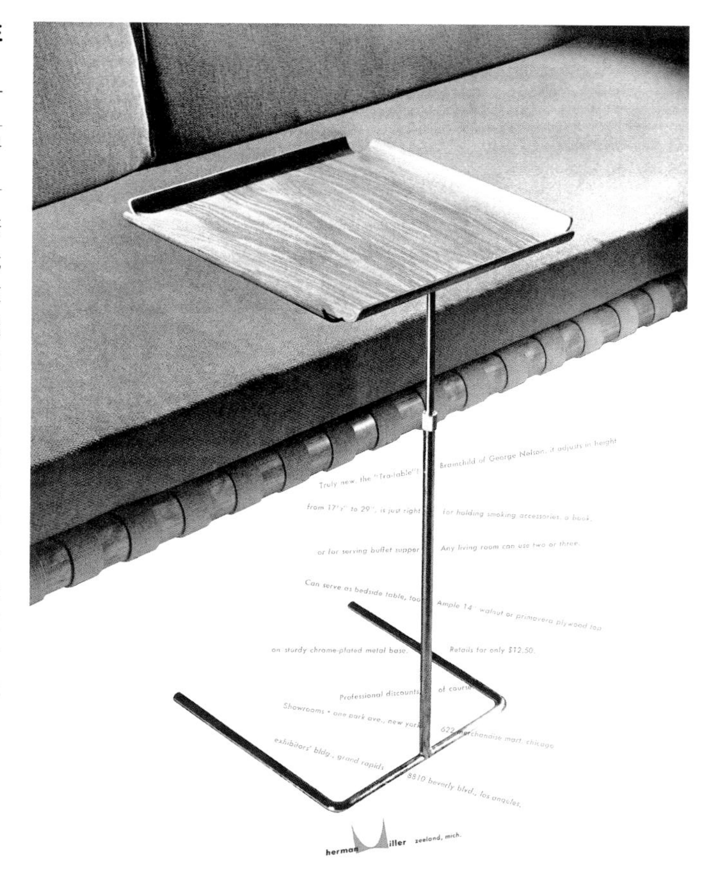

沙拉碗 1949 年

Salad Bowl

设计者：凯·玻约森（1886—1958）

生产商：凯·玻约森（Kay Bojesen），20 世纪 40 年代，停产时间不详

1907 年至 1910 年，凯·玻约森在哥本哈根的乔治杰生开始了他的银匠生涯。在德国接受进一步培训并在巴黎工作后，他回到丹麦首都，建立了自己的作坊，生产银器和木制品。在其职业生涯早期，他摒弃了此前所受训练中过于戏剧化的夸张内容，而倾向直接简朴的形式，更类似于丹麦的“恰当作品”风格（skønvirke，强调合适、有度）；这种风格很容易用于机械化生产，其目的是避免出现任何风格上的反常或私人偏好——对于一个追随乔治杰生华丽传统的人来说，这有点令人惊讶。这一风格体现在他对材料的处理上。除了他著名的木制彩绘玩具外，其他作品通常都是不加修饰的。这也体现在他对形式的处理上，总是简单、理性、直截了当。最重要的是，玻约森致力于使用最高质量的材料，以最高的工艺标准，来生产出最实用、最真诚的物品。他因家用器皿的设计而广受赞扬。在 1951 年米兰三年展上，他设计的刀叉餐具获得了最具尊荣的头等大奖。1954 年，因本款柚木沙拉碗获得一项金奖。尽管他没有试图让功能本身成为一种风格，但事实已经如此。

DH 106“彗星”客机 1949 年

DH 106 Comet

设计者：杰弗里·德·哈维兰（1882—1965）

生产商：德哈维兰飞机公司（De Havilland Aircraft Company），1951 年至 1964 年

DH 106“彗星”客机于 1949 年首飞，飞行速度为 772 千米 / 小时；其特色标签是第一架喷气式客机航班。杰弗里·德·哈维兰（Geoffrey de Havilland）在机翼前缘安装了 4 台德哈维兰“幽灵”涡喷发动机，这是商业航空领域的一大技术进步。1952 年，经过全面的测试，“彗星”获准进行商业飞行。尽管立即取得了成功，但 1953 年，这架英国制造的飞机坠毁，灾难降临了。1954 年又发生两起类似空难，迫使英国航空当局停飞了整个机队。为了确定出了什么问题，他们进行了大量的测试后发现，方形边缘的独特的客舱窗户很容易出现细微的裂纹。随着时间的推移，这些裂纹会导致飞机在飞行中失压并解体。为纠正这个问题，所有商业运营中的或在造的“彗星”都被报废，或改装了圆角客舱窗户。4 年后，“彗星”4C 表现出色；1958 年，它成为第一架搭载付费乘客飞越大西洋的喷气式飞机。尽管如此，4 年的停飞使得大多数潜在客户都转向了其美国竞争对手波音 707 和道格拉斯 DC-8 机型。结果，英国失去了最初在民航业的主导地位。

“凳子” 约 1949 年

Stool

设计者：夏洛特·佩里安（1903—1999）

生产商：勒·柯布西耶工作室（Ateliers Le Corbusier），20 世纪 40 年代；斯蒂芬·西蒙商号（Galerie Steph Simon），20 世纪 60 年代

夏洛特·佩里安对材料和技术非常着迷，这昭示和解释了她一生中的创作和试验方法。她的三脚凳（最初设计于 1949 年前后，但从 1960 年起被简称为“凳子”）就是一个极佳的例子。其极简主义的线条和纯粹的木质结构，显然借鉴了 20 世纪 20 年代的现代主义元素，但这也是佩里安两段生活经历的影响：在法国农村工作的一段时间，以及 1940 年的一次日本之旅（这导致她从 1942 年到 1946 年被迫流亡越南）。在那些地方，她学习了当地的木工和编织技术。产生的成果，是这件优雅、简约的作品，不仅参考了农民使用的乡村木制挤奶凳，还使用了在东亚发现的技法和材料，包括竹子、藤和树枝，而且在她随后多年的作品中均有使用。这些凳子最初是以夏洛特·佩里安自己的名义设计的，20 世纪 40 年代在勒·柯布西耶工作室进行改进和完善，最终于 1960 年由商号老板兼展品编辑斯蒂芬·西蒙生产。佩里安与勒·柯布西耶共事 10 年，确立了预制铝建筑设计的建筑规范，并完成了大量的室内环境、建筑和家具的设计。

阿拉伯式桌子 1949 年

Arabesque Table

设计者：卡罗·莫里诺（1905—1973）

生产商：阿佩利和瓦雷西奥工作室（Apelli & Varesio），1950 年至 1960 年；扎诺塔，1997 年至今

出生在都灵的设计师、建筑师卡罗·莫里诺（Carlo Mollino）非常喜欢性感造型，这反映在他的阿拉伯式桌子中。桌子呈现为波浪起伏的形状，上下两层玻璃面由模压胶合板制成，由极具流动感的框架支撑，框架弯曲处形成一个杂志架。这是莫里诺受委托为奥列格诺别墅（Casa Oregno）的客厅设计的室内装饰项目，也被用于胜家（Singer）居家用品专卖店的店铺空间，两处建筑都在都灵。这张阿拉伯式桌子，因桌面形态被描述为“栖息在 4 条昆虫腿上的情侣之茧”。玻璃台面的形状被认为来自莱昂诺尔·菲尼（Leonor Fini）的一幅超现实主义女性背部画，而木制框架则指涉了让·阿尔普的雕塑。莫里诺喜欢装饰和性感，从新艺术运动和安东尼·高迪的作品，以及自然和人体体形中汲取灵感。他的作品更具雕塑性，而不是功能性。事实上，他的作品很少投入批量生产，往往是一次性设计或是室内项目和定制委托设计的一部分。这款阿拉伯式桌子是为数不多的现在能买到的扎诺塔生产的莫里诺作品之一。

手帕花瓶 1949 年

Fazzoletto Vase

设计者：富尔维奥·比安科尼（1915—1996）；保罗·维尼尼（1895—1959）

生产商：维尼尼，1949 年至今

富尔维奥·比安科尼（Fulvio Bianconi）的手帕花瓶是彼得罗·基耶萨 1935 年设计的纸箔花瓶（Cartoccio）的变体。比安科尼花瓶的不同之处在于其不对称的顶部尖端，这是通过旋转熔融玻璃、让其随重力形成随机的峰峦起伏形状。最开始的球形变成了在空中飘飞的自由形态，就像一块蕾丝手帕被风卷起一样。这款花瓶有 3 款变体。最常见的“拉提莫”（Lattimo）款是乳白色的，里面的微晶体将入射光反射出去，形成不透明的效果。“阿坎内”（A Canne）款的名字来源于一根烧热的细长铁杆，杆子将熔融玻璃拉成极长的管状，由此将彩色玻璃附加装点在不透明的基底瓶身上。制作“桑菲里科”（Zanfirico）款时，两名玻璃工人将金属棒附在熔融玻璃水的两端，然后将熔融体拉长，旋转并扭曲，形成螺旋状。手帕花瓶很快成为维尼尼玻璃工厂最受欢迎的产品之一，销往全球，有两种尺寸：35 厘米和 27.5 厘米。它生产了几十年，已成为 20 世纪 50 年代意大利玻璃制造的标志。

PP 512 折叠椅 1949 年

PP 512 Folding Chair

设计者：汉斯·韦格纳（1914—2007）

生产商：约翰尼斯·汉森家具作坊，1949 年至 1991 年；PP 家具，1991 年至今

汉斯·韦格纳以其精巧雅致的家具塑造了 20 世纪丹麦的设计风格，PP 512 折叠椅就是其中一个典型的例子。韦格纳是一位鞋匠大师的儿子，他也是一位家具木工，深受自己祖国丹麦手工艺传统影响，他的家具工艺高超，其特征体现为他对所选择的材料（主要是木材）的本能反应和感性反应。PP 512 折叠椅采用橡木铰接框架，配有藤条编织的靠背和椅面，比大多数其他折叠椅更低更宽。然而，尽管它很低矮，没有扶手，但它以舒适和起坐方便而闻名。PP 512 在座椅前部有两个小把手，还有一个可定制的壁挂木质挂钩——这是本品当前生产商 PP 家具的一个特色设计。PP 512 折叠椅十分简洁，类似于震颤派风格，是 1949 年为约翰尼斯·汉森家具作坊设计的。PP 512 椅的人气持久不衰，自 1949 年以来就没有停止过生产，无论是原初的橡木款还是梣木款都大受欢迎。

斯特灵书柜系统 1949年

String

设计者：尼瑟·斯特瑞宁（1917—2006）；卡伊莎·斯特瑞宁（1922—2017）

生产商：斯特灵设计（String Design），1949年至1974年；斯特灵家具（String Furniture），2004年至今

斯特灵书柜系统最初是为瑞典出版公司邦尼（Bonnier）设计的，该公司在1949年举办了一场竞赛，要求设计价格实惠、便于运输、易于组装的书柜。斯特灵书柜系统以一个简单、实用的涂漆钢框架为基础，将两个或多个框架部件用螺丝固定在墙上后，就可以添加各式各样、还能不断拓展的产品部件。从各种类型的架子，如鞋架或杂志展示架，到客厅或厨房的橱柜，再到家居小配件，如餐盘架和刀架，无所不能。它从一开始就被设计成模块化的样式，可以随着需求的变化自由地重新组合。在20世纪50、60年代，斯特灵书柜是瑞典家庭中很受欢迎的家具，然而，尽管它很成功，最终还是日渐落伍，并于1974年停产。30年后，一家名为“斯特灵家具”的新公司成立，重新生产斯特灵书柜。在保留斯特瑞宁夫妇（Nisse Strinning，Kajsa Strinning）设计精华的同时，产品配置进行了扩展，有了新的配色、部件和配件，例如瑞典国家博物馆委托设计的折叠桌和玄关桌式台架。较窄的斯特灵口袋书柜于2005年发布，针对平装书进行了优化设计。2018年，此搁架系统推出了镀锌的、适用于户外的版本。

PP 501 总统椅 1949年

PP 501 The Chair

设计者：汉斯·韦格纳（1914—2007）

生产商：约翰尼斯·汉森家具作坊，1949年至1991年；PP家具，1991年至今

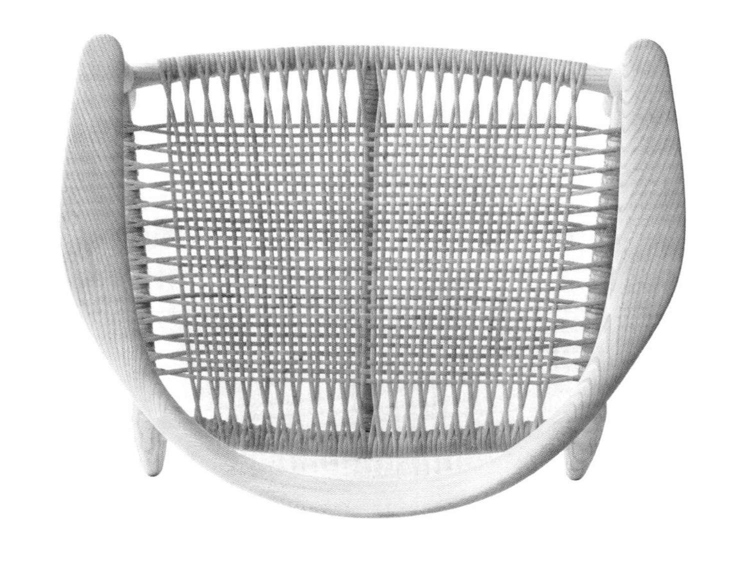

汉斯·韦格纳说过，设计是“一个不断提纯和简化的过程”。他的这把“总统椅”是逐步完善的结果，而不是创新的结果。这可以看作是对他CH 24椅的升华，而CH 24椅的灵感来源于中国明代的扶手椅。在早期版本中，椅背覆盖着藤条。这不仅是为了与藤编椅面相呼应，也是为了隐藏扶手和椅背的接合处。韦格纳后来用一个W形的指接榫连接各个部分，这需要很高的制作工艺。正因为如此，他决定炫耀一下这个指接榫，于是去掉了覆盖着的藤条。展示榫卯接头的想法是韦格纳设计的一个转折点；基于这个想法，他设计了许多椅子，漂亮的榫卯接头成为一个招牌特征。“总统椅”有多种版本，包括带有藤编椅面和皮革软垫椅面的版本。此椅现在由丹麦公司PP家具生产，仍然是当代设计师和建筑师的最爱。

CH 24 椅 / 叉骨椅 1949 年

CH 24/Wishbone

设计者：汉斯·韦格纳（1914—2007）

生产商：卡尔·汉森父子公司，1950 年至今

受坐在中式椅子上的商人肖像的启发，丹麦家具设计师汉斯·韦格纳设计了一系列椅子，为东西方艺术间的对话做出了巨大贡献。1943 年，韦格纳设计了一款中式椅子，它借鉴明代椅子，此外，现代主义对简约结构的追求，以及斯堪的纳维亚人对材料完整性的敬畏，也是其创作起点。这把椅子成为后来许多作品的基础，其中至少有 9 件是韦格纳为弗里茨·汉森（Fritz Hansen）设计的。CH 24 椅设计于 1949 年，与早期使用大量直角横木杆和方形座椅面结构的产品有很大不同。椅子的圆腿与用圆木横杆及（麻）纸纤维编织绳制作的椅面之间，安装着圆棍做的前后横木，以及防止侧面晃动的矩形横木。橡木制成的后腿向上向内倾斜，然后优雅地弯成两道曲线，连接椅背顶部的弧形圈。这把椅子的特点在于它独特的扁平 Y 形椅背靠板，因此也被称为 Y 形椅。整体效果是一件轻盈、优雅、耐用和精致的家具。它植根于东西方的传统，但设计时也融合了的当代制作技术。

胡椒磨、盐碗及勺 约 1949 年至 1950 年

Pepper Mill, Salt Dish and Spoon

设计者：特鲁迪·席特尔（1921—2001）；哈罗德·席特尔（1921—1993）

生产商：席特尔陶瓷公司（Sitterle Ceramics），1950 年至约 1970 年

这套上釉瓷胡椒磨、盐碗及勺，由美国设计师特鲁迪·席特尔（Trudi Sitterle）与丈夫哈罗德·席特尔（Harold Sitterle）手工制作，在他们的地下室小窑中烧制而成，属于夫妇两人出品的一个 30 件套的餐桌用品系列，其中包括烛台、小奶油罐、水壶、糖碗和其他家用器皿。以简单的几何形状为特点，这些作品坚固耐用，功能强大，而且使用时令人愉悦。席特尔夫妇认为乐趣是他们产品的一个重要元素，因此，举例来说，这里的勺子有一个夸张的、管状的长柄，厚实有趣；而细长的沙漏形胡椒磨有一个突出的钢质旋转摇柄，由于它不寻常的长度，转动起来很好玩。这对夫妇在芝加哥艺术学院相识，特鲁迪在那里学习陶瓷，而哈罗德学习平面设计。1945 年结婚后，他们搬到纽约州，在位于克罗顿福尔斯（克罗顿瀑布附近）的家中创立席特尔陶瓷公司。两人都认为，“好设计”运动对批量化生产商品的实用性、一致性和效率的强调，实质上贬低了个人的创造力，因此他们提倡手工制作产品，确保他们的每一件产品都拥有独特的个性特点。不过，胡椒磨还是在现代艺术博物馆 1950 年的“好设计”展览中展出，随之成为他们最畅销的产品。

托帕斯公文包 1950 年

Topas Briefcase

设计者：理查德·莫尔斯泽克（1901—1991）

生产商：日默瓦（Rimowa），1950 年至今

20 世纪中叶，作为时髦光鲜商人的标志性物品，能选择的范围很窄：他们用材质来定义身份，以配饰来确认地位。正是在这种情况下，1950 年，日默瓦的托帕斯公文包诞生了。1937 年，该公司就在行李箱结构中引入了铝合金，但被公认为精英象征的是托帕斯公文包和它的行李箱系列，在一众棕色或黑色的皮箱中，它们是鲜亮的银色灯塔。托帕斯公文包由日默瓦创始人之子理查德·莫尔斯泽克（Richard Morszeck）在科隆开发，其标志性的表面沟槽设计，强化了铝镁外壳的超轻结构，结合了机器时代的美和令其设计异于其他同类产品的特征。它防潮、可以抵御热带高温和北极严寒，符合国际航空运输协会的手提行李标准，装有一个可拆卸内胆，上面有存放笔和名片的袋子，以及放文件的储物隔层，配有两个密码锁和一个带有强力橡皮筋的主隔层，进一步保护箱里的物品。它的尺寸、皮革把手和两边的箱脚使运输更为便利。半个多世纪以来，日默瓦独特的螺纹铝外壳让托帕斯公文包卓尔不群，使其在全球旅行者中持续畅销，如今还有聚碳酸酯材料的版本。

列特拉 22 型打字机 1950 年

Lettera 22 Typewriter

设计者：马切罗·尼佐利（1887—1969）

生产商：奥利维蒂，1950 年至 1963 年

1932 年，阿德里亚诺·奥利维蒂接管了父亲卡米洛的打字机生意，他利用设计建立了统一的企业形象；通过协调一系列办公设备产品、广告、平面宣传图、展览甚至是建筑，来提升公司的形象。马切罗·尼佐利是一位多才多艺的设计师，是形成奥利维蒂风格的关键人物。1938 年，当公司聘请他为威尼斯一家商店设计方案时，他在平面设计、纺织品设计和零售设计方面已经有了丰富的经验，但他真正大展身手是在战后时期。1948 年的“词汇”（Lexicon）80 型打字机是尼佐利设计的第一款打字机，由此开启了一系列产品，都具有特别优美、雕塑般的外壳。在这些产品组合中，列特拉 22 型主打轻便，可随身携带，再加上它结实耐用，赢得了记者们和学生们的青睐。本款打字机是形成奥利维蒂招牌美学的关键产品；那种美学尽可能清晰和忠实地表达公司产品的特点。其风格也是对当时生产条件限制的一种务实应对——将金属薄板加工为浅圆弧形要比加工成锐角经济得多。但作为列特拉 22 型打字机的后继产品，1969 年由埃托·索特萨斯（Ettore Sottsass）设计的亮红色情人打字机的典型特征却是锐角，圆弧造型仅延续到 20 世纪 60 年代。

伊姆斯储物单元 1950 年

Eames Storage Unit

设计者：查尔斯·伊姆斯（1907—1978）；雷伊·伊姆斯（1912—1988）

生产商：赫曼米勒，1950 年至 1955 年，1998 年至今；维特拉，2004 年至今

伊姆斯储物单元是作为成套组件来构想的。首先是直立支架，由涂成黑色的 L 型钢条制成，有五种不同长度。然后是上漆胶合板制成的水平横放的搁板。最后是形成背板和侧板的垂直面板，使用的几种材料包括压花胶合板、打孔金属板、各种饰面和颜色的美森耐（Masonite）复合板等。还有滑动门、抽屉和 X 形金属支撑架。从这些元素构件，可以排列出极为多样的组合。因为独立部件可以相互替换，伊姆斯夫妇使得用批量生产的部件定制储物柜成为可能。从更私密更个人化的角度来说，该储物单元的灵活性，遵循了“第 8 号案例住宅”的原则，而那就是建于 1949 年的伊姆斯夫妇自己的家。伊姆斯储物单元由赫曼米勒于 1950 年生产，但在 1955 年停产，然后于 1998 年重新推出。结果发现，灵活功能和多样化组合结构的理念，对设计师和生产商比对当时的客户更具吸引力。因而，伊姆斯储物单元在模块化方面的探索意义重大，催生了后续许多适用于办公室和家居场景的储物设施，尽管那些设计的个性特质不够鲜明多彩。

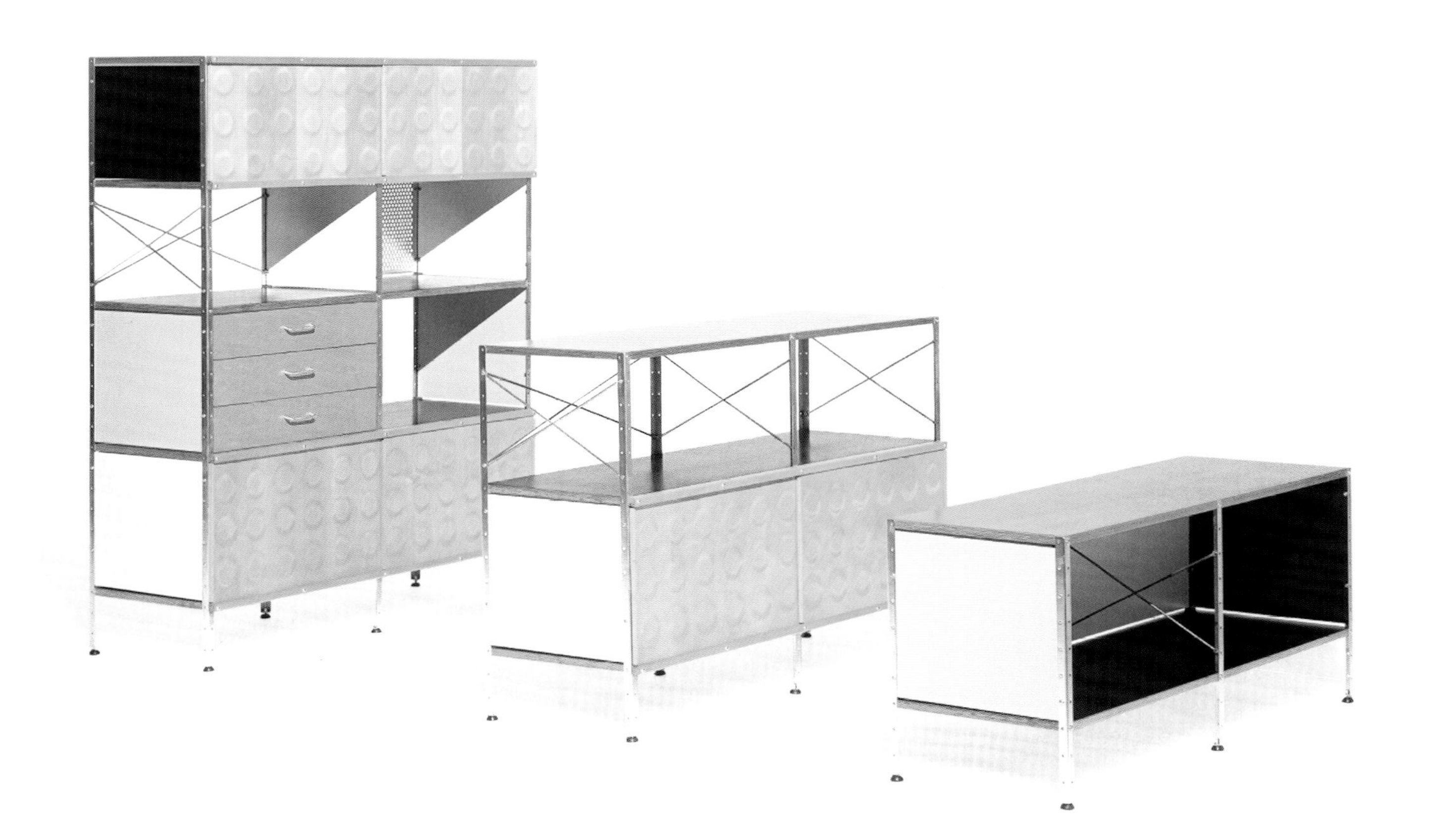

蛋糕冷却架　　20 世纪 50 年代

Cake Cooler

设计者身份不详

生产商：多家生产，20 世纪 50 年代至今

格子架似的蛋糕冷却架，曾经是常见的烹饪必需品，在维多利亚早期的商品目录中也曾是增光添彩的亮点。它在家庭中的亮相可以追溯到 19 世纪早期，当时面包和蛋糕主要是在家庭厨房中制作，而不是在面包店里。20 世纪 50 年代，该器物被改进以便家用。这一大规模生产的版本，寿命长，品质稳定，因此成为良好工业设计的一个重要标志。架子结实优雅，由紧密间隔的金属线组成的扁平网格，位于金属丝折成的 3 个小脚上；表面金属线呈整齐的几何排列，证实了机器艺术的规则原理。从功能上看，这一设计的效率，是考虑到了用户的需求——细金属线和略微抬起的表面最大限度地增加了蛋糕周围空气的流动性，方便蛋糕冷却，同时也可以防止水汽冷凝；这种方法，比把刚出炉的烘焙成品倒放更有效。此外，与金属平板不同，细细的金属线间距均匀，这样蛋糕在热的时候不会塌陷回缩，而且那光滑的表面减少了食物粘在架子上的可能性。它是一种耐用、简单的产品，作为一种家用器物，一直延续到了 21 世纪，其外观与最初的形式相比几乎没有变化。

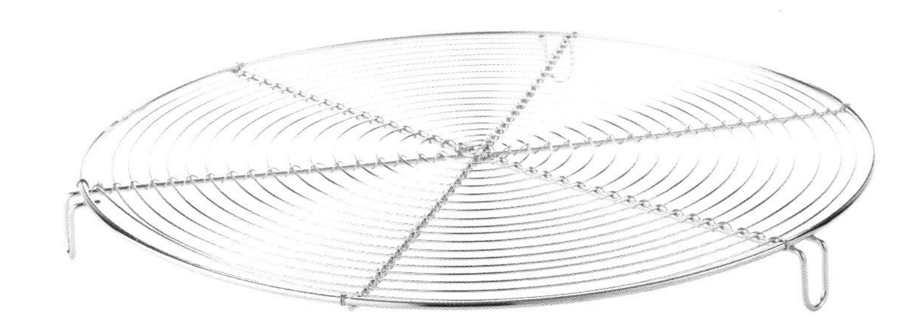

峡湾餐具　　约 1950 年

Fjord Cutlery

设计者：延斯·奎斯特加德（1919—2008）

生产商：丹斯克国际设计公司（Dansk International Designs），1954 年至 1984 年

峡湾餐具作为一个手工匠的成套作品，由丹麦设计师延斯·奎斯特加德（Jens Quistgaard）于 1950 年左右首次创作。其线条干净、造型流畅、装饰简约、材料天然，形式和构成方式都是 20 世纪中期斯堪的纳维亚设计的缩影。奎斯特加德在银匠乔治·杰生处当过学徒。他的设计虽然在形式上经济又简单，但极具雕塑感，通过利用天然材料的固有性质（无论是天然木材、无釉炻器还是铸造金属），展现出后工业化的工艺设计方法。他因这套产品中手工锻造的刀、叉和勺子在哥本哈根获得伦宁奖（Lunning）。这些刀叉朴实而优雅，用不锈钢制成，手柄为柚木。尽管看似简单，但生产商们告诉奎斯特加德，峡湾餐具太难生产了。然而，纽约企业家特德·尼伦伯格看到了这一设计，并说服奎斯特加德由他寻找生产资源，解决制造流程问题。结果他们成功生产出峡湾餐具，并共同成立了丹斯克国际设计公司，丹斯克系列产品已成为全世界现代斯堪的纳维亚风格的代名词，奎斯特加德则是该品牌主要设计师之一。峡湾餐具非常成功，生产持续了 30 年，直到 1984 年。

M125 模块化系统 1950 年

M125 Modular System

设计者：汉斯·古格洛特（1920—1965）

生产商：威廉·博芬格公司（Wilhelm Bofinger），1956 年至 1973 年；哈比特·乌尔里奇·洛德霍兹公司（Habit Ulrich Lodholz），1974 年至 1988 年

今天大规模生产的自组装家具，在很大程度上归功于建筑师兼设计师汉斯·古格洛特（Hans Gugelot）的系统化设计方法。他的 M125 模块化系统最初设计于 1950 年，客户可以混合和搭配散件，得出大量的不同组合。但直到 1956 年，德国威廉·博芬格公司才将一个改进后的版本投入大规模生产。古格洛特想法的关键，是散件组合遵循 125 毫米的倍数原则。这是高效存储的基础：250 毫米是书架的理想深度，而 1250 毫米是储物柜的最佳宽度。这一设计概念，使用户能以合理的价格买到功能强大、可随意组装的家具，而生产商也从基于机械化加工的更简单的制造过程中受益，因为他们只需生产平面部件，客户自己组装。这同时也降低了运输和仓储成本。M125 模块化系统的演化发展，连同其胶合板部件和预制门框，与德国设计领域的一个重要运动平行呼应。从 1953 年起，一种科学、理性的方法出现在乌尔姆设计学院，而古格洛特从 1954 年开始在这里讲课。该学院倡导的简单形式、柔和色彩和系统化思维，在 M125 模块化系统中得到了具体展现。从 1960 年开始，M125 模块化系统朴实的 PVC 包覆的造型线条终于开始受到青睐。

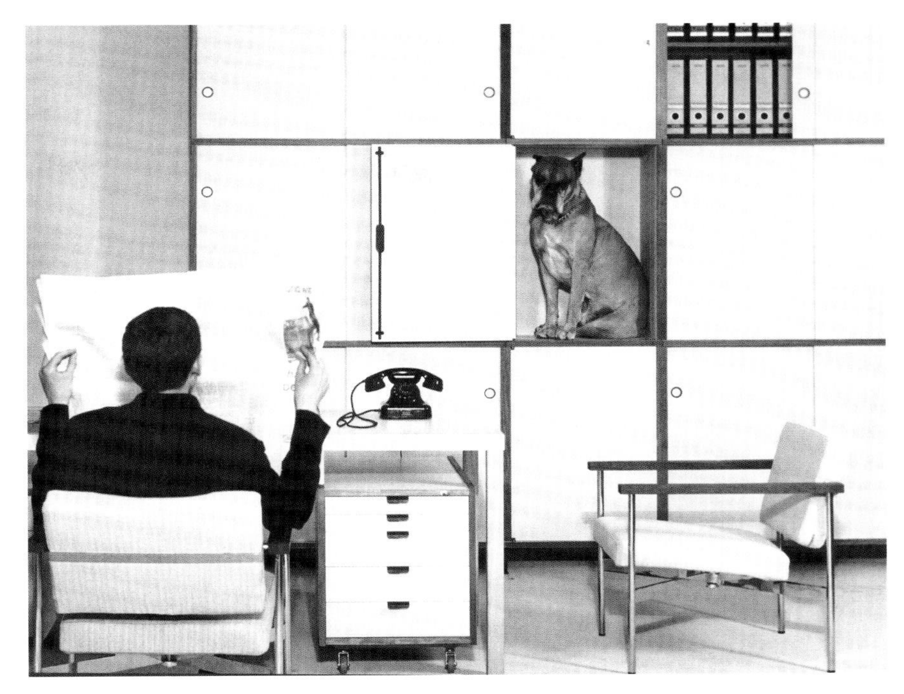

菲克斯自动铅笔 2 型 1950 年

Fixpencil 2

设计者：凯兰帝设计团队

生产商：凯兰帝公司，1950 年至今

1924 年，凯兰帝是瑞士日内瓦的一家小型铅笔厂。今天，这个名字是优质绘图材料和艺术用料的代名词。它的声誉建立在产品创新的基础上，其中菲克斯自动铅笔 2 型的设计被证明是最具影响力的。菲克斯自动铅笔 2 型设计于 1950 年，是 1929 年原版的升级版。它得益于对原初先例的细微改进，比如，用来装铅笔芯的纤细的六边形全金属黑色笔杆，安装在铅笔顶端的按钮机构，以及在按钮下方、加装在笔杆上的笔夹。1929 年，当凯兰帝从日内瓦的设计师卡洛·施密德（Carlo Schmid）手中购买弹簧式机械离合装置铅笔的专利时，它建立起一个标准，其他所有铅笔都将以此来衡量。升级后的菲克斯自动铅笔 2 型采用了新的轻型笔杆，更方便控制。凯兰帝进一步开发了这一款铅笔，可装入直径从 0.5 毫米到 3 毫米的铅芯，还推出了便宜的塑料材质版本。如今，菲克斯自动铅笔 2 型在办公室和家庭中仍然很常见，出口到世界各地。

撒糖罐　20 世纪 50 年代

Sugar Dispenser

设计者身份不详

生产商：多家生产，20 世纪 50 年代年至今

撒糖罐设计的成功，既体现在它持续至今的受欢迎程度上，也体现在它无处不在的身影上。虽然属于其所在那个时代的典型产品，但它如今仍然被大量仿造，无论是在美国的餐馆还是英国咖啡馆中都很常见。随着战后配给制在 1954 年被取消，人们渴望庆祝艰苦生活的结束和新时代的到来，咖啡馆文化在大西洋两岸越来越流行——很明显，撒糖罐的设计很大程度上归功于小餐馆的那种风格。撒糖罐的镀铬盖子和糙面毛玻璃，与小餐馆在墙壁和厨房防溅挡板上广泛使用的钢材和玻璃相似。撒糖罐取代了传统的装糖块的碗，那自由取用的细糖代表了一种新的富足。当它放在橱柜台面上或桌子上时，会有餐巾架、盐瓶、胡椒瓶和一瓶番茄酱作为忠实的伙伴。虽然 20 世纪 50 年代的设计中也包容奢华、时髦的非必需品，但撒糖罐无疑强调了实用性：强化玻璃坚固、卫生、易于清洁，镀铬盖子上的小孔可以控制倒出的糖的分量。

15881 号大香槟杯　1950 年

Magnum Champagne Glass No. 15881

设计者：巴卡拉水晶厂设计团队

生产商：巴卡拉水晶厂（Cristalleries de Baccarat），1950 年至 20 世纪 60 年代

1764 年，在路易十五的赞助下，梅茨的主教蒙莫朗西-拉瓦尔（Montmorency-Laval）在法国洛林创建了巴卡拉水晶厂，并确立了制造豪华玻璃器皿的传统。该厂于 1816 年开始生产水晶，并以乳白玻璃制品和压制成型的玻璃碗而闻名。从 1949 年开始，公司在其传统产品的基础上增加了一系列当代作品，并开始与一些世界上最受尊敬和最具创意的设计师合作，如罗伯托・桑博内（Roberto Sambonet）、埃托・索特萨斯和菲利普・斯塔克。与普通玻璃相比，水晶玻璃因其光泽、敲击时发出的特别声音和反射光线的特质而更受青睐。1950 年设计并首次生产的 15881 号大香槟杯展示了巴卡拉对优质水晶玻璃器皿的追求。它有着经典的外形轮廓，简单的杯脚，杯柄和杯身，让大香槟杯很容易搭配任何类型的传统玻璃器皿，高度也是传统的 11 厘米。但是，正如它的名字所表示的，杯柄上支撑着一个直径为 15 厘米的巨大杯身。它的视觉效果令人惊叹，但设计同样很实用：它可以让酒中的气泡上升，人们在细细品味的同时可以享受酒香。

诺尔凳子 1950 年

Stool

设计者：弗罗伦丝·诺尔（1917—2019）

生产商：诺尔，1950 年至 1970 年

这张凳子与弗罗伦丝·诺尔（Florence Knoll）设计的其他家具截然不同，尽管线条造型凳腿支撑简单的几何凳面展现了一个共同特征——她的设计一贯结合了创新的生产技术、极简结构、简明的几何形状和比例优美的简约形式。该凳子重量轻，可堆叠，还可以作为边几使用（诺尔的凳子、桌子和长凳通常是多功能的）。然而，这件作品的不同寻常之处在于，那弯曲的瓷釉烤漆金属管形成流动线条，俏皮灵动，嬉戏于椅面与地面之间。它设计于 1950 年，富有表现力的外形预示着未来 10 年间发夹腿家具的出现；这形态让人想起制作鼓面时绷紧的条带，或者说提示了铁条勾勒出的实心凳腿的轮廓，这样的暗示在诺尔的作品中并不常见，她的作品通常明确表达出设计意图。诺尔以其空间规划天赋和重塑复杂室内环境的卓越能力而闻名——她喜欢空间带来的挑战，更喜欢老旧的、不太同质化的建筑具有的个性特质，而不是模块化空间或产品领域的那种规则感。她从来不认为自己是一名家具设计师，相反，她会根据具体的规划和特定的使用模式所产生的需求来设计家具，并将家具视为更大的建筑方案中的一个组成部分。

大来卡 1950 年

Diners' Club Card

设计者：弗兰克·麦克纳马拉（1917—1957）；大来俱乐部设计团队

生产商：大来国际俱乐部（Diners Club International），1950 年至今

事后付款是基于信任：如果双方互不认识，卖方通常想要钱货两清。这就是 1949 年弗兰克·麦克纳马拉（Frank McNamara）面临的问题。当时，他在纽约一家餐馆吃完饭拿到账单，却发现自己把钱包忘在家里了。虽然他的妻子付了饭钱，但这件事促动麦克纳马拉去寻求解决方案。大来国际俱乐部就这样诞生了。1950 年 2 月，第一张由卡纸制成的大来卡在他吃饭忘带钱包的那家餐厅使用。实际上，这张卡是用于证明持卡人是一个组织的成员，该组织将预先支付业务费用，而条件是，持卡人将在之后偿还预付金，并附上利息。这样就降低了零售商的风险。第一款信用卡分发给了麦克纳马拉的 200 位朋友和同事，并被 14 家纽约餐厅接受。起初，大来国际俱乐部通过满足旅行推销员的需求进行扩张，并被美国各地的航空公司、酒店和餐厅所接受。显然，这张卡可用来支付几乎任何东西的费用，这使它在全球取得了成功。

比克®水晶系列圆珠笔 1950年

Bic® Cristal Pen

设计者：拉斯洛·比罗（1899—1985）；塑料车削加工设计团队

生产商：比克公司（©Société Bic），1950年至今

天才的滚珠设计，使比克®水晶系列圆珠笔成为一项标志性的发明，而正是比克笔对钢笔的平价商品化变通，使得这个小玩意成为有史以来最不可或缺、最经久不衰的产品之一。1943年，拉斯洛·比罗（László Bíró）为这支笔申请了专利。作为一名年轻的记者，他经常为使用钢笔时遇到的困难感到烦恼。他意识到，一种印刷技术，即利用一个滚动的圆筒，确保油墨均匀地涂布，经改进后可以用于钢笔。这种设计依赖于精密的滚珠轴承和特殊的墨水，这种墨水的黏度可以保证书写流畅而不会干掉。比罗把专利权卖给了几家生产商和政府部门，他们计划让这种笔在军用飞机的加压舱里使用。法国生产商马塞尔·比克（Marcel Bich）为这种笔开发了一种工业化工艺，大大降低了单位成本。1950年，比克将他的笔定名为比克（Bic，其姓氏的简写），引入欧洲。笔帽经过重新设计，气流可通过笔帽，这是一个安全措施，防止意外吞下时引发窒息。

霍帕隆·卡西迪饭盒套装 1950 年

Hopalong Cassidy Lunch Kit

设计者：罗伯特·O. 伯顿（生卒年不详）

生产商：阿拉丁工业公司，1950 年至 1956 年

1902 年，第一个真正的儿童饭盒出现，看起来像一个野餐篮。但 1935 年的米老鼠饭盒则开创了一个先例，引领饭盒设计反映美国流行文化。1950 年，田纳西州纳什维尔的阿拉丁公司推出了一款饭盒，那也是一款电视节目衍生产品。金属饭盒和配套的保温瓶上印有霍帕隆·卡西迪（Hopalong Cassidy）的贴画，他是 20 世纪 30、40 年代一部流行西部片系列和 50 年代一部电视剧的主角。该贴画是工业设计师和商业艺术家罗伯特·O. 伯顿（Robert O Burton）的作品，他因设计肯德基的标志而有些声名狼藉。凭借这部电视剧的人气，阿拉丁仅在第一年就卖出了 60 万个“霍皮”（霍帕隆的昵称）饭盒。竞争使授权设计的趋势不可避免地愈演愈烈：首先，竞争对手美国膳魔师公司于 1953 年推出了一款罗伊·罗杰斯（Roy Rogers）饭盒，每一面都有彩色平版印刷图案；然后，1962 年，阿拉丁带着一系列浮雕设计杀了回来。然而，不可否认的是，正是伯顿最初的“霍皮”水彩画引发了一系列的时尚更替：《超人》和《蜘蛛侠》被《星球大战》和《布偶秀》（*The Muppet Show*）以及无数后继图像所取代。

神奇画板 1950 年

Etch A Sketch®

设计者：安德烈·卡萨涅（1926—2013）

生产商：俄亥俄艺术公司（Ohio Art Company），1960 年至 2016 年；斯平玛斯特公司（Spin Master Corp.），2016 年至今

安德烈·卡萨涅（André Cassagnes）设计的素描画图游戏，很快为人们所熟知，被称为“神奇画板”，这毫无疑问是一个标志性的玩具。1959 年，这位法国发明家在纽伦堡国际玩具博览会上展示了这款玩具，取名为“魔法屏幕”（L’ Ecran Magique）。尽管一开始它被忽视了，但俄亥俄艺术公司最终同意生产这个玩具；它刚好赶在 1960 年圣诞节期间上市，结果大卖。那简洁的红色框架和两个白色的大旋钮让人一眼就能认出它。它看起来像一台平板小电视，但简约的外观背后隐藏着相当复杂的工程。玻璃屏幕后面有成千上万的小塑料珠和铝粉：要绘制图画，用户必须转动两个旋钮，分别控制垂直杆和水平杆，两者相交，移动针头触笔，触笔在穿过铝粉时刮擦屏幕，留下一条粗线。当摇晃玩具时，粉末被重新混合，屏幕恢复空白，可以重新作画。创意的可能性是无限的，对大多数用户来说，这个玩具既是艺术表达的媒介，也是一个智力游戏。然而，无论如何努力尝试，似乎都无法得到画出曲线的快乐——不过，怎样实现此快乐，详情步骤都列在了“神奇画板”的官网上。

玛格丽特碗 1950 年

Margrethe Bowl

设计者：西格瓦德·贝纳多特（1907—2002）；阿克顿·比约恩（1910—1992）

生产商：罗斯蒂家居用品公司（Rosti Housewares），1950 年至今

1950 年，西格瓦德·贝纳多特（Sigvard Bernadotte，曾是瑞典王位的第二顺位继承人）和建筑师阿克顿·比约恩（Acton Bjørn）创立了贝纳多特和比约恩公司，这是斯堪的纳维亚的第一家工业设计咨询公司。玛格丽特碗是该公司最早的重要成功案例之一。玛格丽特这个名字，诗意地指涉了当时刚刚加冕的丹麦公主。这些碗，至少部分而言是由雅各布·扬森（Jacob Jensen）为一家名为罗斯蒂的塑料制品公司设计的。这是对功能进行研究后设计的产品，因此倾倒口一侧的边沿较薄，而抓手一侧更厚实一些。耐热的热固性蜜胺树脂，是一种可以抗高温的材料，带来了这只碗出名的重量感。玛格丽特碗于 1954 年首次上市，有 3 种尺寸，颜色有白、淡绿、黄和蓝。1968 年，“蒂沃利乐园色”系列（Tivoli，有橄榄色、橙色、红色和淡紫色），作为底部带有橡胶圈的版本推出市场，有 5 种尺寸。改进本设计的尝试都以惨败告终，50 多年后，玛格丽特碗仍在生产，在世界各地的厨房中随处可见。

旗绳椅 1950 年

Flag Halyard Chair

设计者：汉斯·韦格纳（1914—2007）

生产商：盖特玛，1950 年至 1994 年；PP 家具，2002 年至今

在汉斯·韦格纳的旗绳椅中，绳子、喷漆钢、镀铬钢、羊皮和亚麻，不可思议地组合起来，这在家具制造中是前所未有的。韦格纳使用这些对比鲜明的材料，并不是为了利用材料质感上的相互作用，而仅仅是为了展示他能用任何材料设计创造实用又舒适的家具的能力。韦格纳设计这个作品时，一直在试验用金属框架支撑胶合板壳体结构制成的椅子。将胶合板替换为用绳子缠起来的金属框架，这一创意的来源尚不清楚。按照不足信的传言，韦格纳是在丹麦奥尔胡斯附近的海滩上构思了这个设计：他可能堆起小沙雕，在上面搭建了网格状椅面的模型，大概是用手边的一些旧绳子做的（“旗绳”是用来吊起帆或落帆后捆住帆的绳索）。由于这把椅子经常被用作韦格纳作品的广告，人们就以为它一直是大规模生产的。最初，它是由盖特玛限量生产，但从未取得巨大的商业成功。直到更晚期，PP 家具才将其重新投入生产。

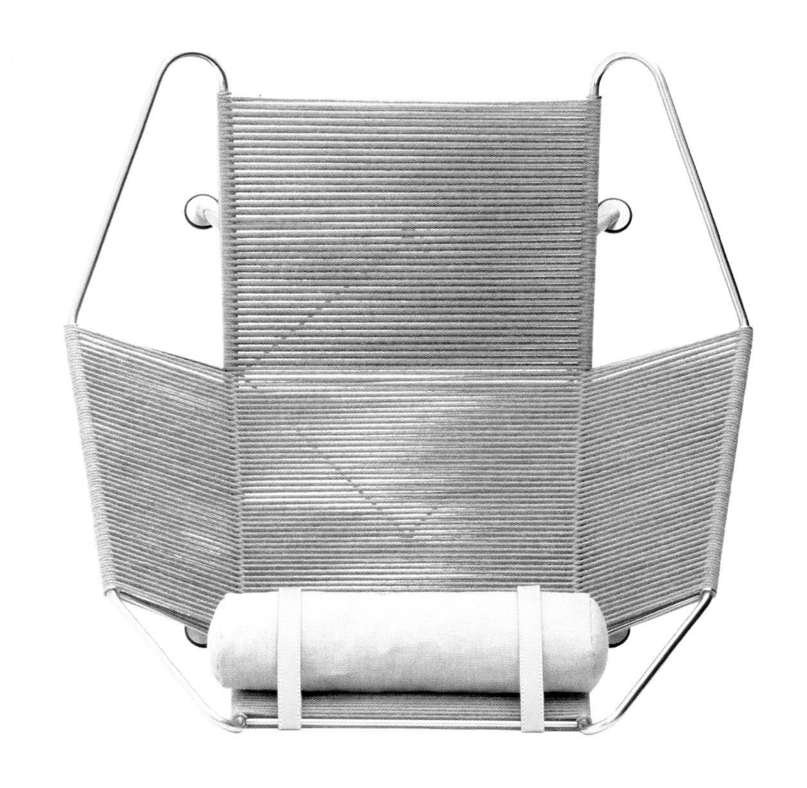

制冰盒 1950 年

Ice Cube Tray

设计者：阿瑟・J. 弗雷（1900—1971）

生产商：通用汽车内陆制造分公司 [Inland Manufacturing（General Motors）]，1950 年至 20 世纪 60 年代；多家生产，20 世纪 60 年代至今

第二次世界大战期间，通用汽车内陆制造分公司生产了一种著名的卡宾枪，以此为美国的参战行动助力。战争结束后，内陆制造分公司恢复了原来的家电配件生产。自 1931 年以来一直在该公司担任工程师的阿瑟・J. 弗雷（Arthur J Frei）回到了自己的岗位。1950 年，弗雷为一种制冰盒申请了专利，这个盒子注定会成为现代家庭中不可或缺的用品。这款制冰盒由一个浅盘式容器、一个分隔网格和一个以机械方式取出冰块的手柄组成。这种简洁的设计历经了技术和材料的创新，直到今天仍在生产。尽管弗雷的设计很出名，但制冰盒的发明远早于 1950 年。1914 年发明的第一台家用冰箱就配有一个制冰盒。弗雷在内陆制造分公司一直工作到 20 世纪 60 年代；可引以为豪的是，他发明了各式各样的制冰盒，拥有 23 项专利。俄亥俄州的代顿市（内陆制造分公司的总部所在地），在城中的发明家河滨步道为这款制冰盒建了一座纪念碑，旁边还有莱特兄弟飞行器、易拉罐和收银机的纪念碑。

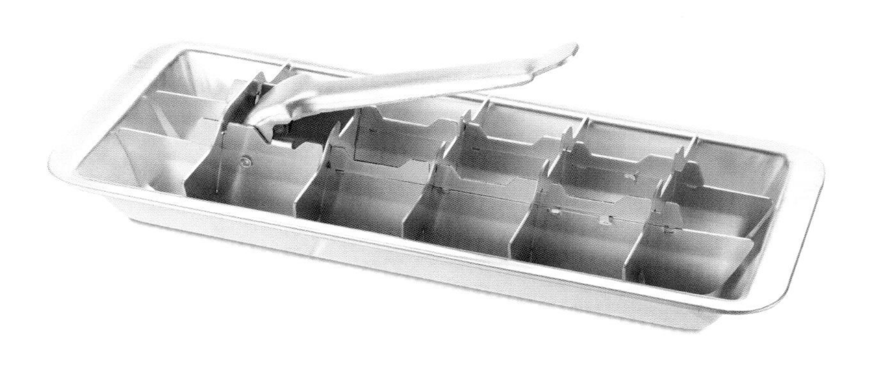

玛格丽塔椅 1950 年

Margherita Chair

设计者：佛朗哥・阿尔比尼（1905—1977）

生产商：维托里奥・博纳西纳（Vittorio Bonacina），1951 年至今

玛格丽塔椅是佛朗哥・阿尔比尼（Franco Albini）在 20 世纪 50 年代早期设计的系列作品之一，结合了传统技术与现代美学。这把椅子的造型是当时的典型风格，与艾罗・萨里宁、查尔斯・伊姆斯和雷伊・伊姆斯等人同时期所做的试验相关。尽管他的同行们可能已经尝试了塑料、玻璃纤维和先进的胶合板模压工艺，来制作置于底座上的桶状椅面结构，但阿尔比尼选择了藤杖和印度藤条这些容易加工且现成可得的材料。在第二次世界大战刚结束的那几年，意大利设计师更容易接触到诸如制篮等传统手工艺，而不是像模压塑料这样的技术工艺。这是阿尔比尼选择藤条用于其设计的原因之一。玛格丽塔椅的藤条结构，像哈里・贝尔托亚（Harry Bertoia）的金属线家具一样，已经脱离了物质形态，因其镂空的设计，质量似乎被抽离，整体很轻盈，仿佛阿尔比尼只设计了框架，而没有填充内衬或软垫。阿尔比尼的建筑和家具设计被视为理性主义的典范，这是 20 世纪中叶意大利现代主义的一个特有流派。他们对材料的选用通常很谨慎，产品的制造都经过深思熟虑。

搅拌器　20 世纪 50 年代

Whisk

设计者身份不详

生产商：多家生产，20 世纪 50 年代至今

搅拌器或称打蛋器，是优秀家用工业设计的一个例子，外形简洁、经济高效。一串串坚韧的环状金属丝连接在细长的把手上——通常用不锈钢、竹子或铜制成。环状金属丝在底部交叉重叠，形成一个笼状结构，能使尽量多的空气进入液体混合物。笼状结构也使搅拌器足够柔韧，可以贴紧碗状容器壁，使混合液变得稀薄，更易被扫动。细长、窄小圆柱体的金属丝构成环状，减少了金属表面积，使液体在搅拌器上自由流动和分开。金属丝的重量分布均匀，也便于搅拌。搅拌器由手工制作成型，通常使用拉伸强度高的不锈钢丝。每根金属丝都焊接并密封在手柄中，使搅拌器经久耐用，并防止混合液进入手柄。如今，出现了塑料制成的版本，用于不粘炊具。良好的性能，结合经典的设计和低成本高效益，使搅拌器成为家庭中不变的、常用的设计单品。

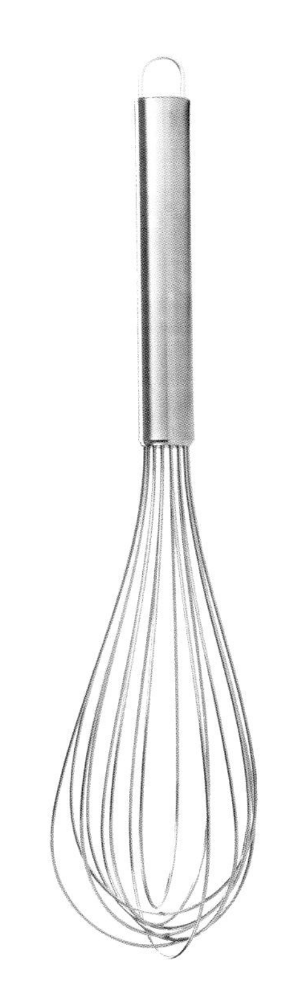

路易莎椅　1950 年

Luisa Chair

设计者：佛朗哥·阿尔比尼（1905—1977）

生产商：波吉公司（Poggi），1950 年至 2000 年；卡西纳，2008 年至今

佛朗哥·阿尔比尼设计的路易莎椅棱角分明，这可能会让人认为这是一位极简主义者，其设计充满了现代主义的严谨简约。这种想法与事实相去甚远。阿尔比尼的作品确实昭示、引领了将现代主义新形式结合起来的一种家具风格，但他的设计理念之美，更在于其多样化和多才多艺的表现。在设计路易莎椅时，阿尔比尼使用了一系列的材料，包括钢丝和帆布、金属和玻璃、藤条和硬木。所有这些设计都是基于设计师对材料的敏感和对结构的理解。但阿尔比尼设计的关键，还在于他热情组合了现代主义与工艺传统。这一点在路易莎椅中表现得最为明显：它有着简朴又理性的清晰感，还结合了对设计历史语境的敏感度。路易莎椅形制优雅，其端庄整齐、富有表现力的线条没有任何装饰；引人注目的轮廓和基于人体工程学的严谨考量，展现了阿尔比尼对结构设计的投入，以及他在产品构造和形式上一贯采用的非正统方法。路易莎椅由波吉公司生产，于 1955 年赢得了令人垂涎的金圆规奖。

速科夫醒酒器 20 世纪 50 年代

Carafe Surcouf

设计者：拉罗切尔设计团队

生产商：拉罗切尔公司（La Rochère），20 世纪 50 年代至今

几个世纪以来，红葡萄酒的醒酒过程已经为人所熟知。手工吹制的速科夫醒酒器呈球茎状，其细长的颈部连接着一个矮胖的瓶肚，让尽可能多的空气接触到葡萄酒液的表面。直颈和圆肚之间的这种惊人对比，使速科夫醒酒器有别于早期的醒酒器，它是一个纯粹的机械物理功能产品。水晶玻璃的速科夫醒酒器既高效又现代，这令其成为无论专业还是业余侍酒师都最喜爱的醒酒器。拉罗切尔的玻璃技师决定不制作软木塞，他们开玩笑说，这玻璃瓶本来就是用来倒空的。这个醒酒器容量惊人，有 150 厘升（1500 毫升）。它奇特的名字来源于法国最著名的船只之一：第二次世界大战开始时，速科夫号是世界上最大的潜艇，有着一个巨大的储藏室。这艘法国海军潜艇和这款醒酒器的外形比较，构成了一个有趣的平行关联。拉罗切尔公司仍在使用手工吹制的方法制造玻璃器皿，这种工艺方法可回溯到 1475 年。

200–102 型椅子　　20 世纪 50 年代

Chair Model 200-102

设计者：玛丽亚·乔门托斯卡（1924—2013）

生产商：埃尔布隆格大无产阶级工厂（Great Proletarian Factory, Elbląg），1959 年至某不详年份

作为功能主义的主要倡导者，玛丽亚·乔门托斯卡（Maria Chomentowska）是战后波兰最具标志性的室内和家具设计师之一，但她的身份定位差点儿就不是如此。就读于华沙美术学院时，她原本专注于绘画。但当她转到室内设计系时，一切都改变了。她在此新领域师从扬·库尔扎茨科夫斯基（Jan Kurzątkowski）。扬是家具和室内设计、实用玻璃品和纸雕塑方面的先驱和专家。1951 年，乔门托斯卡加入了同样位于华沙的工业设计所，作为合伙成员一直在那里工作到 1976 年，主要设计儿童家具和椅子，其中作品就有 200–102 型椅子。为了做到价格实惠，满足工人家庭的消费需求，它由位于北部的埃尔布隆格大无产阶级工厂大批量生产。这款椅子既实用又轻便，椅面和靠背分别由一块弯曲的山毛榉胶合板制成，再用螺钉固定在光滑、流线型的木框架上，螺钉清晰可见。在与华沙工业设计所分道扬镳后，乔门托斯卡搬到了卢布林，在那里开始了与卢布林天主教大学长达数十年的合作。她的独创巧思和影响力可以在该机构内敛而实用的内部空间中感受到——那是她在预算有限的情况下设计的。

乌尔姆凳　　1950 年

Ulmer Hocker Stool

设计者：马克斯·比尔（1908—1994）；汉斯·古格洛特（1920—1965）

生产商：扎诺塔，1975 年至今；苏黎世沃恩贝达夫（Wohnbedarf Zurich），1993 年至 2003 年；维特拉，2003 年至 2009 年，2011 年至今

马克斯·比尔（Max Bill）1950 年设计的乌尔姆凳，是一款基于战前功能主义价值观的设计，与形式更有机的、前卫的同时代作品几乎没有什么关联。该凳子由黑檀色木材制成，采用简单的三面平板形式，展示出几何形态的和结构上的清晰度，而细节小件仅是一根偏置的、长圆柱体的搁脚横杆。凳子的设计背景突出表明了战后德国设计的矛盾与对立元素。1951 年，瑞士出生的比尔在乌尔姆与人共同创建了一所设计学校——乌尔姆设计学院。这是一个重要的讨论设计的中心。比尔和他的同事们最初提倡一种基于新包豪斯模式的课程。然而，到了 50 年代末，比尔的理念与年轻一代的学生和教师越来越不一致。此时，新一代设计者热衷的是强调理论化概念表达的课程体系。比尔在学校任职期间，作品呈现出极端的几何风格。事实上，他严肃的设计招致了批评，被指责缺乏人性化的品质。这款凳子由米兰家具生产商扎诺塔长期生产，现在有清漆涂装的桦木多层板款和黑漆的中密度纤维板款，以斯加比罗（Sgabillo）的品牌名销售。

梯形腿桌　　1950 年

Trapèze Table

设计者：让·普鲁维（1901—1984）

生产商：让·普鲁维工作室，1950 年；泰克塔，1990 年至 2000 年；维特拉，2002 年至今

让·普鲁维作品的标志特色，是雕塑般的简洁和适于大规模生产；这两者都在梯形腿桌中得到了很好的体现。像安东尼椅（Antony Chair）一样，这张桌子最初是为法国位于安东尼的一所大学校园设计。此桌的名字源于它那对桌腿独特的形状：它们由漆成黑色的钢板制成，让人联想到飞机的机翼。与黑色层压板桌面那厚实、倾斜的边缘坡面相组合，此桌腿强调了桌子结构的厚重。在 20 世纪的家具设计中，很难找到另外一张桌子，能像梯形腿桌一样概括浓缩工业时尚。普鲁维积极倡导经济实惠的现代家具和住房，也是预制加工产品的先驱。他的家具作品反映了他的建筑风格，使用干净、直接的线条，注重电焊和折叠钣金等技术。虽然普鲁维的许多作品都是为法国的大学设计的，但多年来它们的用途已经发生了变化，这帮助它们成了经久不衰的标志。维特拉最近重新发行了梯形腿桌和其他家具，这意味着普鲁维的家具已经离开收藏家的特权领域，回归了大规模生产。

阿卡普尔科椅　　约 20 世纪 50 年代

Acapulco Chair

设计者身份不详

生产商：多家生产，约 20 世纪 50 年代至今

尽管阿卡普尔科椅已经成为一种特别随意自在的 20 世纪中期生活方式的持久象征，但人们对其设计者却一无所知。它以一个墨西哥度假小镇的名字命名，据说椅子是于 50 年代在那里设计的。这把椅子很快就与在那里度假的星光熠熠的名人联系到了一起，如歌手弗兰克·西纳特拉和女星伊丽莎白·泰勒。这把椅子的设计简单而现代，只有一个金属框架和从外圈编织、绷紧到底座的塑料绳，极适合当地的气候：它防风雨，易于搬到阳光下或搬回阴凉处，足够通风，有助于对抗炎热。因为从来没有公认的创作者或版权，所以在随后的几十年里，它由各种各样的生产商生产，如阿卡普尔科椅业（Silla Acapulco）、博卡（Boqa）和 OK 设计（图中即为 OK 设计版本）等，它们都对设计进行了细微的修改。这使得阿卡普尔科椅成为一个不同寻常的集体努力和不断有机进化的产物，许多不同的设计师相互借鉴、彼此改进、彼此启发。它的框架为椭圆形或圆形，有 3 个凳脚与地面相接；绳带舒适耐用；框架和绳带通常采用与原版相同的材料制成。不过，论及色彩的应用，这把椅子始终是一个自由试验的空间或载体，有多种色彩版本可选，鲜艳生动。

太阳－空气躺椅 1950年

Sol-Air Lounge Chair

设计者：皮普桑·萨里宁·斯旺森（1905—1979）；J. 罗伯特·F. 斯旺森（1900—1981）

生产商：菲克斯·里德家具公司（Ficks Reed），1950年至1955年

辛辛那提的菲克斯·里德家具公司提出的产品要求概述，就是一款供室内和室外使用的休闲家具。太阳-空气躺椅便是依此完成的设计成果。它以清新、大胆的色彩设计取代了传统躺椅典型的豪华但古板陈腐的外观，散发出随意、年轻的户外休闲气息。它的结构并不复杂，亮橙色的帆布绷在黑色锻铁框架上，用结实的绳子拉紧，最后以一个小枕头锦上添花。这把椅子是芬兰裔美国设计师皮普桑·萨里宁·斯旺森（Pipsan Saarinen Swanson）及其丈夫、建筑师J. 罗伯特·F. 斯旺森（J Robert F Swanson）为菲克斯·里德家具公司设计的几件作品之一，是太阳-空气系列中最畅销的产品之一，该系列还包括桌子、长凳和长椅。1950年，它入选纽约现代艺术博物馆的第一届“好设计”展，这使其人气大涨。皮普桑出生于一个有影响力的设计家族，是建筑师埃利尔·萨里宁（Eliel Saarinen）和纺织艺术家洛娅·萨里宁（Loja Saarinen）的女儿，工业设计师艾罗·萨里宁的姐姐。她在赫尔辛基学习编织、陶瓷和纺织品设计，后于1923年移居美国，在克兰布鲁克艺术学院教授家具设计。1947年，她和丈夫一起创立了斯旺森联合事务所，这是第一家提供室内设计服务的建筑业务公司。

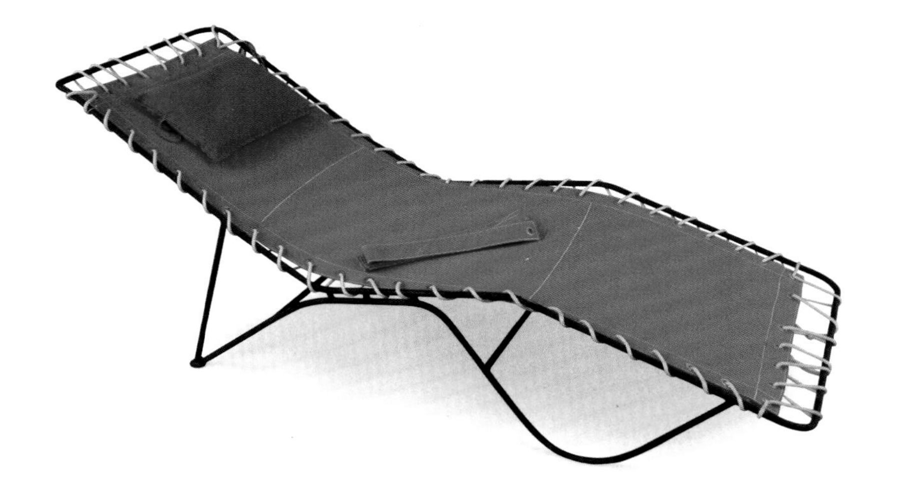

“飞翔的荷兰人”号 1951年

Flying Dutchman

设计者：尤尔克·范·埃森（生卒年不详）

生产商：多家生产，1951年至今；阿尔帕公司（Alpa），1960年至1978年

“飞翔的荷兰人”号由荷兰设计师尤尔克·范·埃森（Uilke van Essen）设计，是一款高性能的双人赛艇；1955年试航后，人气开始急升。5年后，它首次出现在1960年那不勒斯奥运会上。这艘小帆船全长6.05米，重130千克；早期的型号是用木材制成，但当凯芙拉（Kevlar）合成纤维、玻璃纤维和碳纤维广泛使用后，生产很快转向了这些新材料。1971年，该船航行速度创纪录，达到了14.5节，一周后又达到18节。该船的帆面积巨大，达36.1平方米，包括大三角帆和艏三角帆；这使得它在微风中速度就很快，在强风中速度更快，但很危险。它有几个地方可以调节：主帆或艏三角帆的升降索，还有桅顶横杆的角度和长度，所以也就可借此调节主桅杆。舵手有两个舵可选，一个用于强风，另一个用于微风。它也一直是更大号赛艇的灵感来源，范·埃森接着还设计了“小飞人帆船”，这是帆船学校采用的一个较慢、更简单的版本。

木制猴子　　1951 年

Wooden Monkey

设计者：凯·玻约森（1886—1958）

生产商：欧森丹尔（Rosendahl），1951 年至今

凯·玻约森最经久不衰的设计是一只玩具猴子。这只淘气的动物由柚木制成，有着圆滚滚的肚子和较轻的西非榄仁木制成的椭圆的、横向突出的脸。玻约森的这个创作，受众是四五岁的儿童，这一年龄段的孩子仍然相信幻想，但也有求知欲。在玻约森的丹麦木工车间里，熟练的工匠们创造了这只长胳膊，手和脚都非常适合悬挂在真实或想象的树枝上的木猴子。然而，这个作品的设计意图，并非要还原真实的猴子，而是通过夸张的属性特征来暗示这一动物，释放孩子自己的想象力。这只猴子是三件套中的一员，另外两个是一头熊和一头大象，它们也具有略微拉长的特征。在向丹麦设计展厅"永久"（Den Permanente）的总经理展示了一个动物原型后，玻约森收到了第一份订单，数量为 1000 件。尽管它后来成为丹麦的一个标志，但此玩具最初被丹麦"旅游精品"的官方评选委员会拒绝了，因为猴子不是本土动物。玻约森以一种典型的幽默回应道，他可以很容易地说出几个丹麦猴子的名字，而且在丹麦的水域里并没有真正的美人鱼。玻约森精巧的玩具今天仍充满魅力。

威焙壶形炭烤炉　　1951 年

Weber Kettle Charcoal Grill

设计者：乔治·史蒂芬（1921—1993）

生产商：威焙（Weber），1951 年至某不详年份

相当有趣的是，这个为美国烧烤热潮铺平了道路的设计，最初只是对一个海洋浮标进行改造得到的。第二次世界大战后，郊区住宅的迅速扩张使户外烤炉越来越受欢迎，但烤架大多没有盖子，这意味着它们效率低下，产生太多烟雾，而且容易受下雨影响。为了解决这个问题，芝加哥一家钣金店的合伙人乔治·史蒂芬（George Stephen）把 3 条腿焊接到了一个原本打算用作浮标下半部分的钢制半球上，又制作了一个较小的半球，加上一个把手，用作盖子。这一临时设计——史蒂芬的邻居戏称为"斯普尼克"（Sputnik），因为它样子像苏俄的那颗卫星——通过底座上的通风口（调节流向木炭的气流）和盖子（控制烟雾），实现了对炭火的精确控制。这一成功的原型随后进行了变化调整，史蒂芬于 1952 年开始销售这一产品。这促使他成立了威焙兄弟工厂烧烤部，并在几年后买下了这家公司。虽然他们的产品范围扩展到了燃气烤炉和电烤炉，但几十年来，威焙壶形炭烤炉的外形几乎没有改变，只是改进了球体的形状并引入了独特的黑色，它一直是美国民众后院的常规配备。

叶子盘　　1951 年

Leaf Dish

设计者：塔皮奥·维卡拉（1915—1985）

生产商：索因和克尼公司（Soinne Et Kni），约 20 世纪 50 年代

塔皮奥·维卡拉是芬兰 20 世纪最具影响力的设计师之一，对材料的使用不拘一格，在创意领域的试验令人惊叹。他自信地掌控不同材料，将玻璃、陶瓷、木材和金属应用到餐具、照明、家具、电器和展览装置设计中。1948 年，他参观了索因家族位于赫尔辛基的制造飞机螺旋桨材料的工厂，随后便开始尝试运用胶合板。胶合板是由薄木板以合适的角度黏合而成。在他的作品中，维卡拉利用胶合板上由黏合剂形成的密集重复的线条，用这些轮廓线来营造运动的感觉，表现流过每个物体的瞬间动能。他还用透明和彩色的胶水、不同色调和厚度的木材来进行试验，在表面图案成型的整个过程中有控制地添加新的纹理和条纹——正如这个叶子形状的大浅盘呈现的一样，这是他与助手马尔蒂·林德奎斯特（Martti Lindqvist）共同创作的第一批胶合板作品之一，是一次性的作品。他将自己的技术应用于家具，还创作了受自然启发的螺旋形或旋涡形雕塑类产品。他继续为伊塔拉设计注重实用功能的玻璃品，同时也加工自己的雕塑类作品。由于结合了自然的抽象形式与传统的精确度和匠心工艺，他在 20 世纪 50 年代独树一帜。

碗椅　　1951 年

Bowl Chair

设计者：莉娜·博·巴蒂（1914—1992）

生产商：阿佩尔（Arper），2012 年至今

在 1951 年设计时，莉娜·博·巴蒂（Lina Bo Bardi）的碗椅提倡一种放松、无拘无束的坐姿，这在当时被认为是激进的（只有草图和两件原件保存了下来：一个是皮革的，另一个是塑料的），但意大利生产商阿佩尔重新推出了这款椅子，证明了它的持久吸引力。这是一款休闲的设计，注重非正式性，它的天才之处在于其简单而卓越的灵活性：装有软垫的半球形椅座，位于一个由 4 条腿支撑的细细的黑色钢管圆环内，座椅可以在圆环框架内倾斜和旋转，形成从倾斜半躺到直立的各种座位角度。未固定的圆形靠垫增加了舒适感和诱惑力。这把椅子与种植园里用来煮甘蔗制糖的大锅的轮廓非常相似，也是一种大胆的政治宣言，抨击奴隶制的不道德。与仅仅重视美观的奢侈品不同，碗椅的多功能性鼓励互动，将用户置于设计的核心——这是博·巴蒂所有作品的永恒主题。在她的第二故乡圣保罗居住期间，这位意大利裔巴西建筑师、设计师和政治活动家还设计了圣保罗艺术博物馆和 SESC 庞贝文化中心（SESC Pompeia）。这是两座属于人民的地标性建筑。

F-2-G 落地灯　　1951 年

F-2-G Floor Lamp

设计者：亚伯拉罕·W. 盖勒（1912—1995）；马里恩·盖勒（1915—1999）

生产商：海菲兹公司（Heifetz Company），生产及停产时间不详

建筑师马歇尔·布劳耶一句有争议的评论促成了 1951 年的比赛。这个比赛由纽约现代艺术博物馆和照明设备生产商海菲兹公司赞助，亚伯拉罕·W. 盖勒（Abraham W Geller）和马里恩·盖勒（Marion Geller）夫妇的 F-2-G 落地灯因此得以投产。1949 年，布劳耶受博物馆委托，设计一栋价格适中的房子，目标用户是城市郊区的中等收入家庭。他说，他找不到一盏令人满意的台灯或落地灯，来搭配建在博物馆花园里的这个样板房，所以，房子里没突出这一类的特色灯。随后因此而举办的比赛吸引了 600 多份参赛作品，其中许多作品挑战了底座加灯罩的标准样式。盖勒夫妇，一位是罗马尼亚出生的建筑师，一位是室内设计师；两人的设计在比赛中获得了荣誉奖。它由 3 个不同的部分组成，灯泡置于一个锥形容器中，容器由黄铜和漆木制成，悬挂在一个高 91.5 厘米的上釉烤漆金属三脚架的中段；在三脚架的顶部有一个圆钹形金属反光罩，可以调整角度，将光线反射到所需的方向。在现代艺术博物馆后续跟进的“新灯具”展览上，有 23 个设计展出，其中 10 个，包括 F-2-G 落地灯，投入生产，改变了人们对现代照明的一般性理解。

钢丝椅　　1951 年

Wire Chair

设计者：查尔斯·伊姆斯（1907—1978）；雷伊·伊姆斯（1912—1988）

生产商：赫曼米勒，1951 年至今；维特拉，1958 年至今

查尔斯·伊姆斯和雷伊·伊姆斯注重工业工艺，青睐系统设计的理念，而艺术的影响通常被认为次于前者。然而，在钢丝椅中，作品雕塑般的品质与其工业工艺相结合，获得了里程碑式的地位。雷伊的艺术灵感与查尔斯的工程理性相结合，创造出一个平衡了两个学科的价值观念的设计。椅子的有机形式令使用者十分舒适，且无须软垫，虽然这椅子很容易装上坐垫或靠垫。这一设计可以通过一系列可互换的底座加以变化，来适应不同的应用场景。其中最具标志性的是“埃菲尔铁塔”底座；它用铬钢或黑钢创造出一个精美的交叉阴影线构成的生动的视觉印象（如图所示）。这把椅子采用了新的电阻焊技术。尽管对于谁的设计先出现——是伊姆斯夫妇的椅子，还是哈里·贝尔托亚为诺尔设计的金属网家具，仍存在一些争议，但伊姆斯的设计优先在美国获得这一方面的机械（力学构造）专利。钢丝椅一经推出就大获成功，这一永不过时的设计在国际市场上至今依然很受欢迎。

“海湾”刀叉套组 1951 年

‘La Conca’ Flatware

设计者：吉奥·庞蒂（1891—1979）

生产商：桑博内，2013 年至今

吉奥·庞蒂运用对餐具设计的直觉，凭借其 1951 年的“海湾”刀叉套组，在意大利功能主义的风格范畴内探求新的可能。50 多年来，庞蒂一直倡导现代意大利设计，并试图结合意大利古典主义的强大传统和影响力、机器化时代所要求的简单结构逻辑。他的作品在很大程度上借鉴了维也纳工作室和维也纳分离派，而这款餐具是新古典主义极简形式的完美典范。这些作品的线性轮廓显示了庞蒂的建筑功底与构建能力，拉长的三角形手柄样式使这套作品中的每一件都显得精致简约。庞蒂推出的这个系列有着颠覆性的造型，与传统意义上生产的不锈钢餐具以及来自美国、斯堪的纳维亚半岛和德国的前卫新作品都极为不同。这套餐具包括了庞蒂的创新叉勺（forchetta-cucchiaio）：叉勺的尖齿变短，勺兜部分加深，可用来盛酱汁，酱汁是意大利美食必不可少的材料。此外，庞蒂通过观察，发现传统刀具长长的刀刃只适合切割肉类，因此他将这套餐具中的刀刃轮廓设计为楔形。

羚羊椅 1951 年

Antelope Chair

设计者：欧内斯特·雷斯（1913—1964）

生产商：雷斯家具，1951 年至今

除了上漆的胶合板椅面外，其他部分都是用钢条弯曲并焊接成细长弧形，这些组件上漆后便构成羚羊椅。由于这些钢条部件相对均匀一致，这把椅子看起来就像浮在空中的线条画。欧内斯特·雷斯的这一设计，使用了细细的实心钢条来“绘制”一个宽大而有机的形状；借助这个线状构型的手法，他制作出了一把看起来既轻盈又结实的椅子。椅子转角的那种角状，提示了羚羊这个名字的由来。此椅是为伦敦皇家节日音乐厅的户外露台而设计；皇家节日音乐厅是 1951 年英国节（Festival of Britain）展演的一部分。这把椅子在整个活动期间得到了广泛曝光和宣传，成为英国设计和制造业前瞻性思考和乐观主义的象征。它充满活力的腿下面是圆球状的脚，这也呼应了大众想象的分子化学和核物理中的“原子”形象；那两门学科被视为进步科学。这把椅子由雷斯家具制造，该公司由雷斯于 1946 年与工程师诺尔·乔丹（Noel Jordan）合作成立。正是“羚羊”华丽的形象体现了那个时代的气质精髓。

随处灯 1951 年

Anywhere Lamp

设计者：格蕾塔·冯·内森（1898—1978）

生产商：内森工作室（Nessen Studio）（现内森照明，Nessen Lighting），1952 年至今

随处灯因其适应性而得名，它可以放在桌面上，可以悬挂当成吊灯，也可以安装在墙上。其弯曲钢管制成的底座装有一个灯头，灯泡由一个圆顶铝制灯罩遮住；底座与灯头用枢轴连接，使光照可以转动到任何需要的地方。简单的曲线形式、工业材料的使用和黑白配色方案，是格蕾塔·冯·内森（Greta von Nessen）参与的 20 世纪中叶“好设计”运动的范例。在那期间，展览、出版物和国际博览会都倡导现代主义关于功能性、简单性和忠实于材料的准则；忠于材料，即产品的形式应与所用材料的特质密不可分。走在最前列的是纽约现代艺术博物馆；其 1952 年的“好设计”展览，也挑中了格蕾塔的这款经济实惠的作品。1927 年，她与丈夫沃尔特·冯·内森在纽约成立了内森工作室。起初，她的风头被沃尔特广受欢迎的受包豪斯启发的灯具设计所盖过，但在丈夫 1943 年英年早逝后，她的创作赢得了认可。随处灯至今仍然是她最受欢迎的作品。2011 年，作为美国邮政总局的策划主题“美国工业设计先驱”系列的一部分，随处灯被印在了邮票上。作品入选的 12 位设计师中，冯·内森是唯一的女性。

女士扶手椅 1951 年

Lady Armchair

设计者：马可·扎努索（1916—2001）

生产商：阿弗列克斯（Arflex），1951 年至 2015 年；卡西纳，2015 年至今

马可·扎努索的女士扶手椅在 1951 年推出后立即获得了成功。这把椅子的有机形态、腰果形扶手和俏皮风格，成为 20 世纪 50 年代家具的象征。此扶手椅的设计特点，是金属框架结合注塑成型的聚氨酯泡沫填充物，面料是聚酯纤维与粘棉平绒。它采用了一种突破性的方法将织物座椅连接到框架上，并采用了创新的加固弹力带。1948 年，倍耐力公司（Pirelli）成立了一个新的部门，阿弗列克斯，专门生产泡沫橡胶衬垫座椅，并委托扎努索设计其首批型号。他的安卓普斯椅（Antropus，为同名喜剧打造，用作道具）于 1949 年问世，随后的女士扶手椅在 1951 年的米兰三年展上获得一等奖。扎努索善于使用泡沫乳胶来塑造形状，创造出视觉上有趣的轮廓。扎努索称赞这种新材料，“不仅可以革新家具的衬垫系统，还可以充分挖掘此材料在结构制作和形式上的潜力”。扎努索与阿弗列克斯的合作关系，反映出他致力于分析材料和技术，以保持大规模生产的高质量。女士扶手椅体现了这些理念，今天卡西纳仍在生产这款椅子。

“阿卡丽”纸灯和灯光雕塑 1951 年

Akari Pod Lamp and Light Sculptures

设计者：野口勇（1904—1988）

生产商：尾关株式会社（Ozeki & Co.），1952 年至今；维特拉，2001 年至今

这是野口勇对日本纸灯笼的重新诠释；这种现代主义设计，在西方产生了巨大影响。野口的灯笼使用桑树皮手工制成的和纸，内建纤细的木结构；它保留了传统灯笼制作的基本原则，但没有惯例常见的彩绘装饰。这盏灯被命名为“阿卡丽”（あかり），可翻译为“光”“太阳”或“月亮”几个不同的意思。从 1951 年生产的第一批灯开始，野口勇持续创作了一系列有机形状与几何形的灯。从 20 世纪 50 到 80 年代，他设计了超过 100 种不同的吊灯、立式灯和落地灯。1951 年，野口参观了日本传统纸制品制造中心岐阜。该市市长邀请他设计一款灯用于出口，以帮助振兴纸工艺行业。当天，野口勇勾勒出了他最初的构想，创造出一个融合了雕塑和设计的作品。“阿卡丽”纸灯是与岐阜纸灯笼生产商尾关株式会社合作生产。这种灯售价仅为几美元（第一款约为 7.5 美元），是一种价格低廉、适应性强的现代设计形式，也出现了许多模仿者。

利乐四面体包装　　1951 年至 1952 年

Tetra Pak

设计者：鲁宾·劳辛博士（1895—1983）；埃里克·沃伦伯格（1915—1999）

生产商：利乐公司（Tetra Pak），1952 年至今

利乐引发了盒装牛奶配送的革命。鲁宾·劳辛博士（Dr Ruben Rausing）是利乐的创始人，他与埃里克·沃伦伯格（Erik Wallenberg）于 1951 年在瑞典隆德成立了这家公司，1952 年 9 月交付了生产四面体硬纸盒的第一台机器。那引人注目的形状是通过创新的一次性成型工艺制作的，同时也完成灌装。这种机器将狭长的铝涂层纸连续地卷成细长圆柱体，然后按固定的瞬时间隔、以垂直的角度冲压闭合纸盒。间歇施压的夹具先封住柱体底部，然后再封住顶部，将不断流进这个细长圆柱体的牛奶包装起来。由此创建起一个连续灌装的自动化包装流程，确保了每个包装中的液量一致。此外，隔绝空气的包装使牛奶的保质期更长。由于机器一直没有直接接触牛奶或包装内层，因此污染风险显著降低。该公司与杜邦合作，为消耗性液体饮品研制无臭、无味、可印刷、不透水、坚固的包装材料。到 1959 年，这款硬纸盒每年产量达到了 10 亿个。利乐的许多后续包装仍然植根于这些最早的创新中，以此证明了这款产品的匠心和创新性。

宾利欧陆 R 型车　　1952 年

R-Type Bentley Continental

设计者：宾利设计团队

生产商：宾利汽车公司（Bentley Motors），1952 年至 1955 年

宾利是"二战"后英国所有汽车设计中最富丽堂皇、最浪漫者，以其风格、优雅和性能而闻名，而该公司最好的车型是欧陆 R 型。劳斯莱斯公司拥有宾利品牌，并热衷于生产最好的运动型旅行车。劳斯莱斯工程师伊万·埃文登（Ivan Evernden）和造型设计师约翰·布拉奇利（John Blatchley）利用风洞设施（在当时极先进，人们几乎闻所未闻），来打磨车身形状，设计了时髦的侧翼尾翼。后掠的车身和长鳍背设计，有助于提高纵向稳定性，给这款车带来了强烈的视觉冲击。劳斯莱斯使用独立的车身生产商来制造车身，这在行业中是不寻常的——劳斯莱斯选择了 H.J. 穆林纳（H J Mulliner），他的工作使这款宾利与众不同。后来的一些新型号的车交给了其他造型师，包括巴蒂斯塔·宾尼法利纳（Battista 'Pinin' Farina）和传统的劳斯莱斯车身生产商派克·沃德（Park Ward）。在性能方面，劳斯莱斯毫不保守地高调宣布欧陆 R 型车的卓越能力：它在三档可以跑到 161 千米 / 小时，其最高时速仅略低于 193 千米 / 小时，使其成为世界上最快的量产四座车。包括原型车在内，本车款只生产了 208 辆。

木制玩偶　1952 年

Wooden Dolls

设计者：亚历山大·吉拉德（1907—1993）

生产商：维特拉，2007 年至今

20 世纪 60 年代初，美国设计师亚历山大·吉拉德（Alexander Girard）和他的妻子苏珊成立了一个基金会，以管理他们大量的民间艺术收藏。吉拉德是一位著名的纺织品设计师，最广为人知的是他在赫曼米勒与伊姆斯夫妇以及乔治·纳尔逊的合作；他从世界各地收集的作品中大量借鉴了各种图案、色彩，汲取了自由精神。这一系列木制玩偶是吉拉德为其位于圣达菲的家创作；它们让人们从更私人化的角度来深入了解这位 20 世纪最多产的设计师之一的创新精神。维特拉于 2007 年将这些玩偶投入商业生产；它们有着俏皮的圆圆的造型和色彩鲜艳的装饰，包括一个头部插着一根羽毛的人偶，一些大黑猫和大黑狗，还有一个顽皮的小小恶魔。与吉拉德鲜明的现代主义纺织作品相比，这些玩偶更自由地模仿了异想天开的民间艺术风格。为了尽可能忠实地再现原作，维特拉遵循吉拉德的做法，用银杉木手工塑造每个玩偶，而不是使用计算机建模加工，并且这 29 个木雕中的每一个都是手绘的。所有这些都展示了作品原创匠人的独特表达，让每件木雕既是一个玩具，又是一个装饰品。

墨西哥书架　1952 年

Mexican Bookshelf

设计者：夏洛特·佩里安（1903—1999）；让·普鲁维（1901—1984）

生产商：让·普鲁维工作室，1953 年至 1956 年；斯蒂芬·西蒙商号，1956 年至约 1965 年

这个新颖的搁架系统，由金属小隔间支撑着书架搁板组成，展示了两位设计大师协同工作的力量。夏洛特·佩里安构思了硬件和拼接方法；这是一种创新的 U 形弯曲钢板结构，由 3 块钢板在后方背部以涡卷状连接而成。钢板的前缘也卷起，与背面的连接方式相呼应，由此构成了两条搁板之间垂直分隔空间的部件。让·普鲁维对设计进行了改进，并在他的金属车间中制造了部件。这个书架最初的设计构思是为巴黎国际大学城（Cité Universitaire）一处校舍的宿舍：墨西哥之家（Maison du Mexique）提供搁架。他们的想法是设计一个储物系统，可以将起居睡眠区与沐浴更衣区分开，并且两面都可以取物。普鲁维的理念强调实用性、优雅的建造方法和对材料创新的探索，而佩里安则强调柜子在整个内部空间中的实用性，单独每个元素的比例都要考虑与整体环境和谐统一。两人合作的设计利用了钢材的空间强度和高效的生产能力，利用了木材的温暖和功能性，利用了菱尖纹面铝板的纹理和较轻的重量，也利用了多种色彩的涂漆效果（由俄裔法国画家索妮娅·德劳内协助），不同色块有构图的作用，并能形象描绘出体积。

西西猴 1952 年

Zizi

设计者：布鲁诺・穆纳里（1907—1998）

生产商：皮戈马公司（Pigomma），1952 年；克拉克设计与家具商号（Clac & Galleria del Design e dell' Arredamento），2001 年至今

这只白脸的西西猴，由棕色发泡聚氨酯泡沫包裹一个铜线扭折出的内核芯体制成，它可以改变身体形状，扭成各种各样的姿势。它的前身是 1949 年的喵喵猫罗密欧（Gatto Meo Romeo），一只有着尼龙材料爪子的猫，但受到喜爱的是这只可扭曲的、身体由多层材料包裹着的西西猴。它获得了广泛的好评，并使其设计师布鲁诺・穆纳里（Bruno Munari）在 1954 年获得了首次颁出的权威的金圆规设计奖。穆纳里的职业生涯始于 20 世纪 20 年代的理性主义时期。他对这个新机器时代感兴趣，为金巴利、奥利维蒂、倍耐力等客户创作了未来主义风格的海报。在 20 世纪 30 年代，穆纳里作为一名未来主义艺术家、作家、设计师、建筑师、教育家和哲学家，自身思想也在发展，与他的"无用的机器"脱离，宣称对清晰、简洁、精确和幽默产生兴趣，而对奢侈或时尚潮流不感兴趣。西西猴巧妙地将技术进步应用于一种有趣的形式，这虽是应客户的指令而设计，但成果出乎意料。此玩具的特色形象和此设计吸引人动手摆弄的模式或特质（使用户参与其中，激发、唤醒他们的想象力，是穆纳里邀请所有人体验艺术活动的方式），使这件作品成了一个标志性的设计。

蚂蚁椅 1952 年

Ant Chair

设计者：阿恩・雅各布森（1902—1971）

生产商：弗里茨・汉森（Fritz Hansen），1952 年至今

蚂蚁椅的椅座部分，由一整块胶合板切割并弯曲而成，那中间收窄形成的头颈状轮廓，无论是从前面还是后面看，都能一眼认出来。蚂蚁椅可能是阿恩・雅各布森（Arne Jacobsen）最著名的椅子，也是这把椅子让他的作品引起了国际上的关注。尽管雅各布森在制作蚂蚁椅之前已经设计了几件家具，但蚂蚁椅的形式和材料的应用，与他的早期作品截然不同。这也是明确的形态意义上的起点，导向他后期作品的演变。蚂蚁椅是 1952 年为丹麦诺和诺德（Novo）制药公司的食堂设计。雅各布森的主要目的是生产一种重量轻、可堆叠的椅子。他仿效查尔斯・伊姆斯 1945 年设计的 LCW 椅，用细钢棒做椅腿，用模压胶合板做椅座。但雅各布森还借鉴了其生产商弗里茨・汉森生产 AX 椅的经验。AX 椅是彼得・赫维特（Peter Hvidt）与奥拉・米尔高德-尼尔森（Orla Mølgaard-Nielsen）于 1950 年设计的。不管雅各布森的灵感来源是什么，他已成功地将前人的作品远远甩在身后。

柏宾士脚踏式垃圾桶　　1952 年

Brabantia Pedal Bin

设计者：柏宾士设计团队

生产商：柏宾士（Brabantia），1952 年至今

如今，它可能随处可见，但柏宾士脚踏式垃圾桶的翻盖和踏板曾是一个新颖的想法。柏宾士于 1919 年在荷兰的阿尔斯特（Aalst）成立，最初生产牛奶筛和洒水壶。1939 年，该公司转而生产伞架，1952 年开始生产其第一个版本的废纸桶。设计一个盖子来挡住气味和安装一个踏板来防止弯腰疲劳，这样的考虑很快为柏宾士的业务奠定了根基。由于垃圾桶结合使用了金属片和金属线，并且需要耐腐蚀，制作工艺并不简单。事实上，自 1952 年以来，柏宾士脚踏式垃圾桶的生产工艺一直在不断修正和改良，这也证明了它的困难。1957 年，该设计发生了重大变化，在垃圾桶底部增加了一道圆边，以保护地板；一年后，又增加了一个塑料内桶。尽管今天的款式看起来与原始版本非常相似，但它不再是由阿尔斯特的工匠制作，而是由世界各地的众多工厂制造。

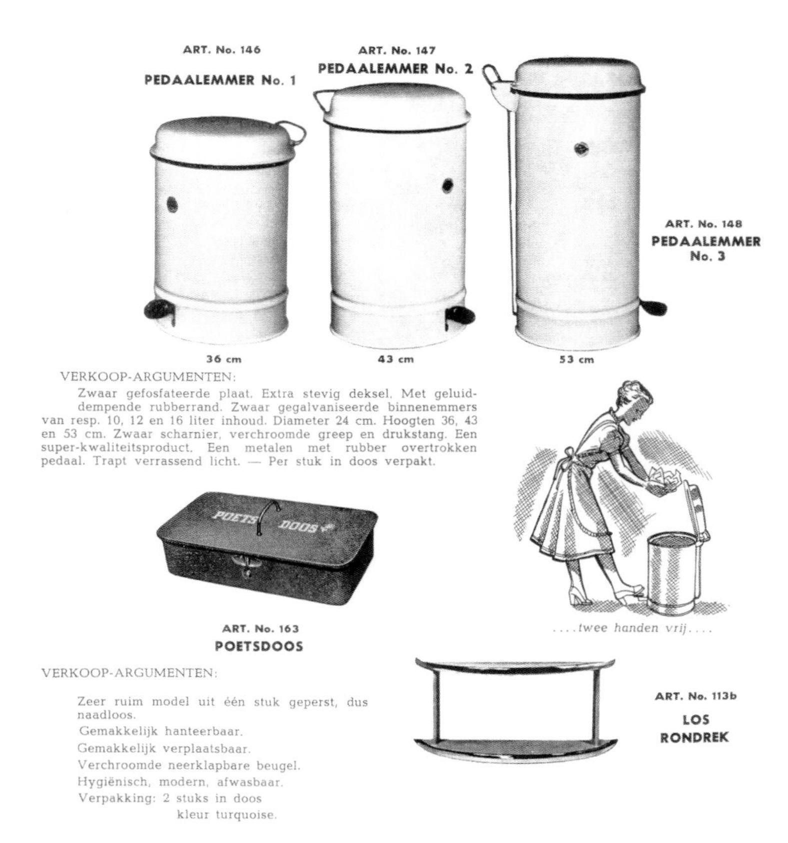

罗乐德斯旋转式名片夹　　1952 年

Rolodex Rotary Card File

设计者：阿诺德·纽斯塔特（1910—1996）

生产商：罗乐德斯（Rolodex），1952 年至今

据说，阿诺德·纽斯塔特（Arnold Neustadter）是一个一丝不苟、极有条理的人。他从 20 世纪 30 年代开始的众多发明都与信息的记录和整理有关，并且名称都有同一个后缀“dex”。第一个是防溢墨水池，称为 Swivodex，接着是 Clipodex（一种可夹到膝盖上的文书装置，便于做速记）、Punchodex（一种打孔器）和 Autodex（一种电话 / 地址簿）。纽斯塔特最著名的发明是罗乐德斯旋转式名片夹，一种将卡片开孔并归档的系统，以一个旋转圆筒为核心机构。它的开发始于 40 年代，但直到 1958 年才进入大众市场，并几乎是立即就获得了成功。它的操作系统完全直观化，凭直觉就能理解。镀铬钢架朴实无华，与两头都可转动的简洁旋钮相呼应。尽管自 50 年代以来，文书工作的性质发生了巨大变化，但这款名片夹仍然是全世界数百万办公桌的固定装置，并且每年继续销售数百万台。在数字时代，随着罗乐德斯（现在是乐柏美公司的一部分）对这一主题的继续开发，界面被改造得适用于计算机也就不足为奇了。纽斯塔特无疑会赞赏该公司开发的电子旋转式名片夹（Electrodex）。

钻石椅 1952 年

Diamond Chair

设计者：哈里 · 贝尔托亚（1915—1978）

生产商：诺尔，1952 年至今

哈里 · 贝尔托亚想要创造可以让使用者如同“坐在空气上”的家具。用他自己的话说，“看看这些椅子，它们主要由空气制成，就像雕塑一样。空间从它们当中穿过”。借助“漂浮”在细杆腿上的钢丝网座椅，钻石椅实现了这一想法。1943 年，贝尔托亚接受了查尔斯 · 伊姆斯工作室的职位，为他的家具设计做出了贡献，尤其是钢丝椅。1950 年，离开伊姆斯后，贝尔托亚开始全职投入他的雕塑作品，但业内朋友弗罗伦丝 · 诺尔及其丈夫汉斯说服他继续搞设计，让他随心所欲地创作。1952 年的钻石椅因此诞生，这是贝尔托亚为诺尔设计的一系列椅子和长凳中的一把。就椅子而言，这是一种非常奇异的形状，乍一看甚至可能不安全，毫无试坐的欲望。但一旦坐进去，落座者就会感受到贝尔托亚所说的“坐在空气上”的感受。贝尔托亚使用电阻焊技术，首先用手弯曲金属线，然后将其放入夹具中进行焊接。贝尔托亚的钻石椅是 20 世纪中叶美国设计的最佳典范之一。

基尔塔陶瓷，蒂玛炻器 1952 年，1981 年

Kilta, Teema

设计者：卡伊·弗兰克（1911—1989）

生产商：阿拉比亚（Arabia），1952 年至 1975 年，1981 年至 2002 年；伊塔拉，2002 年至今

卡伊·弗兰克（Kaj Franck）于 1945 年开始为芬兰陶瓷生产商阿拉比亚工作，重新设计其生产的实用器皿。弗兰克认为，传统的精美餐具概念，即由许多不同的单品组成的盛大的餐具套装，在新时代已经不适用。他 1952 年推出的基尔塔（Kilta）系列，是一套非常成功的陶瓷器具，适合现代家庭的需要。该系列的大部分产品都是用便宜的陶瓷制成的，多功能且适应性强。其基础性的几何形状由 3 种基本形状：圆、正方形和矩形演变而来。所有的作品都是单一的颜色——棕、黑、白、黄或绿；而且为了降低成本，只烧制了一次。这些餐具可单独购买，也可以从各种颜色中随意选择、在一段时间后自行组成一套。1975 年，基尔塔系列停产，这使卡伊·弗兰克得以进行一系列改进。1981 年，这一经过改良的系列以更坚韧的炻器形式重新推出，更名为蒂玛，意为“主题”。自 2002 年以来，伊塔拉一直在生产蒂玛系列。

航空计时腕表 1952 年

Navitimer

设计者：百年灵设计团队

生产商：百年灵（Breitling），1952 年至今

20 世纪 50 年代是航空业技术进步和快速发展的激动人心的时期。瑞士百年灵公司充分利用其在业内主要厂商中当之无愧的声誉，于 1952 年推出了航空计时腕表。作为一款专业设备，航空计时腕表的美学追求必然是以清晰和精确为基础，它的视觉吸引力在于其结实可靠的样子。然而，使这款腕表对飞行员来说不可或缺的是它内置的“导航计算机”。航空计时腕表配备了一个环形计算尺；这是一种工作仪器，使佩戴者能够计算所有基本的导航读数，如爬升速度和距离、油耗、平均速度和距离换算。在前计算机时代，这样一款仪器，同时也能用作精密手表，无疑是一个强大的工具。这款腕表最显著的特点是 24 小时的设置，使太空旅行者能够区分午夜和中午，从而使他们能够在外太空的真空中识别到时间的流逝，减少混乱。航空计时腕表多年基本保持不变的外观，赋予了它一种备受推崇的地位，将它与航空史的辉煌岁月联系在一起。

可调节落地灯 1952 年

Adjustable Floor Lamp

设计者：露丝・希尔德加德・盖耶-拉克（1894—1975）

生产商：舒尔茨灯具厂（Schulz Leuchten），1952 年至某不详年份

露丝・希尔德加德・盖耶-拉克（Ruth Hildegard Geyer-Raack）于 1952 年为舒尔茨灯具厂设计了这款优雅、精美的可调节落地灯，它在很多方面都具有创新性。首先，灯的球形后脚可以调整，改变这款金属灯的倾斜程度；而一大一小连在一起的锥形灯罩，隐藏了两个可以独立控制的灯泡。虽然这是战后德国设计的一个优良范例，但这盏灯的创造者更广为人知的身份是艺术家。盖耶-拉克出生于诺德豪森，在柏林的自由与应用艺术联合学院（United State Schools，并非美国学校，此处 state 指柏林）学习绘画。该学校由建筑师兼设计师布鲁诺・保罗（Bruno Paul）运营，他极大地启发了她的风格。1920 年和 1921 年，她参加了包豪斯的暑期课程。20 世纪 20、30 年代，她在巴黎学习；在那里她迷上了法国装饰艺术（Art Deco）。这两种学派源流的传统都可以在她的作品中找到。1924 年，盖耶-拉克成立了自己的工作室，为德威特克斯（DeWeTex）等公司设计纺织品、地毯和墙纸。她的风格经常以色彩鲜艳的大型花朵或大胆的几何装饰图案为特色，在具象和抽象之间摇摆不定。然而，在设计这款落地灯后不久，盖耶-拉克患上严重的眼疾，一只眼睛失明。尽管有这一残疾障碍，她仍然继续工作，直到去世。

绳椅 1952 年

Rope Chair

设计者：渡边力（1911—2013）

生产商：横山工业株式会社（Yokoyama Industry），生产及停产时间不详

作为一名年轻的设计师，渡边力（Riki Watanabe）曾在布鲁诺・陶特（Bruno Taut）的事务所工作。布鲁诺・陶特是著名的现代主义设计师和建筑师，以其充满想象力的住宅区而闻名。1933 年，他逃离德国纳粹政权，来到日本。陶特的民主设计理念与渡边产生了共鸣，因此渡边试图将欧洲现代主义原则引入日本工人阶级家庭。他的“绳椅”由平价材料——日本橡木和棉绳制成，设计简洁朴素，在需要时易于维修。有机材料的使用以及较低的高度，确保了它在典型的家庭环境中不会不协调。因此，它不仅为现代设计做出了贡献，使收入较低的人也可以用得起，而且也被传统家庭所接受。那些家庭的习惯是坐在地板的榻榻米上。为了缓和这种转变，渡边设计此宽大、略微倾斜的座椅，与座布团（zabuton，一种当时常用的折叠棉坐垫）相搭配。绳椅不仅在定义日本室内设计方面发挥了重要作用，它还是战后日本复苏的象征，而且是日本现代化的标志。渡边也因此被誉为日本设计的教父。

网格状搁架 约 1952 年

Bookcase

设计者：穆里尔·科尔曼（1917—2003）

生产商：加州当代公司（California Contemporary Inc.），约 20 世纪 50 年代

穆里尔·科尔曼（Muriel Coleman）的职业生涯与独有的观念驱动了她的创造发明。她是一名土生土长的纽约人，毕业于哥伦比亚大学美术专业，曾在巴黎师从立体派画家安德烈·洛特（André Lhote）。第二次世界大战期间，她为美国战略情报局（Office of Strategic Services）工作时，破译了法国海岸线的照片。20 世纪 40 年代末，她在加利福尼亚旧金山湾区定居。战后，科尔曼将重点转向了家具设计。由于缺乏可用的原材料，她被迫进行创新，开始尝试使用工业材料。她将其家族农具制造企业的金属变为精妙的家具；与传统方法制造的家具相比，这些出品使用的木材要少得多。她把自己的极简主义风格应用到了所有东西上，从桌子到椅子到衣架。她那些杰作中，最著名的是她在 50 年代创作的网格状搁架（也可以用作房间隔断）。架子采用钢筋制作轻巧细长的框架，用加州木材制作薄搁板；这种精简的设计有着一种超前于时代的简约感。科尔曼与艺术家路德·康诺弗（Luther Conover），以及范·凯佩尔-格林（Van Keppel-Green）事务所的两位合伙人一样，是 20 世纪 40、50 年代进行尖端现代设计的重要设计师中的一员；这个群体后来被总称为太平洋设计小组。

桑拿凳 1952 年

Sauna Stool

设计者：昂蒂·诺米纳米（1927—2003）

生产商：G. 索德斯特隆（G Söderström），1952 年；多家生产，1952 年至某不详年份

昂蒂·诺米纳米（Antti Nurmesniemi）的桑拿凳是为特定用途而设计，用于在桑拿之前和之后就座。凳面由多层胶合板黏合，然后切削雕刻而成；其形状让水很容易排出，同时为落座者提供牢固的支撑。四条略微张开的柚木腿使凳子稳定而平衡。这张凳子设计于诺米纳米职业生涯之初，是为赫尔辛基的皇宫酒店制作。该酒店是为 1952 年的奥运会而建造。奥运会是芬兰风格复兴的催化剂，标志着年轻的芬兰设计师渴望开发一种新的国际化设计语言的时代。该凳子最初由 G. 索德斯特隆批量生产，后来的生产规模要小得多。多年来，诺米纳米一直对凳子的外形进行改良，使制造更简单、更具成本效益。后期的凳子座位更圆些，而不是早期的椭圆形。这一朴实无华的设计实用、结实、淳朴，吸引人坐上去切身体验。它舒适得令人惊讶，除了最初作为桑拿凳的功能，人们还发现了它的许多其他用途。

奥尔佳·李灯　　约 1952 年

Olga Lee Lamp

设计者：奥尔佳·李（1924—2014）

生产商：拉尔夫·O. 史密斯，约 1952 年至 1954 年

奥尔佳·李灯的设计考虑到了多功能性；它是第一款既可以用作阅读灯也可以用作上射灯的灯具，这要归功于它可调节的倾斜支撑臂和创新的可旋转双灯罩；灯罩内装有两个灯泡，通过一个 3 档开关，可在灯泡之间进行选择。独特的黄蜂腰灯罩由旋转车压出的铝材制成，迎合了那个时代的女性时尚；而它令人满意的沉重的铸铁底座，就像一个儿童的回旋镖玩具。其精致风格与实用性的结合，是战后工业繁荣期间席卷美国的“好设计”运动的典型特征；通过为家庭提供高品质但价格适中的家具与陈设，倡导、培养现代主义的审美感受力。李的这款灯有多种颜色组合，包括黑与白、绿与白等。1952 年，这款搪瓷烤漆灯入选现代艺术博物馆的“好设计”展；该展览展出了一系列进步、精湛的产品中备受瞩目的典范。李是加州现代主义的早期引领者，以其照明、家具、纺织品和室内装饰闻名。1951 年，她与家具设计师丈夫米洛·鲍曼（Milo Baughman）在洛杉矶开了一家工作室，但不久就关门了。离婚后，她成立了奥尔佳·李设计公司，为温彻顿（Winchendon）、德雷克塞尔（Drexel）、阿奇·戈登（Arch Gordon）和塞耶·科金（Thayer Coggin）等多家公司设计商业化家具。

伊塞塔汽车 1952 年至 1953 年

Isetta

设计者：伦佐·里沃尔塔（1908—1966）

生产商：伊所（Iso），1953 年至 1958 年；宝马，1955 年至 1962 年

伊塞塔汽车放在今天仍然是一幅奇特的景象，就像 1953 年它第一次出现在欧洲街头时一样。其设计师伦佐·里沃尔塔（Renzo Rivolta）以他的伊所冰箱品牌而闻名。在转向汽车领域之前，他主要制造速可达小摩托和三轮货车。伊塞塔外观显然相当紧凑，具体长度只有 2.3 米，宽度为 1.38 米；通常是引擎盖的地方改为一扇门，打开后可以进入小小的单人车厢。它有一台后置发动机，后轮之间的间距仅为 47.5 厘米，突出了收缩变窄的后半部锥形车身。伊塞塔提供了廉价的长途交通工具，3.7 升汽油就可以行驶 80 千米。它的设计所围绕的中心是一台双缸二冲程发动机，最高时速可达 72 千米。1954 年，伊塞塔在意大利著名的“一千英里拉力赛”中包揽了第一、第二和第三名，引起了正在物色新车的宝马老板的注意。结果，宝马在 1955 年获得了该设计的授权，将发动机换成了更可靠的宝马四冲程 247 毫升摩托车发动机。在随后的 7 年间，原设计进行了调整，推出的车型包括一款三轮英国版和几款升级版供出口。

桶椅 1953 年

Tonneau Chair

设计者：皮埃尔·格瓦里奇（1926—1995）

生产商：斯坦纳（Steiner），1953 年

皮埃尔·格瓦里奇（Pierre Guariche）发明桶椅时，迂回线条和有机线条在椅子设计中的使用正如火如荼。20 世纪 30 年代在斯堪的纳维亚半岛率先出现的这种更为圆润的造型方法，取代了现代主义棱角分明的造型；这要归功于新材料的试验，使得越来越多样化的造型成为可能。格瓦里奇正是用这种创新的资源开发了桶椅，而这是法国生产的第一把模压胶合板椅子。1951 年，格瓦里奇刚从法国国立高等装饰艺术学院毕业，就成立了自己的事务所。他与生产商斯坦纳的合作也于 1951 年开始，并最终生产了桶椅。这段时间他马不停蹄，不倦工作，其中包括与查尔斯·贝尔纳（Charles Bernard）合作制作扶手椅，贝尔纳是革命性的抗垮塌（蛇形）弹簧和自由跨度弹簧的专利许可持有人；还有，为刚起步的航空设计业务厂牌拿出了大胆的“预先”（Prefacto）系列设计方案，其特点是采用柔韧灵活的木材面板与管状金属部件。桶椅这一作品塑造了一种打造家具的特有方式，这样生产出来的成品实用、舒适、优雅且足够多功能，家庭和办公室都适用。1953 年，第一把桶椅问世，装有塑料椅面、铝制椅腿。第二年，推出了更具创新性、更坚固的新款，由胶合板和钢管制成。

VE 505 台扇 1953 年

VE 505

设计者：埃齐奥·皮拉里（1921— ）

生产商：齐洛瓦（Zerowatt），1953 年至约 1969 年

VE 505 台扇，由意大利著名电器生产商之一齐洛瓦的总经理埃齐奥·皮拉里（Ezio Pirali）设计，是战后意大利设计的标志。抛光铝外壳包裹着风扇的电机部分，由镀铬金属丝形成的笼状支撑并作为框架；该金属丝笼配有橡胶脚，可以前后倾斜成两种不同角度；笼子还可以左右翻转，从而调整橡胶风扇叶片的高度。皮拉里是一名机电工程师，他没有试图隐藏或包住机械部件。他更喜欢一种诚实的工业风，强调对精密工程架构和纯粹形式的热爱。这台风扇大获成功，并在 1954 年跻身于首批获颁金圆规奖的作品。该奖项的评审团着眼于寻找表现出独创性并根据功能性设计的产品，产品应具备新颖的技术和生产解决方案，并且已经完美实现制作，能满足市场需求。该年度只有 3 款产品达到这些标准，VE 505 台扇是其中之一。这些标准对帮助刺激和促进意大利的设计和制造起着重要作用。在埃齐奥·皮拉里的管理下，齐洛瓦继续生产创新产品，为 20 世纪 50、60 年代由设计驱动的意大利经济重建工作做出了贡献。1985 年，意大利电子集团卡迪（Candy）收购了该品牌和制造厂。

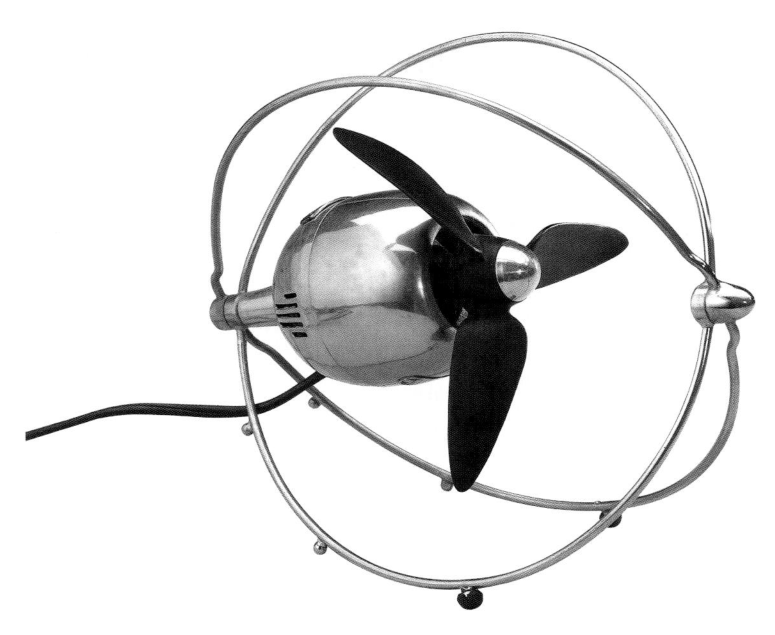

科莱尼特碗 1953 年

Krenit Bowl

设计者：赫伯特·克伦切尔（1922—2014）

生产商：托本·奥斯科夫（Torben Ørskov），1953 年至 1966 年；诺曼·哥本哈根（Normann Copenhagen），2007 年至今

托本·奥斯科夫的目标，是使用最创新的制造工艺和所能找到的最好的设计师，比如赫伯特·克伦切尔（Herbert Krenchel），借此来大规模生产质量卓越的家居用品。科莱尼特碗是克伦切尔最受推崇的作品之一，它用只有 1 毫米厚的薄钢板打造，经过一系列试验才开发完成。他发现，冷钢材用机器压制成型，可以生产出一系列耐酸、能承受明火直烧的高温，而且看起来也很优雅的碗。黑色的外观呈现出一种装饰性亚光饰面，具有低调的美学吸引力。内部上了搪瓷，将钢板装饰为不同的颜色。最初，碗的边缘不够薄，但这个设计问题在 1953 年得到了解决，格鲁德和马尔斯特兰德公司（Glud and Marstrand）生产了改进后的产品。这只碗是科莱尼特系列产品中的一件，这一系列还包括盘碟、罐子和沙拉勺。沙拉勺是用蜜胺树脂塑料制造的；克伦切尔和奥斯科夫探索了这种新材料的可能性，它很快取代了搪瓷彩釉钢。当时，钢材要远胜塑料，钢材让从业者能够制作出精致、通常还带有纹理效果的设计。

勺子秤 1953 年

Spoon Scale

设计者身份不详

生产商：OMG，1954 年至 2002 年

勺子秤，一款来自意大利的实用工具，设计者身份不详，是 20 世纪 50 年代厨房操作台上居家产品的诚信典范。该设备长约 32.5 厘米，高约 8 厘米，将秤、汤匙和长柄大汤勺集于一身。汤勺由铸铝制成，勺兜这一头与后背侧配重的把手构成悬臂结构，架在一个支点上，形成一个简单的称重秤：汤勺可以左右移动，直至水平，然后可以查看刻度，称出克重。它灵便且易于使用，可以留在操作台上，比传统的那些替代选项更有吸引力。尽管本身很简单，但它是按照严格的标准制造。如果用于平衡配重的铝太多，或者刻度不准确，都会使工具报废。从 1953 年直到 70 年代末，这款汤勺在意大利生产，标志着战后以节俭和精打细算为特征的设计浪潮。此物的主要生产商 OMG 被比乐蒂收购，但勺子秤于 2002 年停产。该产品通过 HA. 马克斯公司（HA Macks'）出口到欧洲其他地区和美国，但最终败给了机械秤和电子秤。

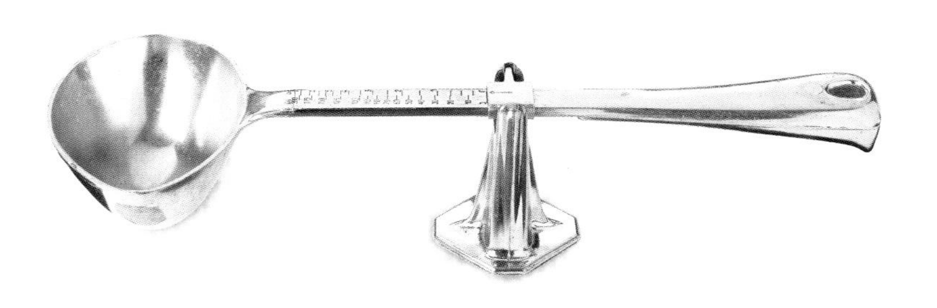

SE 18 折叠椅 1953 年

SE 18 Folding Chair

设计者：埃贡·艾尔曼（1904—1970）

生产商：王尔德和斯皮斯公司（Wilde & Spieth），1953 年至今

德国在战后的平价折叠椅市场起步较晚，但这款椅子在国际上取得了成功。埃贡·艾尔曼（Egon Eiermann）是德国最著名的建筑师之一，他在短短 3 个月内为王尔德和斯皮斯公司开发了 SE 18 折叠椅。SE 18 折叠椅吸引人的实用折叠设计是其成功的关键因素。后腿和前腿通过转环活节装置连接在一起。当椅座折叠时，椅面下面的一根横支杆沿着后腿的凹槽向下滑动，将后腿向前拉。当它展开时，支杆和凹槽的上端起止动作用。SE 18 折叠椅由光滑的山毛榉木和模压胶合板制成，在 1953 年一经推出就大受欢迎，尤其是在德国国内市场。它结构坚固、价格低廉，只需要极小的存储空间，使其被广泛用于食堂、学校礼堂和议会会议厅。尽管国外竞争更加激烈，但 SE 18 折叠椅同样打入了国际市场。艾尔曼与王尔德和斯皮斯公司合作生产了众多版本，直到 1970 年这位设计师去世。此椅总共有 30 款之多，该公司目前仍在生产其中的 9 款。

标准灯 1953年

Standard Lamp

设计者：塞尔日·穆耶（1922—1988）

生产商：塞尔日·穆耶工作室（L'Atelier de Serge Mouille），1953年至1962年；塞尔日·穆耶版本公司（Éditions Serge Mouille），2000年至今

标准灯由漆成黑色的金属制成，内部漆成白色，并配有铝制反光碗。乳房形状的灯罩是塞尔日·穆耶（Serge Mouille）作品的特色。它的外形，除了提供空间容纳电气配件，作为灯罩散射灯光，而且以受超现实主义启发的风格呈现出有机生命体和情色的内涵。建立自己的工作室之前，穆耶曾在巴黎接受银匠专业培训。他熟识许多前卫的建筑师和设计师，包括让·普鲁维和路易斯·松诺。雅克·阿德内是装饰艺术公司苏与马雷（Süe et Mare's Compagnie）的董事，他在1953年委托制作了标准灯。采用简省的金属结构和受自然形式启发的倾斜灯罩，穆耶的灯很好地融入和诠释了有机现代主义的语言。尽管从未大量生产，但这些照明装置为他在战后法国设计史上赢得了重要地位。他的早期灯具，包括1953年的标准灯，由其遗孀重新发行。她在2000年成立了塞尔日·穆耶版本公司。

快易高压力锅 1953年

Cocotte Minute

设计者：路易-弗雷德里克·莱斯库尔（1904—1993）

生产商：赛博集团（Groupe SEB），1953年至今

根据其法国生产商的说法，快易高压力锅是一种炊具的直系后裔。这种炊具可追溯到17世纪末，当时发明家丹尼斯·帕平（Denis Papin）设计了一种加压容器，可以加速骨头和肉皮的软化。帕平发明的装置将蒸汽困在密封容器内，迫使压力不断增加，提高水的沸点，从而大大缩短烹饪时间。从那以来的300间，家用压力锅实际上仍使用了同样的设计。尽管现在更安全、更方便，但早期阶段常会发生爆炸。在欧洲，一款压力锅迅速取代了其他同类产品：由路易-弗雷德里克·莱斯库尔（Louis-Frédéric Lescure）开发，1953年由赛博制造的快易高压力锅。快易高压力锅使以烹饪法餐闻名的法国人能够在很短的时间内轻松做出传统的美食，且味道浓郁，而如果用常规炉灶烹饪几个小时，就会失去这些味道。迄今为止，快易高压力锅的累计产量已达惊人的7500万件。一直以来，他们对产品美学造型时常进行重新设计和改良。然而，它的根本组件——包括不同的系统设置、食谱、散热器、释压器和一系列的容量规格、工程构造和基础设计都保持不变。

红环绘图针笔 1953 年

Rotring Rapidograph

设计者：赫尔穆斯·里佩（Helmuth Riepe，生卒年不详）

生产商：红环（Rotring），1953 年至今

在当今借助计算机辅助设计，虚拟图像可以达到照片级真实感的时代，人们很难理解一支不起眼的小小技术用途针笔对 20 世纪 50 年代早期的设计场景带来的巨大影响。红环绘图针笔是给建筑师、设计师、绘图师和工程师的天赐之物，因为它将他们从传统的针笔中解放出来，传统的针笔经常会堵塞或在页面上留下难看的墨渍。这款新笔的创新之处在于，用一次性墨芯取代了活塞式上墨装置。一次性墨芯能保持恒定的压力，确保墨水的流量稳定。这种笔之所以受欢迎，不仅因为它方便省力，而且因为它好看。那逐渐变细的深棕色笔杆，末端是闪亮的不锈钢针状笔尖，无疑比差不多同期推出的批量生产的一次性圆珠笔高出一筹。笔杆顶部的彩色条带环表明笔尖的粗细，也增加了一抹生动色彩。这种笔仍在生产，不过，几乎每块制图板边上都放着一套好用的红环绘图针笔的时代已经基本过去了。

“点”凳 1953 年

DOT™

设计者：阿恩·雅各布森（1902—1971）

生产商：弗里茨·汉森，1953 年至今

细木加工制作和木工技术是丹麦家具工艺声誉的核心，这种声誉一直延续到 20 世纪。丹麦家具生产商也因与设计师密切合作，追求面向普通消费者的优质手工制品而闻名；弗里茨·汉森或许是其中最著名的厂家，而这些品质使丹麦家具在战后迅即引起了世界的关注。有机、流畅的线条，木材的大量使用，为现代主义严谨的直线设计提供了另一种选择。因此，就“点”凳的设计师和生产商而言，这款产品都是异于二者的常规风格，因为它的管状钢制成的凳腿和最简单的柚木凳面，更多是指向基本的批量生产产品。它看起来也像阿尔瓦·阿尔托的 60 型凳子的瘦身版，尽管弗里茨·汉森的这一款在 1970 年改成了四腿。凳腿框架的设计使它能够高效地垂直堆叠，占用很少的存储空间，这使得它适用于从教育机构到酒吧和咖啡馆的各种环境。这款凳子到来之时，正逢弗里茨·汉森进入另一个重要的业务阶段；此凳结合了简洁的特质与醒目的造型，可视为阿恩·雅各布森钢腿蚂蚁椅的配套凳子，蚂蚁椅是弗里茨·汉森此前一年发布的。

随意挂　　1953 年

Hang-It-All

设计者：查尔斯·伊姆斯（1907—1978）；雷伊·伊姆斯（1912—1988）

生产商：提格雷特企业游戏屋分部（Tigrett Enterprises Playhouse Division），1953 年 至 1961 年；赫曼米勒，1994 年至今；维特拉，1997 年至今

这个挂钩装置由木球和上漆金属线制成，旨在让孩子们整理各种东西，挂钩从外套、围巾、手套到玩具和溜冰鞋，都可收纳。五颜六色的球：红、粉、蓝、洋红、赭色、黄、绿和紫，看起来仿佛在空中自由漂浮，增强了符合儿童生活环境的游戏感。在孩子们选择并安排好要挂在上面的物品之前，“随意挂”是不完整的。就像活动装置或动态雕塑的空框架或梗概架构一样，这件作品巧妙地鼓励了创造力和亲身参与。在查尔斯和雷伊极为多产的职业生涯中，夫妇俩始终保持着满足消费者需求的愿望，保持着对试验新材料和新生产方法的兴趣。这件作品满足了儿童房间的整理需求，从结构上可以明显看出它的试验性质。它采用了一种便宜的大规模生产的方法，同时将多条金属线焊接在一起。最初架子是由提格雷特企业游戏屋分部制造，直到 1961 年。此后，赫曼米勒和维特拉重新推出了这款产品。

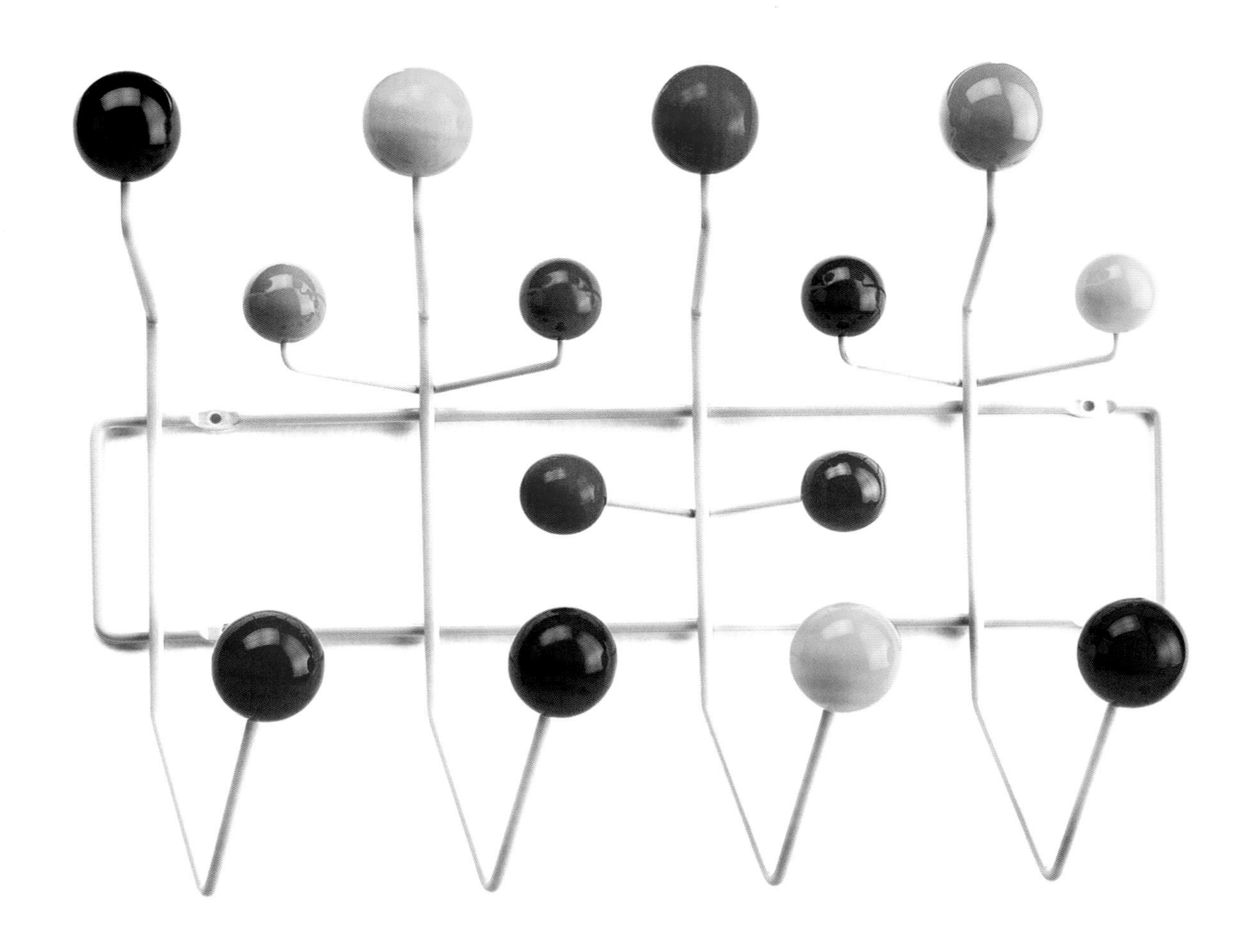

“自豪”餐具 1953 年

Pride Cutlery

设计者：大卫·梅勒（1930—2009）

生产商：沃克和霍尔公司（Walker and Hall），1953 年至约 1975 年；大卫·梅勒公司（David Mellor），约 1975 年至今

大卫·梅勒（David Mellor）的“自豪”餐具，形态上精美纤细、雅致又均衡，为英国战后的刀叉餐具设计树立了标杆。在“自豪”餐具中，梅勒开发出一种新的、简化的语言，结合了银器制造传统中对细节的一丝不苟与新型工业制作技术的生产方法。结果，“自豪”餐具成为维多利亚风格和摄政时期风格餐具的挑战者；当时，那些刀叉仍然主导着高端餐具市场。“自豪”餐具套组包括一系列镀银的刀、叉和勺子。最初，餐刀刀柄是骨头制成，后来改为赛璐珞，1982 年改用聚甲醛（这种材料的制品可在洗碗机内清洗）。梅勒承认受到了 18 世纪乔治王朝时期的餐具样式的影响，但“自豪”餐具在其实用性方面则明确无疑是现代主义风格。很明显，这套餐具的设计完全是为了迎合工业化制造流程。甚至在这位设计师从皇家艺术学院毕业之前，沃克和霍尔公司就表示要制造他的餐具。该系列目前在英格兰北部峰区的大卫·梅勒公司继续生产，仍然是该公司最受欢迎的系列产品之一。

爱立信电话 1954 年

Ericofon

设计者：雨果·布隆伯格（1897—1994）；拉尔夫·莱塞尔（1907—1987）；汉斯·戈斯塔·泰姆士（1916—2006）

生产商：爱立信公司（LM Ericsson），1956 年至 1976 年；北方电气公司（North Electric），20 世纪 60 年代至 1972 年

20 世纪 40 年代末，瑞典的爱立信公司成立了一个设计团队，由汉斯·戈斯塔·泰姆士（Hans Gösta Thames）领导，设计出一款小巧、轻便、易于使用的电话。雨果·布隆伯格（Hugo Blomberg）和拉尔夫·莱塞尔（Ralph Lysell）在 1941 年为此产品的原型申请了专利，但泰姆士创造了爱立信电话的最终设计版本。早期的电话款型，外壳只有易碎的聚丙烯酸酯和纤维素塑料可用，它们很容易被刮花。至 50 年代中期，ABS 塑料的发明带来了解决方案。这款电话起初最常用于医院，但在 1956 年，它正式在瑞典国内市场推出，并成功出口到意大利、澳大利亚、巴西和瑞士。电话于 60 年代被引入美国，在那里销量很好，因此爱立信公司将供应北美市场的制造业务转移给了北方电气公司。外观设计进行了修改，变得略短，听筒端倾斜的角度更大——不同型号被称为“旧壳”或“新壳”电话。这款玩具般的电话，为一体式设计，外形为仿生样式，因此也被称为“眼镜蛇”。它最初有 18 种颜色可供选择，但在 60 年代期间，可选的颜色减少到了 8 种。此电话于 70 年代停产。

DRU 水壶　　1954 年

DRU Kettle

设计者：维姆・吉尔斯（1923—2002）

生产商：DRU，1954 年至 1955 年

维姆・吉尔斯（Wim Gilles）为 DRU 生产的水壶，在各个方面而言都是对该公司 1935 年以来的既存型号产品的改进。他研究了铝制水壶底的直径，列出了一系列基本要素，以实现外形与功能的完美结合：最佳容量应为 2.5 升，把手相对于壶体重心的位置，对能否舒适地装水和倒水至关重要，把手部分不应突出到侧面之外。在制作时，水壶上下两部分应一次性压合。所有焊接处应光滑平整或在单个曲面上。壶形边缘必须至少为 3.5 毫米。吉尔斯保留了之前水壶设计中的响笛哨子，但底部换成了球形，可以更快地将水烧开。贝壳状的壶身模式是由数学公式而非美学考量考虑决定的，这使得这款水壶成为先驱，昭示了几十年后用计算机简化产品设计的普遍做法。尽管吉尔斯是荷兰最早的自由职业工业设计师之一，为许多公司工作过，但他最终的职业还是教书。他成为埃因霍温工业设计学院（Eindhoven）的教授，并于 20 世纪 70 年代在加拿大教授工业设计。

富加碗　　1954 年

Fuga Bowls

设计者：斯文・帕尔姆奎斯特（1906—1984）

生产商：欧瑞诗（Orrefors），1954 年至 1983 年

简洁又迷人的富加碗，由资深玻璃器皿设计师斯文・帕尔姆奎斯特于 1954 年为欧瑞诗设计；它在瑞典的出现引领了规模化量产玻璃器皿的技术革命。在 20 世纪 40 年代，帕尔姆奎斯特探索了在玻璃设计中利用离心力的可能性，这让瑞典的那些保守派同事们非常恼怒。他们认为就一家完全依靠手工制品建立声誉的公司而言，引进机器制造技术会让人对公司的未来产生怀疑。然而，通过在模具中高速旋转熔融玻璃，只需手工制作所用时间的一小部分，就可以加工出完美无瑕的成品效果。帕尔姆奎斯特的坚持和毅力得到了回报——40 年代中期，他获得了离心玻璃工艺的一项全球专利。从商业角度来看，离心法为大规模生产玻璃设计创造了可能性，且能做到高质量、低成本。斯德哥尔摩的大型百货公司北欧（NK）百货，说服欧瑞诗将富加碗——第一个使用离心法新技术的设计，投入生产。这是一个突破，低成本、高质量的玻璃器皿成为现实，使得富加碗在商业上大获成功。

多莱斯皮卡迪玻璃杯 1954 年

Duralex Picardie Tumblers

设计者：多莱斯公司

生产商：多莱斯公司（Duralex），1955 年至今

这款坚固的玻璃杯有 3 种尺寸，是典型的日常使用的平底玻璃杯。它被用来装咖啡、果汁、葡萄酒——事实上，它被用于各种社会环境，在各种地方，装各种东西。它的产量已达数百万，便宜、结实、安全、耐用。其成功的关键在于它是用多莱斯制造。多莱斯是圣戈班（Saint-Gobain）1939 年发明的一种钢化玻璃，也被用于汽车挡风玻璃和防割伤安全玻璃。钢化过程需要玻璃经受热冲击，将玻璃加热到 600 摄氏度，随后快速冷却几次，使玻璃内部形成分层。这就产生了一种耐热玻璃，且能承受比传统玻璃高出 5 倍的压力。它有一个额外的优点，那就是破碎时会碎成厚块，而不是通常的尖利的碎片。这款设计完美地反映了这种坚固的品质：它并没有试图做得更精致、更像“玻璃”，那种厚实坚固的样式明显是为了实用；它还可以叠放，这是一个额外的优势。这款玻璃杯很快就成了咖啡馆的常备配置。但直到 20 世纪 60 年代，它的实用性，加上其象征了另一种新的、更轻松的生活方式，才令它进入家居环境，接着又走向全球的千家万户。

咖啡具套装 2000 1954 年

Coffee Service 2000

设计者：雷蒙德・洛伊（1893—1986）；理查德・S. 莱瑟姆（1920—1991）

生产商：罗森塔尔（Rosenthal），1954 年至 1978 年；经典玫瑰（Classic Rose），1984 年至 1990 年

1950 年，菲利普・罗森塔尔（Philip Rosenthal）开始在德国著名瓷器制造公司罗森塔尔主管产品设计。他的任命预示着战后德国设计的新时代的到来；他任职后的首个委托设计，咖啡具套装 2000，将成为此后所有新品和创新的典范。这款咖啡具套装外形朴素，代表着这家以高度装饰性的餐具和小雕像摆设闻名的公司在风格上的鲜明转变。纯白的瓷器，搭配修长干净的线条和细长的把手，让这套器皿颇为生动，是对低调的拟人化呈现。罗森塔尔的当代理念主要来自当时他认识的一些最优秀的瓷器设计师，特别是著名的美国工业设计师理查德・拉瑟姆和雷蒙德・洛伊。罗森塔尔表示，公司要想生存下去，既不能向后看，也不能过于超前地寻找灵感，而是要努力创造一个拥抱时代精神的当代标杆，以此来衡量产品。至 1961 年，也就是咖啡具套装 2000 推出后的短短 7 年，其累计销售量就达到了惊人的 200 万套。罗森塔尔抓住这一成功机会，将更多当代设计师收归麾下，并将新的副线品牌命名为罗森塔尔工作室系列。

海鸥 3 型 1954 年

Shearwater III

设计者：罗兰・普劳特（1920—1997）；弗朗西斯・普劳特（1921—2011）

生产商：G. 普劳特父子公司（G Prout & Sons），1954 年至 20 世纪 80 年代

奥运选手罗兰・普劳特（Roland Prout）和弗朗西斯・普劳特（Francis Prout）兄弟利用他们的造船经验和皮划艇知识，在 20 世纪 30 年代开始了一个新项目——建造双体船。1949 年，他们开始研发“海鸥号”，由两艘赛艇组成双船体，帆具由一个小主帆和 4.25 米级别的小艇所用的三角帆组成。第一艘双体船速度很快，引起了人们的兴趣。至 1954 年，兄弟俩已着手研发海鸥 3 型。1960 年，海鸥 3 型在英国被定为该竞速级别的赛艇。碳纤维被引入玻璃纤维中，用于船体的建造，使船更轻。它的总重量为 120 千克，长 5.05 米，宽 2.28 米。帆与船的重量之比使它成为一艘反应灵敏的船，速度快，易于操纵。与加利福尼亚的“霍比双体船”一起，普劳特的双体船彻底改变了习惯单体船的帆船世界。它引入的创新，如圆底船体部分、旋转索具帆具、蹦床、单吊架和双吊架、大三角帆和大展弦比的帆装，在后来的多体船的设计中也清晰可见。

大象凳　1954 年

Elephant Stool

设计者：柳宗理（1915—2011）

生产商：寿商店（Kotobuki），1956 年至 1977 年；人居地商行（Habitat），2000 年至 2003 年；维特拉，2004 年至今

第二次世界大战后，当玻璃纤维开始在日本进入商用领域时，柳宗理用它制作了第一张全塑料凳子。这张凳子最初计划用作其工作室的模型座椅，因此需要轻便且可堆叠。一张 3 条腿的凳子出现了，它的形状像大象的腿一样结实，因此得名。柳宗理曾说过，“我更喜欢柔和圆润的造型——它们散发着人类的温暖”。大象凳最初是由寿商店在 1956 年生产，它标志着玻璃纤维增强型聚酯树脂等新材料开始受到民众的欢迎，进入室内家居。柳宗理对玻璃纤维的延展性很感兴趣；这张凳子呈现出只有这种材料才能实现的柔和轮廓。近来，这种材料被认为对环境有害，因此维特拉和柳宗理在 2004 年合作创造了一个新的版本，新版本如今是用注塑成型的聚丙烯制成的。这张凳子是他众多作品中的一件（其作品范围广泛，从餐具到工程构建均有）；在被摆上制图桌正式出图之前，这些作品都经过精细的手工绘制和设计。

“复古”餐具　1954 年

Vintage

设计者：乔瓦尼·古兹尼（1927—　）；雷蒙多·古兹尼（Raimondo Guzzini，1928—1978）

生产商：古兹尼兄弟公司（Fratelli Guzzini），1954 年至约 1964 年，2002 年至今

古兹尼的“复古”餐具是一个独特的系列，包括大大小小的沙拉碗，配有沙拉勺，有黑白、黄白或樱桃红和白的双色配色可供选择。每一件都是抛光漆面，赋予了该系列一种在东亚常见的优雅风格。1954 年，乔瓦尼·古兹尼（Giovanni Guzzini）使用双注塑成型技术创造了第一款古兹尼双色产品。后来他为该技术注册了专利。这项技术，最初仍是手工完成，基本操作是将两块塑料片模压在一起形成一块塑料片。他们利用这一技术生产了一套引人注目的咖啡杯，这些咖啡杯很成功很受欢迎，所以很快又推出了延伸扩展的同类设计，形成一整套的餐具，其中包括在 20 世纪 50 年代末成功推出的方形陈列碗。古兹尼兄弟公司由恩里科·古兹尼（Enrico Guzzini）于 1912 年在意大利创立，最初用牛角制作手工艺品，包括鼻烟盒、餐具和汤勺。1938 年，有机玻璃取代了牛角，用于制作日常家居用品。在接下来的 20 年里，进一步的技术创新不断涌现，最值得一提的就是 50 年代中期古兹尼的双注塑成型技术。古兹尼品牌现在是创新的代名词，拥有最好、最先进的材料和顶尖的国际设计名师。

安东尼椅　　1954 年

Antony Chair

设计者：让·普鲁维（1901—1984）

生产商：让·普鲁维工作室，1954 年至 1956 年；斯蒂芬·西蒙商号，1954 年至约 1965 年；维特拉，2002 年至 2012 年

普鲁维非常享受家具的设计过程和建造细节。他的设计不会为达到某种特定外观而进行努力，而会优先考虑他所使用的材料的品质和特性。在安东尼椅中，所使用的材料为胶合板和钢铁，在特性和外观上似乎毫不协调。两种材料要执行的任务非常不同：一个是提供轻便、舒适、有着恰到好处的轻微弹性的使用体验，另一个是尽可能提供最坚固的支撑。普鲁维将这些材料结合在一起，那种组配方式巧妙而诚实，形成了椅子特有的外观。与当时非常流行的光滑镀铬饰面不同，安东尼椅的钢结构部分被涂成黑色，焊接和制造过程的痕迹清晰可见。这把椅子的钢支架宽大、平坦，向上收缩逐渐变细，使它具有雕塑般的质感，让人联想到亚历山大·考尔德（Alexander Calder）动态雕塑的漂浮形状；普鲁维是考尔德的朋友和崇拜者。安东尼椅是普鲁维 1954 年为巴黎附近安东尼的大学城制作，这是普鲁维最后设计的家具作品之一。

D70 沙发　　1954 年

Sofa D70

设计者：奥斯瓦尔多·博尔萨尼（1911—1985）

生产商：特克诺（Tecno），1954 年至今

1954 年，双胞胎奥斯瓦尔多·博尔萨尼（Osvaldo Borsani）和富尔根齐奥·博尔萨尼（Fulgenzio Borsani）在米兰三年展上创立了他们的公司特克诺（意指高科技）。在 20 世纪 50 年代初，工业生产被视为解决意大利许多弊病的灵丹妙药，而特克诺的第一个产品系列，精心设计的软垫家具，就抓住了这一精神。D70 沙发既是工业生产的产物，也是理性设计思维的清晰表达。构成椅座和靠背的流线体叶片，既是实用的元素，也是对基于机械化的未来世界的隐喻。 D70 沙发的椅背可以往后放低，变成沙发床，也可往前折叠起来，节省空间。战争带来的住房短缺启发了这种灵活家具的设计。基于本品，特克诺首席设计师兼工程师奥斯瓦尔多·博尔萨尼于 1957 年推出了一款变体沙发床，型号为 L77。该系列中的所有沙发和椅子都是围绕椅座和靠背之间的一根横梁来打造，也能清楚地看到用于倾斜、放倒这些软垫部件的机械装置。1966 年，奥斯瓦尔多共同创办了颇具影响力的设计杂志《八角形》（*Ottagono*），并带领特克诺在定制家具和办公家具领域取得领先地位；公司今天依然保持领先。

GA 椅 约 1954 年

GA Chair

设计者：汉斯·贝尔曼（1911—1990）

生产商：豪根格拉斯家具厂，1954 年至今

GA 椅的设计将座椅一分为二，这是汉斯·贝尔曼（Hans Bellmann）为尽量减少材料用量所做的努力。贝尔曼是一位秉承瑞士精密工程最佳传统的设计师；在其整个职业生涯中，他力求将家具改良到最简单的状态。GA 椅的前身是一款同样轻便的胶合板制作的椅子，名为一点椅（One-Point）。那把椅子的座位仅用一个螺丝就可固定在框架上，因此得名。然而，瑞士设计师同行马克斯·比尔声称"一点"抄袭了他的一件作品，使得这一成功的设计被抹上了污点。这或许解释了 GA 椅与众不同的分座造型的来源；迄今为止，这从未有人模仿过。尽管贝尔曼遗留的作品不像他的一些同时代人的作品那样受到热烈拥戴（也许是因为他的职业生涯后期，设计的是卫生设备），但在 20 世纪 50 年代，他很受欢迎。不过，贝尔曼现在最广为人知的便是 GA 椅，不仅因为它不同寻常的分座造型，还因为其无与伦比的质量。

KS 1146 水桶 1954 年

KS 1146

设计者：吉诺·科隆比尼（1915—2011）

生产商：卡特尔（Kartell），1954 年至 1965 年

这个不起眼的水桶在 1954 年推出时，彻底改变了家居用品的世界。在此之前，塑料这一工业产品从未进入过居家领域。1951 年，朱利奥·卡斯泰利（Giulio Castelli）委托吉诺·科隆比尼（Gino Colombini）制作一件产品，其具体目的便是将塑料首次带入家庭。科隆比尼是该公司的技术总监，他把与佛朗哥·阿尔比尼（意大利最具创新精神的建筑师之一）合作获得的经验带到了这个职位上。科隆比尼意识到，他必须让自己的设计保持简洁连贯，因为新材料够让顾客困惑了，而且设计不能显得太工业化。KS 1146 水桶因此诞生，这是卡特尔公司生产的第一款塑料产品，它的钢制提手浸涂了 PVC，使其更柔软，触感更好。从结构上看，这件作品是有效设计的典范，它在底座和桶口处增加了加强筋，以保证强度（在推出公司的第一条产品线之前，科隆比尼和卡特尔的员工花了 3 年的时间进行研发）。科隆比尼用这种易成型的材料打造了一系列设计，设计成果随后很快就传遍了整个意大利。

沙发 1206　　1954 年

Sofa 1206

设计者：弗罗伦丝·诺尔（1917—2019）

生产商：诺尔，1954 年至今

弗罗伦丝·诺尔将她优雅的沙发形容为“其他人都不想做的临时填充物”。作为诺尔规划部的设计总监，她委托出品了一些最好的现代设计。她为这些设计所贡献的是背景作品，用她的话说，就是“肉和土豆”，即最基础的部分。沙发 1206 就是应对这样的需求而设计的一件作品。诺尔在 20 世纪 50 年代定义了美国企业室内装修的形象，其风格特征是采用自然光、开放空间和随意的家具组合，家具用优雅的织物覆盖。这里，腿部的钢框架将矩形的沙发抬起，使其看起来像是漂浮在地毯上方，单人位、双人位和三人位沙发系列布面的模块纹路，让人联想到密斯·凡·德·罗的巴塞罗那椅。纤细、低矮的扶手更像是充当作品的视觉终点，而不是用作真正的扶手。这款沙发的设计意图是用来小憩，不像当时大多数其他沙发那样使人深陷、异常柔软。它是清新的现代主义与更古老、更传统的形式之间的设计桥梁。沙发 1206 成功地扮演其背景身份，让其他更张扬华丽的设计展示自己。

梅赛德斯 – 奔驰 300 SL　　1954 年

Mercedes-Benz Type 300 SL

设计者：弗里德里希·盖格（Friedrich Geiger）（1907—1996）

生产商：戴姆勒–奔驰（Daimler-Benz），1954 年至 1963 年

第二次世界大战重创了梅赛德斯的母公司戴姆勒–奔驰。然而，梅赛德斯–奔驰 300 SL 的设计还是旨在让公司回归赛车之根。它最初是一辆纯赛车，1954 年终于被允许在公路上行驶。这款车只有极富有的人才买得起，但物有所值，因为它满是技术和美学创新。它优雅可靠，各个部分的设计都有的放矢——从阳极氧化铝合金型材和外部饰件到内部极少的装饰和旋钮，各司其职。它还是四冲程发动机量产车中第一款拥有燃油喷射系统的。3 升发动机的输出功率为 215 马力，最高时速为 260 千米 / 小时，速度极快。最重要的是，这款车的轻型车身框架在两侧翼还略向上延伸，使其无法使用传统的车门。面对这一问题，梅赛德斯–奔驰想出了鸥翼门的解决方案，车门从车顶向上打开；这瞬间成为设计的标杆。这款车重新确立了梅赛德斯–奔驰“二战”后在赛车运动中的强大地位。从那以后，公司一直在其产品线中保留着 SL 车型系列。

“马路大师”巴士　　1954 年

Routemaster Bus

设计者：AAM. 杜兰特（1898—1984）

生产商：皇家公园与联合装备公司（Park Royal & AEC），1959 年至 1968 年

几十年来，红色的“马路大师”巴士（发烧友简称其为 RM）一直是伦敦的象征，也是游客、司机和通勤者的最爱。AAM. 杜兰特（AAM Durrant）在 1945 年至 1965 年期间担任伦敦运输局的首席机械工程师，他领导的设计团队包括了英国最早的专业工业设计师之一，道格拉斯·斯科特（Douglas Scott）。1954 年，斯科特第一次受邀参与这个项目。他用橡皮泥做了一个模型，看起来比它的四四方方的对手更紧凑，而这款车的大部分特征都源于此泥模的形状。他建议取消传统的半驾驶室，安装玻璃纤维座椅框架、橡胶软木地板和荧光灯。在“运输与普通工人工会”的抗议下，半驾驶室被恢复，而其他元素则被删除以降低成本。车子标志性的颜色也差点改变了，因为斯科特想要进一步减轻车体重量和减少开支。由于这些限制，实际生产的车型在推出时就已经显得有些过时了。该车型于 1968 年停产，但对当时仍习惯搭乘无轨电车的公众来说，这是一个微妙的转变。不幸的是，这一转变并没有带来其他改变：“马路大师”巴士是为应对狭窄的伦敦道路网而专门设计的最后一款公共交通工具。

蝴蝶凳　　1954 年

Butterfly Stool

设计者：柳宗理（1915—2011）

生产商：天童木工（Tendo Mokko），1954 年至今；维特拉，2002 年至今

柳宗理的蝴蝶凳在很多方面相当于简洁的化身。它由两块完全相同的胶合板构成，仅通过座位下的两个螺钉连接。一根螺纹黄铜杆充当横撑杆兼脚蹬，使凳子保持稳定。这个名字源于凳面的侧面轮廓，让人联想到一只翩翩的蝴蝶，但凳子的轮廓也让人联想到日本书法及神社入口被称作鸟居的牌坊。蝴蝶凳设计时正值日本历史的一个关键时刻，当时日本正迅速崛起为一个现代化工业国家。日本设计师的设计根本而言是西式形态的设计；若论此事，柳宗理并非第一个：自 19 世纪 60 年代以来，日本的室内设计越来越西化。弯曲胶合板是由美国和欧洲的设计师和生产商开发的一项技术创新，因此，制作凳子的模压胶合板壳层体的复合曲线，可以被视为 20 世纪中叶家具设计全球趋势的一部分。这款凳子优雅、简洁的形式可能表面上类似于当代西方简约的现代主义设计，但它本质上源于一种日本特有的美学气质。

诺尔咖啡桌　1954 年

Coffee Table

设计者：弗罗伦丝·诺尔（1917—2019）

生产商：诺尔，1954 年至今

弗罗伦丝·诺尔优雅的咖啡桌由玻璃和钢制成；在更大的室内空间中，它是一个不起眼的摆设。它采用 1.5 厘米厚的抛光平板玻璃，镀铬钢底座，结构简单，质量上乘，是当时流行的厚重木制家具的替代品。诺尔设计的家具与玻璃钢铁建成的时髦光鲜的新摩天大楼的内部装饰相得益彰，体现了她重视设计统一性的理念。这张桌子的透明台面和极简的下层结构，诠释了这些现代建筑的光线和空间要素之间的互动。这张桌子的桌面有石板、大理石和一系列木皮贴面板材可选。诺尔师从埃利尔·萨里宁，之后进入克兰布鲁克艺术学院和伦敦的建筑联合学院学习。“二战”后，她回到美国，跟随密斯·凡·德·罗、沃尔特·格罗皮乌斯和马歇尔·布劳耶一起学习和工作。这张桌子体现了她的设计才华与坚定的原则：创造安静而笃定、功能灵活、可适应不同环境的产品。今天，它不仅依然很受欢迎，而且依旧适用，毫不落伍，仍以各种尺寸和配置在市场上销售。

X601 凳　1954 年

Stool X601

设计者：艾伊诺·阿尔托（1894—1949）；阿尔瓦·阿尔托（1898—1976）

生产商：阿泰克，1954 年至今

普遍认为，阿尔托夫妇设计的 L 形弯腿是他们对家具设计最重要的贡献之一。与他们的许多概念一样，它经历了多年的发展和完善，在这期间，迈亚·海金海莫（Maija Heikinheimo）等阿泰克员工也功不可没。腿部顶端为扇形的 X601 凳，最初是为 1954 年在斯德哥尔摩的北欧百货公司举办的阿尔瓦·阿尔托家具展而设计。每条凳腿都由 5 个 L 形部件组成，这些部件用胶水粘在一起，顶部呈扇形展开，然后通过暗榫将其连接固定在凳面的边缘。与简单的 L 形腿相比，扇形腿的主要优点是美观，在凳腿和凳面之间提供了更平滑、更成熟精妙的有机的过渡。阿尔瓦·阿尔托将 L 形腿称为“立柱的小妹妹”，此语意在指出，这种腿让一系列家具得以诞生，而这些家具有点形似或借鉴了陶立克柱式的那类建筑。由于他开发了几种不同类型的凳腿，包括 1946 年生产的 Y 形腿和扇形腿，他的家具由几个不同的类别组成，每个类别对应不同的腿形。

影子椅 1954 年

Ombra Chair

设计者：夏洛特·佩里安（1903—1999）

生产商：天童木工，1955 年至 2004 年；卡西纳，2009 年至今

1955 年，夏洛特·佩里安在东京高岛屋百货举办了“综合艺术提案，巴黎 1955 年”（Proposition d’une synthèse des arts）这一主题展览。在此次展览中，她据理反对视觉艺术比手工艺品及由工业方式生产的物品更有价值的观点。为了倡导室内装饰应整体着眼，她展示了几个新的设计，包括这一款：由单片山毛榉胶合板弯曲制成的轻便、可堆叠的椅子。“影子”这个名字暗指佩里安在日本的传统木偶剧场中获得的灵感。她在这个国家待了很长时间。这里指的是那些身穿黑色衣服，隐匿在演出背景中的操作木偶的演员；她的意图，是让黑色的椅子摆放在桌子周围时看起来像影子。第一批影子椅，由日本工匠为展览制作。那优雅、简洁的外观，让人联想到折纸艺术，掩盖了用单片胶合板制作此产品的复杂性。这一工艺是在 19 世纪 70 年代的美国发展起来的，首先将多层薄木片黏合在一起，然后加压加热，压制成型。1955 年，模压胶合板专家企业天童木工在日本首次使用这一技术，批量生产了此椅子的一个版本。

花园椅　1954 年

Garden Chair

设计者：威利·古尔（1915—2004）

生产商：埃特尼特（Eternit），1954 年至今

花园椅用不含石棉的纤维增强水泥做成连续的带状，模制成弯曲有致的优雅环形，而且没有添加紧固件或支撑件。这把椅子仅使用一整块水泥板，体现了对一种工业材料勇敢而有创意的应用。这把椅子既轻便又结实，表面触感之鲜明让人惊叹，光滑、温暖，但又非常耐磨。椅子的宽度是由当时水泥板的宽度决定，而水泥板是在材料仍然潮湿的情况下塑造成型的。这一直截了当的过程确保了椅子可以有效且经济地批量化生产。花园椅最初被称为沙滩椅，它被设计为户外使用的摇椅。与此同时，威利·古尔（Willy Guhl）设计了一张有两个孔、用来放瓶子和杯子的桌子；小桌子刚好可以放进花园椅内部空间存放。他明确表示，这把椅子是为户外使用而设计的，“人们给我寄来他们椅子的照片，他们在这把椅子上画花，给椅子装上软垫——这是他们的椅子，他们想怎么做就怎么做，但是，我可不会把它放在我的客厅里”。

摇摆凳　1954 年

Rocking Stool

设计者：野口勇（1904—1988）

生产商：诺尔，1955 年至 1960 年；维特拉设计博物馆，2001 年至 2009 年

雕塑家野口勇为诺尔贡献了一些他最好的设计作品。他将雕塑语汇与家具的实用功能相结合，在美国“二战”后设计中显得独具特色。在设计摇摆凳以及配套的旋风矮几和旋风餐桌（Cyclone 系列，与摇摆凳的支撑结构类似，只是命名有差异）时，野口是以非洲的传统凳子为灵感来源。但他没有像原版的凳子那样使用一整块木头，而是用 5 根 V 形金属线将支架底座的木材和凳面的木板连接起来。他用金属线建造了一个非常稳定的“旋风状”结构。它有胡桃木版本和不太常见的桦木版本。这样的材料组合让凳子看起来非常现代——也许是太现代了，凳子只生产了 5 年。野口的许多创新设计并不为美国公众所理解。然而，采用了和摇摆凳同样结构原理的旋风餐桌，取得了更大的成功，至今仍在生产。本款凳子于 1955 年至 1960 年投入生产，2001 年由维特拉设计博物馆重新推出。

独立式书架 1954 年

Bookcase

设计者：弗蕾达·戴蒙德（1905—1998）

生产商：鲍姆瑞特（Baumritter），1954 年起，停产时间不详

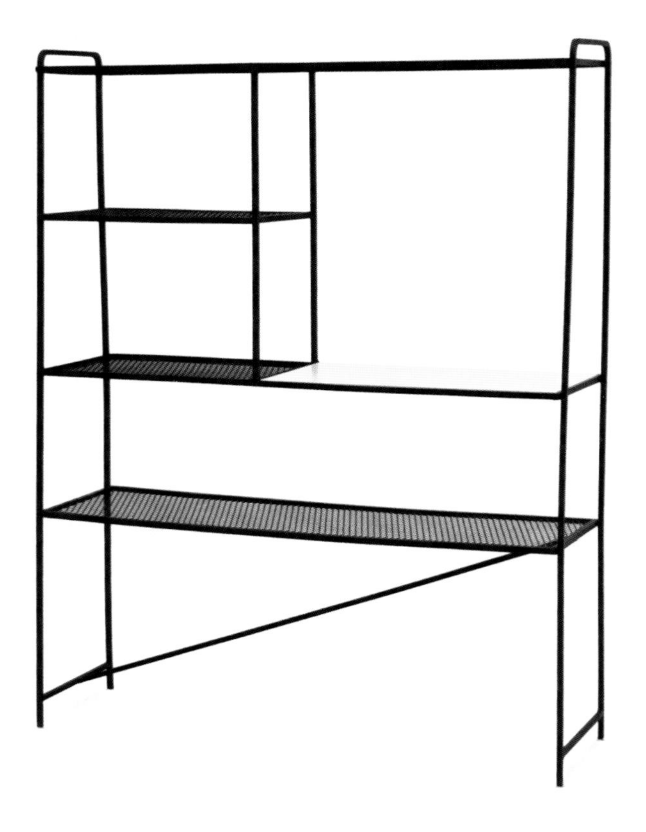

尽管弗蕾达·戴蒙德（Freda Diamond）的职业生涯相当多产，但直到近期，这位工业设计师和时尚引领者才开始得到充分赏识。她出生于纽约的俄罗斯-犹太移民家庭，毕业于库珀联盟学院（Cooper Union）的女子艺术学院的装饰设计专业，随后于 1930 年创立了自己的咨询公司。戴蒙德的设计主要以家庭为中心，迎合了“二战”后美国家庭主妇不断变化的口味；这在很大程度上得益于她愿意开展、实施并认真解读消费者调查研究。她最成功的事业记录是与利比玻璃（Libbey Glass）的合作。从 1946 年到 1989 年退休，她为该公司设计了大约 80 种样式的玻璃器皿，实惠又耐用，而所有这些都推动了一种更为休闲的生活方式。除了利比玻璃，戴蒙德的其他作品也同样普及和亲民，包括通用电气公司的一款吸尘器和为西尔斯百货（全称为西尔斯罗巴克公司）设计的厨具。值得一提的是，1954 年，《生活》杂志刊登了一张戴蒙德和她最新的 24 件产品坐在一起的照片，其中就包括这个独立式书架，也展示了玻璃器皿、碗和一种垂坠感突出的织物。这个书柜用黑漆涂装的金属制成，有 4 块铁丝网格搁架和一条白色层压板搁架，板材色彩因此而生动跳脱。那篇文章宣称，“为把简单、时尚的家具带入美国普通家庭的每个房间”，戴蒙德“做得可能比任何其他设计师都更多”。此言不虚，符合事实。

马克斯与莫里茨盐瓶和胡椒瓶 1954 年至 1956 年

Max and Moritz Salt and Pepper Shakers

设计者：威廉·瓦根费尔德（1900—1990）

生产商：福腾宝（WMF），1956 年至今

马克斯与莫里茨盐瓶和胡椒瓶，小巧安静，貌不惊人，但比例完美。它们是用玻璃制成，盖子为冲压不锈钢；两者放在一个船型不锈钢浅盘中，以戏谑的形式组合在一起。细腰瓶子拿在手中很舒服，使得里面的东西显得珍贵。威廉·瓦根费尔德的灵感一定是来自威廉·布施（Wilhelm Busch）创作的德国卡通人物马克斯与莫里茨。从 20 世纪 50 年代中期到 60 年代中期，瓦根费尔德与最大的冲压金属、刀叉餐具和玻璃生产商之一福腾宝（商业译名，全称为符腾堡州盖斯林根金属制品厂）合作。马克斯与莫里茨盐瓶和胡椒瓶是他创作的一个典范，成为该公司的代名词。瓦根费尔德希望通过使用感受，而不是通过可见的外形设计来吸引人们。因此，这些调料瓶有很大的瓶口，配用瓶塞式盖子，而不是 1952 年首次使用的螺旋盖子。塞子生产起来更经济，也更方便补充调料。对于瓦根费尔德来说，设计不是“制作外形意义上的包装”，而是探索一件东西的 DNA 及其在手中使用的体验。他认为，在那种不受时间局限的设计中，经典原型也一样可以很现代，通过这款调料瓶，他实现了这一点。

法拉利 250 GT　　1954 年至 1962 年

Ferrari 250 GT

设计者：巴蒂斯塔·宾尼法利纳（1893—1966）

生产商：法拉利（Ferrari），1954 年至 1964 年

法拉利 250 GT 是一个生产了十多年的汽车系列。它的名字来源于强大的 3 升科伦波发动机的 12 个气缸中每一个气缸的容量；此引擎是这一车系几乎所有车型的标准配置。法拉利 250 GT 在赛场内外都取得了成功，它有多种造型，都是法拉利与巴蒂斯塔·宾尼法利纳长期合作设计的成果。到了 20 世纪 50 年代末，这款车宽大的散热器格栅和光滑细长的车身（这是受前灯形状的影响，衔接一致）成了整个系列的鲜明特色，法拉利 250 GT 2+2（如图所示）就是如此。这是一款优雅的跑车，是那个时代奢侈的“豪华旅行车”（也即 GT）跑车的原型，其风阻表现也极为优异。值得一提的是，1959 年推出的法拉利 250 GT 伯林尼塔 SWB（Berlinetta），其阻力系数低得足以让今天的许多设计师羡慕。加上它由铝制成，重量轻，短轴距，操控性更佳，伯林尼塔成为当时最成功的 GT 赛车之一，在充满挑战的环法汽车拉力赛中独占鳌头，称雄赛道。法拉利 250 GT 终极版，伯林尼塔豪华版（Lusso），被许多人认为代表了法拉利的黄金时代。

贝尔 UH-1“休伊”直升机　　约 1955 年

Bell UH-1 'Huey'

设计者：巴特拉姆·凯利（1909—1998）

生产商：贝尔飞机公司，1961 年至约 1975 年

由于 1979 年电影《现代启示录》中一个令人难忘的镜头，以及新闻广播的普及，贝尔 UH-1“休伊”直升机（绰号源于美国陆军最初用于指称此机器的代号 HU-1，意为“通用直升机”机队）被永远地与越南战争联系在了一起。工程师兼物理学家巴特拉姆·凯利设计了贝尔 47（“休伊”的前身），然后参与了下一代军用直升机，204 型的设计工程，该型号最终发展为“休伊”直升机。凯利为新直升机选择了莱康明（Lycoming）涡轮发动机。涡轮发动机是由安塞尔姆·弗朗茨博士设计的，他在第二次世界大战期间领导了德国的喷气式发动机竞赛。用于直升机上时，涡轮发动机相比活塞发动机有几个明显的优势。与往复式活塞发动机不同，涡轮发动机在高速下毫不费力地绕轴旋转，产生平稳、无振动的动力。陆军最初订购“休伊”直升机用于运送伤员，但它后来发展成为一种高效的武器运输平台，可装载从导弹到机枪的各种武器。正是后一个角色使它在越南战争时期声名鹊起。“休伊”仍然是最具影响力、最成功的旋翼机之一。在其 23 年的生产时间里，共被制造 16 000 多架，其中许多仍在服役。

苹果花瓶 1955 年

Apple Vase

设计者：英杰伯格·伦汀（1921—1992）

生产商：欧瑞诗，1957 年至 1987 年

英杰伯格·伦汀（Ingeborg Lundin）为瑞典著名的玻璃生产商欧瑞诗设计的苹果花瓶，是 20 世纪 50 年代“现代主义”时期最著名的装饰玻璃设计之一。苹果丰满的比例和圆润的轮廓使其看起来几乎就像卡通物品。当然，该设计的技术标准和设计师的水平一样高超，伦汀早就被公认为瑞典玻璃设计史上极具影响力的人物。在她 1947 年来到欧瑞诗工厂之前，男性设计师一直主导着欧瑞诗和瑞典的玻璃设计。伦汀是欧瑞诗的第一位女性设计师，她很快为随处可见的被奉为样板的过度设计和奢华的展品带来了另一种声音。相比之下，她以一种与众不同的年轻心态工作，巧妙利用新颖的形状和轻微的对称性，并创新地使用雕刻工艺。在 50 年代期间，她处于创作巅峰，她的“沙漏”等自由吹制的作品开始受到全世界的赞誉。当她在 1957 年的米兰三年展上首次展出苹果花瓶时，她的名气得到了巩固。这款充气泡泡的苹果花瓶最初是用无色玻璃制成，后来加上了黄色和绿色衬底。它与当时更具装饰性的那些作品的繁复形式形成了鲜明对比。

福特雷鸟 1955 年

Ford Thunderbird

设计者：弗兰克·赫希（1907—1997）

生产商：福特，1955 年至 1997 年

福特雷鸟，由弗兰克·赫希（Frank Hershey）、比尔·伯内特（Bill Burnett）和威廉·博伊尔（William Boyer）在福特的“二战”后工作室按照欧洲风格设计，最初是为了与通用汽车的科尔维特跑车竞争。它很快被证明是一款适应性更强、寿命更长的汽车。事实上，通过它所经历的从跑车到豪华家庭轿车的定位变化，福特雷鸟可以讲述 20 世纪后半叶美国汽车造型演化的故事。这是一款造型优美、时尚的双座小汽车，搭载 V8 发动机，可选敞篷车版或带可拆卸的玻璃纤维硬顶的版本。其最具特色的特征包括圆形大灯、蛋托型的散热器格栅和车顶侧后方的舷窗。车轮拱的形状（前轮完全暴露出来，但后轮则半遮住），以及内敛克制的前后翼侧板，使车身外壳更显优雅。它将这一时代美国最好的造型与欧洲最好的汽车设计相结合，散发着纯真和愉快的气息。3 年后，福特雷鸟推出了一款更宽敞的四座车型，有着宽大车顶，可供家庭使用。这一更方方正正的版本为其赢得了“私人豪华车”的定位。

郁金香椅 1955年

Tulip Chair

设计者：艾罗·萨里宁（1910—1961）

生产商：诺尔，1956年至今

郁金香椅的名字显然源于它与郁金香花相似的外观，但这一设计背后的创作动力并非模仿大自然的造物，而是综合考虑各种复杂想法和制作因素的结果。这把椅子是“底座系列”（Pedestal）的一部分，这一系列作品共享这种基本的单柱支座。艾罗·萨里宁热衷于将椅子的整体形态与实际结构相结合，从而创造更好的统一感，由此设计出了这把椅子的茎秆状底座。郁金香椅，包含一个经强化加固的、覆有耐纶聚酰胺纤维（Rilsan）涂层的铝制旋转底座和一个由模制玻璃纤维壳层制成的座椅，但因为两者都有相似的白色饰面，所以这把椅子看起来像是由一种材料制成的。底座和壳体座椅有黑色和白色可选，带有可拆卸的泡沫橡胶软垫，铺衬椅面或同时用于靠背和椅面，软垫套为拉链开合，用魔术贴固定。这把椅子仍然可以从最初的生产商诺尔买到。1969年，它被授予纽约现代艺术博物馆设计奖和联邦工业设计奖，奠定了它在设计史上的地位。

艾默生晶体管袖珍收音机 838 型　　1955 年

Emerson Transistor Pocket Radio-Model 838

设计者：艾默生无线电工程团队

生产商：艾默生无线电和留声机公司（Emerson Radio & Phonograph），1955 年至 1956 年

艾默生晶体管袖珍收音机 838 型试图发掘“二战”后美国快速扩张的消费电子市场，由此获利。事实上，它有 3 个微型阀，数量上超过了它的两个晶体管。尽管它不是第一台采用新半导体技术的便携式收音机，而且是在一个竞争激烈的市场上，其价格仍然令人望而却步：售价高达 44 美元，而最便宜的晶体管元件当时每只售价约为 2 美元。作为一种折中方案，一些生产商生产了混合款机型，在提高性能的同时，价格仍在可接受范围内，这使得 838 型成为填补一个时代与下一个时代之间空白的“过渡”产品。当时的评论称，它比竞争对手的声音更响亮，音质更好，电池续航时间更长。其性能表现和价格，确保它在短暂上市期间取得了成功。随后是 1956 年推出的 856 型，外壳相同，但包含了 3 个晶体管和 2 个阀门。这种渐进式的发展持续了数年，直到晶体管变得足够便宜和可靠，可以取代微型阀门。至 20 世纪 60 年代初，能更加符合“晶体管”和“袖珍”描述的收音机已经很普遍了。

儿童高脚椅　　1955 年

Children’s Highchair

设计者：南娜·迪策尔（1923—2005）；约尔根·迪策尔（1931—1961）；柯尔兹·萨瓦尔克（1917—1988）

生产商：斯奈德凯加登（Snedkegaarden），1955 年至 2002 年；卡尔·汉森父子公司，2020 年至今

这是第一把现代高脚椅，虽然它适合儿童使用，但并不孩子气；它由木头制成，线条简单、具有民间风格，继承了丹麦设计的最佳传统。南娜·迪策尔（Nanna Ditzel）以及丈夫约尔根·迪策尔（Jørgen Ditzel）于 1955 年与柯尔兹·萨瓦尔克（Kolds Savværk）共同创作了这件作品；当时两人的双胞胎女儿刚刚出生。迪策尔想要一样东西，来补足餐厅中的家具，她相信大人小孩都能从更实用的设计中受益。值得一提的是，前面的栏杆可以取出来，这样椅子的前面就是开放的，让孩子在大一些之后可以独立起坐；同样，脚踏板可以调节，这样它在孩子不断长大的过程中可以一直使用。这反映了这对夫妇的设计理念：生产可扩展、细分或兼具双重用途的家具，以适应小公寓空间的要求。它使用了传统的橱柜制作技术，但它的制作方式使其可以批量生产。靠背和侧扶手采用了胶合层压板，所有部件都是胶合固装。此外，所有身体会接触的表面都很圆润。椅子最初是由山毛榉或橡木制成。

大众卡尔曼·吉亚 1955 年

Karmann Ghia

设计者：卡罗泽里亚·吉亚设计团队

生产商：卡尔曼与大众（Karmann and Volkswagen），1955 年至 1974 年

20 世纪 50 年代初，大众汽车的海因茨·诺德霍夫希望推出一款有吸引力、价格实惠的跑车，以重塑大众的品牌形象。德国威廉·卡尔曼（Wilhelm Karmann）工厂从 1949 年起就在生产大众甲壳虫敞篷车。大众与之签约，让该工厂以甲壳虫底盘为基础设计一款运动型汽车。1952 年，在诺德霍夫否决了卡尔曼的设计后，威廉·卡尔曼博士开始与意大利汽车设计公司卡罗泽里亚·吉亚（Carrozzeria Ghia）的商务总监路易吉·塞格雷进行讨论。吉亚已经与汽车设计公司克莱斯勒签约；这家公司为卡尔曼设计出一款与 1953 年克莱斯勒“优雅”（D' Elegance）跑车类似的车型。克莱斯勒的设计特征被转移到了这款大众原型车上。吉亚团队使用了标准的 1952 年甲壳虫的底盘，于 1953 年 9 月制造了大众卡尔曼·吉亚原型车。为了确保成本效益，卡尔曼制造了车身，将其与大众汽车的机械部件和工程系统以及甲壳虫的底盘组装在一起。大众卡尔曼·吉亚将甲壳虫 1200 的 30 制动马力（轮上马力）发动机与空气动力学设计相结合，能提供足够的动力，最高速度可达 119 千米 / 小时。此车的量产于 1955 年 6 月开始，1958 年大众又推出了一款敞篷版。该车型生产了超过 36.2 万辆硬顶双门轿跑和 8 万辆软顶敞篷跑车，在欧洲和美国都取得了商业成功。

自动电饭煲 1955 年

Automatic Rice Cooker

设计者：岩田义治（1924— ）

生产商：东芝（Toshiba），1955 年至今

岩田义治（Yoshiharu Iwata）为东芝设计的自动电饭煲是将明显的日本风格引入家用电子产品的第一批先行者之一，而这一设计领域原先主要受西方设计影响；本电饭煲因此成为日本工业设计的一个里程碑。这款电饭煲最显著的特点，是其简单的形状和纯白色的表面。岩田后来成为东芝设计部门的总经理。这款产品的灵感来自传统的日本饭碗。东芝的电饭煲并不是市场上的第一款电饭煲，但类似的产品只是简单地将外部热源换成了一个电加热圈，在烹饪过程中，仍然需人查看火候。岩田的设计提供了一个完全自动化的系统，带有定时开关，可以完美地煮出米饭。从最初的设计到产品上架，需克服多项固有的技术困难，历时 5 年多。1955 年，自动电饭煲一问世就大获成功，到 1970 年，年产量已突破 1200 万台。岩田的设计被誉为昭示、宣告了日本饮食文化和家庭生活方式的革命，帮助人们从耗时但又每日必需的烹饪中解放出来。

雪铁龙 DS 19　1955 年

Citroën DS 19

设计者：弗拉米尼奥·贝尔托尼（1903—1964）

生产商：雪铁龙，1955 年至 1975 年

雪铁龙 DS 19 的两个字母代表了法语单词 déesse，意为“女神”，暗示了这个 20 世纪中期的神奇创作背后的意图。雪铁龙以激进著称，它希望超越其早期的成就：20 世纪 30 年代的“前驱”（Traction Avant，车型名，除了前驱，又有前卫先锋的含义）和 1948 年的 2CV 小车。因此，该公司将雕塑家弗拉米尼奥·贝尔托尼（他曾参与 2CV 的设计）的风格与工程师的技术专长相结合，推出了雪铁龙 DS 19。这款车型最显著的特点是其雕塑般的轮廓，用流畅的线条将前后部分连接在一起，没有添加任何细节装饰，以免打断线条一扫到底的整体感。散热器格栅被取消，前照灯整合到了造型中，前后车窗引入了微妙的曲线。这款车最引人注目的技术特点是液压气动悬架系统，使其被称为“纯粹的神奇物体”。这一技术细节是为了应对法国多变的道路质量，使车辆能够随着颠簸飞跃，这一动态让乘客觉得汽车仿佛即将起飞，就像飞机一样。在航空旅行捕获了大众想象的年代，这款车将这种惊奇感带到了公路上。

椰壳椅　1955 年

Coconut Chair

设计者：乔治·纳尔逊（1908—1986）

生产商：赫曼米勒，1955 年至 1978 年，2001 年至今；维特拉，1988 年至今

生产商赫曼米勒为宣传乔治·纳尔逊的椰壳椅所做的广告，充分突出和利用了该设计的雕塑感。尽管它强烈的视觉呈现和图像冲击感显然对纳尔逊和赫曼米勒（纳尔逊于 1946 年至 1965 年担任该公司设计总监）非常重要，但这把椅子也实现了另一个同样可取的设计目标，即坐者可以自由地选择坐在或蜷躺在椅子的几乎任何地方。传统的椅座、靠背和扶手的布局被更为开放的曲线组合所取代。在“二战”后美国新住宅的开放式空间里，一把椅子可能会占据整洁、开放的空间，而不是被推到墙边。因此，它需要特点鲜明，形态悦目，必须从各个角度看都具有吸引力。椰壳椅既是一件雕塑，也是一件实用物品。如果说椅子看起来像是漂浮在“铁丝”支架上，那完全是假象。椅子壳体由钢板制成，铺上泡沫橡胶软垫，再套上布料、皮革或人造革做成的座套，其实十分笨重。最新的版本采用了模制塑料外壳，现在轻多了。

超薄腕表 1955 年

Extra Flat Wristwatch

设计者：江诗丹顿设计部

生产商：江诗丹顿（Vacheron Constantin），1955 年至今

江诗丹顿是世界上最古老的钟表生产商，总部位于日内瓦。自 1755 年让-马克·瓦什隆（Jean-Marc Vacheron）创立公司以来，该公司一直是钟表技术的标杆，在推动机械创新的同时，将制表工艺提升为一门精美的艺术。1955 年推出的超薄腕表完美体现了江诗丹顿的这一理念，是腕表设计的一个里程碑。机芯的尺寸是制表中的一个主要限制因素，这款超薄腕表突破极限，创造出了一个超薄机芯。厚度仅为 1.64 毫米的机芯是惊人的技术杰作：它包括擒纵机构和调节器的独特创新，这省去了在清洁和润滑后通常所需的震动保护和调校适应的流程环节。包括球形玻璃外壳在内，手表的总厚度为 4.8 毫米。经过艰苦的研究、开发、测试和打磨，这款超薄机芯诞生了。最初，这款表更像是一件匠心制作、精雕细刻的手工艺术品，而不是一款面向大众市场的产品。虽然如此，这款超薄腕表的技术突破仍继续影响和启发着今天的手表设计。

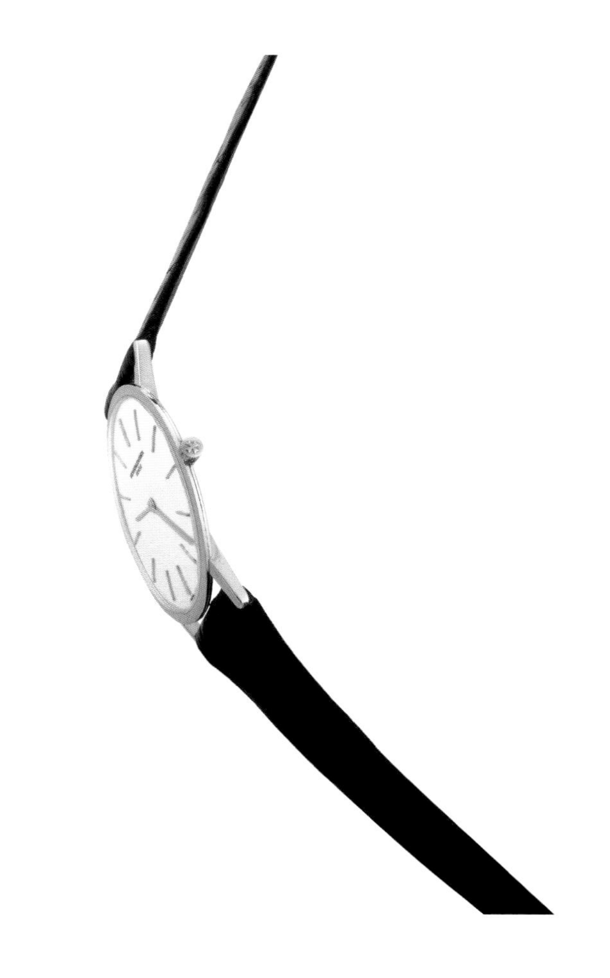

保时捷 356A 极速者 1955 年

Porsche 356A Speedster

设计者：费迪南德·保时捷（1875—1951）；费利·保时捷（1909—1998）；埃尔文·柯曼达（Erwin Komenda）（1904—1966）；卡尔·拉贝（Karl Rabe）（1895—1968）

生产商：保时捷（Porsche），1955 年至 1959 年

费迪南德·保时捷的儿子、大众甲壳虫的设计师费利·保时捷（Ferry Porsche）主持设计了保时捷 356A 极速者；这是 20 世纪中期最漂亮的汽车之一。这款车展示了一种理念，即在最理想的情况下，汽车设计不仅是一个创造令人愉悦的形式的过程，还是开发完整的汽车体验的过程。这款车最初的铝质车身版本是在第二次世界大战刚结束时制造出来的。费迪南德·保时捷于 1951 年去世，他的儿子接过了衣钵。到 1955 年，他已经在自己的斯图加特工厂生产全钢 356A，并确立了他的汽车在该领域的领导地位。视觉上，它们的特点是拥有光鲜顺滑、流线型但也克制的车身外壳，速度快且时尚。西班牙语单词“卡雷拉”（Carrera，意为“比赛”）被用作 1955 年推出的一款车型的名字，但它无论是在赛道上还是在公路上都很得心应手。到 20 世纪 50 年代末，保时捷开始研发新车型，尽管公司继续创造了其他经典车型，如 911、904 等，但保时捷 356A 极速者最高宝座的地位从未被取代。

3107 号椅 1955 年

Chair No. 3107

设计者：阿恩 · 雅各布森（1902—1971）

生产商：弗里茨 · 汉森，1955 年至今

阿恩 · 雅各布森设计的 3107 号椅（通常被称为"7 系列椅"）的沙漏形状，使其在 20 世纪 50 年代这盛行黄蜂腰新造型的时代牢牢占据了一席之地。雅各布森受到查尔斯 · 伊姆斯作品的启发，开发了一种轻便可堆叠的椅子，由模压胶合板椅座支撑在细长的金属杆腿上制成。1952 年广受欢迎的蚂蚁椅是雅各布森在这方面的首次尝试，3107 号椅代表了进一步的发展阶段。它是 3 腿蚂蚁椅的更强、更耐用、更稳定的改进版。3107 号椅的复制品和非法版本的数量持续激增，证明了这一款产品经久不衰的人气和成功。在英国，这把椅子因 1963 年刘易斯 · 莫利拍摄的克莉丝汀 · 基勒的照片而受到广泛关注。基勒与苏联间谍有染，因卷入政府丑闻而臭名昭著，该丑闻后来被称为（陆军大臣）普罗富莫事件。莫利用作道具的椅子是阿恩 · 雅各布森设计的一个变体，但未经授权。不过，基勒的坐姿和 3107 号椅密不可分地联系在了一起，已成固定组合，并且现在似乎得到了普遍认可。

HB 766 洒水壶 1955 年

HB 766 Watering Can

设计者：海德薇·博哈根（1907—2001）

生产商：HB 陶瓷工作坊（HB-Werkstätten für Keramik），1955 年至今

看到海德薇·博哈根的 HB 766 洒水壶，你可能首先会注意到它没有把手。这位德国陶艺家省去了把手，在球茎状的壶身两侧设计了两个符合人体工程学、用于抓握的凹痕，让壶看起来瘪瘪的。通过一个圆形的开口，可装入多达 0.75 升的水；细长的喷嘴是它的特点。此壶以传统手工注浆成型，并以五颜六色的饱和色调大量喷涂上色。引人注目的设计展示了博哈根对独特形式和鲜艳生动釉料的敏锐眼光，以及她提升日常物品境界、超越单纯实用功能的能力。她的设计至今仍在柏林附近马维茨（Marwitz）的工作室里制作。1934 年，她成为该工作室的艺术总监，并将之更名为 HB 陶瓷工作坊。该工作室之前由包豪斯陶艺家玛格丽特·海曼-罗宾斯坦所有；她是犹太人，被纳粹逼迫变卖公司。在商业伙伴海因里希·席尔德（Heinrich Schild，一名政治家兼纳粹党员）的帮助下，博哈根避免了被纳粹集中关押，并与包括西奥多·博格勒（Theodor Bogler）在内的著名包豪斯学派成员结盟合作。1946 年，她开始独自经营，1972 年，该工作坊被收归国有，最终于 1992 年重新私有化。海德薇努力求存，度过了艰难的经济时期，并成为德国最受欢迎的陶艺家之一。

圆形咖啡桌 1955 年

Round Coffee Table

设计者：苏西·阿泽尔（1931— ）；马丁·艾斯勒（1913—1977）

生产商：福尔玛（Forma），生产及停产时间不详

第二次世界大战爆发，促使维也纳出生的苏西·阿泽尔（Susi Aczel）离开奥地利前往阿根廷，在布宜诺斯艾利斯定居，并在马内罗学院（Manero）学习技术设计和艺术史。后来，她在家具设计师兼建筑师马丁·艾斯勒（Martin Eisler）的工作室当学徒，并很快成为他在巴西的家具公司福尔玛的合伙人。福尔玛是马丁在 1955 年与卡洛·豪纳联合创立的。阿泽尔和艾斯勒一起设计了室内装饰、灯具和家具，包括这款圆形咖啡桌。这张巨大的圆形桌子由质地浑厚丰富的巴西黑黄檀木制成，简洁的线条和优美的工艺与 20 世纪中期的设计一脉相承。它有着 3 条精致的锥形腿，一张玻璃桌面由 3 块弧形木材支撑。这样的外形似乎发出有趣的提议，触动用户在玻璃下面展示物品，而不影响台面的实际日常使用。1959 年，阿泽尔和艾斯勒与阿诺德·哈克尔一起成立了室内设计工作室“内部形式”（Interieur Forma），并于 60 年代初拿下了诺尔国际的产品在南美洲的代理权。在传统风格家具占据主导地位的时期，他们将路德维希·密斯·凡·德·罗，查尔斯·伊姆斯和哈里·贝尔托亚等国际大咖引入了阿根廷和巴西市场。

发光体灯　1955 年

Luminator Lamp

设计者：阿奇勒·卡斯迪格利奥尼（1918—2002）；皮埃尔·贾科莫·卡斯迪格利奥尼（1913—1968）

生产商：吉拉迪和巴尔扎吉（Gilardi & Barzaghi），1955 年至 1957 年；阿弗姆（Arform），1957 年到 1994 年；弗洛斯（Flos），1994 年至今

“二战”后，为了重建意大利经济，意大利工业开始投资于容易出口的低科技产品。根据这一理念，同时利用美学吸引力作为强大的营销力量，包括发光体灯在内的一系列产品被开发出来。这盏灯的简洁设计是以一根金属管为基础，其直径正是压制玻璃壳体钨丝灯泡灯座的宽度，顶部还带有一体内建的反光碗。除了它的 3 条腿支架外，唯一其余的特征物是来自管子底部的电线。该设计的成功不仅在于它的优雅，还在于结构上的稳定性。它被大量出口，为意大利的经济复兴做出了贡献。尽管发光体灯采用了现代风格，但它并非完全没有历史先例：将摄影师所用的这种间接照明风格首次用于家庭的，是彼得罗·基耶萨 1933 年设计的“发光体落地灯”。为表示致敬，卡斯迪格利奥尼兄弟采用了同样的名字来命名他们自己突破性的当代照明设计。

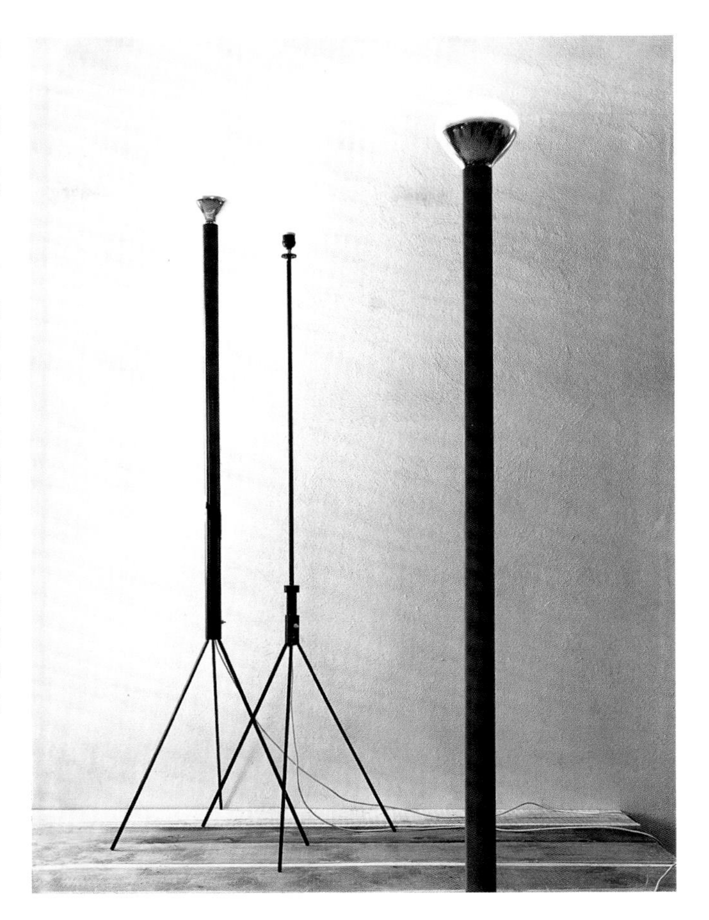

藤制休闲椅　1955 年

Lounge Chair

设计者：皮埃尔·让纳雷（1896—1967）

生产商：多家生产，1955 年

昌迪加尔是伟大的现代主义城市之一。1949 年，印度第一任总理贾瓦哈拉尔·尼赫鲁将其作为旁遮普省的新省府，并委托瑞士裔法国建筑师勒·柯布西耶设计总体方案。它的规划意图是与印度的殖民历史决裂。与建筑师马克斯韦尔·弗莱（Maxwell Fry）和简·德鲁（Jane Drew）一起，皮埃尔·让纳雷加入与堂兄勒·柯布西耶的合作，致力打造出一个现代化、国际化和民主的国家形象。随着昌迪加尔的成长，让纳雷在当地手工艺的启发下，尝试用当地的材料制作基础的家具。这款休闲椅是为旁遮普大学的校园制作的，除了其他地方也用到，在学生公寓的每个阳台上都有。它是用当地柚木制成，为这独特的现代、简约的设计引入了一丝温和雅致的气息。随着时间的推移，放置在室内，没有晒到阳光的椅子会呈现出浓郁的深红褐色调。其倒 V 字腿及藤制的椅面和靠背，成为让纳雷在整个城市设计中应用的一种原型要素的代表，而防虫柚木和通风藤条的使用也突显了设计师对该项目的深思熟虑。在勒·柯布西耶返回欧洲后的很长一段时间里，让纳雷继续主持这一项目。

“斯巴特”吸尘器 1956 年

Spalter

设计者：阿奇勒·卡斯迪格利奥尼（1918—2002）；皮埃尔·贾科莫·卡斯迪格利奥尼（1913—1968）

生产商：REM. 恩里科·罗塞蒂公司（REM Enrico Rossetti），1956 年至约 1960 年

“斯巴特”吸尘器是一款轻巧、便携的家用电器。它的发明者卡斯迪格利奥尼兄弟总是善于抓住机会改造熟悉的日常物品，通过巧妙地重新定义和改进设计，来满足消费者的需求。他们敦促设计师找到“主要设计成分”（PDC），并以此为基本要素，研究可用的技术和材料，来进行产品开发和生产。在设计“斯巴特”吸尘器时，两人借鉴了最初生产的小巧、便携型号的设计。电机和电路部件装在一个有着光滑曲线的尼龙材质外壳中，具有防震和良好的绝缘效果，连接着常规的可弯折软管。整个机器可侧挂在用户的腰部，其形状紧贴人体，也可以用随附的皮带，把机器像包一样挂到后肩上。这款吸尘器没有轮子，可直接在地板上滑动。第二次世界大战后，许多设计师急于试验国防工业开发的、现已开放民用的新技术和新材料。“斯巴特”吸尘器以其创新的特质和小型化的部件而闻名，然而，它却未得到市场重视。市场忽视了其开拓性的品质。在当时来说，它可能太新颖了。

CL9 丝带椅 1956 年

Ribbon Chair (Model CL9)

设计者：切萨雷·莱昂纳迪（1935—2021）；弗兰卡·斯塔吉（1937—2008）

生产商：贝尔尼尼，1967 年至 1970 年；菲亚姆、埃尔科、贝拉托（Fiarm/Elco/Bellato），1970 年至约 1973 年

CL9 丝带椅的玻璃纤维主体呈现为一个起伏的环状，这是 20 世纪 60 年代两位意大利设计师的惊人概念。1956 年，切萨雷·莱昂纳迪（Cesare Leonardi）和弗兰卡·斯塔吉（Franca Stagi）在佛罗伦萨大学一起构思了这个设计。第一个原型是用人造大理石（一种模仿大理石的石膏制品）和金属网制成。这把椅子花了 11 年时间才投入生产。1960 年，他们尝试用压缩硬纸板制作了第二个原型，并于 1964 年获得了专利。但与生产商贝尔尼尼的一次会面——贝尔尼尼以其家具的一体弧线和近乎夸张的造型而闻名，促成了玻璃纤维的使用和这款椅子的工业生产。自 1904 年贝尔尼尼成立以来，木制品一直是其业务专长，但在 60 年代，该公司开始使用新材料。当时青年文化盛行，为了摆脱过去的简约主义，人们渴望新的设计。莱昂纳迪和斯塔吉利用最新开发的技术和新材料，拿出了市场潮流所呼吁的那种抢眼的设计。尽管 CL9 丝带椅是对 40 年前包豪斯设计的悬臂式底座的改编，但它的形式和对玻璃纤维的大胆使用是之前不曾有人尝试过的。

厨房不锈钢铲 1956 年

Kitchen Scoop

设计者：沃华夫设计团队

生产商：沃华夫（Vollrath），1956 年至今

1956 年沃华夫公司推出厨房不锈钢铲时，它并没有成为头条新闻，但这种流线型的、极具辨识度的用具在今天的许多家庭的厨房里都能找到。20 世纪之交，雅各布・约翰・沃华夫（Jacob Johann Vollrath）在美国威斯康星州创立了沃华夫；他意识到了珐琅涂层瓷器和釉面铸铁厨具的潜力，这些产品当时已经在德国流行。他的产品经久耐用，价格低廉，销往美国各地的公共服务业、家庭厨房和餐馆。20 世纪初不锈钢的引入预示着厨具的突破，刀叉类餐具是最早利用这项新技术的产品之一。不锈钢以防锈、无毒、无锌、无铅而闻名，是一种理想的材料。当沃华夫将产品线扩展到包括这款厨房不锈钢铲在内的不锈钢产品时，他应该没想到自己的名字将成为优质不锈钢家用产品的代名词。通过将耐用性与干净、简单而独特的外观相结合——厨房不锈钢铲的勺形流线体的线条和高端的现代感创造出一个具有永恒美感和实用功能的物品——它成为高标准厨房的理想用具，同时它的巧妙设计方便装运液体或固体而不溢出。

“米雷拉”缝纫机 1956 年

Mirella

设计者：马切罗・尼佐利（1887—1969）

生产商：内奇公司（Necchi），1956 年至 20 世纪 70 年代

“米雷拉”缝纫机彻底改变了传统上偏保守的缝纫机领域。经过广泛的人体工程学研究，这个设计将机械和电气部件封装在塑料外壳内，并通过使用象牙色、粉色和苹果绿等时尚颜色，使外观更显精致。由于许多家庭的电力供应仍然有限，该设计还安装了手摇曲柄，使用户在没有电源的情况下也能操作机器，从而使其真正便携，可带至任何地方使用。设计师马切罗・尼佐利在帕尔马艺术学院接受培训，刚从装饰、设计和建筑专业毕业，他就加入了激进的意大利未来主义艺术运动，展出绘画和纺织品，随后进入工业设计和应用艺术领域。1936 年，奥利维蒂公司任命尼佐利为其所有打字机的总设计师，“二战”后，他又继续担任这一职务。作为一名真正的跨领域设计师，尼佐利继续与其他生产商和客户合作，为金巴利设计了备受赞誉的海报，并为内奇公司设计了一系列风格激进的缝纫机。“米雷拉”缝纫机被纽约现代艺术博物馆列入永久设计收藏，表明尼佐利对意大利设计的巨大贡献，尤其是他对“米雷拉”的开创性设计，得到了公正的认可。

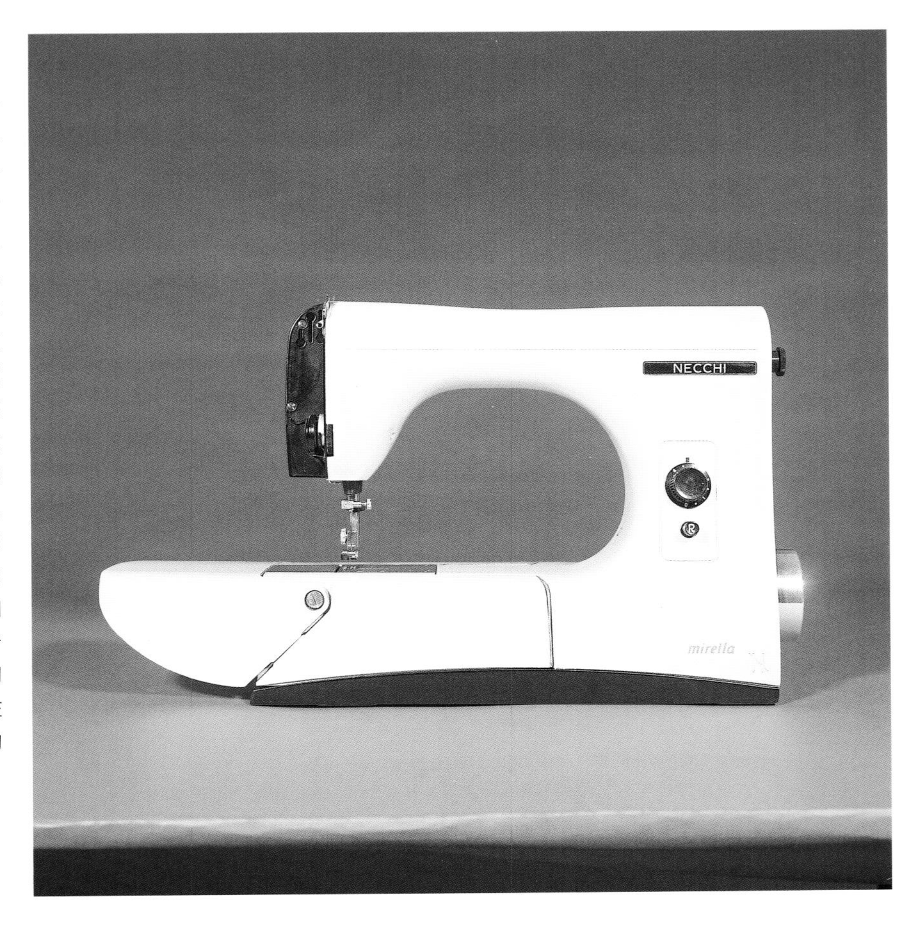

棉花软糖沙发 1956年

Marshmallow Sofa

设计者：欧文·哈珀（1916—2015）；乔治·纳尔逊联合事务所

生产商：赫曼米勒，1956年至1965年，1999年至今；维特拉，1988年至1994年，2000年至今

当棉花软糖沙发在1956年首次出现时，它大胆的轮廓、易于清洁的表面和通透的结构，与当时占据许多空间的包着厚重软垫、灰尘堆积的笨重沙发形成了鲜明的对比。棉花软糖沙发色彩鲜艳，形状和名字都很俏皮，有点像一个敞开的华夫饼电饼铛，它似乎已经在展望欢迎即将到来的“波普”时代。它的圆形彩色垫子像是由分子结构连接在一起。从1947年至1963年，欧文·哈珀是乔治·纳尔逊联合事务所的资深设计师，他说自己仅用一个周末的时间就设计出了这款棉花软糖沙发。和伊姆斯夫妇一样，哈珀喜欢利用科学图案和生物形态图像，以此作为装饰元素；他关注的是轮廓和轻盈感。棉花软糖沙发的市场定位是适合大厅、公共建筑以及家庭使用。这些垫子可以互换，让沙发改头换面，或者均衡它们磨损的程度。沙发那统一的结构体系也意味着它可以做成各种尺寸，并且可以定制颜色组合。

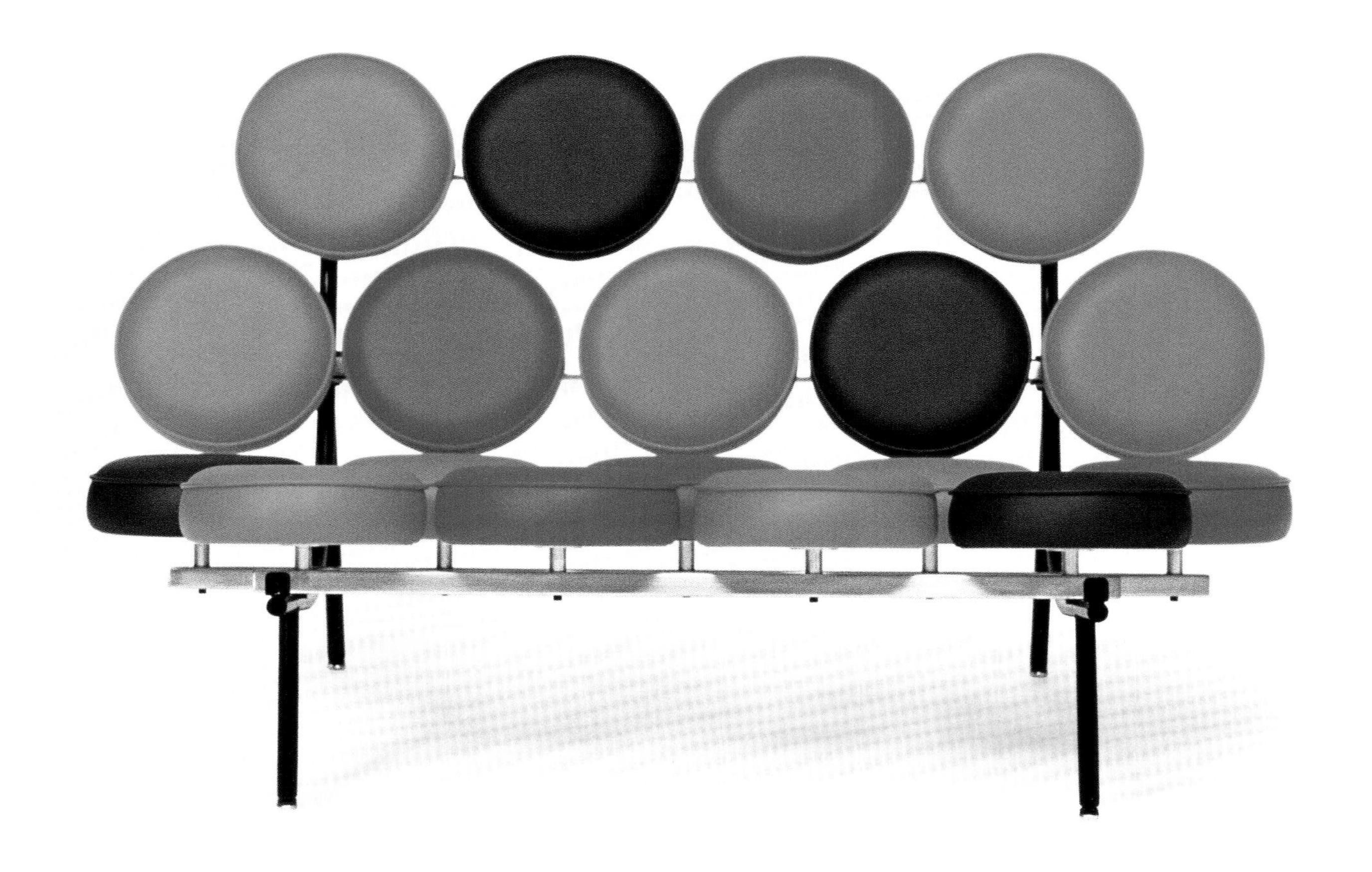

SK4“超级唱机” 1956 年

SK4 Phonosuper

设计者：汉斯·古格洛特（1920—1965）；迪特·拉姆斯（1932— ）

生产商：博朗（Braun），1956 年至 1958 年

至 1955 年，汉斯·古格洛特已经为博朗设计了一系列优化的收音机。在此之前，大多数家用品的技术都被隐匿和“埋藏在家具中”，但古格洛特的出发点是简单的产品及简单的使用方法。埃尔文·博朗（Erwin Braun）看到了机会，要开发一款低成本的收音电唱两用机，取名 SK4“超级唱机”，该项目交给了迪特·拉姆斯（Dieter Rams）和弗里茨·艾希勒。拉姆斯当时已经以建筑师身份加入了博朗，这是他最初的设计项目之一。然而，他们苦苦寻找解决方案却未果。艾希勒便邀请他的朋友古格洛特加入该项目，古格洛特对制造简约产品有着丰富的知识。古格洛特加入该项目时，已经为德国博芬格公司设计了第一个模块化储物系统，并开始利用蜜胺树脂制作家具。他最初建议用钢板作产品元件的封装盒，盒体夹在两块木制面板之间。元件部分现在是从底部放入，而不是从背部；产品不需要靠墙放置，因为每一面都很美观。该设计还包括一个有机玻璃盖子，这是极具影响力的首创。确实，在现代高保真音响设计中，这些设计方式很罕见，但对强调简单、倡导简约美学的 SK4“超级唱机”来说，声音才是最重要的，而产品则隐身幕后。

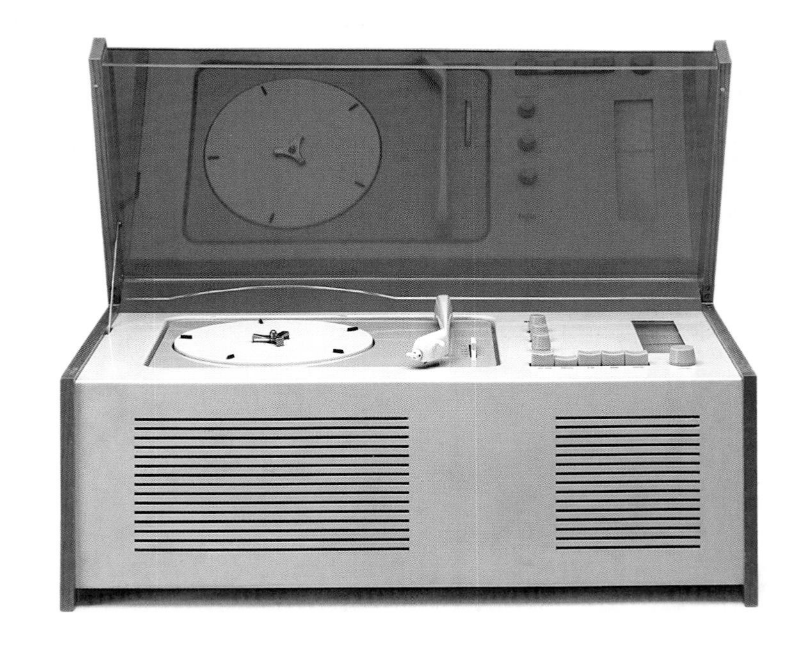

邦加德沙拉勺 1956 年

Salad Servers

设计者：赫尔曼·邦加德（1921—1998）

生产商：设计师团队（The Designer’s Group），1956 年

挪威设计师赫尔曼·邦加德（Hermann Bongard）最早以做玻璃图案的平面设计出名。他早年在克里斯蒂安妮娅玻璃商店的工作经历，引起了哈德兰玻璃工厂（Hadeland）的注意。哈德兰是 20 世纪 40 年代挪威最具影响力的玻璃生产商。邦加德一直为该公司设计产品，直到 1955 年。除了玻璃器皿，邦加德还制作了陶瓷、木材和柳条制品。通过从英国工艺美术运动中汲取灵感，他希望重塑挪威传统手工艺。这些沙拉勺是邦加德于 1956 年设计的，由“设计师团队”在纽约生产。这款简约的沙拉勺是邦加德生动应用传统工艺技术的一个例子。虽然它很现代，有着流畅和雕塑般的外形，但其基本形状和对真材实料的使用，是对挪威手工艺的高度致敬。到 50 年代初，赫尔曼·邦加德已经是一个国际知名的名字。值得一提的是，他在主题为“斯堪的纳维亚设计”的现代家居用品展览中发挥了重要作用；1957 年，他的才华进一步得到了认可，被授予伦宁奖，这是斯堪的纳维亚地区声望卓著的当代设计奖。邦加德后来成为奥斯陆国立艺术与设计学院的平面艺术教授，并为挪威国家银行——挪威中央银行（Norges Bank）创作相关的图像材料和艺术品。

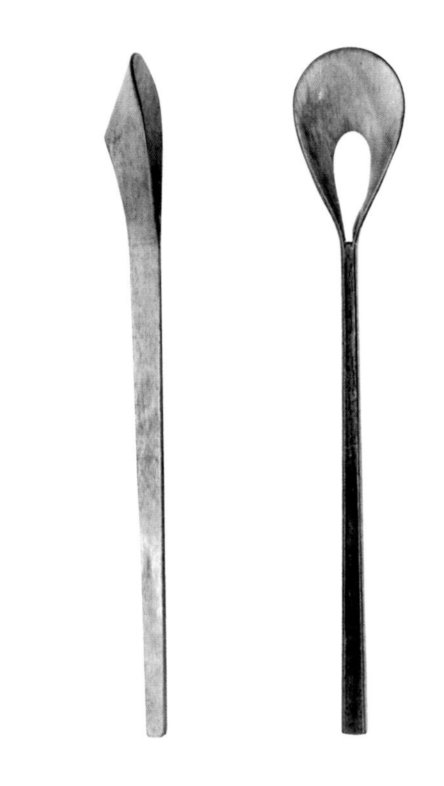

奥斯汀 FX4　　1956 年

Austin FX4

设计者：奥斯汀公司和卡博德公司（Austin and Carbodies）

生产商：奥斯汀公司和伦敦出租车国际有限公司（Austin and LTI），1958 年至 1997 年

奥斯汀 FX4，或更多人亲昵地称之为“黑色出租车”，与双层巴士一起，点缀着伦敦的城市景观。奥斯汀 FX4 一眼就能认出，其细长的黑色曲线车身围绕着相当宽敞的乘客座舱；乘客座舱可以容纳 3 个人面朝前坐着，另外两个人面朝后坐在可折叠式座椅上。车门向后打开，方便进入。其他鲜明特征包括车顶上的橙色“出租”灯、杏仁形尾灯、圆形前大灯和高高的矩形前格栅。明亮的镀铬保险杠和轮毂盖构成了汽车最外侧的部件。除了明显的个性化外在特征外，奥斯汀 FX4 的标志性地位还得益于其 1956 年的技术创新；它引入了全液压制动和改进的驾驶仪表；还有着 7.62 米的最小转弯半径，非常适合伦敦狭窄的街道。其设计在近 40 年里基本保持不变。至 1967 年，伦敦 97% 的持牌出租车都是奥斯汀 FX4。30 年后，它的生产被 TX1 所取代。TX1 是一种改进设计，可以满足 21 世纪城市居民的需求，但奥斯汀 FX4 独特的车身形状在这更新换代的车型中得到了忠实的保留。

A56 椅　　1956 年

A56 Chair

设计者：让·鲍查德（1913—2009）

生产商：托里克斯（Tolix），1956 年至今

尽管 A56 椅是 20 世纪最成功、大家最熟悉的椅子设计之一，但它的起源与设想中的光彩熠熠、魅力十足的设计师的世界相去甚远。实际上，这把椅子起源于法国一个看似简陋的水管工的作坊。1933 年，法国实业家泽维尔·鲍查德在其生意兴隆的锅炉制造车间中增加了一个钣金部门，名为托里克斯。一年后，业务基地位于法国勃艮第的托里克斯发布了“A 型户外椅”，这是根据鲍查德的设计制作的一系列折弯成型的钢板家具的一部分。1956 年，他的儿子让·鲍查德（Jean Pauchard）在 A 型户外椅上增加了扶手，制成了 A56 椅。它围绕管状框架建造，椅背中间有纵长背板，优雅的锥形脚微微张开，将功能性和装饰性与喷气机时代亮闪闪的现代风格完美结合。椅面上的装饰性小孔方便排水，而椅腿上优雅的凹槽在堆叠时能增加稳定性。除了基本的钢原色饰面外，这款椅子还有 12 种颜色可供选择。然而，也许正是这把椅子的简洁使得它非常成功，至今仍在托里克斯生产。

陶制双茶壶 1956 年

Double Tea Pot

设计者：弗朗西斯卡 · 林德（1931— ）；理查德 · 林德（1929—2006）

生产商：阿拉比亚，1956 年至某不详年份

这款茶壶，由意大利裔芬兰陶艺家弗朗西斯卡 · 林德（Francesca Lindh）和她的丈夫、工业设计师理查德 · 林德（Richard Lindh）设计，能完美满足冲泡茶饮的需求。这款独特的陶制双茶壶由两个紧密贴合的部分组成，一个是平底炖锅状的直柄小茶壶，另一个是较大的传统形状的弯手柄茶壶；每个壶都有一个短而粗的壶嘴，为这个低调而富有想象力的设计增添了几分奇思妙想。深棕色半亚光釉增强了壶体温和的曲线形状，强调了其质朴的外观；随着时间的推移，釉彩还会形成斑驳的光泽。它的灵感来自传统的土耳其茶壶（çaydanlık），大壶用于在炉子上烧水，而散装茶叶则在上面的容器里冲泡和保温。（大壶里的水也用来稀释浓茶。）堆叠式设计让茶水可以整天放在炉子上，随时准备招待客人。20 世纪 50 年代初，林德夫妇在赫尔辛基工业艺术学院接受培训，之后他们在该市建立了自己的陶瓷工作室。1955 年至 1989 年间，他们受雇于芬兰最著名的餐具品牌之一“阿拉比亚”；弗朗西斯卡担任设计师，理查德则在多个部门当过主管。

女士休闲椅 1956 年

Mademoiselle Lounge Chair

设计者：伊尔马里 · 塔皮奥瓦拉（1914—1999）

生产商：阿斯科（Asko），1956 年至 20 世纪 60 年代；阿泰克，1956 年至今

伊尔马里 · 塔皮奥瓦拉（Ilmari Tapiovaara）曾写道，当一名设计师就像当一名外科医生：“如果你掌握自己的行当，你就可以在任何地方执业行医，如果你的工作做得很好，那么你在世界各地都可以工作。”他是这么说，也是这么实践的：他曾在伦敦与阿尔瓦 · 阿尔托共事，在巴黎与勒 · 柯布西耶合作，在芝加哥与路德维希 · 密斯 · 凡 · 德 · 罗一起工作；后来他为联合国开发计划署服务，进一步大胆开拓。尽管他足迹遍及世界，但塔皮奥瓦拉是一位典型的芬兰设计师，他的作品继续塑造着芬兰独特的视觉形象和身份。他的许多作品阿泰克仍在生产，女士休闲椅就是其中之一，这也许是他将传统的芬兰民间风格与自己丰富的国际现代主义经验相结合的最好例子。构成椅子高靠背的细长辐条，使用上漆桦木的构造方法，都从传统设计而来，揭示了塔皮奥瓦拉从芬兰传统摇椅中获得的灵感，而圆润的椅面和锥形腿巧妙地增添了一种现代感。因此，这把椅子既适合湖边小屋，也一样适合城市公寓。

休闲椅 1956年

Lounge Chair

设计者：查尔斯·伊姆斯（1907—1978）；雷伊·伊姆斯（1912—1988）

生产商：赫曼米勒，1956年，1994年至今；维特拉，1958年至今

这款休闲椅最初设计，是作为一次性定制产品，而非批量生产的产品。然而，由于其大受欢迎，查尔斯·伊姆斯和雷伊·伊姆斯开始修改设计，用于量产。在这一过程中，他们采用了同样的细致的制模成型工艺，这一工艺他们已经探索了近10年。原型由伊姆斯办公室的唐·阿尔比森（Don Albison）制作，并于1956年顺利投入生产。早期的设计为花梨木贴面胶合板底座，有织物、皮革或瑙加海德革（naugahyde）软垫可供选择。它由3块胶合板外壳组成，壳体内侧的皮质垫子包裹着支撑结构。查尔斯·伊姆斯形容这把椅子有着"温暖、包容的感觉，就像一个常用好用的一垒手的手套一样"。配套的搁脚凳，有一块胶合板外壳，带一个四角星铝制旋转底座。橡胶和钢制成的减震支架将椅子的3块外壳连接在一起，并使它们能够各自独立弯曲。皮靠垫最初是用鸭毛、羽绒和泡沫橡胶填充的。它舒适的外形和不可否认的优雅使之成为最得收藏者钟情的设计作品之一，直到今天仍然像最初生产时一样受欢迎。

赛斯纳天鹰 172 1956 年

Cessna Skyhawk 172

设计者：赛斯纳设计团队

生产商：赛斯纳（Cessna），1956 年至今

赛斯纳天鹰 172 是 20 世纪最具影响力和最受认可的飞机之一。其单引擎设计是围绕一个小客舱来安排，包括飞行员在内最多可容纳 4 人；仪表控制台上方的挡风玻璃占据了机舱的前部；后排有两个座位，座舱盖装有玻璃，侧窗可 360 度观景；机翼直接横跨机舱上方。因此，它更容易被误认为是个大玩具，而不是它所代表的航空飞行培训的关键角色。赛斯纳于 1956 年推出了令人惊叹的赛斯纳天鹰 172，凭借其低维护成本和易于使用的特点，它迅速赢得了一批忠实的粉丝。此机型高度可靠的飞行特性，包括有大襟翼、固定起落架（推出时号称"如履平地"），以及低失速速度，使它深受初学者和业余飞行员的欢迎。在 20 世纪 70 年代的生产高峰时期，每小时就有一架新的"天鹰 172"从生产线下线，它跻身全球通用航空界最畅销的四座飞机之列。尽管在过去的几十年里，航空技术取得了巨大的进步，但天鹰 172 的持久成功为其赢得了延续至今的高度尊重。

卫星轿车 P50 1956 年

Trabant P50

设计者：民主德国国营萨克森灵汽车公司工程团队

生产商：民主德国国营萨克森灵汽车公司（VEB Sachsenring Automobilwerke），1957 年至 1962 年

自 1932 年以来，茨维考一直是德国的一个汽车制造基地，但在"二战"结束时，它成为德意志民主共和国的一部分；那里建立了萨克森灵工厂，最初生产卡车和拖拉机。此后不久，汽车生产恢复。1955 年，萨克森灵推出了 P70，这是第一款采用热固性塑料制作车身的汽车，旨在减少昂贵钢材的进口。热固性塑料由酚醛树脂制成，辅以棉或羊毛加固，可通过模塑工艺轻松成型。1956 年，P70 促成了更小的卫星轿车 P50 的开发，这款车配备了 500 毫升双缸二冲程发动机，内壳和底板由钢制成，表面覆盖热固性塑料板。尽管它的最高时速只有 100 千米 / 小时，但供不应求，薪资微薄的工人要等好几年才能拿到他们的"特拉比"（Trabbi，对卫星轿车的戏称）。卫星轿车 P50 后来被装有 600cc 发动机的 P60 系列所取代。P601 随后于 1964 年问世，它进行了一次大刀阔斧的重新设计，以获得更宽敞的内部空间。随后的设计基本保持不变，尽管汽车的发动机和机械方面进行了许多改进。随着柏林墙的倒塌，萨克森灵汽车公司于 1991 年关闭。

迷你 1956 年

Mini

设计者：亚历克·伊西戈尼斯（1906—1988）

生产商：莫里斯（Morris）、奥斯汀（Austin），1959 年至 2000 年

英国汽车公司的工程师兼设计师亚历克·伊西戈尼斯的工作重点是创造尽可能小的四座车，以应对苏伊士运河危机造成的燃料短缺。1956 年的迷你解决了这个问题。伊西戈尼斯早先在哈姆贝尔和莫里斯汽车公司的工作经历磨炼了他的工程技术，他从内而外来实现汽车的小型化：为了使内部空间尽可能大，他移动了发动机；他把车轮向外推到了车身的极限；他为变速箱找了一个新位置。没有任何花哨的额外设施，这意味着 4 名乘客可以舒适地坐在这辆小车里。1959 年推出的迷你——此亲切昵称来自公众，有与众不同的个性。对于那些不想要大车的人，以及那些想要一辆简洁的汽车以匹配他们城市生活方式的波普一代人，迷你成了他们需求的对象。这辆车只有 3 米长，宽和高都是 1.3 米。在 1969 年的电影《意大利任务》中，这辆微型车成了逃跑专用工具，穿行于狭窄的小巷和屋顶上。以其基本的实用性、低廉的价格和使用成本，它受到了人们的喜爱。

拉米诺椅 1956 年

Lamino Chair

设计者：英夫·埃克斯通（1913—1988）

生产商：瑞典家具（Swedese Möbler），1956 年至今

乍一看，英夫·埃克斯通（Yngve Ekström）的拉米诺椅与如布鲁诺·马松和芬·尤尔等其他斯堪的纳维亚大师设计的扶手椅很相似。拉米诺是用各种木材（包括柚木、山毛榉木、樱桃木和橡木）的层压板制成，最常见的衬垫是羊皮，它有着斯堪的纳维亚现代主义标志性的漂亮外形和实用性。埃克斯通不仅懂时尚而且精明，他设计的拉米诺椅也方便运输。顾客购买的椅子分成两个部分，然后顾客自己用包装中配的六角小扳手将部件拧在一起组装起来。让埃克斯通回想起来备感遗憾的是，这个装置从未申请专利，这为一个名叫英格瓦·坎普拉德（Ingvar Kamprad）的竞争对手打开了大门，此人随后打造了构件拆解的、用螺丝连接组装的宜家家具。尽管有这样的疏忽，但埃克斯通、他的弟弟杰可和贝蒂尔·斯约克维斯特还是围绕拉米诺椅及其同系列产品拉米内特（Laminett）、拉梅洛（Lamello）和梅拉诺（Melano），建立了一家运作良好、标志性的现代设计公司，起名瑞典家具。自 1956 年推出以来，已有超过 15 万把拉米诺椅进入家庭。这把椅子的名气长期都可谓家喻户晓，因其优雅格调，人们对它的喜爱只增不减。

玻璃撒糖罐 1956 年

Sugar Pourer

设计者：西奥多·雅各布（生卒年不详）

生产商：多家生产，1956 年至今

这种玻璃加金属材料的简单撒糖罐在 20 世纪 50 年代很出名，它一直是经典的美国大众餐厅的一部分，但令人惊讶的是，它起源于德国中部。这是哈瑙一位名叫西奥多·雅各布（Theodor Jacob）的发明家的创意，他在 1956 年申请了“砂糖等粒状材料调料瓶”的专利，创造了简约朴实的日常用品的典范。雅各布的设计包括一个用螺口式的金属瓶盖密封的玻璃容器，以及一根从瓶盖延伸到容器深处的金属管。该管底部为斜切口，每次将容器倒过来时，可以精确倒出一定的量。另一头，调料出来的管子顶部呈反向斜切口，上面还覆盖着一个小小的自动闭合封盖，保证了糖的纯净，不受污染。还有一个巧妙隐藏的细节，雅各布添加了一个额外的活动套筒，该套筒可沿管子向下滑动，盖在下部斜切口上，让餐厅管理人员可以更精确地调整每次倒出的糖的分量。雅各布在他的专利申请的最后补充了一句话：“罐子外壁也可用于广告目的。”回头看这最后一个细节，似乎预示着即将到来的商业化浪潮。

PK22 椅 1956 年

PK22 Chair

设计者：保罗·克耶霍尔姆（1929—1980）

生产商：埃伊温德·科尔德·克里斯滕森（Ejvind Kold Christensen），1956 年至 1982 年；弗里茨·汉森，1982 年至今

PK22 椅是保罗·克耶霍尔姆（Poul Kjærholm）20 多岁时设计的，是使他跻身“丹麦现代运动”伟大创新者行列的作品之一。这把休闲椅包括一个非常优雅的悬臂式座椅框架，用皮革或藤条包裹，椅身装在抛光的不锈钢弹力底座上保持平衡，这个弹力底座也构成了椅腿。扁平的切削钢带做成两条弧形的横板，带来了结构的稳定性。和那个时期的许多椅子一样，PK22 椅没有设计坐垫和软垫，而是选择了绷紧的网布类表面结构。在严苛的现代主义者那里，克耶霍尔姆仍然拥有人气，因为他致力于呈现产品结构的透明性，使用的材料既易于理解又经过深思熟虑。通过对悬臂和折弯钢材的巧妙运用，他改良了 20 世纪前几十年家具领域的主要创新。他的家具是国际风格的最佳范例之一，而 PK22 椅是早期关于国际风格的最清晰的表达之一。这把椅子最初由埃伊温德·科尔德·克里斯滕森发行。1982 年弗里茨·汉森获得授权，重新生产著名的“克耶霍尔姆系列”。在这个系列中，PK22 椅确立了其作为丹麦极简主义优雅典范的地位。

5027 系列，卡蒂奥
约 1956 年，1993 年

5027, Kartio

设计者：卡伊·弗兰克（1911—1989）

生产商：努塔耶尔维-诺茨约（Nuutajärvi-Notsjö），1956 年至 1988 年；伊塔拉，1988 年至今

组成 5027 系列的各种实用玻璃器皿：两种尺寸的平底玻璃杯、一只碗、两种玻璃大水瓶、一只花瓶和一个烛台，都是由卡伊·弗兰克在 20 世纪 50 年代为芬兰公司努塔耶尔维-诺茨约设计。直到 1993 年，它们才被组合成一个单一的系列，并以卡蒂奥的名号销售。弗兰克很清楚颜色在设计中的重要性，但在他的玻璃器皿中，颜色的使用一直是一个有点棘手的问题，主要是因为成本，以及不同批次的出品难以实现颜色的一致性。伊塔拉目前生产的套装有 6 种颜色，包括透明、烟灰色和 4 种深浅不同的蓝色。然而，最初努塔耶尔维-诺茨约是将 6 个平底玻璃杯组成一套，以多色混合套装出售。这是它最具影响力和最受欢迎的系列之一，主要就是因为这种应用色彩的手段。尽管卡蒂奥的单个组件的设计是经过一段时间陆续完成的，但它们仍然构成了一个融洽的产品组合。每件作品都采用了弗兰克的基本设计方法，通过简洁而无处不在的结构上的通透清晰感与其他作品产生关联。

荣汉斯挂钟　　1956 年至 1957 年

Junghans Wall Clock

设计者：马克斯·比尔（1908—1994）

生产商：荣汉斯（Junghans），1956 年至 1963 年、1997 年至今

瑞士设计师马克斯·比尔最初是一名银匠，后来在德绍的包豪斯学校师从沃尔特·格罗皮乌斯。他是一名画家、雕塑家和建筑师。在设计这款荣汉斯挂钟时，他担任着乌尔姆设计学院的建筑系科主任。这款钟是融合了艺术和技术的量产产品的一个绝佳范例。与马克斯·比尔的所有作品一样，它融入了对精密工程的痴迷，对精准比例的执着。荣汉斯挂钟设计于 1956 年至 1957 年间，采用矿物玻璃钟面和石英机芯，机芯装在薄薄的纤秀的铝制外壳内。它的风格自此一直影响着时钟设计。比尔受到勒·柯布西耶的影响，采用功能主义设计的简练、直接的原则，去除了时钟上所有多余的细节。他强调线条而不是数字，这种理念先于极简主义风格提出，而极简主义将会很快主导设计界。这款钟只有分针和时针，分针以非常小的幅度移动，每秒会微微跳动。比尔作为银匠的精湛技艺，加上对尺寸和数学比例的一丝不苟，确保了时钟显示清晰、走时精确；此作包含了伟大设计所有的必要元素。

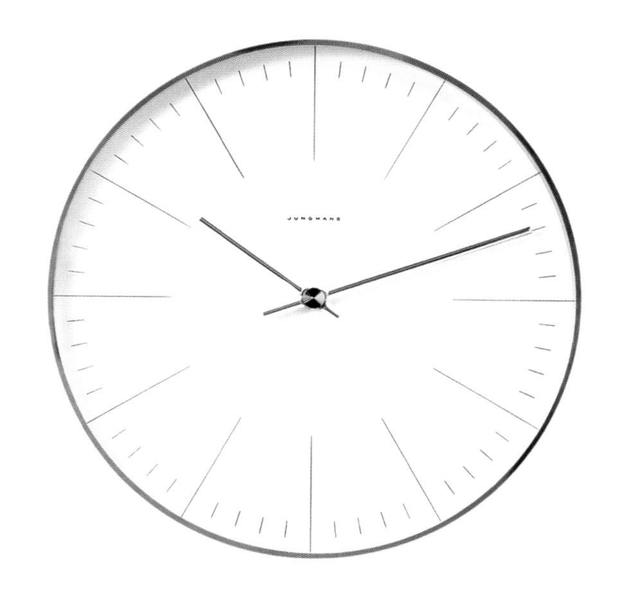

LB7 置物架　　1956 年至 1957 年

LB7

设计者：佛朗哥 · 阿尔比尼（1905—1977）；弗兰卡 · 赫尔格（1920—1989）

生产商：波吉公司，1957 年至 2000 年；卡西纳，2008 年至今

模块化的 LB7 置物架在高度和宽度上都可扩展，是佛朗哥 · 阿尔比尼和弗兰卡 · 赫尔格（Franca Helg）在灵活家具方面进行试验的巅峰之作。自 1930 年在米兰开设建筑事务所以来，阿尔比尼一直专注于建筑以及家具的结构，发展出一种粗犷又纯粹的工业美学，这件作品就是范例。为波吉公司设计的 LB7 置物架可以楔入任何房间，它的脚顶天立地，紧贴天花和地板，最大限度地利用任何可用的空间，允许用户根据自己的个性化需求组合架子。这样的设置十分灵活，几乎不会浪费空间。尽管看起来很工业化，但 LB7 置物架基本上是手工制作的，因为阿尔比尼不相信机器制造的产品的质量。用于制造 LB7 置物架的材料有胡桃木、檀木、红木和黄铜；这些材料在今天看起来感觉奢侈，但在 1957 年相对便宜，很容易获取。阿尔比尼在家具设计上的务实态度与许多更执念于风格的同时代人相左。然而，那些人大多数已被遗忘，而阿尔比尼和赫尔格的开创性作品仍然广受赞誉，并在拍卖会上显示出很强的吸金能力。

尼康 F 相机　　1956 年至 1959 年

Nikon F Camera

设计者：日本光学设计团队

生产商：日本光学工业株式会社（Nippon Kogaku），1959 年至 1973 年

尼康 F 相机是 20 世纪最具影响力的相机之一：它定义了单反相机的外观，并为未来 30 年的相机设计确定了方向。它于 1959 年推出，制造水平很高。眼平取景器提供了 100% 的视野。它带有一系列配件，包括每秒 4 帧的驱动电机（卷片马达），还有 21 毫米到 500 毫米的镜头可选配。特别是尼康出品的尼克尔镜头，被公认为质量卓越。尼康设计的一个标志性特征是所有尼克尔镜头都适用于所有后续型号的机身。尼康 F 相机小巧轻便，非常适合在艰苦的环境中工作，尤其是在战争环境下，而正是它在战场上的表现，使其广为人知。从 1959 年到 1973 年生产结束，在主要设计师更田正彦（Masahiko Fuketa）的带领下，尼康共生产了 80 多万部尼康 F 相机。许多摄影界的传奇人物，包括唐・麦卡林、W. 尤金・史密斯、大卫・道格拉斯・邓肯、阿尔弗雷德・艾森斯塔特，以及《生活》杂志从 1960 年直到停刊的几乎每一位摄影师，都使用过尼康相机。这款相机随后经过了细微的机械改进，直到 1971 年尼康 F2 上市。F2 和后续型号继续推动了公司在质量和设计方面的声誉。

柠檬榨汁机 KS 1481　　1957 年

Lemon Squeezer KS 1481

设计者：吉诺・科隆比尼（1915—2011）

生产商：卡特尔，1957 年至 1963 年

从 20 世纪 50 年代开始，产品和制造的新潜力对产品设计和生产产生了巨大的影响。柠檬榨汁机 KS 1481 就是这样一个例子。它是吉诺・科隆比尼在 1953 年至 1960 年间担任卡特尔技术部门主管时发明的。这家意大利公司成立于 1949 年，当时正在研究塑料的潜能，旨在利用其作为各种材料（尤其是金属）的廉价和轻质替代品，生产实用的家用产品。科隆比尼在设计领域取得了众多成就，其中包括他在塑料领域的创新，这些创新为他赢得了认可；他在 1955 年、1957 年、1959 年（因柠檬榨汁机而获奖）和 1960 年分别几度获得声誉卓著的金圆规奖。这款由低压聚乙烯塑料制成的简单、色彩鲜艳的小工具展示了一种巧妙的设计，它将一个传统上用金属或玻璃制成的熟悉物品，以一种新鲜的、符合现代造型风格趣味的方式呈现出来。但最重要的是，这种新材料很容易清洁，而且有一个收集果汁的大口杯。与以前的榨汁机相比，这款榨汁机有了改进，更为实用。因此，科隆比尼的柠檬榨汁机是一件典型的、保留了传统形式和用途的厨具。

波音 707-120　1957 年

Boeing 707-120

设计者：波音设计团队

生产商：波音（Boeing），1958 年至 1978 年

第二次世界大战后，商业航空业希望将战时航空技术，特别是涡轮喷气发动机，投入民用，正如著名的“彗星”客机（1949 年）一样。在美国，位于西雅图的波音公司在威廉·艾伦（William Allen）的领导下，迈出大胆的一步，设计了一种军民两用的四发远程喷气式客机。原型机“冲 80”（Dash）于 1954 年首飞。它的成功引起了军方的兴趣，却没有引起民用航空公司的兴趣。但在西雅图波音公司附近举行的“金杯水上飞机比赛”（Gold Cup Hydroplane）期间，一切都改变了。艾伦安排“冲 80”进行特技飞行，由试飞员埃尔文·“特克斯”·约翰斯顿（Alvin ‘Tex’ Johnston）操控飞机。一开始，特技飞行似乎很正常，直到埃尔文拉起机头，进行了两次桶滚（又称副翼横滚）。包括民用航空公司高管在内的观众都对此印象深刻。在首席工程师梅纳德·彭内尔（Maynard Pennell）的指导下，波音 707-120 原型机比“彗星”更大、动力更强，时速更快，差值 160 千米 / 小时。它可以搭载 147 名乘客飞行 5000 多海里（9260 千米），显然是未来理想的喷气式客机。泛美航空是第一个利用波音 707-120 进行商用飞行的公司，在 1958 年 10 月开始了跨洲航线服务。跨大西洋的航班很快跟进。在其 20 年的生产过程中，波音 707-120 共生产了 1010 架。

厨师机（型号 KM 32）　1957 年

Kitchen Machine (Model KM 32)

设计者：格德·阿尔弗雷德·穆勒（1932—1991）

生产商：博朗，1957 年至 1993 年

20 世纪 50 年代初，阿图尔·博朗和埃尔文·博朗为他们的父亲马克斯创立的公司设定了一个新的方向，兄弟俩引入了一个理性、系统的设计规程。从收音机开始，博朗演化形成了一种以简单几何形状为标志的品牌风格，没有装饰，颜色柔和。该公司打造出一个延伸覆盖了产品、标志、广告和包装的企业形象。50 年代中期，弗里茨·艾希勒领导的设计部成立，该部门采用冷静、科学的设计方法，加速了这一新方向的发展，格德·阿尔弗雷德·穆勒（Gerd Alfred Müller）于 1955 年加入博朗，并设计了该公司一些最著名的产品，特别是厨师机（型号 KM 32），这加速了公司进军家电领域的步伐。其外饰部分由白色聚苯乙烯塑料制成，是一个多用途设备，配有咖啡磨、切肉机和碎肉机等配件，并充分利用了电机技术的长足进步。在美国，这些工厂使用的工具开始被改造成时尚的物品，电机被隐藏起来。博朗也在朝这个方向发展，像厨师机这样的电器在不使用时，仍可以留在厨房台面上，无碍观瞻。它取得了巨大成功，影响到未来几代的类似机器。

凯旋 TR3A　　1957 年

Triumph TR3A

设计者：哈利・韦伯斯特（Harry Webster，1917—2007）

生产商：凯旋（Triumph），1957 年至 1961 年

1923 年，英国自行车和摩托车生产商凯旋进军汽车行业失败，导致其在 20 世纪 30 年代末破产，并被收购。“二战”期间，德国对考文垂的轰炸导致该公司再次陷入财务困境。标准汽车公司（Standard）的老板约翰・布莱克爵士于 1945 年收购了该品牌。1952 年，一辆 TR 原型车在伯爵宫车展上成功亮相。一年后，凯旋 TR2 上市，随后是 TR3 和 TR3A。TR 系列标志着跑车设计的一场革命，这在 1957 年至 1961 年生产的凯旋 TR3A 车型中得到充分体现。它与凯旋 TR3 仅在小细节上有所不同，拥有贯穿车头的全宽前格栅和重新塑形的前翼子板，以及改进的外车门和后备箱把手。凯旋 TR3A 具有跑车的所有属性——强大的 4 缸顶置气门发动机，曲线优美的车身和真皮内饰——既有乐趣又充满魅力。这是一辆最高时速超过 160 千米 / 小时的汽车，而且价格也是中产阶级可以承受的。它可靠、易于操作，装有创新的盘式制动系统。凯旋公司打开了财富之门，TR 系列延续生产，直到 20 世纪 80 年代公司还推出了 TR8。

水仙花和长寿花椅　　1957 年

Daffodil & Jonquil Chairs

设计者：埃尔文・拉文（1909—2003）；埃丝特尔・拉文（1915—1997）

生产商：拉文国际（Laverne International），1957 年至约 1972 年

埃尔文・拉文（Erwine Laverne）和埃丝特尔・拉文（Estelle Laverne）的椅子是 20 世纪中期设计的缩影。20 世纪 50 年代设计师的典型关注要素之一，是传达出有机生长的感觉。芽状、圆润和性感丰满的造型大量涌现，与早期设计师试图让产品看起来像机器的那种努力形成鲜明对比。另一个关注点是新材料，特别是让物品“消失”的那类现代材质。拉文夫妇的隐形家具系列可以追溯到 50 年代末，它们捕捉到了所有这些关注点。拉文夫妇椅子的名字也让人联想到椅子本身花朵般的形状。它们都是相同形式的变体，只是椅座和靠背比例不同。重要的是，这对夫妇引入了透明的概念，提早 10 年预言了波普设计。长寿花椅完全透明的结构及透明底座，是塑料模制的杰作。在 1938 年创立“拉文原创”之前，埃丝特尔和埃尔文都曾接受过绘画培训。他们位于纽约第 57 街的展厅像陈列艺术品一样展示家具，这样的方式堪称史无前例。尽管表面上与诺尔和赫曼米勒生产的当代家具有相似之处，但亲自设计、生产和零售自己家具的拉文夫妇，在现代家具市场上占据了更独特的地位。

不锈钢餐具套组 1957年

Flatware

设计者：欧文·哈珀（1916—2015）；乔治·纳尔逊联合事务所

生产商：卡沃尔·霍尔（Carvel Hall），1957年至1958年

这6件组的不锈钢成套餐具，连同一把长柄勺和一把餐刀，由欧文·哈珀和乔治·纳尔逊联合事务所于1957年为餐具生产商卡沃尔·霍尔设计。乔治·纳尔逊联合事务所依靠许多设计师的才华，包括哈珀，创造了许多作品。哈珀主要负责卡沃尔·霍尔的刀叉类扁平餐具项目。这款餐具优美的线条为那些觉得银器太贵或擦拭抛光太耗时的房主提供了一个优雅的选择。它由18/10不锈钢制成，即不锈钢中含有10%的镍和18%的铬，它们与氧气反应，在表面形成保护层，能保护刀叉，在多年内无须抛光也可保持光洁度。餐饮业一直喜欢使用不锈钢，因其维护成本低、耐用，但不锈钢餐具直到20世纪中期才在家庭中流行起来，因为此前它们被认为太工业化。为卡沃尔·霍尔设计的刀叉餐具符合纳尔逊的产品设计理念，即设计品需适配其生产商客户的技术能力和营销需求。哈珀曾与吉尔伯特·罗德（Gilbert Rohde）和雷蒙德·洛伊等设计师合作，后来加入乔治·纳尔逊联合事务所（George Nelson Associates），并在那里工作了16年。

脆饼椅 1957年

Pretzel Chair

设计者：乔治·纳尔逊（1908—1986）

生产商：赫曼米勒，1958年至约1959年；ICF公司，1985年；维特拉，2008年

乔治·纳尔逊用极少的组件制作了脆饼椅，它结构结实可靠，极轻便，两根手指就可以提起。这一效果是通过弯曲胶合板实现的。胶合板本身坚固、一体化的结构使其只需要最少的材料，就能使它的靠背和扶手构成一个渐变收缩的优美形态。椅子腿造型优雅，无须加装脚蹬横板。作为早期的环保主义者，纳尔逊将自然视为一种资源，以此来理解和衡量提高效率、解决问题的方法。在自己的设计过程中，他将这些理念置于平行地位，系统考量。他指出，设计实践的核心逻辑在于明确区别内在的必需要素和材料语言；核心逻辑不是关于"风格"，他认为风格更多是关于物品的外观。1945年，他在《生活》杂志上发表了一篇文章，描述了他为"墙系统"（靠墙布局或隔断式储物架）这一新概念所做的开创性设计，引起了赫曼米勒创始人DJ.德·普里（DJ De Pree）的注意，他说服纳尔逊担任他的设计总监。纳尔逊在确定公司的主要设计准则方面发挥了关键作用，这些基本信条至今仍然适用。脆饼椅最初推出时有无扶手款和带扶手款。后者整个外形看起来要简洁得多，代表了纳尔逊的信念，即设计是将一切联系在一起的过程。

菲亚特 500　　1957 年

Fiat 500

设计者：但丁 · 贾科萨（1905—1996）

生产商：菲亚特，1957 年至 1975 年

从 1936 年到第二次世界大战结束，但丁 · 贾科萨的菲亚特 500A 小老鼠汽车取得了成功，菲亚特试图通过后续设计来复制这一成功。菲亚特 500 于 1957 年推出，在当时意大利的经济重建中发挥了关键作用。贾科萨展示了他兼顾汽车设计两个方面的能力，即工程把控和造型能力。值得一提的是，尽管菲亚特 500 将汽车小型化推到了新的极限，以适应意大利狭窄的小街巷道，但这辆能容纳 4 个人的小汽车的内部空间依然让人们惊叹不已。这款车型营销时被称为“新”（nuova）菲亚特 500；与上一代车型相比，它的车身外壳更为集成一体，车轮拱几乎完全消失，车尾缩短，引擎盖也变短了。大散热器格栅消失了，取而代之的是小进气口和车标，车头灯被整合在车身外壳中。这辆车的车身没有镀铬亮条，尽可能接近汽车工程所能制造的简单球体。和“小老鼠”一样，新 500 在商业上取得了成功，到 1975 年停产时，已生产了 360 万辆。整个 20 世纪 60 年代，它都是意大利城市景观中一个常见的元素。

天花板灯 1957 年

Lámpara de Techo

设计者：何塞普·安东尼·科德奇·德·森特门纳特（1913—1984）

生产商：科德奇（Coderch）、顿茨（TUNDS），生产及停产时间不详

采用现代的外观和材料、有机的形式，这款天花板灯有着俏皮的建筑感。从天花板低低地垂下，两组弯曲的胶合板条形成了内层和外层，交错排列，挡住灯泡的眩光。它的球形最宽处达 39.5 厘米，外观个性独特而不强加于人。何塞普·安东尼·科德奇·德·森特门纳特（Josep Antoni Coderch i de Sentmenat）是 20 世纪 40 年代巴塞罗那最早倡导现代主义建筑的建筑师之一；他在 1942 年与曼努埃尔·瓦尔斯（Manuel Valls）一起开设了自己的建筑事务所。科德奇还试图重新引入该地区的传统景观，希望创造出个人能够认同并舒适居住的建筑空间。他在 1951 年的米兰三年展上以西班牙馆的设计首次获得国际赞誉。尽管他早期的作品是单层住宅，但他之后也开始了更大的建筑项目，其中包括 1978 年巴塞罗那学院（Barcelona School）的扩建。他设计了建于 1951 年的巴塞罗那（La Barceloneta）公寓楼；它由巧妙布置的生活空间构成，并首次使用了他的创新百叶窗系统——对传统地中海百叶窗的现代改造，这一系统后来成为他的标志。类似的空间构造原则也作用于他 1957 年创作的这款备受喜爱的灯中。

运动者 XL 1957 年

Sportster XL

设计者：哈雷-戴维森设计团队

生产商：哈雷-戴维森，1957 年至今

为了与英国摩托车生产商，尤其是与凯旋竞争，哈雷-戴维森不得不追求更轻便、更运动的外观，以争取美国本土市场。1957 年的哈雷-戴维森运动者 XL 因此诞生了。这是第一款有正式名字的哈雷车型，驱动端链条箱上的抛光条带上铸有“Sportster”（运动者）字样。这对公司来说是大胆的一步。新款摩托车更轻，操控起来也像欧洲摩托车；两三年内，当哈雷-戴维森解决了发动机的动力需求后，运动者系列成为该公司的长期热门车型之一。车子总体造型沿用了 20 世纪 50 年代早期的 K 和 KH 型号，但发动机（因气门摇杆盖的形状而被称为“铲头”发动机）是全新的，带有顶阀和半球形（Hemi）燃烧室。根据这一特点，不难看出，哈雷旨在吸引更年轻、更运动的人群购买其新款摩托车；直到今天，Hemi 这个词在美国摩托车迷中仍有着几乎是神话般的地位。凭借其改装系列和大胆的颜色，运动者 XL 抓住了最关键人群的想象力。这些人是摇滚青年，正热切地寻找一款迅猛有型、令人向往的机车。

“16 只动物”拼图 1957 年

16 Animali

设计者：恩佐·马里（1932—2020）

生产商：丹尼斯（Danese），1957 年，1974 年，2003 年至今；艾烈希，1997 年至 1999 年

意大利设计师恩佐·马里将其早期职业生涯的大部分时间用于创作儿童游戏，“16 只动物”拼图便是一例。通过连续切割一块单独矩形木板，这款拼图将猴子、蛇、骆驼、大象、短吻鳄等动物的形象以平板造型呈现出来。“16 只动物”拼图是为学龄前儿童设计；它像是一本没有文字的书，内容可以重新排列来讲述不同的故事。马里于 1956 年接受委托设计这款游戏，当时他正在为米兰的文艺复兴百货公司进行设计研发。他与妻子艾拉合作，她的专长是幼儿视觉感知和交流。他本质上采用了动物自然的形状轮廓，并将它们转化为符号，力图创造出以最少的元素融合最大意义的设计。在制作了 3 个原型后，马里突然想到了最终版本。该版本对孩子们提出了挑战，要求他们能分辨每种动物。大象有鼻子，蛇有尾巴，但这些形状只包含了辨认该种动物所需的最少的元素。本设计的生产商丹尼斯开始生产这款拼图；起初是用木头制造，但制作成本太高了。这款游戏最终是用一种更便宜、更耐用、更容易加工的树脂生产的；它在商业上取得了成功。1997 年，艾烈希重新发售了用聚苯乙烯制作的限量版。

KS 1068 垃圾铲 1957 年

KS 1068 Dustpan

设计者：吉诺·科隆比尼（1915—2011）

生产商：卡特尔，1957 年至 1976 年

吉诺·科隆比尼使用聚苯乙烯开发了这款实用的垃圾铲。聚苯乙烯是一种坚硬、耐用、易于加工的材料，在其功能所需的按压作用下会轻微弯曲。轻便的 KS 1068 垃圾铲取代了传统的由独立部件（通常是木制把手和金属簸箕铲）做成的垃圾铲。它可以通过快速的塑料注塑工艺一体成型，有多种颜色可选。这一设计的巧妙之处在于其直立的把手，这样用户可以站着把垃圾扫入簸箕中，因此，这个实惠的替代品获得了商业成功。科隆比尼的职业生涯开始于建筑师佛朗哥·阿尔比尼在米兰的办公室，从 1933 年到 1953 年他在那里工作。阿尔比尼反对轻浮的、追求新奇的设计，他更倾向于使用普通的、批量生产的材料和简单的技术解决方案。在担任米兰生产商卡特尔的技术总监期间，科隆比尼也受到前述这种理念的影响，该公司当时以探索塑料的相对未知的、新的可能性而闻名。科隆比尼研究了各种塑料所能承受的技术限制，并采用适当的生产技术制造日常用品，如柠檬榨汁机、沥水篮、伞架和饭盒等。20 世纪 50 年代初，当消费者还在试探性地接触进入大众市场的塑料时，卡特尔已凭借这些小小的平价产品赢得了消费者的青睐。

蛋椅 1957 年

Egg Chair

设计者：阿恩·雅各布森（1902—1971）

生产商：弗里茨·汉森，1958 年至今

阿恩·雅各布森的蛋椅，因其类似于一个均匀敲开的光滑蛋壳而得名，是对格鲁吉亚翼扶手椅的国际风格化改良版。与雅各布森的天鹅椅一样，蛋椅是为位于哥本哈根的斯堪的纳维亚航空公司皇家酒店（SAS）的客房和大堂设计。这把椅子的成功很大程度上归功于挪威设计师亨利·W. 克莱恩（Henry W Klein），他是用塑料壳体塑形制作家具的先驱。他 1956 年设计的 1007 型椅子与蛋椅有着明显的相似之处。雅各布森的设计向前迈进了许多步，特别是充分利用了克莱恩的制模造型工艺所能实现的雕塑可能性。蛋椅将椅面、靠背和扶手融为一个统一、优美的整体，覆以皮革或织物。需要熟练的手工裁剪缝纫才能将椅套固定到框架上，这意味着每周只能生产 6、7 把椅子：这一生产速度至今仍保持不变。自首次登场以来，蛋椅走出了独立的产品道路，成为电影和广告中的道具和符号。从它被构思到现在已经超过了 50 年，它看起来似乎仍是一把为未来而造的椅子。

悬挂蛋椅 1957 年

Hanging Egg Chair

设计者：南娜·迪策尔（1923—2005）；约尔根·迪策尔（1931—1961）

生产商：R. 翁格勒（R Wengler），1957 年；波纳奇纳·皮埃安托尼奥（Bonacina Pierantonio），1957 年至 2014 年；西卡设计（Sika Design），2012 年至今

对南娜·迪策尔来说，椅子设计可以既实用又富有诗意。还在求学时，她认识了后来成为第一任丈夫的约尔根·迪策尔。他们开始合作，为小空间生产多功能家具。用柳条所做的尝试促成了悬挂蛋椅的诞生，椅子可以悬吊在天花板上。迪策尔宣称，多年来她一直试图在自己的家具设计中创造“轻盈、漂浮的感觉”，而 1957 年的悬挂蛋椅就非常接近她的理想。重要意义在于，要认识到它与当时占支配地位的、相当古板的观念之间的距离，要看到它离当时丹麦家具设计的主流有多远。通过悬挂蛋椅，迪策尔不仅领先世界，提早几年在设计中引入了一种轻松随意的精神，她还开始将丹麦家具设计的方向从功能主义转移开来——她认为那种功能主义在丹麦已被滥用且过于教条。迪策尔被誉为“丹麦家具设计第一夫人”，以表彰她长期以来对纺织品、珠宝和家具设计的贡献。

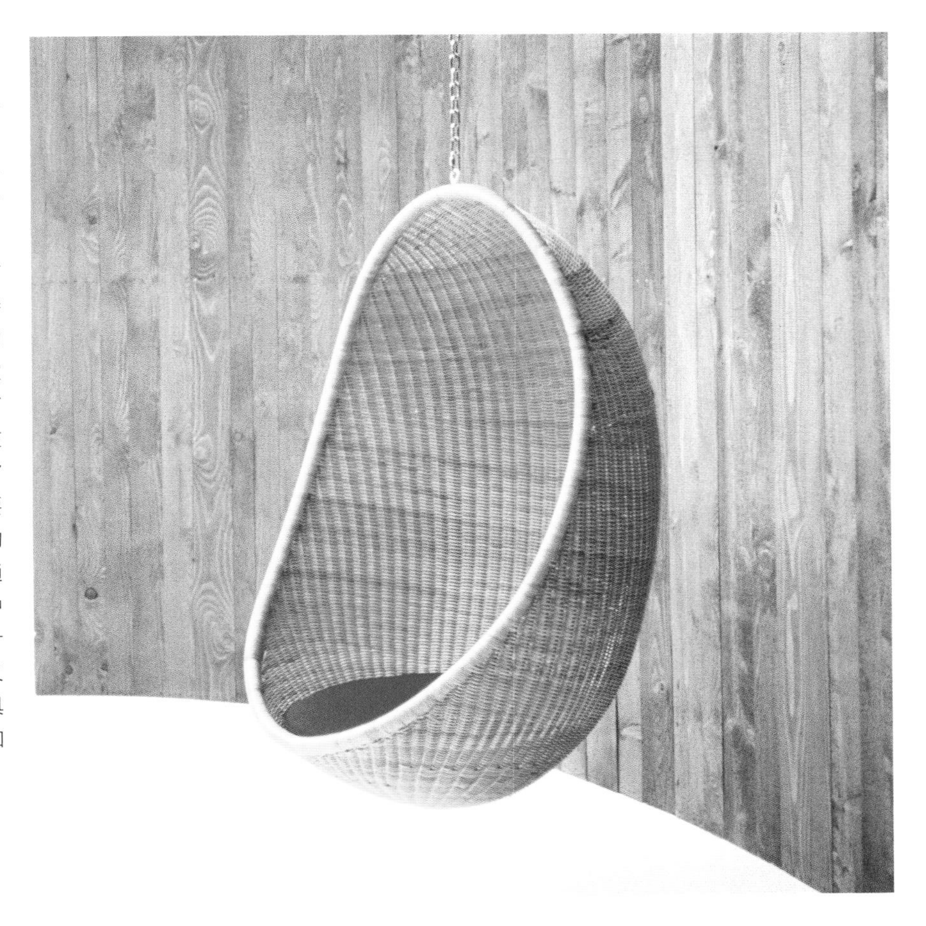

立方体烟灰缸 1957 年

Cubo Ashtray

设计者：布鲁诺·穆纳里（1907—1998）

生产商：丹尼斯，1957 年至今

布鲁诺·穆纳里同时是画家、作家、设计师、视觉图形角色的开发者、教育家、哲学家，所以曾被巴勃罗·毕加索称为新达·芬奇。他应对生活和设计的方式与态度，一贯俏皮有趣、诗意、颠覆，也极富独创性。这体现在他的海报、诗歌、灯具和儿童书籍中。穆纳里的立方体烟灰缸是一个看似简单但设计合理的闪亮的蜜胺树脂塑料盒。里面有一个不显眼、可拆卸的灰色插件，以阳极氧化铝板折叠制成。它用穆纳里特有的创新又经济的手段，解决了烟缸在功能上的所有烦人的问题——它是一个放置或安全熄灭香烟的地方，也是一个盖子，可隐藏烟灰和气味。立方体烟灰缸设计于 1957 年，是丹尼斯最早推出的产品之一，并因此与穆纳里建立了终身合作关系。第一批方形烟缸有两种尺寸（8 立方厘米和 6 立方厘米），有黑、灰、橙和红色可选。这一系列还有拉长的立式款，有 3 种尺寸，其中最高的莱万佐（Levanzo）高达 80 厘米。随后还推出了限量银色款。这款烟灰缸体现了穆纳里的基本立场，即物品应“美观实用”。

佃农椅 1957 年

Mezzadro Chair

设计者：阿奇勒·卡斯迪格利奥尼（1918—2002）；皮埃尔·贾科莫·卡斯迪格利奥尼（1913—1968）

生产商：扎诺塔，1970 年至今

乍一看，这是一把奇怪而令人费解的椅子。它似乎置身于主流、理性的现代主义设计文化之外，显然偏向于某种更为非正式和艺术化的东西。事实上，这是一个完全理性的作品，但其中的理性是靠不同部件来逐步构建的。阿奇勒·卡斯迪格利奥尼首先提出问题，最基本、最舒适的座椅形式是什么，随后得出结论，那就是拖拉机座椅。然后他寻找最佳的弹力悬架方案，并生产出单悬臂式支撑杆。最后，他又探讨，什么可充当最基本的稳定器或稳定装置，结果发现那应是一根原木或一段木头。这样的组合产生了一种饶有趣味的模糊张力，矛盾来自表面形式上的不连贯和内在功能的连贯性。第一版的佃农椅于 1954 年在第 10 届米兰三年展上展出。1957 年，现在的版本在科莫湖区的奥尔莫别墅（Villa Olmo）的展览上展出。然而，这件作品太前卫了，直到 1970 年才首次投入生产。自相矛盾的是，佃农椅既简单又复杂，具有很高的地位和前瞻性。它是一个潜在的催化剂，最终重塑了 20 世纪后半叶设计界的风貌。

“火焰”厨具 1957 年

Liekki Cookware

设计者：乌拉·普罗科佩（1921—1968）

生产商：阿拉比亚，1958 年至 1978 年

乌拉·普罗科佩（Ulla Procopé）是芬兰最杰出的陶艺家之一，尽管她的职业生涯很短，但她在开创芬兰陶器的黄金时代方面发挥了重要作用。从赫尔辛基艺术与设计学院毕业那年，她就加入了著名的餐具公司阿拉比亚。她的作品清楚地显示了她所受教育的那种严谨、保守、实用风格的影响。然而，她的大部分童年时光都是在法国南部度过的，她的设计也受到了丰富多彩、富有表现力的传统地中海民间风格的影响，这在她的“火焰”厨具系列中得到了明显的体现。这个系列是普罗科佩对烧制工艺进行试验时的产物。该系列，名字虽来源于芬兰语的“火焰”一词，但让人联想到典型南欧陶器的形状和功能。这一系列的碗、锅和盘子均以持久的深棕色釉面为外部特征，耐高温，可用于燃气灶或电炉，也适宜直接端到餐桌上。“火焰”厨具系列以其迷人、柔和的曲线轮廓而广受欢迎，并由阿拉比亚一直生产到 1978 年；直到那时，设计师塔皮奥·伊利-维卡里（Tapio Yli-Viikari）才最终重新构想出这一产品的换代方案。

699 超轻椅 1957 年

699 Superleggera Chair

设计者：吉奥·庞蒂（1891—1979）

生产商：卡西纳，1957 年至今

吉奥·庞蒂的 699 超轻椅不仅看起来很轻盈，实际重量也很轻。简洁的框架采用梣木制成，有着纤细的通透之感。庞蒂在基亚瓦里渔村制作的传统轻型木制椅子的基础上，试图通过一系列试验创造一款现代设计，699 超轻椅就是这系列试验的巅峰作品。早在 1949 年，庞蒂就开始在基亚瓦里椅子的基础上开发不同款的椅子，卡西纳制作了其中的至少 3 款；从这些设计可看出 699 超轻椅的演变轨迹。1955 年，庞蒂重返该项目，他的目标是创造一个小一些的版本。699 超轻椅表面上是一把不起眼的椅子，带有些许中世纪的意味。仔细观察，可以看出它展示的漂亮精美的线条和经深思熟虑的细节。腿部和靠背的纵向部分，呈三角形截面和锥体线条，减轻了实际上和视觉上的重量。在不影响结构的前提下，所有的木材都减少到了最低限度。椅面是精心编织的藤条，没有用沉重的衬垫。699 超轻椅在 1957 年的米兰三年展上展出，赢得了金圆规奖。卡西纳仍在生产这款椅子，这证明了它经久不衰的吸引力和庞蒂的设计成果遗产。

AJ 餐具 1957 年

AJ Cutlery

设计者：阿恩·雅各布森（1902—1971）

生产商：乔治杰生，1957 年至今

AJ 餐具由建筑师阿恩·雅各布森于 1957 年设计，其外形高度风格化和自然有机化，是功能主义设计的一个重要例子。虽然有着雕塑般的形态，但它们揭示了雅各布森的理念，即设计要符合人体工程学，并方便大规模生产。严格的流线型贯穿每一件刀叉，它们都用无装饰的条块不锈钢制成。这个餐具套组最初有 21 件，包括供右手或左手使用的汤匙。AJ 餐具，是雅各布森为斯堪的纳维亚航空公司的皇家酒店项目设计的。该项目还产生了其他若干个现在很著名的设计，包括天鹅椅和蛋椅。所有这些设计都没有装饰，但都有清晰的轮廓和精致的雕塑感。AJ 餐具的造型远比同时代的餐具前卫，极为夸张：酒店客人对它们的评价很差，很快就被其他地方设计的餐具所取代。但当它们在斯坦利·库布里克的经典科幻电影《2001 太空漫游》中出现之后，这种未来主义风格明显得到了认可。时至今日，乔治杰生仍在生产这款餐具。

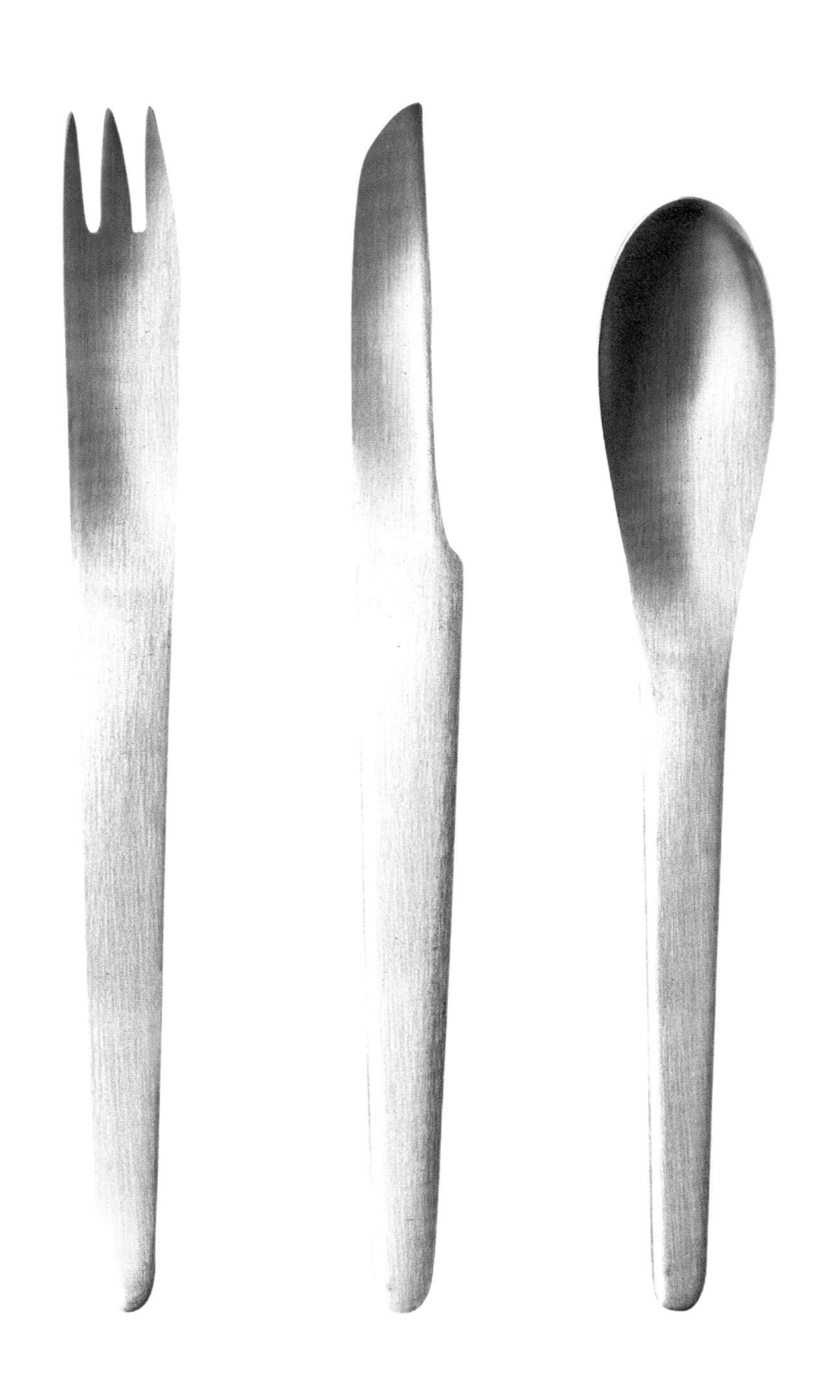

鸡尾酒调酒器　　1957 年

Cocktail Shaker

设计者：路易吉·马索尼（Luigi Massoni，1930—2013）；
卡洛·马泽里（Carlo Mazzeri，1927—2016）

生产商：艾烈希，1957 年至今

这一开创性的产品最早由艾烈希于 1957 年在阿尔弗拉（Alfra，意为艾烈希兄弟）的公司旗下生产，阿尔弗拉是公司从 1947 年到 1967 年所用的名字。生产这款鸡尾酒调酒器是一个巨大的挑战，因为其极深和极窄的形状不仅需要渐进冷成型技术方面的创新，而且还需要一个中间段退火周期，以防止材料开裂。在克服这一困难的过程中，艾烈希的努力确立了它在技术专长方面的声誉，并帮助公司奠定生产基础，从传统的镍、黄铜和镀银产品制造转向不锈钢产品。这款调酒器有 250 毫升与 500 毫升两种规格，是酒吧整套调酒套装的一部分；该套装还包括冰桶、冰夹和量杯。它们完美无瑕、高度抛光的表面在当时是相当不寻常的；这已成为艾烈希产品的持久特色。这套被称为“方案 4”的作品于同年在米兰三年展上展出。与艾烈希一贯奉行的“一经推出，永不退出”的政策一致，虽然 45 年过去了，“方案 4”仍在产品目录中，这款鸡尾酒调酒器每年的销量高达 20 000 个。

布塔克椅　　约 1957 年

Butaque

设计者：克拉拉·波塞特（1895—1981）

生产商：阿泰克–帕斯柯公司，1959 年

克拉拉·波塞特（Clara Porset）设计的布塔克椅的座椅面有着向下俯冲的深弧线，给这件作品带来了一种真正的宏伟感，但其简洁的线条又让它极具现代感。波塞特出生于古巴，后加入墨西哥籍；她在广泛研究拉丁美洲文化并发现了“布塔克”（一种 16 世纪由西班牙人首次引入墨西哥的椅子）后制作了这把椅子。波塞特的个人经历几乎和布塔克椅一样复杂。1936 年去墨西哥之前，她在美国和欧洲学习艺术、装饰和建筑（1933 年，她申请入读包豪斯，但由于学院濒临瓦解，因此她接受指引转去了美国北卡罗来纳州的黑山学院）。她在设计时会利用墨西哥的古老文化，并向那些设计师致敬。她与众多建筑师密切合作，其中最著名的案例是与路易斯·巴拉干联合，为他的房屋项目定制家具。波塞特创作了许多版本的布塔克椅，一度由阿泰克–帕斯柯公司销售，至今仍能在巴拉干的许多房子里看到，致使很多人误认为这些椅子是他设计的。据悉，位于曼哈顿的联合国大楼订购了若干布塔克椅，但其制造和生产情况仍相对混乱，不为外界所知。

林肯大陆 1957 年至 1961 年

Lincoln Continental

设计者：乔治・W. 沃克（George W Walker，1896—1993）；尤金・鲍迪纳特（Eugene Bordinat，1920—1987）

生产商：福特，1961 年至 1969 年

1961 年，流线型林肯大陆的推出，宣告了美国汽车设计新时代的到来，终结了追求华丽车型的时尚。面对竞争对手过度装饰的造型，福特推出了一款有着简洁、笔直线条，尺寸较小的车型，装有优质的内饰件和配件；车身面板极为平坦，两边靠制模成型的窄不锈钢勾出轮廓，侧板几乎垂直，营造出理性的对称形态。这是福特的一个大胆举措。当时有两种车身样式：一种是四门轿车，另一种是带有自动软顶的四门敞篷车，后者非常受欢迎。这款经典轿车也成为加长豪华轿车设计的基础。这是通过将汽车分成两半，将其加长，然后对整体进行修整来实现的。每辆车都装有一台 300 马力的发动机，并需要经过大量的测试和检查，以监测生产过程的质量。福特对它的可靠性非常有信心，这款车型的保修期为 24 个月或 24 000 英里（约 38 000 千米），是其之前车型和竞争对手的两倍。1961 年的林肯大陆有很多粉丝：毕加索有一辆；它也是肯尼迪总统偏爱的车——1963 年 11 月 22 日，他在达拉斯被枪杀身亡时，乘坐的就是林肯大陆。

雪佛兰英帕拉双门跑车 1958 年

Chevrolet Impala Coupé

设计者：卡尔・伦纳（Carl Renner，1923—2001）

生产商：雪佛兰（Chevrolet），1958 年至 1969 年

雪佛兰英帕拉双门跑车最引人注目的特点是它独特的外形：宽、长、矮。车身都是笔直的线条。尽管外形笨重，但它本质上是符合空气动力学的。雪佛兰的交叉双旗徽标点缀在引擎盖前部，位于宽大镀铬格栅上方两个大进气口之间，两侧是圆形双前照灯。贯穿整个车体外观的镀铬装饰是其一大特点。双门跑车风格的无框车门（车窗），宽大的挡风玻璃和后窗，让车厢有一种开阔的感觉。极具辨识度的尾部也是一处设计亮点：它有着弧形的尾翼、猫眼形尾灯、蝙蝠翼状挡泥板和巨大的行李箱盖，很容易理解，为什么雪佛兰英帕拉双门跑车仅凭外观就名声大噪，成为 20 世纪 50 年代末和 60 年代初美国汽车设计的范例。凯迪拉克长期以来一直是美国豪华车的首选，雪佛兰于 1958 年推出了英帕拉作为竞争利器。这是该公司最昂贵的车型，尽管价格偏高，但公众反应热烈。性能也是英帕拉成功的关键，它推出了雪佛兰的“超级运动 SS”标志性版本，并成为 20 世纪 60 年代早期卓越性能的象征。在它的整个生命周期，最初版本一直在被修饰、升级和改进，直到 1969 年。

乐高 1958 年

LEGO

设计者：戈德弗雷德·柯克·克里斯蒂安森（1920—1995）

生产商：乐高（LEGO），1958 年至今

这种简单、模块化的积木深受全球儿童的喜爱，体现出许多成功设计的属性：凸起管（stud-and-tube，柱栓与管孔）的特色连接机制，能提供充分的组合选项，给想象力带来发挥空间；注塑塑料块颜色鲜艳、耐用，让孩子们一下子就能接受；因其易于清洁，使用寿命长，父母也喜欢这种塑料玩具。此外，人们普遍认同这一享誉世界的产品对儿童灵巧性和互动模式的培养很重要。最初的版本由奥勒·克里斯蒂安森（Ole Christiansen）于 1932 年在丹麦比隆创始，是从木质玩具的制造成果演变而来。1934 年，他以丹麦语 Leg godt 将公司命名为乐高，意思是“玩得好”。他的业务发展迅速，乐高是第一家投资注塑塑料产品的丹麦公司。1949 年推出的“自动结合积木”是目前型号的基础；塑料玩具很快就占据公司产出品的一半以上。到 1958 年，这种积木已演变成我们今天所熟知的凸起管的版本。创始人奥勒的儿子戈德弗雷德·柯克·克里斯蒂安森（Godtfred Kirk Christiansen）设计了这一互连拼接系统，创建起一个泛用的产品开发流程。乐高不仅持续在产品系列中添加新的特色、角色和主题，还是一种信息载体，提醒人们：构思良好的设计可以超越年龄、性别甚至文化。

比斯利多抽屉柜 1958 年

Bisley Multidrawer Cabinet

设计者：弗雷迪·布朗（1902—1977）

生产商：比斯利（Bisley），1958 年至今

比斯利多抽屉柜成功的主要原因之一，是其设计之简约。不事声张、大而平淡、几乎是完全统一的模块，使其可以融入任何环境，非常适合家庭和办公室使用。事实上，它看似平凡的外表正是它受欢迎的秘密。弗雷迪·布朗（Freddy Brown）是一名钣金工，他在 1931 年开始了个体经营的汽车修理生意。在第二次世界大战期间，他将公司搬到英国萨里郡的比斯利，承接了国防部门的各种业务，并以新地点命名自己的公司。在“二战”后的几年里，比斯利利用其增加的产能生产办公用品。其军用产品坚固耐用的结构被用到了多抽屉柜等产品上，这种特质一直是该品牌的招牌之一。这款柜子由焊接钢制成，可以单独使用，也可在上方架起一张桌面。它有多种配置可供选择；其抽屉安装在钢珠滑轨上，操作顺滑高效。1963 年，比斯利停止了汽车维修业务，专注于钢结构办公设备的生产。如今，它是英国最大的办公家具生产商。

台式电话 2+7　　1958 年

Table Telephone 2+7

设计者：马切罗·尼佐利（1887—1969）；朱塞佩·马里奥·奥利韦里（1921—2007）

生产商：萨夫纳特（Safnat），1958 年至约 1960 年

马切罗·尼佐利是一名产品设计师，是“二战”后意大利设计师精英群体中的一员。他与朱塞佩·马里奥·奥利韦里（Giuseppe Mario Oliveri）合作，将其著名的雕塑风格和独特的方法带到了电话的设计中，正如台式电话 2+7 所展示的那样。它的机械装置隐藏在一个雕塑般的单一壳体中，机座上装有一个环形拨号盘。外部电话可以通过按压两个较大的白色按钮接听；用户可以按下中间的红色按钮暂停通话，而下面的数字按钮则用于联系公司内部部门，如销售、营销等。在等待通话时，这款台式电话会播放音乐，这在当时可是一种新奇功能。到了晚上，如果有人打电话，录音信息会提醒来电者办公室已关闭。这款电话是薄荷绿色，是第一款不是黑色的办公电话。此外，听筒和话筒都很突出，因此，当整个听筒放在听筒架上时，它可以稳当地紧贴在电话机身后面。然而，尽管台式电话 2+7 精巧、轻灵又便利，但却是尼佐利最不为人知的产品之一。

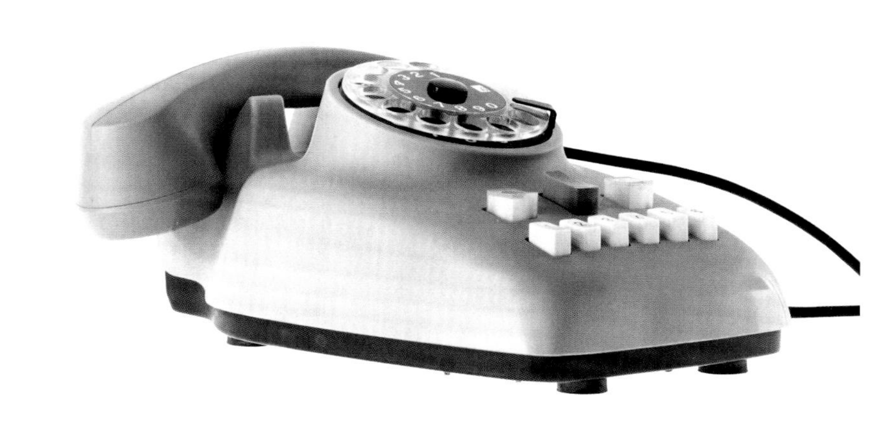

呼啦圈　　1958 年

Hula-Hoop

设计者：理查德·内尔（1925—2008）；亚瑟·梅林（1924—2002）

生产商：威猛奥，1958 年至今

呼啦圈的概念可以上溯到古埃及，当时的孩子们把晒干的葡萄藤编织成圆圈，绕着腰摆动。但“二战”后，塑料和通俗文化的融合，才催生了这一款 20 世纪最赚钱的风靡一时的物品。理查德·内尔（Richard Knerr）和亚瑟·梅林（Arthur Melin）是两位加州发明家。他们听到传闻，说澳大利亚的孩子在健身课上把圈圈套在腰上转动，于是灵感突发。两人对利用这一概念在美国销售玩具的主意很感兴趣，于是制作了一个原型，并将其展示给邻居的孩子们。保持圆圈转动所需的摇摆动作，让内尔和梅林想起了夏威夷跳草裙舞（hula）的土著，呼啦圈的名字由此诞生。当时热塑性塑料的出现使发明者能够制造出一种既便宜又足够轻便的圈圈，由此呼啦圈在儿童、青少年和成人中掀起了热潮。由于呼啦圈的风潮盛行，制作材料本身也成为热门焦点：那就是菲利浦石油公司生产的一种名为马勒克斯（Marlex）的聚烯烃塑料，它容易上色，视觉上十分吸引人。在呼啦圈上市发售的头四个月里，通过他们的公司威猛奥，内尔和梅林就售出了 2500 万个呼啦圈，该公司凭借飞盘等玩具成为玩具行业的一家重要企业。

G 型酱油瓶　　1958 年

G-Type Soy Sauce Bottle

设计者：森正洋（1927—2005）

生产商：白山陶瓷制造（Hakusan Porcelain Company），1958 年至今

不是规模宏大的设计才具有影响力。如果要证明这一点，那么小巧的 G 型酱油瓶就是有力的证据。1958 年，森正洋（Masahiro Mori）在日本为白山陶瓷制造公司设计了这款低调的陶瓷瓶。它凭借低廉的价格、全国性的分销渠道和倒酱油时无滴漏的保证，逐渐成为全国餐桌的标配。瓶子只有几厘米高，轮廓清晰，没有把手和其他多余的细节。由于没有把手，瓶子是通过捏住位于盖子下方的高腰部位来拿起的。将它向前倾斜，酱油很快就会从呈直角的壶嘴中顺畅流出。瓶盖嵌在瓶子里，露出优雅的瓶口边缘；陶瓷釉面光可鉴人，令人愉悦；除此之外，这款设计的卖点靠的仅仅是其实用性。这款瓶子进军国际市场，迅速成为日本设计的一个象征。时至今日，G 型酱油瓶仍在全球范围内大量销售。

天鹅椅　　1958 年

Swan Chair

设计者：阿恩·雅各布森（1902—1971）

生产商：弗里茨·汉森，1958 年至今

阿恩·雅各布森设计的天鹅椅，壳体是模制轻质塑料，由铸铝底座支撑。和它的同期伙伴蛋椅一样，是为哥本哈根的斯堪的纳维亚航空公司皇家酒店设计的，两者都因独特的外形而得名。这是雅各布森最受欢迎的设计之一，背后的灵感来源也包括他自己的作品：例如天鹅椅椅座和靠背的形状与“7 系列”中的一款椅子有关，也与其他一些尝试胶合板家具的初步设计有关。扶手也有早前一些设计的影子。另一方面，雅各布森还受到了同时代人的作品的影响，包括挪威设计师亨利·W. 克莱恩在塑料椅座制模成型方面的影响，以及查尔斯·伊姆斯和艾罗·萨里宁的具有国际声誉的作品在壳体状椅座和玻璃纤维椅子创作上的影响。在天鹅椅中，雅各布森巧妙地结合并改进了出自所有这些来源的因素，他专注地打磨细节，一丝不苟地将那些素材融合在一起，成功创造出一件极为独特的作品；此椅随后定义了一个时代。

布里斯托 192 型“观景楼”直升机 1958 年

Bristol Type 192 'Belvedere'

设计者：布里斯托设计团队

生产商：布里斯托飞机公司、韦斯特兰直升机公司（The Bristol Aeroplane Company/Westland Helicopters），1958 年至 1959 年

布里斯托 192 型直升机被称为“观景楼”。其设计是以较早的布里斯托 173 型为基础，而 173 型是第一架专门设计用于商业客运的直升机。所诞生的结果是布里斯托 191 型和 192 型；它们标志性的特征是双引擎双旋翼。布里斯托 191 型是一架舰载直升机，只建造了 3 架。1958 年 7 月 5 日，布里斯托 192 型投入使用；这款直升机的生产量更大，供英国皇家空军使用。这是世界上第一架真正具有双引擎安全保障的直升机：在一个引擎熄火的情况下，它仍可以飞行。起初，这架飞机只有纯手动控制系统和木制旋翼桨叶，但到 1960 年，它已升级为有助力操控和金属桨叶。量产的布里斯托 192 型有着全金属蒙皮机身，下反角水平尾翼，配备了夜间飞行仪表。后来，韦斯特兰直升机公司接管该项目。韦斯特兰订购了 26 架这种被称为“观景楼”的直升机，这些飞机从 1961 年起被空军 66 中队在英国、中东和东亚用作军用运输工具。尽管“观景楼”在 1969 年 3 月退役，但在停产后很长一段时间里，它此前的研发成果仍继续驱动着该领域的技术、规范和工程的发展进步。

蛋杯（美食家系列） 1958年

Egg Cup (Gourmet Series)

设计者：克里斯蒂安·韦德尔（1923—2003）

生产商：托本·奥斯科夫，1958年至1974年

克里斯蒂安·韦德尔（Kristian Vedel）的蛋杯形如飞碟，充满未来感。最初生产的产品有多种颜色，其中最受欢迎的是红、白、黑。蛋杯直径只有11厘米，可堆叠；这一设计是用一个杯子和碟子模制成一个整体，看起来像是悬浮在略升高的底座上。20世纪50至70年代，丹麦设计的家居用品以理性、简约和高质量为特点，托本·奥斯科夫是当时的主要生产商之一。作为美食家系列（该系列还包括沙拉勺、碗、调味瓶和烛台之类）的一部分，韦德尔设计的这个蛋杯是奥斯科夫最令人难忘的产品之一。在蛋杯设计之时，奥斯科夫一直在试验蜜胺树脂，这是50年代末和60年代初许多生产商首选的当代材料。韦德尔进一步探索了赫尔曼·邦加德在为奥斯科夫出品的沙拉勺上采用的抛光技术；他在蛋杯表面上使用了同样的对比强烈的拉丝磨毛效果和抛光效果，从而增加了令人满意的触感。奥斯科夫应用蜜胺树脂，对现代社会将塑料作为设计材料的偏好倾向产生了重大影响。

达美1840标签打印机 1958年

DYMO 1840

设计者：达美设计团队

生产商：达美（DYMO），1958年至1996年

20世纪50年代末推出的达美标签打印机，是当时以及随后约30年间创建个性化标签的最简单、最容易的方法。该设备因其产生的浮雕感字符条而闻名，这些文字小条带比这个产品本身更具标志性。机身有许多不同的颜色，配有一个圆形塑料转盘，上面有字母表中的所有字母。圆盘位于一个带扳机的手柄顶端。将该圆盘旋转至合适的字母，然后扣动扳机，可将字母凸印在一条乙烯基色带上；色带从顶部自动送出。该产品简单、易用，这是它传播广泛、使用普及的原因之一。由于技术的进步，最初的达美标签打印机对后来的标签打印工具的影响很有限：家用电脑的出现使得任何人都可以轻松制作标签。然而，它的持久影响可以从它引发了出版的大众化、民主化看出，而它经久不衰的受欢迎程度也可由这个事实来证明：现在有一种名为DYMO的计算机字体，完美地模仿了乙烯基色带上独特的白色凸起字体。在计算机时代，人们对这个简单但非常有用的物品仍有着深深的怀旧之情。

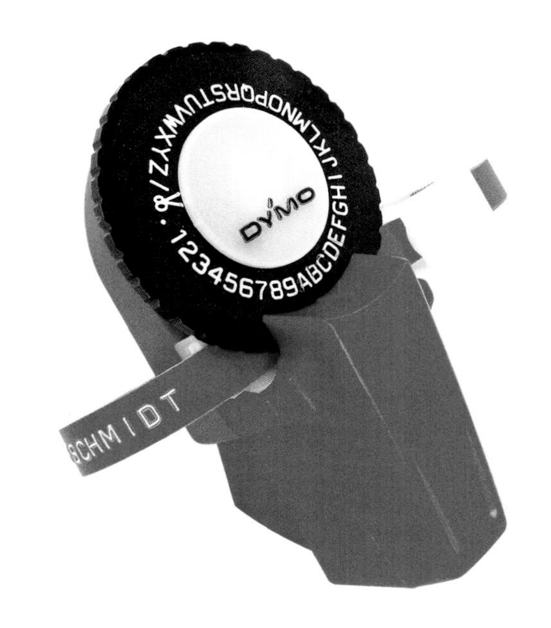

索尼 TR610 晶体管收音机 1958 年

Sony Transistor Radio TR610

设计者：索尼设计团队

生产商：索尼，不同国家生产年份不一

TR610 晶体管收音机将索尼带向了全球市场，并确立了其创新、小型化和高质量的声誉。索尼比其他任何厂商都更早地预见到了晶体管在电子消费品中的潜力，并在 1954 年使用美国西电公司授权的技术在便携式收音机方面取得了成功。在抢先生产第一台晶体管收音机的竞赛中，索尼被美国公司德州仪器（其收音机品牌名为 Regency）击败；尽管如此，索尼的 TR-55 却是第一台批量生产的收音机。随后是 1957 年的 TR-63；索尼副总裁盛田昭夫希望它能"装进口袋"。随着 TR-63 的成功，TR-610 又于 1958 年在美国和日本上市。它比之前的型号还更小，有红、黑、象牙色和绿色可选，其塑料机身具有独特的轮廓形状和新颖的支架，很快成为该时代所有袖珍收音机的原型。尽管之前的型号已采用了索尼这个名字——由盛田和联合创始人井深大构思制定，由拉丁文 sonus（声音）和当时还是俚语的 Sonny-Boy（可爱小男孩）合并而成——但 TR-610 是第一款带有黑木靖夫设计的索尼标识的产品。到当年年底，该公司将其名字从东京通信工业株式会社更改为索尼。

液体容器 1958 年

Liquid Container

设计者：罗伯托·孟吉（1920—2006）

生产商：倍耐力，1958 年至约 1994 年

通常，最好的设计都应用于不起眼的日常用品。由罗伯托·孟吉（Roberto Menghi）于 1958 年设计，意大利轮胎生产商倍耐力制造的这款液体容器就是这样一个例子。该容器是 20 世纪 50 年代的产品，当时使用热塑性塑料在家用品设计中越来越普遍。热塑性塑料，尤其是聚乙烯等聚合物，被证明比金属具有多种优势，尤其是在液体储存方面。它们既不会生锈，也没有接缝，接缝可能会导致泄漏，而且重量要轻得多——这是一个关键的优点，因为液体本身就够重。它们还可以做出平缓的曲线，使倾倒液体更容易，提起来也更舒适，因为提手与罐子一体化。这样抓手设计比组装把手更安全，如果用于运输易燃液体燃料，这就是一个很重要的优点，而且它们比金属罐子更便宜。这些材料的突然出现和普及，在产品设计的所有领域引发了大量试验，尤其是在倍耐力这里。孟吉的产品通常使用塑料和树脂材料，采用几何手段来实现符合人体工程学的设计；这是前人未深入探索过的方式，利用塑料和规模化生产的技术，来塑造符合用户需求和功能要求的产品。倍耐力的这款液体容器就是此种设计路径的最佳范例。

喀提林大椅 1958 年

Catilina Grande Chair

设计者：路易吉·卡齐亚·多米尼奥尼（1913—2016）

生产商：阿苏塞纳（Azucena），1958 年至今

路易吉·卡齐亚·多米尼奥尼的喀提林大椅（以古罗马贵族政客喀提林命名），是意大利设计在国际上开始产生影响时期的重要产品。阿苏塞纳是卡齐亚·多米尼奥尼于 1947 年与伊格纳齐奥·加德拉（Ignazio Gardella）和科拉多·科拉迪·德拉科瓦（Corrado Corradi Dell' Acqua）在米兰成立的一家公司，是 20 世纪 40 年代涌现的以设计为主导的众多家具生产商之一。喀提林的结构，典型体现出对材料（包括钢材）和形式进行试验的冲动热情。至 20 世纪 50 年代后期，这种热潮已变得尤为明显。这把椅子突显了意大利造型与主流的欧洲现代主义的直线造型截然不同的风格。弧形靠背框架，由铸铁制成，表面为金属灰色粉末涂层，框架也可选择其他材料。框架上为椭圆形座椅面（其中一款变体使用涂了黑色聚酯漆的木材，配有皮革或马海毛充填的红色天鹅绒坐垫）。座椅框架那优雅的弧拱部件，其设计核心是将一根铁条弯成一条飘逸的缎带；这条缎带渐变扭折，只微微弯曲几厘米，创造出舒适而弯曲有致的弧圈椅背和扶手。卡齐亚·多米尼奥尼随后继续为阿苏塞纳设计家具和其他产品，而喀提林大椅则成为意大利设计的一个典范，一直在生产。

办公桌 1958 年

Desk

设计者：佛朗哥·阿尔比尼（1905—1977）

生产商：加维纳，1958 年至 1968 年；诺尔，1968 年至今

佛朗哥·阿尔比尼的工作涉及多个领域，包括建筑、产品设计、城市规划和室内设计。他采用 20 世纪 20 年代和 30 年代在意大利形成的新理性主义风格，这种风格试图将欧洲功能主义与意大利的经典传统结合起来。这种设计风格的标志，包括严格的几何形状和对管状钢材等最先进材料的应用——这些特征痕迹在阿尔比尼 1958 年的极简主义办公桌上仍然清晰可见。阿尔比尼特别关注空间和物品实体形式之间的微妙平衡，这张桌子就是典型的例子。设计者使用本初状态的真正“原”材料，由此呼应了手工艺的传统。同时，他应用了极简的形式。1.2 厘米厚的抛光平板玻璃，置于镀铬的方形钢管框架上。“浮”在台面下的抽屉，由乌木色或白色漆面的橡木制成，抽屉后方留有一个方洞开口，可以放杂志或小书。这款桌子最早由加维纳于 1958 年生产，但通过诺尔找到了更为广阔的市场，后者于 1968 年收购前者。这款桌子设计简洁，摒除了所有装饰，使它在今天仍然显得十分时尚，诺尔仍在生产这款桌子。

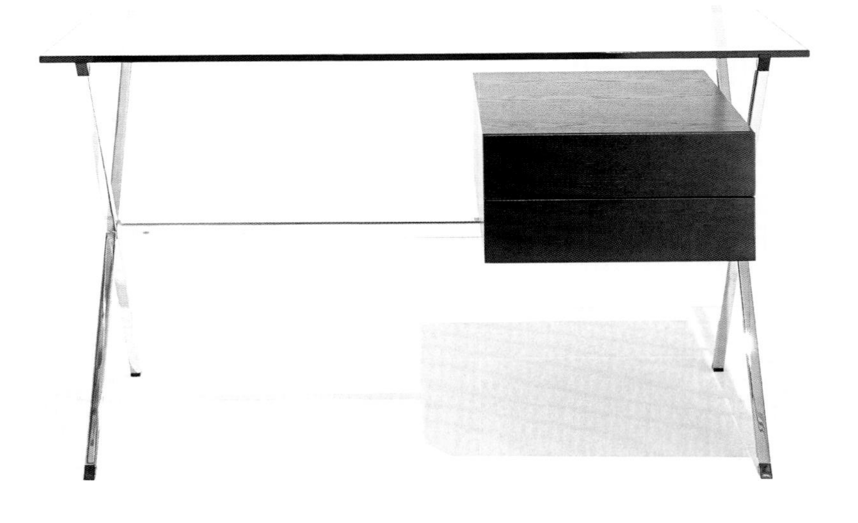

“梁”托盘 1958 年

Putrella

设计者：恩佐·马里（1932—2020）

生产商：丹尼斯，1958 年至今

恩佐·马里将一大块生铁工字梁的两头微微向上弯曲，利用这种一般用作建筑构件的材料，创造出了一款巧妙、美观的产品。马里，一个总是挑战现状的设计师，曾经这样描述自己的设计方法，“我选择了一个工业部件，一件纯粹、可爱的物品，然后我做出一个小小的改动，引入了一个不和谐的元素，那就是设计”。为丹尼斯制作的“梁”托盘就是这种理念的最好例证。虽然经常被描述为水果碗，但“梁”托盘并没有规定的功能。通过使用铁这种通常用在更大尺寸产品上的材料，马里捕捉和呈现出这种庞大的感觉，并将其置于桌面上。最初构思时，“梁”托盘是铁梁这一素材主题的众多变体之一，而事实证明它是生命力最持久的设计。实际上，它的形状很快成了设计师马里的招牌；他在后来的产品，即为艾烈希设计的阿伦托盘（Arran Tray）中使用了这一形状。就像所有最优秀的激进设计一样，它大大改变了我们对待日常用品的态度，使我们再也无法以旧有的方式看待它。

锥形椅 1958 年

Cone Chair

设计者：维尔纳·潘顿（1926—1998）

生产商：普拉斯-林杰家具公司（Plus-linje），1958 年至 1963 年；波利提玛公司（Polythema），1994 年至 1995 年；维特拉，2002 年至今

维尔纳·潘顿（Verner Panton）的兴趣在于试验塑料和其他新出现的人造材料。他设计的色彩鲜亮的创新几何造型成为 20 世纪 60 年代波普艺术时代的代名词。锥形椅这一成果代表着设计师的一个有意识的、自觉的决定，即，他摒除了任何关于椅子应该是什么样子的先入为主的观念。这款椅子有着圆锥形金属外壳，座椅带有可拆卸软垫，圆锥尖头朝下，置于十字形金属底座上。这把椅子最初是为他父母在丹麦菲英岛（Funen）上的餐厅昆姆-依根（Kom-igen，再来的意思）设计的。潘顿负责室内设计，所有元素——墙壁、桌布、女服务员制服和锥形椅的软衬部分——都是红色的。丹麦商人珀西·冯·哈林-科赫在餐厅开业时看到了这把椅子，提出立即将其投入生产；随后为实现这一投产计划，他成立了普拉斯-林杰家具公司。潘顿继续为“锥形”系列增加设计，包括酒吧凳（1959 年）、脚凳（1959 年）、玻璃纤维椅（1970 年）、钢椅（1978 年）和塑料椅（1978）。该系列产品现在由维特拉生产，在诞生 60 多年后，它们继续吸引着新一代消费者。

本田 C100 超级幼兽 1958 年

Honda C100 Super Cub

设计者：本田宗一郎（Soichiro Honda，1906—1991）；本田设计团队

生产商：本田（Honda），1958 年至今

小巧的本田 C100 超级幼兽，普遍被称为本田 50，可能是有史以来最重要和最具影响力的摩托车设计。在超过 60 年的持续生产中，这款小小的“奇迹”已经售出了 1 亿多辆（包括更新的型号和变体款）。其设计结合了创新的工程、高科技的生产和全方位的实用性。主要的指令性原则来自韦士柏摩托车：用护腿板很好地挡风遮雨；采用举步可跨式车架，这样女性可以穿着裙子骑行；还有一台号称免维护的发动机，隐藏在车身中。该产品是材料技术的奇迹，护腿板和前挡泥板使用塑料，脊梁式车架和车叉采用了冲压钢。但这款摩托车的核心，或许也是促成它成功的最重要的原因，是那微型的 49 毫升发动机。本田的这个小型四冲程发动机，配有卧式气缸、顶置凸轮轴和自动离合器，固装在封闭的发动机壳中，安静、易于启动和操控、运行省钱、易于维护。本田的成功也有赖于打入汽车为王的美国市场。摩托车之前被认为是肮脏的坏东西，令人讨厌，就像它们的骑手一样。“洗白”本田摩托的，是一句精彩出色的广告语，“在本田摩托上，你会遇到最好的人”，这句话在美国流行文化中引起了共鸣。

PH 球蓟灯 1958 年

PH Artichoke Lamp

设计者：保罗·海宁森（1894—1967）

生产商：路易斯·波尔森照明公司（Louis Poulsen Lighting），1958 年至今

保罗·海宁森（Poul Henningsen）的 PH 球蓟灯（俗称松果灯），灯罩的铜色调叶片如尖刺般伸出，倾泻而下，交错重叠，是 20 世纪最引人注目的灯具之一。它由位于哥本哈根的路易斯·波尔森照明公司制造，是建筑师海宁森的众多灯具设计中毫无疑问最出色的一个，代表了他几十年工作的巅峰。海宁森的大多数设计都包含一系列风帽式叶片，截面呈抛物线状，同心圆式排布——对着灯头的反光面通常涂成白色，层叠着罩住灯泡。海宁森非常精确地计算灯罩叶片的形状，制作了一系列图表，巧妙地展示光线穿过灯罩的路径，以及随后光线在房间内均匀分布的情况。在 PH 球蓟灯中，他遵循自己的基本理论，但灯罩是打开的，并分解成一连串充满活力、独立但重叠的叶片。它们用铜制成，内底面涂成白色，使发出的光更为温暖。它们的工作原理与海宁森更常见的灯罩相同——将光线均匀地反射到一个空间，将此灯变成了一件令人印象特别深刻的雕塑工艺品。

伊姆斯铸铝座椅 1958 年

Eames Aluminium Chair

设计者：查尔斯·伊姆斯（1907—1978）；雷伊·伊姆斯（1912—1988）

生产商：赫曼米勒，1958 年至今；维特拉，1958 年至今

这组椅子可说是 20 世纪生产的最杰出的座椅系列之一。伊姆斯铸铝座椅采用高品质材料的技术规范，符合人体工程学的精心设计和形态结构所带来的卓越舒适度相结合。每把椅子的椅面都由一片柔韧的弹性材料构成；两个铸铝侧框架之间的铸铝弓形横挡，使椅面保持紧绷状态。椅面下的这些横挡也连接到腿部底座。大致原理类似于行军床或蹦床。这款椅子的精妙之处在于其复杂巧妙的侧框架轮廓，其截面形状类似于对称分布的双 T 形梁（一个 T 在另一个 T 的上方）；这个结构控制了椅子形状，并负责连接（弹性椅面）膜布、横挡和可选装的扶手。赫曼米勒于 1958 年首次生产了初版的伊姆斯铸铝座椅套组（有时称为休闲组椅）。1969 年，该系列的一个变体面世，在基础弹性膜布上增加了 50 毫米厚的软垫，称为软垫组椅。这两个系列至今仍在生产，现在的生产商是维特拉和赫曼米勒。

2097 枝形吊灯　　1958 年

2097 Chandelier

设计者：吉诺·萨法蒂（1912—1985）

生产商：阿特卢切（Arteluce），1958 年至 1973 年；弗洛斯，1974 年至今

吉诺·萨法蒂（Gino Sarfatti）为阿特卢切设计的 2097 枝形吊灯，采用了传统枝形大烛台的形状，但增加了一些创新的现代花样，这不仅体现在新颖的设计解决方案方面，而且体现在技术创新方面。萨法蒂是意大利战后照明设计领域最重要的人物之一，他为阿特卢切设计了大约 400 盏灯具。阿特卢切由萨法蒂于 1939 年创立，在 1973 年被出售给弗洛斯。2097 枝形吊灯在阿特卢切所有产品中处于重要地位，主要是因为它在现代语境中重塑了枝形吊灯。此灯经过了改进和理性化精简，仅包括一个带有黄铜臂的钢制中心结构，形成了一个简单的悬挂装置。连接灯头的弯曲部分和灯泡都暴露在外；这些质朴的、不加修饰的特征蕴含在这件作品美丽的对称性和完整状态之内。2097 枝形吊灯是弗洛斯一系列再版产品中的一款。在许多方面，2097 枝形吊灯标志着一个时代的结束，也昭示照明设计新时代的到来；这个新时代的特征是执迷于塑料等新材料的可能性，以及更具未来感的太空造型。

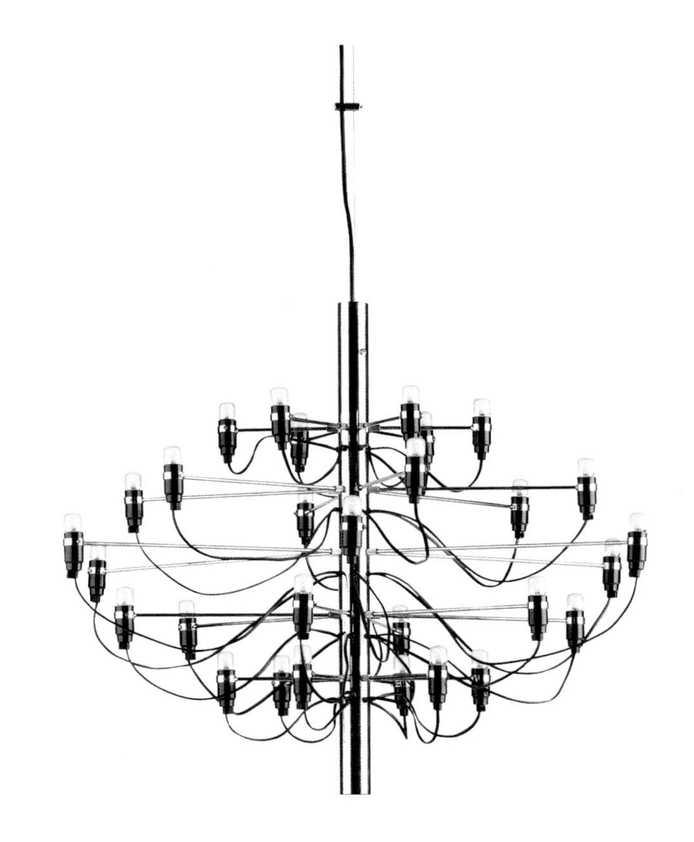

真尼斯 580 起钉器　　1958 年

Zenith 580 Staple Remover

设计者：乔吉奥·巴尔马（1924—2017）

生产商：巴尔马，卡波杜里和 C. 公司（Balma, Capoduri & C.），1958 年至今

如果说模仿是最真诚的恭维，那么真尼斯 580 起钉器无疑是过去 50 年来最受推崇的桌面办公用品之一，因为它的模仿者不可胜数。由乔吉奥·巴尔马（Giorgio Balma）于 1958 年在意大利沃盖拉（Voghera）设计的起钉器，有着颚状钳口，其物理性能毋庸置疑，生产商也宣称它可以移除任何订书钉，无论大小。它由镍铁和镍钢（即含镍的铁与钢材）制成，很容易会被误认为是一把重型钳子。手柄采用符合人体工程学的设计，舒适度高，装有弹簧，增加了控制力。生产商巴尔马，卡波杜里和 C. 公司成立于 1924 年，同年在米兰的交易会上亮相了独立品牌真尼斯（意即最高、最优）的第一批次系列产品，包括一个托盘式文件篮和用于复印信函的相关配件。自此，该公司以办公设备而闻名，因其简单耐用和永不过时的设计而备受赞誉。在组装前，订书机的各个组件都要单独测试，然后才会得到真尼斯著名的终生质保承诺。真尼斯 580 起钉器外形质朴，却是高品质制造和风格的体现。

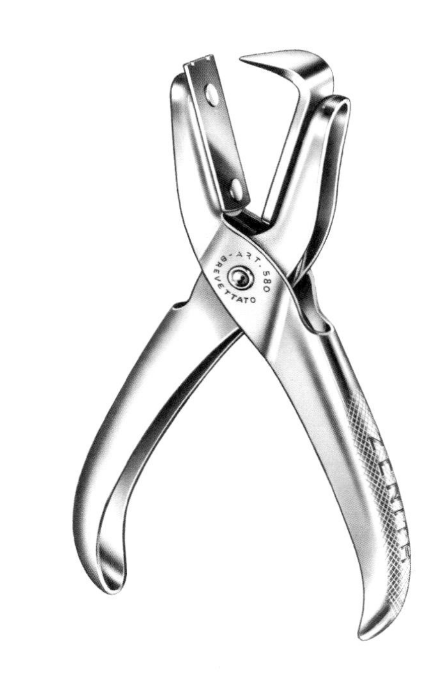

芭比娃娃 1959 年

Barbie

设计者：露丝·汉德勒（1917—2002）

生产商：美泰公司（Mattel），1959 年至今

看到女儿芭芭拉和伙伴们玩纸娃娃，注意到孩子们给纸娃娃编故事，露丝·汉德勒（Ruth Handler）迸发了芭比娃娃的设计灵感。她立刻意识到这种角色扮演活动的价值和意义，看到一个商机：成人模样玩偶的市场空白。露丝·汉德勒、艾略特·汉德勒与合作伙伴哈罗德·“马特”·马特森于 1945 年成立了美泰公司（Mattel，MATT 取自马特森的名字，而 EL 来自艾略特的名字）。在 1959 年纽约举办的美国玩具博览会上，三位美泰公司创始人展示了芭比，这个青少年时尚模特。这是此类偶像产品的首创，第一年就卖出了超过 35.1 万件。从一开始，芭比的衣橱就和她的形象一样重要，用户可以随着时代的变化更新芭比，使她的服装、发型、化妆和配饰跟上不断变化的时尚潮流，以保持她的竞争力。此外，让芭比与众不同的是，她提供了一种新的玩法，让女孩们可以通过娃娃投射出自己成年的模样。初版芭比娃娃高 29 厘米，重 0.3 千克，出售时配有黑白条纹泳衣、金色耳环。最重要的是，她的胳膊和腿可以移动，头部也可以左右转动。除了作为玩具的新颖性和她独立的气质外，芭比娃娃的成功很大程度上也归功于电视广告。

"丛林"TR82 收音机 1959 年

Bush TR82 Radio

设计者：大卫·奥格尔（David Ogle，1921—1962）

生产商：布什公司（Bush），1959 年至 20 世纪 80 年代，1997 年至今

事实表明，随身收音机经久不衰，长期受欢迎。它数次上市发售，也证明了这一点。第一款随身收音机，"丛林"MB60，出现在 1957 年。这种带有提手的电池供电的随身收音机，适逢 20 世纪 50 年代新兴的青少年市场，获利颇丰，但奶油色塑料结合镀铬的外壳那种微型阀组件技术很快就过时了。MB60 后来改版为 TR82 重新推出，成为经典的英国收音机并十分畅销。它看起来几乎与它的前身相同，但全新的晶体管技术意味着它可以播放得更响亮、更清晰。收音机的外观更多地归功于喜欢曲线和镀铬的美国风格流派，而不是德国电子产品的朴素又严肃的极简主义。机身正面的圆盘类似于 50 年代凯迪拉克车的速度表；圆环顶部配有金属装饰；里侧是用于盘面旋钮选台指示的慢指针。铝制底框架被塑料外壳覆盖。此机 B 型号的侧面为棕色，C 型号侧面为蓝色，均采用镀铬装饰。"丛林"TR82 收音机仍具有吸引力，因此于 1997 年重新推出；尺寸与原始版本相同，但存在细微差异。最初的两个波段按钮之外，新版增加了另一个，以适应新增的 VHF 波段，那标志性的圆盘周围，增加了一道装饰圈。

卡里马特 892 椅子 1959 年

Carimate 892 Chair

设计者：维科·马吉斯特雷迪（1920—2006）

生产商：卡西纳，1963 年至 1985 年；德帕多瓦（De Padova），2001 年至今

1959 年，建筑师维科·马吉斯特雷迪（Vico Magistretti）为米兰附近的卡里马特高尔夫俱乐部设计了会所。他为会所餐厅设计的椅子对其职业生涯产生了重大影响。虽然他也继续设计非凡的建筑，但在 1963 年卡西纳开始生产他的卡里马特 892 椅子后，马吉斯特雷迪便以产品设计师著称。这把椅子的灵感来自简朴的乡村家具，其中一个设计元素也模仿了在欧洲长期流行的带有灯芯草编织椅面的、框架为车削圆木的椅子。马吉斯特雷迪的成功，很大程度上归功于他的理念，即好的产品设计取决于设计师、热忱的生产商和熟练工匠之间的良好合作。他的设计过程依赖于简单而有力的观念，即以功能为中心的解决问题方式，而不聚焦于风格化。就这把椅子而言，他的方法产生了一个具有清晰结构且绝无不必要装饰的超然又纯粹的物品。框架由实心山毛榉木制成，与椅面座横木榫接的椅腿处更粗，在有需要处增加体积这一办法直接解决了主要的结构问题。在卡里马特 892 椅子的许多非凡特质中，那鲜艳的红色饰面也许功不可没：它指出了传统的关联，并将这种联想与构造概念上的简单性，一起融合在一个精妙的设计里。

“滑得多”雪地摩托® 1959年

Ski-Doo® Snowmobile

设计者：约瑟夫-阿曼德·庞巴迪（Joseph-Armand Bombardier，1907—1964）

生产商：庞巴迪休闲产品（Recreational Products），1959年至今

虽然在无数冒险电影中出现过，但“滑得多”雪地摩托最初研发出来，是作为加拿大白雪皑皑的偏远地区的救援车辆。最早的两个手工制作的原型雪橇车，是约瑟夫-阿曼德·庞巴迪送给其朋友莫里斯·维梅特的礼物。这是为了帮助传教士维梅特，让他便于接触安大略省偏远地区的志同道合者。从那时起，已累计生产了大约250万辆“滑得多”雪地摩托。庞巴迪从小就梦想要发明一辆机动单人雪橇，他15岁时设计了第一台自己的雪地车。他于1942年创立庞巴迪雪地摩托有限公司，生产履带式雪地车，服务于各种用途。更轻的电机的成功开发，再加上他儿子杰曼的贡献——打造了一种内置金属杆的新履带，老庞巴迪实现了自己的梦想。第一辆配备木制滑雪板和螺旋弹簧悬架的“滑得多”雪地摩托于1959年问世，售价为900美元。它包括一套全橡胶履带和一个只有6个运动部件的离心式离合器；其四冲程的科勒（Kohler）发动机，带来的最高速度为24千米/小时。上市的第一年生产了225台，但需求增长迅速，1963到1964年间生产了8000多台。庞巴迪最终用玻璃纤维引擎盖取代了原先的钢制引擎盖；至1968年，“滑得多”的“超级奥林匹克300毫升”型号已足够坚固，陪伴一支美国探险队深入北极，驰骋于冰雪天地。

IBM电动打字机 1959年

IBM Selectric Typewriter

设计者：艾略特·诺伊斯（Eliot Noyes，1910—1977）

生产商：IBM，1959年至20世纪80年代

受到其在哈佛学习时的导师沃尔特·格罗皮乌斯和马歇尔·布劳耶，以及勒·柯布西耶的著作的影响，美国设计师艾略特·诺伊斯了解了“国际风格”和现代欧洲设计；他试图建立一种连贯统一的设计路径。诺伊斯从1956年开始担任IBM的企业设计总监，他模仿了奥利维蒂公司的马切罗·尼佐利的方法，后来又模仿了迪特·拉姆斯为博朗所完成的设计工作。他的《设计实践手册》，为企业整体策略的实施制定了清晰明确的指导方针。一个典型范例，即诺伊斯1959年设计的IBM电动打字机。该打字机，是第一个采用俗称为“高尔夫球”字模及打字头的产品；这种字模装在“头与摇臂”的一个组件上，能在纸张上方移动，由此取消了传统的打字杆和活动的滑架。因为安装在易于更换的墨盒中，油墨的输送效率也大为改进。机身活动部件因此减少，诺伊斯充分利用了这一点，创造出一个光滑、简明、雕刻般的外壳，赋予机器一种高科技的感觉。能改变字模样式，采用彩色墨盒，还有“触击行程存储”（这意味着打字杆头部不会像传统机器那样卡住）。这些改进，都意味着巨大的成功。此机功能突出，令使用者得心应手，再加之无懈可击的专利屏障布局，预示着该电动打字机在十多年内一直是独一无二的产品。

公主电话 1959 年

Princess Telephone

设计者：亨利 · 德雷福斯（1904—1972）

生产商：西部电气公司、美国电话电报公司（Electric Company/AT&T），1959 年至 1994 年

在公主电话的款型设计于 1959 年出现之前，电话只不过是一件实用的家庭或办公室设备。到了 50 年代中期时，美国的家庭生活正在发生变化。西部电气的营销主管巴特利特 · 米勒意识到，大众对电话服务需求的增加，这是一个可以利用的营销机会。米勒希望电话能从住宅门厅转移到床头柜上。他要把电话作为女性生活方式的附属品进行营销，因为相对于男性，女性更乐于用电话聊天。1956 年，他聘请著名设计师亨利 · 德雷福斯来帮助实现他的愿景：旧品种的便利度极差，因此产品必须满足这个饥饿的市场，迎合市场需求方可大量销售。德雷福斯首先将电话装置简化为轻量化的、流线型的塑料件，重量比以前的型号减少 1.3 千克之多。他用现代的柔和色彩方案——以蜡笔粉彩为基础——取代了以往标配的黑色。新色彩包括白、米、粉红、蓝和绿松石色。重要的是，他还在拨号盘内侧增加了一个光源。当电话使用时，它便会发光，也可以用作床头小夜灯。“又轻，又亮，又可爱”，这句话就是伴随着新设计的营销标语。最初期的技术问题解决之后，公主电话确立了其作为美国“二战”后设计与营销的典范象征的地位。美国电话电报公司在随后的型号中对此产品持续更新，而同行业的无数竞争者也争相模仿。

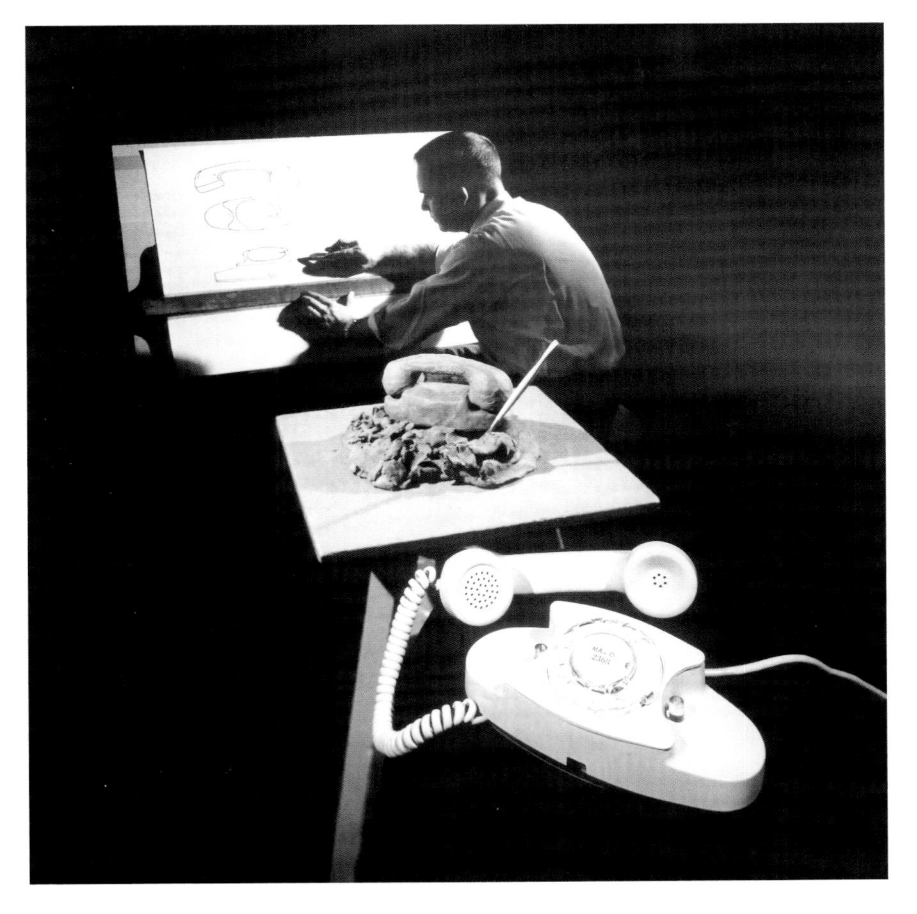

兰姆达椅子 1959 年

Lambda Chair

设计者：马可 · 扎努索（1916—2001）；理查德 · 萨珀（1932—2015）

生产商：加维纳、诺尔，1963 年至今

汽车业的制造方法多次给马可 · 扎努索的创作带去过影响，这尤其明显地体现在他与理查德 · 萨珀（Richard Sapper）一起为加维纳设计的兰姆达（Lambda，希腊语字母 λ，与椅子形状略有相似）椅子中。不过，尽管椅子采用了通常用于汽车制造中的钢板钣金加工法，但使用这种技术的灵感，则纯粹来自建筑工艺：用钢筋混凝土创建拱顶的那种技术，被扎努索转移到了兰姆达椅子的设计中。椅子的设计草图，便体现了他研究拱顶的成果。最初，兰姆达打算用钢板制作，但最终，他探索了新的热定型材料，原型椅子是用聚乙烯制成。扎努索一直想用单一材料来制作一把椅子，但拿不准设计应呈现为何种形状。他说，椅子最终的外观看起来好像是受到植物的启发，可能是一种“潜意识行为”的结果。整个职业生涯中，扎努索始终如一地努力创造既代表创新又兼顾舒适的设计。与扎努索的大多数设计一样，关于兰姆达椅子的研究也漫长而复杂，但它为未来的塑料椅子提供了一个蓝图，而且此蓝图如今仍得到广泛的借鉴。

TP1 便携式唱机收音机　　1959 年

Portable Phono Radio TP1

设计者：迪特·拉姆斯（1932—　）

生产商：博朗，1959 年至 1961 年

1959 年推出的这款简单的灰色塑料 TP1 便携式唱机收音机，也许是德国传奇设计师迪特·拉姆斯对产品设计务求整洁、简练的信念的终极表达。此唱机仅比它播放的 7 英寸唱片稍大一点。机身精简到只剩关键元素，仅有一个推式调谐开关，是用来控制设备的唯一的可见按钮，而扬声器则安装在收音机内的一个辅助构件单元中。该作品反映了 20 世纪 50 年代后期日益显著的产品小型化趋势。这款唱机设计于拉姆斯在博朗的职业生涯期间，在其加入后仅第 4 年就完成，标志着他从早期更复杂精细些的设计——例如他与汉斯·古格洛特设计的“SK4”超级唱机，又向前明显迈进了一步。这款收音机也许是他在新功能主义的传统中创作成果的顶峰。专注于几何化的简约感、剔除所有杂乱元素，是新功能主义风格的典型特征。这种风格在 20 世纪 50 年代发展起来，与那 10 年间高度装饰性、镀铬后光亮而俗气的美国设计风尚形成鲜明对比。拉姆斯后来将这一极简哲学应用于 70 年代末和 80 年代早期其标志性的产品：博朗电动剃须刀、闹钟和计算器。TP1 便携式唱机收音机的纯粹和简单，为产品设计的风格设定了标准，直至 20 世纪 90 年代。

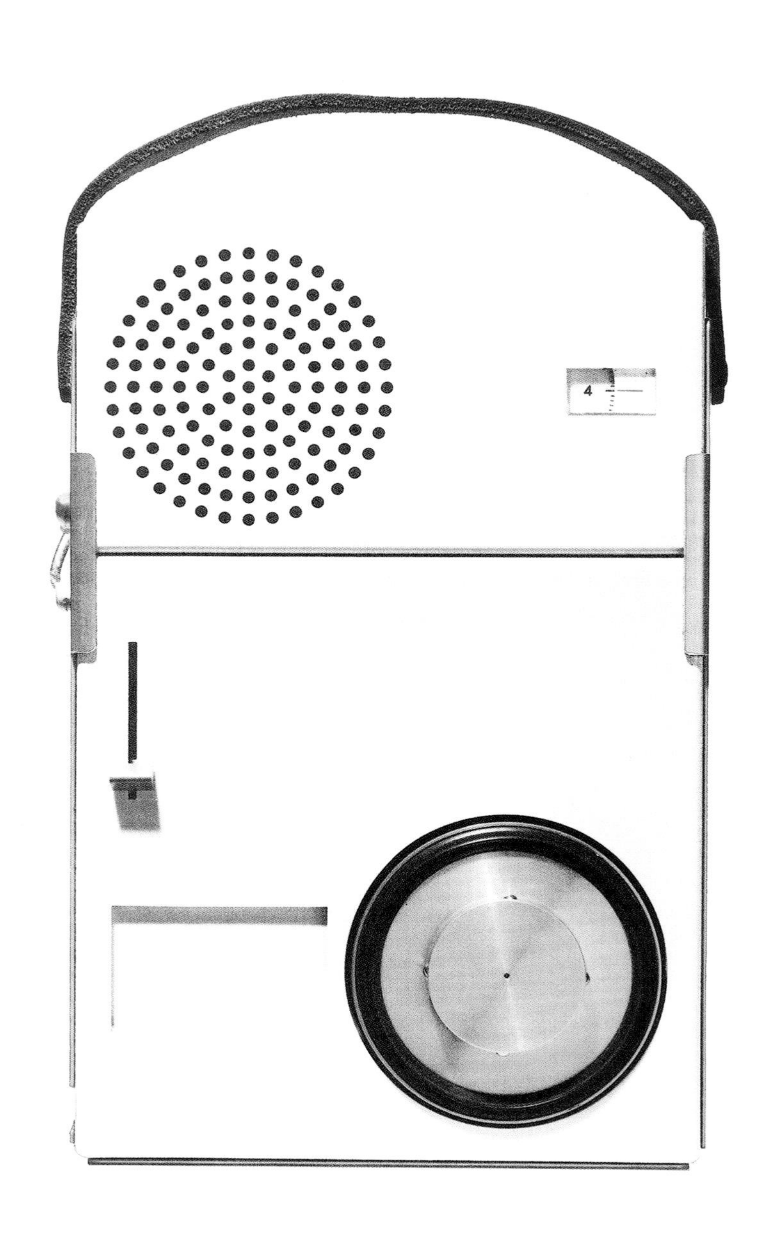

精一 A 型餐具 1959 年

Mono-A Cutlery

设计者：彼得·拉克（1928—2022）

生产商：塞贝尔精一金属制品厂（Mono-Metallwarenfabrik Seibel），1959 年至今

精一 A 型餐具套组配得上其地位。关于这一点，最能说明问题的证据是自它最初在德国设计和制造以来，几十年间都一直没有什么重大改变。精一 A 型是第一款设计，后来衍生扩展成系列化的更多产品；这是 20 世纪 50 年代后期现代主义的完美体现。干脆利落的一体式餐刀、叉子和勺子，从标准化的金属板材切割而出，构成一个相当朴实、节制的定位及立场声明。不过，对于心甘情愿接受民主设计理念的“二战”后的年轻德国来说，这依然有吸引力。在新的精一 T 型和精一 E 型系列中，即使因柚木和乌木手柄的添加，原先那严格的实用主义的硬性规定变得稍稍放松，但最终的成品仍然与最初的 A 型餐具一样简朴、节制。餐具的设计师彼得·拉克（Peter Raacke）是一位年轻的德国金银匠。他忠实地坚持纯正、洗练的纯粹主义，在其餐具中灌输了一种经典的魅力，不受 60 年代初不断变化的时尚的影响。这也是“精一”系列持续获得商业成功的根本所在。今天，这些产品透露的讯息，仍像 1959 年首次问世时一样乐观和现代。本系列现在依旧是德国最畅销的餐具设计之一。

TC 100 餐具 1959 年

TC 100 Tableware

设计者：汉斯·“尼克”·罗里希特（1932— ）

生产商：罗森塔尔公司，1962 年至 2006 年；霍加卡（HoGaKa），2010 年至今

汉斯·“尼克”·罗里希特（Hans ‘Nick’ Roericht）的 TC 100 餐具，是为他在乌尔姆设计学院的毕业展示项目而设计，他当时师从托马斯·马尔多纳多（Tomás Maldonado）。罗里希特的设计明确阐释了乌尔姆设计学院奉行的设计哲学：学院公开鼓励以应用和制造工艺研究为基础的“系统化设计”。这一套组的成功，不仅在于其现代风格和易用性，还在于其对存储便利度的通盘考虑。类同化的统一系统，基于两种模块化形式：所有碗和盘子的侧边、立面都使用一致的固定角度；杯子、锅、罐子、水壶在垂直方向上可联动互锁、彼此扣盖。此设计允许所有具有相同直径的不同单品、组件堆叠在一起，无论那原本是什么类别。这款餐具采用防碎裂瓷工艺制成，非常坚实耐用。自 1962 年罗森塔尔公司首次生产以来，TC 100 餐具已成为标杆原型，被广泛模仿。它确立起一个样板，对此给出示范：理性的现代主义设计理想应如何执行和实践，方能成功生产出使用寿命持久、美观吸引人且极为实用的餐具。

T120 博纳维尔摩托 1959 年

T120 Bonneville

设计者：凯旋设计团队

生产商：凯旋，1959 年至 1983 年

凯旋博纳维尔及其标志性的立式双缸发动机，由爱德华·特纳（Edward Turner）设计，是 20 世纪英国摩托车的定义之作。20 世纪 50、60 年代是英国摩托车设计的辉煌岁月，而凯旋品牌（Triumph）是其中的心脏和灵魂。特纳在 30 年代中期设计了立式双缸发动机以及“凯旋飞速双缸”发动机，这是后续所有凯旋车型的模版。凯旋知道自己大有胜算，也确信其作为欧洲行业领导者的地位，只以微小的变化增量来更新设计。而凯旋的优势如此之大，特别是在美国市场也一样，以至于像哈雷-戴维森这样的竞争对手都调整了他们的生产，设法抗衡 T120 博纳维尔动力强、轻量化的特色，以及那欧洲风格的敏捷性。T120 博纳维尔的地位在整个 60 年代都一直稳定保持，而后来单元构造的博纳维尔，将变速箱与发动机融为一体，被许多人认为是凯旋成就的顶峰。但变化还是来了，与卓越的日本设计一起到来：从轻量级的代步小摩托（本田 C100 Cub 无疑是最好）到第一辆真正的超级摩托，本田 CB750，都带来新意。日本人的生产方法、技术和营销极富远见，可谓前瞻了半个世纪。凯旋遭冲击，完全措手不及，但从 21 世纪初回看，T120 博纳维尔的持久品质不容否认，也不该被忽视。

潘顿椅 1959 年至 1960 年

Panton Chair

设计者：维尔纳·潘顿（1926—1998）

生产商：赫曼米勒、维特拉 CH/D（Herman Miller/Vitra CH/D），1967 年至 1979 年；号角、WK-联合会（Horn/WK-Verband），1983 年至 1990 年；维特拉，1990 年至今

潘顿椅外观有欺骗性，看似很简单：一个有机体般流动的形式，最大限度地利用了塑料那无限的变化形式。椅子的后背部下滑流入椅面，而椅面又流入下方镂空切开形成的底座。这整个一体化的形状，创造了一把可堆叠的悬臂椅子，其复杂又自主独立的统一感，看上去极具特色。这是第一把用无接头无接口的连续材料制成的椅子，可以连续地大批量生产。维尔纳·潘顿在 20 世纪 60 年代初首次展出了椅子的原型。但直到 1963 年，他才找到有远见的生产商，瑞士的维特拉 CH/D 和美国的赫曼米勒。最终，第一批可使用的椅子在 1967 年问世，限量版，仅发行 150 件，材料用了冷压的玻璃纤维增强型聚酯纤维。自首次亮相以来，此椅又经历了几次停产和更新改造，以解决结构疲劳的问题，并提高制造质量。自 1990 年以来，维特拉一直采用注塑聚丙烯作为生产材料。最初的潘顿椅子，有 7 种鲜艳的色彩，还有那种非正式的流动的形状，捕捉并体现了当时的波普艺术流行文化。因此，这把椅子被广泛使用于各类媒体上，并迅速开始成为 60 年代那“一切皆有可能”的技术和社会精神的代表。

碰碰球　　1960年

Pon Pon

设计者：阿奎利诺·科萨尼（1924—2016）；莱德拉戈马设计团队

生产商：莱德拉塑料（Ledraplastic），1963年至1969年；莱德拉戈马（Ledragomma），1969年至今

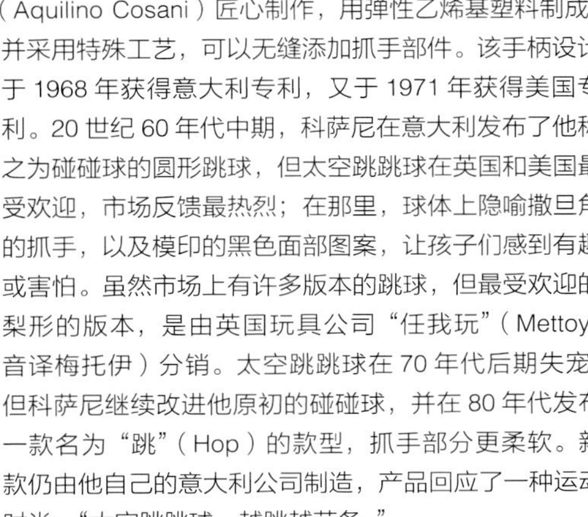

太空跳跳球（Spacehopper）在20世纪70年代初的英国和美国“弹跳”登台，赢得市场。那是一个坚固的大号气球，带有抓手手柄，可以防止人们在运动时失衡滑落，尽管运动的方向更多是垂直上下而不是水平移动。也许并不奇怪的是，此球诞生于意大利，而那里是20世纪60年代时兴的充气家具的生产地。这款大尺寸充气玩具，由意大利手工业者阿奎利诺·科萨尼（Aquilino Cosani）匠心制作，用弹性乙烯基塑料制成，并采用特殊工艺，可以无缝添加抓手部件。该手柄设计于1968年获得意大利专利，又于1971年获得美国专利。20世纪60年代中期，科萨尼在意大利发布了他称之为碰碰球的圆形跳球，但太空跳跳球在英国和美国最受欢迎，市场反馈最热烈；在那里，球体上隐喻撒旦角的抓手，以及模印的黑色面部图案，让孩子们感到有趣或害怕。虽然市场上有许多版本的跳球，但最受欢迎的梨形的版本，是由英国玩具公司“任我玩”（Mettoy，音译梅托伊）分销。太空跳跳球在70年代后期失宠，但科萨尼继续改进他原初的碰碰球，并在80年代发布一款名为“跳”（Hop）的款型，抓手部分更柔软。新款仍由他自己的意大利公司制造，产品回应了一种运动时尚：“太空跳跳球，越跳越苗条。”

油和醋瓶　　1960年

Oil and Vinegar Bottles

设计者：船越三郎（1931—2010）

生产商：豪雅水晶（Hoya Crystal），1960年至2003年

自1960年问世以来，这种调味品套装持续生产，直到2003年。日本一流的玻璃艺术家船越三郎（Saburo Funakoshi）为他在东京松屋百货公司（Matsuya）的个人展览设计了这些瓶子。他担任豪雅水晶设计部门的负责人，直到1993年退休。豪雅以优雅的水晶玻璃产品和餐具而闻名。该套装中包含有酱油、盐和芥末的容器，有两种容量可选：150毫升和240毫升。较大的瓶子，用于在餐桌上混合装入油、醋和其他调味料，其中带有一个特殊的塞子来完成混调的目标。一根短玻璃棒将木质顶塞固定到一个玻璃球上，要混合瓶里的内容物，使用者需紧紧握住瓶子，向下推塞子摇晃。玻璃球密封着瓶子的颈部，使之在摇晃时不会有任何液体逸出，并确保瓶子的顶部保持清洁。该设计的形状参考了传统的日本陶器和漆器餐具，玻璃球由熟练的工匠吹制。每个球体内部都有一个形状不规则的中空部分，因此让产品呈现出独特的个性化特质。此设计于1964年获得日本优良设计奖（G-Mark），并于1980年再获殊荣，拿到表彰产品生命力持久的“长青设计奖”。

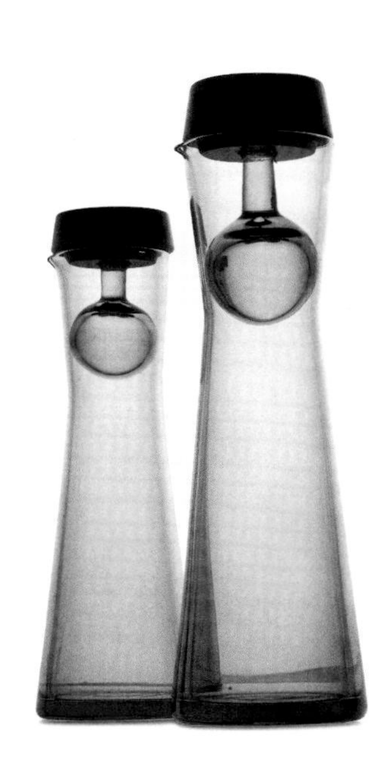

斯普吕根啤酒屋吊灯　　1960 年

Splügen Bräu Lamp

设计者：阿奇勒·卡斯迪格利奥尼（1918—2002）；皮埃尔·贾科莫·卡斯迪格利奥尼（1913—1968）

生产商：弗洛斯，1961 年至今

1960 年，阿奇勒·卡斯迪格利奥尼和皮埃尔·贾科莫·卡斯迪格利奥尼兄弟俩受阿尔多·巴塞蒂（Aldo Bassetti）的委托，设计了后者的斯普吕根啤酒屋与餐厅的内部。该场地位于米兰，在路易吉·卡西亚·多米尼奥尼设计的一栋建筑内。卡斯迪格利奥尼兄弟为该项目设计了好几样配套件，其中就包括这款吊灯。灯头优雅地悬挂在每张桌子的上方。灯罩由厚厚的波纹状起伏的抛光铝制成，配有高度抛光的、旋转加工出来的内侧铝面反射碗。带有凸起螺纹的灯罩体，有助于散发从灯泡辐射出的热量。灯泡大头圆顶镀银，从而释放出间接、但被反射后也很集中的光线。放在头顶上方的辅助照明，灯光能从灯罩的抛光表面反射出来，有助于突出此吊灯的存在以及那引人注目的涟漪状效果。1961 年，意大利领先潮流的灯具生产商弗洛斯将灯投入生产，今天仍继续享受着此灯在商业上的成功。另外，卡斯迪格利奥尼为斯普吕根啤酒屋设计的烟灰缸、伞架、高背吧台椅、啤酒杯和开瓶器，多年来也一直都在生产。卡斯迪格利奥尼两兄弟那功能性的纯粹主义的方法，总是以某种俏皮的反转在趣味上得到提升，并继续启发着世界各地的设计师。

索尼便携式 TV8-301 型电视　　1960 年

Sony Portable TV8-301

设计者：索尼设计团队

生产商：索尼，生产时间因国家 / 地区而异

索尼为便携式收音机研发晶体管技术建立了良好的声誉。20 世纪 50 年代后期，公司将注意力转向了这些技术在电视上的应用。作为第一台直观式（非投射，直接显示）晶体管电视和在美国销售的第一台日本电视，索尼便携式 TV8-301 型电视是一个重要的里程碑。在晶体管发展之前，电视机是性能不可靠的笨重物品，被阀门工艺技术所限制。索尼团队在微型电器设计方面的精湛天赋，创造了该产品不同寻常的形状——机身形态主要由 20 厘米显像管的尺寸决定。索尼的显像管水平居中安装，让观看者可从前面各个角度看到图像。这台机器只有 6 千克重，是真正的便携式，可接交流电、变压 6V 的直流电或充电电池来运行。首先设计机身内部，包括显像管和底架，外部则围绕内部构件来布置，顶部有一个帽舌式挡板，充当遮阳板以减少眩光。由于价格高昂，TV8-301 卖得并不好。当时，电视仍然被认为是一种奢侈品，而更大更便宜的电视机则代表着更高的性价比。尽管此机耗资不菲，功能质量的可靠性也成问题，但它照样拥有一群忠实粉丝，这些人当中，据称包括肯尼迪总统。

柚木冰桶 约 1960 年

Teak Ice Bucket

设计者：延斯·奎斯特加德（1919—2008）

生产商：丹斯克国际设计，1960 年至约 1990 年

在丹麦银匠乔治·杰生那里接受训练后，延斯·奎斯特加德主要为丹斯克国际设计工作，协助公司生产了一系列日常家用品，比如盐粒和胡椒研磨罐、烛台和家具。这个柚木冰桶是他最受欢迎和最出名的设计款型之一，展示了他借由应用光滑的木制表面，通过简单、均衡的形状和现代的构建方法，所达成的品质和工艺。虽然柚木冰桶与乡村简朴的木提桶关系最为密切，但其形状与 18 世纪日本有田烧（有田町窑炉烧制）或 19 世纪英国斯塔福德郡的陶瓷版小桶有很多共同之处。奎斯特加德选择使用木材，这受到了 3 方面的启发：他曾有过的雕刻师训练、维京人的随船大艇和斯堪的纳维亚工艺传统。他对桶板的使用，让人想起大艇船体的重叠木板材或木制大车的建造，而多处具有清晰可见纹理的无装饰的木头，则指涉关联到了传统工艺。这件作品重述了卡尔·克林特曾提出的丹麦设计的基本原则之一，即以成功的历史款型为基础来构建现代物品。由塑料制成的隐藏式内衬，则帮助完成了艺术上内敛克制但非常成功的一种融合——将过去的工艺思想与现代的理念相融合，而斯堪的纳维亚设计也正是因为这一点而广受赞誉。

堆叠式儿童椅 1960 年

Stacking Child's Chair

设计者：马可·扎努索（1916—2001）；理查德·萨珀（1932—2015）

生产商：卡特尔，1964 年至 1979 年

1957 年，意大利设计师马可·扎努索开始与德国设计师理查德·萨珀合作。他们最初的，也是最成功的项目之一，是 1964 年为卡特尔公司完成的一种可堆叠、不带加筋强化支撑的塑料小型儿童椅。设计师们也考虑过使用层压板，但由于安全问题，还有清漆容易划伤，所以放弃了层压板。最终的设计，是注塑聚乙烯的椅面椅背，带有条纹，与独立的、配有橡胶脚垫的注塑椅腿结合；这也是用该材料生产的第一个大型物件。聚乙烯的专利在 20 世纪 60 年代中期到期，因此降低了材料成本。这把椅子轻巧而俏皮，有数种鲜艳的颜色可选。虽然很像玩具，适合布置在儿童房，但它也足够重、稳定，不会歪倒。两位设计师与卡特尔密切合作，打造出更大的支撑椅腿，以求得额外的稳定性。椅子可以堆叠，也可以横向连接，来创建一个类似“吉古拉特”（ziggurat，古代亚述金字塔）般的结构体。60 年代的部分设计让人们相信，塑料是现代家庭用品的合适材料，而这把椅子便是其中之一。卡特尔持续生产此椅，直到 1979 年；随后的停产是由于儿童的平均体型增大了很多，以至于原来的尺寸已不再适用。这把椅子反映了扎努索不断尝试各种材料的开放精神，并荣膺业内声望卓著的金圆规奖。

塑料冰激凌勺　　20 世纪 60 年代

Plastic Ice Cream Spoon

设计者身份不详

生产商：多家生产，20 世纪 60 年代至今

平凡的日常用品，也可以是设计界的无名英雄。20 世纪 60 年代开发出的，随附在单盒独立包装冰激凌内的塑料小勺子便是一个完美的例子。当时，塑料仍然是相对较新的材料，但由于制造技术和化学组分合成试验的突破，这种材料的发展机会似乎是无穷无尽的。60 年代期间，价格实惠的塑料制品涌入市场，成为完美的家居日用品。新塑料制品不再脆弱易碎，不再是单一深色，而是色彩鲜艳、柔韧、卫生且易于清洁。60 年代冰激凌摊出现，这些摊位出售盒装冰激凌，作为甜筒或威化蛋卷冰激凌的替代选项。由于没有像锥形蛋筒那样可食用的容器，因此需要一个勺子来挖冰激凌。而巧妙的解决方案是在盒盖上面附一只小勺。一次性冰激凌勺取代了木质小刮片，并立即被厂商采用。勺子的匙兜扁平，便于包装，而宽手柄易于抓牢；扁平的边缘前端利于铲入冷冻食物。制造业的工业制模成型技术，让勺子可快速、廉价和大批量生产。虽然勺子被设计为一次性的，但也经常被清洗后重复使用。

“时代 – 生活”凳或胡桃木凳　　1960 年

Time-Life or Walnut Stools

设计者：查尔斯・伊姆斯（1907—1978）；**雷伊・伊姆斯**（1912—1988）

生产商：赫曼米勒，1960 年至今；维特拉，1961 年至今

此设计，最初是受委托为纽约的“时代-生活”大厦（洛克菲勒中心的一部分，因《时代》杂志及其子刊《生活》租用而有此名）的大厅定制。它主要归功于雷伊・伊姆斯。此木凳可用作凳子或偶尔当成矮几小桌用。这一作品的顶部和底部是相同的，有 3 种变体设计，但只有加工出的中央部分的形状不同。凳子用实心的大块胡桃木经车床加工制成；这是一种古老的木工技术，能强化突出每块木材的特性。这与伊姆斯其他大多数设计的那种高度整饰的、精细工程化的特质形成鲜明对比（也许略具讽刺意味的是，像伊姆斯的所有产品一样，这些凳子也是机器制造的）。这些胡桃木凳的形式受到来自其他大陆的艺术的启发。在伊姆斯夫妇的创作中，这是一个不寻常的启迪来源，但在 20 世纪的前卫艺术中，却是一个常见的参考来源。至 50 年代，这种异域元素已是现代室内装修“好品位”的象征。因此，虽然这对夫妇的许多作品都很容易识别——无论用胶合板还是玻璃纤维材料来表现，一整个系列的椅子的有机的形式都是相关联的，但“时代-生活”凳，作为两人规模庞大的设计作品中仅有的实木设计，与他们有规划的设计路径并不契合。这些凳子作为唯一的异类，从反面凸显了夫妻俩其余作品所体现的规则。

文明银丁刀具　1960 年

Bunmei Gincho Knife

设计者身份不详

生产商：吉金株式会社（Yoshikin），1960 年至今

这些漂亮的刀具，受到武士刀的影响，融合了传统与现代技术，为制备日本料理而研发。文明银丁刀具（也译作“文明银人刀”）于 1960 年由吉田金属工业公司首次生产，公司后来改称为吉金株式会社。公司受到医用手术刀的启发，采用了含有钼的高级不锈钢；这种钢材高度耐腐蚀，且易于维护。文明银丁刀具是第一批用不锈钢制成的日式风格专业刀具。日本餐饮与卫生协会于 1961 年给此刀具颁授奖章，后来日本皇室家族也偏爱购买它们。随后的年月里，这些刀具销往世界各地，而产品的良好声誉一直持续至今。吉金的工厂位于以生产金属制品而闻名的燕市（Tsubame）。文明银丁刀具配木质手柄，刀把与刀片连接处为塑料，需要小心处置和维护。然而，这种工艺与刀本身的用途和优雅气质倒是高度匹配，使之成为制备美妙日本料理的完美刀具。

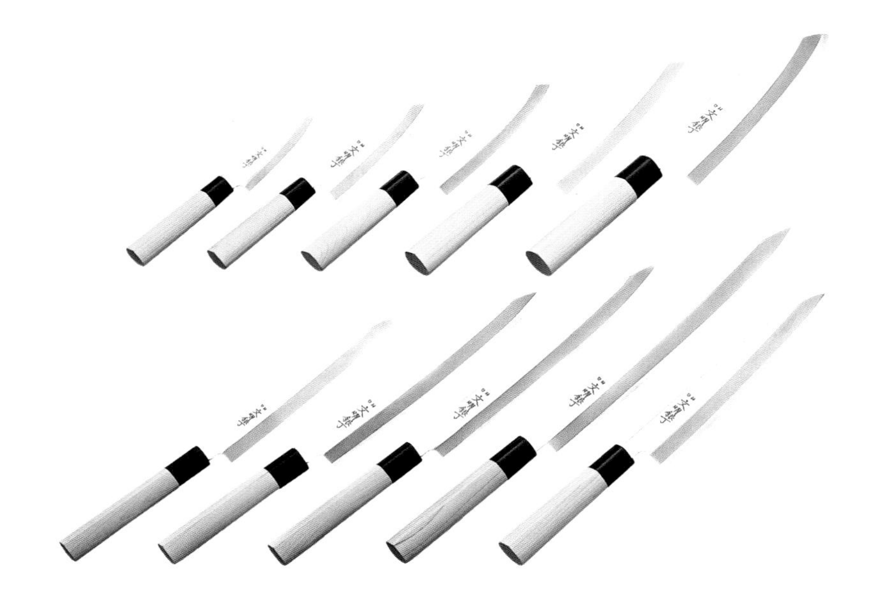

桑卢卡椅　1960 年

Sanluca Chair

设计者：阿奇勒·卡斯迪格利奥尼（1918—2002）；皮埃尔·贾科莫·卡斯迪格利奥尼（1913—1968）

生产商：加维纳、诺尔，1960 年至 1969 年；贝尔尼尼，1990 年至今；柏秋纳·弗洛公司，2004 年至今

乍一看，桑卢卡椅的整体看起来像一把老式的椅子。从正面看，它类似于一张 17 世纪意大利巴洛克式的椅子，但它也受到翁贝托·博乔尼（Umberto Boccioni）的未来主义雕塑的影响。使用中空的、模制出来的嵌板部件，让椅子具有宽敞和符合空气动力学的外观。这种诙谐的悖论式组合，是所有卡斯迪格利奥尼设计的特征。桑卢卡椅的概念是革命性的，并没有先打造一个框架，然后接着铺设衬垫材料，而是将预先模制好并装上了内衬软垫的嵌板安装在冲压制成的金属框架上。这种工业技术在汽车座椅的制造中很常见，卡斯迪格利奥尼兄弟希望他们的椅子同样也可以规模化量产。不幸的是，实际情况并非如此，因为椅子的构造过于复杂。椅子由 3 部分组成：椅面、靠背及侧面围挡。椅面用预制成型的金属材料打造，再覆盖上聚氨酯泡沫衬垫，椅子腿则用紫檀红木制成。最原初的椅子，由加维纳公司于 1960 年生产，再由诺尔于 1960 年至 1969 年生产，外层饰面为皮革或棉布。1990 年，贝尔尼尼公司重新发售此款椅子，外层饰面为自然原色、红色或黑色皮革，并对原设计进行了微小的技术调整，由阿奇勒·卡斯迪格利奥尼监制。

萨帕涅瓦铸铁锅 1960 年

Sarpaneva Cast Iron Pot

设计者：蒂莫・萨帕涅瓦（1926—2006）

生产商：罗森柳公司（Rosenlew & Co.），1960 年至 1977 年；伊塔拉，2003 年至今

萨帕涅瓦铸铁锅由黑色铸铁制成，里壁为白色搪瓷，既有现代风格，也是人们熟悉的常见物，其造型部分借鉴了芬兰民间传统铁锅的简单形式：锅的可拆除木手柄能够体现出这一点。手柄方便将锅体从炉子上提起，放到桌子上。蒂莫・萨帕涅瓦（Timo Sarpaneva）也忠于斯堪的纳维亚的现代主义原则，即被奉上神坛的应该是人，而不是机器。他认为，无论多么良好的设计，产品都只应以合理的价格出售。在这个采用传统铸铁技术制作的锅中，萨帕涅瓦预言了一种更放松、更现代的饮食方式，并为"从炉头到餐桌"这一类型的器皿开辟了道路。他更喜欢以能展现自己国家工艺传统高品质的方式工作。他坚信，"如果你不熟悉传统，你就无法延续和更新它们"。萨帕涅瓦将触觉上的愉悦和自然的形态视为设计的重要组成部分。这款铸铁锅，最初是由罗森柳公司制造。它非常受欢迎，以至于被印在芬兰邮票上，于 2003 年由伊塔拉重新生产上市。

劈锥曲面斜椅 1960 年

Conoid Chair

设计者：中岛乔治（1905—1990）

生产商：中岛工作室（Nakashima Studios），1960 年至今

在曲木胶合板和金属成为大多数家具设计师的首选材料的时代，中岛乔治（George Nakashima，乔治为其英文名，原日语名为中岛胜寿）毫不避讳地标举木材，赞美木头最自然原始的状态。虽然劈锥曲面斜椅比他的许多设计都更精细，但所用木材的丰富特性和质感，仍然极为显著、一目了然。中岛对细木工艺了解深入，由此造就了一把令人印象深刻的坚固椅子。其悬臂结构，并不像他的批评者所声称的那样不稳定。劈锥曲面斜椅是在宾夕法尼亚州新希望的中岛庄园构思设计。一年前，他完成了"弧椎顶工作室"（Conoid Studio）的建设。据说，房子那混凝土薄壳的屋顶激发了劈锥曲面斜椅系列的灵感。设计系列中还包括有餐桌、长椅和书桌。中岛出生在美国，但父母均为日本人，且都是武士家族的后裔。对他的家具设计同样产生影响的，是美国的震颤派风格。虽然大多数美国家具设计师都专注于测试和突破技术极限，但中岛鼓励采用更加以工艺为基础的创作路径。不过，他的风格完全是现代的，他注重实用功能的核心信念也同样现代。其作品至今仍受到追捧。

五件套料理搅拌碗　1960年

Mixing Bowls

设计者：柳宗理（1915—2011）

生产商：上阪商事株式会社（Uehan-Shoji Company），1960年至1978年；NAS贸易公司（NAS Trading Company），1978年至1994年；佐藤商事（Sato-Shoji），1994年至今

柳宗理设计这五件套的、用于搅拌制作料理的碗时，他是从模型而不是从图纸开始。他说，“当你制作一个要手工使用的物品时，那就应该手工制作才对。”做了许多试验模型之后，每个碗的大小和形状才得以确定。最小的碗，设计用途是制作调料或酱汁，直径13厘米。最大的碗，直径27厘米，可用于清洗蔬菜或装入冰块用作冷酒器。所有碗的底部都是平坦的，而且特别厚，使它们比常规的碗更重。碗用不锈钢制成，表面呈亚光拉丝工艺效果。碗口边缘被小心地卷起压紧，这样它们就不会卡住冲刷工具或积存污垢碎屑。最初，这些碗是应上阪商事株式会社约请而设计，但自1994年以来，它们一直由佐藤商事制造。1999年，柳宗理设计了过滤网和过滤盘，用材是冲孔不锈钢薄板，分别适配于每只碗。近年来，他被年轻一代重新发现，这些碗和过滤网，也成为日本最畅销的厨具系列之一，因为功能实用和美观而备受赞赏。

使いやすくあきのこないシンプルなデザインを心がけています。素材は丈夫で清潔な18-8ステンレスを基本にして用途に応じパンチング材、エキスパンドメタル、ブルーテンパ材、鉄鋳物、耐熱強化ガラス等を使用し、使いやすく耐久性があるものとなっています。

16cm　¥1,365
φ160×H68　0.6L

ふた19cm　¥1,155
φ192×H18

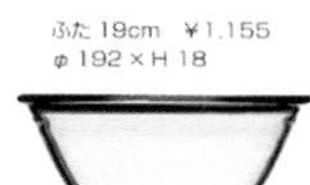

19cm　¥1,575
φ192×H85　1.2L

23cm　¥2,310
φ240×H102　2.0L

耐熱ガラスボール

使いやすくシンプルなデザインのガラスボールです。調理から盛りつけ保存まで幅広くお使いいただけます。耐熱強化ガラスを使用しているため電子レンジからオーブンまで使え、ショックに強く、割れにくいのが特徴です。チタンコーティングが施されているので汚れが着きにくく、汚れが着いても簡単に落とせます。別売のステンレス製パンチングストレーナーと組み合せて使えるよう、大きさを揃えてあります。直火での使用はできません。

耐熱ガラスふたについて
ふたは19cmのみですが、ボール19cmと16cmにお使いいただけます。本体と同じ耐熱強化ガラス製なので電子レンジ、オーブンで使用できます。
直火での使用はできません。

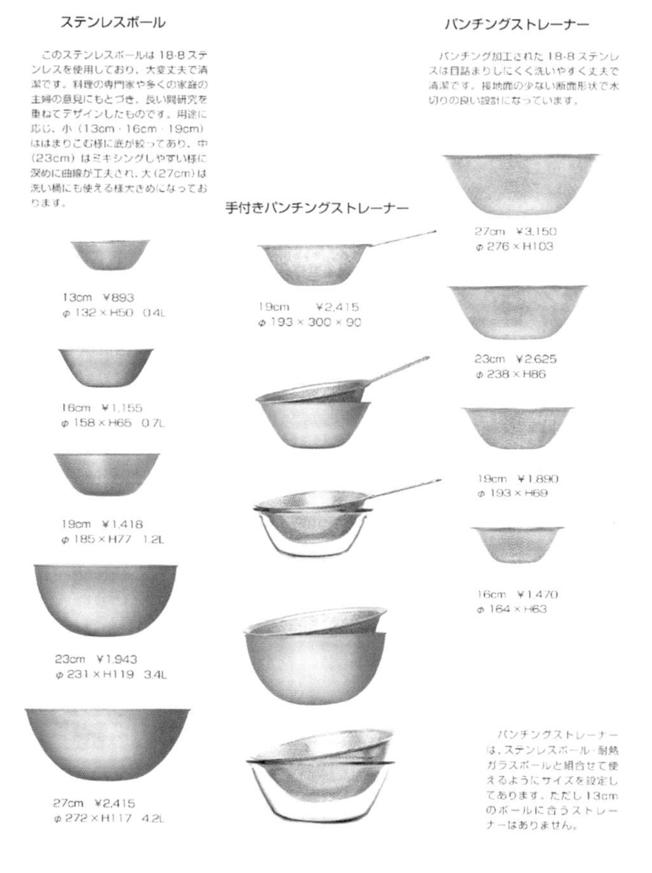

子爵茧灯 1960 年

Viscontea Cocoon Lamp

设计者：阿奇勒·卡斯迪格利奥尼（1918—2002）；皮埃尔·贾科莫·卡斯迪格利奥尼（1913—1968）

生产商：埃森基尔（Eisenkeil）、弗洛斯，1960 年至 1995 年，2005 年至今

乔治·纳尔逊对灯具金属框架结构的试验，启发阿奇勒·卡斯迪格利奥尼在 20 世纪 60 年代为弗洛斯设计了一系列装饰灯。子爵茧灯是这个系列的作品之一。虽然弗洛斯生产过卡斯迪格利奥尼兄弟俩早期的设计，但使用"茧"（一种塑料聚合物薄膜，或美国生产的玻璃纤维纺丝布）为材料的子爵茧灯，才真正让公司声名大噪。意大利进口商阿图罗·埃森基尔（Arturo Eisenkeil）研究了这种材料可能实现的新应用，并决定与迪诺·加维纳（Dino Gavina）和切萨雷·卡西纳（Cesare Cassina）这两位家具界名流合作，创建弗洛斯。这一生产照明设备的公司，最初成立于意大利的梅拉诺；第一批制造的茧灯便是卡斯迪格利奥尼兄弟设计的"子爵""蒲公英"（Taraxacum）和"猫"（Gatto）。这种聚合物材料，会喷出蜘蛛网状的细丝，形成一种永久且柔韧可塑的薄膜，防水并且抗腐蚀，防灰尘、油渍、气体，甚至耐受柠檬酸、酒精和漂白剂。"茧"可用作任何类型的表面或材料，能承受重载，负重去除后可恢复到原初的形状。在公司独有的"茧"专利许可到期后，弗洛斯最终关停了这个产品线，但 2005 年又恢复生产。

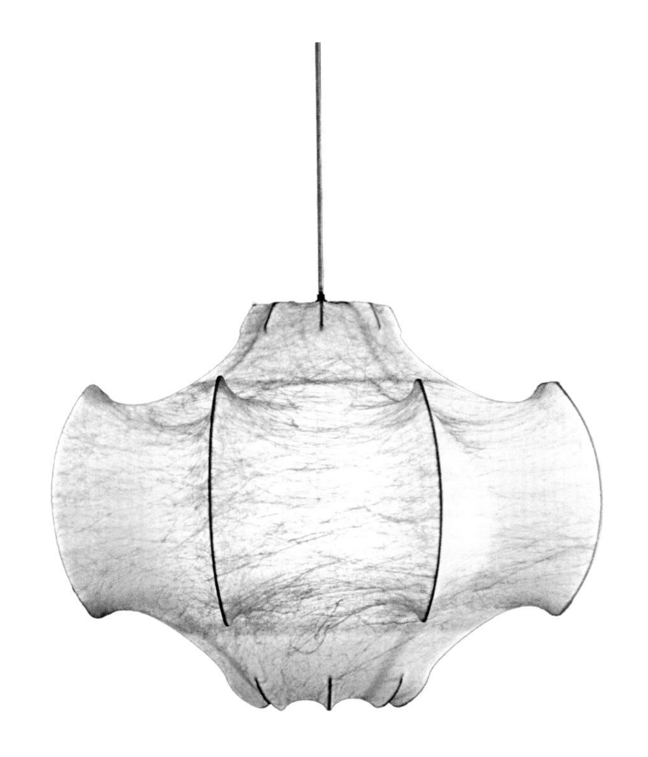

月球灯 1960 年

Moon Lamp

设计者：维尔纳·潘顿（1926—1998）

生产商：维特拉设计博物馆，2002 年至 2009 年；维尔潘（Verpan），2010 年至今

这是丹麦设计师维尔纳·潘顿早期出品的灯具。月球灯是一款吊灯，复杂又抽象，由 10 个尺寸渐次减小的金属环构成。环安装在可活动的支座轴上，这样每个环都可旋转，以调整光的亮度、角度等。最初的数个版本，是用涂白漆的铝材制造，后来用塑料生产。此灯可扁平包装，以便运输。维尔纳·潘顿发掘利用丙烯酸树脂（亚克力）、泡沫、塑料和玻璃纤维增强型聚酯等新材料的特性，生产了"二战"后最具创新性的一些家具和照明设备。他的作品与 20 世纪 50 年代后期和 60 年代的欧普艺术和波普艺术运动密切相关。他接受了专业的建筑师训练，当时影响力巨大的照明设计师保罗·海宁森也给他授课，向他讲述了将产品设计作为一种在商业上激进的实践创作的理念。海宁森的 PH 系列灯（1924 年以来由路易斯·波尔森生产），使用了类似的重叠叶片的百叶系统。2000 年，维特拉设计博物馆举办了潘顿的职业回顾展，月亮灯也被纳入展品当中，并于 2002 年重新投入生产。

牛椅 1960 年

Ox Chair

设计者：汉斯·韦格纳（1914—2007）

生产商：AP 椅子企业（AP-Stolen），1960 年至约 1975 年；埃里克·约根森（Erik Jørgensen），1985 年至今

这把椅子大大的管状“角”，还有大块头的体积，是其英文名称“牛椅”的由来。在丹麦语中，此椅被称为“长枕椅”或“枕头椅”。这两种名称都让人联想到这款大型安乐椅那舒适的无支撑独立形态，而它也是汉斯·韦格纳最钟爱的设计之一。据称这个设计没有先例，但其外观形式与英国翼状靠背扶手椅有关；后者是卡尔·克林特的追随者们大量研究和改造的“永恒型”家具之一。牛椅看起来非常像那种传统款式的更新，以镀铬钢和皮革来打造新版本。这把椅子的设计构想，是放在房间的中间，远离任何墙壁，所以它会被视为一个雕塑般的完整物体。在其构想中，韦格纳特别考虑到使用者可根据各自喜好采用若干不同的坐姿。落座者得到充分放松，可懒散躺坐，可不对称地歪斜坐着，双腿也可跷架到扶手上。牛椅具有一种伟岸的非凡气质，能支配整个房间。此椅还有一个更细巧一点的版本，靠背顶上没有角状的突起，可以与牛椅组合搭配。

阿克特隆太空手表 1960 年

Accutron Space Watch

设计者：马克斯·赫策尔（1921—2004）

生产商：宝路华钟表公司（Bulova Watch Company），1961 年至 1977 年

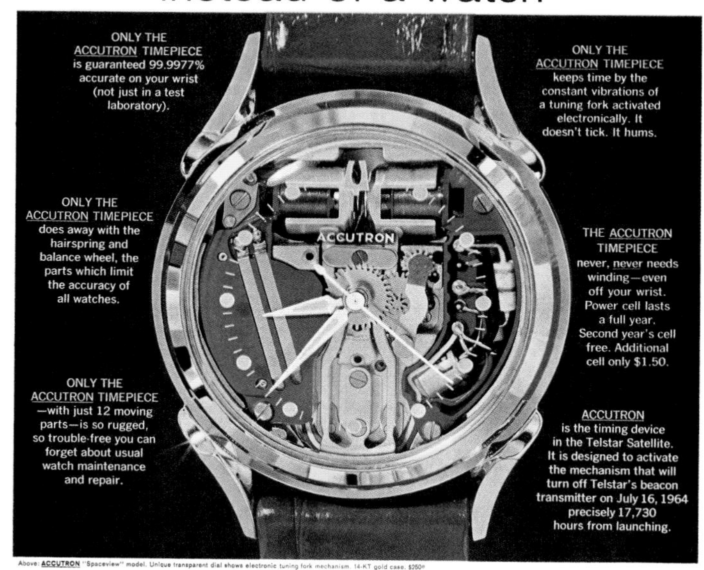

阿克特隆太空手表，是马克斯·赫策尔（Max Hetzel）发明的世界上第一款电子手表，给钟表行业带来彻底革命。它没有传统的螺旋游丝和擒纵机构，而那嘀嗒摆动的机构，是制表师们 450 多年来所依赖的主要技术手段，电子表使用了频率为 360 赫兹的电激发的音叉振荡式微型石英机芯取而代之。精确度达到误差小于每天两秒或每月一分钟；音叉产生了此表独特的嗡嗡声和长秒针。表壳采用钢、黄金或铂金制成，内部零件数量大幅减少到只有 27 个，其中 12 个为活动部件，而当时最高效的自动上链手表包含大约 136 个零件，其中 26 个为活动件。此款型的生产始于 1960 年 11 月。宝路华钟表公司在 1961 年至 1977 年间共销售这款手表近 500 万只。在此期间，这些手表是地球上和太空中最精确的批量生产的时计产品。1960 年，美国航空航天局托付宝路华钟表公司将阿克特隆技术融入其太空飞行项目的设备。阿波罗 11 号的宇航员是首批登上月球的人，他们于 1969 年在月球表面的宁静之海放置了一台仪器，而其中的一块阿克特隆手表机芯也停留在了那里。阿克特隆太空手表，多次效力于美国太空计划，总共执行 46 次任务。

606 万用置物架系统 1960 年

606 Universal Shelving System

设计者：迪特·拉姆斯（1932— ）

生产商：维采（Vitsœ），1960 年至今

606 万用置物架系统的简约轮廓，是基于简单的几何图形，并让装饰元素最少化。它的优势就在于这种风格，且与强大的实用特性相结合。这是一款绝对灵活的搁架和存储系统，由 3 毫米厚的阳极氧化铝板构成；板条悬架在壁挂式的、突出于墙面的铝质轨道上；轨道，以 7 毫米厚度的铝栓安装在墙上。该系统可以便捷地拆卸，并且能轻松添加该系列产品中的更多组件，包括抽屉套组、储物柜、悬挂铝轨和搁板。1955 年至 1995 年，迪特·拉姆斯受雇于博朗；他向欧文·博朗提议，要为公司设计一个陈列自家产品的展示室，随后便产生了这个货架的概念。架子最初由维采与扎普夫（Vitsœ + Zapf）这个合作机构生产，后来合伙人扎普夫退出，便由维采生产。这款产品的最初几个版本采用了与 SK4“超级唱机”等博朗产品相同的色彩，配有灰白色的和山毛榉木料上漆的门和抽屉。这种不事声张的创作手法反映在拉姆斯的信念中，也即，置物架系统应该像一位优秀的英国管家：“当你需要时，它们就即刻出现在那里，而你不需要时，它们便几乎隐身在背景中。”

“整洁线条”电话 1960 年至 1965 年

Trimline Telephone

设计者：亨利·德雷福斯（1904—1972）

生产商：西部电气公司、美国电话电报公司，1965 年至 1995 年

由亨利·德雷福斯设计的流线型“整洁线条”电话，于 1965 年在美国市场推出后，立即成为典型的美国成功故事，改变了电信设计的面貌，并为随后的无绳和移动电话技术确立了标杆。德雷福斯在电话演进过程中扮演着关键的角色，其推动作用，在设计过的其他东西之外，还包括了第一款按键式电话；这一革命成果，也让“整洁线条”电话耗费 10 年之久的研发得到了合理化回报。它的创新特性在于，将接收器听筒、送话器和拨号盘组合成单一个体。这一单体元件又嵌入安置在紧凑的底座中，底座还提供桌面台式和壁挂式型号。这第一款带拨号按键的手持话机，使人们无须返回底座机身处即可拨出新电话。“整洁线条”电话由手持机、桌面底座、壁挂底座和电话线四个部件构成，易于组装；并且，隐藏在手持机内部的混合网络，带来的好处是只需很少的导体，这使得电话线更加柔韧。话机的弧形、曲线轮廓和彩色的形态，不仅意味着它的外观非常漂亮，而且也手感轻巧，易于被握持。经过 30 年的生产，“整洁线条”电话有超过一亿部已出售或被租借，也因此成为美国电话电报公司的畅销产品之一。

金星 DBD34 摩托车 1961 年

Gold Star DBD34

设计者：BSA 设计团队

生产商：BSA，1961 年至 1963 年

英格兰萨里郡的布鲁克兰赛车场，见证了许多机动车速度和距离的纪录；以 160 千米 / 小时或更高的速度绕场地跑圈，便可为驾驶者赢得一颗“金星”。1938 年，BSA 向市场推出了金星 M24 型，这是运动风格鲜明的金星系列中的第一款。“二战”后 10 年是英国摩托车设计的黄金时代。金星品牌被大众昵称为“金宝贝”（Goldie），与诺顿的曼克斯（Manx Norton）和无双（Matchless）品牌下的 G50 并列，成为有史以来最出色的 500 毫升单缸机车之一。诺顿和无双的车款是赛车，但金星是一款运动风公路机车，在一周的工作日内用于通勤上班，周末则参加比赛；正是这种多功能性保证了它在英国和美国的成功。设计师瓦尔·派奇（Val Page）和开发工程师罗兰德·派克（Roland Pike），与金星的关系最为密切；他们将“金宝贝”在 DBD34 系列中发挥到了极致。金星的核心是其发动机，采用铝质气缸和气缸盖，以及特色鲜明的后掠式排气管。这些元素，映射出一个寓意坚韧和速度的形象，而这些特质促成了金星的美誉。到 1964 年其生命周期结束时，金星 DBD34 摩托车与它的一些兄弟款越野车型，一起跻身有史以来最漂亮、最优秀的 BSA 产品之列。

马奎纳调味瓶 1961 年

Marquina Cruets

设计者：拉斐尔·马奎纳（1921—2013）

生产商：多家生产，1961 年至 1971 年；毛布勒斯 114 公司（Mobles 114），1971 年至今

前往巴塞罗那北部布拉瓦海岸的度假者都将认可拉斐尔·马奎纳（Rafael Marquina）那出色的油和醋调味瓶。这些产品在整个加泰罗尼亚地区广受称赞，已达 60 多年。这些玻璃瓶属于现代主义设计的真正瑰宝之列。1961 年款的马奎纳调味瓶，外观优雅简约，掩盖了其设计的复杂性。一个可移除的漏嘴管部件，放置于平底的锥形玻璃瓶颈部，就像塞子一样。它借助玻璃磨砂面的摩擦力，被固定在适当的位置。塞子的侧面刻有一道小凹槽，以便在液体流出时让空气流入调味瓶。哪怕只做到仅此而已，这也已是值得赞许的，更不用说他设计的瓶颈的喇叭状开口就像一个漏斗，能接住管口滴漏的液体，这些液滴会经由那通气凹槽重新进入瓶子——这是针对一个长期恼人的小问题的绝妙解决方案。马奎纳在某种程度上是设计上的博学派，也轻松地跨界进入建筑和美术领域。尽管他国际闻名的创作遗产可能与这些调味瓶绑定关联，但在家乡加泰罗尼亚，他被尊为富于远见的现代主义者。

HL 1/11 便携风扇　　1961 年

HL 1/11 Portable Fan

设计者：莱因霍尔德·魏斯（1934—　）

生产商：博朗，1961 年至 1965 年

莱因霍尔德·魏斯（Reinhold Weiss）的 HL 1/11 便携风扇，是实用功能和风格双重意义上的瑰宝，也是一个符号，象征着三者的联合：日益进步的工业设计生产商博朗，20 世纪 50 年代中期到 60 年代末期间的理性主义设计方法的主领倡导者，德国超现代的乌尔姆设计学院。这个直径 14 厘米的塑料和金属材质风扇，是约翰·肯尼迪最喜欢的一个小玩意儿，也是博朗生产的第一款便携风扇。它的独立式造型既实用又美妙精致，一端是有光滑外壳封闭的“引擎”，另一端是条纹状百叶窗构造，圆柱形可实现最佳的空气流通。本品结合了技术上的大胆冒险与理性至上的原则，同时兼顾大规模生产的机制，这就强有力的概括了博朗的经营哲学。博朗创立于 1921 年，以制造收音机起家；创始人的儿子亚瑟和欧文，在“二战”后将博朗带入了新设计的时代，开发出更广泛的创新化的高品质产品，让这个品牌登上了全球版图。魏斯毕业于乌尔姆设计学院。虽然 HL 1/11 便携风扇已不再生产，但魏斯为一系列产品带来了清醒的知觉感和诚实的清晰度，特征鲜明，如今一眼便可辨认。

TMM 落地灯　　1961 年

TMM Floor Lamp

设计者：米格尔·米拉（1931—　）

生产商：格雷斯（Gres），1962 年；桑达与柯尔公司（Santa & Cole），1986 年至今

在 20 世纪 50 年代的西班牙，无论是现代概念上的还是传统的设计业，几乎都不存在。尽管如此，米格尔·米拉（Miguel Milá）还是创造了一个具有持久实质相关性和现代性的设计。与许多经典设计杰作不同，TMM 落地灯刚刚问世起就大受赞扬，并从此成为标杆。1956 年，米拉的姨妈委托他设计一盏灯。由此产生的灯，命名为 TN，是 TMM 落地灯的前身。TMM 是西班牙语“可活动的木头组件”（Tramo Móvil Madera）的首字母缩写，于 1961 年设计，当时是作为一件作品，参加一个室内低成本家具的设计竞赛。可自行组装的全木结构，支撑起高度可轻松调节的灯，连带着电线与简单的集成开关。虽然包装售卖的 DIY（自己动手制作）式货品在当时的设计实践中并不新鲜，但在西班牙仍算是新颖之举。TMM 落地灯超越时间的特质，其朴素大方的形式和有着温和暖意的自然材料相结合，便有了一种宁静感。这是一件标志性的作品，反映了米拉所秉持的立场：他自认是“前工业化的设计师”，积极拥抱历史遗产，接纳传统工匠的技能，并坚守一种严谨感。这种简朴严肃气质并非与现代与感性不兼容。

摩尔扶手椅　　约 1961 年

Mole Armchair

设计者：塞尔吉奥·罗德里格斯（1927—2014）

生产商：奥卡（Oca），1961 年；ISA 贝加莫（ISA Bergamo），1961 年至约 1970 年；林巴西（Lin-Brasil），2001 年至今

设计师塞尔吉奥·罗德里格斯（Sergio Rodrigues）被誉为巴西家具之父之前，有一段时间，他最受称赏的作品默默停留在他位于里约热内卢的陈列室的落地窗边，无人注意。时尚摄影师奥托·斯图帕柯夫（Otto Stupakoff）提出要求，希望为自己的工作室定制舒适的沙发，这个作品便是响应此需求而构思，并被赋予了绰号"摩尔"——在葡萄牙语中即"柔软"之意。这把椅子象征着罗德里格斯应对现代主义的俏皮戏耍的方式：超大的皮革软垫，似乎主动预见了落座者会有慵懒的半躺姿势；垫子平缓地搭在皮带绷紧拉成的网格之上，而这些皮带是悬吊在敦实宽大、有着性感曲线的巴西红木框架上。1961 年，这把椅子在意大利的国际家具比赛中赢得头奖，并受到了更为广泛的赞美。此设计随后由意大利生产商 ISA 贝加莫批量生产。该椅子和配套的搁脚凳，于 1974 年被添加到纽约现代艺术博物馆的永久收藏中。在 2006 年的一场演讲中，罗德里格斯中回顾说，该设计具有"巴西口音"，以其低矮舒适、随意自在的结构，表达出里约那散漫温和的非正式的气息；这个产品，使用了皮革和质感肌理丰富的焦糖色木材这些特征鲜明的当地材料，也传递出巴西风貌。林巴西是一家专门重新发售推广罗德里格斯作品的公司，于 2001 年开始再度生产此椅。

奥利维蒂空间办公系统 1961 年

Olivetti Spazio Office System

设计者：BBPR 设计师组合

生产商：奥利维蒂，1961 年至 1967 年

奥利维蒂的空间办公系统，是可互换式产品设计的创新示例。系统由一些基本单元组成，而这些组件用简单的工业产品（钢板、管材和棒材）即可制成；它们一起构成办公桌、置物架加单元组件的若干种排列组合。这种自己动手组装的方式，带来了多样化、灵活的功能配置，不仅为办公环境的组织布局提供了大量的选择方案，还通过其 4 色选项，在视觉上匹配每一家公司的个性化要求。系统化设计的螺纹、开槽、翻折与交叠结构，用以连接标准模块，由此取代了需要复杂焊接的重型钢材元件。这些表层台面（可选乙烯基塑胶覆膜或布质贴面处理）、抽屉以及组件部分的嵌板面板，依靠管材部件来形成支撑结构。大块外表面上的薄钢板被轻微弯曲，以弥补强度的不足。与三角状的组件协同作用，这个办公系统试图解决开放式工作环境中噪声和干扰因素分神的问题。超过 20 种的桌子变化，加上抽屉、可调节搁板、小储物柜和物品悬挂空间的不同布置，确保了用户的个性、隐私和职位层级感需求。

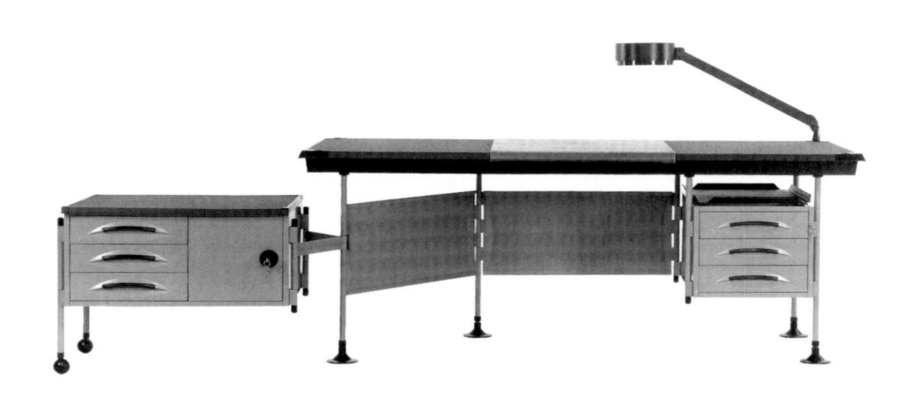

捷豹 E 型跑车 1961 年

Jaguar E-Type Roadster

设计者：威廉·海因斯（William Heynes，1903—1989）；威廉·莱昂斯爵士（1901—1985）；马尔科姆·赛耶（1916—1970）

生产商：捷豹汽车（Jaguar Cars），1961 年至 1974 年

捷豹汽车是激进的时髦风尚与传统的罕见结合。威廉·莱昂斯爵士（Sir William Lyons）一直主管捷豹公司，直到他 1972 年退休。该实业公司从制造侧三轮摩托边斗起步，发展到生产时尚、流线型的汽车，其车型模糊了赛车和公路车之间的边界。1961 年的捷豹 E 型跑车，由马尔科姆·赛耶（Malcolm Sayer）设计，将高性能赛车转移到一般道路上，创造出一种激发驾驶乐趣的车辆。此车提供软顶敞篷和双门轿跑版本。细长的、雕塑感强烈的形态，增强了其贴地飞行的特征。E 型跑车的线条经过细致计算、深思熟虑：采用小而扁的散热格栅与集成的椭圆形前大灯，位置不会影响加长的发动机罩的流体形式感，而且没有任何额外的镀铬装饰来掩盖线条的清晰度。双门轿跑版，或许是两款车型中更出色的设计，其特点是从前窗上方开始向后拉出的弧形线——侧窗玻璃随之微妙弯曲——并连续向下延伸至后翼子板尾部。作为充满年轻活力的 20 世纪 60 年代的产品，此跑车是该时代不可或缺的一部分，也是这家先驱型公司进行复杂设计的一个标志；E 型跑车有资格跻身捷豹那些更成熟的车型——其中包括 Mark X 和 XJ6——之列。

EJ 日食椅　　1961 年

EJ Corona Chair

设计者：保罗・沃尔瑟（1923—2001）

生产商：埃里克・约根森，1961 年至今

EJ 日食椅由丹麦工程师保罗・沃尔瑟（Poul Volther）于 1961 年设计，在视觉和结构上体现出 20 世纪 60 年代初期斯堪的纳维亚家具产业内在的紧张状态。这把椅子，正处于即将进入设计剧烈演化的 10 年的临界点。尽管如此，它还是回应了之前 10 年的意识形态和制造方面的原则信条。它的椅面由 4 个渐变的弯曲椭圆形（略似日食时的日冕变化，椅子故得此名）构成，渐变形体似乎在太空中盘旋。胶合板内模外面包衬着氯丁橡胶软垫；软垫最初是以皮革制作，后来改用织物，最后才是橡胶。这些组件由镀铬钢框架和旋转底座支撑。原始型号的框架，用实心橡木制成，由丹麦家具生产商埃里克・约根森生产，数量极为有限。到了 1962 年，胶合板已取代橡木，以便适应更大规模的生产。60 年代，斯堪的纳维亚的设计师们当然也感受到了波普艺术和新潮设计的影响，但对材料不过分修饰的使用——正如 EJ 日食椅这里所实现的——继续让北欧半岛的设计师相信，高品质的生产制作便是工艺理想。这把椅子极其舒适，现仍是埃里克・约根森最受欢迎的产品之一。

玛雅餐具　　约 1961 年

Maya Cutlery

设计者：蒂亚斯・艾克霍夫（1926—2016）

生产商：挪威钢质压制品公司（Norsk Staalpress），1961 年至 2007 年；斯特尔顿（Stelton），2007 年至今

蒂亚斯・艾克霍夫（Tias Eckhoff）使挪威设计在 20 世纪 50 年代走出了邻国的阴影。艾克霍夫的设计，包括陶瓷、玻璃器皿和餐具，具有经久不衰的特质，许多产品已经持续生产了几十年。简单，是他作品的一个关键特征。据设计师说，他的灵感来自农场环境下的成长经历；在那里，他观察到如何通过简单的处理手段来解决大问题。艾克霍夫以强烈的艺术敏感来缓和、调节他那理性和科学的创作路径，确保自己的设计既美观又实用。他的玛雅餐具，是与挪威钢质压制品公司（现简称为 Norstaal，译作挪威钢铁）建立合作关系的第一个产品；这一起点之后，又有了若干扁平餐具套组。玛雅餐具采用拉丝不锈钢工艺，用压制的不锈钢板材制成。相对宽大的勺子匙兜和刀片，与短手柄形成反差对比，具有雕塑感，而这是鲜明的斯堪的纳维亚特色。生产涉及 35 道工序，手工打磨和抛光的步骤极其不易。挪威钢铁最畅销的产品是餐具 20 件套；这在 2000 年有了更新，增加了一只稍长的汤匙、一把餐刀和叉子。艾克霍夫亲自改动，调整了尺寸。

藤椅 1961 年

Rattan Chair

设计者：剑持勇（1912—1971）

生产商：山川藤公司（Yamakawa Rattan），1961 年至 1985 年；YMK 新泻（YMK Niigata），2011 年至今

藤茎错综复杂、纵横交错，配合圆形、茧状的造型，让剑持勇（Isamu Kenmochi）的休闲椅具有鸟巢式的外观。人们对它指称不一，叫藤椅、休闲椅或 C-3160 椅。这是为东京新日本酒店的酒吧而设计，也是剑持勇更新山川藤公司产品系列的示例的一部分。山川藤非常规的产品形态与传统的生产方法构成反差。藤制家具的建构制造，是一个奇妙又简单的过程。从收获优质藤条开始，藤条来自一种实木藤本植物，首先将藤条蒸煮至柔软，然后将其缠绕，固定到夹具上，得出所需的形状，放在一旁冷却。尽管剑持勇是传统木工建构技术的坚定支持者，但他也是尖端科技生产方法（尤其是飞机的制造方法）的热心研究者。藤椅那圆鼓鼓、中空轻快的外观，真正打破了常规，使其成为经久不衰的设计，至今仍由同一家公司生产，只是略有改动。事实上，市场证明它非常成功，以至于剑持勇随后在藤系列中又添加了沙发和凳子。

村井凳子 1961 年

Murai Stool

设计者：田边玲子（1934— ）

生产商：天童木工，1961 年至 1969 年

村井凳子源自日本丰富的工艺传统，将 20 世纪中叶美国的现代主义与日本的渋い（shibui，字面意思是“涩”）概念相结合；“涩”，指的是一种不显眼的、收敛的美感，在简单与复杂之间达成平衡。村井凳子是用带有柚木贴皮的模压胶合板手工制作，由 3 个相同的部分组成，每个部分都在 3 个方向上巧妙地弯曲，然后拼接黏合在一起。作品是受到查尔斯·伊姆斯和雷伊·伊姆斯夫妇那先驱性的胶合板家具的启发；这复杂的弯曲形式和平面的组合，仅靠天然木材无法实现。此创意产生的作品，是一件极为坚固的家具，既可平放用，也可竖直立起使用。这款凳子，可谓“二战”后日本设计的典范。虽然其功能是拿来坐着，但偶尔也可用作桌子。村井是田边玲子（Reiko Tanabe）的娘家姓，她于 1957 年从位于神奈川县的艺术与设计女子大学毕业，在其职业生涯的早期设计了该凳子。她后来创办了田边玲子设计事务所，将建筑项目与室内设计相结合，业务范围包括写字楼、医院和家庭。村井凳子由天童木工制造，该实业公司于 1940 年在以木工闻名的山形县天童镇建立，是日本最早使用成型胶合板生产家具的公司之一，至今仍在正常经营。

阿波罗 11 号航天器 1961 年至 1965 年

Apollo 11 Spacecraft

设计者：美国国家航空航天局设计团队（NASA Design Team）；北美罗克韦尔自动化，格鲁曼飞机工程设计团队（North American Rockwell, Grumman Design Team）

生产商：北美罗克韦尔，格鲁曼公司（North American Rockwell, Grumman），1966 年至 1969 年

1969 年 7 月 20 日，阿波罗 11 号航天器降落到了月球表面。这是 20 世纪最伟大的设计和工程壮举之一。飞船由土星五运载火箭发射，组成部分为 3 个航天器："哥伦比亚"指令舱、一个服务舱和"鹰"登月舱。指令舱是 3 名宇航员的主要生活区，并装有一台机载计算机。服务舱载有用于供应指令舱的氧气、水和电力。登月舱的设计意图是用作宇航员身在月球表面时的基地。指令舱的许多突出的设计要点，都是由美国国家航空航天局的麦克斯·费格特（Max Faget）监督主管，参照此前早期太空任务获得的经验，改进演化而来。例如，钝头的设计，旨在适应重返地球大气层时散射热能所需。同样，指令舱的舱口，做成单个舱门，在 5 秒内就能打开。这是鉴于 1967 年阿波罗 1 号指令舱发生的火灾而设计，该事故导致 3 名宇航员丧生。虽然阿波罗计划耗资 254 亿美元，但此技术也找到了其他用途。仅维持了几年的"天空试验室"空间站、早期集成电路研究背后的飞行控制计算机，以及数控机床加工工艺（CNC），都是在打造阿波罗的结构部件的过程中开发并投入使用的。

O 系列 ABS 与钢制剪刀
约 1961 年至 1967 年

O-Series ABS and Steel Scissor

设计者：奥洛夫·贝克斯特伦（1922—1998）

生产商：菲斯卡斯（Fiskars），1967 年至今

从 1649 年起，芬兰的菲斯卡斯就已有了一家钢铁制品厂，但直到 1971 年，剪刀才首次出现在公司的年度报告中。公司如今有一家工厂在美国，只生产剪刀。1961 年至 1967 年间，奥洛夫·贝克斯特伦（Olof Bäckström）着力于研发 O 系列的剪刀，用了 ABS 和钢材质，剪刀的橙色手柄是对基本剪刀的再造。O 系列是世界上第一个带有 ABS 聚合物制成的、符合人体工程学手柄的剪刀和锯齿剪组合。它们价格实惠且使用舒适，能持久保持锋利，剪切精确。在这个系列推出之前，剪刀的制造成本很高；最便宜的款型是由两个相同的铸件铆接在一起制成；构造上通常带有涂漆装饰金属环，用作手柄部件。这些环状，通常形状相同，根本不考虑持用剪刀者手的拇指和其他手指的握位差异，使用起来手会疼，颇为痛苦。裁缝们拥有舒适的剪刀（可能也是由菲斯卡斯出品的，因为公司早在 19 世纪 80 年代就制造剪刀），但由于手柄形状精美，且经过铸造和抛光工序制成，因此生产成本很高。贝克斯特伦的解决方案和样板原型，非常接近 19 世纪菲斯卡斯生产的一些裁缝剪刀；手柄材料最初用的是木头，但在最终的设计中，贝克斯特伦直接制模，以耐用的橙色塑料重新打造舒适的手柄，同时将不锈钢剪刀刀片嵌入其中。

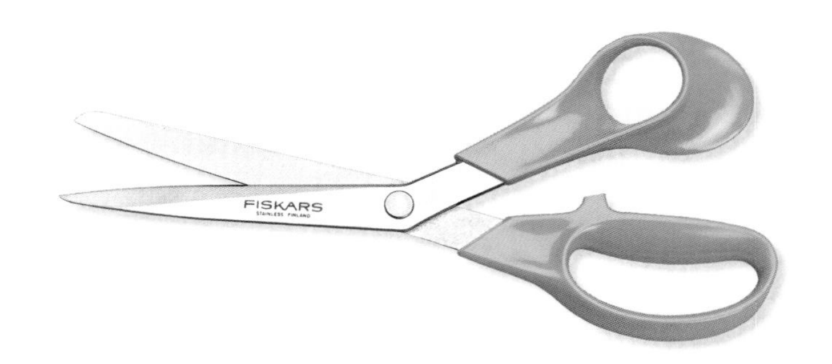

“玩物”灯 1962 年

Toio Lamp

设计者：阿奇勒·卡斯迪格利奥尼（1918—2002）；皮埃尔·贾科莫·卡斯迪格利奥尼（1913—1968）

生产商：弗洛斯，1962 年至今

可伸缩的“玩物”灯，由卡斯迪格利奥尼兄弟在 20 世纪 60 年代初期创作，是一系列“现成”产品当中的一个单件。借用与达达主义相关的艺术概念（正因如此，此灯才这样命名），卡斯迪格利奥尼兄弟使用“拾得”的现成物品作为工业产品的基础。“玩物”灯几乎完全由现成的组件构成：一只 300 瓦的汽车反光射灯，连接到一根金属杆上，杆子由底座上的小变压器配重平衡，电线则借助钓鱼竿螺钉固定在立杆上。诸如这一款灯、拖拉机驾驶座与单车座鞍之类的产品——两只凳子均出自 1957 年，都以最少的人为干预来凸显日常物品自有的独创性。卡斯迪格利奥尼兄弟形成了一种既幽默又发人深省的工业风格。他们的创作理念源于意大利的理性主义运动，该运动以功能主义的设计方法为基础。弟弟阿奇勒还倡导一种设计方法：坚持表现出对用户的考虑，对用户应有明确的意识认知。产品必须在情感层面上具有吸引力，并且用起来和看起来同样令人满意。“玩物”灯在一些主流博物馆的特色收藏中都有出现，其中包括伦敦的维多利亚博物馆和阿尔伯特博物馆。

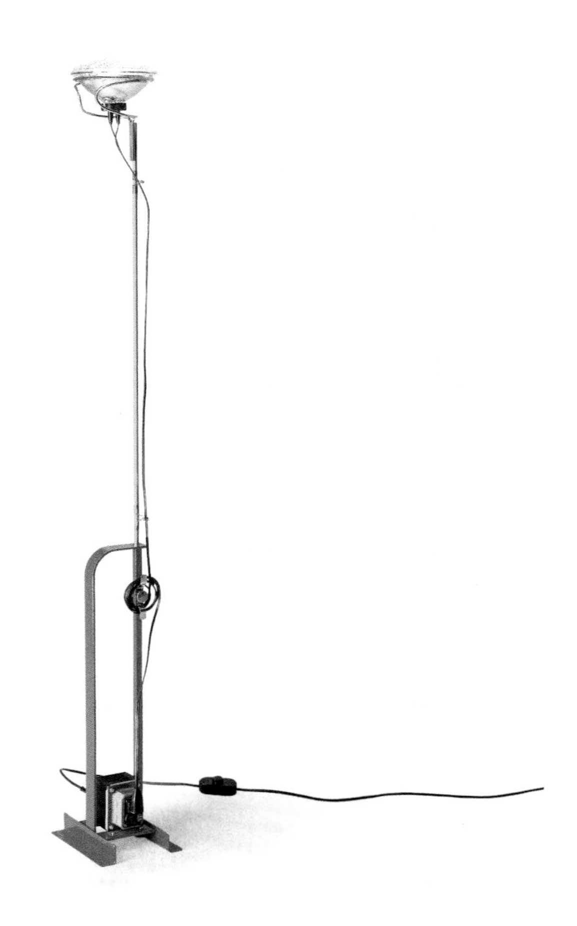

多尼 14 型电视 1962 年

Doney 14

设计者：马可·扎努索（1916—2001）；理查德·萨珀（1932—2015）

生产商：布里翁维加（Brionvega），1962 年起，停产时间不详，2000 年至 2001 年

马可·扎努索与理查德·萨珀，这对意大利－德国二人组设计了 20 世纪 60、70 年代的一些最引人注目和最具创新性的消费品，为布里翁维加等这些设计主导生产的欧洲公司确立了声誉。多尼 14 型电视是布里翁维加的首批委托产品之一，该公司在 1952 年意大利电视网络投入使用后便进入电视制造领域。此机型从 1960 年的索尼 TV8-301（世界上第一台直接显示式晶体管电视）中借鉴了一些思路。多尼 14 型使用了一个环绕显像管的箍状构造，帮助它呈现出一种独特的桶状形态，形式构造很紧凑。内部工作组件，被塞到显像管周围的狭小空间里，并封装在一个模制成形的外壳中，而大量的冷却通风口，则通过设置频道按钮和调节旋钮来加以强调兼修饰。最早一批量产的型号，是用透明丙烯酸树脂，也即亚克力制成，当时备受市场追捧。该设计于 1962 年获得金圆规奖，迅速确立了自己作为风格标志的地位。产品有黑、白、橙可供选择，在 1967 年进行了更新和改进，畅销到 20 世纪 70 年代。多尼电视与 1964 年的阿尔戈尔机型（Algol），一起于 2000 年重新推出，每一款都融合了更近期的创新，包括颜色、数字调谐器和遥控器升级，展示了它们作为设计物的持久魅力。

六分仪 SM 31 电动剃须刀 1962 年

Sixtant SM 31 Shaver

设计者：格德·阿尔弗雷德·穆勒（1932—1991）；汉斯·古格洛（1920—1965）

生产商：博朗，1962 年至 1973 年

博朗剃须刀助力推动了 20 世纪 50 年代以来关于个人卫生设备概念和感知体验的改变，并让公司在全球具有了竞争力。由格德·阿尔弗雷德·穆勒于 1960 年设计，外观为传统白色的 SM3 剃须刀是另一个转折点。创新和打破纪录的六分仪 SM 31 电动剃须刀则于 1962 年问世。这款产品由汉斯·古格洛和穆勒在迪特·拉姆斯的指导下设计，确立了此品类的生产标准。设计师传承包豪斯的传统，秉持简约和耐用的理念，旨在打造永恒的设计。这款产品的实体形态和细节都遵循功能主义原则：握持区域是一个光滑、“干净”的立柱体，轻轻向外弯曲，在与可拆卸金属剃须刀头的相接之处达到其最宽的尺寸。此外，释放网盖的闩锁和设置于对侧的操作开关，都放在最方便的位置，对机身的流线形体干扰最小。剃须刀与“适合男性手持之物的一般尺寸”之间的比例关系，使之成为之后推动人体工程学发展的因素；那是关于人类形体与工作的空间条件之间关系的科学，当时处于萌芽时期。博朗的现代电动剃须刀诞生于“优良形式”（Good Form）运动，它预告了一种倡导“少即是多”理念的工业设计趋势。

亚克力灯 1962 年

Acrilica

设计者：乔·科伦波（1930—1971）；吉亚尼·科伦波（1937—1993）

生产商：奥卢斯（O luce），1962 年至今

亚克力灯将技术创新与雕塑形式相结合，用模铸亚克力制成，嵌入一个烤漆面金属底座中；底座隐藏了光源，因此光线通过曲面扩散。这样的作品没有先例，体现的是乔·科伦波（Joe Colombo）的混合法创作路径：他将自己的作品视为艺术语言和技术试验的结合。ICI 于 1934 年为透明丙烯酸树脂申请了专利，俗称为有机玻璃或防风玻璃，它通常以薄片形式生产，被用作玻璃替代品，因为它可以真空成型（无气泡），其透明度和耐久性使其从 20 世纪 30 年代起成为灯具中的一般组件。科伦波接受过绘画专业培训，但在继承了家族企业（一家电气设备生产商）后转入设计领域。他在电器行业中寻找强化塑料等材料的新应用，并探索包括注塑成型这一类的制造方法。他的塑料家具和产品设计，位居 60 年代最具试验性和影响力的作品之列，有助于提升这些新材料的地位，展现出它们的柔韧度、耐用性，以及固有的美学品质。亚克力灯是与他的兄弟吉亚尼·科伦波（Gianni Colombo）一起开发的，发展了之前对有机玻璃光漫射潜力的试验。科伦波为此灯最初的生产商奥卢斯设计过几款产品，该公司至今仍生产这款灯。

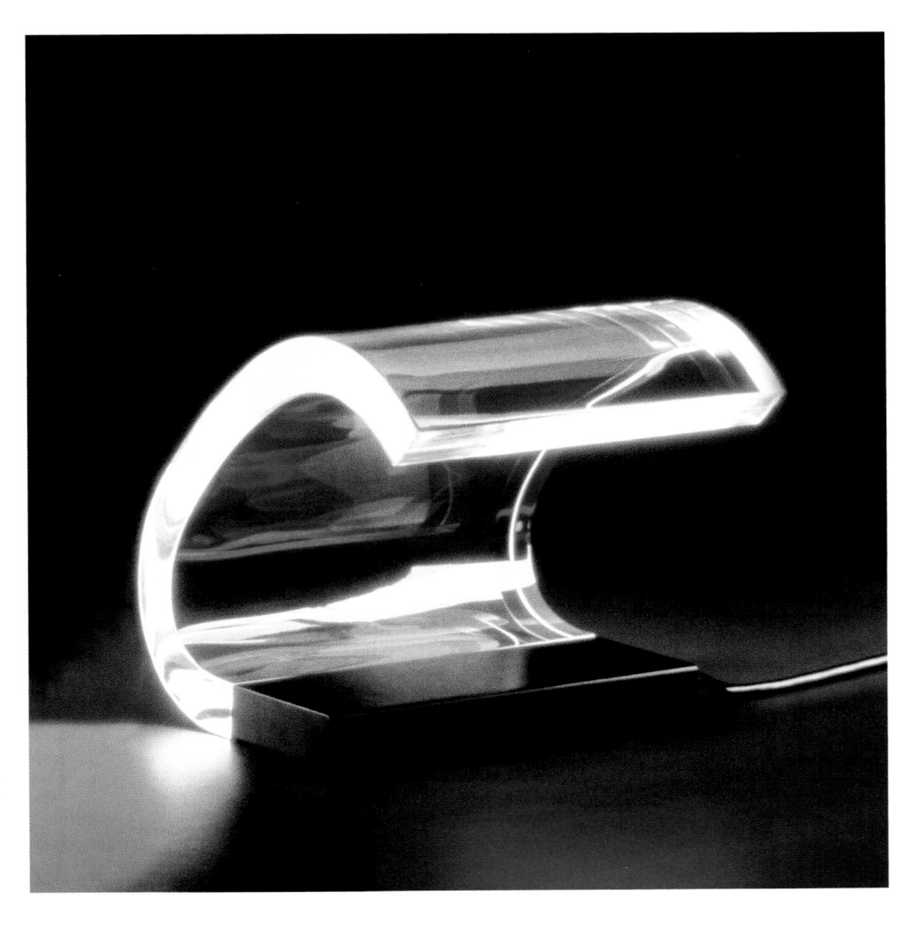

紧凑型磁带 1962 年

Compact Audio Cassette

设计者：飞利浦电器公司

生产商：飞利浦（Philips），1963 年至今；多家生产，1964 年至今

当代对数据存储实体越小越好的那种技术上的期待和追求，始于飞利浦的紧凑型磁带。这种袖珍型塑料盒带，包含两个旋转齿轮，轮子转动，一边卷入磁带，一边则释放磁带。音频磁带的起源，要归功于来自不同国家的多个发明家和公司。在美国工程师奥伯林·史密斯（Oberlin Smith）的磁带试验基础上，1898 年，丹麦发明家瓦尔德马尔·波尔森（Valdemar Poulsen）创造了可以记录信息的“电报机”，而英国广播公司（BBC）和英国马可尼无线电报公司在 1931 年到 1932 年间购买了钢丝录音机的专利权。德国生产商德国通用电气（AEG）购买了由弗里茨·波弗罗姆（Fritz Pfleumer）发明的一种涂有可磁化钢粉层的纸的专利权，之后该公司开发了与那磁化纸相应的记录器或录音器。经过多次尝试试验，设计与技术的经典融合于 1963 年出现。飞利浦紧凑型磁带，凭借其小型化磁带仓在交互式媒体领域居于领先地位，给市场带来了家用日常录音器材的可能选项。它超越了便携式晶体管收音机的功能，为个人轻松交换音乐和语音提供了前所未有的可能性。在小巧的塑料仓盒中，它象征着自由、解放、多功能、多用途。

马克斯·比尔腕表 1962 年

Max Bill Wristwatch

设计者：马克斯·比尔（1908—1994）

生产商：荣汉斯（Junghans），1962 年至 1964 年，1997 年至今

瑞士艺术家马克斯·比尔是现代主义运动中真正的文艺复兴者之一。他那进步的现代性特质，若要寻求凭证的话，就完美体现在他为德国精密制表商荣汉斯设计的简单实用的手表中。马克斯·比尔腕表，标志着委托知名产品设计师和建构师来设计手表这一趋势的开端；而手表设计曾经只是公司内聘制表师独享的专业行当。比尔是建筑师、画家和雕塑家，同时也是一名舞台、平面与工业设计师。他的腕表系列，体现出极高的清晰度和精确度，这使之在很大程度上成了他在 1953 年与人共同创立的乌尔姆设计学院倡导的那些精神观念的例证。此手表拥有直径 34.2 毫米的白黑双色表盘，其设计特点是，抛光不锈钢表壳内采用简洁、省事的数字配置布局，搭配的内部机件为 17 钻的瑞士手动上链机芯。此腕表的简约风格让人想起比尔在 1956 年至 1957 年间为荣汉斯设计过的早期极简挂钟系列。荣汉斯和同是德国生产商的博朗，在比尔与乌尔姆设计学院这里，看到了将它们的名字与前沿设计关联起来的机会。

RZ 62/620 座椅组合 1962 年

RZ 62/620 Chair Programme

设计者：迪特·拉姆斯（1932— ）

生产商：维采，1962 年至今

德国设计师迪特·拉姆斯最为闻名之处，在于将干净的线条应用于电子消费产品，使它们既美观又易于使用，他著名的“优质设计”原则，在家具中得到了最充分的表达。RZ 62 项目（1970 年更名为 620 座椅组合）由英国生产商维采于 1962 年首次生产，旨在提供全软垫包覆式椅子的舒适感，但同时也考虑到特别定制。这是一件模块化的作品，有两种成品可选：高背阅读椅或低背扶手椅。它的外围壳体是用坚固的烤漆玻璃纤维复合材料模制而成。螺旋弹簧加上椰子壳纤维模制而成的椅面（位于数控机床切割出的桦木胶合板底座内，代替了常用的塑胶泡沫椅面，因为泡沫会随着时间的推移而失去韧性），此二者的组合确保了结构的完整性，椅面在数十年的使用中能长期保持弹性。本品部件也可由业主定制：椅脚和脚轮可以换成旋转底座，两把或多把椅子可组合成沙发。此椅子不仅很好地表达了拉姆斯的信念口号“更少，但更好”，还体现了他的另一开创性的理念：关注可持续性，力争做负责任的设计——正如过去 50 年来一直放在他自家客厅里的 620 组合沙发椅所证明的那样。

拱形落地灯 1962 年

Arco Floor Lamp

设计者：阿奇勒·卡斯迪格利奥尼（1918—2002）；皮埃尔·贾科莫·卡斯迪格利奥尼（1913—1968）

生产商：弗洛斯，1962 年至今

拱形落地灯的设计灵感也可说是受日常物品的启发：以标准路灯为起点，开发出标准路灯的独立式室内使用版本。拱形落地灯的主要构件是一根固定在白色卡拉拉大理石长方块底座上的拱形悬臂。伸缩臂支撑着距离底座超过 2 米的灯头，让餐桌和椅子可以宽松舒适地位于灯罩下方。悬臂用缎面不锈钢制成，顶端是硝化棉清漆涂饰的铝材反光碗灯罩，重量超过 45 千克，设计师在大理石底座上开了一个孔，以便插入扫帚柄，方便两个人抬起挪位。拱形落地灯，是卡斯迪格利奥尼兄弟在 20 世纪 50 年代后期至 60 年代初二人照明设计最高产的阶段所创作。他们与拱形灯的生产商弗洛斯一起，重新定义了室内照明的性质和目的，赋予灯具雕塑和功能性的双重作用。拱形落地灯已成为“二战”后最受赞赏的设计物品之一，并且是各类影像中的常见道具，其中最著名的，也许是在 1971 年的詹姆斯·邦德电影《007 之金刚钻》里出现。

水族馆游艇 1962 年

Aquarama

设计者：卡罗・里瓦（1922—2017）

生产商：丽娃公司（Riva），1962 年至 1996 年

20 世纪 50 年代和 60 年代，从圣特罗佩海湾到意大利的湖泊，在每一个时尚度假胜地都可以看到水族馆游艇。它是魅力、奢华、独特、专有的代名词。1962 年，丽娃造船世家的第四代传人卡罗・里瓦（Carlo Riva）推出了"水族馆"系列，以满足"二战"后新兴的时髦上流人士的需求。该系列提供了 3 种型号——水族馆、超级水族馆和特别版水族馆。游艇装有克里斯-克拉夫特双发动机，提供 185 马力动力和 73 千米 / 小时的最高速度。游艇功能强大且易于操作，在仪表盘、随船仪器和舵位的设计方面，以及操控装置的定位方面，都有着精致的手工细节，显然受到了法拉利等公司的尖端汽车设计的启发。但能定义此船的荣耀高光，也许还是那优雅、流线型的造型。船身长度略微超过 8 米，采用胶合板铰接，运用了飞机技术工艺，而标志性的丽娃船体框架，用来自加蓬和科特迪瓦的较重规格的大直径桃花心木制成，并采用从洪都拉斯进口的更丝滑、更光滑的桃花心木为配件。没有其他的动力游艇能与水族馆的风格形态和品质相媲美。在共出品 784 艘后，此系列于 1966 年结束生产。

意粉椅子 1962 年

Spaghetti Chair

设计者：贾多梅尼科・贝洛蒂（1922—2004）

生产商：复数公司（Pluri），1970 年；别名公司（Alias），1979 年至今

贾多梅尼科・贝洛蒂（Giandomenico Belotti）、卡洛・弗柯里尼和恩里科・巴勒里于 1979 年在意大利贝加莫创立了家具制造实业品牌"别名"。该公司的第一款产品就是贝洛蒂的意大利细面条椅。那些用彩色 PVC 塑料制成的条带绳子，围着细长的管状钢框架绷直拉紧，构成座位和靠背。设计师最初在 1962 年以"敖德萨"（Odessa）的名字构思了这把椅子。首次在纽约展出时，它采用了这个新名称，意大利面条状的绳带是名称的来源。这把椅子立即成为畅销单品。贝洛蒂采用的简单的结构造型，为这张制造材料不寻常但非常实用的橡皮筋座椅，提供了一个线条干净、简洁、不烦琐的框架。清晰明快和轻巧的外观，并不意味着对舒适度这一最重要事项的轻视。PVC 拉绳会根据用户的体重和体型弯曲，对坐在上面的任何人都很友好。人们可以回顾保罗・克耶霍尔姆和汉斯・韦格纳曾出品的绳索座椅结构，而贝洛蒂用一种更新、更耐用的材料重新定义了那些前例作品。如今，这款椅子仍在售卖，有多种颜色可供选择。

戴姆勒 Mark II 车型 1962 年

Daimler Mark II

设计者：戴姆勒设计团队

生产商：戴姆勒公司（The Daimler Company），1962 年至 1969 年

戴姆勒 Mark II 车型，汇集了英国最优秀的两位设计工程师：捷豹的创始人威廉·莱昂斯爵士在 20 世纪 20 年代初开始制造边三轮摩托车，而爱德华·特纳（Edward Turner）“二战”前完成的凯旋机车的“速度双子”（Triumph Speed Twin）垂直双缸发动机设计，则确立了英国双轮摩托车发动机的标准。1960 年，捷豹公司收购了戴姆勒；莱昂斯的第一个动作，是将特纳的 V8 引擎（特纳在 20 世纪 50 年代后期为短命的戴姆勒 Dart 跑车设计的 2.5 升 V8 引擎）安装到配有戴姆勒标志的捷豹 Mark II 车型中。捷豹 Mark II 很成功，轻巧、运动、时髦且速度非常快，戴姆勒的版本也一样，而且更为成功。戴姆勒 Mark II 的美在于线条，但其中最突出的还在于戴姆勒发动机。V8 引擎很重，部件过多，结构复杂，动力不足，于是，特纳利用他设计摩托车的经验——轻量化和高功率至关重要——为戴姆勒打造了紧凑型的 V8 引擎。凭借戴姆勒 Mark II 车型，戴姆勒将豪华轿车变成了一台经典运动车型。除了发动机之外，捷豹 Mark II 和戴姆勒 Mark II 几乎没有区别，尽管纯粹主义者声称，后者的格栅和后备箱把手有戴姆勒的“手指印”。由于英国汽车产业日渐衰落，这两款车型都在 60 年代后期停产。

莫尔顿自行车 1962 年

Moulton Bicycle

设计者：亚历克斯·莫尔顿（1920—2012）

生产商：亚历克斯·莫尔顿自行车公司（Alex Moulton Bicycles），1962 年至 1975 年，1983 年至今

莫尔顿单车，是世界上第一款量产的带悬架的小轮自行车。亚历克斯·莫尔顿（Alex Moulton）与亚历克·伊西戈尼斯合作，一起担任多款具有突破意义的车辆的悬架设计师，包括 Mini 车款和莫里斯旗下的奥斯丁 1100 车型。他们当时正在开发 Mini，其成功的小车轮和悬架组合启发了第一辆莫尔顿自行车的构想。小轮子（40 厘米轮胎替代了常规的 68 厘米轮胎）的优势，在于其固有的强度和缩小了的尺寸，能为负载提供更多的空间。可预见的缺点是滚动时地面阻力增大，且骑行时路感太硬，而这被高压轮胎和悬架化解了。此外，小轮子较低的空气阻力意味着它们能以更小的驱动力跑得更快。莫尔顿开发了第一辆可实际使用的小轮自行车，与该产品品类那已成功了 70 年的菱形车架分道扬镳。他的设计于 1967 年被罗利单车收购，但 1974 年便在该公司停产。莫尔顿继续使用小轮加悬架的概念开发第二代单车，从 1983 年开始生产。这些自行车由他自己拥有的亚历克斯·莫尔顿自行车公司制造，同时也授权给专业生产商派什丽（Pashley）生产。

易拉罐　1962 年

Ring-Pull Can End

设计者：厄尼 · 弗雷兹（1913—1989）

生产商：代顿可靠工具制造公司（Dayton Reliable Tool & Manufacturing Company），1962 年至今；斯多尔机械（美国铝业公司）[Stolle Machinery（Alcoa）]，1962 年至今

用于饮料包装的铝制易拉罐，是美国饮品行业的圣杯。由于消费者需要随身携带开罐器才能获取饮料，这阻碍了初代的罐装饮品的推广。自开罐的必要性是显而易见的，但该领域到处都是失败的原型先例。在一次野餐中，印第安纳州曼西市的工具生产商厄尼 · 弗雷兹不得不靠着汽车金属杠才打开罐头。经此困扰，他开始着手开发带耳片、可拉开的罐子。他创造了一个跷跷板机制，利用小杠杆沿着预先半切划线的开口撬开罐盖。将小杠杆通过冷焊法固接附缀在罐子上的铆钉上，铆钉仅使用罐子本身的材料。这个创意被卖给了美国铝业公司。1962 年，匹兹堡啤酒公司下了第一笔订单，订购 100 000 只拉耳罐。很多爱钻研的个人以及公司，继续改进弗雷兹的发明。1965 年，拉耳式开口被拉环取代。1975 年，丹尼尔 · F. 丘德齐克（Daniel F Cudzik）开发了不必拆卸的拉环装置。打开拉环即可畅饮的易拉罐，是简单易得和高度便利产品的缩影，也是将巨大创造力应用于解决平凡问题的一个典范。

串联双人吊索椅　1962 年

Tandem Sling Chair

设计者：查尔斯 · 伊姆斯（1907—1978）；雷伊 · 伊姆斯（1912—1988）

生产商：赫曼米勒，1962 年至今；维特拉，1962 年至今

公共座椅不是最有吸引力最风光的设计委托，但却是最具挑战性的项目之一。它必须舒适、坚固、易于维护、令人喜欢、美观大方，而且不能让人不知所措。串联双人吊索椅符合所有标准，时尚的黑色和铝材设计款型，在华盛顿杜勒斯国际机场首次露脸 50 多年后仍保持着时尚。"二战"后，当铝业忙于为其产能寻找新的制造应用出口时，设计师夫妻团队查尔斯 · 伊姆斯和雷伊 · 伊姆斯也将他们的才华转向了铝材。就这样，他们开始了"铝材组团"系列产品的创作，其中就包括轻巧舒适且耐腐蚀的串联双人吊索椅。他们开发了一种铝框椅子，其椅面像吊索一样悬挂在框架上，泡沫垫密封在两层乙烯基之间，这样的饰面工艺处理很耐用。这椅子的实用性优点很多：座椅很宽，填充成型后，座椅面与靠背之间角度为活动式，随倚靠力度相应变化，以提供最佳的舒适度，支撑梁设计为座椅下方留出了宽裕的空间放置行李。此外，铝制框架无接缝，可达到最大强度，椅面部分没有缝线，防止灰尘积聚。

福尔摩沙通用历 **1962 年**

Formosa Perpetual Calendar

设计者：恩佐·马里（1932—2020）

生产商：丹尼斯，1963 年至今

在与生产商丹尼斯的合作中，恩佐·马里出品了许多精美的设计，从儿童玩具到办公家具和配件，不一而足。福尔摩沙通用历是最受欢迎的通用历之一。这是铝制日历，带有可拆卸移动的印字 PVC 页，设计简约，图案生动，风格现代。切换挂在金属背板上的单个卡片牌子，便可更改日期、月份和星期。清晰的字体（无处不在、人人熟悉的赫维提卡字体）与网格式布局，让日历信息很容易读取，而这意味着这件物品如今仍然可用于办公室空间。它有红和黑色字两种版本，已在世界各地销售并被翻译为多种语言。马里曾声明，“真正的设计，在于谁生产而不是谁购买”，这解释了他对产品的态度，即那是设计师、工匠与生产商相协调，达成一致的产物。他相信，只有这样，设计师才能创造出达成其原本的文化、社会和经济目的的产品。马里认为，批量化生产不应损害形式之美或功能，而这些理论已发展成为“理性设计”的应用哲学。

“时髦”蛋黄酱勺　　1962 年

Sleek Mayonnaise Spoon

设计者：阿奇勒·卡斯迪格利奥尼（1918—2002）；皮埃尔·贾科莫·卡斯迪格利奥尼（1913—1968）

生产商：艾烈希，1996 年至今

光滑漂亮的“时髦”蛋黄酱勺，设计于 1962 年，是作为卡夫食品的促销品，手柄上印有公司的标志。这是专为从蛋黄酱、花生酱和果酱罐中挖出最后少量残留的酱料而制作的，而那些酱都是卡夫的产品。勺子有一个窄窄的弯曲尖头，匙兜的一侧弯曲，而另一侧是直的，让它能沿着容器的侧壁滑动，刮干净剩余酱料。手柄上的拇指凹槽位，使手柄更易于抓握。该设计结合使用了丙烯酸树脂，这是一种灵活、耐磨且卫生的有机玻璃塑料，可在最大程度上保障勺子滑转运动。勺子的设计师，多产的卡斯迪格利奥尼兄弟，在意大利设计中扮演着重要角色。他们与新现代主义的理想结盟，两人的设计表现出对产品形式、生产可行性、用户需求的自觉意识和充分考虑。塑料材质与鲜艳的色彩是意大利家居日用品设计和 20 世纪 60 年代流行观感的鲜明特征。1996 年以来，艾烈希一直在生产“时髦”蛋黄酱勺，有着各种明亮的配色。此系列是完美的家用勺子：可爱又实用，能保证让任何厨房鲜活生动起来。

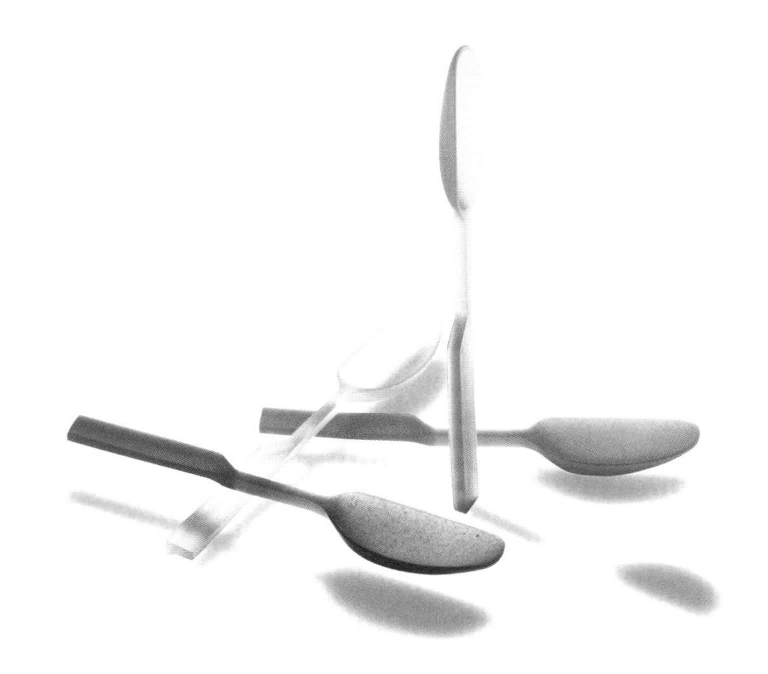

聚丙烯可堆叠椅　　1962 年

Polypropylene Stacking Chair

设计者：罗宾·戴（1915—2010）

生产商：希勒座椅公司（Hille Seating），1963 年至今

罗宾·戴（Robin Day）设计的聚丙烯可堆叠椅，人们习以为常，形态上也普通，掩盖了它在家具设计史上的重要性。椅座那单件式壳体的简单造型，配上翻起较高的侧卷边与纹理精细的本体椅身表面，固装在堆叠式底座金属腿上，让它一直是 20 世纪最民主化最大众的座椅设计。罗宾·戴于 1960 年开始对聚丙烯有所了解，而希勒座椅公司支持他的探索，去挖掘这种材料的潜力。虽然材料成本低，但机床类加工工具配备却花费极大。向成品生产阶段迈进的细化努力，也是一个缓慢的过程：椅身形状微调，塑料壁厚增减，还有固定椅座背面的凸台。聚丙烯可堆叠椅的开发是开创性的，在制造领域没有先例，因此这项工作相当艰巨。这把椅子有各种颜色和多种底座样式可供选择，上市后一炮而红，迅即成功。该设计也确立了希勒座椅公司作为英国最先进的家具生产商和国际市场真正实力品牌的地位。虽然聚丙烯可堆叠椅很快就被抄袭，但在 23 个国家售出的、获得过原创设计正式生产许可的椅子，已超过 1400 万张。

休闲户外家具系列　　1962 年至 1966 年

Leisure Outdoor Furniture Collection

设计者：理查德·舒尔茨（1926—2021）

生产商：诺尔，1966 年至 1987 年，2012 年至今；理查德·舒尔茨设计公司（Richard Schultz Design），1992 年至 2012 年

弗罗伦丝·诺尔对大多数户外家具的质量都不满意，便委托理查德·舒尔茨（Richard Schultz）设计一些看起来要新并且在风吹日晒、雨淋霜冻后不会散架的户外家具。舒尔茨尝试用耐腐蚀铝材制作框架，用聚四氟乙烯（特氟龙）制造座椅网布。经过专注地研究和开发，他向市场推出了休闲户外家具系列，立即大获成功。该系列由 8 件物品组成，包括桌子与座椅，其中的轮廓线躺椅和可调节躺椅是彻底改变户外家具市场的标志性设计。它们样式简单，镂空部分很多，放在花园里几乎看不见。可调节躺椅雕塑般简约而优雅，有着挤压加工的铝材框架，涂有聚酯粉末涂层，配铸铝轮子和橡胶轮胎，以及特氟龙网状椅面。这很快被公认为标志性设计，纽约现代艺术博物馆购买了一件作为永久收藏品，自此确证和巩固了此躺椅的地位。该系列后来换代升级为新式的编织乙烯基涂层聚酯网状椅面，作为 1966 年经典系列，由理查德·舒尔茨设计公司再度推向市场，然后又在 2012 年由诺尔重新发布和销售。

协和飞机　　约 1962 年至 1969 年

Concorde

设计者：阿奇博尔德·E. 罗素爵士（Sir Archibald E Russell，1904—1995）；**皮埃尔·萨特**（Pierre Satre，1909—1980）；**比尔·斯特朗**（Bill Strang，1921—1999）；**吕西安·塞文提**（Lucien Servanty，1909—1973）

生产商：英国飞机公司与法国南方航空（British Aircraft Corporation & Sud Aviation），1967 年至 2003 年

超声速飞机在 20 世纪 50 年代是一种军事化的飞行速度标准，而超声速客运航班看似仅一步之遥，好像必然会实现，但成本却令人望而生畏。在一项史无前例的协议中，英国和法国当局决定集中资源，联手生产一种超声速客机，机型相应地命名为协和，倒也恰如其分。此项目耗费了 14 年之久，才让第一个超声速航班服务于 1976 年开通。航线横跨大西洋，由法国航空和英国航空公司共同运营；这项客运服务是协和飞机业务的中流砥柱，持续了约四分之一个世纪。载客超声速喷气式飞机带来的设计挑战是巨大的：发动机、机翼形状、机身框架和材料都必须彻底重新考虑，飞机才能打破音速障碍。协和飞机的巡航速度为 2 马赫（2160 千米 / 小时），由 4 台劳斯莱斯（或称斯奈克玛奥林巴斯，SNECMA Olympus）发动机推动。而商用超声速飞机的独特之处在于，它的发动机配备了加力燃烧室。这种装置通过将纯燃料注入已经过热的气体中，来重新加热引擎喷射的废气，从而产生额外的推力。在它于 2003 年 10 月 24 日从纽约肯尼迪国际机场飞往伦敦希思罗机场，完成最后一次超声速飞行，退出商业服务之前，协和飞机一直代表着欧洲最好的航空航天设计。

阿斯顿·马丁 DB5　1963 年

Aston Martin DB5

设计者：阿斯顿·马丁设计团队

生产商：阿斯顿·马丁（Aston Martin），1963 年至 1965 年

在 1964 年的詹姆斯·邦德电影《007 之金手指》中，穿着考究完美、英俊潇洒的肖恩·康纳利从他定制的银桦木色阿斯顿·马丁 DB5 中出现的那一刻，这辆车在流行文化中便成为快节奏生活和 20 世纪 60 年代风格的代名词。007 版本的 DB5，配备了完整的特工装备，而阿斯顿·马丁于 1963 年至 1965 年间生产的 1021 台车当然没有这些。即使如此，从当时直到现在，这款车都非常受追捧，令人垂涎。DB5 车身流畅雅致，基本无修饰，在美学意义上被认为是 DB 系列中最出色的。该车对 1961 年的前身车型 DB4 进行了重大的工程改进，采用新的六缸发动机，将排量增加到 4 升，使 DB5 的最高时速达到 230 千米，并且从 0 加速到 96.5 千米 / 小时仅需 8.1 秒。但不可否认的是，DB5 广为人知，是因为人们记住了它在《007 之金手指》中的光鲜表现，它在一年后的《007 之霹雳弹》中再度出场。康纳利在片中驾驶的原车于 1997 年被盗，据称 2021 年有人在中东地区看到过。在原车消失之前，为向其影响力致敬，DB5 于 1995 年重新出现在《007 之黄金眼》中。它仍然备受青睐，狂热收藏者寤寐求之，尤其是时髦的敞篷款，因为该款型仅生产了 123 台。

柯达傻瓜相机　1963 年

Kodak Instamatic

设计者：伊士曼柯达研发部

生产商：伊士曼柯达，1963 年至 1989 年

柯达傻瓜相机系列于 1963 年面世，随即推出了一种新的插入式简装胶卷，即柯达胶卷，也称为 126 盒式胶卷。每台相机都有一个模制的塑料机身，快门释放按钮和卷片推进轮则设置在顶部。傻瓜系列相机结构紧凑，利用 35 毫米胶片来生成 28 毫米 x 28 毫米的底片。20 世纪 50 年代，相机销量快速上升，业余彩色摄影蓬勃发展，但随着 35 毫米胶卷逐渐赢得阵地，来自日本产品的竞争也越来越激烈。50 年代后期，柯达启动了“项目 13”，代号为“装填易”（Easy Load），主要目的为设计一种相机系统，要包括相机和胶卷——实质上就是一款易于使用的 35 毫米快照相机，在功能上够拍出效果还不错的照片。相机和胶卷盒都使用了“二战”后的注塑成型技术，从而可以批量生产这些主体基本件和高质量的亚克力镜头镜片。这款产品创造了现象级的成功：至 1970 年，即刻成像傻瓜相机售出总量已超过 5000 万台，一举取代了箱式传统相机。柯达还授权其他生产商生产适配 126 盒式胶卷的相机，直到 1989 年才停止生产该系列产品。

宇航熔岩灯 1963 年

Astro Lava Lamp

设计者：爱德华·克雷文·沃克（1918—2000）

生产商：熔岩世界国际（Lava World International），1963 年；马斯莫司（Mathmos，也称马氏皇庭），1963 年至今

受仿蛋形计时器设计的启发，爱德华·克雷文·沃克（Edward Craven Walker）在油基溶液中使用彩色蜡，由此发明了熔岩灯。灯底座上的灯泡逐渐加热蜡，使其上升并呈不定型图案旋转；当蜡到达顶部时，慢慢冷却并开始下降；就这样重复展示变形、浮动和旋转，直到灯被关闭。1963 年，沃克通过他的英国公司顶峰价值推出了这种灯具的第一个款型，名为宇航灯（造型类似火箭）。到了 1966 年，两位美国企业家出资获得授权，开始在北美制造此灯。宇航灯更名为宇航熔岩灯，由哈格提实业（Haggerty）制造，以熔岩世界国际的名义交易。随着销量的增加，新型号也相继出现，并很快成为时尚家居环境的必备品。这盏灯如同 20 世纪 60 年代的具体象征，因其蛇形摇摆动态和催眠般的随机图案，是一件不断变化的艺术品。在 90 年代，顶峰价值换名为“马斯莫司”，重新发布该产品，并复制历史，再次获得了最初那样的成功。公司开发了新灯，并聘请外部设计师，比如罗斯·拉夫格罗夫（Ross Lovegrove）这位名师设计了“流体”（Fluidium），也即宇航熔岩灯流行经典款的现代版。2000 年 7 月，英国设计协会正式宣布最初的宇航熔岩灯为设计经典。

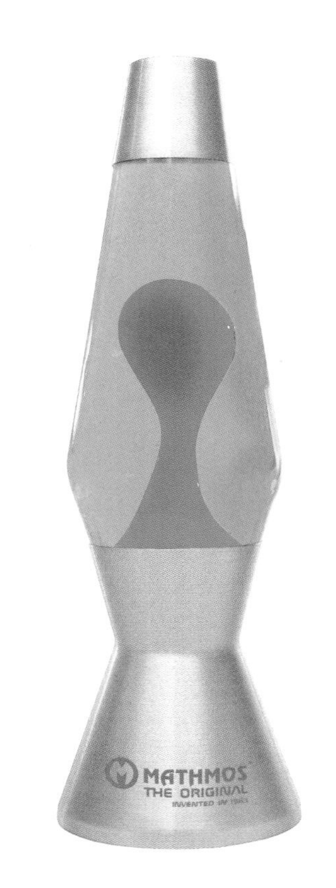

斑点硬纸板椅子 1963 年

Spotty Cardboard Chair

设计者：彼得·默多克（1940—　）

生产商：国际纸业（International Paper），1964 年至 1965 年

还是伦敦皇家艺术学院的学生时，彼得·默多克（Peter Murdoch）便设计了斑点硬纸板椅子。此作品的设计精神、制作材料和体现出的哲思，使其成为 20 世纪 60 年代新兴大众消费文化的完美体现。随着高雅文化与商业文化在波普艺术中彼此融合，稳定、持久、耐用的创作理念和设计现状受到了挑战。当时的进步潮流倾向于批量生产、即时、廉价、轻便、便携和即用即弃。这椅子是典型的“平板家具”，它本身也可以作为外包装：原本就是一张扁平的层压纸，模切后以做纸板箱的方式折叠成三维形态。这种层压工艺，使用了 3 个品种的 5 层纸，表面涂上聚乙烯，折叠后形成的结构可以支撑儿童的体重。它非常适合大批量生产：一台机器一秒就能生产一把椅子。800 把椅子展开后，便堆叠成一个 120 厘米高的立方块，可实现高效运输和存储。它出售时是片状形式，然后由客户折叠和组装，也无须特殊技能或工具。不过，此椅在商业上并不成功，仅仅几年后就停止了生产。

TS 502 收音机　1963 年

TS 502 Radio

设计者：马可·扎努索（1916—2001）；理查德·萨珀（1932—2015）

生产商：布里翁维加，1965 年至今

TS 502 收音机，有着独特的蚌壳式塑料翻盖，象征着 20 世纪 60 年代的合成流行美学。它由马可·扎努索与理查德·萨珀设计，利用新出现的电池供电晶体管技术，创造了一种轻量化的便携式调频（FM）收音机，以满足年轻一代的市场需求。ABS 塑料的使用，让它与那些木质贴皮的传统竞争对手截然不同。奔放又显眼的外观，充满强烈的动感色彩，如鲜红色和橙色，此外也有极简的白色和黑色。就像詹姆斯·邦德的间谍小工具一样，此机的技术部件被隐藏了起来，只有当用户打开光滑的塑料外壳，露出一侧的模拟式调谐盘和控件以及另一侧的集成扬声器时，这些特征才变得明显。扎努索与萨珀合作，为布里翁维加开发了一系列标志性的电视和收音机。该公司在“二战”后意大利的繁荣时期应运而生，并通过聘请先锋的一流设计师来打造旗下激进的产品系列，从而确立了自己在消费电子设计领域的前沿地位。后来，TS 502 收音机采用最新的技术，并复刻原初的界面面板，重新推向市场，至今仍不失魅力，颇受欢迎。

柯达旋转木马 S 投影仪 1963 年

Kodak Carousel Projector S

设计者：汉斯·古格洛特（1920—1965）；莱因霍尔德·哈克（1903—1976）

生产商：伊士曼柯达，1963 年至 1992 年

柯达于 1961 年推出了其创新的轮播格式投影。这“防跳片”“防滑出”和“长时间播放托盘”的设计，允许转动观看多达 80 张幻灯片，大大领先于此前那些更笨重的线性播放制式，因此成为行业新标准。正是以这种格式为基准，汉斯·古格洛特和莱因霍尔德·哈克（Reinhold Häcker）在 1963 年完成了他们的创新设计。铸铝外壳非常坚固，能够在较为恶劣的环境中使用。此外，它是一种超越时间的设计，几乎不需要研究使用说明。所有部件都以合理的顺序清晰地排列布局，操作控件为黑色涂装，很容易识别。前进、后退和加载的主要功能，用机器后部的两个圆形按钮来管理，而焦点和高度的调节，则通过前面的旋钮进行。对于在博朗工作并在乌尔姆设计学院任教的古格洛特来说，这展示和证明了他追求的高效和理性的创作路径。旋转木马 S 投影仪，是一款非常成功且被大量制作的设计，20 多年间销售了数万台，而柯达则成为世界上最大的幻灯投影机生产商。2004 年 6 月，这个轮播格式系列产品停产，因为传统幻灯片技术无法再与数字投影仪竞争。

朱克台灯 1963 年

Jucker Table Lamp

设计者：阿芙拉·斯卡帕（1937—2011）；托比亚·斯卡帕（1935— ）

生产商：弗洛斯，1963 年至 1995 年

朱克台灯于 1963 年首次亮相，集中体现了 20 世纪 60 年代的精神。台灯高 21 厘米，由烤漆金属底座和灯罩组成，涂装则有从翠绿、艳红、白、黑等多种可选，与那 10 年间强烈的色彩风尚一致。此设计，从底座向上，以蘑菇样式扩展，其中容纳了一只圆形的超大灯泡；灯顶部的圆顶罩子连接到一个支点轴上，使罩子可在灯泡上多方向转动。虽然技术创新对 60 年代的设计很重要，但朱克台灯的成就，更多地归因于那个时代对产品便利性、易用易懂程度和非正式性的偏好。巧妙的倾斜灯罩在灯泡周围移动，使光线能在一定比例范围内变化，从灯罩拉到水平时的柔和光辉，增强到灯罩拉至最远处时的明亮眩光。此物件代表了托比亚·斯卡帕（Tobia Scarpa）和阿芙拉·斯卡帕（Afra Scarpa）夫妻对经典形式的热爱，而不是追捧当时出现的一些更尖锐张扬的美学形式。1962 年，托比亚·斯卡帕与皮埃尔·贾科莫·卡斯迪格利奥尼联手，为新成立的弗洛斯公司设计了诸多创始产品的原型，而公司也从此成为照明设计创新的市场领导者。随着弗洛斯的产品组合阵容越来越大，朱克台灯于 1995 年“退役”。

保时捷 911　　1963 年

Porsche 911

设计者：费迪南德·亚历山大·保时捷（1935—2012）

生产商：保时捷，1963 年至 1994 年

“二战”后出品的保时捷 356 车型非常成功，以至于主要依靠该车型公司才得以度过 20 世纪 50 年代。因此，创建后续车型的决定，也带来了巨大的挑战。保时捷第三代传人费迪南德·亚历山大·保时捷（Ferdinand Alexander Porsche）承担了这项任务。在那之前，保时捷的贡献在于其精湛的工程技术，而自战前岁月起就与费迪南德·保时捷合作的埃尔文·柯曼达，则负责设计汽车。巴奇是第一个学习设计的保时捷家族成员，毕业后他与柯曼达共事，在车身车间工作。他与海因里希·克里和美国造型师阿尔伯特·戈尔茨合作，完成的第一个挑战是以新车型取代 356 车型。挑战的结果就是于 1963 年在法兰克福推出的 911 车型。它的天才之处在于，既致敬了前一车型又加入了合理的更新。911 车型重新利用了所有已为人所知且成功的汽车设计视觉策略，同时推动它们向前发展；这是一款集成的、克制的空气动力学机器：其设计中的一切都与其高性能和卓越的驾驶体验不可分割。曲线和线条的微妙变化使它脱离了崇尚流线型的 30 年代风格，让其与 60 年代的外观审美保持一致，这一变化是不再那么圆润，更显精致。直到 20 世纪，保时捷才对这一成功之作进行了重新设计，升级改造经典款，创造出新的车型。

层压板材椅　　1963 年

Laminated Chair

设计者：格蕾特·贾克（1920—2006）

生产商：保罗·杰普森（Poul Jeppesen），1963 年；朗格制造（Lange Production），2008 年至今

20 世纪 50、60 年代期间丹麦家具产业的一个重要特征是家具设计师与细木加工厂以及木匠们通力合作。如此的操作，允许设计师进行自由地试验，这尤其体现在为哥本哈根家具师细木业行会的展览所做的准备上。该展览是一年一度的重大活动，让新奇的试验性的设计得以公开展示。有些展品过于前卫、过于试验性，很快遭到遗忘，但也有不少产品留下了名字——例如格蕾特·贾克（Grete Jalk）的层压板材椅。此款椅子于 1963 年的行会活动中在家具生产商保罗·杰普森（如今的 PJ 家具公司）的展位上展出，因其原创独特性、视觉上的天才效果与结构上的匠心独具而立刻受到认可。杰普森与贾克从 50 年代中期便有合作，并在 60 年代早期开始进行木质层压板家具的试验。层压板材椅是他们最知名的成果，也是最令人惊讶的。它极端且棱角分明，急剧弯折的胶合板褶曲造型是通过对材料的压缩挤压而实现的，感觉简直要超出材料的极限。椅子还通过做减法的方式取得成功：形成座椅面还有靠背的弯折胶合板的独立构件，以简单实用的方式组装，直接用螺栓固定，就好像这种椅子极为普通。椅子现在由朗格制造继续生产，品名为“GJ 蝴蝶结椅”。

新秀丽专员公文箱 1963年

Samsonite Attaché Case

设计者：新秀丽设计团队

生产商：新秀丽（Samsonite），1963年至1988年

20世纪60年代初期，全球航空旅业蓬勃发展。1963年的新秀丽专员公文箱是“二战”后行李箱设计和使用方面的一场革命，其外观朴实，并不张扬，流线型的硬质外壳上装有嵌入式锁和模压手柄，风格现代。这一开创性的领先设计造出来的箱子足够轻巧，使用聚氯乙烯注塑成型，注塑可带来均匀的表面纹理和多种颜色。而有多种色彩可选，又助力此公文箱深受商务人士和休闲旅行者的欢迎。设计师威拉德·艾克斯泰尔（Willard Axtell）、克莱尔·沙穆哈默（Clair Samhammer）和迈尔文·贝斯特（Melvin Best）仔细研究了款式、材料和制造工艺。另外，成功的广告宣传和稳固的分销商基础网络，确保了产品顺利进入目标市场。至1965年，“专员”和新秀丽（最初由杰西·施瓦德于1910年创立，名为施瓦德衣箱制造公司）已享誉世界。继“专员”成功之后，新秀丽于1969年推出了“土星”系列行李箱，由于仅使用注塑成型的聚丙烯外壳来实现完全支撑，它成为行业中又一个里程碑。高品质行李箱的品牌形象，对新秀丽公司核心业务的成功至关重要；而专员公文箱所取得的那些进步，在现代硬边行李箱的设计和生产方式中仍然是关键的参考对象。

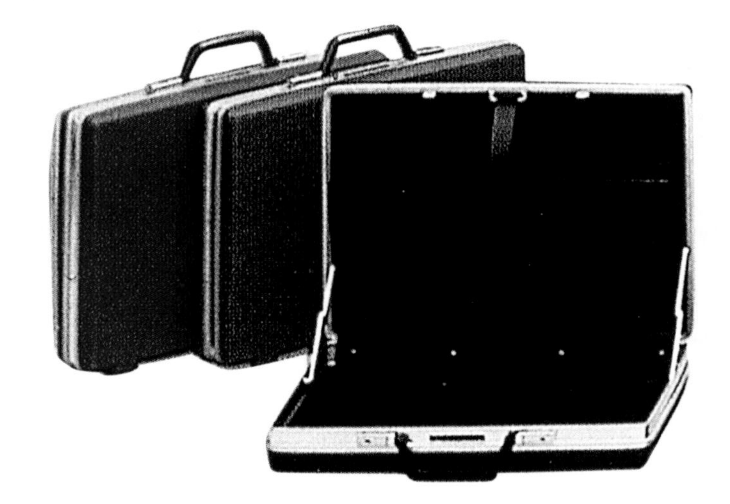

马卡哈滑板 1963年

Makaha Skateboard

设计者：拉里·史蒂文森（1930—2012）

生产商：马卡哈公司（Makaha），1963年至1966年，2004年至今

在专业设计和制造的滑板出现之前，美国孩子们忙着制作他们自己的版本。那些简易滑板是用旱冰鞋拆下的轮子和一块木板组成。1959年，第一个商业性质的滑板“轮滑德比”（Roller Derby），是将街头自制板略微改进之后上市售卖。街头滑板的广泛传播，要归功于冲浪者兼出版商拉里·史蒂文森（Larry Stevenson）。他在自己的杂志《冲浪指南》上发表有关这项新运动的文章，并组织了有史以来的第一次滑板比赛。他的马卡哈公司于1963年设计了第一款专业品质的滑板，用黏性轮（橡胶轮）版本代替了金属轮子，并将矩形木板改成了让人会联想起冲浪板的曲线形式。从1963年到1965年，马卡哈卖出了价值超过400万美元的滑板，然而，玩者受伤以及偶尔的死亡事故，使得滑板运动热潮渐渐衰退；这直到70年代初才有所改善。1969年，史蒂文森为（滑板两端的）“尾翘”设计申请了专利，该设计为滑板者带来更强的控制力，增加了创造花式动作的可能性。滑板的进化是零散发生的，比如冲浪板名人霍比·奥尔特（Hobie Alter）首创了压制成型的玻璃纤维板主体，另一滑板从业者弗兰克·纳斯沃西则于1973年带来了聚氨酯橡胶的“凯迪拉克”轮子。滑板如今仍继续发展，这项运动的精神与玩家个人风格关系极为紧密。因此，滑板已成为承载全球亚文化集体想象的一块白板。

吧台助理 1963 年

Barboy

设计者：维尔纳·潘顿（1926—1998）

生产商：萨默（Sommer），1963 年至 1967 年；比斯特费尔德与魏斯（Bisterfeld & Weiss），1967 年至 1971 年；维特拉设计博物馆，2002 年至 2009 年；维尔潘，2010 年至今

20 世纪 60 年代初期出现了许多新材料和新技术，这也是维尔纳·潘顿和他设计的曲线优美、色彩缤纷的家具的繁荣时期。“吧台助理”是在此期间为德国萨默公司设计的，并以“德克里纳”（Declina）这一商标名生产到 1967 年。像潘顿的大部分作品一样，它把物体简化到外部最精简的形式。但不同寻常的是，这是使用 20 世纪早期的传统技术制成：成型胶合板。那圆柱形部件围绕一根立轴旋转，可容纳瓶子、玻璃杯或开瓶器。“吧台助理”涂有光泽度非常高的面漆，有潘顿最喜欢的两种颜色：红和紫，此外还有黑色和白色。在潘顿设计的少数几件更趋向几何形的作品中，“吧台助理”仍然是最纯粹的。也许正是这种纯粹的形式延长了它的产品寿命。从 1967 年到 1971 年，生产由另一家德国公司比斯特费尔德与魏斯接管。最后，在停产 30 年后，它由维特拉设计博物馆重新发布。重新发行的版本中可选的黑色或白色款，可能有助于它与潘顿其他华丽的全彩色家具有所区别。

球状椅 1963 年

Ball Chair

设计者：艾罗·阿尼奥（1932— ）

生产商：阿斯科，1963 年至 1985 年；阿德尔塔，1991 年至 2016 年；艾罗·阿尼奥原创作品公司（Eero Aarnio Originals），2016 年至今

塑料设计先驱艾罗·阿尼奥（Eero Aarnio），富于开创精神，试图设计一把能营造出私人空间的椅子。结果就是球状椅（在美国被称为地球椅）。椅子在 1966 年的科隆家具展上展出。它采用模压玻璃纤维制成，装在涂漆铝底座上，内部带有强化的聚酯材质椅面。玻璃纤维球体停驻在可旋转的中央椅腿上，营造出一种错觉：上面的球体似乎在漂浮。同时，这也让球体能够 360 度旋转。里面的软垫内壁上配有红色电话，仿佛一个蚕茧。该设计反映了 60 年代充满活力动感的社会风尚，球状椅成为时代的隐喻，出现在电影中和杂志封面上。它向艾罗·萨里宁的郁金香椅致敬，而那是第一个引入单腿底座的椅子。在某种程度上，球状椅是传统俱乐部椅的现代版本，但阿尼奥将物品视为一种迷你建筑来处理，使得这把椅子非常现代。 2016 年，阿尼奥全部设计的权益都转交给了艾罗·阿尼奥原创作品公司。球状椅现在仍有生产，克瓦德拉特布艺公司（Kvadrat）制造配套内部衬垫，有 15 种颜色可选。

梅赛德斯 - 奔驰 230 SL“宝塔”1963 年

Mercedes-Benz 230 SL Pagoda

设计者：弗里德里希·盖格（1907—1966）；**卡尔·威尔弗特**（Karl Wilfert，1907—1970）

生产商：戴姆勒-奔驰，1963 年至 1967 年

借助他们最成功的两款汽车——利用了 190SL 的实用性和“鸥翼”车款的优雅——梅赛德斯设计团队打造了 230 SL“宝塔”，一款轻巧、时尚的车型。这款手动标准变速箱轿车，配备大型垂直前大灯，搭载 2.31 升并列 6 缸发动机，最高速度为 200 千米 / 小时。此车于 1963 年在日内瓦车展上推出，在技术上要落后于其传奇的前身 300SL，然而，外观拯救了它，尤其是那可拆卸的“宝塔形”弧形弯折硬顶车顶。由戴姆勒-奔驰工程师贝拉·巴恩伊（Béla Barényi）出于安全和结构方面的考量设计出了弧形车顶。由于整个结构很轻，可以带来异常宽裕的头顶净空高度并增加车体稳定性，而乘客则受到底盘前后的“防撞溃缩区”的保护。这是第一款带有可拆卸硬顶的车型，整个 SL 车系都采用了这一设计特征。230SL 是同系列 3 款车型中的第一款，3 款车型造型相同，但每个车型的性能都较前一款有所提高。接替 230 的是 250，但后者只生产了两年就被 280 取代，280 可说是该系列的顶峰。它们都极为畅销，在 1963 年至 1967 年间，230 SL 型号共生产了 19 831 辆 。

佳能耐特 8 毫米摄像机　1963 年

Cine Canonet 8-mm Camera

设计者：长坂涉（Wataru Nagasaka，1937—　）；佳能相机设计团队

生产商：佳能相机公司（Canon Camera Company），1963 年至约 1969 年

20 世纪 60 年代，佳能相机公司寻求推出能够吸引大众市场的相机。较早的一个型号，佳能耐特 8 毫米静态相机于 1961 年 1 月推出。该佳能耐特（意即小号佳能）售价低于 20 000 日元，是一款紧凑型 35 毫米相机，配备快速的 f/1.9 镜头和自动曝光控制。在两年半的时间里，佳能耐特相机已售出 100 万台。在面向业余用户的静态相机大获成功后，佳能将注意力转向了电影摄像机市场。第一台佳能 8 毫米电影摄像机早在 1956 年就已推出，佳能耐特 8 毫米摄像机于 1963 年到来，售价 27 800 日元。它由与佳能静态相机相同的团队设计，采用了简约的现代主义设计。它结构紧凑，配备电动马达、反射式取景器和新的紧凑型 2 倍变焦镜头——该镜头结合了一组聚焦和变焦镜头元件。如此一来，此机可放入口袋。然而，销量令人失望，市场表现不如佳能耐特静态相机。伊士曼柯达在 1964 年推出了更多功能、更通用的超 8（毫米）格式胶片，这无疑对佳能耐特机型的后续成功产生了影响。佳能继续生产 8 毫米和其他格式的电影摄像机，直到 1985 年，当录像机在市场上占据主导地位时才停止生产。

座椅子　1963 年

Zaisu

设计者：藤森健二（1919—1993）

生产者：天童木工，1963 年至今

在传统的日本家居中，人们直接坐在榻榻米地板上。为了回应人们坐着时想要有靠背的愿望，同时增加一种礼节性质的元素，“座椅子”应运而生（za，意为坐在地板上，isu 是椅子的意思）。这个 1963 年由藤森健二（Kenji Fujimori）出品的设计，已被公认是定义座椅子品类的代表作——能够堆叠并且可以低成本地批量生产。此椅虽然外形小巧，但坐起来非常舒适，靠背形状对脊椎提供良好支撑。椅面底部的孔，可防止椅子滑落，还可减轻椅子的重量。这把椅子质量极佳，由模压胶合板产品的先驱企业天童木工生产。藤森的座椅子，是为盛冈（市）大酒店的客房设计。它至今仍很受欢迎，特别是在日式风格酒店中；近年则是在日本以外的日料餐馆里流行。它现在常以 3 种不同类型的胶合板制成，分别是榉木、枫木和橡木。20 世纪 50 年代，藤森在芬兰学习产品设计。他将北欧和日本的思维融合到一个设计中，从而产生了一种创新的座椅解决方案。

USM 模块化家具 1963 年

USM Modular Furniture

设计者：保罗·舍勒（1933—2011）；弗里茨·哈勒（1924—2012）

生产商：USM 舍勒父子公司（USM U Schärer Söhne），1965 年至今

可高度分解组合的 USM 模块化家具系列，使用 3 个简单的组件：球体、连接管和钢板。用这些基本元素，可以实现无限多样的配置方案，并满足大量的存储需求。球体作为接头，相当于身体关节，联接起“骨骼”框架——框架根据用户所需的规格搭建，而面板则是在需要的地方封闭起存储区域。这个系统的机巧独创性，依赖于弗里茨·哈勒（Fritz Haller）在不牺牲功能的情况下将设计合理化、优化到最小组件数量的那种能力。保罗·舍勒（Paul Schärer）于 1961 年委托哈勒为 USM 家具设计一个新工厂。舍勒对哈勒完成的工厂建筑的印象非常好，以至于他又委托建筑师设计一系列的模块化办公室家具。因此，这个哈勒系统便诞生了。舍勒和哈勒很快意识到，他们手中拥有的，是一个有生命力、可推广的商业产品。USM 模块化家具在 1965 年推出，让 USM 从金属生产商转变为高品质办公设备生产商。该产品自成型和发布以来几乎没有过变化。其超越时间的特质和近乎全无的极简装饰，让它同时适合家庭和办公室使用。仅在西欧，它就创造了一亿美元的销售额。

雪佛兰克尔维特黄貂鱼 1963 年

Chevrolet Corvette Sting Ray

设计者：雪佛兰设计团队

生产商：雪佛兰，1963 年至 1976 年

雪佛兰克尔维特最初由哈利·厄尔（Harley Earl）与罗伯特·麦克莱恩（Robert F McLean）于 1953 年创造，至今仍然存在，但正是 1963 年的“黄貂鱼”版本奠定了其作为美国标志之一的地位。第二代克尔维特看上去就是肌肉车，威猛有力，是结合了比尔·米切尔（Bill Mitchell）与拉里·筱田（Larry Shinoda）打造的外形，以及由克尔维特的总工程师左拉·阿库斯-邓托夫（Zora Arkus-Duntov）构建的底盘。黄貂鱼基于狂热的赛车爱好者筱田在 1960 年的“黄貂鱼赛车”和 XP-755 上所做的工作而设计。此车特色包括可旋转的隐藏式前照灯和 1962 年车型的 V8 发动机，但最值得一提的可能是将后窗一分为二的粗粗的隔条，这为它赢得了“分体窗双门轿跑车”的名号。1963 年车型是所有克尔维特车型中装饰最花哨的，引擎盖上有假的通风格栅，前挡泥板上有装饰性的鲨鱼鳃，但美国公众喜欢它。1963 年，雪佛兰制造了 20 000 多辆克尔维特黄貂鱼；至 1966 年，这个年产数字已经增长到超过 27 000 辆。筱田继续开发他的克尔维特系列，在 1968 年推出了第三代车型，但它从未像 1963 年款那样受到喜爱。1989 年，筱田基于 1984 年至 1989 年量产款的车型设计了车手里克·米尔斯（Rick Mears）特别版的克尔维特。

内索台灯 约 1964 年

Nesso Table Lamp

设计者：吉安卡洛·马蒂奥利（1933—2018）

生产商：新城设计师团体阿特米德，1967 年至 1987 年，1999 年至今

赢得设计比赛并不总会让产品获得成功，但由吉安卡洛·马蒂奥利（Giancarlo Mattioli）和新城设计师团体设计的内索台灯却做到了。生产商阿特米德与前沿新锐杂志《住所》（*Domus*，拉丁文，意为家）于 1965 年发起一项比赛，结果便是这盏灯的出现和上市。阿特米德是 20 世纪 60 年代塑料家具和灯具领域的领导者，如此角色也让它参与了革命性设计小组孟菲斯（Memphis）。内索台灯在形式上充分利用了塑料的半透明特性，创造出一种从内部发光的形态，模仿磷光效果。它在色彩的使用上体现了 60 年代的意大利风格，明亮的橙色和白色在所有塑料制品中都很盛行。阿特米德随后推出了一个较小版本的灯，名为"内西诺"（Nessino，又称迷你内索），有多种透明色，包括红、蓝、橙、灰和黄。透明特质凸显出设计细节，露出灯体的内部结构与光源。内索一直是 60 年代意大利设计的标志。由于其功能用途的明晰化，以及直接宣告自己是一盏灯的那种简单的表现形式，让它的生命力比许多同时代的产品都更长久。

1 型行动办公室 1964 年

Action Office 1

设计者：乔治·纳尔逊（1908—1986）；罗伯特·普罗普斯特（1921—2000）

生产商：赫曼米勒，1968 年至 1970 年

1964 年，乔治·纳尔逊的 1 型行动办公室问世，后部有用于悬挂文件的存储空间，前面有纤巧的拉出式抽屉，这一产品组合革新了办公家具。赫曼米勒的员工罗伯特·普罗普斯特（Robert Propst）对美国的办公室设施和文化进行了 3 年研究，随后设想出 1 型行动办公室。他得出的结论是，办公家具市场需要的是一个家具系统。赫曼米勒当时的设计总监乔治·纳尔逊，受委托将普罗普斯特的建议转化为合乎使用逻辑的相应组件。他设计了一张适于伏案工作的坐式办公桌、一张高桌、一个储物单元和一个"通讯控制台"。办公桌有可滚动顶盖，在一天工作结束时合上；顶盖靠近桌子表面，防止下面的公文格子层升得太高；有一个指定区域放置文件，让信息触手可及。高桌是为不太正式的会议，以及员工伸腿伸懒腰的需要而设计的。而通讯控制台则是员工单独接听个人电话的地方。全部组件皆由有抛光的铝制底座和木质台面，采用圆角轮廓而不是方正直角设计，以此营造一种不那么急功近利，少些压力的办公室氛围。赫曼米勒生产 1 型行动办公室直到 1970 年。虽然它经历了各种各样的再设计，但纳尔逊最初的优雅方案仍然很得人心，赢得了大多数人的喜爱。

福特 GT40 1964 年

Ford GT40

设计者：约翰·怀尔（John Wyer，1909—1989）；福特设计团队

生产商：福特，1964 年至 1969 年

为了在公众认知中留下自己的印记，赛车必须赢得重大赛事。在 1966 年的勒芒比赛中，福特凭借其 GT40 一举包揽了前三名。据传闻，福特曾大胆提出收购法拉利，却遭到轻蔑拒绝，于是立誓要制造一款车来击败意大利人。该公司为赢得勒芒的努力，从 1963 年启动的 GT40 Mark I 车型开发开始。初步研究表明，所有必要的汽车部件都可以安装在长 396 厘米、高 102 厘米（40 英寸）的车辆轮廓中，这就是车型名字中 40 的由来；同时，车身形状打造调校需尽可能符合空气动力学。为了将尺寸缩小，达到最优，汽车拥有两个独立的油箱，每个油箱都有自己的加油口盖。福特没有使用可调节座椅，而是设置了可根据驾驶员体型来相应改变的可移动油门与制动踏板。MarkI 型于 1964 年 4 月 1 日完成，正好赶上当月晚些时候的勒芒练习赛。在比赛中，没有一辆福特 GT 完成赛事。又过了两年，GT Mark II-A 型才终于实现了公司定下的目标。这款车的吸引力长期不减：千禧年之初，福特复活了 GT40，重新推出后广受好评。

米高扬米格 -23 鞭挞者 1964 年

Mikoyan MiG-23 Flogger

设计者：米高扬-古列维奇设计所

生产商：俄罗斯飞机公司米格制造局（Bureau Russian Aircraft Corporation MiG），1969 年至 1980 年

米格-23 鞭挞者的第一架原型机，由米高扬-古列维奇设计所在苏联设计和制造，于 1967 年 6 月在莫斯科的多莫杰多沃机场展出。此机由阿尔顿·米高扬（Arton Mikoyan）和米哈伊尔·古列维奇（Mikhail Gurevich）设计，是以同时代的、美国强大的幻影 F-4 为竞争对手。它于 20 世纪 70 年代开始服役，在 90 年代后期才从苏联空军中正式退役。此机貌不出众，没什么吸引力且缺乏敏捷灵动性，大而扁平的机翼连接在厚实的管状机身上，搭配着一个能见度有限的小型驾驶舱。鞭挞者的优势在于其武器装备能力和强大的发动机，它能够达到 2400 千米 / 小时的超声速，以 2.35 马赫的速度飞行。它的设计意图，主要是用作战斗截击机，也可以临时充当空对地攻击机。此机型有多种功能变化，使用“摆动翼”技术，可将机翼位置调整为 16 度、45 度或 72 度，能实现令人难以置信的适应性。鞭挞者的机翼位于前部位置（以获得更大的抗风性），即使在配载全套武装的情况下，也可以从半准备好的跑道上起飞，并且可以渐渐下探，安全地降落在粗糙不平的场地上。当机翼后置时，大幅降低的阻力让飞行器能够以超声速飞行，使其成为有史以来最快的战斗机之一。

宾得 Spotmatic 相机 1964 年

Asahi Pentax Spotmatic

设计者：旭光学工业株式会社

生产商：宾得（Pentax），1964 年至 1975 年

旭光学工业株式会社（AOC），即后来的宾得，于 1952 年制造了日本第一台 35 毫米单反相机 Asahiflex I。该公司由梶原熊雄创立，最初叫旭光学工业合资会社（Goshi Kaisha），一开始生产眼镜镜片。“二战”之后，社长松本三郎开始探索生产相机系列的可能性。研发工作于 1950 年开始，并于 1951 年晚期，以民主德国的普拉克迪反射相机（Praktiflex）为基础，生产了 35 毫米单反相机的原型；此机型 1952 年推出，名字即为前述 Asahiflex I。1953 年的旭反射机 IIB 加入了一面镜子；一旦快门启动，镜子就会立即返回取景视点位置。后来，在 1960 年，该公司在世界影像博览会这一国际行业展会上展示了测光相机 Spotmatic（名字有“自动对点”之意）的原型；该机直接通过相机镜头进行曝光测量，是一项革命性的技术成果。经过进一步研发，这款产品终于在 1964 年初上市。虽然旭光学工业株式会社发明了 TTL（即通过镜头）测光系统，但东京光学公司动作很快，快速将之推向了商业生产，于 1963 年 4 月便发布了拓普康 RE 超级相机（Topcon RE Super）。在 1967 年至 1969 年间，旭光学工业株式会社生产了 200 万台单反相机，主要来自 Spotmatic 系列。至 1971 年，销售总量又达到了 300 万台。Spotmatic 系列于 1975 年停产，当时，宾得推出了新的更宽的镜头卡口。

东海道新干线（子弹头列车干线）1964 年

Tokaido Shinkansen (Bullet Train)

设计者：岛秀夫（Hideo Shima，1901—1998）

生产商：日本国铁（Japanese National Railways），1964 年至 1987 年；中日本旅客铁道株式会社（Central Japan Railway Company），1987 年至今

东海道新干线，或称子弹头列车干线，是世界上第一个城际高速铁路系统，于 1964 年开始在东京至大阪长达 500 多千米的铁路线上运行，时间正好赶上东京奥运会开幕。该设计取得了圆满成功，列车最高时速超过 210 千米，将两个城市之间的旅行时间从六个半小时缩短到了大约 3 个小时。据说，其独特的火车头轮廓是基于当时人气正旺的道格拉斯 DC-8 飞机设计；而 1435 毫米的标准轨距，比日本标准轨距更宽，可运行车身更宽的列车，带来更宽敞的内部空间；座椅可旋转至面朝行进方向，或创建四座以及六座的舱位布局。一趟新干线列车最初由 12 节车厢组成，由轨道上方的架空电源提供动力，由牵引电机来驱动每个车轴，同时也提供动力，而不是像欧洲那样，仅由一个火车头机车单元来牵引所有列车。新干线每天运行 373 趟列车，自启用以来已运送乘客约 64 亿人次，并以其传奇的准点率、安全性和可靠性而闻名，也是法国 TGV 高铁等其他高速铁路的参考模板。

洛克希德 SR-71“黑鸟”飞机　1964 年

Lockheed SR-71 'Blackbird'Aircraft

设计者：洛克希德设计团队

生产商：洛克希德（Lockheed），1964 年至 1990 年

洛克希德 SR-71“黑鸟”，是一架长 33 米的战略侦察机，代表了克拉伦斯·“凯利”·约翰逊（Clarence 'Kelly' L Johnson）和他传奇的“臭鼬事务所”团队的非凡技术成就。超声速飞行的要求，意味着飞行器的每个方面都需经过专门调整，以承受超声波的整体环境挑战，承受飞行速度超过 3200 千米 / 小时产生的极端高温，承受最大海拔超过 25 900 米的高空状态。当初的设计理想是：“黑鸟”飞得如此之快，既不会被击落，也不会被雷达设备准确检测到。此项目工作始于 20 世纪 50 年代后期；最早的“黑鸟”初代成型机 A-12 于 1962 年 4 月首飞。仅仅几年后，尺寸稍大的 SR-71 就在 1966 年 1 月准备就绪。它几乎完全用钛合金制成，配置有耐高热玻璃材质的驾驶舱，以确保飞机在高温下能够维持正常。两名飞行员必须穿着压力服，以防飞行过程中突然失压。此机的非官方名称“黑鸟”，来源于涂装在飞行器上的特制漆黑涂料——那会吸收雷达信号，以防止进入敌方领空后被发现，并能部分散射掉飞行中产生的令人难以置信的热量。此机机队在 1990 年正式退役。

提篮灯　　1964 年

Cesta Lantern

设计者：米格尔·米拉（1931—　）

生产商：DAE，20 世纪 80 年代至 1995 年；桑达与科尔公司，1996 年至今

米格尔·米拉，是出生在巴塞罗那的建筑师，后来转向工业和室内设计师。提篮灯便是由他设计，是现代西班牙设计界一个标志性的作品。20 世纪 70 年代的家庭中，在此灯陪伴下长大的那代人，固然可以立即认出这款灯，但如果缺少那种成长经验，不了解此灯，因而质疑该设计的本源，追问这到底来自哪块大陆，也大可以理解。精致的樱桃木框架，结合一个高大的圆顶弧状把手，都指涉中国或日本的先例之作，而椭圆形玻璃圆罩带来的环绕式光线，看上去像是地中海特色。事实上，米拉的灵感来自悬挂在沿海房屋外的传统灯笼，那是对出海渔民发出的返航信号。不过，他创造出的这款灯，布置在西班牙那些屋主眼光更好、更挑剔的住宅的当代露台、廊厅和阳台上，更显适得其所、相得益彰。框架和附带的宽大的提手使用热弯处理后的樱桃木，形状优雅；所有机械性质的部件，均为木制，隐藏在视线范围之外。这是此设计在 1996 年更新之后的效果：原初的马尼拉藤架被替换为樱桃木，塑料灯罩升级为蛋白石水晶玻璃球罩，并增加了一只调光器。

40/4 型椅子　　1964 年

Model 40/4 Chair

设计者：大卫·罗兰（1924—2010）

生产商：通用防火公司（General Fireproofing Company），1964 年至今；豪家具公司（Howe），1976 年至今

这是有史以来最优雅、最高效的堆叠式椅子之一；这一产品是结构工程和视觉效果优化的胜利杰作。它仅由 10 毫米直径的圆钢棒制成的两个侧边框架构成。单独的座椅面和靠背，由曲线轮廓的板材构成，以钢板压制而成。然而，这个简陋又基础的描述，并不能传达出大卫·罗兰（David Rowland）的匠心独运；他将这些部件成功组合在一起，与此相伴的过程就是精妙实现心里的那些独创巧思。超薄的外部轮廓，加上精心设计的可嵌套式几何形状，意味着这些椅子方便堆叠在一起，而且相互之间没有间隙。40 把椅子堆叠，在垂直方向上仅占据约 1.2 米（4 英尺）高度的空间，这也是本设计被称作“40/4”的缘由。罗兰巧妙地在后腿元件部分添加了扁平凸缘边，这不仅为支撑腿提供了必要的刚性，而且使椅子能够成排锁扣在一起。椅子脚这里的一个细节塑料件，也用于将椅子连接在一起。把椅子锁定排成一行后，便是将相连的这组个体变成了一个格子梁结构。由这些连接件锁紧的 4 把椅子，可以一起抬起和搬运。不出所料，这把椅子被大量盗版，但没有一个仿版的地位能超过最初的，也是最佳的款型。

分段式桌子 1964 年

Segmented Table

设计者：查尔斯·伊姆斯（1907—1978）；雷伊·伊姆斯（1912—1988）

生产商：赫曼米勒，1964 年至今；维特拉，1974 年至今

当伊姆斯夫妇着手设计多功能变体桌时，他们回避可能导致复杂的所有元素，从而创造出令人满意的简单的分段式桌子系列。自 1964 年推出以来，分段式桌子一直是董事会议室的最爱，主要是因为它的形状和尺寸的可选范围足够大。铝材腿支撑着的桌子，仿佛是有意识的生命体，在那里随时待命。底座拆卸容易；通过添加或拆除组件，桌子可扩展、可收缩。核心部件——铝制腿、黑钢底座和黑钢拉伸架——可以与各种台面相匹配，无论那是圆形、方形还是椭圆形。自从伊姆斯夫妇最初设计了这款桌子以来，赫曼米勒就一直在制造此产品，提供白橡木、胡桃木、柚木、紫檀木等饰面，而其中最令人印象深刻的，也许是意大利白大理石的台面。钢质底座的顶部，有着独特的铝制“蜘蛛”底托，将桌子的下半部分连接到其顶部台面；这一底托带来令人放心的坚固稳定的支撑。这种细节，就像伊姆斯夫妇设计的所有东西一样，是他们天赋的清晰思维和简洁创想的直接结果。这些桌子可能不是该夫妻搭档团队设计出的最富有诗意的家具，但肯定位居于最实用之列。

吊索沙发 1964 年

Sling Sofa

设计者：乔治·纳尔逊（1908—1986）

生产商：赫曼米勒，1964 年至 2000 年

乔治·纳尔逊的吊索沙发，由 6 个松散的黑色皮革靠垫构成，用悬挂在钢管镀铬框架上的、质地强化加固了的织带支撑。据称，纳尔逊的灵感来自他的汽车雪铁龙 2CV 的座椅设计。纳尔逊对乳胶支撑类座椅的构成物很感兴趣，于是启动了他的设计开发，并实现了吊索沙发在 3 年后的生产。马歇尔·布劳耶于 1925 年开创性地设计了第一把弯曲金属管材的悬臂椅子，纳尔逊此作是向布劳耶致敬，而他的最终设计是先进技术的卓越典范，与之前的管状金属家具和软垫式家具设计都有所不同。座椅设计总是吸引着纳尔逊。在他 1953 年出版的《椅子》一书中，他指出，每种文化都将其装饰方面的努力集中在特定有象征性的物品上，而“二战”后，设计师专注的对象便是椅子。在此期间，内建配置的储物系统、嵌入式照明和处理各种杂乱之物的现代主义方法都纷纷出现，而这意味着设计的焦点集中在座椅上。在 25 年的时间里，纳尔逊与赫曼米勒的合作让他顺利出品了一些最具先驱性的现代设计。吊索沙发是纳尔逊为赫曼米勒完成的最后几个重要座椅设计之一，此后他的精力主要转向了办公室空间环境的设计。

栖息凳 1964 年

Perch Stool

设计者：乔治 · 纳尔逊（1908—1986）；鲍勃 · 普罗普斯特（约 1922—2000）

生产商：赫曼米勒，1964 年至 2006 年；维特拉，1998 年至 2019 年

这个又高又窄的凳子是 1964 年 1 型行动办公室的一部分，由乔治 · 纳尔逊与鲍勃 · 普罗普斯特（Bob Propst）一起设计。在英文中之所以被称作栖息凳，是因为设计师希望工人在站立工作时有一个像鸟儿那般栖停、暂歇的地方。人体工学有个理念，即运动是健康的，栖息凳的设计符合此理念，旨在鼓励用户在一整天的工作中规律地改换办公姿势。栖息凳有一个泡沫填充的、高度可调节的小椅座。独立的软垫靠背，也可用作扶手。环形的钢管材质脚踏板，有助于落座者保持舒适的姿势与位置。纳尔逊与普罗普斯特的合作对构思创造新的办公家具大有助益，他们的出品可适应办公室规划的变化。虽然赫曼米勒仍在生产中，但维特拉也于 1998 年开始生产栖息凳——原因在于，为吸引和满足喜欢动态办公的员工，雇主们有意识地打造灵活的工作环境，对能够营造此类环境的家具的需求不断增加。栖息凳既适应站姿，也适用于坐姿，也可供非正式和动态会议场景中那些站立的发言者使用，因此这款凳子持续响应着职场和办公场景不断变化的需求。

福克兰灯 1964 年

Falkland Lamp

设计者：布鲁诺·穆纳里（1907—1998）

生产商：丹尼斯，1964 年至今

很难想象这盏长灯可以装在很小的盒子里。一旦打开包装，悬挂在天花板下，福克兰灯能延伸达到 165 厘米的全长。这是由意大利艺术家和设计师布鲁诺·穆纳里设计，自 1964 年以来一直由丹尼斯制造。灯罩由一根类似长袜、富于弹性、织造工艺的白色管状体构成，连缀在一个铝质锥体上。管体内附有 6 个不同尺寸的铝环。当从天花板上悬挂而下时，精心定位的铝环的重量，会将管体的材料拉伸成扇贝状的雕塑形态。还有一个不需额外支撑的独立版本，叫福克兰落地灯（Falkland Terra）：管体套筒悬挂在内部的一根长杆上，长杆连接到底座上。福克兰灯的灵感，被认为是受到人们对太空旅行日益浓厚的兴趣所启发，但穆纳里的作品也经常受到大自然的启迪——此灯的形状让人联想到竹子。穆纳里将这种关联描述为"工业自然主义"，换言之，即运用技术和人造材料来模仿自然。正是从这一观念出发，他创造出这款灵活、轻便、可折叠且美观的灯。

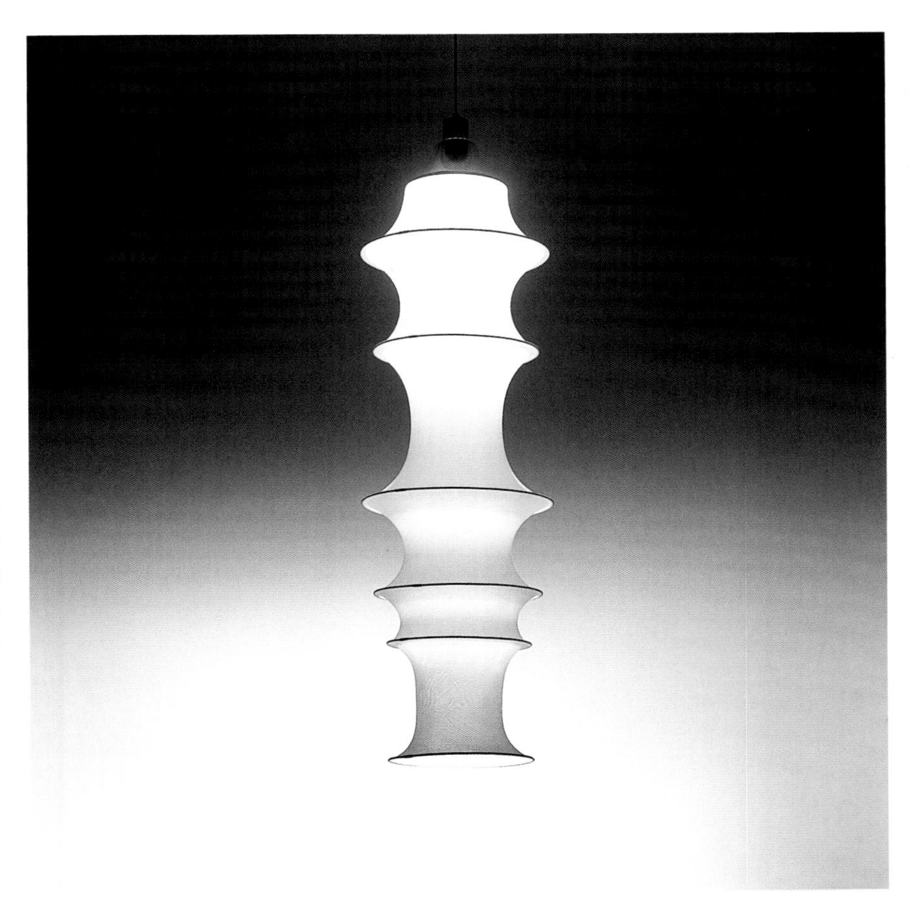

超椭圆桌子 1964 年

Superellipse Table

设计者：皮特·海恩（1905—1996）；布鲁诺·马松（1907—1988）

生产商：布鲁诺·马松国际公司（Bruno Mathsson International），1964 年至今；弗里茨·汉森，1968 年至今

乍一看，超椭圆桌子可能只是一个简单坦白、一目了然的设计。仔细观察，它那令人难以置信的复杂性也会变得相当明显。桌子的形状介于矩形和椭圆之间，这是长期数学研究的成果。1959 年，丹麦诗人、哲学家和数学家皮特·海恩（Piet Hein）受到邀请，在斯德哥尔摩设计一个城镇广场，以帮助缓解交通拥堵。圆形或椭圆形广场，只会证明那不利于节省空间，而矩形则会产生太多的拐角，让汽车转弯耗时增加。海恩便创造了一种全新的形状，他称之为超椭圆。来自瑞典的先锋设计师和工匠布鲁诺·马松看到了超椭圆的潜力，并开始与海恩合作，将成果转化为一张桌子。事实证明，在狭小的城市公寓中它极大提高了空间使用效率。在桌面下方，一种由金属杆制成的自卡固、自锁紧桌腿，既坚如磐石，又易于拆卸，便于运输。超椭圆桌子由卡尔·马松（Karl Mathsson）的小型家族企业马松国际公司制造，至今仍有生产。此设计问世 4 年后，弗里茨·汉森公司开始制作一张类似的桌子，专利归于皮特·海恩，但新产品有布鲁诺·马松和阿恩·雅各布森的贡献。

太阳瓶 1964 年

Sun Bottle

设计者：海伦娜·泰内尔（1918—2016）

生产商：里希迈基，1964 年至 1974 年

这个圆形瓶子的两面都分布有线状纹理，从中间凹进去的中心辐射到光滑的外边缘。短瓶颈使其易于抓取和倒出内容物，而粗壮、朴实的底座在不破坏优雅形制的情况下为瓶身提供稳定与平衡。海伦娜·泰内尔（Helena Tynell）是芬兰玻璃设计的先驱，以使用令人印象深刻的雕塑形态和生动鲜艳的色彩而闻名且广受认可。她最初是把太阳瓶作为装饰品来生产，但此产品被用作花瓶，并迅速流行起来，因此得到昵称“花瓶”——既因为它的使用方式，也因为那花朵盛开般的外观。泰内尔的职业生涯始于为“阿拉比亚”（芬兰陶瓷公司名）设计陶瓷，然后于 1946 年开始专注于玻璃领域；之后，她成为芬兰公司里希迈基的主要设计师之一，20 世纪 40 年代后期至 1976 年都在该公司工作。太阳瓶有 4 种尺寸，从 13 厘米高到 33 厘米高不等，长期都是畅销货品。最小和最实惠的那些版本，完全是机器制造而成；中等型号的，是半机器加工；而最大和最昂贵的，则是完全靠匠人以精湛工艺吹制而成。在太阳瓶 10 年的生产过程中，至少有 19 种不同的颜色可供选择，包括透明、紫、红、绿松石色、丁香浅紫和用特殊铀玻璃打造出的令人惊叹的淡黄绿色，它在紫外线下会发出明亮的绿色光。

露珠系列 1964 年

Kastehelmi

设计者：奥伊瓦·托伊卡（1931—2019）

生产商：伊塔拉，1964 年至 1988 年，2010 年至今

奥伊瓦·托伊卡是一位开创性的设计师；他助力定义了一种特别能代表芬兰风格的玻璃器皿。他的作品，包括一系列广受欢迎的手工玻璃彩色鸟儿，有助于证明 20 世纪中叶的芬兰设计也能充满表现力和装饰性，而不仅具有功能性。最好的例证，也许是他在 1964 年为芬兰玻璃器皿品牌伊塔拉设计的露珠系列。虽然该系列的基本轮廓优雅、直接而简明——盘子是绝对的圆形，玻璃杯、碗和花瓶有直直的边缘线条和简单的比例——但定义这套产品的，是一排排大小不一的“凹坑”。露珠样式的装饰效果是该产品系列名字的由来。压制玻璃表面会有接缝的痕迹，在尝试隐藏接缝的工艺技术时，托伊卡想出了这种有着插图作用般的感性细节。通过将“露珠”排列成不同大小的数行，他为制造工艺上的缺陷提供了一种巧妙的解决方案，创造出一种持久且易于识别的设计。此类器皿能在环境中发生变化——那透明、灰、绿或蓝色玻璃会折射环境光，使得表面如有晨露那般晶莹发光。该系列连续生产了 20 多年，然后又于 2010 年由伊塔拉重新发售，以庆祝品牌与托伊卡合作 50 周年。

阿尔戈尔便携电视 1964 年

Algol Portable Television

设计者：马可・扎努索（1916—2001）；理查德・萨珀（1932—2015）

生产商：布里翁维加，1964 年至今

阿尔戈尔是最早的便携式电视机之一（原初的型号可以用电池供电），其在设计时就充分考虑到了材料、生产制造和用户。马可・扎努索和理查德・萨珀赋予工业设计以一种新的自由和责任感，这与当时其他理性主义运动参与者不同。阿尔戈尔是布里翁维加的多尼 14 型电视（1962 年）的后继产品，那也是由这二人组设计的。这个机型充满个性和亲密感，被扎努索比作一只小狗，似乎正看着它的女房东。设计师将调节控件和天线安置在倾斜的曲线部位和电视机主体的交接处，这使电视具有简单的有机统一性，并且可以在黑暗中轻松摸到控件。外壳的塑料材质选择经过深思熟虑，便于清洁。机器的金属手柄在不使用时放倒，与机身平齐，在提起电视时则感觉非常牢固。内部组件的布置也很合理，便于维护。紧凑化的设计理念，则预示着电子产品组件小型化的浪潮即将掀起。

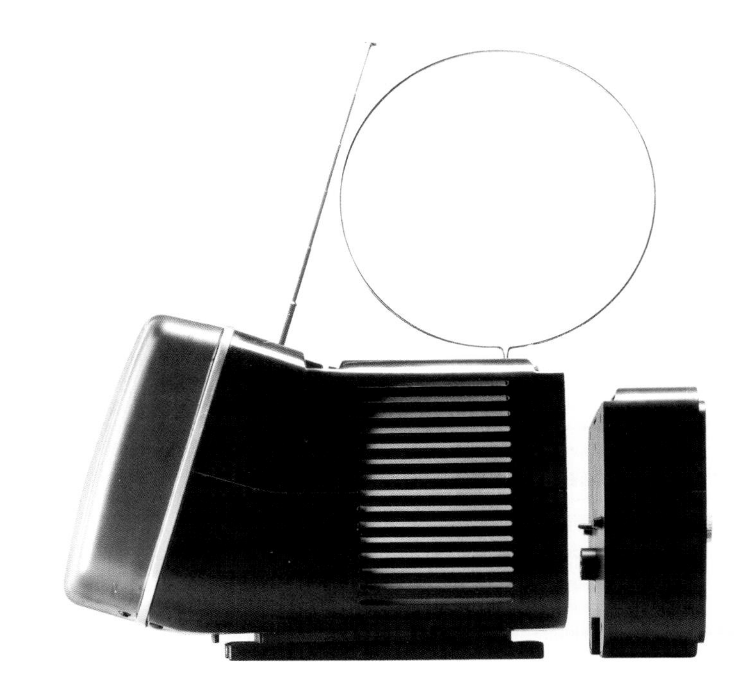

塔沃罗 64 号桌子 1964 年

Tavolo 64

设计者：AG. 弗伦佐尼（1923—2002）

生产商：佩达诺（Pedano），1972 年至 1974 年；加利（Galli），1975 年至 1978 年；卡佩里尼（Cappellini），1997 年至今

极简主义已经成为一个时髦的词，用于笼统地描述通过简单的形式、材料和色彩（或干脆缺省色彩）的组合，并被简化至只保留基本要素的物品。AG. 弗伦佐尼（AG Fronzoni）的塔沃罗 64 号桌子，概括了这个词的真正含义，因为设计师的简化手法在此创造了一个极纯粹的物品，只包含发挥功用必需的基本元素。弗伦佐尼使用方形管状钢底座和相同厚度的木质桌面，在数学向度上开发了这一桌子的概念，把握了能满足使用效率的必要尺寸。这个几何设计以黑色或白色制作成型。弗伦佐尼认为，这种纯粹、平面绘图般的、不显眼的形式，源于他对浪费和过度装饰的厌恶——更加强调物品本身和周围的环境物。弗伦佐尼这 1964 年的桌子，还配套有床、椅子、扶手椅和置物架单元的设计。该系列提醒后来的设计师，在过于关注技术和材料创新、人体工程学细节和情绪驱动的那种造型趣味格调之前，一定要记住，实用性是首要的。

至多 1 型餐具 1964 年

Max 1 Tableware

设计者：马西莫·维涅利（1931—2014）；莱拉·维涅利（1934—2016）

生产商：乔文扎纳（Giovenzana），1964；海勒（Heller），1971 年至今

至多 1 型餐具由马西莫·维涅利（Massimo Vignelli）和莱拉·维涅利（Lella Vignelli）夫妇于 1964 年设计，并在米兰三年展上获得了令人垂涎的金圆规奖。这个模块化餐具套组，最初由意大利公司乔文扎纳生产，然后由新成立的美国公司海勒规模化量产。此系列最初以至多 1 型餐具的名称进行营销。1972 年，更多单品被加入此套组，以至多 2 型的名称销售。至多 1 型套装包括一个矩形的基底托盘，6 组大盘子、小盘子和小碗，还有两个带盖的小碗，以及一个带盖的大碗。该套组从 1970 年开始扩展，增加了糖罐、奶壶、咖啡杯式浅杯和小碟子。浅杯很快就换成了马克杯，称为“至大杯”，并成为畅销品。最后加入该组合的几个单品还包括设计于 1978 年的一系列托盘。自 1971 年以来，海勒一直在连续生产维涅利夫妇设计的餐具。可堆叠系统具有节省空间的功能，而该设计也显示出，塑料拥有在家居环境中还不错的观感，并且可做成各种形状，整体上协调统一。

BA 1171 型椅子 1964 年至 1966 年

Model No. BA 1171 Chair

设计者：赫尔穆特·贝茨纳（1928—2010）

生产商：蒙佐利特-费布伦（Menzolit-Fibron），1966 年至 20 世纪 90 年代

对设计师来说，椅子是终极考验；对于建筑师来说，椅子是小小的建筑体，以此提出有待探索的概念。工业设计师创造椅子，来试验新技术、新材料，而工匠的注意力则放在视觉上的微妙之处。赫尔穆特·贝茨纳（Helmut Bätzner）的堆叠式椅子实现了这其中的许多目标。它于 1966 年在科隆家具展上推出，为多用途可堆叠椅树立了标准。椅子利用了“预浸工艺”（用树脂预浸渍使材料更强韧），并采用 10 吨压力的“双层壳体”热压工艺生产，以玻璃纤维增强型的聚酯树脂模压成型。这项技术在 5 分钟内能制成一把椅子，并且只需最少量的修饰性精加工；这让本品成为第一款单件一体、批量生产的椅子。矩形平面构成椅子靠背和座椅面，而压缩模制的外壳形状利用椅腿与座椅面相接的曲线，消除了原本可能出现的裂缝和折断。为增加椅腿的材料强度，贝茨纳将它们结合处的角落进行三角化处理，形成一种向内凹陷的结构，与典型实心腿的那种结构正好相反。椅子的板材够薄，配合倾斜的椅腿，都便于堆叠。阿尔伯特-施密特-蒙佐利特工厂制造的这款椅子，由勃分格公司分销，标称型号为 BA1171，因此它有时也被称为“勃分格椅子”。尽管它在 20 世纪 90 年代停产，但其制造工艺已被用于无数塑料户外家具的生产。

摇摇美人小木马　1964 年至 1966 年

Rocking Beauty Hobby Horse

设计者：格洛丽亚 · 卡拉尼卡（1931—　）

生产商：创意玩物（Creative Playthings），时间不详；工业木作木艺公司（Industrial Woodworking Corp），2006 年起，停产日期不详

直到本玩具首次投产 40 多年后，格洛丽亚 · 卡拉尼卡（Gloria Caranica）才被认定为摇摇美人小木马的正牌设计师。这是一个奇怪的身份错乱案例：该玩具最初与美国设计师菲利普 · 约翰逊（Philip Johnson）关联在一起。然后，它被认为是另一个菲利普 · 约翰逊的作品，那人是玩具公司“创意玩物”的艺术总监。真相直到 2006 年才被揭露。当时现代家具零售商“身边的设计”（Design Within Reach）推出了一款名为“红球摇摇乐”（Red Ball Rocker）的复制品，但未注明原创权益归属；后来才将这未申请版权保护的设计归于纽约布鲁克林普拉特学院（Pratt Institute）的毕业生卡拉尼卡；她曾长期是“创意玩物”的员工，而且，签在那原始草图上的，正是她的名字。卡拉尼卡的原创作品，是对摇摇乐木马的一种抽象的诠释。富有想象力的孩子，可以很容易联想到那是一辆摩托车或宇宙飞船。它由两块矩形的桦木胶合板进行弯曲加工制成，上部较窄较短的那一块板与下部板卡口相交。木马身由一根木杆以一定角度斜插入来串接加固。木杆顶上包覆配装着的球体，涂红漆，用作摇晃时的抓手，而一个小矩形组件则充当座椅靠背。所有部件均由实木制成。

鼠标 1964 年至 1968 年

Computer Mouse

设计者：道格拉斯·恩格尔巴特（1925—2013）

生产商：苹果公司（Apple），1984 年至今；多家生产，1984 年至今

由俄勒冈州立大学电气工程专业毕业生道格拉斯·恩格尔巴特（Douglas Engelbart）开发的第一款鼠标，于 1968 年在加利福尼亚州的斯坦福研究所公开，向计算机专业人士展出。在普及个人电脑的历程中方面，除了使用图形化的用户界面外，鼠标可能就是最重要的因素。鼠标经历过一些重要演变。随着滚珠的引入，原来的轮子便被取代，滚珠鼠标于 1981 年随同施乐公司的“星工作站”（Star Workstation）出现在公众面前。然后在 1984 年，苹果的“麦金托什”（麦金塔）机型将此鼠标与第一台家用电脑一起出售。尽管会引起手腕的疲劳损伤，使人体机能受损，但鼠标的影响力依然非常大，逐渐出现了图形输入板、轨迹球、指点杆和集成触摸板——不过，研究表明，鼠标通常优于这些设备，因为它有指点定位的能力。自诞生之日起，鼠标的外形早已有过重新设计，发展成为更符合人体工学的形状。目前，鼠标仍是最常用的设备之一，它不断得到重新研发，以提高我们与计算机交互作业的便利度和效率。当代版本的鼠标是无线的，部署了更复杂的红外连接和蓝牙技术。道格拉斯·恩格尔巴特还主创研发了现在人们视为理所当然的若干交互式信息系统：电脑窗口、共享屏幕电话会议、超媒体和群件（群组软件）。

超级球 1965 年

Super Ball

设计者：诺曼·H. 斯丁利（1920—2006）

生产商：威猛奥，1965 年至今

超级球，由威猛奥于 20 年代 60 年代中期推向市场；掀起的热潮席卷了美国，销量约为 2000 万。这是用“奇克特龙”（Zectron，新造的材料名）制成的紧密压实的高摩擦力胶球，主要成分是聚丁二烯和少量的硫；硫能增强材料并用作硫化剂。根据 1966 年 3 月的专利记录，该球的弹性系数超过 90%。这与它所内含的高摩擦力系数相结合，导致球的反应不可预测。换句话说，球会不受控制而有力地反弹。在加利福尼亚州惠蒂尔的贝迪斯橡胶公司工作的化学工程师诺曼·斯丁利（Norman H Stingley），对压力下的合成橡胶进行试验时，想到了超级球的原型概念。斯丁利随后联系了威猛奥，那是一家总部位于加利福尼亚的公司。该公司率先实践了这一路径：围绕街头撷取的新事物概念去制造营销热潮。最值得一提的是，它在飞盘和呼啦圈的营销上取得了现象级的成功。威猛奥认同此创意，着手开发该产品，并以“超级球”之名来营销这一最新时尚。像所有风靡一时的东西一样，超级球的热潮也已经消退。不过，2001 年 12 月，威猛奥重新向市场推出此球，并成功地向更习惯于数字媒体的新一代人群引介了这种简单的玩具。

宝丽来“时髦客”20 型相机 1965 年

Polaroid Swinger Model 20

设计者：亨利・德雷福斯（1904—1972）

生产商：宝丽来公司，1965 年至 1970 年

在 1979 年从市场上正式退出之前的 14 年间（该相机实际仅生产了 5 年），宝丽来“时髦客”20 型相机成了史上最受欢迎的相机之一。相机采用高强度模压塑料制成，单一色调的黑白设计，点缀有品牌小徽标、红色曝光按钮和一个中央顶部的大取景器。该机型为热切的消费者带来了负担得起的廉价傻瓜相机，由此体现了宝丽来倡导摄影创新和实用便利的品牌价值。此相机最大的创新是 Yes 快门设计，这让清晰对焦的照片成为可能。它允许摄影者在转动红色触发旋钮时比较两个不同的光圈效果；当二者匹配时，Yes 信号就会出现在取景器中。该相机的工作需依赖 20 型高速胶卷，这是第一款在机身之外显影的胶卷，并且可最大限度地减少拍摄对象动态带来的影响。事实证明，对宝丽来公司的营销人员来说，相机能拍出对焦清晰、钱包大小的黑白照片，就是打开市场的黄金入场券。这款相机的售价为 19.95 美元，消费者极易承担，并在一则如今已被誉为业界传奇案例的电视广告攻势之后，紧跟着进行了营销宣传；而那则广告开启了当时初出茅庐的女演员艾丽・麦古奥的职业生涯。

中心线套组炊具 约 1965 年

Center Line Set

设计者：罗伯托・桑博内（1924—1995）

生产商：桑博内，1965 年至 1971 年

中心线套组炊具（Center Line，也可理解为核心产品线），可互锁扣紧；这一机巧帮助罗伯托・桑博内赢得了金属炊具行业 1970 年的金圆规奖。该套组自 1965 年开始生产，是由受过建筑师专业训练的桑博内为其家族企业设计的一系列不锈钢炊具和餐具的一部分。中心线套组炊具由 4 只深锅和 4 只浅锅组成。浅锅的直径设定有相应规划，既可用作深锅的盖子，也可单独用作平底锅。该套组以不锈钢制成，大小渐次排布；可放在烤箱中或炉子灶头上使用，也可用于储存食物或用作上菜的大盘子。由于没有传统的锅柄，这些盘子可以嵌套，占用的空间不超过套装中最大和最深的盘子的轮廓体积。每个盘子都有一个扇状外展的法兰凸边，占边缘的四分之一，形成两侧相对的形状，可用于端起或移动锅体。尺寸完美匹配的浅盘，当用作盖子时，通过精确互锁的法兰外凸边，恰好补足边缘的这道圆圈。这种堆叠和互锁的系统，使中心线套组炊具成为形式主义复杂性的杰出示例，而这又是以一个逻辑化和功能主义的设计方案为前提的。

婴儿车 1965年

Baby Buggy

设计者：欧文·芬利·麦克拉伦（1907—1978）

生产商：麦克拉伦（Maclaren），1967年至1976年

乍一看，麦克拉伦设计的婴儿车似乎只不过是带轮子的条纹帆布躺椅，但它却是一种革命性的设计。婴儿车的发明者是英国人欧文·芬利·麦克拉伦（Owen Finlay Maclaren）。有一次在机场，他携带了孙女的婴儿推车，整个过程相当费事，麻烦又费力，于是他决定利用自己的航空知识将婴儿车带入喷气式飞机的时代。这在他1965年设计的双轮方案中体现得最为明显，双轮设计受到飞机起落架的启发，比传统单轮转向操作更便利。麦克拉伦还将航空工业的轻量化构建原则应用到他的新设计中。因此，婴儿车由重量仅3千克的铝质管材框架打造。由于两个X形铰链结构（一个在后部，一个在底部）的作用，车身可以像任何起落架一样整齐地折叠起来。在以前款型的婴儿车折叠成两半的地方，麦克拉伦的婴儿车也同样可以折叠，并且向内收缩折叠，就像收起一把雨伞那般简便。事实上，他对既存技术的转移应用是如此创新，以至于这婴儿车如今看起来仍然相当现代，而他创立的公司也依旧是市场领导者。1967年，婴儿车首次上市销售时，麦克拉伦在一个由马厩改建的车间生产了1000台；但到1978年他去世时，仅出口量就已超过了280 000台。

繁花曲线规 1965年

Spirograph

设计者：邓尼斯·费舍尔（1918—2002）

生产商：肯纳公司（Kenner），1965年至1991年；孩之宝（Hasbro），1991年至今

50多年来，由英国工程师邓尼斯·费舍尔（Denys Fisher）发明的繁花曲线规为那小绘图轮提供了新的用途。仅使用塑料的带齿轮圆圈和其他平面形状物品，以及笔和纸，用户就可以创建迷人的椭圆、对称图案和镜像曲线。它还为所有年龄段的人带来关于数学的娱乐，为人们解说那些数学概念。此设计的原理是使用两个齿轮推动的形状，一个固定，另一个围绕它移动，以此来创建曲线图案。根据用户的技能，任何图案都可以制作出来，从最基本的螺旋到复杂的迷宫般的图案。1965年，费舍尔在纽伦堡国际玩具展上首次展示了他的作品，当场被肯纳公司收购。两年内，数以百万计的繁花曲线规在美国售出。它接下来又在1967年获得英国年度玩具奖。今天，人们可购买能绘制出各种图案的繁花曲线规玩具，从火箭飞船到蟹爪子或外星人，极为多样。这些图案，连同有关如何创作更精细更复杂绘图的说明，继续让繁花曲线规成为儿童愿望清单中的欲购品。在数字媒体时代，看到这绘图轮仍在转动，令人欣慰。

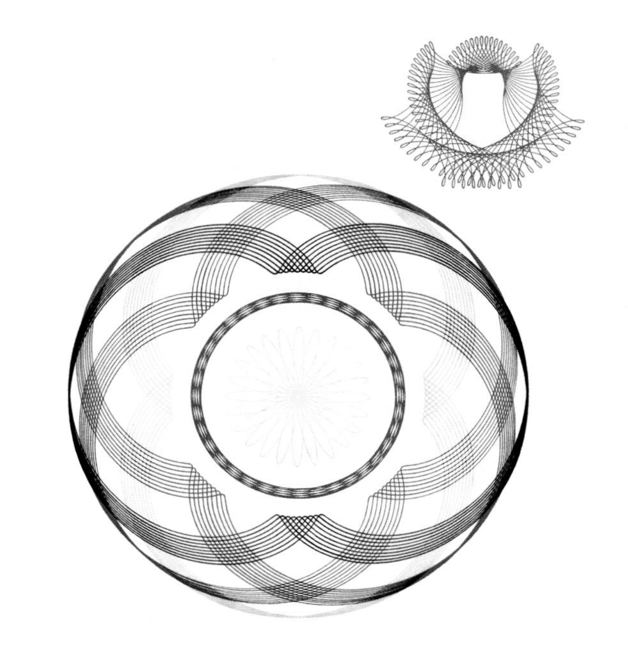

神灵系列躺椅 1965年

Djinn Series

设计者：奥利维尔·莫格（1939—　）

生产商：艾尔伯恩国际公司（Airbourne International），1965年至1986年

神灵系列躺椅，以其极具影响力和不寻常的造型形态而闻名，是第一批采用聚氨酯泡沫包覆钢管框架的家具设计之一。泡沫同时也是填充物，这使得椅子那特征化的柔和曲线成为可能。此产品有单单元或双单元供选择，外表层是一个可拆除的粗羊毛针织套子，有多种色彩可选。这个创新设计使椅子轻巧而坚固，非常适合随处搬运。作品设计者是多才多艺的法国人奥利维尔·莫格（Olivier Mourgue），以其绘画和虚构想象的花园景观而闻名。椅子的名字源于一种神秘而强大的存在物，更普遍通俗的说法就是精灵，这在阿拉丁与神灯等传说故事中有着最好的描述。椅子有机的形状和色彩缤纷的外观吸引了导演斯坦利·库布里克的注意，在其1968年的划时代电影《2001：太空漫游》中以此为道具，让人们津津乐道。在电影中，红色的神灵躺椅散布排列，在旋转太空舱那极其光洁敞亮的白色环境中显得格外醒目。它融合了功能性和未来主义意象，成为20世纪60年代风格定义性的明确象征，代表着自由、多变和反常规。纽约现代艺术博物馆的设计类展品以及巴黎的蓬皮杜中心的对应馆藏都收入了此设计。

冲浪雪板　　1965 年

Snurfer

设计者：谢尔曼·波彭（1930—2019）

生产商：宾士域玩具公司（Brunswick），1966 年至 1984 年

1965 年的圣诞节，谢尔曼·波彭（Sherman Poppen）将一对滑雪板绑在一起，这样他的女儿就可以像冲浪者一样在雪地上滑行。这种超宽滑雪板的设计，是为了以站姿行进：一根绳子系在板的前端，让骑手一定程度上可以控制转向。波彭的妻子建议将此取名为“冲浪雪板”（Snurfer），这是雪（snow）和冲浪（surf）二词的组合。波彭是一名专门研究化学气体的工程师，对创新有着不错的鉴别眼光；他意识到这一创造性尝试的潜力，将这个构想授权进行优化，最终制成儿童玩具。产品于 1966 年上市，立即引起轰动。在销量最终大幅下降之前，宾士域玩具公司共售出约 40 万件冲浪雪板。波彭组织过不少比赛，吸引了许多滑雪爱好者。其中一些人将这项运动推向了更高的水平，例如设计了自己的滑板的杰克·伯顿·卡朋特（Jake Burton Carpenter）。卡朋特将其作品称为冲雪板（Snurfboard），但在意识到 Snurf 这个名字是波彭拥有的商标后，他给自己的设计重新命名，直接叫作“雪板”。随着比赛越来越频繁，定期活动越来越多，单板滑雪作为一项运动大受欢迎。不久之后，滑雪场开始接纳单板滑雪者。到 20 世纪 80 年代，单板滑雪比赛开始吸引企业赞助。自 1998 年首次作为奥运赛事亮相以来，单板滑雪已成为冬奥会热门项目。

通用椅子　　1965 年

Sedia Universale

设计者：乔·科伦波（1930—1971）

生产商：卡特尔，1967 年至 2012 年

科伦波的设计与 20 世纪 60、70 年代意大利的政治、社会及新兴的流行文化有着千丝万缕的联系。其作品的特色是创新地使用新材料，还有模块化的、灵活变通的家具组合方法。其早年作为画家的训练，在他作为设计师的工作中发出了回响，回荡在他的职业生涯：即大量借鉴“二战”后表现主义艺术中的有机形式。科伦波的设计引起了家具生产商卡特尔公司的朱利奥·卡斯泰利的关注。1965 年的通用椅子，是第一个设想完全用一种材料模制完成椅子的方案。科伦波最初计划是用铝材加工，但他对新材料试验很感兴趣，由此产生了一个用热塑性塑料模制的原型。他设计的这款椅子可换椅腿，可用作标准餐椅，也可选择较短的椅腿用作儿童椅，或者选择较长的底部元件用作高脚椅或酒吧凳，满足更多样的使用需求。科伦波的家具呈现出焕然一新的外观形态，色彩鲜艳，灵活多变，完美适配 20 世纪 60 年代的精神。

布尔塔柯之夏尔巴 T244cc 摩托 1965 年

Bultaco Sherpa T 244cc

设计者：萨米·米勒（1933— ）；弗朗西斯科·泽维尔·布尔塔（1912—1998）

生产商：布尔塔柯（Bultaco），1965 年至 1981 年

夏尔巴 T244cc，由北爱尔兰越野车手萨米·米勒（Sammy Miller）与西班牙摩托车生产商布尔塔柯联合打造。1965 年，米勒驾驶此车，令夏尔巴赢得第一场比赛，该车型随即风靡一时，频繁出现在摩托车障碍赛事中，在接下来的 15 年中都俯视群雄、少有敌手。在摩托车极限障碍赛中，参赛者需要脚不沾地，也不能停车，在这种情况下跨越赛道上的障碍物，因此，速度通常不是一个重要因素。在 20 世纪 50、60 年代早期，这是一项英国特色运动，而萨米·米勒是该领域的王者。1963 年，西班牙公司布尔塔柯生产了 12 000 辆公路和比赛用摩托车，主要服务于西班牙市场。公司的创始人弗朗西斯科·泽维尔·布尔塔（Francisco Xavier Bultó）希望拓宽他的业务，于是推出一台二冲程的轻型摩托车，而当时市场上单缸四冲程的重型摩托占据主导地位。1964 年夏，他与米勒联系，邀请后者与布尔塔柯的工程师合作。他们的关键设计决策，是采用布尔塔柯的轻型二冲程发动机。与四冲程引擎不同，较轻的二冲程版本是运用吸力，将汽油混合物送入气缸中进行燃烧，由此带来发动机的高转速与强劲动力。米勒抛弃他先前的著名坐骑“英国羚羊”摩托，骑着实力尚待证明的二冲程西班牙新车取得了胜利。很快，整个障碍赛场都改观，换成了这种轻便的替代选项。50 多年后，夏尔巴 T244cc 仍被公认是现代最成功的障碍赛摩托。

超级立式货架系统　1965 年

Super Erecta Shelving System

设计者：斯林斯比设计团队

生产商：斯林斯比与大都会公司（Slingsby Metro），1965 年至今

超级直立式货架系统，由英国布拉德福德的斯林斯比公司与美国的大都会公司于 1965 年开发。它很简单，不需要工具就能组合在一起，并且极灵活，有着无穷无尽的搭配方式。模块化的系统，意味着顾客可以根据自身情况，只购买包含 4 根柱子和所需货架数量的材料包；然后有必要时，可再购买更多组件材料。新买的单元构件，通过巧妙的 S 形钩子便可连接到既有的单元。该系统的简单特质，是其商业生命持久的秘诀，也正是这个原因，在 20 世纪 80 年代的房地产热潮中，它激励了产品设计师们去为无数新业主生产廉价的自组装家具。随着开发商在 80、90 年代开始将工业空间布局应用于公寓，超级直立货架系统等产品的设计语言，也开始渗透到家装室内设计中。1997 年，一场主题为“柔性机动家具”的展览在伦敦的维多利亚和阿尔伯特博物馆举办，超级立式货架系统展出在列；这一点便是认可了该系统的重要性，并进一步标志着它已从一个非常成功的商业产品晋升为公认的巧思设计。

PK24 躺椅　1965 年

PK24 Chaise Longue

设计者：保罗·克耶霍尔姆（1929—1980）

生产商：埃伊温德·科尔德·克里斯滕森，1965 年至 1981 年；弗里茨·汉森，1981 年至今

尽管作为家具设计师的职业生涯很长，保罗·克耶霍尔姆的创作产量却相对较少，部分原因是很难找到一家能满足要求的生产商，来达到他的严格标准。最终，在汉斯·韦格纳的推荐下，他与埃伊温德·科尔德·克里斯滕森成为搭档。合作的成果，是一小批“国际风格”、造型流畅的时髦家具，而 PK24 躺椅是其中的核心单品。克耶霍尔姆设计的座椅，掩盖了他作为细木工手艺人的专业背景。大部分椅子用薄型长条钢材镀铬制成框架，衬垫软垫通常用视觉和材质肌理上与钢材反差对比的材料，如皮革之类，或者，就 PK24 躺椅的实例而言，用的是藤条编织。克耶霍尔姆将 PK24 躺椅分解出一个独立的、非常稳定的底座，这底架支撑起长长的躺靠式藤织椅面，椅面框架可在滑轨上活动，调节倾斜角度及高低。PK24 躺椅最富于戏剧性的元素，是椅面飘带般的弯曲弧度，椅面借助可调节的金属条带巧妙地连接到 U 形底座上。PK24 躺椅如此完美，使其超越了椅子的基本功能，达到雕塑的境界，上部还配有软垫头枕，画龙点睛。其功能仍然是服务于躺和坐，但人体的不规则性或许会破坏这一完美无瑕的工艺妙品。

蜘蛛灯 1965 年

Spider Lamp

设计者：乔 · 科伦波（1930—1971）

生产商：奥卢斯（Oluce），1965 年至 20 世纪 90 年代、2003 年至今

在 20 世纪 60 年代所有创意工作的成果中，乔 · 科伦波的作品是最令人难忘的代表之一，而其中蜘蛛灯又被认为是一个里程碑。科伦波的设计哲学，属于坚定不移的现代派，正如这里所展示的那样，他积极拥抱新材料、新技术。矩形的灯头座设计，是为融合照明光源进行的一个创新，也即采用飞利浦的外观特别的洋葱形 Cornalux 灯泡。这个灯头装置的内侧面涂有银涂层，外罩上有一道整齐的矩形切口，让灯泡显露在人们的视线中。灯箱用金属板冲压而成，设计涂装有白、黑、橙和棕等多种颜色；通过可调节的蜜胺树脂接头夹固在管状的镀铬支架上。灯箱可上下滑动，覆盖支架的全部长度，电线从支架顶部向下延伸到圆形的金属底座，底座为纤细的支架提供锚固。科伦波设计这盏灯，是“蜘蛛团体”系列的一部分；该系列包括台式灯、落地灯、壁灯和吊灯多个款型。科伦波于 1971 年去世，年仅 41 岁，他前途乐观、潜力无限的职业生涯也戛然而止。

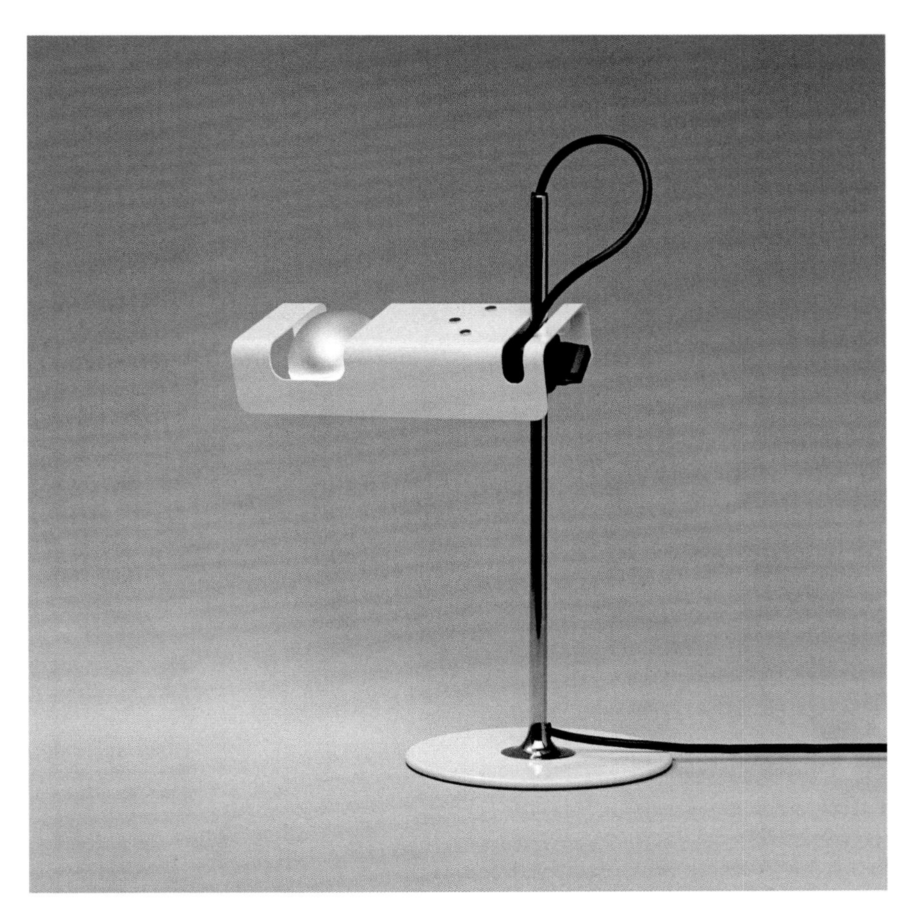

西弗拉 3 时钟 1965 年

Cifra 3 Clock

设计者：吉诺 · 瓦莱（1923—2003）

生产商：乌迪内的索拉里（Solari di Udine），1966 年至今

索拉里是一家成功的测量设备和信息系统生产商。公司邀请工程师吉诺 · 瓦莱（Gino Valle）设计一台式钟。索拉里生产出一种数码显示设备的前代模型，利用旋转机制，翻动丝网印刷的数字和文本实现自动翻页显示。最初的西弗拉 3 时钟（Cifra，意大利语，数字之意）带电线，靠电源供电，由一段简单的彩色塑料圆管组成，不透明的那一半包含机械装置，透明的一半显示时间。设计中最引人注目的元素是设置时间的按钮。在管子左侧有一个圆盘，向上或向下轻击转动圆盘，可更改分钟和小时。瓦莱本可以使用更传统的按钮，但仅用一只手转动圆盘控制器带来的满足感，对本设计的成功贡献很大。后来的电池版本，是在初版背面增加了第二根管子。因其便携，那种自在解放的体验吸引了新一代用户。瓦莱说，设计产品，他并非乐在其中——到 20 世纪 70 年代中期，他对此的兴趣已大大减弱，这令人遗憾。很显然，他贡献的产品设计语言有着巨大的开发潜力。

AG-7 太空笔　　1965 年

AG-7 Space Pen

设计者：保罗 · C. 费舍尔（1913—2006）

生产商：费舍尔太空笔公司（Fisher Space Pen Co.），1965 年至今

保罗 · C. 费舍尔（Paul C Fisher）于 1965 年出品的 AG-7 太空笔，可在几乎所有环境中以任何姿势进行书写。书写液笔芯部分用氮气加压，无须重力即可辅助墨水流动。而且，费舍尔使用了触变性的油墨，这是一种半固体油墨，仅在圆珠头滚动挤压兼剪切的作用下液化。对墨水递送供给的控制，可谓是一场革命，因为在失重状态下，其他圆珠笔要么直接漏液流失，要么就会干燥。AG-7 太空笔持久耐用，不仅具有无限的保质期，而且在各种环境条件下都可靠。它可在水下写字，可上下颠倒笔身写字。其细腻渐变的笔杆上面带有滚花的多道圆圈，以便于握持。它的基础样式与市场上的其他钢笔没什么不同，但其形状还是创造了一种未来主义的观感。费舍尔的公司设计了若干的笔杆套壳以及笔盒，来不断发掘利用笔的视觉可能性。这一钢笔设计来得恰逢其时。1968 年 10 月，AG-7 太空笔被用于阿波罗 7 号的太空任务，取代了更早期飞行任务中使用的铅笔。航空是热门话题，彰显了太空笔的形象，而太空中的极端环境状况则为此笔的卓越性能提供了现成的证明。

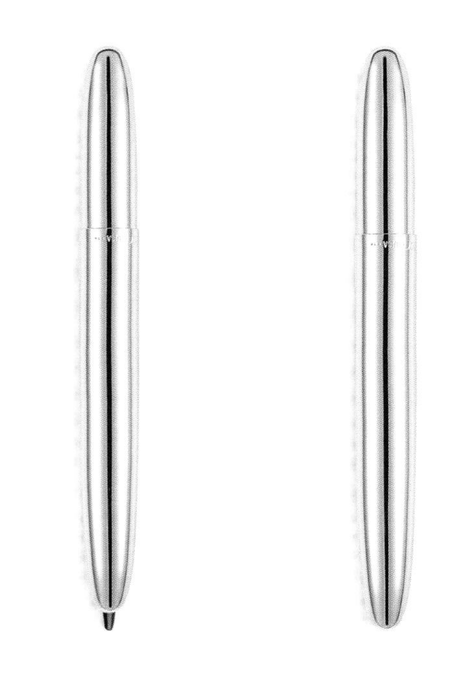

节俭型餐具 / 小餐馆套组　　1965、1982 年

Thrift Cutlery/Café Cutlery

设计者：大卫 · 梅勒（1930—2009）

生产商：沃克与霍尔（Walker and Hall），1966 年至约 1970 年；大卫 · 梅勒公司，1982 年至今

设计师大卫 · 梅勒的名字，可谓是英国餐具设计的代名词。1965 年的这个刀叉套组，由梅勒开发，定位为节俭型餐具（重新推出后定名为小餐馆套组）。1963 年，他受委托设计一个系列的银刀叉新套组，供英国在全球的大使馆使用。紧随该项目之后，梅勒又受邀设计新餐具，用于政府的餐厅、公益食堂、医院和监狱，并供应给英国铁路公司。在许多传统主义者看来，“节俭”系列设计中的激进元素，是梅勒将通常习惯的 11 件套组削减为 5 件套组。产品制造与设计要兼顾，这种双重的成功，是梅勒作品的内在特征，而最能说明这一点的，也许只要看他对刀、叉和勺子形态的塑造。出自“节俭”系列中的石器式的单片餐刀，闪现出一种惊人的现代性。勺子圆圆的匙身，短短的四齿叉，还有手柄的光滑造型，都有助于“节俭”系列的成功，令其成为现代标准，值得全国推广分销。在时代精神的鼓舞下，梅勒关注以不锈钢来制作实现各种设计的可能性；不锈钢为耐用型材料，可以大批量生产像“节俭”系列这样的一体式设计产品。

伞架　1965年

Umbrella Stand

设计者：吉诺·科隆比尼（1915—2011）

生产商：卡特尔，1966年至今

吉诺·科隆比尼1965年出品的伞架，是一个随处可见的物件。此设计结合了实用功能与技术创新。筒形架用ABS塑料制成，有鲜艳醒目的色彩可选，如钴蓝、黄、红，烟灰和银色；有时，筒上也附带安装好的烟灰缸，一起出售。该筒形架最初的设计意图是供日常居家使用，是首批利用注塑塑料作为大批量生产材料，以此探索其潜力的设计项目之一。此筒架将低成本制造与结构、材料和统一设计的原则相结合。作为佛朗哥·阿尔比尼的门徒，科隆比尼从1953年到1960年担任卡特尔技术部门的负责人，主持生产各种小型塑料家居用品。他对塑料的即时合理的利用保证了他在设计方面的持久声誉。那一时期大众对塑料的接受度不断增加，有着积极评价。科隆比尼的作品属于意大利设计发展的第二阶段，设计师将他们对新社会的乐观愿景投射到那些较小的日常用品和便利附件上。科隆比尼的设计得到了应有的认可，在1955年至1960年间，他4次获得名声卓著的意大利金圆规奖。

S22 烛台 约 1965 年

S22 Candleholder

设计者：维尔纳·斯托夫（1939—2021）；汉斯·内格尔（1926—1978）

生产商：内格尔金属工艺（Nagel Metallbau），20 世纪 60 年代中至 80 年代初；哥本哈根斯托夫公司（STOFF Copenhagen），2015 年至今

S22 烛台是汉斯·内格尔（Hans Nagel）与建筑师兼设计师维尔纳·斯托夫（Werner Stoff）之间默契合作的产物。内格尔拥有以自己名字命名的金属加工实业公司。他是德国科隆一位铁匠的儿子，在第二次世界大战后的数年里，与兄弟们一起将用过的空子弹壳改造成烟灰缸和烛台，最终成为其家族商号的首席执行官。后来，在阿尔卑斯山滑雪时，内格尔滑倒，但好在用手撑住，减轻了摔伤，同时在雪地上留下 3 个完美的洞——这一事件触发他去联系斯托夫，设计了一个简单的金属铸造支架，可插上 3 支细长的蜡烛。它由围绕三角锥中心、并经此连接的柱状体构成，柱体顶端为空心球体。此三脚架的任意一条腿都可贴合地插入放蜡烛的开口中，这就意味着，用户可以将多个单元件组合成一种雕塑般的布局构造。该系列随后扩展，添加了底座、支架、悬架洗手碗，还有花瓶。但在 20 世纪 80 年代停产后，此备受模仿的设计背后的创造者——内格尔和斯托夫——却被遗忘了。2015 年，位于哥本哈根的斯托夫公司使用内格尔的原初图纸，开始重新生产原版烛台和系列配件。产品用黄铜或锌合金制成，镀镍铬或喷黑色粉末涂料，配售特制的渐变长锥体蜡烛。

DSC 系列座椅 1965 年

DSC Series Chairs

设计者：吉安卡洛·皮雷蒂（1940— ）

生产商：卡斯泰利（Castelli）、哈沃斯，1965 年至今

1963 年以来，吉安卡洛·皮雷蒂（Giancarlo Piretti）一直在构思一种超越既定材料和技术的边界，既适合家庭也适合公共场所的椅子。他将注意力集中到压力模铸铝材上，当时这种铝材主要用于生产马达。虽然皮雷蒂的开创性想法与生产商制售木质办公家具的主营业务不符，但卡斯泰利让他进行了试验。做出的成果是 106 型椅子，其椅面和靠背是预制成型胶合板构成的壳状体，由两副高压模制的钳状铝夹结合在一起，仅使用 4 颗螺钉便可装配固定。打破常规的 106 型椅子于 1965 年在米兰家具展上亮相，一炮而红，即刻成功，并很快催生了一系列的设计，即 DSC 系列座椅。由此，从 106 型衍生了“同轴 3000”型（Axis 3000）和“同轴 4000”型联排集体座椅系列：所有椅子均可堆叠、互连、配装不同的附件，甚至还配备提供专门用于运输椅子的小推车。如今，这些椅子被广泛应用于各种办公环境与公共空间——这是对其多功能特性的礼赞。此设计的创造者起初便雄心勃勃，而 DSC 系列无疑是其伟大成就。这为皮雷蒂确立起一个招牌：在技术试验、实用功能和优美之间，他能达成综合与协调。

日食灯 1965 年

Eclisse Lamp

设计者：维科 · 马吉斯特雷迪（1920—2006）

生产商：阿特米德公司（Artemide），1967 年至今

日食灯是一款床头灯，外罩用搪瓷金属制成，内侧可容纳部分重叠的两个半球形灯壳，灯壳固定在一根轴上，因此可以转动它们以调节光照方向与亮度。维科 · 马吉斯特雷迪在照明和家具设计中都尝试使用了球形和有机的自然形式。1964 年，他绘制了设计草图，那是一种豆荚状灯，计划安装到床头靠背板上。此构思在第二年演化为日食灯。1968 年，他调整这个构想，创造了用塑料制成的泰勒戈诺灯（Telegono）。日食灯体现了马吉斯特雷迪在 20 世纪 60 年代对技术和视觉效果的热切关注。他的设计，步骤上涉及对产品的使用方式进行尝试研究，随后向生产商提交草图，而不是技术图纸。然后，技术人员则具体开发制造流程，来实现他的想法。马吉斯特雷迪声称，就日食灯而言，只要工艺机制改变了灯光的基本概念，换言之，让光可调节，从露出细小一道到全光束照射，那么机制的性质就并不重要。日食灯于 1967 年赢得了金圆规奖，并被许多博物馆收藏。自首次生产以来，它一直是阿特米德公司的畅销单品。

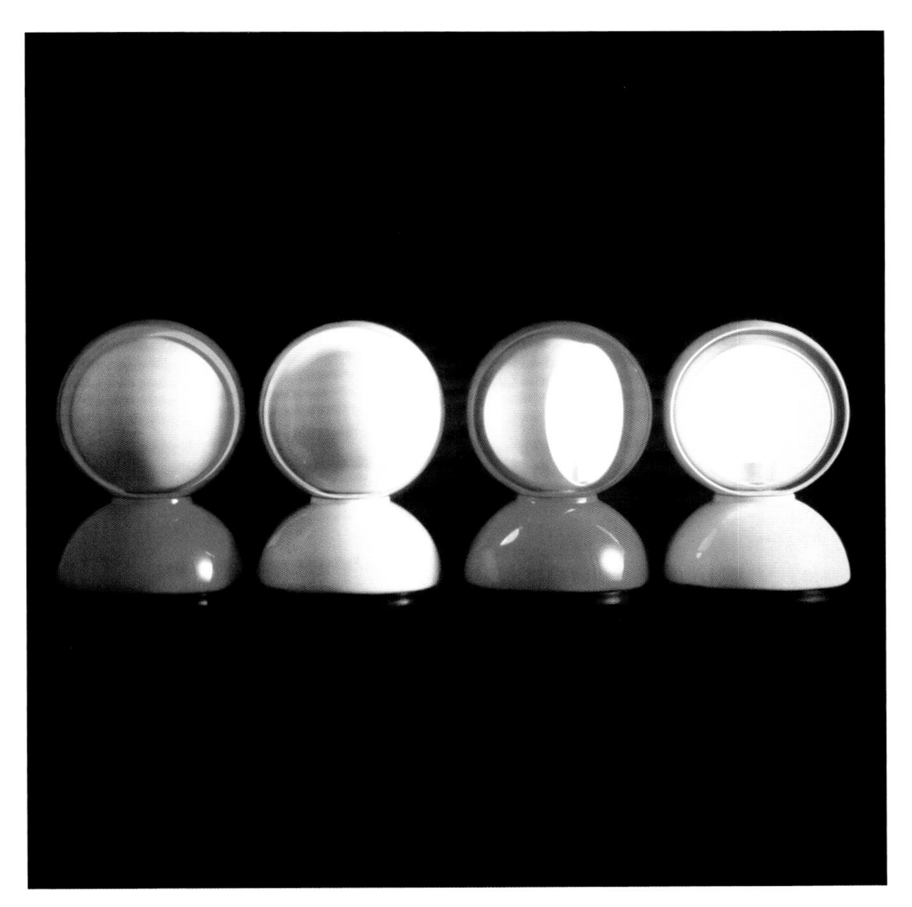

唐多洛摇椅 1965 年至 1967 年

Dondolo Rocking Chair

设计者：切萨雷 · 莱昂纳迪（1935—2021）；弗兰卡 · 斯塔吉（1937—2008）

生产商：贝尔尼尼，1967 年至 1970 年；贝拉托（Bellato），1970 年至约 1975 年

与同类产品不同，唐多洛（Dondolo，意大利语，意即摇摆）摇椅与普通椅子的形状有极大的差异，不同人坐在上面的体验也大不相同。此椅需要相当大的空间才可发挥功能，那样才能让人们看到它的最大优势和最佳状态。仅用一根线条回旋甩动，刻画出椅子的轮廓；那线条似蛇形，也如书法。从座位椅面的悬臂构造开始，这条线继续延伸为一个戏剧性的环状，在椅面下方反向回转，又充当了椅子的摇腿。椅子结构上完整统一，由一系列肋骨状构造组成，这些“肋骨”构成了椅子的轮廓，完成垂直方向上的加固，支撑那浮动式悬空椅面；同时，只要落座者将腿脚部分重量转移到脚凳上，椅子便可开始摇摆运动。由于椅子没有扶手，因此使用者将重量移到凳脚上，是此摇椅摆动的关键因素。根据切萨雷 · 莱昂纳迪的女儿所说，“唐多洛”是莱昂纳迪和弗兰卡 · 斯塔吉在 1965 年仅用一个晚上就完成的设计。它最终以玻璃纤维强化型聚酯树脂生产，有 3 种颜色，并于 1969 年在米兰家具展上首次亮相。唐多洛摇椅由贝拉托旗下的品牌之一菲阿姆（Fiarm）继续生产，持续到 1975 年，但只制作了 15 到 20 件产品。

蛐蛐电话 1966 年

Grillo Telephone

设计者：马可·扎努索（1916—2001）；理查德·萨珀（1932—2015）

生产商：西门子 AUSO 电信（elecomunicazioni AUSO Siemens），1966 年至约 1973 年

建筑师和工业设计师马可·扎努索，是在家具设计中发掘塑料潜力的主要倡导者。他与理查德·萨珀于 1966 年为西门子的意大利公司 AUSO 电信设计的蛐蛐电话，标志着电话设计的一个转折点。与亨利·德雷福斯 1965 年的“整洁线条”电话类似，这比任何电话都小，因此必须采用全新的形状。当面朝下放在某处桌面上时，这个一体式装置几乎丝毫不透露其真实身份，但一旦你拿起这物件，一切就都清楚了。此设计会展露其主要创新：一个内建了弹簧装置的送话器，从设备主体上翻转弹出，从而激活听筒（受话器），同时露出那紧凑的圆形拨号盘。一根电线从手持话筒这里连向一个模制加工的塑料插头（插头插入电源）；该插头不仅与话机的颜色相匹配，而且装有响铃，让电话铃的声音奇特，因此得名“蛐蛐”。这不仅是最早的塑料电话之一，它还因为将拨号盘和听筒布局在同一个单元中，由此引领电话创新，也显著减小了电话的尺寸。1967 年，蛐蛐电话赢得金圆规奖。今天，它的影响力在手机设计中延续。

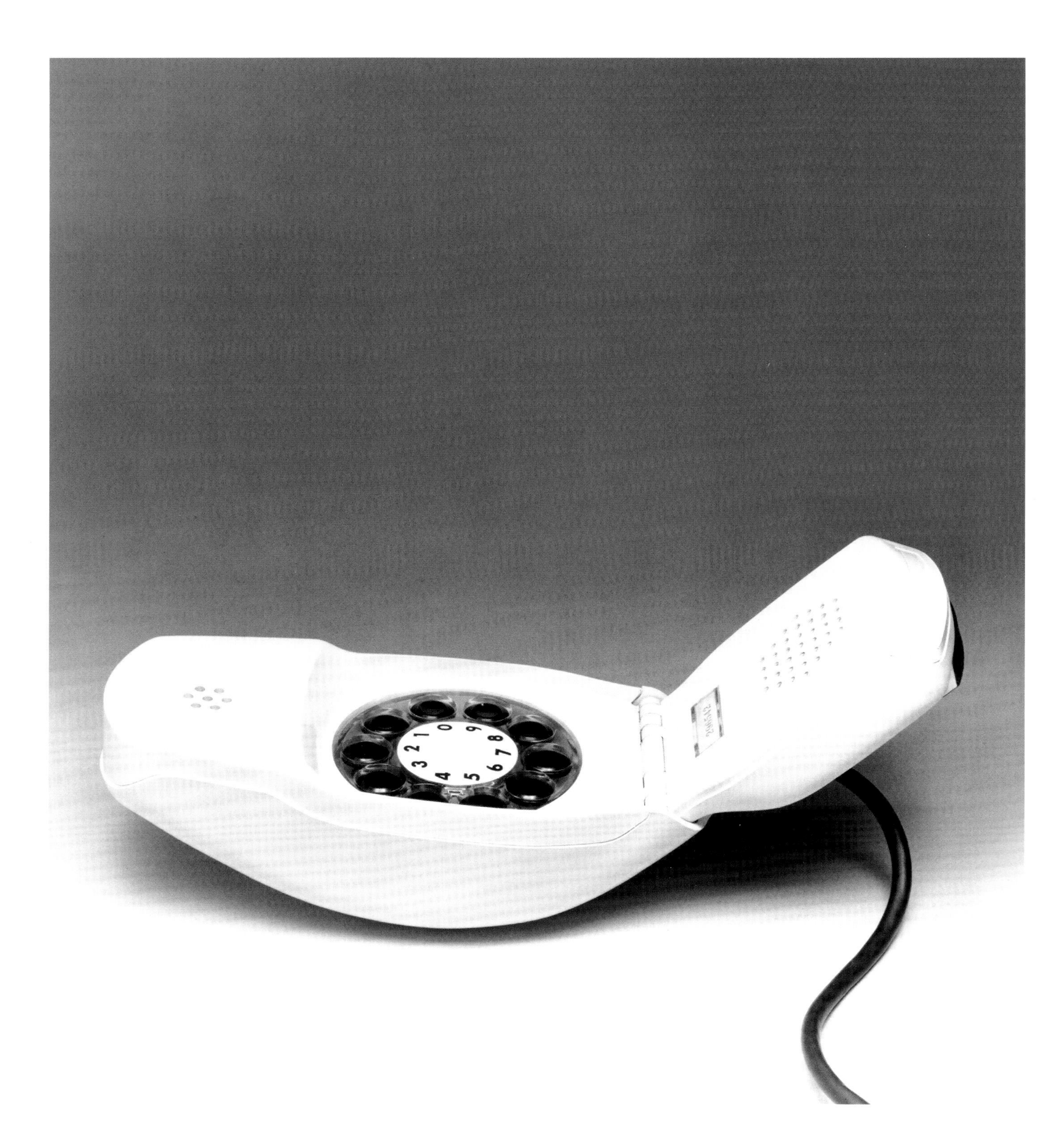

天鹅 36 帆船　1966 年

Swan 36

设计者：斯帕克曼与斯蒂芬斯事务所

生产商：纳托（Nautor），1967 年至约 1975 年

佩卡・科斯肯基拉（Pekka Koskenkylä）于 1966 年在芬兰建立纳托，旨在打造第一艘 10 米长级别的玻璃纤维模制帆船游艇；从创立至今，该公司已经建造了 1800 多艘 10 米至 40 米的游艇。科斯肯基拉想要一艘既能游玩巡航又能参加比赛的船，最终的成果就是天鹅 36 帆船。它由斯帕克曼与斯蒂芬斯事务所设计，问世之初便获得成功。此设计的灵感来自科斯肯基拉看到的、在英格兰南部索伦特（Solent）海峡中飞驰的一艘快速游艇，该游艇能够参加比赛，也同样适合在各种天气条件下巡游航行。英国航海者戴夫・约翰逊（Dave Johnson）驾驶着第一批天鹅 36 帆船中的一艘，在环绕不列颠群岛周边的比赛中取得了令人瞩目的成绩，由此确立了纳托作为高性能赛艇生产商的地位。船体带有木质饰边，但本身用玻璃纤维制成，由两个分型的凹模一体压制成型。甲板单元是“三明治”结构的单片模制工艺，在两层外壳之间夹有一层泡沫。奥尔・恩德莱恩（Ole Enderlain），世界上最优秀的游艇设计师之一，负责设计了内饰。此船的游乐巡航版本，有 2 或 3 个舱室的布局供选择。舱室细节部件都是柚木，反映了游艇从外到内的高品质构造。

代达罗斯伞架　1966 年

Dedalo Umbrella Stand

设计者：艾玛・施韦因伯格（Emma Schweinberger，1934—2019）

生产商：阿特米德公司，1966 年至 20 世纪 80 年代

20 世纪 70 年代，意大利家具公司不断试验，将层压聚酯纤维与玻璃纤维相结合。传统上来看，这是一种用于船舶生产的技术。第一批使用此技术的家具设计，如乔・科伦波出品的椅子，曾在业界一石激起千层浪。这种技术能够让设计师创造柔性软体般的形状，并创造独特的雕塑般的立体产品，可回避木制和钢制家具生产中常见的机械式结构。代达罗斯（Dedalo，意指能工巧匠）伞架是某系列办公家具的一部分，于 1966 年首次生产，作为该系列中最大的单品，它是体现前述技术的理想产品。生产此单品所需的钢模制作成本可谓巨大，只能通过大批量生产来收回模具成本。而打造一个完美的模具，又是制造出具有优质的表面和足够的厚度的产品，并能够回报初始投资的关键。由此带来的产品，与当时既有的伞架相比，可谓鹤立鸡群。此伞架的球形主体形状柔和，带有 7 个一体集成孔，营造出雕塑的效果，完美适配了注塑成型技术的应用。架子立座那闪亮的表面符合当代消费者的喜好。不同色彩的引入又响应了季节性的风尚，这意味着此单品可以灵活配搭其他室内特色物件，如地毯或座位上的软垫、靠枕。

片状灯　　1966 年

Foglio Lamp

设计者：阿芙拉·斯卡帕（1937—2011）；托比亚·斯卡帕（1935—　）

生产商：弗洛斯，1966 年至今

片状灯简单而优雅，是古代挂墙式小烛台的一个现代版本。小壁灯用一块铬合金片材制成，内侧覆有白色搪瓷釉，两端折叠内卷，以围住灯泡，并将光线反射到墙壁上。虽然没有装饰，但灯的造型，像纸张或羊皮纸卷曲起来的形态，暗示了它类似柱子的柱头或大对开页卷起的样子。托比亚·斯卡帕的作品将新与旧相结合，将传统工艺与现代需求相结合。他与妻子兼合作者阿芙拉于 20 世纪 50 年代后期毕业于威尼斯大学建筑专业。自 1957 年以来，托比亚与阿芙拉在建筑和产品设计领域合作。他们很大一部分工作是对历史建筑进行审慎细致的修复。他们也以使用皮革和大理石等豪华材料闻名，更因以内敛节制的方式为奢侈品市场量身定制的设计而闻名。片状灯是斯卡帕为弗洛斯设计的若干照明产品之一。该公司成立于 1962 年，是专业的照明品类生产商，旨在发挥利用意大利设计师的才华。斯卡帕与皮埃尔·贾科莫·卡斯迪格利奥尼一起受邀，为该公司设计了第一批产品。

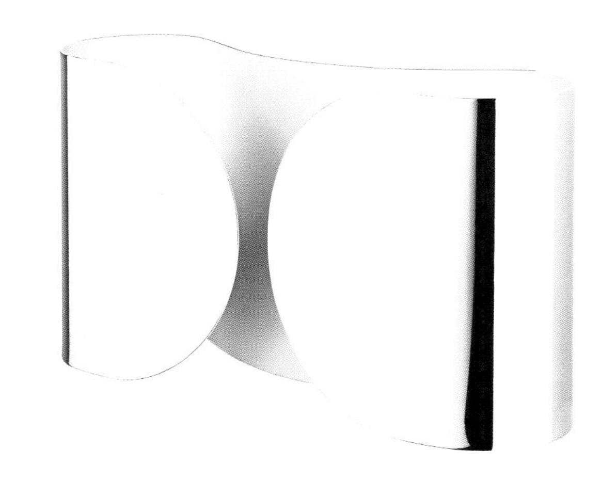

二重奏蜘蛛 1600 车型　　1966 年

1600 Duetto Spider

设计者：宾尼法利纳团队

生产商：宾尼法利纳（Pininfarina），1966 年至 1969 年

阿尔法·罗密欧（Alfa Romeo）的车款“二重奏”，以漂亮的设计而闻名，于 1966 年的日内瓦车展上发布；而最令人难忘的，是在 1967 年的电影《毕业生》中，此车作为座驾，与主演达斯汀·霍夫曼一起出现。该车款生产了 26 年，销量近 12 万台。这是巴蒂斯塔·宾尼法利纳设计的最后一款汽车；对许多人来说，二重奏是阿尔法·罗密欧蜘蛛系列车型中的权威定义之作。“二重奏”这个名字，是在一场竞赛中选出的名字；比赛是为蜘蛛 1600 车型征名，而奖品便是该款汽车一台。不过，在启用 3 年后，当生产商推出蜘蛛 1750 车型时，这个称号便废弃了。宾尼法利纳的设计，旨在打造一个干净简洁、符合空气动力学的高效率车体，而这款车的外观倒也是经久不衰，因为它看起来让人不禁要误以为，美与优雅是设计者唯一关心的问题。但实际上，“二重奏”那低矮俯冲的引擎盖，能帮助增加负升力（下压），还有几乎能完全折叠起来的软顶篷设计，以及从车头圆鼻子到尾巴渐变构成的“墨鱼骨”形状（有时也称为“船形”），都让该车成为当时最符合空气动力学的四轮车之一。其他许多关键的造型特征，如扇贝式的侧身边板和中央低垂的散热器格栅，一起形成了经典的阿尔法·罗密欧外观，这些元素至今在该生产商的汽车中仍能被发现。

卡累利阿休闲椅 1966 年

Karelia Easy Chair

设计者：莉希·贝克曼（1924—2004）

生产商：扎诺塔，1967 年至 1977 年，2007 年至 2015 年

要充分了解和鉴赏这把椅子的独创性，我们必须首先认可扎诺塔，有了这家革命性的公司，这种设计才成为可能。该公司于 1954 年由奥雷里奥·扎诺塔（Aurelio Zanotta）在新米兰（米兰北郊新区）创立，最初生产实用主义的沙发和扶手椅；这类出品采用过去的样式，但往往遭忽略，历史鲜有记录。这一切都在 20 世纪 60 年代发生了改变。当时，奥雷里奥认为家具行业必须积极预测未来的需求，而不是屈从于公众现有的需求；他决定遵循自己的直觉，并开始与当年一些最进步的先锋设计师合作，其中包括如今早已成为传奇的卡斯迪格利奥尼兄弟。至 60 年代末，公司已经积累了一些世界上最先锋的设计，论作品的数量质量，无出其右者。其中之一，便是芬兰设计师莉希·贝克曼（Liisi Beckmann）出品的与众不同的卡累利阿休闲椅；她曾在赫尔辛基艺术与设计学校学习艺术，以及服装和女帽设计，并为米兰的文艺复兴百货公司的开发工作室效力。此椅外观舒适，让人不由想懒散地轻松躺坐；那起伏的、拼图卡口式的侧影，灵感来自贝克曼长大的卡累利阿共和国。这把椅子，其舒适度与非正统外观一样突出，这得益于其聚氨酯材料的构造；椅子配有白、黄、绿、红、蓝或黑色的可拆卸乙烯基树脂外罩（后来也有其他织物外罩可选）。

计时器 1966 年

Cronotime

设计者：皮奥 · 曼佐（1939—1969）

生产商：丽兹-伊塔罗拉（Ritz-Italora），1968 年至 20 世纪 70 年代；艾烈希，1988 年至 2002 年

皮奥 · 曼佐（Pio Manzù）的“计时器”台式时钟，是对汽车动力学的一次致敬；理性主义的原则与设计师的机智、诙谐、温暖在此作中相结合。这个电池动力时钟，装在模制的单件 ABS 塑料中，高 9 厘米，直径 7 厘米。这一物件，最初是为菲亚特设计，作为送车主的小礼品。它较为新颖，类似于某个汽车引擎部件被移位并塑造成了完全不同的东西。曼佐的父亲，雕塑家贾科莫 · 曼佐的影响力，在此作的触感和雕塑般的特质中显而易见。钟的组件灵活可调，能轻松重新设定姿态；只需旋转这一弯曲圆柱体的两个部分，作为物品外壳的一“部分”的钟面就可重新定向和反转。在这奇趣的幽默感之下，一颗精密时计的“心脏”在跳动。曼佐曾在乌尔姆设计学院学习。从 20 世纪 50 年代中期到 60 年代后期，乌尔姆是工业设计理性主义方法的旗手。在那里，曼佐萌生出对汽车设计的热情，开发了中小型动力车款的数个原初模型。后来，他以顾问的身份加入“菲亚特风格中心”。正是在那里，他设计了“计时器”小台钟；这是他于 1969 年在交通事故中英年早逝之前的最后一批设计之一。

纸板蛋托 约 1966 年

Egg Carton

设计者：JW. 博伊德（生卒年不详）

生产商：多家生产，1966 年至今

纸板蛋托诞生的确切日期和设计者很难精准确定，因为英国专利局录有 620 种设计都与蛋托直接相关；而美国专利商标局那边，属于此阵列的记录则几乎无穷无尽。不过，应该提到马萨诸塞州帕尔默的一位名叫弗朗西斯 · H. 谢尔曼（Francis H Sherman）的发明家。他似乎已将当时最新的纸浆吸浆成型和纤维制毡工艺流程，应用于创造“由纤维素材料制成的分格式包装”；该包装可安全地放置和保护鸡蛋。谢尔曼 1925 年开发的蜂窝状纸板托，无疑树立了标准，虽然他的设计是将 12 枚鸡蛋排列成 3 乘 4 的布局，而不是后来的两排、每排 6 个的惯例。每个单元格都有着角度外斜的侧壁，使鸡蛋的圆头悬置保持在容器底部的支撑面的上方，产生额外的减震作用。模塑成型的纸浆，保护多微孔的蛋壳不吸收异味，并隔离偶尔会有的臭鸡蛋，避免那臭味污染整栋房屋。最成功和最为人熟知的纸板蛋托版本之一，是 JW. 博伊德（JW. Boyd）于 1966 年获得专利的纸托构造。新的设计继续涌现，遍布世界各地的专利局，包括塑料和聚苯乙烯泡沫版本的蛋托，但模塑纤维类的款型及其多种变体，因其结构工程和合理环保的生态材料而更受认可。

球泡灯 1966 年

Bulb Lamp

设计者：英戈·莫瑞尔（1932—2019）

生产商：英戈·莫瑞尔（原 M 设计所）[Ingo Maurer（formerly Design M）]，1966 年至今

球泡灯是终极的波普艺术照明产品：这是置于灯泡中的灯泡，外壳是一件日常产品的夸张的复制品。内部的灯泡经过镀铬处理，放置在下方颈部镀铬的水晶玻璃外壳内，可以反射和漫射光线。“球泡灯”是英戈·莫瑞尔产出的一系列以灯泡为造型特征的作品中的第一个。“灯泡是我的灵感”，他说，“我一直对灯泡着迷，因为这是工业与诗意的完美相遇。”1966 年，他创作有 3 个灯泡产品：球泡灯、“透明灯泡”和“巨型灯泡”。他制作了若干的早期版本，这些试水之作通过口口相传出售，随后迅速成长为一项可行的商业生意。莫瑞尔的专业训练背景是平面设计师，在 20 世纪 60 年代从事商业艺术家的工作，之后出品了球泡灯，以此作为将波普艺术理念转化为产品设计的试验。他于 1963 年在慕尼黑创立了自己的工作室 M 设计所（其姓首字母为 M），现在该事务所被直呼为英戈·莫瑞尔。至 80 年代，公司已从设计工作室发展成为全流程生产商。如今，球泡灯在英戈·莫瑞尔仍有生产。

路虎揽胜 1966 年

Range Rover

设计者：路虎设计团队

生产商：路虎公司，1970 年至 1995 年；路虎，2002 年至今

路虎揽胜经历了多年的开发。它的定位是四驱车，大致处于更实用的路虎越野车（以“发现”系列为代表）和更高档的路虎轿车系列之间。它使用了路虎 SD1 轿车搭载的、别克设计的强大而轻巧的铝质 V8 3500cc（八汽缸 3.5 升）发动机；动力结构建构在箱形截面管材的钢质底盘上，简洁的铝质车身以螺栓固装在底盘上。该车的外观出自一个工程设计团队，其中包括斯彭·金（Spen King）和车身造型师大卫·贝齐（David Bache）。作为坚固耐用且优雅的四轮驱动的工作机器，揽胜立即受到欢迎，被认为是一款时尚车型，适用于在城区和近郊兜风，与高端旅行车与轿车同台竞争。作为有史以来影响力最大的车款之一，它催生了一种全新的汽车类型，即 SUV。揽胜的成功，部分来自这样一个事实，即它建立在路虎在全球已成功奠定的血统纯正的技术声誉基础之上，同时又增加了相当程度的舒适性和优雅感，这些特点此前与四轮驱动车辆无关。它在城市和乡村都能愉快地驾乘。揽胜以不同的几种名号与形象生产了整整 32 年，启发了许多模仿之作，并在 2002 年迎来它自己的替代车型。

普拉特纳椅子及搁脚凳 1966 年

Platner Chair and Ottoman

设计者：沃伦·普拉特纳（1919—2006）

生产商：诺尔，1966 年至今

沃伦·普拉特纳（Warren Platner）设计的椅子及搁脚凳，是技术上的杰作。这不仅在于其创新的钢丝结构，还在于此结构所创造的光学上的幻觉谜题——在实效上让这几件家具几乎成了欧普艺术绘画的对等之物。通过将一系列竖直方向的弯曲钢棒焊接到一个圆形框架上，普拉特纳完成了此设计，创造出一种“摩尔”（moiré）叠纹效果，就如欧普艺术家布里姬特·莱利（Bridget Riley）的画作那样。将优雅设计与技术创新相结合，这一现代“圣训”是普拉特纳创作方法的核心，也是他与传奇设计师雷蒙德·洛伊、艾罗·萨里宁和贝聿铭协同努力、磨炼打造的创作路径。普拉特纳椅子及搁脚凳，配合闪亮的镀镍饰面和置于椅面橡胶平台上的红色模制乳胶坐垫，体现出一种奢华享受的功能。事实上，被问及这些创意的灵感时，普拉特纳提到了路易十五时期的富丽装饰风格。普拉特纳的九件套系列，包括一把无扶手椅以及一张带有相应配套凳子的躺椅，于 1966 年获得美国建造师协会国际奖。此出品仍是诺尔产品目录中的热门之选，既因为其舒适性，也同样因为那令人眼花缭乱的欧普艺术效果。

780/783 可堆叠式桌子 1966 年

780/783 Stacking Tables

设计者：詹弗兰科·弗拉蒂尼（1926—2004）

生产商：卡西纳，1966 年至今

20 世纪 60 年代的居家风格，非正式的元素日益增加，这推动了詹弗兰科·弗拉蒂尼（Gianfranco Frattini）的 780/783 可堆叠式桌子于 1966 年问世。这些矮桌有两种尺寸（直径 42 厘米和 60 厘米），而每一套组由高度渐次降低的 4 张桌子构成。堆叠时，桌腿互锁卡紧，构成坚实的鼓样的形状，具有引人注目的雕塑式特质。单个分开时，这些桌子呈现出雅致而休闲的低矮桌面。桌子用山毛榉木头框架制成，顶部为塑料层压板，色调有天然色、白或黑色漆面或染色胡桃木纹可选。而且，桌面有着可翻转的单色设计，也即台面可弹出并翻转，随后展示出不同的颜色。这种效果是现代的，但在个性本质上又超越时间，由此解释了桌子为何能持续生产。弗拉蒂尼是 20 世纪 60 年代设计理想的坚定倡导者，在此期间完成了数量可观的作品，其中大部分是与具有类似进步观念的意大利生产商卡西纳合作生产。传统的嵌套桌是中产阶级体面的化身，正式又古板，而弗拉蒂尼的重新诠释，则采用 60 年代标志性的黑白配色方案，并体现一定程度的自主性，因而吸引了年轻一代的家具买家。780/783 是 60 年代设计的巧妙总结：这一时代以乐观和试验精神为标志。

烤鸡陶模　　1966 年

Chicken Brick

设计者身份不详

生产商：人居地商行，韦斯顿磨坊陶器（Weston Mill Pottery），1966 年至今

红陶制成的烤鸡陶模，是最朴实和最诚恳的良好设计的范例。烤鸡陶模因其独特且有些古怪、滑稽的球状的外形而具有一眼可鉴的辨识度，它简单而诚实，没有多余的特色或装饰。将食材密闭在红土瓦罐中，保持湿度加以烹饪，是一种古老的传统，可以回溯到伊特鲁里亚人。这种原始烤箱，在欧洲大陆已存在了几个世纪，直到 1966 年，特伦斯・康兰（Terence Conran）才将其放入他的人居地商行出售。不过，正是因为通过人居地商行进行销售，烤鸡陶模才在英国如此风行。烤鸡陶模创造了一个封闭的烹饪环境，适合在任何烤箱中进行烘烤。陶土罐体加热均匀，可以均衡地烹饪食材，而密封环境可最大限度地发挥食材原味且不会太干燥。而陶土砖本身，也赋予食材独特的风味。在 20 世纪 60 年代，烤鸡陶模的魅力在于，它既实用又充满异国情调。今天，它仍然吸引着我们这一代注重健康的人，因为这样烤鸡不需要涂烧烤汁或其他油脂。乍一看，这个圆滚滚的小物件可能有点荒谬搞笑，但它不失为一个实用、功能明确又成功的设计。

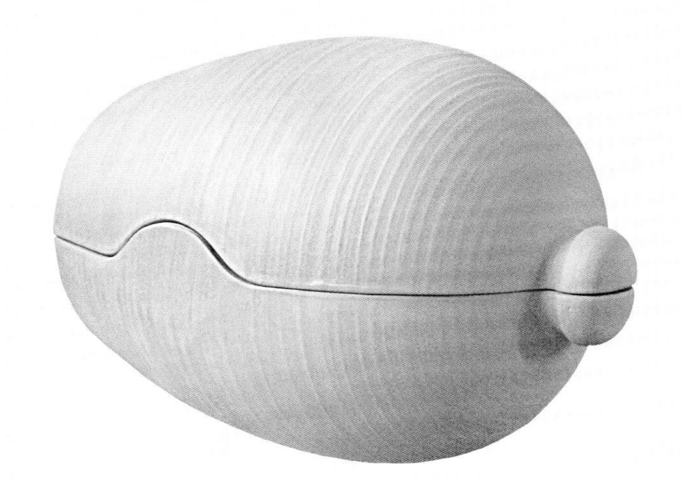

凌美 2000 型钢笔　　1966 年

Lamy 2000 Fountain Pen

设计者：格德・阿尔弗雷德・穆勒（1932—1991）

生产商：凌美（Lamy），1966 年至今

凌美 2000 型钢笔于 1966 年推出，标志着钢笔发展演化的决定性时刻。精密的技术和受包豪斯风格启发的流畅时尚的现代设计，使其在竞争对手中脱颖而出。这支笔由格德・阿尔弗雷德・穆勒设计。他在 1962 年为博朗设计了六分仪电动剃须刀系列，从而声名鹊起。在凌美 2000 型中，穆勒以德国现代主义绝不多事的简洁传统来进行设计。不过，这支笔不仅是一个精密工程学的极简主义作品，也是一件宝石般的奢侈品。笔杆由“模克隆”（Makrolon）聚碳酸酯和亚光不锈钢制成，号称拥有铂金涂层和镀 14 克拉金的笔尖。凌美 2000 型的弹力笔夹由实心不锈钢制成，其创新的弹簧力度可让笔帽夹子将笔固定到位。穆勒设计的钢笔，以其简洁的线条、现代感的单色调、先进的人体工程学设计，以及提高改进了的可靠性和耐用性，在此设计领域确立了标杆。凌美此前只是一家规模不大的公司，但随着凌美 2000 型的成功，该公司重获新生，跻身于世界上最重要的以设计为主导的书写工具生产商之列。

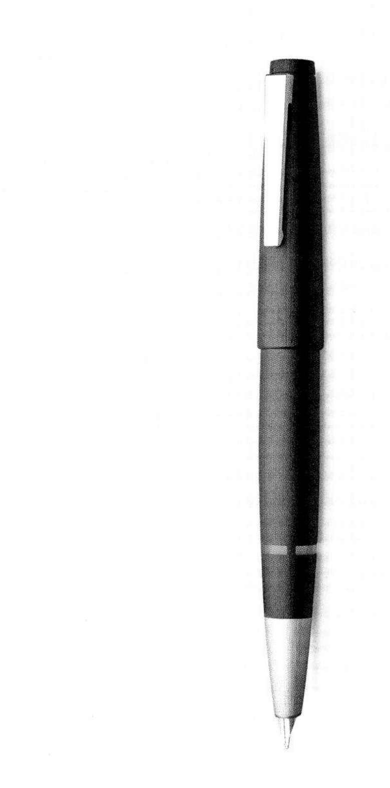

KSM 1 咖啡研磨机　1967 年

KSM 1 Coffee Grinder 1967

设计者：莱因霍尔德·魏斯（1934—　）

生产商：博朗，1967 年至 1976 年

博朗是极简主义美学的先驱。这款咖啡研磨机只有单一的操作按钮，采用对比鲜明的色彩和最小化的胶囊形状，是厨具设计的重大发展，也是从手动式研磨器向前的一次跃进。 KSM 1 遵循将基本必要的标准形式与任何多余细节都剥离开的原则，从而创造出光滑的圆柱体形态。底部和顶部轻微收窄，使其易于握持。平坦的底部确保稳定性。盖子的大小和形状使之能被贴合地抓入手掌，确保此设备安全且易于使用。这款咖啡研磨机干净利落的造型，加上博朗品牌标志那黑线条的图案，呈现出该公司众所周知的朴素风格。博朗与尖端设计师合作；作为当时前沿领先的产品设计师，莱因霍尔德·魏斯也是与公司合作的众多名家之一。他的设计虽然不再生产，但仍受到追捧，收藏家们不惜花费重金，高价求购。随着在家中饮用鲜萃咖啡风潮的复兴——这与 20 世纪 70 年代速溶咖啡的流行相反——再加上复古时尚和波普风格的流行，人们对 KSM 1 这类咖啡研磨机的需求有增无减。

软椅　1967 年

Soft Chair

设计者：韦里·伯杰（1937—2008）；苏西·伯杰（1938—2019）

生产商：维多利亚制造厂（Victoria-Werke），1969 年至 1974 年

在 20 世纪 60 年代，苏西·伯杰（Susi Berger）与韦里·伯杰（Ueli Berger）拥抱流行文化，比他们任何瑞士同行都更加热情积极。“只有新想法、新观点才能证明新家具的合理性”，这一看法驱动着他们；因此，他们对幽默、创新和挑衅陈规的考虑，与对功能本身的考虑一样多。他们出品的 60 款家具设计，并非全部都特别实用，但其中有许多都在瑞士设计史上留下了不可磨灭的印记，例如线条蜿蜒曲折的“软椅”，被誉为瑞士对波普艺术设计风格最重要的贡献。这个轻巧的作品，用一大块表面为乙烯基覆膜（有几种颜色可选）的聚酯泡沫成型，构思之初就被设想为一个雕塑式物件，可以轻松融入居家环境。宽大的靠背，增强椅子的稳定性，还可任意组合、多个排列，形成无缝的座位布局。苏西曾在沃尔特·欧提格（Walter Ottiger）与恩斯特·乔迪（Ernst Jordi）手下当过平面设计学徒，之后进入伯尔尼的艺术与工艺学院学习。在那里，她遇到了画家、装饰师韦里。韦里师从瑞士室内建造师、设计师汉斯·艾森伯格（Hans Eichenberger）。他与苏西于 1962 年结为夫妇，两人活跃在家具设计和公共空间艺术领域，长达 40 年。

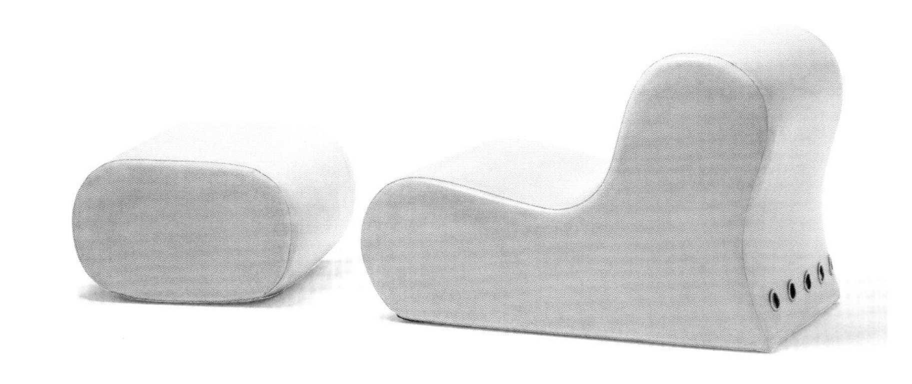

帝汶日历 1967 年

Timor Calendar

设计者：恩佐 · 马里（1932—2020）

生产商：丹尼斯，1967 年至今

帝汶日历是恩佐 · 马里在 20 世纪 60 年代为丹尼斯设计的一系列万年历之一。日历的外观灵感来自马里从 40 年代童年期间就记得的火车运行信号。帝汶日历制图精确，在马里为丹尼斯创作的其他塑料产品中也有所体现，例如科莱奥尼（Colleoni）笔架、夏威夷蛋托杯、婆罗洲（加里曼丹岛）烟灰缸和汤加雷瓦 [Tongareva，现名彭林岛（Penryn）] 沙拉碗。马里选择 ABS 塑料作为主要材料，是由于其耐用，易于组装，而且成本低，尤其是考虑到使用的零部件的复杂性和数量之多。马里认为，这些因素比品位格调的问题更重要。并且，模压 ABS 的顺滑、光泽的表面和精度，也无疑增加了产品的长久吸引力。帝汶这个命名没有特别的意义；除此之外，丹尼斯当时所有的产品都以岛屿命名。当被问及日历的实用性时，马里坦白，他自己没有使用日历。他说：“我可不想记得每天都得去动一下日期！”尽管如此，这日历仍不失为一个美丽的物件，如今依然有生产。

圆柱系列器皿 1967 年

Cylinda-Line

设计者：阿恩·雅各布森（1902—1971）

生产商：斯特尔顿，1967 年至今

圆柱系列器皿起源于设计师阿恩·雅各布森在餐巾纸上画的若干粗略草图。18 种不锈钢家居用品，作为整套系列推出，其中所有单品都展示了雅各布森对有机的形式和现代主义简洁线条的双重追求；他成功调和了这两者的矛盾之处。圆柱系列的开发相当耗时，从最初的草图开始，持续了 3 年的时间。用不锈钢制造出雅各布森那纯圆柱形的技术，当时尚不存在，因此就有必要研发新的机器和焊接技术。这些技术为无缝圆柱体的塑性带来了高精度，并且，机器极高的公差性带来了光滑的拉丝表面。该系列于 1967 年投放市场，并因其吸睛的独特黑色尼龙手柄——手柄外轮廓为矩形、内部搭配弧形——而立即引起了国际上的极大关注。手柄的设计元素既与器皿的圆柱形主体形成鲜明对比，又相互抵消。雅各布森的圆柱系列代表了形式主义原则面对家用品消费者的最广泛和商业上最成功的应用，该系列是新功能主义运用于大众市场产品的胜利。

普利亚折叠椅 1967 年

Plia Folding Chair

设计者：吉安卡洛·皮雷蒂（1940—　）

生产商：卡斯泰利、哈沃斯，1970 年至今

吉安卡洛·皮雷蒂的普利亚折叠椅，自 1970 年首次投入生产以来，已有超过 400 万把由博洛尼亚的家具生产商卡斯泰利售出。这是对传统木制折叠椅的现代演绎，由抛光铝质框架与透明的模压有机玻璃椅面和靠背组成，在“二战”后的家具设计中有着革命性的意义。其主要特色是有 3 层重叠的圆盘状金属铰链组件连接了由两个矩形框架与一个 U 形环靠背、前支撑腿、椅面和后部支撑。得益于清晰可见的铰链结构，椅子折叠后，厚度能控制到 5 厘米之薄。作为卡斯泰利的内聘设计师，皮雷蒂打造公司自有的产品，也按合同为其他机构设计家具。他为公司确立的设计理念，是功能强大、价格低廉、节省空间、适合大规模生产；此追求也体现在普利亚折叠椅上。凭借其圆润的边角处理，以及兼顾室内室外的设定用途，这个轻巧又灵活的座椅迅速变得广受欢迎。折叠起来或折起平放，这椅子便可堆叠；同时，普利亚折叠椅时尚、实用且结构优雅，因此得以维持其价值，继续存在。

霍比 16 双体船 1967 年

Hobie Cat 16

设计者：霍比·奥尔特（1933—2014）

生产商：霍比双体船（Hobie Cat），1970 年至今

霍比·奥尔特与他的朋友戈登·克拉克都是冲浪者，热衷于尝试新奇的想法并将这项运动推向极致。他们在加利福尼亚州的卡皮斯特拉诺（Capistrano）海滩冲浪；正是在那里，他们用玻璃纤维和泡沫塑料打造了他们的第一个冲浪板。以此为发端，促成了霍比双体船 14 型在 1967 年问世，此船成为更新版的霍比 16 双体船于两年后首次出现在加利福尼亚的海滩上之前，世界上最为广泛使用的双体船。设计者对此帆船的原初设想是设计一艘驾驶者可单人、单手操控的船，船可从海滩上拖行下水。多船壳体的霍比 14 双体船长 4.25 米，由玻璃纤维制成；这种材料现在广泛用于造船，因为它既轻巧又坚固。那标志性的、不对称的两个船壳，赋予该船独特的 V 形样式。霍比 16 双体船，现在被视为愉快航行的标志，在全球驾船学校、赛艇会和帆船赛中都被使用，生产总量已超过 10 万艘。驾驶这样一艘船，令人振奋，特别是高速航行时，摇晃不稳地蹲坐、栖停在背风的船体上。由于只有单一主帆，加之双体船航行的特性，霍比 16 双体船在遇到横风（风吹向横梁）和大浪时表现最佳。

弹力椅子 1967 年

Primavera Chair

设计者：弗兰卡·赫尔格（1920—1989）

生产商：博纳奇纳 1889 公司（Bonacina 1889），1967 至今

弹力椅子是从弗兰卡·赫尔格的雷达椅演变而来的。轮廓像锅状天线的雷达椅，是这位意大利设计师和建筑师为博纳奇纳 1889 公司创造的第一个产品。那是意大利北部的一家公司，以灯心草和柳条为材料来制作产品，也与吉奥·庞蒂、乔·科伦波和盖·奥伦蒂（Gae Aulenti）之类的设计名家合作。弹力椅子保留了雷达椅的轮廓，省略了结构框架，由此挑战了常规逻辑。此造型以其标志性的大幅度扭曲动态而闻名，展开成一个开放的座位空间，似在邀你闲坐。这创新的设计全部都用藤条重叠编织而成，坚固、轻盈、富有弹力。负责编结的工匠们用手工驯服这些自然材料，用到的辅助手段仅有火烤或水浸。最初，这把椅子被归于赫尔格和她的同事佛朗哥·阿尔比尼名下，但一段时间之后，她委婉谨慎地要求，以后更多的产品仅签署她的名字，因为阿尔比尼并没有参与创作。虽然阿尔比尼更出名，但博纳奇纳同意了此要求，因为这些设计的感性特质有着自身的识别度。赫尔格出生于米兰，1945 年毕业于米兰理工大学，后来作为建筑教师返回。1952 年，阿尔比尼-赫尔格建筑事务所成立，标志着一份创造性协作关系的开始，这种状态持续到 1977 年阿尔比尼去世。

大众 T2 面包车 1967 年

Volkswagen Transporter T2

设计者：本 · 彭恩（1936—2019）

生产商：大众汽车，1967 年至 1979 年

大众 T2 面包车最初只是一个矩形盒子，固装在大众甲壳虫轿车的底盘上，它被开发出来后，基本形状也变化不大。大众汽车的荷兰进口商本 · 彭恩（Ben Pon）于 1947 年参观大众在德国明登的生产工厂时，首次绘制了此车的草图。设计以平板车为基础，那是一种粗糙简单的小型平板运输车，用于在厂区内外周边运送重型物料。至 1950 年，大众汽车开始生产一种九座面包车（款型名为T1），使用与四座甲壳虫车型相同的轴距、发动机和底盘。该车关注的重点是货物空间；驾驶员座椅在前部，发动机在后面，货物堆放区域布置在前后车轴之间，这就使得无论此车是否满载，车轴上的负载压力都可保持均匀。1950 年到 1967 年间生产的 T1，又称“分屏巴士”（前风挡分为两格），在 1967 年被更先进的 T2 取代。彭恩的许多创新，例如将驾驶员座位置于前轮上方，成为大多数紧凑型运输服务车的基础。T2 从 1967 年 8 月开始一直生产到 1979 年 5 月，共制造了 390 万台。T2 这个名字，是工厂的代号，它通常被外界称为“2 型运输车”，而在美国则被俗称为“大块面包”，在英国又被称为“嬉皮士面包车”。

帕斯蒂尔椅子 1967 年

Pastil Chair

设计者：艾罗 · 阿尼奥（1932— ）

生产商：阿斯科，1967 年至 1980 年；阿德尔塔，1991 年至 2016 年；艾罗 · 阿尼奥原创作品公司，2016 年至今

芬兰设计师艾罗 · 阿尼奥于 1966 年发布胶囊舱似的球状椅，一举走上荣耀的高台。他的下一个大热门，是 1967 年的帕斯蒂尔椅子，该作品在 1968 年获得了美国工业设计奖。这个座椅，因其造型与鲜艳糖果色，得名帕斯蒂尔（即润喉糖之意），同时也被称为陀螺仪椅，是 20 世纪 60 年代对摇椅这一品类的新创意。阿尼奥本质上是设计了一种新型的家具，既舒适又俏皮有趣，室内或室外都适合使用。它的形态，便是取自甜甜的润喉糖。阿尼奥的帕斯蒂尔椅子原型，用聚苯乙烯制成，因此他可以通过计算反复调整椅子的尺寸，实现其作为摇椅的潜力。1973 年的石油危机，使他以聚酯纤维为材料的许多设计都中断了生产。到了 20 世纪 90 年代，人们对 60 年代设计风尚的兴趣卷土重来，促发阿德尔塔重新生产了几款作品，均用玻璃纤维增强型聚酯模压制成。艾罗 · 阿尼奥原创作品公司现在生产这些作品，各种色彩，应有尽有；消费者可在酸橙绿、黄、橙、番茄红、蓝、粉红，以及更内敛的黑色和白色中进行选择。

舌头椅 1967年

Tongue Chair

设计者：皮埃尔·保兰（1927—2009）

生产商：阿蒂福特（Artifort），1967年至今

20世纪50年代后期，荷兰家具生产商阿蒂福特做出了一个重要的决定。他们聘请有着超前远见的设计师以及艺术与设计领域的鉴赏行家郭梁乐（Kho Liang Ie，荷兰华裔）担任美学顾问，从而在根本上完成了其产品的现代化。皮埃尔·保兰（Pierre Paulin）的舌头椅，说明了阿蒂福特在当年的革命性的设计路径。保兰接受过雕塑专业的培训，但在50年代初为索内特公司工作时，他对家具设计的兴趣有所增强。舌头椅是一种超现代超时髦的半躺式休闲家具，可堆叠，几乎像床垫一样，为“坐”的概念赋予了新的意义，暗示落座的人不妨把自己顺势“披挂”在那曲线上，而不是直立坐着。这新造型，是通过借鉴汽车行业的生产技术而实现。内部是金属框架，其上包裹织带、橡胶喷涂的帆布与舒适的厚厚一层泡沫塑料。传统的软衬垫在此被大大简化：使用一大块弹性织物套在椅身框架上，拉链闭合即可；织物有一系列鲜艳颜色可选。就当时而言，舌头椅的外观造型无疑相当激进，但那贴合呵护身体的舒服形状，多年来已证明了它的成功。

充气椅 1967年

Blow Chair

设计者：乔纳坦·德·帕斯（1932—1991）；多纳托·杜尔比诺（1935— ）；保罗·洛马齐（1936— ）；卡拉·斯科拉里（Carla Scolari，1930— ）

生产商：扎诺塔，1967年至约2013年

充气椅是对于20世纪60年代精神的经久不衰的视觉宣言，是第一个成功批量生产的充气式设计。它那滑稽的球状造型的灵感，来自米其林19世纪的广告宣传卡通造型，“米胖子”必比登，而涉及的技术则纯粹是20世纪的。例如，它那PVC外壳的气室，是通过高周波熔接加工结合在一起。该椅子是DDL工作室出品的第一个合作项目，工作室由乔纳坦·德·帕斯（Gionatan De Pas）、多纳托·杜尔比诺（Donato D’Urbino）和保罗·洛马齐（Paolo Lomazzi）于1966年在米兰创办。DDL工作室的目标是设计简单又便宜的物品，为新鲜、另类、年轻的生活方式助力。这个团队也进行新材料试验，考察气动建筑装置，以寻找启迪。工作室着眼于实用的家居配套，所采取的手段，则是充满了反讽和轻盈感的设计；这些特点也体现在充气椅上。这椅子在家里就可充气，很容易，是家具设计的一个里程碑。它设定的使用场合是室内和室外都适用。充气椅的预计寿命当然不长，甚至还附带了一个修补小套件；其便宜的价格便反映了这一点。首次登场亮相时，此椅为扎诺塔带来了大量的媒体报道，公司声名鹊起。到了80年代，扎诺塔将其复产，列为经典设计之作。

阿达尔水果盘 1968 年

Adal Fruit Bowl

设计者：恩佐·马里（1932—2020）

生产商：丹尼斯，1968 年至 1989 年；艾烈希，1997 年至 2000 年

阿达尔水果盘，远远超越了生鲜农产品容器的概念：它是一个持久的副产品，源自一份个人愿景，而产生的作品一直持续至今日。模制的 PVC 材料中空果盆，是从早在 1960 年便开始的一系列研究探索演变而来，当时的设计是一个类似的打孔的金属托盘。5 年后，恩佐·马里与丹尼斯合作，尝试使用廉价的“穷”材料来进行工业制造；1968 年，阿达尔被制作出来，它有着简化、经济的形态，功能用途也直接又明确。这个新设计，借助颠倒翻转整个形状，并控制镂空穿孔的初始图案，以此免除了单独设计和润饰果盘边缘的必要。马里对材料、形式和生产工艺进行了细致的研究，他预想的前提是，设计能够表达和传播更广泛的社会议程，而对阿达尔进行设计和加工的每一个细节，都使用易于取得的材料，并消除在其他物品制造过程中一般为必需的重复性工作，试图以此寻求提升人们的共同尊严。阿达尔非常成功，是一个优质、美丽和创新的设计；对关于设计民主化的争论，它也提供了一份超越时间局限的具体评述；而设计的民主化，随着规模化批量生产的兴起而最终得到解决。1997 年，艾烈希获得马里为丹尼斯创作的多个早期设计的制造授权，阿达尔因此再次投入生产；原作只经过了细微修改，新品的用材是热成型聚苯乙烯。

奥林巴斯旅程 35 相机　　1968 年

Olympus Trip 35

设计者：服部康夫（Yasuo Hattori，1939—　）

生产商：奥林巴斯（Olympus），1968 年至 1984 年

有些相机，在停产很久之后仍然存在于公众意识中。在英国，奥林巴斯旅程 35 就是这样的相机之一。这要归功于 1977 年的一个风靡一时、好评如潮的宣传广告，大卫・贝利（David Bailey）是其中的主角。贝利也许是名字最响的英国摄影师；他认为，对自己所经营的事业，此款相机位于最大贡献之列。旅程 35 相机只有巴掌大小，相当紧凑，使用 35 毫米胶卷。主透镜周围，有一圈样式独特鲜明的、细胞状外凸透明晶体构成的圆环面板，为硒测光表（曝光表）收集光线。测光表能自动设置快门和光圈，并在取景器窗口中呈现红色的弹出式微光指示信号。此相机是奥林巴斯广受欢迎的 Pen 系列半画幅相机的合乎逻辑的延伸发展；该款的机身并不比 Pen 大，却具备全画幅负片成像的优点，尽管它没有提供 Pen 系列高级型号的诸多丰富功能和可换装的镜头。此机适合不需要单反相机但同时想要更好质量照片的业余爱好者，并因一场人们喜闻乐见的电视和报纸媒体的广告攻势而深得人心。这一点，再加上机器本身的可靠性，确保了它畅销不衰。一直等到电子设备登场，提供的灵活度比机械运作模式的相机远远更大时，旅程 35 相机才停产。

T2 圆柱形打火机　　1968 年

T2 Cylindrical Cigarette Lighter

设计者：迪特・拉姆斯（1932—　）

生产商：博朗，1968 年至 1974 年

作为世界上最知名的工业设计师之一，在 40 年的职业生涯中，迪特・拉姆斯塑造了德国最著名的公司之一博朗的产品形态。他那标志性的中性色风格和简约干练的功能主义路径，灵感来自包豪斯，而 1968 年的 T2 圆柱形打火机，以其简单、干净的线条延续了那种创作方法。与拉姆斯的所有产品一样，易用性占据重要地位。磁石点火技术的新发展促成了此打火机的诞生。这个设计的特色元素，也是拉姆斯最挣扎的一点，是在哪里设置凹痕位，以利于拇指对磁性点火垫片施加最大的压力。拉姆斯本人吸烟，他更喜欢将打火机等小物件视为雕塑物品，而 T2 显然是这些雕塑形态之一。此外，他效力于博朗期间，黑色开始取代淡棕、米色等中性色，并在接下来的 30 年里成为所有电子产品的首选颜色，T2 也不例外（不过也有镀铬钢、银、红、黑和橙色可供）。在那个时代，许多工业设计师都在创作看起来像当代家具的产品，而拉姆斯则寻求设计出诚实地使用材料的作品，且剔除任何无关的风格化修饰元素，即使在最不起眼的物品中，他也如此操作，正如 T2 所示。

GA 45 流行乐唱片播放器　1968 年

GA 45 Pop Record Player

设计者：马里奥・贝里尼（1935—　）

生产商：密涅瓦、格伦迪格（Minerva/Grundig），1968 年至 1970 年

这款便携式唱片机有白色和橙色可供选购，是 20 世纪 80 年代早期索尼随身听的前身，但没有磁带式录音重放机具备的播放时间长或灵活性的优势。一张每分钟 45 圈转数的唱片，被滑入顶部的一个空间，就像面包片放进烤面包机一样。播放时，设备垂直竖立或水平放置都行。金属手柄可升降，可以拉上或按下，整个设备像一只小手提包一样可以拎着随处走，因此留声机变成了时尚配饰。马里奥・贝里尼（Mario Bellini）在 20 世纪 60、70 年代为奥利维蒂、布里翁维加与密涅瓦等电子公司效力，作品以有雕塑感的塑料外壳为特色。外壳覆盖了内部的电子元件，几乎没有任何视觉线索来显示内部的工作原理。这种俏皮的气息与特质，不是自功能衍生，而是来自设计师自己的愿望，来自他想诱发用户亲自体验的兴趣。贝里尼希望增强其设计的感性特质，在用户和物件之间建立更好的互动关系，这在唱片机的雕塑化风格中得到了体现。也许最重要的是，流行乐唱片机还反映出对不断变化的时代文化的回应：随着音乐、舞蹈和派对变得即兴和自发，而且有便携式流行乐播放器的出现来助兴，前述这些活动几乎可在任何地方进行。

悬吊椅　1968 年

Sling Chair

设计者：查尔斯・霍利斯・琼斯（1945—　）

生产商：查尔斯・霍利斯・琼斯，1968 年到 1991 年，2002 年到 2005 年

悬吊椅子的设计师查尔斯・霍利斯・琼斯（Charles Hollis Jones），在 20 世纪 60、70 年代处于最高产的状态。作为一位亚克力家具、灯具和相关配件的先驱创领者，他拥有国际声誉，深受认可，而这把椅子正说明了他的功力技巧以及丙烯酸树脂令人兴奋的潜力。丙烯酸树脂，俗称亚克力，或根据原材料生产者所用的品牌称为璐彩特（Lucite），在过去被认为不适合用于定制设计的家具。琼斯以前尝试过用玻璃作为完美材料，来满足好莱坞山那些奢华光鲜的客户的期望，但玻璃在技术上有局限瓶颈，受压后便崩裂破碎，无法用于承重类家具。琼斯受到委托，任务是设计一把漂亮的样板椅，对外展示，可在 5 分钟内安装和拆卸，并能放入有限的存储空间；当时，他已利用过亚克力，但他此前的作品都不曾要求将材料拉伸到这个项目所需的程度。琼斯转向飞机产业找线索，因为亚克力已用于制造飞机窗户。一旦被拉伸和冷却，新模制成型的亚克力就会得到相当程度的强化，能够支撑 230 千克重量。一旦省略掉用于支撑的横向构件，椅子会便形成不间断的一扫到底的弧形曲面。1968 年至 1991 年间，查尔斯・霍利斯・琼斯只生产了 250 把椅子，数量极为有限，但在 2002 年，他名下的实体企业又另外出品了 250 把。

波音 747 客机　　1968 年

Boeing 747

设计者：约瑟夫·萨特（Joseph Sutter，1921—2016）；胡安·特里普（1899—1981）；波音设计团队

生产商：波音公司（Boeing），1968 年至今

泛美航空的传奇创始人胡安·特里普（Juan Trippe），目光长远，预见了大规模的全球人口流动。1965 年，没有机型有足够的航程或装载能力，可满足长途旅行的新需求，进而从中获益。因此，特里普敦促波音公司制造一款更大的飞机来实现他的愿景，项目成果便是波音 747 客机。泛美航空于 1970 年在纽约到伦敦的航线上启用此新机型。英国媒体将 747 称为"巨型喷气机"：那巨大的尺寸和机头上特征鲜明的凸起部位，让人即刻就能识别出其身份。特里普想要的机头，在飞机没有足够多的乘客时，就可转化为货舱门。飞行员座位在机头上方，驾驶舱后面的空间，原本设定为机组人员的一处休息区，被特里普征用，打造成国际旅行中最酷的头等舱休息室。此外，747 的每一台高涵道比涡扇发动机，产生的功率都比 707 的 4 台发动机的总和还要大。在涡扇发动机中，大风扇的一部分迫使空气进入喷气发动机，而风扇外部的很大一部分，又向后方高速吹出空气，从而增加喷气式设备的推力。在空中客车 A380 客机于 2005 年上市和起飞之前，"巨型"747 凭其航程和承载能力，一直没有可与之匹敌者。

普兰塔　　1968 年

Planta

设计者：吉安卡洛·皮雷蒂（1940—　）

生产商：卡斯泰利 / 哈沃斯，1968 年至 2002 年

乍一看，普兰塔似乎只是一个简单、光滑的圆柱体，但是当所有组件都展开来时，它就变成了一个衣帽和雨伞架。架子用黑色或白色 ABS 塑料制成，高 170 厘米，上部重点在于有可向下折叠打开的 6 个"手臂"，每根横臂的末端有两个不同的钩子，因此每条横杆上可悬挂两个物品。在下部，两个 C 形元件可旋转出来以固定雨伞，每个 C 环又对应底座上的一个小凹坑，用于固定伞尖并承接雨水。此外，支架的底座足够重，可以支撑挂满物品后的重量。停产一段时间后，该支架在有些活动中重新发布，作为限量版供应。吉安卡洛·皮雷蒂自 1960 年以来一直为博洛尼亚的家具生产商卡斯泰利工作；利用预制部件和模块化组合的系统，他开发出了各种创造性的设计解决方案，而这些设计都易于批量生产。该产品是"PL"系列创新塑料家具的一部分，这一系列当中最著名的是普利亚折叠椅。除了所有物品均由塑料制成外，该系列的共同点是产品均可折叠或可转换为更小的形态。

袋子椅 1968 年

Sacco Chair

设计者：皮耶罗·加蒂（1940—2017）；切萨雷·保里尼（1937—1983）；佛朗哥·特奥多罗（1939—2005）

生产商：扎诺塔，1968 年至今

意大利生产商扎诺塔也搭上了流行家具的时尚快车，出品了袋子椅。这是第一款商业化生产的豆袋座椅（也即懒人沙发），由皮耶罗·加蒂（Piero Gatti）、切萨雷·保里尼（Cesare Paolini）和佛朗哥·特奥多罗（Franco Teodoro）设计。设计师们最初提出制作一种装满液体的透明包膜，但那样会过重，填充工艺也过于复杂，这就最终导致了之后的巧妙选择：用数百万颗微小的、半发泡聚苯乙烯“小豆”来填装。很快，袋子椅成为时尚弄潮儿们的首选沙发。然而，要为一大袋聚苯乙烯颗粒球申请专利，无疑相当困难。而这东西又易于制造，上市不久之后，市场上就充斥着袋子椅的廉价复制品。推广袋子椅的广告宣传，建立起一种生活方式的感知概念，与懒人沙发所代表的东西相匹配：有趣、舒适、个性和紧跟时代。因此，这个最初作为设计师家具的产品，迅速演化成为低成本、大批量生产的生活空间填充物。如今，豆袋懒人沙发在很大程度上已被认为是过气的。尽管如此，袋子椅仍不失为一个象征，因其开创性的设计还是继续存在，而且是 20 世纪 60 年代乐观情绪的代表。

托加椅 1968 年

Toga

设计者：塞尔吉奥·马扎（1931— ）

生产商：阿特米德公司，1968 年至 1980 年

塞尔吉奥·马扎（Sergio Mazz）的托加椅（托加原指古罗马袍服，由一整块布构成，椅子以此命名，或指其上下一体），于 1968 年发布，在当时是开创性的。它的单片模制形式，放弃了传统扶手椅那椅面搭配着四条腿的座椅概念，也是在探索利用塑料的最新进展成果和研发生产方法方面所进行的大胆试验——这一举动顺理成章，因为那一时期，阿特米德公司也正在试验应用新材料来制造家具和相关配件。建筑师兼设计师马扎开发出这把椅子，是以阿特米德其他设计师的初步试验为基础，例如维科·马吉斯特雷迪出品的德梅特里奥 45（Demetrio 45）型可堆叠塑料桌，以及马扎本人的米达（Mida）扶手椅。托加椅的原初模型是用木材制造，根据该模型试制的少数几个样品原型，则靠玻璃纤维涂层来实现，然后浸在聚酯树脂中，与船、拖车式度假小屋或汽车车身的加工方法相同，但托加椅批量生产参照的模型是用钢材创建。此椅通过注塑模制系统生产，并以坚固、耐用且色彩缤纷的热塑性 ABS 树脂来完成收尾整饰。椅子由单一结构组成，完全一体，按人体工程学来定制打造。其紧凑的结构，意味着它可打包收纳在一个近乎立方体的包装中，且易于堆叠。它达成了材料、造型与色彩等元素的和谐统一，对当代塑料产品美学卓有贡献。

生活塔 1968 年

Living Tower

设计者：维尔纳·潘顿（1926—1998）

生产商：赫曼-米勒，1969 年至 1970 年；弗里茨·汉森，1970 年至 1975 年；斯蒂加（Stega），1997 年；维特拉，1999 年至今

维尔纳·潘顿设计的现代家具，有着鲜明个性，这一点在他的生活塔或曰“潘顿塔”中体现得尤为明显，该作品是 1970 年科隆国际家具展的一部分。这是一个新颖的设计，我行我素，近乎傲慢无礼，但体现了 20 世纪 60 年代的不羁精神。它几乎无视既有的家具定义，因为它介于一个座位功能单元、一个储物区和一件艺术品之间。框架用桦木胶合板制成，表面贴上泡沫内衬，并覆盖有克瓦德拉特（Kvadrat）布艺品牌的羊毛软垫。如今，这款产品有 3 种颜色可选：橙、红和深蓝。潘顿 1926 年出生于丹麦甘托夫特（Gamtofte），曾就读于丹麦皇家美术学院。1950 到 1952 年，他在阿恩·雅各布森的建筑设计事务工作，并于 1955 年成立了自己的设计工作室。1958 年，他以新奇的椅子设计在丹麦腓特列西亚（Fredericia）家具展上引起了一片哗然，因为椅子被他悬挂在展台的天花板上，就仿佛它们是不容置疑的艺术品一般。生活塔的成功还在继续：这是家具作为艺术作品的一个范例，在椅子的特征中融入了一种雕塑形态。

蛤蜊烟灰缸 1968 年

Clam Ashtray

设计者：艾伦·弗莱彻（1931—2006）

生产商：梅贝尔（Mebel），1972 年，1992 年至今；设计目标公司（Design Objectives），1973 年至 1976 年

蜜胺树脂材料的蛤蜊烟灰缸，于 1971 年启动发售。这是那个时代的时尚家居中常见的物品与风格元素。直径为 14 厘米的蛤蜊烟灰缸由英国平面设计师艾伦·弗莱彻（Alan Fletcher）设计，他最初描绘的是一种类似于荷兰伊丹奶酪扁球状包装的造型。每个"蛤蜊"由两块半球壳体组成，组件用单一模具成型；闭合时，它们便完美地交错咬合，形成一个雕塑状物品，有生动的曲线图案。机器的加工切割非常精确，即使没有铰链，两半也能紧紧地卡合在一起。打开并翻转平放后，单独的"蛤蜊壳"即刻变身为烟缸，蜿蜒的锯齿状边缘为点燃的小雪茄提供一个临时安放的自然的卡扣槽口。意大利生产商梅贝尔热情地推广宣传蜜胺树脂材料的优点，并用它来打造各种各样的家居用品。位于英国德文郡的设计目标公司，基于本设计制作了 50 个版本的烟灰缸，材料为热压黄铜和镀铬。蛤蜊烟缸形式简单、制作方便、功能明确，已遍布世界，从布宜诺斯艾利斯的银行到曼谷的酒吧，各个角落都能与它不期而遇。它不仅被用作烟缸，还用于存放回形针、别针、邮票、纽扣、钥匙或零钱。

达摩灯 1968 年

Daruma

设计者：塞尔吉奥·阿斯蒂（1926—2021）

生产商：蜡烛公司（Candle），1968 年至 1994 年；丰塔纳艺术，1994 年至今

20 世纪 60 年代后期，西方设计师对日本文化大为着迷、醉心不已。对改变日本工业的那些进步技术的关注，导致了对日本人心灵精神的兴趣，特别是对禅宗以及"二战"后其在日本复兴中的作用的兴趣。对意大利的设计先锋们来说，这种现象既带来了挑战，也带来了灵感启发。塞尔吉奥·阿斯蒂（Sergio Asti）是意大利最多产的设计师之一，在家具、电子产品、灯具和照明配件领域都有所作为，并将他的兴趣转化为意大利人对创新、质量和细节的一种新承诺。就阿斯蒂而言，这些兴趣也体现在他的达摩灯的精致和简洁的特质中；该灯由蜡烛公司于 1968 年生产。无臂、无腿、无眼的达摩公仔，在日本各地随处可见，是无畏精神、韧性、毅力、决心的象征。达摩灯的设计以阿斯蒂于 1967 年为日本生产商"光晕"（Aura）设计的同名白瓷罐系列为基础。它将不透明玻璃的球形基座和上面较小的半透明球体组合成一个类似眼球的形状，且能像传统的达摩公仔那样保持平衡。灯上没有其他的表面细节，由此构成对达摩神话的各种故事的重新诠释。无腿、无臂，也无灯罩之类的上盖，因而提供的照明光线就无处不在。

蛋形花园椅 1968 年

Garden Egg Chair

设计者：彼得·吉齐（1940— ）

生产商：如特（Reuter），1968 年至 1973 年；民主德国国有施瓦茨海德工厂（VEB Schwarzheide DDR），1973 年至 1980 年；吉齐（Ghyczy），2008 年至今

如果说花园家具的设计目的是将某些室内家居装饰物件带入室外空间，那么彼得·吉齐（Peter Ghyczy）的蛋形花园椅，可能就是这样一个完美的设计。座椅空间藏在采用玻璃纤维增强的聚酯制成的蛋状外壳中；翻盖式椅背向下折叠，能达到防水密封效果，因此椅子可放在户外。与这种坚硬、不可渗透、无动于衷的外观形成鲜明对比的是，内饰柔软的织物衬里、可拆卸毛绒坐垫椅面。这样一来，蛋形花园椅将经典的舒适理念与现代的材料以及制造方法融合在了一起。虽然吉齐对其设计背后的灵感保持沉默，但自然形式和当代工艺的融合，暗示此作可能与“装饰艺术”运动有些关联，而整体风格可立即识别，一望而知是纯粹的 20 世纪 60 年代的波普潮流。吉齐在 1956 年的革命后离开匈牙利，前往联邦德国，在那里学习建筑，然后加入如特，为这家生产塑料制品的公司效力。蛋形花园椅于 2008 年由以设计师自己名字命名的公司重新发行。虽然设计保持不变，但新型号由可回收的环保塑料制成，并增加了一个旋转底座可供选配。

坦坦凳 1968 年

Tam Tam Stool

设计者：亨利·马松内特（1922—2005）

生产商：斯丹普（STAMP），1968 年至今

坦坦凳，因为它的形状，也被称为“扯铃”凳。它诞生于 20 世纪 60 年代，塑料热潮在工业制造领域创造了新的可能性。亨利·马松内特（Henry Massonnet）的公司斯丹普（即 Societede Transformation des Matieres Plastiques，意为塑料材料加工企业）为渔民生产塑料冷藏箱。但在 1968 年，马松内特决定发挥他的注塑制模生产工艺的潜力，将其应用于制造坚固、便携和经济的凳子。坦坦凳有多种颜色，并分成两块，两部分完全一样，以便运输或存放。这是一个巨大的成功，售出的单品超过 1200 万只。然而，1973 年石油危机爆发，危机对塑料工业的影响也非常显著，坦坦凳的生产因此放缓。勃朗奈克斯设计事务所（Branex Design）的创始人兼开发经理萨卡·科恩联系到马松内特，于是斯丹普使用原初的色彩、模具和材料重新生产该凳子。凳子现继续在同一家工厂生产，但如今有 13 种颜色和各种图案。勃朗奈克斯拥有全球独家经营权，是坦坦凳的分销商，确保了其自 2002 年以来在世界范围内的商业成功。

剪刀椅 1968 年

Scissor Chair

设计者：沃德·贝内特（1917—2003）

生产商：布里克尔协作者（Brickel Associates），1970 年至 1979 年；盖革（Geiger），1987 年至今

简陋的躺椅为美国家具设计师沃德·贝内特（Ward Bennett）提供了一个出发点，他的剪刀椅就是创造性地模仿了人们早已熟悉的 19 世纪的设计。简洁是他的极简主义创造的核心。这些作品都被精简到只保留最本质的要素。躺椅那烦琐的折叠机制，在此被省略。剪刀椅的优雅框架仅由两个相交叉的矩形组成。不过，与那些躺椅先例一样，落座者别无选择，只能采用斜倚的半卧姿势。椅面高度离地板还不足 40 厘米，也同样不可能让人坐直。一个早期的版本出现在 1964 年，但贝内特继续改良完善设计，用视觉上和触摸手感都更柔和、更易接受的光滑、略弯曲的圆角来软化框架的矩形部分。椅子由布里克尔协作者在 20 世纪 70 年代生产，1987 年起又由盖革制造，收尾工序中广泛使用过各种金属物料和木头材质的饰面，也可用几乎任何一种织物来制作软垫。贝内特基本上是自学成才的。他试图在产业化的实用功能与艺术形式之间求得协同联合，以此来创造出一种独特的美国化风格，与广为流行、大受欢迎的 60 和 70 年代的欧洲设计保持距离。他设计有 100 多款椅子，不过他认为剪刀椅是其中最舒适的产品。

宝马 2002 款 1968 年

BMW 2002

设计者：威廉·霍夫迈斯特（Wilhelm Hofmeister，1912—1978）；宝马设计团队

生产商：宝马，1968 年至 1976 年

20 世纪 60 年代，宝马出品了一些实用又豪华的车型，但失去了品牌在 30 年代享有的运动化的声誉。公司以四门的“新级别”轿车为基础，开发了一款双门车型，改进了道路操控性，车身更轻，外观也更具运动感。这款车出了许多型号，包括 1600-2，因其 1600 毫升的发动机和两扇车门而得名。依据此既有设计，亚历克斯·冯·法肯豪森（Alex von Falkenhausen）和赫尔穆特·维尔纳·邦斯（Helmut Werner Bönsch）分别推进各自的试验，将一台两升排量的发动机装到双门车型上，随后合作将该车型投入生产。更具运动气息的双门 1600-2（后更名为 1602），所搭载的双化油器 1600 发动机不符合美国联邦的废气排放法规；这意味着它无法被进口和引入这个至关重要的市场。但 2000 款双门轿跑车搭载的 100 马力、两升排量的 4 缸发动机达到了排放标准。美国进口商马克斯·霍夫曼和销售总监保罗·哈内曼便倾向于鼓励此双门车的引进与推广，尽管公司的工程师们持反对立场。相对车身的尺寸而言，那台发动机过大了，但市场的销量极有潜力，不容错过，于是，2002 款随即上市发售。到 1976 年停产为止，在 8 年半的时间里，先后生产有三代宝马 2002 款，为美国用户输出了 80 000 台，在欧洲则销售了 745 000 辆；此车那宽阔的风挡及车窗玻璃，还有承托车顶的细窄支柱，一起传达出轻盈、优雅和速度感。

最北极境　　1968 年

Ultima Thule

设计者：塔皮奥·维卡拉（1915—1985）

生产商：伊塔拉，1968 年至今

该玻璃器皿系列由塔皮奥·维卡拉设计，于 1969 年被芬兰航空选中，用于赫尔辛基至纽约的航班。该套组包括玻璃杯、浅盆、水壶与盘子，是那个航空公司推崇尖端概念设计的迷人时代的印证。“最北极境”这一系列的设计灵感来自芬兰的地貌景观，以芬兰北部一个神话般的冰雪岛命名（Ultima Thule，意为有人居住的最北方的土地），从外观上看仿佛是用正在慢慢融化的纯净莹澈的冰制成。虽然它的形态看起来完全是原始的、自然有机的，但维卡拉实际上为这个设计进行了多年的试验，开发了将玻璃热熔体吹入木制模具中的工艺，而此工艺至今仍在使用。这个作品唤起对设计师祖国的山河风貌的诗意联想，同时结合了他对实用性的考虑（底座有圆球体，看似起伏不定，但该系列实则耐用且稳固），这样的特性让“最北极境”成为维卡拉最著名、美誉度最高的设计之一。作为航空旅行黄金时代的恒久见证及遗留物，这套器皿 50 多年后仍在生产（芬兰航空的商务舱仍在使用）。伊塔拉于 2015 年更新了该系列，以纪念设计师诞辰 100 周年。套组现在包括以前便有的两只盘子、一只起泡酒杯和一个水壶，以及新增加的一只啤酒杯。

博勒花瓶 1968 年

Bolle Vases

设计者：塔皮奥·维卡拉（1915—1985）

生产商：维尼尼，1968 年至今

塔皮奥·维卡拉的博勒花瓶，有多种色彩，（不用模具）自由吹制成型，为意大利公司维尼尼设计。该公司在 20 世纪 60 年代中期委托维卡拉利用传统方法来打造新的玻璃作品。这些花瓶以静态均衡的微妙感觉著称；维卡拉营造此观感的手段是平衡了浓淡不同、粗细不一的彩色条带，这些色彩条，既存在于被封包的瓶身之内，也存在于那精心构建刻画出的瓶子轮廓线中。博勒花瓶是维卡拉的一个新出发点，他在此利用了嫁接（incalmo）烧制手法：慕拉诺岛玻璃工业从 16 世纪就掌握的一种玻璃制造专业技术，制作过程中会用到两个玻璃器皿那熔融的半流体，两者通常有着不同的颜色，相互嫁接后便形成一体双色。与维尼尼合作期间，维卡拉开始利用当地的特色专项工艺。他在芬兰时往往无法取得这样颜色各异的玻璃和超薄玻璃。他的芬兰主题作品，经常由这一创作动机驱使，也想唤起对故土的深情，因此会产生沉重感以及形态表象上的北方的冷感。与之相反，他在维尼尼的创作则是抽象风格，玻璃体通常也轻薄得多，且更为鲜艳多彩。博勒花瓶，几乎自最初问世起，就一直是该公司最受追捧的系列之一。

KV-1310 型特丽珑彩电 1968 年

KV-1310, Trinitron Colour TV

设计者：索尼设计团队

生产商：索尼，生产时间因国家 / 地区而异

日本电子制造企业索尼公司，由工程师井深大和物理学者盛田昭夫于 1946 年创立。索尼因创新的技术解决方案而赢得声誉。1968 年 10 月，索尼推出了迄今为止名下最重要的产品，第一台 KV-1310 型特丽珑彩电，由井深领导的团队打造。井深当时认为，公司的未来在于制造电视（索尼与好莱坞派拉蒙影业建立了合作伙伴关系，一起研发彩色电视）。索尼采用了自家独特的特丽珑阴极射线管（CRT）——这是一种单枪、三光束的影条荫栅——与柱状体显像管的平面屏幕相结合，消除了水平横纹的问题，并营造出引人注目的平板式显示屏效果。这带来了一种总体上更明亮、细节更多更清晰和更丰富的影像效果，由此产生的设计被命名为特丽珑（Trinitron），这是把单词 trinity，意即三位一体的联合，与来自电子管的语词成分 tron 进行组合。首个特丽珑电视配有 33 厘米（13 英寸）的屏幕，产品线随后迅速扩大，包括更大屏幕的家用电视和便携式微型电视。由于其独特的 CRT 技术，特丽珑屏幕也被安装到早期的许多个人电脑上，然后索尼开发了基于三光束影条荫栅系统的专业用图形显示器，让软件生产商能够创建出首款实用的计算机辅助设计软件。

马库索餐桌 1969 年

Marcuso Dining Table

设计者：马可・扎努索（1916—2001）

生产商：扎诺塔，1971 年至今

马库索餐桌的流畅线条、玻璃桌面和不锈钢桌腿，使其深受喜爱，成为崇拜者心中的至高经典。不过，它在意大利设计史上的地位确实也不同寻常，经过相当复杂的技术研究，这桌子的生产才成为可能。玻璃与金属材料组合的桌子，设计史上有过一些杰出先例，然而，这两种材料的结合问题从未真正得到解决。在观察汽车的后侧通风窗时，马可・扎努索受到启发，创造出一张玻璃加不锈钢的桌子，且无须任何沉重的结构件。在扎诺塔的支持协助下，经过两年的研究，他发明了一种特殊的黏合方法并申请了专利。该方法能将两种材料固装在一起，且毫无痕迹。达到的效果是：一张玻璃台面，看上去似乎就只简单地架在不锈钢桌腿上。实际上，桌面卡得非常牢靠，因为桌腿借助螺栓被紧紧拧在固定在玻璃台面下的不锈钢小圆盘上。马库索餐桌的技术成就，在 20 世纪 60 年代属于首创，并立即扬名，在商业上一举成功。此桌经常被类比为一座现代的玻璃与钢结构建筑，其构造机制主动对外暴露出来。这些特质，是扎诺塔如今仍在生产销售它的原因所在。

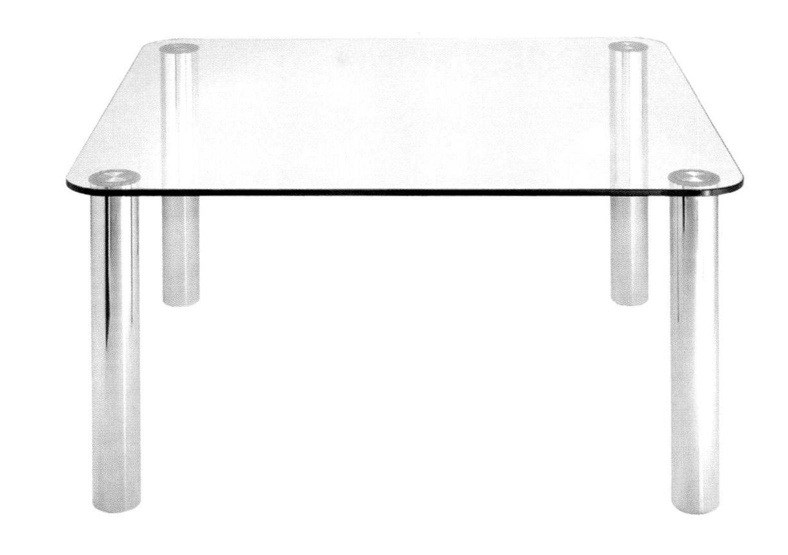

哈雷－戴维森逍遥骑士“砍刀” 1969 年

Harley-Davidson Easy Rider Chopper

设计者：哈雷－戴维森设计团队

生产商：哈雷－戴维森，1969 年

1969 年的邪典电影《逍遥骑士》中的明星，不仅包括演员丹尼斯・霍珀、彼得・方达和杰克・尼科尔森，还包括摩托车：为方达量身定制的哈雷－戴维森“盘头”（Panhead，指引擎盖形状）车款，绰号“美国队长”。定制摩托车（还有汽车），可以说始于第二次世界大战期间，并一直持续到今天。从太平洋战场返回的美国士兵们在南加州发现了自己的天地；他们注意到，前陆军部军用的哈雷－戴维森和印第安酋长摩托很容易寻获，而且改造成本颇低廉。他们重新喷涂并“砍掉”（chopper，“砍刀”名称的由来）或“截短”这些笨重的旧摩托车上的多余重物，以个性化改造作为一种自我表达，然后再调校引擎性能，最终在加州宽阔的干线公路上和沙漠平坦的原野上竞速比赛，而拉长了的车身前叉有助于操控，保持直线行驶。霍珀和方达拍摄电影的时期，“砍刀”运动是一种“局外人”艺术（对抗主流文化）的形式。方达为摩托车进行个性化定制，两台给他自己，两台给霍珀。他们请当地的定制师将 4 辆破旧的哈雷－戴维森改成了电影中炫耀夸张的镀铬闪亮、前叉大幅拉伸的样子。伴随这个简单的愿望，再加上车子在这部后来成为反文化经典的电影中的明星主演般的地位，方达的“砍刀”带来了相当的反响与冲击，一如这一设计的自身特质所体现出的影响力。

密斯椅 1969年

Mies Chair

设计者：阿基佐姆联合小组

生产商：波尔特罗诺瓦（Poltronova），1969年至今

4位佛罗伦萨建筑师，安德烈·布朗齐（Andrea Branzi）、吉尔伯托·克雷蒂（Gilberto Corretti）、保罗·德加内罗（Paolo Deganello）和马西莫·莫罗奇（Massimo Morozzi），于1966年创立了阿基佐姆联合小组（Archizoom Associates）。该小组关注当时应用于建筑环境（人工构筑环境）的传统态度：设计在功能面前处于屈从地位；设计应自觉意识到自身的角色是充当社会地位的象征——他们着手挑战并推翻这些陈见。“不停息的城市”（No-Stop-City）是小组1970年的新概念建筑项目；大约就在这同时，阿基佐姆创作了密斯椅子。就其结构上的硬朗刚直感和简单用材而言，这是一把理性主义的椅子。如作品名所提示的，小组成员指涉的是路德维希·密斯·凡·德·罗，他们模仿了密斯对材料与几何形状的斟酌及运用。他们夸大突出了两个三角形镀铬支架所构成的建设性元素，在框架之间则拉起了一块厚橡胶片，来模糊椅子的功能。此作的意图是触发和引出对功能的、讽刺的评判意见，但挺有反讽意味的是，他们实际上创造的是一把完全功能性的椅子。人坐上去时，角度陡直的橡胶椅面便会舒适地顺应人体轮廓。尽管添加了软垫头枕和脚凳，椅子的外观仍然不讨喜，并挑战了人们关于舒适和放松的传统概念。在1969年的米兰家具展上，这把椅子引起了相当大的关注。小组在1974年解散，但在“炼金术”（Alchimia）设计小组和孟菲斯设计小组主导的反设计运动中，阿基佐姆的作品则被证明影响力还在继续。密斯椅如今仍在生产。

罗利“砍刀”单车 1969 年

Raleigh Chopper

设计者：艾伦·奥克利（Alan Oakley，1927—2012）；汤姆·凯伦（Tom Karen，1926— ）

生产商：罗利单车，1969 年至 1983 年，2004 年

罗利“砍刀”单车之所以存在并被生产，要归因于 20 世纪 60 年代加利福尼亚以摩托车为载体的反文化运动。当摩托骑手“砍掉”（定制）他们的机器时，这些人的弟弟们也有样学样，折腾起家里的自行车。随着两家主要生产商施文（Schwinn）和罗利参与进来，美国生产线上的量产自行车也开始出现了流行的改装。那些民间改造元素也融入了“砍刀”，体现在高高的“挂猿式”龙头把手（抓把手的动作类似于猿猴抬高手臂，故有此称）、拉长的车座和升高的靠背上。“砍刀 Mk1”于 1969 年在美国推出，次年在英国开始销售。这对英国人来说是一个彻底的转变，产品立即流行开来。发布这一年，机缘巧合，恰逢电影《逍遥骑士》在英国上映。电影美化和普及了美国的摩托文化，而“砍刀”单车就类似于电影中低坐姿骑行的“猪”摩托样式。此外，它的差异化特征也很诱人：那几何形的框架、前后车轮大小比、车座和车把手都完全与众不同。值得注意的是，它看上去强硬粗犷，使用起来的感觉也不轻松。它的设计更类似于汽车，而不是脚踏车。变速杆是此车中一个重要的部分，营销广告也强调宣传了变速杆是如何让“砍刀”更像赛车而不是自行车。这个产品给人一种感觉，它似乎是像对待成年人那样对待孩子。正因为这一点，它反倒赢得了一代人的心，并在 2004 年卷土重来，推出了复刻版本。

噼里啪啦球 约 1969 年

Clackers

设计者身份不详

生产商：多家生产，约 1969 年至今

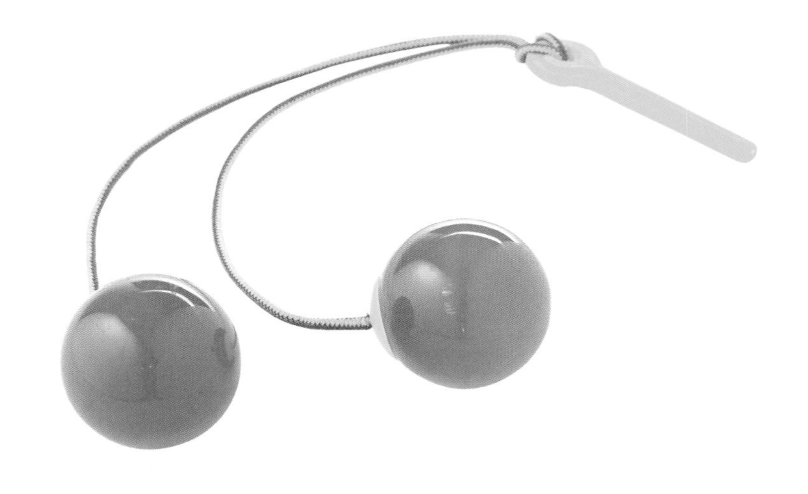

噼里啪啦球，或啪里啪嗒球（Klackers），咔里咔嗒球（Click Clacks）或哗里哗啷球（Whackers），是一种设计简单的玩具：有两截绳子，每根绳子的一端都有一个球，另一端通过环形附件连接在一起。这样连接的目的，是可以扯动环形附件，使球相互敲击，因而发出噼啪咔嗒声；然后，持续让噼里啪啦球甩得越来越快，直到它们以高速撞击对方，在手上方和下方翻飞舞动。噼里啪啦球这一游戏的流行，在 1971 年达到了顶峰。有传闻说是一名高中生为一个科学作业项目发明出了噼里啪啦球，然后把球卖给他的朋友们，这种游戏热潮因此而开始。然而，玩球导致的指关节瘀伤、手腕骨折和眼睛受伤，使得这种流行必定要迅速消亡。塑料是噼里啪啦球最流行的制作材料，不过有证据表明，早期的用材不免令人讶异，竟是用陶瓷或玻璃制成。20 世纪 90 年代，专做新奇小玩意的某些公司生产了一种更安全版本的噼里啪啦球，是用塑料棒连接到一起的轻质塑料球。1993 年，美国宇航局将这种球装进航天飞机，带到太空，作为一项在无重力环境中测试玩具的研究内容。遗憾的是，由于没有重力，球缺乏有效工作所需的动力，无法正常玩耍。

瓦伦丁（情人）打字机 1969 年

Valentine Typewriter

设计者：埃托·索特萨斯（1917—2007）

生产商：奥利维蒂，1969 年至 2001 年

这是让办公设备成为时尚配件的一个罕见例子。这台塑料材质的瓦伦丁打字机（名字即情人之意，暗示此物与人的亲密关系），有趣、张扬、明亮，捕捉和体现了 20 世纪 60 年代活泼生动又时髦的情绪。虽然它的内部机械结构并不新鲜，但该产品的外壳和构造形态极不寻常。打字机人们早已司空见惯，而在重新定义这个熟悉的东西的外观和感觉时，负责项目的意大利与英国联合团队，延续了奥利维蒂追求突破性产品的传统。瓦伦丁采用低趴的矮型设计，全塑料机身，匹配有可穿套的罩子和提手。这一切都在暗示、鼓励用户随身携带“情人”，不要害怕在非常规的地方或环境下使用它。索特萨斯尤其希望瓦伦丁能促进沟通，能消除以打字形式写下一封信、一篇文字的那种正式感。他设想这台机器可在任何地方出现，唯独不要在办公室使用，如果在诗人的乡间休闲屋舍或充当艺术工作室的公寓中使用，那就更是适得其所。这就将其与苹果的 iBook 笔记本电脑紧密关联起来，因为在 30 年后，后者的创造者也信奉类似的哲学。瓦伦丁是否主要由诗人或（报纸杂志上一度风靡的）“时髦女郎”（It-girls）拥有，这并无明确定论，但有几台机器已进入博物馆藏品之列（包括伦敦的设计博物馆和纽约的现代艺术博物馆）。它也引起了声望隆重的金圆规奖评委的注意，曾获此大奖。此物的原初版本一直生产到 2001 年。

本田 CB750 摩托 1969 年

Honda CB750

设计者：本田项目设计团队

生产商：本田，1969 年至 1982 年

20 世纪 60 年代的大部分时间，都是摩托车比赛的黄金时代。本田和奥古斯塔（MV Agusta，意大利摩托生产商）以多缸摩托车主导控制了大奖赛的赛场，但公路摩托车的设计水准当时则处于下降通道。凯旋、伯明翰轻武器公司和诺顿，这些伟大的英国品牌节节败退、不断衰弱，成为管理不善、制造规范落后、良品率低和后继投资匮乏的受害者；而在美国，哈雷-戴维森在这一品类范围尚待行动。只有日本人有前瞻眼光，但他们惯常的拿手好戏是小排量的用于短途的小摩托，主打轻型机器。然后在 1969 年，有了 10 年的大奖赛成功历史后，本田推出了 CB750，市场格局突然就发生了巨大的变化。这是一台强劲的大排量二轮摩托，配备并列横置四缸发动机，标配前碟刹制动器和电启动器。这些都谈不上是新鲜事；四缸摩托自 20 世纪初就开始有制造，但 CB750 的设计优雅又现代，整体连贯统一。因为其 4 个上掠式排气管和光泽焕然的饰面工艺，这个车型不胫而走的俗称便是“本田四”。它的工程质量，以及对细节的出色关注，都令人钦佩。此前的 70 年里，漏油一直是摩托车甩不掉的诅咒，但到了这里有了一个例外。此车以各种形式生产，一直持续到 1982 年，它也成了评判其他大排量运动摩托车的标准。

布里翁维加 ST/201 黑盒子 1969 年

Brionvega Black ST/201

设计者：马可·扎努索（1916—2001）；理查德·萨珀（1932—2015）

生产商：布里翁维加，1969 年至 20 世纪 70 年代

由马可·扎努索和理查德·萨珀设计的这个神秘黑色立方体，没有哪一点看起来像传统电视。只有接通电源后打开它，它才会显露真容，变成一个 30.5 厘米（12 英寸）的“显像管”。电视很小巧，使用方便。机身看起来类似挂墙式的浮动盒子，两侧各有 17 道凹槽，像扬声器一样工作。机器顶部则可看到能拉开的天线、操作按钮和调谐旋钮。电视这样处理，并让阴极射线管仅在设备打开时才可见，设计师以此强调了其技术上的神秘感。布里翁维加成立于 1945 年，生产收音机和其他音频产品，于 1952 年将生产范围扩展到电视。公司坚持自家产品应易于使用且经久耐用，并于 1959 年聘请扎努索和萨珀作为设计顾问，旨在与日本和德国的电子产品竞争。品牌体现出的美学风格被称为“技术功能主义”。通过与这些顶级设计师的合作，公司创造了与现代生活方式相呼应的产品，超越了时间的局限。ST/201 黑盒子是 1992 年出品的一个甚至更“黑”的立方体的前身，那款“黑盒子”叫“立方玻璃”（Cuboglass），用水晶制成。然而，受到大众青睐且如今跻身纽约现代艺术博物馆永久藏品之列的，还是 60 年代的这个设计。

塑料管椅 1969 年

Tube Chair

设计者：乔・科伦波（1930—1971）

生产商：柔性造型（Flexform），1969 年至 1976 年；卡佩里尼，2016 年至今

乔・科伦波的塑料管椅，是这位意大利设计师对波普风格进行开创性探索的一个持久典范。4 个不同尺寸的塑料管，用聚氨酯泡沫覆膜，表面还附有乙烯基软衬垫，以同心圆形式嵌套，装在一个抽绳袋中。一旦打开包装，用户就可以借助细钢管和橡胶连接接头，以任意顺序将它们组合在一起：从工作椅到躺椅，再到全尺寸长沙发（两套相连可构成长沙发），可谓无所不能。科伦波的这个生活化“机器”，相较于早期设计师提出的“机器”构想，截然不同。科伦波没有遵循关于椅子或任何设计对象的那些公认的定义，而是用大多数意大利人觉得陌生和怪异的材料，创造出了蕴含着多种重组可能性的产品。塑料管椅属于科伦波称为“结构化连续性”（structural seriality，或称结构性序列）的设计类别，即这些单个物件，可以通过若干方式进行多任务化处理，组合出多种成品。1958 年，当科伦坡开始在其家族的电导体工厂进行试验、开发采用塑料的生产工艺时，他对直线型线条的天然厌恶，演变为一种设计美学。如此的转化契机再次出现，是当他开始与具有冒险精神的意大利生产商合作时。柔性造型就是这样的一个厂商，在 20 世纪 70 年代持续生产此塑料管椅。

TAC 瓷器 1969 年

TAC Tableware

设计者：沃尔特·格罗皮乌斯（1883—1969）

生产商：罗森塔尔，1969 年至今

沃尔特·格罗皮乌斯，20 世纪建筑和工业设计原则的伟大推动者执行者之一。1919 年，包豪斯学院成立，格罗皮乌斯由此实施了一种新的学校教育方式；按照该模式，工匠、艺术家和厂商共存于同一屋檐下。他于 1937 年移居到美国，并在 1945 年创立了建筑师合作社（缩写即 TAC）。他在美国主理了一些著名的建筑项目，比如哈佛研究生中心（1948—1950）。“二战”后，德国陶瓷公司罗森塔尔积极推进一个明智的策略，面向国际设计界寻求创意。50 年代，公司延请德国女陶艺家贝雅特·库恩（Beate Kuhn）助阵，将库恩形式自然有机和雕塑般的陶瓷作品批量生产；1954 年，公司还聘请美国人雷蒙德·洛伊设计了一套咖啡饮具。格罗皮乌斯为罗森塔尔设计的 TAC 瓷器套组，将库恩和洛伊的设计倾向与自己独特的球状形式相结合，其形式的特点是强调曲线。茶壶壶体，呈半球状向上凸起，让人想起包豪斯常用的那些基本形状，而手柄的流线观感则指涉了那个时代的造型风尚。该套组于 1969 年出现在罗森塔尔的“工作室系列”产品线中，此后一直都有生产。

蛇灯 1969 年

Hebi Lamp

设计者：细江勋夫（1942—2015）

生产商：瓦伦蒂（Valenti），1969 年至今

这款小型工作灯由一根以 PVC 材料包覆的柔性金属管构成，配有搪瓷釉表面工艺的铝制灯罩。Hebi 在日语中意为“蛇”；此灯具有全面可调的支撑臂和可旋转的灯罩，能按需提供局部照明。金属管可扭曲成平面底座，让灯可以置放在桌面上。该灯也有较短的版本，可以插入固定在夹子中。蛇灯是设计与工程相结合的巧妙典范。细江勋夫（Isao Hosoe）在米兰的一家商店里发现了这种简单又灵活的管子，50 米的售价仅为 50 美分。于是他与瓦伦蒂合作，打造出一种灯，灯可以通过折叠管子来形成底座，以支撑自己。细江 1942 年出生于日本，在那里接受了航空航天工程的专业培训。1967 年，他移居意大利，担任产品设计师。自瓦伦蒂首次推出以来，蛇灯一直在生产。瓦伦蒂是一家工业照明公司，在 20 世纪 60 年代因创新性的产品闻名。蛇灯是瓦伦蒂当时最成功的产品之一，捕捉和体现了 60 年代的未来主义精神和古灵精怪气质。

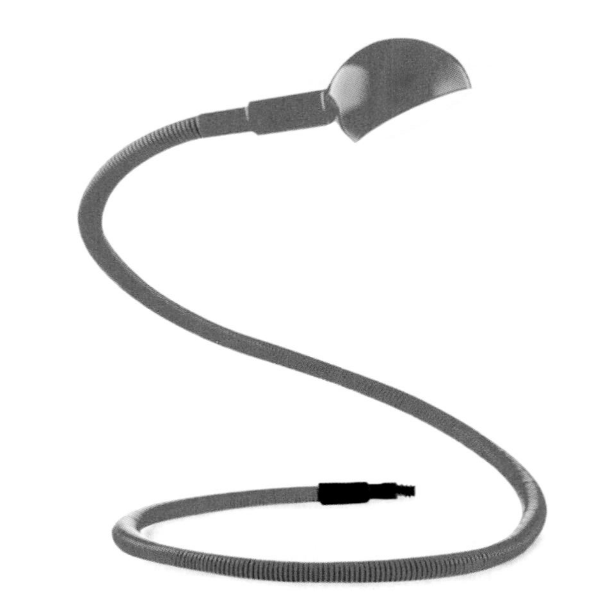

摩纳哥腕表 1969 年

Monaco Wristwatch

设计者：泰格豪雅设计团队

生产商：泰格豪雅（TAG Heuer），1969 年至 1978 年，1998 年至今

史蒂夫・麦奎因在 1971 年的电影《极速狂飙》中驾驶保时捷飞驰，张扬地佩戴着豪雅新出的摩纳哥腕表；一个偶像也以此帮助创造了一个时代标志。今天，在收藏家口中，这款表仍被称为“史蒂夫・麦奎因”表。但摩纳哥腕表远不止是一个名人小饰品。这是首批配备自动机芯的计时腕表之一，豪雅与瑞士的同行公司百年灵、布伦（Buren，也有译为“保龄”）和杜波依斯・德普拉兹（Dubois Depraz）协力合作，开发了微型摆陀“精密计时”机芯。除了极具特色的蓝色表盘和橙色指针外，摩纳哥腕表还有着额外的特征——即它是第一款配备了方形防水表壳的计时表。这款腕表于 1978 年退出市场，但 20 年后以略有些不同的形式回归——其表冠上链器位于 3 点钟位置，而不是原来的 9 点钟位置。泰格豪雅（1985 年豪雅与泰格集团合并，后一直如此命名）也自那时起奏响了变革之歌。最雄心勃勃的是 2003 年登场的摩纳哥 69 款，它将模拟表盘（指针表盘）和数字计时表盘结合在同一表壳的正反两面。这款手表因此较厚实，但这并未妨碍公司在 2004 年又推出了两个女士款型。

优腾收纳仓 1969 年

Uten.Silo

设计者：多萝西・贝克尔（1938— ）

生产商：英戈・莫瑞尔，1969 年至 1980 年；维特拉，2002 年至今

优腾收纳仓浓缩了 20 世纪 60 年代塑料制品设计中蕴含的冒险和试验精神。它是用一整块 ABS 材料模制而成，展示了塑料能胜任的全部用途。产品颜色有闪亮的黑、白、橙和红，因熔融成型，外观表面极光滑，其他材料通常不可能达到如此效果。多萝西・贝克尔（Dorothee Becker）原先想到的是一种木制玩具，带有几何形态的凹口、槽位和相应的匹配元素。但贝克尔放弃了这个想法，因为她自己的孩子对此没有表现出兴趣。优腾收纳仓的最终设计背后的灵感，很大程度上要归功于贝克尔童年记忆中卫生间的悬挂式杂物袋。这一收纳器最初被称为“全挂墙”（Wall-All），最早由英戈・莫瑞尔投入生产，该公司的创立者是贝克尔的丈夫，设计师英戈・莫瑞尔。在初期的巨大成功之后，优腾收纳仓于 1974 年停止生产，因为经历了石油危机后，塑料失宠。较小版本的优腾收纳 II 型，由英戈・莫瑞尔于 1970 年制造，但也于 1980 年停产。2002 年，维特拉重新发布了优腾收纳仓和相应较小的型号，以及一款镀铬塑料的版本。

霍克西德利鹞式飞机 1969 年

Hawker Siddeley Harrier

设计者：西德尼·卡姆爵士（1893—1966）；霍克西德利设计团队

生产商：霍克西德利航空产业部（Hawker Siddeley Aviation），1969 年至 2011 年

20 世纪 50 年代后期，英国着手开发鹞式垂直起降喷气机。这种可垂直起飞的固定翼飞机，在航空母舰上或易受攻击而停摆的机场和空军基地中，可谓飞机设计的革命。这一创意变革的核心，是创新的劳斯莱斯飞马涡扇发动机。这是一种专用的升力发动机，带有一系列推力喷嘴，可矢量化控制发动机的推力。因为可以调控运用这种推力，所以鹞式飞机在悬停时非常稳定，机动性很强。围绕这种新发动机，西德尼·卡姆爵士（Sir Sidney Camm）和他的设计团队于 1957 年制造了最初的原型，鹞式 P1127 飞机。该飞行器有一个重量最小化的单人机组驾驶舱，可保持重心稳定，为燃油和机载设备留出更多空间。7.7 米的翼展相对较窄，因为起飞和着陆时，引擎提供矢量推力，减少了机翼升力的重要性，窄翼展也减小了飞机重量和阻力。鹞式飞机的总长度为 14.27 米，高度为 3.43 米，重 11793 千克，最大飞行速度约为 1186 千米 / 小时。鹞式垂直起降战斗机于 1969 年初入列英国皇家空军正式服役，该飞机的升级更新版至今仍在军中服役。

月神椅 1969 年

Selene Chair

设计者：维科·马吉斯特雷迪（1920—2006）

生产商：阿特米德公司，1969 年至 1972 年；海勒，2002 年

维科·马吉斯特雷迪不是第一个试验一体单模成型塑料椅子的设计师，但月神椅（Selene，希腊神话中的月亮女神）是这种特殊设计范式的最优雅的表达之一。之所以成功，主要是因为椅子没有抵制，而是充分利用了制造它的材料和用于其生产的技术。至 20 世纪 60 年代，在家具、照明和其他产品领域，马吉斯特雷迪已经是一位经验丰富的工程师和设计师，这时，他开始研发塑料制品。在这一设计诞生之前的 10 年里，塑料生产技术取得了巨大的进步，许多新的合成材料用于批量产品制造，已切实可行。月神椅用注塑聚酯模制而成，加入玻璃纤维增大强度。生产商是阿特米德公司，这家技术先进的公司主动向马吉斯特雷迪推荐了这种材料。椅子最引人注目的特征是椅腿横截面那创新的 S 形。它们实际上没有实心内核，是薄塑料平面弯扭而成。这种形状让椅腿结构坚固，同时又减轻了椅子的重量。这种形状还意味着，椅腿可以与椅面靠背一体成型。仿佛这一切还不够优秀似的，此月神椅竟也被设计成了可堆叠的。

UP 系列扶手椅　1969 年

UP Series Armchairs

设计者：加埃塔诺·佩谢（1939—　）

生产商：意大利 B&B 公司（B&B Italia），1969 年至 1973 年，2000 年至今

凭借其为当时名号还是“意大利 C&B”的公司所设计的 UP 系列、拟人形态扶手椅，设计师加埃塔诺·佩谢（Gaetano Pesce）建立了自己的声誉，成为 20 世纪 60 年代意大利设计界最标新立异的设计师之一。UP 系列在 1969 年米兰家具展上完成首秀，由 7 把椅子组成一套。有机的形状赋予此设计一种简单而令人舒适的吸引力，但真正的创新体现在其包装中。椅子由聚氨酯泡沫模制而成，在真空下压缩，直到变得扁平，然后包装在 PVC 封套中。封套打开后，产品材料与空气接触，聚氨酯膨胀，体积变大，椅子便显形。以这种方式运用材料，富有创造性，技术上先进新颖，使得佩谢能够吸引购买者，让人们成为促成产品诞生的积极参与者。当时，佩谢将其 UP 系列描述为“变形”家具，旨在将购买行为转化为正在发生的“事件”。UP 系列还包括 UP7，样子如一只大脚，就像一座巨大雕像残存的肢体部位。但获得成功复兴的是图中的 UP5——由意大利 B&B 公司于 2000 年重新发行。

蛇光灯　1969 年

Boalum Lamp

设计者：利维奥·卡斯迪格利奥尼（1911—1979）；詹弗兰科·弗拉蒂尼（1926—2004）

生产商：阿特米德公司，1970 年至 1983 年，1999 年至今

蛇光灯在形式和技术上都具有试验意义。光照是灵活的，可安排成不同的布局，以创造出引人注目的雕塑般的效果。它由工业用途的半透明 PVC 管制成，内衬金属环，每一节可容纳 4 个低功率灯泡。PVC 开发于 20 世纪 30 年代，是一种柔软又强韧的塑料表皮，最初用于电缆和电线的外层绝缘封装，到了 60 年代则成为时代的标志性材料之一，尤其体现为充气家具的用材。在蛇光灯中，每个单元都可以插入另一个单元，彼此接续，从而创造出《住所》杂志 1969 年的文章中所描述的“无尽的光蛇”。灯可以盘绕起来或笔直拉伸，挂在墙上或贴附在家具或地板上。蛇光灯是那个年代的理想照明产品，与当时柔软、柔韧、喜欢充气和流动感的家具相得益彰。利维奥是卡斯迪格利奥尼三兄弟中的老大，他们在“二战”后的意大利设计界都确立了出色的职业生涯，很有影响力。他与詹弗兰科·弗拉蒂尼一起为阿特米德公司设计了蛇光灯。公司最初生产该灯，从 1970 年持续至 1983 年，并于 1999 年完成一些改进后重新发售。

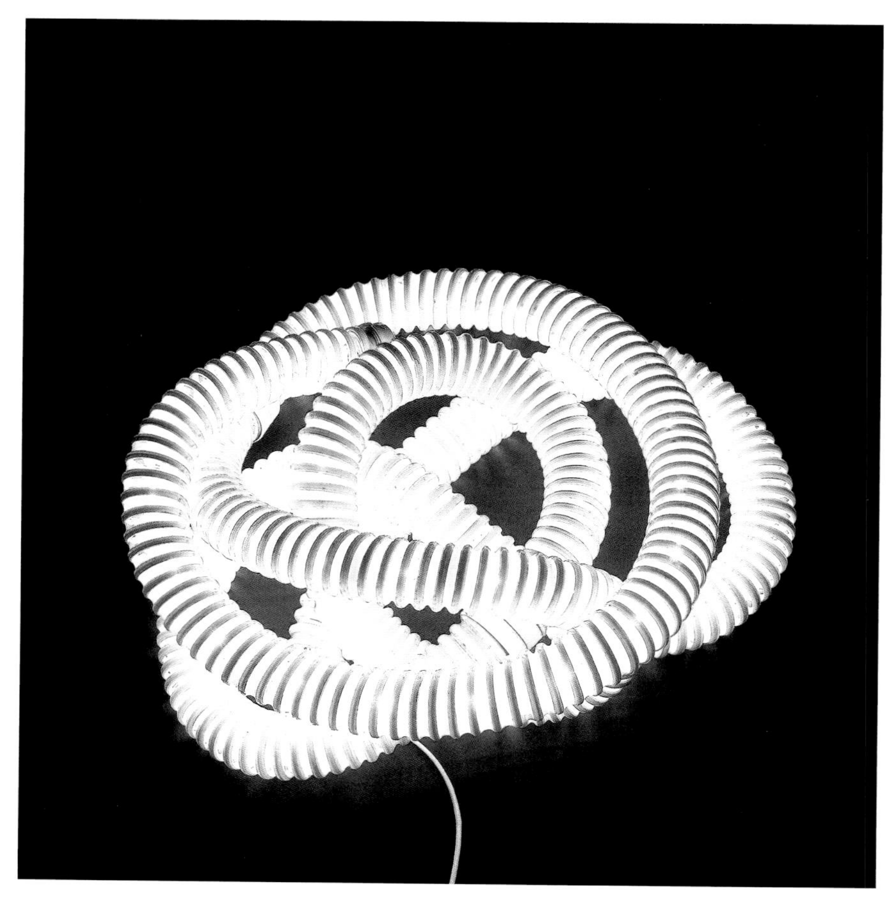

圆柱形存储筒 1969年

Cylindrical Storage

设计者：安娜·卡斯泰利·费列里（1918—2006）

生产商：卡特尔，1969年至今

安娜·卡斯泰利·费列里（Anna Castelli Ferrieri）的圆柱形存储筒，外观显然很简单，朴素实用；在此设计问世的年代，这种产品形式被证明具有很强的影响力。明亮欢快和色彩整体统一的物件单元，利用了注塑模制ABS塑料的先进技术；而简洁的线条和注重功能的设计，则提供了低成本的存储解决方案。这个设计所用的材料，及其简单化和模块化的特质，都带来了巨大的灵活性。任意数量的单元件，都可以堆叠，由此提供广泛的使用场景及机会，无论是在浴室、卧室、厨房还是起居区。脚轮或筒门等附加特色功能则增加了产品吸引力。费列里接受过建筑专业训练，曾与佛朗哥·阿尔比尼一起工作，然后建立了自己的建筑事务所。20世纪60年代中期，她将注意力转向日用产品与家具设计，并被任命为卡特尔的设计总监；她帮助这家公司成为设计主导的塑料制品领域的国际领先者。这个圆柱形存储筒极为成功，以至于卡特尔如今仍在生产，在充斥着类似产品的市场上继续靠规模化制造价格优势去竞争，本设计被证明突破了时间局限。

治疗功能玩具　1969 年

Therapeutic Toys

设计者：雷娜特·穆勒（1945—　）

生产商：约瑟夫·列文公司（H. Josef Leven Company），1967 年至 1990 年；雷娜特·穆勒（Renate Müller），1990 年至今

雷娜特·穆勒（Renate Müller）生于德国松讷贝格（Sonneberg，一个曾经被誉为世界“玩具之都”的小镇），在城中一个经营小型玩具工厂的家庭长大，因此人们大概都认为，雷娜特很有可能进入这个行业。她在当地的理工学院学习玩具设计，其导师海伦·豪斯勒（Helene Haeusler，她激励学生不仅为健康儿童也为残疾儿童创作玩具）让穆勒深受启迪，致力为精神障碍和身体残疾儿童设计可爱的大体积玩具。她的作品于 1967 年首次公开面世，后来在德国各地的精神病医院和诊所进行试用测评，被认为成功有效。每个玩具均采用触摸感良好的黄麻还有彩色皮革制成，围绕稳固的木质骨架缝制成型，并在其中结实地塞满新鲜的木屑。由此产生的设计，具有简单、圆润的形态，而且取消了强硬的细节，让儿童建立友好的审美观念；不过，此美学又可跨接奇思妙想与精致通达的构思，让成年人也能乐在其中。这些玩具服务于一个重要的目的：通过加强平衡和协调性等大肌肉群运动（肢体大动作）的技能，助力早期发育，而不同的材料质地，据称可增强感官刺激，从而提升人们关于触感的幸福体验。功能设定方面的这一个事实，也为玩具增益了魅力。穆勒后来继续手工制作限量玩具，该系列已经发展到包括马、海豹等造型。

跪坐式凳子　1970 年

Primate

设计者：阿奇勒·卡斯迪格利奥尼（1918—2002）

生产商：扎诺塔，1970 年至 1993 年、1999 年至今

跪坐式凳子，是例子之一，说明阿奇勒·卡斯迪格利奥尼的设计如何不拘一格。这个凳子由坚固的黑色聚苯乙烯（PS）底座制成，不锈钢材质管状杆支撑起上方的一个聚氨酯（PU）泡沫坐垫，垫子包着皮革或人造仿皮。凳子的色彩选择——橙、黑或白——反映了 20 世纪 60 年代末和 70 年代初对强烈、生动色彩的喜好。就形式而言，这件家具则与设计者的一些“拾得”物、“现成”物作品关系紧密。根据从法国艺术先锋马塞尔·杜尚那里借鉴而得的观念，卡斯迪格利奥尼创作了若干的设计，其中他使用了其他来源的既存散件和零部件，并对它们进行改装调整，以用于新功能。例如，跪坐式凳子中使用的类似汽车座椅的软垫，表明了对此前既有技术的新改造。首次生产上市时，这张凳子引起了争议；1977 年 2 月，意大利报纸《国家晚报》（*Paese Sera*）登出一封读者来信，质问是谁竟设计出这样的“古怪玩意儿”，并将这件作品等同于劣货，败坏了公众期望从当代设计能看到的“好品位”。1999 年，在科隆的一个行业博览会上，此凳子作为扎诺塔档案的一部分展出，这就证明，曾经被视为离经叛道的这个物件，最终已在设计界的万神殿赢得一席之地。

电视之星足球 1970 年

Telstar Football

设计者：阿迪达斯设计团队

生产商：阿迪达斯（Adidas），1970 年至今

美国建筑师巴克敏斯特·富勒首创了“拉张整体结构”一词，指的是以完美张力平衡状态存在的大型结构体，或者是指从结构向外推的力被束缚、圆周力恰好抵消的状态。无论尺寸规模大小，压力都会均匀分布于结构全体：相同的规则普遍适用。富勒宣告，“拉张整体结构”与气动（充气）膨胀结构具有同样的特征。只要明白到这一点，在设计电视之星足球时，阿迪达斯要转向大地测量学寻求研究数据，那也就不足为奇了。电视之星在1970年的世界杯上首次使用。此球由32块小面板组成：20 个白色六边形和 12 个黑色五边形；这些小平面板块在三维方向上细化嵌合，形成一个测地短程线球体。这个球取得了巨大成功。它比其他竞品要轻得多（踢起来不那么痛苦费力），也更接近于一个完美的球体，变形或炸裂的可能性更小。并且，早前的那些足球大多是单一的棕色，而电视之星的黑白图案独特又醒目，可帮助球员判定球飞行的同时是否在旋转。现在让孩子画一个足球，他们很可能就会画一个白色圆圈，里面填有一些黑点：是电视之星及其继任者的款式 [配图为阿迪达斯“航海日志”（Roteiro 球款）]。这些球将几何形态与运动独特地融合起来。

嘴唇沙发（“玛丽莲”沙发） 1970 年

Bocca Sofa ('Marilyn')

设计者：65 工作室

生产商：古夫拉姆（Gufram），1972 年至 1989 年；65 工作室（Studio 65），1989 年至 1995 年；埃德拉（Edra），1995 年至今

嘴唇沙发在引入美国时被命名为“玛丽莲”，以致敬玛丽莲·梦露。但这实际上是重新设计了萨尔瓦多·达利 1936 年出品的、以女星梅·韦斯特命名的红唇沙发；达利的沙发是为以收藏超现实主义艺术藏品著称的英国收藏家爱德华·詹姆斯创作。65 工作室以都灵为基地；这一设计团体的沙发版本，表面包裹着红色弹力面料，与梦露著名的红唇相匹配，而不是采用服装大师艾尔莎·夏帕瑞丽（Elsa Schiapparelli）的“电光艳粉”——达利的原初作品所使用的颜色。这款沙发代表了“再设计”的早期尝试，“再设计”是意大利反设计运动的一种策略。沙发以发泡聚氨酯泡沫制成；到那个时候为止，这种材料仅在军事和汽车行业中有所应用。达利的沙发已知只有 5 张真正制造出来，65 工作室后来重新设计的这款沙发，则由意大利公司古夫拉姆作为其“多重系列”的一部分投入了限量生产。古夫拉姆邀请了若干先锋艺术家和设计师提供产品方案，但作品进行试验的创造性自由可优先于功能。该系列中其他的沙发设计，还包括皮耶罗·吉拉迪 1968 年的“岩石”（Sassi）和格鲁坡·斯特姆（Gruppo Sturm）1971 年的“大草坪”（Pratone）。“多重系列”的这些设计仍在生产，限量供应。

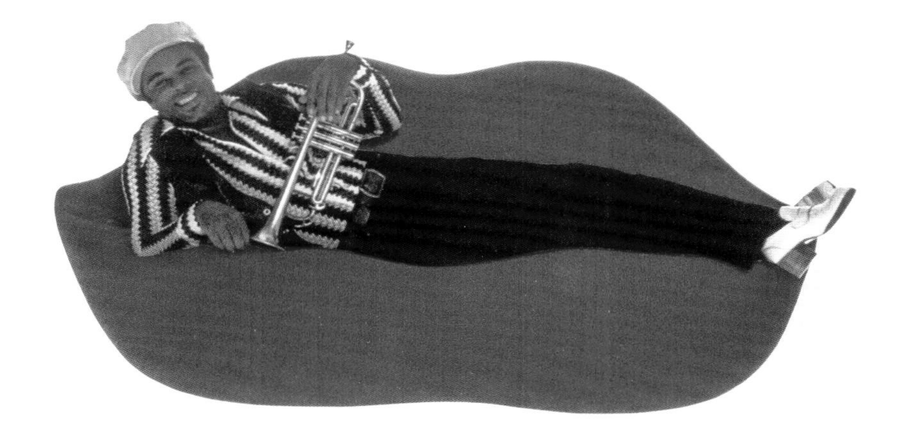

波纹烟灰缸 1970 年

Table Ashtray

设计者：细江勋夫（1942—2015）

生产商：卡特尔，1970 年至 1996 年

细江勋夫从未打算设计烟灰缸。当时，这位日本设计师一直在尝试将塑料制成独特的波浪形，但当他将波纹状塑料弯卷成一个圆圈时，他意识到，由此产生的形状可作为完美的配套小件来服务烟民。卡特尔的前首席执行官朱利奥·卡斯泰利抓住了这款引人注目的产品，并将之投入生产。意大利设计公司卡特尔，以创新地使用塑料来生产大胆张扬而活泼轻松的物件和家具而闻名，而细江的烟缸，色彩鲜艳，形状完美圆润，与他们的家居制品风格完美契合。这一款烟灰缸有白、黑和红色可供选择。尽管它可能是偶然创造的产物，但其最终形态却有着极高的实用价值。波纹曲线的脊凸提供了搁置、安放香烟的地方，所使用的材料为蜜胺树脂，坚硬耐用，因此鲜艳的颜色不会褪色或被烟灰沾染、留下污痕。烟缸双面可用，脊凸的形态因此可选，正反两面不一样。细江不吸烟，但他喜欢此设计的小巧思：烟民须自行决定在波浪形的哪个位置熄灭烟头——凸起的阳面或凹陷的阴面。此烟缸 1996 年停产，世存旧品一直具有相当高的收藏价值。

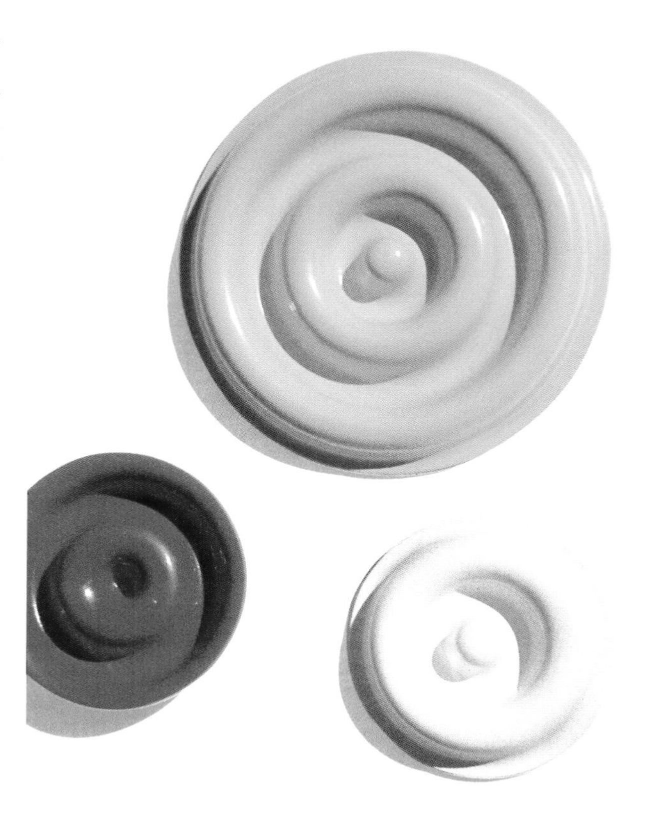

HLD 4 吹风机 1970 年

HLD 4 Hair Dryer

设计者：迪特·拉姆斯（1932— ）

生产商：博朗，1970 年至 1973 年

HLD 4 吹风机只是博朗著名的设计主管迪特·拉姆斯为博朗和其他生产商创作的大量产品之一。吹风机最早在 20 世纪 20 年代就有发明，至 70 年代已经达成了美学上的共识——机器应该有一个手柄和一个喷嘴式吹风口，两者都连接到电机和中间段的空气入口部件。拉姆斯反抗了这一规定概念，任何不必要的元素都被剥除了。取而代之的是一块边角弯曲圆润的长方体塑料件，底部有插入电源的接口，这使得吹风机看起来更紧凑，与市场上的任何其他同类产品都不同。拉姆斯的灵感来自博朗早期的风扇式加热器，那些加热器的设计者当中，包括莱因霍尔德·魏斯。HLD 4 的不同之处在于，吸入空气的槽口位于吹风机的前部，而不是后部位置，因此用户的手不会阻塞后方空气的流入，吹风机的工作远远更为高效，功用更明显。不过，它的长期影响力是值得商榷的。大众消费者似乎仍然愿意用遵循了更传统形式的吹发产品来打理头发，而不是用传奇的拉姆斯设计的、有着简练严谨的现代主义形式的机器。

雪铁龙 SM 玛莎拉蒂　　1970 年

Citroën SM Maserati

设计者：罗伯特·奥普隆（1932—2021）

生产商：朱利奥·阿尔菲耶里（1924—2002）；雪铁龙，1970 年至 1975 年

雪铁龙 SM 玛莎拉蒂系列，于 1970 年推出，代表着豪华车设计的巅峰之作。这款车被 SM 系列爱好者戏称为 Sa Majesté（女王陛下），是由罗伯特·奥普龙（Robort Opron）领衔的雪铁龙内部设计团队与朱利奥·阿尔菲耶里（Giulio Alfieri，SM 中使用的玛莎拉蒂 C114 发动机的创造者）合作 8 年才产生的结果。虽然这款车类似于早期的雪铁龙，特别是革命性的雪铁龙的 DS 车型，具有标志性的下沉矮座、圣甲虫式样的底盘、液压气动车身悬架，以及最适合在铺装路面贴地飞行的前轮驱动，但 SM 也包括一些不寻常的设计细节，如微妙的尾部流线体鳍状造型、齿条齿轮式动力转向机构，以及能激活车头灯随动转向的自定中心方向盘。该车的前大灯布局倍受赞赏，其玻璃围嵌的 3 组灯泡阵列，两组位于中央部位的车牌两侧，但出于安全顾虑，到了美国则被更传统的布局所取代。弧形环绕式挡风玻璃和低趴的车身，赋予它时尚流畅的外观，导致此车在电视和电影中时有亮相，还为其带来通常不太可能设想到的车主，比如作家格雷厄姆·格林、苏联领导人列昂尼德·勃列日涅夫、埃塞俄比亚皇帝海尔·塞拉西和乌干达独裁者伊迪·阿明。在 5 年的生产持续期内，该车向欧洲和北美的鉴赏家们销售了超过 12 900 台。尽管受欢迎，但 20 世纪 70 年代中期，能源危机严重，阻断了这油老虎车款的生存前途。

钥匙圈　　20 世纪 70 年代

Key Ring

设计者身份不详

生产商：多家生产，20 世纪 70 年代至今

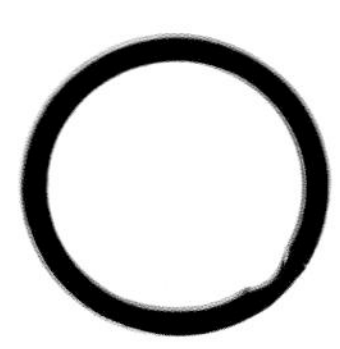

简陋的双回路金属钥匙圈，是一个现代奇迹，是工程设计和实用性的微型杰作。几乎我们所有人都随身携带，但极少有人意识到和叹赏这一杰作。钥匙圈背后的基础概念已有数百年的历史，但其目前的精致状态，却是现代精密制造和冶金技术的产物。钥匙圈在 20 世纪 70 年代初才推出，取代了旧时的珠链。其基本设计，包括一个紧实的钢螺旋构造，螺旋环自我盘绕，完成两个回路。其几乎无限的灵活性，促发了一整个行业的诞生：促销、纪念品和广告钥匙扣——所有这些都围绕简单的金属环而设计，并且通常会附有另一个环扣。毫不夸张地说，这个平淡无奇的小环将我们很大一部分的生活串联结合在一起：你借此进入家中、工作场所和私家车。对这个小而重要的角色道具，人们也给以应有的敬意：我们给此小环带来无限的定制，在上面留下了我们的个性印记。这是我们可以拥有的最亲近私密的设计之一，也是最便宜和最易受忽视的设计之一。

5 合 1 可堆叠杯子　约 1970 年

5 in 1 Stacking Glasses

设计者：乔・科伦波（1930—1971）

生产商：普罗盖蒂（Progetti），1989 年至今

传统而言，可堆叠物件必有一定程度的相似性或一致性，但在乔・科伦波的设计中则不然。他的 5 合 1 可堆叠杯子中的 5 件手工吹制水晶杯，每一个都不相同，从矮矮的平底大杯到细长的高水杯，变化多样。这一堆叠式杯子，作为节省空间的器具，虽然自有其功能逻辑，但也是科伦坡个人审美的产物；此设计旨在构成一朵风格化（非写实）的、雕塑般的花苞，随着每个玻璃杯被移除，花苞顺次展开。在 1962 年成立设计工作室之前，科伦波是一位前卫艺术家，其作品随后也保持了强烈的雕塑感。为家居环境创建灵活的系统，是科伦波长期关注的主题之一。1969 年，他创作了塑料管椅：4 个圆柱体可以按照不同的组合排列，也可以轻松拆卸，并依次堆叠嵌套在一起。5 合 1，通过提供可以适应用户全部饮用需求的单个物件，延伸了塑料管椅的设计理念。该套组是科伦波在去世前一年设计，自 1989 年以来，生产商普罗盖蒂一直按照科伦波的精确图纸生产这些器皿。这套独树一帜的玻璃饮具，包括一只烈酒高杯，一只广口的雪利酒杯，一只红酒杯，一只水杯，以及一只低矮、粗壮的白兰地杯。

“等待”废纸篓　1970 年

In Attesa Waste-Paper Bin

设计者：恩佐 · 马里（1932—2020）

生产商：海勒，1971 年；丹尼斯，1971 年至今

意大利语中的 In Attesa，意为“等待”。这是一个很有趣的废纸篓，有着欺骗性的简单外观。它看似是一个简练的圆柱体，朝着使用者所在的方向轻微地倾斜。仔细观察，你会发现这实际上是个更复杂的形态，整合了微妙而奇巧的细节。此垃圾桶实际上不是一个纯圆柱体。朝着顶部推进时，桶身侧壁实际逐渐向外稍稍倾斜外扩，这样一来，桶从模制造型工具中易于抽出，并可以嵌套堆叠。垃圾桶内，底部是 3 个同心环，引发一种靶心目标的视觉印象。“牛眼”靶心实际掩饰了底部背面注塑射入点造成的瑕疵。那些环看起来是圆的，但由于底座是以一定角度切入桶身，所以环的形状实际上都是椭圆，这些曲线如此安排是为了给眼睛带来错觉。1971 年，意大利公司丹尼斯和美国公司海勒同时发布产品，该垃圾桶上市开售。这是马里从 1957 年以来为丹尼斯设计的众多产品之一。1977 年，名为科洛（Koro）的直立侧壁版本垃圾桶投入生产。2001 年，丹尼斯（彼时已是本品独家生产商）发布了“等待”分隔舱（Scomparto）款。那是一个半圆形的隔间容器，放置于垃圾桶内，可分离不同的弃置物。

螺旋圈烟灰缸　1970 年

Spirale Ashtray

设计者：阿奇勒 · 卡斯迪格利奥尼（1918—2002）

生产商：巴奇（Bacci），1971 年至约 1973 年；艾烈希，1986 年至今

螺旋圈烟灰缸简单而优雅的设计遮蔽掩饰了它的巧妙独创。这种看似毫不费力的解决方案，实则是一种独创原型的标志，也是阿奇勒 · 卡斯迪格利奥尼设计方法的典型样本：借由对实用细节的认真周详的关注和对人类日常行为的理解尊重，熟悉的物件得到微妙的改进，被重新定义。卡斯迪格利奥尼是长期烟民，他设计螺旋圈烟灰缸，是为了对付这一尴尬情况：心不在焉的吸烟者将香烟留下，在烟缸中阴燃。弹簧线圈可将香烟托举在烟缸边沿上，防止香烟在燃烧缩短后掉落。弹簧可拆卸，这会使烦琐的清洁任务变得容易操作。烟缸最初由意大利公司巴奇于 1971 年制造，所用材料有白色或黑色大理石，以及银质板材。此烟灰缸于 1986 年转至艾烈希旗下，新产品以 18/10 不锈钢（316 不锈钢）制成。艾烈希现在生产的抛光镜面不锈钢烟缸有两种直径：12 厘米和 16 厘米。在设计发烧友的收藏中，这款烟缸是那些罕见的藏品之一：其比例和简单的元素组合一目了然，让所有人都动心。

眼睛钟 1970 年

Optic Clock

设计者：乔·科伦波（1930—1971）

生产商：丽兹-伊塔罗拉，20 世纪 70 年代；艾烈希，1988 年至今

意大利建筑师兼设计师乔·科伦波致力于想象未来的环境空间，定义了波普时代的室内设计。1970 年设计的眼睛钟，是他经久不衰的经典之一。尽管科伦波的美学明显风格化，但也始终由实用性驱动。在这一实例中，时钟的外壳由红色或白色 ABS 塑料制成，像相机镜头的遮光罩一样突出于钟面之上，以防止反光。外壳在背面也向外突出，底部有斜面，以便倾斜放置，让钟面略朝上，而顶部有一个孔，便于将时钟挂在墙上。数字的图形化处理，利用了时钟固有的圆钟面概念，但传统的层级顺序在此被颠倒了，因此以数字编号标出的是分钟和秒数（1 到 60），而不是小时。通过这种方式，带有圆形“眼睛”的胖胖的时针，将圆点框住，可让人们一目了然地分辨时间，而纤细的分针和秒针，则使精确的分秒数更容易读出。眼睛钟与第一款数字电子表同一年生产。它的目标也是精确指示时间，与数字化钟表相同，后者将在接下来的 10 年开始取代模拟显示钟表。

波比® 手推车 1970 年

Boby® Trolley

设计者：乔·科伦波（1930—1971）

生产商：比弗普拉斯（Bieffeplast），1970 年至 1999 年；B 阵列（B-Line），2000 年至今

波比® 手推车代表了乔·科伦波为居家以及办公室需求而设计的多功能解决方案。此推车旨在满足制图员的存储要求，但同时也展示出在家庭和办公环境中的多功能用途。产品工艺为注塑成型 ABS 塑料，是模块化设计，有多种颜色可供选择。手推车内设有可旋转抽屉单元、即插即用的嵌入式托盘和开放式储物格。3 个脚轮添加到底部之后，推车的使用灵活性得到进一步增强。科伦波的这个设计，借助巧妙均衡的半径弧线组合变得柔和：本质上原是一个方盒子，但构件在半径范围内转动，形成讨人欢喜的曲线，如此的曲线效果，当然经过精心设计。要经济地实现此设计，唯有塑料最为适用，并且它对塑料在文化或文教领域内的用途有着显著影响。作为一种实用也易于使用的设计，波比® 手推车经久不衰，它集中体现了科伦波关于材料和技术应用的哲学。B 阵列公司现仍生产此设计，继续满足市场需求，虽然当代设计技术和用户群已有了巨大变化。以其存储能力和灵活性，波比® 手推车比概念化的无纸办公室设计更为现实。

塑料杂志架 1970 年

Magazine Rack

设计者：乔托·斯托皮诺（1926—2011）

生产商：卡特尔，1971 年至今

这款杂志架是 20 世纪 70 年代早期意大利那令人兴奋的设计和生产氛围中的一件重要作品。建筑师兼设计师乔托·斯托皮诺（Giotto Stoppino）最初于 1970 年酝酿出了这个想法。架子可用各种颜色的塑料制成，其基本构造，是两个口袋状元件，由另一个较小的元件桥接在一起，后者也充当手柄。这个产品有着合成、模制、实用、灵活的柔性形式，可轻松堆叠，符合卡特尔在设计和生产上的追求。这家以米兰为基地的公司，利用新技术和波普设计的意识体系，力求生产出耐用而有趣的物件。诸如杂志架之类的家用物品，是聚丙烯等新型塑料带来的成果，这些新材料可用来实现无限量的铸造形式和产品色彩。这样一个制造业出品，代表着在 60、70 两个年代之交，意大利作为设计创新和试验中心的地位。如今，它最受认可、最具辨识度的形式，是其改编版本，半透明彩色材质，配置有 4 个口袋；作为原始设计的独特变体，于 1994 年推出。这一重新诠释版仍由卡特尔制造。2000 年，该系列又引入了银色半透明的新款饰面。

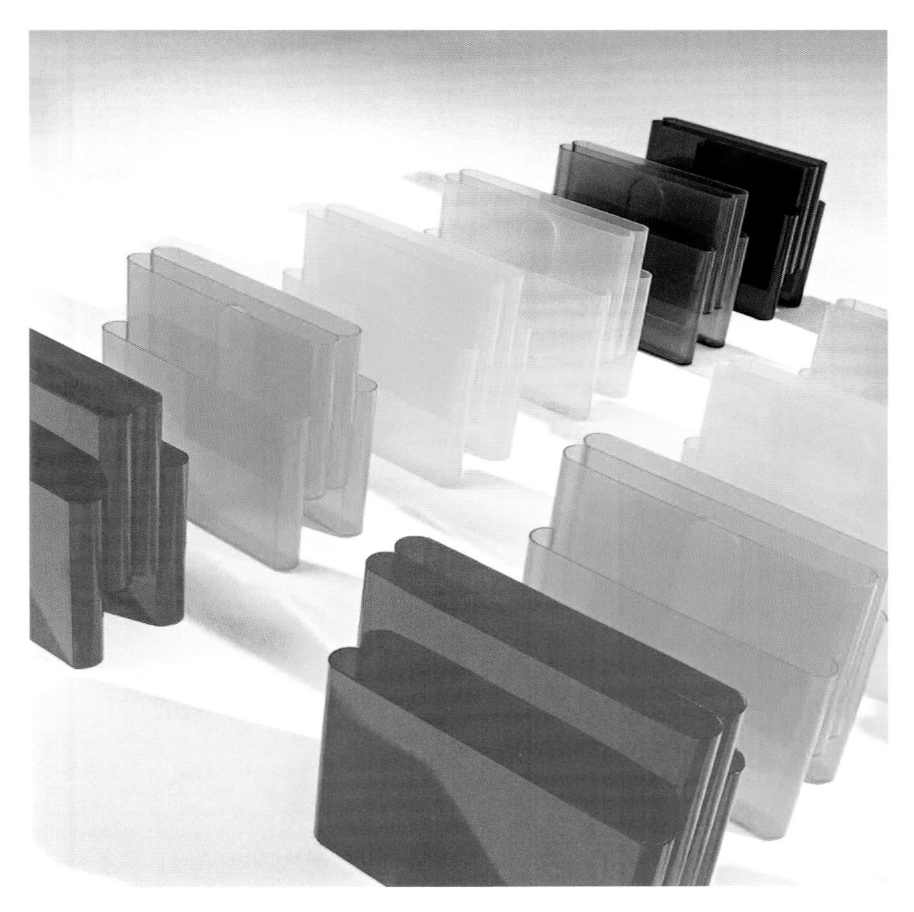

不规则形态家具 1970 年

Furniture in Irregular Forms

设计者：仓俣史朗（1934—1991）

生产商：藤子（Fujiko），1970 年至 1971 年；青岛商店（Aoshima Shoten），1972 年至 1998 年；卡佩里尼，1986 年至今

仓俣史朗（Shiro Kuramata）发明了一种新的设计词汇：线条浮动的视觉感受，脱离重力约束，透明化和光的建构。他的家具作品，创作和实现的过程可谓艰苦卓绝：工艺极尽精巧、一丝不苟，对细节的关注不遗余力、不辞辛劳。不规则形态家具，设计于 1970 年，这是由 18 个略有不同的抽屉构成的一个高柜，柜子可在 4 个简单的滚轮上移动。此作品生产有两个版本："侧面 1"版本（如图所示），顺着两边是波浪状流动延伸的曲线，而"侧面 2"版本，两边是笔直的垂直侧面，但顺着高柜的正前立面，则从上到下弯曲，有高低起伏。抽屉柜的简约构造和那种精简利落的造型方式，给人留下深刻的印象，使其具有很高的辨识度。即便在今天，它也是成功的体现，是极简主义的功能化雕塑与轻盈形态的非凡结合。这两个作品，源于 20 世纪 60 年代后期仓俣围绕抽屉进行的创意试验。卡佩里尼于 1986 年重新推广发售此设计，由于仓俣的后现代主义创作风格，这再度引发了人们对他的兴趣。那一时期，因其对家具和室内设计的观念化处理手法，他已广受尊敬。

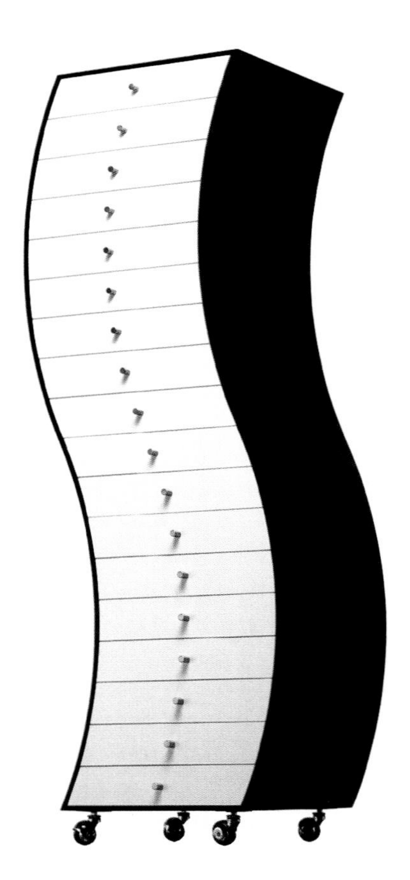

R50 派通滚珠笔 1970 年

Ball Pentel R50 Pen

设计者：派通笔设计团队

生产商：派通（Pentel），1970 年至今

R50 派通滚珠笔，有着独特的绿色笔管，是全球最成功的书写笔之一，每年产量超过 500 万支。该笔于 1970 年推出，为这个世界带来了滚珠技术和一次性笔的概念。这定位短期使用的可弃置笔，堪与传统钢笔的精致书写效果相媲美。与使用黏性油性墨水的圆珠笔不同，滚珠笔可使用更稀薄的水性墨水，既能使书写更流畅，墨迹干燥更快，又能产生钢笔字迹般的光洁度。墨水被装填锁定在圆柱式纤维笔芯中。触摸笔芯体，虽然感觉很湿，但那并不会泄漏或溢出墨水。笔芯柱体被压在一根纤维“钉”上，该“钉”通过毛细作用将墨水传送到硬合金笔尖上。这种墨水储存和转移的方法，在派通创业发源的日本被开发，至关重要的是，它不依赖于重力，无论握持的角度如何，都可以让笔工作。派通滚珠笔的笔身，尽管是用塑料制成，但借用了钢笔的传统外观形状和手感，同时还提供了远离墨水飞溅之忧的易用性，这也是派通滚珠笔成功的原因所在。

BA2000 厨房秤 1970 年

Kitchen Scale BA2000

设计者：马可·扎努索（1916—2001）

生产商：得利安公司（Terraillon），1970 年至今

厨房秤历来会涉及两个元素：食物重量的展示部件和安放食物的容器。这两样东西往往性质不同，区别很明显。而马可·扎努索首次将秤作为整体产品来处理。他的 BA2000 厨房秤，把机械系统封闭在内部，被做成一种使用便利的家居工具。扎努索是著名建筑师，设计批量制造的产品时，他并未改变自己的常规工作流程。在建筑中，他重新配置空间以实现所需的环境格局；在产品中，他重新配置组件以实现所需的用途。就这台厨房秤来看，所采用的构建逻辑非常经典：盖子可正常使用，食物直接放在上面，也可以反转过来，用作液体或谷物的容器。至于显示功能，传统的刻度轮子被隐藏起来，看上去机械感就不那么强。通过巧妙地运用放大倍率和角度，当秤盘台面低于视线高度时，重量显示也能清晰可见。BA2000 厨房秤，是将复杂问题转化为简单解决方式且价格适度的一个典范。持续和不间断的产销便证明了其价值，尽管市场上已涌入大量数码超薄平板式现代电子秤。

“家伙”灯　　1971 年

Tizio Lamp

设计者：理查德·萨珀（1932—2015）

生产商：阿特米德公司，1972 年至今

“家伙”灯，已成为设计领域中的极端功能主义的象征，也是有抱负有进取心的设计师生活方式的标志。本品最初定位为工作灯，但它作为家装室内用灯，也已大受欢迎。它在当今的跃层公寓里很常见，就像在 20 世纪 70 年代的设计工作室中一样流行。1970 年，照明公司阿特米德的联合创始人欧内斯托·吉斯蒙迪（Ernesto Gismondi）发出提议，让理查德·萨珀设计一盏工作灯。结果便是这样一盏灯：将新技术（卤素灯）与匠心工艺打造出的灵活的支撑结构相结合。“家伙”灯运用平衡配重系统，将支撑臂固定到位，以便仅靠手指触摸即可调节灯头的位置和角度。支撑臂可在其稳重的底座上旋转 360 度，灯槽小反光碗可朝任何方向扭转。此灯用金属制成，表面带有强韧但轻质的玻璃纤维增强的尼龙涂层。接头不是用螺丝拧在一起，而是用一种卡扣固定，这样的话，如果灯倒下来，会从接头处折散开而不是断裂。总体上，它由 100 多个组件构成，这是工程和独创巧思的非凡结合，形式上简省而优雅。

吉列“追踪”II 型剃须刀 1971 年

Gillette Trac II

设计者：吉列设计团队

生产商：吉列（Gillette），1971 年至今

由金·坎普·吉列（King Camp Gillette）创立于 1901 年的这家公司，引领了剃须产品方面的许多创新。1903 年，公司推出了安全剃须刀。这是剃须刀设计的一个里程碑，因为此前所有的剃须刀使用几次后都必须重新磨锐，而那是一个需要熟练技术且费力的过程。不过，最重要的突破在 1971 年才到来。第一把双层刀片固定式刀头剃须刀“追踪”II 型（Trac，音译特拉克，意指双刀片双重关口斩断髭须）问世。它由公司内部团队开发，有一个滑入式装配手柄，用户将刀头（以有多种数量选择的包装形式单独出售）滑扣固定到上面即可。吉列于 1976 年推出了第一款一次性剃须刀，但“追踪”II 型是第一款带有可更换刀头的产品，帮助公司显著提升了市场份额，市场占比很快达到 55% 之多。以相对便宜的价格出售剃须刀套件，然后从刀片刀头这些替换消耗件的销售中得到高额利润。这一营销手段被证明非常有效，以至于其他生产商纷纷效仿。至 1973 年，“追踪”II 型的销售范围远远延伸至美国之外，建立了吉列在新品研究和鼎力协助开发优质产品方面的声誉。“追踪”II 型至今仍很受欢迎——尽管随后已有过不少创新，例如旋转刀头、润滑条，以及更近期的 3 刀片和 4 刀片可互换式刀头。吉列仍是此行业的主要参与者，并继续领先其他生产商：产品销售量几乎是对手的 5 倍。

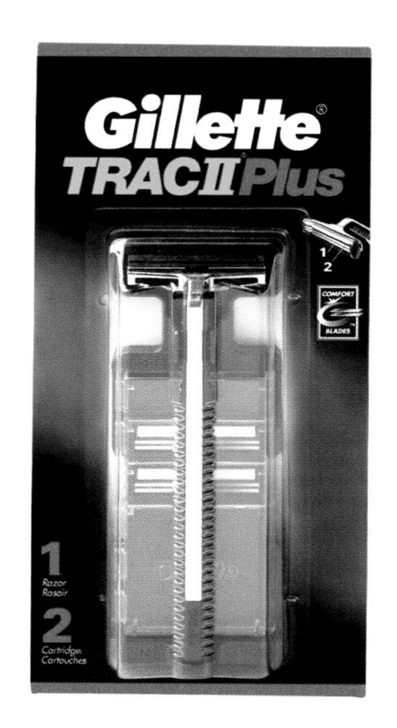

劳斯莱斯幻影 VI 型 1971 年

Rolls-Royce Phantom VI

设计者：穆林纳·派克·沃德设计所（Mulliner Park Ward Design）

生产商：劳斯莱斯（Rolls-Royce），1971 年至 1990 年

劳斯莱斯幻影 VI 型具象地体现了一种特殊的英国性或英伦气质，可谓概括和宣告了一个时代的终结。第一辆幻影于 1925 年诞生，成为皇室和诸多国家元首的首选用车。46 年后，幻影 VI 问世。这是有史以来最大、最昂贵，也大概可说是最豪华的劳斯莱斯车型。轴距为 368 厘米，搭载 V8 发动机，配鼓式制动器，车身外观则出自穆林纳·派克·沃德设计所。1977 年，英国女王伊丽莎白二世庆祝登基 25 周年。沃德公司为女王打造了此车的一个特别版本，后车厢上部是一个高高的有机玻璃车顶。这让该车赢得了标志性的地位。最后一台幻影 VI，很显然是交付给了文莱苏丹——这位国王当时是世界首富。这辆华丽的汽车，要归功于 20 世纪初仍在持续的工艺美术运动。尽管其尺寸很大，但维持和保留了相当的优雅气息。直到 1998 年被宝马收购后，劳斯莱斯才完成了幻影的又一次改款。新幻影长 6 米，比其前身稍小一些。虽然使用了宝马 V12 发动机和当代材料，但新车型还是设法保留了劳斯莱斯的传承感。

“激光”帆船小艇 1971年

Laser Sailing Dinghy

设计者：布鲁斯·柯比（1929—2021）

生产商：欧洲性能帆船（Performance Sailcraft Europe），1971年至今

在与此船的第一位建造者伊恩·布鲁斯（Ian Bruce）的电话交谈中，设计师布鲁斯·柯比（Bruce Kirby）随手勾勒出“激光”的大致线条：这是一艘龙骨可升降式小艇。谈话结束后，两人都忘记了这个构思草图，直到后来参加一个竞赛——为那种周末用户设计一艘可开车拖装运输的低成本帆船——柯比才想起此方案。他凭借自己的作品“周末玩家”（Weekender）赢得了胜利，这是一种可供闲暇时间使用的小帆船。由汉斯·福格（Hans Fogh）掌舵和驾控，此小艇赢得了问世后的第一场比赛——参赛所用的船名倒是恰如其分，叫作“感谢上帝，已是周五”。船长4.23米，重59千克。简单的索具装备和卓越的性能，确保了此船大受认可。船型定位于比赛用途，名为“激光”。首次亮相在1992年美国亚特兰大奥运会，但它也被广泛用于娱乐休闲航行。今天，这是最受欢迎的小艇帆船之一，在全球已售出超过23万艘。可以说，它的成功就在于其简单性。船用玻璃纤维制成，配有一张主帆，龙骨精简又干净，船身如薄薄的叶片漂移在水面，这给驾控者带来考验，必须利用人体自身的重量来引导船行进。取得那么多的成功之后，“激光”这一叶扁舟，仍类似于当年那张小纸片——柯比在上面快速绘制了帆船草图。

方案8餐具 1971年

Programma 8 Tableware

设计者：艾佳·海兰德（1944— ）；佛朗哥·萨加尼（1940— ）

生产商：艾烈希，1971年至1992年，2005年至今

方案8餐具代表了艾烈希生产历史上的一个重要阶段。20世纪70年代初，阿尔贝托·艾烈希（Alberto Alessi）邀请他的建筑师朋友佛朗哥·萨加尼（Franco Sargiani），还有芬兰平面设计师艾佳·海兰德（Eija Helander），来设计一个新系列的不锈钢餐具。这套产品的开端，始于一把油壶的概要描述与简图。然后，最初的项目壮大，扩展为一系列革命性的物件，有着适应性很强的灵活的形式。产出的结果就是方案8餐具。这是规模颇大的一个产品系列，有各式各样的托盘与容器，造型手段是基于正方形和长方形的一个模块化系统。数种原因叠加，导致这些餐具相当激进：使用钢材是出于器具本身的功能需要，而不是为了替代更昂贵的材料。物件的形状与其他任何产品都不同，这是考虑到从事专业工作的年轻消费者所生活的城市房屋空间宝贵。方案8餐具有着很强的实用性，不仅因为在其设计构想中就允许多个器皿同时共存，还因为这个组合中的单品都可堆叠。这一模块化套组由艾烈希于2005年重新发售，除了原初系列中的油、醋、盐和胡椒的容器，还包括带聚丙烯盖子的陶瓷容器，以及各种托盘和切菜板。

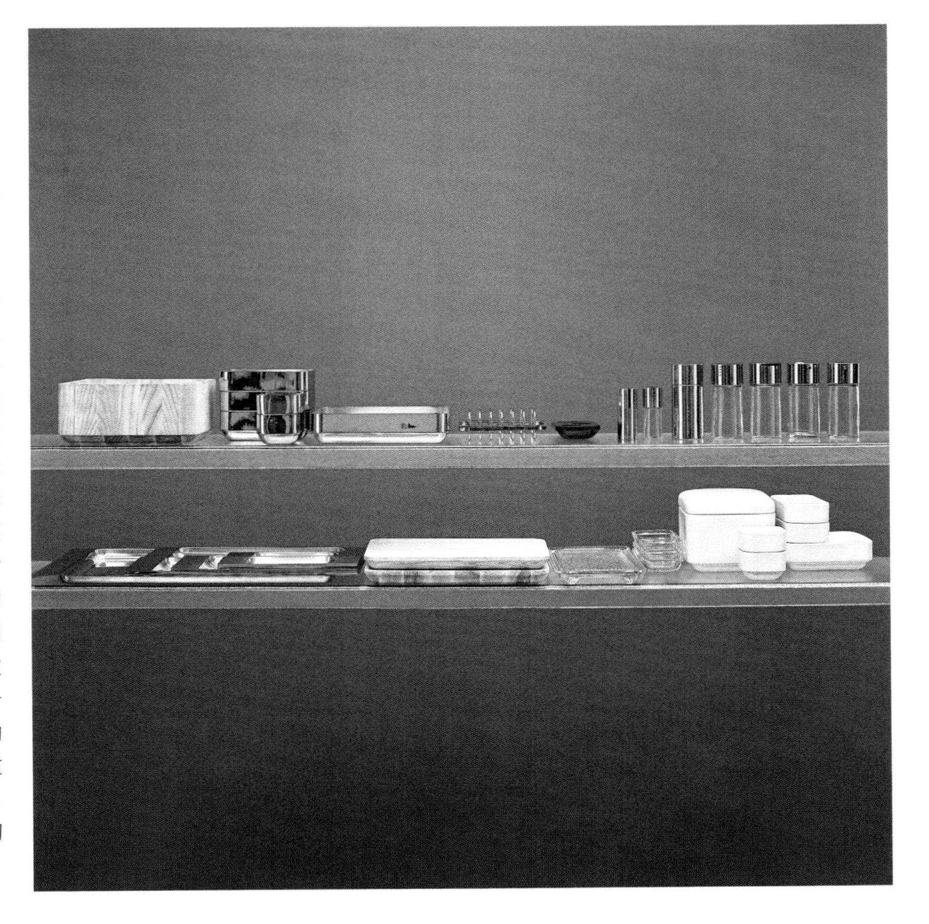

鸡花瓶 1971 年

Pollo Vase

设计者：塔皮奥·维卡拉（1915—1985）

生产商：罗森塔尔，1971 年至 2002 年

1955 年，塔皮奥·维卡拉正与雷蒙德·洛伊合作。当时，洛伊第一次遇到菲利普·罗森塔尔，后者委托洛伊为罗森塔尔瓷器公司设计几套正餐餐具，希望公司在北美的市场份额能够提高。在返回芬兰之前，维卡拉主持了其中一套餐具的设计。他的贡献给罗森塔尔留下了深刻印象，以至于后者邀请维卡拉继续为他工作。由此产生的结果，是一套备受推崇的正餐餐具，型号名称即为“芬兰”。随后的 1956 年至 1985 年间，近 20 套正餐餐具，以及大约 200 个花瓶和陶瓷艺术品，包括 1971 年的无釉瓷鸡花瓶，都渐次到来。这些作品受到芬兰自然地貌的启迪，呈现出的形态相当神秘。由于其具有弯曲弧度的底座，被推动时还会轻轻摇晃。一件单独的鸡花瓶，非常类似于某种涉水禽类的形状，或者是像一只鸭子睡着了，头埋在翅膀下。围绕花瓶的开口边缘，有若干凸起的小点，排列成同心圆，为原本无装饰的表面带来一些浮雕式观感，并构成了触觉元素。在维卡拉与罗森塔尔的合作成果中，那些设计的最显著的特征，也是其最关注的要点是瓷器表面的肌理质感。这份创作灵感来自在风和水的作用下被打磨抛光的石头和巨岩。

KV1 混合龙头 1971 年

KV1 Mixer Tap

设计者：阿恩·雅各布森（1902—1971）

生产商：沃拉（Vola），1972 年至今

水龙头和卫浴间配件，长期停留在设计师的创作愿景或视线之外，直到 20 世纪末才发生改观。KV1 混合龙头是沃拉品牌这一水暖配件系列当中的一部分，很可能也是世界上第一个商业上成功的设计师创作龙头。龙头的设计工作，很多都是由受雇于阿恩·雅各布森事务所的泰特·维兰特（Teit Weylandt）完成。不过，包括内部阀芯基础构造在内的整体概要设想，那首先是由工程师和实业家维尔纳·奥弗高（Verner Overgaard）解决和实施，他是朗德（IP Lund）公司（后来更名为沃拉）的老板与经营人。在奥弗高的准备工作的基础上，雅各布森很快认识到对该配件单元进行视觉合理化加工的潜力。维兰特设计中使用的形式语言，仅限于一系列的圆柱体，并巧妙地将控制水流的手柄杆与控制混合温度的旋转钮相结合。由此生产的作品，是对此前既有款型的简化和改进，而且似乎已不可能做到更好。就像阿恩·雅各布森工作室所出品的许多设计一样，这龙头看似是为某个尚未到来的时代而打造的。

括号灯 1971 年

Parentesi Lamp

设计者：阿奇勒·卡斯迪格利奥尼（1918—2002）；皮奥·曼佐（1939—1969）

生产商：弗洛斯，1971 年至今

阿奇勒·卡斯迪格利奥尼公开承认皮奥·曼佐是括号灯的创始者。曼佐设想了一根固定的垂直杆，上面有一个圆柱体盒子，可以沿杆子上下滑动，盒子有一道狭缝，用于装照明光源，并以螺钉固定在所选择的高度位置。曼佐于 1969 年英年早逝，卡斯迪格利奥尼便继续开发这个创意。他用从天花板上悬垂的金属电缆代替了之前的杆子，下挂覆有橡胶涂层的砝码式圆铁，来保持电缆紧绷。一根镀铬的或搪瓷面不锈钢管，形状就像一个中括号，产品名称就是基于这个弯折造型而起。灯槽可顺着电缆上下滑动，钢管支撑一个可旋转的橡胶接头，接头上固装灯槽，灯槽连着电导线，再装上 150 瓦的聚光灯灯泡。钢管的形状配合绷紧的钢丝，能产生足够的摩擦力，以防止灯头移动，但用手拉又可以毫不费力地向上或向下滑动灯位。灯头固定装置以及灯泡，能够在垂直轴线和水平轴线上 360 度旋转。此灯中使用的大多数部件都是普遍制造的常规物品，可组合成套来包装和销售，用户自行轻松组装。

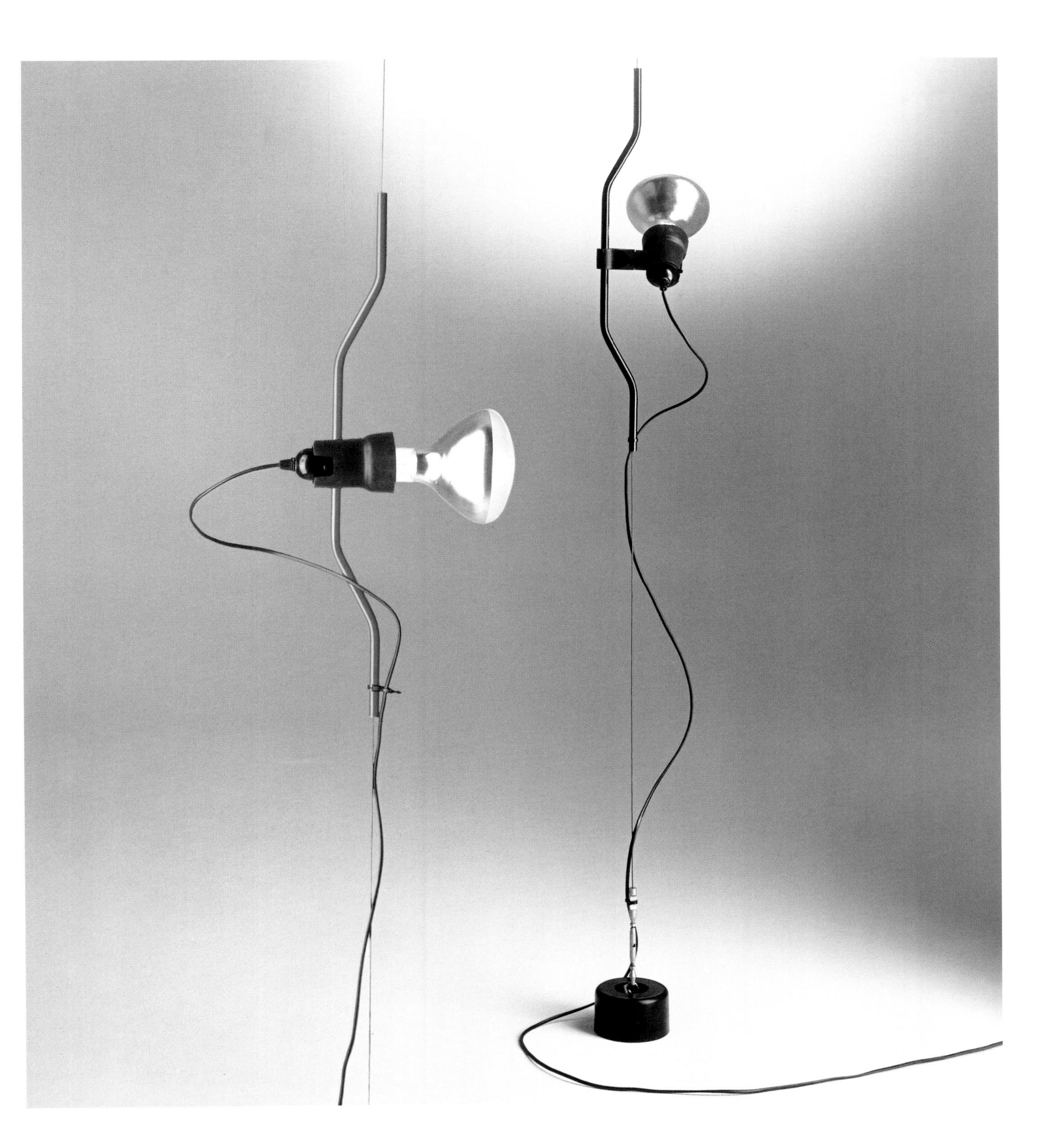

迷你厨房定时器 1971 年

Minitimer Kitchen Timer

设计者：理查德·萨珀（1932—2015）

生产商：丽兹-伊塔罗拉、得利安公司，1971 年

圆形的迷你厨房定时器，完美地体现了产品设计师理查德·萨珀将技术和风格巧妙融合的宗旨。此设计低调而实用。机械活动构件在外壳内侧旋转，因此从上方和圆环状小窗口的侧面可看到剩余时间。直径 7 厘米的定时器，恰当的小尺寸，朴素的小体积，制成品颜色为黑、白或红，让人模糊联想到科学仪器或汽车仪表。自最初生产以来，此设计的成功便得到广泛认可。总部位于米兰附近的丽兹-伊塔罗拉，是本品的第一家生产商。自这个设计 1971 年首次亮相以来，法国公司得利安也拿到授权许可，长期生产此定时器。萨珀在工程设计方面的创造性手法，在他最为人们所熟知的作品中显而易见。他固然是收音机、电视和照明等电子产品的设计专家，但他是以打造此类产品的外壳外观而闻名。这或许也能解释本计时器的成功，因为它的外壳巧妙地夹住了中间部分的构造。这款迷你计时器有着优雅的气质，长期受到消费者专一忠实的青睐。它也被纳入纽约现代艺术博物馆和巴黎蓬皮杜中心的永久收藏。

阿尔塔椅 1971 年

Alta Chair

设计者：安娜·玛丽亚·尼迈耶（1930—2012）；奥斯卡·尼迈耶（1907—2012）

生产商：国际家具（Mobilier International），20 世纪 70 年代；伊特尔（Etel），2013 年至今

“自由流动的性感曲线让我无法拒绝。”奥斯卡·尼迈耶（Oscar Niemeyer）在他的回忆录中写道。这位巴西建筑师那富于想象力的建筑，以蜿蜒扭动的形式而闻名。他与女儿安娜·玛丽亚·尼迈耶（Anna Maria Niemeyer）合作为这些建筑打造的家具也是如此。尼迈耶属于左派。1964 年，右翼独裁势力推翻了巴西政府，在这敌对阵营的统治下，尽管尼迈耶曾是新城巴西利亚的主理设计师，他也失去了绝大部分工作。他于 1967 年移居法国，在那里接到的第一个主要业务，是设计法国共产党在巴黎的新总部。为新大楼的大堂区域打造的阿尔塔椅和随附配套的脚凳，属于安娜·玛丽亚与父亲一起设计的首批家具之列。椅子那简洁的轮廓与建筑结构相呼应，体现了父女二人组的追求和愿望：创造出的物件形态应与物件所处环境相协调。阿尔塔椅的支架看起来像弯曲的刀片，最初是用钢板制成，后来用黑漆涂装的曲木制成。搭配的钉扣锁嵌、中间略凹陷的毛绒内衬坐垫，外面用黑色或白色皮革包裹制成，看上去似乎漂浮在地板上。这款低矮的坐椅由法国国际家具公司在 20 世纪 70 年代进行商业化生产，并于 2013 年由巴西公司伊特尔重新推出，改用了可持续环保材料。

奥姆斯塔克椅子　　1971 年

Omstak Chair

设计者：罗德尼·金斯曼（1943—　）

生产商：金斯曼联合事务所、OMK 设计所（Kinsman Associates/OMK），1971 年至今

英国设计师罗德尼·金斯曼（Rodney Kinsman）的奥姆斯塔克椅子，旗帜鲜明地表达了 20 世纪 70 年代的高科技风格，是对那 10 年的家具制造指令的呼应，是那一使命的最优雅的实践示例之一。70 年代的要求也就是，利用工业化的材料和生产系统，来规模化量产制造高质量、低成本的物品，兼顾美观和实用。该椅子有多种彩色油漆饰面可供选择。组成部件为环氧树脂喷涂的冲压钢板成型的座位椅面以及靠背，两者都连接、固装到细钢管框架上。椅子的设计使其可以堆叠，也可借助卡扣或夹具并排连接，从而让此产品成为追求时尚又关注成本的顾客以及众多机构的热门选择。金斯曼毕业于伦敦的中央工艺与美术学院（Central School of Art and Crafts），在职业生涯的早期，他就认识到，遇上经济不确定的年代，只有低成本和多用途的产品才能占领市场。由于年轻消费者是他预期的目标买家中的重要人群，因此椅子需满足经济实惠和风格气质的双重要求。鉴于此，他的咨询实务公司 OMK 设计所利用了工业材料和成本不高的生产方法。金斯曼的奥姆斯塔克椅子构思之初就同时兼顾室内和室外使用，产品生产持续至今。

杜皮尤椅子　　1971 年

Due Più Chair

设计者：南达·维戈（1936—2020）

生产商：康科尼（Conconi），1971 年

杜皮尤（Due Più，指二者相加）椅子已简化为最基本的轮廓。椅子看起来像匆促的“奉子成婚”之举——硬框与软质肌理的材料在此组合，看似灵机一动的偶然决定。此产品中，有源自包豪斯的闪闪发光的钢管框架，轮廓明确、尺寸精准、全直角构型，与厚实蓬松的人造毛皮软垫并置结合。椅子最初是为米兰的莫尔（More）咖啡店设计，这一触摸手感丰富的作品概括了南达·维戈（Nanda Vigo）因以闻名的折中主义。虽然可能看起来并不舒适，但那圆柱形的座椅椅面和靠背，实际上具有足够的宽度，可支持各种坐姿。至本设计诞生时，假毛皮已成为维戈标志性创作素材的一部分。最受关注的一例，是她将毛皮应用于其 1968 年的室内设计项目“叶下甲虫”（Lo Scarabeo Sotto la Foglia）。这是意大利建筑师吉奥·庞蒂为艺术赞助人吉奥巴塔·梅内古佐设计的房子。在意大利对独立工作的女性还抱有很大敌意的时期，维戈便严肃地投身于艺术、设计和建筑，且成就斐然。她在瑞士洛桑的联邦理工学院完成建筑专业的研习，然后不久就崭露头角、赢得美誉，并于 1959 年在米兰建立自己的工作室。维戈游弋于家具和灯具设计、激进前卫的住宅室内设计和艺术装置、装置艺术之间。她与诸如“零”小组（ZERO）、卢西奥·丰塔纳和皮耶罗·曼佐尼（Piero Manzoni）等先锋艺术家亦有合作，并与曼佐尼恋爱订婚。

大草坪椅　1971 年

Pratone Chair

设计者：乔吉奥·切雷迪（Giorgio Ceretti，1932— ）；彼得罗·德罗西（Pietro Derossi，1933— ）；里卡多·罗索（Riccardo Rosso，1941— ）

生产商：古夫拉姆，1971 年至今

1971 年，一个名为“弹奏组”（Gruppo Strum）的意大利团体，以椅子的形式——或者至少是他们所声称的椅子——提出了激进的反设计宣言。这是对功能化和极简设计的现代主义原则的直接回击，但在此产品中，大草坪椅应该如何使用，答案并不明显，无法一望而知。椅子的名字在意大利语中的意思是“大草坪”或“草地”（这个词还鲜明清晰地压印在底座上）。这件奇特的作品，类似于一块被放大的方形草皮，由膨胀聚氨酯泡沫做成的 42 条“叶片”中的每一个，几乎都有一米高。当你坐或躺在椅子上时，泡沫叶片会弯曲形变以支撑你的体重，尽管是以故意颠覆了传统的方式。当时同一年在都灵成立的这个团体认为，艺术和设计应该成为社会行动与政治活动的工具。然而，尽管他们的目标很严肃，足够雄心勃勃，但椅子却很有趣，很大胆，富于活力和冲击力。“大草坪”无论是其名称还是造型，都唤起使用者在自然中的愉快体验，那种漫长而无忧无虑的感受。可以说，大草坪椅鼓励使用者放松和玩耍，随意尝试不同的坐姿，可斜倚，甚至可陷落和躲在椅子里。

盒子椅　　1971 年至 1976 年

Box Chair

设计者：恩佐・马里（1932—2020）

生产商：卡斯泰利，1976 年至 1981 年；德里亚德（Driade），1996 年至 2000 年

盒子椅是一种可自行组装的椅子，富于匠心巧思，由打孔的注塑聚丙烯座椅椅面和可折叠的金属管框架组成。所有部件组装前及拆散后可放入一个盒子中，而盒子又可以装入它自己的塑料袋或包装盒里。这个设计反映了恩佐・马里对拼图的热爱。其厚实、简单、实用的外观，结合鲜艳生动的色彩——包括酸性黄、亮橙和钴蓝色——解释了马里何以成为打造非常称心合意的时尚物品的大师。并且，这些作品也聪明机智、考虑周到，而最重要的是，也符合理性。盒子椅甫一亮相就一举成功，与 20 世纪 70 年代倡导易于运输的平板家具的业内风尚碰巧高度吻合。作为一名艺术家和理论家，马里没有接受过设计师的专门训练，而是在 50 年代于米兰的布雷拉（Brera）美术学院攻读古典学和文学。因此，毫不奇怪的是，他的许多作品都关注设计在当代文化中的角色作用，以及创作出的物件与用户之间的关系。马里在 70 年代将精力转向家具。他处理塑料的熟练技巧与理性的创作方法相结合，意味着他的出品富于动感活力，表象之下又具有一种潜在的简洁特质，将作品层次提升，而不只是时尚、现代。盒子椅于 1996 年由德里亚德重新发布，短期销售后已不再生产。

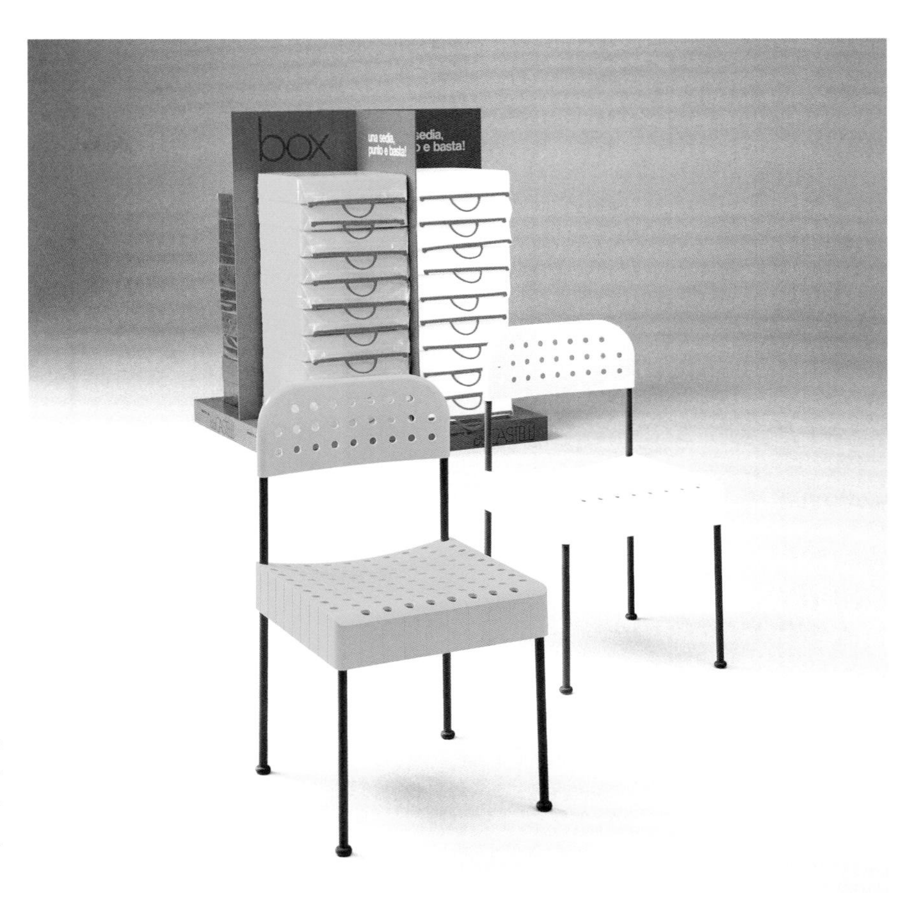

SX-70 宝丽来折叠相机　　1972 年

SX-70 Polaroid Folding Camera

设计者：亨利・德雷福斯（1904—1972）；亨利・德雷福斯事务所

生产商：宝丽来公司，1972 年至 1977 年

据说 SX-70 宝丽来折叠相机的设计与开发成本高达 7.5 亿美元，但由此带来了一步操作、即时成像的摄影功能，而这代号名称来自 1943 年安排给最初的自动处理型相机和胶卷的项目编号。它由纽约的亨利・德雷福斯事务所设计，也成为宝丽来公司技术研发的一个高峰。投产第一年，此机型产量便达到了 415 000 台。设计师提供了帮助，让大众能够接触到宝丽来公司的技术创新，因为此相机可放入西装外套口袋里，而正片相纸在日光下就会显影成像，无须人工干预。一盒胶片能出 10 张正片，每张为 7.8 厘米 x 8 厘米。而且，该相机的标志性地位即刻得到了认可，因为它成了查尔斯和雷伊・伊姆斯夫妇拍摄的一个短片的主题。短片需要用到的新技术由宝丽来公司的科学家和设计师们提供：自动曝光、自动对焦、散页胶片盒中自带的微型扁平电池，以及新胶片盒中的化学物质——这些化学物质一经启用可在限定时间内工作，显影完成后便停止。此机器独特的折叠式形状与该领域内之前 70 年的任何东西都不同。SX-70 的原版表层包括有镀铬和皮革，几乎纯手工制作，稍后又有了其他型号：配备声纳自动对焦的，配简化取景器的，以及用了黄金材料的限量纪念版。

除法 18 型计算器 1972 年

Divisumma 18

设计者：马里奥·贝里尼（1935— ）

生产商：奥利维蒂，1972 年起，停产时间不详

外观亮丽、表层用了橡胶涂覆工艺的除法 18 型计算器，标志着设计领域的一次激进发展。这台机器不同于以前任何的制造品。它引入的新技术，如微电子和塑料，给设计师们带来重大的影响，而注塑成型则为塑造产品新形态提供了机会，因为这对可模制加工的物品造型，限制和要求都更少。20 世纪中叶，许多意大利设计师所学的专业均为建筑——马里奥·贝里尼曾在米兰理工大学受训，于 1959 年毕业。他们与工业设计师、建筑师和工程师一起接受培训，从正面、侧面和俯视角度的不同立面上来思考、设计和实现各自的作品，而本品盒子形的设计最终也体现了那些影响。这是一款无显示屏的手持式电子计算器，内置打印功能，它与其他同类产品的显著区别在于那亮黄色的 ABS 塑料“皮肤”。奥利维蒂公司意图将其推销给新一代的消费者。一张广告图像描绘出一位时髦的年轻商界人士在蓝天下拿着一个除法 18 型计算器，暗示着自由。然而，其激进的设计只吸引了新人类中的一小部分，而据说橡胶工艺键盘的生产成本太高，无法确保规模化生产的成功。尽管如此，除法 18 型也可以理直气壮地声称，它是 20 世纪晚期众多注重触觉手感和情感召唤的“软技术”电子产品的参照之源。

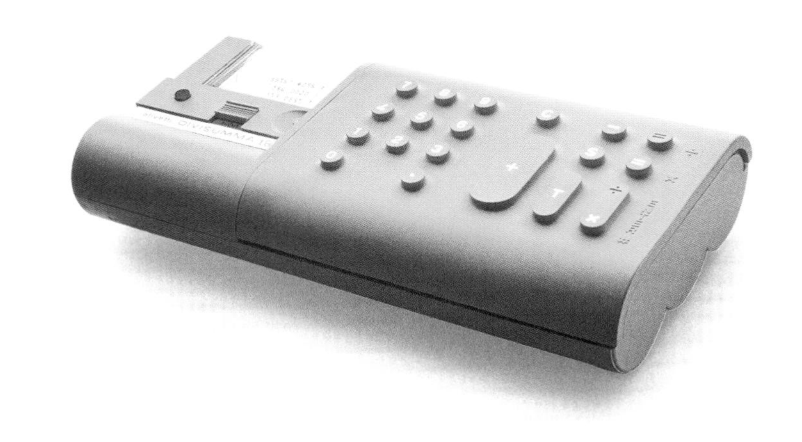

本田思域 1972 年

Honda Civic

设计者：本田设计团队

生产商：本田，1972 年至今

1973 年的石油禁运对美国的汽车工业产生了毁灭性的打击，但为日本的小型节能汽车提供了打开市场的机会。本田当时生产汽车仅有 11 年的历史，但公司于 1972 年向美国市场出口了第一辆本田思域（Civic，指人民群众），随后在这个以热爱超大型汽车而闻名的国家中竟取得了压倒性的成功。思域的轴距仅为 216.5 厘米，长度为 349.5 厘米，比普通美国汽车的平均尺寸要小得多。然而，其横置安装的发动机和前轮驱动模式营造出的空间，能供 4 人乘坐；后排座椅折叠翻倒后，此掀背车竟可提供超过 0.57 立方米的载物空间——本田声称，这与市场上任何中等尺寸的汽车一样多。环保意识的提升，还有到 1975 年将汽车尾气排放减少 90% 的承诺，促使本田于 1972 年 12 月发布了一款新的思域车型，该车型搭载有 CVCC（受控涡流式燃烧室）发动机，解决并消除了对催化转换器和无铅燃料的需求。这一优势特点进一步巩固了本田在美国的成功。随后的 1974 年至 1978 年间，思域都获得认可，被视为最省油的汽车。此车型持续销售，不断更新，成为本田公司极成功的产品。

贝奥格莱美 4000 唱机　1972 年

Beogram 4000

设计者：雅各布·扬森（1926—2015）

生产商：邦及欧路夫森公司，1972 年至 1977 年

贝奥格莱美 4000 唱机于 1972 年发布上市，其独特的一体化的扁平设计，灵感来自包豪斯。这个现代主义的物品，将调谐控件放在了设备的顶部，而不是正前面。唱机有柚木、红木、橡木或白色饰边可供选择，以此来对机身光滑的铝材和上盖的着色有机玻璃加以呼应补足，可算锦上添花。本机的控件是线性滑块而不是传统的旋钮。雅各布·扬森在 1964 年至 1985 年间担任邦及欧路夫森公司的首席设计师。他设计的这台唱机，采用电子拾音臂，该正切向的拾音臂呈直线移动，渐次向唱片中心趋近。拾音器能精确地放置在唱片纹路的凹槽中，避免了传统拾音器造成的声音失真。本机最引人注目的功能特色之一是第二拾音臂：借助于光电管的应用，来确定唱片的大小，因此可自动在密纹大碟（LP）、迷你专辑（EP）或单曲唱片之间进行选择。此机与其孪生产品贝奥中心 4000（Beocenter）搭配时，两者便构成贝奥系统 4000（Beosystem），优雅地结合了双 40 瓦的放大器（功放）、唱片机、AM/FM 收音机、高品质盒式磁带播放器和扬声器，创造出第一套代表着生活方式的组合音响系统。贝奥格莱美 4000 定期更新、持续多年，在 20 世纪 70 年代被广泛效仿复制。即便到了今日，邦及欧路夫森公司仍继续保持行业领军地位。

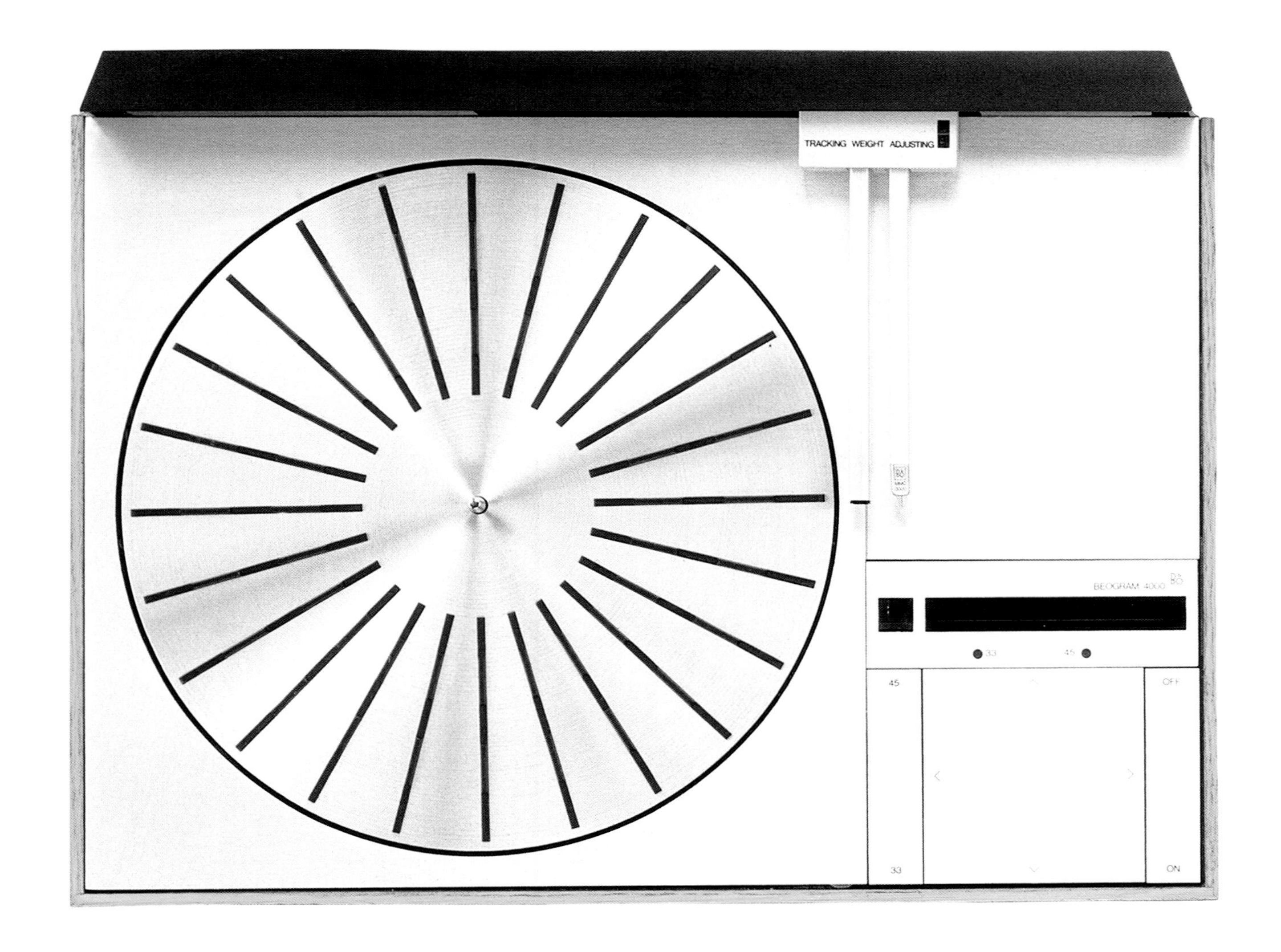

库波卢切灯 1972 年

Cuboluce Lamp

设计者：佛朗哥・贝托尼卡（1927—1999）；马里奥・梅洛基（1931—2013）

生产商：契尼和尼尔斯（Cini&Nils），1972 年至今

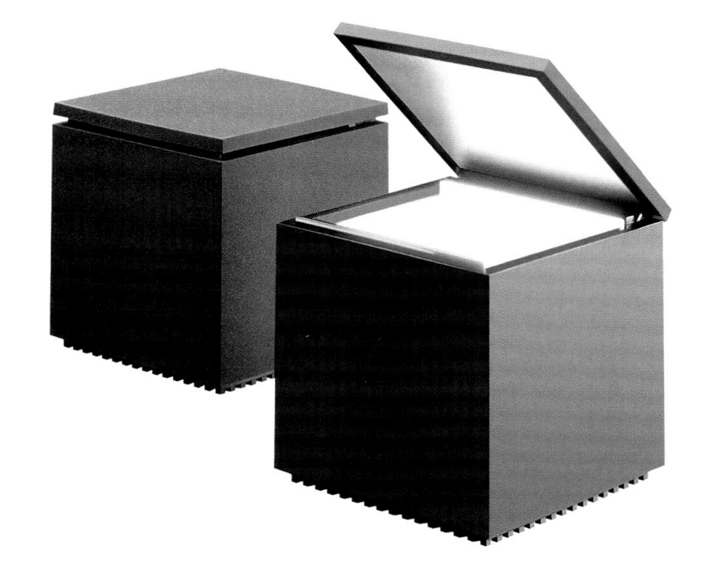

库波卢切（cubo，立方体；luce，光线）灯实际上是一个盒子，点亮这盒子的，是装在 ABS 塑料壳容器中的一只 40 瓦灯泡。打开盖子，这一动作同时就是打开灯，而盖子抬起的角度决定着灯的亮度。盒子灯高度体现出 20 世纪 70 年代初意大利产品设计的特色，展示了对优质塑料材质的精巧利用，也传达出一种愿望：为电气元件创造光滑简约的外壳。这个灯可用作床头灯或台灯，其形式审慎、小巧而诱人，使之即便关闭之后也是一个令人着迷的物件。库波卢切灯由佛朗哥・贝托尼卡（Franco Bettonica）和马里奥・梅洛基（Mario Melocchi，两人组成 Opi 工作室）设计，是为米兰公司契尼和尼尔斯打造的一系列产品之一。该系列的造型均基于立方体和圆柱体，其他产品还包括烟灰缸、杂志架、冰桶和花瓶，全部用蜜胺树脂或 ABS 塑料制成。那都是坚韧的刚性材料，通常用于汽车行业以及计算机这类必须带外壳的产品。这盒子灯与契尼和尼尔斯旗下的其他一些产品，如今是纽约现代艺术博物馆永久设计藏品的一部分。

扭动椅 1972 年

Wiggle Chair

设计者：弗兰克・盖里（1929— ）

生产商：杰克・布罗根（Jack Brogan），1972 至 1973 年；奇鲁（Chiru），1982 年；维特拉，1992 年至今

扭动椅那软面条般的热熔曲线，不仅表明了弗兰克・盖里（Frank Gehry）对形式的利用极富表现力，还展示了他指涉和借鉴历史先例进行再加工时的幽默——在本例中，参考的先例是格里特・里特维尔德 1934 年的之字形椅子。盖里的椅子用瓦楞纸制作，一层层厚厚地叠起来，营造出一种坚固、牢靠的外观。触感丰富的表面效果，掩盖了硬纸板本身作为材料的单薄贫乏。盖里喜欢瓦楞纸，因为它“看起来像灯芯绒，摸起来也像灯芯绒，很诱人”。扭动椅构思并完成于 1972 年，是由杰克・布罗根公司制造的一套名为“简易优点”（Easy Edges）的 17 件家具中的一员。该套组的定位，就是面向大众市场的低成本家具，售价低至 15 美元。尽管这些产品即刻就一举成功，但仅仅 3 个月后，盖里却撤回了该系列——因为他担心自己仅是以受欢迎的家具设计师这一标签而闻名，而他的野心是在建筑领域扬名立万。该系列于 1982 年由奇鲁重新发布，但只是短期销售，昙花一现。后来，维特拉在 1992 年将其中 4 个单品投入生产。维特拉是“简易优点”的恰当归宿，因为盖里是德国维特拉设计博物馆的建筑师。该博物馆收藏有很多经典椅子，来自全球各地。

保时捷设计款计时码表 1972 年

Porsche Design Chronograph

设计者：费迪南德·“巴奇”·保时捷（1935—2012）

生产商：奥飞纳（Orfina），1972 年至 1986 年

保时捷设计款计时码表，结合了工程创新和精致的产品设计。这种风格可谓此表创造者——保时捷 911 车身设计师费迪南德·“巴奇”·保时捷——的同义语。这是第一款使用了机械机芯的计时码表，通过与瑞士精密手表生产商奥飞纳的密切合作来实现。这款表追求经久耐用。最初，表盘是借助烧结工艺来硬化，后来更新为一种称为等离子涂层的方法：在真空中形成一种特定的气雾，气雾引导和促使氧化钛微粒沉淀到表盘表面，使之极端耐磨损。对工程技术有一定兴趣的时尚消费者是此表的目标客户。相应的，手表采用亚光黑色表面，与亮白色的时间刻度标记以及表盘形成鲜明对比。这一视觉方案源自飞机驾驶舱的仪表和赛车仪表盘，也成功地显示出很多信息（日期、星期，还有以秒、分钟、小时为单位的计数器），用来测量时间和速度，同时还保持着简单、结实、坚固的设计效果。这素色外观又被醒目的猩红色秒针打断，带来生动的变化。保时捷设计工作室是在“巴奇”离开保时捷后，于 1972 年在斯图加特成立，保时捷设计款计时码表是该工作室的第一款产品。尽管此码表于 1986 年便已停产，但它仍然备受追捧。

辛克莱执行官计算器 1972 年

Sinclair Executive Calculator

设计者：克莱夫·马勒斯·辛克莱爵士（1940—2021）

生产商：辛克莱电子学公司（Sinclair Radionics），1972 年至 1975 年

克莱夫·马勒斯·辛克莱爵士（Sir Clive Marles Sinclair）是一位伟大的创新者。他从小就对诸如收音机之类的电子产品小型化等创新感兴趣。他 18 岁终止求学，离开学校，于 1961 年创立了辛克莱电子学公司。在这份事业中，借助于吸引人的广告营销手段，他出售制造小型收音机的套件，后来才转向计算器研发，成果就是辛克莱执行官计算器。该产品于 1972 年投产并发售，是当时世界上最薄的计算器，尺寸仅为 56 毫米 x138 毫米 x9 毫米，能够放入衬衫口袋。其秘诀在于电池。大多数计算器使用一般容量、常规大小的 AA 电池，但辛克莱使用了纽扣电池。辛克莱发现，不必连续地为计算器的芯片供电，而是可以脉冲式供电，芯片的内部电容能存储足够的电荷，让设备正常工作，直到下一次脉冲送电。如此，采用较小的电池便有了可能，3 枚含汞纽扣电池的连续使用寿命有 20 小时。小键盘也是创新设计的结果，按键的橡胶点会压在下方的铍铜触点上。在此之后，辛克莱推出了更多型号的计算器，但其市场霸主地位最终遭日本电子生产商取代。

SL-1200 转盘唱机 1972 年

SL-1200 Turntable

设计者：技术工艺研发团队

生产商：松下、技术工艺（Panasonic/Technics），1972 年至今

直到 20 世纪 60 年代后期，转盘唱机都使用皮带传动来旋转播放黑胶唱片，但在 1969 年，“技术工艺”推出了第一款直接驱动的转盘唱机，型号为 SP-10，一系列的技术改进，又带来了 1972 年的第一台 SL-1200 唱机。由于无须额外的部件来将电机的扭矩扭力传递到唱片旋转盘，新款转盘唱机能获得更高的旋转稳定性，提供更长的使用寿命。1979 年，开创性的 Mk2 版本发布，增加了石英机芯的高精度直接驱动，轻触式启动、停止按钮，更重的铝转盘，更轻的唱针拾音臂，还有更至关重要的，是滑块式音高控制件。这些因素助力该型号销量超过了 300 万台。普通的市场级转盘唱机会受制于启动时的延迟，与之相比，这新型的唱机能以任何速度启动转盘。这一特性让 DJ 们能够更好地控制音乐的播放或切换。而且，大多数皮带驱动的市场级唱机无法自然地向后转动回播，但“技术工艺”的 SL-1200 则可以这样做。这是为了满足 DJ 们的诉求，因为他们需要向前和向后转动播放唱片，借助耳机来找到音乐的线索点。DJ 们开始向前或向后快速转动唱片，制造出一种刮擦的声音，这音效成为 70 年代后期从纽约兴起的嘻哈音乐的重要特色与拿手桥段。DJ 们强调舞蹈节拍，而不是抒情的旋律，由此创造了现代舞曲和嘻哈音乐文化。

长长高儿童椅 1972 年

Tripp Trapp Child’s Chair

设计者：彼得·奥普斯维克（1939— ）

生产商：斯托克（Stokke），1972 年至今

长长高儿童椅是首批为适应儿童需求专门开发的椅子之一。表面看来，这个设计很简单，但在提供座椅支撑的同时，它还允许孩子自由活动。“长长高”由挪威设计师彼得·奥普斯维克（Peter Opsvik）于 1972 年设计。当时，他看到自己两岁的儿子坐在桌子边，相当不舒服，双脚晃来晃去，手臂也无法抬到足够高，放不到桌面上。奥普斯维克于是打造了一把椅子，让孩子从两岁起就可以舒适地坐在家庭餐桌旁，且坐姿高度与成人相同。随着孩子的成长，椅面和脚凳位的高度以及前后深度都可以调节，使所有年龄段的孩子都能以恰当的姿势坐在合适的高度上，双脚还能得到良好支撑。奥普斯维克是挪威最著名的设计师之一，以其在人体工程学和可持续设计方面的成就而闻名。“长长高”用人工栽培的山毛榉木材制成，可购买未处理的原木版，或清漆版，另有多款不同色彩可选。自 1972 年推出以来，此椅在全球已售出超过 1000 万把。

曲线餐具 1972年

Kurve Flatware

设计者：塔皮奥·维卡拉（1915—1985）

生产商：罗森塔尔，1990年至2014年

在芬兰出生的设计师塔皮奥·维卡拉与罗森塔尔（一家基地位于德国的家居物品设计公司，声誉卓越但依旧勇于试验）之间长期而多产的合作中，曲线餐具系列是有着定义性质的核心设计之一。亚光不锈钢的曲线刀叉勺系列，在维卡拉去世后由罗森塔尔于1990年生产。他的设计从芬兰的北极地貌景观和传统中汲取灵感，特别是受该地区土著萨米人的家用物品的启发。曲线餐具简约的形式极符合人体工程学，会让人想到萨米人的简单餐具。维卡拉分享了他们古老的工艺直觉与审美感受力，在早期阶段总是用木头来雕制他的餐具小样和原型，只有在对木制模型的魔力感到满意后，他才会授权制造厂生产。维卡拉满怀热情地坚信，创作者也应是工匠，而决定设计的，应是材料的内在特质，这些理念非常符合北欧的人文主义传统。不过，一种雕塑之美和诗意也渗透进了曲线系列的感性线条中。从1957年开始，罗森塔尔给予维卡拉充分自由，任其追求设计愿景。这一合作产生了全系列的优雅家居用品。

300扶手椅 1972年

Fauteuil 300/Monobloc

设计者：亨利·马松内特（1922—2005）

生产商：斯丹普，1972年至约1995年

像模制成型的廉价塑料椅子这样无处不在的物件，在最初构思问世时，竟会被认作工业设计的标志。这一点大概会令人惊讶。过去几十年间，设计师们，比如出品了影子椅（Ombre）的夏洛特·佩里安等，一直都在进行试验，用单一、整体的无缝材料来生产椅子，但直到1972年，法国工程师亨利·马松内特才用塑料实现了这一技术成就。在掌握了关键工艺——将熔融的聚丙烯注入可重复使用的模具——之后，马松内特能够在不到两分钟的时间内制作出一把坚固、耐用且抗风雨的椅子。这种创新工艺的成果，后被称为单体成型椅，是此类商品最早的样例之一，让先进、豪华的设计变为平民真正负担得起的东西。尽管如此，300扶手椅的商业成功很有限，因为这是在石油危机前不久发布上市，到了1973年，生产所需的原材料已供应短缺。不过，马松内特的成就不需从商业角度衡量。他的设计，连同为实现设计而开发的工艺流程，在世界各地得到广泛的效仿——你可以从这些事实中看出他的成就。即便是这些廉价的、可堆叠的，且多数情况下为白色的单体椅子，也意义重大：它们已成即用即弃式消费主义时代的一种象征。

SS750 德斯莫 1973 年

SS 750 Desmo

设计者：法比奥·塔里奥尼（1920—2001）

生产商：杜卡迪（Ducati），1974 年

SS750 德斯莫（Desmo，连控轨道气门系统）这个车型的一切都夺人眼球，但更重要的是，它拥有法比奥·塔里奥尼（Fabio Taglioni）的招牌设计：90 度夹角的 V 型双缸连控轨道发动机。该发动机最初是于 1970 年为杜卡迪 750GT 摩托车设计，此后就一直是杜卡迪所有 V 型双缸引擎的基础。最初的 750GT 立即被带上赛场，投入实战。在 1972 年 4 月的伊莫拉 200（Imola，赛道名，因所在城镇得名）比赛中，塔里奥尼和他的团队为英国王牌车手保罗·斯马特（Paul Smart）和意大利赛车手布鲁诺·斯帕贾里（Bruno Spaggiari）准备了 750 V 型双缸机器。没有人认为他们会赢，但赛场出现了轰动性的爆冷门局面：两位杜卡迪车手的表现都超过了大品牌的车手，在比赛中占据统治地位，而斯马特又险胜斯帕贾里，获得冠军。杜卡迪迅速量产出品了 SS750，基本上是伊莫拉 200 比赛中取得胜利的赛道用机器的复制品。新款 SS750 的造型风格，背离了意大利赛车的传统。按传统做法，一切都被涂成红色，而 SS750 那鸭蛋绿和银色的搭配方案，与路上行驶的其他任何摩托车都不同。车头的比基尼式整流罩时尚优雅，侧盖板则做成漂亮的扇贝形，开有槽口，仿佛有什么喷气推进器以某种奇妙方式隐藏在车座下方。此外，凭借其前倾的 V 型双缸引擎，这台车速度很快。最初的 SS750 仅在 1974 年出品了 400 辆限量款，但随后又投产，持续生产两年，只是动力不同，配备了卡特发动机。

滚滚乐地毯清扫机 1973 年

Rotaro Carpet Sweeper

设计者：莱夫海特设计团队

生产商：莱夫海特（Leifheit），1973 年至今

这台现代地毯清扫机本质上是垃圾簸箕与刷子的机械化版本，介于棍子上加上刷毛这种工艺与现代的真空吸尘器之间。尽管第一台地毯清扫机于 1811 年就申获专利，并且美国在 19 世纪下半叶，便开发出了数个批量生产的版本，但直到在君特·莱夫海特和汉斯·埃里希·斯兰尼（Hans Erich Slany）产出的作品中，该设备才实现了最受称道和最完美的形式。莱夫海特设计了一个纤薄的版本，与一根可伸缩的手柄相结合，因此可以将此产品推伸到大型家具下面；这个设计同时还结合有一个去除了顶部或顶盖的簸箕。1973 年的这个“滚滚乐”，融合了 20 世纪 30 年代德国现代主义干净简洁的线条和强烈的几何形式，并带有一丝更靠近当代的新式的美国现代风格。此清扫机在 6 个轮子上运行，轮子驱动 3 只滚动旋转的刷子。这些刷子让污垢和碎屑脱离原位，然后被中央刷辊清扫干净。刷子的高度可调，有四种设置，以适应各种类型的地板。“滚滚乐”由钣金外壳、木料滚轴与坚韧的天然猪鬃构成，这些物料使其成为市场上最耐用的清扫机之一。

精工 LC VFA 06LC 石英表 1973 年

Seiko Quartz LC VFA 06LC

设计者：精工爱普生设计团队

生产商：精工（Seiko），1973 年至 1975 年

在 20 世纪 70 年代初期，数字技术得到重视，并被认为是时计手表类产品的未来。1972 年，位于英格兰的赫尔（Hull）大学发明了扭曲向列式液晶显示技术（简称 TNLCD），这种液晶显示，能以很低的电能功率将光反射到屏幕上，比早期的 LED（发光二极管）所需的更低。在一年之内，LCD 液晶显示技术的实际应用便开发完成。1973 年 10 月，日本手表公司精工推出了 LC VFA 06LC 石英表。手表由诹访精工社（Suwa Seikosha，后来更名为爱普生）研发，是第一个 6 位数的场效应晶体液晶设备，同时显示小时、分钟和秒数。该表用了钛合金表壳，配不锈钢表链。显示屏幕为矩形，在黑色、略有弧度、四角缓和弯曲的框架内保持背光，可在黑暗中读取数字。除了提供数字与背景的鲜明反差、便于识别之外，显示屏内部的光化学和化学物质相互作用，持续寿命可达 50 000 小时。LCD 消耗的电能非常小，可以实现不间断的恒定照明，所以精工的工程师在这里提供了秒数的显示。借助于添加的按钮，用户可调整时间，设置精确到秒。06LC 不仅是一款新手表，更是一台新机器，它使日本的手表制造业走上了上升的轨道。那上升的势头在后一个 10 年（80 年代）的大部分时间都未改变。

比克®打火机　1973年

Bic® Lighter

设计者：火烈鸟设计团队（Flaminaire Design Team）

生产商：比克公司，1973年至今

在比克®取得非凡成功之前，用可燃气体和汽油当燃料的打火机已经存在了几十年。它用来点燃气体的机制，是人类最古老的发明之一：燧石，靠快速击打产生火花。让比克成为新事物的唯一特殊之处，在于它是一次性用品。与竞争对手不同的是，它在设计之初的定位就是价格便宜，使用寿命有限，因此在约3000次点火之后，它的燃料便耗尽，也无法重新补充。比克凭借一次性笔已经获得市场主导地位，在开始制造打火机之后，这家公司便进入了一个非常不同的领域。不过，打火机和笔有共性：它们都必然是高度便携的，这意味着很容易丢失。当然，丢失便宜的一次性打火机或笔，比起丢失那些更昂贵、非即弃的同类用品，懊恼之感要轻得多。设计这个用品时，比克必须考虑到安全问题。正因为如此，决定其下一个产品将是打火机之后，该公司于1972年收购了法国老牌打火机生产商火烈鸟。比克利用火烈鸟巨大的行业遗产，来帮助由莱安德雷·普瓦松（Leandre Poisson）领衔的团队，于1973年推出了第一只比克一次性打火机。详述这款打火机自那时以来惊人的市场成功简直就是多余的，因为它的每天售出量达400万只。

侍酒师系列玻璃器皿　1973年

Sommeliers Range Glassware

设计者：克劳斯·约瑟夫·里德尔（1925—2004）

生产商：里德尔玻璃制品（Riedel Glas），1973年至今

里德尔是拥有240年历史的是一家玻璃制造家族企业，传承经营已经历11代人，一直出品手工吹制器皿以及现在以机器制造的产品。克劳斯·约瑟夫·里德尔（Claus Josef Riedel）教授是家族的第九代玻璃生产商。他第一个意识到，玻璃杯的形状会影响不同葡萄酒的风味和特征。他用吹制出的薄壁、高脚、形状简单的酒杯，取代了彩色和刻花的传统玻璃杯；他将高脚杯子变成了第一个功能性的葡萄酒杯，让玻璃杯简化为最基本的形式：杯碗、脚柄加上底座。酒杯的这一关键变化，是以有10种不同杯子形状的侍酒师系列为开端。该套组于1973年上市发售，研发过程得到了意大利侍酒师协会的帮助。克劳斯的儿子格奥尔格·里德尔（Georg Riedel）进一步开发拓展了侍酒师系列。几乎每年都会增加新款杯子，不仅用于葡萄酒，还用于香槟、高度葡萄酒与烈酒。如今，侍酒师系列包括不少于40种不同的玻璃杯。这个系列始创之初，那些杯子具有不寻常的尺寸和完美的平衡比例，因此很快脱颖而出。今天，即使是机器制造的玻璃杯，也照样模仿这个系列的尺寸和形状，但里德尔侍酒师系列原创品的精致程度是无与伦比的。

盐和胡椒研磨器　　1973 年

Salt and Pepper Rasps

设计者：约翰尼·索伦森（1944— ）；鲁德·蒂格森（1932—2019）

生产商：欧森丹尔，1973 年至今

鲁德·蒂格森（Rud Thygesen）和约翰尼·索伦森（Johnny Sørensen）以使用木质层压板材进行家具设计而闻名。那也是高品质的丹麦设计传统的体现。两位设计师都曾就读于丹麦皇家美术学院，毕业于 1966 年。他们的设计品体现出对工艺和材料品质的执着追求和投入，同时也展示了新颖巧思和创造力。两人将材料和技术视为设计过程中的关键参数。盐和胡椒研磨器具体说明了他们的鲜明特点：精密度、复杂性和创造力。研磨器用铝制成，比传统的木研磨器更易使用。这巧妙的设计有一项特别的专利机制，让用户能够单手握住研磨机，并依靠拇指按压就能激活研磨机构，而这机械构造便释放出新鲜研磨的调味料。两只细长的圆柱形研磨器，竖着插在一个特制专用的支架底座上。此设计的成功在于其美感和创新，与丹麦的设计传统保持一致。蒂格森和索伦森的作品国际闻名，享有美誉，他们的许多设计可在世界各地的珍藏品中找到，包括纽约现代艺术博物馆也有收藏。

多哥沙发　　1973 年

Togo Sofa

设计者：米歇尔·杜卡罗伊（1925—2009）

生产商：利涅·罗塞特（Ligne Roset），1973 年至今

20 世纪 70 年代初期，对家具设计师来说是充满可能性的时段：新材料不断出现并投产，为新创意的实现带来更多机会。法国公司利涅·罗塞特的首席设计师米歇尔·杜卡罗伊（Michel Ducaroy）对此给出的回应，是世界上第一个全泡沫海绵沙发。这直至今日仍被视为大胆到令人惊叹的离经叛道之作，不过也算有点年代化，是时代产物。多哥 3 人沙发完全用涤纶制成，沙发本身没有框架。泡沫外层覆盖着蓬松的衬垫饰面，绗缝而成那种形式，暗示着各种联想：从弯曲的火炉铁皮烟囱，到一管牙膏或大毛毛虫。杜卡罗伊机智地发挥利用材料那软乎乎的特质，创造出一个像贝类一样的东西，双腿疲惫的主人坐下后，沙发那皱褶仿佛表示欢迎，积极地将人吸入其中。多哥沙发在 1973 年的巴黎家具展上获得成功，非常受欢迎，杜卡罗伊和利涅·罗塞特很快着手创作一系列跟沙发配套互补的作品，包括炉边椅子和转角位座椅。随后在 1976 年又推出了灵活的床垫式沙发床。1981 年还进行新尝试，将全泡沫构造与不像多哥沙发那样整体统一的产品相结合，但只有多哥沙发今天仍被认为具有当代感。

芒果餐具套组 1973 年

Mango Cutlery Set

设计者：南妮·斯蒂尔（1926—2009）

生产商：芬兰哈克曼公司（Hackman of Finland），1973 年至 1981 年；伊塔拉，时间不详

在今日的欧洲超市中，芒果可能很容易买到，但在欧洲大陆上，这种水果曾经是难得一见。20 世纪 70 年代初，南妮·斯蒂尔（Nanny Still）访游印度，第一次接触到热带的美味和美食，并被那里的代表性水果——芒果深深吸引，因此她设计了这套产品，表达对芒果的特殊感念。这 24 件套（6 只餐叉、6 把餐刀、6 个汤匙和 6 条茶匙）的鲜明特点，是柔和、弯曲的线条，意在巧妙地呼应成熟芒果那光滑的形态——甚至连刀头都有柔软之感。餐具用亚光拉丝不锈钢制成，每件单品都有一个柔和弯曲的泪滴状手柄，握持和使用起来都令人愉悦。这款餐具既是为日常使用，也是为正式宴饮的桌面摆台而设计，以此为传统银器提供了一种新颖的替代品，也反映了那个时代对创新的包容和接受度。斯蒂尔以其设计的干净优雅气质而闻名，是芬兰 20 世纪最重要的设计师之一。她于 1949 年毕业于赫尔辛基工业艺术学院的金属艺术系。尽管她打算主要从事银制品工作，但战后物资供给紧缩，迫使她多元化。她以玻璃、陶瓷、木材和金属为创作材料，贡献了各种各样的实用功能产品和装饰化作品，助力定义了 20 世纪中叶主导芬兰家居美学的潮流观念。

小马椅 1973 年

Pony Chair

设计者：艾罗·阿尼奥（1932— ）

生产商：阿斯科，1973 年至 1980 年；阿德尔塔，2000 年至 2016 年；艾罗·阿尼奥原创作品公司，2016 年至今

这些抽象的小马小巧可爱，五颜六色，看起来像是专为小孩子而准备，但艾罗·阿尼奥构思之初，是把它们视为俏皮的成人座椅。用户可以面向前方“骑”马，也可以侧身坐在马背上。带衬垫的、织物包覆表面的座凳，与圆管状的框架，清楚地表明它参考了波普艺术的感性表征。成人家具应该是什么样子？我们应如何装饰自己的家？人们对此都有着既定的预期，而本作品则戏耍了程式化的概念。通过这种手法，阿尼奥将深受喜爱的儿童玩具木马变成了成年人的用品。在 20 世纪 60 年代后期，许多北欧设计师尝试使用塑料、玻璃纤维和其他合成材料。这些新材料为座椅带来了新的形式和新的解决方案。在阿尼奥和维尔纳·潘顿的引领作用下，这些设计师们研究、探索了家具的边界。潘顿和阿尼奥都强调几何形状，然后将这些形状转化为可用的家具。小马椅可谓一把成人版儿童椅，至少在尺寸比例上是这样。小马椅目前可从艾罗·阿尼奥原创作品公司购买。椅面软垫罩有白、黑、橙、粉红或绿色的松紧弹力面料，仍可为成年人提供一个想象与欢乐的寄托之物。

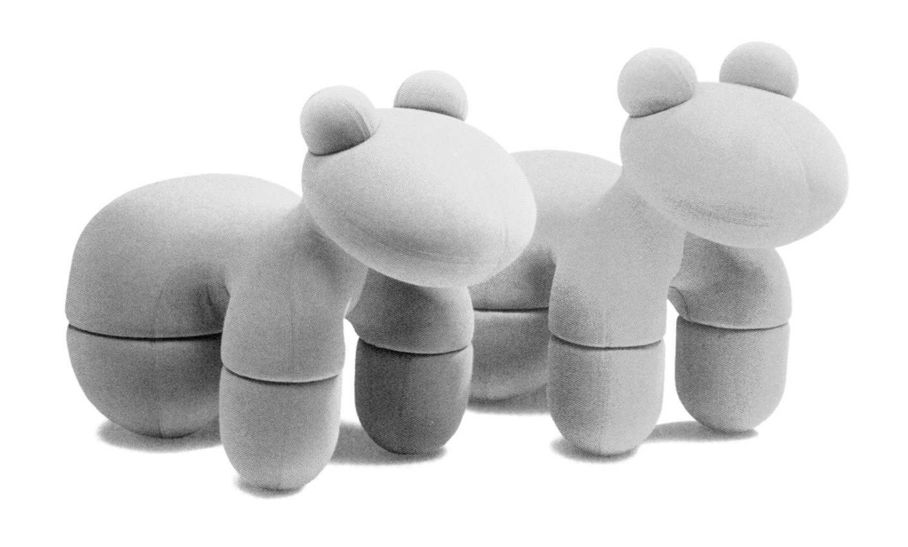

木棍子衣架 1973 年

Sciangai Coat Stand

设计者：乔纳坦·德·帕斯（1932—1991）；多纳托·杜尔比诺（1935— ）；保罗·洛马齐（1936— ）

生产商：扎诺塔，1973 年至今

木棍子衣架由 8 根在中间部位用螺栓拧在一起的木杆组成。尽管其成品的饰面效果挺雅致，但它只不过是一捆紧凑固装集合起来的细木棒。不过，当释放打开时，这些棍子会呈螺旋锥体状支撑，变成最吸引眼球的衣架造型之一。设计师们选择将这个支架命名为“木棍子”，是创造了一个双关语：本品名称的原文 Sciangai，是意大利语对捡木棒游戏的指称。游戏要求参与者将一根棍子从一堆中取出，同时不会干扰到其他棍子。这种乐趣感贯穿于本设计的数个产品中：锥体圆底的直径规格从 41 厘米渐次扩展到 65 厘米。此衣架最初是用山毛榉木制作，然后用了橡木，现在可提供的也有涂清漆的白蜡木款。木棍子衣架由建筑师乔纳坦·德·帕斯、多纳托·杜尔比诺和保罗·洛马齐打造，这是简化为最原初形式的便携式家具。便携可折叠，这种特性追随了该先锋团队对临时建筑和充气家具的开创性研发——他们最著名的设计是 1967 年的充气椅——也延续了他们对灵活、适应性强的移动生活的兴趣。在 1979 年的米兰三年展上，此衣架赢得了声誉卓著的金圆规奖。

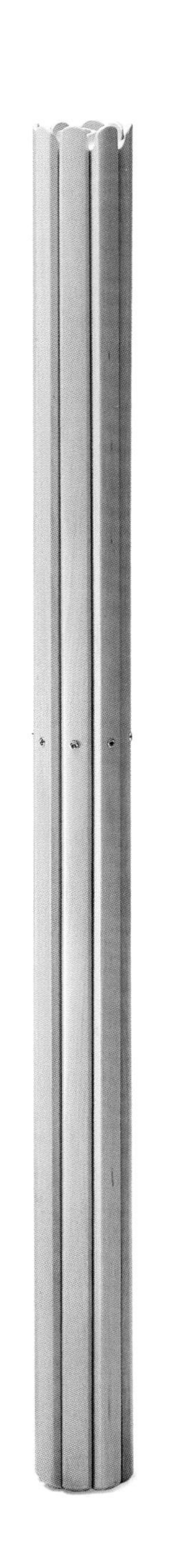

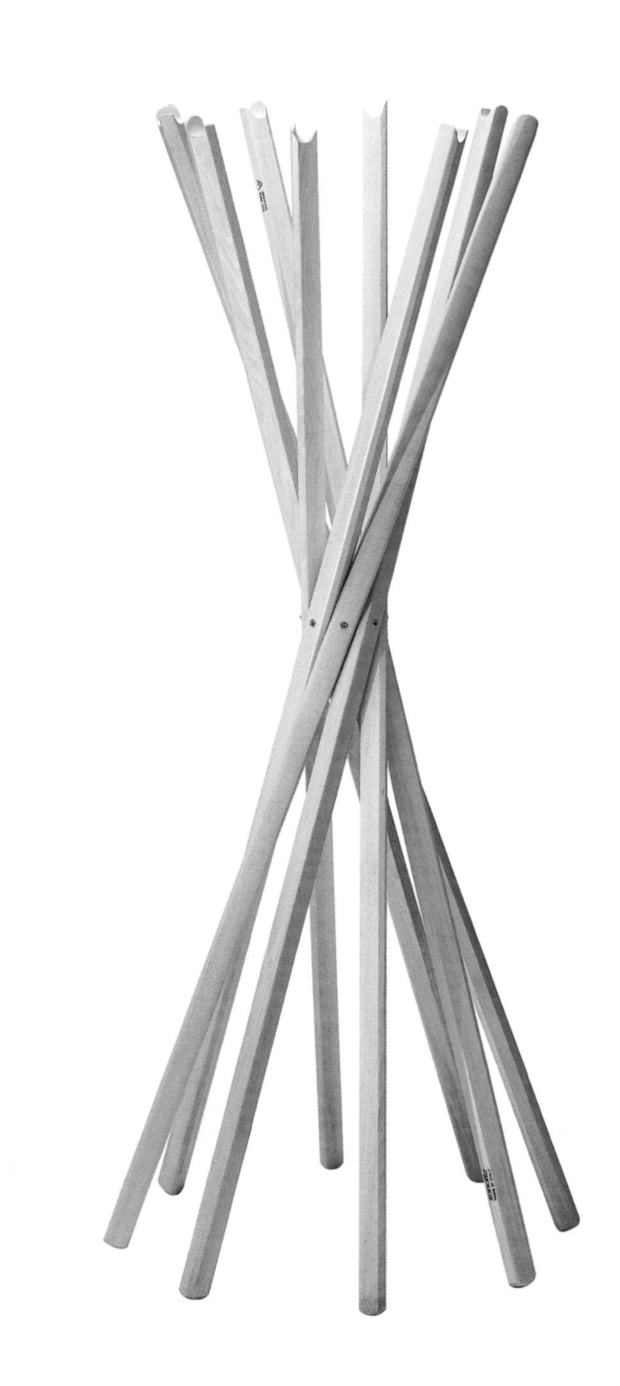

魔方 ® 1974 年

Rubik's Cube®

设计者：厄尔诺·鲁比克（1944— ）

生产商：理想玩具 /CBS 玩具公司（Ideal Toy Company/CBS），1980 年至 1985 年；七镇（Seven Towns），1985 年至今

20 世纪 80 年代初，魔方热潮席卷了玩具业。魔方，正如它最初的名字“鲁比克魔方”所示，是由匈牙利建筑师和设计专业教授厄尔诺·鲁比克（Ernö Rubik）发明。他自 70 年代中期以来一直在琢磨、把玩这个玩具概念：形式为立方体，足够小，可以随身带到学校，并且要足够难解，迫使人动脑筋，看起来具有教育意义。此立方体的表面共有 54 个彩色正方形，分成 6 组色彩，每组色彩代表 6 个面当中的一个面。随机扭动立方体，会使小方块的颜色混乱，然后必须重新排列，恢复为每一面同色的原始配置。1980 年，理想玩具公司以“鲁比克魔方”的品牌名出口了此玩具，让魔方成为人手必备的新品。很快，问题的重点不再是如何将此立方体恢复原状，而是你能以多快的速度完成它。此作美感的关键所在，是设计的外在显然很简单：26 个小立方块，由一个中央机构固装连缀在一起，形成一个可在水平和垂直方向上 360 度扭转的大立方体。正是因为鲁比克发明了这个核心部件，他成为一位创新者（他以前曾尝试过制作松紧带，但未成功）。至 1983 年，魔方已售出超过 1 亿件，是 20 世纪最成功的玩具之一。

大众高尔夫 A1 车型 1974 年

VW Golf A1

设计者：乔吉托·乔治亚罗（1938— ）

生产商：大众汽车，1974 年至 1983 年

大众高尔夫 A1 于 1974 年推向市场，代表了汽车设计的一个里程碑。战后那一代意大利汽车造型师的影响力日渐式微，而这款车正诞生于那个时期，标志着一个新的方向——从有机曲线转向新的空气动力学理念，更偏好使用直线条和楔形的车头造型。此时，大众汽车正寻找一款锐意创新的车型，来取代已长期服务于市场的甲壳虫车型。大众转向乔吉托·乔治亚罗（Giorgetto Giugiaro）位于都灵的公司“意大利设计”（Italdesign）寻求出路。乔治亚罗曾与菲亚特的但丁·贾科萨合作过，他明白，当工程技术上的考虑与艺术理念融合在一起时，汽车设计才会处于最佳状态。合作结果便是一件很均衡的作品，其中每根线条都发挥着一个关键作用。这辆小型车有着能满足实用的内部空间，优雅的、数重立面的车身外壳，快速向前倾斜的引擎盖和大小长度恰到好处的车尾，营造出一种运动感。人们一见之下就能感受其吸引力，因此这个车型销量极大。后来，大众又推出同系列的其他车型，包括了敞篷车。乔治亚罗成功地创始了一场汽车造型革命，影响了 20 世纪 70 到 80 年代开发的许多车型，其中也包括他自己的 1981 年版的菲亚特熊猫。直线条和楔形车身前部，被引入和运用在大众高尔夫上，预示着一个舒适性和实用性至上的新时代正在到来。

复合材料网球拍 1974 年

Tennis Racket

设计者：霍华德·海德（1914—1991）

生产商：海德公司，1974 年至 20 世纪 80 年代

网球拍的设计，基本上就是一根木棒，带有手柄和泪滴形、用于击球的头部，在过往大约 300 年的时期内几乎没有变化。设计师霍华德·海德在 20 世纪 60 年代后期对此进行试验，开始利用他的公司制造滑雪板时应用于那些新设计的技术。这涉及使用金属部件和蜂窝状塑料网，并于 1969 年试制出品了第一个复合材料球拍。该设计最终于 1974 年得到完善。在次年的温布尔登公开赛决赛中，亚瑟·阿什（Arthur Ashe）用这种坚固、轻巧的框架球拍击败了吉米·康纳斯（Jimmy Connors）。新球拍让阿什能更好地控制球的线路，击球力量更大。他的胜利引起了公众对该设计的关注。此后进一步的创新引入了玻璃纤维和新开发的碳纤维。使用碳复合材料，可让球拍头的面积更大；“甜区”，即可让球速更高的最佳击球位置也更大；还可以更好地控制偏心球的冲击力度。球拍总长 69 厘米，网拍部分长 31 厘米，宽 23 厘米。网球业生产商王子公司 1976 年出品的 710 平方厘米的球拍，是第一款超大球拍，也是霍华德·海德负责设计。当今的网球运动极具力量感，很大程度上都应归功于海德开创的复合球拍技术。

摩比世界玩具 1974 年

Playmobil

设计者：汉斯·贝克（1929—2009）

生产商：摩比世界公司（Playmobil），1974 年至今

汉斯·贝克（Hans Beck）于 1974 年为他的雇主霍斯特·布兰兹塔特（Horst Brandstätter）设计了这种人形玩偶儿童玩具系统。布兰兹塔特是杰奥布拉·布兰兹塔特商号的所有者。这是一家德国公司，于 20 世纪 50 年代开始生产塑料玩具。曾有数年时间，贝克经常会花几个小时观察孩子们玩耍，得到的成果就是这些 7.5 厘米高的人偶造型玩具。人形的尺寸比例，根据儿童手的大小和灵巧程度来决定。人偶的设计则促进儿童进行创造性游戏，同时发展想象力和提升肌肉运动控制能力。它们的特征是可旋转的球状头部，可更换头发或头饰，还有铰接到躯干上的四肢和能抓握东西的双手。这些设计特点带来了人偶基本主体的改造空间：可进一步完成其形象，给人偶穿上各种服装，配上手持附件。自上市销售以来，该系列已经发展成为不仅包括人偶，还包括各类动物和车辆的完整世界。而其之所以持续受欢迎，部分原因是这些人偶虽只是几何形，但很有性格特色，而且明显简单易懂。贝克并不迎合市场需求，拒绝出品战争枭雄类的人偶或恐怖角色，也不出品纯粹赶潮流的短周期角色。由小人偶组成的这个家族，是在 70 年代中期的石油危机期间发售推广，最初规模很小，但现已发展成为公司的核心产品。该公司总共生产了超过 17 亿个小人偶。如今，原初的盒装套组产品具有很高的收藏价值。

软木塞开瓶器 1974 年

Corkscrew

设计者：彼得·霍姆布拉德（1934— ）

生产商：斯特尔顿，1974 年至今

彼得·霍姆布拉德（Peter Holmblad）最初受雇于斯特尔顿，担任推销员。当时的斯特尔顿还是一个生产家用不锈钢制品的小公司。霍姆布拉德显然了解设计的重要性，并且在这方面有一个重大优势：他是阿恩·雅各布森的养子。至 20 世纪 70 年代，他已经成为斯特尔顿商号的所有者，曾孜孜不倦地劝说雅各布森设计其著名的圆柱系列器皿，雅各布森最初并不热心，但最终获得了相当不错的声誉。雅各布森的那套家居器皿，用拉丝不锈钢制成，为生产商斯特尔顿赢得了国际范围内的良好口碑。虽然霍姆布拉德希望雅各布森扩大那套产品的范围（他希望有一个鸡尾酒调酒器），但后者对酒类及其用品不感兴趣，未被说服。雅各布森去世后，通过引入和添加小型厨房工具，霍姆布拉德开发拓展了该圆柱系列。他对开瓶器的现代化改造直截了当。这个产品最初用镀镍钢制成，现在则由钢制成，但采用特氟龙镀层，可与斯特尔顿旗下的其他产品无缝结合。除了葡萄酒软木塞开瓶器，霍姆布拉德的这个系列还包括饮品开瓶器、鸡尾酒取酒量杯、奶酪切条刀和干酪切片刨子。

4875 椅子 1974 年

4875 Chair

设计者：卡洛·巴托利（1931—2020）

生产商：卡特尔，1974 年至 2011 年

卡洛·巴托利（Carlo Bartoli）的 4875 椅子，具有卡通化的特质、柔和的曲线和紧凑的比例，这在很大程度上要归功于同是卡特尔生产的、本椅子的两位著名“前辈”——马可·扎努索与理查德·萨珀在 1960 年出品的堆叠式儿童椅，以及乔·科伦波 1965 年的 4867 椅子。不过，与早期的用 ABS 模制的那两把椅子不同，4875 椅子用聚丙烯制成。聚丙烯是一种用途更广，更耐磨的塑料，且价格便宜很多。巴托利研究考查科伦波与扎努索和萨珀的椅子的结构，由此开始了他对 4875 椅子的设计。他使用相同的单一整体构造，将座位椅面和靠背整合到一个模具中。4 条圆柱形椅腿，是在此后分别模制。恰到好处的是，在这设计开发和打磨的两年当中，新型塑料聚丙烯问世了。卡特尔公司利用这一点，决定以新材料来制造 4875 椅子，还在椅面下方增加了肋骨式小横条，以加强椅腿接头处的牢固度。至 20 世纪 70 年代时，塑料已经不再时髦，因此 4875 从未达到与卡特尔的前代座椅产品相同的地位。尽管如此，这椅子还是一上市就成为畅销品，并于 1979 年被选中，荣获金圆规奖。

香波咖啡壶 1974 年

Chambord Coffee Press

设计者：卡斯滕·约根森（1948—　）

生产商：博杜姆（Bodum），1982 年至今

香波咖啡壶遵循了法式滤压壶的工作原理，使任何人都可以在家里制作出一杯美味咖啡。它简单易用，这使其立即大受欢迎，且持久流行。这款咖啡壶的形状和构造，经过周到考虑，带来最简单的咖啡冲泡方法。法式滤压壶，名为法式，实际上是由意大利人阿蒂利奥·卡利马尼（Attilio Calimani）于 1933 年发明。不过，博杜姆品牌已成为咖啡冲泡过程的代名词，在大多数欧洲家庭中都可看到香波款式的法压壶，变体版本众多。这款柱塞阀式法压壶，是由卡斯滕·约根森（Carsten Jørgensen）于 1974 年设计，自 1982 年以来由博杜姆生产。耐热的派热克斯玻璃烧杯、镀铬的框架与黑色耐用的胶木塑料旋钮以及手柄，这样的组合使这个超越时间的设计方案闻名于世。它今天仍和刚面世时一样受欢迎。与简单而朴素的设计相伴随的，是绝对的实用性：本壶可完全拆卸，便于清洁和更换任何部件。借助香波咖啡壶，博杜姆旨在为咖啡机开发一种新的设计语言，将美感、简单和优质的材料融入日常生活。

“放入”冰桶 1974 年

Input Ice Bucket

设计者：康兰联合事务所（Conran Associates）；马丁·罗伯茨（Martin Roberts，1943— ）

生产商：彩色蜡笔（Crayonne），1974 年至约 1977 年

1973 年，艾尔非（Airfix）塑料公司打算生产独特的家用产品，特地联系了康兰联合事务所作为设计顾问来协助这项工作。努力的成果，便是 21 件套的“放入”系列容器，以彩色蜡笔品牌进行营销。在将优质的日常用途塑料小件带到英国这一点上，这些产品扮演了重要角色。该系列包括碗、碟、托盘、花瓶、锅，以及这个“放入”冰桶。有些产品有盖子，有些是敞开式的。某些型号有不同的内嵌物或内胆，采用陶瓷或蜜胺树脂材料，而考虑到冰桶的功能需求，则用了隔热的内胆。这些产品的色彩生动鲜艳，有红、黄、绿或白色供选择。这些单元个体只是以编号来指称，意味着它们可服务于任何用途，任何地方均可用，并且都具有相同的直径与高度比例，从而具有一种整体系统的、集成般的特质。每件产品均采用厚重的 ABS 塑料生产，因 ABS 硬实、坚固的表面能防刮擦和防碎而受到青睐。低速率的注塑进程，使每件单品的厚度几乎是其他 ABS 产品的两倍，增加了它们的坚固度。“放入”系列于 1974 年推向市场，很快成为畅销产品，并获得消费品类别的设计委员会奖（Design Council Award）。不巧的是，70 年代中期石油危机爆发，这意味着塑料制品热潮崩解，“放入”冰桶这一类的产品在经济上不再可行。

小狗马桶刷 1974 年

Cucciolo Toilet Brush

设计者：莲池槙郎（1938— ）

生产商：格迪（Gedy），1974 年至今

小狗马桶刷有着雕塑的形式，掩盖了其作为简单工具的功能目的：执行最令人不快的家务之一。本设计 1979 年获得金圆规奖，从 1976 年以来便在纽约现代艺术博物馆展出。这款卑微的马桶刷已被莲池槙郎（Makio Hasuike）转化为美学物件。格迪公司最初找到莲池时，他首先考虑了卫生方面的因素。他能想到的最卫生的物品是盘子之类的，所以他开始设想一个无任何隐藏式沟槽区的刷子存放设备。莲池意识到，卫浴间已经演变成一个可向客人展示的场所，所以他想让主人对这个卫浴用品有一点点的自豪感。这个物品不仅应该满足功能需求，经济耐用，还应该具有使用乐趣，成为值得人们看一看和欣赏的东西。由此产生的设计，呈现为简单的形式，带有一个浅凹陷区，用于暂存刷子中残余的水滴。小狗马桶刷非常成功，多年来它一直是格迪的标志性设计，而且至今仍然是该公司的畅销产品。

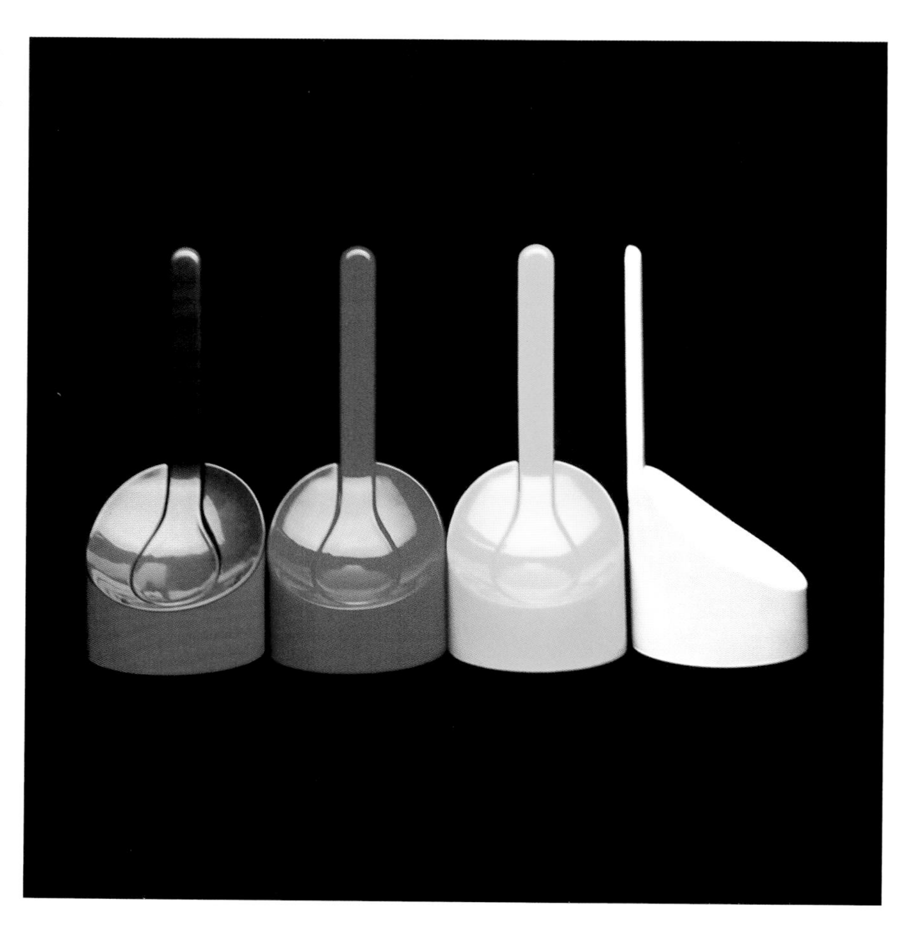

大绿蛋 1974 年

Big Green Egg

设计者：埃德·费舍尔（1934— ）

生产商：大绿蛋（Big Green Egg），1974 年至今

蒸烤炉（Mushikamado）原本是一种传统炉灶，烧木头或木炭，在日本已经使用了数个世纪，充当一个封闭的陶瓷炊具，用于蒸米饭。在 20 世纪中叶，该设计有了更新升级，配备了炉排，可用于烧烤、烘烤和炭烤食材。美国海军军官埃德·费舍尔（Ed Fisher），于 20 世纪 50 年代驻扎在日本，首次见到这种炉灶。他看到了它们内含的独创巧思，成为将炉灶进口到美国的第一批人之一。然而，由于原始版本非常脆弱（加热会导致炉体破损，温度也极易波动），费舍尔便寻求改进炊具。他与佐治亚理工学院合作，因为该学院开发过一种极其耐热的轻质陶瓷，且用于美国国家航空航天局的航天飞机项目。研制出的蛋形烤炉被称为大绿蛋，是因为外部厚实的瓷珐琅涂层的用色。烤炉用特别细的黏土烧制成，能均匀地膨胀和收缩。这种材料不仅最大限度地减少了炉体开裂的概率，而且由于它内部的孔隙更加微小，有助于食物锁住大部分水分。浅凹陷的表面是由手工敲打成型，并无任何实用功能，但仍成为该品牌视觉形象不可或缺的一部分。本设计自推出以来基本保持不变。

脊椎椅 1974 年至 1975 年

Vertebra Chair

设计者：埃米利奥·安巴兹（Emilio Ambasz，1943— ）；吉安卡洛·皮雷蒂（1940— ）

生产商：KI，1976 年；卡斯泰利、哈沃斯，1976 年

脊椎椅是第一款会自动适应用户身体动态的办公椅，使用弹簧和平衡配重系统来支持日常工作。选择用脊椎来为椅子命名，是为了表示落座者的背部和椅子动态之间的密切关联。它被认为是这类办公椅中最早的之一：考虑并体现了这些研究成果——人们如何工作以及设计师可如何辅助支持人们工作。该设计中，包含有座椅面和靠背的自动调节机制，能响应落座者的动作，从而免除了手动调整的需要。“腰椎支撑”这一表述，是随着脊椎椅的问世而创立的，因为此前的椅子是规定、指定人们的姿势位置，但不一定顺应支持那些动作。椅子的机关要件大部分都在椅面座盘下方，或在支撑椅背的两根厚度达 4 厘米的管材上。脊椎椅还为家具设计引入了新的视觉词汇，体现为铸铝底座和灵活的钢管框架。这个产品曾赢得多个设计奖项，其款型多年来只有过非常轻微的改动。安巴兹和皮雷蒂的作品引入了关于家具的新对话，这个对话就像他们的脊椎椅一样，40 多年后仍在继续。

巴比罗纳灯 1975 年

Papillona Lamp

设计者：阿芙拉·斯卡帕（1937—2011）；托比亚·斯卡帕（1935— ）

生产商：弗洛斯，1975 年至今

优雅的巴比罗纳灯，源于设计师托比亚和阿芙拉·斯卡帕夫妇与意大利照明公司弗洛斯之间的创新合作关系。巴比罗纳灯是对 20 世纪 30 年代发光体落地灯独立式照明系统技术的再发明，是易携带版本，类似一枝长茎秆花朵。不过，花儿优美的茎秆是用两片挤压型铝材制成，向上托起金属质感棱镜玻璃的水晶花头。托比亚是颇有影响力的建筑师卡洛·斯卡帕的儿子。他与阿芙拉也从事商业建筑项目和室内设计，也许他们最出名的作品是为贝纳通服装公司所做的设计。他们的路径与方法体现了对意大利工艺传统的信念，对新材料试验的专注投入。巴比罗纳灯也不例外：每个折角和连接部位都完美地铰接在一起，玻璃的反射兼扩散器投射出间接光线，具有强烈的几何形态的存在感。灯杆为空心，隐藏了内部的布线。底座和灯头扩散器支架采用压铸铝精心打造，并喷漆装饰。巴比罗纳灯是首批采用卤素照明技术的灯款之一，因此它具有更长的光源寿命，每瓦功率的流明输出值更高，光束控制也得到了改进。自 1975 年推向市场以来，它就成为弗洛斯生产目录中的一个永久固定单品。

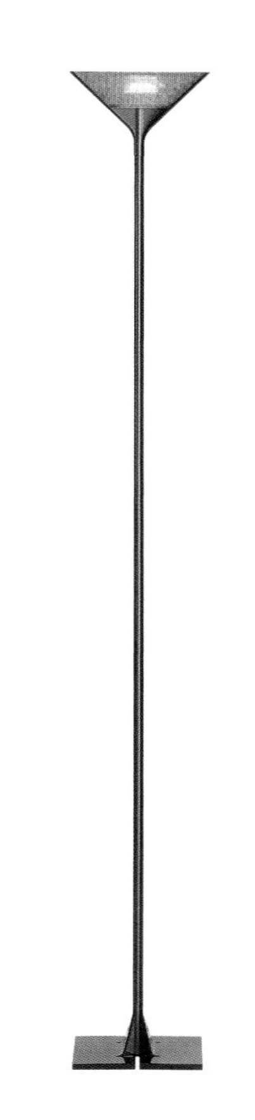

布朗普顿折叠自行车 1975 年

Brompton Folding Bicycle

设计者：安德鲁·里奇（1947— ）

生产商：布朗普顿（Brompton），1976 年至今

布朗普顿折叠自行车采用小轮子，与钢管车架通过铰链拼装，可如一个包裹那般提着，很轻便。它的成功来自几个因素的综合作用：令人沮丧的城区交通状况、自行车盗窃案的高发生率，以及人们对骑行单车作为健康交通工具的兴趣。这种兴趣程度之高，使布朗普顿单车不再只是一种专业产品，西装革履的通勤者骑行此车，越来越常见；骑这款车的年轻人也同样增多，虽然喜欢小轮车的年轻人玩 BMX（极限小轮车）更为常见。布朗普顿不仅是英国制造，而且是在伦敦制造，这本身就是一项壮举。发现没有生产商愿意接受他的发明，安德鲁·里奇（Andrew Ritchie）只得自己开始制造，并让他的工厂致力于不断完善此车的设计、制造和工艺。要折叠或展开自行车，需要几个大的翼形螺母这类的固定件，配合螺栓来锁定两处铰链，而后部三角框架和车轮，收起或打开时，只需在车架下方横向摆动。车子重量够轻，在 10 到 12 千克之间，乘坐交通工具时携带，是非常合理的行李。布朗普顿折叠自行车可能不适合用于环游世界骑行，但在几乎任何城市骑行，则绝对是首选。

活动脚凳　　1975 年

Kickstool

设计者：威度设计团队

生产商：威度（Wedo），1976 年至今

凳子，必须做两件相互矛盾的事情：首先，它们必须提供一个安全的基础，供坐下停留或站立于上；其次，它们应该是可移动的。威度（Wedo，为人名 Werner Dorsch 的缩写）用活动脚凳解决了这个问题。凳的底座上安装了 3 个脚轮，可以自由滚动。这意味着，可以用脚推动它滚过地板，从而让手空出来携带书籍或文件。如果不是因为本设计中真正创新的那部分，这些脚轮会使凳子不稳定，站立在上面就变得危险。创新在于，一旦将重物放在凳子顶部——比如，人站在上面——整个凳子便下沉一厘米，锁定脚轮，并使底座那宽宽的圆形边缘与地板接触。接触地板的面积大，重心低，这就使得凳子非常稳定。凳子的圆形平面进一步增强了这种稳定性，因为，在挪移和重新定位后不必特意对齐脚下站位。此设计非常简单，但与其他更传统的解决方案相比，活动脚凳具有绝对优势，使其成了图书馆管理员和档案管理员职业的一个象征。

非洲椅子　　约 1975 年

Africa Chair

设计者：阿芙拉·斯卡帕（1937—2011）；托比亚·斯卡帕（1935—　）

生产商：马克萨尔托（Maxalto），约 1975 年至 1979 年

阿芙拉与托比亚·斯卡帕，在夫妇二人那漫长的职业生涯中，他们对各种现代材料和新颖的制造方法都十分欢迎，但设计这款非洲椅子，他们则尝试采用了最古老的方法之一。椅子的靠背包含了两部分，不过是用一块胡桃木从中间劈开、再手工雕刻而成。椅背那球状的顶部镶嵌着弯曲的乌木条带，让人联想到地图等高线。这些元素让椅子看起来像传统的木制非洲家具。尽管椅子外观坚硬、粗壮、沉重，但其缓缓倾斜的黑色皮质椅面和靠背倾斜的顶部，为落座者的身体提供了充足的支撑。支撑后腿的微妙的黄铜元件，也带来一种低调的对位平衡感。木材的颜色和纹理自然变化，确保每件作品都是独一无二的。这两位意大利设计师的产品完全由手工制作，突出天然材料的美，是对 20 世纪 70 年代在家具中使用塑料的潮流趋势的反抗。该椅子作为斯卡帕夫妇阿尔托纳（Artona）系列中的一部分推出，而该组合项目是由 B&B 意大利公司旗下的专业部门马克萨尔托生产的第一个系列。马克萨尔托成立于 1975 年，完全专注于高端木制家具。事实证明，这把椅子非常受欢迎，并因其简约、优雅的美感而广受赞誉，这是这对夫妇设计风格的典型代表。

特拉托笔 1975 年至 1976 年

Tratto Pen

设计者：意大利设计集团

生产商：菲拉（Fila），1976 年至今

自发明问世以来，特拉托笔已助力完成了无数文字创作和绘图作品中的曲线、墙角类花饰和涂鸦。该笔由菲拉（也常写作 F.I.L.A，与运动品牌斐乐并非同一公司）制造，由总部位于米兰的意大利设计集团（Design Group Italia）设计。凭借特拉托笔，菲拉开始了一系列书写工具的生产，将传统的笔重塑为现代、创新和时髦的设计对象。1975 年到 1976 年间，意大利设计集团推出了特拉托精描细线笔，其轻盈的形态与精微的记号痕迹标注能力，确保它一炮而红。1978 年，在此基础上增加一个笔帽夹子，推出了特拉托笔夹精描细线笔（Clip fineliner）。原初版和带笔夹的精描细线笔，都受到高度称赞，在 1979 年赢得了金圆规奖。特拉托笔的成功继续向前推进，带来成功的新品有特拉托象征合成笔尖笔（Symbol，1990）、菲拉特拉托马迪克圆珠笔（Matic，1994）和特拉托激光细针尖笔（Laser，1993 年）。这些笔以自然有机且纯净的形式延续了前辈的遗产，而新笔尖的引入确保了特拉托在写字和绘图世界受到欢迎和青睐。特拉托笔已经证明，其在创造性表达方面发挥着重要作用。这支笔未来的成功，存在于尚未得到记录、誊写的无数的思想观念中。

氪石 K4 1976 年

Kryptonite K4

设计者：迈克尔·赞恩（1948— ）；彼得·赞恩（Peter Zane，1950— ）

生产商：氪石公司（Kryptonite），1977 年至 1991 年

在氪石 K4 锁问世之前，阻止自行车被盗的最常见方法是用铁链将车拴在固定架子或栏杆上，再以挂锁锁住链条。这个办法存在一个缺陷：一把断线钳在几秒钟内就可让任何链条形同虚设。迈克尔·赞恩（Michael Zane）的解决方案，真正抓住了简单的本质。他取消了链条，所设计出的可谓一把放大优化的挂锁，专注于既有的挂锁机械布局中最强的元素。因此，氪石 K4 诞生了，这是专门为自行车打造的第一把锁。氪石锁由 U 形钢条组成，钢条镀锌和镍，外有乙烯基涂层；U 形钢固装在一把长鼓形的弹子锁上。该锁身足够厚实，可劝退、阻止所有临时起意的盗窃企图，这一说法该公司曾定期在街头随机测试。1972 年，赞恩对原型产品进行了压力测试，将其锁在纽约格林尼治村的一根路标杆上，长达 30 天，锁毫发无损。但最高的认可还是来自客户：氪石，起步只是单人小手工活计，通过口碑相传赢得了成功。这是一款经久不衰的产品，如今仍有 U 形锁的更新版本在生产。那些版本都源自此设计，在世界各地均有销售。

索米餐桌餐具 1976 年

Suomi Table Service

设计者：蒂莫·萨帕涅瓦（1926—2006）

生产商：罗森塔尔，1976 年至今

20 世纪 50 年代中期，菲利普·罗森塔尔开始邀约知名设计师合作，为北美市场提供一系列高质量的现代家用瓷器。由蒂莫·萨帕涅瓦设计的屡获殊荣的索米餐桌餐具，是罗森塔尔受欢迎度相对更高的系列之一，自 1976 年面世以来一直在生产。萨帕涅瓦接受的专业训练是雕塑，尽管他以玻璃作品而闻名。索米系列具有一种特质，让人想起他对创造美丽样式形态的激情。该套组最初采用不加任何装饰的白瓷制成，呈圆角方形，与被水流磨滑的鹅卵石的形状相呼应。索米（也即芬兰语中的“芬兰”），也有其他的型号生产，带有一系列不显眼的表面装饰，以微弱的压痕构成纹理图案。这些图案变体的产品型号命名包括“仰光”“无烟煤”“纯净自然”“视觉诗歌”（Visuelle Poésie）；但目前尚不清楚，这些主题的装饰是否确定咨询了萨帕涅瓦，因为他自己的雕塑作品也是抽象的，经常有着庄重深远之感。1992 年，巴黎蓬皮杜中心的当代设计展品部将索米系列纳入永久收藏，这再次证明了该餐具项目的成功。

一致托盘 1976 年

Uni-Tray

设计者：渡边力（1911—2013）

生产商：第一（Daiichi），1976 年至 20 世纪 90 年代；佐藤商事，1999 年至今

工业设计师渡边力，是最早在日本成立独立设计公司者之一。20 世纪 40 年代后期，他创立了 Q 设计师事务所。他的简单托盘，在最初构思中定位为第一个用于放笔的不锈钢浅盘，但实际能服务于多种用途：放在办公室或床头柜上它看起来同样不错；不过，日本国内的商店和餐馆的收银员倒是普遍使用此盘。它是如此成功，以至于催生了许多模仿之作。值得一说的是，当原初的生产商“第一”公司在 90 年代后期破产时，未经设计师许可，使用原始模具生产的盗版版本便大量出现，这增强了渡边将托盘重新投入生产的决心。他被介绍给佐藤商事公司。1999 年，浅盘以改进版本再次上市。产品形式比原来的略圆，边缘也更圆、更缓和，这为一个原本可能被视为略带医疗用品性质的物体增添了一丝柔和感。原初款的外表只有镜面处理效果，但现在它们有 3 种不同的表面处理——镜面、拉丝和喷砂细粒，以及 3 种不同的尺寸。为配合重新启动发售，托盘在此前的“独有”和“万用”两个名号之后更名为一致托盘（Uni，也有统一、联合之意）。2001 年，托盘被授予 G-Mark 奖，即日本优良设计奖。

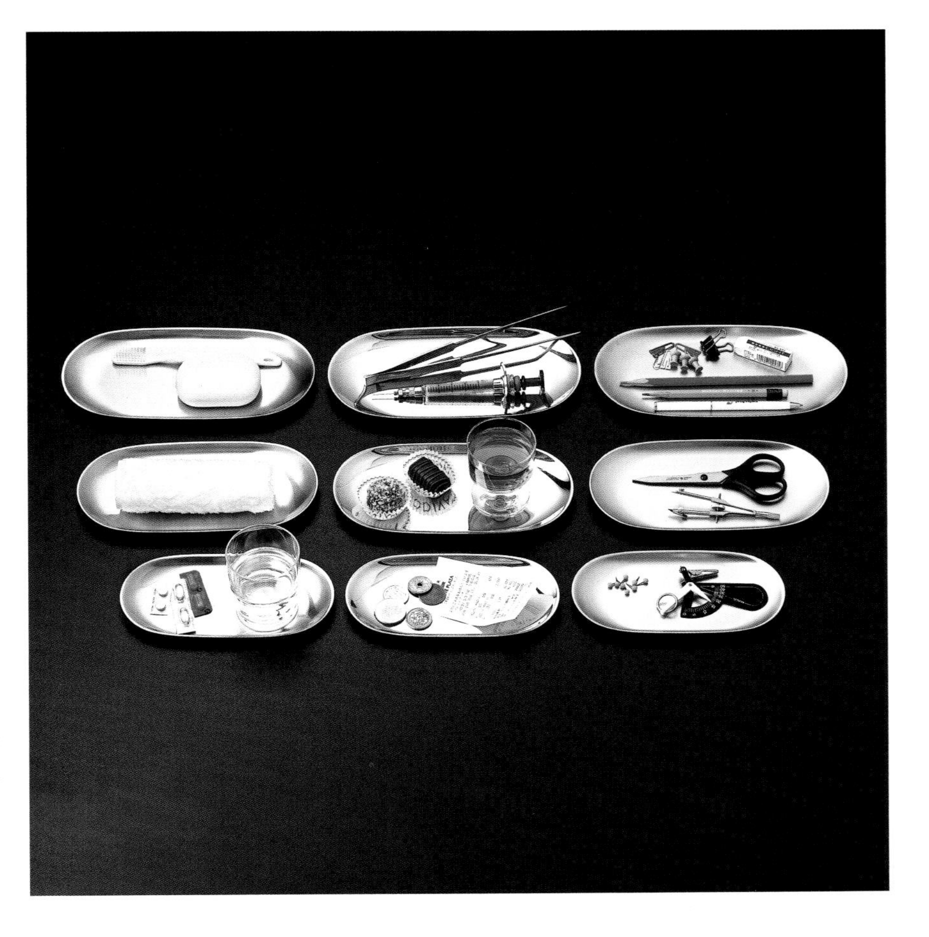

玻璃椅子及其系列　　1976 年

Glass Chair & Collection

设计者：仓俣史朗（1934—1991）

生产商：美穗屋玻璃（Mihoya Glass），1976 年

在 1976 年的这张玻璃椅中，仓俣史朗展示了对传统扶手椅的新诠释。传统扶手椅是西方家具设计的一个标准。这款椅子被简化为其基本元素，结果形成了一种精简但又复杂的形式，让艺术与设计的边界模糊不清，仓俣借此也成功地同时挑战了艺术与设计这两个概念。在这里，他采用玻璃板材，最大限度地减少如接头和接缝之类的视觉杂质，结果就是一个纯粹的极简设计，一件真正跨学科、跨领域的作品，具有理智和实践两个层面上的精确与严谨，毫不妥协。仓俣借助于玻璃来塑造每个元素，将我们的常规预期上下颠倒、里外颠倒，使一件具体实在而又坚固的家具几乎隐形。然而，尽管它激进，仓俣的设计仍具有实际功能：椅子仍可当椅子用，尽管外观空灵，其材料却保证椅子结实坚固。在他的大多数作品中，正如我们可在这个设计中看到的那样，仓俣挑战了物质世界的极限与边际。他巧妙熟练而大胆地使用材料，试图让物品本身消失，并在形态转化的关键点反复创造“边际临界物体”，正如埃托·索特萨斯曾经评论的那样，“材料变得轻盈，重量变成空气”。

“火锅”系列　　1976 年

Firepot Series

设计者：格雷特・迈耶（1918—2008）

生产商：皇家哥本哈根瓷器厂（Royal Copenhagen Porcelain Factory），1976 年至约 1986 年

20 世纪 70 年代，为现代厨房制定实用、省时的解决方案成为许多生产商优先考虑的重点，因为有越来越多的女性加入劳动力队伍，必须压缩家务时间。丹麦瓷器生产商皇家哥本哈根一直致力于生产可以直接从冰箱放到烤箱，然后又可拿到餐桌上的餐具。此追求直到这一天才实现：他们的试验室发现了堇青石，一种镁矿物，具有热膨胀率低的特性，因此能承受巨大的温度变化。丹麦建筑师及设计师格雷特・迈耶（Grethe Meyer）为该公司出品的“火锅”系列（包括盘子、碗、平底锅，砂锅和陶罐等，因耐热才得名“火”锅），便是使用了堇青石瓷。每件单独的产品——这样的单品有 25 到 30 个，都可用于冷冻，然后放到炽烈的炉头上，放到烤架下，或放进烤箱中，而不必担心会破裂。与迈耶的许多其他餐桌作品一样，“火锅”容器的特征体现为，严谨低调的外观，服务于实用的产品形态。同时，那平滑、圆乎乎的形状是参考了传统的粗陶器，独特的喇叭状外卷边缘，舒适，易于抓握。虽然产品没有上釉，但随着时间的推移，堇青石赋予了它们迷人的深色铜绿。尽管外观简省，但此系列出色地结合了品质与经济性，是烹饪用具的一项创新，在 1976 年为迈耶赢得了享有盛誉的丹麦工业设计奖。

注塑烟灰缸　　1976 年

Ashtray

设计者：安娜・卡斯泰利・费列里（1918—2006）

生产商：卡特尔，1979 年至 1996 年

安娜・卡斯泰利・费列里受过建筑专业训练，于 1941 年在意大利建筑师佛朗哥・阿尔比尼的工作室开始其职业生涯。她最终在 1959 年与伊格纳齐奥・加德拉合伙建立了自己的事务所，与他一起承担各种建筑项目的设计，其中包括阿尔法・罗密欧汽车位于阿雷塞的技术研发办公室和位于比纳斯科的卡特尔公司大楼。1966 年，卡斯泰利・费列里开始担任卡特尔的设计顾问。卡特尔由她的丈夫朱利奥・卡斯泰利于 1949 年创立，生产塑料家用物品。那是新塑料复合材料的发明不时面世的年代，而费列里是最早将它们转化为合适产品的人之一，例如 1967 年的可堆垛储物单元系统，是用 ABS 塑料制成。近十年后的这款烟灰缸，设计用料为注塑蜜胺树脂。这是一种厚重、刚性强、无孔隙且牢固不易破裂的塑料，因其耐热特性而适合用于烟缸。该材料比陶瓷更耐用，其质量和颜色更加一致和稳定，色彩选择则可多样化。烟缸外侧一圈设计了有起伏的凹槽，以防止架着的香烟滑到中间的烟灰废渣上。此产品可堆叠，且易于清洗，非常适合在酒吧和餐馆使用。卡斯泰利・费列里于 1976 年成为卡特尔的艺术总监，她的塑料设计作品帮助塑造了该公司的历史。

红云书架 1977 年

Nuvola Rossa Bookcase

设计者：维科 · 马吉斯特雷迪（1920—2006）

生产商：卡西纳，1977 年至今

1946 年，维科 · 马吉斯特雷迪设计了一个书架，类似于靠墙的四脚活动梯。这是他最早的家具单品之一。近 30 年后，在这个红云书架中，马吉斯特雷迪再次受到梯子元素的启发。此书架有着可折叠的框架主体部分，以及 6 块可移动的搁架板。某位佚名者的设计作品是马吉斯特雷迪所借鉴的对象，也是他再设计的对象。他后来创造出的是一个新物件，既在当时直接实用，后来也体现出持续的适用性。这些架子以相等的跨度距离排开，可当作墙壁或房间隔板，在架子两侧形成新的环境。马吉斯特雷迪那坚定不移的创作方法与许多他的同时代人形成鲜明对照。当卡西纳于 1977 年推出红云书架时，一种新的、高度风格化程式化的自我表现主义已经开始在意大利设计中扎根，把规模化生产的考虑抛到了一边。置身于一波又一波的审美意识形态和风格的浪潮中，马吉斯特雷迪的这个书架简单而优雅，谦逊但聪明，市场适销，也易于规模化生产。卡西纳仍继续生产红云书架，用山毛榉木和胡桃木，只涂以清漆。马吉斯特雷迪的创作规则是，好的设计应可持续 50 年甚至 100 年。以此来衡量，本品尽管暂未达标，但肯定已足够接近了。

F78 型电话 1977 年

Telephone Model F78

设计者：亨宁 · 安德烈亚森（1923— ）

生产商：大北欧电信（GN Telematic），1978 年至约 1990 年

F78 型电话预示着 20 世纪 80 年代电信技术革命的开始。它由丹麦产品设计师亨宁 · 安德烈亚森（Henning Andreasen）构思，外观朴素平实，悄然成为若干国家消费者家中的标准配置，在美国也颇为畅销。80 年代后期，当安德烈亚森将相同的设计素材和线索用于瑞士电信公司艾斯康（ASCOM）最畅销的电话亭，这款电话就从办公室和家庭蔓延到了街头。电话由红色、米色或白色的带有轻微弧度的机身组成，简单的黑色数字按钮设置在中央的网格区块中，而黑色听筒则架在机身上部后侧。这款电话的成功在于，它开创性地使用了后来成为标准的技术：它是最早用按钮技术取代环形拨号盘的机型之一，也是最早用电子铃声代替老式响铃的机型之一。它的风靡与普及，部分是由于 80 年代人们对尖端电子消费品的需求日益增长。安德烈亚森更广为人知的作品，可能是 1979 年他为丹麦富勒（Folle）公司设计的富勒订书机，样式简单，不锈钢材质，但 F78 的普及程度则意味着，在他的产品中，这肯定是人们最常用的。

雅达利 CX40 游戏操纵杆　　1977 年

Atari CX40 Joystick

设计者：雅达利设计团队

生产商：雅达利（Atari），1977 年至 1992 年

雅达利 CX40 游戏操纵杆，多年来一直受到忠实粉丝的喜爱，尽管在 1977 年到 1996 年间，雅达利实际出品了数款控制杆。本品最初是搭配 CX2600 录像电脑系统，成套出现。这是史上第一台没有固定游戏的机器，游戏项目可更换。这也是有史以来最成功的视频游戏机，累计销量超过 3000 万台。诺兰・布什内尔（Nolan Bushnell）拥有的雅达利品牌及其业务，于 1978 年被出售给华纳通信公司。（主机部分）录像电脑系统的设计人员斯蒂夫・迈耶（Steve Mayer）、乔・德奎尔（Joe Decuir）和哈罗德・李（Harold Lee）当时正在开发一个早期版本，雅达利被移交后，CX2600 系统才进行开发。CX40 游戏操纵杆顶部的一角有一个红色按钮。这款游戏杆灵活度极高，堪称具有革命性，让用户可与正在玩的游戏进行物理的交互反馈。设计中的关键人物凯文・麦金西（Kevin McInsey）和约翰・哈希（John Hyashi），将一块印刷电路板和一根用于红色开火按钮的弹簧安置于一个盒状体内，盒子上还装有橡胶操纵杆。这个杆式手柄有一个按钮和一根可在 8 个方向上移动的摇杆。其创新在于，它是第一款可与游戏主机断开连接的控制器。首批 40 万台雅达利 2600 机器搭配了早期的 CX40 设计，该设计没有“TOP”字样，那是操纵杆前进或向上的标示。

Cab 马鞍椅　　1977 年

Cab Chair

设计者：马里奥・贝里尼（1935—　）

生产商：卡西纳，1977 年至今

马里奥・贝里尼有多重身份，建筑师、工业设计师、家具设计师、专题记者和培训讲师，他是当今国际设计界最著名的人物之一。他的马鞍椅自 1977 年以来一直由卡西纳在米兰生产，是 20 世纪后期意大利创新和匠心工艺的象征。钢管框架，表层珐琅烤漆，然后由贴合的皮革罩子包裹，靠 4 条拉链装置封闭，拉链沿着椅腿内侧和座椅面下方延伸布局。强化加固的部件仅有椅面内的一块塑料板，椅子整体效果利落紧绷、豪华且均衡匀称。在当时，管状钢材家具还依赖材料的对比来获得视觉冲击力，而贝里尼在这里则结合了金属和覆盖物这两个元素，创造出一个缝合、封闭的优雅结构。至 1982 年，此椅已成为高品质意大利设计的代名词。Cab 系列现在由 8 件不同的单品组成，包括一张躺椅和床。所有产品都有 22 种不同的颜色可供选择。在其职业生涯的早期，贝里尼担任了奥利维蒂的首席设计顾问（从 1963 年开始）。有人认为马鞍椅的皮革套子是参考了传统的打字机外壳。

真空壶　1977 年

Vacuum Jug

设计者：埃里克・马格努森（1940—　）

生产商：斯特尔顿，1977 年至今

埃里克・马格努森（Erik Magnussen）为斯特尔顿设计的隔热真空壶，反映了设计师对形式的本能感觉，与之配对组合的，是他对产品功能的严格态度，近乎朴素清苦。这个水壶是马格努森接替阿恩・雅各布森成为斯特尔顿首席设计师后为该公司设计的第一件产品。它旨在补充雅各布森 1967 年推出的著名的圆柱系列。马格努森开发设计出一种方案，能利用现有的玻璃瓶内胆（从而立即降低了生产成本），并引入一种独特的 T 形盖子，带有摆动式瓶塞结构。当水壶倾斜时，塞子会自动打开和关闭，使之可单手轻松操作。最初，水壶是用不锈钢制成，以匹配圆柱系列中的其他产品，而盖子则用聚甲醛塑料制成。从 1979 年开始，壶身也采用光泽闪亮、防刮擦的 ABS 塑料生产，有数种颜色可供选择（今天已多达 15 种色彩）。塑料的使用将原本昂贵的物品变成了负担得起的寻常物。该水壶于 1977 年获得丹麦设计中心的 ID 奖，而且甫一上市便获得成功，如今仍是公司最畅销的产品之一。

环礁灯 233/D 型　　1977 年

Atollo Lamp 233/D

设计者：维科 · 马吉斯特雷迪（1920—2006）

生产商：奥卢斯，1977 年至今

环礁灯（也称阿托洛灯）233/D 型是维科 · 马吉斯特雷迪（Vico Magistretti）最著名的灯具之一，于 1979 年获得金圆规奖。这是用铝材制成的一盏台灯，涂漆上色。其简单的几何造型将一件易得常见的平凡家用物品转变成抽象雕塑。灯由两个不同的元件组成：圆柱形支撑立柱和半球形的顶部。顶部借助一个纤细的元件连接到灯的底座上，因为非常纤细，所以当灯打开时，灯罩装置看似悬浮在半空中。马吉斯特雷迪设计的许多灯都是抽象几何形态与灯光效果的结合。接头、电线和插头等细节总是隐藏的，在这些物件中，占主导的是形式上的高度简洁和平衡的整体造型。环礁灯的概念，由马吉斯特雷迪在一系列草图中构建，但奥卢斯（意大利最古老的照明设计公司，如今仍然活跃）需要花费一定时间才能将这一技术复杂的创意投入生产。马吉斯特雷迪担任奥卢斯的艺术总监和首席设计师，持续多年。他给公司的产品及风貌刻上了明确无误属于他的印记，而环礁灯是其最成功的产品之一。

9090 浓缩咖啡机　　1977 年至 1979 年

9090 Espresso Coffee Maker

设计者：理查德 · 萨珀（1932—2015）

生产商：艾烈希，1979 年至今

9090 浓缩咖啡机由后现代工业产品设计理念体系的先驱理查德 · 萨珀设计，在 1979 年米兰三年展上被授予金圆规奖。这不锈钢柱状咖啡壶受到称赞，不仅是因其时髦、流畅的线条与在重塑浓缩咖啡机方面的卓越成功，而且还因其创新的设计。宽大的底座使咖啡机既坚固又稳定，而且还能均匀快速地把水烧开，以避免烤焦咖啡。萨珀的这一设计包括一个防滴漏的壶嘴，以及一个广受赞誉的创新的触击式开合系统——点按便可打开和关闭壶，以便于添加水和咖啡。9090 浓缩咖啡机设计于 1977 年至 1979 年间，体现了艾烈希的市场直觉，即厨房能成为新战略行动和计划的良好舞台。因为比乐蒂摩卡快速咖啡壶在意大利市场占据着主导地位，艾烈希公司的策略便是征求和采纳最先进的设计，而此设计的零售价格将远高于现有系列中的任何一款产品。萨珀给出的解决方案，是一台革命性的咖啡机，没有传统的壶体颈部或壶嘴，其形状具有未来主义气息，极其简约，几无装饰。

比利搁架 1978 年

Billy Shelf

设计者：吉利斯·伦德格伦（Gillis Lundgren，1929—2016）

生产商：宜家（IKEA），1978 年至今

比利搁架是一个现象级的设计成果。这种简单、灵活、用户自行组装的存储系统，是世界上最受欢迎的设计产品之一。自 1978 年由宜家发布上市以来，本品已售出超过 6000 万件。当然，宜家本身也是一个现象级的成功。宜家开发模块化、可互相匹配关联的系统而不是单个的一次用途产品，以此确立了全面组配的整体家居理念。比利搁架系统是宜家问世和存在理由的一个关键例证。比利已从简单的、可调节的搁架单元，发展到一个完整系列的书柜和储物空间的组合，包括转角单元、玻璃门、CD 塔架和电视柜。搁架用颗粒板、刨花板制成，批量生产成本低廉，易于组装。这些部件采用多种材料贴皮，从桦木和山毛榉木，到白色、深色和灰色金属饰面贴皮皆有。宜家一直都有书柜销售，但比利在灵活性和材料消耗方面进行了最优化。宜家实用、低成本设计的口号及原则，吸引了全球的消费者，而其最畅销的比利系列线条简洁、高度多功能化和低成本的特色，则极大地增强了这种斯堪的纳维亚家具的美学诱惑力。

BILLY

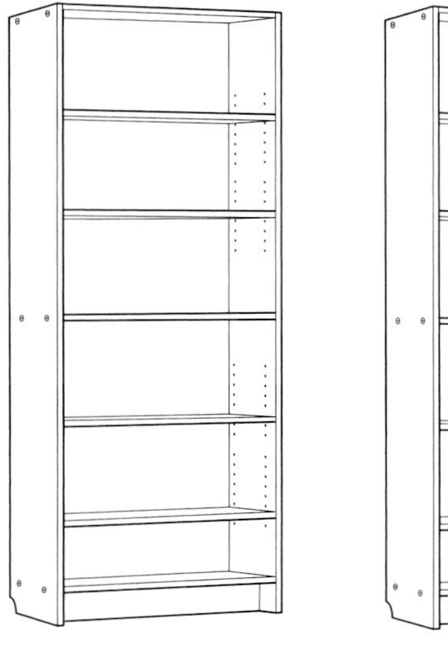

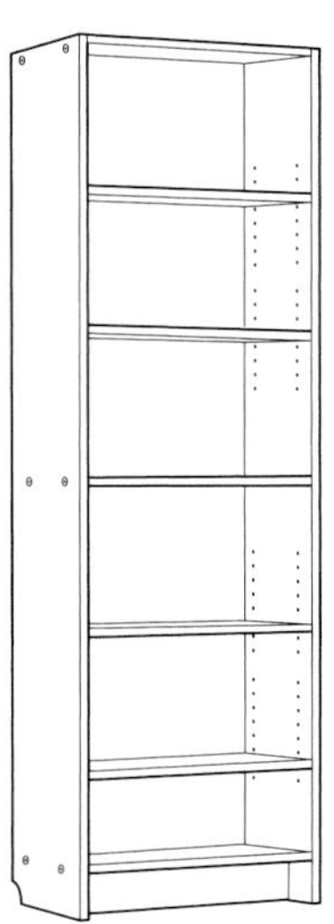

瞪羚椅 1978 年

Gacela Chair

设计者：胡安·卡萨斯·奥丁内斯（1942—2013）

生产商：因德卡萨（Indecasa），1978 年

没有什么椅子比胡安·卡萨斯·奥丁内斯（Joan Casas i Ortínez）设计的瞪羚椅子更能代表现代的咖啡馆文化。瞪羚椅用阳极氧化铝管制成，简练、干净的线条使其成为适合室内或室外不同空间的多功能设计。作为一名平面设计师、工业设计师和课程讲师，卡萨斯·奥丁内斯于 1964 年开始与西班牙生产商因德卡萨合作。他的“古典”系列堆叠椅被誉为欧洲咖啡馆家具的经典之作，瞪羚椅是其中的一部分。古典系列是因德卡萨超过 25 年积累所产生的结果。瞪羚椅设计中采用铝或木板条和铸铝接头，以增加强度。铝板条也可以涂上粉末状聚酯，或者可以借助适合外部使用的超粘胶标签，来赋予椅子个人风格。因其轻便，耐用和可堆叠，瞪羚椅成为持久畅销品。这把椅子是卡萨斯·奥丁内斯声明所言观点的完美例证，他宣称：“对我来说，设计意味着为实业经营和销售利益创造产品。这些产品有实用功能，取悦成千上万的人，并将在长时间验证后获得经典地位，成为我们周围环境的一部分。”

马蒂亚·埃塞 1978 年

Mattia Esse

设计者：恩里科·孔特里亚斯（1942— ）

生产商：马蒂亚 & 切科（Mattia & Cecco），1978 年至 2003 年

1978 年，帆船设计师恩里科·孔特里亚斯（Enrico Contreas）开始了双体船马蒂亚·埃塞的项目。孔特里亚斯在倍耐力开始其职业生涯，在那里他设计了一艘充气船 PV4。然而，他对帆船充满热情，这激发他在 1971 年开始了他的第一个多体船项目，最终创造出马蒂亚·埃塞。该船于 1978 年在意大利科莫湖上首次航行。此双体船用玻璃纤维制成，主帆为 12.42 平方米，不对称形的大三角帆为 15.5 平方米，设定为两人驾乘航行。船帆区与船体的设计，再加之尖尖的船首和独特的船尾，使马蒂亚·埃塞成为最快的双体船之一。此船龙骨的线条，允许船首保持在吃水线以上一点，使船更加灵活，并为船体提供整体稳定性。同时，船首的水平平衡能力可防止双体船倾覆。孔特里亚斯不断进取，建立起自己的造船厂马蒂亚 & 切科，建造更多的运动艇与游乐艇，包括著名的马蒂亚 18 型和用于巡航的舒适的马蒂亚 56 型。在其最为风靡的时期，马蒂亚·埃塞的总产量达 600 多艘，然后被马蒂亚·埃塞运动版取代，而后者速度更快，双体跨度略宽，横梁稍长。

普鲁斯特椅子 1978 年

Proust Chair

设计者：亚历山德罗·门迪尼（1931—2019）

生产商：炼金术工作室、门迪尼工作室（Studio Alchimia/Atelier Mendini），1978 年至今；卡佩里尼，1994 年至今

普鲁斯特椅子的造型，来自 8 世纪的巴洛克式扶手椅，但它用以装饰外观的色彩，则是模仿了点彩法这种法国后印象派的绘画技巧。传统的椅子形状与更现代的装饰元素并置，旨在对当代设计的状态提出某种评论意见。亚历山德罗·门迪尼（Alessandro Mendini）是 20 世纪后期最具影响力的意大利设计师之一，也是“炼金术”设计小组的创始成员，而该团体又是意大利的反设计运动力量“超级工作室”（Superstudio）和阿基佐姆的继任者。这个流派想要表明，设计已经陷入僵局，新形式是不可能的，而装饰已经取代了设计本身。此作品是对现有物品的再设计，这样做的意图，是强调这种变动效果的平庸性。这里的点彩图案也是对作家马塞尔·普鲁斯特的隐喻，而椅子正是以其名字命名，由普鲁斯特与后印象派画家同期创作。这把椅子最初由炼金术工作室制作，有两个版本。第一款原定就不是用于商业目的，每一件都是手绘完成，有门迪尼的签名。第二款于 1994 年由卡佩里尼投入批量生产，其不同之处在于，织物上的点彩图案为彩印加工。

5070 调味品容器套装 1978 年

5070 Condiment Set

设计者：埃托·索特萨斯（1917—2007）

生产商：艾烈希，1978 年至今

埃托·索特萨斯为艾烈希公司设计的 5070 调味品容器套装，典型体现了该品牌的精神，即借助创造使平凡之物变得特别。索特萨斯是 20 世纪 80 年代后现代主义设计的代名词，是意大利最具表现力和最成功的设计师之一。他于 1972 年开始与艾烈希合作设计，5070 调味品容器套装是他为公司设计的早期作品之一。索特萨斯的设计定义了何为成功的调味品容器套装，刷新了人们对此的预期。瓶身是精致的水晶玻璃圆柱体，每件容器顶部都有一个抛光的不锈钢圆顶，并整齐利落地排列在它们的相应底座上。高品质的材料唤起了时尚感，同时不失实用功能（玻璃材质能露出内容物）。该套装依旧具有真正的务实功能，作为餐桌中心装饰品和日常用品必不可少。它设计于 70 年代后期，领先于其时代，让人们深刻理解了即将在 80 年代占主导地位的那种设计风格。该产品持久成功的证据，是它无处不在。5070 调味品容器套装广泛存在于意大利的餐厅、酒吧和家庭中。自面世以来，它已为餐桌配置产品制定了一项行业标准。

里约躺椅 1978 年

Rio Chaise Longue

设计者：安娜·玛丽亚·尼迈耶（1930—2012）；奥斯卡·尼迈耶（1907—2012）

生产商：巴西天童木工（Tendo Brasileira），1978 年起，停产时间不详；法塞姆国际（Fasem International），1978 年至今

里约躺椅由安娜·玛丽亚·尼迈耶与她的父亲巴西建筑师奥斯卡·尼迈耶合作设计。这款贵妃摇椅的线条和自由流动的抽象轮廓外形，让它与其他躺椅殊为迥异。其流体感的形式，体现了奥斯卡对曲线和自然有机线条的热爱。这些元素在他开创性的现代建筑中显而易见，让人联想到曲折蜿蜒的河流、曲线优美的女性身姿和其他的自然形式，比如圣保罗和里约热内卢之间蜿蜒的海岸线，而这把椅子就是以这座城市命名。两位设计师喜欢使用天然材料制作摇椅、大沙发、躺椅和桌子，并且经常使用弯曲的层压板木材。在这里，手工编织的藤条拉伸、紧绷在框架上，创造出一把诱人且舒适的躺椅。该摇椅由弯曲胶合板构建的一个空心、低趴的大大的底座支撑着，两头辅助支撑的是曲面木板构成的两个较小的三角形部分。按照椅身设计，人在斜躺着时，里约躺椅可轻轻地来回摇摆，并借助柔软的圆柱形头枕提供额外的舒适感。头枕采用黑色皮革软垫。安娜·玛丽亚于 1970 年开始与父亲合作，开发旨在与他的建筑相协调的家具和室内装饰品。里约躺椅于 1978 年投入生产，是这对父女“On”家具系列的一部分。

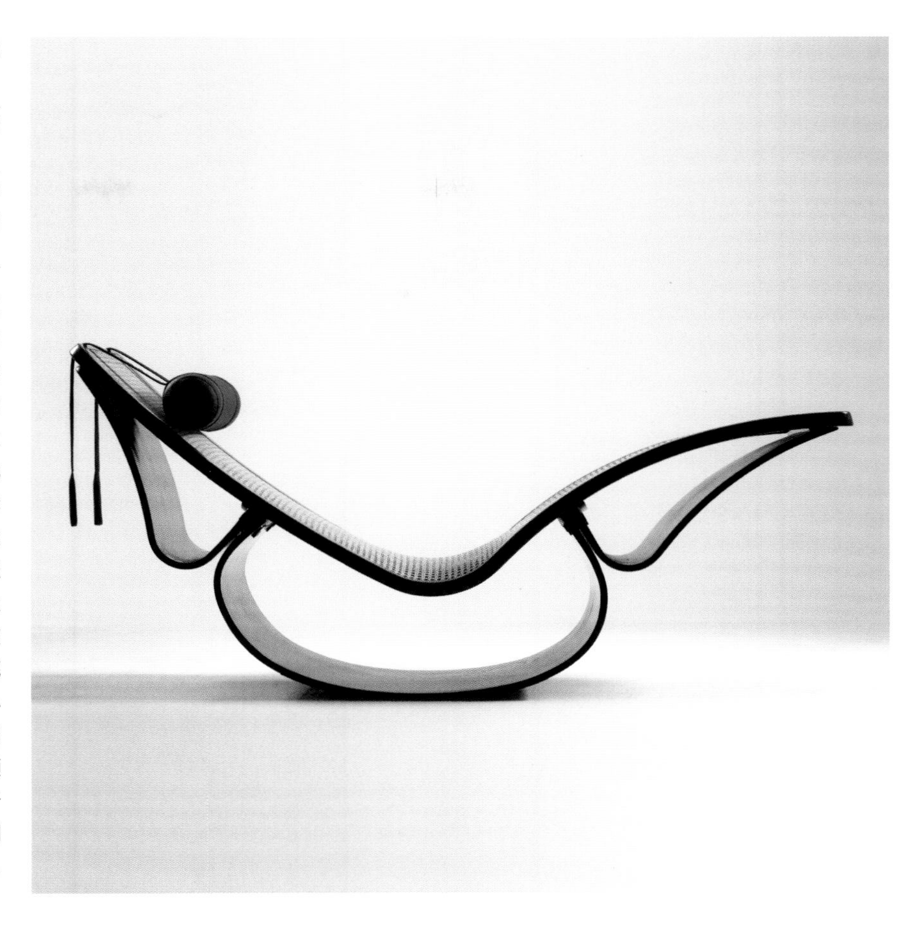

ET 44 袖珍计算器 1978 年

ET 44 Pocket Calculator

设计者：迪特·拉姆斯（1932— ）；迪特里希·吕布斯（Dietrich Lubs，1938— ）

生产商：博朗，1978 年至 1981 年

在早期电子计算器价格暴跌后不久，迪特·拉姆斯为博朗打造的 ET 44 袖珍计算器应运而生，登上市场舞台。最早的那些计算器，发明成本堪比汽车，但第一批集成电路和 LED 引入后，即刻对生产单价产生了直接影响。不仅价格暴跌，而且四功能基础计算器的所有计算组件都可以封装在单个 IC 集成电路上，这是实现便携袖珍尺寸的绝对关键所在。拉姆斯在威斯巴登工艺学院（Werkkunstschule Wiesbaden）学习建筑与室内设计，1953 年毕业。他在一家建筑师事务所短暂工作，1955 年便加入博朗，在那里工作了近 40 年。除了最初在建筑和室内设计方面是专任职务，他很快将自己的职能范围扩大到设计产品、包装和广告。他任期的一切设计都是在公司内部，而拉姆斯监督团队的各个方面。在博朗期间，拉姆斯那一贯都是黑色、简约的作品，偶尔也会点缀彩色珠点，以营造出直觉感受更强的设计。这种观念倾向在其权威的 ET 44 袖珍计算器中便有体现，那亚光的黑色饰面搭配了有光泽的凸面按钮。以其在 20 世纪 60 年代积累的进步设计成果和所巩固的声誉为基础，拉姆斯创造的产品具有它们自己的黑色极简主义美学。

波士顿调酒器　　1979 年

Boston Shaker

设计者：埃托·索特萨斯（1917—2007）

生产商：艾烈希，1979 年至今

波士顿调酒器是波士顿鸡尾酒工具套组的一部分，代表了埃托·索特萨斯根深蒂固的信念，他认为自己的作品应该是增强用户体验的工具，而不是仅满足纯粹的功能。此混酒器小套组的名字，取自传统的美国波士顿鸡尾酒调酒器，包括冷酒器（盆）、支架立座、冰桶、冰钳、混酒摇酒器、过滤器和搅拌器。该设计是对酒吧和葡萄酒专业工具深入研究后的成果。研究工作由索特萨斯与意大利著名的旅店业培训机构“酒店管理学校”（Scuola Alberghiera）的阿尔贝托·戈齐（Alberto Gozzi）在 20 世纪 70 年代后期进行。混酒器本身是由抛光不锈钢和厚玻璃构成，为摇晃、搅拌、加料混制和调和的调酒过程增添了一丝浮华之感。索特萨斯出生于 1917 年，曾在都灵理工大学学习，1960 年在米兰建立自己的工作室。1972 年，他开始为艾烈希设计。他强烈渴望摆脱对完美形式的执念，致力于重新发现趣味，创造惊喜，寻求在用户和环境之间的即兴创意。无论是在大型建筑方案中，还是在杯盘碗盏桌面餐具和刀叉餐具之类小件的设计中，他都秉持这样的理念。

巴兰斯可变凳　　1979 年

Balans Variable Stool

设计者：彼得·奥普斯维克（1939—　）

生产商：斯托克，1979 年至 2006 年；变化者（Varier），2006 年至今

巴兰斯（Balans，有平衡之意）系列是一套新型的办公座椅，根据革命性的人体工程学原理设计。该系列在 20 世纪 70 年代由巴兰斯设计小组最初在挪威进行开发，小组成员包括汉斯·克里斯蒂安·孟舒尔（Hans Christian Mengshoel）、奥德温·雷肯斯（Oddvin Rykkens）、彼得·奥普斯维克和斯韦恩·古斯鲁德（Svein Gusrud）。此系列在 1979 年的哥本哈根家具展上推出，如今有 25 种不同的型号，涵盖各种座椅类型。巴兰斯可变凳可能是该系列中最著名和最受认可赞同的。这是该产品系列中最初的型号之一，由奥普斯维克设计；它推翻了关于椅子该如何使用以及应是什么样子的那些公认原则。直到最近 50 年，人们才因为工作要求，被迫连续几个小时坐在办公桌前；这通常会对下背部和脊柱产生不利影响。巴兰斯可变凳改变了座椅的角度，并引入了膝盖支撑部件和摇椅功能。通过使落座者的身体重心前移，并改变臀部和腿部之间的角度，这些变化能改善用户背部的姿势，让膝盖也支撑身体，背部肌肉能放松，以此缓解疲劳。

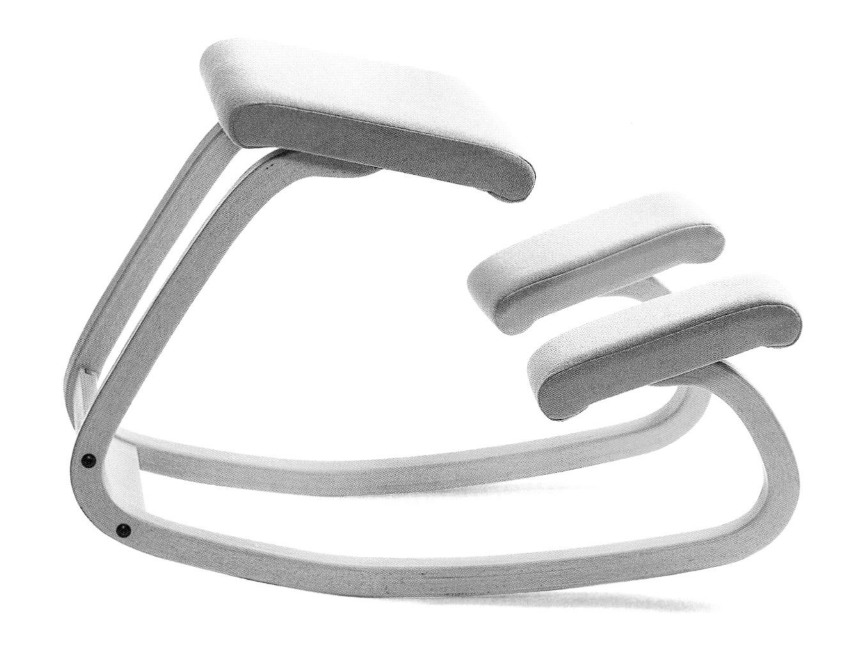

耳机式立体声 TPS-L2 随身听 1979 年

Headphone Stereo Walkman, TPS-L2

设计者：索尼设计团队

生产商：索尼，生产年份因国家、地区不同而异

随身听于 1979 年问世，其外壳仅比盒式磁带略大。由于这种便携性，它能够超越不同的市场界限和地域文化影响。索尼的董事长盛田昭夫认为，消费者在任何情况下都需要享受音乐，无论是在旅行中还是在进行其他活动期间。这款随身听的设计，仍然忠于索尼对小尺寸、功能性设计的追求。德国博朗的设计工作室与日本极简主义的影响在索尼的风格中也显而易见。从技术角度而言，随身听是世界上最小的盒式磁带播放器，并提供高质量的乐音听觉体验。它很快成为一种成功的时尚配件，正如凯文·贝肯（Kevin Bacon）在 1984 年的热门电影《浑身是劲》（*Footloose*）中佩戴的那样。它最初针对的是青少年市场，采用类似蓝色牛仔布的金属色涂装和双耳机插孔。索尼成立于 1946 年，通过结合和兼顾先进技术、营销和对消费者需求的理解，迅速确立了市场地位。最初受到美国品牌经营理念的启发，索尼公司慎重地创建了一个产品规划中心。该中心采取的营销策略，基于对生活方式的理解，采用将产品技术与理性和现代精神相结合的方法，因而随身听标志着商品营销史上的重要时刻：成功的工业设计产品与流行文化需求交叉融合，彼此促进。

镁光手电筒　　1979年

Maglite

设计者：安东尼·马格利卡（1930—　）

生产商：镁光器材（Mag Instrument），1979年至今

镁光手电筒的设计，表明了对其用途的强烈关切和首要考虑，没有任何多余的装饰，就是实实在在的照明工具，别无他意。手电筒的外壳由机器精确制造，采用高质量的橡胶密封件和高通透率的光学元件，甚至在电筒主体内还卡固有一个备用灯泡。镁光手电筒于1979年在美国推出。它旨在改进那些现有的电筒，提供一种轻巧的、阳极氧化铝制成的便携式光源，可靠且结实、坚固，以便更好地服务于警察、消防员和工程师群体。由安东尼·马格利卡（Anthony Maglica）发明和生产的镁光手电筒（Maglite，设计者名字前部与单词光的谐音拼写lite，构成此品牌），可靠耐用，得到其目标市场的积极评价。凭着对产品改进和创新的专注追求，马格利卡以原初产品设计的关键特征为基础，迅速开发出了系列化的电筒。电筒靠不同的尺寸和重量规格开拓了新的市场，并在家庭民用市场赢得了乐于接受的消费者。至1982年，镁光器材公司规模扩张，员工多达850名，而镁光系列已销往世界各地。无论其出品是微型化、可挂在钥匙圈上携带，还是使用了该品牌标志性的充电式手电系统，镁光产品的原初形式和理想均长期保持不变。

实践35型打字机　　1980年

Praxis 35

设计者：马里奥·贝里尼（1935—　）

生产商：奥利维蒂，1981年至1988年

凭借其在打字机、电动便携式设备和通信技术方面的声誉与经验积累，奥利维蒂于1981年推出了第一台便携式电子打字机。与奥利维蒂的其他产品一样，实践35型打字机技术先进，具有整体化设计出品的那种招牌性的特色外观和优雅形象。从1963年到1981年，马里奥·贝里尼已经与奥利维蒂合作了无数项目，包括标志性的除法18型计算器和楔形的逻各斯68（Logos 68）打印式计算器。实践35型（以及同期的实践30型、40型和45型）打字机包含有一个菊花瓣轮打印头，菊轮很轻，也意味着有一系列的字体可供用户选择。此外，其简洁的线条反映了奥利维蒂历史上的一个年代：当时的设计彰显企业形象与气质，很有可取之处。这有助于形成识别度相当高的、属于奥利维蒂的形状，以至于作为竞争对手的其他打字机生产商也纷纷模仿。人体工程学因素在实践35型的设计过程中也发挥了重要作用，呈13度倾斜的键盘表面和手腕支撑便是例证。奥利维蒂以其创新的平面图案宣传和广告活动而闻名，延请当时一些著名的设计师以最佳方式展示其产品。实践35型也不例外。它出现在米尔顿·格拉泽（Milton Glaser）创作的广告海报中，并成为《时尚》杂志上一篇长达14页的文章的主要内容——该文详述此机器的优点。

杜普莱克斯凳 1980 年

Dúplex

设计者：哈维尔·马里斯卡尔（1950— ）

生产商：BD 设计版本（BD Ediciones de Diseño），1980 年至 2003 年

配着黑色的轮廓、原色色彩、有摇摆感的波浪状腿和滑环，杜普莱克斯（Dúplex，有双份之意）凳看起来就像是卡通片中的东西。因此，也许不足为奇的是，它的创造者，巴塞罗那的哈维尔·马里斯卡尔（Javier Mariscal），在 20 世纪 70 年代以平面设计师和地下漫画插画师的角色而闻名。马里斯卡尔的这个设计，是他尝试创制家具的首批作品之一，也是瓦伦西亚的杜普莱克斯酒吧项目的一部分，该项目与室内设计师兼斗牛士费尔南多·萨拉斯（Fernando Salas）合作。此凳子记述了一种转变的开始：从功能转向表达，并把表达作为设计的指导原则。事实上，马里斯卡尔的黑、白和三原色的色彩元素方案，再结合杜普莱克斯的线性几何形状，使这款凳子看起来像是画家彼埃·蒙德里安的风格派画作的三维立体后裔，融合了波普和欧普艺术的各个方面。它跨越了风格和专业门类，混杂了设计与艺术，可以归入后现代主义的大伞下；但更重要的是，它是一个“反设计”的物件，与风格派作品的纯粹性构成复调对应。杜普莱克斯凳宣布了一种新风格，该风格将成为巴塞罗那作为设计艺术中心在 80 年代复兴期的特征，而这最终的发展顶点，是马里斯卡尔创造了 1992 年巴塞罗那奥运会的吉祥物 Cobi 狗。

菲亚特熊猫汽车 1980 年

Panda

设计者：乔吉托·乔治亚罗（1938— ）

生产商：菲亚特，1980 年至 2003 年

菲亚特熊猫汽车是作为多用途功能车推出的，同时也可用作日常汽车。其设计师乔吉托·乔治亚罗，最初学习艺术，但决定从事技术化的工业设计。1955 年，年仅 17 岁的他获得了菲亚特造型中心的工作。乔治亚罗开始打造具有锋利边缘和直线的汽车，这种风格被称为折纸造型设计流派。他也是创造了若干兰博基尼和法拉利车型的幕后推手。熊猫汽车便是这种特殊风格的证明，有着盒子般的形状，搭配着方形的大大的头灯。熊猫汽车由“机器人工厂”（Robogate）系统制造，那是一种组装车身的机器人化的生产线。虽然熊猫汽车的设计也许可说是革命性的，但其机械构造却不是，尽管它采用的静音悬架使驾驶更加平稳。许多特色功能支持了熊猫汽车的多功能车角色：后排座椅可扳倒平放，差不多能算作一张床，折叠起来后，可充当鲜奶之类的瓶装液体运输车（bottle carrier），或将座椅完全移除以增加载物空间。前排座椅也有可拆卸、可清洗的罩子。此车还可定制组装一个全长的、回滚式帆布敞篷软顶。随着车辆安全立法收紧，此熊猫车款亦受限制，于 2003 年停产。

格劳博 102 标准激荡滑翔机 1980 年

Grob 102 Standard Astir III

设计者：格劳博制造厂设计团队

生产商：格劳博制造厂（Grob-Werke），1980 年至 1983 年

驾乘滑翔机飞行，是最自然和最令人兴奋的人类飞行方式，被认为是最接近根本意义上的飞行动作。格劳博 102 标准激荡 III 型，采用轻质玻璃纤维机身，机器自身重量仅为 255 千克，翼展为 15 米，旨在尽可能轻松地悬浮在空中，同时也保持轻盈地滑翔飞行。德国格劳博制造厂于 1971 年在公司内部创立了航空航天部门。从 1974 年开始，公司还使用特别修建的专门机场进行研发。格劳博 102 标准激荡 III 型是公司航空航天部的劳动成果之一。这款滑翔机的设计，易于在空中操作，并且相对便宜，很快就受到滑翔爱好者和飞行俱乐部的欢迎。像大多数滑翔机一样，这款产品没有发动机，在飞行前需要马达电动辅助。其宽大的尺寸，那单人座驾驶舱的良好视野以及 250 千米 / 小时的最高速度，也助力其成为最受欢迎的滑翔机。这台外观精致的飞行器，具有胶囊状驾驶舱和优雅的机翼。罗伯特·哈里斯（Robert Harris）于 1986 年打破滑翔机爬升高度的世界纪录，在加利福尼亚州内华达山脉上方飞到了海拔 15 077 米，用的便是格劳博机型。

便利贴®　　1980 年

Post-it® Notes

设计者：斯潘塞 · 希尔弗（1941—2021）；亚特 · 弗雷（1931—　）

生产商：3M 公司，1980 年至今

在构思之初，便利贴®被设想用作基督教圣歌书的书签，但在创新史上获得了神话般的地位。这在被归于便利贴的众多的创造故事中也得到了反映。实际上，这只是一个关于两位科学家兼发明家的故事，关于他们的坚持和他们所效力的公司的创新文化。业务多样化的 3M 公司，先花了大约 5 年的时间在公司内部使用，然后才在 1980 年发布了那淡黄的便笺簿。这个发明方便和有用到令人难以置信，黏度恰到好处，没有过度黏稠。其产品形象现在十分鲜明，谁也不会搞错。1968 年，斯潘塞 · 希尔弗博士（Spencer Silver）着手改进胶带黏合剂。他配制了一种足够强韧的黏合剂，可以贴附在物体表面上，但去除后不会留下任何残留物。此黏合剂的恰当应用，也即用于即撕式便条书签的想法，是由当时的新产品开发研究员亚特 · 弗雷（Art Fry）提出的。不过，这个创意迟迟都未得到认可，但到了 1980 年，便利贴®横空腾起，并以病毒转播般的速度进入办公室和家庭，被普遍接受。自问世以来，便利贴®的广泛应用，不仅反映了此发明及其设计的易用性和智慧，而且还证明了能服务于人们基础需求的简单工具所拥有的巨大力量。

帕罗拉灯　　1980 年

Parola Lamp

设计者：盖 · 奥伦蒂（1927—2012）

生产商：丰塔纳艺术，1980 年至今

帕罗拉（Parola，词语）灯是一种卤素标准灯，包括了架在玻璃灯杆及底座之上的玻璃灯罩。它还有壁挂式和台式版本可供选择。此灯由盖 · 奥伦蒂与皮耶罗 · 卡斯迪格利奥尼（Piero Castiglioni，利维奥 · 卡斯迪格利奥尼之子）共同为米兰的玻璃生产商丰塔纳艺术设计。奥伦蒂是一位建筑师，以其博物馆建筑、展览装置和室内设计而闻名。1979 年，奥伦蒂被任命为丰塔纳艺术的艺术总监，一直履职至 1996 年。帕罗拉灯是她领导下生产的首批产品之一，由 3 个元素构成，而每个元素都展示了不同的玻璃工艺。灯罩是一个白色的玻璃球，有一片被切除，样式模仿日偏食，球体材料是吹制的乳白色玻璃。灯杆部件是透明玻璃，可以看到里面的电缆。斜切坡边的圆底座，是用天然水晶磨制而成。眼球形灯罩让人回想起 20 世纪 60 年代流行的一种造型，奥伦蒂自己也曾在一个早期设计中用过那样式。奥伦蒂说："我从来都不从照明技术的角度来考虑灯，也从不设想那是一台制造光的机器，我把灯理解为存在形式，是为了特定环境创造的形式，它们与环境必须关系和谐。"

“醋容器”油和醋调味瓶 1980 年

Acetoliere Oil and Vinegar Cruets

设计者：阿奇勒・卡斯迪格利奥尼（1918—2002）

生产商：罗西 & 阿坎提（Rossi&Arcanti），1980 年至 1984 年；艾烈希，1984 年至 2013 年

阿奇勒和皮埃尔・贾科莫・卡斯迪格利奥尼兄弟俩，最出名之处是幽默古怪又狡黠地重新利用工业组件来创造具有一目了然的高识别度的产品，他们也是考察并解决日常物品带来的琐碎问题及世俗烦恼的大师。因此，当生产商克莱托・穆纳里（Cleto Munari）邀请阿奇勒加入一套日常使用的银器的创作，约他为该系列设计油瓶和醋瓶时，阿奇勒首先进行了严谨的分析。随后的成果被命名为“醋容器”，最初由罗西 & 阿坎提限量生产（所用材料为银），后由艾烈希生产，就其功能而言，无与伦比。“醋容器”对油和醋类标准调味瓶进行了多重多方面的改良。油瓶比醋瓶大，因为通常油会消耗得更多。带铰链的盖子，其平坦的表面被有意分解为凹凸区块，让人联想到猫头的形状。盖子有配重块加以平衡，配重块造型模仿了萨克斯管键的形状，当油液开始倒出时，盖子翻转打开，配重块会轻轻碰撞瓶颈。每个容器都像钟摆一样平衡，如果不向上提起，就不会倾斜。没有向外突出的瓶嘴；相反，瓶口金属件向内弯曲，能接住滴漏的油液。

眨眼椅 1980 年

Wink Chair

设计者：喜多俊之（1942—　）

生产商：卡西纳，1980 年至今

眨眼椅是日本设计师喜多俊之（Toshiyuki Kita）获得国际认可的第一件作品。使用该椅的坐姿低于普通的躺椅，既反映了年轻一代更放松的态度，也反映了日本传统的坐姿习惯。在设计方面，由于底部设置了侧旋钮，可以将椅子从直立式转变为躺椅，从而带来了这个成果：一把舒适、灵活和适应性强的座椅。由两个部分构成的头枕，可以向后或向前扳动，形成一个“眨眼”位置以提供更多的支撑力。它那熊猫般的折叠“耳朵”和拉链布套的波普风格色彩，为其带来了绰号“米老鼠”。但这些特色不只是出于风格的考虑：添加了拉链式布套，可方便拆卸和清洗罩布与衬垫。作为一名同时扎根于日本和欧洲文化的设计师，喜多从未将自己与特定的流派或运动联系起来。相反，他选择演化出了一种充满诙谐机智和技术水准的完全个人化的风格，这在他的眨眼椅中得到了很好的概括。1981 年，这把椅子入选纽约现代艺术博物馆的永久收藏。

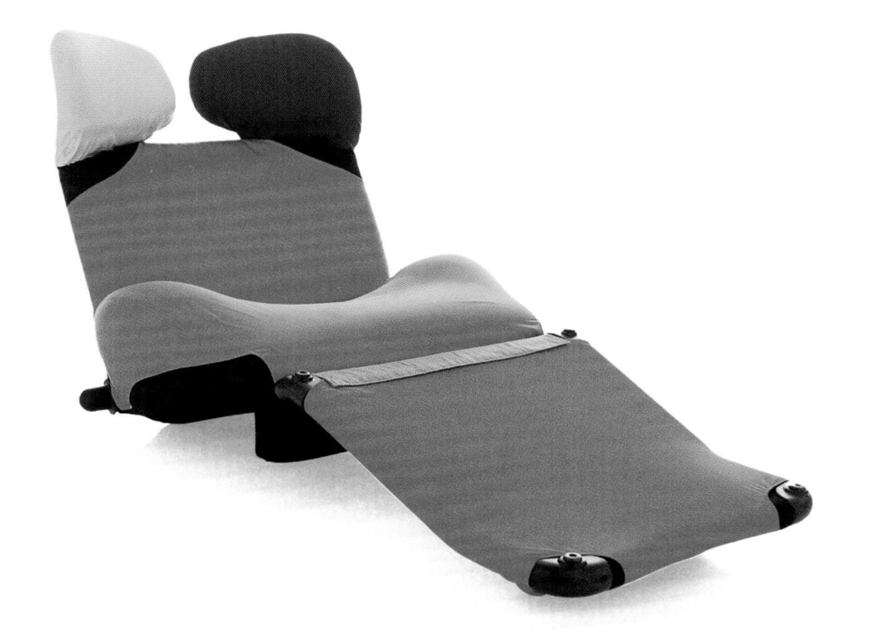

轮子腿桌子 1980年

Tavolo con Ruote

设计者：盖·奥伦蒂（1927—2012）

生产商：丰塔纳艺术，1980年至今

轮子腿桌子几乎没有任何设计元素，但它雄辩地讲述了20世纪70年代末和80年代初先进设计的感觉与敏锐度。盖·奥伦蒂的这张咖啡桌由意大利公司丰塔纳艺术制造，桌腿由4个大大的橡胶脚轮组成，将一块玻璃抬离地面。桌子极简但表达了耐用性：这轮子通常出现在工业机械上，而不是在客厅里。这些重型组件与简单的一块玻璃并置，以及它们出现在家中造成的视觉印象的不恰当感，也带来一定程度的幽默感。而且，奥伦蒂并没有像其他设计师可能做的那样，求诸工艺传统和手工生产的特质来实现这一产品。此设计应放在建筑领域高科技运动的背景下来看待，该运动标举工业化部件，并在1977年完成的巴黎蓬皮杜中心这一工程上找到了完美的表达。1980年，也就是奥伦蒂设计这张桌子的那一年，她也在蓬皮杜中心从事设计工作。她是她那代人中屈指可数获得国际认可的意大利女性设计师之一。

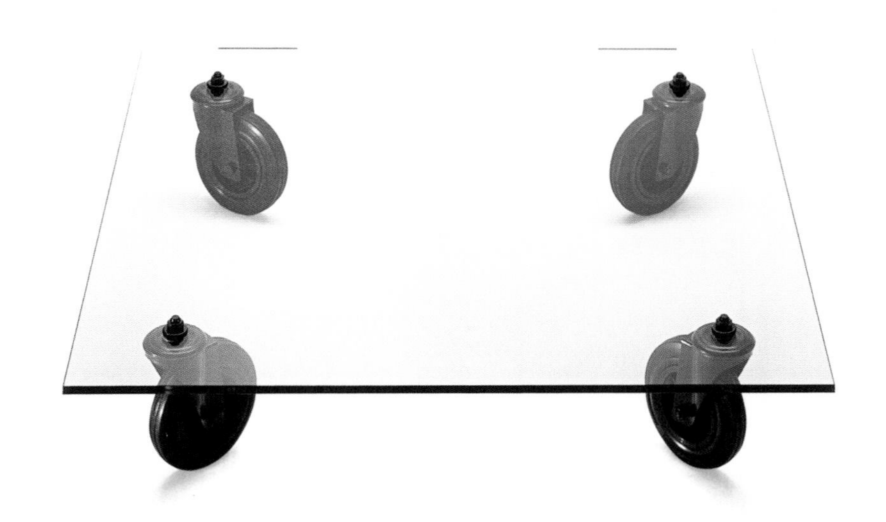

圆锥体咖啡壶 1980年至1983年

La Conica Coffee Maker

设计者：奥尔多·罗西（1931—1997）

生产商：艾烈希，1984年至今

圆锥体咖啡壶是1983年艾烈希和亚历山德罗·门迪尼之间的一个项目的结果。门迪尼和其他10位建筑师，其中包括奥尔多·罗西（Aldo Rossi），受公司邀约，重新演绎家常物品。罗西将家居用品的设计视为打造微型建筑，这清楚地反映在他为圆锥体咖啡壶所完成的工作中。他对基本建筑形式的几何化精简着迷，圆锥体是其中反复出现的一个主题。作为对甲方任务简要指令的回应，罗西开始了一项关于咖啡制作和饮用供应方式的研究计划，严格又细致。他认为，这个物品主体完美地象征着建筑城镇景观与家居景观之间的辩证关系，而他的微型“纪念碑”正是要进入并适配家居景观的环境。此咖啡壶也成为罗西建筑图纸中的一个主题，在其城市全景中显示为建筑物。艾烈希项目中诞生的其他设计，是用银制作，每个设计只生产了99个副本。但圆锥体咖啡壶，作为独立品牌“艾烈希精工坊”（Officina Alessi）的第一款产品，现已成为20世纪80年代设计的象征，生产和销售的数量远远超过99件。

卡利马科灯 1981 年

Callimaco Lamp

设计者：埃托·索特萨斯（1917—2007）

生产商：阿特米德公司，1982 年至今

至 20 世纪 70 年代，埃托·索特萨斯已是意大利设计先锋力量的一位领军人物，成功地建立了一种新的设计语言。1981 年，他与志同道合的设计师联手组建了孟菲斯小组。孟菲斯的第一批集体作品传达出后现代主义精神。其中后现代“声音”最清晰的作品之一，是索特萨斯设计的卡利马科灯（Callimaco）。这是一盏带有集成调光器的 500 瓦卤素落地灯。灯高 1.8 米，铝灯杆涂装为明亮的黄色，铝基座为灰色，强烈的白光从顶部的红色小锥体发出，使这个物体活跃起来，否则它的功用就难以看透。卡利马科灯无视在座位旁边竖起一盏灯照亮人们阅读的惯例。因为它功率为 500 瓦，产生的光太强，不宜直接向下照射或直视；在家庭环境中使用卤素灯也是一个较新的现象。有一个把手连接到中心灯杆，这在视觉印象上仿佛是喇叭筒。然而，卡利马科灯传达的不是声音，而是光。光从其喇叭吹口般的顶部强烈辐射出来，由此就打破了人们的预期。在后现代无数异想天开、奇思怪想的大背景下，卡利马科灯仍不失为挑衅者，也是孟菲斯的权威旗手。

超级灯 1981 年

Super Lamp

设计者：玛蒂娜·贝丁（1957—　）

生产商：孟菲斯小组，1981 年至今

法国设计师玛蒂娜·贝丁（Martine Bedin）那异想天开的怪趣味超级灯于 1981 年出品，作为孟菲斯小组在米兰弧拱艺廊（Arc’74）举行的首次展览的展品之一，被广泛赞誉为该集体丰富多彩、生动有力和无视规范、离经叛道风格的经典之作。此灯可俏皮地拖在身后，就像用绳子拉着玩具狗。那半圆形的主体涂了蓝漆，用钢制成（投入批量生产时被换成了玻璃纤维）；两侧是两组小橡胶轮；而 6 个灯头以上了鲜艳漆面的钢圈包裹，沿着拱形背部排列，间距均匀，灯泡裸露在外。在一些人看来，此造型让人想起剑龙，对其他人来说，则可能感觉像孩子的玩具车。贝丁是孟菲斯小组最年轻的成员，也是仅有的两名女性之一（另一位是娜塔莉·杜·帕斯基耶）。她出生于波尔多，在巴黎学习建筑，然后拿到奖学金，得以于 1978 年去往佛罗伦萨，在阿道夫·纳塔利尼（Adolfo Natalini）手下接受训练，而此君为激进的“超级工作室”的联合创始人。正是在意大利，她结识了后现代主义运动的关键人物，包括米歇尔·德·卢基（Michele De Lucchi）和埃托·索特萨斯。后者在翻阅贝丁的设计素描本时发现了超级灯的草图，便邀请贝丁加入他的集体。在那里，贝丁将自己的照明和移动家具概念变成了成熟的产品。

卡尔顿书柜　1981 年

Carlton Bookcase

设计者：埃托・索特萨斯（1917—2007）

生产商：孟菲斯小组，1981 年至今

要论表达一个创作运动、联合团体或个人的风格，很少有设计作品能比埃托・索特萨斯的卡尔顿书柜更好、更有资格。这是为开创性的孟菲斯小组在米兰举办的首次展览而制作，是对定义、支配 20 世纪大部分时期的功能主义的一种戏谑地拒绝。尽管索特萨斯在心中或许是将此书柜设定为反现代或反设计的，但它颠覆主流惯例所使用的那种俏皮有趣的方式，还是很容易与后现代主义关联起来。在原先构想中，此书柜就是当奢侈品推出，如今也受到收藏家的高度推崇，但它本身是用廉价的中密度纤维板制成，叠层布局，涂装了反差对比明显的撞色——鲜亮的黄、粉红、绿，并在底座上营造出斑点效果。表面上看似随机排列的外观，实际上遵循了围绕等边三角形精心组织的一套规划，最终形成一个风格化的抽象人体形象。该物品的功用目的并非一目了然，这就颠覆了现代主义的一个基本原则。对它的描述不一而足，有说成房间隔断或抽屉柜的，当然也有人将其定义为不实用的书柜。不过，它的主要功能是有趣和挑衅。设计历史学家格伦・亚当森（Glenn Adamson）表示，索特萨斯知道它不会规模化量产，他意在让人们拍摄并广泛传播照片，在世界各地推广孟菲斯的新思潮、新方法。

辛克莱 ZX81 主机 1981 年

Sinclair ZX81

设计者：克莱夫·马勒斯·辛克莱爵士（1940—2021）

生产商：辛克莱电子学公司，1981 年至 1986 年；辛克莱电子学 / 阿姆斯特拉德（Sinclair Radionics/Amstrad），1986 年至约 1993 年

辛克莱 ZX81是最早的“即插即用”计算机之一，于 1981 年在英国推出。它的设计师克莱夫·马勒斯·辛克莱爵士于 1961 年创立自己的电子公司辛克莱电子学公司，并已经为世界带来了其生产的第一台袖珍计算机、最早的数字手表和袖珍电视。ZX81有一个楔形外壳，尺寸为 167 毫米 x 175 毫米 x 40 毫米，配一个触摸感应键盘，并使用辛克莱 BASIC 程序，只需连接到电源和充当显示器的电视机，即可工作。ZX81以黑色 ABS 塑料模制流线型外形，比其他家用电脑款型领先太多，简直可谓领先数光年，而且它还出乎意料地便宜，需用户自行组装的套件形式的版本零售价为 50 英镑，工厂组装的成品型号零售价为 70 英镑。ZX81是第一款能在零售市场上产生影响的经济实惠的家用电脑型号。至 1982 年 2 月，辛克莱电子学公司需每月生产超过 40000 台 ZX81 以满足需求。在发布后的短短两年内，它已售出超过 100 万台。尽管按照今天的标准，ZX81很原始：只有 1KB 内存，没有彩显，没有声音，但它已经探入以前未曾开发过的家用计算机市场，并开启了这一趋势，然后延续至今。

准将 C64 计算机 1981 年

Commodore C64

设计者：准将设计团队

生产商：准将（Commodore），1982 年至 1992 年

将计算机从电子设备小发明发烧友的世界带到公共领域，这被认为是准将 C64 的功劳。从 1982 年最初推出，到 1992 年最后一台准将 C64 离开装配线（随后准将公司在 1994 年破产），共售出约 3000 万台。如果没有准将设计团队（包括艾尔·查彭提尔、罗伯特·亚尼斯、查尔斯·温特雷波、大卫·齐姆贝基和布鲁斯·克罗克特）的出现，今天的游戏机，如索尼的 PS 5（PlayStation 5）和任天堂游戏机（Nintendo Switch），可能就不会存在。C64 以准将此前既有的 VIC-20 为基础，是一款易于使用的可编程计算机，内建在手提电脑大小的灰色塑料板中。该板块插入电视，便可将电子街机游戏厅的体验带入家庭。它的成功当然更多取决于塑料板外壳下的内部机制，而不是外壳包装本身：C64 的设计以低成本为主要考虑因素。零售商包装和销售这个产品，就像卖烤面包机或任何其他家用小电器一样。尽管更快的准将 128 在 1985 年出现，但 C64 仍然是当时大多数人的首选计算机。该公司根据最初的 C64 生产了许多变体型号，包括带有金色外壳的“金禧”（Golden Jubilee）版本，此款用以纪念 C64 销量达 100 万。

伏特斯 V 变形金刚 1982 年

Voltes V Transformer

设计者：大野光仁（Kouzin Ohno，1959— ）

生产商：特丽佳（Takara），1982 年至 1983 年；孩之宝，1984 年至今

变形金刚最初由日本第二大玩具公司特丽佳于 20 世纪 80 年代初创造。特丽佳一直在生产一系列名为“小超人”（Microman）的玩具，变形金刚的概念和原型模式就是从中提取的，但变形金刚的独特之处在于，公司为它们打造、搭配了虚构的历史：这些玩具是机器人的集合，居住在塞伯坦星球，而当中的正义（博派）汽车人，正处于与（狂派）霸天虎的百万年战争之中。这样的故事情节引发了 1984 年至 1990 年的大量后续创作，包括一系列的机器人形象，以及电视动画系列片、漫威漫画集和电影。变形金刚是一个人形机器人，具有一系列可旋转的构造分区、部件和铰链，只需扭动几下，它就可以重新装配为飞机、汽车或动物。这是第一个可以改变形状的玩具。孩之宝于 1984 年将这些玩具带到了美国，而日本则继续生产自己的版本。孩之宝聘请漫威的漫画家约翰·罗米塔（John Romita）重新设计这些人物，使其更具人形外观，以便更有利于市场营销。自 80 年代以来，它们很受欢迎，人气热度一直持续，如今仍然拥有许多忠实的成年粉丝以及新的忠实观众。

18-8 不锈钢餐具 1982 年

18-8 Stainless Steel Flatware

设计者：柳宗理（1915—2011）

生产商：佐藤商事，1982 年至今

日本工业设计师先驱柳宗理的作品代表了形式、功能和美学的完美结合。他的 18-8 不锈钢餐具受到自然形式的启发，由佐藤商事生产，旨在将实用性、风格和令人愉悦的触感体验带向所有的餐桌。每个套组都包括 5 把优雅耐用的刀叉类餐具和 4 只装食物的器皿。它们独特的有机形状反映了设计师对“散发人性温暖的柔和圆润形式”的偏好。柳宗理认为，设计师的角色作用，不是去重新包装旧有的概念，而是将它们向前推进。在他的作品中，他一直试图将功能主义哲学与传统的日本设计相结合。柳宗理在坂仓俊三（Junzo Sakakura）的建筑事务所开始了他的职业生涯，在那里他第一次见到了夏洛特·佩里安，并于 1940 年至 1942 年担任她的助手。1952 年，他在东京开设自己的事务所，不久后成为日本工业设计师协会的一位创始成员。现代化和西化在“二战”后的日本占据主导地位，但柳宗理坚持倡导不牺牲不损害日本传统环境的设计。关于此立场，一个典型的例子就是 18-8 刀叉套装自首次制造以来一直在连续生产。

LOMO 紧凑型自动相机 1982 年

LOMO-Compact-Automate

设计者：米哈伊尔·霍洛米扬斯基（生卒年不详）

生产商：LOMO，1983 年至 2004 年

传奇的 LOMO 紧凑型自动相机，由圣彼得堡的 LOMO 俄罗斯武器和光学工厂制造。这是一款外观朴素低调的设备，是对一款日本相机的改进。工厂认可日本原型机先进的玻璃镜头和高感光度的优点，进而着手生产改良的坚固版本。由米哈伊尔·霍洛米扬斯基（Mikhail Holomyansky）领导的设计团队超出了所有人的预期。LC-A（本机缩写）的美丽达（Minitar 1）是一款广角镜头，可在昏暗的条件下工作，使相机能够生成色彩饱和的图像。此外，借助相机的胶片手动卷片推进器和从 1/500 秒到 2 分钟的曝光时长，本机可进行不需要闪光灯的低光量曝光，因此适合街头摄影。曝光系统没有测光的光度计，而是有一个加载了电容器或进光量累计器件的光敏电阻。随着更多的光进入光敏电阻，电容器的加载速度越快，在特定电压下，便会触发快门。最初的"LOMO 紧凑"机身刻印俄语字母，某些型号的取景器中带有框架线和图标，以便于测算距离。虽然有些型号缺乏这些功能特色，但每台 LOMO 紧凑型自动相机在取景器中都有 LED 技术元件。由于生产成本高，该相机最终于 2004 年停产，这让一些爱好者极为失望。

科斯特斯椅子 1982 年

Costes Chair

设计者：菲利普·斯塔克（1949—　）

生产商：德里亚德，1984 年至今

怪趣味而流畅精致的科斯特斯椅子是 20 世纪 80 年代新现代美学的缩影。椅子采用相当质朴保守的桃花心木饰面，配有软垫真皮椅座，其设计是向装饰艺术以及传统的绅士俱乐部致敬。这把椅子是作为巴黎科斯特斯咖啡馆室内设计的一部分而诞生的，但现在由意大利生产商德里亚德批量生产。菲利普·斯塔克于 1981 年首次崭露头角，当时他是被选中为弗朗索瓦·密特朗总统的私人公寓提供装修的 8 位设计师之一。得益于这样的社会声誉，他受到委托，主持科斯特斯咖啡馆的室内设计。斯塔克打造了一个豪华而又前卫的内饰效果，以轴向绕转的戏剧性的楼梯为中心。显然，这椅子 3 条腿的设计是为了让服务员不易被绊倒，而 3 条腿的形式主题很快就会成为类似于斯塔克招牌的东西。斯塔克后来成为 20 世纪后期最著名的设计师之一。在这个过程中，毫无疑问，由于他具有个人表演技巧，善于制造玄虚来吸引世界媒体的关注，这促成了对公众名人设计师的崇拜。

雷诺太空 I 型汽车 1982 年

Renault Espace I

设计者：马特拉设计团队；雷诺设计团队

生产商：雷诺（Renault），1982 年至 1991 年

“太空”（埃斯佩斯）是第一款一体空间单内舱的载客车，开创了一个以家庭为导向的汽车设计时代，聚焦于为生活方式服务。小型厢式车的最初概念，是出自克莱斯勒欧洲公司的杰夫·马修斯（Geoff Matthews）和弗格斯·波洛克（Fergus Pollock）的构想。当克莱斯勒的欧洲工厂被出售给标致时，这个概念被转移到马特拉（Matra）那里，而马特拉开始与雷诺建立合作关系。在马特拉设计师安托万·沃拉尼斯（Antoine Volanis）的颇具创意的领导下，设计得到了改进，以响应雷诺对开发激进新产品的任务指令。此车需要具有整洁平坦的车厢底板，以便前后轻松移动；应配置 5 个或 7 个独立座椅（包括两个可转向的前座椅）；连接到镀锌底盘上的车身，需要用复合材料制成，以此来减轻车辆的重量。车子那醒目的“一体厢式”形态，以及令人回想、似曾相识的渐变收缩的锥形车头，是从 20 世纪 70 年代的另一个标志性法国设计 TGV 高铁中汲取灵感。雷诺负责最终设计、营销和销售，而马特拉则负责车辆开发和生产。第一辆“太空”出现在 1982 年，最初受到一定程度的怀疑，媒体和消费者都不以为然。然而，这一概念后来被迅速接受；在连续 4 代汽车产品中，“太空”在商业和美学上都引领了欧洲的大型 MPV（多用途汽车）市场。

“椅子” 1982 年

Chair

设计者：唐纳德·贾德（1928—1994）

生产商：吉姆·库珀和加藤一郎（Jim Cooper and Ichiro Kato），1982 年至 1990 年；塞莱多尼奥·梅迪亚诺（Celedonio Mediano），1982 年；杰夫·贾米森和鲁珀特·迪斯（Jeff Jamieson, Rupert Deese），1990 年至 1994 年；杰夫·贾米森（Jeff Jamieson），1994 年至今

画家唐纳德·贾德（Donald Judd）一生都秉持这样的信念：椅子只是椅子，正如艺术就是艺术。因此，他坚持把他的家具与自己的艺术分开。贾德的家具，特别是他的椅子，探索了体积、空间和色彩的主题。1977 年搬到得克萨斯州的马尔法后，他设计了最初的一些椅子供自己使用。那些椅子用松木打造，由贾德和塞莱多尼奥·梅迪亚诺加工完成，后者是他牧场的建筑工头。这些早期设计的灵感来自贾德收藏的家具，其中有古斯塔夫·斯蒂克利、格里特·里特维尔德、密斯·凡·德·罗和阿尔瓦·阿尔托的出品；启发也来自他积累的关于设计的文本材料。他最著名的椅子出自稍往后的年份，当时他开始制作椅子对外出售。在 1982 年至 1990 年间，纽约的生产商吉姆·库珀和加藤一郎制作了这些设计的授权版本。它们用实木制成，包括桃花心木、樱桃木和道格拉斯冷杉，并且经过更精细的修饰处理。然后，他又对烤漆面铝材进行试验，用来制作椅子和其他家具。贾德在他随后的作品中引入更开放的几何形态、轻巧的结构，并应用了色彩。这些未经他最终确定的设计，均未正式授权，但在许多地方生产，包括爱尔兰的戈尔韦。

MR30 搅拌器 1982 年

MR30 Stabmixer

设计者：路德维希·利特曼（1946— ）

生产商：博朗，1982 年至 1993 年

德国电子巨头博朗创造了许多在设计和实用性方面出类拔萃的日常家用产品，从 20 世纪 20 年代的第一台收音机到 90 年代的世界上第一把电动牙刷，品类繁多。路德维希·利特曼（Ludwig Littmann）设计的 MR30 搅拌器标志着该公司的另一项第一：第一台由单一整块塑料件制成的手持式搅拌器。“捅捅搅拌器”（此物如此命名，指涉使用时的动作）于 1982 年生产，其机械装置隐藏在细长的“魔杖”中，体现了博朗重视的人体工程学设计和尖端技术。由于其手持性质和最小化的形式，该设备模仿了传统手动厨房工具的动作，但使用了最新的电子技术来混合搅拌食物。此外，作为笨重的台式搅拌机的替代品，它是对不断变化的城市生活方式的回应。在城市里，居住空间更小，人们时间更紧张，因此生活需要新的设计解决方案。小巧型的 MR30 只需更少的存储空间，清洁更简单，并且比那些传统的同类选项更灵活多用，功能更强大。与许多博朗产品一样，MR30 后期也不时改进。需要指出的是，虽然“魔杖”单元的设计基本保持不变，但 MR30 的基本的砍切功能在后来的型号中已被作废。利特曼曾在德国埃森的福克旺设计学院（Folkwang）学习，然后于 1973 年加入博朗设计团队。除了“魔杖”搅拌器的开发，他还主理了许多其他设计项目。

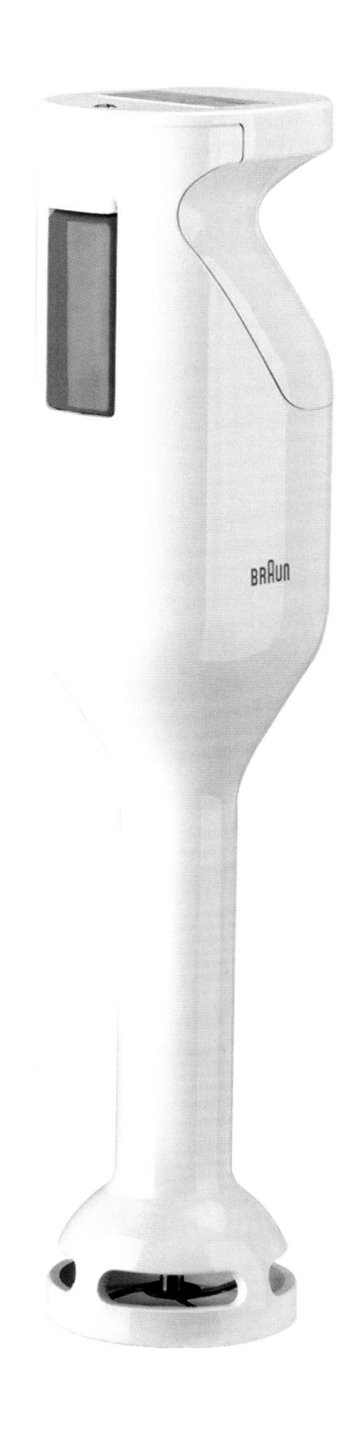

飞利浦原型光盘　　1982 年

Philips Compact Disc

设计者：飞利浦、索尼设计团队

生产商：飞利浦、索尼，1982 年至今

20 世纪 60 年代初，体育广播行业要求赛事即时回放的呼声越来越高，使生产商走上了通往当今光盘技术的道路。1978 年，索尼与飞利浦合作开发了一种标准的通用格式来保存音频。1982 年，原型光盘（CD）出现了。每张光盘的直径仅为 11.5 厘米，有一层薄薄的、高反射的金属质感涂层。在光盘可读侧的那一面，该金属层被一系列不同长度的麻点刺穿，一层薄薄的丙烯酸与一层较厚的更耐久的聚碳酸酯保护着这些麻点。在读取圆盘的激光头看来，每个麻点旁都有一定长度的略微抬升的凸起点，对应于一个预设值，而那预设值与快速变化的一系列的数字信号相关联，这些数字信号被转换为图像、声音或数据。据称，原型光盘被调整了尺寸，以便完整容纳贝多芬的《第九交响曲》，最终的商业版本能提供 77 分钟的音乐，比双面密纹唱片长得多。此后，进一步的技术发展催生新型光盘，可存储越来越多的数据，并且易于刻录、播放无错误、可复制。

杜拉比姆手电筒　　1982 年

Durabeam Torch

设计者：尼克・巴特勒（1942—　）；金霸王项目 BIB 顾问

生产商：金霸王英国（Duracell UK），1982 年至 1994 年

杜拉比姆（Durabeam，持久强光之意）手电筒，采用可调角度光束，因此可免提，还配用无腐蚀的不锈开关技术，在实质上再生改造了手电筒。1982 年，金霸王委托当时位于伦敦的设计咨询机构 BIB 顾问公司，请对方开发一系列适合金霸王生产也有可能生产的消费品。BIB 可以考虑基于电池电源的任何产品，这些产品应价格合理，实用，使用起来简便，能够吸引各国各地广泛的人群，因为金霸王想要一种该公司可以在全球范围内销售的产品，产品销售时可包括至少两块电池，从而增加金霸王电池的销量。尼克・巴特勒（Nick Butler）于 1967 年创立了 BIB 顾问公司，并领导着设计团队。他们的研究表明，手电筒使用频率并不高，而且由于闲置一旁长时间不使用，开关触点会被腐蚀。BIB 的解决方案，是通过打开顶部光柱模块来接通手电电源，这样同时也将清洁开关触点。杜拉比姆手电筒的光束角度可调节，让手电筒可以放下，光线照样能投射到所需区域，从而腾出双手来做其他事情。杜拉比姆手电筒外观简洁，高度实用又简单易用，确保了该系列在其生产的 12 年中受到持续欢迎。

第一把椅子　　1982 年至 1983 年

First Chair

设计者：米歇尔·德·卢基（1951— ）

生产商：孟菲斯小组，1983 年至今

孟菲斯小组于 1981 年在米兰举办的展览备受争议，但该小组呈现和传达出关于家具、配饰和时尚的新的视觉风格和理念，得到了热烈的反响与欢迎。该活动被视为对经典现代主义和当时沉闷的工程产品设计的一种创新的对抗。在这种后现代背景下，米歇尔·德·卢基创造了他的“第一把椅子”，这一设计因其形状和形象化的细节而颇具吸引力。它坐起来相当不舒服，而且看似更像一个极为精简、只剩骨架的雕塑，而不是一把实用的椅子。但此作的吸引力，可在其设计元素和材料中找到。椅子形态与一个坐着的人形的相似性是显而易见的，其轻盈感、移动性和乐趣引发出人们的情绪反应。这把椅子最初用金属和漆木制造，不同型号略有变化，构成一个小系列。与孟菲斯小组创造的许多产品一样，“第一把椅子”代表了设计趋势的一个短暂时期，但孟菲斯却持续生产这把椅子，直到今天。德·卢基毕业于建筑学专业，随着孟菲斯小组进入激进建筑的领域，他随后开始为阿特米德公司、卡特尔和奥利维蒂这些品牌设计产品，之后又开设了以自己名字首字母命名的事务所 aMDL。

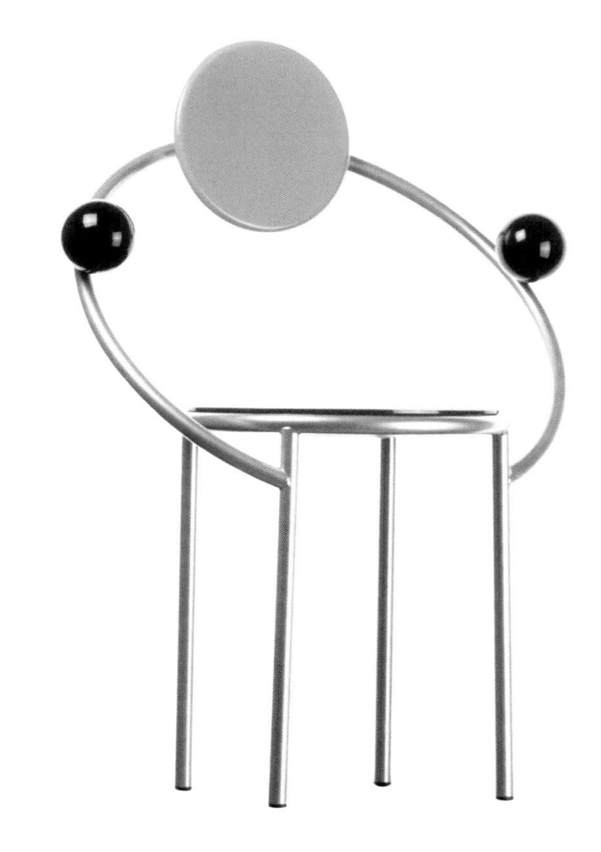

“流线体”　　1983 年

Streamliner

设计者：乌尔夫·汉斯（1949— ）

生产商：普莱萨姆（Playsam），1983 年至今

卡尔·泽迪格（Carl Zedig）于 1984 年创立了基地位于瑞典卡尔马的普莱萨姆（原语有玩物之意）公司，其目标是生产设计精良、功能强大且美观悦目的玩具。这追求也体现在“流线体”上，它既是色彩缤纷、触感良好、牢固结实的儿童玩物，对成人而言，也是视觉上引人注目的审美赏玩对象。其简单、实心的木质形式和光滑的高亮泽漆面，也体现了瑞典设计哲学，即创造美观、实用的设计。瑞典工业设计师乌尔夫·汉斯（Ulf Hanses）是引起普莱萨姆注意的第一个业内人士。汉斯之前曾为残疾儿童制作过一系列玩具。汉斯那些既有的设计继续构成了“流线体”的基础。这是一个很简单的木制汽车模型，被剥离精简到形式上的内核本质，强调其触觉手感和视觉特性。该玩具在 1985 年的纽伦堡玩具展上首次公开亮相，随后为初出茅庐的普莱萨姆带来了第一次重大成功。“流线体”应该被置于瑞典制作木质玩具的传统中来考察，而再合适不过的是，汉斯来自达拉纳地区，该地区以其土著工艺传统而闻名。“流线体”经久不衰的广泛吸引力，是对其简单、诚实和平等化、平民化设计声誉的证明。这种朴实设计，大概比以往任何设计都更适配如今主流的生态意识文化。

PST（袖珍生存工具） 1983 年

PST (Pocket Survival Tool)

设计者：蒂姆 · 莱瑟曼（1948— ）

生产商：莱瑟曼工具集团（Leatherman Tool Group），1983 年至 2004 年、2008 年至今

在便携式小型刀具的历史中，最引人注目的是莱瑟曼 PST（袖珍生存工具）。1975 年，蒂姆 · 莱瑟曼（Tim Leatherman）在欧洲旅行，入住酒店遭遇管道故障，自驾所用的一辆汽车故障频发，让他感到沮丧。他回到美国，决心利用自己的工程师背景来打造一种设备，其中包括全尺寸的钳子，还有像他这样的旅行者可能想要的其他工具。他最终拿出了这个多功能袖珍生存工具，并在 1983 年与他的商业伙伴史蒂夫 · 柏林纳（Steve Berliner）将其推向市场。在莱瑟曼产品爱好者看来，PST 是终极的多合一利器：它带有自己的工具护套，可挂到腰带上；重量仅为 224 克，但包括尖嘴钳和普通常规钳子，还组合有剪线钳，尖头尖刃刀，锯齿刀，金刚石涂层锉刀，木锯，剪刀，超小型、中型、大型和十字螺丝刀，以及开瓶器、重型电缆剥皮钳（剥线钳）和挂绳附件。产品在美国制造，由耐腐蚀的不锈钢制成。当从护套中取出时，钳子是唯一可见的工具，而所有其他工具都隐藏在手柄中。PST 的 4 个刀片已向内锁定，手柄可从外部安全握持。此产品承诺可使用 25 年，质量无可挑剔。

闪电 TRS 1983 年

Lightning TRS

设计者：滚轮旱冰鞋设计团队

生产商：滚轮旱冰鞋（Rollerblade），1989 年至 1991 年

闪电 TRS 将直排轮滑的概念引向主流人群受众，创造了一种全球性的运动现象。其创作的灵感，来自一款旧的直排轮滑鞋，发现者是布伦南（Brennan）与斯科特 · 奥尔森（Scott Olson）兄弟俩，他们是打冰球的伙伴。他们继续开发此设计，先后做了 200 多个原型，才拿出了第一款现代的直排轮滑鞋。鞋子最初是在他们父母位于明尼阿波利斯的家中的地下室制造。然而，直到这兄弟俩出售公司后，才有了足够的研发资金，最终得以在 1989 年推出闪电 TRS。以前的直排轮滑鞋存在重大设计缺陷，闪电 TRS 通过一系列创新来补救它们。该轮滑鞋采用革命性的玻璃纤维框架，为采用聚氨酯轮子的底盘提供了所需的刚度，并且远比那些前辈款型更容易穿脱和调整。该设计还新颖地使用了后置制动器，由此带来一种滑行表现像溜冰鞋的产品。北欧和阿尔卑斯一带的滑冰滑雪者迅速采用闪电 TRS 作为关键的训练辅助工具，但"滚轮旱冰鞋"公司（产品名字即来自此品牌名）在 20 世纪 80 年代中期的战略营销努力，成功地将直排轮滑定位为一项新运动，使得这项娱乐休闲活动广泛传播，相当普及。他们的成功如此显著，以至于"滚轮旱冰"已成为该行业的通用名。

斯沃琪第一系列腕表 1983 年

Swatch 1st Collection Wristwatches

设计者：斯沃琪试验室

生产商：ETA，1983 年

随着各种新时计技术在 20 世纪 70 年代引入，模拟机械表突然显得过时，以前备受推崇的瑞士产品受到最为严重的打击。1983 年 3 月，斯沃琪集团推出了由 12 款腕表组成的"斯沃琪"系列。由恩斯特·通克（Ernst Thonke）、雅克·穆勒（Jacques Müller）和艾尔马·莫克（Elmar Mock）设计的第一只斯沃琪，是一款精确的石英机芯模拟产品，只有 51 个零件，而不像传统手表那样多达 150 个零件，因此可实现自动化组装和以真正实惠的价格零售。第一款斯沃琪 GB001 采用黑色塑料腕带和表壳；表壳内是能在黑暗中发光的白色表盘；有非常清晰易读的数字，无装饰衬线；采用指针式模拟配置，有星期或日期窗口款可选。它确立了静音走动、超声波焊接、注塑模制和防水、耐磨外壳等标准。此后，这些标准被应用于各类不同的斯沃琪定制设计上，比如马蒂奥·图恩（Matteo Thun）、亚历山德罗·门迪尼、基思·哈林（Keith Haring，涂鸦大师）、小野洋子（Yoko Ono）、薇薇安·韦斯特伍德（Vivienne Westwood，朋克时装教母）和安妮·莱博维茨（Annie Leibovitz，摄影名师）等人的联名款。迄今为止，斯沃琪腕表已售出超过 2.5 亿只。

9091 水壶 1983 年

9091 Kettle

设计者：理查德·萨珀（1932—2015）

生产商：艾烈希，1983 年至今

1983 年出品的这款两升的不锈钢 9091 水壶闪闪发光，优雅而坚固，堪称第一款真正的设计师水壶。它是由理查德·萨珀创造的。萨珀的灵感来自在莱茵河穿梭航行的驳船和轮船：有雾时，船只便鸣响汽笛。水壶的尺寸挺大，高为 19 厘米，宽 16.5 厘米，配合光滑、闪亮的圆顶造型和昂贵的价格，让它成了理想住家的一个中心元素。直立升起的圆顶有一定的高级感，有一种几何纯度，将其与早期厨具那舒适、温馨的传统形状区分开来。水壶的三明治状夹层铜底座，确保在任何炉灶上使用时都能有良好的热传递。聚酰胺材质手柄放在壶体一侧靠后，以避免蒸汽冲击手部。一个弹出式的弹簧机构，由手柄上的扳机操控，可打开壶口喷嘴倒水或进行加注。但真正让水壶与众不同的，是它的哨声。此壶的哨子，发出的声音为 E 调和 B 调，由黑森林地区的工匠专门制作。萨珀总是说，"给人们带来一点愉快和乐趣"很重要。

苹果麦金塔　　1984 年

Apple Macintosh

设计者：哈特穆特·埃斯林格（1944—　）；青蛙设计（frogdesign）

生产商：苹果电脑（Apple Computer），1984 年至 1987 年

从一开始，苹果就在计算机硬件和界面设计方面设定了高标准。麦金塔诞生于史蒂夫·乔布斯（Steve Jobs，苹果电脑的联合创始人）与哈特穆特·埃斯林格（Hartmut Esslinger，青蛙设计的创始人）共同认可和实践的人本主义设计方法。此项目从 1982 年开始。苹果公司成立于 1976 年，当时英特尔推出首款 4004 CPU 微芯片已经 5 年，苹果希望揭开计算机的神秘面纱并推广其应用潜力。1981 年，只有不到 3% 的美国人家中拥有一台电脑，因此这里就存在一个巨大的新机会。麦金塔，有着米色的盒式一体外壳，配合尽量少的细节和 22.8 厘米（9 英寸）的屏幕，构想中的定位就是一款易于使用且足够小以适应家庭环境的产品。麦金塔于 1984 年 1 月发布，只有 128KB 内存，没有数字键盘或功能键。正是埃斯林格此前为维嘉（Wega）和索尼所完成的工作引起了乔布斯的注意，他们共同开发了这种精巧、整合一体化和持久的设计语言，应用于产品、品牌和公司，并为以品牌运营为中心的 20 世纪 90 年代开创了先例。麦金塔的设计及用户友好的界面，在化解潜在客户对计算机的恐惧心理方面发挥了关键作用。

谢拉顿椅 664　　1984 年

Sheraton Chair 664

设计者：罗伯特 · 文图里（1925—2018）

生产商：诺尔，1984 年至 1988 年

现代主义的意识体系，强调材料、形式、表面和结构的整合，但这把椅子拒绝这些观念，反而关注图像概念和心理价值。它的结构材料是层压胶合板，如 20 世纪 40、50 年代的现代椅子。然而，胶合板用在这里，并不仅为表达结构，更多的是用作一种表现手段，来反映其他信息。从正前方看到的椅子形状，呈示出 18 世纪后期谢拉顿（Sheraton，1751—1806，英国家具设计师）椅子的轮廓。椅背表面装饰有彩色花卉图案，显示出这种衬饰再稍后时期的风格。花卉上面覆盖着黑色几何图案，让人联想到 60 年代的波普风格平面图形。这些元素在逻辑上都不融洽，不适合在一起，所有这些都是矛盾的，但都有关椅子文化。该设计是 9 把椅子之一，设计元素指涉范围从 18 世纪的安妮女王时代直到"装饰艺术"，它们的构思者为罗伯特 · 文图里（Robert Venturi），一位被认可为后现代设计之父之一的建筑师。文图里的影响力，源于他 1966 年出版的《建筑的复杂性和矛盾》一书，该书对现代主义的局限性进行了批评。文图里呼吁"两者兼而有之"，而不是"非此即彼"。在这些椅子上，文图里融入了他在其建筑作品和写作中探索过的许多想法。

罐子状家用垃圾桶　　1984 年

Can Family Waste Bin

设计者：汉斯杰格 · 梅尔 - 艾岑（1940—　）

生产商：真品实货（Authentics），1984 年至 2018 年

罐子状家用垃圾桶，是简单、简约雅致设计的最佳典范之一。它将品质与塑料的使用相结合，并未因廉价材料而牺牲质量。此物可在厨房、浴室和所有生活区域使用，实现多用途功能。这种简单风格在当时尚属新潮，几乎是令人震惊的，至 20 世纪末，这种风格几乎无处不在，复制品也变得司空见惯。罐子状家用垃圾桶是德国公司真品实货名下"基本货品"系列的招牌产品之一。它有 6 种尺寸可供选择，是由汉斯杰格 · 梅尔-艾岑（Hansjerg Maier-Aichen）设计。他自 1968 年以来一直与真品实货公司合作，并于 1975 年接管公司的经营。梅尔-艾岑于 1996 年重新调整了公司的业务定位及方向，专注于塑料的设计和制造，力求生产廉价但高质量的日常家用品。新的真品实货系列产品，充分发掘塑料的内在品质，利用最新生产技术，为市场引入了其他材料无法实现的设计。并且，借助塑料半透明色调的微妙色彩语言，开创引领了业界潮流，这一潮流动向随后被广泛模仿和沿用。

全球刀 1985 年

Global Knife

设计者：山田耕民（1947— ）

生产商：吉金株式会社，1985 年至今

1985 年，全球刀作为传统欧式刀叉餐具的替代选项，被推向世界烹饪舞台，引起了轰动。日本工业设计师山田耕民（Komin Yamada）受委托开发一种激进的高级刀具，要求用最好的材料制成，并采用最现代的设计理念。研发的成果，便是前卫的全球刀。具良治，则是全球刀用以营销的单独品牌名。山田可以动用大量的预算资金，自由推进他那探索性和创新性的设计，这使他得以创造出对专业和家用市场有着同样吸引力的厨师刀。全球刀由极高级的不锈钢（含钼或钒）制成，有着非常锋利的刃口，由于经过冰回火和硬化，因此具有防锈、防污渍和耐腐蚀性。全球刀严格遵循传统，经过精心配重，确保手持使用时的完美平衡。刀具不含任何非必要的材料，厚实的圆形手柄很吸引人。手柄上直径 2 毫米的"黑点"设计进一步证明了山田的天才，这避免了"太光滑"或"太冷"的印象，从而达成了一种装饰性的特色招牌设计。"黑点"具有双重效果，除了装饰，还可确保稳固、温暖的握持手感。

意大利面套装炊具 1985 年

Pasta Set Cookware

设计者：马西莫·莫罗奇（1941—2014）

生产商：艾烈希，1985 年至今

马西莫·莫罗奇与安德烈·布朗齐、保罗·德加内罗、吉尔伯托·克雷蒂一起，于 1966 年在佛罗伦萨成立激进的设计小组阿基佐姆。作为创始成员之一，他也开始了自己的职业生涯。当小组解散时，莫罗奇继续他的设计研究，然后在 20 世纪 80 年代期间将注意力重新放在家具和生活用品上。1985 年，他向意大利著名家居用品品牌艾烈希的所有者阿尔贝托·艾烈希演示了意大利面套装产品项目。以此套装，莫罗奇为过度拥挤的厨房用具市场带来了一项巧妙的创新，这也迅速激发了无休止的模仿。意大利面套装，在锅内包含一个带有塑料手柄的金属滤锅，因此用户可以直接又简易地将意大利面从沸水中取出，而无须将面捞起来，放进单独的滤锅或漏勺在水槽中沥水。由于在烹饪过程中水会加热金属滤锅，因此意大利面从水中取出时仍保持热度。盖子上有一个空心塑料旋钮，用于蒸汽逸出。意大利面套装于 1986 年在第 11 届斯洛文尼亚卢布尔雅那设计双年展上获得金奖。后来在 1990 年又有新物件加入此产品的阵容，即莫罗奇的蒸汽套装，设计与本品类似，用于蒸汽式烹饪。

9093 口哨水壶　1985 年

9093 Whistling Kettle

设计者：迈克尔·格雷夫斯（1934—2015）

生产商：艾烈希，1985 年至今

由美国人迈克尔·格雷夫斯（Michael Graves）设计的 9093 口哨水壶，是在 20 世纪 80 年代后现代设计运动中出现的、商业上最成功的规模化生产的产品之一。这是专门瞄准美国大众市场的炉灶式直加热水壶，由艾烈希委托创作。格雷夫斯的设计参照了理查德·萨珀稍早期的 9091 水壶——那也由艾烈希生产。此壶具有简单、干净的形式，装饰削减至最少，对材料的使用极克制，从根本上说是直截了当的现代主义设计的一个例子。然而，小鸟的加入和手柄上鲜明张扬色彩的使用，打破了现代主义的界限。红色的模压塑料鸟指示了水壶哨音的来源，谐趣而古怪。1985 年上市时，此壶一炮而红，立马大获成功，以其调皮元素和激进设计的结合取悦、吸引了高端消费市场，并以漂亮的销售数据赢得了其跻身为后现代设计经典的标签。水壶如今仍在生产中，现有亚光饰面和原初的抛光镜面可选，手柄和鸟则有不同的颜色。

空气头自行车赛车头盔　1985 年

Aerohead Bicycle Racing Helmet

设计者：吉姆·根特斯（1957—　）

生产商：吉罗（Giro），1985 年至今

美国设计师和自行车赛车手吉姆·根特斯（Jim Gentes）于 1985 年创立了吉罗（有环路之意，指向环法赛之类）品牌，将他开创性的“空气头”头盔作为公司的首发产品。头盔利用了轻质材料和流线体造型的潜力。该设计是为了应对美国自行车联合会的规定：在比赛中强制要求戴头盔。而当时的头盔很重且缺乏空气动力学效用。头盔的设计，是基于风洞研究，并采用了空气动力学形态试验的最新发展成果。它的外壳由发泡聚苯乙烯制成，因此产品极为轻巧又坚固。莱卡内盖提供了减少摩擦的皮肤般的保护层，这意味着头盔可以个性化定制。“空气头”彻底改变了国际自行车竞速运动的舞台：在 1989 年环法自行车赛的最后一程计时赛中，美国自行车手格雷格·勒蒙德（Greg LeMond）首次佩戴了它。勒蒙德那引人注目的装备及外表形象与他的竞争对手形成鲜明对比。他的“空气头”也证明了其价值，因为他在赛道上飞驰并以 8 秒的领先优势拿到了黄色领骑衫，而这是环法自行车赛历史上最小的冠亚军时间差。从那时起，吉罗“空气头”便启迪了竞技自行车头盔的外观和结构研究，这些影响还渗透到非专业的头戴安全用具中。吉罗品牌始终紧跟最新的技术进步来开发头盔。

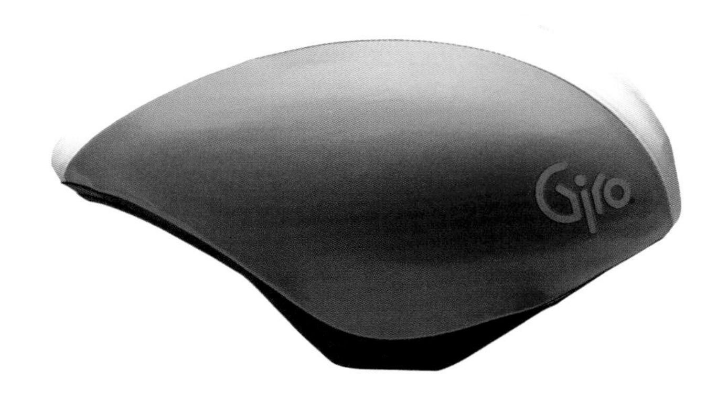

贝伦尼斯灯　　1985 年

Berenice Lamp

设计者：阿尔贝托·梅达（1945— ），保罗·里扎托（1941— ）

生产商：卢奇规划（LucePlan），1985 年至今

贝伦尼斯灯是米兰照明公司卢奇规划（或音译卢奇普兰）的标志性高科技产品之一。此台灯采用低压卤素灯泡，外形纤细优雅，有着流畅的动感。变压器的使用，让电力能够通过结构传导，而无须在电枢支臂上安装电线。该灯由 42 个零件组装而成，用到了 13 种不同的材料，包括金属、玻璃和塑料。金属电枢支臂由不锈钢和压铸铝元件制成，带有增强的尼龙接头，可以在调整灯的位置时承受住摩擦。灯头用工程塑料 Rynite 制成，Rynite 是一种注塑成型的热塑性聚酯树脂，经常用于制造坚韧的微型部件，例如步枪中使用到的零件。彩色玻璃的灯光反射碗（蓝色、绿色或红色）由硼硅酸盐玻璃制成，选择硼硅酸盐玻璃，是因为其耐热性、耐用性以及在制造时可以加入鲜亮浓烈的颜色。1987 年，贝伦尼斯灯在金圆规奖评比中获得了特别提名。1994 年，设计师阿尔贝托·梅达（Alberto Meda）和保罗·里扎托（Paolo Rizzatto）因其作品而获颁“欧洲设计奖”。

洛克希德休闲椅　　1986 年

Lockheed Lounge

设计者：马克·纽森（1963— ）

生产商：澳大利亚移动舱室生产商（POD），1986 年

马克·纽森（Marc Newson）的突破性作品洛克希德休闲椅，给人的感觉是“像一团水银一样的流体金属形式”。它大致上是基于雅克-路易·大卫 1800 年的画作《雷卡米埃夫人肖像》中的贵妃躺椅造型，这里使用了坚硬的工业材料，但被曲线造型大大柔和，这些元素受到纽森热爱的冲浪文化的影响。此椅最初在悉尼罗斯林-奥克斯利（Roslyn Oxley）画廊的家具设计展上展出。纽森学习过珠宝设计和雕塑，对材料和工业加工工艺感兴趣，再加上童年被 20 世纪 60 年代的意大利设计所包围——这样的环境向他传递了一种本能的设计意识，促使他开始创作家具。纽森根据制造冲浪板的技术，用泡沫塑料搭建了洛克希德的流体形式，又据此制作了玻璃纤维模子。然后，他将数百块上千的铝板锤打成型，再用铆钉将它们固定到位。得出的成品效果让纽森想起飞机，所以他以美国飞机生产商的名字命名了这件作品。在看到洛克希德休闲椅的照片后，东京家具公司理念（Idée）的老板、日本企业家黑崎辉男（Teruo Kurosaki）购买了一把，并提出将纽森的设计投入生产。1993 年，洛克希德休闲椅出现在麦当娜《雨》的音乐电视（MTV）视频中，让纽森成为国际关注的焦点。

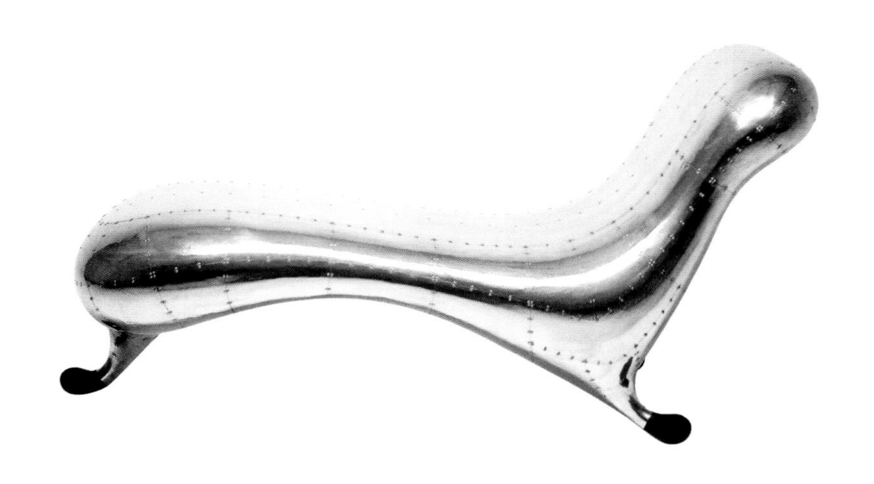

思考者椅子 1986 年

Thinking Man's Chair

设计者：贾斯珀·莫里森（1959—　）

生产商：卡佩里尼，1988 年至今

齐夫·阿拉姆（Zeev Aram）是一位企业家和现代设计的拥护者。在看到贾斯珀·莫里森在伦敦皇家艺术学院的硕士毕业成果展后，阿拉姆请他设计一把椅子，因其在伦敦的商店“阿拉姆设计”将举办一场产品展。随后的成果便是这把思考者椅子，它成为莫里森的设计中最早投入工业化批量生产的作品之一。莫里森的灵感来自一把“1986 年的精致复杂的木制扶手椅，但坐垫缺损消失了”。成品椅子的骨架形式为涂漆的金属管构造，椅面和靠背由扁平条块组成，而优雅线条的使用则指涉、参照了简单的花园家具以及传统的椅子工艺。添加微妙的细节，例如每个手臂末端的小圆盘，人们可以在上面放饮料，显示出一种与整体独特外观非常契合的魅力。朱利奥·卡佩里尼（Giulio Cappellini）参观了展览，对莫里森的思考者椅子印象深刻，于是邀请他去意大利，从而开始了生产商和设计师之间的长期合作关系。尽管椅子那简化骨骼式的外观已经揭示出莫里森早期对精简的偏好，但与他后来的设计相比，此椅简直可谓过度装饰，太烦琐。这张椅子的其他版本，在室内室外都适用，但是它们的形式状态更确定，不如这个版本有一种尚未完工、仍在演进的感觉。

鲁坦旅行者号 1986 年

Rutan Voyager

设计者：埃尔伯特・伯特・鲁坦（1943— ）

生产商：鲁坦飞机厂（Rutan Aircraft Factory），1986 年

鲁坦旅行者号以首次无间断、不加油的环球飞行而闻名。迪克・鲁坦（Dick Rutan）和他的副驾驶让娜・耶格尔（Jeanna Yeager）于 1986 年 12 月 14 日乘坐旅行者号起飞。9 天后，他们在以 185 千米 / 小时的平均速度航行了 40 211 千米后着陆。为了实现这一目标，飞机在加利福尼亚州爱德华兹空军基地起飞时需要携带 3181 千克的燃料，因此旅行者号必须坚固。迪克的弟弟伯特（Elbert 'Burt' Rutan）是项目背后的天才设计师。鲁坦设计的一个特点是它的前翼，即位于长长主翼前方的小小鸭翼。旅行者号上鸭翼的前置布局有着极精妙的策略，以赋予飞机温和驯顺的失速特性；前翼将两个吊杆部件连接到机身，并为飞机整体形状提供强度和结构完整性。旅行者号几乎完全用 6 毫米的纸蜂窝体和石墨纤维组成的夹层材料制成，使其具有依靠小型发动机保持高空飞行所需的轻便性，同时又具备禁受环球旅程的严酷考验所需的强度和灵活性。这一飞行记录让伯特・鲁坦一跃进入航空设计的最前沿，此地位在 2004 年得到进一步确认，这一年，他的太空船一号（SpaceShipOne）成为第一架到达太空并安全返回的私人飞行器。

一次性快照相机 1986 年

Quicksnap Single Use Camera

设计者：富士胶片设计团队

生产商：富士胶片（Fujifilm），1986 年至 1987 年

富士公司于 1986 年推出了世界上第一台成功的单次使用相机，即一次性快照相机 (Quicksnap)。它旨在吸引初次使用的消费者和那些想要快速且廉价拍照方式的用户。虽然即弃型相机并不是一个新想法，但从商业角度来看，早期的型号都生不逢时。富士带来了 35 毫米胶片的一次性快照相机，它提供更大的底片，产生出更高质量的照片。新型号也越来越紧凑且轻便，其中一些具备内置闪光灯、全景格式、防水功能和多个镜头。这款单次使用相机，1986 年才上市销售，至 1993 年，在美国销售了 2200 万台，在日本则销售了 6200 万台。一次性产品的市场迅速增长，以 2000 年的数据统计，整个相机市场 20% 的销售额来自这种相机。一次性快照相机推出后，富士建立了一个系统，收集经过处理的相机，并将它们返回工厂进行回收再生。1992 年，富士发起一项全面的回收计划，因此该公司能够声称其相机是 100% 可回收的。至 1998 年，逆向制造工艺已经实施到位，在产品设计阶段便将再利用和回收因素纳入其中。相关零件被分组为不同单元，以便更有效地拆解，而塑料可直接再次模制成新部件。

瑞士国铁官方腕表 1986 年

Official Swiss Railway Wristwatch

设计者：汉斯·希尔菲克（1901—1993）；蒙戴恩团队

生产商：蒙戴恩腕表（Mondaine），1986 年至今

瑞士人已经将计时器变成一种艺术形式，瑞士国铁官方腕表也许是最受认可的瑞士品牌时计。其简洁的圆形表面构成一个干净的背景，突出了简单的条块状（小时）时标以及比例优美的分针和时针。与黑白色背景构成明显对比，鲜红色秒针模拟复制了火车站站长手持的红色发车信号。盘面的字母记号，包括有 SBB CFF FFS（瑞士联邦铁路在德语、法语和意大利语中的首字母缩写），以及 6 点下方的 Swiss Made（瑞士制造）字样。瑞士国铁官方腕表由瑞士奢侈品集团蒙戴恩于 1986 年推出。它从瑞士工业设计师汉斯·希尔菲克（Hans Hilfiker）向 20 世纪 40 年代构思完成的瑞士火车站经典时钟汲取灵感，几乎原版复制。蒙戴恩精明地利用时钟的地位，生产出成功的手表版本，如今仍继续在许多国家销售。虽然有不同的表盘形状和大小可供选择，但最受欢迎的，还是原初的圆面版本。毫无疑问，它将始终是瑞士最成功的手表设计之一。

好脾气椅子 1986 年

Well Tempered Chair

设计者：罗恩·阿拉德（1951— ）

生产商：维特拉，1986 年至 1993 年

好脾气，这个命名反映了那种“驯服”行为（双关语，工业上指回火、锻造之类的工艺）：制造椅子的模切不锈钢板须驯服调教，然后才会有“好脾气”。此椅起源于罗恩·阿拉德（Ron Arad）在莱茵河畔魏尔城（Weil am Rhein）的维特拉博物馆主持的一个设计工作坊。阿拉德要求用弹性钢板进行试验。那种可用的特殊材料，必须既柔韧又有恰当的反弹力，具备适度的刚性，做成筒状翻卷的造型后，人坐上去，那结构能支撑体重。罗尔夫·费尔鲍姆（Rolf Fehlbaum）决定将这个创作投入生产，作为维特拉 1986 年产品编目中的一个单品。维特拉又花了一年多的时间才采购到可批量供应的合适材料。椅子的生产于 1993 年结束，因为所使用的钢材不再生产。椅子由 4 个卷筒组成：靠背、座椅面和左右两侧，左右的卷筒同时充当腿和扶手。每个卷筒都由一片弯曲的钢板制成，居中弯卷，使钢板末端扣在一起形成一个平面。此椅结构简单，与经典扶手椅形式上的特征相呼应。阿拉德既是设计师，也是在伦敦的建筑联合学院（Architectural Association）接受过专业训练的建筑师。论及这件“切割加螺栓”的作品，他说，这是他设计的计划在自己的工作室中制作的最后一批作品之一。

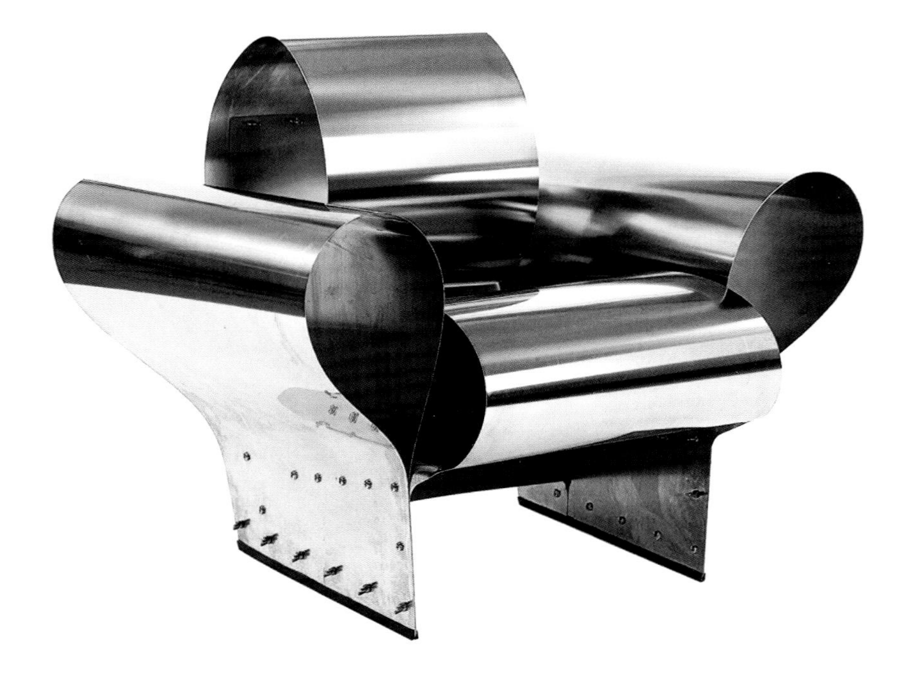

科斯坦萨灯 1986 年

Costanza Lamp

设计者：保罗·里扎托（1941— ）

生产商：卢奇规划，1986 年至今

科斯坦萨灯问世于 1986 年，最初设计为落地灯，随后于同年又以桌面台灯和悬挂吊灯版本发布。此类物品应是什么样子？这可谓对此类物品的极简和最少化的蒸馏提纯：仅余底座、灯杆轴和灯罩。这盏灯的永恒吸引力很大程度上也正在于此：雅致简约，完全没有多余的装饰。然而，科斯坦萨灯获得经典地位，更重要的原因也许在于，保罗·里扎托的设计在其表面看来超越时间限制和严谨端庄的传统外观中融入了灵活性和现代性的特质。落地版和桌面版的科斯坦萨灯，由伸缩式铝杆轴支撑，允许用户调整灯的高度以适应其特定的使用场景。灯罩用丝印聚碳酸酯制成，轻盈、坚固、易于清洗且易于更换。它的开关部件比必要的长度更长，这旨在吸引注意力，并与灯的细长支架构成一种对应关系。科斯坦萨灯的设计意图，似乎是要让其拥有者意识到这样一个事实，即剥除装饰元素的物品往往是所有物品中最具装饰效果的。

脊柱椅 约 1986 年

Spine Chair

设计者：安德烈·杜布勒伊（1951— ）

生产商：切科蒂·科莱齐奥尼（Ceccotti Collezioni），1988 年至今

此设计打破了 20 世纪金属家具的惯例。与 20 世纪 30 年代管状钢材弯曲制成的椅子不同，它的形式并不纯粹满足功能需求。而且，与镀铬金属椅子相比，本品的表面公开呈现制造留下的痕迹。然而，它确实挪用了历史风格的元素，这种设计方法在 20 世纪初受到现代主义运动者的谴责。脊柱椅的形式参考了巴洛克风格，例如椅面下方的卷轴造型，还有指涉 18 世纪早期家具的弯腿。它的曲线奢华而颓废，在制造时使用了过量钢材。椅子的名字引起人们对其拟人化手法的关注：它几乎就像脊柱前面的胸腔。脊柱椅由法国设计师兼生产商安德烈·杜布勒伊（André Dubreuil）在伦敦完成。他与汤姆·迪克逊（Tom Dixon）、马克·布拉齐尔-琼斯（Mark Brazier-Jones）和尼克·琼斯（Nick Jones）合作，发起过废物创意补救（Creative Salvage）组织，该团体在 20 世纪 80 年代初期专门打造通常是用废金属制成的物品和家具。到了 80 年代后期，杜布勒伊和布拉齐尔-琼斯开始为奢侈品市场制作带有历史主义色彩的限定版的个人家具。杜布勒伊于 90 年代回到法国，脊柱椅的制造被授权给意大利的切科蒂·科莱齐奥尼。

托洛梅奥灯 1986 年

Tolomeo Lamp

设计者：米歇尔·德·卢基（1951— ）；吉安卡洛·法希纳（1935—2019）

生产商：阿特米德公司，1987 年至今

米歇尔·德·卢基和吉安卡洛·法希纳（Giancarlo Fassina）向阿特米德的产品开发人员展示了托洛梅奥灯的原型。与孟菲斯小组（始于 1981 年，德·卢基为共同创立者）相关的张扬酷炫和挑衅的风格已被剥除，取而代之的设计路径致力于探索张力和运动平衡这些概念。利用阿特米德推动创新的内在愿望，德·卢基提出，使用悬臂结构和弹力拉索平衡系统，研发一种可以在任何角度调节和保持静止的灯。可以完全旋转的灯光漫射部件，用了亚光的阳极氧化铝，而接头用了抛光铝材。该灯有 3 种版本，台灯和落地款有可互换的灯臂支架，台灯款还有可固装在桌子边沿的夹子。托洛梅奥灯的前身，是由理查德·萨珀为阿特米德设计的“家伙”灯。它表现出比“家伙”更大的灵活性，很快被赞誉为形式与功能的完美结合。它于 1989 年获得了金圆规奖，并为阿特米德带了很可观的销售业绩。原初的版本现已开发出台灯、落地灯、壁灯和吊灯款。此灯有抛光铝版和阳极氧化铝版可供选择，如今仍畅销全球。

月亮有多高扶手椅 1986 年

How High the Moon Armchair

设计者：仓俣史朗（1934—1991）

生产商：寺田铁工所（Terada Tekkojo），1986 年；理念，1987 年至 1995 年；维特拉，1987 年至 2009 年

“月亮有多高”这款扶手椅，那宽大的尺寸和经典轮廓似乎与其使用的工业钢丝网相矛盾：那材料看似并不友好，不适合坐上去。然而，这把椅子坐上去会极舒适，远超出直觉预期。其设计作为故意挑衅和诱发知性思考的一个范例，仍然很重要。细密钢网的骨架式结构，是仓俣史朗强烈的现代主义理想的遗产。在此之前，网状元素已经出现在仓俣的作品中，但以一种更二维平面化的方式出现。通过“月亮有多高”这个设计，仓俣史朗定义了椅面、靠背、扶手和底座的关键结构要素。在这里，曲面与平面和谐平衡，并与材料的固有刚性产生游戏化的对抗。充当了原材料的钢，虽然成本低廉，但这个设计中，已切割出图案花式并已压制好的金属板，镀上铜或镍之后，还需要进行精心细致的焊接，劳动量大而密集，因此生产出的座椅价格昂贵。然而，仓俣史朗不愿将涉及数百上千的单独焊接点的生产技术，替换成任何其他的解决方案，因为那会牺牲此作的透明感，会损害彼此相接的平面构成的精细线条。仓俣处理丙烯酸树脂（亚克力）、玻璃和钢材的手法，对那一代设计师产生了巨大的影响。

轮岛仪式漆器 1986 年

Wajima Ceremony Lacquerware

设计者：喜多俊之（1942— ）

生产商：大向甲州堂（Omukai Koshudo），1986 年至今

喜多俊之将当代设计要素引入日本传统工艺，以此创立和塑造了他的职业生涯。在过去的 40 年里，喜多带着他的设计去造访日本偏远村庄的工匠和手工艺人，利用他们几乎遭淘汰的技能，为全球消费者生产商业上可行的产品。1986 年的轮岛仪式漆器，重新诠释了传统的漆艺（urushi）形式，这套创新的器皿包括水果盘、小汤盆、饭碗和米桶等。这是为传统的漆艺生产商 Omukai Koshudo 设计，并在传统的红和黑色彩组合中采用了一种古老的漆艺技术。虽然在西方人眼中，轮岛作品的形式看起来可能完全是日本的，但从 1969 年以来，喜多一直在米兰和大阪之间往返停留，他实际上已经突破了日本设计的界限，创造了一些让本土观众非常惊讶的东西。虽然传统的日本漆器相当小巧，但喜多的作品扩展了尺寸规模，具有平面图形的美感，功能性与形式并行不悖。通过夸大传统漆器的强烈色彩组合和雕塑般的形式，喜多将它们转化为优势因素，新器具达到了装饰品的大小，有利于展示和欣赏。

幽灵椅　　1987 年

Ghost Chair

设计者：奇尼·博埃利（1924—2020）；片柳吐梦（1950—　）

生产商：意大利菲亚姆（Fiam Italia），1987 年至今

奇尼·博埃利（Cini Boeri）和片柳吐梦（Tomu Katayanagi）的幽灵椅，虽然本身是一件非常沉重的家具，但看起来像空气一样轻盈。椅子用一整块实心玻璃制成，这是由维托里奥·利维（Vittorio Livi）创立的高度创新的意大利菲亚姆公司出品的大胆的设计力作。米兰建筑师和设计师奇尼·博埃利一直在为菲亚姆开发若干产品创意和新概念；片柳吐梦当时也是菲亚姆的高级设计师之一，他提议做一把玻璃扶手椅。直至奇尼看过片柳做出的“神奇的纸模型”，她才接受了这个提议。在利维的帮助下，技术问题得到了解决，该椅子从此成为前卫家具设计强有力的象征符号。幽灵椅能够承受高达 150 千克的负载，虽然那弯曲的浮法玻璃板只有 12 毫米厚。菲亚姆今日仍然在生产这款椅子，在隧道式窑炉中加热大片玻璃，然后将它们弯曲造型。从那以后，包括菲利普·斯塔克、维科·马吉斯特雷迪和罗恩·阿拉德在内的许多设计师都与菲亚姆合作过，但很少有出品能与奇尼和片柳的幽灵椅相媲美。这椅子影响力惊人，有着几乎超现实的冲击力。

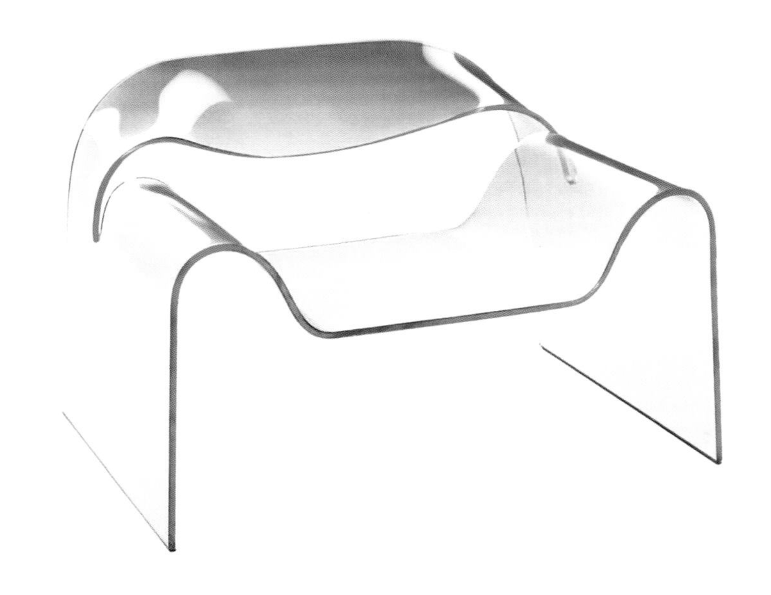

S 椅　　1987 年

S Chair

设计者：汤姆·迪克逊（1959—　）

生产商：卡佩里尼，1991 年至今

S 椅有一些拟人化的成分在里面。也许是收紧的腰部、曲线优美的臀部以及关于脊椎和肋骨的暗示，带来关于人体的联想。或者，此椅更像是蛇而不是关联到人形。无论怎样，S 椅的吸引力基本上都是有机的，这种感觉缘于其蜿蜒的丝带状形式，缘于其使用了天然灯芯草当软衬。椅子轮廓由弯曲金属杆焊接后构成，围绕这杆子框架，缠绕编织灯芯草。S 椅与两个较早期的设计有些类似之处：格里特·里特维尔德的之字形椅子（1932—1933）和维尔纳·潘顿的潘顿椅（1959—1960）。看上去，S 椅的起伏造型比那两款设计中的任何一个都更像徒手随意画出，但丝带状的形式和悬臂式椅面提示出那些类同因素。这把椅子标志着汤姆·迪克逊职业生涯的转变。他早期的作品通常是一次性或限量版的金属物件，往往用回收金属制成。他最初是在自己的伦敦工作室制作 S 椅，但很快就将设计授权给了卡佩里尼。该公司持续生产此椅至今，并尝试了天鹅绒、皮革和其他软衬材料。不过，还是原版的用材组合在感官上最令人愉悦。

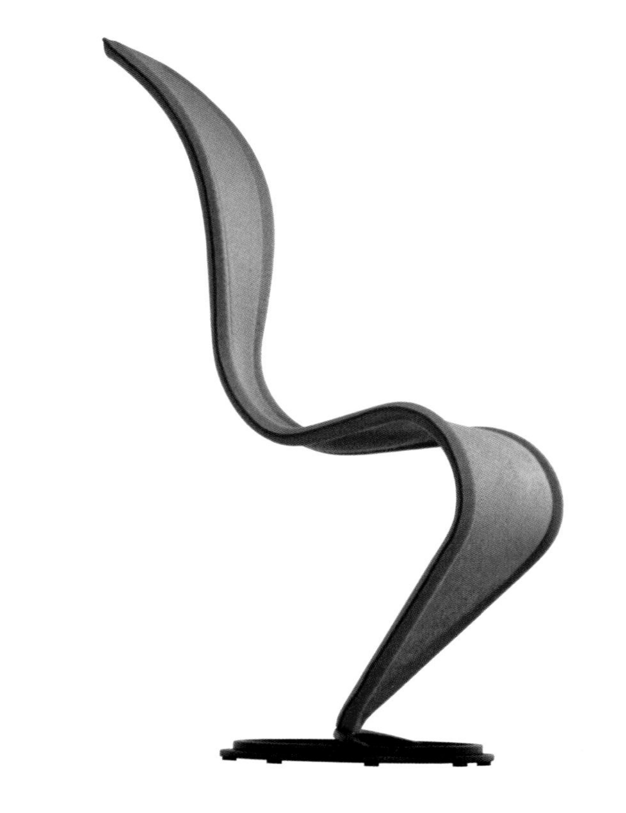

瞬息腕表 1987 年

Momento Wristwatch 1987

设计者：奥尔多·罗西（1931—1997）

生产商：艾烈希，1987 年至 2000 年，2004 年至 2017 年

奥尔多·罗西的瞬息（Momento）腕表是意大利名品设计公司艾烈希制造的第一款手表。瞬息腕表，与罗西的所有设计一样，具有高度原创性，并围绕无装饰的基本几何形状（在本案中是圆形）来塑造产品形态。手表由双重钢表壳组成，这当中的内壳装有机芯和表盘。内壳可轻松拆卸和重新扣紧，既可以用作腕表，也可以用作怀表。罗西是“二战”后最具影响力的建筑师之一，以富有想象力的创意和突发奇想、天马行空的灵感极大地丰富了设计界，而艾烈希赞同他那心血来潮般的创想，认为这也映照了公司的家具用品设计策略。瞬息腕表之简单，令人惊异，并确证了罗西作为倡导新理性主义的领军人物的地位。这款手表配备了针对不同用途的可变元素，在现代主义对技术和功能的重点强调之外，这就提供了另一种选择，也揭示了罗西的还原主义设计方法。罗西将永远被铭记，因为他创造的产品是 20 世纪 80 年代后期欧洲后现代主义的缩影，也因为他是卓越大师，创造出易于理解和接近的、实用又有趣的设计品，并且这种设计风格已成为艾烈希的代名词。

毛毡椅子 1987 年

I Feltri Chair

设计者：加埃塔诺·佩谢（1939—　）

生产商：卡西纳，1987 年至今

毛毡椅子由厚羊毛毡制成，类似于一位现代萨满巫师的宝座。虽然底座完全是用聚酯树脂打造，但顶部柔软且具有延展性，像富丽堂皇的斗篷一样包裹着落座者。加埃塔诺·佩谢的作品的特点，是他对材料的创新使用，他对探索和开发新生产技术的痴迷。他生产的物品挑战平庸，总是引起争议，但他我行我素，决不妥协。毛毡椅子在 1987 年的米兰家具展完成首秀，是作为佩谢的“不均衡套房”主题的一部分，由卡西纳送展。这成套家具中的单品，包括衣柜、桌子、组合沙发和扶手椅，在风格和美学上完全不同。它们分享的是一种不熟练的、“不听话的”、手工制作的外观，意在与当时盛行的时髦高格调、高产品价值的设计背道而驰。佩谢曾打算使用初级技术，用旧地毯在发展中国家规模化生产这款椅子。然而，卡西纳对这一想法并不感兴趣。“我记得生产商告诉我，他们有义务照顾自家的工人。”佩谢回忆道。今天，这椅子用厚毛毡精心制作，相应的，定价当然也不低。

米兰椅 1987 年

Milano Chair

设计者：奥尔多・罗西（1931—1997）

生产商：莫尔泰尼与 C 公司（Molteni & C），1987 年至今

米兰椅是传统与创新共存的典范。设计构想中，它是用硬木制成，有樱桃木或胡桃木的不同版本。其板条式靠背和椅面出乎意料，非常舒适，充分发挥了板条木材的灵活性和弹性。奥尔多・罗西主要关注建筑和城市生活。不过，他的产品设计也自然地传达了他的理论，如米兰椅参考了传统设计，反映出他的信念，即建筑不应将自身与其所在城市的遗产分离开来。椅背的线条带有弧度，看起来与罗西那些雄伟的建筑结构和无数设计图纸所体现的原则有些不一致。创造工业设计类的物件时，罗西可能感受到更大的自由度，因为这些东西意味着，它们的用途是需要去适应不同的场合，而不是僵硬地插入某处城市大环境。一系列草图说明了椅子在不同情况下的使用方式，比如在围绕桌子的一场非正式会议上使用，地板上还趴着一条狗。米兰椅是罗西重要作品的一个有力的象征符号。

吉拉法椅 约 1987 年

Girafa Chair

设计者：莉娜・博・巴迪（1914—1992）；马塞洛・费拉兹（1955— ）；马塞洛・铃木（生卒年不详）

生产商：巴拉乌纳家具公司（Marcenaria Baraúna），1987 年至今

吉拉法（意大利语，意即长颈鹿）椅子是对非洲大草原上高大优雅的长颈鹿的抽象演绎。莉娜・博・巴迪为位于巴西巴伊亚萨尔瓦多城（Salvador da Bahia）的贝宁之家（Casa do Benin）设计了餐厅，此椅是为餐厅而设计。贝宁之家是一个保护非裔巴西人的艺术和文化遗产并促进巴伊亚州与贝宁这个国家之间关系的机构，遭奴役的非洲人曾经从贝宁被贩运到美洲。丽娜这位意大利出生的巴西建筑师，以其在圣保罗的戏剧性的野兽派建筑而闻名。她与建筑师马塞洛・费拉兹（Marcelo Ferraz）、马塞洛・铃木（Marcelo Suzuki）合作设计了这把动物形态的椅子，后二者当时刚建立巴拉乌纳细木工坊，车间也在圣保罗。以阿尔瓦・阿尔托标志性的 60 型凳子为起点基石，他们从贝宁的角度出发去重新思考那凳子。标志性的 3 条腿仍保留，尽管它们固定在圆形凳面的边缘而不是其反面底部，其中一条腿像长颈鹿的长脖子一样上升，形成一个细长的、略微弯曲的靠背，顶部有一根短短的水平板条。阿尔托青睐的胶合板被当地耐磨损的樱桃木所取代，非常适合人来人往的餐厅场景，经久耐用，也表达出其巴西身份。今日仍在生产的这款可堆叠椅子，是"长颈鹿"系列的第一款作品，其他还有类似风格的酒吧凳和桌子。

AB 314 闹钟　1987 年

AB 314 Alarm Clock

设计者：迪特里希·吕布斯（1938—　）

生产商：博朗，1987 年至 2004 年

博朗 AB 314 闹钟是旅行闹钟技术的标杆，是 AB 310/312/313 系列的延续。该系列由博朗与公司的设计主管迪特里希·吕布斯于 20 世纪 80 年代早期首创。这些型号的特点是体积小，形状方正扁平，这使它们成为理想的出行伴侣。AB 314 石英机芯款向前更迈进了一步，采用超扁平的小型旅行闹钟样式，配有可翻转式保护盖，具有世界时区地图、闹铃提醒装置、贪睡功能模式、内置手电筒和钟面照明。外形紧凑，使其即便在最小的手提箱中也便于携带。轻型化、高质量的塑料带来最佳的表壳品质，确保持久耐用。吕布斯从 1971 年开始负责博朗产品的平面图形事务，这体现在图形模式和架构中，特别是塑料钟面上元素的平衡组合，黑色中穿插着清晰易读的白色数字和指针。简单的黑白画面中有一些生动的彩色成分闯入，如黄色秒针、绿色贪睡按钮和红色的灯光按钮，但这些干扰成分反而增加了此闹钟外形上的吸引力。AB 314 的后续衍生品包括带有语音和遥控功能的型号，但原版仍被广泛认为是最理想的闹钟。

胚胎椅　1987 年

Embryo Chair

设计者：马克·纽森（1963—　）

生产商：理念，1988 年至今；卡佩里尼，1988 年至今

马克·纽森曾在一家充满冲浪文化的海滨酒店度过一段时间，这在他 1987 年的胚胎椅中发挥了重要作用。纽森当时年仅 25 岁，没有接受过正式的设计训练。他采用了一种与海洋有关的材料——用于制作潜水服及防寒泳衣的氯丁橡胶，来塑造一种独特的设计，其有机体形式让人想起胚胎，椅子因此得名。这是纽森个人招牌式风格的一个完美例子，流动、膨胀的形状让人想起 20 世纪 60 年代的科幻小说，这种科技感与工业材料相结合，创造出富有想象力的未来主义的形式。自 1988 年在悉尼的动力源博物馆（Powerhouse）举办的主题展览“坐一坐”（Take a Seat）中首次亮相以来，这把椅子保持原版型，几乎没有变化。它仍然采用由聚氨酯泡沫制成的一体式主体结构，靠背逐渐变细，收缩成一个腰部，然后又变宽，构成由管状金属腿支撑的座椅面。纽森在此作中展现的天赋，以及贯穿在他大部分出品中的天赋，是采用一种原本并非用于家具生产的材料，将其整合融入家具作品中，创造出一种诙谐、创新但又高级、老练的个性表达。从问世以来的 30 多年间，胚胎椅仍在生产中，在日本由理念制造，在欧洲由卡佩里尼生产。它看起来仍然新鲜而令人兴奋。

布兰奇小姐椅子 1988 年

Miss Blanche Chair

设计者：仓俣史朗（1934—1991）

生产商：石丸（Ishimaru），1988 年

布兰奇小姐椅子的灵感被认为来自费雯·丽（Vivien Leigh）在 1951 年的电影《欲望号街车》中穿的碎花连衣裙。漂浮在透明亚克力中的廉价的人造红玫瑰，意在用来代表女主角布兰奇·杜波依斯的脆弱和虚荣，也讽刺地指涉了印花棉布面料软衬那过气的、褪色的魅力。椅子的扶手和靠背略微弯曲，暗示着女性的优雅。然而，作品轮廓的硬棱角以及铝制腿插入椅座底部的方式，引入了一种不舒服的矛盾张力，与任何女性化的甜美意象形成反差对应。作为日本最重要的设计师之一，仓俣史朗喜欢这种创意：将看似不可协商、不可调和的概念结合起来。布兰奇小姐椅子代表了仓俣职业生涯中致力于探索透明效果的那段时期的高潮。仓俣特别喜欢使用亚克力，他认为亚克力是一种模棱两可的材料，有时像玻璃一样冷，但有时又像木头般温暖。据传闻说，在布兰奇小姐椅子生产的最后阶段，他每 30 分钟就给工厂打一次电话，以确保人造花的飘浮效果能恰当实现。

圆顶咖啡壶　　1988 年

La Cupola Coffee Maker

设计者：奥尔多 · 罗西（1931—1997）

生产商：艾烈希，1990 年至今

光看外观，人们会误以为圆顶咖啡壶很简单。它由罗西的标准元件组成：锥体、立方体、球体和金字塔构件。这里包括两个铝制圆柱体，顶部是圆顶造型。这是一件标志性的作品，取得了双重成功：既实现了罗西的目标，即制作“用途与装饰合为一体”的东西；又拿出了一个成果，可投入真正的大批量生产。艾烈希委托他设计咖啡机，于是罗西就咖啡冲泡和饮用方式的主题深入研究。罗西所寻求的是简明又沉静的东西，最好能成为私人和家居化的常备品。从制造的角度来看，圆顶咖啡壶只是对经典铝制咖啡壶的新诠释。就像经典的摩卡快速咖啡壶原初版一样，它由铸铝制成，然后手工抛光。下方锅炉是铝底座，有厚厚的法兰（凸缘），以确保热量均匀分布，并保护壶身免受火焰或热源的影响。它配有连接到壶身主体的聚酰胺手柄，还有一个淡蓝色或黑色的聚酰胺圆头小抓手，安装于圆顶最上部。罗西这位建筑师，被现代主义者和后现代主义者都称为该阵营的自家人，他的作品具有持久的意义。

基维静思祈愿烛台　　1988 年

Kivi Votive Candle Holder

设计者：海基 · 奥尔弗拉（1943—　）

生产商：伊塔拉，1988 年至今

基维（芬兰语中为石头之意）静思祈愿烛台，是如此简单的一个物品，看似几乎根本没有设计。它用厚实的无铅水晶制成，有 13 种颜色，包括透明、黄、红、绿、绿松石色、灰和粉红色等。这些可能受到（捷克）利奥 · 莫泽（Leo Moser）与莫泽玻璃厂（Moser Glassworks）的彩色立方体产品的启发，那些著名的波希米亚玻璃制作者在他们的一些高脚器皿中应用了 9 种闪闪发光的颜色。不过，玻璃制造原就是芬兰传统的重要组成部分，并且已经延续了 300 年。在这个设计中，玻璃丰富了蜡烛产生的光线，增加了房间的氛围。烛台可单独使用，也可成组使用，其价格具有竞争力。自推出以来，该烛台秉承伊塔拉耐用、优质、现代性和欢乐感的产品价值观，以此确立了自己作为安静的现代经典品的地位。海基 · 奥尔弗拉后来在 1998 年赢得芬兰最重要的设计奖，卡伊 · 弗兰克奖。他的作品涉及陶瓷、铸铁和纺织品等各种材料，他还创作前卫雕塑、刀叉和成套餐具。

木椅 1988 年

Wood Chair

设计者：马克·纽森（1963— ）

生产商：卡佩里尼，1992 年至今

木椅由澳大利亚人马克·纽森设计，意在参加在悉尼举办的椅子展览，专展展品均须以澳大利亚木材制作。为了强调材料的自然美，纽森打算用木条延展和紧绷成一系列曲线，以这种方式搭建出木结构，他因此开始寻找能够生产椅子的生产商。他接洽的每一家公司都告诉他，他的设计是不可能完成的，直至他找到了塔斯马尼亚州的一家生产商。该木器工厂同意用当地柔软的松木来打造椅子。在 20 世纪 90 年代初期，纽森开始与意大利家具生产商卡佩里尼合作，后者提出复制他的早期设计，包括这张木椅。纽森曾说："我一直试图用具有挑战性的技术创造美丽的物品。"木椅正是这种设计理念的早期例子，它利用和发挥材料——在这个案例中便是塔斯马尼亚松树——本身的内在特质，将其伸展弯曲，以展示其自然美和设计的可能性。纽森的设计方法不是简单地修补、改良现有的产品，而是对它们进行长时间的全面考察，去想象完美的版本可能是什么样子。

敞口靠背夹板椅 1988 年

Ply-Chair Open Back

设计者：贾斯珀·莫里森（1959— ）

生产商：维特拉设计博物馆：1989 年至 2009 年

贾斯珀·莫里森的敞口靠背夹板椅不仅是一个经典的设计，而且还能让人们深刻洞察莫里森的实用主义设计方法。椅子的前腿和椅面，那构型与形态表达明显极为简省又严格，提示和指向纯粹的功能主义。前部与后腿和椅背横挡的柔和曲线达成平衡组合，以支撑使用者。凹形的横杆在椅面的薄胶合板表皮之下，带来一种衬垫式的缓冲效果。椅子结构和紧固件、固定装置暴露在外，显示出此设计的组成，简单且一目了然。此夹板椅是为 1988 年在柏林举办的"设计车间"主题展览而构思。莫里森设计和制造这把椅子，只用了很有限的设备，使用的材料他认为很适合、有相关性，是对那个强调风格、风格化创作极度繁荣的时期的一种反叛。由于手头的设施简陋又稀少（只有胶合板、一把竖线锯和一些零碎的弯曲船板），设计是从切割出的二维形状开始，然后才演进为三维的座椅。维特拉的罗尔夫·费尔鲍姆认识到该设计的持久特质，因此继续生产靠背敞口的夹板椅和补充了靠背背板的第二个版本。莫里森的实用主义证明了奢靡和短期时尚热潮的荒谬，也证明了他的设计具有持久的生命力。

AC1 椅子 1988 年

Chair AC1

设计者：安东尼奥·奇特里奥（1950— ）

生产商：维特拉，1990 年至 2006 年

维特拉的 AC1 椅子由安东尼奥·奇特里奥（Antonio Citterio）设计，于 1990 年发布上市，以其缺省调节杆而出名。在其推出时，办公家具产业已经痴迷于高度调节能力，生产的椅子充满了小工具、小机关，而且往往看起来相当笨重。在这种环境下，奇特里奥的简约产品带来了令人耳目一新的优雅变化。靠背外壳采用适应性强的材料迭尔林（Delrin，聚甲醛树脂），座椅衬垫采用无氟的聚氨酯泡沫。椅子没有隐藏的机关或部件，这使其看起来非常清爽干净和轻盈。灵活的靠背通过扶手连接到椅座上的两个点位，椅面表面的位置姿态会随着靠背的角度而变化，这意味着两个元素是完全同步的：椅面的长度和高度、腰部支撑和靠背的反压力，可以根据用户的身高和体重进行调整。AC1 采用一系列不同的织物饰面，5 杆腿的星形底座采用塑料以及抛光或镀铬铝制成。奇特里奥还设计有一个姊妹型号，即体积更大更宽敞的 AC2，去争取更高端的市场用户——经理与管理层。

布里顿 V-1000 摩托 1988 年至 1991 年

Britten V-1000

设计者：约翰·布里顿（1950—1995）

生产商：布里顿（Britten），1991 年至 1998 年

从 20 世纪 80 年代末到 1995 年其去世，新西兰人约翰·布里顿（John Britten）始终是摩托车设计界的特立独行的天才。他的布里顿 V-1000 是围绕他自己的 60 度夹角 V 型双缸 1000 毫升发动机、完全手工制造和改装出的车型。就 V 型双缸引擎而言，该发动机够轻巧、坚固、平稳，而且功能强大，能够在每分钟 11 500 转时达到令人难以置信的 160 匹制动马力。布里顿最激进的设计决定是放弃常规的车架。他将尽可能多的重要部件都聚集在发动机周围，创造出一台短耦合、短背和操控快速、响应迅即的机器。车身使用凯夫拉尔纤维和碳纤维，从车座到车轮再到悬架的所有东西，都用螺栓固定在发动机上，发动机成为中央受力单元。车座只是一根从气缸盖向后延伸的碳纤维梁。后悬架安装在发动机前部，通过一根长杆连接到后摆臂上。凭借其粉蓝和荧光粉配色方案，V-1000 从亮相的那一刻起就引人注目、非常吸睛。在国际舞台上，它击败了老牌工厂车队的量产赛车——最轰动的是，1997 年，它在代托纳赛道上获胜，而那正是美国超级摩托车比赛的摇篮。布里顿实现了他的梦想：将美观、速度和性能结合在一部竞速机器中。

银椅 1989 年

Silver Chair

设计者：维科 · 马吉斯特雷迪（1920—2006）

生产商：德帕多瓦，1989 年至今

维科 · 马吉斯特雷迪获得过无数奖项和头衔，被公认为“二战”后意大利设计的先驱之一。有了 30 年的家具设计经历之后，马吉斯特雷迪于 1989 年为德帕多瓦设计了银椅，该公司一直生产至今。这把椅子说明了马吉斯特雷迪作品中最为前后连贯和最重要的主题之一，即平衡独特个性化的原创性和对传统的参照及尊重，此椅便是成功实例。马吉斯特雷对他认为是典型曲木椅子的概念进行了重新诠释，概念原型类似于 811 号椅子——被莫衷一是地归于马歇尔 · 布劳耶、约瑟夫 · 霍夫曼或约瑟夫 · 弗兰克（Josef Frank）名下，并在 1925 年的索内特产品目录中出现。产品原型是用蒸汽折弯的实心山毛榉制成，配用东南亚（白）藤、一般藤条或打孔胶合板；而马吉斯特雷迪的作品用抛光焊接铝管和铝板材制成，配有丙纶材质椅面和靠背。有多种型号可选：有无扶手，带或不带脚轮及一个轴架底座。在德帕多瓦公司于 2003 年发布的一次访谈中，马吉斯特雷迪将银椅解释为“向索内特致敬，他们生产了类似的椅子……我一直很喜欢索内特的椅子，即使它们不再是以木头和草织物制成的”。

博朗 AW 20 手表 1989 年

Braun AW 20

设计者：迪特里希 · 吕布斯（1938— ）

生产商：博朗，1989 年至 1998 年

博朗 AW 20 手表问世，代表了博朗发展的合理性。它的到来是在公司的闹钟和挂钟系列取得成功之后。其极简主义的形式和精确的细节捕捉表达了那个时期的时代精神：从 20 世纪 80 年代的虚浮夸耀中撤退，回归根本，回到基础要素。AW 20 手表重申了博朗的产品哲学：将创新与纯粹简单的设计愿景相结合。它的设计者迪特里希 · 吕布斯从 1995 年至 2002 年担任博朗设计部的副主管，他创造了该公司一些极成功和极具标志性的产品，包括 1982 年的 ABW 30 挂钟。与其前辈一样，AW 20 精密石英机芯手表比例优美，功能精确。所有多余的无谓的虚饰都被消除，由此产生的这个表盘堪称极简主义平面图形设计的胜利。吕布斯本人从 1971 年开始负责博朗的产品图样。AW 20 手表采用黑色或镀铬材料制成，表盘最初采用数字，但 1994 年之后，此设计仅显示分钟刻度，明确表达出黑白配色的审美感观效果。该时计的生产于 1998 年停止，但在设计方面，它影响了随后所有的博朗手表以及许多其他主流品牌型号。

游戏小子掌上游戏机 1989 年

Game Boy

设计者：横井军平（1941—1997）

生产商：任天堂（Nirtendo），1989 年至今

任天堂游戏小子这一紧凑型视频游戏机，是 20 世纪 90 年代许多孩子语汇中的一部分。任天堂在 60 年代开始制作视频游戏设备，但没有成功。直到 80 年代中期，1965 年就已加入任天堂的电子专业毕业生横井军平（Gunpei Yokoi）才提议创作公司 Game & Watch 掌上游戏机与 NES（红白机）的混合体，这就导向了游戏小子掌上游戏机的诞生。在 1989 年公开发售时，此机受到了一些怀疑，因为它只有一个不足 13 平方厘米的单色小屏幕。但这些因素反倒对游戏小子有利：如此的尺寸让这小玩意便于携带，重量仅为 300 克，而彩色显示缺失，则带来电池长时间续航的经济性。这是一个独立的系统，带有任天堂已获专利的十字方向键，它提供了游戏联接（Game Link）功能，借助一根连接电缆，两个玩家就可竞争对抗或相互合作。此外，它是第一台提供了耳机插孔的掌机。游戏小子成功的终极缘由，可能在于它与理想的游戏打包到了一起：俄罗斯数学家阿列克谢・帕吉特诺夫（Alexey Pajitnov）创造的俄罗斯方块。此设备成为国际上轰动一时的掌机，自备受喜爱的原初版推出以来，它已历经多个版本，不断更新迭代。

“手表” 1989 年

WATCH

设计者：弗莱明・博・汉森（1955— ）

生产商：文图拉设计时间产品部（Ventura），1989 年至 1999 年

弗莱明・博・汉森（Flemming Bo Hansen）曾在乔治杰生当学徒，并在哥本哈根、纽约和东京为扬森公司工作过。在数字时计已被认为过气时，他构思了自己的这款“手表”。他的设计挑战了数字表落伍过时这一论调，获得惊人成功，销售记录极好，还饱受赞誉。他将设计和工艺上的直观感性相结合，形成了“消除冗余、以求简单”的个人设计哲学。他的作品严格专注于功能性，但并不以牺牲风格或美感为代价，因此，他的“手表”在形式、格调和功能特色上优雅而简单。没有灯光、闹铃、秒表或其他附加功能，这款朝着低调精简方向打磨出的配饰，体现出一种纯净特质：只专注于时间。（名称 WATCH 全大写，双关意思就是请“看”时间。）矩形表盘的占比够大，显示的数字易于识读，使该设计成为能传达和代表 20 世纪 80 年代后期现代主义理想的罕见之物。所设计的东西须戴在手腕上，此特性带来固有的限制，博・汉森的设计聚焦于显示清晰，来应对这些限制，得到的产品甩掉了以前的传统。他与生产商文图拉建立起合作伙伴关系，成功地挑战和影响了当代关于手表设计的观念。这块纤薄的长方形腕表很快被提升到标志性地位，并荣获许多国际设计奖项。

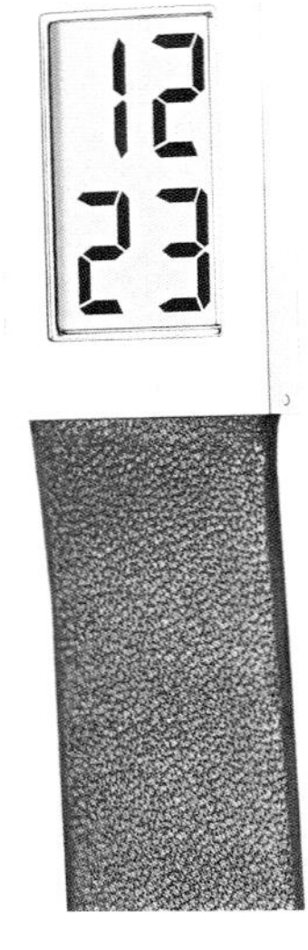

集纸器 1989 年

Paper Collector

设计者：威利・格莱泽（1940— ）

生产商：TMP，1989 年至今

杂志或报纸架是家里常见的物品，跟在办公室中一样常见。威利・格莱泽（Willi Glaeser）的版本于 1989 年推出，为这个无处不在的设计对象赋予了一些当代的风味意趣。瑞士设计师格莱泽以其简约化的作品而闻名，他以镀铬钢丝创造出具有高度实用性的物品，形式坚固结实但难以捉摸。这里，格莱泽有一个巧妙的想法，即重新考虑架子的用途，拿它用作暂时性印刷品的存放器具，并将其与垃圾筐结合起来。格莱泽的架子兼篮子，回应和处理现代人对可持续性和回收利用的关注，能整齐有序地放置报纸、杂志和废纸，使它们易于收集和回收。这款集纸器有两种尺寸，一种用于存放标准大开本出版物——对折的报纸；另一种用于存放多种开本的折叠的小报、杂志和废纸。这种现代的功能主义设计的形式简洁明了，没有额外增加的装饰或特色元素。作为精心打造、细致加工的设计的实例，这款精致的集纸器拥有了其应得的地位：20 世纪 80 年代后期发展起来的结合生态意识的高端设计的典范之作。

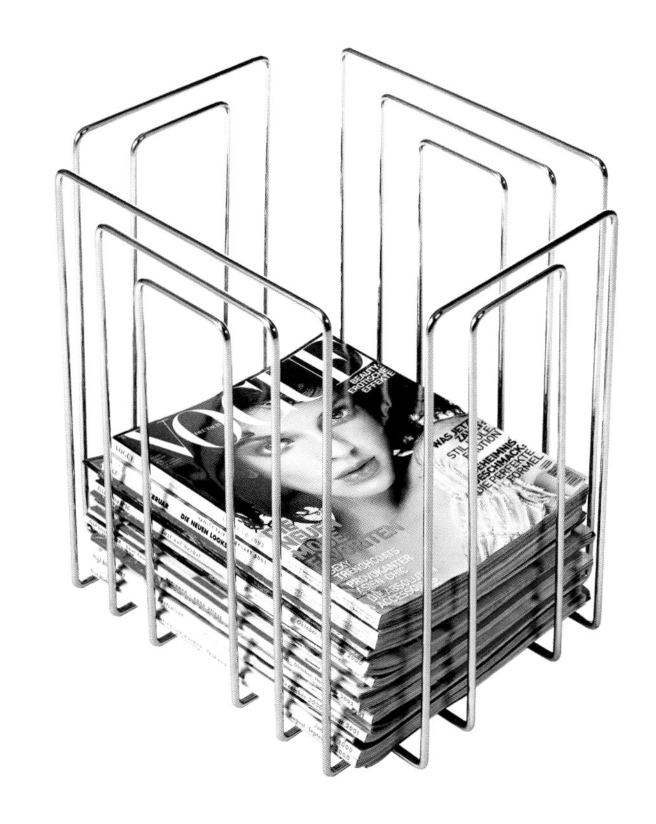

吉洛通多家庭用品 1989 年至 1992 年

Girotondo Houseware

设计者：斯特凡诺・乔瓦诺尼（1954— ）；吉多・文图里尼（1957— ）

生产商：艾烈希，1994 年至今

吉洛通多是儿童歌谣《玫瑰绕圈圈》（*Ring a Ring o'Roses*）的意大利语名称，这一组物品，都装饰有打孔做出的人形图案，图案样式类似于小孩子用剪刀剪出的彩纸链形状。该系列 61 件产品中的第一件，是 1994 年推出的简单的不锈钢托盘。令艾烈希大为意外的是，托盘立即成为畅销品，而那些人形小家伙很快也就“入侵”了其他产品，出现在从砧板到餐巾盒、相框、钥匙圈、书签、蜡烛和首饰上。吉洛通多家庭用品的俏皮、卡通般的特质，标志着艾烈希产品矩阵以及 20 世纪 90 年代产品设计的巨大转变。佛罗伦萨建筑师斯特凡诺・乔瓦诺尼（Stefano Giovannoni）和吉多・文图里尼（Guido Venturini）以艺名“金刚”（King-Kong）组合创作，两位年轻人由亚历山德罗・门迪尼介绍给阿尔贝托・艾烈希。他们的设计古怪、俏皮，那种新鲜感成为艾烈希的新思路和旗下“家居跟随虚构”（Family Follows Fiction）工作室的催化剂。该工作室负责了那些更生动多彩和幽默的作品。那些作品主要是塑料制作，构成公司 90 年代产品线的特色。虽然“金刚”作为合作伙伴已分道扬镳，但两位设计师在那之后都各自独立为艾烈希设计产品。

十字交叉编织椅　1989 年至 1992 年

Cross Check Chair

设计者：弗兰克·盖里（1929— ）

生产商：诺尔，1992 年至今

最好的设计有时是从最简单的想法中产生。本条目的设计物，其创造目的是去探索与利用层压枫木条的结构潜能和柔韧特性。十字交叉编织椅由加拿大出生的建筑师弗兰克·盖里设计。他以激进的有机建筑设计而闻名，如洛杉矶的迪斯尼音乐厅和毕尔巴鄂的古根海姆博物馆。这把椅子的灵感来自盖里童年记忆中的苹果筐编织结构。1989 年，家具生产商诺尔在加利福尼亚州圣莫尼卡建立了一个生产车间，靠近盖里自己的工作室。在接下来的 3 年里，这位建筑师对层压木结构进行了试验。椅子框架由 5 厘米宽的硬白枫木薄板加极薄的织物条带构成，用高黏合度的脲醛树脂层压加工，做出 15 厘米至 23 厘米厚度的夹板条。热固性装配胶能提供结构刚性，最大限度地减少了对金属紧固件的需求，同时还能赋予椅子靠背合理的移动性和灵活弹性。这把椅子于 1992 年在纽约现代艺术博物馆进行了预展，并为盖里和诺尔赢得众多设计奖项。

埃利斯书签 1990 年

Ellice Bookmark

设计者：马可·费雷利（1958—　）

生产商：丹尼斯，1990 年至今

马可·费雷利（Marco Ferreri）的“埃利斯”，对不起眼的书签重新想象，将其重构为一件珠宝般的，同时又具实用功能的艺术品。为了解决标记和翻找书页这一老问题，费雷里拿超薄钢片做试验，进行化学光刻切割，最终创造了埃利斯书签。此书签是一条细长的不锈钢薄片——这种材料因其坚韧、轻便、灵活的特性和适应工业加工的能力而被选中。钢片上部的小小球形黄铜嵌入物，执行一个实实在在的平常功能，就是将书签稳定在页面之间（合上书之后不滑坠），并提供装饰效果。为了增加这种奢华和独特的光环，市售的埃利斯书签包裹在模仿折纸风格的带褶皱的说明书中，外包装是磁性橡胶护套。但埃利斯书签不是一件需要宠溺呵护的小饰品，它是一根轻巧、可清洗、供无限使用的书签，还可兼任顺手的开信封小刀片。这也是意大利公司丹尼斯在其设计对象和业务目标中崇尚、奉行试验精神的一个良好例证。如今，埃利斯书签仍然是其畅销产品之一，并继续受到每一位拥有者的珍视。

凌美斯威夫特笔 1990 年

Lamy Swift Pen

设计者：沃尔夫冈·法比安（1943—　）

生产商：凌美，1990 年至今

自 1990 年推出以来，凌美斯威夫特笔已经证明了其价值，它在商业上对其使用者是负责的（此笔原名意指敏捷、飞快、顺滑）。它是第一款启用安全缩回特色功能的无盖滚珠笔，这种设计提供了论据，来支持现代派的这一论点，即创新与传统核心价值观可以共存。斯威夫特笔的笔杆镀有镍钯合金，呈缎面效果，体现了德国设计的低调。设计师沃尔夫冈·法比安（Wolfgang Fabian）作为自由职业者为凌美服务。他想到了利用可缩回的笔夹，以此标示笔是否可以安全地放进口袋里。推一下顶端部位，便露出滚珠书写笔尖，笔夹同时会缩进。这项设计创新是对当时才改良的凌美 M66 补充装笔芯的补足。那笔芯虽然提供了容量足够的流动墨水，书写时平稳顺畅，但显然存在泄漏的可能性。借助法比安实用而优雅的解决方案，斯威夫特笔的用户可以自信地将笔尖缩回后的笔放进衬衫口袋中。凌美首次声名鹊起，是因 1966 年推出由格德·阿尔弗雷德·穆勒设计的包豪斯风格的凌美 2000 钢笔。凌美斯威夫特笔同样体现了包豪斯哲学，并强化了这一理念：现代设计可为经过时间考验的工具增加价值，而不会破坏其完整性。

外星人柠檬榨汁器　1990 年

Juicy Salif Citrus Squeezer

设计者：菲利普·斯塔克（1949—　）

生产商：艾烈希，1990 年至今

这款铸铝材料的柠檬榨汁器，是为意大利生产商艾烈希设计，由法国设计师菲利普·斯塔克构思。"多汁的萨利夫"（原名 Juicy Salif，带有戏谑之意，外星人为本品俗称）完成了看似不可能的任务：让一台柠檬榨汁器充满争议。它被广泛嘲笑，因为要使用和存放它，都无可救药地困难，但就任何的博物馆收藏而言，藏品中有它似乎就有了中流砥柱。对于那些主要从美学角度考量设计的人来说，在实用、功利和视觉上往往单一乏味的厨房用具世界中，"外星人"显然不失为一个如宝石般的、鹤立鸡群的参考点。榨汁器必须由 3 个元素组成：挤压器、筛子滤网和容器。但斯塔克挑战了这个规范，他将形式精简打磨成一个单一体的雅致的形状。正是这种简化助长了外界对他的批评，按照批评意见，这款榨汁器成了奢靡过度的消费主义的终极象征。但无论人们喜欢还是讨厌它，"外星人"无疑体现了 20 世纪后期产品设计的转变。正是这个产品，比其他可轻松使用的商品，都更好地定义了这一改变：消费者对商品的购买需求，从实际需求转为了欲望需求——实用在其次，更多是出于占有欲。

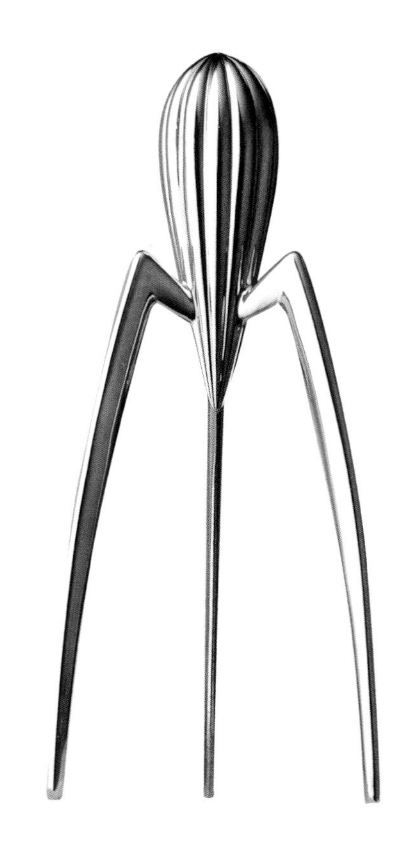

好抓手厨房工具　1990 年

Good Grips Kitchen Tools

设计者：OXO 设计团队

生产商：OXO 国际公司（OXO International），1990 年至今

"为什么普通的厨房用具会伤到你的手？"这个问题促使山姆·法贝尔（Sam Farber）开发了易于使用的好抓手厨房工具。他的妻子贝特西患有关节炎，难以使用常规传统的厨房工具。哈佛大学毕业的企业家法贝尔创办了 OXO 公司，来制造各种动手能力、体型和年龄的人都可以轻松使用的产品。他与业务基地位于纽约的工业设计公司巧妙设计（Smart Design）接洽，旨在开发成套的产品。然后，他们出品了一系列价格合理，手感舒适，高质量又美观的工具。顾名思义，好抓手厨房工具的关键在于手柄。手柄用"山都平"（Santoprene）制成，这是一种热塑性橡胶，柔软而有弹性，可防止打滑。配合其获得专利的柔性肋片——灵感来自自行车车把（弹性的条状竖起，围绕车把）——手柄可适合任何用户的手形，相当舒服。好抓手厨房工具赢得了许多重要的设计奖项。它们不仅入选为纽约现代艺术博物馆设计收藏部的藏品，还得到了关节炎基金会的认可。这些产品所遵从的设计纲要，最初只着眼于服务少数人群，现在则满足了更广泛人群的需求。

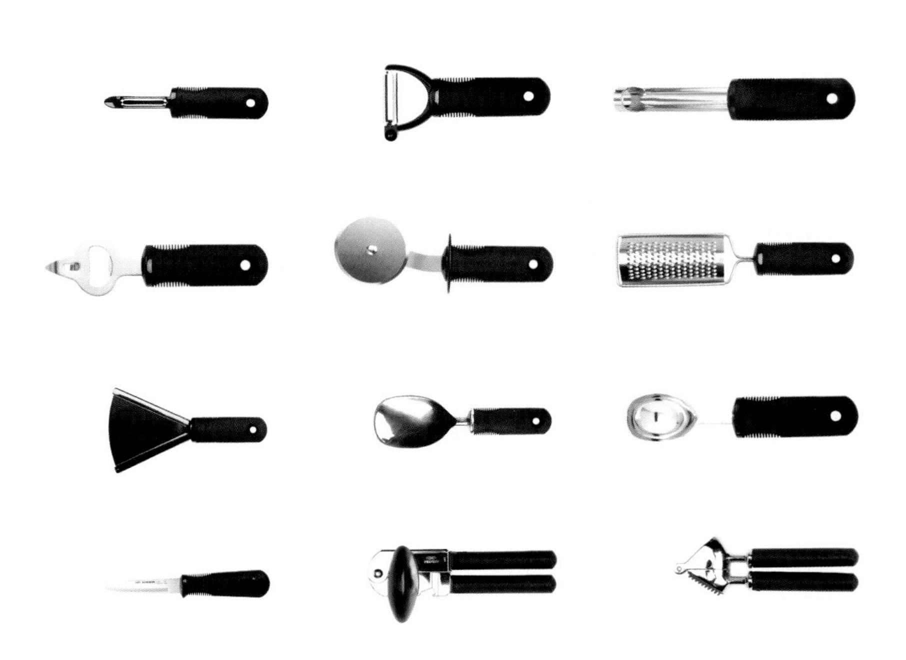

茜茜小姐台灯 1991 年

Miss Sissi Table Lamp

设计者：菲利普·斯塔克（1949— ）

生产商：弗洛斯，1991 年至 2020 年

茜茜小姐台灯很可爱，几乎像卡通形象。它的所有组件，包括灯罩、灯杆和底座，都是由聚碳酸酯塑料这种材料制成。此灯有一系列颜色可选，都是半透明的糖果色。灯柱上一路向上的假缝合线细节，增加了它的媚俗感，而茜茜小姐这个名字也让人联想到一些暧昧不清的暗示，从闺房到滑稽戏的元素都有。斯塔克想要生产一款灯，符合每个人关于灯的想法，而且是一款便宜的灯，可以给它的主人带来简单的快乐。创造它部分意义上也是一次反叛，反向针对高度工程化和复杂的设计，如理查德·萨珀的"家伙"灯。这个产品一经面世就大获成功，它与艾烈希新系列的彩色塑料物品几乎同时出现在市场上，那当中也包括斯塔克设计的作品。这位设计师以为其产品提供叙事而闻名：通过风格上的暗示，还有给作品起诙谐的、以人物角色及性格为主导的名字，来讲故事。而这款灯也不例外。茜茜小姐台灯的包装为它在斯塔克的创作阵列中赢得了一个特殊的位置：它被装在一个纸板箱里，和装漂亮洋娃娃的那种纸箱一样。

奥林巴斯 Mju 系列相机 1991 年

Olympus Mju

设计者：三濑昭典（Akinori Mitsuse，1961— ）

生产商：奥林巴斯，1991 年至今

奥林巴斯 Mju 系列相机，是出色的原创设计的良好范例，它不断发展以满足新的需求并融入新技术。Mju[在美国称为手写笔（Stylus）或手写史诗（Stylus Epic）] 于 1991 年推出，定位为一款简单的自动对焦傻瓜相机。黑色聚碳酸酯外壳，采用流线型和圆角设计，使产品小巧轻便。新的变体版和型号几乎立即跟进发布，包括背面带日期显示的版本和可选机身饰面材料的版本。第一系列是 f/3.5 标准光圈、带变焦和全景的型号，配 f/2.8 大光圈镜头的第二个系列稍后出现。除了标准款相机产品外，第一和第二系列的 Mju 相机也生产限量款，产量分别是 50 000 台和 65 000 台。第三个系列的 Mju 相机于 2002 年推出，并以新的款式和增强的性能进一步发展了该系列。机身尺寸减小，新的自动对焦和测光旨在提高业余摄影者的成功率。尽管自 1991 年以来相机技术取得了很大进步，但 Mju 系列的销售数字和寿命都证明了，良好的设计和持续的技术改进可以使传统相机也领先一步，并受到公众的青睐。

波波凳 1991 年

Bubu Stool

设计者：菲利普 · 斯塔克（1949— ）

生产商：XO，1991 年至今

它看起来可能有点简单，很像卡通奶牛的乳房，但波波凳实际上是一个非常多功能的设计。它采用注射成型的聚丙烯生产，重量轻，易于运输，可以在室内或室外使用，有各种不透明或半透明的颜色可选。虽然在概念上是凳子，但波波凳也是一张桌子和一个存储容器。椅面抬起后，下面的空间可以用来放任何东西，从冷藏饮料到植物都行。斯塔克将此产品的形状描述为一个倒置的皇冠，就像他的许多设计一样，他鼓励人们对这件物品进行雕塑式的解读，打开它喜剧化和卡通化联想的可能性。撇开暗喻不谈，正是波波凳相对较低的价格和多功能的本质，使它获得了广泛的成功。事实上，这可能是一个完美例证，说明了斯塔克的设计特点：实用、时尚、便宜，还有点怪趣味。它最初由法国的 3 瑞士（3 Suisses）邮购公司销售。此凳自 1991 年以来由 XO 公司生产，每年销量约为 40 000 只。

IBM ThinkPad 笔记本 1992 年

IBM ThinkPad

设计者：理查德 · 萨珀（1932—2015）

生产商：IBM，1992 年至今

ThinkPad 笔记本在 1992 年发布时，将 IBM 推向了便携式电脑市场的前沿。ThinkPad 的设计时髦精巧，为事业忙碌的人提供了可移动的办公设备。IBM 有委托专业人士开发试验性产品的经验，可能正是这一点吸引了工业设计师理查德 · 萨珀在 1980 年加入公司。出生于德国的萨珀最著名的成果，是他与意大利传奇人物马可 · 扎努索合作的经典作品，如 1960 年的堆叠式儿童椅与 1966 年的蛐蛐电话。萨珀的设计，最初完成后就基本没变，是功能和美观的迷人混合。ThinkPad 以日本黑漆便当饭盒为原型，简洁的黑色外壳因其细腻的品质和对细节的关注而广受喜爱。那线性外壳的一个特征是斜切的坡边，这让机身看起来更轻。未经修饰的煤黑外壳上，唯一的装饰是一个微小的红、绿、蓝三色 IBM 标志，在一处角落里。ThinkPad 最初重达 3 千克，后来变得越来越轻，2002 年的 ThinkPad X30 重量仅为 1.6 千克。ThinkPad 多年来的其他创新和增加的设计元素，包括那著名的失败的蝴蝶键盘，它可以从 ThinkPad 内部向两侧扩展到完整的键盘大小。

怪兽 M900　　1992 年

Monster M900

设计者：米盖尔 · 加卢齐（1959—　）

生产商：杜卡迪，1993 年至今

杜卡迪怪兽 M900 带来了一大批所谓的“裸车”，目标是占领不断增长的兜风漫游骑行市场。此风潮始于 20 世纪 80 年代末加州帕萨迪纳市郊区。米盖尔 · 加卢齐（Miguel Galluzzi）从阿根廷来到这里，在艺术中心设计学院（Art Center College of Design）学习汽车设计。当地孩子们对日本运动款摩托车进行随心所欲的个性改造，他们扔掉了整流罩和不必要的车身装饰件，把车子变成了“裸身”的街头火箭。加卢齐从中获得了灵感。他并未受雇于杜卡迪，而是利用业余时间，加班加点地干活，用杜卡迪其他车型的零件组装了一辆概念摩托。那是一辆轻量化而紧凑的摩托，重约 185 千克，这在操作方面具有优势，尤其是对女性来说。它没有车身装饰件，唯一明显的风格元素是它的球状油箱。杜卡迪在赛事中的佳绩保证了它的赛车血统，但该公司当时的发展方向，是研发一款纯赛车的公路版。研发已初见成果，不过杜卡迪进行了一场豪赌，在 1992 年 9 月的科隆摩托车展上推出了 M900。这是一个巨大的成功，并在接下来的 10 年间都是该公司的畅销品。M900 被加卢齐自己戏称为“怪兽”。

封闭式烟灰缸 1992 年

Ashtray

设计者：阿尔特·罗兰德（1954— ）

生产商：斯特尔顿，1992 年至 2004 年

阿尔特·罗兰德（Aart Roelandt）对传统的开放式烟灰缸重新想象，将其改造成了一个封闭的容器，实际上，他为斯特尔顿设计的烟灰缸，是一款便利非吸烟者的烟灰缸，因为香烟本身及其气味都会消失在盖子下。罗兰德毕业于荷兰埃因霍温工业设计学院。按他所说，设计这个缎面抛光效果的不锈钢烟灰缸，纯属机缘巧合。据这位不是烟民的设计师说，他原本是在试验一种带有自动关闭功能的旋转盖子，忽然意识到有这种盖了的盒子可作为烟灰缸，而且那理想的效果触动了他，因为盒子可以自动关闭，所以可以"锁住令人讨厌的气味，并隔绝视线，免得看到烟灰和烧完残留的烟头"。使用这款烟灰缸，不需要熄灭香烟，因为一旦盖子关闭，里面的氧气要么被耗尽，要么被烟雾取代，从而熄灭香烟。烟灰缸用不锈钢薄板锻造成管状，再压制加工成圆柱形容器。最后，激光切割的盖子被安装就位。两个部件都是手工抛光。此设计可谓无可挑剔，品质也值得信赖，因此这款封闭式烟灰缸已行销 70 多个国家。

红十字箱子 1992 年

Red Cross Cabinet

设计者：托马斯·埃里克森（1959— ）

生产商：卡佩里尼，1992 年至今

托马斯·埃里克森（Thomas Eriksson）设计的红十字箱子，是一个结合了多种图像语言的急救箱。首先，红色十字架，表示国际红十字会这个救助组织。而箱子本身已表明了其用途。要装入必要的急救物品，这个简单的箱子很适合。这位瑞典设计师、建筑师的业务包括了家具、照明和建筑设计。就像他其他的作品一样，这个十字方盒也利用了国际知名的图像符号。就像一个世纪前所做的那样，瑞典人继续在浅色松木等天然材料的使用、线性的形式和简单造型之间建立一种牢固的关系，也与理性结成稳固关系。这种结合带来了朴素的瑞典设计所蕴含的那种非标准化的优雅与美感。埃里克森作品的有趣之处在于，他将瑞典的设计方法与全球通用的符号相结合。他的设计不仅出现在斯堪的纳维亚航空公司、宜家和海丝腾床品（Hästens）等瑞典公司，还出现在国际品牌的产品线和博物馆的收藏中——前者比如卡佩里尼，后者比如纽约现代艺术博物馆。

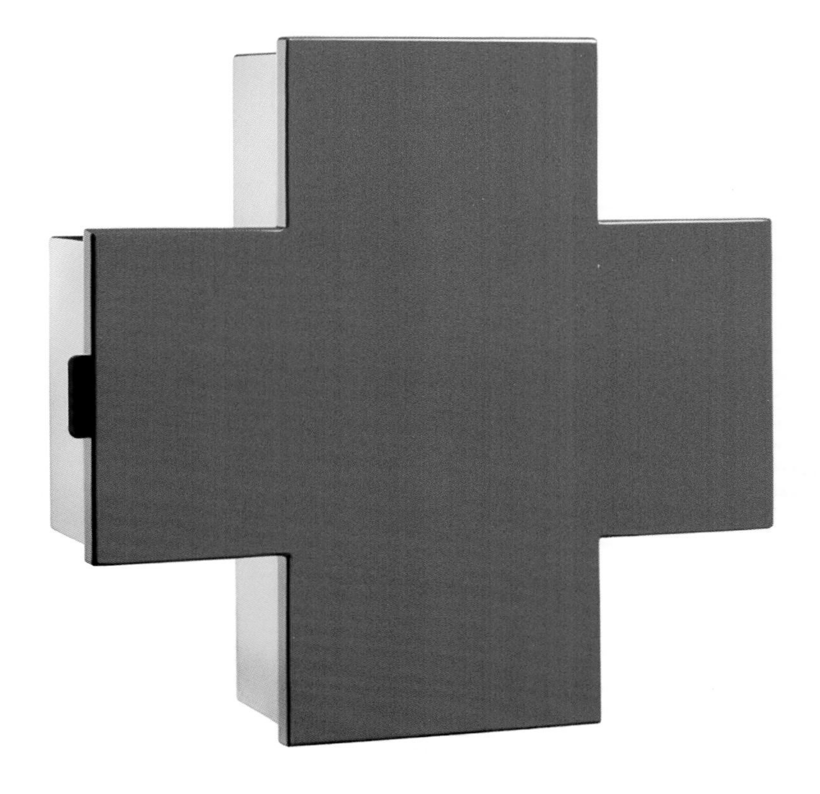

小鸟灯　1992 年

Lucellino Lamp

设计者：英戈·莫瑞尔（1932—2019）

生产商：英戈·莫瑞尔，1992 年至今

按最初接受的训练，德国设计师英戈·莫瑞尔应该成为印刷师或平面设计师，但他将照明设计变成了自己的特长专业。在他的作品中，一个反复出现的主题是灯泡，他经常将灯泡与纸张和羽毛等轻质材料结合在一起。莫瑞尔想凸显他的创作对象及作品虚幻、非物质的性质。小鸟灯尤其如此，它的名字来源于意大利语 luce（光）和 uccellino（小鸟）。一只特殊的白炽灯泡和用鹅毛手工制成的小翅膀结合在一起。铜线支撑着翅膀，一根红色电线作为亮点，完善了此设计。该灯有壁灯和台灯两种版本。虽然它具备功能性，但主要还是一件艺术品，它的艺术吸引力超出了实用性。可以预料的是，莫瑞尔经常被认为是时髦的设计世界的局外人。不过，他的设计声誉已经传播到世界各地，他为许多国际公司工作。除了小作品，莫瑞尔也受邀设计更大型的项目，比如为多伦多莱斯特·B. 皮尔逊国际机场制作的 40 米长的灯光雕塑。

维萨维斯椅子　1992 年

Visavis Chair

设计者：安东尼奥·奇特里奥（1950—　）；格伦·奥利弗·勒夫（1959—　）

生产商：维特拉，1992 年至今

维萨维斯椅子成功的秘密，也许是在于它能超越时间。椅子采用简单的几何形和良好的材料，每一个元素都清晰简明，易于理解。悬臂结构的金属框架显然是借鉴了 20 世纪 20 年代马歇尔·布劳耶等人设计的椅子，而模制成型的塑料座椅靠背，则赋予椅子新特征，将其带到当代。靠背上排列的方形冲孔图案，让人想起维也纳分离主义者的设计。这把椅子是意大利建筑师、设计师安东尼奥·奇特里奥和德国设计师格伦·奥利弗·勒夫（Glen Oliver Löw）的作品，他们自 1990 年以来为维特拉设计了许多成功的椅子。生产商在 2005 年发售了更新的设计，维萨维斯 2 型，提供了许多不同的材料和表面处理效果可选。虽然这款椅子是作为会议椅设计的，但它同样适用于家庭。此后，维特拉又推出了维萨软椅（Visasoft），这是原椅子完全套上软垫的一款变体；还有维萨滚轮椅（Visaroll），4 条腿装在脚轮上。这个椅子系列一直是维特拉的畅销品。与其他更怪异的设计不同，维萨维斯椅子之所以成功，实际上可能正依赖于它的中庸平和以及能与任何室内装饰协调的能力。

布雷拉灯　1992 年

Brera Lamp

设计者：阿奇勒·卡斯迪格利奥尼（1918—2002）

生产商：弗洛斯，1992 年至 2015 年

布雷拉灯展示了阿奇勒·卡斯迪格利奥尼在功能主义、现代主义和设计风尚方面的丰富经验。这些经验使他能够用乳白色玻璃创造出一盏非常谦逊低调且简单的吊灯：一根细细的不锈钢线从天花板上垂下来，悬挂着一个乳白色玻璃的椭球体。灯光的品质水准与玻璃形状的精度相对应。灯关闭时，玻璃体就类似于现代派雕塑家康斯坦丁·布兰库西的一件作品；但当灯打开时，就会呈现为一个精细雅致的、闪烁的半透明光体。布雷拉灯展现出卓越的美感，是一件令人兴奋的工业产品，还使用了最先进的技术。卡斯迪格利奥尼的设计看起来相当有技术含量，由钢丝和玻璃球组成，并被简化到最低限度。玻璃的特质和形状，在某种程度上让人想起 20 世纪 50 年代的经典厨房灯，而那悬吊的金属线通常用于 70 年代和 80 年代高度工业化的照明装置。尽管如此，这个轻盈的发光体具有令人惊讶的优雅，而这正是卡斯迪格利奥尼大多数设计的特点，是识别他的产品的元素之一。

2 号 03 椅子　1992 年

Chair No.2/.03

设计者：马尔滕·凡·斯维伦（1956—2005）

生产商：马尔滕·凡·斯维伦家具（Maarten van Severen Meubelen），1992 年至 1999 年；顶级莫顿（Top Mouton），1999 年至 2012 年；维特拉，1999 年至今

马尔滕·凡·斯维伦（Maarten van Severen）的作品值得被深思。详察之下，你会发现他对细节、材料和形式的高度关注。在 2 号椅子中，设计师努力隐藏每一个接头部位，所以椅子看上去只是由平面与线条交叉组成。椅面和靠背的平面渐变衔接，几乎察觉不到转折之处。前腿不是垂直的，而是呈微妙的倾斜。凡·斯维伦于 20 世纪 80 年代末开始在比利时制造家具。他不关心装饰元素，喜欢单色的天然材料，如山毛榉胶合板、铝、钢，以及后来的亚克力。这些材料有一种内在的纯洁和优雅，与他稳重沉着的几何造型相得益彰。2 号椅子是探索了还原主义理念的一系列设计带来的成果。凡·斯维伦自己制作了铝和浅色山毛榉胶合板的早期版本，但随后由比利时生产商顶级莫顿接手生产。瑞士家具巨头维特拉也将这一设计（以 03 命名）转化为聚氨酯泡沫版本，采用了灰、绿、红等 8 种亚光的柔和色调。凡·斯维伦的原始设计是坚决反对工业化的，而维特拉的可堆叠版本则采用了工业化生产，并在椅背上嵌入弹簧以提高舒适度。

JI1 沙发床　　1992 年

JI1 Sofa Bed

设计者：詹姆斯 · 欧文（1958—2013）

生产商：CBI，1994 年至今

詹姆斯 · 欧文（James Irvine）的 JI1 沙发床展示了他作为工业设计师照顾和满足消费者需求的能力。20 世纪 90 年代出现了一种新兴趋势，即家居产品中出现了可移动隔断与多用途的模块化家具，在有需要时这些设施可使屋内空间相互开放。此外，工业和休闲产业使用的材料也进入家庭，因为它们光亮、新潮，维护简单又实用。一件家具的价值来自其设计的独创巧思和美感：富有想象力、引人注目、实用，适合时尚利落的都市之家。在欧文的这个设计中，沙发床的座位处由中纤板的底座做成，放置在涂漆的钢腿上。椅座由高密度泡沫和聚氨酯制成，表面覆盖着羊毛织物。只要降低靠背，沙发就能变成床。这样一看，这一创意的巧妙之处就显而易见。欧文在伦敦的皇家艺术学院学习家具设计，1984 年毕业。随后他长居米兰，在奥利维蒂设计工作室效力至 1993 年，并在索特萨斯联合事务所（Sottsass Associates）担任合伙人至 1997 年。他称自己的目标是创造人们真正想要拥有的产品，而不是因为人们被告知应该拥有然后才购买的那种产品。

掌上通　　1992 年至 1994 年

PalmPilot

设计者：杰夫 · 霍金斯（1957—　）

生产商：奔迈（palmOne），1996 年至 1998 年

手持小电脑掌上通在 1996 年推出时，有着易于使用的按钮、触控手写笔、大 LCD 屏幕和涂鸦软件，是一种令人意想不到的新事物。这本身就是一件美丽的物品，就如同一块现代怀表那样被主人放在衣兜随身带。它获得了巨大的好评（在刚上市的 18 个月内售出了超过 100 万台）。杰夫 · 霍金斯（Jeff Hawkins）于 1992 年创建了掌上计算（Palm Computing）公司。他热爱神经生物学和认知理论，并从中得出两个关键的结论，他的业务便是聚焦于开发这两个结论。他将自动联想记忆应用于暂时数据，将数据输入简化到最少的手写笔笔画数，这些笔画随后由能够模式识别（图案识别）手写字体的涂鸦软件来识别。他还使用了智能系统。这些系统不仅能执行工作，还能预测（就像人类那样），由此加快了信息输入和检索的速度。快速而直观的交互作用，使得掌上通可以方便地与家里的个人电脑连接，让用户与他们的数码世界保持通联。此设备随后又有过几次化身更新和改进，通过融合其他技术（如录音、MP3 播放、蓝牙等），它可以提供更多的功能。从 20 世纪 80 年代鼓鼓囊囊的个人活页记事夹（Filofax），转换到 90 年代小巧的个人数码助理（PDA）掌上通，这意味着曾经独立自主的个人已被全球互联的个人所取代。

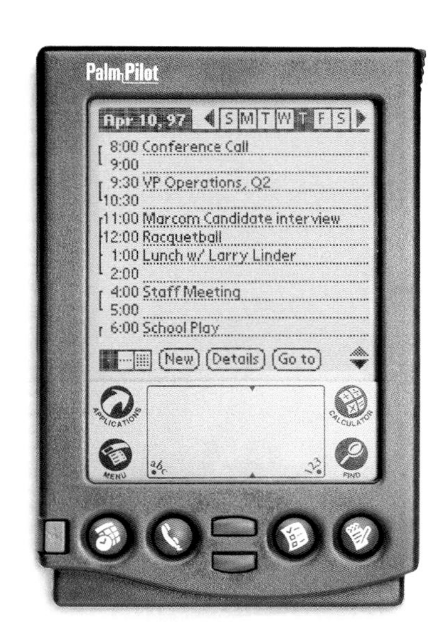

戴森 DC01 吸尘器 1993 年

Dyson DC01

设计者：詹姆斯·戴森（1947— ）

生产商：戴森（Dyson），1993 年至 2002 年

1993 年戴森 DC01 吸尘器的推出，证明了设计者的远见和坚韧。此机随后的成功，仅仅是归于一个朴素的事实：它在真空吸尘器应做的事情上无与伦比，那就是吸污垢。在双气旋（Dual Cyclone，简称即 DC）吸尘器出现之前，所有的吸尘器都有袋子或过滤器，那容易被细尘颗粒堵塞，吸力当然会降低。受到当地一家锯木厂的气旋式过滤器的启发，詹姆斯·戴森（James Dyson）将其原理应用于家用便携式设备，并独立研发了这台机器。从最初用胶带绑在老款胡佛直立式吸尘器上的硬纸板模型，经过 5127 个原型机，再到一台极少量生产的短命产品——以同样技术路径为英国罗托克公司研发的“旋风”（Rotork Cyclon），最终在 1986 年，完全成熟的版本首先向日本发售，品牌称为“地心引力”（G—Force）。在这一产品成功之后，戴森才接着在英国生产 DC01，以自己的姓作为品牌名，并在 1995 年发布圆筒版本的 DC02（配图即是），扩展了该系列产品。以其约略有迹可循的构成主义美学和大胆的配色方案，对耐用消费品领域主导的流行品位毫不让步。他卓有成效地颠覆了传统的营销方式，迅速获得巨大成功——尽管 DC01 的价格是竞争对手的两倍，但它很快就让竞品相形见绌、黯淡无光。

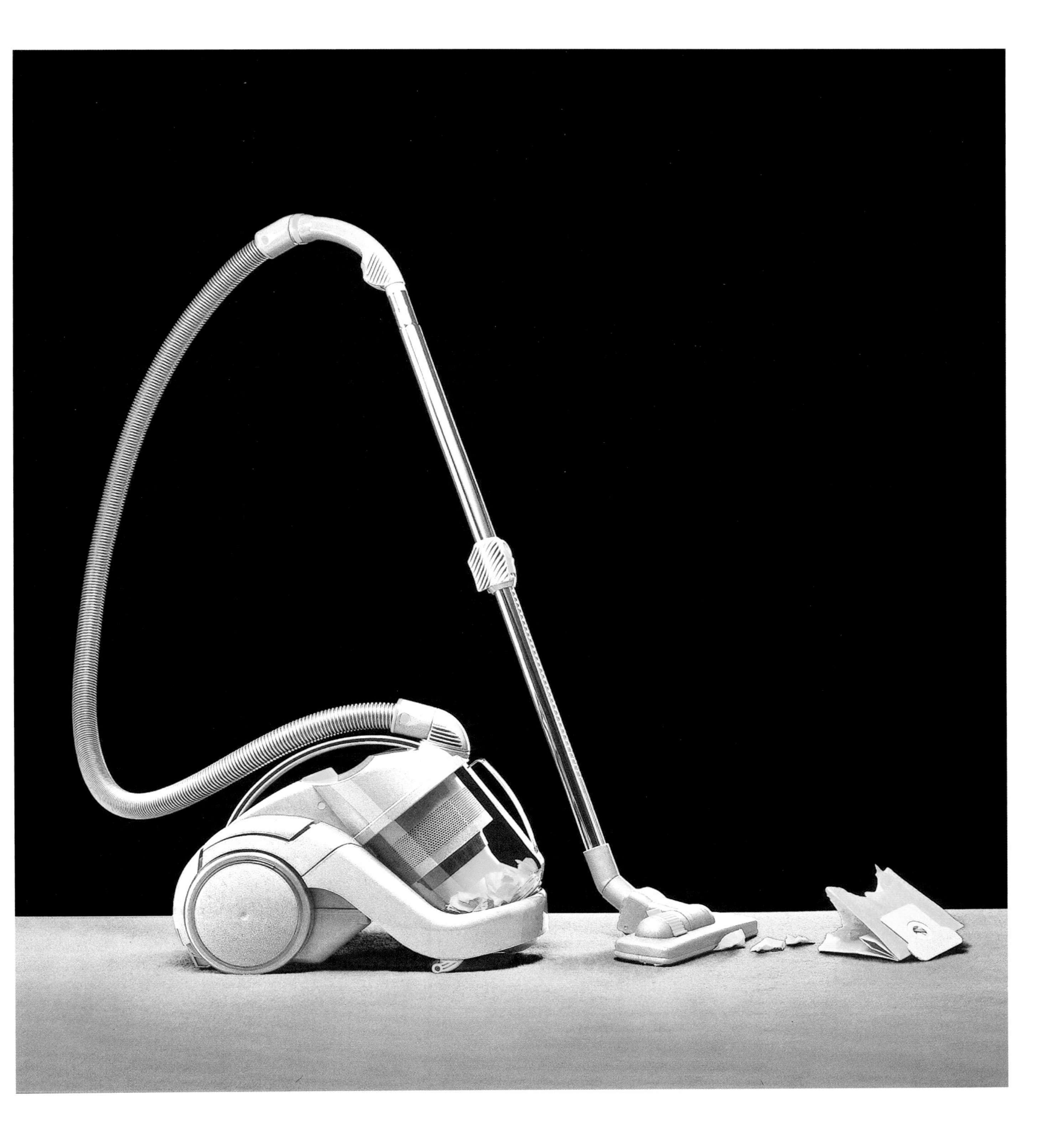

百声世纪　1993 年

BeoSound Century

设计者：大卫 · 刘易斯（1939—2011）

生产商：邦及欧路夫森公司，1993 年至 2004 年

百声世纪音乐系统包含了 CD 播放机、磁带播放机和 FM 收音机，是大卫 · 刘易斯（David Lewis）自 20 世纪 60 年代中期以来为邦及欧路夫森公司设计的一系列产品之一。刘易斯是一名英国设计师，曾在伦敦中央工艺美术学院（Central School of Arts and Crafts）接受过训练。在职业生涯初期，他便受雇于邦及欧路夫森公司，从事音频和视频设备的研发工作。从那时起，他就长期在丹麦生活。在他为公司做的所有项目中，他都保持了一个传统：创新的、不妥协的设计，还有对细节的不懈关注。在首次发布后连续十多年，这个音乐系统一直是邦及欧路夫森公司产品线的一部分。刘易斯不喜欢高科技产品的“黑盒子”设计；与此一致的是，百声世纪一直都有六种颜色可选：绿、银、蓝、红、黑和黄。此产品的材料和形式，会让人想起该公司的许多其他产品，都是由基本的对称形状、铝和亚克力元素主导，达成杰出的效果。调控面板的下面有一个 LED 矩阵，在任何操作模式下，可用的功能都会被照亮。控制钮也合理，易于使用。此机型开创了一些趋势，后来更多的业内主流公司都跟进了这些趋势。

85 头吊灯　1993 年

85 Lamps Chandelier

设计者：罗迪 · 格劳曼斯（1968—　）

生产商：德鲁格（Droog），1993 年至今

85 头吊灯是罗迪 · 格劳曼斯（Rody Graumans）对德鲁格的唯一贡献，也是该公司的首批作品之一。这盏枝形吊灯，是格劳曼斯在乌得勒支艺术学院受训，为毕业考试完成的作品的一部分。德鲁格是荷兰语中干燥的意思，公司成立于 1993 年，是旨在提携敢于突破陈规的年轻荷兰设计师的国际平台，现在已经成为荷兰当代设计的代名词。格劳曼斯的吊灯是德鲁格创作合集中为数不多的可销售的、真正的商品之一。此设计做到了尽可能的简单。它由 85 个 15 瓦的灯泡、黑色塑料灯头和等长的黑色电线组成，85 根电线由必要数量的塑料连接器（接电的卡子）聚拢到一起。众多灯泡汇集，造就了优雅的轮廓，并构成对奢华宫廷风路易十六枝形吊灯的戏仿。通过这件作品，格劳曼斯在荷兰设计中引入了一种趣味性，而几十年来，支配荷兰设计的一直是加尔文教派式的清醒严肃的美学立场。此枝形吊灯之简单，堪与风格派建筑师格里特 · 里特维尔德的现代主义照明产品相媲美。里特维尔德以一种非常深思熟虑的、建设性的方式使用照明组件，而年轻、思想开放的格劳曼斯只是顺其自然，结果却优美且卓越。

软瓮花瓶 1993 年

Soft Urn Vase

设计者：海拉·荣格瑞斯（1963— ）

生产商：荣格瑞斯试验室（JongeriusLab），1993 年至今

德鲁格早期设计案例以荷兰年轻设计师的概念产品为特色，软瓮花瓶是其中之一。这件物品有多种色彩可选，处理了新与旧、手工艺与工业化生产之间的关系。海拉·荣格瑞斯（Hella Jongerius）借用手工成型的古董黏土瓮的形式，为其创造了新的结构。若仔细观察，不仅可以发现构造物质地的相反特性——柔软、结实、薄薄的橡胶，而不是预期中坚硬、易碎、厚厚的陶瓷，还可以看到工业模塑成型过程中产生的接缝痕迹。这件看似独一无二的作品，其实是系列产品。可见的制造痕迹，加工过程中故意的失误和残留物，都是此花瓶重要的组成部分。多年来，产业界一直在打磨表面的不平整，从而将美好等同于光滑和完美。但与之恰好相反，不完美已成为荣格瑞斯的产品魅力和作品内容的一部分。表层的不完美变成了新的装饰。软瓮的材料甚至比陶瓷更适合那原本的用途，因为橡胶永远不会碎裂。

猛犸儿童椅 1993 年

Mammut Child Chair

设计者：莫滕·凯尔斯特鲁普（1959— ）；艾伦·奥斯加德（1959— ）

生产商：宜家，1993 年至今

斯堪的纳维亚设计师汉斯·韦格纳和南娜·迪策尔，以及他们的北欧同行阿尔瓦·阿尔托，为儿童设计过成套家具，但除了学校用途的家具外，其他型号家具的销量非常有限。宜家的猛犸系列改变了这一现状。设计儿童家具的那些常见做法和策略，都没有考虑到儿童身体比例与成人不同的事实，也没有考虑到儿童家具的功能需求。建筑师莫滕·凯尔斯特鲁普（Morten Kjelstrup）和时装设计师艾伦·奥斯加德（Allan Østgaard）明智地认识到了这些因素，这在一定程度上解释了猛犸儿童椅的比例为何显得那么粗矮，制作它的塑料为何那么坚固。凯尔斯特鲁普和奥斯加德也没有遵循成年人的审美偏好，而是借鉴了儿童电视节目里的动画片。由此而来的成果是特意做得笨拙、色彩鲜艳的产品，它深受孩子们的欢迎。最重要的是，它选择宜家作为生产商，足够便宜，打动了普通父母的钱包。猛犸儿童椅最初生产于 1993 年。1994 年，这把椅子在瑞典获得“年度家具”的殊荣，为其成功和知名度奠定了根基。

LC95A 铝制矮躺椅 1993 年至 1995 年

LC95A, Low Chair Aluminium

设计者：马尔滕·凡·斯维伦（1956—2005）

生产商：马尔滕·凡·斯维伦家具，1996 年至 1999 年；顶级莫顿（Top Mouton），2000 年至 2008 年；伦斯维特（Lensvelt），2013 年至今

LC95A 是一款躺椅，从椅身到底座，由一块弯曲的铝板制成。铝的强度和柔韧性让使用者感到非常舒适，而铝板之薄，给椅子带来了一种对抗重力的优雅感。LC95A（LCA 为低椅铝制的英文首字母缩写）的设计几乎是来自偶然。一块剩余的铝板，被弯曲折叠起来，一把低矮躺椅便横空出世。马尔滕·凡·斯维伦将这个简单的装置转换成一把椅子，使用一条只有 5 毫米厚的长条薄铝板，并用一种特殊的橡胶将两端连接起来，实现了正确的张力和理想的弯曲造型。与凡·斯维伦的许多设计一样，LC95A 很长时间内都是订制，每次只做一件孤品，直到卡特尔找到他，谋划生产塑料版的椅子。这把躺椅的塑料款用了一种名为 Metacryl（商标名，间规聚丙烯）的透明亚克力塑料，以更厚的 10 毫米板做出造型。生产商成功地转化出更商业化的 LCP（即塑料制低椅），并有黄、橙、天蓝等鲜亮的颜色或透明款可供选择。

北坦 1.5 兆瓦风力发电机 1993 年至 1995 年

Nordtank 1,5MW Wind Turbine

设计者：雅各布·扬森（1926—2015）

生产商：北坦能源（麦康公司）[Nordtank Energy Group（NEG Micon）]，1995 年至今

这台优雅的涡轮风力发电机由北坦能源集团与梅卡尔（Mecal）应用机械公司联合设计和建造，将之前的功能性的风力发电机提升为地貌景观中雕塑般的元素。设计者为雅各布·扬森，他在 1964 年至 1985 年担任消费电子生产商邦及欧路夫森的首席设计师，因以闻名，而北坦 1.5 兆瓦风力发电机展示了他在机械结构领域打造优雅的功能解决方案的能力。此风机于 1995 年首次安装在丹麦埃斯比约市附近的雅尔堡（Tjaereborg）试验场，最初型号的转子直径（叶片旋转范围）为 60 米，两台 750 千瓦的发电机并联运行，重达 193 吨。之后的设计特征体现为扩大的转子，直径可达 64 米。这是当时最大的涡轮风电机之一。研发过程中进行了大量风洞测试、结构有限元分析和设计微调。此设计提供了可持续和清洁的能源；由于其系统化和考虑周到的设计，环境噪声污染水平较低。因此，扬森的创作已经成为一个研究案例，也是替代能源产业领域的商业模板。

轻椅　　1993 年至 1996 年

LaLeggera

设计者：里卡多・布鲁默（1959—　）

生产商：别名公司，1996 年至今

轻椅是一款非常轻的可堆叠椅，由一个用树木心材做出的框架构成，上面蒙着两层薄薄的板材，中间的空心部分注入聚氨酯树脂。虽然仅靠心材框架就能提供足够的强度来承载一个人的重量，但聚氨酯可以防止椅面塌陷，这是一种借鉴自滑翔机机翼的构造。椅子的框架由枫木或白蜡木的心材制成，贴面可以用枫木、橡木或胡桃木，也可以用各种色调来染色装饰。意大利建筑师兼设计师里卡多・布鲁默（Riccardo Blumer）以探索轻盈的质感为职业重心。轻椅在很大程度上归功于其雅致的前辈先例：吉奥・庞蒂 1957 年的超轻椅（Superleggera），它如此命名便是向前辈致敬。超轻椅重 1.75 千克，轻椅则稍重一些，但作为椅子仍可谓轻如羽毛，仅重 2.39 千克。轻椅在 1998 年获得了金圆规奖，这让生产商别名非常惊讶，因为公司没有想到会有那么大的需求，竟需要特地再建立一个生产厂。

Smart 城市双门小车　　1994 年

Smart City—Coupé

设计者：Smart 设计团队

生产商：Smart，1998 年至今

Smart（取该词的快速、智能、整洁利落之意）汽车于 1998 年推出。当时它出现在街上，成为一个令人惊讶的景观，因为它不像正常的车子，几乎不能说是一辆汽车。这是斯沃琪表业首席执行官尼古拉斯・哈耶克（Nicolas Hayek）的创意，他想生产一款价格优惠、环保的汽车。1994 年，哈耶克与戴姆勒-奔驰建立了一家合资企业，由哈拉尔德・贝尔克（Harald Belker）与一个团队共同开发这一创想车型。车子在设计时考虑到了生态问题：将合成型预组装模块连接到刚性的整体车身框架上，以这种方式来造车。Smart 生态策略的重点是提高能源使用效率，使用可持续的原材料和回收再造废旧组件。它还使用粉末涂料，这是一种更环保的油漆涂装方案。Smart 的设计团队将最高时速限制在 135 千米，以平衡安全性和可用性，这也使 Smart 成了道路上最高效的汽油车。最初，消费者的反应并不热烈。公众认为与四座汽车相比，这二座车价格并不便宜。由于仅售出 2 万辆，斯沃琪退出了合资企业，但他们的动作过快了——自那以后，该车的销量和车型的改款迭代速度都呈爆炸式增长。Smart 汽车如今归戴姆勒-克莱斯勒拥有，是在拥挤的城市街道行驶和在狭小空间停车的理想座驾选择。

艾龙椅 1994 年

Aeron Chair

设计者：唐纳德·查德威克（1936— ）；威廉·斯顿普（1936—2006）

生产商：赫曼米勒，1994 年至今

结合先锋的人体工程学、新材料和独特的外观，艾龙椅重新界定了办公座椅。椅子采用生物形态设计，没有软性装饰座套或衬垫。设计师创造出一种全新的设计方法，利用先进的材料：压铸成型的玻璃纤维增强聚酯和可循环利用的铝，构成这把椅子独特的黑色薄膜织带式椅座结构，使其持久耐用，支持力度稳定，而且处处通气，体感舒适。设计师唐纳德·查德威克（Donald T Chadwick）和威廉·斯顿普（William Stumpf）搭档，还与人体工程学家和骨科专家一起，深入地研究了办公椅应该是什么样子，由此打造了一款以用户为中心的椅子。这款椅子采用了复杂精巧的悬架支撑系统，将落座者的体重均匀地分散到座位和靠背上，还能灵活适应每个人的身体形状，最大限度地减少对脊柱和肌肉的压力。该设计有 3 种尺寸可供选择，就像一款个性化的工具。一系列合乎逻辑的调节旋钮和杆状手柄，允许用户从多个方面调整座椅，便于找到私人定制般完美的坐姿。自 1994 年推出以来，艾龙椅已售出数百万把。设计者也考虑到此椅的拆卸和零件回收，反映出人们对环境问题的关注日益增强。

卡帕刀具 1994 年

Kappa Knives

设计者：卡尔-彼得·伯恩（Karl-Peter Born，1955—　）

生产商：居德（Güde），1994 年至今

卡帕系列有 3 种尺寸的厨师刀，旨在胜任所有的一般性烹饪任务。刀具那光滑的表面和经典的形状，使它们成为专业人士或考究的业余爱好者的必备物品。卡帕刀具系列自 1994 年起由居德公司在德国索林根生产。这些刀是手工制作，出货数量很少。刀片和刀柄由一整块高碳铬钒不锈钢制成。首先，它们经热投（hot-drop）锻造，接着进行冰硬化（ice-hardened）淬火，然后手工研磨和抛光。此设计在形式上继承了传统，是几十年改良演进的结果。卡帕产品线中有 25 种不同的单品，都在那 3 个尺寸规格之内，每一种都是为特定的用途而设计。有些刀的刀刃上有波浪状的锯齿，这是弗朗兹·居德（Franz Güde）开发的一项创新，可以更长时间地保持刀刃锋利。这些刀因为极其锋利的刀片、优美的平衡感，以及中空或木质刀柄所没有的令人安心的沉甸甸手感，而受到专业厨师的赞誉。居德公司对工艺千锤百炼，以此保留了宝贵的传统且精致的刀具。

“瓶子”酒架 1994 年

Bottle Wine Rack

设计者：贾斯珀·莫里森（1959—　）

生产商：麦吉斯（Magis），1994 年至今

自 20 世纪 70 年代以来，葡萄酒消费和鉴赏已成为全球关注的活动与主题，随之而来的是葡萄酒配套用具和相关产品的发展。1994 年，贾斯珀·莫里森受意大利生产商麦吉斯的委托设计了一个酒架。莫里森的解决方案是可自行组装的模块化产品，被简单直接地称为“瓶子”。架子边缘有能够互锁固定的凸耳，凸耳可作为脚或稳定装置。用户可以创建一个存储单元，放在搁板或桌面上，也可以堆叠成如墙壁般大小的结构。每个模块化部件由注射成型的两个聚丙烯单元（两片塑料板）组成，有可容纳 6 个瓶子的开口。开口位两头有弯曲的椭圆凸片，凸片承托每个单独的酒瓶，并提供了这个系统堆叠构成墙体所需的结构上的支撑。透明或蓝色的塑料板由阳极氧化铝管连接。就像莫里森的大多数作品一样，在许多方面，这是一种关于极限的练习：颜色、材料、形式和结构组织的可能性结合在一起，创造出一种优雅又节制的美学效果。麦吉斯如今仍然在生产“瓶子”酒架。这是抽象格式化设计语汇和简洁特质的很好范例，而这种气质类型曾是 20 世纪末许多设计师的目标。

灯神号游艇 1995 年

Genie of the Lamp

设计者：沃利游船与赫尔曼・弗雷尔斯（1941—　）

生产商：沃利游船（Wally），1995 年至今

灯神号是第一艘 24 米长度级别的单人可控大型帆船，于 1995 年推出。此船开发之初是为了让巡游帆船更舒适、更快、更容易操控——人数极少的船员班组就能驾驶。游船和赛艇设计师赫尔曼・弗雷尔斯（Germán Frers）演绎、打造了这艘船，创新的技术简化了操作，提高了航行质量。和所有沃利帆船一样，灯神号的活动索具绳都是在甲板下方执行活动，甲板上留出了足够的空间可安全地走动。主帆和三角帆的帆脚拉索（拉帆绳）都被牵引到帆横杆内，并借助设置在可用易达区域的液压支腿机件来拉紧或放松船帆。主帆和三角帆拉索的微调旋钮位于双舵台上，紧挨着方向舵和导航仪器，使得舵手可单人驾驶，以免干扰社交区域——找同船搭乘者帮忙。龙骨提升系统由一个按钮控制，可提供两个位置来调整龙骨，以减少吃水。此外，室内设计师托马索・斯帕多里尼（Tommaso Spadolini）打造出一个舒适的舱位布局，带有优雅的装饰，且不超出高性能巡游帆船所要考虑的整船重量限制。值得一提的是，船上有 3 间双人舱供客人使用，乘船人可在远离船长和船员驾船的地方休息。

阿普利亚 6.5 摩托 1995 年

Aprilia Moto 6.5

设计者：菲利普・斯塔克（1949—　）

生产商：阿普利亚（Aprilia），1995 年至 2002 年

产品设计师菲利普・斯塔克的阿普利亚 6.5 摩托在商业上可能是失败之作，但它肯定受到了设计师、发烧友和收藏家的膜拜追捧。阿普利亚公司决定跳出摩托车设计师的世界，在圈子之外挑中了以设计精品酒店和怪异家居用品闻名的菲利普・斯塔克操刀，这是一个古怪的举动。不出所料，斯塔克构建的这台车既受到摩托车界的拥戴，也受到抨击、抵触、排斥。但令人意外的是，他的设计却也是 20 世纪 90 年代摩托车领域的一个新产品生态群中的领先之作。这款车引领了一个重要的新商机，也即郊区摩托车。它的驾控操作和发动机特性，使其易于在城市中使用，并且足够快，适合日常通勤和周末短时段的、穿行于高速路的短途旅行。本车装载出色的罗塔克斯（Rotax）发动机，这款发动机包括宝马在内的其他几家生产商都在使用。斯塔克将其涂改为单一的灰色，以匹配塑料的车身部件，而他创造的让框架和发动机整体融合的那卵圆形造型，则是这辆阿普利亚独有的特色。这辆摩托曾提供的色彩搭配，有灰车身带黄色油箱及黑车身带灰色油箱。阿普利亚 6.5 摩托的生产与市场生命周期虽短，但却光彩夺目，如今已成为收藏家追捧的珍品。

X 形橡皮筋　　1995 年

X–Shaped Rubber Band

设计者：劳弗尔设计团队

生产商：劳弗尔（Läufer），1995 年至今

要改进如橡皮筋这样简单、廉价、功能强大且只求功能实用的东西，似乎是不可能的。1845 年，伦敦的佩里公司（Perry and Company）为以硫化橡胶制成、用于绑住一捆捆书写类文具的橡皮筋申请了专利。从那以后，这种橡皮筋几乎没有过变化。但由劳弗尔（德语意为跑步者）公司生产的 X 形橡皮筋证明，在重新思考日常用品时，完成的设计往往是最好的。该产品是一种标准的超宽橡皮筋，但中间被挖出两个细长条，两处空白之间也出现了两条狭窄的橡胶“桥”。这根皮筋可拉伸并展开成 X 形，若使用之前的橡皮筋通常需要两根。这种 X 形橡皮筋的颜色多样，而且是在看似已固定不变的产品上做出的变化，这让它看起来不可思议、非常新颖。尽管如此，它的美妙之处部分还在于，它发挥的功能，与传统上捆扎包裹的绳子基本相同。由于这橡皮筋本质上是 H 状的，当它被拉伸成 X 形时，就会扭曲，使用效果与用一条布带捆扎一个矩形盒子完全一样。

TGV 双层列车　　1996 年

TGV Duplex

设计者：罗杰·塔隆（1929—2011）

生产商：阿尔斯通 / 庞巴迪（Alstom/Bombardier），1996 年至今

TGV（法语高速列车）双层列车于 1996 年首次在巴黎—里昂之间运行，是设计工程的一个大胆壮举。法国工业设计师罗杰·塔隆（Roger Tallon）设计了第一款高性能双层列车，以满足在运力接近饱和的繁忙铁路线上增加载客量的需求。他早前就设计了现在轨服役的 TGV 铁道车辆，如大西洋高铁线和铁路线路事业公社（Réseau）管理的网线。为法国国家铁路公司（SNCF）设计的 TGV 双层列车属于第四代高铁。塔隆探讨研究了创造一种更高级车型的想法。得出的结果是，TGV 双层列车有上下两层座位，可容纳 510 人搭乘。在设计方面，双层列车的创新在于其重量极轻的挤制铝型材造就的结构。符合空气动力学的流线型车头和拖车之间的间隙也缩短了，这意味着列车能以 300 千米 / 小时的速度巡航，并且这双层只比单层 TGV 多承受 4% 的阻力。全电动 TGV 双层列车的污染程度相对较低，而且安全，极为舒适。这是世界上最快的火车之一，也是从 A 地到 B 地最令人兴奋的方式之一。

回环咖啡桌　1996 年

Loop Coffee Table

设计者：巴伯与奥斯格比

生产商：埃索康 +，1996 年至今；卡佩里尼，1998 年至 2003 年

爱德华·巴伯（Edward Barber）和杰伊·奥斯格比（Jay Osgerby）搭档，在 1996 年成立了合伙制事务所巴伯与奥斯格比；回环咖啡桌是新旗号下的第一件家具设计。这张层压板桌子，最初是为伦敦一家酒吧完成的建筑设计项目的一部分，但很快就有了自己的生命。英国生产商埃索康 + 率先将回环咖啡桌投入了规模化生产。1935 年，杰克·普里查德创立了埃索康，由沃尔特·格罗皮乌斯担任设计主管，马歇尔·布劳耶担任设计师。公司后来更名为埃索康 +，一直以其精细的产品工艺而闻名。回环咖啡桌是自 20 世纪 50 年代以来，第一款加入埃索康产品线的作品，也延续了公司的这一传统。1998 年，该桌子也被纳入意大利生产商卡佩里尼的产品之列。此产品的结构和外部饰面使用的层压胶合板，复活了旧的生产方法。尽管使用了旧材料和旧制造工艺，但设计毫无疑问是新的。设计师专注于每一个平面、接头等细节，将实用功能与朴素的美结合起来。几乎从每个角度看，都有一种幻象呈现：桌子轻盈地停驻于一条腿上，仿佛飘浮在空中。直、曲线条，巧妙的布局设置，一起营造了这一效果。

梅达椅　1996 年

Meda Chair

设计者：阿尔贝托·梅达（1945—　）

生产商：维特拉，1996 年至今

这是一场天作之合——世界上最伟大的设计师之一与最具创造力的生产商之一维特拉合作。这次合作没有让人们失望。这把梅达椅，是阿尔贝托·梅达在 1996 年设计，有着外界预期中的精致外观，而且非常舒适。它有着整洁利落的外观，机械装置和调节杆等部件都做到最少、最小。位于侧面的两个枢轴机构让靠背可下降，同时也会改变座位椅面的形状。这个过程，是由位于椅背和椅面下的鞍桥之间的一对弹簧来控制。椅面高度可以通过按右侧扶手下方的按钮来调节，另一侧的调节杆则固定高度位置。这款椅子有几个版本，梅达、梅达 2 和梅达 2 XL（都有一个 5 杆压铸抛光铝基座），还有一个会议椅版本，让这个系列颇为完整。没有明显的工程设计或招摇显眼的高科技特征，梅达椅形态很漂亮，如今仍是最好的办公椅之一。

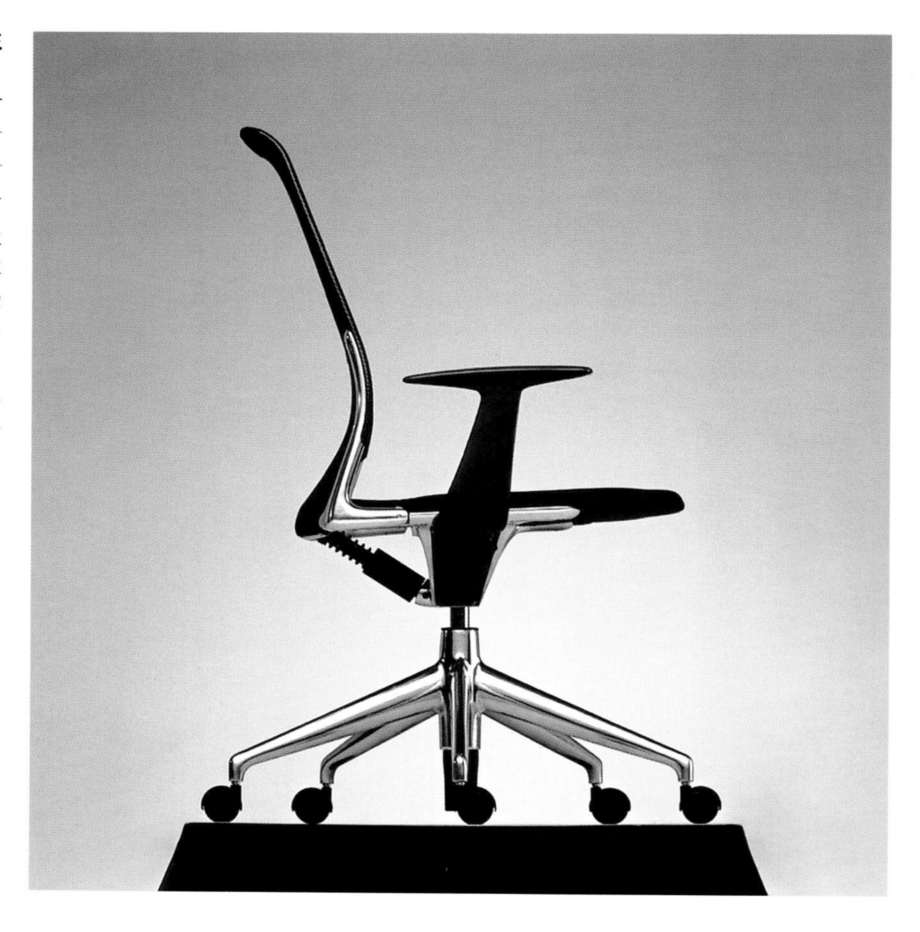

摩托罗拉掌中宝手机 1996 年

Motorola StarTAC Wearable Cellular Phone

设计者：摩托罗拉设计团队

生产商：摩托罗拉（Motorola），1996 年至 2000 年

摩托罗拉掌中宝手机，是当年市场上同品类中最小、最轻、最便携的一款机型，重量只有 88 克，与重达 850 克或更重的那些早期手机相比，简直是轻如无物。摩托罗拉通常被认为是第一家生产手机的公司，它给掌中宝起了个绰号，称之为“可佩戴”的手机。这款手机设计成可借助吊绳挂在脖子上或用夹子夹在腰带上，迎合了消费者的时尚感受与喜好。摩托罗拉 1989 年设计的 MicroTAC 手机，采用了翻盖式送话器。那是掌中宝的灵感之源，后者也用了类似的翻盖。掌中宝配有耳机，可以免提操作，使之成为一件完全可佩戴的饰品。独特的是，它可以同时携带两块电池安装在翻盖上，加上底座机身上另外的一个锂离子背负式电池，这款手机的总通话时间可长达 180 分钟。此外，手机紧凑的机身还内置 3 块印刷电路板，而外部包装体积只有 82 立方厘米。设计行业内部和公众都对掌中宝感到惊奇，而它为未来的主流手机设定了标准。

佳能伊克萨斯 1996 年

Canon Ixus

设计者：盐谷康史（Yasushi Shiotani，1963— ）

生产商：佳能（Canon），1996 年至 2004 年

佳能伊克萨斯在美国被称为 Elph（取 elfin 之意，小精灵），在日本被称为 Ixy，于 1996 年推出。由于其时髦的设计，它立即成为必备的时尚单品。这款相机由圆角不锈钢合金制成，并配有弹出式闪光灯和可伸缩变焦镜头。LCD 屏幕则提供了一种标示照片日期的方法，并显示照片拍摄的状态数据。而且，它有真正便携的袖珍尺寸，在推出时是最小的变焦镜头相机。它也是第一批采用新胶卷格式的相机之一。新格式叫 APS（先进摄影系统），由佳能、伊士曼柯达、富士、美能达和尼康联合开发，于 1996 年推出。这种胶片暗盒比传统的 35 毫米胶片盒的体积小 30%，因此让业界可去制造更小的相机，并且可在胶片的一道磁条上记录一系列信息。APS 还允许在同样一筒胶卷上拍摄不同格式的照片，包括全景格式的照片。1997 年 9 月，佳能推出了黄金版伊克萨斯，共 30 000 台，以纪念公司成立 60 周年。后来还发布了其他的版本，包括一个数码版。APS 格式是短命的存在，有几家公司在 2004 年就停止了 APS 相机的生产。

杰克灯 1996 年

Jack Light

设计者：汤姆·迪克逊（1959— ）

生产商：欧洲休闲厅（Eurolounge），1996 年至 2002 年；汤姆·迪克逊，2002 年至 2018 年

前卫设计师汤姆·迪克逊也是一位工艺匠人，专注于传统的和现代的材料与形式的新应用。他在 20 世纪 90 年代创建了欧洲休闲厅公司，以便让设计品更平价。欧洲休闲厅制造的第一件产品就是杰克灯，因其类似万圣节的儿童玩具灯而得名。这个产品有红、蓝、白可供选择。它源于迪克逊的愿望，即以工业方式制造灯具，同时还让照明器材具备多功能。杰克灯会发出柔和的光，可以堆叠成高高的一堆。放在地板上时，还可以当作凳子或用来支撑起桌面。所有这些可能性，都依靠对塑料制造技术的深入研究。迪克逊发现，通过使用一种旋转模塑成型技术，一系列的产品可以更便宜地生产出来而且不损害质量。杰克灯定义了迪克逊的职业生涯，后来为他赢得英国的千禧年科技奖。迪克逊与诸多意大利的高端家具、照明和玻璃制品公司皆有合作，如卡佩里尼和莫罗索（Moroso）。他因对英国设计领域的贡献而获得大英帝国官佐勋章，并于 2002 年创立了自己的同名品牌。

凹版蚀刻吊灯 1996 年

Acquatinta Pendant Lamp

设计者：米歇尔 · 德 · 卢基（1951—　）；阿尔贝托 · 纳森（1972—　）

生产商：私人制造（Produzione Privata），1996 年至今

随着 1990 年私人制造成立，米歇尔 · 德 · 卢基为他已然是丰富多样的作品矩阵又增添了另一道风景线。这似乎是一个悖论：设计了“第一把椅子”，并将德意志银行和奥利维蒂等跨国公司成功纳入自己客户名单的设计师，却冒出了如此的念头——打造一个专门系列的设计，仅用传统的手工方式来生产。凹版蚀刻吊灯是私人制造旗下的玻璃车间生产的最纯粹的范例。德 · 卢基的兴趣所在，并不是振兴古老的工艺传统，为它们赋予更当代的形象，他仍在试验新技巧。按他的话说，就是用“双手和思想”，每次都创造出一件独有的作品。凹版蚀刻吊灯是他与阿尔贝托 · 纳森（Alberto Nason）合作设计，它具有革命性，不是因为对传统样式的再生改造，而是因为构成此作显著特征的透明灯罩，含有怪异可笑的反讽意味。随着时间的推移，此灯已经制作了许多不同的版本，包括喷砂版、不透明版、玻璃蚀刻图案版和镜面镀膜版。凹版蚀刻灯，连同它的木模具，已是巴黎蓬皮杜中心永久设计收藏的一部分。它证明了这一事实：一件超越时间的作品可用最简单的方式制成。

聚丙烯斜角文件盒 1996 年

Polypropylene Angle File

设计者：无印良品设计团队

生产商：无印良品（MUJI），1996 年至今

无印良品一直与简单、基本的产品和纯粹的设计关联在一起。聚丙烯斜角文件盒是一个纯粹的、完全功能性的产品，是一个“无设计”物件，没有复杂精致的细节，用半透明聚丙烯制成。在无印良品生产的大型储放容器和盒子等办公系列用品中，它始终是一件重要单品。与办公产品线中的所有成员一样，此盒子在外形上极简，材质轻盈半透明，可谓对低调朴实气质的最佳阐释。无印良品以这个物件展示了它作为基础产品生产商的哲学。从各个方面来看，这个盒子都是日常用品。它的结构适合工业生产方式，易于大批量制造，因此价格便宜。无印良品在 1996 年开始建立办公产品线时，聚丙烯的应用正值顶峰，那半透明的亚光表面征服了世界。无印良品所追求的，并非发明新东西，而是用这种优雅轻盈的材料开发出一系列实用的基本款物品，满足广大消费者群体。这个文件盒没有先锋派的气质魅力，但它的实用本质吸引了人们。

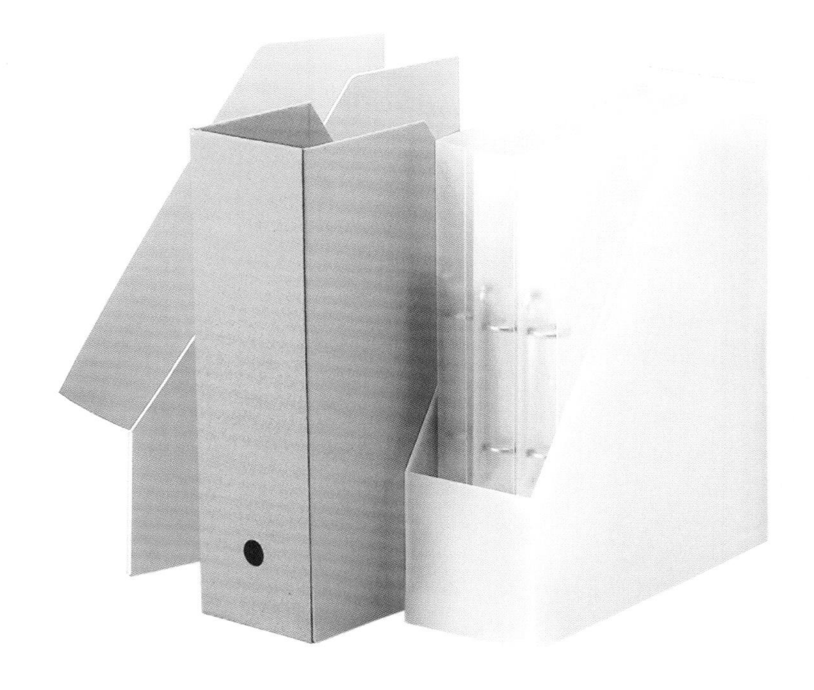

橡胶洗碗盆 1996 年

Washing Up Bowl

设计者：奥勒·扬森（1958— ）

生产商：诺曼·哥本哈根，2002 年至今

奥勒·扬森（Ole Jensen）设计橡胶洗碗盆，是为了保护易碎的玻璃器皿和瓷器，免得它们在不锈钢水槽的坚硬表面上碰坏。橡胶的灵活性使它可以容纳不同形状和大小的物体。如今，人们可能会看到这种盆的各种用法：洗脚、储冰、冷却酒类。在纽约的现代艺术博物馆，它甚至被用来清理桌子。一开始，扬森是在制陶轮上制作此盆的原型，以求在制造方法和风格上都达到一种手工产品的特性。如此加工出来的盆既灵活又耐用，还配有用猪鬃和木头制成的洗涤用餐具刷。原型于 1996 年首次展出，然后在设计师的工作室里尘封几年。哥本哈根诺曼公司在 2002 年决定生产这种盆，这时候他们使用的是一种人造橡胶——“山都平”橡胶。诺曼还生产猪鬃木头刷，这一特色元素将丹麦传统家居用品的那种风格带到了其所行销的大约 40 个国家。虽然这是最昂贵的洗碗盆之一，但扬森也乐得接受它多用途的产品形象，每只盆上都嵌入了用户的个性风格。

绳结网椅 1996 年

Knotted Chair

设计者：马塞尔·万德斯（1963— ）；德鲁格设计

生产商：卡佩里尼，1996 年至今

绳结网椅的设计引发了一系列复杂的反应。它让人迷惑，对其材料和生产技术产生误解：用户常常对此椅的支撑能力持谨慎态度。此设计视觉上透明化，重量也很轻，双重的轻盈特质带来一种惊奇感。这把小椅子精细打结的轮廓是用绳子缠绕在碳纤维内核结构上制成，然后，手工精心制作的这个构型要浸渍于树脂中，再以预先设计的框架样式挂起来硬化，但它的最终形状还是取决于重力。绳结网椅是一款高度个性化的设计，将工艺的创造性使用与现代材料相结合，还结合了倔强又强韧的想象：一张有腿的吊床，冻结在空间中。作为极具影响力的荷兰德鲁格设计团体的一员，马塞尔·万德斯（Marcel Wanders）成了一股突出的力量，对摩伊（Moooi，意即美丽）、卡佩里尼和受到他那个人化创作方式激发的一众国际生产商都有贡献。借助自己为厂商效力的系列作品以及单品设计，他持续地传达出类似的信息，他说：“我想给我的设计提供视觉、听觉和动态知觉的信息，让更广泛的群体感到有趣。”

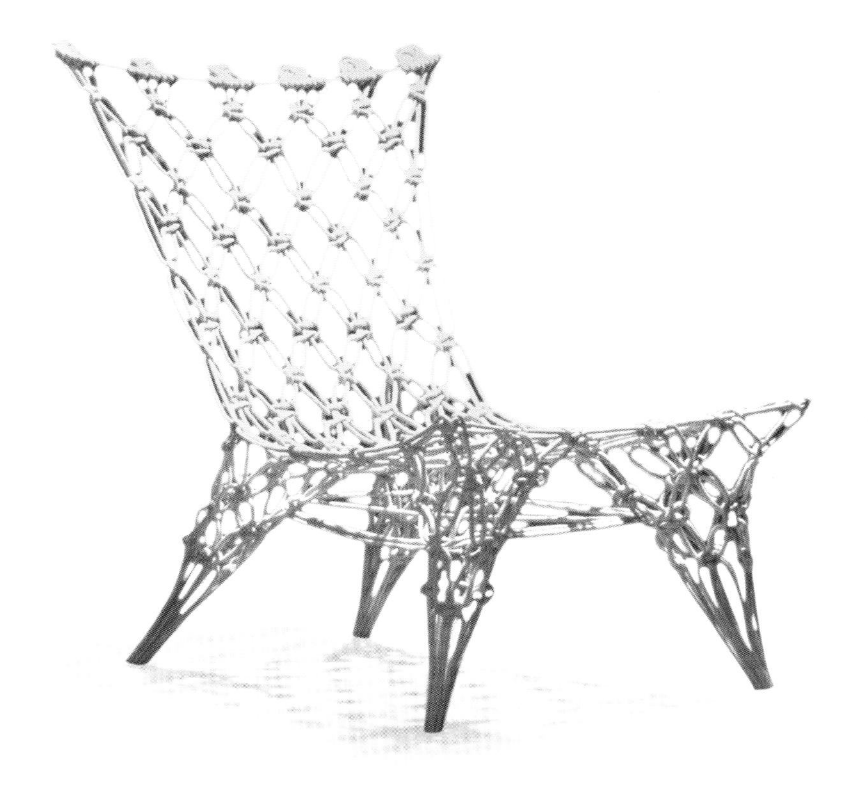

冰块灯 1996 年

Block Lamp

设计者：哈里·科斯基宁（1970— ）

生产商：斯德哥尔摩设计所（Design House Stockholm），1998 年至今

哈里·科斯基宁（Harri Koskinen）是伊塔拉的设计总监，但他最著名的设计之一却创作于他还是赫尔辛基艺术与设计大学的学生之时。这盏冰块灯，是科斯基宁在一个技术练习中得到的成果。他在压铸玻璃造型时将物品封固其中，想看看难度如何。在本设计的成品中，被封存的灯泡似乎悬浮在空气中。手工铸造的两块玻璃部件，围绕着喷砂形成的一个灯泡体，最终得到的是亚光表面效果。一只 25 瓦的灯泡提供照明，发出柔和的漫射光。许多人将这盏灯视为芬兰玻璃制品传统的延续，该传统由蒂莫·萨帕涅瓦和塔皮奥·维卡拉创立，他们出品过带有冰的观感的创作。但对科斯基宁来说，这盏灯并不是为了呈现一块冰的形态。它只代表它自己，或者只是一个玻璃立方体。这件作品让科斯基宁立即获得了业内认可，并于 1998 年由斯德哥尔摩设计所投入生产。冰块灯承袭芬兰的设计传统，反映自然环境，既是实用物品，也是一件艺术品。

诺基亚 5100 手机 1996 年至 1997 年

Nokia 5100

设计者：弗兰克·诺沃（1961— ）；诺基亚设计团队

生产商：诺基亚，1997 年至 2001 年

诺基亚 5100 手机的成功在于它及时地进入了一个不断扩大的电信市场，机会正好。此前，移动电话是一件奢侈的物品，手机既昂贵又笨重。随着廉价的移动网络消费协议的出现，诺基亚迅速垄断了手机的中低端市场。5100 机身细长、重量轻、价格便宜。设计时考虑了消费者的喜好，是设计总监弗兰克·诺沃（Frank Nuovo）朝着小型化、系统化设计发展的一个重要过程，这一演进趋势始于诺基亚 2110 手机。光滑的圆角、机身边缘和雕刻般的按钮，取代了以前的厚实粗壮形态。黑白液晶屏幕足够大，可以显示滚动菜单。通过功能键激活模态屏幕，就可方便地访问电话地址簿和短信。170 克的超薄电池是使 5100 成为名副其实的便携产品的关键。但让这款设计与众不同的真正利器，是可更换外壳：诺沃的设计允许前塑料盖轻松打开，换上另一个外壳，从而产生了个性化定制的概念。数以千计的生产商为这款手机设计了多种颜色的替换件，从简单的单一色彩款到唐老鸭主题图案的外壳，应有尽有。这证明了个性装饰和有趣的元素可能比技术进步更能吸引电信用户。

线缆龟集线器　　1997 年

Cable Turtle

设计者：扬·胡克斯特拉（1964—　）；伟创力、创新试验室（FLEX/the INNOVATIONLAB）

生产商：聪明线（Cleverline），1997 年至今

我们现在使用的电子产品越来越多，线缆的收纳也就日益复杂，而线缆龟解决了这一问题。该产品由荷兰设计师扬·胡克斯特拉（Jan Hoekstra）构思。这是一个圆形外壳，中心有个聚丙烯接头。外壳打开，多余的线缆可以像悠悠球一样缠绕到接头上。在绕圈收集完所需长度的线缆后，用户只需关闭柔性的弹性体外壳，并将线缆两头与两侧的唇状开口对位，即可让线缆整洁利落地从柔韧的、状似甜甜圈的集线器中伸出。该设计有两种尺寸可供选择：小型版本可以容纳约 1.8 米的线缆，而大型版本则可收纳长达 5 米的线缆。根据该设备的设计，高达 1000 瓦电荷负载的线缆都可安全地处理。线缆龟集线器的视觉形态与触感有一种迷人的、俏皮好玩的特质，摆脱了传统保守的办公用品设计惯例。本品由回收塑料制成，有 11 种醒目的颜色可供选择。这一简单直观的物品已被公认为当代设计经典。最值得一说的是，它曾获得德国优秀设计奖。

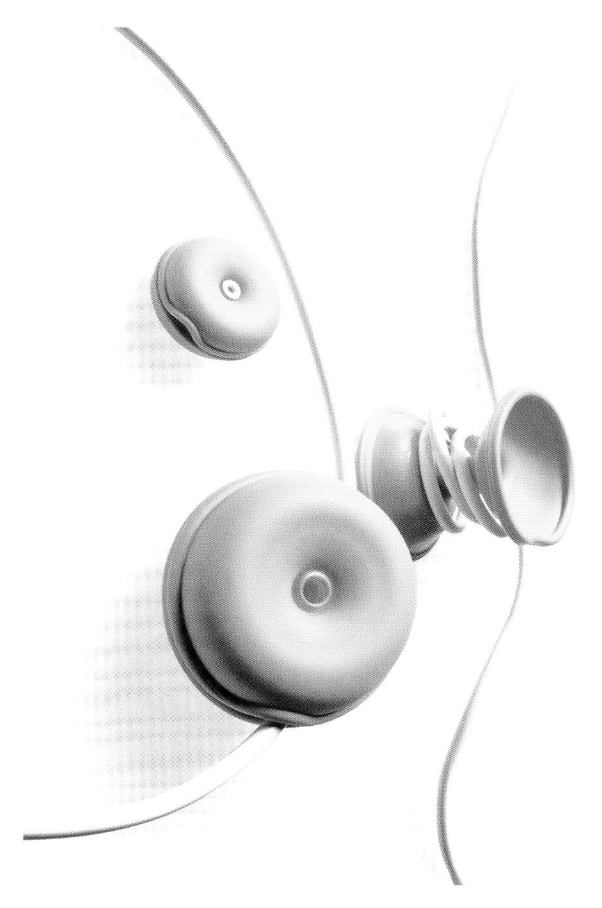

盘碟博士沥水器　　1997 年

Dish Doctor Drainer

设计者：马克·纽森（1963—　）

生产商：麦吉斯，1998 年至今

马克·纽森为麦吉斯设计的盘碟博士沥水器，具有他个人设计愿景的典型特征。纽森的设计，从概念车到门挡，产品范围很广。他的设计方法独特，呈未来主义风格，但技术严谨，在国际上得到了认可。塑料盘碟博士沥水器有一个内建的蓄水池来收集水滴，非常适合在小水槽和没有沥水装置或排水管道的水槽中使用。它由两部分组成，可以很容易地将收集的水倒掉。这款沥水器颜色鲜艳，形态古怪，看起来更像玩具或游戏器材的样子，而不是不起眼的厨房用具。灵活的小钉柱将碗盘等陶瓷器承托固定在适当的位置，钉柱的高度和位置经过细致考虑、精确设计，以支持任何大小的陶瓷器。两个集成其中的刀叉类沥水器，能节省空间，并让刀叉与瓷器保持分开。盘碟博士沥水器是对一个不起眼的家用物品的设计给出彻底的重新思考，志在拿出一件独特而有趣的产品，让产品本身就成为一个令人渴望的对象。作为其时代杰出的工业设计创新者之一，纽森特立独行，不走寻常路，经他的改造，常见品已转换成新的迷人商品。

MV 阿古斯塔 F4 金质系列　1997 年

MV Agusta F4 Serie Oro

设计者：马西莫 · 坦布里尼（1943—2014）

生产商：MV 阿古斯塔，1997 年至今

马西莫 · 坦布里尼（Massimo Tamburini）是摩托车设计界“宗师中的宗师”。他最早的一些产品是在 20 世纪 80 年代，在他自己的工作坊“比莫塔”（Bimota）制造的高端运动摩托。在那期间，他与卡吉瓦（Cagiva）的负责人克劳迪奥 · 卡斯迪格利奥尼（Claudio Castiglioni）合作，后者已买下了杜卡迪和 MV 阿古斯塔的品牌使用权，而阿古斯塔也许是意大利摩托车史上最辉煌的名字。坦布里尼与卡斯迪格利奥尼携手，为卡吉瓦制造了几款车，但为坦布里尼赢得国际赞誉的，是 1994 年推出的杜卡迪 916 车款。卡斯迪格利奥尼随后卖掉杜卡迪，回归到卡吉瓦的经营。他仍然拥有 MV 阿古斯塔的品牌权，并向坦布里尼发出邀请，提议打造一辆新的运动型摩托。MV 阿古斯塔 F4 就是设计成果。1997 年在米兰车展上首次亮相时，它就获得了超高的赞誉。车身为全包围，如同整体雕塑一般。凭着如此精致的样式，F4 臻于完美——摩托车看上去能多好，F4 就有多好。但这不只是风格造型的问题。这款车的发动机是与法拉利合作设计，采用了盒式变速箱，可以让车手相对更轻松地换挡。它的底盘是铬钼钢合金（CrMO）管焊接而成的奇迹，这让 F4 在当时的运动型摩托中拥有最好的道路性能。

神奇塑料弹性椅　　1997年

Fantastic Plastic Elastic Chair

设计者：罗恩·阿拉德（1951—　）

生产商：卡特尔，1997年至2018年

神奇塑料弹性椅是一款轻量化的堆叠椅，用了革命性的生产技术，由罗恩·阿拉德为卡特尔设计。这款神奇塑料弹性椅的要旨在于：在工业规模上批量化生产一把椅子，通过去除任何不必要的材料和工艺来简化制造环节，并打造出具有柔软舒适度和形态美感的外观。这半透明的轻质椅子有白色和灰色，也有充满活力的红色、黄色和蓝色可供选择，在室内或室外都可使用，惬意舒适。两根双管型挤制铝型材，按所需尺寸切割，呈错列长度（每边双管中的一条管需延伸为前腿，故更长）。注塑成型的半透明聚丙烯板材插入铝型材件，铝管从两侧卡固。然后，金属管和塑料板被弯曲成型，整件为一体。这种独特的工艺会自动将构成椅面和靠背的塑料板固定结合到位，夹在框架内，而不需要任何黏合剂。这款椅子以几乎扁平的铝型材结合注塑成型板材，减少了所需的材料数量，同时大大降低了加工成本。这种极简主义的方法反映在一个简化的结构中：座椅保持着弹性，直到有人坐上去，人体的重量才锁定座位。这是以最少的材料用量创建出一个坚固和刚性结构的典范。

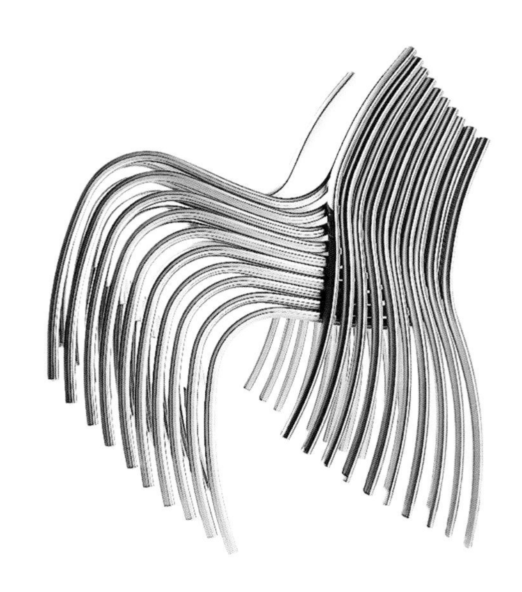

班波凳子　　1997年

Bombo Stool

设计者：斯特凡诺·乔瓦诺尼（1954—　）

生产商：麦吉斯，1997年至今

在所有家具类型中，座椅产品具有一个独特能力：象征某种文化的定义元素。1997年，新千年即将来临，米兰设计师斯特凡诺·乔瓦诺尼推出了班波凳子，这迅速成为那个千年交替的特有时期的符号与标志。当所有人的目光都在展望未来时，对即将成为过去的东西，人们心中也生出怀旧之情。班波凳子的成功，部分在于它将复古风格与当代科技相结合。它在时尚的酒吧、餐厅和沙龙中建立了声誉。因为具备可调节的高度和多达15种的可选颜色，它在这些场所中以适应性和多功能化胜出。凳子的曲线形态模仿了标准葡萄酒杯的形状。那碗状的座位部分，平衡停驻在渐变收缩的支柱上，向下又打开成一个宽宽的圆形底座。班波凳子的魅力在于，它将注塑成型的ABS塑料、镀铬钢装饰部件的装饰艺术风格细节，与德国当代的气动升降技术结合在一起。班波凳子衍生出了一系列相关产品，包括班波椅子、班波桌子和铝班波凳（Al Bombo）——复制原型单品，改为抛光铝材版本。

加比诺废纸篓 1997 年

Garbino Wastepaper Bin

设计者：卡里姆·拉希德（Karim Rashid，1960—　）

生产商：安柏（Umbra），1997 年至今

自 1997 年安柏（Umbra，有暗影之意）公司推出加比诺废纸篓以来，这款产品的销量已经超过了 200 万件。它售价低廉，有着无数柔和半透明的颜色可选，形态轮廓清晰而蜿蜒。加比诺废纸篓倡导、捍卫了其设计者自称的感性极简主义观感，也标举了他对设计民主化的激昂的愿景。不过，在这一成功的背后，依然是一个创业奋斗、努力经营的故事，因为必须面对经济现实：生产大批量的实用居家产品利润空间低。加比诺废纸篓的设计，允许树脂在注塑过程中不间断地流动，可以实现均匀的冷却，可适用一种简化的、对称型的高产量模具，能明显减少材料浪费。废纸篓侧边均匀渐变，便于大量堆叠，降低了运输和库存成本，而内部近底座处的弧线设计，又能防止桶壁在堆叠过程中粘压在一起，省去了在运输过程中为每只桶加配隔离衬里的费用。半透明的亚光外观，能很有效地防止日常使用时留下划痕。平缓衔接的无边凹形底座易于清洁。波浪状的桶口边缘，镂空式抓手，以及曲线轮廓，让这款设计获得了专利，试图仿冒者均被成功起诉。

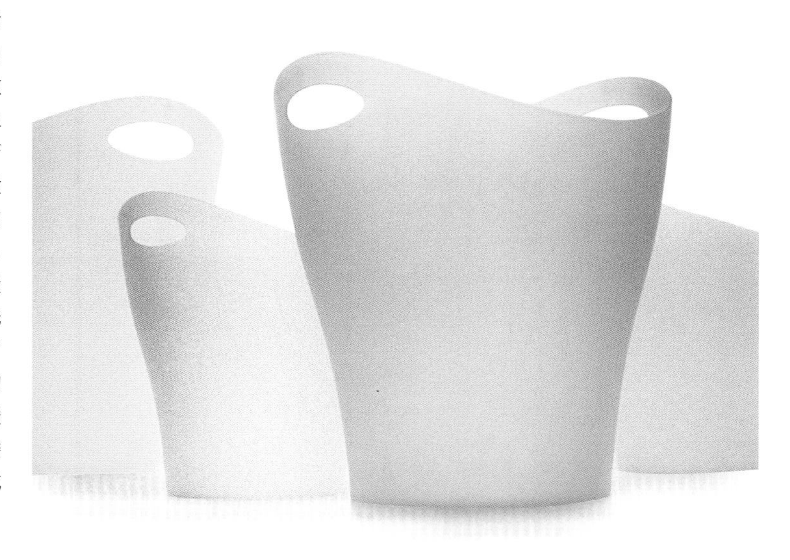

等待椅 1997 年

Wait Chair

设计者：马修·希尔顿（1957—　）

生产商：真品实货，1999 年至今

这把完全可回收的塑料椅子由英国天才马修·希尔顿（Matthew Hilton）设计，也标志着他职业生涯的转折点：从高价值、小批量家具转向进入大规模制造的领域，提供价格友好的产品。这把椅子是由单独一体注塑成型的聚丙烯制成，但注塑的同时在椅面和椅背部位加入了加固筋，由此带来坚固稳定性。完成这样的一个设计，希尔顿花了两年时间，他的工作精力耗费在两处：一是他自己的低技术设计方式，二是研究适应他的生产商提供的复杂设备。虽然成品是在 1999 年推出的，当时市场上已经充满了廉价的塑料椅子，但这款可堆叠的等待椅很快就获得了经典地位。希尔顿和真品实货很聪明地把椅子的价格定得比标准的、设计粗糙的同类替代选品贵，但又比其他全塑料的设计师品牌椅子便宜得多。这款椅子通过经典的优秀设计超越了前者，并通过刻意舍弃时尚前卫的外观，来回避后者那样的高端身份。结果就是这一款不出风头的、好看、舒适、平价的椅子，还可堆叠，适合在室内或室外使用，并有各种颜色可选。

碗与沙拉用勺铲 1997 年

Bowls and Salad Cutlery

设计者：卡丽娜·塞特·安德森（1965— ）

生产商：哈克曼、伊塔拉（Hackman/iittala），1997 年至 2006 年（勺、铲生产时间），1997 年至 2010 年（碗生产时间）

斯堪的纳维亚的设计一直关注的一个主题是，在寒冷的地貌景观与温暖的、以人为本的物品之间取得平衡——无论那是欢快的纺织品、良好的照明，还是贴身贴心、讨喜舒适的家具。斯德哥尔摩设计师卡丽娜·塞特·安德森（Carina Seth Andersson）为芬兰家居用品公司哈克曼设计的一套进食碗和器皿，延续了这一传统。然而，她并没有采用人们所预期的经典斯堪的纳维亚设计惯例，而是创造出一种稍硬朗且更酷的设计。为了能适应冷热食物，塞特·安德森以双层不锈钢设计了她的碗；层与层之间的空气隔层可以保持沙拉的凉爽和意大利面的热度；同时，无论里面的食物温度如何，都能舒适地递送或手持。磨砂的表面，让碗呈现出明晰的光滑流畅的轮廓。这套器皿还配有两个曲线优美的金色桦木取食小勺，头部都是椭圆形，其中一个微微挖成浅弧凹面，另一个则挖出长圆条槽口。桦木勺铲与不锈钢碗产生对撞：金属对木材，冷对暖，厚对薄。

汤姆真空椅 1997 年

Tom Vac Chair

设计者：罗恩·阿拉德（1951— ）

生产商：维特拉，1999 年至今

1997 年，米兰每年一度的家具展在米兰市中心的一个著名地点举办。《住所》杂志邀请罗恩·阿拉德为展场创作一个雕塑，务求吸引眼球。阿拉德打造了一座由 67 把椅子堆叠而成的高塔，而每把椅子都用一条卷状材料来构成座位椅面和靠背。这卷状材料上装饰有波纹痕，既能清晰地呈现表面形态，又能增益材料的强度。汤姆真空椅（也被俗称为贝壳椅）被证明是阿拉德最具适应性的设计之一，这可能是因为其形式简单。与大多数椅子不同的是，从那之后，它还以不同的材料来重新演绎构建，尝试都成功了。最初用于“《住所》塔”项目中的椅子，是由真空成型铝材制成，这也是椅子如此命名的缘由之一。另一种说法是，这名字出自阿拉德的摄影师朋友汤姆·瓦克（Tom Vack）。维特拉已生产了此椅的很多款型，有各种椅腿配置，其中一个版本配了木制摇椅腿，是特意向伊姆斯 1950 年的 DAR 餐椅摇椅版致敬；配用不锈钢腿的版本可以堆叠；甚至有一个版本是用透明亚克力制成；还有一个碳纤维材料的限量版。这些版本再度改变了椅子的特征。

球球灯 1998年

Glo-Ball Lamp

设计者：贾斯珀·莫里森（1959— ）

生产商：弗洛斯，1998年至今

在最早的蛋白石吊灯被点亮后的大约100年时间里，应该说，设计师们以各自的版本已经穷尽了这个原型主题。但在球球灯系列中，贾斯珀·莫里森却以令人兴奋的方式，重提、重塑了这悬挂的玻璃圆球体。该系列于1998年推出，获得了巨大的商业成功。为了打造球球灯那特有的柔和光芒，一颗透明玻璃芯被浸入熔化的乳白色蛋白石玻璃浆中，这一工艺过程叫作镶盖（flashing）。然后，将玻璃芯手工吹成漂亮动人的略微扁平的椭圆卵形。一种弥漫的、均匀的辉光，从一个看似完全平坦的表面上放射出来。从远处看，它甚至没有丝毫的反射光波。最外面那薄薄一层的乳白蛋白石玻璃在接触酸性溶液后，可达到高度亚光的表面效果，这样处理，灯点亮之后光效梦幻。球球灯未使用工业加工可得到的完美球体，而更倾向于一种随机偶得的更自然的形状。而每一道光线的内部支持机制，都消隐在球体的核心，悄无声息，不留痕迹。该系列反映出贾斯珀·莫里森长期以来受人称誉是因其对过往的欣赏，对朴素形式的追求，以及挖掘被隐藏的优雅元素的能力——事物遭忽视的某些特质下往往隐藏着优雅之光。

达尔斯特伦 98 炊具 1998 年

Dahlström 98 Cookware

设计者：比约恩·达尔斯特伦（1957— ）

生产商：哈克曼 / 伊塔拉，1998 年至今

达尔斯特伦 98 炊具，现在由伊塔拉以（厨房）“工具”这一名称进行生产。这是由瑞典出生的比约恩·达尔斯特伦（Björn Dahlström）接受芬兰生产商哈克曼的托请而设计。哈克曼想开发一个既美观又耐用的创新炊具系列。给到达尔斯特伦的设计纲要指令，提出要使用哈克曼开发的一种制造技术。那种工艺是在两片较薄的不锈钢板之间夹一块厚铝板，然后在压力机下轧制在一起并成型。钢坚固又结实，与铝结合便成为一种高性能材料，以让热能均匀分布而闻名。哈克曼希望达尔斯特伦设计出专业品质的、可从炉头或烤箱直接端上桌的体面的锅具，而这些锅也要能吸引家用市场。比如，炖菜锅的简单形式，及低调的亚光拉丝钢表面，能让食物以最出彩的方式展现出来。闪亮的镜面如同大声宣告自己是“机器制造”，而达尔斯特伦 98 炊具的亚光表面，则有一种更具实在触感的居家感觉。为了制作厚实中空的手柄，达尔斯特伦借用了一种通常用于制作刀叉的技术。这个优雅的产品系列超越了甲方最初的期望，它们最终成为生活中的美好之物。

铁臂骑士灯 1998 年

Fortebraccio Lamp

设计者：阿尔贝托·梅达（1945— ）；保罗·里扎托（1941— ）

生产商：卢奇规划，1998 年至今

铁臂骑士灯在 1998 年首秀时，立即就被认为是照明设计的杰作，因为它是有史以来最多功能和最灵活的室内照明系统之一。铁臂骑士灯由阿尔贝托·梅达和保罗·里扎托设计，构思之初便明确这将是一个实用的工具。它的设计构想是，灯要独立于接电布线线路，所以灯头、灯臂和附件都被构想成是分开、单独组装的，而电气部件则预先连接到灯头上。这使得在同一灯臂上安装不同的光源成为可能。因此，各种不同的灯都可轻松地组装：双臂台灯，落地灯，单臂灯，一个灯头的聚光灯，或普通落地灯。这款灯以极富性格魅力的诺曼骑士威廉·阿尔塔维拉（William of Altavilla）命名。他在意大利南部建立王国，人称 Fortebraccio，意指铁胳膊，他还以大鼻子而闻名。正如那传奇武士，铁臂骑士灯的主要特征之一也是它的“鼻子”，即手柄。扳动翻转手柄，可将光照引向不同的位置。铁臂骑士灯是实践卢奇规划公司宣言的一个完美范例。宣言称，要致力于“不断地寻求简单，以此作为复杂主题的解决方案”。

奇特里奥 98 刀叉　　1998 年

Citterio 98 Cutlery

设计者：安东尼奥·奇特里奥（1950—　）；格伦·奥利弗·勒夫（1959—　）

生产商：伊塔拉，1998 年至今

从厨师刀到茶匙，伊塔拉的奇特里奥 98 刀叉的每一件单品，都显示出相同的完美平衡的比例。基底部宽大，中心部分纤细，这些刀叉在性能上是重量级的，而在外观上则是轻量级的。它们由安东尼奥·奇特里奥主持设计，格伦·奥利弗·勒夫协同。该系列自推出以来一直是伊塔拉的畅销品。奇特里奥 98 刀叉十分受欢迎，上市后迅速成为 20 世纪 90 年代设计的象征。产品是基于一个经久不衰的原型而设计，即法式咖啡厅餐馆的薄钢刀叉，把手端带有木质或塑料平板块，以增加手柄的分量感。设计师注意到重手柄的实际好处（那等同于使用更舒服），于是将其转化为一种完全由钢制成的产品。为了强调设计的柔和感，奇特里奥和勒夫使用了磨砂拉丝钢。他们还扩展了套组的范围，现在的组件数量和规模远远超过了最初简单的用于桌面摆放的餐具。虽然安东尼奥·奇特里奥设计过很多东西，从展厅空间到厨房中的所有用品，但让他在现代设计史上留下名字的，则是这个系列的刀叉产品。

伊普隆椅子　　1998 年

Ypsilon Chair

设计者：马里奥·贝里尼（1935—　）

生产商：维特拉，1998 年至 2009 年

伊普隆椅子是其时代的标志，将最先进的材料与对办公室生活的全新思考相结合。这是为雄心勃勃的商业精英设计的，有着与之相配的锋芒毕露的鲜明外观；当然，标价也相称。伊普隆椅由马里奥·贝里尼与他的儿子克劳迪奥（Claudio Bellini）共同设计，因为靠背的 Y 形结构而得名。这款椅子的主要特点是，靠背和头枕可以调节到几乎完全斜躺的姿势，但同时仍然让头部和肩膀保持在可以看电脑屏幕的高度。这把椅子像一具身外骨骼那般围绕和支撑坐着的人，椅背的腰部区域有一种特殊的凝胶，可以“记住”落座者背部的形状。紧致半透明的椅背，灵感部分来自出租车司机用以保障座位通风的木制串珠靠垫。维特拉的董事长罗尔夫·费尔鲍姆将此椅比作 1926 年马歇尔·布劳耶关于未来椅子的著名插画——人们几乎只是坐在空气上。许多评论家对此成就表示赞同。这把椅子也屡获殊荣，其中包括 2002 年德国红点设计奖的最佳产品设计奖。

爱宝机器狗 1999年

Aibo Robot

设计者：空山基（Hajime Sorayama，1947— ）；索尼设计团队

生产商：索尼，1999年至今

索尼的机器人宠物爱宝，标志着科幻的未来主义预言正走进现实。爱宝机器狗拥有关节灵活的四肢，闪亮的塑料外衣，与主人进行熟悉亲切的行为互动，它的目标是取代真正的生命体。爱宝机器狗由索尼数码创意试验室开发，于1999年首次发布，上市20分钟内售出3000台。爱宝这个名字来源于“人工智能”（Ai）和“机器人”（robot），在日语中又有“伴侣”的意思。它能对声音、触摸和主人的面容做出反应，同时还能通过模仿“情绪波动”“饥饿”和“疲劳”状态，来保持一定的自主权。它的聪明之处在于会记录既有的经验，学习和发展自己的个性，随着时间的推移增强与主人的情感纽带。它还可以通过个人电脑进行通讯，利用无线局域网技术、借助它的扬声器读出电子邮件和选定启用的网站文本。它的背上有多个传感器，耳朵里有立体声麦克风，还有一个以100兆赫64位RISC（简化指令集电脑）处理器和16MB内存为基础的“大脑”，主人可选择那些程序选项来塑造它的行为。许多版本的爱宝已经开发出来，从本质上讲，它们也算家养宠物，且避免了现实生活中的麻烦。它们是为这个时代而创生：人们工作时间更长、更不固定、更难预测，因此无法保证能照顾宠物。

空气椅子 1999 年

Air-Chair

设计者：贾斯珀·莫里森（1959—　）

生产商：麦吉斯，2000 年至今

贾斯珀·莫里森为意大利麦吉斯公司设计过几款较小但同样成功的塑料产品，他由此熟悉了气体辅助注塑成型技术，并将其应用于空气椅子的设计。气体辅助是指熔融塑料在高压气体作用下被挤压推送到模具内壁的末端，在制件较厚的部分留下中空的腔体。在这个设计中，椅子的“框架”实际上是一系列的管子，因此仅使用了很少的原材料，减轻了成品的重量。这也意味着，在几分钟内就可以制作出一张完全成型、几乎无缝的椅子。这样的生产效率意味着，最初空气椅子的零售价不到 50 英镑——对于一件设计出色、制作精美的意大利设计师名品家具来说，这是非常便宜的。这是一把真正成功的、简单的、日常可用的椅子，也是贾斯珀·莫里森所擅长的那种设计。这款椅子有丰富的轻快浅色调，室内室外通用，有家居零售款，也可单独定制，理所当然地大获成功。这也带来了一整套其他“空气”系列的产品：餐桌、茶几、电视柜，还有一款折叠椅。

五一灯 1998 年

May Day Lamp

设计者：康斯坦丁·格契奇（1965—　）

生产商：弗洛斯，2000 年至今

五一国际劳动节，是属于劳动人民的年度活动。这款节日同名灯，由德国设计师康斯坦丁·格契奇（Konstantin Grcic）设计，有一种朴实安全灯具或纯实用灯具之美——一盏实实在在的工作灯。但仔细观察后，你会发现它比通常的实用灯更注重细节。格契奇说过，形式上的特色不应是设计的全部。然而，他那精简、实用的设计却也是绝对容易识别的。五一灯不是为在固定位置使用，提手的设计表明灯有多种使用方法：可以挂在钩子上，拿在手里，或者放在任何地方的平面上。接通电源，它就会发出漫射光。最初的产品系列提供了 4 种颜色的提手：橙、蓝、黑和绿。外层材料为注塑成型的聚丙烯，构成乳白色锥体漫射灯罩。光源本身可兼容两种类型的灯泡，在提手上有一个按钮式开关。一旦你开始仔细观察格契奇那看似平淡的设计，其中整合蕴含的所有这些雅致元素和妙处就会变得显而易见。

挂墙式 CD 机　　1999 年

Wall Mounted CD Player

设计者：深泽直人（1956—　）

生产商：无印良品，2001 年至今

无印良品是近些年来最进步的公司之一。它不像一般的生产商那样遵循同样的游戏规则，其中原因有很多，但最重要的一个原因应该是，它根本不是生产商，而是零售商。无印良品的社长金井政明（Masaaki Kanai）富有远见，注意到深泽直人（Naoto Fukasawa）和艾迪欧（IDEO）日本分公司正在做的试验，于是就鼓励深泽将他那简洁的壁挂式 CD 播放器投入生产。这是一个复杂的产品，因为它在艺术幽默和真正的创新之间游走，二者之间有着微妙的临界线。无印良品挂墙式 CD 机以索尼随身听 CD 模块为核心，并将控制部件最简化。它的开关是一根拉绳，对挂在墙上的物品来说，这是一种非常新颖但又完全可以接受的互动形式。最近的一次重新设计，是增加了调频收音机、遥控器和背光液晶显示功能。深泽现在帮助监督和把控无印良品的产品线，并继续其探索，他的设计游离于市场预期之外。设计的参照标准深深植根于人们的生活状况，以至于其产品给人的感觉是我们之前已和它们一起生活过。

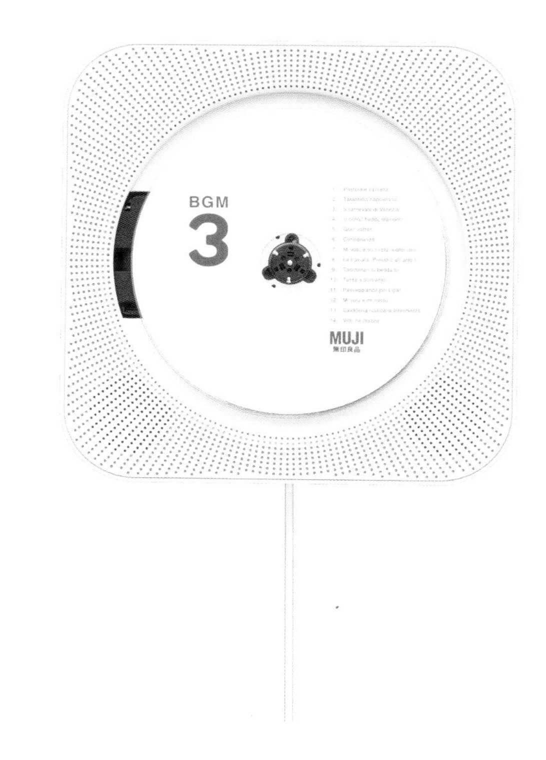

薄垫矮椅　　1999 年

Low Pad Chair

设计者：贾斯珀·莫里森（1959—　）

生产商：卡佩里尼，1999 年至今

薄垫矮椅将优雅和简单的形式与尖端的生产技术相结合。它极简的造型和蜿蜒曲折的线条营造出一种失重感，这在很大程度上归功于那 20 世纪中期现代设计风格的外观。它的模压衬垫，从座位椅面和靠背上略略上升浮凸，提供舒适度和支撑，同时给椅子带来一丝反转意味，一种复杂世故的当代感。贾斯珀·莫里森公开承认保罗·克耶霍尔姆的 PK22 椅是薄垫矮椅的灵感来源。他最初的想法是开发一款舒适的低椅，像克耶霍尔姆的经典之作那样体积小，材料也同样精简。莫里森以对新材料的兴趣而闻名。卡佩里尼对此也再乐意不过，热情鼓励他的试验，帮助莫里森找到了一家生产汽车座椅的公司。那家公司拥有压制皮革的工艺和专业经验。为打造靠背，莫里森尝试过各种材料，最后选定了胶合板，然后用高密度聚氨酯泡沫模塑成所要的基础轮廓，切割出相应形状，再用皮革或座套面料缝合起来。生产商在处理衬垫方面的技巧正适合莫里森的设计，在形态和饰面效果之间达到了平衡。

联系玻璃杯 1999 年

Relations Glasses

设计者：康斯坦丁·格契奇（1965— ）

生产商：伊塔拉，1999 年至 2005 年

20 世纪的最后 10 年，玻璃餐具的生产几乎没有什么真正的创新。不过，到了 1999 年，芬兰生产商伊塔拉邀请慕尼黑设计师康斯坦丁·格契奇打造了一个新的玻璃器皿系列。他们的合作带来了商业和艺术上双重的成功。联系玻璃杯比例优雅均衡，从上到下渐变收窄，但都是平底杯。在这个设计中，重要的不仅是杯子的外形轮廓，对玻璃厚度的精确把控也很重要。“联系”套装包括 3 只不同的平底玻璃杯，一个大玻璃瓶，一个大托盘和一只浅碟子。成品有两种颜色，亮白色和烟灰色。格契奇对使用机器压制玻璃感兴趣，并选择去重新加工锥体的原型玻璃杯，在内侧杯壁上增加了一个稍稍凸出的梯级。这样，杯子就可巧妙地堆叠起来，同时，借助制造更厚的内壁来改变杯子形态，外侧壁则可保持平整和无装饰。因为杯子是用双段模具生产的，所以可以大批量制造。格契奇这样一位设计师，能够将他的设计精简，直至呈现物品的终极本质，他提倡纯净和优雅的风格。

乱球灯 1999 年至 2002 年

Random Light

设计者：贝尔让·波特（1975— ）

生产商：摩伊，2002 年至今

乱球灯证实了优秀设计的要求或训令之一：外观简单，但执行复杂——竟花了 3 年时间来开发。根据它的创造者贝尔让·波特（Bertjan Pot）的说法，这盏灯名中有乱，本质也是乱的，这灯就是碰巧产生的。设计中的所有材料——树脂、玻璃纤维和气球，当时都随机散布在波特的工作室里。这盏灯是一个经典的工艺设计，由高科技材料制成：环氧树脂和玻璃纤维，镀铬钢与塑料。玻璃纤维浸泡在树脂中，随后拿来缠绕在气球上，然后将气球从一个洞中移除，之后再将灯泡布置在球体中。马塞尔·万德斯将这种灯介绍给了受人尊敬的荷兰生产商摩伊。在生产此灯的头两年，摩伊制造了大约 2000 盏。因为这种灯生产有 3 种尺寸，分别为 50 厘米、80 厘米和 105 厘米，可以挂在不同的高度，所以光线的组合互动特别有效。波特第一次引起设计发烧友的注意，是在 1999 年与丹尼尔·怀特（Daniel White）共同创立的“猴小子”（Monkey Boys）二人组合中，但他从 2003 年开始独立工作。该设计随着 2019 年乱球灯 II 的发布得到了更新。

挂带 2000 年

Strap

设计者：NL 建筑事务所

生产商：德鲁格，2004 年至今

德鲁格邀请 NL 建筑事务所（NL Architects）为鸳鸯（Mandarina Duck，意大利品牌）的巴黎门店设计一个产品展示系统。有些自行车或摩托车的后座上装有弹性橡胶皮带，可压住并固定物品。受此启发，荷兰设计师们决定改造那种橡胶绑带，于是就产生了这里的“挂带”。设计师们发现，这种橡皮带有很多家公司生产，最后，他们终于找到了一家愿意只提供橡胶带，而不同时搭售绑带两端用来连接自行车车架的金属卡扣附件的公司。以前，简陋的橡皮筋受轻视，从未被用在墙上。NL 建筑事务所的设计重点是用柔软、可拉伸的乳胶制成双股皮带，它足够灵活有弹力，可展示不同类型的物品。这款挂带本质上是借助两个小螺钉把橡皮带固定在墙上，是对皮带的二次利用。这款壁挂绑带有 9 种颜色可选，色彩最初是由德鲁格为鸳鸯品牌店协调组配的。这种松紧皮带用压铸技术制造，让流体乳胶材料经过两个钢模具之间，压制而成。这个产品的魅力在于，只用低投入就实现了所有构思。

LEM 吧台凳 2000 年

LEM Bar Stool

设计者：安积伸（1965— ）；安积朋子（1966— ）

生产商：拉帕尔马（lapalma），2000 年至今

生产商拉帕尔马提出了一份客气又节制的产品设计纲要：一张简单的、可调节的吧台凳。而安积伸将他关于人体工程学的密切研究与考察成果带入了这一工业设计项目。如此情形下，这款吧台凳的开发迅速推进。按照 LEM 吧台凳的设计要求，安积着眼于理解和把握吧台凳的特殊要求，正是这些特殊性使之与“近亲”椅子区别开来。他很快得出结论，凳子的舒适性和易用度取决于座位凳面和脚蹬之间的关系。LEM 采用了一体连续的亚光镀铬金属环构件。此环首先封闭胶合板凳面，然后弯折向下，形成搁脚横挡，如此，LEM 便将座位部分与脚蹬连为一体，非常独特。不过，实现这种优雅而简单的组合关系，要完成一个很不简单的工程挑战：细长的矩形管材必须弯折成具有复合曲线的金属环，而且不能产生明显的褶皱。安积的解决方案依赖于一项新技术。当时，该技术刚由一家豪华汽车生产商研发出来。座位面板和脚蹬结合完毕，一起安装到一根可旋转且高度可调的气簧柱上。胶合板座位与工业化的金属框和基座组合，成就了高度舒适的 LEM 吧台凳。

宝特瓶　约 2000 年

PET Bottle

设计者：罗斯·拉夫格罗夫（1958—　）

生产商：天龙（Ty Nant），2001 年至今

在竞争激烈的市场上销售矿泉水，已经让卷入竞争的售水商意识到，他们的品牌形象，加上自家装水瓶子设计的特质和视觉观感，能够显著改变外界对他们产品价格的预期。装水的瓶子当然也就层出不穷，有各种形状、颜色和大小，有塑料的，也有玻璃的。当这一现象真正蔚然风行时，一个威尔士的矿泉水品牌天龙（Ty Nant），便在 1989 年推出了优雅的招牌性的钴蓝色玻璃瓶，也获得了早期的成功。这一标志性的特色包装一经推出就一炮而红、大受欢迎，但转眼 10 年过去，该公司开始在不断增长的塑料瓶市场中寻找创新的包装，期望新瓶子能产生与那优秀的玻璃前辈同样的影响。这项艰巨的任务被安排给了威尔士出生的著名设计师罗斯·拉夫格罗夫。结果宝特瓶横空出世。中空吹塑的非对称形态，模仿水的流动性。那生产模具有着奇特的形式，分为两半，是用铝制作，有 3 种规格，对应容量为 500 毫升、1 升和 1.5 升。这种波纹效果的包装，用聚对苯二甲酸乙二醇酯，也即 PET（瓶名由来）制成，能够像水面一样折射光线、映出颜色。默认情况下，瓶子的形状可立即传达瓶子里内容物的讯息，这让天龙得以把瓶身标签最少化。

弹力椅　2000 年

Spring Chair

设计者：罗安 · 布鲁莱克（1971—　）；埃尔万 · 布鲁莱克（1976—　）

生产商：卡佩里尼，2000 年至今

自 20 世纪 90 年代中期以来，有影响力的年轻一代法国设计师已崭露头角，罗安 · 布鲁莱克（Ronan Bouroullec）和埃尔万 · 布鲁莱克（Erwan Bouroullec）兄弟跻身于其中最成功的行列。迄今为止，他们最著名的作品是与意大利的卡佩里尼合作的弹力椅，此作在 2001 年获得了著名的金圆规奖的提名。这是他们为该公司设计的第一把椅子。这款弹力椅并不是什么特别创新的形式，但完全不失为一种优雅而精致的设计。椅子由一系列薄薄的模压垫构成，连在一起成为一把精致的躺椅，而支撑衬垫的是精工细作的金属薄板“滑道”。顶部头枕部位可调节，脚凳安装在弹力部件上，能根据落座者腿部的动作与位移而移动。这把椅子的壳体用木材和聚氨酯制成，再加上高弹性泡沫、羊毛和不锈钢。有 4 个不同的版本：扶手椅，扶手椅加脚凳，扶手椅加头枕，扶手椅加脚凳加头枕。埃尔万将兄弟俩的风格描述为“特意非常简单，带有幽默元素”。同样的精神渗透在他们同时代人的一些作品中，也是这一代人设计的特点。

MVS 躺椅　2000 年

MVS Chaise

设计者：马尔滕 · 凡 · 斯维伦（1956—2005）

生产商：维特拉，2002 年至 2019 年

1994 年，马尔滕 · 凡 · 斯维伦首次画下了 CHL95 躺椅早期版本的草图，当时他还在自己的工作室里打造每一件作品。CHL98 是与维特拉建立协作关系后开发的，于 2002 年更名为 MVS 躺椅（MVS，设计师名字缩写）推出，凡 · 斯维伦以此创造了一张全新的躺椅。虽然形状大量借鉴了 CHL95，但 MVS 躺椅的构建组成和饰面处理充满新意。椅面被整洁的钢结构托起，悬浮一般，可灵活变换俯仰角度，配合不同坐姿。聚氨酯的表面材料，可引入少量的色彩元素。聚氨酯对凡 · 斯维伦来说是一个意外发现。他在此找到了一种不需要遮盖物，也不需要在表面涂装颜色的材料，这让材料的使用更有纯正感。从侧面看，MVS 躺椅那惊人的独创性不再是某种抽象描述，而是具象显现。椅子需要 4 条腿，这种必要性在普遍观念中不言而喻，但眼下这种必要已不复存在。我们看到的是，一把椅子悬浮在单腿上。只要重量最轻微地变动转移一下，坐着的人便可从斜倚姿势变成完全躺平。对椅子不稳定、易失衡的不安担心，完全是毫无根据。这把躺椅带来的舒适体验，非同一般，可无忧无虑享受。凡 · 塞维伦那坚定明晰的形式诗歌，让他与众不同，而 MVS 躺椅结合了工业感、原材料的本真质、雕塑之美，是他独特诗意语言的体现。

Aquos C1 液晶电视　　2001 年

Aquos C1

设计者：喜多俊之（1942—　）

生产商：夏普（Sharp），2001 年至 2010 年

在 20 世纪 90 年代末，夏普开始探索设计一种新的平板屏幕液晶显示电视，来占领预期中高增长的家用液晶电视市场。在此之前，从 1973 年推出第一台液晶显示屏计算器开始，到那时为止，该公司一直是企业用液晶显示产品开发和商业化的领导者，但希望能进入家用市场。因此，夏普邀请了公司外部的一位设计师来帮助设计电视机产品线。从 1998 年到这一新系列于 2001 年推出，喜多俊之与夏普合作设计了一款不同于人们刻板印象的电视机。他为电视寻找一种新的形象，一种即使在关闭时也能令人赏心悦目的形态。由此产生的 Aquos C1 抛弃了高科技式冰冷、生硬的几何构型。相反，喜多追求的是一种更有机甚至是人格化的形式。电视的正面是两只对称的扬声器，很醒目，平衡分布在屏幕下方，位于柔和弯曲的月牙形底座支柱之上。连接线和继电器之类干净地隐藏在一个可拆卸的盖子后面，全套东西可以方便地携带。这个设计一举成功。Aquos C1 使夏普一跃成为家用液晶电视制造业的领军品牌。

强力笔记本 G4 电脑　　2001 年

PowerBook G4 Computer

设计者：乔纳森 · 艾夫（1967—　）；苹果设计团队

生产商：苹果公司，2001 年至 2006 年

乔纳森 · 艾夫（Jonathan Ive）认为，在他设计过的所有产品中，最令他自豪的是优美流畅的银色强力笔记本 G4 电脑（此外还有 iPod）。此产品近乎完善，拥有出色的细节、友好的尺寸和金属键盘。该笔记本的外壳最初用钛金属制成，但后来被更耐刮擦的铝合金取代。如此外观毫无疑问是给严肃用户的一款严肃产品。与之前的苹果产品相比，的精致以一种低调的方式来表达，采用厌色（仅有金属色或黑白灰）和极简主义的美学，稳妥谨慎，绝无闪失。有苹果手提电脑 10 多年的创新设计可供借鉴参考，包括 20 世纪 90 年代初的首创原型灰色机器，PowerBook Duo（强力本双工）和 G3。不过，G3 的外观更柔和，顶盖为蛤壳式。铝制的 G4 力求稳健，具有理性科技的那种冷静风格；细节的设计和加工都非常精当和考究。最初只有 12 英寸和 17 英寸的型号可选，一年后又推出了 15 英寸的型号。此产品结合了精致的传统主义和对细节的执着关注，向着其主人显示自信，同时也传递出主人的自信，标志着双方共同的成熟。

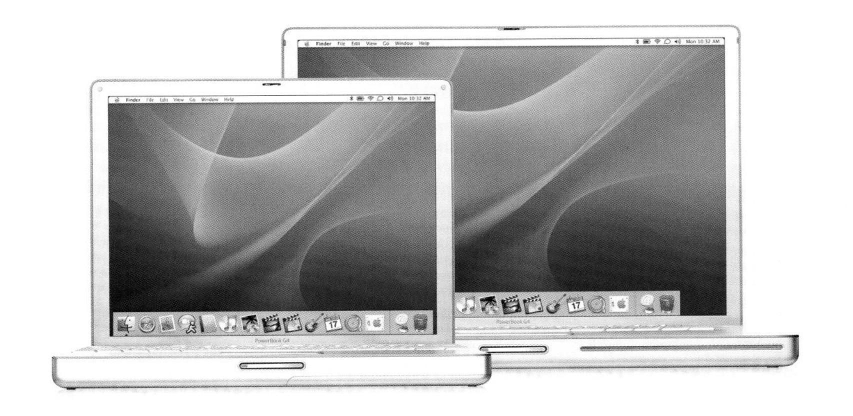

iPod 音乐播放器 2001 年

iPod

设计者：乔纳森·艾夫（1967— ）；苹果设计团队

生产商：苹果公司，2001 年至今

iPod 与苹果的 iTunes 软件配合，代表着一家越来越智慧的公司的整合思维。iPod 彻底改变了人们下载和收听音乐的方式。最初的版本仅有 1000 首歌曲的存储容量，后来几代产品增加到 4 万首。触摸轮可以快速轻松地滚动浏览整个音乐收藏，而 shuffle 模式则带来最终极的个人点唱机体验。它的发展演进，主要集中在缩小尺寸，扩展内存，增加语音备忘记录之类的功能模式，并最终用触摸屏取代了按压轮。iPod 是在向 iMac G4 和 eMac 电脑以及 iBook 笔记本看齐，与它们并列于一条线。这种极简主义的纯粹，反映了与无情的技术进步相伴而来的物质和精神上的焦虑。从一个时代到另一个时代的犹豫的转移，被 20 世纪 60 年代未来主义那令人安心的复古美学有效地软化了。如此看来，这个事实也许就不很令人惊讶或奇怪了：iPod 的外观、色彩和素净无装饰的平整的辐射盘状界面，竟然与另一款开创性的便携式音乐设备几乎一模一样——那就是迪特·拉姆斯 1958 年为博朗设计的 T3 袖珍收音机。

“油灯” 2001 年

Oil Lamp

设计者：埃里克·马格努森（1940—2014）

生产商：斯特尔顿，2001 年至今

埃里克·马格努森为斯特尔顿设计的油灯，材料为不锈钢和硅硼酸盐耐热玻璃。这是一款当代的台式灯，不仅体现了丹麦设计中工艺精湛的雅致形式所蕴含的精雕细刻的气质，还提供了一种节能方案，来适应生态意识加强的新文化。这盏小巧而形态完美的灯，可适应室内和室外使用，甚至可用作应急照明。如装满灯油，它可以燃烧大约 40 个小时。玻璃纤维灯芯很耐用，几乎具有永恒的寿命，而灯本身易于清洁和加注燃油。“油灯”是对马格努森的斯特尔顿系列产品的一个很有价值的补充，该系列包括 1977 年创造的，如今早已是标志的真空壶。事实上，他的斯特尔顿系列在本质上是继承了其前任阿恩·雅各布森的遗产。无论是在提供更温和、更人性化的现代主义产品美学观念方面，还是在理解设计与工业制造工艺之间的共生关系方面，马格努森都师承雅各布森。雅各布森 1967 年为斯特尔顿设计了圆柱系列不锈钢空心器皿，那种理性却又令人愉悦感官的形式，在马格努森的油灯中得到了呈现。此灯在两重意义上已臻于完善：首先，对能源的消耗极小化；其次，一如其设计宣言所称，维护极少极简便。它是时尚设计的可持续传承的典范。

“灯火” 2001 年

Fire

设计者：娜塔丽·劳滕巴赫尔（1974— ）

生产商：伊塔拉，2001 年至 2013 年

在芬兰，圣诞节前后的一个习俗是将雪球堆成圆锥状，并在里面放置一支或多支蜡烛，做成雪灯笼（snölykta）。为了模仿这种从内部向外发光照明的温暖感觉，芬兰裔的法国设计师娜塔丽·劳滕巴赫尔（Nathalie Lautenbacher）为餐具制造专家伊塔拉设计了小圆蜡烛烛台“灯火”——当然尺寸比“雪灯笼”小得多，可手持。劳滕巴赫尔延续了公司悠久的创新传统，利用她作为陶艺家的经验来进行新材料试验，开发出多孔的、珊瑚状的结构物来形成烛台主体。这种创新材料是通过如此工序获得：让陶瓷料充气形成泡沫，随后倒入模具中，再烧制而成，这样它就变得轻量化但依旧非常耐用。这个主体还需放在一个用以配套组装的固体实心的陶瓷底座上，作为安置小蜡烛的平台（陶瓷底也可随时拆除）。和雪灯笼一样，这一构造体柔和地散发出烛光，模仿了那温暖舒适的柔和光晕的效果。在芬兰冬季夜长昼短的日子里，这是希望和怀旧的小小灯塔。陶瓷兼具脆弱性和持久性，劳滕巴赫尔对这矛盾对立的材料特质很感兴趣。而“灯火”，则是其创作志趣的象征，并在 2002 年法兰克福消费品博览会（Ambiente）上获得了“设计 +”奖（Design Plus）。

赛格威单人运输车 2001 年

Segway Human Transporter

设计者：赛格威设计团队

生产商：赛格威（Segway），2002 年至今

赛格威单人运输车（HT），是第一款能自动平衡的电动运输机器，设计构思中便是单车单次运载单人。迪恩·卡门（Dean Kamen，1951— ）是美国 DEKA 研发公司的总裁，也是赛格威有限责任公司的创始人，他早前就设计过一种可以爬楼梯的 iBOT 轮椅。赛格威 HT 正是源于卡门为 iBOT 这个早期产品开发出的平衡技术。HT 现在有若干型号可供，其中包括全地形版本。这种滑板车没有刹车，最大速度为 20 千米 / 小时。骑手自行控制方向，也可以通过转动车把上的机械装置或转移身体重心来停止车子运动。这款电动平衡车由一台内置电脑、5 个陀螺仪和一个安装在底座上的圆盘组成。这个圆盘装置可以让轴在保持其定位朝向的同时，自由地向多个方向转动。虽然高昂的成本妨碍此车成为一款真正成功的个人使用产品，但它在工用领域取得了一定的成绩，仓库工人会使用，尤其值得一提的是，导游也会使用。尽管其应用范围有限，但不可否认，它已经成为时代精神的一部分。

威路德摩托 2001 年

V-Rod

设计者：威利·G. 戴维森（1933— ）

生产商：哈雷-戴维森（Harley-Davidson），2001 年至 2017 年

哈雷-戴维森的荣耀在于设计上的连续性和卓越特质。一百多年来，围绕标志性的发动机设计，该公司生产了各种各样的摩托车。基础车身的设计从未远离哈雷-戴维森的风格，但哈雷的发动机却会偏离主线去换代，并最终获得了“傻瓜头”“盘头”“凉爽头”等绰号。所有的设计决策都以这些引擎为中心。哈雷的设计总监威利·G. 戴维森（Willie G Davidson）创造了哈雷-戴维森品牌在现当代的外观、感觉、声音和精神。到了 20 世纪末，哈雷忠实骑手的平均年龄已接近 50 岁。威利清楚，必须去找到更年轻、更广泛的受众，而前提是不疏远构成他长期拥趸的基础盘：那些“周末叛逆者”，他们是那局外人神话的核心。而局外人（逍遥匪帮、法外之徒）也是哈雷机车拥有者的身份暗示。威利的答案是组建最好的年轻化的工程和设计团队，由此打造了他最杰出的作品：VRSCA V-Rod（威路德）。新引擎水冷散热（这在当时是一个新应用），再配合保时捷的技术，强大、复杂又先进。威利与他的团队围绕此引擎设计了车架与车身，在忠实于哈雷-戴维森作为全美巡航摩托的长期名分定位的同时，新车也顺应了 21 世纪的高科技潮流。

超大号户外炊具 2001 年

Outdoor Cooking Tools

设计者：哈里·科斯基宁（1970— ）

生产商：哈克曼，2001 年至 2002 年

超大号的哈克曼户外炊具系列，最显著的特征正是它们的尺寸。每件单品中那宽阔、扁平的元素突出了其身形之大。这家芬兰公司自成立以来，创造实用和优质设计一直是其核心理念。而相似的，支撑芬兰设计的主要理念，就是提升产品的功能性，倡导符合人体工程学的特质，而且设计必须关注生态因素。哈里·科斯基宁于 1998 年毕业于赫尔辛基的艺术与设计大学，同年成为哈克曼的设计师，他设计的户外炊具及烹饪工具保持了这些传统。此产品系列包括一把钳子、一个锅铲、分肉叉和刷子等，反映出设计师的芬兰血统：美学形态简约。平衡是形式的关键，此设计让每件单品都可放在桌子上，而不会弄脏工具，也不会弄脏放置工具的台面。此外，不锈钢材料使每件产品更耐用，也易于清洁。科斯基宁的超大号户外炊具，是作为伊塔拉下属哈克曼分部产品的一部分来营销，体现了芬兰室内和室外用餐的轻松文化。放松，但在美学上也不马虎。

京瓷顶峰刀具 2002 年

KYOTOP Knives

设计者：京瓷公司设计团队

生产商：京瓷公司（Kyocera Corporation），2002 年至今

京瓷顶峰刀具的视觉效果有冲击力，令人惊叹。它们的黑色刀片配合木制把手，体现出传统的日本极简主义与高科技创新相辅相成，并不会彼此削弱。作为高品质的厨房用品，京瓷顶峰来自一种历史传承，但这传承又坚定植根于发明和创新。京瓷株式会社成立于 1959 年，专注于挖掘氧化锆陶瓷的潜力。京瓷顶峰刀具的刀片与其他的京瓷刀具一样，是由相同的陶瓷材料制成，但其刀片在碳模中高压压制，因此染上了其特有的黑色。陶瓷刀片不会生锈，而且比钢制刀刃能更长时间地保持锋利。氧化锆陶瓷刀片被认为几乎和钻石一样坚硬，尽管在使用中它们也容易出现缺口，但整体上的高性能和刀的轻量化优点，几乎可抵消前述的缺陷。从一开始，这些刀具就是风格和成就的范例，并继续确保京瓷在专业和家用刀具市场的前沿地位。该系列现在也有白色陶瓷款可供，这帮助了这些刀具进入家庭厨房。

乔恩办公系统 2002 年

Joyn Office System

设计者：罗安·布鲁莱克（1971— ）；埃尔万·布鲁莱克（1976— ）

生产商：维特拉，2002 年至今

年轻的法国设计师罗安与埃尔万·布鲁莱克接到项目，开始为维特拉设计新的办公系统家具。他们专注思考一张大桌子的内涵：那将是一个宽敞的工作空间，大小够宽裕；那是比一张单独的办公桌尺寸更大的东西，常规的办公桌一次只能给一个人用，而一张具有灵活工作空间的大桌子，可供数人同时使用。这样一个念头的起源极为平凡和家常：对家庭生活经验中大桌子的记忆。乔恩办公系统是一个创新的家具系统，一张大桌面的组成部分可以固装到一根中央支撑梁上，而这大梁由两个支架承托。这是一个巧妙的卡扣式系统，不需要上螺丝。电源和电信通信设施经过一个大容量的中央通道来搭建，通道像一块抬高架空的地板。线路可以简单地铺设到通道中，连接桌面所有的办公应用设备。乔恩办公系统用途多样，从个人工作到团队协作和会议，均能适用。额外的和可调节的元素，如屏风和挡板类阻隔物，被称为“微建筑”，可以创建分隔空间和用于专门任务的区域。由于没有任何构件是固定的，工作区域可简单轻松地缩小和扩大，随时满足临时的紧急需求。

PAL 收音机 2002 年

PAL Radio

设计者：亨利·克劳斯（1929—2002）；汤姆·德文斯托（1947— ）

生产商：蒂沃利音响（Tivoli Audio），2002 年至今

PAL 收音机，是一种小型的便携式可充电的 AM/FM 收音机。这是工程师亨利·克劳斯（Henry Kloss）去世前参与的最后一个项目。它的原型基础是“一号收音机”（Model One Radio），那是蒂沃利音响的另一个广受好评的产品，该公司由克劳斯的长期合作伙伴汤姆·德文斯托（Tom DeVesto）创立。PAL 收音机由一种特殊的防水塑料制成，能发出美妙的声音——当时，就一个高 15.88 厘米、宽 9.37 厘米、深 9.86 厘米的方盒子来说，如此音质令人惊讶。它还可以通过蓝牙或其他辅助输入手段连接到任意音频设备。为了保证播放时长，PAL 配备了锂离子电池组，只需 3 小时就能充满电，并为系统提供 16 小时的独立续航。它的成功在于，使用了创新的 AM/FM 调谐技术，它能够准确快速地调到电台，同时也是智能手机的完美伴侣。由于其素雅简练的格调品位和高性能，PAL 收音机可谓克劳斯长期职业生涯的最高成就。

一号椅子 2003 年

Chair_One

设计者：康斯坦丁·格契奇（1965— ）

生产商：麦吉斯，2004 年至今

一号椅子由意大利公司麦吉斯生产。麦吉斯通常与生产冒险激进的塑料产品关联在一起，但这款椅子是在英国接受训练的德国设计师康斯坦丁·格契奇的作品。在许多方面，这把椅子可谓是这 3 个国家不同设计特点的混合体，给人的最初印象是强硬、不妥协和冷淡，但同时又提供了令人惊讶的舒适度。该设计意义重大，因为它带来了世界上第一个压铸铝椅座壳体。从那之后，铸铝产品成为家具行业的常规主力品种，但一号椅子有个相对更近的原型，那就是维多利亚时期的铸铁花园椅。除了材料和重量上的不同，与前辈铁椅最明显的差异，是这把椅子毫不含糊的几何外形。它稀疏、简省的线条结构，看起来像科幻电影里的东西，但它是符合人体工程学的，完美地适应和拥抱人体的形状。此椅是一个名为“一号家族”（Family One）的系列出品的一部分，组成该系列的包括一张四腿版本的椅子，还有桌子以及三腿酒吧凳。此外还有一个专用于公共场所的版本，用了非常相似的几何形压铸铝壳体，但安装在混凝土浇筑的锥体底座上。

贝奥试验室 5 扬声器　　2003 年

Beolab 5

设计者：大卫 · 刘易斯（1939–2011）

生产商：邦及欧路夫森公司，2003 年至今

贝奥试验室 5 扬声器由丹麦电子专家邦及欧路夫森公司研发和生产，从设计角度来说在技术上具有革命性的意义，因此被形容为更科幻（sci-fi）而不只是高保真（hi-fi）。贝奥试验室 5 由邦及欧路夫森公司的前首席设计师大卫 · 刘易斯设计，圆锥体的底座搭配着顶部的 3 个椭圆圆盘，这让它与方盒子形状的扬声器设计截然不同。这种不同寻常的形式强调了其中所体现的新技术：索萨利托音频工作室（Sausalito Audio Works）的声波透镜技术与自适应低音控制系统。声波透镜技术在水平平面上以 180 度角传递高音和中音；自适应低音控制系统则发送测试声波来测量房间的低音环境属性，相应调整低音输出，以此来发挥功能。低音单元放置在扬声器的底部，底座的锥体形式由此显现出来。3 个声波透镜几乎飘浮在扬声器的顶部，与底座呼应，营造出一种轻盈而优雅的平衡感。邦及欧路夫森公司首创的紧凑型 ICE 电源技术，让设计师大大缩小了扬声器的尺寸。该系统能实现 90% 的输出功率，相当惊人。邦及欧路夫森公司能够持续位居视听技术的前沿，贝奥试验室 5 功不可没。

早午餐厨具套组　　2003 年

Brunch Set Kitchenware

设计者：贾斯珀 · 莫里森（1959—　）

生产商：好运达（Rowenta），2004 年

随着每一次潮流的兴起和时尚的创新，厨房电器也会相应地进行重新宣传、推广、销售，此做法由来已久。生产商依靠营销和造型风格来让自己的产品得到辨识区分，并力保它们的生命周期——哪怕短暂，也不能太寒碜。德国高端家电企业好运达的早午餐厨具套组则不同。在这里，物品表面和结构融合，成为与使用者交流的基础，带有微妙的姿态和诱人的曲线。无线自动水壶，有一个抛光不锈钢加热元件，设计为隐藏式。水壶的使用感受和它的外在观感一样高贵。隐藏的概念也延续到咖啡机中，咖啡机用了一体化的构造概念，包括过滤纸、过滤器本身和需要用到的勺子，共存于一个组合存储空间。这里的烤面包机，使用操作的指示信号放在了上方顶部，而不是通常多见的正面或侧边位置。给这个简洁干净的产品套组贴上流派标签，无论那是极简主义、现代主义还是功能主义，都是错误的。虽然其他人也做过类似的尝试，但没有一款能达到本品的境界：一种温暖的朴素端庄感，是超越时间局限的类型。早午餐厨具套组，当然是设计出来的物品，但作为水壶、咖啡机和烤面包机，它们可谓空前之作。

生灵造物 2003 年

Creatures

设计者：唐娜·威尔逊（1977— ）

生产商：唐娜·威尔逊，2003 年至今

一只讨厌腌洋葱的长颈鹿？一只“手指灵巧”（喜欢小偷小摸）的浣熊？一头吃墨西哥辣味干酪玉米片的熊？这在唐娜·威尔逊（Donna Wilson）迷人的纺织品生灵造物中都能找到。这位英国设计师俏皮风趣的个性，渗透在她色彩缤纷的家居用品、服装和配饰创作中，不过最明显表现其个性的，是她不断扩大的古怪小动物系列。从伦敦皇家艺术学院毕业后，威尔逊受到孩子们画画方式的启发，于 2003 年开始制作这些玩偶。这个广受欢迎的产品系列，现在包含 50 多种单品。这些小精灵的名字与个性，是设计的一个重要方面，每个小家伙都带有特定的性格标签，透露关键的信息。里奇（Richie）是一头长着浓密鬃毛（粘毡制成）的小狮子，据说他喜欢有氧运动，不喜欢喝粥。其中最具特色的，是甩着蓬松大尾巴的西里尔松鼠狐（Cyril），这是一种喜欢吃橘子酱的淘气动物。另一个大受欢迎的小生命是猴子查理（Charlie），一只身体细长、大眼睛、卷尾巴的猿猴。所有生灵造物都是手工针织和刺绣，使用 100% 纯羊毛和最好的羊绒纱线。土布家纺工艺对威尔逊来说很重要，因为由此带来的微小差异和缺陷，确保了每个生灵都是独一无二的。用威尔逊的话来说，这种制作方式“给每个造物都注入了一点爱”。

iMac G5 一体电脑 2004 年

iMac G5 Computer

设计者：乔纳森·艾夫（1967— ）；苹果设计团队

生产商：苹果公司，2004 年至 2006 年

“电脑去哪儿了？电脑就在显示屏里！”苹果公司在 iMac G5 的营销活动中如此宣告。一个大约 5 厘米厚的半透明白色塑料盒子，包裹着一块 17 或 20 英寸（约 43 或 50 厘米）的液晶显示屏，并内载一个主频高达 2.0 吉赫的 G5 处理器。在后面，一个一体式的阳极氧化铝底座被拧到整机盒体上，底座稍稍向前倾斜，屏幕角度可调。由于无线技术的加入，电源线是此机唯一的线缆，其余部件，包括键盘、鼠标、互联网联网和移动设备连接，都可通过 AirPort Extreme 网卡连接。将 iMac G5 的设计锚定 iPod，以后者为参照物，这是苹果营销部门的一个聪明的噱头。通过这样做，它创造了一个强有力的同一性身份，能够首先在视觉上赢得那些被出色的 iPod 的时尚线条所吸引的个人电脑用户。但所有这些因素之外，最重要的是，计算机这个概念——原本都有几个独立的组件——第一次被转化为一个整合统一的系统，构建在一个半透明的、纤薄的矩形盒体中。扁盒子优雅地架在那里，看上去只是一台平板显示器。

“提手”杂志架 2004年

Kanto Magazine Rack

设计者：潘乔·尼坎德（1981— ）

生产商：阿泰克，2004年至今

“提手”（Kanto，芬兰语，意为提着），用一块桦木胶合板成型，是潘乔·尼坎德（Pancho Nikander）设计的时尚杂志架。作为一名船舶设计师和建造者，尼坎德对木材弯曲处理和成型控制的技术手段了然于心。这些知识为他的这个时髦而实用的设计提供了理念与技术的双重支持。那种较窄的书架，如果放杂志时书脊朝上，杂志就可能滑下来。U形的“提手”则不会那样；它的尺寸够充裕，有足够的宽度来稳定地堆放阅读材料和文件。这种容器具备相当宽大的尺寸，也意味着它可以用来存放柴火，可保持柴火码放整齐，直至堆到上缘顶部。顶部向内倾斜，可一物二用，同时充当一个很方便的提篮筐。架子的这种形状的另一个好处是当它被提起时，可以保持完美的平衡。“提手”由阿泰克在芬兰制造。这家传奇公司由艾伊诺和阿尔瓦·阿尔托夫妇，联合梅尔·古利森与尼尔斯－古斯塔夫·哈尔（Nils-Gustav Hahl）于1935年创立。“提手”的制作方法与阿尔托夫妇的大多数家具相同：将桦木薄皮一层层黏合在一起，并以压力作用将它们折曲成流体般的有机形状。“提手”已被视为设计经典，它向阿尔托夫妇独特的美学致敬，同时保留、维持了其特有的21世纪最初几年那种极简主义的韵致。

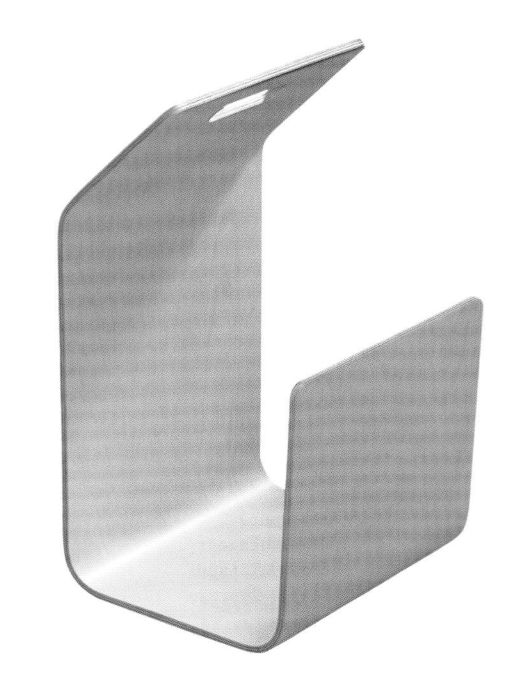

XO笔记本电脑 2006年

XO Laptop

设计者：伊夫·贝哈（Yves Béhar，1967— ）

生产商：广达电脑（Quanta Computer），2006年至今

这台绿白相间的小电脑，被称为“拯救世界的笔记本电脑”，旨在通过教育和科技手段来给贫穷国家的儿童赋予力量。非营利组织“每个孩子一台手提电脑”由麻省理工学院媒体试验室的联合创始人尼古拉斯·尼葛洛庞蒂（Nicholas Negroponte）设立，致力于向发展中国家的相应政府部门提供低成本的手提电脑。XO笔记本电脑的大小和教科书差不多，比午餐盒还轻，用法很简单，而且非常坚固。它结实的塑料外壳和密封的橡胶膜键盘，可以抵抗高温与潮湿，承受粗暴的操作；折叠后，它还可以当成一台厚重的电子阅读器或游戏机。基于linux的操作系统没有硬盘驱动器，不会崩溃。它的网状网络布局提供了一个单一的互联网访问点，可供其他人使用。XO项目得到了联合国开发计划署的支持。尽管也不乏批评，但该项目已惠及全球200多万儿童及其教师，他们主要在南美洲各地，卢旺达、加沙地带、海地、阿富汗、埃塞俄比亚和蒙古的儿童也从中受益。

凹室沙发 2006 年

Alcove Sofa

设计者：罗安·布鲁莱克（1971— ）；埃尔万·布鲁莱克（1976— ）

生产商：维特拉，2006 年至今

凹室沙发有着非常高的侧面和靠背，创造出一个私密的盒子般的空间，以一种时髦的方式回应了开放式办公室嘈杂的环境。此沙发唤起了与教堂忏悔室相同的隐私感和远离搅扰的自由感，可提供一个柔软安逸、受庇护的角落，适用于小型非正式会谈，或集中精力处理一下事务，或让两三人聚到这里讨论工作；如在家中，则可提供一个安静的阅读位置。这款沙发有单座、双座、三座和四座的版本，它们可以无限组合，在更大的空间里创造出迷你房间，或者，正如沙发的设计者罗安与埃尔万·布鲁莱克兄弟俩所指称的那样，这些沙发可打造出"微建筑"。为了向包豪斯设计致敬，这款沙发有管状的镀铬框架和沙发腿。针对家庭空间，还生产了一款更小的无框矮靠背沙发。有些版本带有配套的小桌子，可以放笔记本电脑或饮料。虽然有软垫的靠背确保了坐下去工作时的舒适支撑，但笔直的高高靠背意味着这不是一个让人慵懒地斜躺半卧的沙发。凹室是对乏味的办公家具的反叛，反映出 21 世纪办公生活、职场空间对灵活性的需求。

分枝泡泡吊灯 2006 年

Branching Bubble Chandelier

设计者：琳赛·阿德尔曼（1968— ）

生产商：琳赛·阿德尔曼工作室，2006 年至今

多学科跨界艺术家琳赛·阿德尔曼（Lindsey Adelman）对工业设计的迷恋，始于她在华盛顿特区的史密森尼博物馆的经历：她看到一位手工艺人用泡沫塑料雕刻出一根逼真的薯条。她的兴趣被激发起来，于是申请入读罗德岛设计学院。毕业后，她在西雅图的"果决照明"（Resolute Lighting）工作，然后与大卫·威克斯（David Weeks）创办了"黄油"（Butter）牌——一家专注于时尚而廉价的家居用品的产品开发公司。2006 年，阿德尔曼在纽约曼哈顿开设了自己的同名工作室。她工作室的第一个产品是开创性的分枝泡泡吊灯，当时恰逢美国风潮转变，又开始欣赏设计师兼生产商出品的那种富有想象力的灯具。这盏手工制作的枝形吊灯，是对立元素的联盟：它同时结合了机械加工部件的精密工艺与人工吹制玻璃那即兴的美，带来一种重叠了工业风和有机观感的雕塑形式，同时散发出温暖和光。该设计在定制的自由度上确立起一个高标准，那模块化的金属固装件可任意扩展，而这个设计灵感来自阿德尔曼在曼哈顿下城的工业商店中看到的黄铜质活动回转接头和弯管。此灯可以用拉丝及复古黄铜、缎面镍及油面青铜制成，既可节制地配置（灯头数不多，基础体量），也可多个模块连接延伸，填充大空间。朦胧星云般的玻璃球体有丰富多样的各种自然缺陷，略微歪斜，巧妙地模仿了自然界常见的非对称性。

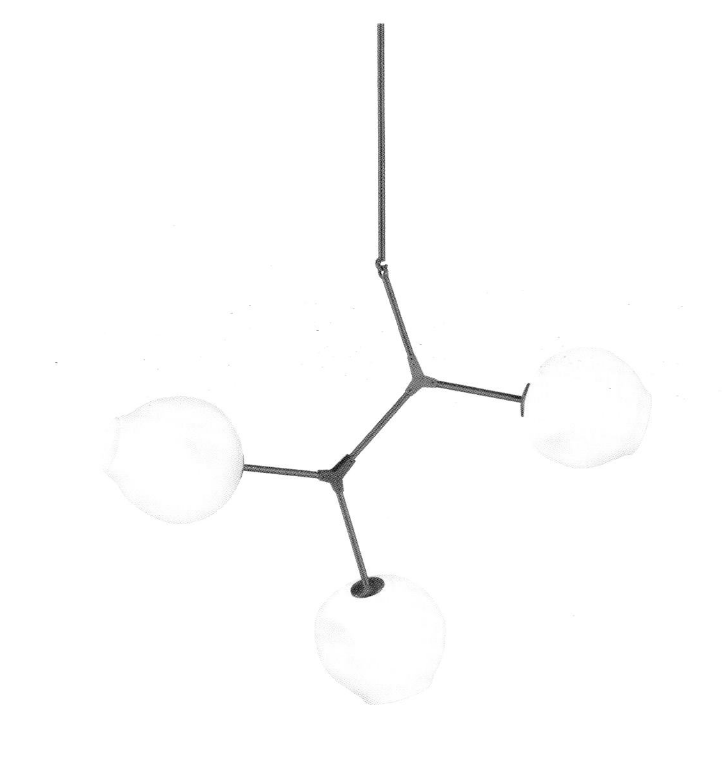

苹果手机 2007 年

iPhone

设计者：乔纳森·艾夫（1967— ）；苹果设计团队

生产商：苹果公司，2007 年至今

2007 年推出的 iPhone 是此前几年苹果公司对触摸屏技术优点深入研究的结果。苹果的联合创始人兼当时的首席执行官史蒂夫·乔布斯看到手机技术是由键盘决定的——因为，尽管手机的程序和功能不断发展，但由于键盘本身的局限，新功能难以使用。iPhone 通过触摸屏的应用来避开键盘，为现代设备树立了标杆。第一代 iPhone 只有侧面 3 个按钮和正面一个按钮，后来的型号则完全取消了用于返回主屏的 Home 键，取而代之的是靠指纹或面部识别技术来访问菜单。除了时髦和极简主义的设计外，初代 iPhone 还在高分辨率屏幕、图像显示自适应旋转、亮度自动调节这些方面有所突破。iPhone 将自己定位为一款简单易用的产品，同时是一部手机、一台 iPod 和一个互联网通信设备，迫使苹果的竞争对手来迎接挑战，重新思考手机的功能。

凸耳拉手灯 2007 年

Tab Lamp

设计者：巴伯与奥斯格比

生产商：弗洛斯，2011 年至今

英国设计师爱德华·巴伯和杰伊·奥斯格比的设计简单而整洁优美，而这些创造成果，实则经历了要求很严格的开发过程。他们早期的许多项目都涉及片状材料的折叠加工，而那是受建筑模型制作时使用的白卡的影响，因为他们接受过的专业训练是建筑设计。他们与意大利照明公司弗洛斯合作生产的凸耳拉手灯回归了这一早期概念，而该灯依托的核心创意，就是将一片简单的压铸铝折叠制成完美的灯罩。一切从快速勾勒出的帐篷状的灯罩草图开始，灯杆和底座，最后还有这款灯因以命名的凸耳拉手，都被添加到了设计中，但此灯的调整改良又花了 4 年时间。这款灯在视觉上如此简洁，掩盖了其高规格的技术特点，其中包括一块陶瓷反射板，可以产生纯净而可控的光线，一个采用 PMMA（一种坚硬透明的亚克力）封装的多 led 单元集成的漫射光源，能够减少眩光和阴影。这款凸耳拉手灯有台灯和落地灯两种型号，外形细长，功能完善，而且手感极好——这要归功于那凸耳及其制造中采用的加压熔接工艺——吸引人去触摸和使用。

旋转椅 2007 年

Spun Chair

设计者：托马斯·海瑟维克（1970— ）

生产商：鹿腿艺廊（Haunch of Venison），2007 年；麦吉斯，2010 年至今

看上去如一只超大的旋转陀螺，一个卷棉线的筒轴，或一只异形茶杯，这款旋转椅颠覆了人们对椅子的预期。英国设计师托马斯·海瑟维克（Thomas Heatherwick）从金属旋转车削的工业工艺中得到灵感，创造了这个极不寻常的座椅。那种金属车削工艺通常用于制作定音鼓和厨具等物品，而他反复思索，制造出一种既是回转对称又能保持稳定的椅子。海瑟维克的工作室用黏土和胶合板制作了原型，探索试验不同的几何形状，最终椅子的所有传统元素——座位椅面、靠背、扶手、腿——都被剔除了。即使没有那些看似至关重要的功能要素，这把椅子的独特设计也意味着它不会翻倒。而那些凹槽，样子类似黑胶唱片上的沟槽，不仅可以防止坐着的人滑落，在椅子旋转时还会反射光线，呈现眩幻的视觉效果。伦敦的鹿腿艺廊最初出品了一款由钢和铜车削成的限量版旋转椅。海瑟维克后来与意大利麦吉斯公司合作，规模化生产了此椅的塑料版本，由旋转成型的聚乙烯制成。旋转椅在室内和室外均适用，以其看似简单的设计和乐趣感，顽皮地进入公共和私人空间，挑战着椅子的定义。

热带风情椅子　2008 年

Tropicalia Chair

设计者：帕奇希娅·奥奇拉（1961—　）

生产商：莫罗索，2008 年至今

热带风情椅子的灵感取自“抗体”（Antibodi）——帕奇希娅·奥奇拉（Patricia Urquiola）稍早之前设计的椅子，靠背和座椅面都为拉长的六边形。在热带风情椅子中，她将皮革长条、聚酯绳条或热塑性聚合物塑料绳以不同的图案样式编织，做出不同特性的椅子。例如聚合物塑料绳编成的网格既牢固也能提供舒适度，可以在户外使用；而时髦有格调的单色调皮革绳网，则适用于专业环境。椅子的设计很简单，只由两种设计元素组成，框架和编织线；虽然如此，它复杂的图案纹样却创造出一种动态的视觉效果，在最明亮的配色方案中格外充满活力。无论使用单一颜色的绳带交叉和组合，还是使用生动、杂乱随机的多色混合，这些椅子都俏皮有趣，细节丰富。虽然奥奇拉出生在西班牙，但这件作品显示了意大利功能现代主义的强大影响。实际上，她是在米兰学习（师从意大利设计之父之一阿奇勒·卡斯迪格利奥尼），并于 2001 年在那里建立了自己的工作室。不过，此椅也展现出设计师对重新演绎编织技术的无限好奇心。编织技术在世界各地已存在了数个世纪，奥奇拉则以此创造出一种当代形式。除了扶手椅和躺椅，热带风情椅子系列还进一步扩展，加入了一个带顶棚的日用绷网床，以及一个可以悬挂起来的茧状吊椅设计。

开尔文 LED 灯　2009 年

Kelvin LED

设计者：安东尼奥·奇特里奥（1950—　）

生产商：弗洛斯，2009 年至今

安东尼奥·奇特里奥优雅的开尔文 LED 灯将美感和高性能结合在一起，既节能又具有技术创新。30 颗明亮而持久的 LED 发光单元，设置封装在一个专门开发的漫射板后面，投射出温暖、柔和的光芒，远远摆脱了其他 LED 灯那种刺眼冷光的印象。能全方位旋转的灯头部，与熔接铝合金打造的流畅整洁的受电弓臂，使此灯几乎可以被配置在任何空间。开关部件是一个放在灯头后面的传感器，所采用的技术让用户只需触摸灯就能启动：与使用卤素灯泡的传统灯不同，led 确保了开尔文保持低温，可安全触碰。弗洛斯的出品有白色、无烟煤色、黑色或表面镀铬等颜色效果可选，并有多种产品型号，包括一个壁灯版本，还有一种底座是夹子，可以卡固在桌子上。弗洛斯于 1962 年在意大利梅拉诺成立，专门生产现代灯具。从成立时起，弗洛斯就一直在开发新的照明产品，并与许多国际知名设计师合作。开尔文 LED 灯的优美和创新，为它在弗洛斯经典系列产品阵列中赢得了一席之地。

戴森无叶风扇 2009 年

Dyson Air Multiplier

设计者：詹姆斯·戴森（1947— ）

生产商：戴森，2009 年至今

詹姆斯·戴森在 20 世纪 90 年代初以给吸尘器市场带来革命性改变而闻名。他将注意力转向台式风扇，于 2009 年推出了具有高度原创性的空气倍增器，俗称无叶风扇。与使用叶片来循环空气的传统电扇不同，戴森电扇通过一个大环来产生恒定持续的气流，这一过程避免了与传统风扇相关的振动现象的产生。这种设计背后的技术很复杂，但本质上来说，此风扇使用一个叶轮通过底部的格栅吸入空气，并将空气通过绕大环内部一圈的一道薄缝喷射出去。然后周围的空气被吸入气流，这一过程被称为诱导和夹带，可使风扇每秒排出 405 升空气。无叶风扇可以倾斜成各种角度，具有旋转功能。不同于传统电扇提供的两到三个的标准挡位设定，它的送风速度是由一个类似调光器的渐变开关控制。戴森在 2010 年还发布了一款落地式无叶扇。无叶扇重新构想了台式电扇的形象和功能，并为未来的设备设定了标准。

28 球灯 2009 年

28

设计者：奥默·阿尔贝尔（1976— ）

生产商：博奇（Bocci），2009 年至今

加拿大博奇（Bocci，地滚球）公司由奥默·阿尔贝尔（Omer Arbel）于 2005 年创立，已成为高品质、创新和技术卓越的代名词。就像博奇的许多突破边界的出品一样，28 球灯系列也介于雕塑和产品设计之间。28 球灯的每一个圆球都是独一无二的，都是在博奇的温哥华工厂手工吹制。在制造过程中，温度和气流被精心控制，以打造出微妙的扭曲形态。每个玻璃泡的表面都有一个较小的球形凹陷，然后在这大灯泡内部插入一个不透明的奶白玻璃的光源漫射器，里面装有低压氙气灯或 LED 灯。其结果是在每个大球泡中都有一个天体 3D 景观，捕捉和反射光线。28 球灯有 90 种不同颜色的玻璃可供选择，从沉静缓和的金属色到充满活力的珠宝色，因此定制范围很广，而且还有无数的配置组合：球泡可固定在灯杆上构成标准灯，可以连接到布有电路的金属框架上，也可成束串挂在一起作为吊灯。在其吊灯形式中，可以 7 个、19 个、37 个或 61 个球泡成组簇集，聚成六角形，暗示了蜂巢的自然几何形状。

多哥扶手椅 2009年

Toogou Armchair

设计者：比比·塞克（1965— ）；艾瑟·伯塞尔（1964— ）

生产商：莫罗索，2009年至2018年

曲线别致的多哥扶手椅，是由艾瑟·伯塞尔（Ayse Birsel）和比比·塞克（Bibi Seck）于2002年在纽约创立的以人为本的设计和创新工作室发明。工作室的客户包括亚马逊、赫曼米勒和丰田。这件特别的作品设计于2009年，是莫罗索公司的“我的非洲”（M’Afrique）项目的一部分。该项目邀请知名设计师创作一系列独特的原创户外家具，展示当代非洲丰富的文化、创造力和人才。此款扶手椅由塞内加尔的工匠在这家意大利生产商于达喀尔当地设立的一个小工作坊里制作。扶手椅的椅面和靠背上都有传统的塞内加尔图案。图案是用彩色聚氨酯线绳手工编织而成，但这种线绳更常见的是用于制作渔网。图案悬架绷紧在一个防锈的钢管框架上，框架管子也用线绳包裹着，其富有流动感的形式，从侧面看类似于一个音符。塞克出生于巴黎，在塞内加尔长大，他还创立了“达喀尔下一站”（Dakar Next），致力于改变设计和手工艺在西非地区的境遇，通过创造实用、美丽、便宜的产品来改变人们对此的看法以及价值判断。这些产品由非洲人设计、制造和消费，顾及用户的需求与体验，适应他们的文化和习惯，同时尽力改变当地工厂剥削劳动力的做法。

紧凑型工具箱 2010年

Toolbox

设计者：艾瑞克·烈威（1963— ）

生产商：维特拉，2010年至今

这个色调明亮的紧凑型工具箱富有吸引力，而这对一种通常都被认为是纯功能性的物品而言，可谓不同寻常。虽然它放弃和避免了传统工具箱的沉重感，但保留了传统设计的一些特征，如各种隔层和便利的提手，不过现在的用材是坚固而轻便的ABS塑料。艾瑞克·烈威（Arik Levy）为维特拉设计的工具箱，是对家用工具类收纳整理需求的一种富有想象力的回应。箱子较轻巧，这意味着它可以便利地放在架子、桌子或别的台面上装东西。不过，它不只是清理桌面、盛零碎东西的称手法宝，那符合人体工程学的提手还把它变成了一个工具，可以很方便地在室内室外、房前屋后运送各种居家物品。清洁、园艺或DIY设备，都可以放入尺寸多样、大小不一的凹槽中。它没有盖子，这意味着箱子总是打开的，可以快速取用东西。该工具箱自带一缕欢快的气息，体现在取自维特拉色彩库的那些色调中。这当中包括一系列7种20世纪中期风格的“酸性颜色”（黄、橙、绿这类色彩），与其他同风格产品相协调。

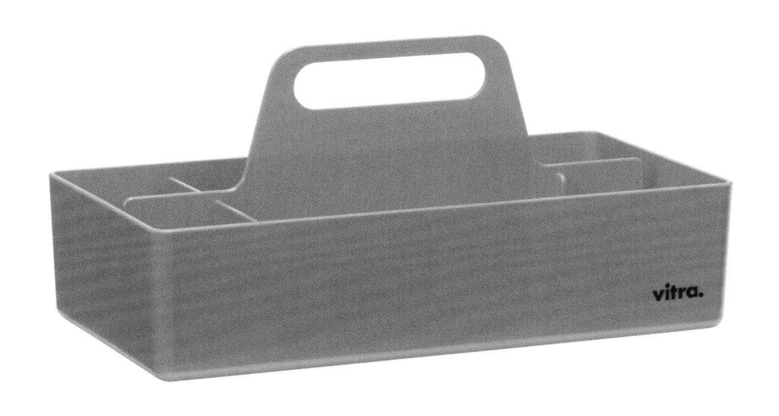

布兰卡椅子 2010 年

Branca Chair

设计者：工业天赋工作室（Industrial Facility）

生产商：马蒂亚齐（Mattiazzi），2010 年至今

内维奥与法比亚诺·马蒂亚齐（Nevio，Fabiano Mattiazzi）两兄弟在 1979 年创立了他们的木工作坊，经营多年，公司已经发展成为一家尖端的家具生产商。2009 年，该公司委托办公场所设在伦敦的工业天赋工作室（Industrial Facility）的设计师山姆·赫克特（Sam Hecht）和金·柯林（Kim Colin）打造一把餐椅，成果就是布兰卡（Branca，意大利语，树枝、树杈）。它用欧洲白蜡木（或称梣木）制成，是一把线条蜿蜒、雨林藤蔓式的纯木经典椅。尽管这把椅子的轮廓非常简洁，但它能优雅地承托人体。制造从木材的机床加工开始，然后由 CNC（计算机数控）机器人磨铣加工，细致精巧地处理白蜡木，直到它似乎演变成了一种新材料。最后，椅子再由手工加工。布兰卡椅子由 7 个部件组成：两根后立柱和后腿组成一个整体，两个扶手与前腿联合；然后是靠背横挡、座椅面和下方的座位支架。这把椅子赢得了多个奖项，并被赫尔辛基设计博物馆、维多利亚和阿尔伯特博物馆以及伦敦的设计博物馆分别购入，永久收藏。这是一个范例，展示 21 世纪的设计和制造技术如何结合起来以木材创造出新形式。

蒂普顿椅 2011 年

Tip Ton

设计者：巴伯与奥斯格比

生产商：维特拉，2011 年至今

2008 年，英国皇家艺术学会邀请英国设计二人组爱德华·巴伯和杰伊·奥斯格比为学会新创的、位于伯明翰附近的蒂普顿学院设计椅子。为了开发蒂普顿椅，设计师与维特拉合作，吸收了瑞士联邦理工学院的前沿研究成果——关于椅子设计及其对身体的影响。研究证实了动态坐姿的好处，并得出结论，使用适度翘起、前倾的椅子对脊柱更健康，有助于血液循环，能减少背部问题，提高注意力。因此，这把椅子的主要特点是前端略拗折的底部摇杆，使用者可以让椅子向前倾斜 9 度，骨盆稍稍斜坐，脊柱挺直。这把椅子是用清洁卫生处理后的 100% 可回收聚丙烯制成，很坚固，没有可能松动或吱吱作响的活动部件。在打造了 30 个原型后，这把椅子才终于完成。但开发时间太长，以至于新学院等不及，用了替代选项，但它仍然以学院之名命名，以示敬意。蒂普顿椅现在被广泛应用于学校、办公室和家庭，而且，仿佛事情又回到起点，得到圆满结局：巴伯与奥斯格比曾就读的伦敦皇家艺术学院，也选择了蒂普顿椅在教室使用。

骨头椅子 2011年

Osso Chair

设计者：罗安·布鲁莱克（1971— ）；埃尔万·布鲁莱克（1976— ）

生产商：马蒂亚齐，2011年至今

osso在意大利语中的意思是骨头，所以不难理解为什么这把骨头椅子的形状和表面，可以与那么坚固、光滑。这是出自法国的罗安和埃尔万·布鲁莱克兄弟俩的设计。意大利的马蒂亚齐用由工业机器人操作的铣削方法与传统的手工加工相结合，将白蜡木、枫木或橡木雕制成轻微弯曲的面板，曲线贴合人体。木材的质量是这个设计的核心。木头从意大利乌迪内的森林中砍伐，乌迪内是一个以生产椅子而闻名的地区。木材不会进行化学处理，布鲁莱克兄弟把木材的选择比作为一道考究菜品寻找最佳的食材。这把椅子由8个加工精美的部件组成，4张弯曲的座位面板赋予它巨大的支撑力度，同时也创造出令人愉悦的对称观感。餐椅、扶手椅、儿童椅，还有天然木材原色或沉静柔和粉彩色涂装的各种桌子，一起组成了“骨头”系列产品。它们示范了技术与自然世界的融合，而马蒂亚齐和布鲁莱克兄弟俩的作品都有着这样的典型特点。

撒亚椅 2012年

Saya Chair

设计者：阿尔贝托·利沃尔（1948— ）；珍妮特·奥瑟尔（1965— ）；马内尔·莫利纳（1963— ）

生产商：阿佩尔（Arper），2012年至今

“撒亚的轮廓呈现出一种动物的形象特征：4条腿和弯曲的脖子。我们觉得它有灵魂，就像一个活生生的生命体。”这是业务基地在巴塞罗那的利沃尔—奥瑟尔—莫利纳事务所（Alberto Lievore，Jeannette Altherr，Manel Molina）在2012年推出这款可堆叠椅时对它的描述。为了表达家的温暖，此设计3人组选择使用胶合板来打造一张无缝的、轻量级的座椅。他们用纸模型来确定它的形状，椅子那剪切般的简洁的弧线背部就像张开的双臂，邀请你坐下。饰面包括天然橡木原色，柚木效果，或各种彩色，包括3种色调的红色。而底座（4条腿或雪橇式摇杆），则用木材或钢材（镀铬或粉末涂层）。撒亚椅同时适用于住宅和商业空间。它是意大利家具品牌阿佩尔与前述的联合团队设计工作室密切合作拿出的一款产品，自2001年推出“地毯53”（Catifa 53）椅以来，合作关系一直在持续（奥瑟尔在2013年还成为阿佩尔的创意总监）。自2019年以来，该团队被改称为利沃尔+奥瑟尔—德西勒—朴，由阿尔贝托·利沃尔、珍妮特·奥瑟尔、戴尔芬·德西勒（Delphine Désile）和邓尼斯·朴（Dennis Park，韩裔）领衔，并继续兼顾产品设计和艺术指导，推进整体化的工作。

农场网灯 2012 年

Farming-Net Lamp

设计者：佐藤大（1977—　）

生产商：黏土（nendo），2012 年至今

黏土的这些灯罩，是该工作室创始人佐藤大（Oki Sato）天赋的一个典型例证：他将沉闷的日常材料变成了又新又美丽的东西。这些灯罩，是拿纯功能性的聚丙烯网制成，农民和园丁用它们来保护作物不受动物和恶劣天气侵害。这种材料足够结实，有刚性，可塑造成型，且非常轻和透气。适当施加热度加工，塑料网可以被模制改造成无须支撑框架的球形。一旦接上电线，装上灯具和灯泡，这些网就会变成缥缈虚幻的薄纱灯罩，发出像纸灯笼一样柔和而温馨的光照。用于塑造和形成这种精致灯罩的确切的手工工艺和造型技巧，让人想起日本的传统艺术风吕敷（furoshiki，也即包袱）。在那种艺术中，织品物料被仔细折叠并包裹在礼物周围，这也是黏土那考虑周到的创作方法的典型要素。佐藤以农用网布设计了一整个系列的家居用品，包括花瓶、碗、盘子甚至是桌子。该系列证明了，设计可以创新地回应 21 世纪日益增强的环境忧患意识。

万花筒托盘 2012 年

Kaleido Trays

设计者：克拉拉・冯・茨维伯格（1970—　）

生产商：海伊（HAY），2012 年至今

与家里的其他物品相比，家用托盘通常会保持更为低调的姿态，因为它本来的功用就是容留杂乱之物，保持不显眼。尽管如此，但这里色彩缤纷的这些托盘实例已经将这种产品形态演变成一种别致的方式来维持物品秩序。万花筒托盘，是由克拉拉・冯・茨维伯格（Clara von Zweigbergk）为丹麦家居用品公司海伊设计的模块化托盘系统。她那些奇形怪状的浅盘有一系列的几何形状和宝石色，让人想起万花筒里的碎片。盘子由钢材制成，粉末涂层着色。六边形和四边形托盘，组合成花纹状，以变化无限的方式，打动和诱导用户收齐全套。大号的可以用来递送、放置饮料，小一些的可以用来装首饰或文具等小东西。冯・茨维伯格是瑞典的一位艺术指导和平面设计师，以其在色彩感知、色彩知觉方面的专业研究而闻名，这一点也被巧妙地应用到这些快乐、时髦、充满活力的托盘上，将杂物整理变成了一种艺术。

特斯拉 Model S 2012 年

Tesla Model S

设计者：特斯拉设计团队

生产商：特斯拉（Tesla），2012 年至今

电动汽车的历史之悠久，令人惊讶——第一辆电动汽车在 19 世纪初就有原型制作出来。尽管如此，直到特斯拉的 Model S 出现，且持续驾乘里程可被接受之后，电动汽车才成为一种可行的选择。为了证明电力车可以媲美甚至是超越汽油车，这台世界上第一辆高级电动轿车配备了令人难以置信的加速度，达到 96 千米 / 小时只需 4.4 秒，最高速度为 210 千米 / 小时。它还凭借 85 千瓦的可选电池配置在电力容量竞争中胜出，这使得 Model S 的续航里程可达到约 480 千米。电池性能得到特斯拉令人印象深刻的超级充电站网络的支持，充电时间比其他电动车品牌快 3 倍。Model S 拥有豪华的内饰，一个大尺寸触摸显示屏，涵盖了从导航到车内气候模拟调节、3G 连接、互联网广播的所有功能，同时也由此来控制车内的顶级音响。那车顶的弧线，圆润外凸的保险杠和镀铬的假散热器，使它看起来比许多日本或美国车更前卫。这些因素综合起来，使 Model S 成为 2013 年的“汽车趋势年度汽车”，也得到了美国汽车行业的最高奖项。

小太阳　　2012 年

Little Sun

设计者：奥拉夫·埃利亚松（1967—　）；弗雷德里克·奥特森（1967—　）

生产商：小太阳（Little Sun），2012 年至今

这款花卉样式、令人愉快的太阳能灯由艺术家奥拉夫·埃利亚松（Olafur Eliasson）和工程师弗雷德里克·奥特森（Frederik Ottesen）联合设计，目的是解决世界上数百万人在生活中仍然无法获得电力照明的问题。这盏灯最初在埃塞俄比亚（其形式的灵感来自该国的梅斯克尔黄花）进行推广，现已成为全球 200 万人使用的清洁、可靠和负担得起的照明工具，用户主要是在撒哈拉以南非洲地区。它轻巧紧凑的设计再简单不过：可回收循环的主体部分，用全天候抗风雨和抗紫外线的 ABS 塑料制成，装有 0.5 瓦的太阳能电池板、可充电电池和 LED 灯。要给这盏灯充电，使用者只需把它放在阳光下，太阳能板朝上，放 5 个小时。"小太阳"还有助于减少人们对煤油灯的依赖，煤油灯有火灾风险，而且会释放有害人体和环境的烟雾。设计者称，它不仅能提供安全、可持续的照明，还能由此推动社会和经济变革；它可以让孩子们在晚上有额外的学习时间，也可以为当地的销售代理提供工作，带去业务。

集成电路灯家族　　2013 年

IC Light Family

设计者：迈克尔·阿纳斯塔西亚德斯（1967—　）

生产商：弗洛斯，2014 年至今

迈克尔·阿纳斯塔西亚德斯（Michael Anastassiades）的集成电路灯家族，优雅、俏皮且略带超现实感。设计师意在捕捉和模仿接触式杂耍（比如水晶球在手臂上滚动）中不可思议的平衡感和悬念，在接触式杂耍中，球似乎在表演者的身体上飘浮和滑行。磨砂玻璃球体悬挂、栖停或从上方位盘旋在不同规格配置的钢棒上，该系列包括壁灯、台灯和吊灯。此产品线那简约的现代主义造型以及黄铜、铬和玻璃的使用，使其充满了装饰艺术的感性。在成为设计师之前，阿纳斯塔西亚德斯最初接受的专业训练是工程制造，他将那种对物理和材料的敏锐理解很出彩地运用到所有作品中。这在集成电路灯家族中尤其明显，其中玻璃球体和钢棒之间的连接几乎是隐形的。手工吹制的水晶球，由乳白色蛋白石玻璃制成，这种玻璃具有良好的光线弥散性，在点亮时能保持月亮般的柔和光亮。自 2013 年以来，阿纳斯塔西亚德斯与弗洛斯广泛合作，推出了数个成功的产品线。不过，因为那种美妙的诗意的甚至是神秘的特质，集成电路灯家族系列依旧出类拔萃。

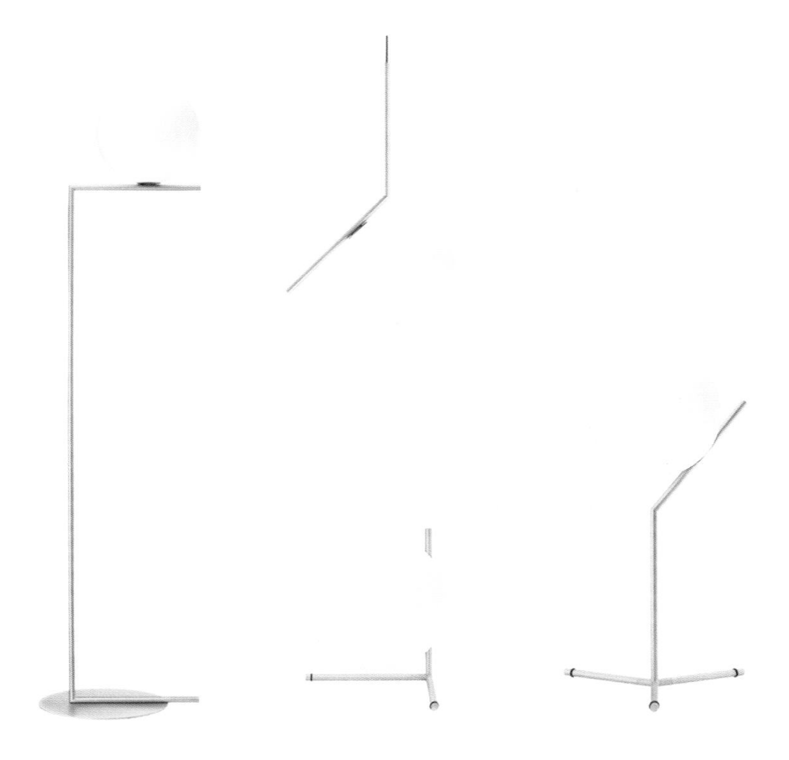

壳头盔 2013 年

Closca Helmet

设计者：壳设计团队

生产商：壳工作室（Closca），2013 年至今

2013 年，壳（Closca，来自加泰罗尼亚语）自行车头盔问世，从根本上挑战了自 20 世纪 70 年代首次大规模量产以来一直没太大演变发展的设计。壳头盔有着巧妙的可折叠设计，圆滑，曲面优美，像贝壳一般，与传统刚性塑料头盔的粗大笨重相比差别巨大。它可在一瞬间压缩到自身尺寸的 55%，这意味着它可以轻松放入背包中。它的可折叠特色也是一个重要的安全属性，因为此头盔灵活的脊状表面比传统型号产品能更均匀地缓冲和吸收冲击力。头盔还包含一个集成的 NFC（近场通信）芯片，可以无线连接到用户的智能手机；这样，在发生事故时，佩戴者可以呼叫选定的紧急联系人，或通过轻按手机屏幕分享他们的位置。办公场所位于西班牙巴伦西亚的壳工作室，在 2013 年通过众筹推出了合成织物覆盖版的头盔，2015 年推出更坚固的可回收塑料版头盔，取得了非凡的成功。头盔的独特设计结合了时尚和安全的元素，鼓励更多的人骑上自行车，减少全球城市的拥堵和碳排放。

水轮 2013 年

WaterWheel

设计者：威罗

生产商：威罗（Wello），2013 年至今

全世界有近 10 亿人无法轻松获得生活用水。在印度，由于地面坑洼崎岖，取水容器常常需要顶在头上搬运，因此装水量受到限制，人们不得不多次往返，乃至每天四分之一的时间都用来取水。2013 年，美国社会企业威罗开发出了水轮。这是一种改变生活的设计。主体是一个 45 升的高密度聚乙烯桶，利用卫生的两盖设计来往桶内装水，并借助桶两头强化的轴机构连接到钢手柄上。这一符合人体工程学且耐用的设备，只需沿着地面拉或推，运送的水量可达头部携带的水量双倍以上。由于取水的重担往往被视为当地妇女的责任，此水轮就有可能为妇女和女童提供上学或就业的时间。它还具有显著的健康益处：通过使清洁水更容易获得，确保有足够的水来保持良好的卫生，从而降低不洁水传播疾病的风险，并且有助于解决头顶重物对颈部和脊柱造成的严重损害。印度境内有几个地方都在生产这种水轮。借助一种让价格更优惠的资助模式，人们更易获得这个产品，目前有千千万万只水轮在亚洲和非洲各地发挥作用。

旋转托盘 2014 年

Rotary Tray

设计者：贾斯珀·莫里森（1959— ）

生产商：维特拉，2014 年至今

这一完美优雅的旋转托盘，是英国设计师贾斯珀·莫里森对经典层架（étagère）的演绎。那是一种用于展示小摆设的多层托盘，在维多利亚时代尤其受欢迎。莫里森的这个双层版本是绝对的极简设计，回应了当下追求整洁和简单的设计趋势，并以方便趁手的旋转顶层为特色。这里两个托盘的唇缘向上向内微微弯曲，以保持物品归位，圆润的形式创造出一种友好迷人的美学特质。这款旋转托盘由 ABS 塑料制成，有 8 种颜色可供选择，包括罂粟红、薄荷绿和冰灰色等。它不出风头，那收敛中立的气质意味着它放在厨房、浴室、门厅或书房里看起来都一样合适。莫里森与维特拉的合作始于 1989 年，成果非常丰硕。莫里森赞成一种特别艰苦的创作方法，曾花了 4 年时间设计一把餐叉。他的目标是实现他所谓的“超常态”（super normal）：与其寻求创造一个前卫的物品，他更喜欢重新诠释现有的标志性设计案例，将它们提炼和发展成新的东西——这一条设计原则，可以以旋转托盘为例证。

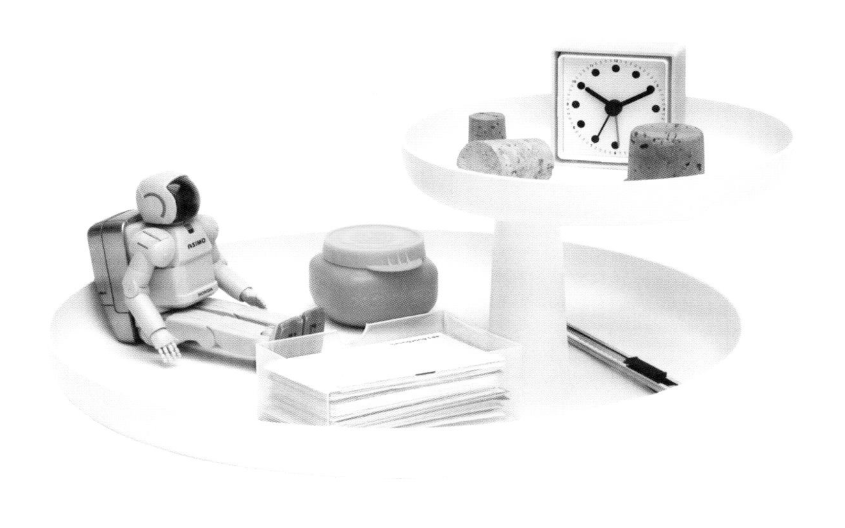

动物儿童椅系列 2014 年

Cow, Bambi and Sheep Chairs

设计者：沢田武（1978— ）

生产商：最优元素（EO，Elements Optimal），2014 年至今

动物激发出成人家具的设计灵感，通常体现为抽象的方式，而沢田武（Takeshi Sawada）设计的这些儿童椅则更加写实。沢田曾是一名时装设计师，他为丹麦家具公司最优元素设计了牛椅、小鹿斑比椅和绵羊椅。他明白动物是怎样成为孩子们亲切的迷你朋友的，而这些触感良好的小巧椅子当然也会引起孩子们的情感反应。工艺精良的椅子用木头和人造毛皮制成。这些设计尊重它们从中汲取灵感的自然世界。小鹿斑比用橡木和胡桃木制成；绵羊用山毛榉和橡树；还有深色调的牛儿，用了烟熏橡木和胡桃木。动物的“皮毛”制作精美，尤其是小鹿斑比，它身上的斑点非常逼真。椅子的腿呈八字形，以牛羊角或鹿角作为靠背，其形式旨在体现每种动物的典型特征。该系列是沢田最成功的项目之一，其天才之处在于椅子的可爱工艺为孩童纯真温柔的心灵带去憧憬。

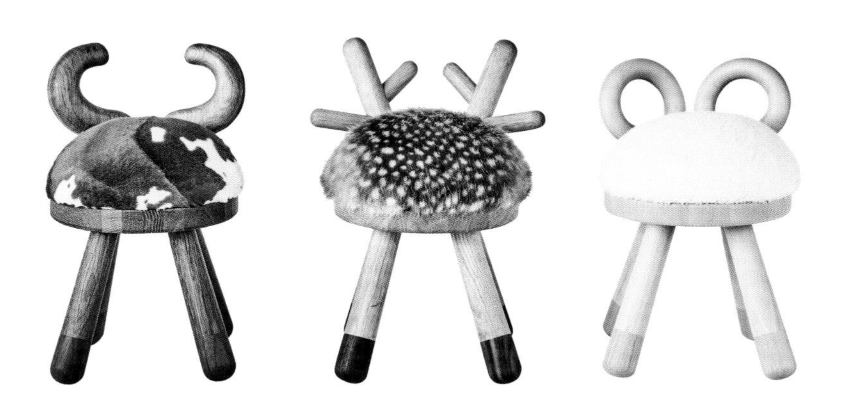

迪德摩斯椭圆桌 2014 年

Didymos Oval Table

设计者：安东尼娅·阿斯托里（1940— ）

生产商：德里亚德，2014 年至今

这是当代设计对设计经典的新演绎，正如它的轮廓所展示的那样，类似于萨里宁的郁金香桌。这样说并非牵强附会，然而，它对创新材料的应用和对现代生产方法的积极接纳使它与前例不同。桌子有白黑两色，均有两种尺寸可供选择。其椭圆形的台面无论是用马基纳（Marquina）大理石还是用双层层压板，都可带来宽敞的座位空间和不分尊卑的民主化座次。不仅桌边的空间宽裕，它还省去了桌首的席位（椭圆尖头无座位），也免去了客人为奇数时难安排座次的尴尬。但在桌面以下，安东尼娅·阿斯托里（Antonia Astori）的设计就真正偏离了艾罗·萨里宁的原创。取代单一底座的，是一对曲线优美的桌腿，它们似乎在中间点相遇，然后再次分叉，各自铺展在地板上。桌腿用具延展性的植物水晶（Cristalplant）制成，这是一种 100% 的玉米基复合材料，可循环利用，质地感觉被比拟为天然石头。正是这雕塑般的底座带来了为桌子命名的启迪：迪德摩斯，在古希腊语中是双胞胎的意思。桌子由意大利家具公司德里亚德生产，这是阿斯托里与她的哥哥恩里科（Enrico）和阿德莱德·阿切尔比（Adelaide Acerbi）于 1968 年创立的品牌，当时她刚刚从洛桑雅典娜设计中心的工业和视觉设计专业毕业两年。公司的愿景是生产“从不平庸的产品”。

象腿椅 2014 年

Roly-Poly Chair

设计者：法耶·图古德（1977— ）

生产商：图古德（Toogood），2014 年至今；德里亚德，2018 年至今

有些人看到的是冰激凌勺，有些人看到的是小象，但英国设计师法耶·图古德（Faye Toogood）在构思这款象腿椅时，心中想到的是母性。它碗状椅座的几何形优雅圆润，让人联想到孕妇的肚子；4 条粗壮的腿让人联想到儿童玩具。图古德说，这把椅子的那种顽皮淘气的优雅特质，是她尝试通过孩子们的眼睛去看世界得出的结果。象腿椅于 2014 年推出，是她的“群组 4”主题家具系列的一部分，该系列中都是简单的圆乎乎形式的桌子和椅凳之类。此椅是小批量生产，由熟练的工匠以模具手工铸造完成。无论是用原生玻璃纤维，还是用木炭色或奶油色的玻璃纤维制作，材料上的自然瑕疵和不规则特质，都赋予椅子一种独特的、经过时间磨洗的外观。2018 年，设计师与意大利生产商德里亚德合作，这款椅子被推向了更广阔的市场。聚乙烯材质的新版本椅子表面更光滑、更均匀，颜色选择也更广。虽未接受过正式的设计培训，图古德却于 2008 年在伦敦成立了自己的同名工作室。从那以后，她一直标榜，也用行动来表明她是一个特立独行的跨领域实践者，在家具、家装设计之间往返穿梭，令人印象深刻。她还与妹妹埃丽卡（Erica）合作，打造了一个服装品牌。

夏洛特扶手椅 2014 年

Charlotte Armchair

设计者：英迪亚·马达维（1962— ）

生产商：拉尔夫·普奇（Ralph Pucci），2014 年至今

这把舒适的扶手椅漂亮而圆润，你可能会忍不住咬一口吧。它的形状和名字，都来自夏洛特罗斯（charlotte russe）——那是一种经典的法式奶油水果甜点，周围环绕着海绵手指状糕点。椅子包括一个 6 件套（6 根手指）的分割式靠背和一面厚而深的椅座；所有部位的软垫面料都是灰粉色的天鹅绒。这种全毛绒的顺滑柔软感，被一个抛光黄铜的沉重底座适度调和，椅子的上面部分可在底座上旋转。伊朗裔法国设计师兼建筑师英迪亚·马达维（India Mahdavi）设计了这件作品，同时还有沙发款和各种色彩选择。它最初出现在草图里，是作为“画廊”餐厅的室内设计的一部分，莫拉德·马佐兹的这个餐厅在伦敦常年火爆热闹。马达维最初的灵感来自斯坦利·库布里克 1980 年的电影《闪灵》中华丽迷人的舞厅场景。她拿到的任务指令是重新装修用餐空间，将英国艺术家大卫·施里格里（David Shrigley）的绘画和陶瓷装置融入其中。马达维以其对色彩的精当运用而闻名。她花了一个月的时间来确定最终的色调，她称之为“粉色，就像粉色精髓的一种粉色”，从墙壁到弧形的长软座，用餐区的整个装修都用这种颜色来联合在一起。自 2000 年以来，她运营着自己的工作室，并因大型酒店项目、奢侈品合作业务以及为纽约拉尔夫·普奇设计的富有想象力的家具系列而闻名。

巢居烟雾报警器 2014 年

Nest Protect

设计者：巢居设计团队

生产商：巢居（Nest），2014 年至今

这款烟雾和一氧化碳报警器专为改善传统设备那恼人的缺点而设计：烤面包时的烟雾会引起虚假警报。作为第一款可以连接智能手机应用程序的烟雾探测器，巢居让用户享有更高程度的控制权，报警器电量不足时，它通过应用程序无声地发出电量不足的信号，避免了不必要的夜间干扰，而且无论使用者是否在家，该应用程序都可以解除警报。将“智能”烟雾报警器的功能向前推进，湿度传感器可以检测蒸汽和烟雾，而光传感器可以区分慢速燃烧的火焰和快速燃烧的火焰。这款报警器还可以与巢居旗下的整个智能家居系统的设备同步，包括其他烟雾报警器和控制温度的调节器。这款报警器在视觉上比同类产品的传统造型更具吸引力，它拥有纤薄的外形和圆角轮廓，不引人注目，能够融入日常生活，使技术优势成为一种美学点缀。

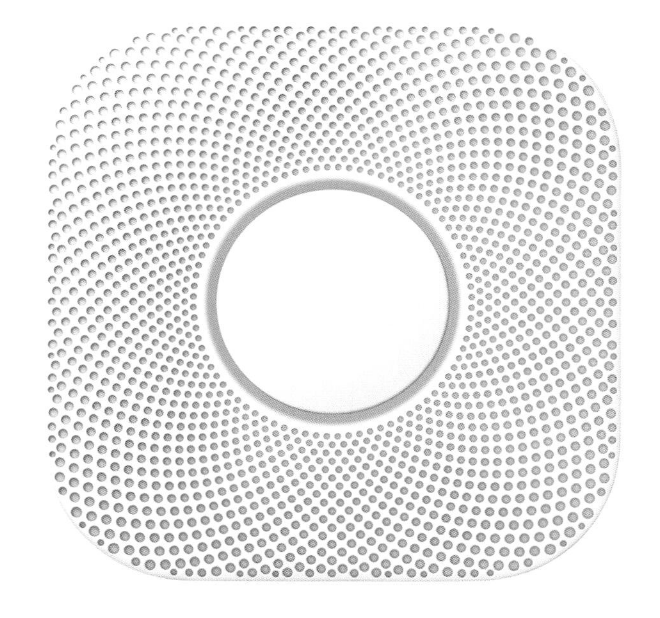

兔子椅 2016 年

Rabbit Chair

设计者：斯特凡诺·乔瓦诺尼（1954— ）

生产商：奇宝（Qeeboo），2016 年至今

兔子椅是斯特凡诺·乔瓦诺尼 2016 年推出的家具品牌奇宝旗下的明星作品之一。这位由意大利设计师以动物为灵感设计的椅子，有一种俏皮的波普艺术之美。它简单光滑的形态，将所有细节简化到基础原型水平，使它成为一个象征物，引发各种积极的联想——设计师说，联想主题包括童年、生育、爱情、春天和《爱丽丝漫游奇境记》。乔瓦诺尼在设计之初就考虑到灵活使用：坐着的人可以拿兔子的耳朵作为靠背，或者选择面对相反的方向，可把手臂搁放在耳朵上，兔子抽象的“脚”形成坚实的底座，使椅子稳定。这款聚乙烯兔有多种颜色和饰面效果，包括天鹅绒、高亮泽塑料以及金属银色和金色。为了吸引孩子们，还有一个迷你版本——宝宝兔子椅。另有一款兔子形状的灯，更完善了这一系列。这把椅子可能也暗指波普艺术家杰夫·库恩斯 1986 年著名的《兔子》雕塑，但库恩斯的作品是纯粹的概念艺术，而乔瓦诺尼的椅子仍具有很强的功能性。

伯德“小鸟”零号　　2018 年

Bird Zero

设计者：伯德设计团队

生产商：伯德（Bird），2018 年至今

“小鸟”零号于 2018 年推出，是世界上第一款专门为无坞站滑板共享市场设计的电动滑板车。2018 年前特拉维斯·范德赞登（Travis VanderZanden）刚刚在加州创立伯德，他曾就职于网约车公司搭车（Lyft）和优步。伯德推出“小鸟”零号，是为了解决现有滑板车中那些不适合商业用途的缺陷。制造技术经过升级，让“小鸟”零号更适合充当共享滑板车。零号具备一个加入钢材增强的铝框架，比传统型号更坚固，更耐用、耐损耗，能够承受高强度的使用，不怕被蓄意破坏。有两个特点还提高了骑乘的稳定性：实心轮胎取代了充气轮胎；滑板轴距更长，重心更低。电池续航时间比以前的型号长 60%，并配备了更好的照明灯，以提高驾驶时的安全性。另外，还有电量和速度指示灯。这些创新让伯德比竞争对手更有优势，在短短一年的运营后，该公司在全球范围内完成服务的滑板车共享行程已达 1000 万次。

巴塔凳子　　2019 年

Bata Stool

设计者：拉尼·阿德耶（1989—　）

生产商：拉尼工作室（Studio Lani），2019 年至今

拉尼·阿德耶（Lani Adeoye）出生于尼日利亚，在加拿大长大，进入蒙特利尔麦吉尔大学修习商科，之后担任管理和 IT 顾问。但职业生涯方向的大转折到来，她搬到了纽约，在帕森斯设计学院学习室内设计，并于 2015 年成立了拉尼工作室。通过自己的作品，她挑战了人们对非洲设计的有限认知，那种局限的认知往往只是为一种单一片面、一概而论的叙事添砖加瓦而已。通过聚焦于尼日利亚（一个拥有 250 多个族群以及 500 多种不同语言的国家），阿德耶为这个单一叙事的故事添加了极为缺乏也特别需要的细节。她以尼日利亚拉各斯为基地，为社区赋能，给人们的生活带去积极影响。她研究文物、遗迹和几乎已被遗忘的手工艺技巧，通过当代镜头呈现该地区丰富的遗产。与她从家具到照明用具的设计一样，阿德耶的“巴塔”（Bata，意思是鞋子）凳子也从约鲁巴文化寻找素材，并借鉴了穿着别人的鞋子来旅行和走路的概念（意即从他人的立场或角度来思考）。这款凳子是与当地手工匠人合作，用皮革在金属框架上以传统方法手工编织而成。其中性、朴实的色调与非洲美学中更常见的充满活力的色彩形成了直接的对比，而其起伏波动的形式，则介于雕塑和功能化实用设计之间，游走在微妙的分界线上。

索引

可根据词条后的页码索引至主条目

N

出版方已尽一切努力追踪著作权持有人并获得著作权许可材料。如有著作权归属错误，我方表示歉意。如您发现遗漏，请通知我方进行更正，我方将不胜感激并在重印本中作出修订。

China Company: 140t; Honda: 303, 404b, 430b; Honey Association: 39t; Honeywell: 166t; Hoover: 139t; House Industries / photo by Carlos Alejandro: 169t; House of Finn Juhl: 164t; Howe: 356b; Hugh Moore Dixie Cup Collection, Skillman Library, Lafayette College: 55t; Hungarian Post Museum: 442t; IBM: 308b; Iittala: 116t, 146t, 190, 202b, 236t, 280t, 319t, 360b, 399, 440t, 497b, 535t, 545b; IKEA: 458t 515b; Image courtesy of Art & Industry via Pamono: 237t; Image courtesy of From Our House to Bauhaus & Pamono: 195t; imageBROKER, Alamy Stock Photo: 562; Indecasa: 458b; India Mahdavi: 567; Ingo Maurer: 381t, 510t; International Dragon Association / photo by Heinrich Hecht, Jacques Vapillon: 104b; Isao Hosoe: 414t; Isokon: 161t, 214t; © ItalianCreationGroup: 566t; Iwachu: 6b; J.P. Predères: 199t; Jacob Jansen Design: 431, 516b; Jaguar: 327b, 337t; James Irvine: 512t; Jasper Morrison: 498b, photo by Miro Zagnoli 519b, photos by Christoph Kicherer 550b, photos by Rmak Fazel 533, photos by Walter Gumiero 537t; Jeager-Le Coultre: 115t; Jean Zeisel: 169b; JM Originals: 188t; Jo Klatt Design + Design Verlag: 310; John Gardner: 324t; Jousse Entreprise: 232b, 243t; © Judd Foundation. Licensed by VAGA, New York/NY: 475b; Junghans: 334t; Kartell: 368b, 373, 530t; Ken Guenther: 472b; KitchenAid: 151b; Knoll: 85, 104t, 106, 107b, 155b, 165b, 182b, 215t, 235, 256t, 258b, 262, 382t, 503; Konstantin Grcic Industrial Design: 537b, 539t; kospicture.com: ©Richard Langdon 130b, 224b; Kryptonite: 450b; Kuramata Design Office / photos by Mitsumasa Fujitsuka: 490b, 496; Kyocera Industrial Ceramics Corporation: 547b; © Kyoko Tsukada Photo M+, Hong Kong: 237b; La Boule Bleue: 49b; Lamy: 383b, 504b; Laser: 423t; Läufer AG: 521t; Laverne International: 284b; Le Creuset: 87t; Le Klint: 172t; Leatherman Tool Group: 479t; Lego: 295t; Lehtikuva/Rex Features: 226t; Leica: 83b; Leifheit: 437t; Lenox Incorporated, Lawrenceville: 212b; Library of Congress: 8b, 66, 156t; Life-Getty Images: 149t; Ligne Roset: 439b; Linhof: 130t; © Lobmeyr: 17, 105b; Lockheed Martin: 94t, 170t 355b; LOMO: 474t; London's Transport Museum © Transport for London: 255t; Lorenz Bolz Zirndorf: 27t; Los Angeles Modern Auctions: 144b, 205; Louis Poulsen: 304t; Louisiana State Museum: 57b; Luceplan: 485t, 489t; 534b: Luxo: 153t; Maarten Van Severen, 511b, 516t, photo by Yves Fonck 542b; Mabef / photos by Giovanni Manzoni: 191b; Maclaren: 366; Mag Instrument: 464t; Magis: 549b, 555b; MAK: 49t, photo by © Gerald Zugmann/ MAK 95; Makaha, LLC and Dale Smith: 347b; Makio Hasuike: 446b; Manufactured by Bauhaus Metal Workshop, Germany. Gift of Philip Johnson. Ace. n.: 490.1953.© 2022. Digital image, The Museum of Modern Art, New York/Scala, Florence: 79b; Marc Eggimann: 553t, 558b, 559b, 565t; © Marco Covi: 560b; Marc Newson: 528b, 485b, 495b, photo by Benvenuto Saba, Lisa Parodi 504t; Maria del Pilar Garcia Ayensa, Studio Olafur Eliasson: 563t;
Marianne Wegner: 207b, 208b, 218b Mario Bellini Associati: 392t, 430t; Mark Greenberg; 487t; Masahiro Mori: 297t; Mateus Lustosa: 268b; Mathmos: 343t; Matt Fry - CheckerTaxiStand.com: 74b; Mattia & Cecco: 459t; Mattiazzi: 559t, 560t; Max Bill: 280b; Mayer & Bosshardt: 71t; Meccano SN: 43t; Melitta: 147b; Menzolit-Fibron GmbH: 362b; Michael Richardson (www.retroselect.com) & Tom de Jong: 446t; Michele De Lucchi: 490t, 525t, 552b; Minox: 142t; Mint Museum of Craft + Design, Charlotte, North Carolina: 23b; Mixmaster: 103t; Mobles: 324b; Modo e Modo: 15b; Molteni & C. / photo by Mario Carrieri: 494t; Mondaine: 488t; Mono: 311t; Mont Blanc: 81t; Moroso: 556t; Moss: 61; Mother Sweden Stockholm AB: 360t; © Motorola, Inc.: 523t; Movado Group Inc.: 185b; Muji: 525b, 538t; Musée J. Armand Bombardier: 308t; Museo Alessi: ©Linnean Society of London 25t, 81b, 83t, 91b, 340t, 423b, 462t, photos by Giuseppe Pino 493t; Museo Casa Mollino: 206; Museo Kartell: 288b; Museum Boijmans Van Beuningen, Rotterdam/ Photo: Tom Haartsen: 111b; Museum of Decorative Arts in Prague, Bozena Sudková Fund / photos by Joseph Sudek: 105t; Museum of New Zealand Te Papa Tongarewa / Britten Estate: 499b; MV Agusta: 529; Naef Spiele AG: 78b; Nanna Ditzel: 263b, 289b; NASA: 175b, 330; National Gallery of Victoria, Melbourne Presented by B & B Italia (Maxalto) & Design 250 Pty Ltd, 1976/ NGV Collection / Ms. Carol Grigor through Metal Manufactures Limited: 449b; National New York Central Railroad Museum:155t; Necchi: 271b; Nick Kilner: 427b; NIEMEYER, Oscar / DACS 2022.: 426b; Nigel Tout of vintagecalculators.com: 433b; NIKON: 282t; Nizzoli Architettura / photos by Aldo Ballo: 296t; Nodor: 35t; Nokia & Frank Nuovo: 527b; Norstaal: 328b; Nottinghamshire County Council: 29b, 403t; Officine Panerai: 170b; Ok Design: 223b; Olivier Boisseau, old-computers.com: 472t; Olympus: 391t, 506b; OMK Design: 427t; Opinel: 31t; Origin: 96t; Orrefors: 261t; OXO: 505b; Pallucco Italia / photo by Cesare Chimenti: 47t; Palm One: 512b; Panasonic/Technics: 434t; Parker Archive: 160t; Past Present Future (PPF), Minneapolis (photo by George Caswell): 166b; Pentax: 354; Pentel: 420t; Peter Ghyczy: 397t; Philips Auction House: 151t; Philips: 333b; Phillip Tooth: 75b, 369; Phillips, de Pury & Company: 111t, 346b; Photo © Cranbrook Art Museum: 224t; Photo by Lauren Coleman: 553b; Photo by Paul Popper/Popperfoto via Getty Images / Getty Images: 181t; photo by Tommoso Sartori: 500t; Photo Credit: Weber Barbecues: 225b; Photo: Angus Mill: 566b; Photo: Christoph Sillem © hedwig-bollhagen.de: 133b; Photo: John R. Glembin: 112; Photo: Pietinen: 189b; Photo: Rauno Träskelin: 291t; Photograph by D Ramey Logan: 59t; Photograph by Joe Kramm, courtesy of R & Company: 412t; Pininfarina: 187, 260t; Piper Aircraft Museum: 156b; Plaubel, Frankfurt: 60t; Playmobil: 443b; © Playsam / Photo: Jonas Lindström: 478b; Poggi: 281; Polaroid Collection (photo by Thomas J Gustainis): 200t, 365t, 429b; Poltronova Historical Archive: 402; © 2004 Poof-Slinky, Inc.: 177b; Porsche: 266b, 346t, 433t; Post & Tele Museum: 454b; PP Mobler: 193t; Prarthna Singh: 568t; Productos Desportivos (Laken): 67t; Progetti: 416; PSP Peugeot: 24; Qeeboo: 568b; Race Furniture: 178b, 228b; Radio Flyer Inc: 134t; RAF Museum and The Trustees of the Imperial War Museum, London: 409t; Rasmussen: 109b; Reial Càtedra Gaudí: 44t; Renault: 475t; René Burri: 97b; Richard Schultz Design: 341t; Rimowa: 210t; Rival: 138t; Robert V McGarrah: 263t; Robin Day: 340b; Rolex: 92b; Rolleiflex: 101; Rollerblade: 479b; Rolodex : 234b; Ron Arad: 488b; Ronan & Erwan Bouroullec: 542t, 548: Rosendahl: 204b, photos by Torsten Graae 225t, 249t, 407t, 424t, 435t, 437t, 451t; Ross Lovegrove: 541; Rosti Housewares: 218t; Rotring: 244t; © Royal Horiticultural Society, Lindley Library (catalogue): 19b; Royal Mail Archives: 25b; Russian Aircraft Corporation: 353b; Saab Picture Art Service: 183; Saburo Funakoshi: 313b; Sambonet: 144t, 365b; Samsonite: 347t; Santa & Cole: 325b, 356t; Sato Shoji: 451b, 473b; Schmidt-LOLA-GmbH: 133t; Schott & Gen Jena: 122b; Schott: 84t; Science & Society Library: 28b, 41t; Sears, Roebuck: 129t; Segway: 546t; Seiko: 437b; Sergio Asti: 396b; Sergio Mazza / photo by Aldo Ballo: 394b; Shaker of Malvern: 18b; Shearwater: 249b; Sherman Poppen: 368t; Sieger GmbH: 63b; similar available at 1stDibs, www.1stdibs.com: 38, 40, 42, 152, 194b, 229t, 238t, 259t, 428, 482t, 492t; Singer: 34t; Smart GmbH: 517b; Smithsonian Institute: 33t; SNCF-CAV-Patrick Leveque: 521b; Société Bic ©Bic Group Library: 216; Solari di Udine: 371b; Sony: 197t. 300t, 314b, 400b, 463; Sothebys: 93t; Space Pen: 372t; Sparkman & Stephens: 158, 377t; SRI International: 364t; Stabila: 13t, 19t; Stefano Giovannoni / photo by Studio Cordenons Loris: 530b; Steiff: 45; Stelton: 386t, 456, 444t, 545t; STOFF Nagel: 374t; Stokke: 434, 462b: String Furniture archive Photo credit Christoffer Lomfors: 208t; Studio Albini: 220b; Studio Azzurro: 470b; Studio Castiglioni and Zanotta: 412b; Studio Castiglioni: 162, 269t, 270t, 290b, 318b, 468t; Studio d'Urbino Lomazzi: 389b; Studio Fronzoni: 361b; Studio Joe Colombo: 333t, 371t, 406; Swann-Morton: 150t; Swatch: 480t; Swedese / photo by Gosta Reiland: 278b; © Systempack Manufaktur: 33b; Tag Heuer: 408t; Talon: 62t; Tatra: 180b; Tecno: 251b; Tecnolumen: 39t; Tecta: 10t; Tendo Mokko: 255b, 350b; Terraillon: 420b, 426t; Tetra Pak: 231t; The Dairy Council: 163t; The Estate of R. Buckminster Fuller: 126t; The Etch A Sketch ® product name and configuration of the Etch a Sketch ® product are registered trademarks owned by The Ohio Art Company b: 217b; The Isamu Noguchi Foundation / rh photos by Kevin Noble: 147t; The National Museum of Art, Architecture and Design: 273b; The National Trust for Scotland: 44b; The Sir Henry Royce Memorial Foundation: 422b; The Trustees of the Imperial War Museum, London: 56b, 67b, 131b; The Virtual Typewriter museum - www.typewritermuseum.org: 21; Thomas Eriksson: 509b; Thonet GmbH (formerly Gebruder Thonet): 102b; Thonet, Germany: 96b, 107t, 103b; Tivoli Audio: 549t; TMP: 502t; Todd Strong: 48; Tom Dixon: 524; Torben Ørskov: 299t; Toshiba: 264b; Toshiyuki Kita: 491, photo by Luigi Sciuccati 543t; Trabant VEB Sachsenring: 277b; Triumph: 312t; Tupperware: 177t; Umbra: 531t; Uncle Goose Toys: 11b, 22t; USM Modular Furniture: 351t; V&A Images/Victoria and Albert Museum: 306, 343b; Vacheron Constantin: 266t; Valenti: 407b; Venini: 116b, 207t, photo by Aldo Ballo 400t; Ventura: 501b; Vico Magistretti: 375t, 409b, 457t; Victor Hasselblad AB Archive / photos by Sven Gillsäter: 196; Victoria-Werke, Baar / Photograph courtesy of the Museum für Gestaltung Zürich, Design Collection, ZHdK: 384b; Victorinox: 32; Vitra Design Museum / photo by Andreas Sütterlin: 173b, 176b, 186t, 220t, 222b, 245, 321b, 348t, 395, 408b; Vitra Design Museum: 54t, 230, 250t, 312b, photo Jürgen Hans 435b; Vitra: 163b, 201t, 232t, 265b, 358, 499t, 532b; Vitsoe: 323t, 334b; Vodoz and B. Danese: 290t, photo by Davide Clari 385, 417t; Vola: 424b; Volkswagen: 154b, 264t, 388t, 442b; W.T.Kirkman Lanterns: 12; Wally Yachts / photos by Guy Gurney, Daniel Forster, Neil Rabinowitz: 520t; Waring: 149b; Watch Spot: 122t; Wedgwood: 9; WEDO: 449t; Western Electric, AT&T: 309t; Weston Mill Pottery: 383t; Wham-O: 198b, 296b, 364b; Wilde+Spieth: 243b; Wilhelm Wagenfeld Museum: 114t, 154t, 259b, 270b; Winner Optimist:186b; Winterthur: 6b; Wittmann: 47b, 53t, 58; WM Whiteley & Sons (Sheffield) Ltd: 14b; Wright and Brian Franczyk Photography: 135t, 240b, 241b, 285t; Wüsthof: 29t; www.zena.ch: 193b; XO: 507t; Yale: 20t; Yamakawa Rattan: 329t; Yoshikin: 318t, photo by Tadashi Ono, Hot Lens 483t; Zanotta: 145b, 153b, photo by Fulvio Ventura 394b, 401t, 441; Zeroll: 135b; Zippo: 124t;

Simon Alderson 32, 39, 54, 68, 85, 102, 107, 110, 121, 122, 227, 291, 295, 430, 347, 351, 372, 411, 418, 463, 464, 490, 526
Simon Alderson / Daniel Charny / Roberto Feo 323
Simon Alderson / Kevin Davies 109
Simon Alderson / Sara Manuelli 498
Ralph Ball 18, 174, 176, 211, 228, 290, 304, 312, 343, 356, 482§
Ralph Ball / Thimo te Duits 93
Edward Barber 6, 19, 168, 193, 202
Edward Barber / Elizabeth Bogdan 328
Elizabeth Bogdan 163, 182, 203, 222, 327, 386, 419, 427, 455
Annabelle Campbell 29, 41, 65, 72, 87, 90, 91, 111, 138, 157, 170, 180, 181, 212, 214, 228, 269, 282, 292, 298, 311, 340, 362, 365, 372, 383, 384, 386, 437, 445, 452, 457, 460, 483, 484, 493, 501, 502, 505, 528, 547
Annabelle Campbell / Anthony Whitfield 519
Annabelle Campbell / Charles Mellersh 376
Claire Catterall 253, 408, 413, 417, 429, 432, 434, 446, 456, 459, 462, 469, 474, 482, 486, 493, 502, 516, 517, 534, 538
Claire Catterall / Louise-Anne Comeau / Geoffrey Monge 475
Daniel Charny / Roberto Feo 63, 66, 126, 233, 332, 348, 467, 488
Daniel Charny/Roberto Feo / Andrea Codrington 141
Andrea Codrington 13, 14, 43, 45, 55, 75, 122, 137, 149, 160, 161, 177, 198, 225, 278, 279, 288, 296, 313, 347, 380, 406, 415
Andrea Codrington / Grant Gibson 161
Andrea Codrington / Louise Schouwenberg, 509
Louise-Anne Comeau / Geoffrey Monge 76, 144, 203, 231, 325, 390, 454, 477, 522, 531, 533, 540, 542, 543, 550
Louise-Anne Comeau / Geoffrey Monge / Ultan Guilfoyle 529
Alberto Cossu 62, 104, 130, 158, 186, 224, 249, 377, 387, 423, 459, 520
Ilse Crawford 10, 31, 84, 88, 154, 248, 259, 263, 290, 319, 426, 497
Kevin Davies 36, 65, 115, 116, 118, 121, 138, 159, 182, 190, 204, 218, 236, 233, 256, 267, 280, 289, 297, 304, 315, 322, 331, 346, 370, 400, 424, 451, 515
Kevin Davies / Donna Loveday 144
Kevin Davies / Phaidon Editors 444
Jan Dekker 10, 49, 50, 51, 61, 82, 95, 150, 153, 162, 197, 210, 213, 240, 242, 244, 260, 283, 301, 307, 308, 328, 408, 439, 549
Katy Djunn 37, 81, 94, 106, 124, 127, 136, 177, 181, 338, 395, 480
Thimo te Duits 38, 51, 104, 107, 207, 258, 318, 389, 405, 438, 514, 539, 548
John Dunnigan 24, 145, 149, 285, 341, 500
Phaidon Editors 83, 367, 455, 473, 501, 517, 523, 526, 527, 539, 546, 554, 556, 557
Phaidon Editors / Graham Powell 166, 430, 481, 512, 536, 543, 544
Caroline Ednie 27, 49, 54, 55, 67, 145, 166, 207, 246, 264, 266, 294, 305, 323, 325, 334, 364, 382, 380, 383, 394, 403, 409, 435, 443, 446, 448, 458, 472, 477, 478, 495, 500, 504, 509, 521, 534, 545, 550
Caroline Ednie / Grant Gibson 336
Aline Ferrari, 11, 13, 14, 56, 94, 143, 191, 219, 277, 494, 525, 551
Max Fraser 17, 44, 81, 105, 114, 226, 241, 250, 288, 314, 336, 361, 388, 402, 407, 425, 453, 462, 483, 490, 531, 541
Richard Garnier 68, 92, 115, 119
Charles Gates 119, 197, 244, 296, 299, 307, 310, 370, 414, 454
Laura Giacalone 7, 374
Grant Gibson 15, 30, 33, 35, 38, 69, 74, 109, 131, 171, 180, 200, 254, 349, 353, 398, 414, 422, 433, 497, 499, 522
Rachel Giles 552, 553, 555, 557, 558, 559, 560, 561, 562, 563, 564, 565, 568, 569
Anna Goodall 12, 20, 57, 59, 92, 170. 236, 284, 287, 353. 355, 433, 466, 507
Ultan Guilfoyle 56, 67, 75, 79, 129, 156, 168, 175, 176, 199, 231, 260, 283, 287, 303, 312, 324, 337, 369, 393, 401, 404, 436, 487, 499, 508, 520, 546,
Ultan Guilfoyle / Thimo te Duits 341
Roo Gunzi 131, 191, 212, 220, 264
Bruce Hannah 11, 47, 156, 169, 235, 253, 352, 447
Sam Hecht 273, 361, 371, 420, 538
Albert Hill 71, 172, 234, 252, 252, 270, 281, 293, 302, 319, 329, 352, 357, 359, 492, 535
Ben Hughes 21, 64, 97, 126, 139, 148, 234, 255, 263, 293, 300, 308, 314, 332, 345, 404, 422, 464, 513, 514
Iva Janakova 105
Meaghan Kombol 31, 35, 40, 46, 73, 78, 188, 217, 271, 280, 343, 367, 368, 442, 450
Kieran Long 20, 33, 63, 202
Donna Loveday 9, 71, 193, 250, 270, 302, 423, 457, 473, 498, 512
Donna Loveday / Mark Rappolt 178
Hansjerg Maier-Aichen 377, 419, 478, 511, 525, 540
Sara Manuelli 87, 100, 132, 160, 184, 201, 206, 216, 223, 229, 246, 309, 316, 321, 339, 357, 358, 373, 389, 394, 401, 410, 458, 527
Michael Marriott 16, 28, 29, 155, 165, 337, 348, 381, 443, 448, 537, 549
Catherine McDermott 368, 391
Justin McGuirk 114, 135, 140, 142, 217, 418
Charles Mellersh 6, 8, 22, 86, 89, 93, 103, 108, 118, 124, 133, 134, 172, 189, 195, 213, 221, 240, 242, 247, 249, 261, 273, 274, 277, 294, 297, 299, 305, 309, 311, 345, 356, 365, 371, 382, 392, 396, 476, 488, 491, 504
Alex Milton 15, 48, 50, 89, 96, 108, 148, 150, 155, 164, 198, 205, 241, 271, 322, 344, 355, 400, 431, 434, 475, 479, 516, 518, 528, 530,
Christopher Mount 47, 128, 165, 245, 262, 392, 440
Christopher Mount / Gareth Williams 412
Tim Parsons 19, 23, 25, 64, 70, 204, 417, 468
Jane Pavitt 26, 77, 79, 98, 230, 243, 321, 331, 333, 335, 375, 378, 381, 407, 410, 421, 432, 467, 485
James Peto 96, 120, 123, 129 141, 184, 188, 251, 265, 272
Michael Pritchard 41, 60, 83, 101, 130, 134, 140, 142, 196, 200, 282, 342, 354, 360, 391, 429, 487, 506, 523
Mark Rappolt 30, 57, 97, 153, 163, 167, 185, 274, 295, 330, 366, 378, 388, 397, 416, 420, 437, 441, 465, 472, 489, 507, 521
Hani Rashid 333, 342
Louise Schouwenberg 510, 515, 524, 537
Daljit Singh 179, 276, 364, 461, 474
Rosanne Somerson 7, 18, 113, 169, 173, 215, 232, 256
Penny Sparke 139, 154, 159, 183, 187, 265, 266, 278, 285, 286, 327, 346, 442
David Trigg 46, 53, 110, 164, 189, 194, 195, 209, 224, 229, 239, 275, 329, 360, 398, 426, 427, 440, 449, 453, 461, 494, 551, 566, 567
Rachel Ward 99, 111, 112, 152, 192, 194, 222, 226, 227, 237, 238, 259, 268, 349, 363, 369, 384, 387, 412, 470, 553, 558, 560, 566
Anthony Whitfield 22, 39, 73, 80, 147, 186, 185, 209, 210, 279, 362, 375, 396, 437, 470, 479, 480, 530
William Wiles 16, 34, 62, 69, 84, 135, 191, 215, 300, 338, 403, 413, 415, 438, 449, 450
Gareth Williams 44, 53, 98, 173, 219, 251, 255, 284, 317, 469, 489, 492, 503, 510, 511, 532, 542, 535
George Upton 23, 42, 43, 52, 133, 137, 151, 208, 223, 225, 232, 237, 257, 269, 275, 291, 326, 334, 360, 374, 399, 428, 435, 447, 471, 545, 556, 568
Megumi Yamashita 70, 77, 78, 91, 100, 178, 208, 238, 313, 318, 320, 350, 359, 393, 451, 505, 519
Yolanda Zappaterra 25, 28, 37, 60, 113, 117, 125, 205, 220, 495

图书在版编目（CIP）数据

世界经典设计全书 / 英国费顿出版社编著；杨凌峰，刘文兰译 . -- 北京：中信出版社，2023.4

书名原文：1000 Design Classics

ISBN 978-7-5217-5288-5

Ⅰ . ①世… Ⅱ . ①英… ②杨… ③刘… Ⅲ . ①工业产品－产品设计－研究－世界 Ⅳ . ① TB472

中国国家版本馆 CIP 数据核字 (2023) 第 024599 号

世界经典设计全书

编著：　英国费顿出版社

译者：　杨凌峰　刘文兰

出版发行：中信出版集团股份有限公司

（北京市朝阳区东三环北路 27 号嘉铭中心　邮编　100020）

承印者：　北京启航东方印刷有限公司

开本：880mm×1230mm　1/16　　印张：37　　字数：570 千字

版次：2023 年 4 月第 1 版　　印次：2023 年 4 月第 1 次印刷

京权图字：01–2023–0782　　书号：ISBN 978–7–5217–5288–5

定价：398.00 元

图书策划　小满分社

总 策 划　卢自强　　策划编辑　丁斯瑜　　责任编辑　蒋文云

营销编辑　任俊颖　　封面设计　熊　琼　　排版设计　常　亭

服务热线：400–600–8099

投稿邮箱：author@citicpub.com